TEUBNERS PHYSIKALISCH-TECHNISCHE SAMMLUNG

Herausgegeben von Prof. Dr. W. Walcher, Marburg, Prof. Dr. A. Boettcher, Jülich, und Prof. Dr. G. Lautz, Braunschweig

PHYSIKALISCHE ELEKTRONIK

Von Prof. Dr. Ing., Dr. rer. nat. K. SIMONYI
Technische Universität Budapest

1972 · Mit 462 Bildern und 17 Tabellen

 Springer Fachmedien Wiesbaden GmbH

ISBN 978-3-519-03207-6   ISBN 978-3-663-14682-7 (eBook)
DOI 10.1007/978-3-663-14682-7

Titel der Originalausgabe:
ELEKTRONFIZIKA
Tankönyvkiadó, Budapest
Übersetzt von S. MÉSZNER
© Springer Fachmedien Wiesbaden 1972
Ursprünglich erschienen bei B.G. Tuebner Stuttgart in 1972
Softcover reprint of the hardcover 1st edition 1972

Meiner Frau
SUSANNE

Vorwort

Der Zweck dieses Buches ist die Darlegung der physikalischen Gesetze, welche die Funktion der einen weiten Bogen umfassenden — etwas breiter als üblich gegriffenen — elektronischen Geräte grundsätzlich bestimmen, sowie die Deutung der bei der makroskopischen Behandlung vorkommenden elektrischen Materialgrößen aus den Gesetzmäßigkeiten der Mikrosysteme. Das primäre Ziel soll also das Verstehen der Erscheinungen, weniger die Kenntnis der Möglichkeiten unmittelbarer praktischer Anwendung sein. Der technische Charakter des Buches sowie seine Ausrichtung auf die Projektierung und Realisierung kommen jedoch darin zum Ausdruck, daß die Endformeln, Diagramme und Tabellen soweit als möglich in einer zur praktischen Anwendung geeigneten Form angeführt sind, daß die als Illustration dargestellten Geräte, wenn auch in vereinfachter Form, bereits auch die Konstruktionsprinzipien zeigen, und daß auch die Darstellungen der Meßverfahren in den meisten Fällen mehr enthalten als reine Prinzipschaltungen.

Das vorliegende Werk ist in dem Sinn in sich geschlossen, daß keine Kenntnisse vorausgesetzt werden, die über die allgemeine Physik sowie über die üblichen Abschnitte der höheren Mathematik wie die Differential- und Integralrechnung, die Vektoranalysis und die einfachsten Differentialgleichungen hinausgehen. Die atomphysikalischen Kenntnisse werden bereits in der erforderlichen Breite und Tiefe behandelt.

Obwohl das vorliegende Buch in sich abgeschlossen ist, läßt es sich zwanglos in die größere Einheit einreihen, die meine vierbändige Bücherreihe über die Grundlagen der Elektroingenieurswissenschaften darstellt. Die einzelnen Bände der Reihe sind:

1. Grundgesetze des elektromagnetischen Feldes (Deutscher Verlag der Wissenschaften, Berlin 1963)
2. Physikalische Elektronik (das vorliegende Buch)
3. Theoretische Elektrotechnik (vierte Ausgabe, Deutscher Verlag der Wissenschaften, Berlin 1971)
4. Beispiel- und Aufgabensammlung zur theoretischen Elektrotechnik (Tankönyvkiadó, Budapest 1967)

Der letztgenannte Band, den ich zusammen mit den Herren Dozent Gy. Fodor und Dozent I. Vágó verfaßt habe, ist bisher nur in ungarischer Sprache erschienen.

Im Gegensatz zum ersten Band, der die phänomenologische, d. h. die makrophysikalische Seite der Erscheinungen in den Vordergrund stellt, verlegt sich der Schwerpunkt im zweiten Band auf die mikrophysikalische Auffassung. Der dritte Band baut in erster Linie auf den Ergebnissen des ersten Bandes auf, obwohl an gewissen Stellen, so z. B. bei der Behandlung eines durch eine makroskopische Spezialkonstante — wie die tensorielle Permeabilität — gekennzeichneten Stoffes, auch die Ergebnisse des vorliegenden Bandes (also des zweiten der Reihe) Anwendung finden.

Zum Abschluß möchte ich all denen meinen Dank ausdrücken, die bei dem Entstehen dieses Buches mitgeholfen haben. Mein Dank gebührt meinen ständigen Mitarbeitern Frau I. Csurgay und Frau I. Ferencz, die bei der ungarischen Ausgabe eine wirksame Hilfe leisteten, ferner Dipl. Ing. S. Mészner, dessen wertvolle fachliche bzw. pädagogische Hinweise bei der Übersetzung Verwendung fanden, sowie Dipl.-Phys. U. Hübner, Braunschweig, für die Durchsicht der deutschen Übersetzung und das Lesen einer Korrektur und schließlich den Mitarbeitern des Verlages und der Druckerei für die angenehme Zusammenarbeit.

Budapest

DER VERFASSER

Inhaltsverzeichnis

2. TEIL

Die Gesetzmäßigkeiten von Mikrosystemen

3. TEIL

Der Aufbau der makroskopischen Materie

4. TEIL

Der Austritt von Elektronen aus Metallen

5. TEIL

Halbleiter

6. TEIL

Elektrische Erscheinungen in Gasen

7. TEIL

Die mikrophysikalische Deutung der in den Grundgleichungen der Elektrodynamik vorkommenden Stoffkonstanten

Einleitung

Es wird bezweckt, die phänomenologischen Erscheinungen und Konstanten
der Elektrotechnik auf Grund der Gesetzmäßigkeiten der Mikrowelt festzustellen. Hierzu ist vor allem die Kenntnis der Mikrostruktur unserer mate-
riellen Welt erforderlich. Das von der Physik dargebotene Bild wird in
qualitativer Hinsicht akzeptiert. Die Richtigkeit dieses Bildes wird durch
Ermittlung oder Messung der Zahlenwerte der vorkommenden Größen noc h
unterstrichen.

Unser Ausgangsbild sieht also folgendermaßen aus: Die mit chemischen
Methoden nicht mehr weiter zerlegbare Materie, das chemische Element,
besteht aus Atomen. Das Atom besteht aus dem zentralen Kern und aus
der Atomschale oder Atomhülle, die durch um den Kern kreisende Elektronen gebildet wird. Die Bestandteile des Atomkernes sind Protonen und
Neutronen. Elektron, Proton und Neutron sind Elementarteilchen. Das
Elektron ist das Teilchen mit der kleinsten endlichen Ruhmasse und besitzt
eine negative elektrische Ladung. Diese elektrische Ladung ist die kleinste
Ladungsmenge. Jede elektrische Ladung ist ein ganzzahliges Vielfaches
dieser Kleinstmenge. Die Masse des Protons beträgt nahezu das Zwei-
tausendfache der Elektronenmasse, während seine Ladungsmenge gleich
der des Elektrons, jedoch entgegengesetzten Vorzeichens, d. h. positiv, ist.
Die Masse des Neutrons kann in erster Näherung der Masse des Protons
gleichgesetzt werden. Das Neutron hat keine Ladung, ist also ein neutrales
Teilchen.

Das chemische Verhalten eines Elementes wird bestimmt durch die Zahl
der in seinem Kern enthaltenen Protonen oder, was damit völlig identisch
ist, durch die Zahl der Elektronen, die es im neutralen Zustand besitzt.
Die Kerne vom Wasserstoff (H), Helium (He), Lithium (Li) und Beryllium
(Be) enthalten, in dieser Reihenfolge, je 1, 2, 3, 4 Protonen. Diese Zahl ist
die *Ordnungszahl (Z)* des betreffenden Stoffes, die normalerweise vor dem
Zeichen des Elementes geschrieben wird: $_1$H, $_2$He, $_{92}$U.

Die im Kern vorhandenen Protonen und Neutronen bestimmen die Masse
des Kernes. Die Gesamtzahl von Protonen und Neutronen wird Massenzahl
genannt. Diese Zahl wird üblicherweise mit *A* bezeichnet und als Hoch-
zeichen vor das Elementzeichen gesetzt: $_{26}^{56}$Fe. Dieser Eisenkern enthält
also 30 Neutronen neben den 26 Protonen.

Verschiedene Kerne eines gegebenen chemischen Elementes können eine
verschiedene Anzahl von Neutronen enthalten und somit verschiedene

Massen aufweisen. Die Elemente gleicher Ordnungszahl und mithin gleichen chemischen Verhaltens, jedoch von verschiedener Massenzahl werden *Isotope* genannt. Solche Isotope sind z. B. der leichte oder gewöhnliche Wasserstoff ($_1^1$H), der schwere Wasserstoff oder Deuterium ($_1^2$H oder $_1^2$D) und das instabile Tritium ($_1^3$H oder $_1^3$T) (Abb. **0.1**).

Das Proton als Kern des Wasserstoffisotops der Massenzahl $A = 1$ kann in der Form $_1^1$H aufgeschrieben werden, doch ist auch die Bezeichnung p üblich. Mit Rücksicht darauf, daß das Neutron eine Ladung gleich Null und eine Massenzahl gleich Eins hat, ist sein Zeichen $_0^1 n$. Es ist auch üblich, das Neutron als das nullte Element zu betrachten.

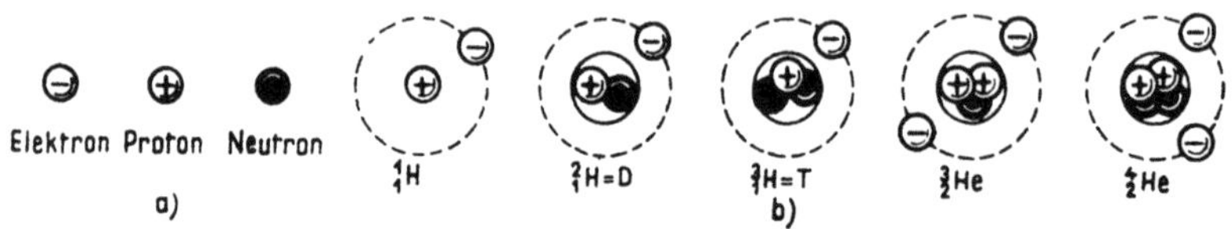

0.1   *a)* Die wichtigsten Elementarteilchen; *b)* die Struktur der leichtesten Atome

In der Atomphysik wird die Masse der einzelnen Atome in Grammen, aber auch in atomaren Masseneinheiten als relative atomare Masse angegeben. Definitionsgemäß ist eine atomare Masseneinheit (1 u = 1 a. m. u. = 1 atomic mass unit) gleich einem Zwölftel der Masse des Kohlenstoffisotops der Massenzahl 12, d. h. $_6^{12}$C. In Gramm beträgt der Wert dieser Masseneinheit

$$1 \text{ u} = 1{,}660 \cdot 10^{-24} \text{ g.}$$

Die Masse der drei Elementarteilchen beträgt in atomaren Masseneinheiten

$$m_e^* = 5{,}486 \cdot 10^{-4} \text{ u}, \quad m_p^* = 1{,}00728 \text{ u}, \quad m_n^* = 1{,}00867 \text{ u}$$

bzw. in Gramm

$$m_e = 9{,}1096 \cdot 10^{-28} \text{ g}, \quad m_p = 1{,}6726 \cdot 10^{-24} \text{ g}, \quad m_n = 1{,}6749 \cdot 10^{-24} \text{ g.}$$

Heutzutage werden auch die Atomgewichtstafeln der Chemie auf $_6^{12}$C bezogen.

Die den Atomkern bildenden Teilchen sind mit sehr großer Energie aneinander gebunden. Um einen Kernbestandteil aus seinem Verband herauszureißen, muß eine Million Mal soviel Arbeit geleistet werden, als wenn ein Elektron aus der Elektronenhülle entfernt werden soll. Die physikalischen und chemischen Erscheinungen des täglichen Lebens, wie das Entstehen chemischer Verbindungen, die Verbrennung, die Lichtemission, stehen in Verbindung mit der Änderung der energetischen Verhältnisse in der Elektronenhülle; eine Strukturänderung im Atomkern kommt dagegen nur unter besonderen Umständen zustande. Protonen zu erhalten ist auch nur deshalb einfach — obwohl das Proton ein Kernbestandteil ist —, weil der

Kern des gewöhnlichen Wasserstoffatoms aus einem einzigen Proton besteht. Wird das Elektron des Wasserstoffatoms abgespalten, so ist der verbleibende Atomrumpf nichts anderes als ein Proton. Im Prinzip erhält man also die zwei wichtigsten Elementarteilchen, das Elektron und das Proton dadurch, daß man eine Gasentladung im Wasserstoffgas zustandebringt. Dann können die Atome ihre Elektronen durch verschiedene Vorgänge, vor allem durch Stöße, verlieren, so daß sowohl die Elektronen wie auch die Protonen mit Hilfe eines elektrischen Feldes aus dem Gasraum herausgebracht werden können.

Freie Neutronen zu beschaffen ist nicht mehr so leicht, obwohl im allgemeinen, von einigen Ausnahmen abgesehen, mindestens die Hälfte der Masse des Atomkerns aus Neutronen besteht. Wie bereits erwähnt, ist ein sehr energischer Eingriff erforderlich, um Neutronen aus dem Atomverband zu befreien. Als solcher energischer Eingriff gilt die Bombardierung mit Teilchen, beschleunigt auf große Energien. Die Freisetzung von Neutronen in großer Menge, also die Herstellung von *Neutronengas*, ist nur mittels kernphysikalischer Vorgänge möglich. In den Spaltreaktoren befindet sich ein Neutronengas sehr großer Dichte.

In den nachfolgenden Ausführungen spielt das Elektron die wichtigste Rolle. Daneben befassen wir uns auch mit dem zurückbleibenden Ion, dem ein oder mehrere Elektronen fehlen, während Neutronen nur seltener behandelt werden. Beim Elektron und beim Ion sind es vor allem die Ladung und die Masse, beim Neutron dagegen die Masse allein, die einen Einfluß auf den Ablauf der meisten Erscheinungen ausüben. Bei einer großen Zahl praktisch wichtiger Fragen ist jedoch die Tatsache ausschlaggebend, daß alle drei Elementarteilchen einen mechanischen Eigendrehimpuls oder *Spin* besitzen, mit dem auch ein *magnetisches Moment* verbunden ist.

Neben dem Elektron und dem Proton ist das Photon oder Lichtteilchen das gemeinste Elementarteilchen. Es ist vielleicht ungewöhnlich, daß das Photon als ein den anderen gleichrangiges Teilchen betrachtet wird, doch wird es als Energie- und Impulsträger mit vollem Recht ein Teilchen genannt. Dies um so mehr, als das Verhalten des Photons sehr oft mit Hilfe der Stoßgesetze der klassischen Mechanik beschrieben werden kann. Allgemein gesehen besteht der wichtigste Unterschied zwischen den Photonen und z. B. den Elektronen darin, daß aus der Atomhülle ein dort von vornherein vorhandenes Elektron gegebenenfalls heraustreten kann, während das Photon erst bei einer Änderung der Energie der Elektronenschale das Atom verläßt, obwohl dort früher kein Photon vorhanden war. Das Elektron besteht also ständig, während das Photon unter bestimmten Umständen zustandekommt und durch Absorption verschwindet. Das ist aber kein wesentlicher Unterschied. Heute wissen wir zum Beispiel, daß das Neutron nicht stabil ist. Im freien Zustand zersetzt sich das Neutron mit einer Halbwertszeit von etwa dreizehn Minuten: es wandelt sich unter Elektronenemission in ein Proton um. Das Neutron wird aber trotzdem nicht so betrachtet, als bestünde es aus einem Elektron und einem Proton; die Zersetzung bedeutet also keinen Zerfall in Bestandteile. Dies würde jener Auffassung entsprechen, wonach die Atomhülle aus Elektronen und Photonen besteht und bei Lichtemission einen ihrer Bestandteile emittiert. Wir sagen vielmehr, daß das Elektron, das also im Neutron *nicht* vorhanden war, im Akt der Zersetzung *zustande kommt*, genauso wie das Photon im Akt der Emission auf Kosten der inneren Energie entsteht.

Es wird ferner als bekannt angenommen, daß die Energie eines Photons der Schwingungszahl proportional ist:

$$W = h\nu,$$

wobei h das *Planck*sche Wirkungsquantum und ν die Schwingungszahl des Lichtes bezeichnen. Welcher Impuls bzw. welche Masse zu diesem Teilchen gehören, wird später erörtert.

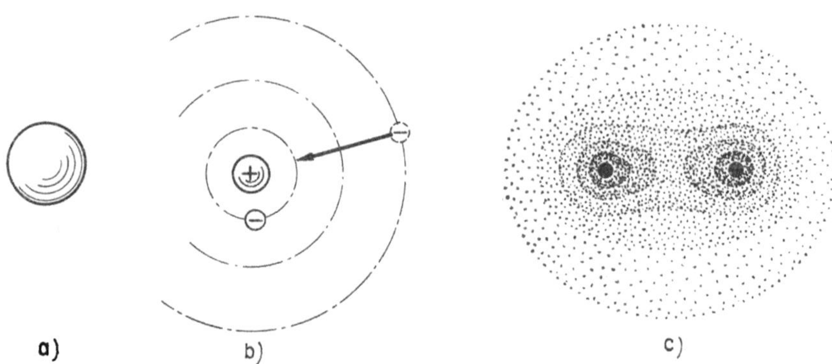

0.2   Ein und dasselbe Mikrosystem wird in verschiedenem Maße vereinfacht: *a)* nach der kinetischen Gastheorie wird das Atom oder das Molekül als eine elastische Kugel betrachtet; *b)* bei der Behandlung der Gasentladungen trägt die *Bohr*sche Theorie den meisten Erscheinungen Rechnung; *c)* zur Deutung der Bindung des Wasserstoffmoleküls sind bereits die Begriffe der Quantenmechanik erforderlich

Außer den erwähnten sind noch mehrere andere Elementarteilchen unter besonderen, meist mit sehr großen Energieänderungen verbundenen Versuchsbedingungen wahrnehmbar. Hierzu gehören das positiv geladene Gegenstück zum Elektron, Positron genannt, ferner das Neutrino, die verschiedenen Sorten der Mesonen und Baryonen.

Im folgenden wird versucht, auf Grund des obigen allgemeinen Bildes zur quantitativen Kenntnis der Eigenschaften von Mikrosystemen und auf dieser Grundlage zur Erläuterung der Makroerscheinungen zu gelangen.

Die Deutung einer Erscheinung ist um so einfacher, gleichzeitig jedoch um so skizzenhafter und im allgemeinen bleibender, je einfacher die Eigenschaften der die Materie bildenden Mikrosysteme angenommen werden. Die Kompliziertheit des Modells ist übrigens dem jeweils untersuchten Problem angemessen. Zum Beispiel wird in der Theorie der Gase das Gasmolekül, solange keine elektrischen Erscheinungen auftreten, als eine glatte, elastische Kugel aufgefaßt. Bei Gasentladungen ist das *Bohr*sche Modell der Quantentheorie völlig ausreichend, während hinsichtlich der Einzelheiten der chemischen Bindung nur die Wellenmechanik zulässig ist (Abb. **0**.2).

Wie bereits erwähnt, ist das Elektron der Hauptdarsteller der Elektronenphysik, gleichgültig ob diese im engeren oder im weiteren Sinne genommen wird. Deshalb soll die Bestimmung einer der wichtigsten Kenngrößen, der Ladung des Elektrons, eingehend behandelt werden. Der grundlegende Versuch *Millikans* liefert nämlich diesen Wert unmittelbar, ohne die Kenntnis einer anderen atomaren Konstanten zu erfordern. Beim *Millikan*schen Versuch (Abb. **0**.3) wird die Bewegung eines aus vielen Teilchen bestehenden,

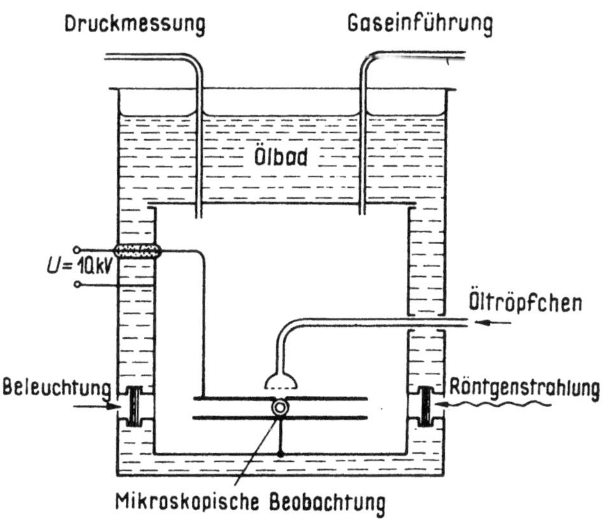

0.3   *Millikans* Versuchsanordnung zur Bestimmung der Ladung des Elektrons

d. h. makroskopischen Körpers, des geladenen Öltröpfchens, in Anwesenheit eines Gases untersucht. Die sonst »mikroskopischen«, also äußerst kleinen Öltröpfchen werden mit Hilfe eines Vergasers erzeugt und in den Raum eines Kondensators eingeführt. Den Öltröpfchen wird eine Ladung erteilt, indem man den Kondensatorraum mit Röntgenlicht beleuchtet. Die Quanten des Röntgenlichtes schlagen Elektronen aus der Oberfläche des Öltröpfchens heraus. Die Bewegung eines ausgewählten Öltröpfchens kann von der Seite her über ein Mikroskop beobachtet werden.

In Abwesenheit eines elektrischen Feldes beginnt das Tröpfchen im Gravitationsfeld mit ständig zunehmender Geschwindigkeit zu fallen und wird bis zu der Geschwindigkeit v_0 beschleunigt, bei welcher die darauf einwirkende Gravitationskraft Mg und die proportional der Geschwindigkeit anwachsende Reibungskraft kv_0 einander gleich werden. Anschließend fällt das Tröpfchen mit konstanter Geschwindigkeit, bestimmt durch die Gleichung

$$Mg = kv_0.$$

In dieser Gleichung bezeichnen M die Masse des Öltröpfchens, g die Erdbeschleunigung, v_0 die Endgeschwindigkeit des Öltröpfchens und k einen Faktor, dessen Wert von der Form des Tröpfchens sowie von der Reibungszahl abhängig ist. Für kugelförmige Tröpfchen ist die Reibungskraft nach dem *Stokes*-Gesetz bestimmbar,

$$F = 6\pi\eta\, r_0 v_0,$$

wobei η die innere Reibungszahl der Luft und r_0 den Kugelradius bezeichnen. Hiermit ergibt sich für den Faktor k der Wert

$$k = 6\pi\eta\, r_0.$$

Die Endgeschwindigkeit ist somit

$$v_0 = \frac{Mg}{k} = \frac{Mg}{6\pi\eta r_0} = \frac{\dfrac{4\pi}{3} r_0^3 \varrho_0 g}{6\pi\eta r_0} = \frac{2}{9}\, r_0^2 \frac{\varrho_0}{\eta}\, g, \tag{1}$$

wobei ϱ_0 die Dichte des Öltröpfchens bedeutet. Bei genaueren Berechnungen ist auch der Auftrieb in Luft zu berücksichtigen. Zu diesem Zweck setzt man $\varrho_0 - \varrho_1$ an Stelle von ϱ_0, wobei ϱ_1 die Luftdichte bezeichnet. Im feldlosen Zustand wird demnach die Endgeschwindigkeit des Tröpfchens durch die folgende Gleichung bestimmt:

$$6\pi\eta r_0 v_0 = \frac{4\pi}{3} r_0^3 (\varrho_0 - \varrho_1)\, g.$$

Diese Gleichung läßt sich zur Berechnung des Wertes r_0 verwenden, indem man v_0 mißt und die Werte η, ϱ_0, ϱ_1, g Tabellen entnimmt; die direkte Messung von r_0 würde nämlich auf Schwierigkeiten stoßen. Da die Geschwindigkeit v_0 klein ist, nimmt das Öltröpfchen diese Endgeschwindigkeit in sehr kurzer Zeit an.

Wird nun das Kraftfeld des Kondensators eingeschaltet, so beträgt die auf das Tröpfchen der Ladung Q einwirkende Kraft

$$\frac{4\pi}{3} r_0^3 (\varrho_0 - \varrho_1)\, g \pm QE.$$

Es gilt das Vorzeichen $+$ bzw. $-$, je nachdem, ob das Feld E der Schwerkraft gleich- bzw. entgegengerichtet ist. Bei gleichgerichteten Kräften ist demnach die sich einstellende Endgeschwindigkeit durch die folgende Gleichung bestimmt:

$$6\pi\eta\, r_0 v = QE + \frac{4\pi}{3} r_0^3 (\varrho_0 - \varrho_1)\, g = QE + 6\pi\eta\, r_0 v_0. \tag{2}$$

Die Geschwindigkeit des geladenen Öltröpfchens ändert sich mit der Feldstärke in fast vollkommenem Gleichlauf: Sie kann vergrößert und verkleinert werden, oder das Tröpfchen kann bei entsprechender Feldstärke in der Schwebe gehalten werden. Bei konstanter Feldstärke ist die Geschwindigkeit von der Ladung des Öltröpfchens abhängig, so daß die Ladung aus der Geschwindigkeit ermittelt werden kann:

$$Q = \frac{6\,\pi\eta\,r_0}{E}\,(v - v_0)\,.$$

Diese Messung wurde von *Millikan* mit äußerster Sorgfalt durchgeführt (im Jahre 1909). Er fand, daß die Geschwindigkeit eines gegebenen Öltröpfchens auch bei konstanter Feldstärke verschieden sein kann, u. zw. seiner unterschiedlichen Ladung entsprechend. Die Endgeschwindigkeitswerte bilden jedoch keine kontinuierliche Menge, da auch die Ladung des Öltröpfchens sich nur sprungweise ändern kann. Aus der obigen Gleichung können die zu den verschiedenen Geschwindigkeiten gehörenden Q-Werte berechnet werden. *Millikan* fand, daß die jeweilige Ladung ein ganzzahliges Vielfaches einer kleinsten Ladungsmenge ist:

$$Q = nq_e; \quad n = 1,\ 2,\ \ldots,$$

wobei q_e eben die Ladung des Elektrons darstellt. Ihr Wert beträgt

$$q_e = -1{,}6022 \cdot 10^{-19}\ \mathrm{C} = -e\ \mathrm{As}.$$

Im folgenden bezeichnet q_e im allgemeinen die Ladung mit ihrem Vorzeichen, e dagegen den positiven Zahlenwert der Ladung.

Die Bedeutung des *Millikan*schen Versuches besteht darin, daß dieser Versuch den Zahlenwert der Elektronenladung von jeder anderen Mikrokonstante unabhängig liefert.

Um die Größenordnung der bei diesem Versuch vorkommenden Zahlenwerte zu sehen, untersuchen wir das Geschick eines Öltröpfchens gegebener Abmessungen. Die Daten sind:

$$E = 10^4\,\frac{\mathrm{V}}{\mathrm{m}}\,;\ r_0 = 10^{-7}\,\mathrm{m} = 0{,}1\,\mu\,;\ \varrho_0 = 9\cdot 10^2\,\frac{\mathrm{kg}}{\mathrm{m^3}}\,;\ \varrho_1 = 1{,}29\,\frac{\mathrm{kg}}{\mathrm{m^3}}\,;\ \eta = 1{,}80\cdot 10^{-5}\,\frac{\mathrm{kg}}{\mathrm{ms}}\,.$$

Im Naturzustand fällt das Tröpfchen nach der Beziehung (1) mit der Geschwindigkeit $v_0 = 1{,}09 \cdot 10^{-6}\ \mathrm{ms^{-1}}$. Falls nun das Öltröpfchen unter Einwirkung der Röntgenstrahlung zwei Elektronenladungen verliert und an die obere Elektrode eine positive Spannung gelegt wird, dann wird das Öltröpfchen beschleunigt und erreicht in weniger als 10^{-6} s seine neue, der Gleichung (2) entsprechende Geschwindigkeit von $9{,}5 \cdot 10^{-5}\ \mathrm{ms^{-1}}$. Bei der ursprünglichen Messung wurde die Elektronenladung durch die Messung eben dieser Geschwindigkeit ermittelt.

Durch Messung der Elektronenladung ist es uns gelungen, in die Mikrowelt quantitativ einzutreten: Von q_e ausgehend, können die anderen Mikrokennwerte nacheinander ermittelt werden. Es ist zum Beispiel nunmehr möglich, die *Faraday*-Konstante durch makroskopische Messung zu bestimmen. Diese Konstante ist gleich der Ladungsmenge, die zum Ausscheiden der Äquivalentmenge eines beliebigen Stoffes erforderlich ist

$$F = 9{,}6487 \cdot 10^7 \text{ As (kmol)}^{-1}.$$

Beim Ausscheiden von Ionen der Wertigkeit eins ist diese Ladung gleich N_A, wobei N_A die Zahl der in der Äquivalentmenge vorhandenen Teilchen, die *Avogadro*-Konstante, bedeutet. Somit ist

$$N_A = \frac{F}{e} = 6{,}02217 \cdot 10^{26} (\text{kmol})^{-1}.$$

Damit läßt sich bereits die durchschnittliche, in Kilogramm ausgedrückte Masse der verschiedenen Atome ermitteln.

1. TEIL

Die Bewegung geladener Teilchen in elektrischen und magnetischen Feldern

Nachstehend wird erörtert, wie die geladenen Teilchen sich in elektrischen und magnetischen Feldern im Vakuum bewegen. Der Raumteil, in dem das Teilchen sich bewegt, ist also entweder ein nach Evakuierung zugelöteter Behälter oder eine Einrichtung, aus der die über die verschiedenen Dichtungen, Hähne usw. eindringende Luft ständig abgepumpt wird. Das erforderliche Vakuum beträgt 10^{-4} bis 10^{-6} Torr.

Neben den elektrischen und magnetischen Kräften wird die Gravitationskraft vernachlässigt, da die letztere um viele Größenordnungen kleiner ist als die ersteren.

Bezeichnet man die Masse des Teilchens mit m und seine Ladung mit q, dann ist die Kraft, die im elektrischen Feld E sowie im magnetischen Feld B auf das Teilchen einwirkt,

$$F = qE + qv \times B.$$

Hier wird F in Newton, E in V/m, q in As, v in m/s und B in Vs/m^2 gemessen. Unter Einwirkung dieser Kraft bewegt sich das Teilchen dem klassischen Bewegungsgesetz gemäß:

$$\frac{\mathrm{d}mv}{\mathrm{d}t} = qE + qv \times B,$$

d. h. die Änderung des Impulses je Zeiteinheit ist gleich der Kraft.

In dieser Fassung gilt das Bewegungsgesetz auch im relativistischen Bereich, d. h. auch dann, wenn $v \to c$ (wobei c die Lichtgeschwindigkeit bedeutet) und m nicht konstant ist. Bei kleinen Geschwindigkeiten — wo m der Ruhmasse m_0 gleichgesetzt werden kann — gilt diese Gleichung in der Form

$$m\frac{\mathrm{d}v}{\mathrm{d}t} = qE + qv \times B. \tag{1}$$

E und B sind im allgemeinen Funktionen von Ort und Zeit:

$$E = E(r, t); \quad B = B(r, t).$$

Die Integration der Bewegungsgleichung ist selbstverständlich nur dann möglich, wenn E und B bekannt sind. Die Aufgabe wird einfacher, falls E und B von der Zeit unabhängig sind und ihre Änderung im Raum einer einfachen Gesetzmäßigkeit folgt. Nachstehend werden zuerst Bewegungen in solchen einfachen Feldern untersucht. Auf kompliziertere Felder wird dann stufenweise übergegangen.

Bei unserer Behandlung wird die Rückwirkung des Teilchens auf das Feld grundsätzlich vernachlässigt; insbesondere werden hier die Korrekturen außer acht gelassen, die sich aus der elektromagnetischen Strahlung ergeben, welche durch das beschleunigte Teilchen selbst erzeugt wird.

1.1 Energieverhältnisse in statischen Feldern

Die genaue Bestimmung des Ablaufs der Bewegung ist auf Grund der Bewegungsgleichungen auch dann sehr kompliziert, wenn die zeitliche Änderung außer acht bleibt, d. h. wenn die Feldgrößen lediglich Funktionen des Ortvektors r sind. Es ist trotzdem möglich, ohne besondere Annahmen hinsichtlich des Feldaufbaus und ohne eingehende Behandlung der Bewegung eine interessante Beziehung für die Energie des sich bewegenden Teilchens abzuleiten. Unser Teilchen soll sich im untersuchten Zeitintervall t_1 bis t_2 zwischen den Punkten P_1 und P_2 auf der gezeichneten Bahn (Abb. 1.1) bewegen. Wir integrieren beide Seiten der Gleichung (1) entlang dieses Abschnitts:

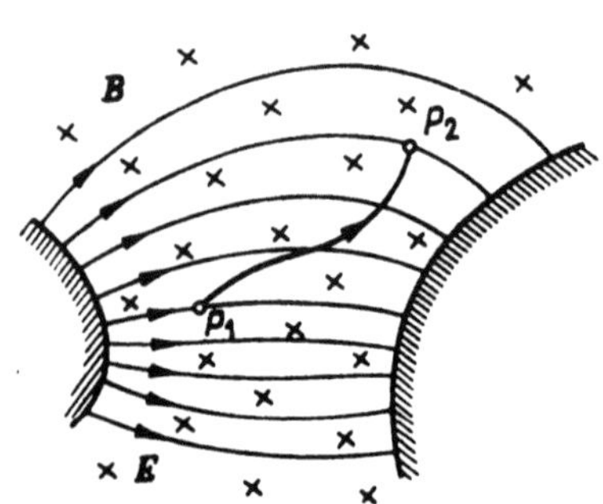

1.1 Bewegung eines geladenen Teilchens im gemeinsam angewandten statischen elektrischen und magnetischen Feld

$$\int_{P_1}^{P_2} m \frac{dv}{dt} \, dr = q \int_{P_1}^{P_2} E \, dr + q \int_{P_1}^{P_2} (v \times B) \, dr.$$

Die linke Seite dieser Gleichung läßt sich wie folgt schreiben:

$$\int_{P_1}^{P_2} m \frac{dv}{dt} \, dr = \int_{v_1}^{v_2} m \frac{dr}{dt} \, dv = \int_{v_1}^{v_2} mv \, dv = \frac{1}{2} mv_2^2 - \frac{1}{2} mv_1^2.$$

Das erste Glied der rechten Seite ist

$$q \int_{P_1}^{P_2} E \, dr = - q \int_{P_1}^{P_2} \operatorname{grad} U \, dr = (U_1 - U_2) q.$$

Der zweite Term der rechten Seite ergibt Null: Die Vektoren v und dr sind parallel zueinander, so daß der Wert des gemischten Produktes gleich Null ist. Man erhält also das Ergebnis:

$$\frac{1}{2} mv_2^2 - \frac{1}{2} mv_1^2 = q(U_1 - U_2),$$

oder

$$\frac{1}{2}\,mv_1^2 + qU_1 = \frac{1}{2}\,mv_2^2 + qU_2\,. \tag{2}$$

In dieser Gleichung erkennt man den Satz von der Erhaltung der Energie. Die linke bzw. die rechte Seite der Gleichung ergibt die Gesamtenergie des Teilchens, d. h. die Summe seiner kinetischen und potentiellen Energie, im Punkt P_1 bzw. P_2. In der Energiegleichung kommt das magnetische Feld nicht vor. Bei der Gestaltung der Bahn spielt selbstverständlich auch das magnetische Feld eine Rolle, doch kann es nur die Richtung, nicht aber die Größe der Geschwindigkeit ändern, da die sich aus dem magnetischen Feld ergebende Kraft überall senkrecht zur Bahn ist.

Ist das Potential bekannt, so kann die obige Beziehung zur Berechnung der Teilchengeschwindigkeit in einem beliebigen Punkt des Raumes verwendet werden. Nach der Gleichung (2) ist nämlich

$$v_2 = \sqrt{\frac{2q(U_1 - U_2)}{m} + v_1^2}\,. \tag{3}$$

Setzt man $U_1 - U_2 = U$ für die Spannungsdifferenz zwischen den zwei Punkten und ist die im Punkte P_1 gemessene Anfangsgeschwindigkeit gleich Null, dann ist

$$v_2 = \sqrt{\frac{2q}{m}\,U}\,. \tag{4}$$

Die Geschwindigkeit kann in jedem beliebigen statischen elektrischen und magnetischen Feld aus der Gleichung (3) oder — falls die Anfangsgeschwindigkeit gleich Null ist — aus der Gleichung (4) berechnet werden.

Die Energie eines geladenen Teilchens kann also aus seiner Geschwindigkeit mit Hilfe der Formel $(1/2)\,mv^2$ oder, falls die von dem Teilchen durchlaufene Spannung bekannt ist, aus qU berechnet werden.

Ist von einem Teilchen bekannt, daß es eine bestimmte Ladung besitzt, dann ist durch Angabe der Spannung auch die Energie eindeutig gekennzeichnet. In der Elektronik ist es somit zweckmäßig, eine neue Energieeinheit einzuführen. Eine der gebräuchlichsten Arbeits- oder Energieeinheiten der Elektronik ist das Elektronenvolt (eV). 1 eV ist die Energie, die ein Teilchen erhalten hat, falls es die Ladung

$$e = 1,6 \cdot 10^{-19}\ \text{C}$$

besitzt und die Spannungsdifferenz von 1 V durchlaufen hat. Es gilt demnach

$$1\,\text{eV} = 1,6 \cdot 10^{-19}\,\text{Ws},$$

$$1\,\text{Ws} = \frac{1}{1,6 \cdot 10^{-19}}\ \text{eV} = 6,24 \cdot 10^{18}\,\text{eV}.$$

1.2 Die Bewegung in homogenen statischen Feldern

1.2.1 Elektrisches Feld

Beliebige Anfangsgeschwindigkeit. Beschränkt man sich vorerst auf elektrische Felder und noch dazu auf das einfachste dieser Felder, das homogene elektrische Feld, dann erhält man sehr einfache, aber für die Praxis außerordentlich wichtige Bewegungstypen. Ein annähernd homogenes Feld erhält

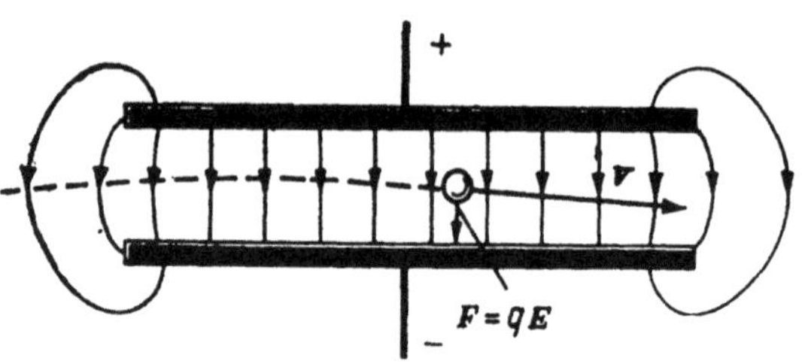

man zwischen zwei ebenen Flächen großer Ausdehnung nach Abb. 1.2. Auf das Teilchen der Ladung q und der Masse m wirkt die Kraft $q\boldsymbol{E}$ ein. Folglich nimmt die Bewegungsgleichung die folgende Form an:

1.2 Die auf das Teilchen im Felde eines Kondensators einwirkende Kraft

$$m\,\frac{\mathrm{d}\boldsymbol{v}}{\mathrm{d}t} = q\boldsymbol{E}\,.$$

Der Wert q schließt hier auch das Vorzeichen mit ein. Die Richtung und die Größe der Beschleunigung sind konstant, da $\boldsymbol{E}$ nach unserer Annahme konstant ist

$$\frac{\mathrm{d}\boldsymbol{v}}{\mathrm{d}t} = \boldsymbol{a} = q\,\frac{\boldsymbol{E}}{m}\,.$$

In einem beliebigen Augenblick t ist also die Geschwindigkeit

$$\boldsymbol{v} = \boldsymbol{v}_0 + \int\limits_{t_0}^{t} q\,\frac{\boldsymbol{E}}{m}\,\mathrm{d}t = q\,\frac{\boldsymbol{E}}{m}\,(t - t_0) + \boldsymbol{v}_0$$

falls der Wert der Geschwindigkeit im Zeitpunkt $t = t_0$ gerade gleich $\boldsymbol{v}_0$ war. Der Ortsvektor des Teilchens ist

$$\boldsymbol{r} - \boldsymbol{r}_0 = \int\limits_{t_0}^{t} \frac{\mathrm{d}\boldsymbol{r}}{\mathrm{d}t}\,\mathrm{d}t = \int\limits_{t_0}^{t} \boldsymbol{v}\,\mathrm{d}t = q\,\frac{\boldsymbol{E}}{m} \int\limits_{t_0}^{t} (t - t_0)\,\mathrm{d}t + \boldsymbol{v}_0 \int\limits_{t_0}^{t} \mathrm{d}t\,.$$

Als Endergebnis erhält man somit

$$\boldsymbol{r}(t) = \frac{1}{2}\,q\,\frac{\boldsymbol{E}}{m}\,(t - t_0)^2 + \boldsymbol{v}_0(t - t_0) + \boldsymbol{r}_0\,,$$

falls der Ortsvektor des Teilchens im Zeitpunkt $t = t_0$ gerade $\boldsymbol{r}_0$ war. Im letzten Zusammenhang stellt $\boldsymbol{v}_0(t - t_0)$ eine Bewegung mit der gleichbleibenden Geschwindigkeit $\boldsymbol{v}_0$ dar; der erste Term ist dagegen eine gleichförmig beschleunigte Bewegung in Feldrichtung. Die Resultante dieser Bewegungen ergibt die resultierende Bewegung nach Abb. 1.3a genauso,

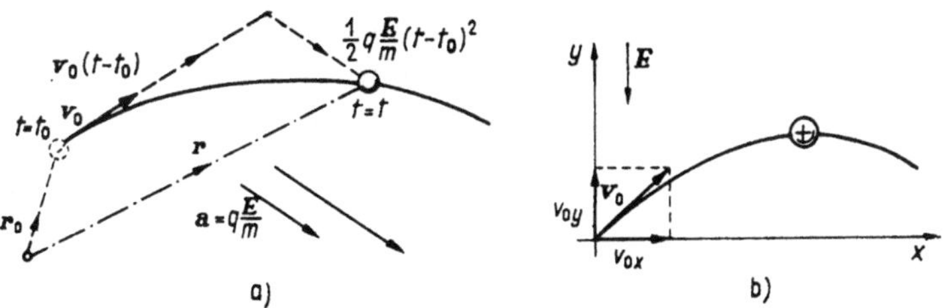

1.3 *a)* Die Bewegung eines Teilchens im homogenen elektrischen Feld; *b)* die Bewegung beim schiefen Wurf

wie dies aus der Mechanik bei der Behandlung des schiefen Wurfes bekannt ist.

Wir wählen unser Koordinatensystem nach Abb. 1.3b derart, daß die Feldrichtung mit der Richtung der negativen y-Achse zusammenfällt. Das Teilchen soll im Zeitpunkt $t_0 = 0$ vom Anfangspunkt $r_0 = 0$ mit der Anfangsgeschwindigkeit v_0 starten. Die Bewegungsgleichungen sind dann

$$a = q\,\frac{E}{m}\,,$$

$$v = q\,\frac{E}{m}\,t + v_0\,,$$

$$r = \frac{1}{2}\,q\,\frac{E}{m}\,t^2 + v_0 t$$

bzw. in Komponenten zerlegt

$$a_x = 0\,,$$

$$a_y = -\,q\,\frac{E}{m}\,,$$

$$v_x = v_{0x}\,,$$

$$v_y = -\,q\,\frac{E}{m}\,t + v$$

$$x = v_{0x}t\,,$$

$$y = -\,\frac{1}{2}\,\frac{q}{m}\,Et^2 + v_{0y}t\,.$$

Aus diesen Gleichungen kann jede uns interessierende Angabe, so z. B. auch die Bahn des Teilchens, berechnet werden. Die beiden letzten Gleichungen stellen nämlich gerade die Bahngleichung in parametrischer Form dar. Wird nun die Veränderliche t mit Hilfe der Beziehung $t = x/v_{0x}$ auch aus der letzten Gleichung eliminiert, erhält man

$$y = -\frac{1}{2}\frac{q}{m}\frac{E}{v_{0x}^2}x^2 + \frac{v_{0y}}{v_{0x}}x \, .$$

Wie ersichtlich, ist die Bahn eine Parabel.

Anfangsgeschwindigkeit Null. Untersuchen wir nun zwei Sonderfälle, die für die Praxis wichtig sind. Zuerst soll das Teilchen mit der Anfangsgeschwindigkeit Null vom Mittelpunkt des Koordinatensystems starten. Die Bewegungsgleichungen sind dann:

$$a_y = -q\frac{E}{m} \, , \quad v_y = -q\frac{E}{m}t \, , \quad y = -\frac{1}{2}\frac{q}{m}Et^2 .$$

Dies entspricht dem freien Fall. Ist der Abstand d der Kondensatorplatten gegeben, so ergibt sich die Gesamtdauer des Fluges aus der letzten Gleichung zu

$$t_d = \sqrt{2d\frac{m}{q}\frac{1}{E}} \, .$$

Beim Erreichen der unteren Elektrode stößt das beschleunigte Teilchen gegen sie und übergibt seine kinetische Energie, wobei die Elektrode erwärmt wird. Wird eine Öffnung in diese Elektrode geschnitten, dann fliegt das Teilchen mit seiner Endgeschwindigkeit weiter; *auf diese Weise kann man geladene Teilchen gegebener Geschwindigkeit erhalten.*

Der Endwert der Energie des Teilchens beträgt

$$\frac{1}{2}mv_y^2 = \frac{m}{2}(a_y t_d)^2 = \frac{1}{2}m\frac{q^2E^2}{m^2}2d\frac{m}{q}\frac{1}{E} = qEd = qU .$$

Dieses Ergebnis war zu erwarten. Es ist ja die potentielle Energie qU, die sich in kinetische Energie umsetzt. So kann die Endgeschwindigkeit aus der obigen Gleichung der Energieerhaltung auf einfache Weise berechnet werden:

$$v_y = \sqrt{\frac{2qU}{m}} \, .$$

Man sieht, daß die Endgeschwindigkeit von Teilchen gleicher Ladung, jedoch von verschiedener Masse, verschieden sein wird. Wird also ein Ionenmischungs-Bündel, bestehend aus Ionen verschiedener Masse, nach Abb. 1.4 beschleunigt, so erreichen die einzelnen Glieder des Bündels die Elektrode mit verschiedener Geschwindigkeit, und nach Durchfliegen der Elektrode teilen sich die Ionen verschiedener Masse in entsprechende Gruppen. Aus dem einzigen anfänglichen Stromimpuls entstehen also mehrere ankommende Stromimpulse. Auf diese Weise erhält man einen Massenspektrographen mit einem sehr einfachen Arbeitsprinzip.

Um uns über die Größenordnung der hierbei vorkommenden Geschwindigkeiten und Durchlaufzeiten zu informieren, ermitteln wir nun die Geschwindigkeit, auf die sich die zwei Isotope mit dem größten Massenverhältnis, d. h. das ionisierte Wasserstoffatom der Massenzahl 1 (das Proton) und das ionisierte Wasserstoffatom der Massenzahl 2 (das Deuteron), unter Einwirkung einer Spannungsdifferenz von 10 kV beschleunigen.

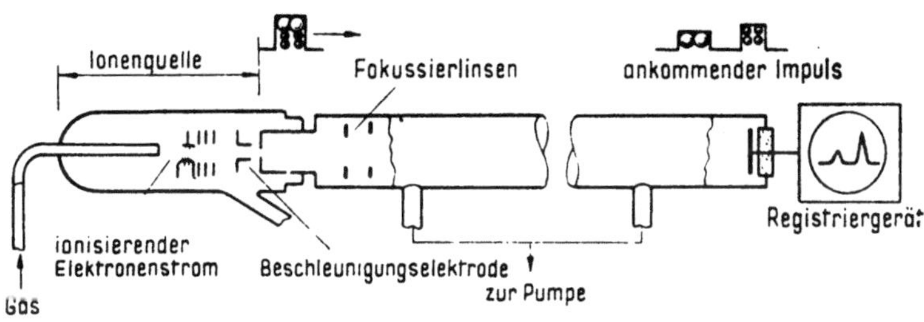

1.4   Der Impuls-Massenspektrograph. Gesamtlänge des Rohres etwa 3,5 m (nach *Wiley*)

Damit ist   ($m_p = 1{,}67 \cdot 10^{-27}$ kg, $m_d \approx 2 m_p$, $q_p = q_d = 1{,}6 \cdot 10^{-19}$ C)

$$v_p = \sqrt{\frac{2 \cdot 1{,}6 \cdot 10^{-19}}{1{,}67 \cdot 10^{-27}} \, 10^4} = 1{,}39 \cdot 10^6 \ \text{ms}^{-1},$$

$$v_d = \frac{1{,}39 \cdot 10^6}{\sqrt{2}} = 0{,}98 \cdot 10^6 \ \text{ms}^{-1}.$$

Diese Geschwindigkeiten sind also um zwei Größenordnungen kleiner als die Lichtgeschwindigkeit. Dementsprechend durchläuft ein Ion eine Entfernung von 1 m während einer Zeit von der Größenordnung von 1 µs. Bei einer Impulsdauer von ebenfalls 1 µs Größenordnung wird das »Bündel« von Protonen und Deuteronen nach dem Durchlaufen einiger Meter räumlich bereits getrennt. Bei all seiner prinzipiellen Einfachheit sind aber die Abmessungen dieses Massenspektrographen viel zu groß.

Anfangsgeschwindigkeit senkrecht auf dem elektrischen Feld. Als zweiter Fall soll das Teilchen im Feld des Kondensators mit der Anfangsgeschwindigkeit v_{0x} senkrecht zu den Feldlinien fliegen. Dies entspricht dem waagerechten Wurf. Die Feldrichtung soll in diesem Falle in Richtung der positiven y-Achse zeigen. Die Bewegungsgleichungen sind

$$x = v_{0x}t,$$

$$y = \frac{1}{2} \frac{q}{m} E t^2.$$

Die Bahngleichung ist somit

$$y = \frac{1}{2} \frac{q}{m} \frac{E}{v_{0x}^2} x^2.$$

Berechnen wir jetzt, wie weit das Bündel im Kraftfeld des Kondensators abgelenkt wird, gemessen auf einem Schirm, der in einer Entfernung L von der Mitte des Kondensators liegt. Nach Verlassen des Kraftfeldes bewegt sich das Teilchen in Richtung der Bahntangente mit konstanter

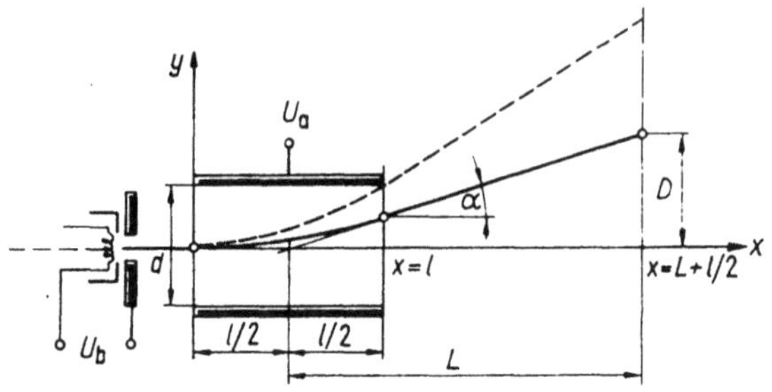

1.5 Ablenkung im Feld eines Plattenkondensators. Die gestrichelte Linie zeigt die Bahn bei größtmöglicher Ablenkung

Geschwindigkeit. Mit den Bezeichnungen der Abb. 1.5 gilt für den Richtungswinkel der Bahn im Augenblick, in dem das Kraftfeld verlassen wird

$$\operatorname{tg} \alpha = \left[\frac{dy}{dx}\right]_{x=l} = \left[\frac{q}{m}\frac{E}{v_{0x}^2}x\right]_{x=l} = q\frac{El}{mv_{0x}^2}\,.$$

Da die am Ort $x = l$ zur Parabel gezogene Tangente die x-Achse im Punkte $x = l/2$ schneidet, lautet die Gleichung dieser Tangente

$$y = \operatorname{tg}\alpha\left(x - \frac{l}{2}\right) = q\frac{E}{mv_{0x}^2}l\left(x - \frac{l}{2}\right)\,.$$

Die Ablenkung (d. h. die Ordinate der obigen Geraden am Ort $x = L + l/2$) ist somit

$$D = q\frac{E}{mv_{0x}^2}lL\,.$$

Die Ablenkung hängt also von der kinetischen Energie des Teilchens ab und ist ihr umgekehrt proportional.

Berücksichtigen wir nun, daß die Teilchen ihre Geschwindigkeit durch das Durchlaufen der Beschleunigungsspannung U_b erhielten. Es gilt dann

$$v_{0x} = \sqrt{\frac{2q}{m}U_b}\,.$$

Die zwischen den Platten vorhandene ablenkende Feldstärke E kann aus der Ablenkspannung U_a zwischen den Platten sowie aus dem Abstand d mit Hilfe der Formel

$$E = \frac{U_a}{d}$$

in guter Näherung ermittelt werden. Durch Einsetzen dieser Werte in die vorangehende Beziehung erhält man für die Ablenkung die Gleichung

$$D = \frac{1}{2}\,\frac{l}{d}\,\frac{U_\mathrm{a}}{U_\mathrm{l}}\,L\,. \tag{1}$$

Die Ablenkung ist also um so größer, je größer die Ablenkspannung, je kleiner die Beschleunigungsspannung und je größer der Abstand des Auffangschirmes sind. Es ist bemerkenswert, daß die Kenngrößen des Teilchens (q, m) in der Gleichung (1) *nicht* vorkommen. Mit einer Anordnung nach Abb. 1.5 können also diese Größen nicht bestimmt werden. Die Größe der Ablenkung ist proportional der an die Platten angelegten Spannung. Auf dieser Tatsache beruht die praktische Verwendbarkeit der obigen Anordnung. Mit geringen Abweichungen stellt diese das grundlegende Instrument der modernen elektronischen Meßtechnik, den Kathodenstrahloszillographen, dar.

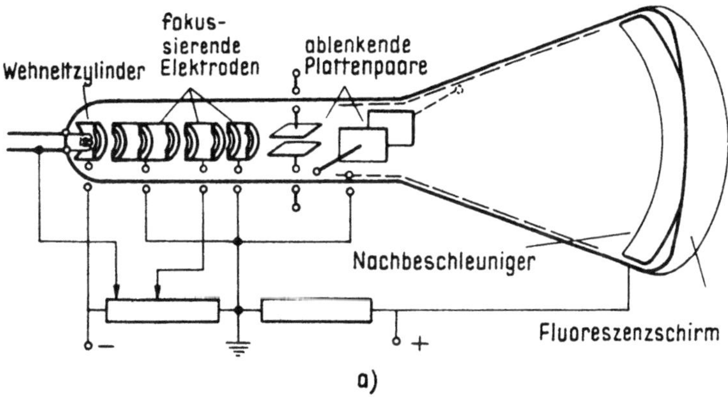

1.6 *a)* Kathodenstrahlröhre mit elektrostatischer Ablenkung. Die auf den Schirm gelangende Ladung wird von den erzeugten Sekundärelektronen durch den inneren Belag abgeführt. Der Nachbeschleuniger beschleunigt das bereits abgelenkte Bündel; dadurch läßt sich eine große Leuchtkraft bei nur geringer Verminderung der Empfindlichkeit erreichen

Die aus einer Glühkathode heraustretenden Elektronen werden mit Hilfe eines elektrischen Linsensystems — das später noch eingehender behandelt wird — zu einem scharfen Bündel fokussiert (Abb. 1.6a). Diese Elektronen gelangen in das Feld der Ablenkplatten, werden dort den obigen Ausführungen entsprechend abgelenkt und schlagen schließlich in einen Fluoreszenzschirm ein, auf dem sie einen wohldefinierten leuchtenden Punkt erzeugen.

Auch ein zweites Paar von Ablenkplatten, das ein Feld und damit eine Ablenkung senkrecht zum Feld und zur Ablenkung des ersten Plattenpaares erzeugt, kann im Wege des Bündels eingebaut werden. Die Lage des leuchtenden Punktes am Schirm ermöglicht es jetzt, den Wert beider Spannungen abzulesen.

Der größte Vorteil der Kathodenstrahlröhre besteht darin, daß die Lage des Bündels und damit die des leuchtenden Punktes Änderungen der Ablenkspannung meistens (jedoch nicht immer) praktisch trägheitslos folgt. Infolge des Nachleuchtens am Schirm einerseits und der Trägheit des menschlichen Auges andererseits sieht man bei schnellen Änderungen die Bahn des sich auf dem Schirm bewegenden Punktes. Eine besonders günstige Untersuchungsmöglichkeit ist gegeben, wenn man periodische,

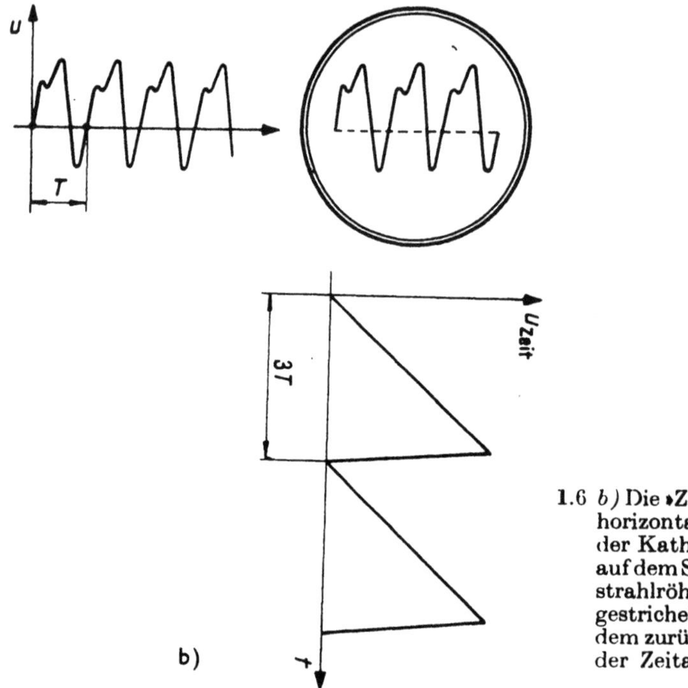

1.6 *b)* Die »Zeitablenkung« an den horizontalen Ablenkplatten der Kathodenstrahlröhre; das auf dem Schirm der Kathodenstrahlröhre sichtbare Bild. Die gestrichelte Linie entspricht dem zurückspringenden Zweig der Zeitablenkung

aber sonst beliebige Erscheinungen dem einen Plattenpaar zuführt, während am anderen Plattenpaar eine zeitproportionale Ablenkspannung angelegt wird. Diese Spannung erhöht sich linear (als Funktion der Zeit) von Null bis zu ihrem Höchstwert, der am Ende der Periode erreicht wird, fällt dann auf Null während einer im Vergleich zur Dauer der Periode sehr kurzen Zeit und beginnt wieder linear zu steigen. Eine Erscheinung dieser Art wird als Sägezahnschwingung (Kippschwingung) bezeichnet. Als Ergebnis der beschriebenen Anordnung sieht man am Schirm den zeitlichen Ablauf der untersuchten Erscheinung wie in einem Koordinatensystem aufgezeichnet (Abb. 1.6b).

Eine sehr wichtige Kenngröße der Kathodenstrahlröhren ist die Empfindlichkeit, d. h. die Ablenkung, die durch eine Ablenkspannung von einer Spannungseinheit erzeugt wird:

$$\frac{D}{U_a} = \frac{lL}{2dU_b}.$$

Um uns einen Begriff über die Größenordnung der praktisch erreichbaren Empfindlichkeit zu verschaffen, gehen wir von folgenden Daten aus:

$$d = 0{,}5\,\text{cm}, \quad l = 1{,}25\,\text{cm}, \quad L = 20\,\text{cm},$$

$$U_\text{a} = 30\,\text{V}, \quad U_\text{b} = 1\,\text{kV}.$$

Damit erhält man

$$D = \frac{1}{2}\,\frac{l}{d}\,\frac{U_\text{a}}{U_\text{b}}\,L = 0{,}75\,\text{cm}$$

$$\frac{D}{U_\text{a}} = 0{,}25\,\text{mm/V}.$$

Bei sehr hoher Frequenz (über 10^9 Hz) sind alle diese Überlegungen und Daten ungültig, da das Elektronenbündel selbst nicht mehr als trägheitslos angesehen werden kann [siehe Kap. 1.9.2].

Selbstverständlich können nicht nur zeitproportionale, sondern jeder anderen beliebigen Größe proportionale Spannungen an die horizontalen Ablenkplatten gelegt werden. Die Änderungen einer Größe, welche der dem anderen Plattenpaar zugeführten Spannung proportional ist, können somit als Funktion der gewählten Veränderlichen untersucht werden. Abb.1.7 gibt ein willkürliches, aber charakteristisches Beispiel, die Darstellung der Induktion als Funktion des Magnetisierungsstromes in einem magnetischen Kreis. Die am Widerstand R_1 (wobei $R_1 \ll \omega L \ll R_2$ ist) auftretende Spannung ist der Magnetisierungsstromstärke proportional, während die letztere der im Eisen gemessenen Feldstärke H proportional ist. Ist der Widerstand R_2 (im Verhältnis zu $1/\omega C$) groß, so ist die Stromstärke i in sehr guter Näherung

$$i \approx \frac{u}{R_2} = \frac{1}{R_2}\,\frac{\mathrm{d}\Phi}{\mathrm{d}t}\,.$$

Die Kondensatorspannung ist somit

$$u_C = \frac{1}{C}\int^t i\,\mathrm{d}t = \frac{1}{C}\int^t \frac{1}{R_2}\,\frac{\mathrm{d}\Phi}{\mathrm{d}t}\,\mathrm{d}t = \frac{\Phi}{CR_2}\,.$$

Daraus folgt, daß die vom Kondensator genommene Spannung dem Fluß Φ und mithin der Induktion B proportional ist. Wird also die vom Kondensator genommene

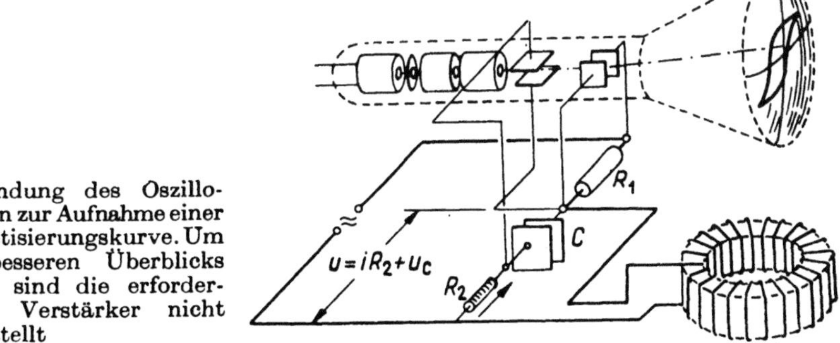

1.7 Verwendung des Oszillographen zur Aufnahme einer Magnetisierungskurve. Um des besseren Überblicks willen sind die erforderlichen Verstärker nicht dargestellt

Spannung — selbstverständlich nach entsprechender Verstärkung — an die vertikalen Ablenkplatten gelegt, so erhält man eine volle Hystereseschleife am Schirm des Oszillographen in jeder Periode der Wechselspannung.

Messung der spezifischen Ladung des Elektrons. Der Versuch *Millikans* hat den Wert der Elektronenladung von jedem anderen Wert unabhängig geliefert. Man kann aber auch versuchen, die Masse des Elektrons mit Hilfe der elektrostatischen Ablenkung zu ermitteln. In Formel (1) kommen jedoch keine, das Teilchen selbst betreffende Werte vor, sondern nur die makrogeometrischen Abmessungen sowie das Verhältnis der Ablenkspannung zur Beschleunigungsspannung. Der Versuch kann mit jedem beliebigen Teilchen wiederholt werden, die Ablenkung bleibt immer dieselbe.

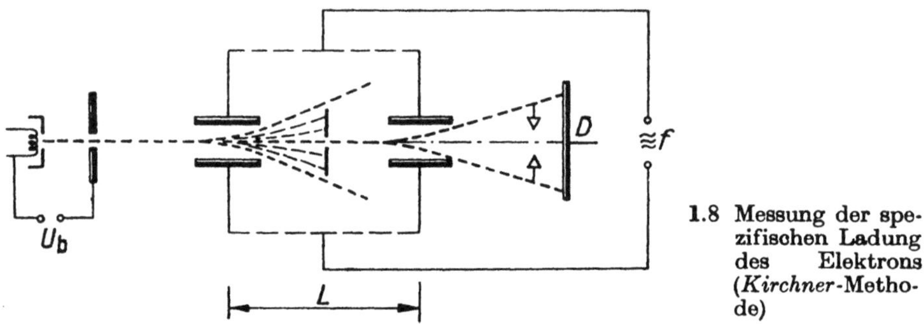

1.8 Messung der spezifischen Ladung des Elektrons (*Kirchner*-Methode)

Wird dagegen die Geschwindigkeit des Teilchens auf irgendeine Weise ermittelt, so kann man daraus und aus der Beschleunigungsspannung das Verhältnis e/m_e errechnen. Diese Geschwindigkeit kann auf folgende Weise gemessen werden (Abb. 1.8): Wir führen das mit der Spannung U_b beschleunigte Elektronenbündel in das Kraftfeld eines Ablenkkondensators ein und legen jetzt eine sinusförmige ablenkende Wechselspannung der sehr hohen Frequenz f an das Plattenpaar. Beim Durchgang werden die Elektronen je nach Richtung der augenblicklich herrschenden Feldstärke wechselnd nach oben bzw. unten abgelenkt. Nur diejenigen Elektronen werden nicht abgelenkt, bei deren Durchgang zwischen den Kondensatorplatten die Ablenkspannung gerade Null beträgt. Hinter dem ersten Plattenpaar ordnen wir nun, in entsprechender Entfernung, ein anderes ablenkendes Plattenpaar an. Zwischen diesen Platten können nunmehr lediglich die Elektronen durchgehen, die zwischen den ersten zwei Platten nicht abgelenkt wurden. Wird dieselbe Spannung auch an das zweite Plattenpaar angelegt, so werden auch diese Platten die zwischen sie gelangenden Elektronen ablenken, ausgenommen jene, die beim Nulldurchgang der Spannung hindurchgehen. Am Auffangschirm D treffen nur die Elektronen ohne Ablenkung auf, welche den Abstand zwischen den zwei Kondensatoren während der zwischen zwei Nulldurchgängen der Spannung verfließenden Zeit zurücklegen. Im einfachsten Fall ist also die Flugzeit

$$\tau = \frac{T}{2} = \frac{1}{2f}$$

und daraus die Geschwindigkeit

$$\sqrt{\frac{2e}{m_e}U_b} = v = \frac{2L}{T} = 2fL\,.$$

Für e/m_e erhält man

$$\frac{e}{m_e} = \frac{1}{2}\,\frac{v^2}{U_b} = \frac{2f^2L^2}{U_b}\,.$$

Auf der rechten Seite der Gleichung ist jede Größe meßbar, so daß der Wert e/m_e ermittelt werden kann. Der Wert beträgt

$$\frac{e}{m_e} = 1{,}759 \cdot 10^{11}\,\text{C/kg.}$$

Daraus erhält man mit dem Wert von e für die Masse des Elektrons

$$m_e = 9{,}10956 \cdot 10^{-31}\,\text{kg.}$$

Mit diesen Werten ist die Endgeschwindigkeit der unter Einwirkung der Spannungsdifferenz U beschleunigten Elektronen

$$v = 5{,}931 \cdot 10^5\,\sqrt{U}\,\text{ms}^{-1}.$$

Es ist hinzuzufügen, daß dieser Zusammenhang nur für solche Geschwindigkeiten brauchbar ist, die im Vergleich zur Lichtgeschwindigkeit klein sind; in der Praxis ist bei Spannungen über 10^4 V die später zu behandelnde relativistische Korrektur zu verwenden.

1.2.2 Die Bewegung des Teilchens im homogenen magnetischen Feld

Die Kraft, die auf ein Teilchen im homogenen magnetischen Feld ausgeübt wird, ist

$$\boldsymbol{F} = q(\boldsymbol{v} \times \boldsymbol{B}) = m\,\frac{\mathrm{d}\boldsymbol{v}}{\mathrm{d}t}\,.$$

Man sieht, daß die Kraft immer senkrecht zur Geschwindigkeit gerichtet ist. Dies bedeutet, daß das Feld nur die Richtung, nicht aber den Betrag der Geschwindigkeit beeinflußt. Wenn wir diese Gleichung mit $\boldsymbol{v}$ multiplizieren, so ergibt sich sofort

$$m\boldsymbol{v}\,\frac{\mathrm{d}\boldsymbol{v}}{\mathrm{d}t} = q\boldsymbol{v}(\boldsymbol{v} \times \boldsymbol{B}) = 0,$$

d. h.

$$\frac{\mathrm{d}v^2}{\mathrm{d}t} = 0\,, \quad v^2 = \text{const}\,, \quad |\boldsymbol{v}| = \text{const.}$$

Betrachten wir nun ein Teilchen, dessen Anfangsgeschwindigkeit $\boldsymbol{v}_0$ senkrecht zur magnetischen Induktion gerichtet ist (Abb. 1.9): In diesem Fall liegen der Vektor der Geschwindigkeit sowie der Vektor der Kraft in der

zu **B** senkrechten Ebene, so daß. die Bewegung eine ebene Bewegung ist,
u. zw. eine solche, bei der die wirksame Kraft zur Geschwindigkeit stets
senkrecht steht und der Absolutwert der Geschwindigkeit konstant, also
$|\boldsymbol{v}| = |\boldsymbol{v}_0|$ ist. Diese Bewegung ist daher
eine gleichförmige Kreisbewegung. Das
Teilchen bewegt sich also auf einer Kreisbahn. Die Beschleunigung des sich auf
einer Kreisbahn bewegenden Körpers ist
v^2/r; die *Newton*sche Bewegungsgleichung
lautet daher

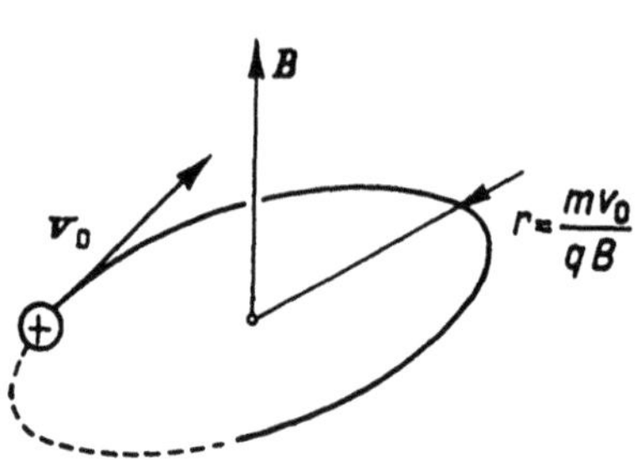

$$\frac{mv^2}{r} = qvB.$$

1.9   Bewegung eines geladenen
Teilchens im homogenen magnetischen Feld (Spezialfall:
$\boldsymbol{v}_0 \perp \boldsymbol{B}$)

Diese Gleichung kann auch als Gleich-
gewichtsbeziehung der Kraft F sowie der
Zentrifugalkraft mv^2/r aufgefaßt werden.
Schließlich wird

$$r = \frac{mv}{qB}.$$

Der Radius r ist also dem Impuls des Teilchens proportional.

Die Zeit eines Umlaufs beträgt

$$T = \frac{2\,\pi r}{v} = \frac{2\,\pi m}{qB}.$$

Die Frequenz der Drehbewegung ist somit

$$f = \frac{1}{T} = \frac{qB}{2\,\pi m}.$$

Die Winkelgeschwindigkeit ist

$$\omega = \frac{2\pi}{T} = \frac{qB}{m}.$$

Man beachte, daß *die Winkelgeschwindigkeit des Teilchens von seiner Geschwindigkeit unabhängig ist und nur vom magnetischen Feld sowie von der
spezifischen Ladung abhängt.*

Das auf einem Kreis vom Radius r sich bewegende Teilchen hat die Energie

$$W = \frac{1}{2}\,mv^2 = \frac{1}{2}\,m\left(\frac{qBr}{m}\right)^2 = \frac{1}{2}\,\frac{q^2B^2r^2}{m}.$$

Fall das Teilchen die Geschwindigkeit v beim Durchlaufen der Beschleunigungsspannung U erhielt, gilt

$$v = \sqrt{\frac{2q}{m}\,U}.$$

Für die Formel des Radius r ergibt sich damit der Zusammenhang

$$r = \sqrt{\frac{2m}{q}} \, \frac{\sqrt{U}}{B}\,.$$

Daraus ist ersichtlich, daß der Radius von der spezifischen Ladung q/m, also von der Art des Teilchens abhängig ist. Werden verschiedenartige Teilchen mit der gleichen Spannung beschleunigt, so erhält man verschiedene Radien. Die Anordnung trennt also die Teilchen je nach spezifischer Ladung. Das ist somit der einfachste Massenspektrograph, der praktisch verwirklicht werden kann.

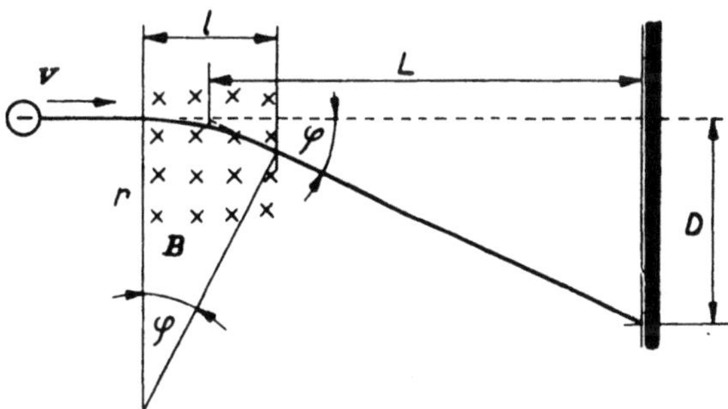

1.10 Ablenkung im homogenen
magnetischen Feld

Bei nicht-relativistischen Geschwindigkeiten erhält man die folgenden numerischen Beziehungen für das Elektron:

$$r^{\mathrm{m}} = 3{,}37 \cdot 10^{-6}\,\frac{\sqrt{U^{\mathrm{V}}}}{B^{\mathrm{Vs/m^2}}}\,, \qquad r^{\mathrm{cm}} = 3{,}37\,\frac{\sqrt{U^{\mathrm{V}}}}{B^{\mathrm{Gauß}}}$$

und für das Proton

$$r^{\mathrm{m}} = 1{,}44 \cdot 10^{-4}\,\frac{\sqrt{U^{\mathrm{V}}}}{B^{\mathrm{Vs/m^2}}}\,, \qquad r^{\mathrm{cm}} = 144\,\frac{\sqrt{U^{\mathrm{V}}}}{B^{\mathrm{Gauß}}}\,.$$

Mit Hilfe eines homogenen magnetischen Feldes kann ein Teilchenbündel, z. B. ein Elektronenstrahl, auf dieselbe Weise abgelenkt werden, wie mittels des elektrischen Feldes (Abb. 1.10). Bei einem nicht zu großen Ablenkwinkel ist

$$D = L\,\mathrm{tg}\varphi \approx L\varphi.$$

Andererseits gilt

$$r\varphi \sim l,$$

so daß

$$\varphi = \frac{l}{r}$$

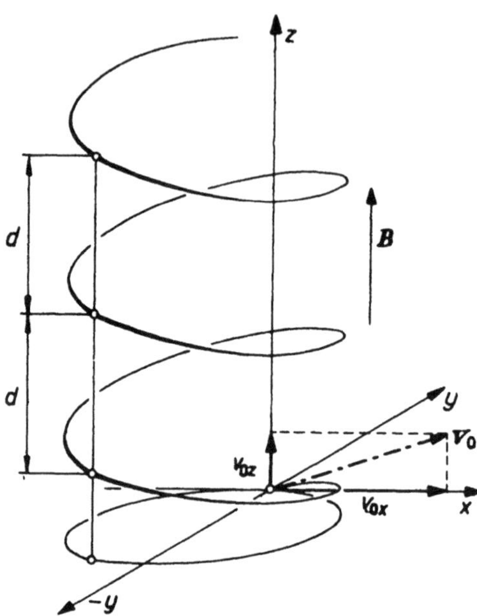

1.11 Die Bewegung im homogenen magnetischen Feld, falls die Anfangsgeschwindigkeit nicht senkrecht zu **B** ist

und daher

$$D = \frac{Ll}{r} = LlB\,\frac{q}{mv}$$

ist.

Auf diese Weise läßt sich eine Kathodenstrahlröhre mit magnetischer Ablenkung verwirklichen. Die Ablenkung ist umgekehrt proportional dem Impuls des Teilchens, also nicht der Energie, wie dies beim elektrischen Feld der Fall ist.

Betrachten wir nun den allgemeinen Fall, in welchem die Anfangsgeschwindigkeit des Teilchens einen beliebigen Winkel mit **B** einschließt (Abb. 1.11):

Wir zerlegen v_0 in die Komponenten v_{0x} und v_{0z} wie in der Abbildung dargestellt. Qualitativ ist es von vornherein klar, daß die entstehende Bewegung einer Schraubenlinie folgt. Die Komponente v_{0x} bewirkt eine kreisförmige Bewegung, während v_{0z} mit **B** gleichgerichtet ist und deshalb keine Kraft hervorruft. Unter Einwirkung von v_{0x} kommt somit eine Kreisbewegung zustande, während v_{0z} außerdem eine zur Kreisebene senkrechte, gleichförmige, geradlinige Bewegung ergibt. Beide ergeben eine schraubenlinienförmige Bewegung.

Das über Teilchenbewegung im homogenen Feld bisher Gesagte läßt sich folgendermaßen zusammenfassen: Die Geschwindigkeit wird in die mit den **B**-Linien parallele Komponente $v_{\parallel}$ und die dazu senkrechte Komponente $v_{\perp}$ zerlegt

$$v = v_{\parallel} + v_{\perp}.$$

Die Bewegungsgleichung ist

$$m\,\frac{\mathrm{d}(v_{\parallel} + v_{\perp})}{\mathrm{d}t} = q(v_{\perp} + v_{\parallel}) \times \boldsymbol{B} = q v_{\perp} \times \boldsymbol{B},$$

und da die rechte Seite immer senkrecht zu **B** ist, gilt

$$\frac{\mathrm{d}v_{\parallel}}{\mathrm{d}t} = 0, \qquad v_{\parallel} = \text{const},$$

$$\frac{\mathrm{d}v_{\perp}}{\mathrm{d}t} = \frac{q}{m}\,v_{\perp} \times \boldsymbol{B} = -\frac{q}{m}\,\boldsymbol{B} \times v_{\perp}.$$

Wird der Kreisfrequenzvektor

$$\boldsymbol{\omega} = -\frac{q}{m}\,\boldsymbol{B}$$

eingeführt, erhält man

$$\frac{\mathrm{d}\boldsymbol{v}_\perp}{\mathrm{d}t} = \boldsymbol{\omega} \times \boldsymbol{v}_\perp\,,$$

und dies bedeutet: Die Projektion des sich bewegenden Teilchens auf eine Ebene senkrecht zu $\boldsymbol{B}$ läuft auf einer Kreisbahn mit der Winkelgeschwindigkeit

$$|\,\boldsymbol{\omega}\,| = |\,q\,|B/m.$$

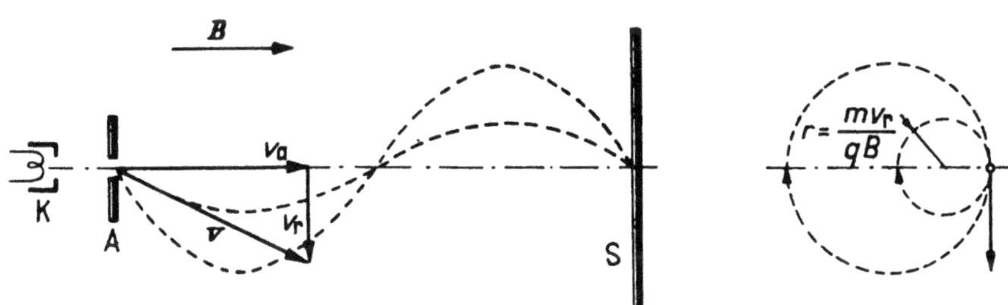

1.12 Die fokussierende Wirkung des homogenen magnetischen Feldes

Diese Bewegung hat eine interessante praktische Anwendung. Die nach Abb. 1.12 aus der Kathode heraustretenden und durch die Anode A beschleunigten Elektronen erzeugen, da sie aus dem Anodenspalt als ein unter einem sehr kleinen Winkel divergierendes Bündel heraustreten, an Stelle des erwünschten leuchtenden Punktes einen kreisförmigen Fleck am Schirm S. Um diesen Fehler zu korrigieren, wird ein axiales magnetisches Feld erzeugt. Unter Einwirkung dieses Feldes werden die Elektronen auf eine schraubenlinienförmige Bahn gezwungen, deren Radius mit den Bezeichnungen der Abb. 1.12

$$r = \frac{mv_\mathrm{r}}{qB}$$

ist, während die Zeit einer Umdrehung

$$T = \frac{2\,\pi r}{v_\mathrm{r}} = \frac{2\,\pi m}{qB}$$

beträgt. Die Ganghöhe der Schraubenlinie ist somit

$$d = Tv_\mathrm{a} = \frac{2\,\pi m}{qB}\,v_\mathrm{a}\,.$$

Da $v_a = v \cos \alpha$ und $\alpha \approx 0$ ist, erhält man

$$d \approx \frac{2\,\pi m}{qB}\,v\,.$$

Da der Wert v für jedes Elektron der gleiche ist, sind auch die Werte d und T ungefähr die gleichen. Die Elektronen durchlaufen Schraubenlinien, deren Projektionen Kreise verschiedener Radien sind. In Punkten der Achse mit dem gegenseitigen Abstand d treffen sie sich erneut.

Die beschriebene Anordnung fokussiert das divergierende Elektronenbündel in einen Punkt. Das magnetische Feld verhält sich sozusagen wie eine Linse.

1.2.3 Die Bewegung des Teilchens in gleichzeitig wirkenden elektrischen und magnetischen Feldern

Bei gleichzeitig wirkenden elektrischen und magnetischen Feldern sind die beiden Felder voneinander unabhängig wirksam, so daß man die verschiedensten resultierenden Bewegungen und dementsprechend die verschiedensten Anwendungsmöglichkeiten erhält.

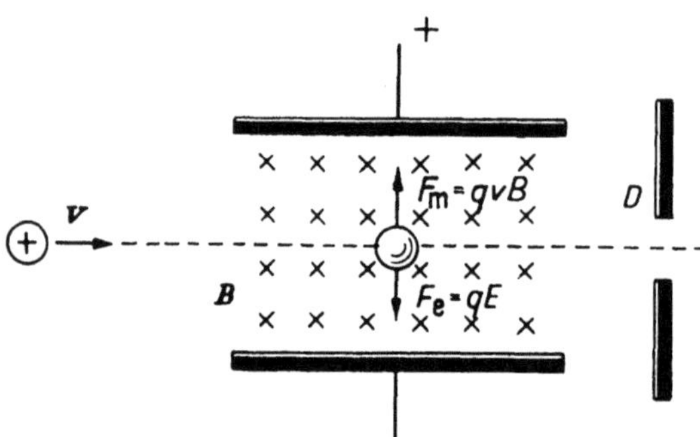

1.13 Geschwindigkeitshomogenisierende Einrichtung

Im einfachsten Fall können die vom elektrischen und vom magnetischen Feld entfalteten Kräfte einander gegenseitig aufheben. Auf diese Weise erhält man die in Abb. 1.13 dargestellte geschwindigkeitshomogenisierende Einrichtung. Das homogene magnetische Feld zwischen den zwei Platten sei senkrecht zur Papierebene, das elektrische Feld parallel dazu. Gelangt nun ein aus Teilchen verschiedener Geschwindigkeiten bestehendes Bündel zwischen die Platten, so wirkt auf jedes Teilchen die Kraft

$$F = q(E - vB)\,.$$

Ist die Geschwindigkeit eines gegebenen Teilchens

$$v_0 = \frac{E}{B}\,,$$

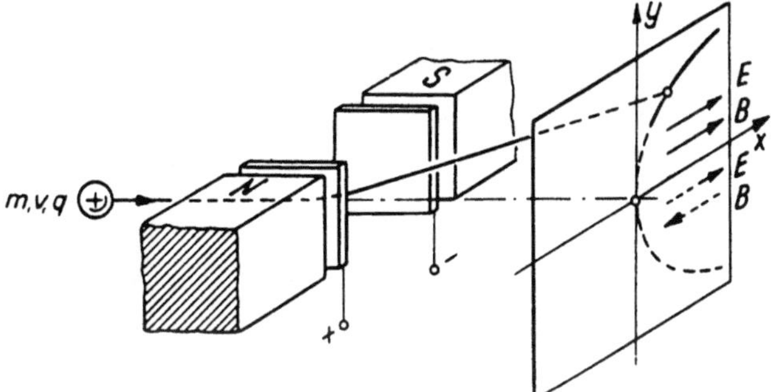

1.14 Die *Thomsonsche*
Parabelmethode

so ist die Kraft zu jedem Zeitpunkt gleich Null, so daß das Teilchen die
Blende im Schirm D passiert. Die anderen Teilchen, deren Geschwindigkeit
größer oder kleiner ist als v_0, werden durch die Kraft F nach oben oder
nach unten abgelenkt, so daß diese Teilchen an die Platte D prallen.
Rechts von D erhält man somit ein Bündel homogener Geschwindigkeit.
Diese Einrichtung kann auch zur Geschwindigkeitsmessung verwendet
werden.
Sind elektrisches und magnetisches Feld nach Abb. 1.14 zueinander parallel,
dann lenken die zwei Felder die Teilchen in zueinander senkrechte Richtungen ab. Dem Vorangehenden entsprechend verursacht das elektrische
Feld die Ablenkung

$$x = ElL\,\frac{q}{mv^2} = A\,\frac{q}{mv^2}$$

und das magnetische Feld die Ablenkung

$$y = LlB\,\frac{q}{mv} = C\,\frac{q}{mv}.$$

Teilchen, die gleiche Eigenschaften, d. h. die gleiche spezifische Ladung
q/m besitzen, werden abhängig von ihrer Geschwindigkeit in verschiedene
Punkte einschlagen. Diese Punkte liegen auf einer Parabel. Wir lösen
die letzte Gleichung nach dem Wert v auf,

$$v = C\,\frac{q}{my}\,,$$

und setzen diesen Ausdruck in die vorangehende Gleichung ein:

$$x = \frac{A}{C^2}\,\frac{m}{q}\,y^2.$$

Die Größen A und C sind Instrumentenkonstanten.

Wie ersichtlich, entspricht jeder der verschiedenen Ionenarten eine besondere Parabel. Die voneinander abweichenden Ionen, die verschiedene
Geschwindigkeiten haben, werden durch diese Einrichtung getrennt, u. zw.

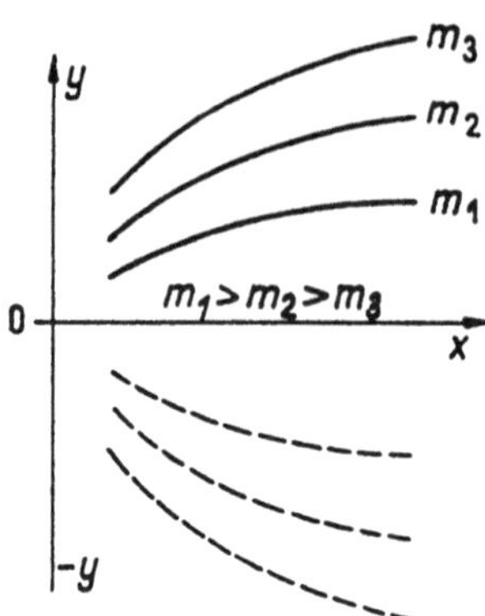

1.15 Mit der Parabel-
methode erhaltene
Kurven

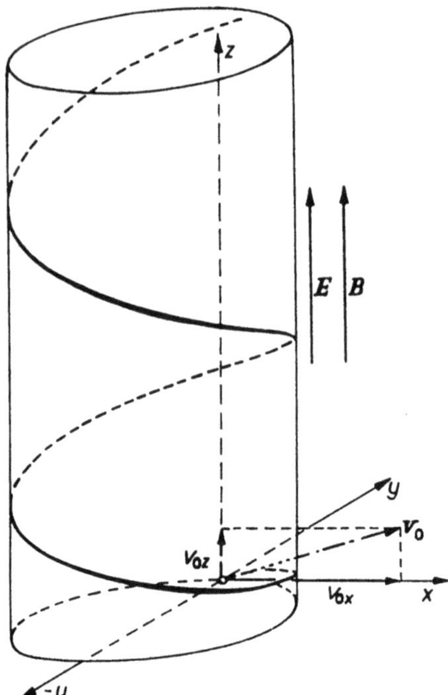

1.16 Die Bewegung in parallelen homogenen elektrischen und magnetischen
Feldern

so, daß Ionen gleicher spezifischer Ladung, jedoch beliebiger Geschwindig-
keit, längs eines einzigen Parabelzweiges auftreffen und die photographische
Platte schwärzen. Eine solche Kurvenschar ist in Abb. 1.15 wiedergeben.
Aus den Koordinaten eines beliebigen Punktes der Parabel läßt sich der
Wert q/m eindeutig bestimmen.

1.2.4 Teilchenbewegung in gleichzeitig wirkenden elektrischen und magnetischen Feldern größerer Ausdehnung

Die Bestimmung der Bahnkurve. Falls das Teilchen das im vorangehenden
Abschnitt behandelte homogene elektrische und magnetische Feld nicht
verläßt, sondern sich durchweg in ihm bewegt, dann wird es vom magnetischen Feld zu einer Kreisbewegung in der zur Feldachse senkrechten
Ebene gezwungen, während es durch das elektrische Feld eine Beschleunigung erfährt; man erhält eine Schraubenlinie veränderlicher Ganghöhe
(Abb. 1.16).

E und B sollen nun nach Abb. 1.17 zueinander senkrecht sein, während
das Teilchen vom Mittelpunkt des Koordinatensystems mit der Anfangsgeschwindigkeit Null starten soll. Die Bewegungsgleichung lautet dann

$$m\,\frac{\mathrm{d}\boldsymbol{v}}{\mathrm{d}t} = q(\boldsymbol{E} + \boldsymbol{v} \times \boldsymbol{B}).$$

Wir nehmen nun ein anderes Koordinatensystem, dessen Achsen im
Zeitpunkt $t = 0$ mit den ursprünglichen Koordinatenachsen zusammen-

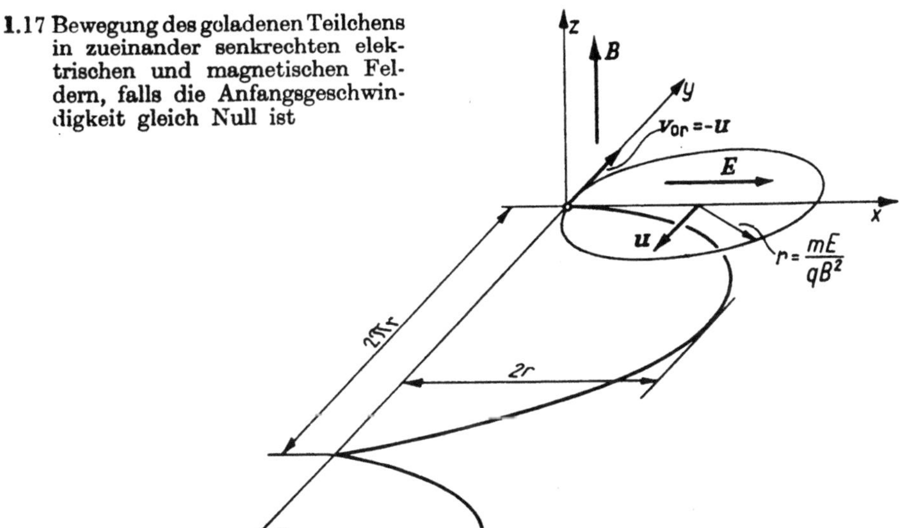

fallen, wobei sich jedoch das neue System mit der gleichbleibenden Geschwindigkeit u gegenüber dem alten verschiebt.

In unserem ursprünglichen Koordinatensystem, d. h. im ruhenden System gemessen, ist die Geschwindigkeit des Teilchens in einem beliebigen Zeitpunkt

$$v = u + v_r,$$

wobei u die Geschwindigkeit des sich bewegenden Koordinatensystems und v_r die auf dieses System bezogene, d. h. in dem sich bewegenden System gemessene, relative Geschwindigkeit bezeichnen. Wird dieser Ausdruck für v in die Bewegungsgleichung eingesetzt, erhält man

$$m \frac{\mathrm{d}(u + v_r)}{\mathrm{d}t} = q(E + u \times B + v_r \times B).$$

Die Einführung des sich bewegenden Koordinatensystems hat bisher nur Komplikationen gebracht. Wir wählen aber jetzt den Wert der bisher unbestimmten Geschwindigkeit u in der Weise, daß man dadurch eine möglichst einfache Bewegung in dem sich verschiebenden Koordinatensystem erhält.

Wir wählen also u derart, daß die ersten zwei Terme des Klammerausdrucks Null ergeben, d. h.

$$E + u \times B = 0.$$

u soll also in Richtung der negativen y-Achse zeigen (Abb. 1.17) und den Betrag

$$|u| = \frac{|E|}{|B|} = \frac{E}{B}$$

haben, d. h.

$$u = \frac{E \times B}{B^2}.$$

In dem sich bewegenden Koordinatensystem ist dann die Bewegungsgleichung

$$m\,\frac{\mathrm{d}v_\mathrm{r}}{\mathrm{d}t} = q(v_\mathrm{r} \times B),$$

da der Differentialquotient des konstanten Wertes u gleich Null ist.

In dem sich bewegenden Koordinatensystem bewegt sich also das Teilchen so, als wäre nur noch das magnetische Feld vorhanden. Die Wirkung des elektrischen Feldes steckt dabei in der Translationsgeschwindigkeit dieses Koordinatensystems. Aus dem sich bewegenden System ist das elektrische Feld sozusagen heraustransformiert.

In dem sich bewegenden Koordinatensystem beschreibt das Teilchen eine Kreisbahn, falls $v_{0\mathrm{r}}$ senkrecht zu B ist, wobei jedoch dieses Koordinatensystem eine gleichförmige Translationsbewegung durchführt. Die Teilchenbahn im ursprünglichen Koordinatensystem ist also eine Zykloide.

Die Winkelgeschwindigkeit bzw. der Radius der Drehbewegung sind

$$\omega = \frac{qB}{m}, \qquad r = \frac{mv_{\mathrm{r}0}}{qB}.$$

Die Bestimmung des in die Formel des Radius einzusetzenden Wertes $v_{0\mathrm{r}}$ bedarf einiger Überlegungen. Versetzen wir uns selbst gedanklich in das sich bewegende Koordinatensystem. Wir wissen, daß sich das Teilchen im Zeitpunkt $t = 0$ in dem dann gerade zusammenfallenden Ursprung der beiden Koordinatensysteme befand und vom ruhenden System aus gesehen die Geschwindigkeit Null besaß. Von dem sich bewegenden System aus gesehen hatte das Teilchen zu diesem Zeitpunkt die Geschwindigkeit

$$v_{0\mathrm{r}} = -u,$$

die also der Geschwindigkeit des sich bewegenden Systems, bezogen auf das ruhende System, jedoch von entgegengesetzter Richtung, gleich groß war. Von dem sich bewegenden System aus gesehen bleibt die Größe der Teilchengeschwindigkeit auch weiterhin dieselbe, da in diesem System lediglich ein magnetisches Feld wirksam ist, das die Größe der Geschwindigkeit nicht zu ändern vermag. Es gilt also

$$r = \frac{mu}{qB} = \frac{mE}{qB^2}.$$

Da die Umfangsgeschwindigkeit

$$r\omega = \frac{mE}{qB^2}\,\frac{qB}{m} = \frac{E}{B} = u$$

des Teilchens mit der Translationsgeschwindigkeit übereinstimmt, ist die Bahnkurve eine gespitzte Zykloide.

Hat das Teilchen im Zeitpunkt $t = 0$, vom ruhenden Koordinatensystem aus gesehen, die von Null verschiedene und noch zu B senkrechte Anfangsgeschwindigkeit v_0, so ist seine Anfangsgeschwindigkeit in dem sich mit der Geschwindigkeit $u = E/B$ bewegenden Koordinatensystem, in welchem also nur das Magnetfeld wirksam ist,

$$v_{0r} = v_0 - u.$$

Die Größe dieser Geschwindigkeit in dem sich bewegenden System bleibt konstant. Die Kreisbewegung hat den Radius

$$r = \frac{v_{0r}}{\omega} = \frac{m}{qB}\,|v_0 - u|\,.$$

Zur resultierenden Bewegung läßt sich folgendes feststellen. Das Teilchen bewegt sich gleichförmig auf dem Kreis vom Radius

$$r = \frac{m}{qB}\,|v_0 - u|\,,$$

während der Kreis selbst eine Translationsbewegung mit der Geschwindigkeit

$$u = \frac{E}{B}$$

in Richtung der $-y$-Achse durchführt. Dies hat man sich folgendermaßen vorzustellen: Man zeichne den Kreis vom Radius r auf, der im Mittelpunkt des Koordinatensystems die Tangente $v_0 - u$ hat, und zeichne eine Parallele zur y-Achse durch den Kreismittelpunkt. Auf dieser Achse bewegt sich der Mittelpunkt des Basiskreises vom Radius

$$r_0 = \frac{mE}{qB^2}\,.$$

Wir verbinden nun die beiden Kreise starr miteinander und lassen den Kreis vom Radius r_0 auf der Geraden abrollen, die sich im Abstand r_0 vom Kreismittelpunkt befindet und zur y-Achse parallel liegt. Dann beschreibt ein Punkt des Kreises vom Radius r die gesuchte Bahnkurve (Abb. 1.18a). Je nach dem Verhältnis von r zu r_0 handelt es sich dabei um eine gestreckte, gespitzte oder verschlungene Zykloide, u. zw.

bei $r > r_0$, d. h. $|v_0 - u| > u$, eine
    verschlungene

bei $r = r_0$, d. h. $|v_0 - u| = u$, eine
    gespitzte

bei $r < r_0$, d. h. $|v_0 - u| < u$, eine
    gestreckte

Zykloide (Abb. 1.18b).

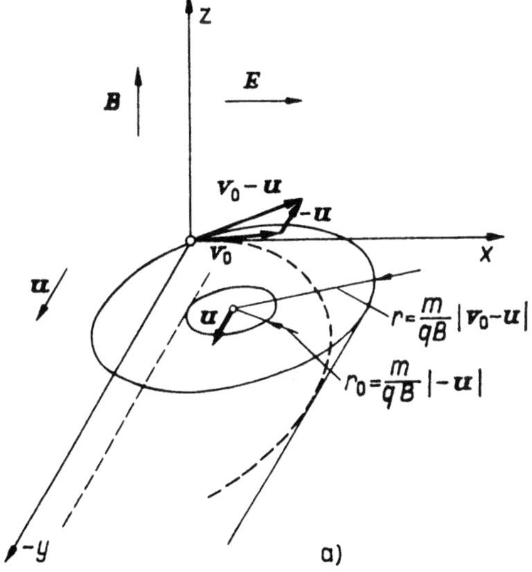

1.18 a) Konstruktion der Bahnkurve im allgemeinen Fall

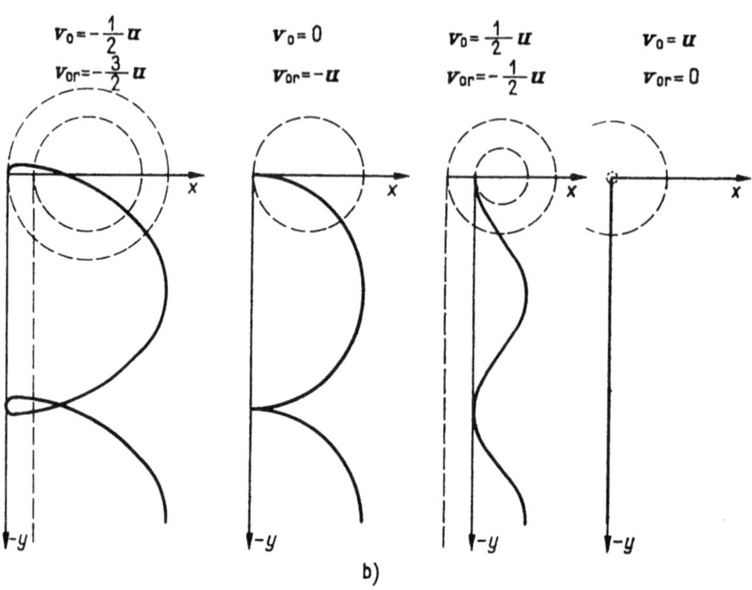

1.18 *b*) Zu verschiedenen Anfangsgeschwindigkeiten gehörende
   Bahnkurvenformen

Die direkte Integration der in die Komponenten zerlegten Bewegungsgleichung
bietet keine Schwierigkeiten, doch geht dabei die Übersichtlichkeit verloren.

Die Bewegungsgleichung in Vektorform ist mit den folgenden zwei skalaren Gleichungen äquivalent:

$$m\,\frac{\mathrm{d}^2x}{\mathrm{d}t^2} = qE + q\,\frac{\mathrm{d}y}{\mathrm{d}t}\,B\,, \quad m\,\frac{\mathrm{d}^2y}{\mathrm{d}t^2} = -\,q\,\frac{\mathrm{d}x}{\mathrm{d}t}\,B\,.$$

Die zweite kann leicht integriert werden

$$\frac{\mathrm{d}y}{\mathrm{d}t} = -\,q\,\frac{B}{m}\,x + v_{0y} = -\,\omega x + v_{0y}\,, \quad \omega = qB/m\,.$$

Hier haben wir schon den Anfangswert von $\mathrm{d}y/\mathrm{d}t = v_y$ bei der Bestimmung der Integrationskonstanten mitberücksichtigt. Wenn wir diesen Ausdruck in den ersten einsetzen, erhalten wir eine Bestimmungsgleichung für $x = x(t)$ allein:

$$\frac{\mathrm{d}^2x}{\mathrm{d}t^2} + \omega^2 x = \frac{qE}{m} + \omega\,v_{0y}\,.$$

Die allgemeine Lösung dieser Gleichung setzt sich aus der allgemeinen Lösung der homogenen und einer partikulären Lösung der inhomogenen Gleichung zusammen:

$$x = C_1 \sin \omega t + C_2 \cos \omega t + \frac{qE}{\omega^2 m} + \frac{v_{0y}}{\omega}\,.$$

Für $\mathrm{d}x/\mathrm{d}t$ erhalten wir somit

$$\frac{\mathrm{d}x}{\mathrm{d}t} = C_1\,\omega \cos \omega t - C_2\,\omega \sin \omega t\,.$$

Mit Hilfe der Anfangsbedingungen $t = 0$; $x = 0$, $y = 0$; $v_x = v_{x0}$; $v_y = v_{y0}$ können
die Konstanten ohne Schwierigkeit bestimmt werden. Bei bekannter Funktion
$x = x(t)$ bietet jetzt die Bestimmung von $y = y(t)$ mit Hilfe der Gleichung dy/dt
$= -\omega x + v_{0y}$ keine Schwierigkeit. Als Endresultat erhalten wir

$$x(t) = \frac{v_{x0}m}{qB} \sin \frac{qB}{m} t + \left(\frac{v_{y0}m}{qB} + \frac{mu}{qB}\right)\left(1 - \cos \frac{qB}{m} t\right),$$

$$y(t) = -ut - \frac{v_{x0}m}{qB}\left(1 - \cos \frac{qB}{m} t\right) + \left(\frac{v_{y0}m}{qB} + \frac{mu}{qB}\right) \sin \frac{qB}{m} t.$$

Setzt man $v_{x0} = v_{y0} = 0$, dann ist

$$x(t) = \frac{mu}{qB}\left(1 - \cos \frac{qB}{m} t\right) = r_0(1 - \cos \omega t),$$

$$y(t) = -ut + \frac{mu}{qB} \sin \frac{qB}{m} t = -ut + r_0 \sin \omega t.$$

Dies ist die Gleichung der gespitzten Zykloide.

Als Verallgemeinerung der Bewegung im homogenen elektrischen und magnetischen
Feld sei angenommen, daß neben dem homogenen Feld B auch eine konstante Kraft
F — die wie bisher elektrischen Ursprungs, aber z. B. auch die Gravitationskraft
sein kann — auf das Teilchen der Masse m und der Ladung q einwirkt. Die Bewegungsgleichung ist dann

$$\frac{dv}{dt} = \frac{q}{m} v \times B + \frac{F}{m}.$$

Zerlegen wir die Bewegung in Komponenten, die parallel bzw. senkrecht zu den
B-Linien sind,

$$\frac{dv_{\parallel}}{dt} = \frac{F_{\parallel}}{m},$$

da $v \times B$ keine Komponente in Richtung B hat. Die andere Gleichung lautet

$$\frac{dv_{\perp}}{dt} = \frac{q}{m}(v_{\perp} \times B) + \frac{F_{\perp}}{m},$$

da $v_{\perp} \times B = v \times B$ ist.

Die Gleichung für $v_{\parallel}$ bedeutet eine sich beschleunigende Bewegung in Richtung B.
Zur Lösung der letzten Gleichung führen wir — auf die bereits bekannte Weise —
das sich mit der Geschwindigkeit u bewegende Koordinatensystem ein:

$$v_{\perp} = u + v_{\mathrm{r}},$$

wo u und v_{r} natürlich auch in der zu B senkrechten Ebene liegen, d. h. $uB = v_{\mathrm{r}}B$
$= 0$, dann wird

$$\frac{dv_{\mathrm{r}}}{dt} = \frac{q}{m}(u \times B) + \frac{q}{m}(v_{\mathrm{r}} \times B) + \frac{F_{\perp}}{m}.$$

Durch entsprechende Wahl von u soll wiederum nur das magnetische Feld übrig-
bleiben. Also

$$\frac{q}{m} u \times B + \frac{F_{\perp}}{m} = 0; \quad u \times B + \frac{F_{\perp}}{q} = 0.$$

Wir multiplizieren die letzte Gleichung von links vektoriell mit B/B^2:

$$\frac{B}{B^2} \times (u \times B) = \frac{F_{\perp} \times B}{qB^2}.$$

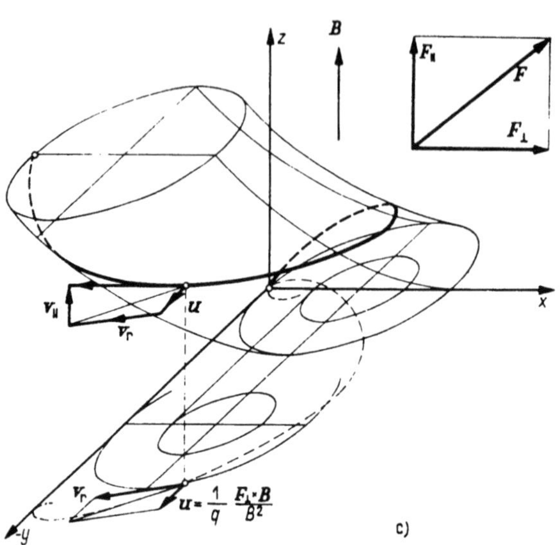

1.18 c) Die unter Einwirkung eines homogenen magnetischen Feldes und einer konstanten Kraft zustande kommende Bewegung

Die Entwicklung der linken Seite ergibt

$$\frac{\boldsymbol{B}\,\boldsymbol{B}}{B^2}\,\boldsymbol{u} - \frac{\boldsymbol{u}\,\boldsymbol{B}}{B^2}\,\boldsymbol{B} = \frac{\boldsymbol{F}_\perp \times \boldsymbol{B}}{qB^2}\,.$$

Die sofort ersichtliche Lösung dieser Gleichung ist

$$\boldsymbol{u} = \frac{1}{q}\,\frac{\boldsymbol{F}_\perp \times \boldsymbol{B}}{B^2}\,,$$

da $\boldsymbol{u}\,\boldsymbol{B} = 0$ ist. Im Fall $\boldsymbol{F}_\perp = q\boldsymbol{E}$ ergibt sich die schon bekannte Gleichung $\boldsymbol{u} = (\boldsymbol{E} \times \boldsymbol{B})\,/\,B^2$.

Die resultierende Bewegung ist daher

$$\boldsymbol{v} = \boldsymbol{v}_{\|} + \boldsymbol{u} + \boldsymbol{v}_{\mathrm{r}}\,.$$

Dies beinhaltet also die durch $\boldsymbol{F}_{\|}$ bestimmte beschleunigte Bewegung in Richtung der $\boldsymbol{B}$-Linien, die Verschiebung $\dfrac{1}{q}\,\dfrac{\boldsymbol{F}_\perp \times \boldsymbol{B}}{B^2}$ senkrecht zu $\boldsymbol{F}$ und $\boldsymbol{B}$ sowie eine Kreisbewegung in der zu $\boldsymbol{B}$ senkrechten Ebene (Abb. 1.18c).

Die Grundzusammenhänge des ebenen Magnetrons. Das elektrische Feld wird nun zwischen zwei Metallplatten aufgebaut, die im Abstand d voneinander liegen, und zwischen denen die Potentialdifferenz U besteht. Aus der einen Platte sollen Elektronen ohne Anfangsgeschwindigkeit heraustreten. Nach dem Vorangehenden bewegen sich diese auf einer Rollkurvenbahn. Der Bahnradius ist

$$r = \frac{mE}{B^2 q} = \frac{mU}{B^2 q d}\,.$$

Kann da ein Elektronenstrom an der Anodenplatte beobachtet werden? Falls die Spannung klein ist, wird auch die Höhe der Zykloide gering sein. Wird die Spannung erhöht, so erreicht man einen kritischen Wert, bei dem die Elektronen die Anodenplatte gerade erreichen. Andererseits erhält man, wenn die Anodenspannung konstant gehalten wird, einen Anodenstrom bei sehr kleinen magnetischen Feldstärken. Bei Erhöhung der magnetischen Feldstärke sinkt die Stromstärke bei einem kritischen Wert auf Null, nämlich dann, wenn das Magnetfeld stark genug ist, um die Elektronenbahnen zurückzubiegen.

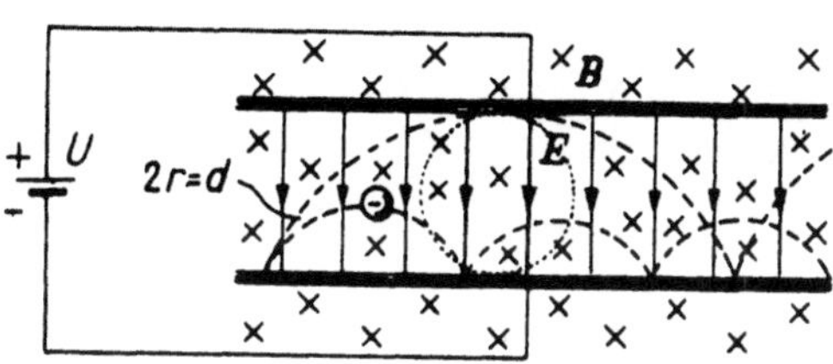

1.19 Die Bedingung des Einsetzens des Stromes im ebenen Magnetron

Wie aus Abb. 1.19 klar hervorgeht, ist die Bedingung des Durchkommens

$$2r \geq d,$$

d. h.

$$2\frac{mU}{B^2qd} \geq d.$$

Im Grenzfall gilt

$$\frac{2\,mU_\mathrm{kr}}{B_\mathrm{kr}^2 q} = d^2.$$

Damit läßt sich jede beliebige Größe, falls die anderen bekannt sind, errechnen.

Prinzipiell ist diese Anordnung auch zur Messung der magnetischen Induktion geeignet; in zylindrischer Ausführung wird sie auch praktisch zu diesem Zwecke verwendet: Die Spannung wird solange erhöht, bis ein Strom beobachtet wird. Dann gilt

$$B_\mathrm{kr} = \frac{1}{d}\sqrt{\frac{2\,mU_\mathrm{kr}}{q}}\,.$$

Im folgenden soll die Bewegung eines Elektrons in der dem zylindrischen Magnetron entsprechenden Anordnung kurz untersucht werden (Abb. 1.20). Die Feldstärke ist jetzt nicht homogen, es gilt vielmehr

$$E = -\frac{\mathrm{d}U}{\mathrm{d}r}\,e_r = \frac{U_\mathrm{A}}{\ln\dfrac{r_\mathrm{i}}{r_\mathrm{a}}}\,\frac{1}{r}\,e_r.$$

Zweckmäßigerweise werden hier zylindrische Koordinaten eingeführt; damit läßt sich die Beschleunigung folgendermaßen schreiben:

$$\frac{\mathrm{d}v}{\mathrm{d}t} = \left(\frac{\mathrm{d}^2r}{\mathrm{d}t^2} - r\dot{\varphi}^2\right)e_r + (2\dot{r}\dot{\varphi} + r\ddot{\varphi})\,e_\varphi = -\frac{e}{m}(E + v \times B).$$

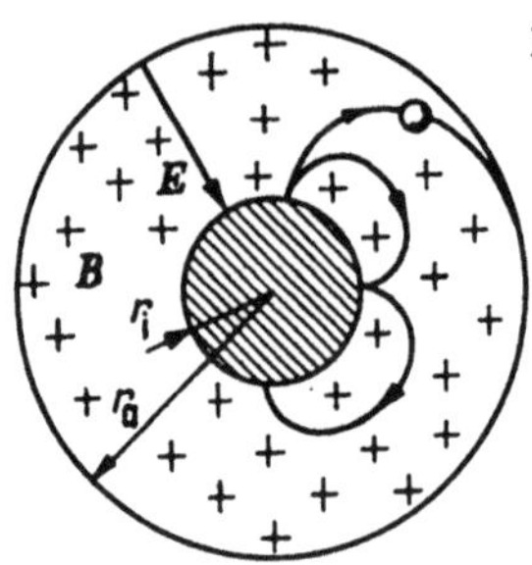

1.20 Anordnung zur Messung der Induktion B. Die Anodenspannung wird soweit erhöht, bis der Strom einsetzt. Der Spannungsmesser kann unmittelbar in Einheiten von B geeicht werden

Es gilt ferner

$$v = v_r e_r + v_\varphi e_\varphi, \qquad \boldsymbol{B} \times \boldsymbol{e}_r = B e_\varphi, \qquad \boldsymbol{B} \times \boldsymbol{e}_\varphi = - B e_r.$$

Die Bewegungsgleichungen lauten somit

$$\frac{d^2 r}{dt^2} - r \dot{\varphi}^2 = \frac{e}{m} \frac{dU}{dr} - \frac{e}{m} v_\varphi B = \frac{e}{m} \frac{dU}{dr} - \frac{e}{m} r \frac{d\varphi}{dt} B,$$

$$r \frac{d^2 \varphi}{dt^2} + 2 \frac{dr}{dt} \frac{d\varphi}{dt} = \frac{e}{m} B \frac{dr}{dt}.$$

Die letzte Gleichung läßt sich auch in folgender Form schreiben:

$$\frac{1}{r} \frac{d}{dt} (r^2 \dot{\varphi}) = \frac{e}{m} B \frac{dr}{dt}.$$

Dies ergibt durch Integration den Zusammenhang

$$r^2 \dot{\varphi} = \int \frac{e}{m} B r \frac{dr}{dt} dt + C = \frac{e}{2m} B r^2 + C.$$

Nehmen wir jetzt an, daß das Elektron von der inneren Zylinderfläche startet, wo $\dot{\varphi} = 0$, $r = r_i$ ist. In diesem Fall beträgt der Wert der Konstanten C

$$C = - \frac{e}{2m} B r_i^2.$$

Die vorangehende Gleichung nimmt somit die Form

$$r^2 \dot{\varphi} = \frac{e}{2m} B(r^2 - r_i^2)$$

an, so daß

$$\dot{\varphi} = \frac{e}{2m} B \left(1 - \frac{r_i^2}{r^2} \right)$$

ist. Wird dieser Zusammenhang in die noch ungenützte Ausgangsgleichung eingesetzt, erhält man

$$\frac{d^2 r}{dt^2} = \frac{e^2 B^2}{4 m^2} \left(r - \frac{2 r_i^2}{r} + \frac{r_i^4}{r^3} \right) - \frac{e}{m} \left[\frac{U_A}{\ln \dfrac{r_i}{r_a}} \frac{1}{r} + \frac{e B^2}{2m} \frac{1}{r} (r^2 - r_i^2) \right].$$

Werden beide Seiten der Gleichung mit $2\dot{r}$ multipliziert, so erhält man durch Integration den Zusammenhang

$$\left(\frac{dr}{dt}\right)^2 = \frac{e^2 B^2}{2\,m^2}\left[\frac{r^2}{2} - 2\,r_\mathrm{i}^2 \ln r - \frac{r_\mathrm{i}^4}{2\,r^2}\right] - \frac{2e}{m}\left[\frac{U_\mathrm{A}}{\ln \dfrac{r_\mathrm{i}}{r_\mathrm{a}}}\ln r + \frac{e B^2}{2\,m}\left(\frac{r^2}{2} - r_\mathrm{i}^2 \ln r\right)\right] + C.$$

Berücksichtigen wir wieder die Tatsache, daß das Elektron von der inneren Zylinderfläche startet, so daß $\dot{r} = 0$, falls $r = r_\mathrm{i}$ ist. Damit erhält man die folgende Gleichung:

$$\left(\frac{dr}{dt}\right)^2 = \frac{e^2 B^2}{2\,m^2}\left[\frac{r^2}{2} - \frac{r_\mathrm{i}^2}{2} - 2\,r^2 \ln \frac{r}{r_\mathrm{i}} - \frac{r_\mathrm{i}^4}{2}\left(\frac{1}{r^2} - \frac{1}{r_\mathrm{i}^2}\right)\right] -$$

$$- \frac{2e}{m}\left[\frac{U_\mathrm{A} \ln (r/r_\mathrm{i})}{\ln r_\mathrm{i}/r_\mathrm{a}} + \frac{e B^2}{2\,m}\left(\frac{r^2}{2} - \frac{r^2}{2} - r^2 \ln \frac{r}{r_\mathrm{i}}\right)\right].$$

Für uns sind in erster Linie die kritischen Werte von Interesse, also der Zustand in dem das Elektron den äußeren Zylinder gerade erreicht. Es sei dementsprechend $\dot{r} = 0$, falls $r = r_\mathrm{a}$ ist; aus der obigen Gleichung erhält man dann zwischen U_krit und B_krit den Zusammenhang

$$U_\mathrm{krit} = \frac{e B_\mathrm{krit}^2}{8\,m}\,r_\mathrm{a}^2\left(1 - \frac{r_\mathrm{i}^2}{r_\mathrm{a}^2}\right)^2.$$

Das waren lediglich die grundlegenden Formeln des Magnetrons. Die Funktion des Magnetrons als Mikrowellengenerator wird im Abschnitt 8.4 behandelt.

1.3 Die Bewegungsgleichungen bei sehr hohen Geschwindigkeiten

1.3.1 Die Zunahme der Masse mit der Geschwindigkeit

Lassen wir Elektronen verschiedener Geschwindigkeit die im vorangehenden Abschnitt behandelten parallelen elektrischen und magnetischen Felder durchlaufen, findet man, daß eine von der erwarteten Parabel abweichende Kurve am Schirm erscheint. Dies bedeutet, daß das Verhältnis e/m_e für Elektronen verschiedener Geschwindigkeit nicht konstant ist. Prinzipiell könnte zwar angenommen werden, daß sich auch die Ladung ändert, doch fordern grundsätzliche Überlegungen und auch heute bereits unmittelbar Versuchsergebnisse die Konstanz der Ladung. Der erwähnte Versuch beweist, daß sich die Masse des sich bewegenden Elektrons ändert.

Will man die Abhängigkeit der Masse von der Geschwindigkeit auf dem Versuchswege bestimmen, so muß man eine Methode wählen, bei der die verwendeten Beziehungen weder die Konstanz der Masse noch die Kenntnis einer konkreten Formel über die Änderung der Masse voraussetzen. Wir messen also die Geschwindigkeit der Teilchen mit Hilfe der geschwindigkeitshomogenisierenden Einrichtung ($v = E/B$) und führen das Teilchen der Masse $m = m\,(v)$ in ein Magnetfeld ein. Da die Kraft zur Bewegungsrichtung senkrecht ist, ändert sie die Geschwindigkeit des Teilchens nicht ($v = $ const), so daß die Masse $m(v)$ während der Bewegung konstant bleibt, wobei jedoch diese Konstante selbstverständlich größer ist als die Ruhmasse. Durch Messung des Ablenkradius läßt sich m auf Grund der Bezie-

hung $r = mv/qB$ für die im voraus gemessene Geschwindigkeit v ermitteln.
Die Versuche liefern den Wert

$$m = \frac{m_0}{\sqrt{1 - \dfrac{v^2}{c^2}}} \,. \tag{1}$$

Diese Formel der Massenänderung sowie die daraus ableitbare Äquivalenz
von Masse und Energie folgen aus der Relativitätstheorie, die von sehr
allgemeinen grundsätzlichen Überlegungen ausgeht. Die beschriebene Messung kann also als einer der experimentellen Beweise der Relativitätstheorie angesehen werden. Wir betrachten aber den obigen Satz als unmittelbares Erfahrungsgesetz und bemerken dabei, daß die daraus ableitbaren
Folgerungen ganz allgemein gültig sind.

Die Masse jeder sich mit der Geschwindigkeit v bewegenden Materie ist
nach Maßgabe der obigen Beziehung von der Geschwindigkeit abhängig.
Die Masse nimmt also mit der Geschwindigkeit zu und geht gegen Unendlich, falls sich die Geschwindigkeit der Lichtgeschwindigkeit c nähert.
Die letztere stellt also die Grenzgeschwindigkeit aller Teilchen dar.

1.3.2 Die Äquivalenz von Masse und Energie

Unter solchen Umständen gilt das zweite Axiom *Newtons* nur in der
ursprünglichen *Newton*schen Fassung

$$\frac{d(mv)}{dt} = F.$$

Betrachten wir nun die Arbeit, die das Kraftfeld am Teilchen geleistet
hat, u. zw. auf einer Bahnstrecke der Länge dr. Es gilt

$$dW_k = F\,dr = \frac{d(mv)}{dt}\,dr = v\,d(mv)\,.$$

Diese Arbeit kann auch in der Form

$$dW_k = v(v\,dm + m\,dv) = v^2\,dm + mv\,dv = c^2\,dm\left(\frac{v^2}{c^2} + \frac{mv}{c^2}\,\frac{dv}{dm}\right)$$

geschrieben werden, wobei angenommen wird, daß $v \parallel dv$ ist. Auf Grund
der Gleichung (1) gilt aber

$$\frac{dv}{dm} = \left(\frac{dm}{dv}\right)^{-1} = \frac{c^2 - v^2}{mv}\,,$$

so daß

$$dW_k = c^2\,dm\left(\frac{v^2}{c^2} + 1 - \frac{v^2}{c^2}\right) = c^2\,dm$$

ist.

Die zugeführte Arbeit hat also ein Anwachsen der Masse verursacht. Erhöht
sich die Geschwindigkeit von $v = 0$ bis zum beliebigen Wert v, so ist die
Arbeit

$$W_k = mc^2 - m_0 c^2.$$

Dieser Zusammenhang wird ganz allgemein ausgelegt: zu einem beliebigen
System der Masse m gehört die Energie mc^2, so daß

$$W = mc^2 \qquad (2)$$

ist. Die Ruhmasse m_0 entspricht der Energie $m_0 c^2$. Masse und Energie sind
äquivalente Größen: die Masse ist eine sehr konzentrierte Erscheinungsform der Energie (Abb. 1.21). Bei wachsender Geschwindigkeit nimmt die

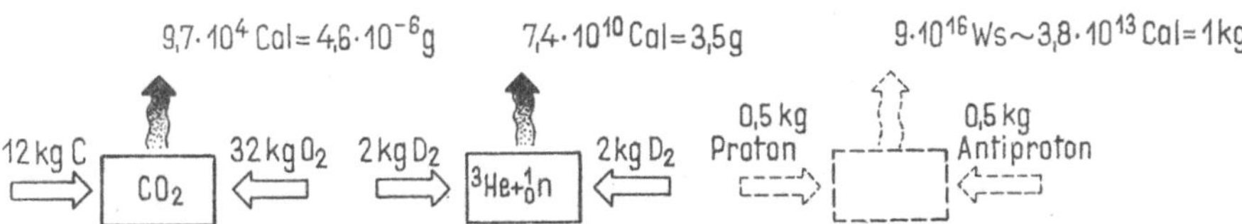

1.21 Zur Veranschaulichung der Äquivalenz von Masse und Energie. Bei der Verbrennung vermindert sich die im kalten Zustand gemessene Masse des End-
produkts größenordnungsmäßig um das 10^{-10}fache der ursprünglichen Masse.
Diese Masse erscheint als Wärmeenergie der erwärmten Materie: Bei der Erwärmung vergrößert sich die Bewegungsenergie und damit die Masse der einzelnen Teilchen. Bei der hypothetischen dritten Reaktion erscheint die ganze
Masse als Energie

Energie zu, und das ist es eben, was in der Form der vergrößerten Masse
erscheint. Nach dem Vorangehenden beträgt die Energiezunahme des
Teilchens

$$W_k = W - W_0 = \frac{m_0 c^2}{\sqrt{1 - \dfrac{v^2}{c^2}}} - m_0 c^2 = m_0 c^2 \left(\frac{1}{\sqrt{1 - \dfrac{v^2}{c^2}}} - 1 \right).$$

Das ist der exakte Wert der kinetischen Energie. Ist $v \ll c$, so erhält man
mit Hilfe der bekannten Reihenentwicklung

$$(1 + x)^a \approx 1 + ax$$

die Beziehung

$$\frac{1}{\sqrt{1 - \dfrac{v^2}{c^2}}} \approx 1 + \frac{1}{2}\frac{v^2}{c^2}$$

und damit

$$W_k \approx m_0 c^2 \left(1 + \frac{1}{2}\frac{v^2}{c^2} - 1 \right) = \frac{m_0 v^2}{2}.$$

Für kleine Geschwindigkeiten erhält man also wieder den klassischen Ausdruck der kinetischen Energie.

Mit Hilfe des Prinzips der Erhaltung der Energie kann die Geschwindigkeit ermittelt werden, auf die das Teilchen beschleunigt wird, wenn es die Potentialdifferenz U durchläuft. Die potentielle Energie qU wird nämlich in diesem Falle zur Erhöhung der Masse des Teilchens verwendet:

$$mc^2 - m_0 c^2 = qU,$$

$$\frac{m_0 c^2}{\sqrt{1 - \dfrac{v^2}{c^2}}} - m_0 c^2 = qU.$$

Damit ist

$$v = c\sqrt{1 - \frac{1}{\left(1 + \dfrac{qU}{m_0 c^2}\right)^2}}. \tag{3}$$

Im Fall des Elektrons nimmt dieser Zusammenhang die Form

$$v = c\sqrt{1 - \frac{1}{(1 + 1{,}96 \cdot 10^{-6}\, U)^2}}$$

an.

Aus den beiden letzten Beziehungen ist ersichtlich, daß, falls die Spannung über alle Grenzen erhöht wird, die Geschwindigkeit nicht über alle Grenzen hinaus zunimmt, sondern sich asymptotisch der Lichtgeschwindigkeit c nähert. Bei kleinen U-Werten geht die obige Formel natürlich, wenn man sich mit dem ersten Glied der Reihenentwicklung nach $qU/m_0 c^2$ begnügt, in den alten Zusammenhang der Form $v = \sqrt{2qU/m}$ über.

Die Frage ist leicht zu entscheiden, wie weit man mit den klassischen Formeln rechnen darf, d. h. im wesentlichen, wie weit man die Massenzunahme außer acht lassen, die Masse in den Gleichungen als konstant betrachten und vor das Zeichen des Differentialquotienten stellen darf.

Wir setzen nämlich für die unter Einwirkung des Kraftfeldes erhöhte Energie des Teilchens

$$W_\mathrm{k} = mc^2 - m_0 c^2$$

und dividieren diese Gleichung durch $m_0 c^2$:

$$\frac{W_\mathrm{k}}{m_0 c^2} = \frac{m}{m_0} - 1 = \frac{m - m_0}{m_0} = \frac{\Delta m}{m_0},$$

wobei Δm die Massenzunahme und $\Delta m/m_0$ den auf die ursprüngliche Masse bezogenen Wert von Δm bezeichnen. Da

$$m_0 c^2 = W_0$$

die Ruhenergie ist, erhält man damit

$$\frac{\Delta m}{m_0} = \frac{W_\mathrm{k}}{W_0}.$$

Dies bedeutet, daß die Erscheinung der Massenzunahme in dem Fall außer acht gelassen werden kann, in welchem die Energiezunahme gegenüber der Ruhenergie vernachlässigt werden kann.

Daraus folgt sofort, daß die relativistischen Korrekturen bei um so kleineren Energien berücksichtigt werden müssen, je kleiner die Ruhmasse des Teilchens ist; die Änderung der Masse wird zuerst beim Elektron spürbar. Betrachten wir nun die zahlenmäßigen Verhältnisse.

Die Ruhenergie eines Elektrons beträgt

$$W_{0\mathrm{e}} = m_\mathrm{e}c^2 = 9{,}1 \cdot 10^{-31}(3 \cdot 10^8)^2 = 8{,}19 \cdot 10^{-14}\,\mathrm{Ws} = 5{,}11 \cdot 10^5\,\mathrm{eV},$$

d. h. etwa eine halbe Million Elektronenvolt. Dies bedeutet, daß die Masse eines Elektrons nahezu verdoppelt wird, wenn es eine Spannungsdifferenz von 500 000 V durchläuft.

Die Ruhenergie des Protons ist im Verhältnis ihrer Massen größer als die des Elektrons:

$$W_{0\mathrm{p}} = \frac{m_\mathrm{p}}{m_\mathrm{e}}\,0{,}511 = 938{,}3\,\mathrm{MeV}.$$

Die Masse des Protons kann bei den meisten kernphysikalischen Versuchen als konstant betrachtet werden. Die Masse des 10 000-eV-Elektrons ist aber um nahezu 2% größer als seine Ruhmasse (Abb. 1.22a, b).

Die Äquivalenz von Masse und Energie gilt selbstverständlich auch für das Photon. Zu einer Energie $h\nu$ gehört die durch die Gleichung $h\nu = mc^2$ bestimmte Masse. Dabei ist $m = h\nu/c^2$ die Masse des sich mit Lichtgeschwindigkeit fortpflanzenden Photons. Diese Masse kann nur in dem Fall einen endlichen Wert haben, wenn die zum Photon gehörende Ruhmasse gleich

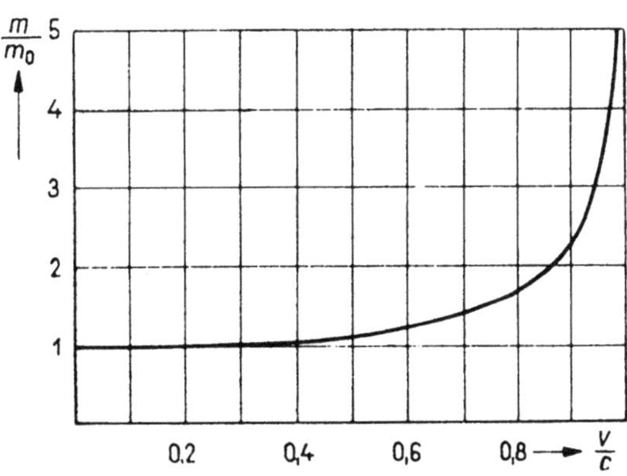

1.22 *a*) Die Änderung der Masse als Funktion von v/c

1.22 b) Die Änderung der Geschwindigkeit als Funktion der Energie

Null ist. Zum Photon gehört der Impuls $p = mc = mc^2/c = h\nu/c$ oder in einer etwas allgemeineren Form $p = h/\lambda$. Von all dem wird später noch die Rede sein (Kap. 2.2).

Im folgenden werden wir auch den Ausdruck der Energie mc^2 als Funktion des Impulses $p = mv$ brauchen. Bei Verwendung der Massenänderungsformel (1) sieht man sofort, daß

$$W = mc^2 = \sqrt{m_0^2 c^4 + p^2 c^2} \tag{4}$$

ist.

Auch die Geschwindigkeit kann durch Impuls und Energie ausgedrückt werden. Durch die einfache Substitution erhält man wiederum

$$v = pc^2/W.$$

1.3.3 Die relativistische Bewegung im Magnetfeld

Die relativistische Bewegungsgleichung im homogenen magnetischen Feld lautet

$$\frac{\mathrm{d}(m\boldsymbol{v})}{\mathrm{d}t} = q(\boldsymbol{v} \times \boldsymbol{B}).$$

Die Kraft wirkt senkrecht zur Geschwindigkeit, so daß sie nur die Richtung des Impulses ändert; während der Bewegung bleibt die Masse konstant, wobei jedoch diese Konstante nicht mit der Ruhmasse identisch ist. Was über die Geschwindigkeit bei der nicht-relativistischen Behandlung gesagt werden konnte, wird jetzt auf den Impuls übertragen. Multipliziert man die Ausgangsgleichung mit $m\boldsymbol{v}$, so ergibt sich

$$m\boldsymbol{v}\,\frac{\mathrm{d}m\boldsymbol{v}}{\mathrm{d}t} = mq\boldsymbol{v}(\boldsymbol{v} \times \boldsymbol{B}) = 0\,, \quad \text{d. h.} \quad \frac{\mathrm{d}(m\boldsymbol{v})^2}{\mathrm{d}t} = 0\,, \quad |m\boldsymbol{v}| = \text{const.}$$

Es wird also behauptet, daß sich das Teilchen im homogenen magnetischen Feld auch bei relativistischen Geschwindigkeiten auf einer Kreisbahn bewegt, falls die Anfangsgeschwindigkeit zum Magnetfeld senkrecht ist, ferner, daß die bereits bekannte Beziehung

$$\frac{mv^2}{r} = qvB$$

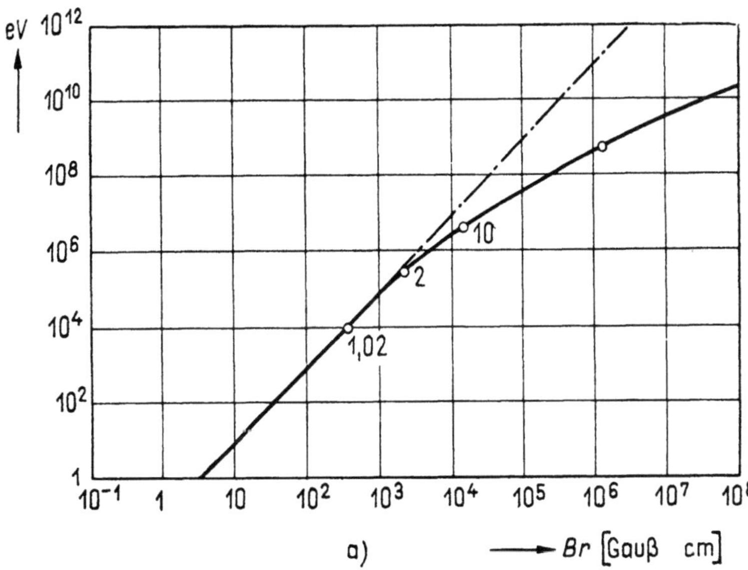

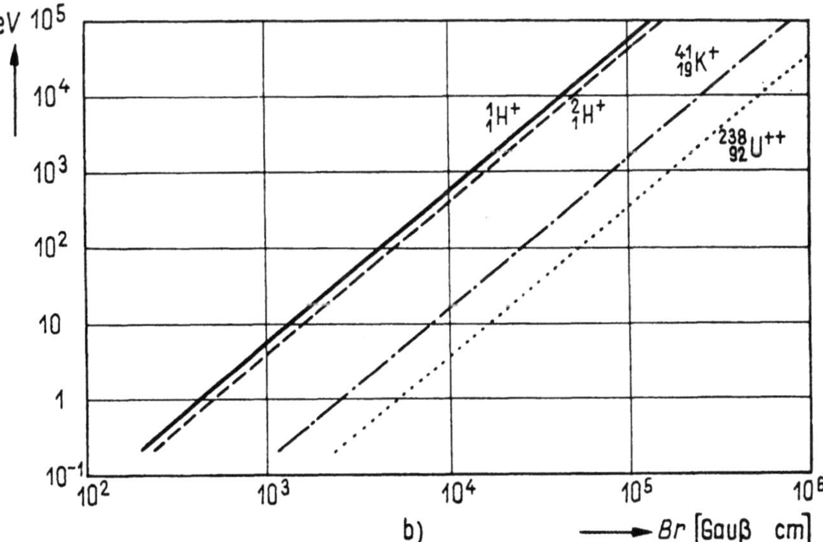

1.23 Zur Berechnung der Kreisbahn von mit verschiedenen Spannungen beschleunigten *a)* Elektronen, *b)* Protonen und schwereren Ionen im magnetischen Feld. Die gestrichelte Linie im Diagramm *a)* bezeichnet die nicht relativistisch berechneten Werte. Die neben den Kurven eingeschriebenen Zahlen bedeuten die Werte von m/m_0

gültig ist, jedoch mit der Anmerkung, daß m in diesem Fall die vergrößerte Masse bedeutet. Für den Impuls des sich bewegenden Teilchens ergibt diese Gleichung den Wert

$$p = \frac{m_0 v}{\sqrt{1 - \dfrac{v^2}{c^2}}} = qrB.$$

Falls die Induktion B, der Bahnkrümmungsradius r und die Natur des Teilchens bekannt sind, lassen sich mit Hilfe dieser Gleichung die Geschwindigkeit v und somit die Masse m, ferner die Gesamtenergie

$$W = mc^2$$

oder die Energiedifferenz

$$\Delta W = mc^2 - m_0 c^2$$

bestimmen. Abb. 1.23 zeigt die zum Produkt Br gehörende Energiezunahme für Elektronen und Protonen. Dieses Diagramm ist u. a. geeignet zur Bestimmung der Hauptabmessung der verschiedenen Teilchenbeschleuniger bzw. Massenspektrographen bei gegebener Endenergie.

1.4 Die Bewegung des geladenen Teilchens im zentralen Kraftfeld

1.4.1 Allgemeine Folgerungen aus den Bewegungsgleichungen

Das einfachste elektrische Kraftfeld wird durch eine feststehende Punktladung, z. B. einen Atomkern, erzeugt. Allgemein werden alle Kraftfelder zentral genannt, bei denen der Betrag der vorhandenen Kraft in einem beliebigen Punkt lediglich vom Abstand dieses Punktes von einem ausgewähltem Fixpunkt, dem Zentrum, abhängt und die Kraftrichtung mit der Verbindungslinie der beiden Punkte zusammenfällt. D. h. also

$$\boldsymbol{F} = f(r)\boldsymbol{r}_0,$$

wobei r den vom Zentrum gemessenen Abstand und $\boldsymbol{r}_0$ den vom Zentrum in die Richtung des fraglichen Punktes zeigenden Einheitsvektor bezeichnen. Z. B. ist die Kraft, die auf ein Elektron im Kraftfeld eines Atomkerns der Ladung Ze einwirkt,

$$\boldsymbol{F} = - \frac{Ze^2\,\boldsymbol{r}_0}{4\,\pi\varepsilon_0\,r^2}\,.$$

Das negative Vorzeichen bedeutet dabei, daß die Kraft in die Richtung des Zentrums zeigt.

Der Flächensatz ist auch für das allgemeine zentrale Kraftfeld gültig (Abb. 1.24). Die Bewegungsgleichung lautet nämlich

$$\boldsymbol{F} = f(r)\,\boldsymbol{r}_0 = m\,\frac{\mathrm{d}^2\boldsymbol{r}}{\mathrm{d}t^2}\,.$$

Die vektorielle Multiplikation beider Seiten der Gleichung mit $\boldsymbol{r}$ ergibt

$$f(r)\,(\boldsymbol{r} \times \boldsymbol{r}_0) = m\boldsymbol{r} \times \frac{\mathrm{d}^2\boldsymbol{r}}{\mathrm{d}t^2}\,.$$

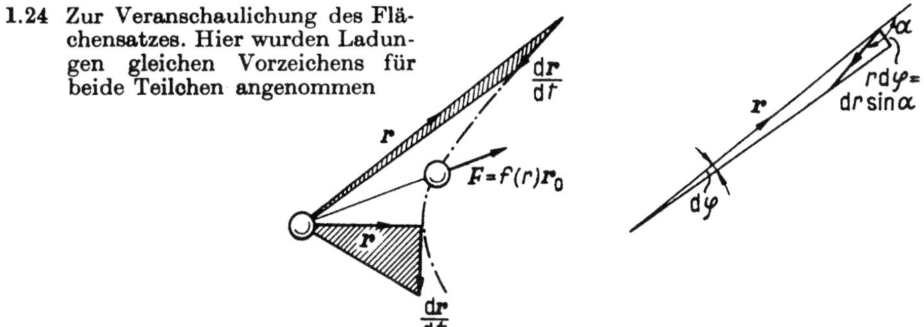

1.24 Zur Veranschaulichung des Flächensatzes. Hier wurden Ladungen gleichen Vorzeichens für beide Teilchen angenommen

Da r und r_0 parallel sind, ist ihr Vektorprodukt gleich Null, so daß

$$r \times \frac{\mathrm{d}^2 r}{\mathrm{d}t^2} = 0$$

st. Durch Differenzieren läßt sich der folgende Zusammenhang leicht beweisen:

$$\frac{\mathrm{d}}{\mathrm{d}t}\left(r \times \frac{\mathrm{d}r}{\mathrm{d}t}\right) = r \times \frac{\mathrm{d}^2 r}{\mathrm{d}t^2}\,.$$

Das vektorielle Produkt von $\mathrm{d}r/\mathrm{d}t$ mit sich selbst ergibt nämlich Null. Nach der vorangehenden Gleichung gilt damit

$$\frac{\mathrm{d}}{\mathrm{d}t}\left(r \times \frac{\mathrm{d}r}{\mathrm{d}t}\right) = 0,$$

d. h.

$$r \times \frac{\mathrm{d}r}{\mathrm{d}t} = 2a\,,$$

wobei a konstant ist. Die Größe auf der linken Seite der Gleichung ist das Doppelte der vom Radiusvektor während der Zeiteinheit überstrichenen Fläche. Daß dieser Wert konstant ist, folgte bereits aus den Gesetzen der Planetenbewegung. Die Konstante auf der rechten Seite wurde deshalb mit $2a$ bezeichnet, weil auf diese Weise a gerade die Flächengeschwindigkeit bedeutet. Aus all dem folgt ferner sofort, daß sich das Teilchen in einer Ebene bewegt. Die Position des Teilchens kann daher im folgenden in Polarkoordinaten r, φ angegeben werden.

Damit läßt sich der Flächensatz auch auf die folgende Weise schreiben (Abb. 1.24):

$$\left| r \times \frac{\mathrm{d}r}{\mathrm{d}t} \right| = r\,\frac{\mathrm{d}r}{\mathrm{d}t}\sin\alpha = r\,\frac{r\,\mathrm{d}\varphi}{\mathrm{d}t} = r^2\dot{\varphi} = 2a\,.$$

Will man nun die Bahn eines Teilchens der Ladung $Z_1 e$ im Felde eines anderen, unbeweglich gedachten Teilchens der Ladung $Z_2 e$ untersuchen, so hat man nur den Energiesatz und den Flächensatz aufzuschreiben.

Der Energiesatz lautet

$$W_0 = \frac{1}{2}\,mv^2 + \frac{Z_1 Z_2 e^2}{4\,\pi\varepsilon_0\,r} = \frac{1}{2}\,mv_0^2 + \frac{Z_1 Z_2 e^2}{4\,\pi\varepsilon_0\,r_0}\,,$$

wobei die Werte der linken Seite auf einen beliebigen Punkt P der Teilchenbahn, die der rechten Seite auf einen ausgewählten Anfangspunkt dieser Bahn bezogen sind.

1.4.2 Die Form der Bahn

Gesucht wird die Bahngleichung, d. h. die Funktion $r = r(\varphi)$. Aus der vorangehenden Gleichung kann $\dot\varphi$ als Funktion von r ausgedrückt werden

$$\dot\varphi = \frac{2\,a}{r^2}\,.$$

dr/dt läßt sich folgendermaßen schreiben:

$$\dot r = \frac{\mathrm{d}r}{\mathrm{d}t} = \frac{\mathrm{d}r}{\mathrm{d}\varphi}\,\frac{\mathrm{d}\varphi}{\mathrm{d}t} = \frac{\mathrm{d}r}{\mathrm{d}\varphi}\,\dot\varphi = \frac{\mathrm{d}r}{\mathrm{d}\varphi}\,\frac{2\,a}{r^2}\,.$$

Damit wurden sowohl der Wert $\dot\varphi$ als auch der Wert $\dot r$ durch Größen ausgedrückt, die nur für die Bahn charakteristisch sind. Entsprechend ergibt sich für v^2:

$$v^2 = \dot r^2 + r^2\,\dot\varphi^2 = \left(\frac{\mathrm{d}r}{\mathrm{d}\varphi}\,\frac{2\,a}{r^2}\right)^2 + r^2\left(\frac{2\,a}{r^2}\right)^2\,.$$

Der Energiesatz erhält damit die folgende Form:

$$\frac{2\,a^2 m}{r^4}\left(\frac{\mathrm{d}r}{\mathrm{d}\varphi}\right)^2 + \frac{2\,a^2 m}{r^2} + \frac{Z_1 Z_2 e^2}{4\,\pi\varepsilon_0 r} = \frac{1}{2}\,m v_0^2 + \frac{Z_1 Z_2 e^2}{4\,\pi\varepsilon_0 r_0}\,.$$

Dies ist bereits die Differentialgleichung der Bahn, die sich nach Trennung der Variablen schreiben läßt:

$$\mathrm{d}\varphi = \frac{2\,a\,\dfrac{\mathrm{d}r}{r^2}}{\sqrt{v_0^2 + \dfrac{2\,Z_1 Z_2 e^2}{4\,\pi\varepsilon_0 r_0 m} - \dfrac{2\,Z_1 Z_2 e^2}{4\,\pi\varepsilon_0 r m} - \dfrac{4\,a^2}{r^2}}}\,.$$

Diese Gleichung läßt sich ohne Schwierigkeiten integrieren. Durch Einführen der Variablen $x = 1/r$ nimmt nämlich die rechte Seite die Form

$$\frac{\mathrm{d}x}{\sqrt{A - 2\,B\,x - C x^2}}$$

an, und das Integral dieses Ausdrucks ist eine arccos-Funktion:

$$\int \frac{\mathrm{d}x}{\sqrt{A - 2\,Bx - Cx^2}} = \frac{1}{\sqrt{C}}\,\mathrm{arc\,cos}\,\frac{-B - Cx}{\sqrt{B^2 + AC}}\,.$$

Dadurch erhält man sofort die Funktion

$$\varphi = \varphi(r)$$

und durch Bilden der Umkehrfunktion auch

$$r = r(\varphi)$$

in der folgenden Form

$$r = -\frac{\dfrac{16\,a^2\,\pi\varepsilon_0\,m}{Z_1 Z_2 e^2}}{1 + \dfrac{8\,\pi\varepsilon_0\,am}{Z_1 Z_2 e^2}\sqrt{v_0^2 + \dfrac{Z_1 Z_2 e^2}{2\pi\varepsilon_0\,m r_0} + \dfrac{Z_1^2 Z_2^2 e^4}{4(4\,\pi\varepsilon_0)^2\,m^2 a^2}\,\cos\varphi}}\,. \tag{1}$$

Dieser Ausdruck läßt sich in die Form

$$r = \frac{g}{1 + \varepsilon\cos\varphi}$$

umschreiben, wobei die Bedeutung von g und ε ohne weiteres klar ist. Die Gleichung selbst ist bekanntlich die Gleichung eines Kegelschnittes, u. zw. je nach dem Wert von ε die einer Ellipse, einer Parabel oder einer Hyperbel

im Fall $\varepsilon < 1$ ist die Kurve eine Ellipse,

im Fall $\varepsilon = 1$ eine Parabel und

im Fall $\varepsilon > 1$ eine Hyperbel.

Die eingehende Untersuchung des obigen Zusammenhanges ist für zwei Fälle interessant. In dem einen Fall bewegt sich das Elektron der Ladung $-e$ im Felde des positiv geladenen Kernes der Ladung $+Ze$. Im anderen Fall ist das Verhalten von ebenfalls positiv geladenen Heliumkernen der Ladung $+2e$, d. h. von α-Teilchen, im Felde des positiv geladenen Kerns der Ladung $+Ze$ zu untersuchen. Im ersten Fall kann die Bewegung auf einem beliebigen Kegelschnitt, im zweiten aber ausschließlich auf einer Hyperbel stattfinden.

Wir befassen uns zuerst mit dem zweiten Fall.

1.4.3 Die Streuung von α-Teilchen an Atomkernen

Untersuchen wir den folgenden Fall: Der Heliumatomkern der Ladung $+2e$, der Geschwindigkeit v_0 und der Masse m gelangt in das Feld eines Atomkerns der Masse $M \geqslant m$ und der Ladung Ze. Wir möchten wissen, wie die Bahn des ersten Teilchens aussieht. Diese Frage wurde im vorangehenden Abschnitt bereits beantwortet. Wir wissen, daß die Bahn eine Hyperbel sein wird. Unser Interesse gilt jetzt der Frage, wie groß die Ablenkung des Teilchens im Kraftfeld des Kernes sein wird, also wie groß der Winkel ϑ ist. Bei gleichartigen Ionen gleicher Energie ist dieser Winkel nur vom Abstand p, dem sogenannten Stoßparameter (»impact« Parameter), abhängig. Bei kleinem Abstand ist die Ablenkung offensichtlich groß und umgekehrt. Die Verhältnisse können auch numerisch leicht verfolgt werden. Auf Grund des Zusammenhangs (1) ist die Bahngleichung bekannt

$$r = \cfrac{\cfrac{8a^2\pi\varepsilon_0 m}{Ze^2}}{1 + \cfrac{4\pi\varepsilon_0\, am}{Ze^2}\sqrt{r_0^2 + \cfrac{Ze^2}{\pi\varepsilon_0\, mr_0} + \cfrac{Z^2 e^4}{(4\pi\varepsilon_0)^2\, m^2 a^2}}\cos\varphi}\,.$$

Im unendlich weit entfernten Punkt ist auch das Impulsmoment $v_0 p$ der Bahn bekannt. Dieser Wert ist die ganze Bahn entlang konstant, so daß

$$a = \frac{v_0 p}{2}$$

wird. Damit erhält man für die Bahngleichung

$$r = -\cfrac{2\pi\varepsilon_0\, \cfrac{v_0^2 p^2 m}{Ze^2}}{1 + \cfrac{2\pi\varepsilon_0\, v_0 pm}{Ze^2}\sqrt{v_0^2 + \cfrac{4Z^2 e^4}{(4\pi\varepsilon_0)^2\, m^2 v_0^2 p^2}}\cos\varphi}\,,$$

wobei berücksichtigt wurde, daß die Geschwindigkeit den Wert v_0 am Ort $r = r_0$ annimmt und im gegebenen Fall $r_0 = \infty$, d. h. $1/r_0 = 0$ ist.

Die Exzentrizität ist

$$\varepsilon = 2\pi\varepsilon_0\, \frac{v_0 pm}{Ze^2}\sqrt{v_0^2 + \frac{4Z^2 e^4}{m^2 v_0^2 p^2 (4\pi\varepsilon_0)^2}}\,. \tag{2}$$

Aus der Hyperbelgleichung

$$r = \frac{g}{1 + \varepsilon \cos \varphi}$$

folgt ferner, daß der Asymptotenwinkel für den Fall $r = \infty$ aus der Gleichung

$$1 + \varepsilon \cos \varphi_\infty = 0, \qquad \cos \varphi_\infty = -\frac{1}{\varepsilon}$$

ermittelt werden kann. Auf dieser Grundlage läßt sich der folgende Zusammenhang für den Ablenkwinkel in Abb. 1.25a unmittelbar ablesen:

$$\operatorname{ctg} \varphi_\infty = \frac{\cos \varphi_\infty}{\sqrt{1 - \cos^2 \varphi_\infty}} = \operatorname{tg} \frac{\vartheta}{2} = -\frac{1}{\sqrt{\varepsilon^2 - 1}} \,.$$

Durch einfache Substitution erhält man daraus die Endformel

$$\operatorname{tg} \frac{\vartheta}{2} = -\frac{1}{\sqrt{(4\pi\varepsilon_0)^2 \dfrac{v_0^2 \, p^2 \, m^2}{4 Z^2 e^4} \left(v_0^2 + \dfrac{4 Z^2 e^4}{v_0^2 \, p^2 m^2 (4\pi\varepsilon_0)^2}\right) - 1}} = -\frac{2 Z e^2}{4\pi\varepsilon_0 \, m p v_0^2} \,. \tag{3}$$

Daraus folgt, daß die Ablenkung um so kleiner ist, je größer der Stoßparameter wird.

Es ist unmöglich, den obigen Zusammenhang experimentell nachzuweisen, da die die wichtigste Rolle spielende Größe p unmittelbar nicht gemessen werden kann. In Wirklichkeit wird natürlich nicht die Streuung eines einzigen Atomkerns an einem einzigen anderen untersucht; es wird vielmehr ein Teilchenbündel, z. B. α-Teilchen, auf eine dünne Folie gerichtet. Dabei wird geprüft, wie viele Teilchen nach den verschiedenen Richtungen abgelenkt werden. Wird die Stärke der Folie mit t, die Zahl der Teilchen in der Volumeneinheit mit N bezeichnet, so befinden sich Nt Streuzentren je Flächeneinheit hinter der Oberfläche der Folie. Wir nehmen an, daß diese Streuzentren genügend weit voneinander entfernt sind, so daß ihre Felder sich nicht gegenseitig beeinflussen. Außerdem werde ein einfallendes Teilchen nur an einem einzigen Kern gestreut. Zeichnen wir nun einen zylindrischen Ring mit dem inneren Radius p und dem äußeren Radius $p + \mathrm{d}p$ um jedes Streuzentrum. Die sich in diesem Ring fortpflanzenden Primärteilchen werden dann zwischen die beiden durch die Halbwinkel ϑ und $\vartheta + \mathrm{d}\vartheta$ bestimmten Kegelflächen gestreut. Nach Gleichung (3) besteht zwischen p und ϑ der Zusammenhang

$$p = -\frac{1}{4\pi\varepsilon_0} \frac{2 e^2 Z}{v_0^2 m} \operatorname{ctg} \frac{\vartheta}{2}$$

und somit zwischen $\mathrm{d}p$ und $\mathrm{d}\vartheta$ der Zusammenhang

$$\mathrm{d}p = \frac{1}{4\pi\varepsilon_0} \frac{e^2 Z \, \mathrm{d}\vartheta}{v_0^2 m \sin^2 \dfrac{\vartheta}{2}} \,.$$

Falls nun n Primärteilchen je Zeiteinheit an jeder Flächeneinheit eintreffen, so ist die Zahl der in den zylindrischen Ringen um jedes der insgesamt Nt Streuzentren eintreffenden Primärteilchens

$$\mathrm{d}n = nNt2\pi p \, \mathrm{d}p.$$

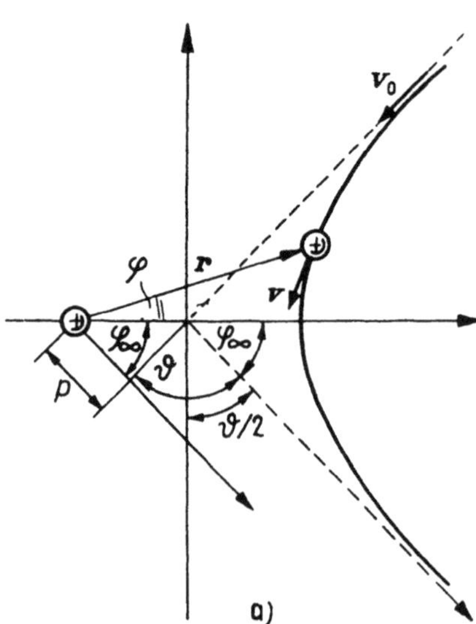

1.25 *a*) Bewegung des geladenen Teilchens im Felde eines anderen feststehenden geladenen Teilchens

1.25 *b*) Streuung von α-Teilchen von 7,97 MeV bzw. 6,77 MeV Energie, die aus der Th-Zersetzungsreihe stammen, am Goldkern. Die gestrichelten Linien bezeichnen die Potential-Niveauflächen (nach *Blatt-Weisskopf*)

Diese werden natürlich alle in den durch ϑ und $\vartheta + d\vartheta$ bestimmten Bereich abgelenkt. So gelangt man schließlich zur Streuformel von *Rutherford*:

$$dn = \frac{1}{(4\,\pi\varepsilon_0)^2}\, n\, \frac{4\,\pi\,t N e^4\, Z^2 \cos\left(\dfrac{\vartheta}{2}\right)}{v_0^4\, m^2 \sin^3\left(\dfrac{\vartheta}{2}\right)}\, d\vartheta\,.$$

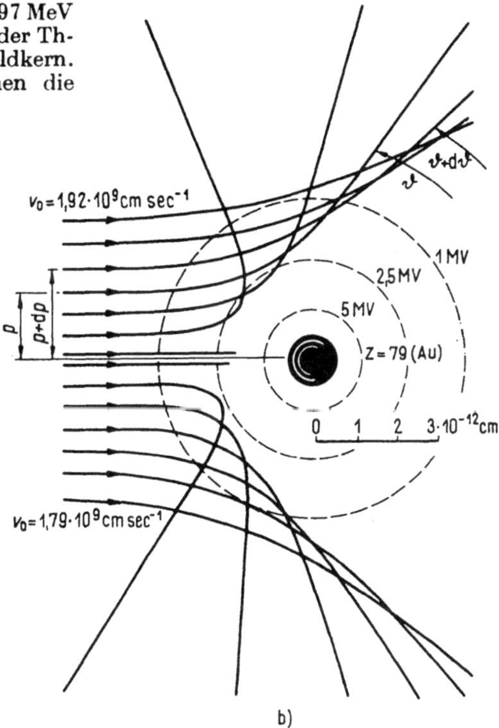

Bei der Erforschung der Atomstruktur war diese Formel von grundlegender Bedeutung. Die wichtigste Folgerung, die man damals aus dieser Formel ziehen konnte, war, daß sich ein Zahlenwert für die Ladung Z des Atomkernes ermitteln läßt: Innerhalb der experimentellen Fehlergrenze stimmt die Ladung des Kernes mit der laufenden Nummer seines im periodischen System eingenommenen Platzes, der Ordnungszahl, überein. Die Messungen haben ferner nachgewiesen, daß das *Coulomb*sche Gesetz bis zu ganz kleinen Werten von p ($\sim 10^{-12}$ cm) Gültigkeit hat. Damit hat man gleichzeitig Auskunft über die Größe des Atomkerns erhalten.

Abb. 1.25b zeigt quantitativ den Ablauf der Bahnkurven für zwei verschiedene Energiewerte.

1.4.4 Elektronenbewegung im Feld des Atomkerns nach der klassischen Theorie

Wir wollen uns ganz kurz auch mit diesem Bewegungstyp befassen, da er als erste Näherung der Wirklichkeit in der früheren Quantentheorie eine wichtige Rolle gespielt hat. Ermitteln wir vor allem, wie die Gesamtenergie des Elektrons von der Form der Ellipse abhängt. Wir gehen aus vom Gleichgewicht der Zentrifugalkraft und der *Coulomb*-Kraft in einem leicht zu behandelnden Punkt der Ellipse, in Kernferne (Abb. 1.26):

$$\frac{v_A^2\, m}{\varrho_A} = \frac{1}{4\,\pi\varepsilon_0}\, \frac{Z e^2}{r_A^2}\,.$$

Hierbei können sowohl ϱ_A als auch r_A mit Hilfe der Halblänge a der großen Achse und der Exzentrizität ε ausgedrückt werden

$$\varrho_A = \frac{b^2}{a} = a(1 - \varepsilon^2), \qquad r_A = a(1 + \varepsilon).$$

1.26 Die Bahngrößen in Kernferne

Damit erhält man für die vorangehende Gleichung

$$\frac{v_\mathrm{A}^2\, m}{a(1-\varepsilon^2)} = \frac{1}{4\,\pi\varepsilon_0}\,\frac{Ze^2}{a^2(1+\varepsilon)^2}\,. \tag{4}$$

Die Gesamtenergie beträgt

$$W = W_\mathrm{kin} + W_\mathrm{pot} = \frac{1}{2}\,mv_\mathrm{A}^2 - \frac{Ze^2}{4\,\pi\varepsilon_0\,r_\mathrm{A}} = \tag{5}$$

$$= \frac{1}{2}\,m\,\frac{1}{4\pi\varepsilon_0}\,\frac{Ze^2(1-\varepsilon^2)}{ma(1+\varepsilon)^2} - \frac{Ze^2}{4\,\pi\varepsilon_0\,a(1+\varepsilon)} = -\frac{1}{2}\,\frac{1}{4\pi\varepsilon_0}\,\frac{Ze^2}{a}\,.$$

Man sieht, daß die Gesamtenergie ausschließlich von der Länge der großen Achse abhängt.

Mit Rücksicht auf spätere Ausführungen lohnt es sich, den Wert der Bewegungskonstanten $p_\varphi = mrv_\varphi = mr^2\dot\varphi$ mit Hilfe der auf Punkt A bezogenen Daten aufzuschreiben,

$$p_\varphi = a(1+\varepsilon)v_\mathrm{A}m.$$

Wir entnehmen v_A dieser Gleichung und setzen den Ausdruck für v_A in die Gleichung (4) ein:

$$p_\varphi^2 = \frac{a(1-\varepsilon^2)\,mZe^2}{4\,\pi\varepsilon_0} = \frac{Ze^2m}{4\,\pi\varepsilon_0}\,\frac{b^2}{a}\,. \tag{6}$$

Durch Angabe der Energie und des Impulsmomentes ist die Form der Bahn eindeutig bestimmt. Aus Gleichung (4) läßt sich die große Achse a, aus der durch Multiplikation der Gleichungen (5) und (6) sich ergebenden Gleichung

$$p_\varphi^2 W = -\frac{1}{2}\,\frac{Z^2e^4m}{(4\,\pi\varepsilon_0)^2}\left(\frac{b}{a}\right)^2$$

läßt sich das Verhältnis b/a berechnen.

1.5 Die Bewegung des magnetischen Dipols im magnetischen Feld

1.5.1 Das Verhalten des Dipols im homogenen magnetischen Feld

Bisher wurde die Bewegung eines einzigen geladenen Teilchens in verschiedenen Feldern untersucht. Unser vorliegendes Problem kann auch auf diese Weise beschrieben werden. Der magnetische Dipol kann nämlich durch einen kleinen Kreisstrom und dieser durch ein einziges, sich schnell bewegendes, elektrisch geladenes Teilchen, z. B. durch ein Elektron, verwirklicht sein. Es ist bekannt, daß im homogenen Feld auf einen Dipol keine Translationskraft, sondern nur das Drehmoment

$$\boldsymbol{T} = \boldsymbol{m} \times \boldsymbol{H}$$

einwirkt, das unseren Dipol, der das magnetische Moment $\boldsymbol{m}$ hat, in die Feldrichtung einzuschwenken trachtet. Die Sache wird nur dadurch kompliziert, daß das unseren Dipol verwirklichende kreisende Elektron auch ein mechanisches Impulsmoment besitzt, so daß es sich wie ein Kreisel verhält, der dem einwirkenden Drehmoment nicht nachgibt, sondern eine Präzessionsbewegung durchführt, genau so wie ein Kreisel im Gravitationsfeld.

Unser Gedankengang gestaltet sich also folgendermaßen: Zunächst bestimmen wir das zum gegebenen magnetischen Dipol gehörende mechanische Impulsmoment (Drehimpuls) beziehungsweise das Verhältnis des magnetischen zum mechanischen Impulsmoment.

Anschließend wird die Winkelgeschwindigkeit der Präzession oder die Präzessionsfrequenz, die sog. *Larmor*-Frequenz, bei bekanntem einwirkendem Moment sowie bekanntem Drehimpuls ermittelt.

Wir wissen, daß das Magnetfeld eines im kreisförmigen Leiter vom Radius r fließenden Stromes in großer Entfernung vom Leiter identisch ist mit dem Feld eines magnetischen Dipols, dessen Moment

$$\boldsymbol{m} = \mu_0 I \boldsymbol{A}$$

beträgt. In diesem Zusammenhang bezeichnen I die Stromstärke im kreisförmigen Leiter, $\boldsymbol{A}$ den Flächenvektor der vom kreisförmigen Leiter umschlossenen Fläche, während $\mu_0 = 4\pi \cdot 10^{-7}$ Vs/Am ist. Wird der Strom I vom Elektron der Ladung q_e zustande gebracht, das mit der Geschwindigkeit v umläuft, dann gilt

$$I = \frac{v q_e}{2\,\pi r}\,.$$

Damit ergibt sich schließlich

$$\boldsymbol{m} = \mu_0 \frac{v q_e}{2\pi r}\,\boldsymbol{A}\,.$$

In dieser Beziehung ist q_e zusammen mit dem entsprechenden Vorzeichen zu verstehen.

Der Drehimpuls oder das Impulsmoment des Elektrons beträgt dagegen definitionsgemäß

$$\boldsymbol{p} = \boldsymbol{r} \times m_e \boldsymbol{v}\,.$$

Dieser Ausdruck kann in der folgenden Form geschrieben werden:

$$\boldsymbol{p} = \frac{2\,r^2 \pi}{2\,r\pi}\,m_e v \boldsymbol{n}_0\,,$$

wobei $\boldsymbol{n}_0$ den zur Fläche senkrechten Einheitsvektor bezeichnet. Schließlich erhält man für das Impulsmoment

$$\boldsymbol{p} = 2\,\frac{m_e}{2\,r\pi}\,v\boldsymbol{A}\,.$$

Jetzt kann auch das Verhältnis des magnetischen Momentes zum Impulsmoment aufgeschrieben werden:

$$\left|\frac{\boldsymbol{m}}{\boldsymbol{p}}\right| = \mu_0 \frac{|q_e|}{2 m_e} = \mu_0 \frac{e}{2 m_e}\,.$$

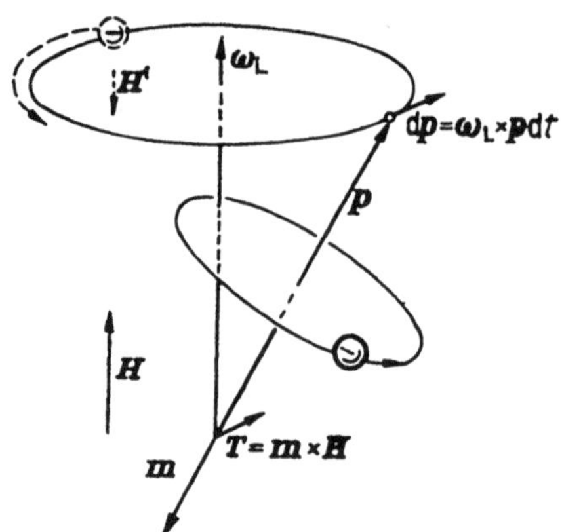

1.27 *Larmor*-Präzession eines sich auf einer Kreisbahn im homogenen Magnetfeld bewegenden Teilchens. Der gestrichelte Teil bezeichnet den Strom bzw. das Magnetfeld, die beide infolge der Präzession entstehen

Das magnetische Moment, ausgedrückt durch das Impulsmoment, ist somit

$$m = \mu_0 \frac{q_e}{2m_e} p. \tag{1}$$

Bei bekanntem Drehimpuls kann also auch das magnetische Moment sofort angegeben werden, falls das magnetische Feld von einem umlaufenden geladenen Teilchen erzeugt wurde.

Im folgenden sehen wir diese Gesetzmäßigkeit in einer etwas allgemeineren Form wieder: Das magnetische Moment ist dem Impulsmoment proportional, wobei jedoch der Proportionalitätsfaktor von dem jetzt ermittelten Wert $\mu_0 q_e/2m_e$ abweicht.

Das ist verständlich, da ja das Modell des einzigen, sich auf einer Kreisbahn bewegenden Elektrons die Wirklichkeit stark vereinfacht. Im folgenden soll eben deshalb die allgemeine Beziehung

$$m = \gamma p$$

verwendet werden.

Wird das einen Drehimpuls und ein magnetisches Moment besitzende Teilchen in ein magnetisches Feld gebracht, so ist die Bewegungsgleichung

$$T = \frac{dp}{dt}.$$

Die Geschwindigkeit der Drehimpulsänderung ist also gleich dem Drehmoment. Berücksichtigt man nun die Beziehungen

$$T = m \times H, \quad m = \gamma p,$$

so erhält man

$$\frac{dp}{dt} = \gamma(p \times H), \qquad \frac{dm}{dt} = \gamma(m \times H). \tag{2}$$

Während der Bewegung ändert sich der Betrag von p nicht, lediglich seine Richtung. Sonst würde sich nämlich auch die Energie des Teilchens ändern, was aber unter der Einwirkung eines stationären Magnetfeldes unmöglich ist. (Werden übrigens beide Seiten skalar mit p multipliziert, so wird die rechte Seite gleich Null, d. h. $p\,dp/dt = (1/2)dp^2/dt = 0$, $|p| = $ const.) Dies bedeutet gleichzeitig, daß $dp \perp p$ ist. Infolgedessen beschreiben die

p-Werte als Erzeugende einen Kegel mit H als Achse nach Abb. 1.27, während sie sich mit der durch die Beziehung

$$\frac{dp}{dt} = \omega_{\mathrm{L}} \times p \tag{3}$$

definierten Winkelgeschwindigkeit drehen. Wird diese Gleichung mit dem Zusammenhang

$$\frac{\mathrm{d}p}{\mathrm{d}t} = \gamma(p \times H) = -\gamma H \times p$$

verglichen, so erhält man für die sogenannte *Larmor*-Winkelgeschwindigkeit den Ausdruck

$$\omega_{\mathrm{L}} = -\gamma H.$$

Hat ein Teilchen ein magnetisches Dipolmoment und ein Impulsmoment, so führt es im stationären magnetischen Feld eine Präzessionsbewegung durch, u. zw. mit der *Larmor*-Winkelgeschwindigkeit $\omega_{\mathrm{L}} = |\gamma H|$ um die Richtung von H als Achse.

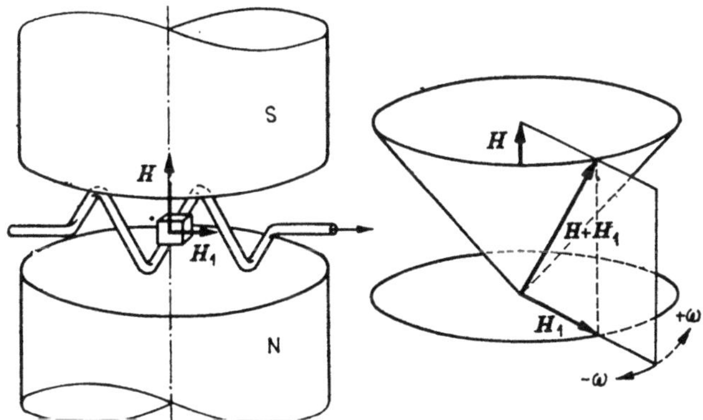

1.28 Das zum stationären Magnetfeld H in senkrechter Ebene zirkular polarisierte hochfrequente Feld

Erscheinungen von großer Wichtigkeit für unsere späteren Betrachtungen treten auf, wenn man senkrecht zum stationären Magnetfeld ein mit hoher Frequenz umlaufendes magnetisches Feld von im Vergleich zu H geringer Stärke dem ersteren superponiert (Abb. 1.28). In der Praxis ist das hochfrequente magnetische Feld »linear polarisiert«, d. h. der Endpunkt des Vektors führt eine schwingende Bewegung längs einer Geraden durch. Andererseits ist bekannt, daß jede Bewegung dieses Typs aus zwei entgegengesetzt gerichteten Bewegungen, d. h. aus einer »rechts« und einer »links« zirkular polarisierten Bewegung zusammengesetzt werden kann; das sind also zwei Kreisbewegungen, von denen die eine im Uhrzeigersinn, die andere entgegen dem Uhrzeigersinn stattfindet (Abb. 1.29). Die Bewegung des auf der x-Achse schwingenden Punktes wird beschrieben durch

$$x = A \sin \omega t.$$

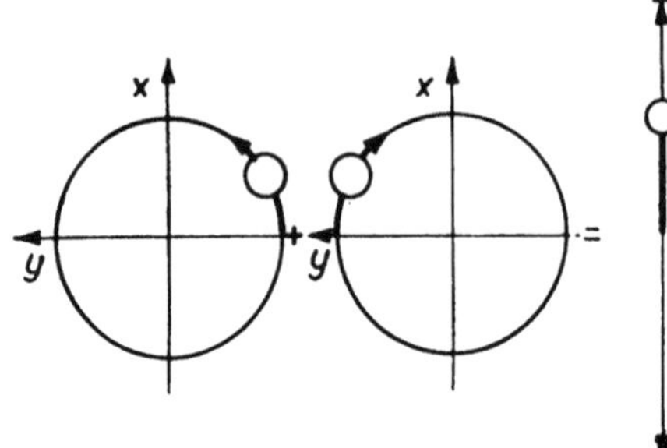

1.29 Zwei Kreisbewegungen entgegengesetzter Richtung können zu einer einzigen schwingenden Bewegung zusammengesetzt werden

Die eine Bewegung auf dem Kreis vom Radius r kann in der Form

$$x = r_0 \sin \omega t,$$
$$y = -r_0 \cos \omega t$$

und die andere in der Form

$$x = r_0 \sin \omega t,$$
$$y = r_0 \cos \omega t$$

beschrieben werden. Die Resultierende der beiden Kreisbewegungen ist dann

$$x = 2r_0 \sin \omega t,$$
$$y = 0.$$

Durch die Wahl $A = 2r_0$ wird dies mit der linearen Bewegung völlig identisch.

Untersuchen wir also einfachheitshalber den Fall, in welchem das hochfrequente magnetische Feld mit der Winkelgeschwindigkeit ω in der zum stationären magnetischen Feld senkrechten Ebene umläuft. Die Bewegungsgleichung lautet

$$\frac{\mathrm{d}\boldsymbol{m}}{\mathrm{d}t} = \gamma\,\boldsymbol{m}\times(\boldsymbol{H}+\boldsymbol{H_1}).$$

Die Behandlung wird sehr vereinfacht, und die Ergebnisse werden anschaulich, wenn die Verhältnisse aus einem Koordinatensystem beobachtet werden, das zusammen mit dem Vektor $\boldsymbol{H_1}$ umläuft (Abb. 1.28). Für die Änderung von $\boldsymbol{m}$ gilt dann

$$\frac{\mathrm{d}\boldsymbol{m}}{\mathrm{d}t} = \left(\frac{\mathrm{d}\boldsymbol{m}}{\mathrm{d}t}\right)_{\text{drehend}} + \boldsymbol{\omega}\times\boldsymbol{m},$$

wobei $\left(\dfrac{\mathrm{d}\boldsymbol{m}}{\mathrm{d}t}\right)_{\text{drehend}}$ die Änderung von $\boldsymbol{m}$, bezogen auf das umlaufende Koordinatensystem, bezeichnet. Dafür gilt die folgende Gleichung:

$$\left(\frac{\mathrm{d}\boldsymbol{m}}{\mathrm{d}t}\right)_{\text{drehend}} = \frac{\mathrm{d}\boldsymbol{m}}{\mathrm{d}t} - \boldsymbol{\omega}\times\boldsymbol{m} = \gamma\boldsymbol{m}\times(\boldsymbol{H}+\boldsymbol{H_1}) - \boldsymbol{\omega}\times\boldsymbol{m}$$

$$= \gamma\boldsymbol{m}\times\left(\boldsymbol{H}+\boldsymbol{H_1}+\frac{\boldsymbol{\omega}}{\gamma}\right) = \gamma\boldsymbol{m}\times\boldsymbol{H}_{\text{res}}.$$

Abb. 1.30 zeigt das Feld $\boldsymbol{H}_{\text{res}}$. Im umlaufenden Koordinatensystem führt $\boldsymbol{m}$ eine Präzessionsbewegung um diese Richtung durch, während das ganze

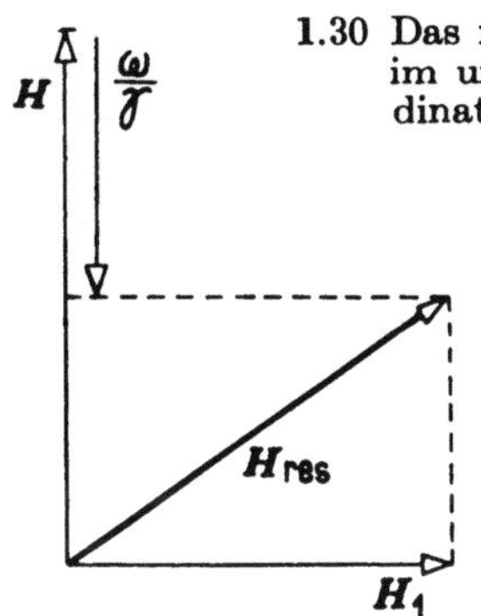

1.30 Das resultierende Feld im umlaufenden Koordinatensystem

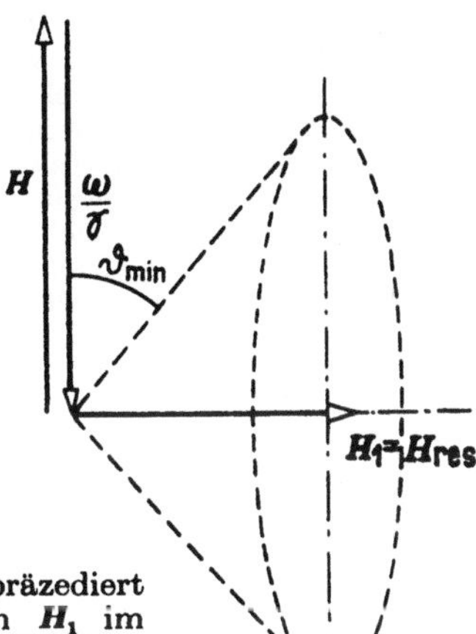

1.31 Im Resonanzfall präzediert der Vektor m um H_1 im umlaufenden Koordinatensystem

System sich zusätzlich um H dreht. Setzen wir nun

$$H + \frac{\omega}{\gamma} = 0 \,,$$

was bei

$$\omega = -\gamma H = \omega_L$$

der Fall ist. Dann gilt $\left(\dfrac{\mathrm{d}m}{\mathrm{d}t}\right)_{\text{drehend}} = \gamma\, m \times H_1 \,.$

Im Resonanzfall, also wenn die Frequenz des magnetischen Feldes mit der *Larmor*-Frequenz übereinstimmt, präzediert der Vektor m im umlaufenden Koordinatensystem um H_1 mit der Winkelgeschwindigkeit

$$\omega_p = -\gamma H_1$$

(Abb. 1.31). Da $H_1 < H$ ist, wird $\omega_p < \omega = \omega_L$. Man erhält als resultierende Bewegung, daß sich m sehr schnell um H dreht, während der Winkel zwischen den beiden eine der Winkelgeschwindigkeit ω_p entsprechende Schwankung um die Werte $\vartheta_{\min}$ und $180 - \vartheta_{\min}$ zeigt.

1.5.2 Das Verhalten des Dipols im inhomogenen magnetischen Feld

Im vorangehenden Abschnitt wurde gezeigt, daß im homogenen magnetischen Feld nur ein Moment auf den magnetischen Dipol einwirkt und die Präzessionsbewegung ohne Translation desselben verursacht. Im inhomogenen Feld ergibt sich neben dem Moment auch eine translatorische Kraft, die den ganzen Dipol wegzurücken trachtet. Nehmen wir an, daß das Feld sich im wesentlichen nur in Richtung der z-Achse ändert; dann ist die Kraft nach Betrag und Richtung

$$F_z = m_z \frac{\partial H}{\partial z} \,,$$

wobei m_z die Komponente des magnetischen Momentes in der Richtung z bezeichnet. Tritt ein magnetischer Dipol mit gegebener Anfangsgeschwindigkeit in ein solches magnetisches Feld senkrecht zur Richtung der magnetischen Feldlinien ein, so wird seine Bahn in erster Näherung eine Parabel sein, genauso, wie es bei der Ablenkung geladener Teilchen im Felde des Kondensators der Fall ist. Eine Vernachlässigung gibt es dabei nur insoweit, als die Inhomogenität des magnetischen Feldes nicht im gesamten Raum gleichbleibend ist. Gemessen an dem in einer Entfernung L befindlichen Schirm beträgt die Ablenkung, falls die Länge des inhomogenen magnetischen Feldes gleich l ist,

$$D_i = \frac{m_z \dfrac{\partial H}{\partial z}\, lL}{mv_0^2}\,.$$

Sind Masse und Geschwindigkeit der ein magnetisches Moment besitzenden Teilchen bekannt, so kann die Komponente des magnetischen Moments in Feldrichtung aus den geometrischen Verhältnissen durch Messung von $\partial H/\partial z$ ermittelt werden. Derartige Versuche wurden von *Stern* und *Gerlach* durchgeführt (Abb. 1.32). Mit Hilfe des *Stern–Gerlach*schen Versuches kann der neben Ladung und Masse interessanteste

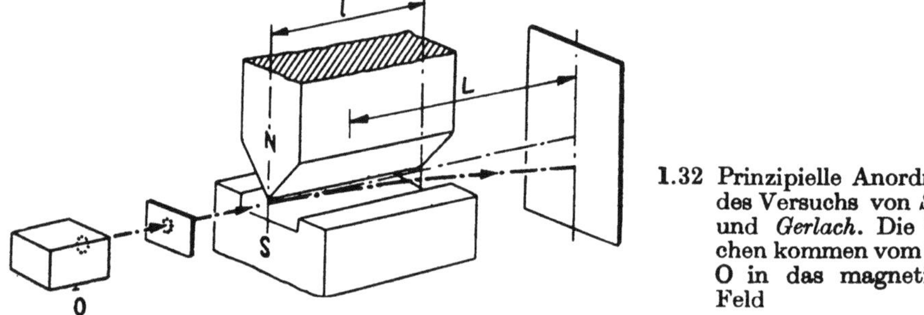

1.32 Prinzipielle Anordnung des Versuchs von *Stern* und *Gerlach*. Die Teilchen kommen vom Ofen O in das magnetische Feld

und wichtigste Kennwert der Elementarteilchen und Atome, d. h. ihr magnetisches Moment, bestimmt werden. Vom Versuchsergebnis ist für unsere Zwecke vorerst nur die Tatsache von Wichtigkeit, daß auch diese letztere Charakteristik der Atomsysteme einen diskreten Wert aufweist, also als ein Vielfaches eines elementaren magnetischen Moments in Erscheinung treten kann.

1.6 Die Grundlagen der Elektronenoptik

1.6.1 Die Analogie des optischen Brechungsgesetzes im elektrischen und magnetischen Feld

In Feldern einer allgemeineren Struktur ist die Bewegung der Teilchen selbstverständlich komplizierter. In den praktisch wichtigen Fällen kann man, wenn auch mit großen Schwierigkeiten, durch Integrieren der Bewegungsgleichungen quantitative Ergebnisse erhalten. Es ist aber auch möglich, mit Hilfe einer Analogie, die sich auch für quantitative Berechnungen eignet und aus prinzipiellen sowie wissenschaftsgeschichtlichen Gesichtspunkten von entscheidender Bedeutung ist, allgemeine Aussagen qualitativer Art zu machen. Die Bahn eines sich im allgemeinen elektrostatischen Feld bewegenden geladenen Teilchens stimmt nämlich mit dem Verlauf eines Lichtstrahls überein, der sich in einer Materie ausbreitet, deren Brechungsindex sich auf vorgeschriebene Weise im Raum ändert.

Der Brechungsindex ist in jedem Punkte des Raumes durch die dort meßbare Spannung bestimmt. Diese Analogie soll nun eingehender untersucht werden.

Mit dem Verlauf des Lichtstrahls befaßt sich die geometrische Optik. Zur Ableitung aller Gesetzmäßigkeiten der geometrischen Optik genügt bekanntterweise die Aussage, daß sich das Licht im homogenen und isotropen Medium geradlinig ausbreitet und an der Grenze von zwei verschiedenen Medien nach dem Gesetz von *Descartes — Snellius*

$$\frac{\sin \alpha_1}{\sin \alpha_2} = \frac{n_2}{n_1} \tag{1}$$

gebrochen wird. Um die entsprechende Erscheinung für den Fall des sich im elektrostatischen Feld bewegenden Elektrons zu finden, untersuchen wir nun, welche Brechung die Bahn eines Elektrons in dem Punkte erleidet, wo das Teilchen von einem Raumteil des Potentials U_1 in einen Raumteil des Potentials U_2 übertritt (Abb. 1.33).

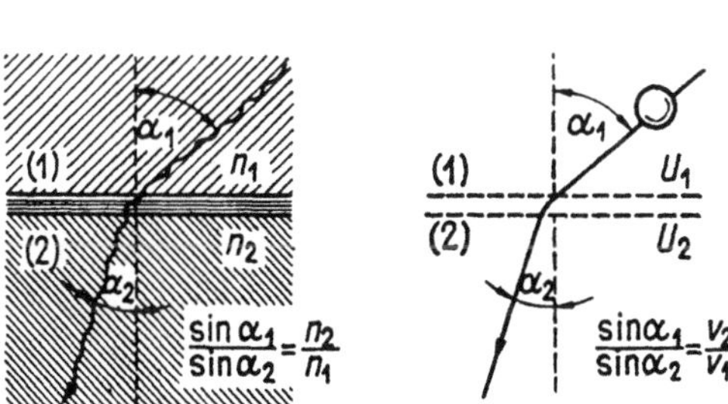

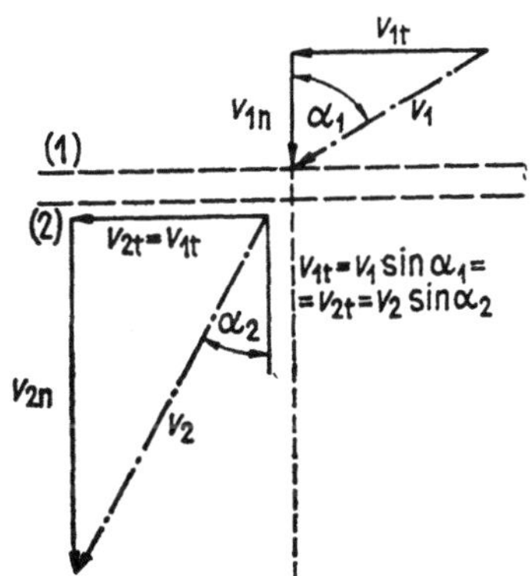

1.33 Vergleich des optischen mit dem elektronenoptischen Brechungsgesetz

1.34 Zur Ableitung des elektronenoptischen Brechungsgesetzes

Da das Potential innerhalb der einzelnen Raumteile als konstant betrachtet wird, ist die Feldstärke dort Null. Zwischen den beiden Raumteilen — also in der Zwischenschicht — steht aber das Feld senkrecht zur Grenzfläche. Das Teilchen wird also beim Durchgang in der Tangentialrichtung nicht beschleunigt:

$$v_{1t} = v_{2t}.$$

Da aber (Abb. 1.34)

$$v_{1t} = v_1 \sin\alpha_1 = v_{2t} = v_2 \sin\alpha_2$$

ist, gilt

$$v_1 \sin \alpha_1 = v_2 \sin \alpha_2,$$

oder anders geordnet

$$\frac{\sin \alpha_1}{\sin \alpha_2} = \frac{v_2}{v_1}.$$

In die obige Beziehung setzen wir den der Gleichung $\dfrac{1}{2}\,mv^2 + qU = \boldsymbol{W}_0$ entnommenen Wert der Geschwindigkeit ein:

$$\frac{\sin \alpha_1}{\sin \alpha_2} = \frac{\sqrt{\dfrac{2}{m}}\ \sqrt{W_0 - qU_2}}{\sqrt{\dfrac{2}{m}}\ \sqrt{W_0 - qU_1}}\,,$$

wobei W_0 die konstante Gesamtenergie des Teilchens bedeutet.
Wird nun schließlich für q die Ladung des Elektrons $-e$ eingesetzt, so erhält man das folgende Brechungsgesetz für den Elektronenstrahl:

$$\frac{\sin \alpha_1}{\sin \alpha_2} = \frac{\sqrt{W_0 + eU_2}}{\sqrt{W_0 + eU_1}}\,.$$

Ist $W_0 = 0$, d. h. das Teilchen startet von einem Ort des Potentials Null mit der Geschwindigkeit Null, so ergibt sich

$$\frac{\sin \alpha_1}{\sin \alpha_2} = \frac{\sqrt{U_2}}{\sqrt{U_1}}\,.$$

Durch Vergleich von Gleichung (1) mit dem *Descartes-Snellius*schen Gesetz der Lichtbrechung wird sofort ersichtlich, daß der Platz des optischen Brechungsindexes n vom Ausdruck

$$n_e = \sqrt{W_0 + eU} = \sqrt{\frac{m_e}{2}}\,v$$

als elektrischem Brechungsindex eingenommen wird. Man beachte, daß es keine Bedeutung hat, ob der Faktor $\sqrt{m_e/2}$ ausgeschrieben oder weggelassen wird. Im folgenden kann man genausogut von der Beziehung

$$n_e = v \quad \text{oder} \quad n_e = m_e v$$

ausgehen.

Untersuchen wir nun auf ähnliche Weise, was geschieht, falls ein Elektron oder ein Elektronenstrahl ein dünnes, zur Bündelebene senkrechtes, homogenes Magnetfeld durchquert. Der Strahl wird auch jetzt abgelenkt. Im Fall des magnetischen Feldes sind die Verhältnisse kompliziert; der Brechungsindex ist auch vom Einfallswinkel abhängig, so daß das Ersatzmedium im Fall des magnetischen Feldes nicht nur inhomogen, sondern auch anisotrop ist. Es sei hier erwähnt, ohne daß diese Tatsache im weiteren zur Anwendung kommen wird, daß der Brechungsindex im allgemeinen Fall

$$n_e \sim v - \frac{e}{m_e}\,\boldsymbol{As}$$

ist, wobei s den in die Richtung der Bahntangente zeigenden Einheitsvektor und A das Vektorpotential des magnetischen Feldes, also jene
Vektorfunktion bezeichnet, aus der B durch Bildung der Rotation abgeleitet
werden kann,

$$B = \mu_0\, H = \text{rot}\, A.$$

Ist auch ein elektrostatisches Feld vorhanden, so läßt sich die Geschwindigkeit daraus nach dem Vorangehenden berechnen, so daß der Brechungsindex im allgemeinen Fall

$$n = \sqrt{\frac{2}{m_e}}\, \sqrt{W_0 + eU} - \frac{e}{m_e}\, As$$

ist.

Der Zweck der auf Analogien beruhenden Behandlungsweise ist, den Ablauf
einer Erscheinung unserer Anschauung näherzubringen oder eventuell
Hinweise für die experimentelle Technik zu gewinnen. Die Gesetze der
geometrischen Optik sind anschaulich und wohlbekannt, so daß auf
diese bei der Behandlung der sich im elektrischen Feld bewegenden Ladungen mehrmals zurückgegriffen werden soll. Die Analogie des magnetischen Feldes ist in der Optik der Kristalle zu finden, deren Gesetze
nicht mehr einfach sind. Die mechanische Bewegung des Elektrons ist in
diesem Fall meistens viel einfacher zu verfolgen als ihr optisches Analogon.

In Wirklichkeit begegnet man
natürlich Skalar- bzw. Vektor-
potentialen, die sich nicht
sprungweise, sondern kontinuierlich ändern. Dementsprechend ist auch die Bahn des
Elektronenbündels keine gebrochene Linie, sondern eine
Kurve kontinuierlicher Krümmung. Um aber die Durchführung quantitativer Berechnungen näherungsweise zu ermöglichen sowie um die Ähnlich-

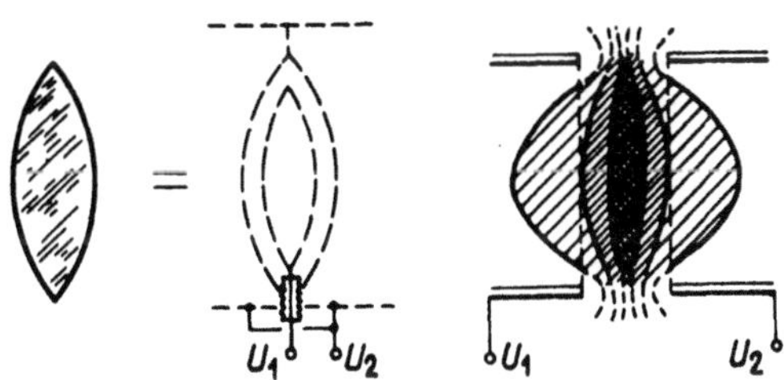

1.35 Vergleich der einfachen optischen Linse
mit einer elektrischen Anordnung bzw.
mit ihrer praktischen Verwirklichung

keit mit optischen Geräten herauszustellen, können auch diese Felder
mit kontinuierlich verteiltem Potential auf dünne Schalen mit sich sprungweise änderndem Potential nach Abb. 1.35 aufgeteilt werden.

Die obige Analogie ist deshalb von enormer praktischer Bedeutung, weil
sie es uns ermöglicht, die gut ausgearbeitete Theorie sowie die anschaulichen Eigenschaften der Optik und der optischen Geräte auf die Bewegung
der Elektronen sowie auf die elektronischen Geräte zu übertragen. Die
Analogie weist auch sofort auf die Existenz von Elektronenlinsen, also
Fokussiereinrichtungen, hin.

Vom vorangehenden kann man praktischen Gebrauch machen, indem man
bei bekannten Äquipotentialflächen die Bahn des Teilchens im beliebig

komplizierten elektrostatischen Feld annähernd bestimmt. In der gröbsten Annäherung wird der Wert des Potentials nach Abb. 1.36 streckenweise als konstant betrachtet und so die Bahn des Elektrons auf Grund des Brechungsgesetzes durch eine gebrochene Linie angenähert, wobei die einzelnen Winkel der Reihe nach durch die Beziehungen

$$\frac{\sin \alpha_i}{\sin \beta_i} = \frac{\sqrt{U_{i+1}}}{\sqrt{U_i}}$$

ermittelt werden können.

Eine bessere Annäherung — natürlich bei größerem Arbeitsaufwand — wird erzielt, falls das elektrische Feld als konstant, d. h. das Potential zwischen zwei Äquipotentialflächen als linear betrachtet wird. In diesem Falle setzt sich die Bahn aus Parabelstücken zusammen. Dies gehört jedoch nicht mehr zu den Methoden, die die Analogie verwenden.

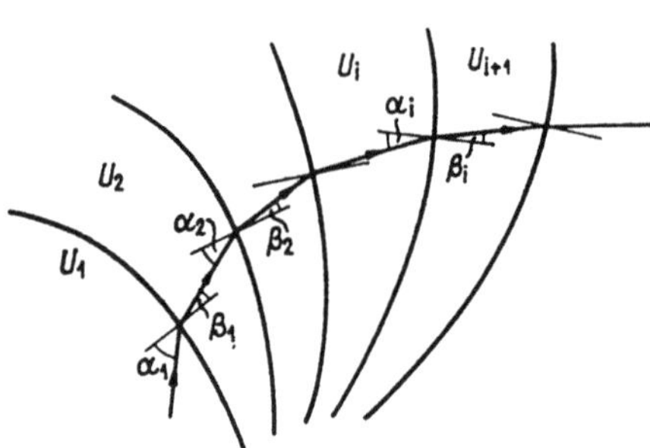

1.36 Annäherung der Bahn durch einen Polygonzug, bestehend aus geraden Strecken, die auf Grund des Brechungsgesetzes bestimmt wurden

1.6.2 Die allgemeine Analogie der Mechanik und Optik

Die Analogie hat natürlich auch eine tiefere Begründung: Die Gesetze der Mechanik genauso wie die der Optik können aus je einem Variationsprinzip, dem Prinzip von *Fermat* bzw. von *Maupertuis* abgeleitet werden.

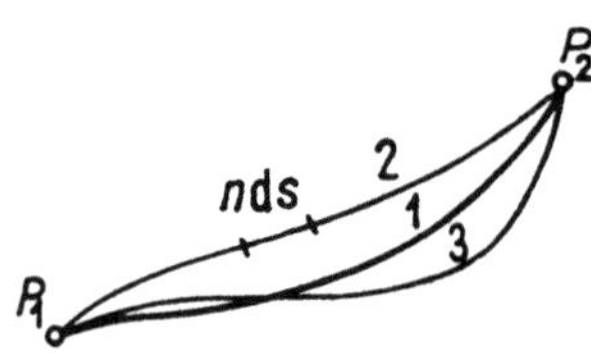

1.37 Zur Deutung des *Fermat*schen Prinzips

Zum Prinzip von *Fermat* gelangt man folgendermaßen: Es sei ein optisch durchsichtiges Medium gegeben, mit einem sich im Raum beliebig, kontinuierlich oder sprunghaft ändernden Brechungsindex. Das Licht soll aus Punkt P_1 des Mediums starten und nach dem Durchlaufen irgendeiner Bahn im Punkt P_2 eintreffen (Abb. 1.37). Wir teilen die Bahn in Linienelemente ds ein und bilden für jede elementare Bahnstrecke das Produkt $n\,ds$, d. h. multiplizieren jedes Bahnelement mit dem dort meßbaren Brechungsindex n. Die so erhaltenen Werte werden addiert. Im Endergebnis bilden wir also das Linienintegral

$$\int_{P_1}^{P_2} n\,ds. \tag{1}$$

Selbstverständlich kann man die Punkte P_1 und P_2 mit einer Schar beliebiger anderer Kurven verbinden, die von der tatsächlichen, wirklichen Bahn des Lichtes abweichen, ihr aber nahekommen. Für diese Kurven kann man ebenfalls das obige Integral bilden. Wird nun dieses Integral für alle möglichen Bahnkurven berechnet, so erhält man nach dem *Fermat*schen Prinzip für die wirkliche Bahn des Lichtes entweder den größten oder den kleinsten Wert, also einen Extremwert. Die wirkliche Bahn findet man somit durch Aufsuchen der Kurve, für die die Bedingung

$$\int_{P_1}^{P_2} n \, ds = \text{Extremum} \tag{2}$$

erfüllt wird. Mit Extremwertproblemen dieses Typs befaßt sich die Variationsrechnung. Bei solchen Problemen wird im allgemeinen eine unbekannte Funktion, im gegebenen Fall die Bahngleichung, gesucht, die den Wert eines bestimmten Integrals zum Extremwert macht.

Dem *Fermat*schen Prinzip der Optik kann auch eine sehr einfache physikalische Deutung beigelegt werden. Es ist nämlich bekannt, daß die Ausbreitungsgeschwindigkeit v des Lichtes über die Beziehung $v = c/n$ mit dem Brechungsindex n zusammenhängt. An Stelle des Brechungsindexes kann also der Ausdruck c/v eingesetzt werden. Das *Fermat*sche Prinzip nimmt damit die Form

$$c \int_{P_1}^{P_2} \frac{ds}{v} = \text{Extremum} \tag{3}$$

an. Und da c konstant ist, gilt ebenfalls

$$\int_{P_1}^{P_2} \frac{ds}{v} = \text{Extremum.} \tag{4}$$

Der Ausdruck ds/v bedeutet die Zeit, in welcher das Licht die Strecke ds durchläuft. Das Integral bedeutet also die Zeit, nach der das Licht aus Punkt P_1 im Punkt P_2 ankommt. Das *Fermat*sche Prinzip läßt sich also folgendermaßen formulieren: Das Licht gelangt von einem Punkt des Raumes zu einem anderen in der minimal möglichen Zeit. (Manchmal kommt es vor, daß es die maximal mögliche Zeit ist, aber auf alle Fälle ist es ein Extremwert.)

Andererseits können die Zusammenhänge der Mechanik aus dem *Maupertuis*schen Prinzip abgeleitet werden. Ein Teilchen bewege sich in einem beliebigen Potentialfeld vom Punkt P_1 nach Punkt P_2 auf einer eindeutig bestimmten Bahn mit einer in jedem Punkt bestimmten Geschwindigkeit. Nach dem *Maupertuis*schen Prinzip ist die Bahn des Teilchens durch die Forderung

$$\int_{P_1}^{P_2} v \, ds = \text{Extremum} \tag{5}$$

bestimmt. Aus allen möglichen, die Punkte P_1 und P_2 verbindenden Bahnen sucht sich also das Teilchen diejenige heraus, für die das obige Integral einen Extremwert liefert.

Drücken wir v mit Hilfe der Gesamtenergie und der potentiellen Energie
aus

$$v = \sqrt{\frac{2}{m}}\, \sqrt{W_0 - W_{\text{pot}}},$$

dann nimmt das *Maupertuis*sche Prinzip die Form

$$\int_{P_1}^{P_2} \sqrt{W_0 - W_{\text{pot}}}\, \mathrm{d}s = \text{Extremum} \tag{6}$$

an.

Solange man in den Grenzen der klassischen Physik bleibt, ist m konstant,
so daß die Multiplikation mit diesem oder irgendeinem anderen konstanten
Wert die Ermittlung des Extremwertes nicht beeinflußt.

Es sei noch erwähnt, daß die wirkliche Bahn im Falle eines magnetischen Feldes
auf Grund der Forderung

$$\int_{P_1}^{P_2} \left[v - \frac{e}{m_e}\, (\boldsymbol{As}) \right] \mathrm{d}s = \text{Extremum} \tag{7}$$

ermittelt werden kann.

Im nächsten Abschnitt wird man sehen, wie diese Analogie bei der Bestimmung der
quantitativen Verhältnisse der elektrischen Linsen, d. h. bei der Erforschung der
Gesetzmäßigkeiten der Elektronenoptik, hilft. Das ist für die Praxis sehr wichtig.
Die vom Prinzipiellen viel wichtigere Analogie, auf welche die eben erörterte Analogie
hinweist, d. h. die die Bewegung der Teilchen auch mikrophysikalisch richtig beschreibende Wellenmechanik, wird später behandelt.

(*) Vollständigkeitshalber wird nachfolgend noch kurz erwähnt, wie das *Maupertuis*sche
Prinzip mit dem allgemeinsten Variationsprinzip der Mechanik, dem *Hamilton*schen
Prinzip, und dieses über die Grundgleichungen der Variationsrechnung mit den
*Lagrange*schen Gleichungen 2. Art zusammenhängt, wobei die letzteren unmittelbar
die Bewegungsgleichungen *Newtons* liefern.

Das *Hamilton*sche Variationsprinzip lautet: In einem beliebigen, mit den allgemeinen
Koordinaten $q_1(t), \ldots q_f(t)$ charakterisierten System sei die kinetische Energie des
Systems eine Funktion $W_k(q_1, \ldots q_f; \dot{q}_1, \ldots \dot{q}_f)$ der aus den obigen Koordinaten gebildeten
allgemeinen Geschwindigkeiten $\dot{q}_1, \ldots \dot{q}_f$ und die potentielle Energie eine Funktion
$W_p(q_1, \ldots q_f)$ der Ortskoordinaten. Im beliebigen Zeitintervall zwischen t_1 und t_2
nimmt die Bewegung nach dem *Hamilton*schen Prinzip einen solchen Ablauf, daß
der Ausdruck

$$\int_{t_1}^{t_2} (W_k - W_p)\, \mathrm{d}t \equiv \int_{t_1}^{t_2} L\, \mathrm{d}t$$

einen Extremwert annimt. Diese Tatsache wird üblicherweise dadurch ausgedrückt,
daß die Variation des Integrals verschwindet

$$\delta \int_{t_1}^{t_2} L\, \mathrm{d}t \equiv \delta \int_{t_1}^{t_2} [W_k(\dot{q}_1 \ldots \dot{q}_f) - W_p(q_1 \ldots q_f)]\, \mathrm{d}t = 0. \tag{8}$$

Wird die Gesamtenergie

$$W_0 = W_k + W_p$$

eingeführt, so läßt sich das obige Integral umschreiben in

$$\int\limits_{t_1}^{t_2} (W_{\mathrm k} - W_{\mathrm p})\, \mathrm dt = \int\limits_{t_1}^{t_2} (2\, W_{\mathrm k} - W_0)\, \mathrm dt \,.$$

Bei der Variationsbildung spielt das konstante Glied $\int\limits_{t_1}^{t_2} W_0 \mathrm dt$ keine Rolle, so daß das *Hamilton*sche Prinzip auch in der Form

$$\delta \int\limits_{t_1}^{t_2} (2\, W_{\mathrm k} - W_0)\, \mathrm dt = \delta \int\limits_{t_1}^{t_2} 2\, W_{\mathrm k}\, \mathrm dt = 0$$

geschrieben werden kann.

Für den Fall eines einzigen Teilchens läßt sich dieser Ausdruck auch folgendermaßen schreiben:

$$\delta \int\limits_{t_1}^{t_2} 2\, W_{\mathrm k}\, \mathrm dt = \delta \int\limits_{t_1}^{t_2} 2\, \frac{1}{2}\, mv^2\, \mathrm dt = \delta \int\limits_{t_1}^{t_2} mv\, v\, \mathrm dt = \delta \int\limits_{P_1}^{P_2} mv\, \mathrm ds = 0 \,. \tag{9}$$

Diese letzte Form ergibt bereits das *Maupertuis*sche Prinzip.

Die Aufgabe der Variationsrechnung als mathematischer Disziplin lautet im einfachsten Fall: Gesucht wird die Funktion $y = y(x)$, die den Wert des bestimmten Integrals

$$\int\limits_{x_1}^{x_2} F(x, y, y')\, \mathrm dx$$

zu einem Extremwert, also zu einem Maximum oder Minimum, macht. Die Funktion $F(x, y, y')$ ist hier gegeben. Die Lösung des Problems ist: Man bildet die sogenannte *Euler*sche Differentialgleichung

$$\frac{\mathrm d}{\mathrm dx}\, \frac{\partial F(x, y, y')}{\partial y'} - \frac{\partial F(x, y, y')}{\partial y} = 0 \,. \tag{10}$$

Ihre Lösung ist die gesuchte Funktion $y(x)$. Das Grundproblem der Variationsrechnung wurde somit auf das Problem der Lösung einer Differentialgleichung zurückgeführt.

Ist F die Funktion mehrerer abhängiger Veränderlicher $y_l(x)$, die ihrerseits von der einzigen Veränderlichen x abhängig sind, so schreibt man für jede Veränderliche y_l eine Differentialgleichung auf, die mit der obigen Gleichung identisch ist. Damit erhält man ein System von Differentialgleichungen, dessen Lösung die gesuchten Funktionen $y_i(x)$ liefert.

Zur Bestimmung der im *Hamilton*schen Prinzip vorkommenden unbekannten Funktionen kann man die *Euler*schen Gleichungen der Variationsrechnung aufschreiben,

$$\frac{\mathrm d}{\mathrm dt}\, \frac{\partial (W_{\mathrm k} - W_{\mathrm p})}{\partial \dot q_l} - \frac{\partial (W_{\mathrm k} - W_{\mathrm p})}{\partial q_i} = 0; \quad i = 1, \ldots, f \,. \tag{11}$$

Diese Gleichungen werden die *Lagrange*schen Gleichungen 2. Art der Mechanik genannt. Dabei haben die allgemeinen Ortskoordinaten q_l die Rolle der abhängigen Veränderlichen y_l und t die der unabhängigen Veränderlichen x übernommen.

Die Beziehung dieser Gleichungen zur *Newton*schen Bewegungsgleichung wird sofort ersichtlich, wenn die Bewegung eines einzelnen Massenpunktes betrachtet wird.

Dann gilt nämlich

$$W_{\mathrm{k}} = \frac{1}{2}\, m(\dot{x}^2 + \dot{y}^2 + \dot{z}^2)\,, \qquad W_{\mathrm{p}} = W_{\mathrm{p}}(x, y, z)\,,$$

$$\frac{\mathrm{d}}{\mathrm{d}t}\, \frac{\partial(W_{\mathrm{k}} - W_{\mathrm{p}})}{\partial \dot{x}} = \frac{\mathrm{d}}{\mathrm{d}t}\, (m\dot{x}) = m\ddot{x}\,.$$

Die Gleichung (4) führt somit zu den Gleichungen

$$m\ddot{x} = -\frac{\partial W_{\mathrm{p}}}{\partial x}\,, \qquad m\ddot{y} = -\frac{\partial W_{\mathrm{p}}}{\partial y}\,, \qquad m\ddot{z} = -\frac{\partial W_{\mathrm{p}}}{\partial z}\,,$$

so daß man wieder den wohlbekannten Ausdruck »Masse mal Beschleunigung gleich Kraft« erhält. Im Falle des Elektrons ist $W_{\mathrm{p}} = -eU(\boldsymbol{r})$, so daß die obige Gleichung sofort den Zusammenhang $m\, \mathrm{d}^2\boldsymbol{r}/\mathrm{d}t^2 = -e\boldsymbol{E}$ ergibt. Ist auch ein magnetisches Feld vorhanden, so führt die Forderung

$$\int\limits_{t_1}^{t_2} \left[\frac{1}{2}\, m\,(\dot{x}^2 + \dot{y}^2 + \dot{z}^2) + eU - e\,(\boldsymbol{Av}) \right] \mathrm{d}t = \text{Extremum} \tag{12}$$

über die Gleichung (3) zur Komponentenform der Bewegungsgleichung

$$m\, \frac{\mathrm{d}^2\boldsymbol{r}}{\mathrm{d}t^2} = -e\,(\boldsymbol{E} + \boldsymbol{v} \times \boldsymbol{B})\,.$$

Durch Umschreiben der Forderung (12) erhält man die Beziehung (7).

Das Variationsprinzip können wir nunmehr zur Angabe der Bahngleichung auch im ganz allgemeinen Fall verwenden. Werden nämlich die *Euler*schen Gleichungen auf das Variationsprinzip

$$\int n\, \mathrm{d}s = \text{Extremum}$$

angewendet, so erhält man die Gleichungen

$$\frac{\mathrm{d}}{\mathrm{d}s} \left(\frac{\partial n}{\partial q'_k} \right) - \frac{\partial n}{\partial q_k} - 0\,; \qquad k = 1, 2, 3\,; \qquad q'_k = \frac{\mathrm{d}q_k}{\mathrm{d}s}\,,$$

wobei q_k z. B. eine der Koordinaten x, y, z der Reihe nach bedeuten kann.

Wird nun über die Gleichung

$$\mathrm{d}s = \mathrm{d}z\, \sqrt{1 + x'^2 + y'^2}\,, \qquad x' = \frac{\mathrm{d}x}{\mathrm{d}z}\,, \qquad y' = \frac{\mathrm{d}y}{\mathrm{d}z}$$

z als unabhängige Veränderliche eingeführt, so erhält man auf Grund der Beziehung

$$n = \sqrt{\frac{m}{2e}} \left(v - \frac{e}{m}\, \boldsymbol{As} \right) = \sqrt{U^*\,(x, y, z)} - \sqrt{\frac{e}{2m}} \left(A_{\mathrm{x}}\, \frac{\mathrm{d}x}{\mathrm{d}s} + A_{\mathrm{y}}\, \frac{\mathrm{d}y}{\mathrm{d}s} + A_{\mathrm{z}}\, \frac{\mathrm{d}z}{\mathrm{d}s} \right)$$

als Integrand den Ausdruck

$$n\, \mathrm{d}s = n\, \frac{\mathrm{d}s}{\mathrm{d}z}\, \mathrm{d}z = \left\{ \sqrt{U^*\,(x, y, z)}\, \sqrt{1 + x'^2 + y'^2} - \sqrt{\frac{e}{2m}}\, (A_{\mathrm{x}}\, x' + A_{\mathrm{y}}\, y' + A_{\mathrm{z}}) \right\} \mathrm{d}z\,.$$

(Hier und im folgenden wird die vereinfachende Bezeichnung $eU^* = W_0 + eU$ verwendet.) Die *Euler*schen Gleichungen lauten damit

$$\frac{\partial n\,(x, y, x', y')}{\partial x} - \frac{\mathrm{d}}{\mathrm{d}z} \left(\frac{\partial n}{\partial x'} \right) = 0\,, \qquad \frac{\partial n}{\partial y} - \frac{\mathrm{d}}{\mathrm{d}z} \left(\frac{\partial n}{\partial y'} \right) = 0\,.$$

Wird hier der Wert von n eingesetzt, so erhält man als Endergebnis die Gleichungen:

$$\frac{1}{2\sqrt{U^*}}\sqrt{1+x'^2+y'^2}\,\frac{\partial U}{\partial x}-\sqrt{\frac{e}{2m}}\left(x'\frac{\partial A_x}{\partial x}+y'\frac{\partial A_y}{\partial x}+\frac{\partial A_z}{\partial x}\right)=\frac{\mathrm{d}}{\mathrm{d}z}\left\{\frac{\sqrt{U^*}\,x'}{\sqrt{1+x'^2+y'^2}}-\sqrt{\frac{e}{2m}}\,A_x\right\}$$

$$\frac{1}{2\sqrt{U^*}}\sqrt{1+x'^2+y'^2}\,\frac{\partial U}{\partial y}-\sqrt{\frac{e}{2m}}\left(x'\frac{\partial A_x}{\partial y}+y'\frac{\partial A_y}{\partial y}+\frac{\partial A_z}{\partial y}\right)=\frac{\mathrm{d}}{\mathrm{d}z}\left\{\frac{\sqrt{U^*}\,y'}{\sqrt{1+x'^2+y'^2}}-\sqrt{\frac{e}{2m}}\,A_y\right\}.$$

Die Lösung $x=x(z)$, $y=y(z)$ dieser Gleichungen ergibt die Trajektorien des Elektrons.

Die folgenden Kapitel behandeln im wesentlichen die speziellen Lösungen dieser allgemeinen Gleichung, wobei wir uns jedoch von den allgemeinen Variationsprinzipien frei machen.

1.6.3* Die Bestimmung der Brennweite auf Grund der optischen Analogie

Die optischen Abbildungslinsen oder Systeme sind im allgemeinen rotationssymmetrisch. Dementsprechend ist zu erwarten, daß auch Elektronenbündel mit Hilfe von rotationssymmetrischen elektrischen oder magnetischen Feldern fokussiert werden können. Wir erzeugen also ein näherungsweise rotationssymmetrisches elektrisches Feld mittels eines Linsensystems, dessen Brechungsindex sich nach Abb. 1.35 sprunghaft ändert. Im Falle des Elektronenstrahls besteht der folgende Zusammenhang zwischen dem Brechungsindex einer jeden Schicht und dem Potential:

$$n=\sqrt{W_0+eU}\,.$$

Bestimmen wir zunächst nach den Gesetzen der Optik die Brennweite der in der Abb. 1.38 dargestellten, durch eine Kugelfläche getrennten Raumteile vom Brechungs-

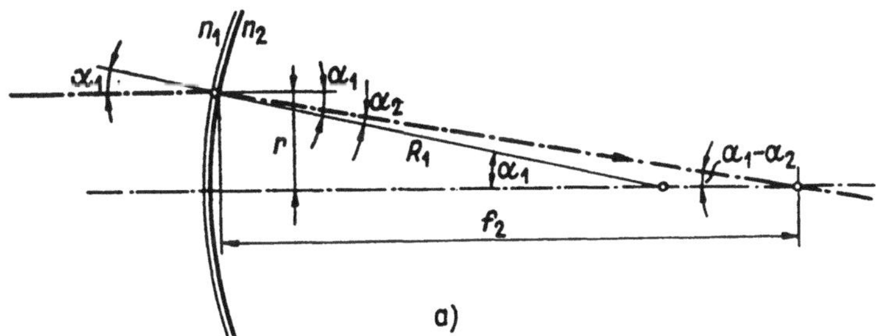

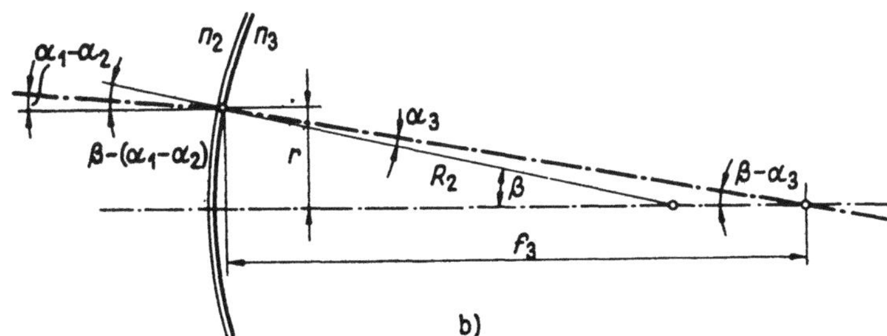

1.38 Zur Ableitung der Brennweite. Der Wert r ist in beiden Abbildungen gleich: In einer dünnen Linse ändert sich der Achsenabstand des Strahls nicht

index n_1 und n_2 für den Fall von paraxialen, d. h. einen kleinen Winkel mit der Achse einschließenden Strahlen.

Nach dem Brechungsgesetz ist

$$\frac{\sin \alpha_1}{\sin \alpha_2} = \frac{n_2}{n_1}.$$

Für kleine Winkel gilt

$$\frac{\alpha_1}{\alpha_2} = \frac{n_2}{n_1}$$

bzw.

$$\alpha_1 n_1 = \alpha_2 n_2.$$

Für Strahlen, die der Achse nahe liegen, läßt sich aus den geometrischen Verhältnissen ablesen, daß

$$\frac{r}{f_2} = \alpha_1 - \alpha_2, \qquad r = \alpha_1 R$$

ist.

Daraus folgt

$$\frac{1}{f_2} = \frac{\alpha_1 - \alpha_2}{r} = \frac{\alpha_1 - \alpha_2}{\alpha_1 R_1} = \frac{1}{R_1}\left(1 - \frac{\alpha_2}{\alpha_1}\right).$$

Unter Berücksichtigung der Beziehung $n_1 \alpha_1 = n_2 \alpha_2$ ergibt sich dann

$$\frac{1}{f_2} = \frac{1}{R_1}\,\frac{n_2 - n_1}{n_2}. \tag{1}$$

Will man die Bahn dieses Strahls durch eine weitere Grenzfläche von abweichender Krümmung in einem dritten Medium von abweichendem Brechungsindex verfolgen, so kann man die Brennweite auf Grund der gleichen Überlegungen, jedoch mit dem Unterschied berechnen, daß der Strahl im zweiten Medium nicht mehr parallel zur Achse verläuft, sondern den Winkel $\alpha_1 - \alpha_2$ mit ihr einschließt (Abb. 1.38). Wird der Neigungswinkel des Einfallslotes mit β bezeichnet, so ist der Einfallswinkel bezogen auf den ersteren $\beta - (\alpha_1 - \alpha_2)$. Das Brechungsgesetz lautet also

$$[\beta - (\alpha_1 - \alpha_2)]n_2 = n_3 \alpha_3$$

oder

$$\left[1 - \left(\frac{\alpha_1}{\beta} - \frac{\alpha_2}{\beta}\right)\right]\frac{n_2}{n_3} = \frac{\alpha_3}{\beta}.$$

Aus der Geometrie der Anordnung folgt die Beziehung

$$R_2 \beta = R_1 \alpha_1 = r, \quad \frac{\alpha_1}{\beta} = \frac{R_2}{R_1}, \quad \frac{\alpha_2}{\beta} = \frac{\alpha_2}{\alpha_1}\,\frac{\alpha_1}{\beta} = \frac{n_1}{n_2}\,\frac{R_2}{R_1}.$$

Ebenfalls folgt aus geometrischen Gründen

$$\frac{1}{f_3} = \frac{\beta - \alpha_3}{r} = \frac{\beta - \alpha_3}{R_2 \beta} = \frac{1}{R_2}\left(1 - \frac{\alpha_3}{\beta}\right).$$

Wird hierin der Wert von α_3/β eingesetzt, so erhält man

$$\frac{1}{f_3} = \frac{1}{R_2}\left\{1 - \frac{n_2}{n_3}\left[1 - \left(\frac{R_2}{R_1} - \frac{R_2}{R_1}\,\frac{n_1}{n_2}\right)\right]\right\} = \frac{n_3 - n_2}{R_2 n_3} + \frac{1}{n_3}\,\frac{n_2 - n_1}{R_1}. \tag{2}$$

Der endgültige Zusammenhang lautet

$$\frac{n_b}{f_b} = \frac{n_2 - n_1}{R_1} + \frac{n_3 - n_2}{R_2} \,. \tag{3}$$

Wird die Differenz der Brechungsindizes mit dn bezeichnet und der Index 3 des rechtsseitigen Raumes gegen den Index b (Bild) vertauscht, so erhält man

$$\frac{n_b}{f_b} = \Sigma \, \frac{dn}{R} \,.$$

Es läßt sich auf ähnliche Weise zeigen, daß dieser Zusammenhang für beliebig viele Schichten gültig ist. Bei sehr dünnen Schichten, d. h. im quasikontinuierlich veränderlichen Feld gilt

$$\frac{n_b}{f_b} = \int \frac{1}{R} \, \frac{dn}{dz} \, dz \,, \tag{4}$$

wobei die Integration auf alle Raumteile auszudehnen ist, in welchen sich n ändert. Verwendet man nun die Analogie

$$n = \sqrt{W_0 + eU} \,,$$

so erhält man

$$\frac{dn}{dz} = \frac{1}{2} \, \frac{\dfrac{d(eU)}{dz}}{\sqrt{W_0 + eU}} \,.$$

Der Krümmungsradius achsensymmetrischer Felder ist nach der Theorie der elektrostatischen Felder (siehe z. B. [0.7] Seite 259)

$$R = \frac{2\,U'}{U''} \,. \tag{5}$$

Wird von der Energie auf Spannungen umgerechnet und substituiert, so ergibt sich

$$\frac{\sqrt{U_b + U_0}}{f_b} = \int\limits_{-\infty}^{+\infty} \frac{U''}{2\,U'} \, \frac{1}{2} \, \frac{U'}{\sqrt{U + U_0}} \, dz \,,$$

wobei $U_0 = W_0/e$ ist.

Die Brennweite ist daher

$$\frac{1}{f_b} = \frac{1}{4\,\sqrt{U_b + U_0}} \int\limits_{-\infty}^{+\infty} \frac{U''}{\sqrt{U + U_0}} \, dz \,. \tag{6}$$

f_b ist also die Entfernung, in der ein parallel zur Achse von links ankommendes Elektron die Achse schneidet.

Auf ähnliche Weise erhält man die Brennweite für das von rechts ankommende Elektron

$$\frac{1}{f_a} = \frac{1}{4\,\sqrt{U_a + U_0}} \int\limits_{-\infty}^{+\infty} \frac{U''}{\sqrt{U + U_0}} \, dz \,, \tag{7}$$

wobei der Index a auf das Objekt hinweist.

Wird der Wert des Potentials an der Stelle gleich Null gesetzt, wo die Geschwindigkeit des Elektrons gleich Null ist, so wird auch die Energie des Teilchens an dieser Stelle gleich Null. Folglich ist die Summe W_0 der kinetischen und potentiellen Energie immer gleich Null. Durch diese Wahl läßt sich somit U_0 aus der Formel eliminieren:

$$\frac{1}{f_b} = \frac{1}{4\sqrt{U_b}} \int\limits_{-\infty}^{+\infty} \frac{U''}{\sqrt{U}}\, dz\,, \tag{8}$$

$$\frac{1}{f_a} = \frac{1}{4\sqrt{U_a}} \int\limits_{-\infty}^{+\infty} \frac{U''}{\sqrt{U}}\, dz\,.$$

Alle bisherigen Ableitungen gelten nur für dünne und schwache Linsen, bei denen die Brennweite groß ist im Vergleich zur Ausdehnung des Raumteils, in dem die Änderung des Brechungsindexes von Null verschieden ist, sowie nur für den Fall, in dem der Abstand des Elektrons von der Achse sich im Linsenteil kaum ändert, so daß das Teilchen nur eine Richtungsänderung erfährt.

1.6.4 Berechnung der Brennweite der dünnen Linse auf Grund der Bewegungsgleichung

Wie bereits erwähnt, ist die quantitative Verfolgung der Verhältnisse in magnetischen Linsen nur auf Grund der Bewegungsgleichung zweckmäßig. Aus Gründen der Einheitlichkeit, aber auch, um die Wichtigkeit der Sache herauszustellen, soll die Brennweite dünner Linsen auch aus den Bewegungsgleichungen bestimmt werden.

Untersuchen wir also die Bewegung des Elektrons, das sich in der Nähe der Symmetrieachse z und praktisch parallel dazu bewegt. Wir lösen die Vektorgleichung

$$m\frac{d^2\boldsymbol{R}}{dt^2} = -e\boldsymbol{E} \tag{1}$$

in Komponentengleichungen in der r- (radialen) und z-Richtung auf

$$m\frac{d^2r}{dt^2} = -eE_r\,.$$

$$m\frac{d^2z}{dt^2} = -eE_z\,.$$

Bekanntlich läßt sich $\boldsymbol{E}$ als negativer Gradient des Potentials U darstellen

$$E_r = -\frac{\partial U}{\partial r}\,, \quad E_z = -\frac{\partial U}{\partial z}\,.$$

Die Bewegungsgleichungen können also in der folgenden Form geschrieben werden:

$$\frac{d^2r}{dt^2} = \frac{e}{m}\frac{\partial U}{\partial r}\,, \quad \frac{d^2z}{dt^2} = \frac{e}{m}\frac{\partial U}{\partial z}\,. \tag{2}$$

Diesen zwei Gleichungen fügen wir noch den die Erhaltung der Energie ausdrückenden Zusammenhang

$$\frac{m}{2}\left[\left(\frac{dz}{dt}\right)^2+\left(\frac{dr}{dt}\right)^2\right]=eU \tag{3}$$

hinzu. Hier wurde angenommen, daß die Gesamtenergie W_0 der Elektronen gleich Null ist. Wenn das nicht der Fall ist, so steht $U^*=W_0/e+U==U_0+U$ statt U. Wird die Zeit aus den obigen drei Gleichungen eliminiert, so erhält man die Bahngleichung. Schreiben wir also die drei Gleichungen zu diesem Zwecke unter Verwendung der folgenden Beziehungen um:

$$\frac{d^2z}{dt^2}=\frac{d}{dt}\dot{z}=\frac{d\dot{z}}{dz}\frac{dz}{dt}=\dot{z}\frac{d\dot{z}}{dz},$$

$$\frac{d^2r}{dt^2}=\frac{d}{dt}\left(\frac{dr}{dt}\right)=\frac{d}{dz}\left(\frac{dr}{dt}\right)\frac{dz}{dt}=\frac{d}{dz}\left(\frac{dr}{dz}\dot{z}\right)\dot{z}=\dot{z}^2\frac{d^2r}{dz^2}+\dot{z}\frac{dr}{dz}\frac{d\dot{z}}{dz}.$$

Dadurch nehmen die Gleichungen (2) und (3) die folgende Form an:

$$\dot{z}\frac{d\dot{z}}{dz}=\frac{e}{m}\frac{\partial U}{\partial z},\qquad \dot{z}^2\frac{d^2r}{dz^2}+\dot{z}\frac{d\dot{z}}{dz}\frac{dr}{dz}=\frac{e}{m}\frac{\partial U}{\partial r}, \tag{4}$$

$$\dot{z}^2+\left(\frac{dr}{dz}\dot{z}\right)^2=\dot{z}^2\left[1+\left(\frac{dr}{dz}\right)^2\right]=2\frac{e}{m}U. \tag{5}$$

Den Wert von $\dot{z}\dfrac{d\dot{z}}{dz}$ aus der ersten Gleichung setzen wir in die zweite Gleichung ein, lösen dann die letztere nach $\dot{z}^2$ auf und setzen diese Beziehung in die dritte Gleichung ein. Dadurch erhält man die Differentialgleichung der Bahn

$$2U\frac{d^2r}{dz^2}=\left(\frac{\partial U}{\partial r}-\frac{\partial U}{\partial z}\frac{dr}{dz}\right)\left[1+\left(\frac{dr}{dz}\right)^2\right]. \tag{6}$$

Diese Gleichung läßt sich noch weiter vereinfachen: untersucht werden nämlich paraxiale Strahlen, die also nahezu parallel zur Achse sind, so daß

$$\frac{dr}{dz}\ll 1$$

ist, während der Abstand der Strahlen von der Achse, also der Wert r, ebenfalls nicht groß ist. Die erste Bedingung bringt die folgende vereinfachte Gleichung:

$$2U\frac{d^2r}{dz^2}=\frac{\partial U}{\partial r}-\frac{\partial U}{\partial z}\frac{dr}{dz}. \tag{7}$$

6*

Und die zweite Bedingung bedeutet, daß bei der Reihenentwicklung der Funktion $U(z, r)$ nach Potenzen von r die Berücksichtigung der ersten zwei Glieder genügt.

Es ist leicht einzusehen, daß die Potentialfunktion $U(z, r)$ durch die folgende Reihe dargestellt werden kann:

$$U(z, r) = U_0(z) - \frac{1}{2^2} U_0''(z)\, r^2 + \frac{1}{2^2 \cdot 2^4} U_0^{(4)}(z)\, r^4 - \ldots + \ldots, \qquad (8)$$

wobei $U_0(z)$ die entlang der Achse meßbare Änderung des Potentials bedeutet, während das Zeichen der Differentiation sich auf die Ableitung nach z bezieht.

Von der Richtigkeit dieser Reihenentwicklung kann man sich dadurch überzeugen, daß man diesen Ausdruck in die für das Potential U gültige *Laplace*sche Gleichung

$$\Delta U = 0$$

einsetzt und überprüft, ob diese Bedingung erfüllt wird. Für den Symmetriefall lautet die *Laplace*sche Gleichung in Zylinderkoordinaten

$$\frac{1}{r} \frac{\partial}{\partial r} \left(r \frac{\partial U}{\partial r} \right) + \frac{\partial^2 U}{\partial z^2} = 0. \qquad (9)$$

Werden die bezeichneten Differentiationen am Ausdruck (8) von $U(r, z)$ ausgeführt, so sieht man, daß diese Funktion der obigen Gleichung tatsächlich genügt ([0.7] Seite 258).

Beschränkt man sich auf die ersten zwei Glieder der Reihenentwicklung, so ist

$$U(z, r) = U_0(z) - \frac{1}{2^2} U_0''(z)\, r^2,$$

und damit

$$\frac{\partial U}{\partial r} \approx - \frac{r}{2} U_0''(z),$$

$$\frac{\partial U}{\partial z} \approx U_0'(z).$$

Die endgültige Bahngleichung erhält man somit durch Einsetzen dieser Ausdrücke in die Gleichung (7)

$$\frac{d^2 r}{dz^2} + \frac{U_0'(z)}{2\, U_0(z)} \frac{dr}{dz} + \frac{U_0''(z)}{4\, U_0(z)}\, r = 0. \qquad (10)$$

Diese Grundgleichung läßt sich auch in der folgenden Form schreiben:

$$\frac{d}{dz} \left(\sqrt{U_0(z)}\, \frac{dr}{dz} \right) = - \frac{1}{4} \frac{U_0''(z)}{\sqrt{U_0(z)}}\, r(z). \qquad (11)$$

1.39 Zur Ermittlung der Brennweite

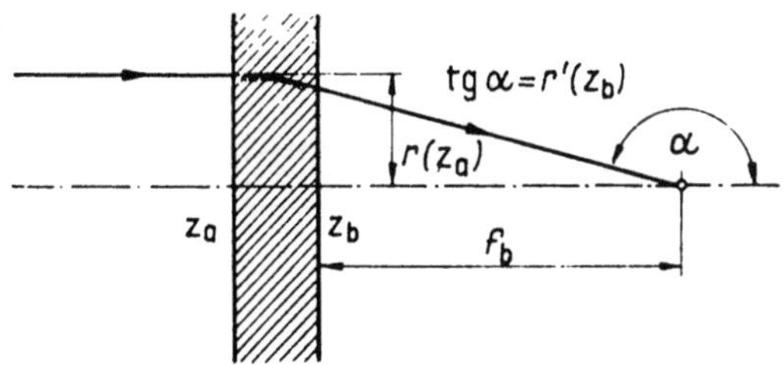

Dieser Ausdruck kann bereits integriert werden. Die Bahn des Teilchens soll am Ort $z = z_a$, $r = r(z_a)$ den Neigungswinkel $r'(z_a)$ haben. Dann erhält man durch Integration beider Seiten und Weglassen des Indexes 0 den Ausdruck

$$\sqrt{U(z)}\, r'(z) - \sqrt{U(z_a)}\, r'(z_a) = -\frac{1}{4} \int\limits_{z_a}^{z} \frac{U''(z)}{\sqrt{U(z)}}\, r(z)\, dz \,.$$

Um noch einmal integrieren zu können, lösen wir nach $r'(z)$ auf:

$$r'(z) = \frac{\sqrt{U(z_a)}}{\sqrt{U(z)}}\, r'(z_a) - \frac{1}{4}\,\frac{1}{\sqrt{U(z)}} \int\limits_{z_a}^{z} \frac{U''(z)}{\sqrt{U(z)}}\, r(z)\, dz \,.$$

Bei der Bestimmung der Brennweite sind die parallel zur Achse verlaufenden Bahnen von Interesse. Setzen wir also

$$r'(z_a) = 0 \,.$$

Nach unserer Annahme bleibt bei dünner Linse im elektrischen Feld die von der Achse gemessene Entfernung konstant, es ändert sich nur der Austrittswinkel. Überall dort, wo $U''(z) \neq 0$ ist, gilt somit

$$r(z) \sim r(z_a) \sim r(z_b) \,.$$

Im Austrittspunkt aus dem Feld ist also der Neigungswinkel

$$r'(z_b) = -\frac{1}{4}\,\frac{r(z_a)}{\sqrt{U(z_b)}} \int\limits_{z_a}^{z_b} \frac{U''(z)}{\sqrt{U(z)}}\, dz \,.$$

Schließlich beträgt die Brennweite nach Abb. 1.39

$$\frac{1}{f_b} = -\frac{r'(z_b)}{r(z_a)} = \frac{1}{4}\,\frac{1}{\sqrt{U(z_b)}} \int\limits_{z_a}^{z_b} \frac{U''(z)}{\sqrt{U(z)}}\, dz \,. \tag{12a}$$

Die Punkte z_a und z_b bezeichnen nach unserer Annahme den Anfang und das Ende des Feldes, außerhalb dieser Punkte gibt es kein elektrisches

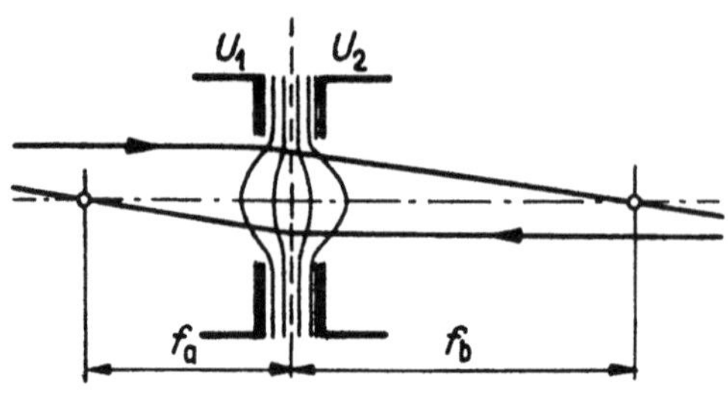

1.40 Bild- und Objektentfernungen sowie Brennweiten in der Elektronenoptik bzw. in der Lichtoptik

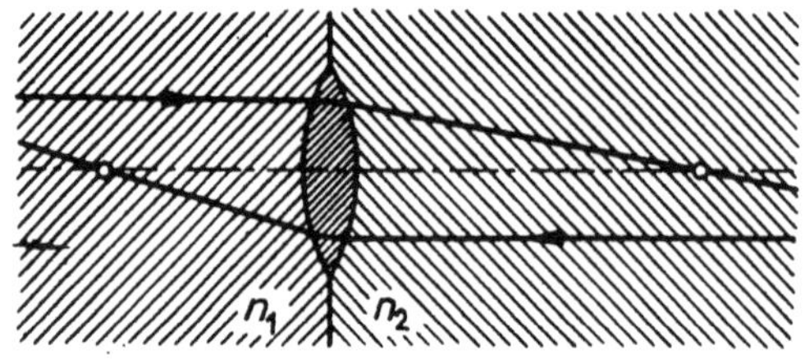

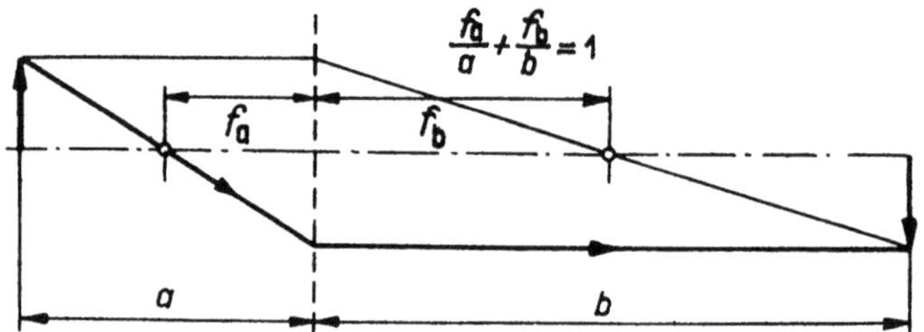

1.41 Bildkonstruktion

Feld. Die Grenzen können daher folgendermaßen abgeändert werden:

$$\frac{1}{f_b} = \frac{1}{4\sqrt{U(z_b)}} \int\limits_{-\infty}^{+\infty} \frac{U''(z)}{\sqrt{U(z)}} \, \mathrm{d}z \, . \tag{12b}$$

Es ist sofort hinzuzufügen, daß die Brennweite für ein von rechts ankommendes Bündel einen anderen Wert hat, da in der Formel $U(z_a)$ steht und im allgemeinen $U(z_a) \neq U(z_b)$ ist. Auf Grund des Gesagten ist das Verhältnis der beiden Brennweiten

$$\frac{f_a}{f_b} = \frac{\sqrt{U(z_a)}}{\sqrt{U(z_b)}} \, . \tag{13}$$

Der Zusammenhang zwischen Bild und Objektentfernung ist mit dem aus der Optik bekannten Zusammenhang identisch,

$$\frac{f_b}{b} + \frac{f_a}{a} = 1 \, . \tag{14}$$

Ist $f_b = f_a = f$, so ergibt dies den wohlbekannten grundlegenden Zusammenhang

$$\frac{1}{b} + \frac{1}{a} = \frac{1}{f}.$$

f_a und f_b sowie die Bildkonstruktion werden in Abb. 1.40 und Abb. 1.41 veranschaulicht.

1.6.5 Dünne magnetische Linsen

Wie bereits erwähnt, ist eine quantitative Behandlung der magnetischen Linse mit Hilfe der Bewegungsgleichungen zweckmäßig. Wir bezeichnen die Lage des Teilchens mit den Zylinderkoordinaten r, φ, z und lösen sowohl die rechte als auch die linke Seite der Bewegungsgleichung

$$m\,\frac{d^2\boldsymbol{R}}{dt^2} = -e[\boldsymbol{v} \times \boldsymbol{B}] \tag{1}$$

in die in Richtung der Koordinatenachsen r, φ und z fallenden Komponenten auf:

$$m(\ddot{r} - r\,\dot{\varphi}^2) = -e\,v_\varphi\,B_z\,,$$

$$m(r\ddot{\varphi} + 2\dot{r}\,\dot{\varphi}) = m\,\frac{1}{r}\,\frac{d}{dt}\,(r^2\,\dot{\varphi}) = e(B_z\,v_r - B_r\,v_z)\,, \tag{2}$$

$$m\ddot{z} = e\,v_\varphi\,B_r\,.$$

Die rechte Seite der Gleichungen ergibt sich einfach aus der Regel der vektoriellen Multiplikation. Dabei wurde berücksichtigt, daß die magnetischen Kraftlinien als Folge des Aufbaus dieser Linsen in je einer Meridianebene verlaufen, so daß $B_\varphi = 0$ ist. Die einzelnen Geschwindigkeitskomponenten sind

$$v_r = \frac{dr}{dt}\,, \quad v_z = \frac{dz}{dt}\,, \quad v_\varphi = r\,\frac{d\varphi}{dt}\,.$$

Die in den Gleichungen vorkommenden Größen B_z und B_r sind voneinander nicht unabhängig: $\boldsymbol{B}$ ist nämlich überall quellenfrei und genügt somit der Gleichung

$$\operatorname{div} \boldsymbol{B} = 0. \tag{3}$$

Diese Gleichung liefert in Zylinderkoordinaten einen Zusammenhang zwischen B_r und B_z

$$\frac{1}{r}\,\frac{\partial}{\partial r}\,(rB_r) + \frac{\partial B_z}{\partial z} = 0. \tag{4}$$

Wir entwickeln die Funktion

$$B_z = B_z(r, z)$$

nach den Potenzen von r. Beschränken wir uns auf die unmittelbare Umgebung der Achse, dann kann man die Potenzreihenentwicklung bereits nach dem in r quadratischen Glied abbrechen,

$$B_z(z, r) = B_z^0(z) + r^2 G(z). \tag{5}$$

Das lineare Glied fällt infolge der Rotationssymmetrie aus. $B_z^0(z)$ ist die Änderung der magnetischen Induktion entlang der Achse, während $G(z)$ gerade die durch die Reihenentwicklung zu bestimmende und im folgenden nicht mehr vorkommende Funktion bezeichnet. Durch Anwendung der Reihenentwicklung auf Gleichung (4) erhält man

$$\frac{1}{r} \frac{\partial}{\partial r} (rB_r) = - \frac{\partial B_z}{\partial z} = - B_z^{0\prime}(z) - r^2 G'(z),$$

d. h.

$$\frac{\partial}{\partial r} (rB_r) = - rB_z^{0\prime}(z) - r^3 G'(z). \tag{6}$$

Wird das die dritte Potenz von r enthaltende Glied vernachlässigt und gleichzeitig über r integriert, so erhält man

$$rB_r = - \frac{r^2}{2} B_z^{0\prime}(z)$$

und daraus

$$B_r = - \frac{r}{2} B_z^{0\prime}(z). \tag{7}$$

Wird dieser Wert von B_r in die rechte Seite der zweiten Gleichung der Gleichungsgruppe (2) eingesetzt, so gestaltet sich diese Seite folgendermaßen:

$$e\left[B_z^0 \frac{dr}{dt} + \frac{r}{2} \frac{dz}{dt} B_z^{0\prime} \right] = e \frac{1}{2r} \frac{d}{dt} (r^2 B_z^0).$$

Hierbei wurde nur das erste Glied der Reihenentwicklung an Stelle von $B_z(r, z)$ eingesetzt: die Reihenentwicklung wurde somit bei beiden Addenden nur bis zu den Gliedern berücksichtigt, die r in der ersten Potenz enthalten.

Damit läßt sich die zweite Gleichung in der folgenden Form schreiben:

$$m \frac{1}{r} \frac{d}{dt} (r^2 \dot{\varphi}) = e \frac{1}{2r} \frac{d}{dt} (r^2 B_z^0). \tag{8}$$

Durch Integration über die Zeit erhält man die folgende einfache Gleichung:

$$\dot{\varphi} = \frac{1}{2}\,\frac{e}{m}\,B_z^0(z).$$

(9)

Das dritte Glied der Gleichungsgruppe kann auch vereinfacht werden: wie es aus der Gleichung (7) ersichtlich ist, kommt die erste Potenz von r in der Reihenentwicklung von B_r vor; durch Verwenden der Beziehung $v_\varphi = r\dot{\varphi}$ tritt r^2 als Faktor auf der rechten Seite der Gleichung auf, und dieser Wert kann den bisherigen Näherungen entsprechend vernachlässigt werden. Für die weiteren Überlegungen nehmen somit unsere Gleichungen die folgende vereinfachte Form an:

$$\ddot{r} - r\dot{\varphi}^2 = -\frac{e}{m}\,r\dot{\varphi}\,B_z^0(z),$$

$$\dot{\varphi} = \frac{1}{2}\,\frac{e}{m}\,B_z^0(z).$$

(10a, b, c)

$$m\,\frac{\mathrm{d}^2 z}{\mathrm{d}t^2} = 0.$$

Aus dem Vergleich der beiden ersten Gleichungen folgt

$$\ddot{r} + \left(\frac{e}{m}\right)^2 \frac{B_z^{02}(z)}{4}\,r = 0.$$

(11)

Schreiben wir nun die Größe $\ddot{r}$ auf die bereits bekannte Weise um:

$$\frac{\mathrm{d}}{\mathrm{d}t} = \frac{\mathrm{d}}{\mathrm{d}z}\,\frac{\mathrm{d}z}{\mathrm{d}t} = v_z\,\frac{\mathrm{d}}{\mathrm{d}z}\,,\ v_z \approx \text{const.}$$

Somit ist

$$v_z^2\,\frac{\mathrm{d}^2 r}{\mathrm{d}z^2} + \left(\frac{e}{m}\right)^2 \frac{B_z^{02}(z)}{4}\,r = 0.$$

(12)

Berücksichtigt man die Tatsache, daß v_z nach Gleichung (10c) eine Konstante ist, für deren Betrag der Zusammenhang

$$v_z^2 = 2\,\frac{e}{m}\,U$$

gilt, so kann unsere vorangehende Gleichung auch in der folgenden Form geschrieben werden:

$$\frac{\mathrm{d}^2 r}{\mathrm{d}z^2} + \frac{e}{m}\,\frac{B_z^{02}(z)}{8\,U}\,r = 0.$$

(13)

Damit steht die Grundgleichung der magnetischen Linse vor uns.

Bei dünnen Linsen bereitet die Integration keine Schwierigkeiten. r kann nämlich überall dort als konstant betrachtet werden, wo es überhaupt ein Feld gibt, so daß die Integration über z den Zusammenhang

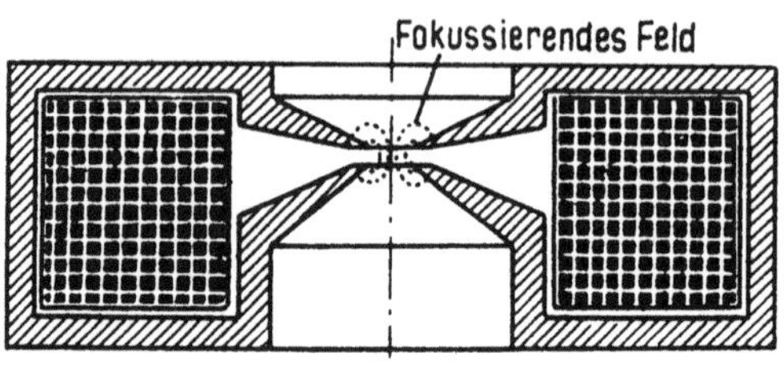

1.42 Magnetische Linse

$$r' = -\frac{e}{m}\,\frac{r}{8\,U}\int\limits_{z_a}^{z_b} B_z^{02}(z)\,\mathrm{d}z \quad (14)$$

liefert.

Für die Brennweite folgt also

$$\frac{1}{f} = -\frac{r'}{r} = \frac{e}{m}\,\frac{1}{8\,U}\int\limits_{-\infty}^{+\infty} B_z^{02}(z)\,\mathrm{d}z\,. \quad (15)$$

Die magnetische Linse verdreht das Bild. Die Größe der Verdrehung läßt sich auf Grund der Gleichung (10) berechnen. $\dot\varphi$ kann nämlich auch in der folgenden Form geschrieben werden:

$$\dot\varphi = \frac{\mathrm{d}\varphi}{\mathrm{d}t} = \frac{\mathrm{d}\varphi}{\mathrm{d}z}\,\frac{\mathrm{d}z}{\mathrm{d}t} = \frac{\mathrm{d}\varphi}{\mathrm{d}z}\,v_z = \frac{\mathrm{d}\varphi}{\mathrm{d}z}\sqrt{\frac{2\,e}{m}\,U}\,.$$

Die Verdrehung ist damit

$$\varphi_a - \varphi_b = \int\limits_{z_a}^{z_b}\frac{\mathrm{d}\varphi}{\mathrm{d}z}\,\mathrm{d}z = \frac{1}{2}\sqrt{\frac{e}{2\,mU}}\int\limits_{-\infty}^{+\infty} B^0(z)\,\mathrm{d}z\,.$$

Aus der bekannten Formel

$$B_z^0 = \mu_0\,\frac{NI}{2}\,\frac{R^2}{(z^2 + R^2)^{3/2}}$$

für dünne ringförmige Spulen erhält man die Brennweite

$$\frac{1}{f} = \frac{e}{8\,mU}\int\limits_{-\infty}^{+\infty} B_z^{02}(z)\,\mathrm{d}z = \frac{\mu_0^2 R^4 N^2 I^2 e}{32\,mU}\int\limits_{-\infty}^{+\infty}\frac{\mathrm{d}z}{(z^2 + R^2)^3} = \frac{3\,\pi\mu_0^2}{256}\,\frac{e}{mU}\,\frac{N^2 I^2}{R}\,.$$

1.6.6 Dicke Linsen

Prüft man die Grenzen der Gültigkeit des grundlegenden Zusammenhanges 1.6.4—(10)

$$\frac{\mathrm{d}^2 r}{\mathrm{d}z^2} + \frac{U_0'(z)}{2\,U_0(z)}\,\frac{\mathrm{d}r}{\mathrm{d}z} + \frac{U_0''(z)}{4\,U_0(z)}\,r = 0, \quad (16)$$

so findet man, daß dieser für dicke und dünne Linsen gleichfalls gültig ist; unsere einzige Voraussetzung war, daß die Elektronenbahnen Paraxialbahnen sein sollen. Untersuchen wir nun, welche allgemeinen Folgerungen für dicke Linsen gezogen werden können.

Vor allem ist es klar, daß man es mit einer linearen Differentialgleichung zweiter Ordnung zu tun hat. Wenn also $r_1(z)$ und $r_2(z)$ zwei voneinander unabhängige Lösungen sind, so ergibt sich jede beliebige Lösung $r(z)$ als lineare Kombination derselben, d. h.

$$r(z) = ar_1(z) + br_2(z).$$

Es läßt sich ferner feststellen, daß die Differentialgleichung bezüglich $U_0(z)$ homogen ist: falls also die Spannung überall auf den k-fachen Wert erhöht wird, ändern sich die Elektronenbahnen überhaupt nicht.

Es wurde bereits festgestellt und wird hier wieder erwähnt, daß die Kennwerte des Teilchens bei nichtrelativistischer Annäherung im elektrostatischen Feld in der Differentialgleichung *nicht* vorkommen.

Bezeichnet man die Elektronenbahn, die an der Objektseite parallel zur Achse verläuft und an der rechten Seite die Achse in einem bestimmten Punkt schneidet, mit $r_2(z)$, so läßt sich ohne weiteres feststellen, daß die Lösung $cr_2(z)$ alle von links kommenden und zur Achse parallelen Strahlen ergibt. Es ist sofort ersichtlich, daß alle diese in demselben Punkt den Wert Null annehmen, d. h. die Achse in demselben Punkt schneiden. Falls es also einen einzigen Strahl gibt, der an der Objektseite parallel zur Achse verläuft und an der Bildseite die Achse schneidet, so schneiden alle Strahlen, die parallel zu jenem verlaufen, die Achse in demselben Punkt, so daß es also einen Brennpunkt gibt.

Bei dicken Linsen kann der Strahlengang in ihrem Inneren sehr kompliziert sein. Zur Kennzeichnung der optischen Eigenschaften genügt jedoch die Bestimmung der Lage der Hauptebenen. Eine Hauptebene erhält man dadurch, daß man die an der Bildseite im kräftefreien Raum sich ergebende gerade Strecke nach rückwärts verlängert und mit der Verlängerung der objektseitigen horizontalen Strecke zum Schnitt bringt. Daß es eine solche Hauptebene gibt, d. h. daß die so erhaltenen Schnittlinien in der Zeichnung

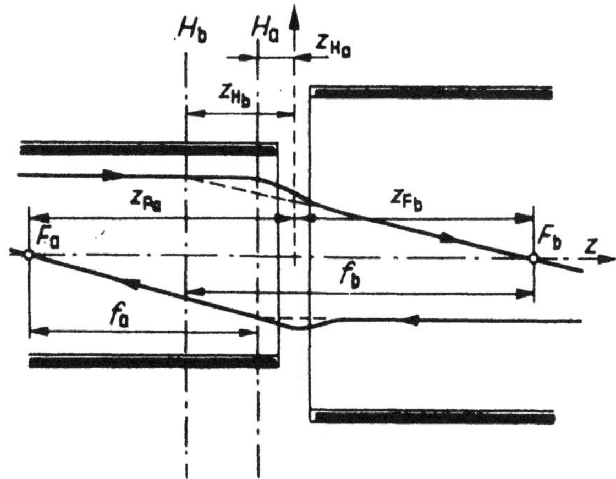

1.43 Die Hauptebenen der dicken elektrischen Linse. Der Ort der Hauptebenen wird durch den mit Vorzeichen versehenen Abstand von der Blendenmitte angegeben

auf einer vertikalen Geraden liegen, folgt aus der Tatsache, daß alle hier behandelten Bahnen die Form $cr_2(z)$ haben.

Die von der Bildseite kommenden parallelen Strahlen erzeugen den Brennpunkt an der Objektseite. Mit Hilfe dieser Strahlen läßt sich die Lage der objektseitigen Hauptebene bestimmen (Abb. 1.43).

Bei den obigen Feststellungen wurde vorausgesetzt, daß wenigstens ein Strahl nach Durchlaufen der Linse die Symmetrieachse schneidet. Durch geringfügige Umformung der Grundgleichung (16) läßt sich eine sehr interessante allgemeine Feststellung machen. Diese Gleichung kann nämlich auch in der folgenden Form geschrieben werden:

$$\frac{\mathrm{d}^2}{\mathrm{d}z^2}\left(r\sqrt[4]{\overline{U_0}}\right) + \frac{3}{16}\left(\frac{U_0'}{U_0}\right)^2 r\sqrt[4]{\overline{U_0}} = 0.$$

Die Integration liefert

$$\frac{\mathrm{d}}{\mathrm{d}z}\left(r\sqrt[4]{\overline{U_0}}\right)\Big|_2 - \frac{\mathrm{d}}{\mathrm{d}z}\left(r\sqrt[4]{\overline{U_0}}\right)\Big|_1 = -\frac{3}{16}\int\limits_{z_1}^{z_2}\left(\frac{U_0'}{U_0}\right)^2 r\sqrt[4]{\overline{U_0}}\,\mathrm{d}z.$$

Die Grenzen der Integration wurden hierbei so gewählt, daß die Feldstärke außerhalb dieser Grenzen bereits gleich Null ist, d. h. $U' = 0$. Da der Integrand auf der rechten Seite dieser Gleichung immer positiv ist (man gehe von einem positiven Wert von r aus und nehme an, daß er innerhalb des Kraftfeldes nicht in einen negativen Wert übergeht; beim Schneiden der Achse würde man ja sofort einen Brennpunkt erhalten), ist die rechte Seite der Gleichung immer negativ, d. h.

$$\frac{\mathrm{d}}{\mathrm{d}z}\left(r\sqrt[4]{\overline{U_0}}\right)\Big|_2 - \frac{\mathrm{d}}{\mathrm{d}z}\left(r\sqrt[4]{\overline{U_0}}\right)\Big|_1 < 0.$$

Und da

$$\frac{\mathrm{d}}{\mathrm{d}z}r\sqrt[4]{\overline{U_0}} = \frac{\mathrm{d}r}{\mathrm{d}z}\sqrt[4]{\overline{U_0}} + r\frac{U_0'}{4\,U_0^{3/4}}$$

ist, ist dieser Wert für alle Elektronen, die von der Bildseite her parallel ankommen, gleich Null am Ort $z = z_1$, da dort sowohl r' als auch $U'_0(z)$ den Wert Null haben. Aus der vorangehenden Gleichung folgt also, daß

$$\frac{\mathrm{d}}{\mathrm{d}z}\left(r\sqrt[4]{\overline{U_0}}\right)\Big|_2 < 0$$

ist, was über die Beziehung $U_0(z_2) = 0$ zur Ungleichung

$$\frac{\mathrm{d}r}{\mathrm{d}z}\Big|_2 < 0$$

führt. Dies bedeutet für ein Elektron, das ein beliebiges rotationssymmetrisches Feld durchläuft und dabei aus dem kräftefreien Raum der einen Seite in den kräftefreien Raum der anderen Seite gelangt, daß seine ursprünglich parallel zur Achse verlaufende Bahn *immer* zur Achse gebeugt wird. *Alle diese Felder wirken also wie konvergente Linsensysteme.*

Um die grundlegende, auch in der Optik gebräuchliche Gleichung für dicke Linsen aufstellen zu können, gehen wir von den drei in Abb. 1.44 dargestellten Elektronenbahnen aus. Die eine Bahn verlaufe von der Objektseite her parallel zur Achse und erzeuge den bildseitigen Brennpunkt, die zweite Bahn erzeuge den objektseitigen Brennpunkt auf ähnliche Weise, während der dritte Strahl einen Punkt der Achse in einen Achsenpunkt der anderen Seite abbilden soll. Wir möchten nun einen Zusammenhang zwischen den Brennweiten f_b und f_a sowie den Objekt- und Bildweiten a bzw. b aufstellen. Einfache Beziehungen erhält man dann, wenn die einzelnen Abstände nach Abb. 1.44 wie üblich von den entsprechenden Hauptebenen aus berechnet werden.

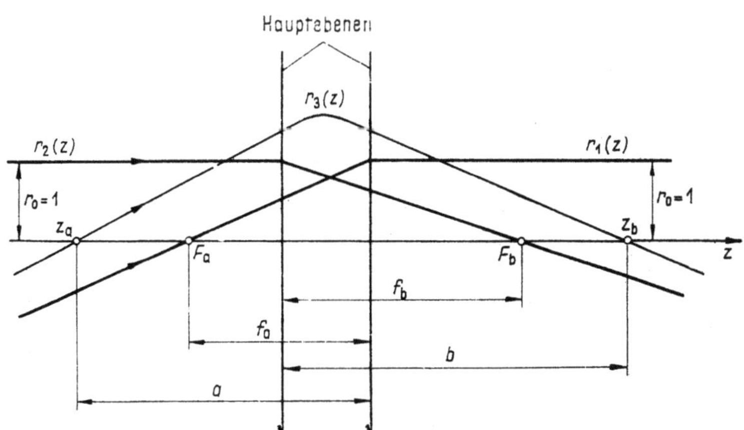

1.44 Zur Ableitung der Linsenformel

$r_1(z)$ und $r_2(z)$ bedeuten zwei unabhängige Lösungen, so daß $r_3(z)$ als lineare Kombination derselben zusammengesetzt werden kann,

$$r_3(z) = \alpha\, r_1(z) + \beta\, r_2(z)\,.$$

Die Konstanten α und β sollen nun durch vorangehend bezeichnete Abstände ausgedrückt werden. Da am Ort des Objektpunktes

$$r_3(z_a) = 0 = \alpha\, r_1(z_a) + \beta\, r_2(z_a) = -\,\alpha\,\frac{a - f_a}{f_a} + \beta$$

bzw. am Ort des Bildpunktes

$$r_3(z_b) = 0 = \alpha - \beta\,\frac{b - f_b}{f_b}$$

ist, konnten bereits zwei Beziehungen für die zwei Unbekannten aufgeschrieben werden. Diese Beziehungen führen zu den Gleichungen:

$$\frac{f_a}{a} = \frac{\alpha}{\alpha + \beta}, \quad \frac{f_b}{b} = \frac{\beta}{\alpha + \beta}$$

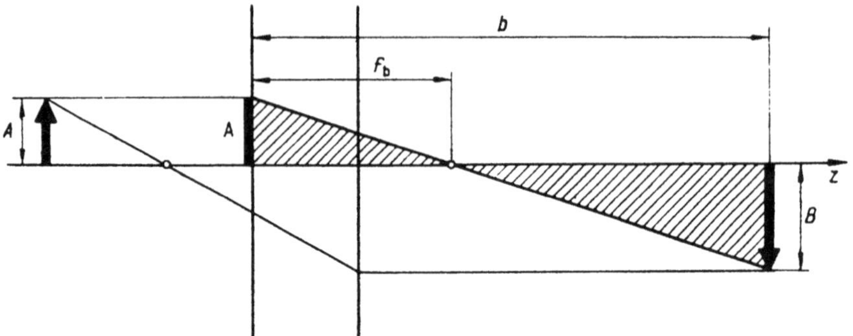

1.45 Die Berechnung der Vergrößerung

bzw. zu der Endformel

$$\frac{f_a}{a} + \frac{f_b}{b} = 1.$$

Bei symmetrischen Linsen vereinfacht sich diese Formel zu

$$\frac{1}{a} + \frac{1}{b} = \frac{1}{f}.$$

Abb. 1.45 zeigt die Bildkonstruktion. Mit Hilfe dieser Abbildung läßt sich auch die Vergrößerung der Linse ermitteln. Wie ersichtlich, gilt nämlich die Beziehung

$$\frac{B}{A} = \frac{b - f_b}{f_b} = \frac{f_a}{f_b}\,\frac{b}{a}.$$

1.6.7 Die Rolle der Raumladung

Bisher wurde die Bewegung eines einzigen Elektrons unter Einwirkung des äußeren elektrischen und magnetischen Feldes untersucht. Die Rückwirkung der übrigen, sich im Bündel fortpflanzenden Elektronen auf diese Bewegung blieb unberücksichtigt. Diese Vernachlässigung ist nur zulässig, solange diese Wechselwirkung geringfügig ist. Bei größeren Stromdichten wird aber die durch die Elektronen gebildete Raumladung so groß, daß diese die Bewegung der Elektronen wesentlich beeinflussen kann. Verständlicherweise ist die exakte Berücksichtigung des Einflusses der Raumladung schwierig, so daß es allgemein üblich ist, starke Vereinfachungen einzuführen. Den nachstehenden einfachen Fall behandeln auch wir mit Hilfe der üblichen vereinfachenden Annahmen.

Das durch die Spannung U_A beschleunigte Elektronenbündel bewege sich im zylindrischen Raumteil vom Radius r mit gleichmäßiger Dichte und mit dem Gesamtstrom I (Abb. 1.46). Wir untersuchen die Bahnänderung eines Elektrons in radialer Richtung, unter Einwirkung der sich im genannten Zylinder fortpflanzenden Raumladung, falls sich das fragliche Elektron auf der Oberfläche des Zylinders parallel zur Achse fortbewegt. Die Größe der Ladung läßt sich aus der Gleichung

$$I = -\varrho\,|\,v_0\,|\,A = -\varrho\,|\,v_0\,|\,\pi r^2$$

1.46 Kraftwirkungen auf ein Elektron,
das sich auf der Oberfläche eines
Elektronenbündels fortpflanzt

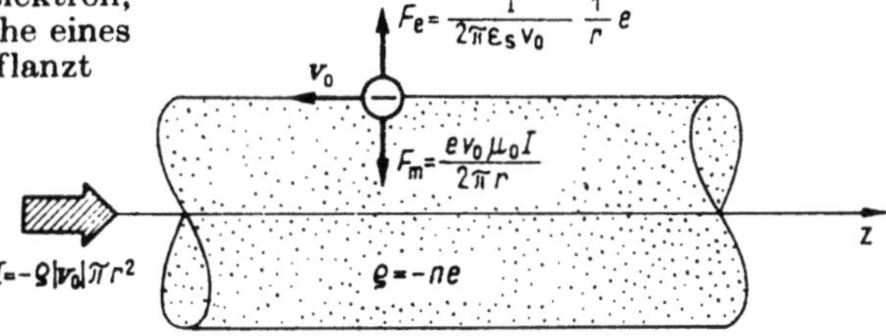

sofort ermitteln, sie beträgt

$$\varrho = -\,\frac{I}{\pi r^2 |v_0|}\,.$$

Die radiale elektrische Feldstärke auf der Oberfläche des mit konstanter Ladungsdichte versehenen Zylinders ist

$$E_r = \frac{q}{2\pi\varepsilon_0}\,\frac{1}{r} = \frac{\varrho\pi r^2}{2\pi\varepsilon_0}\,\frac{1}{r} = \frac{\varrho}{2\varepsilon_0}\,r = -\,\frac{I}{2\pi\varepsilon_0\,r\,|v_0|} = -\,\frac{I}{2\pi\varepsilon_0\,\sqrt{2\dfrac{e}{m}\,U_A}}\,\frac{1}{r}\,.$$

Die magnetische Feldstärke ist durch

$$H = \frac{I}{2\pi r}$$

gegeben. Die auf das Elektron radial einwirkende Kraft beträgt schließlich

$$e\,\frac{I}{2\pi\varepsilon_0 v_0}\,\frac{1}{r} - e\,\frac{\mu_0 I}{2\pi r}\,v_0 = \frac{eI}{2\pi\varepsilon_0 v_0 r}\left(1 - \frac{v_0^2}{c^2}\right).$$

Wie aus diesem Zusammenhang ersichtlich ist, kann man bei nichtrelativistischer Näherung die magnetische Kraftwirkung gänzlich außer acht lassen. Es läßt sich ferner feststellen, daß die *Lorentz*kraft bei den sehr hohen Geschwindigkeiten praktisch Null wird.

In nichtrelativistischer Näherung lautet somit die Bewegungsgleichung

$$\frac{\mathrm{d}^2 r}{\mathrm{d}t^2} = \frac{e}{m}\,\frac{I}{2\pi\varepsilon_0\,\sqrt{(2e/m)\,U_A}}\,\frac{1}{r}\,.$$

Da

$$\frac{\mathrm{d}^2 r}{\mathrm{d}t^2} = \frac{\mathrm{d}^2 r}{\mathrm{d}z^2}\left(\frac{\mathrm{d}z}{\mathrm{d}t}\right)^2 + \frac{\mathrm{d}r}{\mathrm{d}z}\,\frac{\mathrm{d}^2 z}{\mathrm{d}t^2}$$

ist — während v_z als konstant betrachtet werden kann, so daß $\mathrm{d}^2 z/\mathrm{d}t^2 = 0$ ist —, läßt sich die Bewegungsgleichung auch auf die folgende Weise schreiben:

$$v_0^2\,\frac{\mathrm{d}^2 r}{\mathrm{d}z^2} = \frac{e}{m}\,\frac{I}{2\pi\varepsilon_0\,r\,\sqrt{(2e/m)\,U_A}}\,,\qquad \frac{\mathrm{d}^2 r}{\mathrm{d}z^2} = \frac{I}{4\,\sqrt{2}\,\pi\varepsilon_0\,r\,\sqrt{e/m}\,U_A^{3/2}}\,.$$

Werden beide Seiten der letzten Gleichung mit $2(\mathrm{d}r/\mathrm{d}z)$ multipliziert, so kann man ohne weiteres integrieren:

$$\frac{\mathrm{d}}{\mathrm{d}z}\left(\frac{\mathrm{d}r}{\mathrm{d}z}\right)^2 = K^2\,\frac{\mathrm{d}}{\mathrm{d}z}\ln r\,;\qquad \frac{\mathrm{d}r}{\mathrm{d}z} = K\,\sqrt{\ln r/r_0}\,.$$

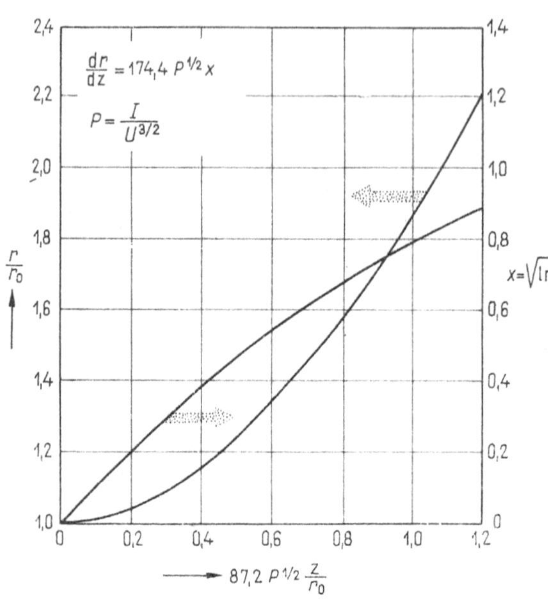

1.47 Die universelle Verbreiterungskurve. Die durch die Gleichung $P = I/U^{3/2}$ definierte Größe heißt Perveanz

Hierbei ist r_0 der Radius, bei dem $dr/dz = 0$ wird; der Wert von K^2 ist

$$K^2 = \frac{1}{2\,\pi\varepsilon_0 \sqrt{(2\,e/m)}} \; \frac{I}{U^{3/2}} \,.$$

Wir formen die vorangehende Gleichung auf die folgende Weise um:

$$\frac{dr}{\sqrt{\ln r/r_0}} = K\,dz$$

und integrieren nach Einführen der neuen Veränderlichen $x = \sqrt{\ln r/r_0}$:

$$\frac{K}{2} \; \frac{z}{r_0} = \int\limits_0^x e^{x^2}\,dx\,.$$

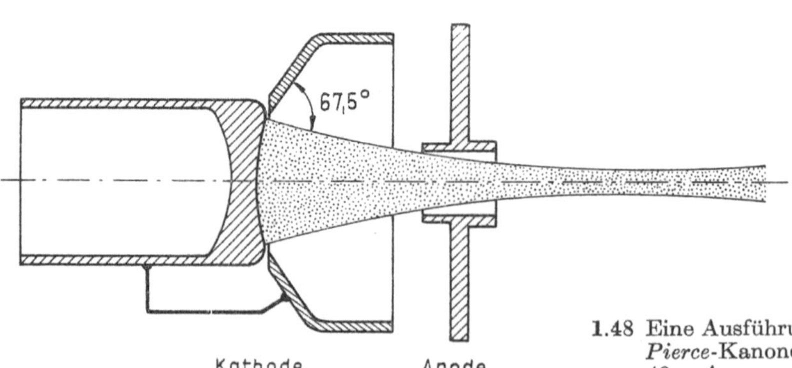

1.48 Eine Ausführungsform der *Pierce*-Kanone, 2600 V, 40 mA

Die Werte der auf der rechten Seite stehenden Funktion können auf Grund von Tabellen ermittelt werden. Mit Hilfe einer solchen Tabelle kann die sog. universelle Bündelerweiterungskurve aufgezeichnet werden (Abb. 1.47).

Der Aufhebung der Raumladungseinwirkung kommt in unseren Tagen eine immer größere Bedeutung zu, da die in den verschiedenen Mikrowellenverstärkern und Generatoren sowie in den die Elektronentechnologie verwendenden Geräten eingesetzten Bündel von so hoher Stromdichte sind, daß man mit einem starken Effekt zu rechnen hat. Eine Möglichkeit zur Aufhebung dieses Effektes besteht in der entsprechenden Formgebung bei Kathode und Anode derart, daß ein elektrisches Feld von gleichem Betrag, jedoch von entgegengesetzter Richtung als der die Erweiterung erzeugenden Radialkomponente an der Bündeloberfläche entsteht (Abb. 1.48). Bei kleineren Stromstärken hilft auch das homogene magnetische Feld. Bei größeren Stromstärken ist eine periodische Fokussierung einzusetzen. In solchen Fällen zeigt das stark fokussierte, dann unter Einwirkung der Raumladung sich wieder erweiternde Bündel schließlich einen im Durchschnitt gleichmäßigen Querschnitt (Abb. 1.49).

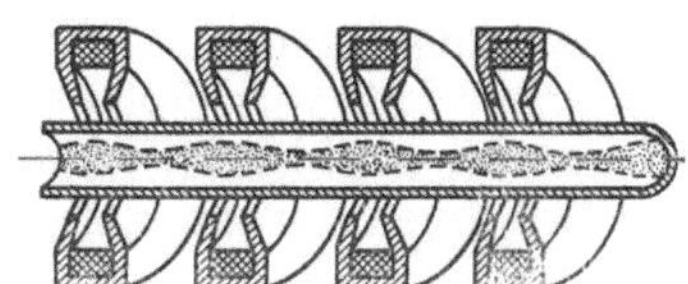

1.49 Periodische magnetische Fokussierung

1.6.8 Praktische Elektronenoptik

Das Schema bzw. die Potentialverhältnisse der in der Praxis üblichen Linsentypen sind in Abb. 1.50 dargestellt. Bezüglich der Kennwerte der häufigsten Linsentypen sind Tabellen oder Diagramme vorhanden, so daß die Berechnungen nur sehr selten tatsächlich durchgeführt werden müssen.

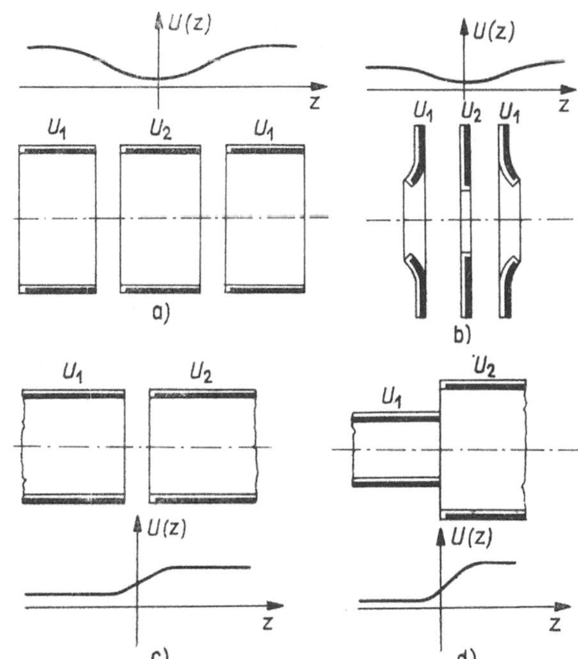

1.50 Einige gebräuchliche elektrostatische Linsen, *a)* und *b)* einfache elektrostatische Linsen, *c)* und *d)* Immersionslinsen

Der Abb. **1**.51 sind die Daten eines häufig verwendeten Linsentyps zu entnehmen.

Zu den wichtigsten Aufgaben der Elektronenoptik gehört die Herstellung scharf gebündelter Elektronenstrahlen entweder von kleiner Stromstärke z. B. für Kathodenstrahlröhren oder von hoher Intensität für Mikrowellen-Schwingungserzeuger (Abb. **1**.48) bzw. für Einrichtungen, die die Elektronentechnologie verwendet (Abb. **1**.52a). Aber auch das an Stelle von Licht-Elektronenstrahlen zu verwendende Elektronenmikroskop kann aus den beschriebenen Linsen aufgebaut werden (Abb. 1.52b, c).

In der Abbildung bezeichnen K die Elektronenquelle, D_1, D_2, D_3 die auch als Diaphragma wirkenden Beschleunigungselektroden, T die Objektplatte, auf der das Untersuchungsobjekt Platz findet, L_1 und L_2 die bereits beschriebenen Linsen (Abb. **1**.50b bzw. Abb. **1**.42) und B die Bildplatte, auf der der einschlagende Elektronenstrahl eine Spur hinterläßt. Die ganze Einrichtung befindet sich selbstverständlich im Vakuum.

Das Elektronenmikroskop hat zahlreiche Nachteile. Zum Betrieb dieses Gerätes ist eine stabile Hochspannung oder Stromstärke und ein hohes

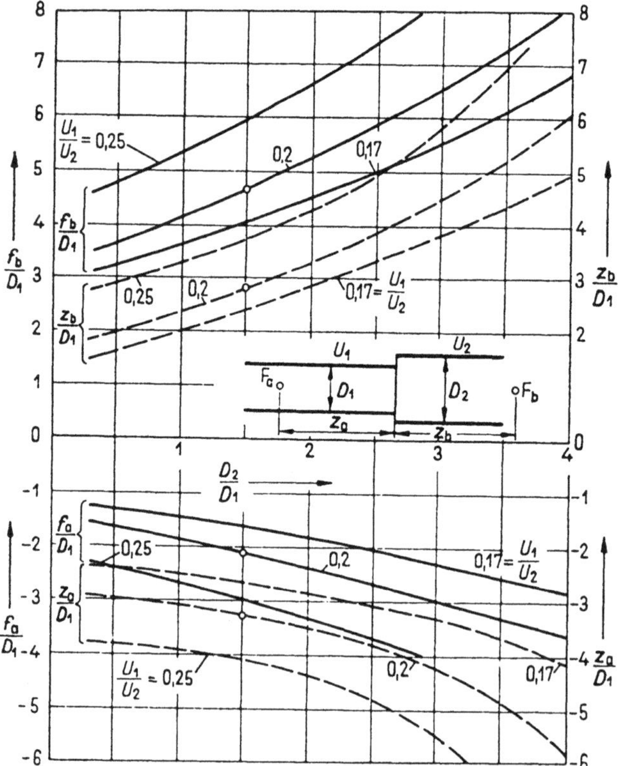

1.51 Die quantitativen Verhältnisse bei einem häufig verwendeten Linsentyp [1.8]

Vakuum erforderlich. Das Untersuchungsobjekt muß auch ins Vakuum eingebracht werden. Dadurch wird die Untersuchung von Lebewesen, z. B. von Bakterien, sehr erschwert. Die Bedienung des Gerätes erfordert Fachkenntnisse. Die Einrichtung hat einen großen Platzbedarf, ist schwerfällig und teuer.

Der Vorteil des Elektronenmikroskops besteht in seinem sehr hohen, durch Lichtmikroskope nicht zu erreichenden Auflösungsvermögen. Die durch Verwendung von Licht erreichbare Vergrößerung wird nämlich durch die an Objekten von der Größenordnung der Wellenlänge eintretende Beugung begrenzt. Infolge dieser Beugung besteht das Bild eines Punktes aus dunkleren bzw. helleren konzentrischen Ringen. Werden nun zwei naheliegende Punkte untersucht, so überlagern sich die Beugungsbilder. Die beiden Bilder sind noch gut zu unterscheiden, wenn das Maximum des einen auf das Minimum des anderen fällt. Auf Grund dieser Überlegung hat *Abbe* für den kleinsten noch auflösbaren Abstand den Zusammenhang

$$\Delta d = 0{,}61 \, \frac{\lambda}{n \sin \alpha} \tag{1}$$

abgeleitet, wobei λ die Wellenlänge des Lichtes, n die Brechzahl und α den größten Winkel bezeichnen, den der vom Objekt zur Linse ankommende Strahl mit der Achse einschließt. Der Nenner ist die numerische Apertur. Der größte, praktisch erreichbare Wert der letzteren beträgt $1 \sim 2$.

Das größte erreichbare Auflösungsvermögen beträgt somit

$$\Delta d \approx \frac{\lambda}{3} \, .$$

Dieser Wert kann bei Verwendung von ultraviolettem Licht, Quarzlinsen und Spezialplatten bis auf $d = 800$ Å heruntergedrückt werden.

Berücksichtigen wir nun die Tatsache — die später eingehend erörtert wird —, daß jedes Teilchen eine Wellennatur aufweist, genauso wie jede Welle auch Teilchennatur hat. Dieser Dualismus hat zur Aufstellung der Quantenmechanik geführt. Für uns ist jetzt die Tatsache wesentlich, daß zu jedem Teilchen vom Impuls p auch eine Wellenerscheinung gehört, deren Wellenlänge durch den *De-Bro-glie*schen Zusammenhang

$$\lambda = \frac{h}{p} \tag{2}$$

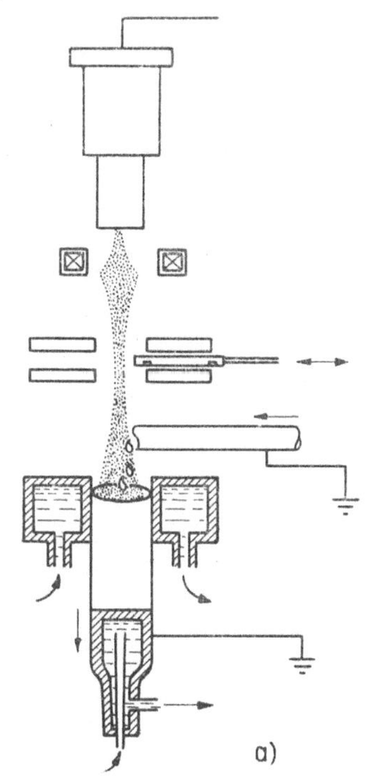

1.52 *a*) Schmelzen von Metallen mittels eines intensiven Elektronenbündels [1.4]

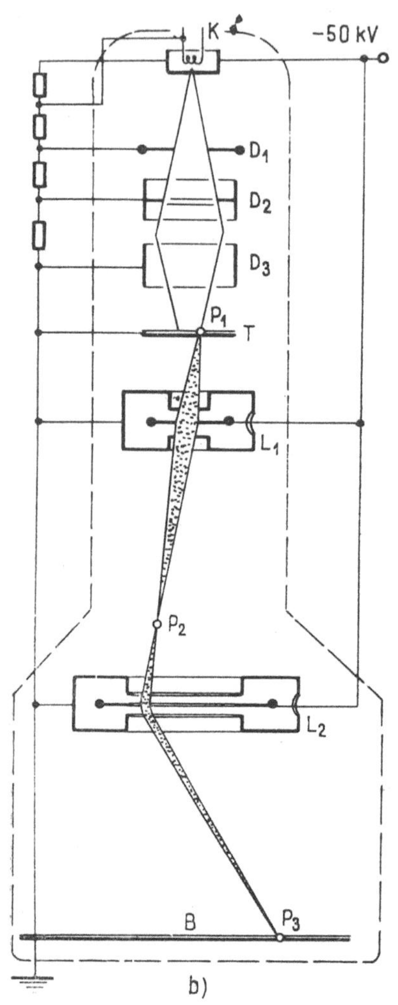

1.52 *b*) Das elektrostatische
Elektronenmikroskop

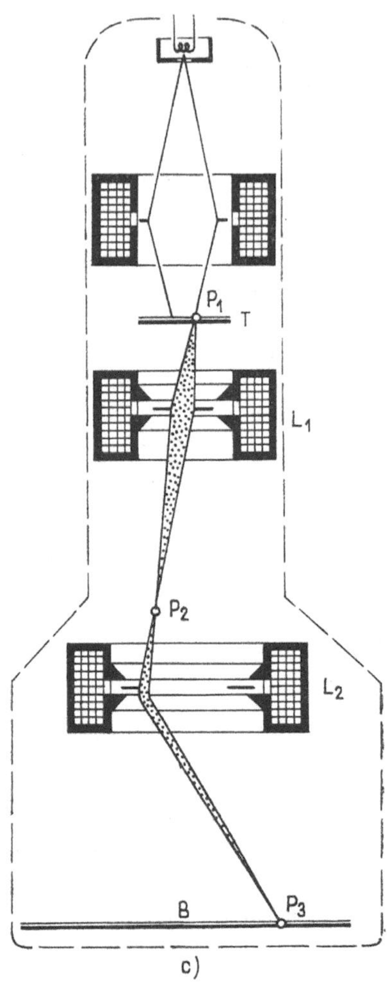

1.52 *c*) Das magnetische
Elektronenmikroskop

gegeben ist, wobei h die *Planck*sche Konstante

$$h = 6{,}626 \cdot 10^{-34}\,\mathrm{Ws^2}$$

bezeichnet.

Im Falle des Elektronenmikroskops ist die obige Wellenlänge in die *Abbe*-
sche Formel des Auflösungsvermögens einzusetzen. Wie sich leicht zeigen
läßt, entspricht einer nicht allzu hohen Beschleunigungsspannung von

1.53 Veranschaulichung des Auflösungsvermögens des Elektronenmikroskops. λ_r ist die Wellenlänge des Röntgenstrahles, λ_e die *de-Broglie*sche Wellenlänge des Elektrons, $\Delta\lambda$ die *Compton*-Wellenlänge; r_1^H ist der Halbmesser der ersten *Bohr*schen Bahn des Wasserstoffatoms

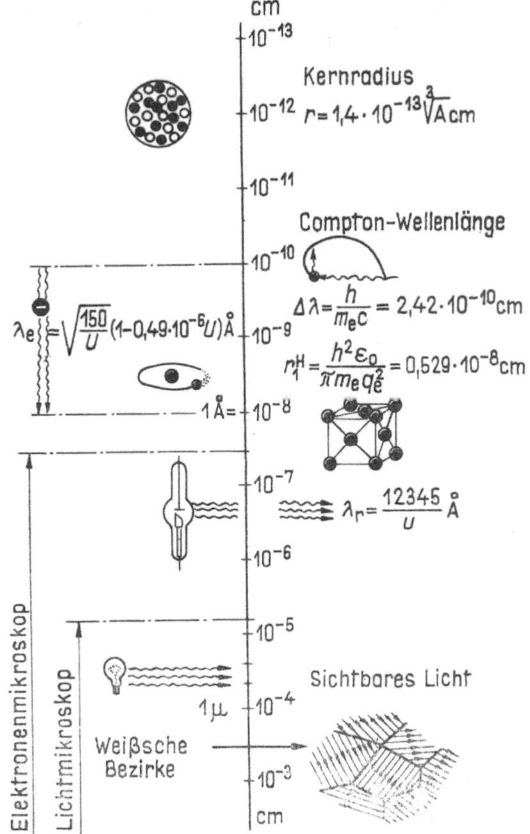

z. B. 40 kV ein Elektronenimpuls von $p = 1{,}12 \cdot 10^{-22}$ mkgs^{-1}. Dies führt zu

$$\lambda = \frac{h}{p} = 5{,}9 \cdot 10^{-12}\,\text{m} \approx 6 \cdot 10^{-10}\,\text{cm} = 6 \cdot 10^{-2}\,\text{Å},$$

so daß die theoretische Grenze des Auflösungsvermögens in diesem Fall bei

$$\Delta d \approx \frac{\lambda}{3} = 2 \cdot 10^{-2}\,\text{Å}$$

liegt. Dieser Wert ist vierzigtausendmal besser als das durch Licht erreichbare Auflösungsvermögen. Es sei bemerkt, daß *diese* theoretische Grenze infolge mangelhafter elektrischer und magnetischer Linsen noch bei weitem nicht erreicht wurde. Das bereits erreichte beste Auflösungsvermögen liegt zwischen 5 bis 20 Å, was aber immerhin um Größenordnungen besser ist als das mit Hilfe von Licht erreichbare.

Abb. 1.53 soll zur Orientierung zwischen den in der Mikrowelt vorkommenden Abmessungen sowie zur besseren Beurteilung der Leistungsfähigkeit des Mikroskops dienen.

Die Gesetzmäßigkeiten der Elektronenoptik werden außer beim Elektronenmikroskop auch bei der Bemessung zahlreicher weiterer Einrichtungen nutzbar gemacht.

Ein gut fokussiertes Elektronenbündel ist eine Voraussetzung für das befriedigende Funktionieren von z. B. gewöhnlichen Kathodenstrahlröhren, Fernseh-Aufnahmeröhren, Bildröhren für Fernsehempfänger sowie von Elektronenbeschleunigern.

1.7 Die Elemente der Ionenoptik

1.7.1 Das elektrische Feld als Spektrometer

Wie im vorangehenden gezeigt, kann das Hauptproblem der Elektronenoptik folgendermaßen umrissen werden: das im achsensymmetrischen elektrischen und magnetischen Feld von einem gegebenen Punkt des Raumes unter einem kleinen Kegelwinkel heraustretende Elektronenbündel ist in einem anderen Punkt des Raumes wieder zusammenzubringen, zu fokussieren. Es wird also angestrebt, ein scharfes Elektronenbündel herzustellen oder ein Objekt abzubilden. In solchen Fällen handelt es sich um Teilchen gleicher spezifischer Ladung, wobei normalerweise auch die Anfangsenergien identisch sind.

Die Ionenoptik hat auch eine Aufgabe gleicher Art: Bei den atomphysikalischen Beschleunigungsanlagen müssen die aus einer Gasentladung heraustretenden divergierenden Ionen (Abb. 1.54) in ein scharfes Bündel fokussiert werden, um sie auf das Ziel-Target zu bringen. Da die Fokussierungseigenschaften — wenigstens in nichtrelativischer Näherung — von q/m unabhängig sind, können die Formeln der Elektronenoptik angewendet werden.

Prinzipiell ist es möglich, Objekte auch mit Hilfe eines Protonenbündels abzubilden, d. h. analog zum Elektronenmikroskop ein Protonenmikroskop zu konstruieren. Die zum Proton gehörende *de-Broglie*-Wellenlänge ist mit Rücksicht auf die größere Masse des Protons kleiner und somit das prinzipielle Auflösungsvermögen des Protonenmikroskops größer als das des Elektronenmikroskops. Da aber das letztere praktisch noch bei weitem nicht erreicht wurde, hat das Protonenmikroskop zur Zeit noch keine praktische Bedeutung.

Zur Fokussierung von Ionen verwendet man im allgemeinen ebensolche Linsensysteme wie im Falle von Elektronen. Um die Ionen in Beschleunigungsanlagen für sehr große Energien zusammenzuhalten, wurde jedoch eine spezielle magnetische Linse entwickelt, die von der üblichen abweicht.

Das in Abb. 1.55 dargestellte sehr inhomogene, zur Bewegungsrichtung des Teilchenbündels senkrechte magnetische Feld fokussiert in der einen Ebene, während es in der anderen, dazu senkrechten Ebene defokussiert. Werden zwei solche »stark fokussierende« Linsen um 90 Grad gegeneinander

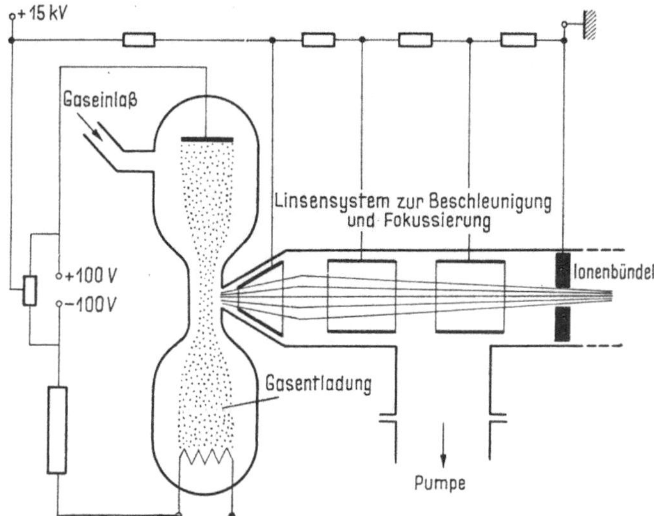

1.54 Herstellung des Ionenbündels: bei kleiner Spannung wird eine Gasentladung erzeugt, aus welcher die Ionen über eine seitliche Öffnung herausgebracht und fokussiert werden. Die Ionen gelangen entweder in die Hochspannungs-Beschleunigungsröhre oder in eine Untersuchungsanlage

verdreht und nach Abb. 1.56 angeordnet, so erhält man ein Fokussiersystem. Diese Anordnung ermöglicht es, Ionen sehr großer Energie (4 MeV) auf einer Strecke der Größenordnung von 10 cm zu fokussieren: sie ist somit geeignet, die Ionen in linearen Beschleunigern zusammenzuhalten. Abb. 1.57 zeigt die entsprechende elektrostatische Anordnung.

Die Ionenoptik arbeitet aber meistens mit einer Ionenmischung. In einem Ionenbündel können im allgemeinen Ionenarten verschiedener Masse,

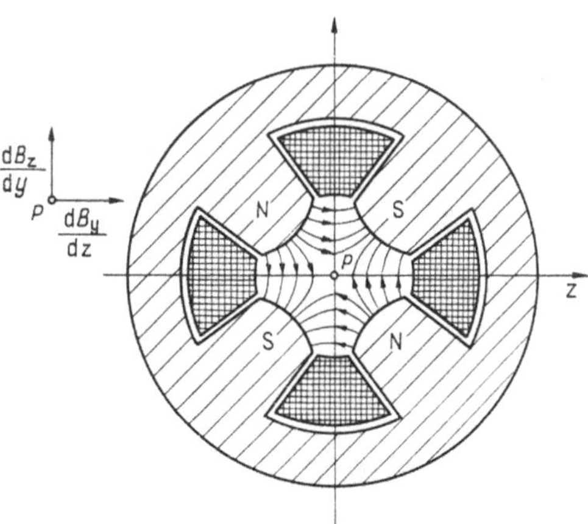

1.55 Ein Element der »stark fokussierenden« magnetischen Linse, die in einer Ebene fokussiert, in der anderen defokussiert

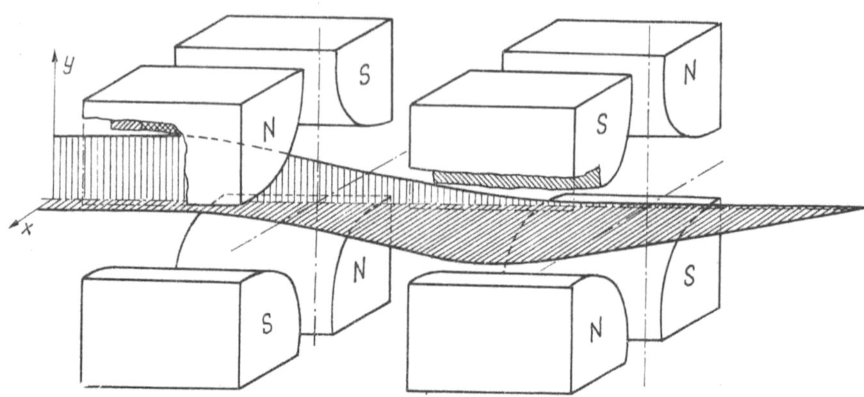

1.56 Die stark fokussierende magnetische Linse. Die zweimal nacheinander auftretende fokussierende und defokussierende Wirkung resultiert in einer starken Fokussierung. Die Abbildung zeigt die richtige Reihenfolge von Fokussierung und Defokussierung für den Fall negativer Ionen

Ladung und Geschwindigkeit vorhanden sein. An Stelle der Geschwindigkeit ist es oft zweckmäßig, die Energie oder den Impuls einzuführen. Die Aufgabe besteht meistens in der Ermittlung der Zusammensetzung des Ionenbündels nach den genannten Parametern. Um eine hohe Intensität zu erreichen, wäre es ideal, wenn z. B. bei Ordnen nach der Energie alle die nach verschiedenen Richtungen startenden Teilchen, die verschiedene Werte von q und m aufweisen, in ein und demselben Punkt zusammentreffen würden, soweit sie von gleicher Energie sind. Oder beim Ordnen nach m/q sollten die Teilchen verschiedener Richtung und Energie in einem Punkte zusammentreffen.

Im folgenden werden die Möglichkeiten der Ordnung und Auflösung nach den einzelnen Parametern sowie der Spektrumbildung besprochen.

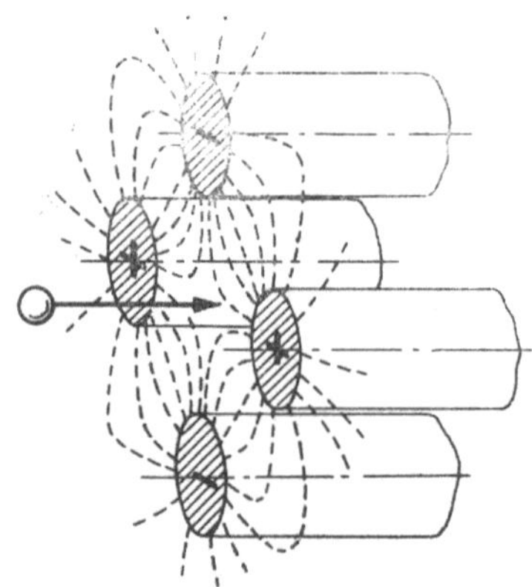

1.57 Teil einer stark fokussierenden elektrostatischen Linse

Es wurde bereits gezeigt, daß die Größe der Ablenkung im elektrischen Querfeld

$$D = q\,\frac{E_a lL}{mv_0^2} = \frac{1}{2}\,\frac{l}{d}\,\frac{U_a}{U_b}$$

beträgt und somit nur von der Energie der Teilchen (genauer von der durchlaufenen Potentialdifferenz!) abhängig ist, nicht aber von der spezifischen Ladung. Ein nach Abb. 1.58 durch die Spannung U_b beschleunigtes, aus Teilchen beliebiger Masse und Ladung bestehendes paralleles Bündel schlägt also im gleichen Punkt des Auffangschirmes oder der photographischen Platte ein. Das elektrische Feld dieses Typs löst somit das inhomogene Bündel nach

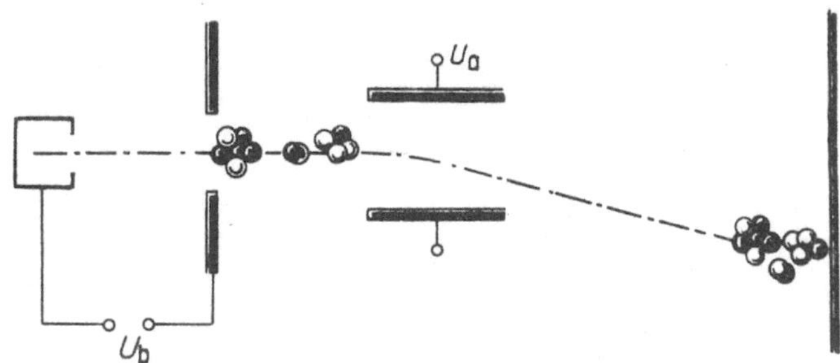

1.58 Das elektrostatische Feld führt die durch dieselbe Spannung beschleunigten Teilchen, die verschiedene Werte von q/m aufweisen, in ein und demselben Punkt zusammen

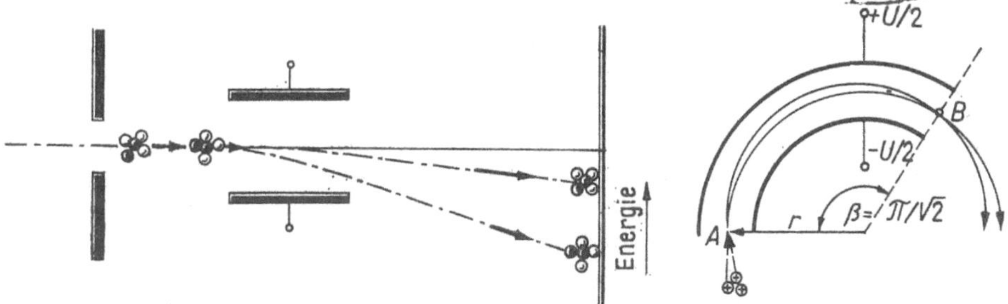

1.59 Das elektrostatische Feld lenkt gleiche Ionenarten im umgekehrten Verhältnis zur Energie ab

1.60 Das nach der Energie trennende radiale elektrische Feld

der Energie auf. Handelt es sich um identische Ionen, so werden die Ionen großer Energie nach Abb. 1.59 weniger, die von kleiner Energie stärker abgelenkt.

Mit Hilfe eines entsprechend ausgelegten elektrostatischen Feldes läßt sich ein Energiefilter herstellen. Auf ein Teilchen, das sich in dem in Abb. 1.60 dargestellten radialen elektrostatischen Feld bewegt, wirkt die Zentrifugalkraft mv^2/r sowie die elektrostatische Kraft qE ein. Auf der sich ergebenden Kreisbahn können die Teilchen verbleiben, für welche

$$\frac{mv^2}{r} = qE \,,$$

d. h.

$$\frac{1}{2}\, mv^2 = \frac{1}{2}\, qEr$$

ist.

Die Bedingung zum Passieren des »Filters« lautet also:

$$\frac{1}{2}\frac{m}{q}v^2 = \frac{1}{2}Er, \qquad U_\mathrm{b} = \frac{1}{2}Er.$$

Von den Teilchen gleicher Ladung, jedoch verschiedener Masse können nur die Teilchen gleicher Energie das Filter passieren.

Es sei ohne Beweis lediglich erwähnt, daß, falls ein Sektor von $\pi/\sqrt{2}$ Radiant für das radiale Kraftfeld gewählt wird, alle nach Abb. 1.60 aus dem Punkt A startenden Strahlen gleicher Energie im Punkte B zusammentreffen, so daß die in der Einleitung erwähnte Idealforderung erfüllt wird.

1.7.2 Das magnetische Feld als Spektrometer

Im homogenen magnetischen Feld bewegen sich die Teilchen auf einer Kreisbahn vom Radius

$$r = \frac{mv}{qB},$$

An Stelle der Teilchen gleicher Energie verdichtet also das magnetische Feld die Teilchen vom gleichen Impuls — bei gleicher Ladung — in einem Punkt. Bei gleicher Beschleunigungsspannung gilt

$$v = \sqrt{2\frac{q}{m}U},$$

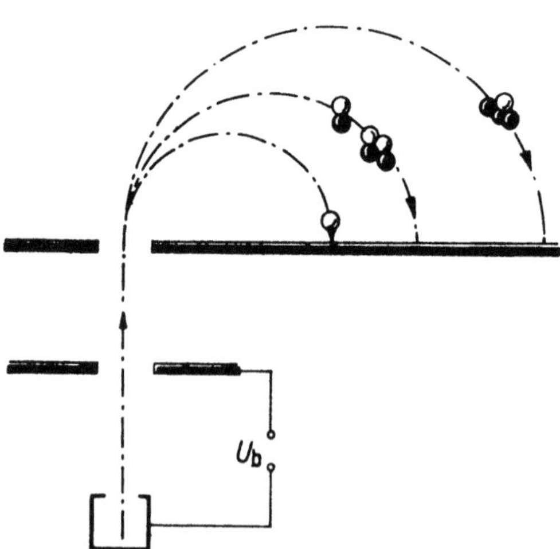

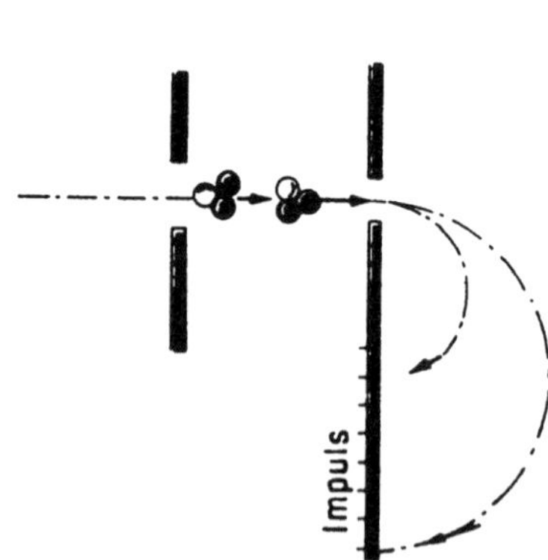

1.61 Die durch die gleiche Spannung beschleunigten Ionen werden im homogenen magnetischen Feld im Verhältnis zu $\sqrt{m/q}$ abgelenkt

1.62 Ionen gleicher Art, jedoch von verschiedener Geschwindigkeit werden im magnetischen Feld im Verhältnis zu ihren Impulsen abgelenkt

1.63 Mit Hilfe des *Dempster*schen Halbkreisspektrographen ist auch die Richtungsfokussierung möglich. Die nach verschiedenen Richtungen startenden Teilchen treffen sich nahezu im gleichen Punkt

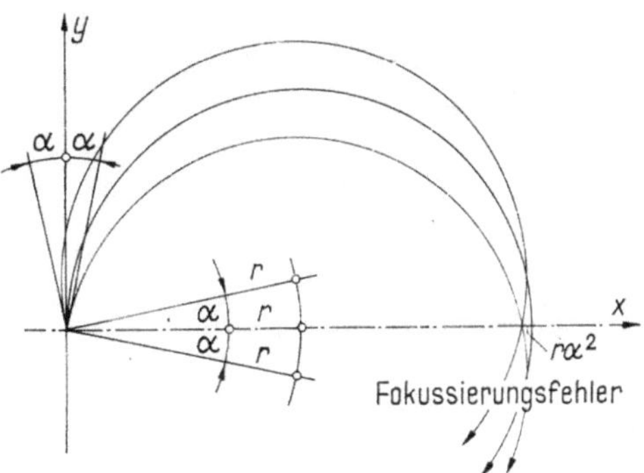

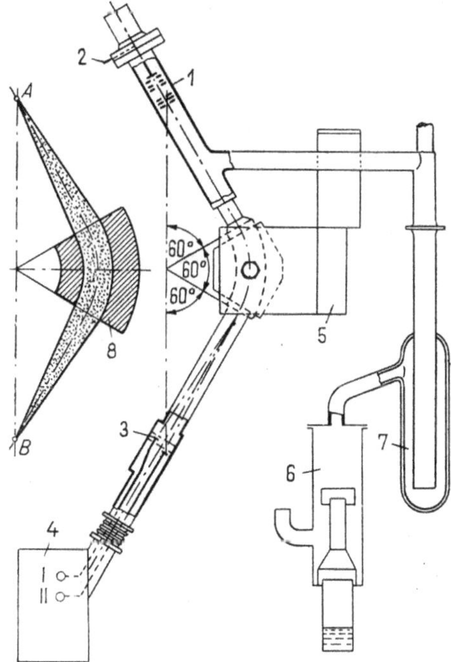

1.64 Der am meisten verbreitete Typ des Massenspektrographen: der *Nier*sche Spektrograph. *1* Ionenquelle, *2* Gaseinlaß, *3* Auffänger, *4* Registriereinrichtung, *5* Eisenkern des Magneten, *6* Diffusionspumpe, *7* Ausfriereinrichtung, *8* Strahlengang. Die Erregerspule des Magneten ist nicht dargestellt

so daß

$$r = \sqrt{2\,\frac{m}{q}}\,\frac{\sqrt{U}}{B}$$

ist.

Das magnetische Feld trennt somit die Ionenarten verschiedener spezifischer Ladung nach Abb. **1.61**. Ionen, die identische Werte von q/m, jedoch verschiedene Energien haben, werden nach Abb. **1.62** abgelenkt: diejenigen kleinerer Energie stärker, solche von größerer Energie weniger.

Gleichartige Ionen mit unterschiedlichen Eintrittswinkeln werden nach dem Durchlaufen eines ganzen Halbkreises auf die in Abb. 1.63 ersichtliche Weise ziemlich gut fokussiert (Massenspektrograph nach *Dempster*).

Nimmt man ein sektorförmiges magnetisches Feld nach Abb. 1.64, so werden die im Punkt *A* startenden Teilchen ebenfalls im Punkt *B* fokussiert (Massenspektrograph nach *Nier*).

1.7.3 Massenspektrographen mit komplizierten Feldern

Die bisher behandelten richtungsfokussierenden Einrichtungen nach Abb. 1.59 und Abb. 1.63 fokussieren die Ionen unterschiedlicher Geschwindigkeit jeweils in verschiedenen Punkten. Der Massenspektrograph nach *Aston* verzichtet auf die Richtungsfokussierung und verwendet an ihrer Stelle die Geschwindigkeitsfokussierung.

Mit Hilfe des in Abb. 1.65 dargestellten Spaltes kann die Richtungsstreuung auf ein Minimum reduziert werden, was jedoch natürlich auf Kosten der Intensität und somit der Wahrnehmbarkeit geht. Die mit unterschiedlicher Geschwindigkeit im Kondensatorfeld eintreffenden Ionen werden je nach ihrer Energie und ihrer spezifischen Ladung abgelenkt.

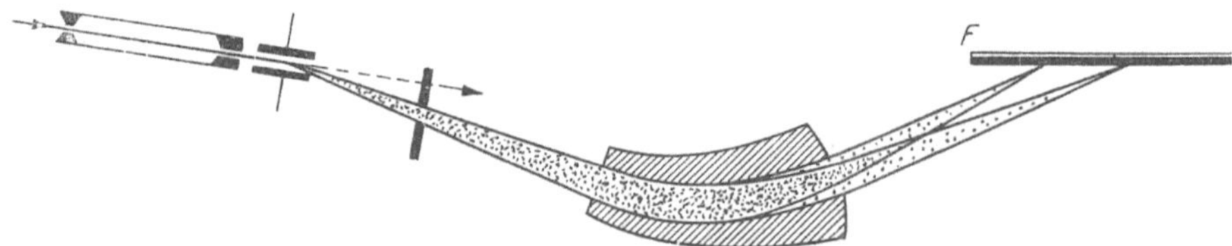

1.65 Massenspektrograph nach *Aston*

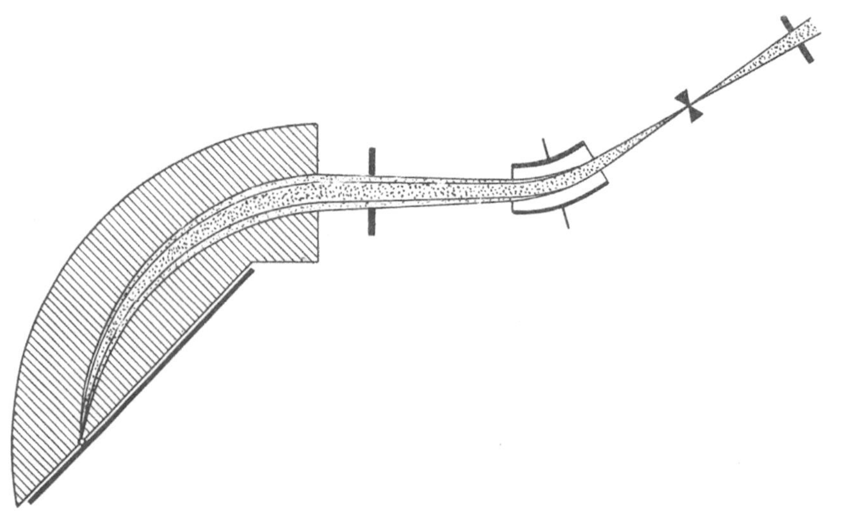

1.66 Der doppelfokussierende Massenspektrograph nach *Mattauch*

Ionen derselben Art werden, falls sie unterschiedliche Energien haben, in verschiedenem Maße abgelenkt: Die von kleinerer Energie stärker, jene von größerer Energie weniger. Das darauffolgende magnetische Feld biegt die stark abgelenkten Teilchen kräftig, die weniger abgelenkten schwächer zurück, so daß die Teilchen gleicher spezifischer Ladung, jedoch verschiedener Geschwindigkeit, schließlich in einem Punkt auf der Photoplatte F vereinigt werden.

Die Intensität kann mit doppelfokussierenden Einrichtungen erhöht werden. Eine solche Einrichtung, der Massenspektrograph nach *Mattauch*, ist in Abb. 1.66 dargestellt. Die Ionen unterschiedlicher Energie und spezifischer Ladung gelangen mit einer bestimmten Richtungsstreuung in das Feld des radialen Kondensators vom Zentriwinkel $\pi/4\sqrt{2}$. Das Feld ordnet diese Ionen je nach ihren Energien in parallele Bündel. Von hier aus kommen die Ionen in ein magnetisches Feld, das sie nach ihrer Masse trennt und auf die im magnetischen Feld selbst angeordnete Photoplatte fokussiert. Für das Auflösungsvermögen eines modernen Massenspektrographen ist die in Abb. 1.67 wiedergebene Aufnahme kennzeichnend, die sich auf eine Ionenart mit einer einzigen Massenzahl bezieht. Während die Massenspektrographen kleineren Auflösungsvermögens das Auffinden aller in der Natur vorkommenden oder künstlich herstellbaren Isotopen sowie die Ermittlung der Häufigkeit ihres Vorkommens ermöglichen, liefern die Massenspektrographen von großem Auflösungsvermögen auch den genauen Wert des Massendefektes und damit quantitative Angaben über die Bindungsenergie der Atomkerne. Ein diesbezügliches Meßergebnis ist in Abb. 2.45 wiedergegeben, wo die auf ein Nukleon entfallende Bindungsenergie als Funktion der Massenzahl dargestellt wurde. An dieser Kurve läßt sich u. a. ablesen, daß bei der Vereinigung leichter Atome zu einem mittelschweren Kern oder bei der Spaltung ganz schwerer Kerne in mittelschwere das Freiwerden von Energie zu erwarten ist.

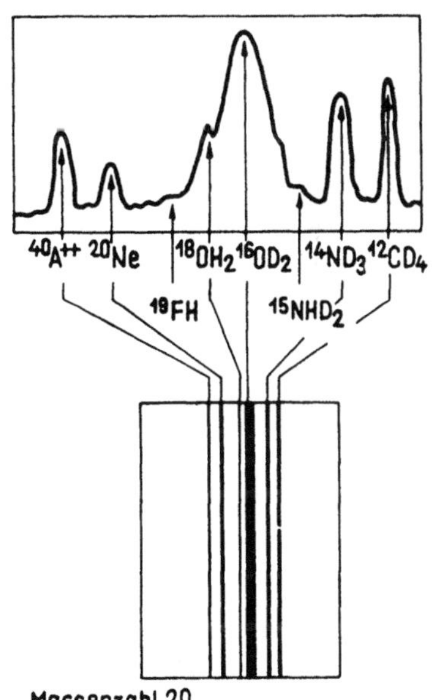

1.67 Auflösungsvermögen eines modernen Massenspektrographen: jedes einfache Ion gehört zur Massenzahl 20 (nach *Mattauch*)

Bei einer anderen Art des Massenspektrographen wird kein so großes Auflösungsvermögen, sondern vielmehr eine hohe Stromstärke erstrebt. Diese Geräte sind die elektromagnetischen Isotopentrenner, mit welchen äußerst reine Isotopen jedoch nur in sehr kleinen Mengen zu erhalten sind. Die erreichbare größte Stromstärke beträgt einige mA, womit die täglich herstellbare Isotopenmenge die Größenordnung des Milligramms erreichen kann.

1.8 Teilchenbeschleuniger

Um mit Hilfe von geladenen Teilchen Kernreaktionen mit großer Wahrscheinlichkeit zustande bringen zu können, muß eine entsprechende Energie (von 0,1 bis 10 MeV) diesen Teilchen zugeführt werden, damit sie die abstoßende Wirkung des *Coulomb*schen Feldes des Zielobjektkernes überwinden können. Diese Energiezufuhr findet in den Beschleunigern statt. Mit Hilfe solcher Anlagen wird ein elektrisches Feld entsprechender räumlicher Anordnung erzeugt, welches die aus der Ionenquelle herkommenden Teilchen beschleunigt (Abb. 1.54).

Bei der einfachsten Art der Beschleuniger wird eine statische Hochspannung (0,1 bis 5 MV) zwischen zwei Elektroden erzeugt. Zwischen diesen werden fokussierende Elektroden angeordnet, wodurch das Feld zur Lieferung von wohldefinierten Teilchenstrahlen oder Teilchenbündeln für Versuchszwecke geeignet gemacht wird. Solche einfache Beschleuniger sind der Kaskadengenerator und der *van-de-Graaff*sche Generator. In den als mehrfache, zyklische oder Resonanzbeschleuniger bezeichneten Anlagen dagegen erhalten die Teilchen ihre Endenergie beim mehrmaligen Durchlaufen eines Spaltes oder beim einmaligen Durchlaufen von mehreren Spalten, wobei der Zeitpunkt beim Erreichen des Scheitelwertes und des Vorzeichens der am Spalt liegenden veränderlichen Beschleunigungsspannung mit der Durchlaufzeit des Teilchens in Einklang gebracht werden muß. Manchmal läuft das Teilchen entlang derselben kreisförmigen Kraftlinie. Die Benennung der verschiedenen Geräte nimmt auf diese Erscheinungen Bezug. Hierzu gehörende Geräte sind das Zyklotron, das Betatron, das Synchrotron, das Synchrophasotron, das Mikrotron sowie die verschiedenen Arten des Bevatrons.

1.8.1 Der Kaskadengenerator

Die Grundschaltung dieses Gerätes ist die in Abb. 1.68 dargestellte spannungsverdoppelnde *Greinacher*schaltung. Hier tritt der doppelte Scheitelwert der sekundären Wechselspannung des Transformators als Leerlauf-Gleichspannung auf. Zeigt die auf der Sekundärseite des Transformators induzierte Spannung in die Richtung des eingezeichneten Pfeiles, so wird der Kondensator C_1 über die Diode D_1 auf die Höchstspannung des Transformators aufgeladen. In der nächsten Halbperiode ist die Richtung der Transformatorspannung umgekehrt. Nun addiert sich diese Spannung zur Kondensatorspannung, und die Summenspannung gelangt über die Diode D_2 zu dem mit dem Glättungskondensator parallel geschalteten Verbraucher. In der folgenden Halbperiode wird wieder der Kondensator C_1 aufgeladen, worauf dann wieder die doppelte Spannung dem Verbraucher zugeführt wird.

In der mehrstufigen Anordnung nach Abb. 1.68b entspricht der mit der gestrichelten Linie umfaßte Teil der einfachen *Greinacher*schaltung. Die an den Punkten $A - B$ dieses Teils erscheinende Wechselspannung spielt für die weiteren Stufen dieselbe Rolle wie die Transformatorspannung

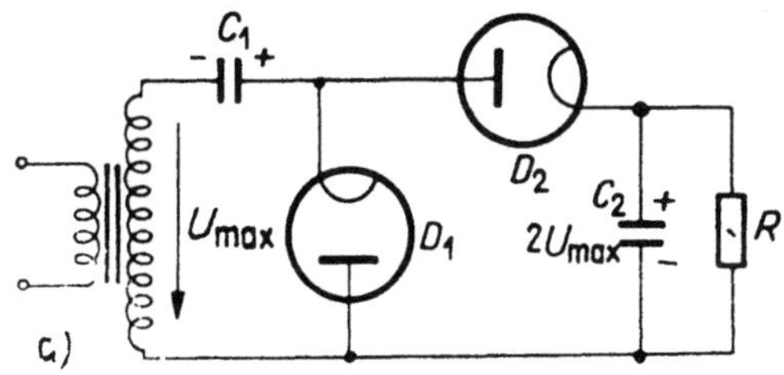

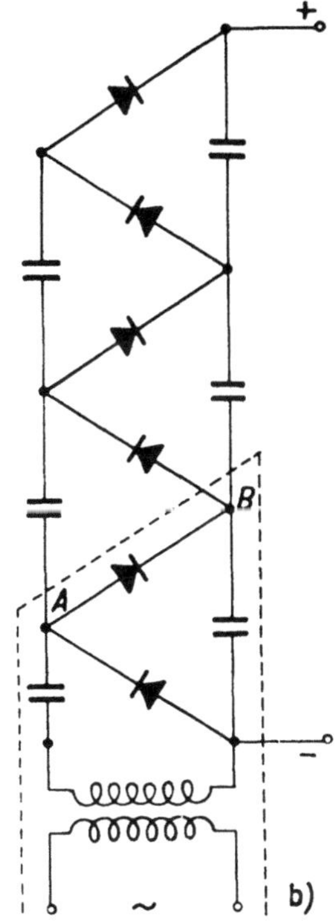

1.68 *a)* Spannungsverdoppelnde Schaltung nach *Greinacher*, *b)* Spannungsvervielfachende Kaskadenschaltung

bei der ersten Stufe. Der anschließende Teil ist wiederum eine reine *Greinacher* schaltung. Bei n Stufen beträgt dadurch die Leerlauf-Gleichspannung

$$U_{max} = 2\,nU_0^{traf},$$

wobei U_0^{traf} die Scheitelspannung an der Sekundärseite des Transformators bezeichnet. Mit Hilfe eines Transformators mit der Übersetzung 330/70 000 läßt sich somit die Spannung von 800 000 Volt in vier Stufen erreichen (dem Effektivwert von 70 kV entspricht nämlich ein Scheitelwert von $U_0^{traf} = 100$ kV). Das Schema der kompletten Beschleunigungsanlage ist in Abb. 1.69 dargestellt.

Der große Vorteil des Kaskadengenerators besteht darin, daß eine hohe Stromstärke erreicht werden kann. Diese kann mehrere mA betragen. Bei kernphysikalischen Versuchen braucht man die volle Generatorleistung meistens nicht, so daß diese unausgenützt bleibt. Unter Belastung tritt ein Spannungsabfall auf, dessen Wert von der Stromstärke und der Stufenzahl abhängt:

$$\Delta U \approx \frac{i}{fC}\,n^2(n-1),$$

während die Spannung gleichzeitig infolge der intermittierenden Aufladung wellig wird:

$$\delta U \approx \frac{i}{fC}\,n\,.$$

Hierbei bezeichnen i den Belastungsstrom, C die Kapazität der gleich groß gewählten Kondensatoren (lediglich die Kapazität des ersten Kondensators beträgt $2C$) und f die Frequenz der Speisespannung.

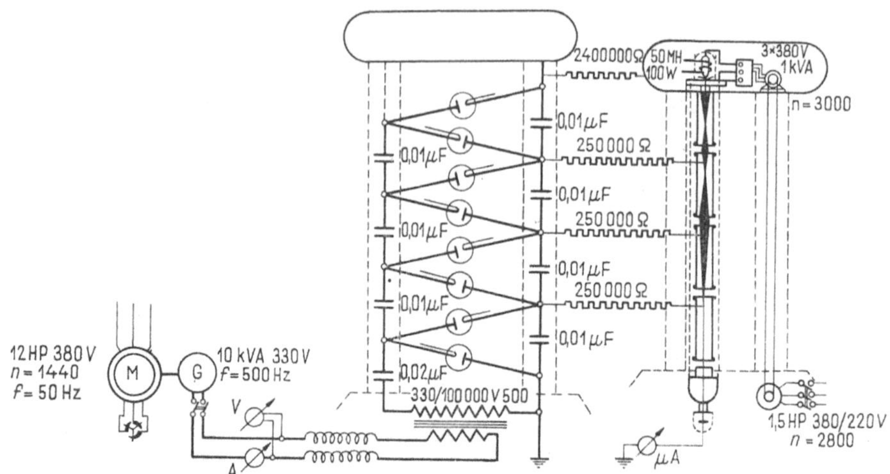

1.69 Kaskadengenerator mit der dazu gehörenden Beschleunigungsröhre. Dem Netz ist der Induktionsmotor M von 12 PS angeschlossen. Dieser treibt den Generator G an, welcher seinerseits den Haupttransformator mit einer Übersetzung von 330/100 000 speist. Die Kondensatoren dienen gleichzeitig als mechanische Stützen (gestrichelte Linie). Die an 200, 400, 600 und 800 kV liegenden Punkte des Kaskadengenerators sind über je einen Schutzwiderstand den Elektroden der Beschleunigungsröhre angeschlossen. Diese Elektroden sind in einer vertikalen, bis auf einen Druck von 10^{-5} bis 10^{-6} Torr evakuierten Porzellanröhre untergebracht. Die Ionenquelle ist in der oberen Elektrode der Beschleunigungsröhre eingebaut, und die Entladung darin wird durch ein hochfrequentes Feld $(50 \cdot 10^6 \text{ s}^{-1})$ zustandegebracht. Das Austreten der Ionen wird durch eine Gleichspannung in der Größenordnung von 5 bis 10 kV erreicht. Diese Einrichtungen werden vom Generator von 1 kW Leistung bei 50 Hz gespeist, welcher seinerseits über ein Isolierband von dem am Boden aufgestellten und direkt an das Netz angeschlossenen Induktionsmotor von 1,5 HP angetrieben wird. Die Stromstärke am Zielobjekt (Target) wird mit Hilfe des Mikroamperemeters gemessen. Die Kernreaktionen finden an dem durch einen kurzen horizontalen Strich dargestellten Zielobjekt unter Einwirkung der dort einschlagenden Teilchen statt. Anlagen dieser Art werden neuerdings in der Ionen-Implantations-Technologie zur Dotierung der Halbleiterkristalle verwendet

1.8.2 Der Van-de-Graaffsche Generator

Dies ist das einfachste und billigste Gerät der Kernphysik, zumindest in seiner nicht geschlossenen Ausführung (Abb. 1.70). Sein Arbeitsprinzip ist das folgende: eine an einer Gleichspannung in der Größenordnung von 10 kV liegende Nadelreihe lädt ein davor laufendes Isolierband auf; das von einem Motor angetriebene Band transportiert diese Ladung zur oberen Elektrode, wo diese Ladung mittels einer zweiten Nadelreihe abgenommen wird. Der Generator ist einerseits durch die aufgetragene höchste Stromstärke, andererseits durch die erreichbare Höchstspannung gekennzeichnet.

Die aufgetragene Stromstärke beträgt

$$i = vb\sigma,$$

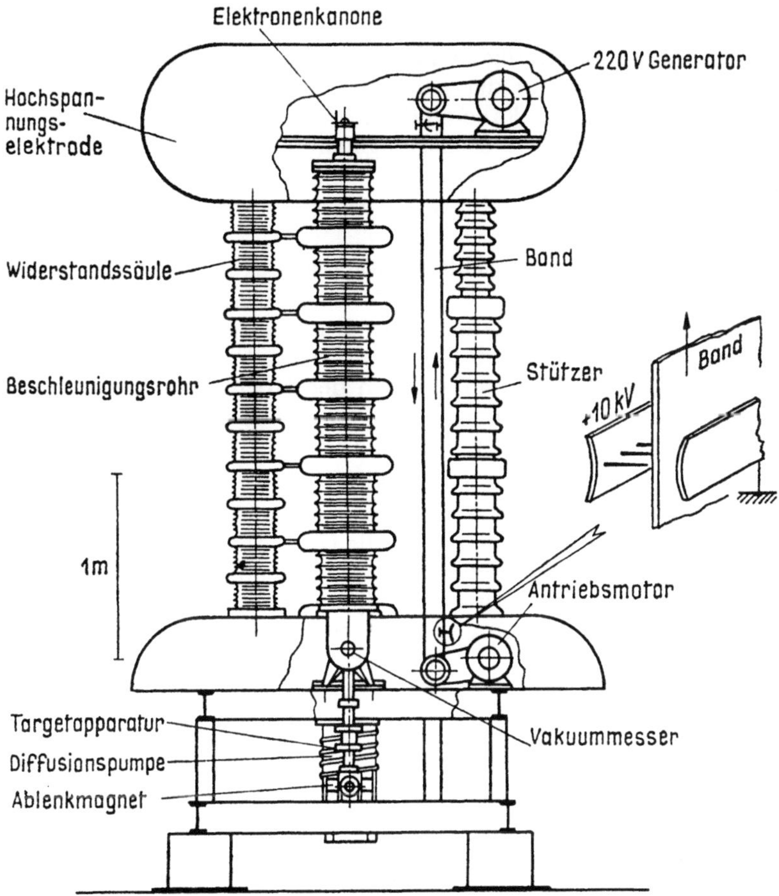

1.70 *Van-de-Graaff*scher Generator und Beschleuniger
in Freiluftausführung

wobei v die Bandgeschwindigkeit, b die Bandbreite und σ die Ladungsdichte des Bandes bezeichnen. Die letztere ist durch die Durchschlagsfestigkeit der Luft begrenzt:

$$\sigma_{max} = \varepsilon_0 E_{max} \sim 8{,}8 \cdot 10^{-12} \cdot 3 \cdot 10^6 \sim$$

$$\sim 2{,}6 \cdot 10^{-5} \,\text{As/m}^2 = 2{,}6 \cdot 10^{-9} \,\text{As/cm}^2.$$

In Wirklichkeit ist etwa die Hälfte dieses Wertes zulässig. In der oberen
Elektrode kann jedoch ein Umladegerät eingebaut werden, wodurch die
Ladung verdoppelt wird. Bei Geräten guter Qualität kann man also mit
der obigen Beziehung rechnen. Auf diese Weise kann man bei einer Bandgeschwindigkeit von 20 m/s und einer Bandbreite von 0,5 m eine Stromstärke von 200 bis 300 μA erreichen.

Für die erreichbare Höchstspannung ist in erster Linie die Größe der oberen Elektrode maßgebend: die Spannung kann sich solange erhöhen, bis die Feldstärke an der gefährdetsten Stelle größer wird als die Durchschlagsfestigkeit. Im Falle einer idealen Kugel, befestigt auf einem idealen Isolator, beträgt die Durchschlagspannung:

$$U_{\max} = r\,E_{\max} = 3 \cdot 10^6\, r\,,$$

wobei $E_{\max}$ die Durchschlagsfestigkeit der Luft und r den Kugelradius bezeichnen. Die obere Elektrode eines Geräts, die eine Spannung von 1,5 MV liefert, sollte daher einen Durchmesser von ungefähr 1 m haben. In Wirklichkeit wird jedoch diese Elektrode — zum Teil aus Sicherheitsgründen, zum Teil um im Inneren der Hochspannungselektrode Platz für verschiedene Geräte zu schaffen — größer gewählt. Ihre Gestalt weicht außerdem von der einer Kugel ab, um die elektrische Beanspruchung gegenüber den Stützern zu vermindern, da leicht Kriechströme auftreten.

Gibt es auch einen mit der Spannung zunehmenden Verluststrom an der oberen Elektrode, so erhöht sich die Gerätespannung nur bis zu dem Wert, bei dem die aufgetragenen und abfließenden Ströme ins Gleichgewicht kommen. Die sich so ergebende Spannung muß natürlich kleiner sein als die Durchschlagspannung der oberen Elektrode. Die Gleichgewichtsbedingung lautet:

$$\sigma\, bv = i_{\text{Beschl.}} + i(U)_{\text{Verlust}}\,,$$

wobei $i_{\text{Beschl.}}$ den ausnützbaren Strom der Beschleunigungsröhre und $i(U)_{\text{Verlust}}$ den spannungsabhängigen Verluststrom bezeichnen. Der letztere kann mit Hilfe einer Nadel, deren Abstand zur Elektrode variiert werden kann, künstlich erhöht oder vermindert werden. Auf diese Weise kann die Spannung bei gleichbleibendem Wert der aufgetragenen bzw. der Beschleunigungsstromstärke fein geregelt werden. Abb. 1.70 zeigt einen solchen *Van-de-Graaff*schen Generator in Freiluftausführung. Der Beschleuniger und die Spannungsquelle bilden in diesem Falle eine organische Einheit.

Bei höheren Spannungen (über 1 MV) werden die Abmessungen des *Van-de-Graaff*schen Generators in Freiluftausführung so groß, daß man üblicherweise auf unter Druck stehende Anlagen übergeht. Das ganze Gerät wird in einem Behälter untergebracht (daher die Bezeichnung »Tankgenerator«), der mit Hochdruckgas (5 bis 15 at), normalerweise einer Mischung von N_2 und CO_2, gefüllt wird. Um die Durchschlagfestigkeit zu erhöhen, ist es auch üblich, ein wenig Freon (CCl_2F_2) oder Schwefelhexafluorid (SF_6) beizugeben. Die günstige Ausbildung des elektrischen Feldes kann mit verschiedenen Elektrodensystemen gewährleistet werden.

Bei den sogenannten Tandem-Beschleunigern wird das vom Erdpotential bis zur Hochspannungselektrode beschleunigte Ion umgeladen und wieder bis zur Erde beschleunigt: somit erreicht man doppelte Endenergie (siehe auch Kap. 6.1.8).

1.8.3 Das Zyklotron

Wir legen zwei leere D-förmige Metalldosen mit ihren Öffnungen gegeneinander gekehrt, nach Abb. 1.71 in ein homogenes magnetisches Feld und legen eine Wechselspannung an diese zwei D-Elektroden. Diese Anordnung stellt eines der erfolgreichsten Forschungsinstrumente der Atomphysik, das Zyklotron, dar (*Lawrence*, 1930).

Die aus der zwischen den Elektroden angeordneten Ionenquelle heraustretenden Teilchen werden durch das elektrische Feld beschleunigt und gelangen ins Innere der einen D-Elektrode, wo es praktisch kein elektrisches Feld gibt. Das magnetische Feld ist jedoch auch dort wirksam und zwingt die Teilchen auf eine Kreisbahn. Nach Durchlaufen eines Halbkreises treten die Teilchen in den Spalt zwischen den D-Elektroden aus, wo das elektrische

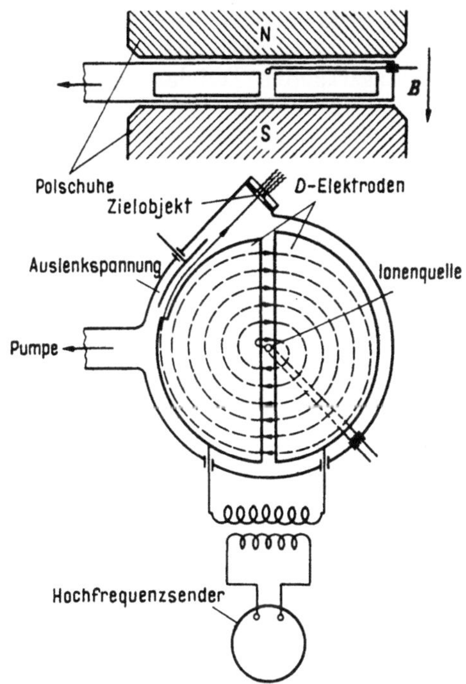

1.71 Schematische Darstellung des Zyklotrons

Feld ihre Energie jeweils um den Betrag qU vergrößert. Sie treten also mit vergrößerter Geschwindigkeit in den Raum der anderen D-Elektrode über. Dort beschreiben die Teilchen, ihrer größeren Geschwindigkeit entsprechend, einen Halbkreis von größerem Halbmesser. In den Spalt herausgetreten erhalten sie wiederum Energie vom elektrischen Feld, dessen Richtung inzwischen so geändert wurde, daß es wiederum beschleunigend auf die Teilchen wirkt, so daß diese noch schneller einen Halbkreis von noch größerem Radius durchlaufen. Schließlich bewegen sich die Teilchen auf dem durch die Abmessungen der D-Elektroden bestimmten Kreis größten Halbmessers mit großer Energie und können von dort z. B. mit Hilfe einer Auslenkspannung herausgeführt werden. So kann man bei Verwendung einer verhältnismäßig kleinen Spannung sehr große Energien erhalten, dadurch, daß man die Teilchen viele Male diese Spannungsdifferenz durchlaufen läßt. Die Beschleuniger dieses Typs werden deshalb zyklische Beschleuniger genannt. Das Funktionieren des Zyklotrons wird durch die Tatsache ermöglicht, daß die Umlaufzeit eines Teilchens im homogenen magnetischen Feld weder von der Energie noch von seiner Geschwindigkeit abhängig ist:

$$T = \frac{2\,\pi m}{qB}\,.$$

Wird also ein elektrisches Feld der Frequenz $f = 1/T$ zwischen den Elektroden aufgebaut, so ist automatisch die Bedingung erfüllt, daß ein in der richtigen Phase startendes Teilchen immer in der richtigen Phase in den Spalt ankommt und somit immer Energie gewinnt. Die Frequenz der die D-Elektroden speisenden Spannungsquelle ist also

$$f = \frac{1}{T} = \frac{qB}{2\pi m} = \frac{q}{m}\frac{B}{2\pi}.$$

Die mit Hilfe des Zyklotrons erreichbare maximale Energie kann folgendermaßen berechnet werden: Die Höchstgeschwindigkeit des Teilchens beträgt

$$v_{\max} = \frac{qBr_{\max}}{m},$$

wobei $r_{\max}$ den größtmöglichen Radius, also ungefähr den Elektrodenradius bezeichnet. Die Endenergie des Teilchens beträgt

$$W = \frac{1}{2}mv_{\max}^2 = \frac{1}{2}\frac{r_{\max}^2 q^2 B^2}{m}.$$

Was geschieht, wenn ein Zyklotron, das auf die Beschleunigung eines gewissen Teilchens eingestellt wurde, auf die Beschleunigung eines Teilchens anderer Art umgestellt wird? Da ein anderer Wert von q/m vorliegt, ist die Frequenzbedingung offensichtlich nicht mehr erfüllt, und es muß entweder f oder B geändert werden, um die richtige Phasenbeziehung wieder herzustellen.

In der Praxis ist die Änderung von f schwierig: eine Hochleistungssendeanlage ist für eine gegebene Frequenz ausgelegt. Die Induktion B kann aber über den Magnetisierungsstrom geregelt werden. Bei großen Abmessungen ist das auch keine einfache Aufgabe, aber trotzdem leichter durchführbar. Bleibt also f ungeändert, so beträgt der dazu gehörende Wert von B

$$B = \frac{2\pi m}{q}f.$$

Die maximale Energie wird daher

$$W_{\max} = \frac{1}{2}\frac{r_{\max}^2}{m}\frac{q^2 4\pi^2 m^2}{q^2}f^2 = 2\pi^2 r_{\max}^2 f^2 m.$$

Die maximal erreichbare Energie hängt von den Abmessungen der Magnetpole und von der Masse des zu beschleunigenden Teilchens ab.

Wird z. B. ein elektrisches Feld der Frequenz $f = 15$ MHz zur Erzeugung eines Deuteronenbündels von 20 MeV verwendet, so ist ein magnetisches Feld von 0,46 m Radius, also von nahezu 1 m Durchmesser erforderlich.

Mit demselben Zyklotron sind Protonenbündel von 10 MeV oder α-Bündel von 40 MeV erhältlich.

1.8.4 Das Betatron

Es ist bekannt, daß das räumlich homogene, zeitlich periodisch veränderliche magnetische Feld geschlossene elektrische Kraftlinien erzeugt. Wird ein geladenes Teilchen, sagen wir ein Elektron, daran herumgeführt, so erhält man die der Windungsspannung entsprechende Arbeit, die z. B. die kinetische Energie des Elektrons erhöht. Kann man nun mit demselben zunehmenden magnetischen Felde, dessen Änderung das elektrische Feld erzeugt und dadurch das Elektron beschleunigt, das Elektron auf eine Bahn von konstantem Radius zwingen und dadurch auf sehr hohe Geschwindigkeiten beschleunigen? Dies ist sehr wahrscheinlich, wenn man bedenkt, daß die Geschwindigkeit des Elektrons zunimmt, während das magnetische Feld immer stärker wird. Erhöht sich die Geschwindigkeit verhältnisgleich mit der Verstärkung des magnetischen Feldes, so wird die Bewegung auf einer Bahn von gleichbleibendem Radius möglich. Bewegt sich aber das Teilchen auf einer Bahn von gleichbleibendem Radius, so gewinnt es bei jedem Umlauf eine der Windungsspannung entsprechende Energie. Während sich das magnetische Feld vergrößert, kann das Teilchen mehrere millionen Mal umlaufen, wobei seine Energie auf ein Vielmillionenfaches der Windungsspannung zunehmen kann.

Diesen Gedanken hat *Kerst* mit dem Betatron verwirklicht, in welchem jedoch das magnetische Feld nicht homogen, sondern nur achsensymme-

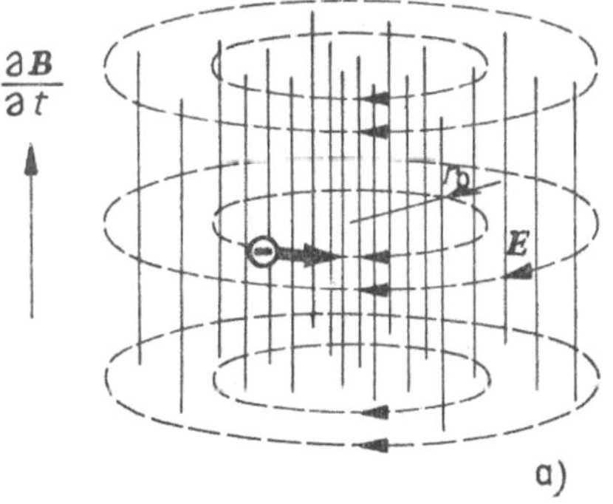

1.72 *a*) Das zeitlich veränderliche magnetische Feld erzeugt ringförmige elektrische Kraftlinien

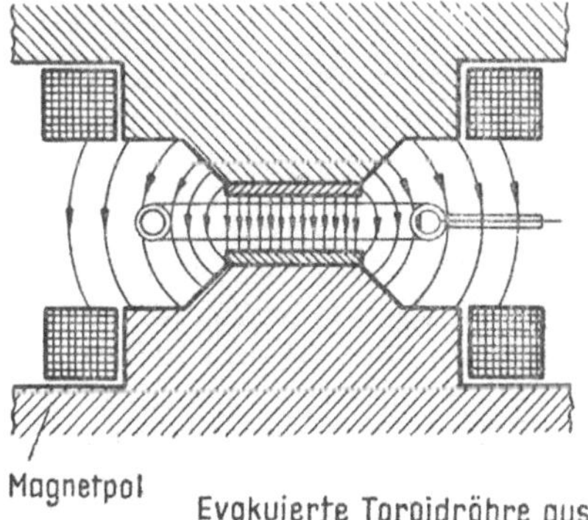

1.72 *b*) Die schematische Darstellung des Betatrons

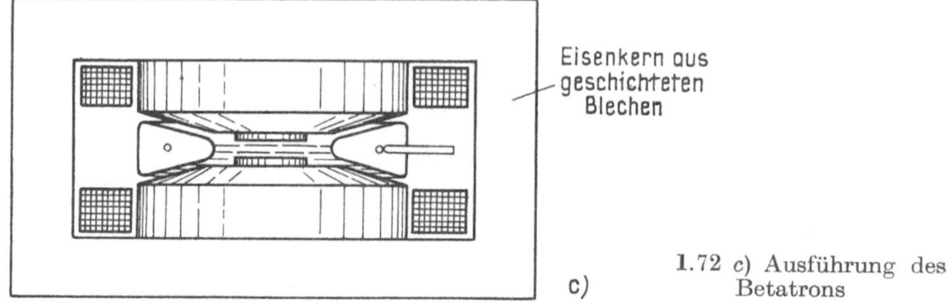

1.72 c) Ausführung des Betatrons

trisch ist (Abb. 1.72). Nehmen wir an, daß das Elektron sich tatsächlich auf der Kreisbahn vom Radius r_0 bewegt, und untersuchen wir, welche Bedingung sich hierfür stellt. Auf Grund des Induktionsgesetzes beträgt die Windungsspannung

$$U = \frac{\mathrm{d}\varPhi}{\mathrm{d}t}.$$

Auf dem Kreis vom Radius r_0 ist die Feldstärke aus Symmetriegründen offenbar konstant, und ihr Wert ist

$$E = \frac{U}{2\,\pi r_0} = \frac{1}{2\,\pi r_0}\,\frac{\mathrm{d}\varPhi}{\mathrm{d}t}.$$

Eine Impulsänderung kann nur vom elektrischen Feld herrühren. Die Bewegungsgleichung lautet dann

$$\frac{\mathrm{d}(mv)}{\mathrm{d}t} = qE = \frac{q}{2\,\pi r_0}\,\frac{\mathrm{d}\varPhi}{\mathrm{d}t}.$$

Diese Beziehung ist auch für relativistische Geschwindigkeiten gültig. Die Integration der beiden Seiten der Gleichung liefert

$$mv = \frac{q}{2\,\pi r_0}\,\varPhi,$$

falls im Zeitpunkt $t = 0$, $v = 0$ und $\varPhi = 0$ ist. $\varPhi$ bezeichnet hier den magnetischen Fluß innerhalb des Kreises vom Radius r_0.

Das sich mit der Geschwindigkeit v bewegende Elektron wird aber durch die am Ort des Kreises vom Radius r_0 wirkende Induktion B_0 auf eine Bahn vom Radius

$$r = \frac{mv}{qB_0} = \frac{q}{2\,\pi r_0}\,\frac{\varPhi}{qB_0} = \frac{1}{2\,\pi r_0}\,\frac{\varPhi}{B_0}$$

gezwungen. Das Elektron kann also offensichtlich nur dann auf dem Kreis bleiben, wenn

$$r = r_0$$

ist.

Führt man die mittlere Induktion B_m mit Hilfe der Definitionsgleichung

$$\Phi = r_0^2 \pi B_m$$

ein, so läßt sich die Bedingungsgleichung in der folgenden Form schreiben:

$$r_0 = \frac{1}{2\pi r_0}\, \frac{r_0^2 \pi B_m}{B_0},$$

d. h.

$$B_0 = \frac{B_m}{2}.$$

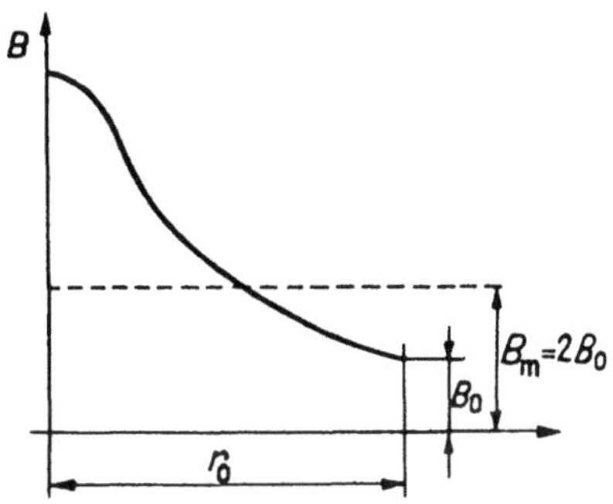

1.73 Die radiale Verteilung des magnetischen Feldes im Betatron

Ist also die entlang der Bahn gemessene Induktion gleich der Hälfte der mittleren Induktion, so wird das Elektron vom magnetischen Feld B_0 auf eine Kreisbahn von gleichbleibendem Radius gezwungen. Dies bedeutet, daß sich B, ausgedrückt als Funktion von r, mit der Zunahme von r gemäß Abb. 1.73 verkleinern muß. Die Magnetpole werden deshalb nach Abb. 1.72 ausgebildet.

Das Elektron läuft also auf der Bahn vom Radius r_0 um, wobei sein Impuls dem Gesetz

$$mv = \frac{q}{2\pi r_0}\, \Phi$$

entsprechend proportional zu Φ zunimmt. Die zeitliche Änderung von Φ ist normalerweise sinusförmig (Abb. 1.74). Zur Beschleunigung steht somit ungefähr die Zeit $T/4$ zur Verfügung (Strecke $A - B$).

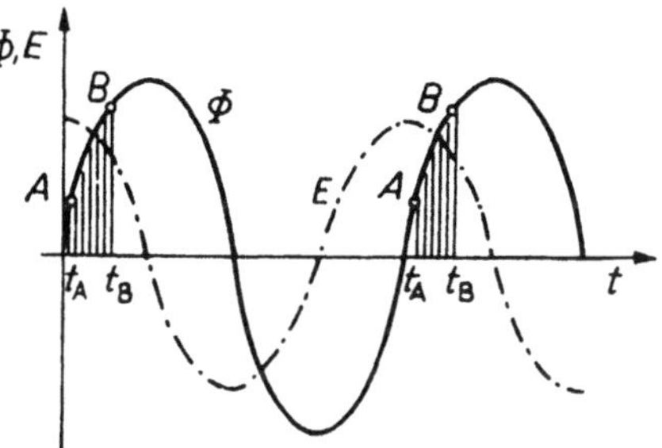

1.74 Die Dauer der Beschleunigung. Die Elektronen werden beim Punkt A eingeschossen und durch die stets in der gleichen Richtung wirkende Feldstärke E bis zu B beschleunigt. Hier werden sie aus dem Felde herausgelenkt, damit sie sich nicht verlangsamen;

$$t_B - t_A \approx T/4$$

Die Energie des Elektrons nimmt bis zu dem Wert zu, der dem Radius r_0 sowie dem zeitlichen Höchstwert von B_0 entspricht. Hernach wird das Elektron von der entgegengerichteten Feldstärke verlangsamt, außer wenn es auf irgendeine Weise aus dem Feld herausgelenkt wird. Dies kann z. B. mittels einer Hilfsspule erfolgen, welche in dem Augenblick, in dem das Maximum der Energie erreicht wurde, impulsartig mit Hochstrom beschickt wird. Das zusätzliche Feld zerstört das Gleichgewicht und lenkt das Elektron je nach Auslegung nach innen oder nach außen aus.

Um die radiale Stabilität der Elektronenbahn zu gewährleisten, ist es erforderlich, daß die Abhängigkeit der Induktion B von r die Form r^n annimmt, wobei $-1 < n < 0$ ist.

1.8.5 Das Synchrotron und das Synchro-Zyklotron

Die Bedingung für das Funktionieren eines Zyklotrons ist, daß die Umlaufzeit des Teilchens konstant wird, was dadurch gewährleistet ist, daß die Geschwindigkeit des Teilchens im Ausdruck

$$\omega = \frac{2\pi}{T} = \frac{qB}{m}$$

der Winkelgeschwindigkeit nicht enthalten ist. All dies ist jedoch nur solange gültig, wie m tatsächlich konstant ist. Sobald aber die gewonnene Energie des Teilchens mit der Ruhmasse vergleichbar wird, nimmt die Masse gemäß der Beziehung

$$\frac{W_k}{W_0} = \frac{\Delta m}{m_0}$$

zu, so daß der Wert von ω gegen große Energien hin abnimmt. Das Teilchen kommt im Spalt verspätet an, bis es schließlich außer Phase ist und nicht mehr weiter beschleunigt wird. Diese Erscheinung stellt sich beim Elektron schnell ein, da die Ruhenergie dieses Teilchens (rund 0,5 MeV) um mehrere Größenordnungen kleiner ist als die der übrigen zu beschleunigenden Teilchen. Dies ist der Hauptgrund dafür, daß man das Elektron nicht im Zyklotron beschleunigt.

Wird der Ausdruck für ω mit c^2 erweitert, so erhält man die Beziehung

$$\omega = \frac{qBc^2}{mc^2} = \frac{qBc^2}{W} \; .$$

Hierin bezeichnet $W = mc^2$ die Gesamtenergie des Teilchens einschließlich der Ruhenergie. Wie man sieht, ist die Winkelgeschwindigkeit und damit auch die Frequenz zur Gesamtenergie umgekehrt proportional.

Beim Zyklotron läßt sich dieser Effekt durch Erhöhen der Elektrodenspannung bis zu einem gewissen Grade kompensieren. Da aber die Erhöhung der Spannung des Hochfrequenzsenders auf über 100 bis 150 kV eine sehr schwer lösbare Aufgabe darstellt, ist es leicht einzusehen, daß der relativistische Effekt das Erzeugen größerer Energien im Zyklotron verhindert. Der erreichbare Höchstwert beträgt etwa 20 bis 30 MeV.

Veksler und *McMillan* haben jedoch auf ein neues Prinzip hingewiesen, das die Weiterbeschleunigung des Teilchens bis in die relativistischen Geschwindigkeitsbereiche ermöglicht.

Untersuchen wir den Fall, in welchem das Teilchen sehr hoher Geschwindigkeit bereits soweit außer Phase ist, daß es gerade dann den Spalt zwischen den D-Elektroden erreicht, wenn es dort kein elektrisches Kraftfeld gibt, d. h. beim Nulldurchgang der Spannung (Abb. 1.75). Nehmen wir ferner an, daß die Frequenz des Hochspannungsfeldes auf diesen Fall abgestimmt wurde, so daß die Umlauffrequenz des Teilchens unter Berücksichtigung der vergrößerten Masse mit der Frequenz der Sendeanlage gerade übereinstimmt. Es ist leicht einzusehen, daß sich dann das Teilchen stets auf der gleichen Kreisbahn bewegen wird. Nach dem Durchlaufen eines Halbkreises findet nämlich das Teilchen im Spalt wieder die Feldstärke Null vor, seine Geschwindigkeit und somit seine Masse werden sich nicht ändern, so daß es auf dem Kreis mit gleichem Radius verbleibt. Auf die Phase bezogen, ist also die Teilchenbahn eine Gleichgewichtsbahn.

Es ist etwas schwieriger einzusehen, daß diese Bahn gleichzeitig eine *stabile* Gleichgewichtsbahn ist: kommt nämlich das Teilchen aus irgendeinem Grunde aus der Phase Null etwas heraus, so wird es eine gedämpfte Schwingungsbewegung durchführen und wieder in den vorher beschriebenen Zustand zurückkehren. Nehmen wir nämlich an, daß das Teilchen in bezug auf die richtige Nullphase zu spät ankommt (Abb. 1.75), so wirkt ein verzögerndes Feld auf das Teilchen ein, seine Energie vermin-

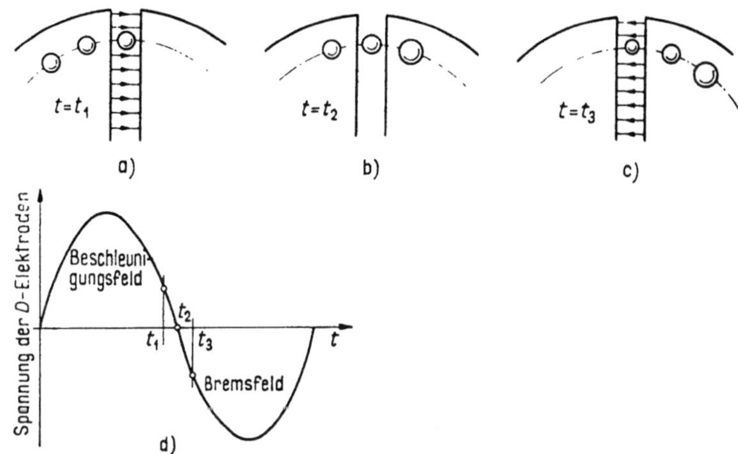

1.75 *a—c)* Das im Spalt des Zyklotrons zu früh ankommende Ion gewinnt Energie, seine Masse nimmt zu, so daß die Winkelgeschwindigkeit (nicht die Geschwindigkeit !) des Umlaufs kleiner wird. Nach einem Umlauf trifft das Teilchen bereits in einer besseren Phasenlage ein. (In der Abbildung wurden sowohl die Massenzunahme als auch die Abnahme der verspätet ankommenden Masse stark übertrieben.) *d)* Der zeitliche Spannungsverlauf an den *D*-Elektroden. Wichtig ist, daß beim Nulldurchgang das Beschleunigungsfeld in ein Verzögerungsfeld wechseln soll und nicht umgekehrt

1.76 Wird die Frequenz des Synchro-Zyklotrons stetig vermindert, so gelangt das Teilchen stets in ein Beschleunigungsfeld und nimmt somit Energie auf

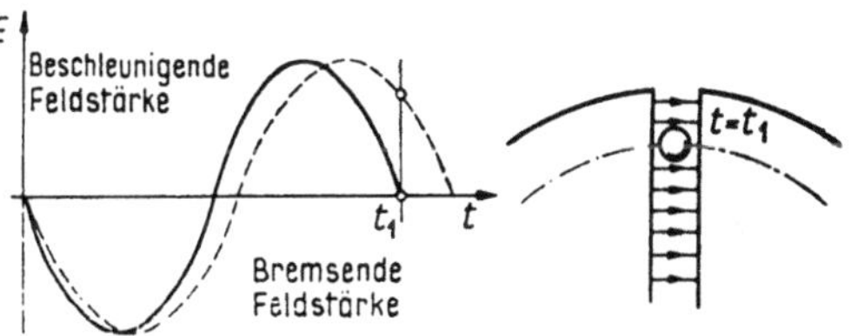

dert sich, so daß seine Winkelgeschwindigkeit unserer Grundgleichung entsprechend zunimmt. Eine Periode später wird also das Teilchen näher zur richtigen Phasenlage eintreffen, wobei es aber immer noch der Einwirkung eines verzögernden Feldes unterliegt. Auf diese Weise nimmt seine Winkelgeschwindigkeit weiter zu, bis es die richtige Winkelgeschwindigkeit erreicht und sogar etwas überschritten hat. Dann wirkt aber ein beschleunigendes Feld auf das Teilchen ein, das es wieder gegen die richtige Phasenlage hin zurückdrängt. Nach einigen gedämpften Schwingungen wird also das Teilchen wieder in die Ruhephase zurückgezwungen.

Man sieht also, daß sich das Teilchen unter solchen Umständen auf einer Bahn von stabiler Phase bewegt, wobei es jedoch keine zusätzliche Energie erhält.

Vermindern wir nun die Frequenz der Wechselspannung um einen geringen Wert (Abb. 1.76) ! In diesem Falle kommt das Teilchen zu früh an, findet eine beschleunigende Spannung vor, und der stabile Zustand stellt sich nach einigen Schwingungen wieder ein, diesmal jedoch auf dem der verminderten Winkelgeschwindigkeit entsprechenden höheren Energieniveau. Aus der Gleichung

$$\omega = \frac{qBc^2}{W}$$

ergibt sich nämlich für die zu einer gegebenen Winkelgeschwindigkeit gehörende Energie die Beziehung

$$W = \frac{qBc^2}{\omega}\,.$$

Man sieht, daß zu kleineren Werten von ω größere Werte der Energie gehören.

Wird die Frequenz langsam weiter herabgesetzt, so läßt sich die Energie im Prinzip beliebig vergrößern, da der relativistische Effekt in diesem Falle nicht hindernd wirkt. Es ist vielmehr gerade dieser Effekt, der diese Art der Energiezuführung erst ermöglicht.

Auf Grund der vorangehenden Beziehung nimmt die Energie nicht nur mit der Verminderung der Frequenz, sondern auch mit der Erhöhung der Induktion zu.

Das Wesentliche der gesamten Energiezuführung besteht darin, daß sich das Teilchen bei jedem einzelnen Wert von f oder B auf der dem gegebenen Wert entsprechenden Gleichgewichtsbahn bewegen soll. Die Änderung hat also langsam zu erfolgen, damit genügend Zeit zur Einstellung des Gleichgewichtszustandes zur Verfügung steht. Die Frequenz oder die Induktion muß demnach adiabatisch geändert werden.

Im ersten Augenblick klingt die aus der Gleichung $\omega = qBc^2/W$ folgende und die Grundlage unseres ganzen Gedankenganges bildende nachstehende Folgerung etwas überraschend: falls sich das Teilchen mit relativistischer Geschwindigkeit bewegt, nimmt die Kreisfrequenz mit der Zunahme der Energie ab. Dies bedeutet jedoch lediglich folgendes: nimmt die Energie des Teilchens zu, so erfolgt dies gerade dadurch, daß sich seine Geschwindigkeit erhöht. Da aber der Radius der Teilchenbahn (der in unserem Gedankengang nicht vorkam) in einem größeren Maß zugenommen hat, wurde auch seine Umlaufzeit größer, was mit anderen Worten bedeutet, daß ω kleiner wurde. Wird also entweder die magnetische Feldstärke oder die Frequenz des elektrischen Feldes der Elektroden oder werden eventuell beide Größen auf diese Weise langsam, adiabatisch geändert, so läßt sich die Energie der Gleichung $W = \dfrac{qBc^2}{\omega}$ entsprechend vergrößern.

Betrachten wir nun die besonderen Bedingungen, unter denen sich Protonen oder Elektronen auf die beschriebene Weise beschleunigen lassen.

Die Grundbeziehung

$$\omega = \frac{qB}{m}$$

läßt sich auch auf die folgenden Arten schreiben:

$$\frac{\omega}{B} = \frac{q}{m}\,,\qquad \frac{B}{\omega} = \frac{m}{q}\,.$$

Es ist daraus ersichtlich, daß sich das Verhältnis B/ω infolge der Energiezunahme genauso ändert, wie die Masse des Teilchens. Werden Elektronen beschleunigt, so ändert sich die Masse stark in einem Verhältnis von $1 : 100$ oder sogar $1 : 1000$. Es ist technisch sehr schwierig, die Frequenz in so hohem Maße zu ändern. In diesem Fall wird also das magnetische Feld geändert, was auch einen weiteren Vorteil bietet. Wird nämlich der aus der Gleichheit der Zentrifugalkraft und der *Lorentz*kraft sich ergebende Zusammenhang

$$\frac{mv^2}{r} = qvB\,,\qquad r = \frac{mv}{qB}$$

betrachtet, so sieht man, daß, falls das magnetische Feld proportional zur Massenänderung geändert wird und die Geschwindigkeit des Elektrons bereits nahezu gleich der Lichtgeschwindigkeit, also $v \sim c$ ist, die Elektronenbahn annähernd konstant bleibt. Das magnetische Feld braucht also nicht von der Polmitte bis zum Radius r_{max} vorhanden zu sein, sondern nur auf einer kleinen kreisringförmigen Fläche in der Umgebung des Radius r_{max}. Die Voraussetzung hierzu ist natürlich, daß das Elektron mit einer solchen Geschwindigkeit einzuführen ist, die der Lichtgeschwindigkeit bereits nahe liegt. Bei dem zur Beschleunigung von Elektronen dienenden *Synchrotron* wird also die elektrische Feldstärke bei gleichbleibender Frequenz aufrechterhalten, während das magnetische Feld zwischen weiten Grenzen geändert wird. Der Magnetpol selbst ist kreisringförmig.

Bei schweren Teilchen, wie beim Proton und Deuteron, bleibt die Massenänderung auch bei ganz großen Energien noch verhältnismäßig gering und beträgt nur einige Prozente oder einige Zehnprozente. In diesem Fall kann auch die Frequenzänderung eingesetzt werden, wobei das magnetische Feld konstant bleibt. Dies bringt den Vorteil, daß kein geblechter Eisenkern erforderlich ist, jedoch auch den Nachteil, daß sich der Radius der räumlichen Teilchenbahn praktisch von Null bis zu einem durch die Endenergie bestimmten Wert ändert; man braucht somit massive Pole. Nach dem allgemeinen Wortgebrauch werden die Einrichtungen, die Elektronen hoher Energie herstellen, einfach als Synchrotrone bezeichnet, während die Anlagen, die schwere Teilchen hoher Energie erzeugen, Synchro-Zyklotron oder Synchro-Phasotron genannt werden. Letztere sind ja auch äußerlich dem Zyklotron sehr ähnlich und können im wesentlichen auch als frequenzmodulierte Zyklotrone aufgefaßt werden.

Der Einsatz des sehr aufwendigen massiven Pols läßt sich auch beim Synchro-Zyklotron vermeiden, falls das magnetische Feld und die Frequenz zusammen geändert werden. Auf Grund der Beziehung $r = mv/qB$ läßt sich ein konstanter Radius der Teilchenbahn verwirklichen, wenn das magnetische Feld genauso schnell zunimmt wie das Produkt mv. Mit anderen Worten, B nimmt schneller zu als m allein, was gleichzeitig die Verkleinerung von m/B bedeutet. Wird dies in die Gleichung

$$\omega = \frac{qB}{m}$$

eingesetzt, so kann man ablesen, daß die Frequenz zunehmen muß, da m/B kleiner, also B/m größer wird. Dementsprechend muß also sowohl die Frequenz als auch das magnetische Feld erhöht werden. Da aber die Energie mit der Kreisfrequenz und mit dem magnetischen Feld nach Maßgabe der Beziehung

$$W = \frac{qBc^2}{\omega}$$

zusammenhängt, ist es erforderlich, daß das magnetische Feld stärker als die Frequenz erhöht wird, da sonst die Energie des Teilchens nicht zunimmt.

Auf Grund der bisher behandelten drei Möglichkeiten können die einzelnen Anlagentypen folgendermaßen gekennzeichnet werden:

Das magnetische Feld des zur Beschleunigung von Elektronen dienenden Synchrotrons ist kreisringförmig. Dieses magnetische Feld wird zeitlich geändert, so daß der Magnetpol geblecht werden muß. Das Elektron wird aus einem Hilfsbeschleuniger nahezu mit Lichtgeschwindigkeit eingeführt. Dieser kann auch ein Betatron sein, das eine organische Einheit mit dem Synchrotron bilden kann. Die zur Beschleunigung der Elektronen dienenden Elektroden werden von einem Oszillator konstanter Frequenz gespeist (Abb. 1.77a).

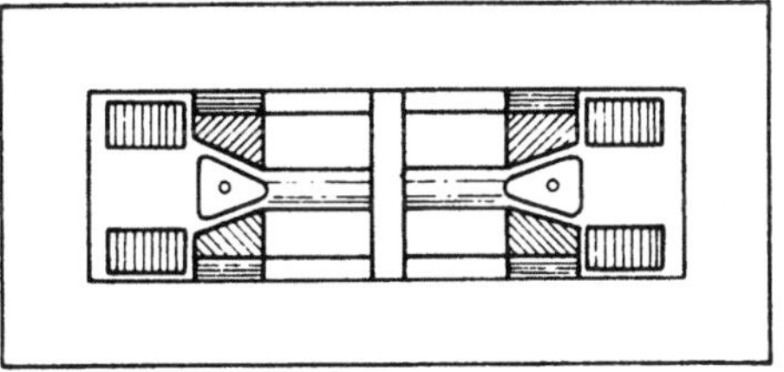

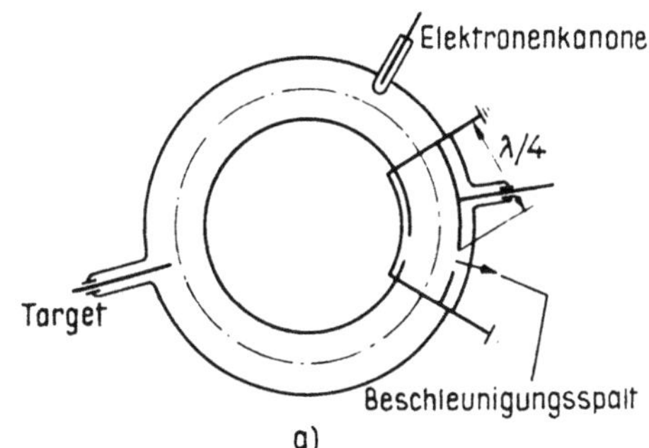

1.77 a) Aufbau des Synchrotrons. Das magnetische Feld der mittleren, schnell gesättigten Eisensäule funktioniert am Anfang der Beschleunigung als Betatron und ermöglicht dadurch den Betrieb des Synchrotrons

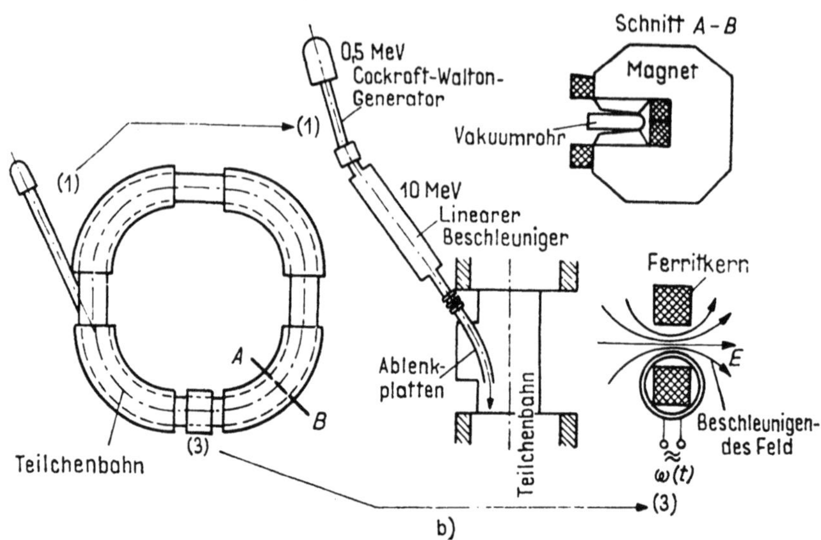

1.77 *b*) Das Schema des Kosmotrons. Die mit Hilfe des Vorbeschleunigers (1) auf eine Energie von einigen MeV beschleunigten Teilchen werden mit Hilfe des Injektors in die Nähe der Gleichgewichtsbahn gebracht. Das Feld veränderlicher Frequenz liefert die Energie. Die Beschleunigung erfolgt im Impulsbetrieb

Zur Beschleunigung schwerer Teilchen besitzt das Synchro-Zyklotron ein homogenes, konstantes magnetisches Feld. Dieses Feld hat einen vollen, kreisförmigen Querschnitt und ist zeitlich konstant, so daß sich geblechte Pole erübrigen. Die Frequenz des das Feld zwischen den Elektroden erzeugenden Oszillators ist veränderlich. Die Frequenz nimmt von Anfang bis Ende einer jeden Betriebsperiode ab. Der Aufbau des Geräts ist also — von der Veränderlichkeit der Senderfrequenz abgesehen — mit dem des Zyklotrons identisch.

Bei dem dritten Anlagentyp wird sowohl die Induktion als auch die Frequenz geändert; dementsprechend ist das magnetische Feld auch in diesem Fall kreisringförmig. Die schweren Teilchen müssen wiederum mit sehr großer Anfangsenergie auf ihre Bahn hereingeschossen werden. Diese Aufgabe wird meistens von einem *van-der-Graaff*schen Hochdruckgenerator oder von einem linearen Beschleuniger übernommen. Diese eine Energie über 10^3 MeV = 1 GeV liefernden Anlagen werden als Kosmotron oder Bevatron bezeichnet. Heute wird bereits eine Energie von 70 GeV erreicht.

1.8.6 Das Mikrotron

Außer den bisher beschriebenen Anlagen wurden unzählige weitere Projekte zur Erzeugung großer Energien vorgeschlagen. Unter diesen ist das von *Veksler* und *Schwinger* vorgeschlagene Mikrotron erwähnenswert. Um das Prinzip dieses Gerätes verstehen zu können, gehen wir wieder von dem bereits mehrmals verwendeten grundlegenden Zusammenhang bezüglich der sich im magnetischen Feld auf einer Kreisbahn bewegenden elektrisch geladenen Teilchen aus:

$$qvB = \frac{mv^2}{r}.$$

Daraus ergibt sich für die Zeit eines Umlaufs die Beziehung $T = 2\pi m/qB$. Diese ist aber gerade die Gleichung des Zyklotrons, wonach die Umlaufzeit von der Geschwindigkeit völlig unabhängig ist und nur von der Masse, von der Ladung und von der Stärke des magnetischen Feldes abhängt. Aber eben diese Beziehung zeigt gleichzeitig auch, daß sich die Umlaufzeit für große Energien, wenn sich die Masse des Teilchens im Vergleich zu seiner Ruhmasse bereits merklich ändert, im selben Verhältnis ebenfalls ändert. Diese Umlaufzeit kann auch folgendermaßen geschrieben werden:

$$T = \frac{2\pi mc^2}{qBc^2} = \frac{2\pi W}{qBc^2} \ .$$

Stellen wir uns die in Abb. 1.78 dargestellte Anordnung vor, wo die Teilchen aus einem beschleunigenden elektrischen Feld in ein magnetisches Feld kommend, auf einer Kreisbahn wieder in das elektrische Kraftfeld zurückkehren. Hier nehmen sie weitere Energie auf und kommen dann auf einer Kreisbahn von größerem Radius wieder zur selben Stelle zurück. So geht das weiter, so daß das Teilchen mit immer größerer Energie auf immer größer werdenden Kreisbahnen umläuft. Im Fall des Zyklotrons war die zum Zurücklegen der einzelnen Kreise erforderliche Zeit konstant. Jetzt ist aber die Umlaufzeit für jede Kreisbahn eine andere: je größer der Kreis, desto länger ist die Umlaufzeit. Die Differenz der Umlaufzeiten der Teilchen auf den verschiedenen Kreisbahnen ist leicht zu bestimmen. Mit der Annahme, daß die beim einmaligen Durchlaufen im elektrischen Feld aufgenommene Energie konstant ist und ΔW beträgt, erhält man für die Zeitdifferenz aus unserer letzten Gleichung

$$\Delta T = \frac{2\pi \Delta W}{qBc^2} \ .$$

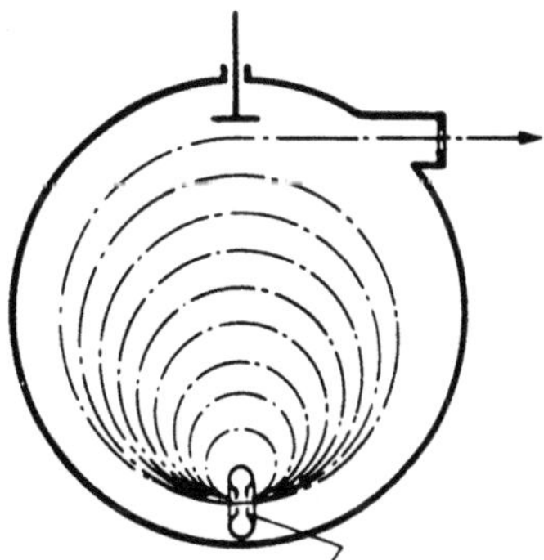

1.78 Der prinzipielle Aufbau des Mikrotrons. Das beschleunigende elektrische Feld wird vom Hohlraumresonator gespeist. Das magnetische Feld ist senkrecht zur Zeichnungsebene

Wird nun die Frequenz des elektrischen Kraftfeldes derart gewählt, daß das Teilchen das elektrische Kraftfeld auch mit der obigen Verzögerung in der richtigen Phase vorfindet, — was mit anderen Worten bedeutet, daß die oben berechnete Zeitdifferenz ΔT gerade gleich einer Schwingungsperiode oder eines ganzzahligen Vielfachen derselben ist — so erhalten die Teilchen eine immer größere Energie. Die Bedingung dieses Vorgangs lautet also

$$\frac{\lambda}{c} = \Delta T \ ,$$

$$\lambda = \frac{2\pi \Delta W}{qBc} \ .$$

Das elektrische Feld wird mit Hilfe eines Mikrowellen-Oszillators hergestellt, welcher auf der aus der obigen Beziehung ermittelten Wellenlänge arbeitet.

1.8.7 Die mit Hilfe der Beschleuniger erreichbare maximale Energie

Es wurde gezeigt, daß die Endenergie des Teilchens bei nichtrelativistischen Geschwindigkeiten nach Maßgabe der Beziehung

$$W = \frac{1}{2} \frac{r_{\max}^2 q^2}{m} B^2$$

von den Abmessungen und von der Stärke des magnetischen Feldes abhängig ist.

Für eine beliebige Beschleunigungsanlage, die das Erreichen relativistischer Geschwindigkeiten ermöglicht, läßt sich die erreichbare Energie auf Grund des folgenden Gedankenganges ermitteln: Nach der Gleichung $r = mv/qB$ ist der Höchstwert des Impulses

$$p_{max} = mv_{max} = qBr_{max}.$$

Damit beträgt die Gesamtenergie, einschließlich der Ruhenergie, nach Kap. 1.3.2

$$W_{max} = mc^2 = \sqrt{m_0^2 c^4 + c^2 p_{max}^2} = \sqrt{m_0^2 c^4 + c^2 q^2 B^2 r_{max}^2}.$$

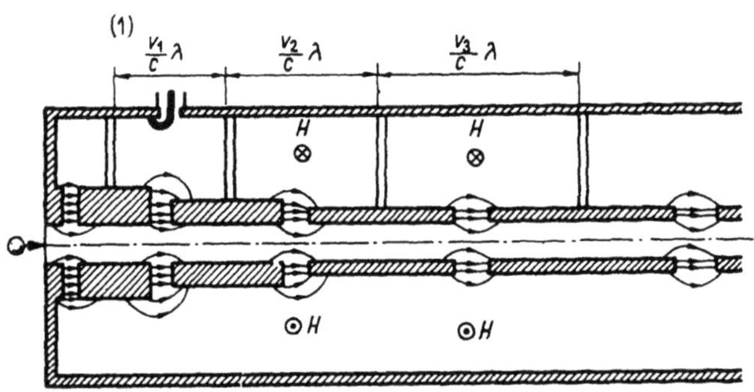

1.79 Prinzipschema des linearen Resonanzbeschleunigers. Mit Hilfe der Kopplungsschleife (1) wird in der entsprechend bemessenen Metallröhre mittels eines elektrischen Längsfeldes eine Resonanz erzeugt. Solange die Feldrichtung bremsend ist, befinden sich die Teilchen im (feldfreien) Inneren der Elektroden

Liegt die Geschwindigkeit in der Nähe der Lichtgeschwindigkeit, so kann man an Stelle des obigen Zusammenhangs die Beziehung

$$W_{max} \sim cq\,Br_{max}$$

schreiben. In diesem Fall ist nämlich die Ruhenergie $m_0 c^2$ gegenüber der Gesamtenergie W_{max} vernachlässigbar. Im Bereich der großen Energien nimmt die erreichbare Energie nur noch mit der ersten Potenz der linearen Abmessung zu.

Die Größe der im Prinzip erreichbaren Energien wird durch die Zunahme der Leistung begrenzt, die das im Kreise umlaufende Teilchen abstrahlt. Diese Frage wird später (Kap. 1.10) eingehender behandelt.

Die Strahlungsverluste sind gänzlich vernachlässigbar bei den sog. Linearbeschleunigern, bei denen das Teilchen nacheinander angeordnete und mit hochfrequenter Spannung gespeiste Spalten durchläuft (Abb. **1.79**). Dieser Beschleunigertyp nimmt deshalb in der letzten Zeit wieder an Bedeutung zu.

1.9 Die Bewegung geladener Teilchen im hochfrequenten elektrischen Feld

1.9.1 Das Verhalten der Diode im hochfrequenten Feld

Von zeitlich veränderlichen elektrischen Feldern war bereits die Rede. Die Änderung erfolgte aber dabei so langsam, daß das Feld in der Zeit, in der das Elektron sich in ihm befand, als konstant betrachtet werden konnte. Das war der Fall z. B. bei der Kathodenstrahlröhre, wenn die Ablenkung des Elektronenbündels der Änderung der den Platten zugeführten Spannung treu folgen konnte. Im folgenden wird dagegen eine so schnelle Änderung des Feldes angenommen, daß sich die Feldstärke bereits während der Laufzeit des Elektrons ändert und eventuell sogar ihre Richtung umkehrt.

Untersuchen wir zuerst den Fall des homogenen Kraftfeldes; dieses wird in einer ebenen Diode verwirklicht. Wir nehmen an, daß die Raumladung vernachlässigbar ist, so daß das elektrische Feld in jedem gegebenen Augenblick räumlich konstant ist. Möge sich die Anodenspannung der Beziehung

$$u = U_0 + U_v \sin \omega t \tag{1}$$

entsprechend ändern. Die Feldstärke ist dann

$$E_x = - \frac{U_0 + U_v \sin \omega t}{d}, \tag{2}$$

und die Bewegungsgleichung des Elektrons lautet daher

$$\frac{\mathrm{d}^2 x}{\mathrm{d}t^2} = \frac{e}{md} (U_0 + U_v \sin \omega t). \tag{3}$$

Hierbei ist die Ladung des Elektrons bereits eine positive Größe. Diese Bewegungsgleichung kann ohne Schwierigkeit integriert werden. Den Ort des Elektrons als Funktion der Zeit liefert nach zweimaliger Integration der Zusammenhang

$$x(t) = \frac{e}{md} \left[U_0 \frac{(t - t_0)^2}{2} - \frac{U_v}{\omega^2} (\sin \omega t - \sin \omega t_0) + \frac{U_v}{\omega} (t - t_0) \cos \omega t_0 \right] + v_0(t - t_0) \tag{4}$$

unter der Voraussetzung, daß das Elektron die an der Stelle $x = 0$ befindliche Kathode im Zeitpunkt $t = t_0$ mit der Geschwindigkeit $v = v_0$ verläßt. Die Größe $(t - t_0) = \tau$ ist somit die Dauer der Elektronenbewegung, während $\Phi = \omega t_0$ die Phase bezeichnet, in der sich die Wechselspannung befindet, wenn das Teilchen die Kathode verläßt.

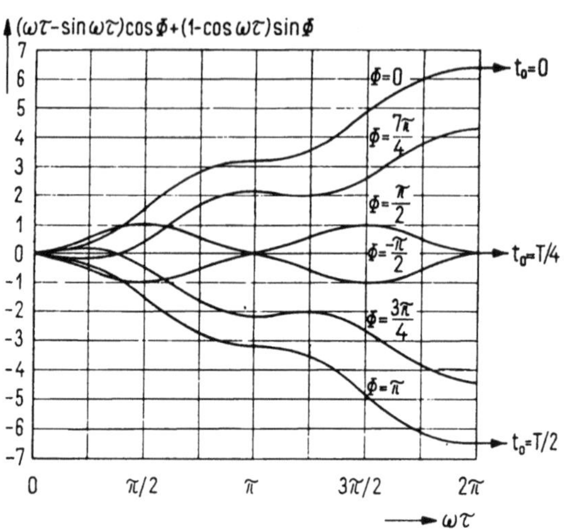

1.80 Zur Berechnung der Elektronenbewegung im Hochfrequenzfeld

Durch Einführen dieser Größen läßt sich die vorangehende Gleichung folgendermaßen schreiben:

$$x(\tau, \Phi) = \frac{eU_0}{\omega^2 md}\left\{\frac{(\omega\tau)^2}{2} + \frac{U_v}{U_0}\left[(\omega\tau - \sin\omega\tau)\cos\Phi + (1 - \cos\omega\tau)\sin\Phi\right]\right\}$$
$$+ \frac{v_0\,\omega\tau}{\omega}. \tag{5}$$

Das erste Glied der Summe in den geschwungenen Klammern ist der unter der Wirkung der Gleichspannung erfolgten Verrückung des Elektrons proportional.

Das zweite Glied berücksichtigt das Wechselfeld. Der Wert des Ausdrucks in den eckigen Klammern ist für verschiedene Eintrittsphasenwinkel Φ in Abb. 1.80 dargestellt. Eine während des Laufwinkels $\omega\tau$ eingetretene Verrückung x erhält man damit auf folgende Art: im Diagramm Abb. 1.80 wird der zum gegebenen $\omega\tau$ gehörende Wert des ganzen Ausdrucks in den eckigen Klammern abgelesen und in die Gleichung (5) eingesetzt. Umgekehrt: wird gefragt, in welcher Zeit das mit dem Phasenwinkel Φ und mit der Anfangsgeschwindigkeit Null startende Elektron die im Abstand $x = d$ befindliche Anode erreicht, so konstruiert man auf Grund des Vorangehenden die Kurve $x(\tau, \Phi)$ und liest den zu $x = d$ gehörenden Wert von $\omega\tau$ daran ab.

1.9.2 Das Verhalten der Kathodenstrahlröhre bei hochfrequenter Ablenkspannung

Als nächstes Beispiel untersuchen wir: Was geschieht bei hohen Frequenzen mit dem in das homogene Kraftfeld senkrecht eintretenden Teilchen gegebener Spannung? Mit anderen Worten: Wir untersuchen die Empfindlichkeit einer Kathodenstrahlröhre bei hochfrequenter Ablenkung.

Für den statischen Fall haben wir gesehen, daß der Ablenkwinkel

$$\operatorname{tg}\alpha = \frac{1}{2}\,\frac{l}{d}\,\frac{U_a}{U_b}$$

ist. Nun ist aber die Ablenkspannung veränderlich, u. zw. nach unserem Ansatz so rasch, daß sie auch während der Zeit eine wesentliche Änderung erfährt, während welcher das Elektron sich im Kondensatorfeld befindet. Teilen

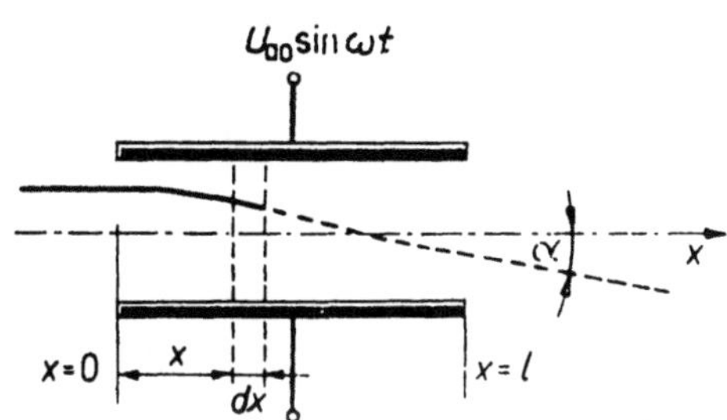

1.81 Zur Berechnung der hochfrequenten Ablenkung des Elektronenbündels

wir den Kondensator in Strecken der Länge dx ein (Abb. **1.81**). Falls das Teilchen im Zeitpunkt $t = t_0$ in den Kondensator eingetreten ist, so hat es die gewählte Strecke dx nach Ablauf der Zeit x/v_0 erreicht; in diesem Augenblick beträgt der Wert der Spannung am Kondensator

$$u_a = U_{a0}\sin\omega\left(t_0 + \frac{x}{v_0}\right).$$

Das Kondensatorelement der Länge dx hat somit die Ablenkung

$$d(\operatorname{tg}\alpha) = \frac{dx}{2d}\,\frac{U_{a0}\sin\omega\left(t_0 + \dfrac{x}{v_0}\right)}{U_b}$$

verursacht.

Die volle Ablenkung erhält man durch Summieren dieser elementaren Ablenkungen

$$\operatorname{tg}\alpha = \int_0^l \frac{U_{a0}}{2d\,U_b}\sin\omega\left(t_0 + \frac{x}{v_0}\right)dx.$$

Die Integration liefert

$$\operatorname{tg}\alpha = \frac{1}{2}\cdot\frac{U_{a0}}{dU_b}\,\frac{1}{\omega/v_0}\cos\omega\left(t_0 + \frac{x}{v_0}\right)\Bigg|_l^0 =$$

$$= \frac{1}{2}\,\frac{U_{a0}}{dU_b}\,\frac{1}{\omega/v_0}\left[\cos\omega t_0 - \cos\omega t_0\cos(\omega l/v_0) + \sin\omega t_0\sin(\omega l/v_0)\right]$$

$$= \frac{1}{2}\,\frac{U_{a0}}{dU_b}\,\frac{1}{\omega/v_0}\left\{\cos\omega t_0\left[1 - \cos(\omega l/v_0)\right] + \sin\omega t_0\sin(\omega l/v_0)\right\}.$$

Werden schließlich die Beziehungen

$$1 - \cos(\omega l/v_0) = 2\sin^2(\omega l/2v_0)$$

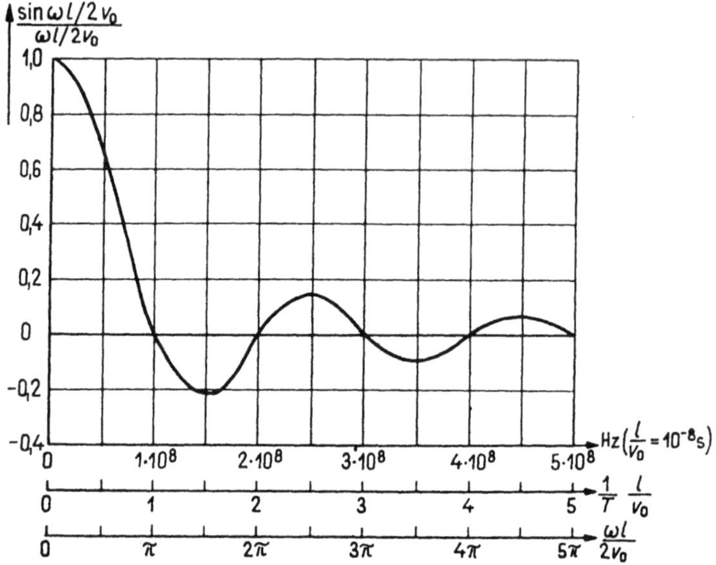

1.82 Empfindlichkeit der Ablenkung der Kathodenstrahlröhre als Funktion der Frequenz

und

$$\sin(\omega l/v_0) = 2\sin\frac{\omega l}{2\,v_0}\cos\frac{\omega l}{2\,v_0}$$

eingesetzt, so erhält man die Endformel

$$\operatorname{tg}\alpha = \frac{1}{2}\frac{U_{a0}}{dU_b}\frac{\sin(\omega l/2\,v_0)}{\omega l/2\,v_0}\sin\omega\left(t_0 + \frac{l}{2\,v_0}\right). \tag{6}$$

Daraus ersieht man, daß die Ablenkung bei rein sinusförmiger Spannung ebenfalls rein sinusförmig ist, wobei sich jedoch die Empfindlichkeit vermindert.

Der die Verminderung der Empfindlichkeit charakterisierende Faktor ist in Abb. 1.82 dargestellt. Man sieht auch, daß man bei gewissen diskreten Frequenzen, u. zw. bei

$$\omega\frac{l}{2\,v_0} = \frac{2\pi}{T}\frac{1}{2}\tau = \pi\frac{\tau}{T} = n\pi, \qquad n = 1, 2, \ldots, \tag{7}$$

d. h. bei den durch die Beziehung

$$\frac{1}{T}\frac{l}{v_0} = \frac{\tau}{T} = n$$

bestimmten Frequenzen, überhaupt keine Ablenkung erhält.

Hierbei bezeichnen τ die Laufzeit der Elektronen und T die Dauer der Periode der an den Platten liegenden Spannung. In solchen Fällen verschiebt sich der Strahl höchstens parallel zu sich selbst.

Die Kurven der Abbildung 1.80 können als die Bahnen innerhalb des Kondensators aufgefaßt werden. Bei $\tau/T = 2$ ist auf der horizontalen Achse $2\pi x/l$ aufgetragen. Es sind auch die unabgelenkten Bahnen eingezeichnet.

Man sieht also, daß die Empfindlichkeit der Kathodenstrahlröhre bei sehr hohen Frequenzen frequenzabhängig ist. Dies bedeutet natürlich, daß eine beliebige, an die Ablenkplatten gelegte periodische Spannung am Schirm stark verzerrt wiedererscheint. Die periodische Spannung läßt sich nämlich in ihre *Fourier*-Komponenten zerlegen, und falls die Empfindlichkeit frequenzabhängig ist, so verursachen die einzelnen Komponenten Ablenkungen in unterschiedlichem Maß; die am Leuchtschirm des Oszillographen erscheinende Kurve ist also ein verzerrtes Abbild der Kurve der an der Ablenkplatte liegenden Spannung.

1.9.3 Die Phasenfokussierung

Untersuchen wir nun in Anlehnung an Abb. 1.83, was geschieht, wenn die durch die Gleichspannung U_b beschleunigten Elektronen in ein hochfrequentes, homogenes elektrisches Wechselfeld kommen. Der Raumteil des letzteren möge aber so schmal sein, daß der Wert der Wechselspannung für die Durchlaufzeit der Elektronen als konstant betrachtet werden kann. Die Frage ist nun, wie sich die Bewegung der Elektronen unter Einwirkung dieses Feldes gestalten wird. Die Geschwindigkeit der Elektronen nach Verlassen des modulierenden Kondensators kann man auf Grund der Beziehung

$$\frac{1}{2}\,mv^2 = e\,(U_\mathrm{b} + U_\mathrm{v0}\sin \omega t)$$

berechnen. Man erhält

$$v = \sqrt{\frac{2\,eU_\mathrm{b}}{m}}\ \sqrt{1 + \frac{U_\mathrm{v0}}{U_\mathrm{b}}\sin \omega t}\,.$$

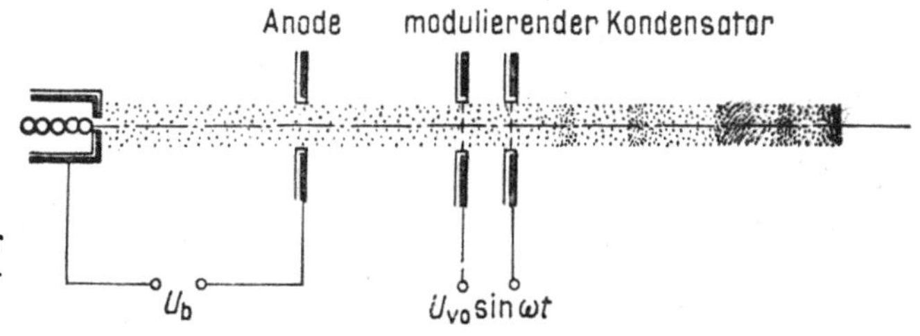

1.83 Das Prinzip der Geschwindigkeitsmodulation

Im folgenden wird vorausgesetzt, daß der Höchstwert der Wechselspannung im Vergleich zur Gleichspannung klein ist, so daß man in erster Näherung schreiben kann:

$$v \approx \sqrt{\frac{2\,eU_b}{m}} \left(1 + \frac{1}{2}\,\frac{U_{v0}}{U_b}\sin \omega t\right) = v_0 \left(1 + \frac{1}{2}\,\frac{U_{v0}}{U_b}\sin \omega t\right). \tag{8}$$

Die Geschwindigkeit der heraustretenden Elektronen ändert sich also naturgemäß als Funktion der Zeit: Diejenigen Elektronen, die in der richtigen Phase in den Kondensator eingetreten sind, verlassen ihn mit erhöhter Geschwindigkeit. Es gibt Elektronen, die beim Nulldurchgang der Spannung den Kondensator durchlaufen, so daß ihre Geschwindigkeit unverändert bleibt, und schließlich auch solche, die das Feld des Kondensators bremst. Stellt man sich vor, daß die Elektronen nacheinander in gleichen Zeitabständen in den Kondensator eintreten, so ändert sich die Lage nach dem Verlassen des Kondensators: Die später, jedoch in der richtigen Phase eingetretenen und deshalb schneller gewordenen Elektronen erreichen und überholen die früher herausgetretenen langsamen Elektronen. Im Raum hinter dem Kondensator erhält man also Verdichtungen und Verdünnungen, oder gröber ausgedrückt, es handelt sich nicht mehr um ein Elektronenbündel, sondern um eine Vielzahl von Elektronenpaketen, die sich fortpflanzen. Diese Erscheinung ist in Abb. **1.**84 graphisch dargestellt. Selbstverständlich überholen die schnelleren Elektronen nicht nur die um eine Halbperiode früher gestarteten langsamen Elektronen, sondern die um ein ganzzahliges Vielfaches der Halbperiodendauer früher gestarteten langsamen Elektronen auch. Die Knotenbildung wird aber immer mehr verwischt.

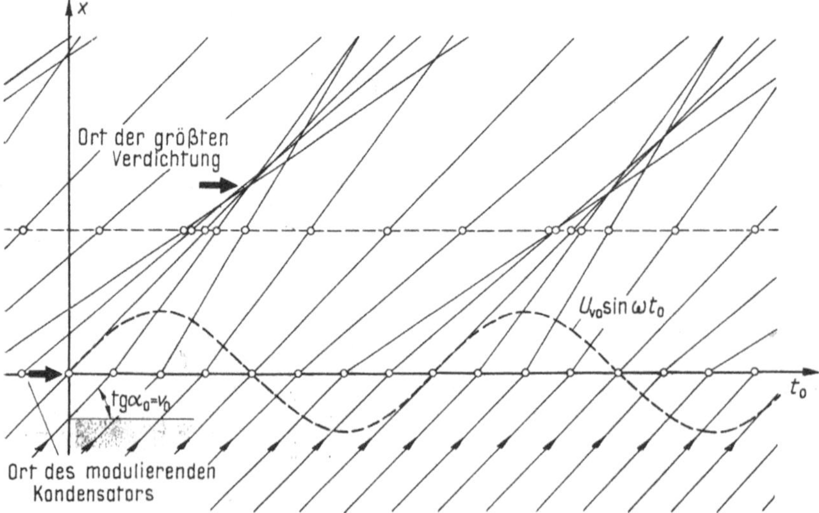

1.84 Wegdiagramm der Elektronen

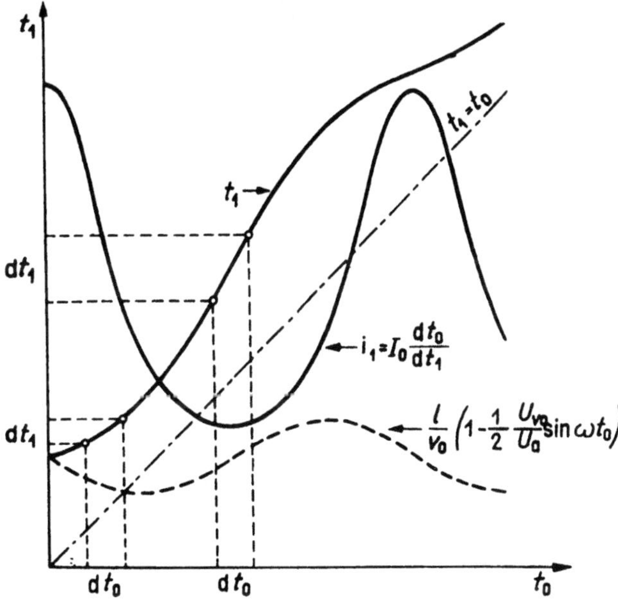

1.85 Änderung der Stromstärke des Bündels

Im folgenden sollen diese Verhältnisse auch quantitativ beschrieben werden. Untersuchen wir also den zeitlichen Verlauf der Stromstärke im Abstand vom Kondensator.

Das das Kondensatorfeld im Zeitpunkt $t = t_0$ verlassende Elektron kommt an der betrachteten Stelle im Zeitpunkt $t = t_1$ an, wobei

$$t_1 = t_0 + \frac{l}{v} \approx t_0 + \frac{l}{v_0}\,\frac{1}{1 + \dfrac{1}{2}\dfrac{U_{v0}}{U_b}\sin\omega t_0} \tag{9}$$

ist. Dies kann mit Hilfe der bereits verwendeten Näherung auch in der Form

$$t_1 = t_0 + \frac{l}{v_0}\left(1 - \frac{1}{2}\frac{U_{v0}}{U_b}\sin\omega t_0\right)$$

geschrieben werden.

In Abb. 1.85 sind die zu verschiedenen Zeitpunkten t_0 gehörenden Ankunftszeiten aufgetragen: Man sieht, daß diese Kurve auch ganz flach verlaufende Strecken aufweist. Wählt man ein Zeitintervall $\mathrm{d}t_0$ aus, so werden alle in diesem Intervall startenden Elektronen im kleinen Zeitintervall $\mathrm{d}t_1$ an der

Stelle im Abstand l eintreffen. Der ursprünglich in den Kondensator eingeführte Strom I_0 kommt somit verstärkt an:

$$i_1 = I_0 \frac{\mathrm{d}t_0}{\mathrm{d}t_1} \, .$$

Wird hier der Wert von $\mathrm{d}t_0/\mathrm{d}t_1$ aus der Gleichung (9) eingesetzt, so erhält man

$$i_1 = \frac{I_0}{1 - \dfrac{1}{2} \dfrac{l}{v_0} \, \omega \, \dfrac{U_{v0}}{U_b} \cos \omega t_0} \, . \tag{10}$$

Abb. **1**.85 zeigt diese Kurve. Diese Erwägungen werden später bei der Behandlung des Klystrons von Nutzen sein.

1.9.4 Der Hochfrequenz-Massenspektrograph

Der Hochfrequenz-Massenspektrograph stellt eine interessante Anwendung der Bewegung geladener Teilchen im Hochfrequenzfeld dar. Obwohl das Auflösungsvermögen dieses Gerätes das der Massenspektrographen älteren Typs nicht erreicht, stellt seine Einfachheit, Billigkeit und leichte Transportierbarkeit bei der Lösung zahlreicher industrieller Aufgaben einen entscheidenden Vorteil dar.

In seiner einfachsten Ausführungsform ist dieser Massenspektrograph eine einzige Glasröhre, in welcher mehrere Elektroden nach Abb. **1**.86 in ebener Anordnung eingebaut sind. Die von der Kathode heraustretenden beschleunigten Elektronen erzeugen Ionen durch Zusammenstoß in der Umgebung des Gitters C_1. Unter der Wirkung der den Gittern C_1 und C_2 angelegten konstanten Spannungsdifferenz U_{12} werden diese Ionen weiter beschleunigt und gelangen zwischen die Gitter C_2 und C_3, wo sie unter den Einfluß des hochfrequenten elektrischen Feldes

$$u_{23} = U \sin (\omega t + \Theta) \tag{1}$$

kommen. Den Gittern G_3 und G_4 ist dieselbe Spannung, jedoch mit umgekehrter Richtung angelegt:

$$u_{34} = - U \sin (\omega t + \Theta). \tag{2}$$

Nehmen wir an, daß die Spannung U_{12} im Vergleich zur Wechselspannung groß ist. In diesem Fall durchläuft das Ion der Massenzahl A die Strecke der Länge $2s$ im großen und ganzen mit der durch die Gleichung

$$qU_{12} = \frac{1}{2} A m_{\mathrm{p}} v^2 \tag{3}$$

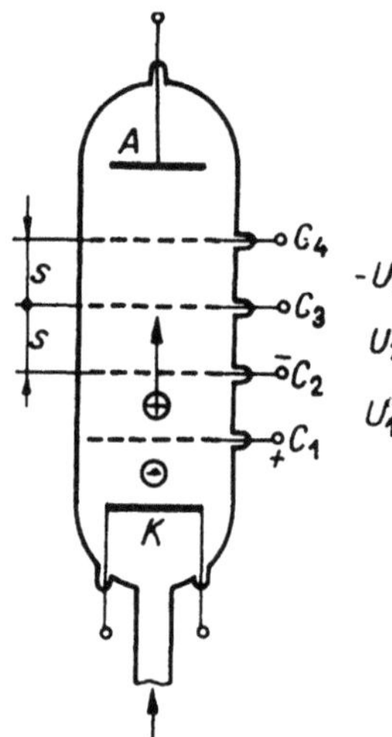

1.86 Hochfrequenz-Massenspektrograph (nach *Benett*)

bestimmten Geschwindigkeit in der Zeit $2s/v$. Hierbei bezeichnet m_{p} die Masse des Protons. Der Energiezuwachs, den das Ion zwischen den Gittern C_2 und C_4 aus dem

Wechselfeld aufnimmt, hängt von der Geschwindigkeit des Ions sowie vom Phasenwinkel des Eintritts auf folgende Weise ab:

$$\Delta W = \int\limits_{0}^{2s/v} Fv\,\mathrm{d}t = v \int\limits_{0}^{2s/v} F\,\mathrm{d}t = qv \int\limits_{0}^{s/v} E \sin(\omega t + \Theta)\,\mathrm{d}t - qv \int\limits_{s/v}^{2s/v} E \sin(\omega t + \Theta)\,\mathrm{d}t =$$

$$= \frac{v}{s}\left[\int\limits_{0}^{s/v} qU \sin(\omega t + \Theta)\,\mathrm{d}t - \int\limits_{s/v}^{2s/v} qU \sin(\omega t + \Theta)\,\mathrm{d}t\right].$$

Das hier vorkommende Integral läßt sich folgendermaßen auswerten:

$$\Delta W = \frac{qvU}{\omega s}\left[\cos\Theta - 2\cos\left(\frac{s\omega}{v} + \Theta\right) + \cos\left(\frac{2\,s\omega}{v} + \Theta\right)\right]. \tag{4}$$

Die gewonnene Energie ist von der Frequenz und vom Eintrittswinkel abhängig.
Sucht man den von diesen zwei Veränderlichen abhängigen Maximalwert der Größe
ΔW, so liefern die Gleichungen

$$\frac{\partial \Delta W}{\partial \omega} = 0 \qquad \text{und} \qquad \frac{\partial \Delta W}{\partial \Theta} = 0$$

die Werte

$$\Theta = 0{,}810 \qquad \text{und} \qquad \frac{\omega s}{v} + \Theta = \pi.$$

Ist der Energiegewinn maximal, so besteht der Zusammenhang

$$\frac{\omega s}{v} = \pi - 0{,}810 = 2{,}331$$

zwischen den einzelnen Größen.

Die größte Energie, mit der die Ionen das Gitter C_4 verlassen, beträgt

$$W = qU_{12} + (\Delta W)_{\mathrm{max}}.$$

Diesen Höchstwert erreicht das Ion, das die mit den vorangehenden Gleichungen
bestimmte Massenzahl hat:

$$\frac{2\,\pi f s}{\sqrt{2\,\dfrac{q}{A m_p}\,U_{12}}} = 2{,}331\,.$$

Daraus ergibt sich

$$A = \frac{2{,}66 \cdot 10^7\,U_{12}}{s^2 f^2}\,,$$

worin die Zahlenwerte von m_p und $q = e$ bereits eingesetzt wurden.

Daraus folgt, daß zu einer gegebenen Beschleunigungsspannung und Frequenz ein
Ion von eindeutig bestimmter Masse gehört. Wird nun eine Bremsspannung zwischen
dem Gitter C und dem Auffänger A angelegt, die nur geringfügig kleiner ist als die
der maximalen Energie entsprechende Spannung, so kann nur ein Ion bestimmter
Masse diese Sammelelektrode erreichen. Die Bedingung des größten Energiegewinns
kann durch Änderung der Frequenz auf jede beliebige Ionenart eingestellt werden.

1.10 Das strahlende Elektron der klassischen Elektrodynamik

Im vorangehenden wurde die Bewegung des Elektrons in verschiedenen Feldern untersucht, wobei aber eine wichtige Tatsache stillschweigend außer acht gelassen wurde.

Nach der klassischen Elektrodynamik strahlt nämlich jedes eine beschleunigte Bewegung ausführende Elektron eine Leistung ab. Im Falle des sich mit der Beschleunigung $a = \ddot{r}$ bewegenden Elektrons beträgt diese Leistung in der mit dem Normalen-Einheitsvektor R_0 bezeichneten Richtung, im Abstand R, je Flächeneinheit

$$S = \frac{1}{16\,\pi^2 \varepsilon_0\, c^3} \left(e\, \frac{\ddot{r} \times R_0}{R} \right)^2 \tag{1}$$

(Abb. 1.87). Die Abstrahlung von Energie wirkt natürlich auf die Bewegung selbst zurück. Aussagen wie »die Teilchengeschwindigkeit ändert sich nicht

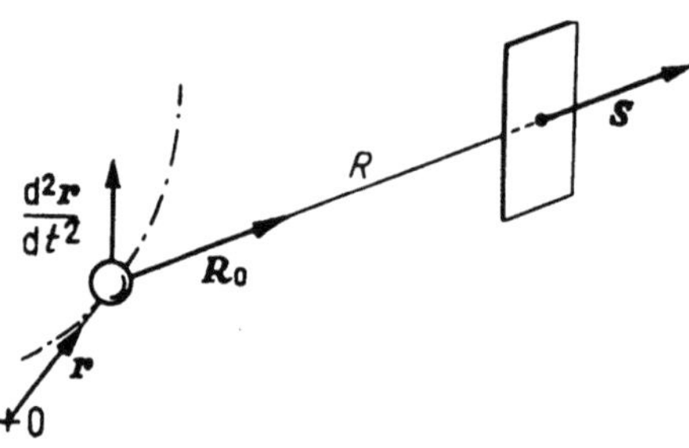

1.87 Die Strahlung des beschleunigten Elektrons

im magnetischen Feld« können daher nur von annähernder Gültigkeit sein. Das auf eine Kreisbahn gezwungene Teilchen strahlt nämlich Energie in der Form einer elektromagnetischen Strahlung ab, da die Änderung der Richtung der Geschwindigkeit eine Beschleunigung bedeutet. Im folgenden wird also untersucht, bis zu welcher Grenze die auf solche Weise abgegebene Leistung vernachlässigt werden kann.

Untersuchen wir mit Hilfe der vorangehend erörterten Methoden, was mit einem freien Elektron geschieht, wenn es in ein sich rein sinusförmig änderndes homogenes elektrisches Feld gelangt. Die Bewegungsgleichung lautet

$$m\, \frac{d^2 r}{dt^2} = -\, eE_0 \sin \omega t\,.$$

Nehmen wir an, daß auch die Anfangsgeschwindigkeit in Feldrichtung zeigt, so wird die gesamte Bewegung linear und findet auf der in Feldrichtung zeigenden x-Achse statt:

$$m\, \frac{d^2 x}{dt^2} = -\, eE_0 \sin \omega t\,.$$

Diese Gleichung läßt sich auf einfache Weise integrieren:

$$x = \frac{e}{m}\, \frac{E_0}{\omega^2} \sin \omega t\,.$$

Durch entsprechende Wahl der Anfangsgeschwindigkeit läßt sich die Integrationskonstante zu Null machen. Das Elektron schwingt also an,

u. zw. in Phase mit dem Feld, jedoch in Gegenphase zur einwirkenden Kraft. Die Schwingungsamplitude hängt außer von der spezifischen Ladung und der Feldstärke auch von der Frequenz ab. Das schwingende Elektron strahlt natürlich eine Leistung aus. Auf diese Weise kommt die Streuung des Lichtes und der Röntgenstrahlen nach der klassischen Elektrodynamik zustande. Die Strahlung führt aber offenbar zur Dämpfung der Bewegung. Man kann es so betrachten, als ob auch eine Reibungskraft auf das Elektron einwirken und die zur Überwindung der Reibungskraft verwendete Leistung gerade die abgestrahlte Leistung ergeben würde. Die Größe der Reibungskraft und damit die Bewegungsgleichung erhält man unter annähernder Berücksichtigung der abgestrahlten Leistung durch die folgende Erwägung. Die zur Überwindung der bremsenden Reibungskraft F_r erforderliche Leistung beträgt

$$P_r = -F_r \dot{x}.$$

Die ausgestrahlte Leistung des schwingenden Elektrons ist

$$P = \frac{e^2}{6\,\pi\varepsilon_0\,c^2}\,\ddot{x}^2.$$

Diese Gleichung ergibt sich aus dem Integral des Ausdrucks (1) über eine das schwingende Elektron umgebende geschlossene Fläche.

Der Strahlungsverlust wird durch die Einführung der Bremskraft richtig beschrieben, wenn beide dieselbe mittlere Leistung ergeben:

$$-\frac{1}{t}\int\limits_0^t F_r\,\dot{x}\,\mathrm{d}t = \frac{e^2}{6\,\pi\varepsilon_0\,c^3}\,\frac{1}{t}\int\limits_0^t \ddot{x}^2\,\mathrm{d}t\,.$$

Die rechte Seite dieser Gleichung kann etwas umgeformt werden:

$$\frac{1}{t}\int\limits_0^t \ddot{x}^2\,\mathrm{d}t = \frac{1}{t}\int\limits_0^t \ddot{x}\,\mathrm{d}\dot{x} = \frac{1}{t}(\dot{x}\ddot{x})\Big|_0^t - \frac{1}{t}\int\limits_0^t \dot{x}\,\mathrm{d}\ddot{x} = \frac{(\dot{x}\ddot{x})_t - (\dot{x}\ddot{x})_0}{t} - \frac{1}{t}\int\limits_0^t \dot{x}\,\dddot{x}\,\mathrm{d}t\,.$$

Hier kann das erste Glied der rechten Seite beliebig klein gemacht werden, wenn die Mittelbildung auf eine genügend lange Zeit erstreckt wird.

So erhält man schließlich den folgenden Zusammenhang zur Bestimmung der Bremskraft:

$$\frac{1}{t}\int\limits_0^t F_r\,\dot{x}\,\mathrm{d}t = \frac{e^2}{6\,\pi\varepsilon_0\,c^3}\,\frac{1}{t}\int\limits_0^t \dddot{x}\,\dot{x}\,\mathrm{d}t\,.$$

Die die Strahlung berücksichtigende Reibungskraft ist danach

$$F_r = \frac{e^2}{6\,\pi\varepsilon_0\,c^3}\,\dddot{x}\,.$$

Falls das Elektron unter der Einwirkung des Feldes eine annäherungsweise harmonische Bewegung durchführt, so gilt

$$\dddot{x} = -\omega^2 \dot{x},$$

so daß man schließlich die Beziehung

$$F_\mathrm{r} = -\frac{e^2}{6\,\pi\varepsilon_0\,c^3}\,\omega^2\dot{x}$$

für die Strahlungskraft erhält.

Damit haben wir diese Kraft bereits in der bei den Reibungskräften gewohnten Form erhalten: Sie ist proportional der Geschwindigkeit, wobei der Proportionalitätsfaktor

$$\gamma = \frac{e^2}{6\,\pi\varepsilon_0\,c^3}\,\omega^2$$

ist.

Falls ein elastisch ortsgebundenes Elektron freie Schwingungen durchführt, dämpft natürlich die abgestrahlte Leistung seine Eigenschwingung mit diesem Dämpfungskoeffizienten.

Die sich aus der beschleunigten Bewegung der Elektronen ergebende Strahlung findet man außer bei der Lichtstreuung der freien Elektronen auch im kontinuierlichen Teil des Röntgenspektrums. Die beschleunigten Elektronen werden nämlich im elektrostatischen Feld der Kerne abgebremst. Ihrer Beschleunigung entsprechend strahlen sie somit elektromagnetische Wellen in der Form der Röntgenstrahlung aus, u. zw. mit der in Abb. 1.88 dargestellten Richtungscharakteristik.

Es ist zu bemerken, daß sich quantitativ abweichende Beziehungen für den Strahlungsverlust bei relativistischen Geschwindigkeiten ergeben. Im

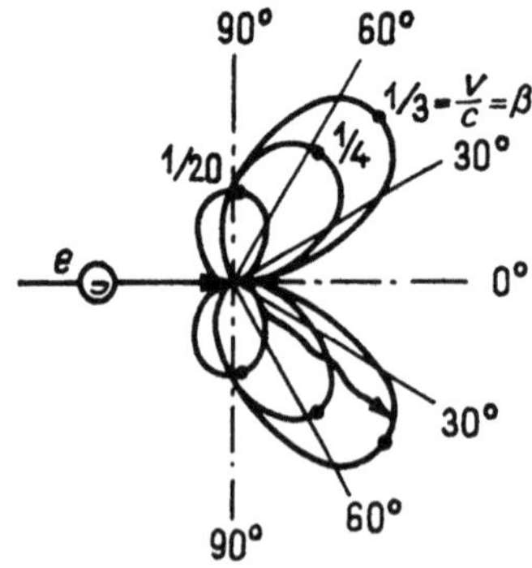

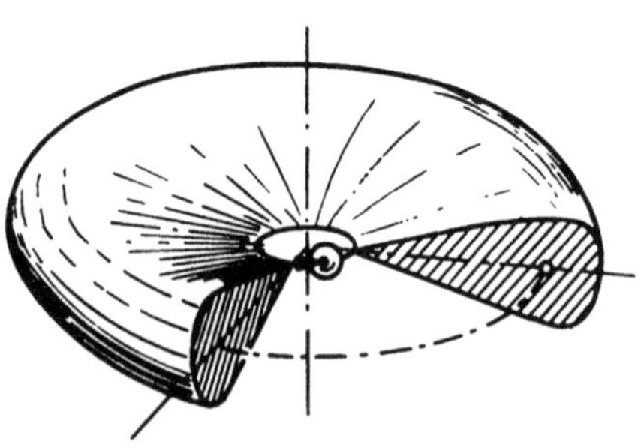

1.88 Richtungscharakteristik der Röntgen-Bremsstrahlung

1.89 Das klassische Strahlungsdiagramm des im Kreise umlaufenden Elektrons bei relativistischen Geschwindigkeiten

Diagramm ist deshalb auch die Bremsstrahlung von Elektronen ersichtlich, deren Geschwindigkeiten mit der Lichtgeschwindigkeit vergleichbar sind. Es fällt auf, daß die Intensitätsmaxima für wachsende Elektronen-Geschwindigkeiten in Fortpflanzungsrichtung verschoben sind.

Das Strahlungsfeld des sich auf einer Kreisbahn bewegenden Elektrons ist äquivalent mit dem Strahlungsfeld von zwei zueinander senkrechten Dipolen, die in der zeitlichen Phase um 90° gegeneinander verschoben sind. Diese abgestrahlte Energie geht zu Lasten der kinetischen Energie des Elektrons. Wird dem Elektron keine Energie zugeführt, so nimmt seine Geschwindigkeit fortwährend ab. Im magnetischen Feld beschreibt es Kreisbahnen von immer kleiner werdendem Radius. Erhält dagegen das Elektron eine bestimmte Energie bei jedem Umlauf, so kann sich das Gleichgewicht einstellen, bei dem die abgestrahlte Energie und die aufgenommene Energie einander gleich sind. Diese Erscheinung bestimmt die obere Grenze der im Betatron oder Synchrotron erreichbaren maximalen Energie. Bei sehr großen Geschwindigkeiten konzentriert sich die Strahlung des auf einer Kreisbahn umlaufenden Elektrons im wesentlichen auf die Bahnebene (Abb. 1.89).

Bei großen Synchrotronen kann dieser Strahlungstyp auch beobachtet werden.

Nach der klassischen Elektrodynamik sendet das sich auf einer Kreisbahn bewegende Elektron eine Strahlung aus, deren Frequenz der Umlauffrequenz entspricht. Diese Strahlung bremst die Bewegung, so daß die Energie des sich bewegenden Elektrons ständig abnimmt. Das magnetische Feld, die Energie des sich bewegenden Teilchens sowie die Frequenz der abgestrahlten elektromagnetischen Welle gehören somit eng zusammen. So liefert z. B. allem Anschein nach die beschleunigte Bewegung der sich im Weltraum mit sehr großer Energie bewegenden Elektronen die vom Weltraum mit kontinuierlichem Spektrum zu uns kommenden Radiowellen oder einen Großteil derselben. Beim ausgestrahlten Licht der sich im Synchrotron bewegenden Elektronen und bei den von kosmischen Elektronen abgestrahlten kosmischen Radiowellen findet man demnach identische Gesetzmäßigkeiten.

Zum Schluß seien noch einige quantitative Zusammenhänge angeführt. Im relativistischen Gebiet verändert sich der Ausdruck der abgestrahlten Leistung folgendermaßen:

$$P_s = \frac{e^2}{6\,\pi\varepsilon_0\,c^3}\;\frac{\dot{v}^2 - \left[\dfrac{v}{c}\times\dot{v}\right]^2}{(1-\beta^2)^3}\,.$$

Bei einer Kreisbewegung gilt aber

$$\left[\frac{v}{c}\times\dot{v}\right]^2 = \frac{v^2}{c^2}\left(\frac{\dot{v}^2}{R}\right)^2 = \frac{v^6}{c^2 R^2}\,,$$

so haben wir

$$P_s = \frac{e^2}{6\,\pi\varepsilon_0 c^3}\;\frac{1}{(1-\beta^2)^2}\;\frac{v^4}{R^2}\,.$$

Die während eines Umlaufes abgestrahlte Energie wird

$$W_s = \frac{2\,\pi R}{v}\,P_s = \frac{1}{3}\,\frac{e^2}{\varepsilon_0 c^3}\,\frac{v^4}{(1-\beta^2)^2}\,\frac{1}{R}\,.$$

Wenn wir noch die folgenden Gleichungen berücksichtigen

$$W = mc^2 = \frac{m_0}{\sqrt{1-\beta^2}}\,c^2\,,\qquad \frac{1}{1-\beta^2} = \left(\frac{W}{m_0 c^2}\right)^2,\qquad v \approx c$$

$$\frac{1}{R} = \frac{eB}{mv} \approx \frac{ceB}{mc^2} = \frac{ceB}{W}\,,$$

so haben wir

$$W_s = \frac{1}{3}\,\frac{1}{R\varepsilon_0}\,\frac{e^2}{m_0 c^2}\left(\frac{W}{m_0 c^2}\right)^4 = \frac{1}{3\,\varepsilon_0}\,\frac{e^3}{m_0 c}\,B\left(\frac{W}{m_0 c^2}\right)^3.$$

Die in einem Umlauf aufgenommene Energie bei den zyklischen Beschleunigern muß natürlich größer sein als diese abgestrahlte Energie. Diese Tatsache begrenzt die praktisch erreichbare Energie bei ungefähr $300-400$ MeV für Betatronen und $500-600$ MeV für Synchrotronen.

1.11 Die Čerenkov-Strahlung

Im vorangehenden war von der Ausstrahlung des beschleunigten Elektrons die Rede. Die *Čerenkov*-Strahlung der Elektronen ist eine Strahlung völlig anderen Typs. Die *Čerenkov*-Strahlung läßt sich beobachten, wenn die Geschwindigkeit des sich in einem durchsichtigen Material fortpflanzenden Elektrons größer ist als die Lichtausbreitungsgeschwindigkeit im fraglichen Material: $v_{el} > c/n$, wobei n den Brechungsindex bezeichnet (Abb. 1.90). Diese Tatsache verstößt selbstverständlich nicht gegen die Relativitätstheorie.

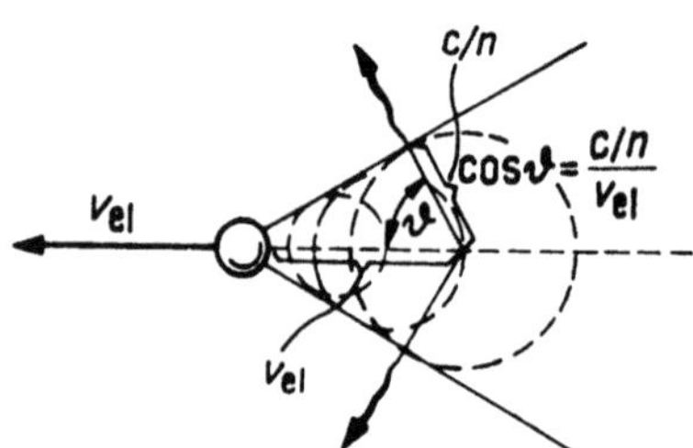

1.90 Mit der Fortpflanzungsrichtung des Elektrons schließt die Čerenkov-Strahlung den mit der Gleichung $\cos\vartheta = \dfrac{c/n}{v_{el}}$ bestimmten Winkel ein

Dieses Licht ist am auffallendsten in den wassergekühlten oder wassermoderierten Atomreaktoren, wo die Elektronen des β-Zerfalls bei ihrer Bewegung im Wasser eine bläuliche *Čerenkov*-Strahlung emittieren. Die qualitative Erklärung dieser Erscheinung ist einfach. Das im Inneren einer Materie sich langsam bewegende Elektron polarisiert die Teilchen dieser Materie, die somit eine Energie vom Felde des sich nähernden Elektrons aufnehmen. Wenn sich das Elektron entfernt, hört die Polarisation auf, und die Dipole geben ihre Energie dem Felde zurück. Falls sich das Elektron schneller fortpflanzt als die elektromagnetische Dipolenergie in der Materie, so »entwischt« das Elektron vor der zurückkommenden Energie. Diese reißt vom Felde des Elektrons ab und wird als Strahlungsenergie von den Dipolen abgegeben. Es sind also nicht unmittelbar die Elektronen, sondern die Dipole, die strahlen.

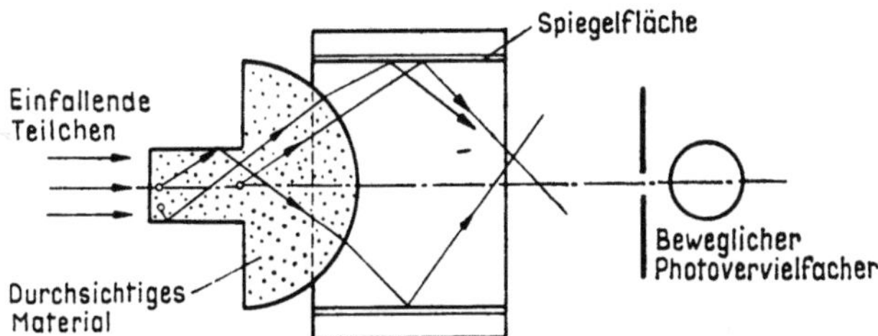

1.91 Schema des auf der *Čerenkov*-Strahlung beruhenden Teilchenzählers (nach *J. Marshall*)

Analoge Erscheinungen findet man in der Aerodynamik der sich mit Überschallgeschwindigkeit bewegenden Körper.

Die Erscheinung der *Čerenkov*-Strahlung wird u. a. bei der Teilchenzählung verwendet.

Mit Hilfe des Energie und des Impulssatzes erhält man einen genaueren Zusammenhang bezüglich der Ausstrahlungsrichtung. Beträgt nämlich der Impuls des Elektrons p vor der Ausstrahlung des Photons der Energie $h\nu$ und des Impulses h/λ bzw. p_1 nach der Ausstrahlung, so lautet die Energiegleichung unter Berücksichtigung des Zusammenhangs 1.3—(4)

$$\sqrt{p^2 c^2 + m_0^2 c^4} - h\nu = \sqrt{p_1^2 c^2 + m_0^2 c^4}.$$

Der Satz von der Erhaltung des Impulses ergibt

$$p - \frac{h}{\lambda}\, n_0 = p_1,$$

wobei n_0 den in die Fortpflanzungsrichtung des Photons weisenden Einheitsvektor bezeichnet. Das Quadrieren der beiden Gleichungen ergibt

$$p^2 c^2 + m_0^2 c^4 - 2h\nu W + h^2\nu^2 = p_1^2 c^2 + m_0^2 c^4,$$

$$p^2 - 2\frac{h}{\lambda}\, p \cos \vartheta + \frac{h^2}{\lambda^2} = p_1^2.$$

In diesen Gleichungen wurde bereits der Wert $W = \sqrt{p^2 c^2 + m_0^2 c^4}$ benützt und der Zusammenhang $p n_0 = p \cos \vartheta$ berücksichtigt.

Löst man die erste Gleichung nach p_1^2 auf und setzt den erhaltenen Ausdruck gleich der linken Seite der zweiten Gleichung, so erhält man für $\cos \vartheta$ den Ausdruck

$$\cos \vartheta = \frac{\nu W \lambda}{c^2 p} + \frac{h}{2\lambda p} - \frac{h \nu^2 \lambda}{2 c^2 p}.$$

Berücksichtigt man den Zusammenhang $W = pc^2/v$, so läßt sich dieser Ausdruck folgendermaßen schreiben:

$$\cos \vartheta = \frac{\nu\lambda}{v} + \frac{hc^2}{2\lambda v W}\left[1 - \frac{1}{c^2/(\nu\lambda)^2}\right].$$

Berücksichtigt man ferner, daß $v\lambda$ die Lichtausbreitungsgeschwindigkeit in der Materie bedeutet, also $\lambda v = c/n$ ist, so erhält man die Endformel

$$\cos \vartheta = \frac{c/n}{v} + \frac{hc^2}{2\,\lambda\,v\,W}\left[1 - \frac{1}{n^2}\right].$$

Man sieht, daß der Winkel nach der genaueren Theorie auch von der Energie und von der ausgestrahlten Wellenlänge abhängig ist. Bei großen Werten von W und λ ist diese Abhängigkeit vernachlässigbar. Die Erörterung der Intensitätsverteilung in der *Čerenkov*-Strahlung ist viel zu kompliziert, um hier gebracht zu werden. Die diesbezügliche Theorie haben *Ivanenko* und *Tamm* angegeben.

Zur Information sei noch erwähnt, daß man im sichtbaren Bereich bei einer Weglänge von 1 cm höchstens 450 ausgestrahlte Photonen erhalten kann.

Die Gesetzmäßigkeiten von Mikrosystemen

Im ersten Teil haben wir die Methoden kennengelernt, mit deren Hilfe die Kennwerte von verschiedenen Teilchen, wie die Masse, die Ladung und das magnetische Moment, gemessen werden können. Die entsprechenden Versuche haben den konkreten Beweis erbracht, daß Masse und Ladung diskrete Größen sind. Die Ladung eines Teilchens ist immer ein ganzzahliges Vielfaches der Elektronenladung, seine Masse ein ganzzahliges Vielfaches der Masse von Elektron, Proton oder Neutron — von der durch den Massendefekt sich ergebenden Korrektur abgesehen. Das magnetische Moment der Teilchen erscheint ebenfalls in diskreten Werten. In der Teilchenphysik kommt also den ganzen Zahlen eine besondere Bedeutung zu: dementsprechend ist es oft der Fall, daß diskrete Werte einer physikalischen Größe die Rolle der kontinuierlichen Werte der klassischen Physik übernehmen. In der Meßtechnik kommen diese diskreten Werte dadurch zum Vorschein, daß man bei der Messung einer gegebenen Größe — z. B. der spezifischen Ladung — anstelle einer Schwärzung in kontinuierlicher Verteilung auf der Photoplatte mehr oder weniger scharfe Linien erhält. Auch die Messung des magnetischen Momentes führt zu solchen Ergebnissen. Die Quantentheorie unterscheidet sich von der klassischen Mechanik gerade dadurch, daß sie den bei den verschiedenen Messungen feststellbaren Wertevorrat der einzelnen physikalischen Größen auf Werte begrenzt, die auf den ganzen Zahlen beruhen.

Neben den bereits besprochenen quantisierten, nun diskreten Kennwerten des einfachsten Mikrosystems, des Atoms, wird die Quantelung der Energie auch durch die Tatsache bestätigt, daß das Atom beim Zusammenstoß mit einem Elektron nur eine Energie bzw. nur Energien bestimmter Größe vom Elektron zu übernehmen vermag. Diese vom Grundzustand in einen höheren Zustand gebrachten Atome werden angeregte Atome genannt. Es ist wiederum eine experimentelle Tatsache, daß diese sehr schnell in ihren Grundzustand zurückkehren, wobei sie Licht bestimmter Wellenlänge bzw. Frequenz emittieren. Die ganzen Zahlen sind ja im Laufe der Forschung gerade in der die Gesetzmäßigkeit des aus diskreten Linien bestehenden Wasserstoffspektrums beschreibenden *Balmer*schen Formel zuerst zum Vorschein gekommen.

Es ist bekannt, daß das Atom aus einem Kern positiver Ladung sowie aus negativ geladenen Elektronen besteht. Wir wissen auch, daß sich ein solches Gebilde niemals im statischen Gleichgewicht befinden könnte, wenn ausschließlich elektrostatische Kräfte wirksam wären: der Atomkern würde das Elektron an sich reißen. Einfachster Ausweg: das Elektron umkreist den Kern auf einer geschlossenen Bahn, z. B. auf einer Kreisbahn, wobei die Zentrifugalkraft — wie im Fall der die Sonne umkreisenden Planeten — das Einstürzen des Elektrons in den Kern verhindert. Es ist aber ebenfalls bekannt, daß das auf einer Kreisbahn umlaufende Elektron eine Leistung abstrahlt: folglich ist auch dieses dynamische Gleichgewicht unmöglich. Das Problem wird auch dadurch noch erschwert, daß es auf klassischer Basis immer möglich ist, für eine Bahn von beliebigem Halbmesser eine entsprechende Geschwindigkeit zu ermitteln, bei der das Elektron genau auf dem gegebenen Kreis verbleibt. Auf diese Weise kann es also keine Bahn und keine Energie geben, die einen ausgezeichneten Wert aufweisen würden.

Alle diese Schwierigkeiten wurden von *Niels Bohr* durch die Vorstellung seines Atommodells (1913) überbrückt. Dieses Atommodell gilt heute nur noch als die erste annähernde Lösung des Problems. Seine Anschaulichkeit stellt aber eine Kraft dar, die die gesamte *Bohr*sche Theorie auch heute noch lebendig und wirksam erhält.

Die *Bohr*sche Theorie beschreibt nämlich die Erscheinungen noch mit völlig klassischen Begriffen. Es ist von Teilchen die Rede, die sich auf bestimmten Bahnen bewegen und in ihrer räumlichen Ausdehnung genau definiert oder wenigstens im Prinzip definierbar sind. Das Neue gegenüber der klassischen Mechanik besteht darin, daß gewisse Bahnen, oder genauer gesagt, bestimmte Bewegungsformen erlaubt, andere dagegen verboten sind. Die Weiterentwicklung der *Bohr*schen Theorie, die Quantenmechanik, gibt die Anschaulichkeit dieser Art bereits auf: die Erscheinungen der Mikrophysik lassen sich nicht mit einem Begriffssystem beschreiben, das aus makrophysikalischen Erfahrungen abstrahiert wurde und deshalb für anschaulich gilt. Es ist ja auch zu erwarten, daß man bei einer Maßstabsänderung um 8 bis 10 Größenordnungen einer völlig neuen Welt gegenüberstehen dürfte. Andererseits benützen auch die quantenmechanischen Berechnungen das durch die *Bohr*sche Theorie gegebene Bild als Ausgangspunkt. Deshalb soll diese Theorie eingehender behandelt werden.

2.1 Das Bohrsche Atommodell

2.1.1 Die Bohrschen Postulate

Die Postulate der *Bohr*schen Theorie des Atoms lauten:

a) Die Elektronen des Atoms können den Kern nur auf bestimmten Bahnen umkreisen. Ein auf einer solchen Bahn umlaufendes Elektron strahlt — im Gegensatz zu den Gesetzen der klassischen Elektrodynamik — keine Leistung ab. Im Fall von Kreisbahnen sind ihre Halbmesser dadurch bestimmt, daß das Impulsmoment eines kreisenden Elektrons nur ein ganzzahliges Vielfaches des Wertes $h/2\pi$ betragen kann,

$$mv_n = n \frac{h}{2\pi}, \qquad \text{wobei } n = 1, 2, \ldots \quad (1)$$

ist.

b) Das Atom strahlt nur dann, wenn das Elektron von einer Bahn auf eine andere hinüberspringt. Die Frequenz des ausgestrahlten Lichtes wird dabei durch die *Bohr*sche Frequenzbedingung

$$h\nu = W_{n2} - W_{n1} \tag{2}$$

bestimmt. In dieser Beziehung bedeutet W_{n2} die Energie der mit der ganzen Zahl n_2 — der Quantenzahl — gekennzeichneten Bahn. W_{n1} ist die Energie, die zu der mit der Quantenzahl n_1 gekennzeichneten Bahn gehört, während $h = 6{,}6262 \cdot 10^{-34}$ Ws^2 die *Planck*sche Konstante ist. Beim Überspringen von einer Bahn auf die andere strahlt also das Elektron die Energiedifferenz der beiden Bahnen in der Form eines einzigen Photons aus. Im Fall der Absorption spielt sich natürlich der umgekehrte Vorgang ab: das Atom absorbiert nur ein solches Photon $h\nu$, das gerade ein Elektron einer Bahn tieferer Energie auf eine Bahn höherer Energie zu heben vermag.

Die *Bohr*schen Postulate lassen sich nicht aus einfacheren Annahmen herleiten, müssen also auf dieser Stufe als Grundgesetze betrachtet werden. Sie sollen ja selbst zur Erklärung komplizierter Erscheinungen dienen. Ihre Wahrheit wird also nicht durch die direkte Einsicht bekräftigt, sondern dadurch, daß die aus ihnen gezogenen Schlüsse mit den experimentellen Tatsachen im Einklang stehen.

2.1.2 Die möglichen Energiezustände des Wasserstoffatoms

Berechnen wir vor allem die möglichen Bahnhalbmesser, Geschwindigkeiten und Umlauffrequenzen für den Fall des Wasserstoffatoms. Die zu den verschiedenen Quantenzahlen gehörenden Größen werden dabei mit den entsprechenden Indizes gekennzeichnet.

Das Gleichgewicht der Zentrifugalkraft und der *Coulomb*-Kraft ergibt

$$\frac{1}{4\pi\varepsilon_0} \frac{e^2}{r_n^2} = \frac{mv_n^2}{r_n}. \tag{3}$$

Daraus und aus dem ersten Postulat lassen sich die Unbekannten v_n sowie r_n ohne weiteres bestimmen:

$$v_n = \frac{e^2}{2\varepsilon_0 h} \frac{1}{n}, \tag{4}$$

$$r_n = \frac{h^2 \varepsilon_0}{\pi m e^2} n^2. \tag{5}$$

Damit kann auch die Umlauffrequenz berechnet werden,

$$f_n = \frac{v_n}{2\pi r_n} = \frac{m e^4}{4 \varepsilon_0^2 n^3 h^3}. \tag{6}$$

Man beachte, daß dieser Wert *nicht* die Frequenz des emittierten Lichtes bedeutet. Man könnte sogar sagen, daß die beiden Werte nichts miteinander

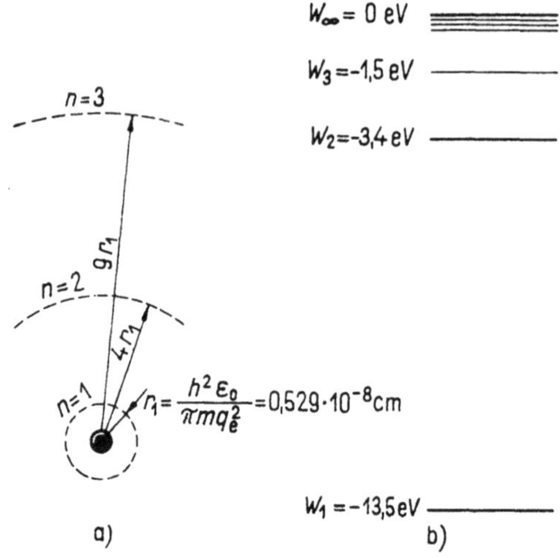

2.1 *a)* Die möglichen Bahnen des Elektrons beim Wasserstoffatom; *b)* die zu den einzelnen Bahnen gehörenden Energieniveaus

zu tun haben. Dies muß schon allein deshalb der Fall sein, weil ja ein auf einer solchen Quantenbahn kreisendes Elektron überhaupt nicht strahlt Später wird aber noch gezeigt, daß es trotzdem eine asymptotische Beziehung von großer Bedeutung zwischen der klassischen Frequenz und der Quantenfrequenz gibt.

Auf Grund der Formel für r_n kann festgestellt werden, daß die Halbmesser der einzelnen Bahnen wie die Quadrate der ganzen Zahlen aufeinander folgen. Nun können wir auch die möglichen Energieniveaus ermitteln. Die Gesamtenergie beträgt nämlich

$$W = W_{\text{kin}} + W_{\text{pot}}. \qquad (7)$$

Beide können auch separat bestimmt werden

$$W_{\text{kin}} = \frac{1}{2}\, m v_n^2 = \frac{m e^4}{8\,\varepsilon_0^2 h^2}\, \frac{1}{n^2},$$

$$\left| W_{\text{pot}} = q_e U = - e\,\frac{e}{4\pi\varepsilon_0 r_n} = - \frac{m e^4}{4\,\varepsilon_0^2 h^2}\, \frac{1}{n^2} = - 2\, W_{\text{kin}}. \qquad (8)\right.$$

Die Gesamtenergie beträgt also

$$W = W_{\text{kin}} + W_{\text{pot}} = - W_{\text{kin}} = - \frac{e^4 m}{8\,\varepsilon_0^2 h^2}\, \frac{1}{n^2}. \qquad (9)$$

Die Gesamtenergie ist somit dem Quadrat der Quantenzahl umgekehrt proportional. Folglich sind nur Zustände der diskreten Energie W_n möglich. Diese Energiezustände oder *Energieterme* sind in Abb. **2.1** dargestellt. Im Fall des Wasserstoffatoms sind also ausschließlich diese Energiezustände möglich.

2.1.3 Das Spektrum des ausgestrahlten Lichtes

Die Energie des ausgestrahlten Photons läßt sich als die Differenz von zwei Energietermen berechnen

$$h\nu = W_{n2} - W_{n1},$$

und daraus erhält man für die Frequenz des ausgestrahlten Lichtes

$$\nu = \frac{W_{n2} - W_{n1}}{h} = \frac{me^4}{8\,\varepsilon_0^2\,h^3}\left[\frac{1}{n_1^2} - \frac{1}{n_2^2}\right]. \tag{10}$$

In der Spektroskopie arbeitet man allgemein mit der Wellenzahl

$$\nu^* = \frac{1}{\lambda},$$

für die sich der Ausdruck

$$\nu^* = \frac{1}{\lambda} = \frac{\nu}{c} = \frac{me^4}{8\,\varepsilon_0^2\,h^3\,c}\left[\frac{1}{n_1^2} - \frac{1}{n_2^2}\right] \tag{11}$$

ergibt. Die in dieser Beziehung vorkommende Konstante

$$R_\infty = \frac{me^4}{8\,\varepsilon_0^2\,h^3\,c} = 1{,}097373\cdot 10^7\,\mathrm{m}^{-1} \tag{12}$$

wird *Rydberg*-Konstante genannt. Der Index ∞ weist darauf hin, daß der Kern bei der Ableitung als stillstehend und unbeweglich betrachtet wurde, was jedoch nur für einen Kern von unendlich großer Masse zutreffen würde. Im Fall eines Kerns der endlichen Masse M muß man anstelle der Masse m des Elektrons mit der Masse

$$m\,\frac{M}{m + M}$$

rechnen. Dies bedeutet, daß man in der Formel anstelle von R_∞ die Größe

$$R = R_\infty\,\frac{1}{1 + \dfrac{m}{M}} \tag{13}$$

einzusetzen hat.

Wenn man im Zusammenhang (10) oder (11) die erste Quantenzahl n_1 konstant hält, während die andere Quantenzahl nacheinander die ganzzahligen Werte $n_2 > n_1$ annimmt, so erhält man im Spektrum die Linien einer bestimmten *Serie*.

Handelt es sich nicht um ein Wasserstoffatom, sondern um ein Atom der Ordnungszahl Z, dessen Kern die Ladung Ze hat, wobei jedoch nur ein einziges Elektron im Feld des Kerns umläuft, so ändern sich unsere Formeln nur insoweit, als auch Z in das *Coulomb*sche Gesetz und somit Z^2 in den Wert der Energieterme eingeht, so daß man schließlich den Ausdruck

$$\nu^* = RZ^2\left[\frac{1}{n_1^2} - \frac{1}{n_2^2}\right] \tag{14}$$

erhält.

10*

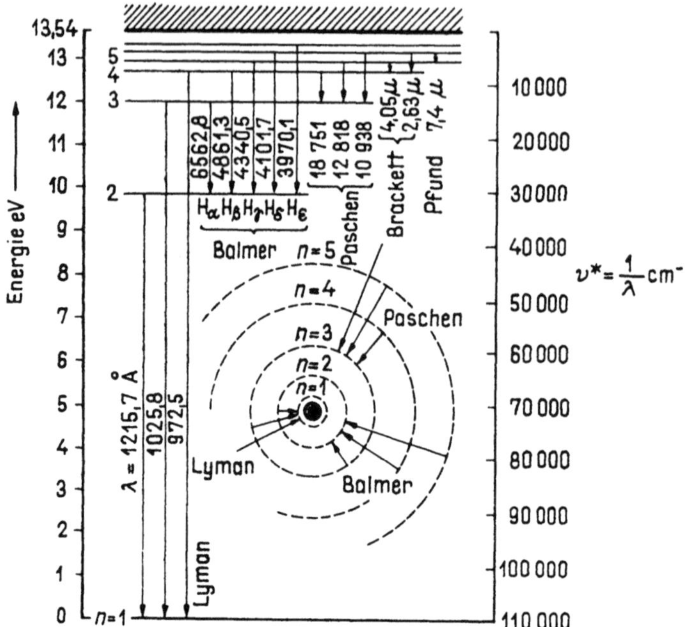

2.2 Die Terme und Spektrallinien des Wasserstoffatoms. Bei den einzelnen Serien des Spektrums sind die Anfangszustände verschieden, die Endzustände jedoch identisch. So wird die *Lyman*-Serie ausgestrahlt, wenn das Elektron aus den verschiedenen erregten Zuständen in den Grundzustand ($n = 1$) zurückkehrt. Die *Balmer*-Serie entspricht dem Endzustand $n = 2$ usw.

Im Fall des Wasserstoffs beschreiben die theoretisch abgeleiteten Gesetzmäßigkeiten die experimentellen Tatsachen mit einer geradezu verblüffenden Genauigkeit.

Sogar die Abhängigkeit der *Rydberg*-Konstante von der Masse des Kerns ist mit solcher Genauigkeit angegeben, daß man daraus auf die Existenz des schweren Wasserstoffes, des Deuteriums, schließen konnte.

In den Abbildungen **2.2** und **2.3** sind die möglichen Energiezustände des Wasserstoffatoms zusammen mit den entsprechenden Spektrallinien aufgetragen. Man sieht, daß sich die Linien einer Serie an der Seriengrenze verdichten. An diese Grenze schließt sich ein Kontinuum an. Die zum Anheben des Elektrons aus dem Grundzustand in den Zustand an der

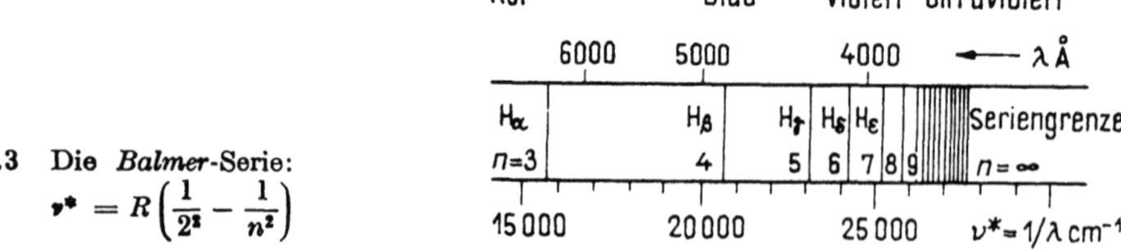

2.3 Die *Balmer*-Serie:

$$\nu^* = R\left(\frac{1}{2^2} - \frac{1}{n^2}\right)$$

Seriengrenze erforderliche Energie wird Ionisationsenergie genannt; in
diesem Fall wird nämlich das Elektron in unendliche Ferne vom Atomkern
gebracht. Das Atom ist imstande, auch größere Energien zu absorbieren:
die über die Ionisationsenergie hinaus noch verbleibende Energie erscheint
dabei als kinetische Energie des Elektrons.

2.1.4 Die einfachste Form des Korrespondenz-Prinzips

Es wurde bereits erwähnt, daß eine in prinzipieller Hinsicht sehr wichtige
Beziehung zwischen der Frequenz des vom kreisenden Elektron auf Grund
der klassischen Gesetze auszustrahlenden Lichtes und dem auf Grund der
*Bohr*schen Frequenzbindung berechenbaren, also den Tatsachen entsprechenden Frequenzwert besteht. Die klassische Wellenzahl ist nämlich

$$\nu_{kl}^{*} = \frac{f_n}{c} = \frac{1}{c}\,\frac{v_n}{2 r_n \pi} = 2\,\frac{R_\infty}{n^3}\,Z^2\,. \tag{15}$$

Untersuchen wir nun die Wellenzahl, die zum Übergang zwischen Bahnen
sehr hoher Quantenzahlen gehört

$$\nu^* = R_\infty Z^2 \left(\frac{1}{n^2} - \frac{1}{(n + \varDelta n)^2}\right) \approx \frac{2 R_\infty}{n^3}\,Z^2\,\varDelta|n = \nu_{kl}^{*}\,\varDelta n\,. \tag{16}$$

In diesem Fall ergeben die Übergänge auf das n-te Niveau der Reihe nach
die zur n-ten Bahn gehörende klassische Frequenz und die Frequenzen
ihrer harmonischen Oberschwingungen.

Die Verallgemeinerung dieser Tatsache führt zum *Bohr*schen Korrespondenz-
Prinzip: bei hohen Quantenzahlen gehen die Quantengesetzmäßigkeiten in
die klassischen Gesetzmäßigkeiten über. Hinsichtlich der Intensität und
der Polarisationsverhältnisse der bei den verschiedenen Übergängen entstehenden Ausstrahlung kann z. B. dieses Prinzip mit Erfolg angewendet
werden. Falls nämlich gewisse Frequenzen beim klassischen Modell fehlen,
so sind auch die entsprechenden Quantenübergänge unmöglich. Auf diese
Weise können die einzelnen Auswahlregeln festgestellt werden. Darüber
hinaus weist dieses Prinzip auch darauf hin, daß die Annahme der Kreisbahn die Wirklichkeit allzu sehr vereinfacht.

2.1.5 Das Ellipsenmodell des Atoms

Bekanntlich bewegt sich klassisch das Elektron im zentralen Kraftfeld
des Kerns auf einer kegelschnittförmigen Bahn, im Fall einer geschlossenen
Bahn also auf einer Ellipsenbahn. Wie kann man die Quantenbedingungen
für den Fall solcher Bahnen verallgemeinern? Wir formulieren die An-
weisung bezüglich der Kreisbahn in der folgenden Form:

$$\int_{0}^{2\pi} p_\varphi\,\mathrm{d}\varphi = n_\varphi h\,, \tag{17}$$

wobei $p_\varphi = mrv$ den der Koordinate φ durch die Gleichung

$$p_\varphi = \frac{\partial W_{kin}}{\partial \dot\varphi} = \frac{\partial}{\partial \dot\varphi}\, \frac{1}{2}\, m(r^2\,\dot\varphi^2) = mr^2\,\dot\varphi = mr(r\,\dot\varphi) = mrv_\varphi \qquad (18)$$

zugeordneten Impuls bedeutet, während die Quantenzahl n_φ im Fall einer Kreisbahn mit der alten Quantenzahl n übereinstimmt.

Die Regel der Quantisierung kann man nunmehr ganz allgemein wie folgt formulieren: Die Zahl der Freiheitsgrade des Mikrosystems soll f betragen, d. h. der Zustand des Systems soll durch die Ortskoordinaten $q_1 \ldots q_f$ gekennzeichnet sein. Das Integral über q_i über die ganze Periode des den Ortskoordinaten durch die Gleichung

$$p_i = \frac{\partial W_{kin}}{\partial \dot q_i} \qquad (19)$$

zugeordneten Impulses sei ein ganzzahliges Vielfaches von h

$$\oint p_i \mathrm{d}q_i = n_i h; \qquad i = 1, 2, \ldots f. \qquad (20)$$

Diesen Vorschriften kommt heute keine so große Bedeutung zu, da ja die Quantenmechanik von einer ganz anderen Seite an das Problem der Quantisierung herangeht. Aber gerade durch das Korrespondenz-Prinzip sowie durch ihre Anschaulichkeit dürften diese Vorschriften trotzdem eine große heuristische Bedeutung haben. Auf diese Vorschriften ist man seinerzeit mit Hilfe der »Adiabaten-Hypothese« von *Ehrenfest* gekommen. Diese lautet folgendermaßen: Bei der adiabatischen Änderung der Parameter eines Systems, also einer im Vergleich zur inneren Bewegung langsamen Änderung — über Gleichgewichtszustände — gibt es Größen, die unverändert bleiben, die also Invarianten sind. Diese sog. *adiabatischen Invarianten* sind zu quantisieren. Dies gilt gerade auch für die obenerwähnten Phasenintegrale.

Der beschriebene Weg kann durch die Forderung abgekürzt werden, daß die Energie auch bei elliptischen Bahnen der Beziehung (9) gemäß von der Quantenzahl n abhängig sein soll, wobei diese jetzt mit Rücksicht auf ihre Vorzugsrolle als Hauptquantenzahl bezeichnet wird,

$$W_n = -\frac{m\,Z^2\,e^4}{8\,\varepsilon_0^2\,h^2}\,\frac{1}{n^2}. \qquad (21)$$

Z^2 geht mit Rücksicht auf das in Verbindung mit der Formel (14) Ausgeführte in den obigen Ausdruck ein. Berücksichtigt man nun die Beziehung 1.4.3 — (5), wonach die Energie allein von der Länge der großen Achse abhängig ist, erhält man sofort den Zusammenhang

$$a = \frac{h^2\,\varepsilon_0}{\pi\,m\,Z\,e^2}\,n^2.$$

Durch Einsetzen des gequantelten Wertes $p_\varphi = n_\varphi h/2\pi$ in die unter 1.4.3 — (6) bereits angeführte Gleichung

$$p_\varphi^2 = \frac{a(1-\varepsilon^2)\cdot Z\,e^2\,m}{4\pi\varepsilon_0},$$

wobei n_φ die *azimutale* Quantenzahl bezeichnet, erhält man

$$n_\varphi^2\,\frac{h^2}{4\pi^2} = \frac{a(1-\varepsilon^2)\,Z\,e^2\,m}{4\pi\varepsilon_0}.$$

Wird hier der vorangehende Ausdruck für a eingesetzt, so erhält man den Zusammenhang

$$\frac{b}{a} = \frac{n_\varphi}{n}. \tag{22}$$

Der Wert $n_\varphi = 0$ würde eine Ellipse ergeben, die zu einer geraden Strecke entartet. Dieser Fall wird ausgeschlossen, da diese Bahn durch den Kern hindurchführt. Im Sinne der obigen Beziehung ergeben die Werte $n_\varphi = 1, 2, \ldots, n$ Ellipsen mit immer größer werdenden kleinen Achsen, wobei schließlich der Wert $n = n_\varphi$ eine Kreisbahn bezeichnet.

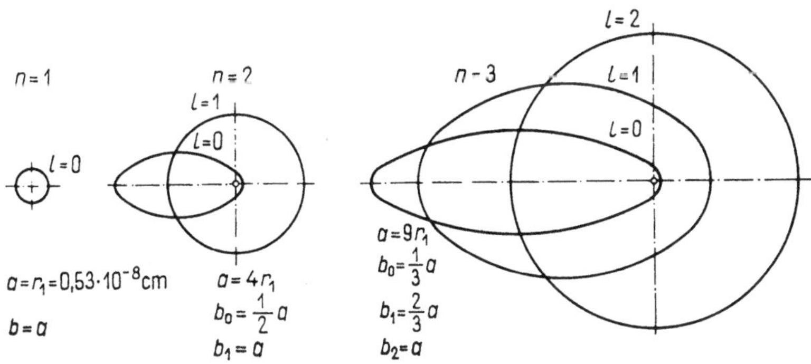

2.4 Die mit den Quantenzahlen n und l gekennzeichneten Ellipsenbahnen des Wasserstoffatoms. Bei gleicher Hauptquantenzahl n sind die große Achse und die Energie der verschiedenen Bahnen identisch, während die kleine Achse aus der Beziehung

$$b = a\,\frac{n_\varphi}{n} = a\,\frac{l+1}{n}$$

ermittelt werden kann

Führen wir nun vorerst rein formal die Nebenquantenzahl $l = n_\varphi - 1$ ein, welche also die folgenden Werte annehmen kann:

$$l = 0, 1, 2, \ldots, n-1.$$

Zum Wert $l = 0$ gehört demnach die Bahn mit der größten Exzentrizität und zum Wert $l = n - 1$ die Kreisbahn.

Im folgenden wird jede Quantenbahn durch die Hauptquantenzahl n und die Nebenquantenzahl l gekennzeichnet. Abb. **2.4** zeigt die Form der Bahnen bei den Hauptquantenzahlen $n = 1$, 2 und 3 sowie bei verschiedenen Werten von l auf Grund der vorangehenden Formeln.

Wie man sieht, ist die Energie von verschiedenen Bahnen der gleichen Hauptquantenzahl identisch. Wird die gleiche Energie durch mehrere Quantenzustände verwirklicht, so wird dies als entarteter Zustand bezeichnet. Die Formel (21) ergibt demnach einen entarteten Energieterm, da dieser durch Elektronen verwirklicht werden kann, die sich auf Quantenbahnen unterschiedlicher Form bewegen: bei der gleichen Hauptquantenzahl n ist die Energie der zu den Quantenzahlen

$$n, l = 0; \; n, l = 1; \; \ldots n, l = n - 1$$

gehörenden Bahnen immer die gleiche.

Auch die direkte Anschauung zeigt eindeutig, daß irgendeine Störung, der
das Atom ausgesetzt werden kann, die Bahnen verschiedener Form auf
unterschiedliche Weise beeinflußt. Es ist daher zu erwarten, daß sich die
entarteten Zustände in einem solchen Fall in mehrere einander naheliegende Energiestufen aufspalten. Dementsprechend spalten sich auch die
Spektrallinien in mehrere nebeneinander stehende Linien auf.

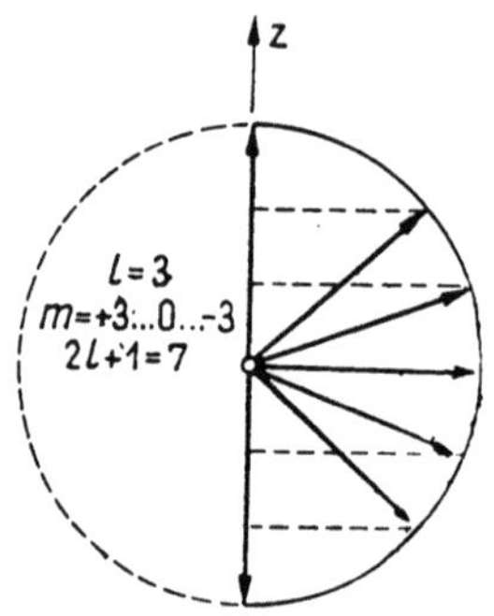

2.5 Die möglichen Einstellungen des Impulsmomentes der Bahn in bezug auf eine ausgezeichnete Richtung

Wie bereits erwähnt, bieten die auf Bahnen verschiedener Exzentrizität kreisenden Elektronen ein sehr anschauliches Bild der inneren Energieverhältnisse des Atoms. Sie gewähren darüber hinaus eine qualitative Antwort auf die Frage, auf welchen Bahnen die Elektronen umlaufen, die zeitweise in die unmittelbare Nähe des Kerns gelangen bzw. die ständig auf etwa gleichbleibender Entfernung vom Kern umlaufen. Dieses Bild ist jedoch nicht allzu wörtlich zu nehmen, da es nur seiner Anschaulichkeit halber verwendet wird. Zur Bestätigung dieser Aussage sei angeführt, daß nicht die Quantenzahl n_{φ}, sondern ihr um eins verminderter Wert, die Nebenquantenzahl l, mit dem Drehimpuls der Bahn in direkter Beziehung steht. Anhand des anschaulichen Modells kann diese Tatsache nicht begründet werden, während sie sich aus dem Formalismus der Quantenmechanik zwanglos ergeben wird. Der Wert l kann also als Absolutwert eines Vektors l aufgefaßt werden, wobei dieser Vektor über die Gleichung $p = \dfrac{h}{2\pi} l$ mit dem Impulsmoment der Bahn verbunden ist.

Die allgemeine Quantisierungsregel (20) gibt eine Vorschrift auch hinsichtlich der Projektion von l auf eine ausgezeichnete Richtung: diese Projektion, deren Betrag mit m bezeichnet und magnetische Quantenzahl genannt wird, kann die folgenden, insgesamt $2l + 1$ Werte annehmen:

$$m = l, \; l - 1, \ldots, 2, 1, 0, -1, -2, \ldots, -(l-1), -l. \tag{23}$$

Dies bedeutet, daß auch die Länge der Projektion nur ganzzahlige Werte annehmen kann (Abb. **2.5**).

Nun können wir das Verhalten der von einem Atom emittierten Spektrallinien auch im magnetischen Feld untersuchen. Im magnetischen Feld spalten sich nämlich die Spektrallinien auf. Diese Aufspaltung heißt *Zeeman*-Effekt.

Die Aufspaltung der Spektrallinien ist natürlich die Folge der Aufspaltung der Energieterme. Und die Aufspaltung der Energieterme erfolgt, weil die sich nach verschiedenen Richtungen einstellenden Bahnen magnetische Dipole erzeugen, die in bezug auf das magnetische Feld in verschiedene Richtungen zeigen und deshalb unterschiedlichen Energiewerten entsprechen. Diese Energiewerte sind dann je nach Vorzeichen zum ursprünglichen Energiewert zu addieren bzw. von ihm abzuziehen.

Das magnetische Dipolmoment läßt sich aus dem mechanischen Impulsmoment berechnen

$$\boldsymbol{m} = \mu_0 \frac{q_e}{2\,m_e}\,\boldsymbol{p} = \mu_0 \frac{q_e}{2\,m_e}\frac{h}{2\pi}\,\boldsymbol{l} = \frac{\mu_0}{4\pi}\frac{q_e h}{m_e}\,\boldsymbol{l}. \tag{24}$$

Die möglichen Energiewerte betragen demnach

$$\Delta W = -\,\boldsymbol{Hm} = \frac{\mu_0}{4\pi}\frac{eh}{m_e}\,Hl\cos{(\boldsymbol{H},\boldsymbol{l})} = \frac{\mu_0}{4\pi}\frac{eh}{m_e}\,Hm\,. \tag{25}$$

Wird nun die Einheit des magnetischen Dipolmomentes, das *Bohr*sche Magneton, definitionsgemäß eingeführt

$$m_\mathrm{B} \equiv \mu_\mathrm{B} = |\boldsymbol{m}_\mathrm{B}| = \frac{\mu_0}{4\pi}\frac{e}{m_e}\,h\,\frac{\mathrm{Ws}}{\mathrm{A/m}} = 1{,}116\cdot 10^{-29}\,\frac{\mathrm{Ws}}{\mathrm{A/m}}, \tag{26}$$

bzw. in CGS-Einheiten

$$|\boldsymbol{m}_\mathrm{B}| = \frac{eh}{4\pi\,m_e\,c} = 9{,}2741\;10^{-21}\,\frac{\mathrm{erg}}{\mathrm{Gauß}} = \left(9{,}2741\cdot 10^{-24}\,\frac{\mathrm{Ws}}{\mathrm{Vs/m^2}}\right), \tag{27}$$

so kann die vorangehende Gleichung folgendermaßen geschrieben werden:

$$\Delta W = m\,|\,\boldsymbol{m}_\mathrm{B}\,|\,H. \tag{28}$$

Da die *Larmor*-Frequenz der Beziehung 1.5—(1) (3)

$$\nu_\mathrm{L} = \frac{\mu_0}{4\pi}\frac{e}{m_e}\,H \tag{29}$$

gehorcht, kann man die Änderung der Energie auch in der folgenden Form schreiben:

$$\Delta W = h\nu_\mathrm{L}\,m\,. \tag{30}$$

Dementsprechend spaltet sich ein einziges Energieniveau in $2\,l + 1$ Linien auf. Die Spektrallinie spaltet sich in ähnlicher Weise auf. Tatsächlich erhält man jedoch niemals Linien in so großer Zahl. Man erhält vielmehr nur die Spektrallinien, welche den Übergängen entsprechen, bei denen die magnetische Quantenzahl sich entweder gar nicht oder nur um 1 ändert. Dies wird so interpretiert, daß eine Auswahlregel $\Delta m = 0, \pm 1$ auftritt. Im Rahmen der *Bohr*schen Theorie können die Auswahlregeln mit Hilfe des Korrespondenz-Prinzips begründet werden.

Aber auch die oben umrissene, auf *Sommerfeld* zurückgehende Verfeinerung der *Bohr*schen Theorie ist nur dann imstande, über eine große Gruppe von Erscheinungen richtig Rechenschaft abzulegen, wenn entsprechende willkürliche Korrekturen eingeführt werden, wie z. B. wenn das Impulsmoment der Bahn anstatt aus der Quantenzahl n_φ aus dem um eins verminderten Wert $l = n_\varphi - 1$ errechnet wird. Dies bedeutet natürlich, daß kein magnetisches Moment zu dem Zustand $l = 0$ gehört, so daß sich dieser auch im magnetischen Feld nicht aufspalten kann. Das wird jedoch durch die Versuche nicht bestätigt: das magnetische Moment des sich im Grundzustand befindenden Wasserstoffatoms kann sogar nach der Methode von *Stern* und *Gerlach* direkt gemessen werden. Diese Messung ergibt den Wert $\pm m_\mathrm{B}$, d. h. ein in Feldrichtung gerichtetes oder ihr entgegengerichtetes magnetisches Moment. Nach der klassischen Elektrodynamik können die einzelnen, ein magnetisches Moment aufweisenden Atome eines Gasstrahles beim Durchlaufen eines inhomogenen magnetischen Feldes infolge ihrer zufälligen Einstellung gegenüber dem magnetischen Feld die unterschiedlichsten Ablenkungen erfahren. In der Folge würde man am Auffangsschirm nach Einschalten des magnetischen Feldes die Ausweitung der Strahlenspur erwarten. Die *Bohr*sche Quantentheorie postuliert dagegen die Auflösung des Strahles auf die drei Strahlenbündel, die zu $n_\varphi = 1$ entsprechenden Einstellungen $m = +1,\ 0,\ -1$ gehören. Wird die *Bohr*sche Theorie korrigiert und die Nebenquantenzahl $l = n_\varphi - 1$ als Maß dieses Drehimpulses betrachtet, so kann man für den Wert $l = 0$ weder eine Ausweitung noch eine Auflösung erwarten. Entgegen allen diesen Erwartungen ergeben die Versuche zwei in entgegengesetzte Richtungen abgelenkte Strahlen. Diese Tatsache haben *Goudsmit* und *Uhlenbeck* durch die sich als sehr fruchtbar erweisende Annahme erklärt, daß das Elektron einen eigenen Drehimpuls, den Elektronenspin, und dementsprechend auch ein eigenes magnetisches Moment besitzt, dessen Wert den Messungen entsprechend ungefähr, aber nicht genau ein *Bohr*sches Magneton beträgt. Nehmen wir noch an, daß der mechanische Drehimpuls des Elektrons kein ganzzahliges Vielfaches von $h/2\pi$ ist; es soll vielmehr die Beziehung

$$p_s = s\,\frac{h}{2\pi}, \qquad s = \pm\frac{1}{2} \qquad (31)$$

gelten, so daß die Spinquantenzahl nur die Werte $+\dfrac{1}{2}$ und $-\dfrac{1}{2}$ annehmen kann. Auf Grund dieser Annahmen ergeben sich die zwei Einstellungsmöglichkeiten nach Abb. 2.6 in Übereinstimmung mit den Versuchen. Es werden nämlich nur solche Einstellungen möglich, die sich um eine ganze Zahl voneinander unterscheiden. Auf diese Weise ergibt aber das Verhältnis zwischen dem eigenen Drehimpuls und dem magnetischen Moment des Elektrons anstelle des beim kreisenden Elektron gewohnten Wertes

$$\frac{|\boldsymbol{m}|}{|\boldsymbol{p}|} = \mu_0\,\frac{e}{2m_e} \qquad (32)$$

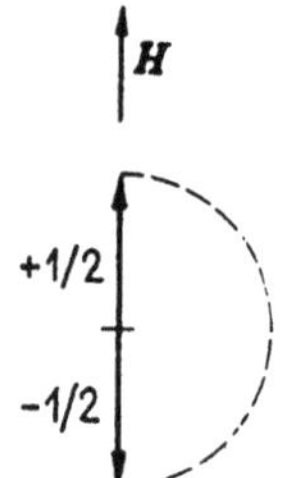

2.6 Die zwei Einstellungsmöglichkeiten des Elektrons, dessen mechanischer Drehimpuls $\dfrac{1}{2}\dfrac{h}{2\pi}$ beträgt. Die Differenz der beiden Einstellungen ergibt den Wert $\dfrac{h}{2\pi}$

das Doppelte, d. h.

$$\left|\frac{\boldsymbol{m}_s}{\boldsymbol{p}_s}\right| = 2\mu_0\,\frac{e}{2m_{\mathrm{e}}}. \tag{33}$$

In diesem Fall gilt nämlich die Beziehung

$$|\boldsymbol{m}_s| = 2\mu_0\,\frac{e}{m_{\mathrm{e}}}\,s\,\frac{h}{2\pi} = 2\mu_0\,\frac{e}{2m_{\mathrm{e}}}\,\frac{1}{2}\,\frac{h}{2\pi} = \frac{\mu_0}{4\pi}\cdot\frac{e}{m_{\mathrm{e}}}\,h = |\boldsymbol{m}_{\mathrm{B}}|.$$

Diesen anomalen Wert des Verhältnisses von Impulsmoment zum magnetischen Moment ergibt der *Einstein-de-Haas*sche Versuch unmittelbar.

Es sei noch hinzugefügt, daß auch die Einführung des Elektronenspins nicht alle Probleme gelöst hat. Die sich aus dem modellartigen Bild ergebenden Formeln sind immer den Tatsachen gemäß zu korrigieren. Zusammenfassend läßt sich folgendes feststellen:

Der Zustand eines Elektrons im atomaren Feld kann durch vier Quantenzahlen gekennzeichnet werden: n, l, m und s.

Im ungestörten Fall steht mit der Energie die Hauptquantenzahl n in unmittelbarer Beziehung. Nach der modellartigen Vorstellung bestimmt dieser Wert n die große Achse der Ellipse sowie die Energie der Bahn in erster Näherung.

Der Wert der Nebenquantenzahl l kann $0, 1, 2, \ldots n - 1$ betragen; dieser Wert bestimmt die Exzentrizität der Ellipsenbahn (wobei die Bahn mit $l = 0$ die größte Exzentrizität aufweist und $l = n - 1$ einer Kreisbahn entspricht) und steht in unmittelbarem Zusammenhang mit dem mechanischen Impulsmoment der Bahn. Eben deshalb wird die Nebenquantenzahl l als Vektor aufgefaßt, dessen Richtung mit der Richtung des Bahndrehimpulses zusammenfällt, indem

$$\boldsymbol{p} = \boldsymbol{l}\,\frac{h}{2\pi} \tag{34}$$

ist.

Es sei bemerkt, daß die Quantenmechanik für die Länge des Vektors $\boldsymbol{l}$ nicht den ganzzahligen Wert l, sondern den Wert

$$|\boldsymbol{l}| = \sqrt{l(l+1)} \tag{35}$$

ergibt.

Aus geschichtlichen Gründen ist es üblich, die Werte $l = 0, 1, 2, 3, 4$ usw. der Nebenquantenzahl der Reihe nach mit den Buchstaben $s, p, d, f, g, h\ldots$ zu bezeichnen. Von dem Elektron, das die Hauptquantenzahl $n = 2$ und die Nebenquantenzahl $l = 0$ aufweist, spricht man als vom Elektron $2s$. Das Elektron $5f$ hat die Hauptquantenzahl $n = 5$ und die Nebenquantenzahl $l = 3$.

Der magnetischen Quantenzahl m entsprechen die möglichen Projektionen des Vektors $\boldsymbol{l}$ auf eine ausgezeichnete Richtung, z. B. auf die Richtung des magnetischen Feldes. Ihre möglichen Werte sind daher

$$l, l - 1, \ldots, + 1, 0, - 1, \ldots, - (l - 1), - l . \tag{36}$$

Dieser Wert steht mit der Energie in Beziehung, die das Elektron im magnetischen Feld aufgenommen hat,

$$\Delta W = m m_\mathrm{B} H . \tag{37}$$

Schließlich, der Wert der Spinquantenzahl kann $+ \dfrac{1}{2}$ oder $- \dfrac{1}{2}$ betragen.

Diese Größe steht mit dem eigenen Impulsmoment des Elektrons in Beziehung durch die Gleichung

$$\boldsymbol{p}_s = \boldsymbol{s}\,\frac{h}{2\pi} . \tag{38}$$

Die Energie der Wechselwirkung mit dem magnetischen Feld ist durch die Gleichung

$$\Delta W_s = 2 s m_\mathrm{B} H \tag{39}$$

gegeben. In der Quantenmechanik ergibt sich für die Länge des Spinvektors s der Wert $\sqrt{s(s + 1)}$.

Der große Vorteil der *Bohr*schen Theorie besteht in ihrer Anschaulichkeit. Die sich daraus ergebenden quantitativen Zusammenhänge bedürfen aber leider immer wieder verschiedener Korrekturen, wenn Übereinstimmung mit den experimentellen Tatsachen erzielt werden soll. Die nachstehend behandelte Quantenmechanik hat auf die meisten, von der *Bohr*schen Theorie offengelassenen Fragen die richtige quantitative Antwort gegeben; dies wurde jedoch durch die vollständige Aufgabe der im klassischen Sinne verstandenen Anschaulichkeit erreicht.

2.2 Die Grundlagen der Quantenmechanik

2.2.1 Die Mängel der Bohrschen Theorie

Im vorangehenden wurde gezeigt, wie die *Bohr*sche Theorie eine Erklärung für eine Vielzahl von Erscheinungen gab, die bis dahin unverständlich waren; gegen diese Theorie kann jedoch in zweifacher Hinsicht Einspruch erhoben werden.

Erstens stellt das *Bohr*sche Postulat eine Art »deus ex machina« dar: die den klassischen Gesetzen widersprechende Auswahlregel der Quantenbahnen wird ohne jede Begründung vorgeschrieben und nicht einmal plausibel gemacht. Es trifft zwar zu, daß jedes Grundgesetz, gerade weil es ein Grundgesetz ist, grundsätzlich unerklärlich und deshalb immer auch in einem gewissen Maße unverständlich ist, so daß sich die Forderung, es auf weitere, einfachere Gesetzmäßigkeiten zurückzuführen, immer erhebt. In diesem Fall ist es aber augenfällig, daß die Quantisierung das

»ad hoc« -Gepräge der Rückfolgerung vom Endergebnis trägt, so daß man diese Theorie von Anfang an nur als eine Übergangslösung betrachtet und eine weitere Begründung gesucht hat.

Zweitens: Sogar bei Annahme der Postulate ist die *Bohr*sche Theorie — auch nach Ergänzen mit dem eigenen Drehimpuls des Elektrons — außerstande, die komplizierteren Erscheinungen befriedigend zu erklären. Obwohl es z. B. gelang, die in Verbindung mit dem Wasserstoffatom stehenden Erscheinungen mit Hilfe einer Korrektur der Werte des mechanischen sowie des magnetischen Momentes zu interpretieren — wobei jedoch diese Korrektur bereits nicht mehr aus dem Modell abgeleitet werden konnte —, hat die Theorie im Fall des Heliumatoms bereits völlig versagt und falsche Energiewerte ergeben. Die modellmäßigen Ergebnisse müssen also manchmal auf identische Weise korrigiert werden — anstelle von n_φ ist überall der Wert $l = n_\varphi - 1$, anstelle von l der Wert $\sqrt{l(l+1)}$ zu schreiben —, während in anderen Fällen keine Korrektur mehr hilft. Von der neuen Theorie erwartet man daher, gegenüber der *Bohr*schen Theorie, folgendes:

Die neue Theorie soll eine natürlichere, anschaulichere oder allgemeinere Erklärung der Quantisierung geben. Die Auswahl der Bahnen soll sich auf logische Weise ableiten lassen und nicht durch eine besondere Annahme begründet werden müssen. Diese Theorie soll auch den Erscheinungen Rechnung tragen, mit denen die *Bohr*sche Theorie nichts anzufangen weiß, wie z. B. mit dem Heliumproblem.

2.2.2 Der Dualismus Welle—Korpuskel

Der Weg zur neuen Theorie führte über die Ausweitung der Dualität der Natur des Lichtes — Welle und Korpuskel — auf das Elektron und allgemein auf die bisher als stofflich betrachteten Teilchen. *De Broglie* kam auf den folgenden Gedanken: Es ist bekannt, daß das Licht neben seiner Wellennatur auch korpuskulare Eigenschaften aufweist: beim Stoß verhält es sich wie ein Teilchen, das eine Masse hat und gehorcht den Energie und Impulsgesetzen. In der Vergangenheit hat man zuviel Aufmerksamkeit der Wellennatur des Lichtes geschenkt, während seine korpuskulare Eigenschaft vernachlässigt wurde; deshalb blieb z. B. der Photo-Effekt oder der *Compton*-Effekt unverständlich. Wird nicht derselbe Fehler im umgekehrten Sinne hinsichtlich der stofflichen Teilchen begangen? Wird nicht ihre Teilcheneigenschaft als einzige Erscheinungsform auf Kosten ihrer Wellennatur allzusehr herausgestellt? Oder können wir die Erscheinungen der Mikrophysik vielleicht deshalb nicht erklären, weil unsere Auffassung allzu einseitig ist? Nehmen wir also an, daß auch die Elektronen oder die Atome Welleneigenschaften haben.

Welches sind aber die Gesetzmäßigkeiten, denen diese Teilchenwellen gehorchen sollen?

Wir haben schon gesehen, daß die Bahn des Lichtstrahles und die des Elektrons aus demselben Variationsprinzip abgeleitet werden können. Bei der Berechnung der Bahn des Lichtstrahles und im Fall der Elektronenbahn erst recht, blieb die Wellennatur außer Betracht. *Schrödingers* Gedanke war nun folgender: Da die Bahn des Lichtstrahles eigentlich eine Näherung ist, die sich durch Lösen der die Welleneigenschaften des Lichtes auch in kleinen Einzelheiten richtig beschreibenden Wellengleichung ergibt, dürfte auch das die Elektronenbahn beschreibende Gesetz der klassischen Mechanik nur eine Näherung darstellen, u. zw. die annähernde Lösung einer analog zur Wellengleichung des Lichtes aufzuschreibenden Gleichung, der Grundgleichung der Wellenmechanik.

Unsere nachstehende Behandlung nimmt also den folgenden Verlauf: Zuerst wird kurz der Dualismus der Natur des Lichtes erörtert und dann, analog dazu, die Wellennatur des Elektrons, wobei auf experimentelle Beweise etwas eingehender eingegangen wird. Schließlich werden die grundlegenden Beziehungen der Wellenmechanik auf Grund der Analogie zwischen geometrischer Optik und klassischer Mechanik, von der Wellenoptik ausgehend, bestimmt.

2.2.3 Der Photoeffekt

Im letzten Jahrhundert schien die Wellennatur des Lichtes den endgültigen Sieg über die *Newton*sche korpuskulare Auffassung davongetragen zu haben. Die elektromagnetische Theorie des Lichtes hat sogar die nähere Natur der Wellen aufgedeckt: es ist das elektrische bzw. das magnetische Feld, das bei der Lichtwelle eine zeitliche und räumliche Periodizität aufweist. Die Wellennatur des Lichtes kommt auf entscheidende Weise in den Erscheinungen der Interferenz und der Beugung des Lichtes zum Vorschein. *Planck* war zwar gezwungen, zur Ableitung der Gesetzmäßigkeiten der schwarzen Strahlung anzunehmen, daß die Emission und Absorption des Lichtes nur in Dosen oder Quanten $h\nu$ erfolgen kann; dies brauchte jedoch vielleicht nicht mehr zu bedeuten, als daß das Atom als Sender impulsartig sendet.

Der Photoeffekt war die erste Erscheinung, bei deren Erklärung die Wellentheorie versagt hatte. Wird eine Metalloberfläche belichtet, so treten Elektronen aus. Nach der klassischen Theorie bringt das elektrische Feld der Lichtwelle das Elektron zum Schwingen und übergibt ihm dabei soviel Energie, daß es sich dadurch aus dem Metallverband lösen kann. Danach sollte die Energie der austretenden Elektronen von der Lichtintensität abhängig sein, während jedoch nach Maßgabe der Versuche nur die Zahl der heraustretenden Elektronen, nicht aber ihre Energie, davon abhängt. Die Energie ist nur von der Frequenz, d. h. von der Farbe des Lichtes, abhängig. Es gab aber noch überraschendere Ergebnisse: bei der Belichtung der Metalloberfläche mit schwachem Licht wurde ein Elektronenaustritt in so kurzer Zeit beobachtet, während welcher die Ansammlung der zum Austritt erforderlichen Energie aus der Kugelwelle völlig unmöglich sein mußte. *Einstein* hat dann gezeigt, daß diese Erscheinung auf höchst einfache Weise erklärt werden kann, wenn die Lichtenergie in der Form von Lichtteilchen, Photonen der Energie $h\nu$, konzentriert gedacht wird: das Lichtteilchen trifft auf das Elektron und übergibt ihm seine Energie, stößt also das Elektron sozusagen aus dem Metall heraus. Es sei schon jetzt betont, daß diese Teilchenauffassung mit der Wellentheorie auf klassische Weise nicht in Einklang gebracht werden kann. *Einstein* hat dies zwar versucht: er hat sich die Strahlung in nadelförmigen Wellenzügen von kleinem Querschnitt vorgestellt, die in statistischer Verteilung nach allen Richtungen ausgehen. Die ausdrucksvollste Widerlegung dieser *Einstein*schen Nadelstrahlungstheorie hat der Versuch von *Selényi* geliefert, der zeigte, daß eine Interferenz unter beliebig breiten Winkeln zustande gebracht werden kann, so daß das Licht sich nicht in Nadelwellen, sondern in Kugelwellen ausbreitet (siehe noch Kap. 4.6).

2.2.4 Der Compton-Effekt

Die andere handgreifliche Offenbarung der Teilchennatur des Lichtes ist der *Compton*-Effekt: Die für Teilchen geltenden Stoßgesetze beschreiben in diesem Fall die experimentellen Tatsachen auf anschauliche und genaue Weise.

Bekanntlich ist einem Lichtteilchen, dem Photon, die Energie $h\nu$ zuzuschreiben. Wie groß ist aber der dazu gehörende Impuls? In dieser Frage weist uns die Äquivalenz von Masse und Energie der Relativitätstheorie einen Weg: Wir wissen, daß eine bestimmte Masse zur Energie $h\nu$ gehört, der Beziehung

$$mc^2 = h\nu$$

entsprechend. Da das Photon mit Lichtgeschwindigkeit fortschreitet, muß seine Ruhmasse gleich Null sein, damit man bei der Lichtgeschwindigkeit einen endlichen Wert erhält. Die Masse des sich bewegenden Photons beträgt damit

$$m = \frac{h\nu}{c^2}. \tag{1}$$

Nun läßt sich schon der Wert des Impulses mit Hilfe des Produktes »Masse mal Geschwindigkeit« ohne weiteres aufschreiben

$$p = mc = \frac{h\nu}{c^2}\, c = \frac{h\nu}{c}. \tag{2}$$

Da $c/\nu = \lambda$ ist, besteht zwischen dem Impuls und der Wellenlänge des Photons der folgende einfache Zusammenhang:

$$p = \frac{h}{\lambda}. \tag{3}$$

Der Impuls ist damit der Wellenlänge umgekehrt proportional. Dehnt man ihre Gültigkeit aus, so ist diese einfache Beziehung eine der am häufigsten verwendeten der elementaren Wellenmechanik. Da beim Stoß der Energiesatz und der Impulssatz eine Rolle spielen, sind wir nun imstande, die den *Compton*-Effekt wiedergebenden Formeln aufzuschreiben. Beim *Compton*-Effekt stößt das Photon, dem die große Energie $h\nu$ zugeschrieben wird, mit dem als frei betrachteten Elektron zusammen und übergibt ihm einen Teil seiner Energie. Als Ergebnis des Zusammenstoßes erhält das bisher ruhende Elektron eine kinetische Energie, während das Photon seinen Weg in einer geänderten Richtung und mit der geänderten Energie $h\nu'$, d. h. mit einer geänderten Frequenz, fortsetzt. Der Zusammenstoß des Photons, das die Energie $h\nu$ und den Impuls $h\nu/c$ besitzt, mit dem Elektron, dessen Energie gleich m_0c^2 und dessen Impuls gleich Null ist, kann mit Hilfe der wohlbekannten Gesetzmäßigkeiten der Mechanik beschrieben werden. Der Satz von der Erhaltung der Energie lautet für diesen Fall

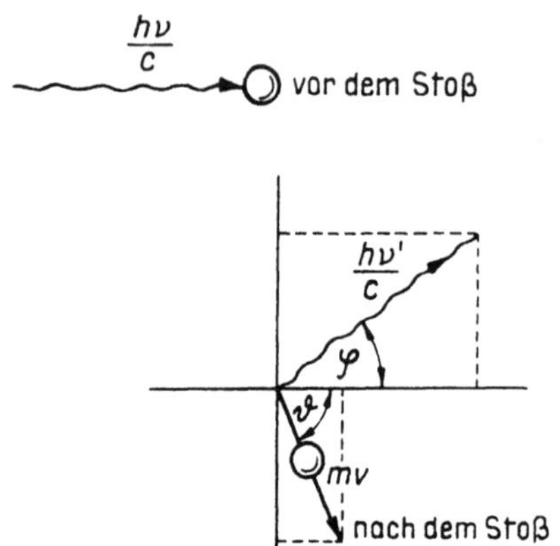

2.7 Der *Compton*-Effekt

$$h\nu + m_0c^2 = h\nu' + \frac{m_0}{\sqrt{1 - \dfrac{v^2}{c^2}}}\,c^2\,. \quad (4)$$

Der Satz von der Erhaltung des Impulses ergibt für die Komponente in Stoßrichtung bzw. für die dazu senkrechte Komponente nach Abb. **2.7**

$$\frac{h\nu}{c} = \frac{h\nu'}{c}\cos\varphi + mv\cos\vartheta\,, \quad (5)$$

$$0 = \frac{h\nu'}{c}\sin\varphi - mv\sin\vartheta\,.$$

Aus diesen Gleichungen ergibt sich die geänderte Energie des Photons zu

$$h\nu' = \frac{h\nu}{1 + \dfrac{h\nu}{m_0c^2}(1 - \cos\varphi)}\,. \quad (6)$$

Andererseits ist die kinetische Energie des Elektrons

$$mc^2 - m_0c^2 = h\nu - h\nu' = \frac{h\nu}{1 + \dfrac{m_0c^2}{h\nu(1 - \cos\varphi)}}\,. \quad (7)$$

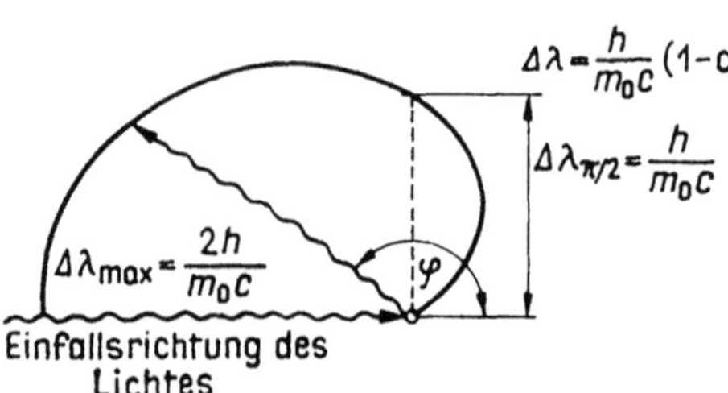

2.8 Wellenlängenänderung von Photonen, die unter verschiedenen Winkeln streuen $(\Delta\lambda_{\pi/2} = h/m_0c = 2{,}42 \cdot 10^{-12}\,\mathrm{m})$

Die Änderung der Wellenlänge in den verschiedenen Richtungen beträgt

$$\Delta\lambda = \frac{c}{v'} - \frac{c}{v} = \frac{h}{m_0 c}\,(1 - \cos\varphi)\,. \tag{8}$$

Dieser Zusammenhang wird durch Abb. **2.**8 illustriert. Der beschriebene Stoßvorgang läßt sich auch in Einzelheiten auf Aufnahmen in der *Wilson*schen Kammer verfolgen. Diese Aufnahmen bestätigen die Richtigkeit der Theorie weitgehend.

2.2.5 Die mit den Teilchen verbundenen De-Broglie-Wellen

Bisher wurden die Versuche behandelt, welche die Teilchennatur des für eine reine Welle gehaltenen Lichtes nachgewiesen haben. Kehren wir nun, mit *de Broglie*, die Richtung um: versuchen wir nachzuweisen, daß das für ein reines Teilchen gehaltene Elektron eine Welle ist oder etwas genauer, daß es auch eine Wellennatur besitzt. Im Fall des Lichtes war die Wellenlänge gegeben, gesucht wurde der Impuls. Beim Elektron, als Teilchen, ist der Impuls gegeben: $p = mv$; wie soll nun dieser Größe eine Welle zugeordnet werden? Die Antwort bietet sich an: zwischen Impuls und Wellenlänge soll beim Licht und beim Elektron derselbe Zusammenhang bestehen. Dementsprechend soll die zum Elektron vom Impuls p gehörende Wellenlänge

$$\lambda = \frac{h}{p} = \frac{h}{mv}$$

betragen, dem für das Licht gefundenen Zusammenhang $p = h/\lambda$ entsprechend. Das erste Ergebnis dieser Auffassung, das sich auch geschichtlich zuerst ergab, war die einfache Interpretation der *Bohr*schen Bahnauswahlregel. Das einfache Umschreiben des den Halbmesser der möglichen Quantenbahnen bestimmenden Zusammenhanges

$$mvr_n = n\,\frac{n}{2\pi}$$

ergibt nämlich

$$2\pi r_n = n\,\frac{h}{mv}\,.$$

Unter Berücksichtigung der dem Elektron zugeordneten Wellenlänge läßt sich nun der obige Zusammenhang in der endgültigen Form

$$2\pi r_n = n\lambda \tag{9}$$

schreiben. Die physikalische Deutung dieses Zusammenhanges ist aber äußerst einfach: im Atom sind nur solche stationäre Bahnen möglich, deren Umfang ein ganzzahliges Vielfaches der dem Elektron zugeordneten Wellenlänge beträgt. Und dies halten wir für natürlich, da man einen

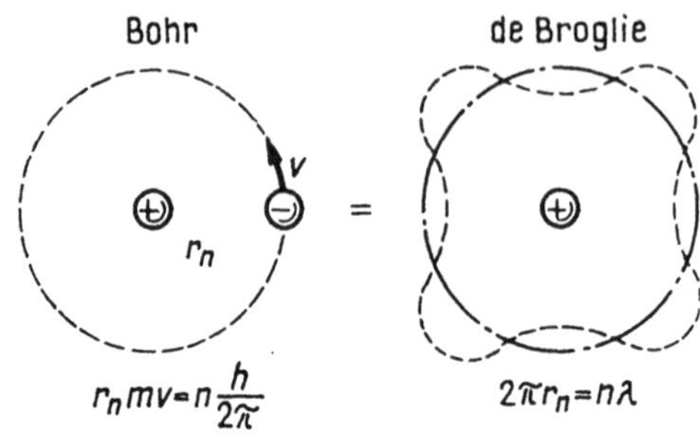

2.9 Die Auswahlregel der zulässigen Elektronenbahnen nach *Bohr* und *de Broglie*

stationären Schwingungszustand auch in der Mechanik nur in dieser Form erhalten kann (Abb. 2.9).

Daß man einen experimentell unmittelbar sowieso unbeweisbaren Zusammenhang mit Hilfe der dem Elektron durch die Beziehung $\lambda = h/p$ zugeordneten Welle interpretieren oder besser gesagt, veranschaulichen kann, ist aber noch kein Beweis der Wellennatur des Elektrons. *Davisson* und *Germer* haben die Versuche durchgeführt, die die Messung der dem Elektron zugeordneten Wellenlänge mit Hilfe der zur Messung der Wellenlänge von Röntgenstrahlen ausgearbeiteten Methoden ermöglichten. Es ist nämlich bekannt, daß der Impuls der durch die Spannung U beschleunigten Elektronen

$$mv = m\sqrt{\frac{2eU}{m}} = \sqrt{2emU} \tag{10}$$

beträgt, solange man es nicht mit relativistischen Werten zu tun hat. Die Wellenlänge ist daher

$$\lambda = \frac{h}{mv} = \frac{h}{\sqrt{2emU}} . \tag{11}$$

Für Elektronen ergibt dieser Zusammenhang den Zahlenwert

$$\lambda \approx \sqrt{\frac{150}{U}}\ \text{Å} ,$$

so daß die zu einem Elektron von 150 V gehörende Wellenlänge

$$\lambda = 1\ \text{Å} = 10^{-8}\ \text{cm}$$

beträgt. Auf Grund der Gleichung $\lambda = (12\,345/U)$ entspricht aber die obige Wellenlänge der Grenzwellenlänge von mit der Spannung von ungefähr 12 kV erzeugten Röntgenstrahlen (siehe Gl. 2.6.5—(2)). Hiernach können prinzipiell alle Methoden, die zur Erzeugung der Interferenz von Röntgenstrahlen geeignet sind, auch zur Erzeugung von Elektronen-Interferenzen verwendet werden. Die Stellen des Intensitätsmaximums der in Abb. 2.10 dargestellten *Bragg*schen Reflexionen ergeben sich aus der Beziehung

$$2d \sin \vartheta = n\lambda = n\sqrt{\frac{150}{U}} . \tag{12}$$

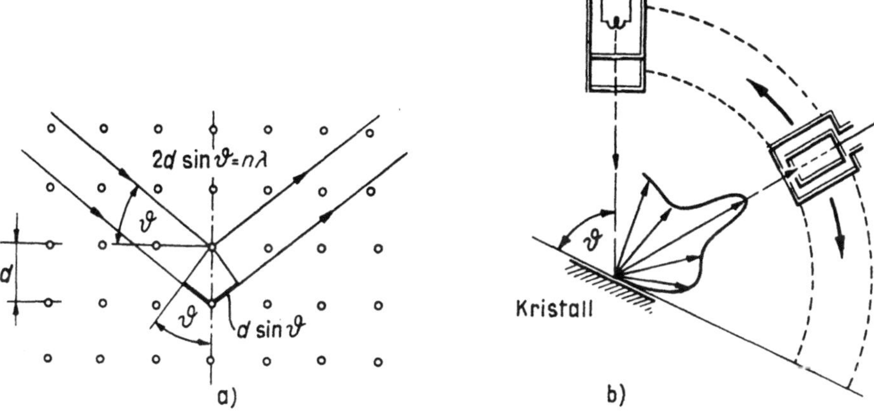

2.10 *a)* Die Bedingung des Zustandekommens eines Interferenz-Maximums ist, daß die stark ausgezogene Wegdifferenz ein ganzzahliges Vielfaches der Wellenlänge beträgt. In diesem Falle verstärken sich die von den verschiedenen Gitterebenen reflektierten Wellen. *b)* Experimenteller Nachweis der Elektronenbeugung. Das Maximum des reflektierten Elektronenstrahles ergibt sich für den aus der *Bragg*schen Bedingung ermittelten Winkel

Bei der Auswertung der Ergebnisse ist zu berücksichtigen, daß, im Gegensatz zu den Röntgeninterferenzen, auch das Feld der Gitterionen bei der Streuung von Elektronen eine Rolle spielt. Unter Berücksichtigung der entsprechenden Korrekturen wurde der unmittelbare experimentelle Nachweis der grundlegenden *De-Broglie*-Gleichung weitgehend erbracht (Abb. 2.10).

2.3 Die Grundgleichung der Quantenmechanik: die Schrödinger-Gleichung

2.3.1 Das wellenoptische Analogon

Der zur Wellenmechanik führende Gedanke *Schrödingers* ist jetzt bereits leicht verständlich.

Im vorangehenden Teil haben wir gesehen, daß eine sehr enge formale Verbindung zwischen der geometrischen Optik und der klassischen Mechanik besteht: beide können aus je einem Variationsprinzip, aus dem *Fermat*schen bzw. aus dem *Maupertuis*schen Prinzip abgeleitet werden. Die Bahn des in einem Medium vom Brechungsindex n fortschreitenden Lichtstrahles wird durch die Forderung

$$\int_{P_1}^{P_2} n\,\mathrm{d}s = \text{Extremum,} \tag{1}$$

11

die Bahn des Elektrons im Felde des Potentials U durch die Forderung

$$\int\limits_{P_1}^{P_2} \sqrt{W_0 - W_\mathrm{p}}\, \mathrm{d}s = \int\limits_{P_1}^{P_2} \sqrt{W_0 - q_\mathrm{e}U} = \text{Extremum} \tag{2}$$

vorgeschrieben. Hierbei bedeutet W_p die potentielle Energie, während q_e zusammen mit seinem Vorzeichen einzusetzen ist.

Wir wissen, daß die geometrische Optik eine Näherung der Wellenoptik darstellt, gültig für Wellenlängen λ, die im Vergleich zu den geometrischen Abmessungen der Versuchsobjekte klein sind. Bei kleinen Objekten muß man nach der genaueren Wellengleichung rechnen. Diese hat die Form

$$\Delta\varphi - \frac{1}{c^2}\frac{\partial^2\varphi}{\partial t^2} = 0 , \tag{3}$$

wobei der *Laplace*-Ausdruck $\Delta\varphi$ in cartesischen Koordinaten

$$\Delta\varphi \equiv \frac{\partial^2\varphi}{\partial x^2} + \frac{\partial^2\varphi}{\partial y^2} + \frac{\partial^2\varphi}{\partial z^2}$$

lautet.

In der hier aufgeschriebenen Wellengleichung kann φ irgendeine Komponente der elektrischen oder magnetischen Feldstärke des die Lichtwelle bildenden elektromagnetischen Feldes bedeuten. Ist φ nur von der einen Veränderlichen, sagen wir von x abhängig, so reduziert sich die Wellengleichung auf die Beziehung

$$\frac{\partial^2\varphi}{\partial x^2} = \frac{1}{c^2}\frac{\partial^2\varphi}{\partial t^2} . \tag{4}$$

Es läßt sich durch einfaches Einsetzen nachweisen, daß die in der positiven x-Richtung mit der Geschwindigkeit c fortschreitende Welle

$$\varphi = \varphi_0 \sin\omega\left(t - \frac{x}{c}\right)$$

der obigen Gleichung für jeden beliebigen Wert ω genügt.

Untersucht man nun zeitlich harmonisch, d. h. dem Sinusgesetz gemäß veränderliche Größen, so vereinfacht sich die Wellengleichung noch weiter. Falls nämlich

$$\varphi(x, y, z, t) = \varphi(x, y, z)\mathrm{e}^{-j2\pi\nu t}$$

ist, gilt

$$\frac{\partial^2\varphi}{\partial t^2} = -(2\pi\nu)^2\,\varphi(x, y, z)\,\mathrm{e}^{-j2\pi\nu t} = -(2\pi\nu)^2\,\varphi(x, y, z, t) .$$

Die Wellengleichung nimmt damit die Form

$$\Delta\varphi = -\left(\frac{2\pi\nu}{c}\right)^2 \varphi \tag{5}$$

an, wobei der zeitabhängige Faktor $e^{-j2\pi\nu t}$ bereits auf beiden Seiten gekürzt wurde, so daß φ nur noch eine Funktion der Ortskoordinaten ist. Berücksichtigt man nun den Zusammenhang $c/\lambda = \nu$, so kann die zeitunabhängige Wellengleichung folgendermaßen geschrieben werden:

$$\Delta\varphi + \left(\frac{2\pi}{\lambda}\right)^2 \varphi = 0.\tag{6}$$

Suchen wir nun das mechanische Analogon dieser Gleichung. Der zum Elektron gehörende Schwingungszustand wird ebenfalls durch eine Wellengleichung beschrieben. Ordnen wir also auch dem Elektron eine Größe der Form $\psi(x, y, z)e^{-j2\pi\nu t}$ zu, die im Raum auf eine später zu bestimmende Weise, zeitlich dagegen harmonisch, veränderlich ist und der Wellengleichung genügt. Diese Wellengleichung erhält man dadurch, daß man den sich aus der *De-Broglie*schen Formel ergebenden Wert $\lambda = h/mv$ in die Gleichung (6) anstelle von λ einsetzt.

Es ist andererseits bekannt, daß der Wert v auf Grund des Zusammenhanges

$$W = W_{\text{kin}} + W_{\text{pot}} = W_{\text{kin}} - eU = \frac{1}{2}mv^2 - eU$$

berechnet werden kann, wobei W die Gesamtenergie bedeutet. Es gilt also

$$v = \sqrt{\frac{2}{m}}\sqrt{W + eU} = \sqrt{\frac{2}{m}}\sqrt{W - W_{\text{p}}}.$$

Die Wellenlänge ist daher

$$\lambda = \frac{h}{mv} = \frac{h}{\sqrt{2m}\sqrt{W - W_{\text{p}}}}.\tag{7}$$

Wird dieser Wert in die Wellengleichung (6) eingesetzt, so erhält man nach Ordnen die Gleichung

$$\Delta\psi + \frac{8\pi^2 m}{h^2}(W - W_{\text{p}})\psi = 0.\tag{8}$$

Das ist die Grundgleichung der Wellenmechanik, die zeitunabhängige *Schrödinger*-Gleichung.

Wird bei einem gegebenen Problem der Wert von W_{p} mit Hilfe der gegebenen Größe U ausgedrückt und ψ als Funktion des Ortes bestimmt, so erhält man die zeitabhängige Lösung durch Multiplikation mit $e^{-j2\pi\nu t}$, wobei ν aus der Beziehung

$$W = h\nu$$

ermittelt werden kann. Die vollständige Lösung lautet also

$$\psi(x, y, z, t) = \psi(x, y, z)\, e^{-j\frac{2\pi}{h}Wt}.\tag{9}$$

Wir möchten betonen, daß der Weg, der uns zur *Schrödinger*-Gleichung geführt hat, nicht als Ableitung, d. h. als logische Folgerung betrachtet werden darf. Die *Schrödinger*-Gleichung muß vielmehr als ein, auf keine weiteren Prämissen zurückführbares Grundgesetz akzeptiert werden. Im vorangehenden wurden nur die Erwägungen skizziert, die *Schrödinger* bei der Aufstellung seiner Gleichung geholfen hatten.

2.3.2 Die Interpretation der Schrödinger-Gleichung

Die Bedeutung der *Schrödinger*-Gleichung besteht nun in folgendem: Wir interessieren uns vorerst nicht dafür, welcher physikalische Sinn der Größe ψ zugeschrieben werden kann. Wenn diese Größe überhaupt eine physikalische Bedeutung hat, so können gewisse allgemeine mathematische Eigenschaften auf alle Fälle vorgeschrieben werden: Daß sie z. B. im Endlichen beschränkt ist und im Unendlichen verschwindet. Den Physikern und besonders den Mathematikern war es schon längst bekannt, daß, falls gewisse Grenzbedingungen vorgeschrieben werden, die Gleichungen dieses Typs, wie die Wellengleichung der Optik oder die *Schrödinger*-Gleichung, nur bei ganz bestimmten Werten der darin vorkommenden Konstanten gelöst werden können. Man denke nur an die an beiden Enden eingespannte Saite oder Membrane oder auch an die elektrischen Hohlraumresonatoren, bei denen man nur dann eine Lösung erhält, wenn ein ganz bestimmter Zusammenhang zwischen der in der Wellengleichung enthaltenen Konstante — der Wellenlänge — und den geometrischen Abmessungen besteht, wobei den ganzen Zahlen eine besondere. Rolle zukommt. Schrödinger hat gezeigt, daß im Fall seiner Wellengleichung die für ψ vorgeschriebenen, völlig natürlichen Bedingungen ebenfalls den Charakter solcher Grenzbedingungen haben, so daß *die Wellengleichung im Fall eines gegebenen Problems nur bei einem ganz bestimmten Wertevorrat des die Gesamtenergie bedeutenden Parameters W eine Lösung hat.*

In den uns am meisten interessierenden Fällen besteht dieser Wertevorrat aus diskreten Werten. Mit anderen Worten: Ein Mikrosystem kann nur auf Grund der *Schrödinger*-Gleichung berechenbare, diskrete Energiewerte haben, die also bestimmt werden können. In der Mathematik werden diese, die Lösung ermöglichenden Parameterwerte als Eigenwerte und die zu den einzelnen Eigenwerten gehörenden Funktionen als Eigenfunktionen bezeichnet. Nach Einsetzen der Funktion $U(x, y, z)$ in die *Schrödinger*-Gleichung reduziert sich das physikalische Problem auf ein mathematisches Problem. Es sind die Werte

$$W_1, W_2, \ldots W_n, \ldots$$

der Gesamtenergie W, also die Eigenwerte, zu bestimmen, bei welchen die *Schrödinger*-Gleichung eine Lösung hat. Die Lösungen sind der Reihe nach die Eigenfunktionen

$$\psi_1(x, y, z)\, \mathrm{e}^{-j2\pi \frac{W_1}{h} t}, \quad \psi_2(x, y, z)\, \mathrm{e}^{-j2\pi \frac{W_2}{h} t}, \ldots; \psi_n(x, y, z)\, \mathrm{e}^{-j2\pi \frac{W_n}{h} t}, \ldots \quad (10)$$

deren Kenntnis im Augenblick nur eine sekundäre Bedeutung zukommt, da
in erster Linie die zulässigen, d. h. möglichen Energiewerte interessieren.

Die Quantisierung ist somit auf das mathematische Problem der Ermittlung
von Eigenwerten reduziert worden. Diese Tatsache findet einen prägnanten
Ausdruck im Titel des Aufsatzes von *Schrödinger*, in welchem er seine berühmte Gleichung aufgestellt hat: »Quantisierung als Eigenwertproblem«.

Der Größe ψ kann nun die folgende Bedeutung zugeschrieben werden: Bei
Kenntnis der Photonnatur des Lichtes kann man über die die Amplitude
der Lichtwelle beschreibende Größe $\varphi(x, y, z)$ aussagen, daß diese mit der
Wahrscheinlichkeit zusammenhängt, in einem ausgezeichneten Punkte des
Raumes viele oder wenige Photonen zu finden. Auf Grund ähnlicher
Erwägungen sagen wir über die Größe ψ, daß diese ein Maß der Wahr-
scheinlichkeit dafür darstellt, daß sich das Elektron in einem gegebenen
Raumteil aufhält. Genauer formuliert, ist es der Ausdruck $\psi\psi^* \mathrm{d}V$, der die
Wahrscheinlichkeit dafür ergibt, daß das Elektron in dem den beliebig ge-
wählten Punkt x, y, z einschließenden elementaren Volumen $\mathrm{d}V$ zu finde
ist. Hierbei bezeichnet ψ^* die Konjugierte der im allgemeinen komplexen
Funktion ψ. Dies steht in völligem Einklang mit der Tatsache, daß die
Intensität im Fall des Lichtes — also die Anzahl der Photonen — mit
dem Quadrat der Amplitude zusammenhängt; es ist nämlich

$$\psi\psi^* = |\,\psi\,|^2. \tag{11}$$

Die Notwendigkeit, daß man das Elektron irgendwo im Raum auffinden
muß, ergibt für die Normierung den Zusammenhang

$$\int \psi\psi^* \, \mathrm{d}V = 1, \tag{12}$$

wobei die Integration auf den gesamten Raum zu erstrecken ist.

Mit der Normierung wird also der im übrigen beliebige konstante Faktor
der Funktion ψ festgelegt.

Da die Quantisierung ein mathematisches Problem geworden ist, ist es
verständlich, daß die Quantenmechanik auch ihre einfachsten Ergebnisse
unter Verwendung relativ komplizierter mathematischer Methoden erzielt.

Im folgenden werden natürlich nur die Lösungen der *Schrödinger*-Gleichung
behandelt, die zur Erläuterung unserer weiteren Ausführungen erforderlich
sind.

2.4 Die einfachsten Lösungen der Schrödinger-Gleichung

2.4.1 Die einem Elektron im feldfreien Raum zugeordnete ebene Welle

In diesem Fall nimmt die *Schrödinger*-Gleichung eine äußerst einfache
Form an. Die potentielle Energie ist nämlich jetzt konstant, so daß auch
die kinetische Energie

$$W + eU = W_{\mathrm{k}} \tag{1}$$

konstant sein muß. Wählt man den Wert der konstanten potentiellen Energie gleich Null, so ist $W = W_\mathrm{k}$. Man erhält also

$$\Delta\psi + \frac{8\pi^2 m}{h^2}\, W\psi = 0\,. \tag{2}$$

Der Einfachheit halber nehmen wir an, daß ψ nur von einer einzigen Koordinate, sagen wir von x, abhängig ist. Dann läßt sich die obige Gleichung in der Form

$$\frac{\mathrm{d}^2\psi}{\mathrm{d}x^2} + \frac{8\pi^2 m}{h^2}\, W\psi = 0 \tag{3}$$

schreiben. Dies ist jedoch gerade die gewöhnliche, eindimensionale Wellengleichung; die Lösung ist also

$$\psi(x,t) = A\mathrm{e}^{\pm j\frac{2\pi}{h}\sqrt{2mW}\,x}\,\mathrm{e}^{-j2\pi\frac{W}{h}t}\,, \tag{4}$$

wobei der zeitabhängige Faktor hinzugefügt wurde. Führt man nun über die Beziehung

$$\frac{h}{\sqrt{2mW}} = \frac{h}{p} = \lambda \tag{5}$$

die die räumliche Periodizität messende Wellenlänge λ ein, so lautet die Lösung

$$\psi(x,t) = A\mathrm{e}^{\pm j\frac{2\pi}{\lambda}x}\,\mathrm{e}^{-j2\pi\nu t}\,. \tag{6}$$

Mit Hilfe der Beziehung

$$\lambda = \frac{h}{p}\,, \quad W = h\nu$$

wurden dabei anstelle des Impulses p und der Energie W, die mit dem Teilchenbegriff zusammenhängen, die die Welle charakterisierenden Größen Wellenlänge und Frequenz eingeführt. Wir bemerken, daß die Lösung für eine Bewegung allgemeiner Richtung folgendermaßen lautet:

$$\psi(x,y,z,t) = A\mathrm{e}^{\pm j\frac{2\pi}{h}(\mathbf{pr}\mp Wt)} = A\mathrm{e}^{\pm j\frac{2\pi}{h}(p_x x + p_y y + p_z z)}\,\mathrm{e}^{-j\frac{2\pi}{h}Wt}\,. \tag{7}$$

Durch Einsetzen in Gleichung (2) kann sofort gezeigt werden, daß dies tatsächlich eine Lösung darstellt; hierbei muß zwischen der Energie W sowie p_x, p_y und p_z der Zusammenhang

$$p_x^2 + p_y^2 + p_z^2 = 2mW = p^2 \tag{8}$$

bestehen.

Die Lösung (7) genügt der *Schrödinger*-Gleichung (2) bei beliebigen, zusammengehörenden Werten des Wertepaares W, p. Bei freier Bewegung des Elektrons ist also weder seine Energie noch sein Impuls gequantelt (Abb. 2.11).

2.11 Bei einem freien Elektron
sind alle Werte des Impulses
und demzufolge alle Werte
der Energie erlaubt: Die Bewegung des freien Elektrons
ist nicht gequantelt. Wenn
aber das Elektron in einem
endlichen (eindimensionalen)
Bereich »eingesperrt« ist, so
sind nur diskrete Werte für
den Impuls und für die Energie möglich (siehe Kap. 2.4.3)

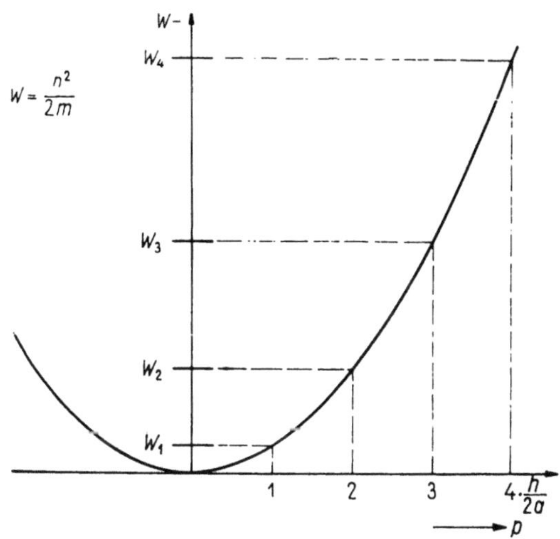

2.4.2 Die Heisenbergsche Unschärferelation

Wir untersuchen jetzt ausführlicher den soeben behandelten Fall des sich im kräftefreien Raum in der x-Richtung bewegenden Elektrons. Die diesbezügliche Lösung
lautet

$$\psi(x, t) = A\, e^{\,j\,\frac{2\pi}{h}\,(px - Wt)}, \tag{9}$$

wobei $\lambda = h/p$ die die räumliche Periodizität messende Wellenlänge bezeichnet. Wie
man weiß, ergibt das Quadrat des Absolutwertes von $\psi(x, y, z)$ die Wahrscheinlichkeit dafür, daß das Elektron in dem Einheitsvolumen um den durch die Koordinaten x, y und z gegebenen Punkt zu finden ist. Die obige Funktion beschreibt einen
Wellenzug von unendlicher Ausdehnung entlang der x-Achse und von konstanter
Amplitude, so daß die Aufenthaltswahrscheinlichkeit $\psi\psi^*$ des Elektrons entlang der
ganzen x-Achse gleich ist. Bei gegebenen Werten von W und p, folglich bei gegebenem
Wert von λ, kann man über die räumliche Lage des Elektrons also nichts aussagen.
Ein Wellenpaket endlicher räumlicher Ausdehnung läßt sich aus verschiedenen
Wellen von stetig veränderlicher Wellenlänge zusammensetzen. Durch die zweck-
mäßige Wahl von Amplituden und Phasen kann erreicht werden, daß sich diese
Wellen, von einem ganz kleinen Raumteil abgesehen, überall auslöschen. Wir setzen
also die Lösung der *Schrödinger*-Gleichung aus Lösungen verschiedener Amplituden
der Form $e^{\,j\,\frac{2\pi}{h}\,(px - Wt)}$ zusammen:

$$\psi(x, t) = \int\limits_{-\infty}^{+\infty} A(p)\, e^{\,j\,\frac{2\pi}{h}\,(px - Wt)}\, dp. \tag{10}$$

Daraus folgt, daß man darauf verzichten muß, dem Elektron zur Bestimmung
seines Ortes eine bestimmte Wellenlänge oder einen bestimmten Impuls zuzu-
weisen. Umgekehrt, falls ein bestimmter Impuls dem Elektron zugeschrieben wird,
dann kann sein Ort im Raum überhaupt nicht angegeben werden. Die Grenzen
der gleichzeitigen Angabe von Impuls und Ort sind quantitativ in der *Heisenberg-
schen* Unschärferelation formuliert. Diese erhält man über den Zusammenhang
(10). Im Zeitpunkt $t = 0$ sei die Aufenthaltswahrscheinlichkeit des Elektrons im

Bereich von $x = -a/2$ bis $x = +a/2$ konstant, außerhalb dieses Bereiches gleich Null. Im Zeitpunkt $t = 0$ soll also gelten

$$\psi(x, 0) = \begin{cases} \dfrac{1}{\sqrt{a}}\, e^{j\frac{2\pi}{h} p_0 x}, & -\dfrac{a}{2} < x < \dfrac{a}{2}, \\[2mm] 0 & \text{sonst.} \end{cases} \tag{11}$$

Dies genügt einerseits der *Schrödinger*-Gleichung, andererseits ist

$$\int\limits_{-a/2}^{+a/2} \psi\psi^* \, dx = 1 \,, \tag{12}$$

so daß das Elektron im fraglichen Intervall mit Sicherheit zu finden ist. Der Wert von $A(p)$ kann auf die aus der Theorie der *Fourier*-Integrale bekannte Weise folgendermaßen berechnet werden:

Dem mit den Grundlagen der Nachrichtentechnik etwas vertrauten Leser können die *Fourier*-Integral-Darstellung eines Signals $f(t)$ in der Form

$$f(t) = \int\limits_{-\infty}^{+\infty} F(\omega)\, e^{j\omega t} \, d\omega \,,$$

und ihre Umkehrung

$$F(\omega) = \frac{1}{2\pi} \int\limits_{-\infty}^{+\infty} f(t)\, e^{-j\omega t} \, dt$$

als bekannt erscheinen. Führt man jetzt die Veränderungen

$$t \to x \,, \qquad \omega \to \frac{2\pi}{h}\, p$$

ein, so lasser sich die obigen Gleichungen umschreiben

$$f(x) = \int\limits_{-\infty}^{+\infty} \frac{2\pi}{h}\, F\left(\frac{2\pi}{h}\, p\right) e^{j\frac{2\pi}{h} px} \, dp,$$

$$F\left(\frac{2\pi}{h}\, p\right) = \frac{1}{2\pi} \int\limits_{-\infty}^{+\infty} f(x)\, e^{-j\frac{2\pi}{h} px} \, dx \,.$$

Wenn wir jetzt die weiteren Bezeichnungen

$$f(x) = \psi(x, 0) \,, \quad \frac{2\pi}{h}\, F\left(\frac{2\pi}{h}\, p\right) = A(p)$$

einführen, so gilt

$$\psi(x, 0) = \int\limits_{-\infty}^{+\infty} A(p)\, e^{j\frac{2\pi}{h} px} \, dp, \quad A(p) = \frac{1}{h} \int\limits_{-\infty}^{+\infty} \psi(x, 0)\, e^{-j\frac{2\pi}{h} px} \, dx \,. \tag{13}$$

In unserem Fall läßt sich also nach (11) schreiben

$$A(p) = \frac{1}{h\sqrt{a}} \int\limits_{-a/2}^{+a/2} e^{j\frac{2\pi}{h}(p_0 - p)x} \, dx = \frac{1}{j\,2\pi\sqrt{a}\,(p_0 - p)} \left[e^{\frac{\pi j}{h}(p_0 - p)a} - e^{-\frac{\pi j}{h}(p_0 - p)a} \right], \tag{14}$$

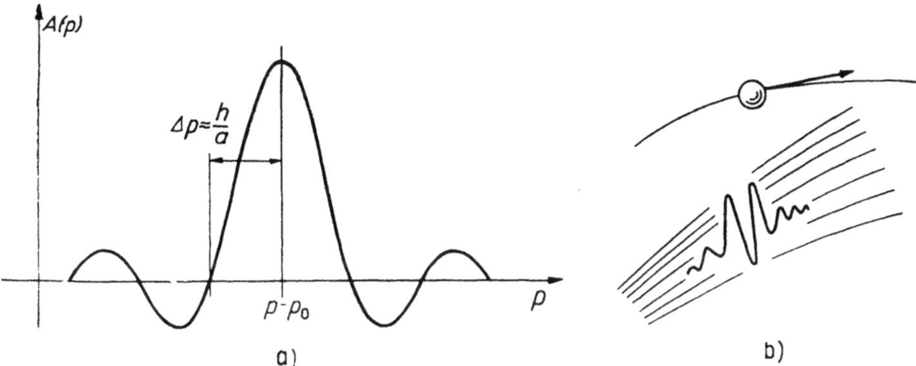

2.12 *a)* Zur Zusammensetzung des Wellenzuges der Länge *a* sind die innerhalb der Breite $\Delta p \sim \pm h/a$ in die Umgebung von p_0 fallenden Impulswerte zu verwenden; *b)* der Begriff des auf wohldefinierter Bahn mit gegebener Geschwindigkeit fortschreitenden Teilchens wird durch die Quantenmechanik aufgelockert; die Rolle des Teilchens wird von einem Wellenpaket übernommen. Dadurch wird auch die Bahn verwischt.

wobei dies auch die folgende einfache Form

$$A(p) = \frac{1}{\pi(p_0 - p)\sqrt{a}} \sin \frac{\pi a}{h} (p_0 - p) \tag{15}$$

annehmen kann.

Diese Funktion ist in Abb. 2.12 dargestellt. Man sieht, daß die zum Zusammensetzen des Wellenpaketes erforderlichen Impulse im wesentlichen in die Umgebung von $p_0 + h/a$ bis $p_0 - h/a$ fallen. Daraus folgt, daß, falls die Koordinate des Aufenthaltsortes des Elektrons in einem gegebenen Zeitpunkt mit der Ungenauigkeit $\Delta x = \pm a/2$ gegeben ist, die Ungenauigkeit des Impulses $\Delta p = \pm h/a$ beträgt. Das Produkt der beiden Ungenauigkeiten ergibt damit

$$\Delta x \, \Delta p \sim \frac{h}{2}. \tag{16}$$

Die *Heisenberg*sche Unschärferelation besagt allgemein, daß, falls die Ungenauigkeit der Messung einer Ortskoordinate Δq beträgt, diese zusammen mit der dazugehörenden Ungenauigkeit Δp des Impulses der folgenden Ungleichung

$$\Delta q \, \Delta p \gtrsim \frac{h}{4\pi} \tag{17}$$

genügt.

Diese Ungleichung hat sowohl in prinzipieller als auch in praktischer Hinsicht eine enorme Bedeutung.

Später wird man sehen, daß dieser Zusammenhang nicht nur zwischen der Ungenauigkeit von Ort und Impuls, sondern auch zwischen der Ungenauigkeit von zwei beliebigen, »kanonisch« konjugierten Koordinaten besteht. Solche Koordinaten sind z. B. auch die Energie und die Zeit. Dann wird auch dem Begriff »Ungenauigkeit« eine exaktere Deutung gegeben werden.

2.4.3 Die möglichen Energiezustände des sich in einem endlichen Raumteil bewegenden Elektrons

Man erhält sofort diskrete Energiewerte, falls sich das Elektron zwar in einem kräftefreien Raum bewegt, dieser aber von endlicher Ausdehnung ist: Das Elektron sei also im Inneren eines Quaders mit den Kantenlängen a, b, c eingeschlossen. Drei Flächen des Quaders sollen der Reihe nach in den Ebenen xy, yz und zx liegen. Es ist jetzt zweckmäßig, die Lösung in reeller Form zu schreiben:

$$\psi(x, y, z) = A \sin\left(\frac{2\pi}{h}\,p_x\,x\right) \sin\left(\frac{2\pi}{h}\,p_y\,y\right) \sin\left(\frac{2\pi}{h}\,p_z\,z\right). \tag{18}$$

Da ψ stetig und außerhalb des Quaders gleich Null ist, muß es am Ort $x = 0$, $x = a$ unabhängig von y und z überall den Wert Null annehmen. Dies kann jedoch nur dann der Fall sein, wenn

$$\frac{2\pi}{h}\,p_x\,a = n_1\,\pi, \quad p_x = \frac{n_1}{2}\,\frac{h}{a} \tag{19}$$

ist. Auf ähnliche Weise, durch Aufschreiben der Grenzbedingungen für die zur y- bzw. z-Achse senkrechten Grenzflächen, erhält man

$$p_y = \frac{n_2}{2}\,\frac{h}{b}, \quad p_z = \frac{n_3}{2}\,\frac{h}{c}, \tag{20}$$

wobei n_1, n_2 und n_3 beliebige ganze Zahlen sind. Laut Gleichung (8) gilt also

$$W_{n_1 n_2 n_3} = \frac{h^2}{8\,m}\left(\frac{n_1^2}{a^2} + \frac{n_2^2}{b^2} + \frac{n_3^2}{c^2}\right). \tag{21}$$

Mit anderen Worten: Die Energie kann nur ganz bestimmte, diskrete Werte annehmen (Abb. 2.11).

Im Fall eines Würfels vereinfacht sich unsere obige Formel folgendermaßen:

$$W_{n_1 n_2 n_3} = \frac{h^2}{8\,m a^2}\,(n_1^2 + n_2^2 + n_3^2). \tag{22}$$

Der zu einem gegebenen Zahlentripel n_1, n_2, n_3 gehörende Quantenzustand wird durch die Funktion

$$\psi_{n_1 n_2 n_3}(x, y, z) = A \sin n_1\,\pi\,\frac{x}{a} \sin n_2\,\pi\,\frac{y}{a} \sin n_3\,\pi\,\frac{z}{a} \tag{23}$$

beschrieben. Die Übersicht über die verschiedenen Quantenzustände bzw. Quantenzahlen und die dazu gehörenden Energiewerte wird durch die folgende Konstruktionsmethode sehr erleichtert:

2.13 Die möglichen Quantenzustände und die dazu gehörenden Energiewerte des in einem Würfel der Kantenlänge a eingeschlossenen Elektrons

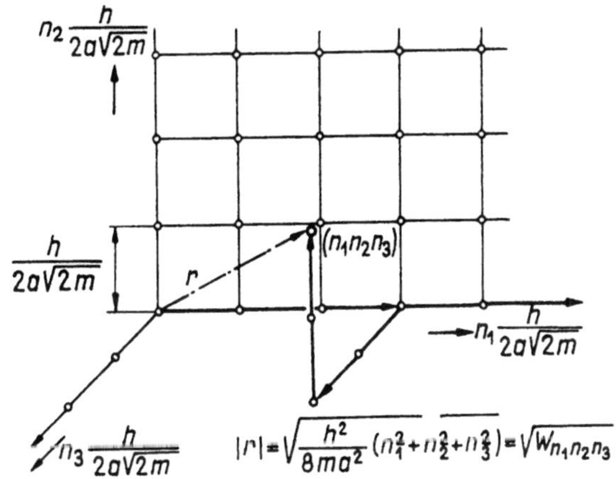

Wir zeichnen drei Koordinatenachsen und tragen die Größe $h/(2a\sqrt{2m})$ beliebig oft nacheinander auf jeder Achse auf. Markieren wir die so erhaltenen Gitterpunkte im Raume nach Abb. 2.13, dann bedeutet jeder Punkt einen völlig bestimmten Quantenzustand, während das Quadrat des Abstandes der einzelnen Punkte vom Koordinaten-Ursprung die dazu gehörenden Energiewerte ergibt. Damit wird es leicht, z. B. die Frage zu beantworten, wie viele mögliche Energieniveaus im Energiebereich zwischen W und $W + \mathrm{d}W$ zu finden sind. Ermitteln wir zuerst die Zahl der Energiezustände im Inneren der umschriebenen Kugel vom Radius $r = \sqrt{W}$. Dies geht leicht: In der Kugel gibt es so viele Energiezustände, wie kleine Würfel der Kantenlänge $h/(2a\sqrt{2m})$ hineinpassen, also

$$N(W) = \frac{4\pi r^3}{3}\, \frac{1}{\left(\dfrac{h}{2a\sqrt{2m}}\right)^3}\,. \tag{24}$$

Berücksichtigt man nun die Beziehungen $r = \sqrt{W}$ und $a^3 = V$ sowie die Tatsache, daß nur die positiven n_i-Werte zu berücksichtigen sind (die negativen Werte führen nämlich nur ein negatives Vorzeichen in der ψ-Funktion ein, was keinen neuen Zustand bedeutet), so daß nur 1/8 des Volumens zählt, so kann die obige Beziehung folgendermaßen geschrieben werden:

$$N(W) = \frac{4}{3}\, V\, \frac{(2m\,W)^{3/2}\,\pi}{h^3}\,. \tag{25}$$

Damit haben wir also die Zahl der Energieniveaus, deren Energie kleiner ist als W. Die Zahl, der sich zwischen W und $W + \mathrm{d}W$ befindenden Niveaus beträgt, dann

$$\mathrm{d}N = \frac{4\pi}{h^3}\, V(2m\,W)^{1/2}\,m\,\mathrm{d}W. \tag{26}$$

Führt man hier den Impuls auf Grund der Gleichung (8) ein, so erhält man

$$\mathrm{d}N = V \frac{4\pi\, p^2\, \mathrm{d}p}{h^3}\,.\tag{27}$$

Die ganze Bedeutung dieser Beziehungen wird bei der statistischen Behandlung der Teilchen hervortreten, wo diese mit dem *Pauli*-Prinzip kombiniert die Höchstzahl der Elektronen ergeben, die in einem bestimmten Energie-Intervall untergebracht werden können.

2.4.4 Der Tunneleffekt

Im vorangehenden Abschnitt suchten wir die Lösungen der *Schrödinger*-Gleichung im kräftefreien Raum, also bei konstantem Potential. Jetzt suchen wir wieder die Lösung der eindimensionalen *Schrödinger*-Gleichung, wobei jedoch das Potential nach Abb. **2.14** streckenweise konstant sein soll. Die Teilchen mit der Ladung q sollen von links nach rechts fortschreiten. Wir möchten wissen, wie sich die Teilchen beim Vorhandensein des Potentialwalles verhalten: Welcher Teil von ihnen den Wall durchdringt bzw. daran reflektiert wird.

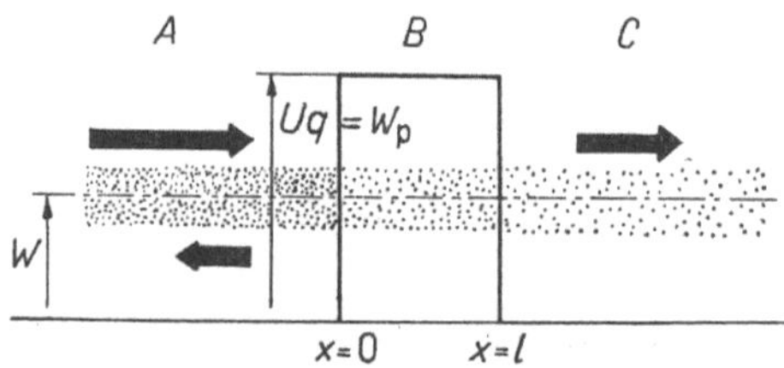

2.14 Der Durchgang des Teilchens am Potentialwall

Klassisch gesehen ist der Fall einfach: Ist die kinetische Energie der Teilchen größer als die Höhe des Potentialwalles, so gelangen sie auf die rechte Seite hinüber; ist die Energie kleiner, so werden die Teilchen von der Dicke des Walles unabhängig auf alle Fälle reflektiert. Die Quantenmechanik führt aber zu einem ganz anderen Ergebnis.

Die *Schrödinger*-Gleichung wird für jede der drei Raumteile separat aufgeschrieben. Der Unterschied besteht lediglich darin, daß der Reihe nach zuerst W, dann $W - qU$, dann wieder W berücksichtigt wird. Dementsprechend sind die Lösungen für die einzelnen Raumteile

$$\psi = A_+\, \mathrm{e}^{j\frac{2\pi}{h}\sqrt{2mW}\,x} + A_-\, \mathrm{e}^{-j\frac{2\pi}{h}\sqrt{2mW}\,x}\,,\tag{28}$$

$$\psi = B_+\, \mathrm{e}^{j\frac{2\pi}{h}\sqrt{2m(W-qU)}\,x} + B_-\, \mathrm{e}^{-j\frac{2\pi}{h}\sqrt{2m(W-qU)}\,x}\,,\tag{29}$$

$$\psi = C_+\, \mathrm{e}^{j\frac{2\pi}{h}\sqrt{2mW}\,x} + C_-\, \mathrm{e}^{-j\frac{2\pi}{h}\sqrt{2mW}\,x}\,.\tag{30}$$

Unsere Aufgabe besteht nun in der richtigen Wahl der Konstanten A, B und C, im Einklang mit den physikalischen Bedingungen. Das positive Vorzeichen des Exponenten bezeichnet eine nach rechts, das negative eine nach links fortschreitende Welle. Wir wissen bestimmt, daß im Raumteil

C ausschließlich nach rechts fortschreitende Teilchen vorhanden sein können, während sich im Raumteil B und A auch reflektierte Teilchen befinden können, so daß man mit beiden Gliedern der Lösung zu rechnen hat. Aus diesen Gründen ist also $C_- = 0$.

Zur Bestimmung der übrigen Konstanten führen die folgenden Überlegungen: In der *Schrödinger*-Gleichung kommen das Potential U sowie die zweite Ableitung von ψ, also ψ'', vor. Ändert sich das Potential sprunghaft, dann folgt, daß auch die zweite Ableitung von ψ einen Sprung an dieser Stelle aufweist, so daß die ersten Ableitungen von ψ an dieser Stelle zwar einen Knick haben, aber stetig sind, wie auch die Funktion ψ selbst stetig ist. Notwendigerweise schließen sich somit die für die Raumteile A, B und C aufgeschriebenen Lösungen sowie auch ihre ersten Ableitungen an den Orten $x = 0$ und $x = l$ einander stetig an. Es ist also

$$\psi_A = \psi_B\,, \quad \frac{\mathrm{d}\psi_A}{\mathrm{d}x} = \frac{\mathrm{d}\psi_B}{\mathrm{d}x}\,, \quad \text{wenn} \quad x = 0 \tag{31}$$

bzw.

$$\psi_B = \psi_C\,, \quad \frac{\mathrm{d}\psi_B}{\mathrm{d}x} = \frac{\mathrm{d}\psi_C}{\mathrm{d}x}\,, \quad \text{wenn} \quad x = l \tag{32}$$

ist.

Schreibt man diese Bedingungsgleichung detailliert auf, so erhält man das folgende Gleichungssystem:

$$A_+ + A_- = B_+ + B_-\,, \tag{33}$$

$$\sqrt{W}\,(A_+ - A_-) = \sqrt{(W - qU)}\,(B_+ - B_-) \tag{34}$$

sowie

$$B_+\, e^{j\frac{2\pi}{h}\sqrt{2m(W-qU)}\,l} + B_-\, e^{-j\frac{2\pi}{h}\sqrt{2m(W-qU)}\,l} = C_+\, e^{j\frac{2\pi}{h}\sqrt{2mW}\,l}\,, \tag{35}$$

$$\sqrt{W-qU}\left[B_+\, e^{j\frac{2\pi}{h}\,l\,\sqrt{2m(W-qU)}} - B_-\, e^{-j\frac{2\pi}{h}\,l\,\sqrt{2m(W-qU)}}\right] = \sqrt{W}\,C_+\, e^{j\frac{2\pi}{h}\,l\,\sqrt{2m\,W}} \tag{36}$$

In diesen Beziehungen bezeichnet A_+ die Amplitude der am Potentialwall einfallenden Welle, C_+ die der durchgedrungenen und weiter fortschreitenden Welle. Uns interessiert in erster Linie, welcher Anteil der einfallenden Teilchen den Potentialwall durchdringt; wir wollen also den Quotienten C_+/A_+ ermitteln. Wir dividieren also jedes Glied des Gleichungssystems (33), (34), (35) und (36) durch A_+ und führen die folgenden vereinfachenden Bezeichnungen ein:

$$k_1^2 = \frac{8\,m\,\pi^2}{h^2}\,W\,, \quad k_2^2 = \frac{8\,m\,\pi^2}{h^2}\,(W - qU). \tag{37}$$

Damit erhält man das folgende Gleichungssystem

$$1 + \frac{A_-}{A_+} = \frac{B_+}{A_+} + \frac{B_-}{A_+},$$

$$k_1\left(1 - \frac{A_-}{A_+}\right) = k_2\left(\frac{B_+}{A_+} - \frac{B_-}{A_+}\right),$$

$$\frac{B_+}{A_+}\,\mathrm{e}^{jk_2 l} + \frac{B_-}{A_+}\,\mathrm{e}^{-jk_2 l} = \frac{C_+}{A_+}\,\mathrm{e}^{jk_1 l},$$

$$k_2\left(\frac{B_+}{A_+}\,\mathrm{e}^{jk_2 l} - \frac{B_-}{A_+}\,\mathrm{e}^{-jk_2 l}\right) = k_1\frac{C_+}{A_+}\,\mathrm{e}^{jk_1 l}.$$

Man sieht, daß man es mit einem inhomogenen, linearen Gleichungssystem für die vier Unbekannten

$$\frac{A_-}{A_+},\quad \frac{B_+}{A_+},\quad \frac{B_-}{A_+},\quad \frac{C_+}{A_+}$$

zu tun hat, welches ohne prinzipielle Schwierigkeiten gelöst werden kann. So können z. B. B_+/A_+ und B_-/A_+ aus den zwei letzten Gleichungen mit Hilfe von C_+/A_+ ausgedrückt werden. Werden diese Ausdrücke in die ersten zwei Gleichungen eingesetzt, so erhält man zwei Gleichungen für A_-/A_+ und C_+/A_+. Daraus erhält man die folgende Gleichung zur Bestimmung des Wertes von C_+/A_+:

$$1 = \frac{C_+}{A_+}\,\mathrm{e}^{+jk_1 l}\left(\mathrm{ch}\,kl + j\frac{k^2 - k_1^2}{2k_1 k}\,\mathrm{sh}\,kl\right), \tag{38}$$

wobei die mit der Gleichung $jk = k_2$ eingeführte Größe k in dem uns jetzt interessierenden Fall $qU > W$ reell ist.

Im Endergebnis ist die Wahrscheinlichkeit dafür, daß ein Teilchen den Potentialwall durchdringt

$$\frac{C_+}{A_+}\left(\frac{C_+}{A_+}\right)^* = \frac{4k_1^2 k^2}{(k^2 + k_1^2)^2\,\mathrm{ch}^2\,kl - (k^2 - k_1^2)^2}.$$

Verwenden wir nun die folgende vereinfachende Annahme. Der Wert kl sei gegenüber der Einheit groß. In diesem Fall gilt

$$\mathrm{ch}\,kl = \frac{\mathrm{e}^{kl} + \mathrm{e}^{-kl}}{2} \sim \frac{1}{2}\mathrm{e}^{kl}.$$

Selbstverständlich ist das auch eine große Zahl, so daß das zweite Glied des Nenners weggelassen werden kann. Werden nun noch die ursprüng-

lichen Bedeutungen der verschiednen vereinfachenden Bezeichnungen
wieder eingesetzt, so erhält man die Endformel

$$\left|\frac{C_+}{A_+}\right|^2 = \frac{16\,W(qU-W)}{(qU)^2}\,\mathrm{e}^{-\frac{4\pi l}{h}\sqrt{2m}\,\sqrt{qU-W}}. \tag{39}$$

Aus diesem Zusammenhang läßt sich folgendes herauslesen: Wir haben im
vorhergehenden angenommen, daß $qU > W$ ist, also die Höhe des Potentialwalles größer ist als die kinetische Energie des Teilchens. Klassisch könnte
das Teilchen in diesem Fall den Poten-
tialwall nicht durchdringen. In der
Quantenmechanik gibt es aber eine
Wahrscheinlichkeit dafür, daß das Teilchen trotzdem über den, für das Teilchen klassisch unbesteigbaren Potentialberg hinüberkommen kann: Das
Teilchen bohrt sich sozusagen einen
Tunnel hindurch. Darauf gründet
sich die Bezeichnung »Tunneleffekt«.
Natürlich ist dies nur ein bildlicher
Ausdruck, in welchem kein tieferer

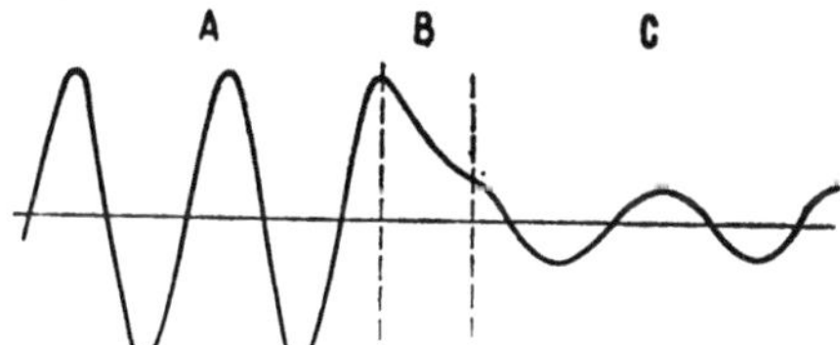

2.15 Der Tunneleffekt kann am besten
als Durchgang einer Welle durch
eine absorbierende Schicht von
endlicher Dicke veranschaulicht
werden

Sinn zu suchen und schon gar nicht die Erläuterung der Erscheinung
zu sehen ist (Abb. 2.15). Die Durchdringungswahrscheinlichkeit ist um so
größer, je dünner der Potentialwall und je kleiner die Differenz zwischen
der Energie des Teilchens und der Höhe des Potentialberges ist. Im Fall
eines sehr dicken Walles besteht für das Teilchen auch nach der Quantenmechanik keine nennenswerte Durchdringungswahrscheinlichkeit. Es sei
sofort hinzugefügt, daß man auch dann eine Abweichung von den klassischen Gesetzen erhält, wenn die Energie des Teilchens größer ist als die
Höhe des Potentialwalles: Klassisch durchdringen in diesem Fall alle Teilchen den Potentialwall, während man nach der Quantenmechanik auch
ein reflektiertes Bündel erhält.

Der Tunneleffekt spielt eine wichtige Rolle auch in der Theorie der Zersetzung von radioaktiven Stoffen und — was uns noch näher interessiert —
bei der quantitativen Beschreibung der Feldemission der Metalle.

2.4.5 Das Wasserstoffatom

Die detaillierte Kenntnis des Wasserstoffatoms ist in technischer Hinsicht nicht
besonders interessant. Daß es hier trotzdem behandelt wird, hat zwei Ursachen.
Vom Standpunkt der Physik gesehen, ist das Wasserstoffatom als das einfachste,
doch nicht triviale Mikrosystem ein Prüfstein jeder neuen Theorie. Auch die quantenmechanische Methode der Quantisierung entfaltet sich hier in ihrer ganzen Vollkom-
menheit. Andererseits werden wir uns im folgenden auf diese detaillierte Behandlung
beziehen, wenn bei der wellenmechanischen Erklärung einer Erscheinung nur die
Endergebnisse angeführt werden: Auf diese Weise kann man sich nämlich einen
Begriff machen über den Umfang des im Fall einer verwickelteren Erscheinung erforderlichen mathematischen Apparats, wenn bereits die Behandlung dieses einfachsten
Falles in mathematischer Hinsicht derart kompliziert ist.

Die Tatsache, daß stationäre Wellenerscheinungen unter gegebenen Umständen nur in ganz bestimmten, charakteristischen Formen auftreten können, ist, wie erwähnt, auch in der klassischen Physik bekannt. Die diskreten Schwingungszustände der an beiden Enden eingespannten Saite sind allgemein bekannt. Mathematisch kommt dies dadurch zum Ausdruck, daß die Wellengleichung der Saite nur bei bestimmten Frequenzwerten eine solche Lösung hat, welche für die Einspannstelle die Amplitude Null ergibt. Die Quantisierungsmethode der Wellenmechanik steht der klassischen Physik also viel näher als die *Bohr*sche Quantisierungsmethode. Das Auftreten diskreter Energiewerte auf völlig analoge Weise haben wir bereits bei der Behandlung des im endlichen Raumteil eingeschlossenen Elektrons gesehen.

Im Fall des Wasserstoffatoms wird vor allem gezeigt, wie die Suche nach der Lösung, die im Endlichen einen endlichen Wert ergibt und im Unendlichen verschwindet, ebenfalls zu diskreten Energiewerten führt.

Über das Wasserstoffatom hinausgehend, suchen wir die Energieniveaus eines Systems, das aus einem einzigen, um einen beliebigen Kern der Ladung Ze kreisenden Elektron besteht. Dementsprechend wird in die *Schrödinger*-Gleichung die potentielle Energie

$$qU = -\frac{Ze^2}{4\pi\varepsilon_0 r} \tag{40}$$

eingesetzt. Die *Schrödinger*-Gleichung lautet daher

$$\Delta\psi + \frac{8\pi^2 m}{h^2}\left(W + \frac{Ze^2}{4\pi\varepsilon_0 r}\right)\psi = 0\ . \tag{41}$$

Aus dieser Gleichung ist nun ψ zu bestimmen: Da das Kraftfeld kugelsymmetrisch ist, ist es zweckmäßig, die sphärischen Koordinaten r, ϑ, φ einzuführen. Damit hat man die Funktion $\psi(r, \vartheta, \varphi)$ zu finden. Vor allem ist der *Laplace*-Ausdruck

$$\Delta\psi = \frac{\partial^2\psi}{\partial x^2} + \frac{\partial^2\psi}{\partial y^2} + \frac{\partial^2\psi}{\partial z^2}$$

in diesen Koordinaten auszudrücken

$$\Delta\psi = \left(\frac{1}{r^2}\frac{\partial}{\partial r}r^2\frac{\partial}{\partial r} + \frac{1}{r^2\sin\vartheta}\frac{\partial}{\partial\vartheta}\sin\vartheta\frac{\partial}{\partial\vartheta} + \frac{1}{r^2\sin^2\vartheta}\frac{\partial^2}{\partial\varphi^2}\right)\psi\ . \tag{42}$$

Die *Schrödinger*-Gleichung lautet also

$$\frac{1}{r^2}\frac{\partial}{\partial r}\left(r^2\frac{\partial\psi}{\partial r}\right) + \frac{1}{r^2\sin\vartheta}\frac{\partial}{\partial\vartheta}\left(\sin\vartheta\frac{\partial\psi}{\partial\vartheta}\right) + \frac{1}{r^2\sin^2\vartheta}\frac{\partial^2\psi}{\partial\varphi^2} + \frac{8\pi^2 m}{h^2}\left(W + \frac{Ze^2}{4\pi\varepsilon_0 r}\right)\psi = 0\ . \tag{43}$$

Zur Lösung einer Differentialgleichung dieses Typs bietet sich die Methode der Trennung der Veränderlichen an. Die Funktion $\psi(r, \vartheta, \varphi)$ schreiben wir als Produkt von Funktionen auf, von denen eine nur von r, die andere dagegen nur von ϑ und φ abhängig ist

$$\psi(r, \vartheta, \varphi) = R(r)Y(\vartheta, \varphi) = RY\ . \tag{44}$$

Berücksichtigt man die Tatsache, daß bei der Differentiation nach r die Funktion Y, bei der Differentiation nach ϑ oder φ dagegen die Funktion R als konstant betrachtet werden kann, so läßt sich unsere Gleichung (43) in der folgenden Form schreiben:

$$Y\frac{1}{r^2}\frac{\mathrm{d}}{\mathrm{d}r}\left(r^2\frac{\mathrm{d}R}{\mathrm{d}r}\right) + \frac{R}{r^2}\frac{1}{\sin\vartheta}\frac{\partial}{\partial\vartheta}\left(\sin\vartheta\frac{\partial Y}{\partial\vartheta}\right) + \frac{R}{r^2\sin^2\vartheta}\frac{\partial^2 Y}{\partial\varphi^2} + $$

$$+ \frac{8\pi^2 m}{h^2}\left(W + \frac{Ze^2}{4\pi\varepsilon_0 r}\right)RY = 0\ . \tag{45}$$

Nach Multiplikation der Gleichung mit r^2/RY und Umordnen erhält man

$$\frac{1}{R}\,\frac{\mathrm{d}}{\mathrm{d}r}\left(r^2\frac{\mathrm{d}R}{\mathrm{d}r}\right)+\frac{8\pi^2 m}{h^2}\,r^2\left(W+\frac{Ze^2}{4\pi\varepsilon_0 r}\right)=$$
$$=-\frac{1}{Y}\left[\frac{1}{\sin\vartheta}\,\frac{\partial}{\partial\vartheta}\left(\sin\vartheta\,\frac{\partial Y}{\partial\vartheta}\right)+\frac{1}{\sin^2\vartheta}\,\frac{\partial^2 Y}{\partial\varphi^2}\right].$$

Auf der linken Seite dieser Gleichung stehen Größen, die nur von r, auf der rechten Seite dagegen solche, die nur von φ und ϑ abhängig sind. Diese können nur in dem Fall einander gleich sein, wenn sie beide für sich gleich derselben Konstanten sind,

$$\frac{1}{R}\,\frac{\mathrm{d}}{\mathrm{d}r}\left(r^2\frac{\mathrm{d}R}{\mathrm{d}r}\right)+\frac{8\pi^2 m}{h^2}\,r^2\left(W+\frac{Ze^2}{4\pi\varepsilon_0 r}\right)=\lambda\,, \tag{46}$$

$$-\frac{1}{Y}\left[\frac{1}{\sin\vartheta}\,\frac{\partial}{\partial\vartheta}\left(\sin\vartheta\,\frac{\partial Y}{\partial\vartheta}\right)+\frac{1}{\sin^2\vartheta}\,\frac{\partial^2 Y}{\partial\varphi^2}\right]=\lambda\,. \tag{47}$$

Die hier eingeführte Konstante λ wird Separationsparameter genannt. Umordnen der beiden Gleichungen ergibt

$$\frac{1}{r^2}\,\frac{\mathrm{d}}{\mathrm{d}r}\left(r^2\frac{\mathrm{d}R}{\mathrm{d}r}\right)+\left[\frac{8\pi^2 m}{h^2}\left(W+\frac{Ze^2}{4\pi\varepsilon_0 r}\right)-\frac{\lambda}{r^2}\right]R=0\,, \tag{48}$$

$$\frac{1}{\sin\vartheta}\,\frac{\partial}{\partial\vartheta}\left(\sin\vartheta\,\frac{\partial Y}{\partial\vartheta}\right)+\frac{1}{\sin^2\vartheta}\,\frac{\partial^2 Y}{\partial\varphi^2}+\lambda Y=0\,. \tag{49}$$

Die letztere ist eine, auch in der Potentialtheorie häufig vorkommende Gleichung, deren Lösung die Kugelfunktionen sind ([0,7] Seite 272). Eine eindeutige, an der Einheitskugel endliche Lösung dieser Gleichung gibt es nur dann, wenn λ die folgende Form hat:

$$\lambda=l(l+1); \quad l=0,1,2,\ldots\,, \tag{50}$$

wobei also l eine beliebige positive ganze Zahl oder Null sein kann. Die Lösung ist dann

$$Y_l^m(\vartheta,\varphi)=\mathrm{e}^{jm\varphi}\,P_l^m(\cos\vartheta)\,, \tag{51}$$

wobei $P_l^m(\cos\vartheta)$ das *konjugierte Legendre-Polynom* mit dem Argument $\cos\vartheta$ darstellt, während m die folgenden Werte annehmen kann:

$$m=0,\pm1,\pm2,\ldots,\pm l. \tag{52}$$

Wird nun der Wert von λ nach (50) in die Gleichung (48) eingesetzt und die bezeichnete Differentiation durchgeführt, so erhält man

$$\frac{\mathrm{d}^2 R}{\mathrm{d}r^2}+\frac{2}{r}\,\frac{\mathrm{d}R}{\mathrm{d}r}+\left(\frac{8\pi^2 mW}{h^2}+\frac{8\pi^2 m Ze^2}{4\pi\varepsilon_0 rh^2}-\frac{l(l+1)}{rh^2}\right)R=0\,. \tag{53}$$

Wir führen die folgenden Abkürzungen ein:

$$\frac{8\pi^2 mW}{h^2}=-\frac{1}{r_0^2}\,,\quad \frac{8\pi^2 m Ze^2}{4\pi\varepsilon_0 h^2}=2\alpha\,.$$

Unsere Gleichung läßt sich nun folgendermaßen schreiben:

$$\frac{\mathrm{d}^2 R}{\mathrm{d}r^2}+\frac{2}{r}\,\frac{\mathrm{d}R}{\mathrm{d}r}+\left[-\frac{1}{r_0^2}+\frac{2\alpha}{r}-\frac{l(l+1)}{r^2}\right]R=0\,. \tag{54}$$

Führen wir noch die, durch die Beziehung

$$\varrho=2\,\frac{r}{r}$$

definierte neue unabhängige Veränderliche ein

$$\frac{\mathrm{d}^2 R}{\mathrm{d}\varrho^2} + \frac{2}{\varrho}\,\frac{\mathrm{d}R}{\mathrm{d}\varrho} + \left(-\frac{1}{4} + \alpha r_0 \frac{1}{\varrho} - \frac{l(l+1)}{\varrho^2}\right) R = 0, \tag{55}$$

so nimmt unsere Gleichung im Fall $\varrho \to \infty$ eine äußerst einfache Form an:

$$\frac{\mathrm{d}^2 R}{\mathrm{d}\varrho^2} - \frac{1}{4}\,R = 0.$$

Die Lösung dieser Gleichung ist $R(\varrho) = \mathrm{e}^{-\frac{\varrho}{2}}$. (Die Lösung mit dem positiven Vorzeichen divergiert im Unendlichen und wird deshalb verworfen.) Im Endlichen ist es somit zweckmäßig, die Lösung in der Form

$$R(\varrho) = \mathrm{e}^{-\frac{\varrho}{2}} f(\varrho), \tag{56}$$

zu suchen. Wird diese Probefunktion in die Gleichung (55) eingesetzt, so erhält man die folgende Differentialgleichung für $f(\varrho)$:

$$\frac{\mathrm{d}^2 f}{\mathrm{d}\varrho^2} + \left(\frac{2}{\varrho} - 1\right)\frac{\mathrm{d}f}{\mathrm{d}\varrho} + \left[(\alpha r_0 - 1)\frac{1}{\varrho} - \frac{l(l+1)}{\varrho^2}\right] f = 0. \tag{57}$$

Zur Lösung dieser Gleichung setzen wir eine Potenzreihe an

$$f(\varrho) = \varrho^s(a_0 + a_1\varrho + a_2\varrho^2 + \ldots) = \varrho^s \sum_\nu a_\nu \varrho^\nu, \tag{58}$$
$$a_0 \neq 0.$$

Wir setzen diesen Ausdruck in die vorangehende Differentialgleichung ein und sammeln auf die übliche Weise gleiche Potenzen von ϱ. Falls $f(\varrho)$ tatsächlich eine Lösung darstellt, müssen alle Koeffizienten gleich Null sein. Die vorkommende niedrigste Potenz von ϱ ist ϱ^{s-2}. Wird deren Koeffizient gleich Null gesetzt, so ist

$$a_0[s(s-1) + 2s - l(l+1)] = a_0[s(s+1) - l(l+1)] = 0. \tag{59}$$

Der Koeffizient der allgemeinen Potenz $\varrho^{\nu+s-1}$ lautet

$$[(\nu+s+1)(\nu+s) + 2(\nu+s+1) - l(l+1)]a_{\nu+1} - (\nu+s+1-\alpha r_0)a_\nu = 0. \tag{60}$$

Auf Grund der ersten Gleichung ist $s = l$ oder $s = -(l+1)$. Die letztere Wahl führt jedoch zum unendlichen Wert von $f(\varrho)$ am Ort $\varrho = 0$. Es bleibt also die Möglichkeit $s = l$. Damit erhält man aus der zweiten Gleichung

$$\frac{a_{\nu+1}}{a_\nu} = \frac{\nu + l + 1 - \alpha r_0}{(\nu+l+1)(\nu+l) + 2(\nu+l+1) - l(l+1)}. \tag{61}$$

Im Fall $\nu \to \infty$ ist $a_{\nu+1}/a_\nu \to 1/\nu$. Dies ergibt eine exponentielle Zunahme für $f(\varrho)$. Will man erreichen, daß die Funktion $\mathrm{e}^{-\varrho/2} f(\varrho)$ auch im Unendlichen endlich bleibt, so muß man aus der unendlichen Reihe ein Polynom endlichen Grades machen. Die Reihe bricht mit dem ν-ten Glied ab, und $a_{\nu+1}$ wird bereits gleich Null sein, falls

$$\nu + l + 1 - \alpha r_0 = 0; \quad \nu + l + 1 = \alpha r_0 \tag{62}$$

ist. Werden hier die Werte von α und r_0 eingesetzt, so erhält man für eine endliche Lösung zwangsläufig die Beziehung

$$W = -\frac{mZ^2 e^4}{8\varepsilon_0 h^2(\nu + l + 1)^2}, \quad \nu, l = 0, 1, 2, \ldots \tag{63}$$

Wir führen nun die Hauptquantenzahl $n = v + l + 1 = \alpha r_0$ ein. Dann ist

$$W = - \frac{me^4 Z^2}{8 \varepsilon_0 h^2 n^2}, \qquad n = 1, 2, 3, \ldots \tag{64}$$

Im Fall $Z = 1$ ist dies die bekannte *Balmer*sche Formel. Aus der Beziehung $n = l + v + 1$ ersieht man auch, daß bei gegebenem Wert von n die möglichen Werte von l

$$l = 0, 1, 2, \ldots, n - 1$$

sind. Damit hat man die diskreten Energiewerte erhalten.

(*) Wir haben schon gesehen, daß man durch die Bestimmung der Bedingungen der Eindeutigkeit und Endlichkeit der Funktion ψ meistens auch die Hauptaufgabe, d. h. die Bestimmung der diskreten Werte, bereits erledigt hat. Vollständigkeitshalber sei aber auch die explizite Form der Funktion ψ angeführt. Die Lösung der Gleichung (55) ist

$$R(\varrho) = e^{-\frac{\varrho}{2}} \varrho^l L_{n+l}^{2l+1}(\varrho), \qquad \varrho = 2 \frac{r}{r_0}. \tag{65}$$

Das hier vorkommende Polynom $L_{n+l}^{2l+1}(\varrho)$, dessen Koeffizienten durch die Gleichungen (59)−(60) geliefert werden, ist das *konjugierte Laguerre-Polynom*. Das *(gemeine) Laguerre-Polynom* i-ter Ordnung ist die Lösung der Gleichung

$$xy'' + (1 - x)y' + iy = 0, \quad i = 0, 1, 2, \ldots \tag{66}$$

und lautet

$$L_i(x) = \sum_{k=0}^{i} \frac{(-1)^k}{k!} \binom{i}{k} x^k. \tag{67}$$

Falls die assoziierten *Laguerre*-Polynome durch die Gleichung

$$L_i^p(x) = \frac{d^p}{dx^p} L_i(x) \tag{68}$$

definiert werden, sieht man durch die p-malige Differentiation der Gleichung (66), daß der Ausdruck (68) der Gleichung

$$xy'' + (p + 1 - x)y' + (i - p)y = 0 \tag{69}$$

genügt.

Vergleicht man diese mit der nachstehenden, aus der Gleichung (57) durch die Substitution $f(\varrho) = \varrho L(\varrho)$ erhältlichen Gleichung

$$\varrho \frac{d^2 L}{d\varrho^2} + (2l + 2 - \varrho) \frac{dL}{d\varrho} + (r_0 \alpha - l - 1) L = 0 \tag{70}$$

und berücksichtigt die Beziehung $\alpha + l + 1 = r_0 \alpha = n$, so ergibt sich, daß in der Lösung (65) tatsächlich der Ausdruck $L_{n+l}^{2l+1}(\varrho)$ auftreten muß. Dieser ist ein Polynom des Grades

$$n + l - (2l + 1) = n - l - 1;$$

hieraus folgt wieder, daß $l = 0, 1, 2, 3, \ldots, n - 1$ sein kann.

Die mit den drei Quantenzahlen n, l, m gekennzeichnete Lösung ist also

$$\psi_{nlm}(r, \vartheta, \varphi) = A\, e^{-\frac{r}{nr_1}} \left(\frac{2r}{nr_1}\right)^l L_{n+l}^{2l+1}\left(\frac{2r}{nr_1}\right) P_l^m(\cos \vartheta)\, e^{jm\varphi}. \tag{71}$$

A bezeichnet hierbei einen Normierungsfaktor, während r_1 mit dem bereits vorgekommenen Radius der ersten *Bohr*schen Bahn identisch ist:

$$r_0 \alpha = n, \quad \varrho = \frac{2r}{r_0} = \frac{2r\alpha}{n}, \quad \frac{1}{\alpha} = r_1 = \frac{\varepsilon_0 h^2}{\pi m Z e^2} = \frac{r_1^H}{Z} \equiv \frac{a_0}{Z}. \tag{72}$$

Tabelle **2.1.** Die Zustände tiefster Energie des Einelektronensystems. Die einzelnen Zustände sind mit der Hauptquantenzahl und dem daneben geschriebenen, der Nebenquantenzahl entsprechenden Buchstaben gekennzeichnet. $l = 0$ bezeichnet den Zustand s, $l = 1$ den Zustand p

Bezeichnung des Zustands	n	l	m	ψ
$1s$	1	0	0	$\dfrac{1}{\sqrt{\pi r_1^3}}\, e^{-\frac{r}{r_1}}$
$2s$	2	0	0	$-\dfrac{1}{4\sqrt{2\pi}}\left(\dfrac{1}{r_1}\right)^{3/2}\left(\dfrac{r}{r_1}-2\right)e^{-\frac{r}{2r_1}}$
$2p$	2	1	-1	$\dfrac{1}{8\sqrt{\pi}}\left(\dfrac{1}{r_1}\right)^{3/2}\dfrac{r}{r_1}\,e^{-\frac{r}{2r_1}}\sin\vartheta\; e^{-j\varphi}$
$2p$	2	1	0	$\dfrac{1}{4\sqrt{2\pi}}\left(\dfrac{1}{r_1}\right)^{3/2}\dfrac{r}{r_1}\,e^{-\frac{r}{2r_1}}\cos\vartheta$
$2p$	2	1	$+1$	$\dfrac{1}{8\sqrt{\pi}}\left(\dfrac{1}{r_1}\right)^{3/2}\dfrac{r}{r_1}\,e^{-\frac{r}{2r_1}}\sin\vartheta\; e^{j\varphi}$

Es fragt sich nun, wie viele verschiedene Lösungen ψ zu einem gegebenen Wert von n gehören. Man weiß, daß l Werte von 0 bis $n-1$ annehmen kann. Gleichzeitig kann m (bei gegebenem l) $2l+1$ Werte von $-l$ bis $+l$ annehmen. Die Gesamtzahl der Lösungen ist daher

$$\sum_{l=0}^{n-1} (2l + 1) = n^2 . \tag{73}$$

In Tabelle 2.1 sind die zu den kleinsten Quantenzahlen gehörenden ψ-Funktionen bereits mit dem richtigen Normierungsfaktor angeführt. Abb. 2.16 zeigt die Werte $\psi\psi^*$ für einige Lösungen.

Im vorangehenden wurde gezeigt, daß zu einem gegebenen Wert von n genau n^2 verschiedene Funktionen gehören. Mit anderen Worten, es gehören n^2 verschiedene Funktionen ψ zu einem einzigen Energiewert. In solchen Fällen sagt man, daß der betreffende Zustand n^2-fach entartet ist. Genauso, wie in der *Bohr*schen Theorie, kann eine beliebige kleine Störung diese Entartung beheben: Der einzige Energiewert spaltet sich in n^2 unterschiedliche Werte auf. Wird das Atom in ein magnetisches Feld gebracht, so erhält man den normalen *Zeeman*-Effekt, die Energieniveaus verschieben sich — wie wir noch sehen werden — der *Bohr*schen Theorie entsprechend. Wie ebenfalls noch gezeigt wird, spielt bei der Verschiebung jene Quantenzahl m eine Rolle, welche bisher nur eine mathematische Bedeutung hatte, wodurch ihre Identifikation mit der magnetischen Quantenzahl gerechtfertigt wird. Aus diesem Grund ist auch ein Zusammenhang der Quantenzahl l mit dem Bahnimpuls naheliegend. Für das Impulsmoment ergibt sich jedoch unseren nachstehenden Ausführungen gemäß anstelle des Wertes $lh/2\pi$ der auch mit den Versuchen im Einklang stehende und früher schon öfters zitierte Wert

$$\sqrt{l(l+1)}\,\frac{h}{2\pi} .$$

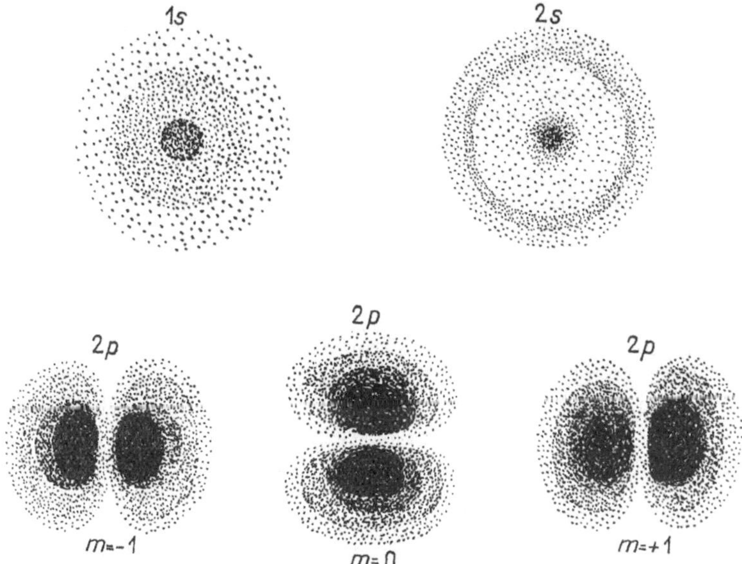

2.16 Die Wahrscheinlichkeitsverteilung des Elektronenortes in einigen tiefsten Zuständen des Einelektronensystems. Die Zustände $1s$ und $2s$ sind kugelsymmetrisch

Die Quantenmechanik hat im vorangehenden die Werte der diskreten Energien ohne jede besondere, willkürliche Annahme automatisch geliefert, die Einschränkungen bezüglich der Quantenzahlen ebenfalls richtig angegeben und auch für die Größe des Impulsmomentes die auf Grund der Versuche geforderten Werte geliefert. Das hat aber den völligen Verlust der Anschaulichkeit im klassischen oder alltäglichen Sinn gekostet. Die Quantenmechanik hat jedoch den eigenen Drehimpuls sowie das magnetische Moment des Elektrons nicht geliefert. Diese Größen kann ausschließlich die relativistische Wellenmechanik, die *Dirac*schen Gleichungen, den experimentellen Tatsachen entsprechend liefern. Damit wollen wir uns jedoch weder jetzt noch später eingehend befassen. Wir kehren aber zu einer von *Pauli* herrührenden mathematischen Beschreibung des Spins zurück. Wir begnügen uns vorläufig mit der Feststellung der experimentellen Tatsache, daß das Elektron auch einen eigenen Drehimpuls und ein magnetisches Moment besitzt, so daß man zur Bestimmung des Elektronenzustands zusätzlich auch die Spinquantenzahl

$$s = \pm \frac{1}{2}$$

angeben muß. Dies bedeutet natürlich, daß die bisher behandelte Funktion ψ einer Ergänzung bedarf; zu jedem Zahlentripel n, l, m gehören, den zwei Werten der Spinquantenzahl entsprechend, zwei Funktionen

$$\psi_{+\frac{1}{2}} = \psi_{nlm}(r, \vartheta, \varphi)\, \psi_s\left(+\frac{1}{2}\right),$$

$$\psi_{-\frac{1}{2}} = \psi_{nlm}(r, \vartheta, \varphi)\, \psi_s\left(-\frac{1}{2}\right). \tag{74}$$

Die Natur der Spinfunktion ψ_s wird nicht näher untersucht. Es wird lediglich bemerkt, daß die vollständige Zustandsfunktion ψ nicht nur von den räumlichen Koordinaten, sondern auch von den Spinkoordinaten abhängig ist. Dementsprechend wird also die Energie W_n nicht durch n^2, sondern durch $2n^2$ verschiedene ψ-Funktionen, d. h. durch $2n^2$ unterschiedliche Quantenzustände verwirklicht.

2.5 Der Aufbau des Periodischen Systems

Ein einziges Elektron kann im Atom in den verschiedensten, durch die Quantenzahlen n, l, m, s oder durch die entsprechende Zustandsfunktion ψ gekennzeichneten Zuständen sein. Der Grund- oder Normalzustand des Atoms wird derjenige sein, in welchem das Elektron den tiefsten, mit der Hauptquantenzahl $n = 1$ gekennzeichneten Zustand einnimmt. Gibt es mehrere Elektronen um den Kern der Ladung Ze, so könnte man auf den ersten Blick denken, daß jedes dieser Elektronen im nicht erregten Zustand des Atoms sich auf der tiefsten Energiestufe aufhält. In Wirklichkeit ist dies aber nicht der Fall. Die experimentellen Tatsachen können nur dadurch erklärt werden, daß man die bisherige Theorie durch das *Pauli*-Prinzip ergänzt: *In einem Atom gibt es keine zwei Elektronen, bei denen alle vier Quantenzahlen übereinstimmen.*

Mit anderen Worten: In einem gegebenen Zustand $\psi_{nlm}\,\psi_s$ kann sich nur ein einziges Elektron befinden.

Oder nochmals anders ausgedrückt: Es können so viele Elektronen dieselbe Energiestufe besetzen, wie vielfach diese entartet ist; auf einer völlig aufgespaltenen Energiestufe gibt es folglich nur für ein einziges Elektron Platz.

Das *Pauli*-Prinzip wird im folgenden noch häufig vorkommen.

Nun können wir bereits die Elektronenkonfiguration der einzelnen Elemente feststellen und auch den Aufbau des Periodischen Systems verstehen. Die Zahl der Elektronen nimmt ganz genau der steigenden Ordnungszahl der Elemente entsprechend zu, wobei die Elektronen im Grundzustand die noch verfügbaren, d. h. noch nicht besetzten tiefsten Niveaus einzunehmen trachten (s. Anhang 2).

Im Wasserstoffatom kreist somit ein einziges Elektron im unerregten Zustand auf der Bahn $n = 1$. Der Wert l kann nur gleich Null sein, so daß das Elektron mit $1s$ bezeichnet wird. Das zweite Elektron des Heliums findet noch auf der Bahn $n = 1$ Platz, da die Spinkoordinate der beiden noch unterschiedlich sein kann. Das Helium hat somit zwei $1s$ Elektronen mit den Quantenzahlen 1, 0, 0, $+1/2$ bzw. 1, 0, 0, $-1/2$. Die aus zwei Elektronen des Zustands $1s$ bestehende Struktur des Heliumatoms wird folgendermaßen gekennzeichnet: $(1s)^2$. Damit ist die Möglichkeit $n = 1$ erschöpft. Das dritte Elektron des Lithiums kann nur noch auf den Bahnen bzw. in den Zuständen mit der Hauptquantenzahl $n = 2$ Platz finden. Hier können $2n^2 = 8$ Elektronen untergebracht werden, eine neue Schale ist erst danach anzuschneiden. Das Lithium hat zwei $1s$ Elektronen und ein $2s$ Elektron: $(1s)^2\, 2s$. Die Elektronenkonfiguration des Berylliums ist

$(1s)^2 (2s)^2$. Hiernach folgt die Besetzung der mit den Quantenzahlen $n = 2$, $l = 1$ gekennzeichneten Bahnen vom Bor bis zum Neon. Die Konfiguration des Neons ist $(1s)^2 (2s)^2 (2p)^6$. Damit sind auch die Plätze mit der Hauptquantenzahl $n = 2$ voll besetzt. Anschaulich ist es auch unmittelbar klar, daß solche, eine abgeschlossene Schale besitzende Atome am stabilsten sind. Tatsächlich ist das Neon ein Edelgas: Es tritt nur sehr schwer in eine chemische Reaktion ein. Beim Natrium fängt es wieder an mit einem Elektron auf der Bahn $n = 3$; das Verhalten dieses Elements wird damit dem Verhalten aller solchen Elemente sehr ähnlich sein, welche nebst einer abgeschlossenen bzw. mehr oder weniger abgeschlossenen Schale noch ein einsames Elektron besitzen.

Die Regelmäßigkeit im Einbau der Elektronen dauert nicht bis zum Ende des Periodischen Systems. Die erste Unregelmäßigkeit tritt beim Kalium auf. Die sechs Möglichkeiten, die zur Nebenquantenzahl $l = 1$ der Schale mit der Hauptquantenzahl $n = 3$ gehören, sind mit dem Argon erschöpft. Die Elektronenkonfiguration dieses Stoffes ist $(1s)^2 (2s)^2 (2p)^6 (3s)^2 (3p)^6$.

Um die Bedeutung der hier verwendeten Bezeichnungen wieder in das Gedächtnis zu rufen, schreiben wir ausführlich die vier »Quanten-Koordinaten« der 18 Elektronen des Argons auf:

$$
(1s)^2 \rightarrow
\begin{array}{cccc}
n & l & m & s \\
1 & 0 & 0 & +\dfrac{1}{2} \\
1 & 0 & 0 & -\dfrac{1}{2}
\end{array}
\qquad
(2s)^2 \rightarrow
\begin{array}{cccc}
n & l & m & s \\
2 & 0 & 0 & +\dfrac{1}{2} \\
2 & 0 & 0 & -\dfrac{1}{2}
\end{array}
$$

$$
(3s)^2 \rightarrow
\begin{array}{cccc}
3 & 0 & 0 & +\dfrac{1}{2} \\
3 & 0 & 0 & -\dfrac{2}{2}
\end{array}
$$

$$
(2p)^6 \rightarrow
\begin{array}{cccc}
2 & 1 & +1 & +\dfrac{1}{2} \\
2 & 1 & +1 & -\dfrac{1}{2} \\
2 & 1 & 0 & +\dfrac{1}{2} \\
2 & 1 & 0 & -\dfrac{1}{2} \\
2 & 1 & -1 & +\dfrac{1}{2} \\
2 & 1 & -1 & -\dfrac{1}{2}
\end{array}
\qquad
(3p)^6 \rightarrow
\begin{array}{cccc}
3 & 1 & +1 & +\dfrac{1}{2} \\
3 & 1 & +1 & -\dfrac{1}{2} \\
3 & 1 & 0 & +\dfrac{1}{2} \\
3 & 1 & 0 & -\dfrac{1}{2} \\
3 & 1 & -1 & +\dfrac{1}{2} \\
3 & 1 & -1 & -\dfrac{1}{2}
\end{array}
$$

Tabelle **2.2.** Die Quantenzustände eines Einelektronensystems. Δn, Δl usw. bezeichnen die bei einem Übergang möglichen Veränderungen der betreffenden Quantenzahl (nach *Bauer*)

Hauptquantenzahl n	1	2			3					$n = 1,2,3\ldots\infty$ Δn = beliebige ganze Zahl
Nebenquantenzahl l	0	0	1		0	1		2		$l=0,1\ldots(n-1)$; $\Delta l = \pm 1$
Innere Quantenzahl j	$\frac12$	$\frac12$	$\frac12$	$\frac32$	$\frac12$	$\frac12$	$\frac32$	$\frac32$	$\frac52$	$j = l + s$; $s = \pm\frac12$ $\Delta j = 0,\ \pm 1$
Vollständige magnetische Quantenzahl m	$-\frac12$ $+\frac12$	$-\frac12$ $+\frac12$	$-\frac32$ $-\frac12$	$+\frac12$ $+\frac32$	$-\frac12$ $+\frac12$	$-\frac12$ $+\frac12$	$-\frac32 +\frac12$ $-\frac12 +\frac32$	$-\frac32 +\frac12$ $-\frac12 +\frac32$	$-\frac52 -\frac12 +\frac32$ $-\frac32 +\frac12 +\frac52$	$m = -j,\ -(j-1)\ldots$ $+(j-1),\ +j$ $\Delta m = 0,\ \pm 1$
Bezeichnung als optischer Term	$1\ ^2S_{1/2}$	$2\ ^2S_{1/2}$	$2^2P_{1/2}$	$2\ ^2P_{3/2}$	$3\ ^2S_{1/2}$	$3^2P_{1/2}$	$3^2P_{3/2}$	$3^2D_{3/2}$	$3^2\,D_{5/2}$	
Bezeichnung als Röntgenterm	K	L_{I}	L_{II}	L_{III}	M_{I}	M_{II}	M_{III}	M_{IV}	M_{V}	
Zustandsbezeichnung	$1\ s$	$2\ s$	$2\ p$		$3\ s$	$3\ p$		$3\ d$		$l = 0, 1, 2, 3, 4, 5,\ldots$ $s, p, d, f, g, h\ldots$
Zahl der Zustände	2	2	6		2	6		10		$2(2l + 1)$
Gesamtzahl der Zustände	$2 \cdot 1^2 = 2$	$2 \cdot 2^2 = 8$			$2 \cdot 3^2 = 18$					$2n^2$

Nun wäre die Besetzung der Quantenzustände $n = 3$, $l = 2$, d. h. der Einbau eines $3d$ Elektrons an der Reihe. Statt dessen folgt aber ein $4s$ Elektron, welches also den Platz der Nebenquantenzahl $l = 0$ der Schale mit der Hauptquantenzahl $n = 4$ besetzt. Auf Grund des Modells kann man sagen, daß die Bahn $4s$ eine gestreckte Ellipse, die Bahn $3d$ dagegen kreisförmig ist, so daß die die Kernladung abschirmende Wirkung der übrigen Elektronen in dem einen Fall anders zur Wirkung kommt als in dem anderen. Die Bahn $4s$ kommt näher zum Kern heran, folglich wird auch ihre Energie gerade infolge der unterschiedlichen Abschirmung tiefer. Die leer gebliebenen Zustände $3d$ füllen sich später auf. Das chemisch völlig gleichartige Verhalten der Seltenen Erden rührt z. B. gerade davon her, daß ihre äußeren Elektronen auf identische Weise $5d$ $(6s)^2$ gebunden sind und sogar ihre inneren, abgeschlossenen Unterschalen $(5s)^2$ $(5p)^6$ identisch sind, so daß sie sich nur in der Zahl ihrer $4f$ Elektronen unterscheiden. Das chemische Verhalten wird ja in erster Linie durch die Zahl und Anordnung der äußeren Elektronen bestimmt. Beim Uran gibt es ein Elektron auch auf der Bahn $7s$. Bei den Transuranen beginnt wieder die Besetzung einer inneren Unterschale $5f$, so daß man wieder eine den Seltenen Erden ähnliche Gruppe erhält.

Die zu den Hauptquantenzahlen $1, 2, 3, \ldots$ gehörenden Bahnen werden K-, L-, M-Schalen genannt (Tabelle **2.2**).

2.6 Die möglichen Energiezustände der Atome

2.6.1 Die Einelektronensysteme

Das Energieschema des einfachsten Einelektronensystems, des Wasserstoffatoms sowie das dementsprechende Spektrum wurde schon mehrfach erörtert. Das bisherige Bild bedarf jedoch noch einer Ergänzung. Bis jetzt haben wir immer gesagt, daß der Energiewert von der Hauptquantenzahl n allein abhängig ist. Es ist aber bekannt, daß die Elektronenbahn sowie das Elektron selbst ein magnetisches Moment besitzen. Diese üben eine Wechselwirkung aufeinander aus und beeinflussen damit den ursprünglichen Energiezustand. Als Folge dieser Wechselwirkung entsteht die *Feinstruktur* der Spektrallinien.

Wir untersuchen vor allem, in welcher Beziehung das aus dem Umlauf des Elektrons stammende magnetische Moment zu dem von der eigenen Drehung des Elektrons herrührenden magnetischen Moment stehen kann. Bekanntlich beträgt das Impulsmoment der Bahn in dem durch die Nebenquantenzahl l gekennzeichneten Zustand

$$\boldsymbol{p}_l = \boldsymbol{l}\,\frac{h}{2\pi}. \tag{1}$$

Der zur Spinquantenzahl s gehörende eigene Drehimpuls ist

$$\boldsymbol{p}_s = \boldsymbol{s}\,\frac{h}{2\pi}. \tag{2}$$

Nach der Quantenmechanik ist die Länge der Vektoren l bzw. s

$$|l| = \sqrt{l(l+1)}\,; \quad |s| = \sqrt{s(s+1)}. \tag{3}$$

In einer beliebigen, ausgezeichneten Richtung können sich sowohl p_l als auch p_s nur auf ganz bestimmte Weise einstellen. Die möglichen Werte der Projektion von l ergibt die magnetische Quantenzahl m:

$$m = -l, \ -(l-1), \ \ldots, \ -2, \ -1, \ 0, \ +1, \ 2, \ldots, l. \tag{4}$$

Die mögliche Projektion des Vektors s ist

$$+\frac{1}{2} \quad \text{bzw.} -\frac{1}{2}. \tag{5}$$

Im folgenden werden wir bei der bildlichen Darstellung oft die nicht-quantenmechanischen Näherungen $|l| = l$ und $|s| = s$ gebrauchen und die genauen Werte nach (3) nur in die Endformel einsetzen.

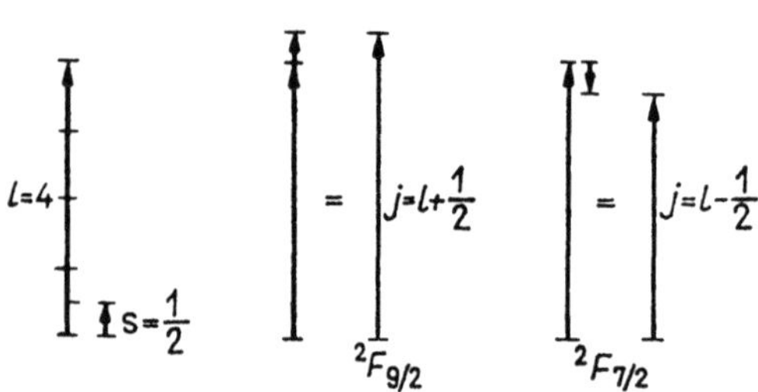

2.17 Die möglichen Werte der inneren Quantenzahl j im Einelektronensystem

Das einzige Elektron des Wasserstoffatoms bewege sich also auf der mit den Vektoren l und s gekennzeichneten Bahn. Wir fragen nach der Resultierenden von l und s. Die Resultierende der beiden Drehimpulse wird mit j gekennzeichnet und der zur inneren Quantenzahl j gehörende Vektor genannt:

$$j = l + s. \tag{6}$$

Nach dem Vorangehenden kann die Projektion von l auf jede ausgezeichnete Richtung, somit auch auf die Richtung von j, nur eine ganze Zahl, die Projektion von s dagegen nur $+1/2$ oder $-1/2$ sein, so daß nur die parallele bzw. antiparallele Einstellung nach Abb. **2.17** und **2.18** möglich ist. Die zwei Werte der inneren Quantenzahl j betragen damit

$$j = l + \frac{1}{2}, \quad j = l - \frac{1}{2}. \tag{7}$$

Der Betrag des resultierenden Impulses ist wiederum

$$|j| = \sqrt{j(j+1)}\,. \tag{8}$$

Den zwei verschiedenen Einstellungen entsprechen naturgemäß unterschiedliche Energiezustände. Folglich spaltet sich jede mit den Quantenzahlen n und l gekennzeichnete Energiestufe infolge des Spins in zwei, den zwei Werten von j entsprechende Niveaus auf. Damit wird jeder Term verdoppelt: Man erhält Dublett-Terme. Man sagt darüber, daß die Multiplizität oder Vielfachheit der Terme gleich zwei ist. Später werden

2.18 Die zu den Werten $l + 1/2$ und $l - 1/2$ der inneren Quantenzahl j gehörenden Einstellungsrichtungen auf Grund der Quantenmechanik. Ein Sternchen bezeichnet hier die vektoriellen Größen, deren Länge nach den Regeln der Quantenmechanik zu nehmen ist. Zu jeder Einstellung gehört eine andere Energie. So spaltet sich z. B. der Zustand $l = 4$ (Zustand F) in die mit den inneren Quantenzahlen $j = 9/2$ und $j = 7/2$ gekennzeichneten Zustände auf. Die Linien verdoppeln sich: Sie bilden also ein Dublett. Die Bezeichnung ^2F weist darauf hin

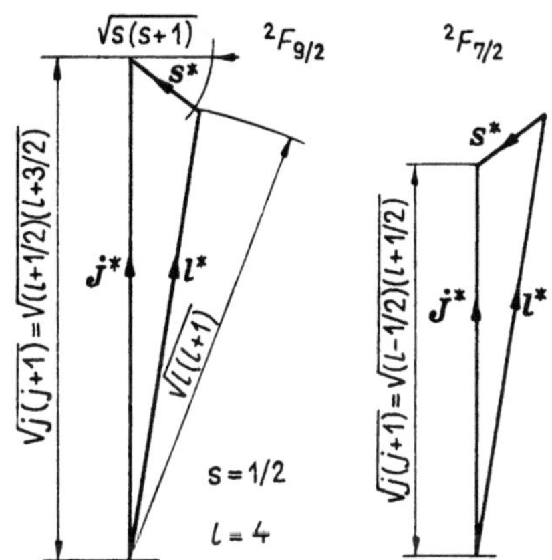

wir noch Termen höherer Multiplizität, Tripletts, Quadrupletts, Quintetts begegnen. Die einzige Ausnahme ist der Zustand $l = 0$. In diesem Fall ist der einzig mögliche Wert der inneren Quantenzahl $j = 1/2$: Das magnetische Moment des Elektrons existiert allein, so daß eine den unterschiedlichen Einstellungsmöglichkeiten entsprechende Wechselwirkungsenergie nicht auftreten kann.

Wie bereits erwähnt, kann der Spin erst in der *Dirac*schen relativistischen Quantenmechanik berücksichtigt werden. Aus dieser Theorie ergibt sich die folgende Formel, die sowohl die relativistische Massenänderung als auch den Spin berücksichtigt:

$$W_{n,j} = W_0 \left[1 + \frac{\alpha^2 Z^2}{n} \left(\frac{1}{j + \dfrac{1}{2}} - \frac{3}{4n} \right) \right]. \tag{9}$$

Diese Beziehung zeichnet sich dadurch aus, daß darin die Nebenquantenzahl l nicht vorkommt: Vom Wert l unabhängig, fallen die Terme mit identischem n und j zusammen.

Auf Grund des Bisherigen sind die folgenden Energiezustände des Wasserstoffatoms möglich: Zur Hauptquantenzahl $n = 1$ gehören die Nebenquantenzahl $l = 0$ sowie die einzige innere Quantenzahl $j = 1/2$. Das Kurzzeichen dieses Energiezustandes ist $1S_{1/2}$: 1 ist die Hauptquantenzahl, S ist das Buchstabensymbol der Quantenzahl $l = 0$, während der Index 1/2 den Wert von j angibt. Die Bezeichnung $1^2S_{1/2}$ ist auch üblich, wobei der Index 2 darauf hinweist, daß dieser Energieterm ein Glied einer aus zwei Linien bestehenden Feinstruktur, also einer Dublettreihe ist, obwohl er selbst nicht aus zwei Linien besteht.

Die großen Buchstaben S, P, F, ... werden zur Kennzeichnung des *resultierenden* Zustandes des Atoms verwendet. Bei Einelektronensystemen fällt dies mit unserer bisherigen Kennzeichnung durch kleine Buchstaben zusammen.

Zur Hauptquantenzahl $n = 2$ gehören die Nebenquantenzahl $l = 0$ und $l = 1$, d. h. die Zustände $2S$ und $2P$. Zum Zustand $2S$ gehört $j = 1/2$ allein. Das Zeichen dieses Zustandes ist somit $2^2S_{1/2}$. Beim Zustand $2P$ sind die Fälle

$$j = l - \frac{1}{2} = \frac{1}{2} \qquad \text{sowie} \qquad j = l + \frac{1}{2} = \frac{3}{2}$$

möglich, so daß die nächsten zwei Terme $2^2P_{1/2}$ und $2^2P_{3/2}$ sind. Auf ähnliche Weise erhält man dann die nachfolgenden Terme

$$3^2S_{1/2}, \quad 3^2P_{1/2}, \quad 3^2P_{3/2}, \quad 3^2D_{3/2}, \quad 3^2D_{5/2} \ldots$$

Da der Wert von W_0 im ungestörten Zustand des Wasserstoffatoms von l unabhängig war, kann die Abhängigkeit von l nur über j hereinkommen. Die Werte von Termen gleicher Hauptquantenzahl und gleicher innerer Quantenzahl fallen zusammen, unabhängig davon, welchen Wert l haben mag. Die zu den Zuständen $2S_{1/2}$ und $2P_{1/2}$ gehörenden Energiewerte sind somit identisch. Infolge des in der Gleichung (9) vorkommenden Faktors

$$\alpha^2 \sim \left(\frac{1}{137}\right)^2 \tag{10}$$

sind natürlich auch die übrigen Verschiebungen sehr klein. Z. B. beträgt die Differenz zwischen $2^2P_{1/2}$ und $2^2P_{3/2}$

$$\Delta\nu^* = 0{,}326 \ \text{cm}^{-1}.$$

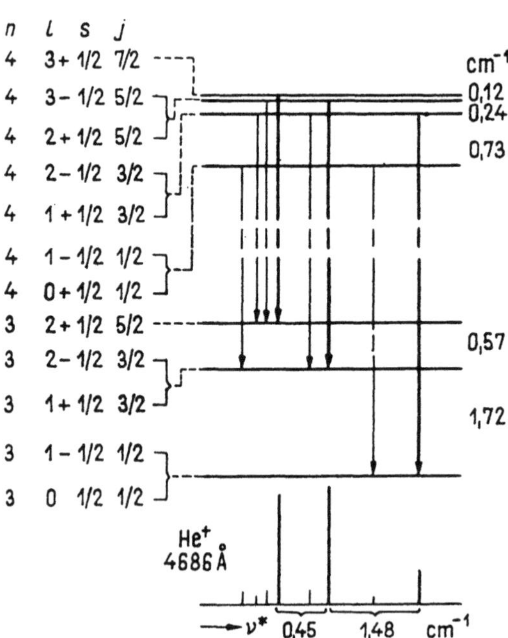

2.19 Die Feinstruktur einer Linie des einfach ionisierten Heliums. Beim Übergang von der Bahn mit der Hauptquantenzahl $n = 4$ auf die Bahn mit der Hauptquantenzahl $n = 3$ strahlt das ionisierte He-Atom Licht von der Wellenlänge $\lambda = 4686$ Å aus. Infolge der Feinstruktur der Linien besteht auch das ausgestrahlte Licht aus vielen, einander sehr nahe liegenden Linien. Die zum gleichen j, jedoch zu verschiedenen l gehörenden Terme fallen zusammen [2.9]

Die Sache ist so aufzufassen, daß die sich aus der Spin-Wechselwirkung ergebende Feinstruktur des Wasserstoffatoms von sehr kleinem Ausmaß ist und mit den gewöhnlichen optischen Methoden überhaupt nicht nachzuweisen ist.

Im Fall des einfach ionisierten Heliums erhält man qualitativ völlig identische, quantitativ jedoch viel besser ausgeprägte Verhältnisse (Abb. 2.19). Die Terme sind auch hier nur über j von der Nebenquantenzahl l abhängig: Die Energien der Zustände mit identischen Quantenzahlen n, j fallen somit unabhängig von l zusammen. Der Abstand der einzelnen Terme voneinander ist größer, da — wegen Z^2 im Ausdruck von W_0 — Änderungen proportional Z^4 sind, so daß ein 16-facher Effekt zu erwarten ist.

Die Alkalimetalle zeigen eine ähnliche Gesetzmäßigkeit: Mit ihrem einzigen Valenzelektron, das sich im Feld des Atomrumpfes bewegt, können sie im großen und ganzen als Einelektronensysteme aufgefaßt werden. Der

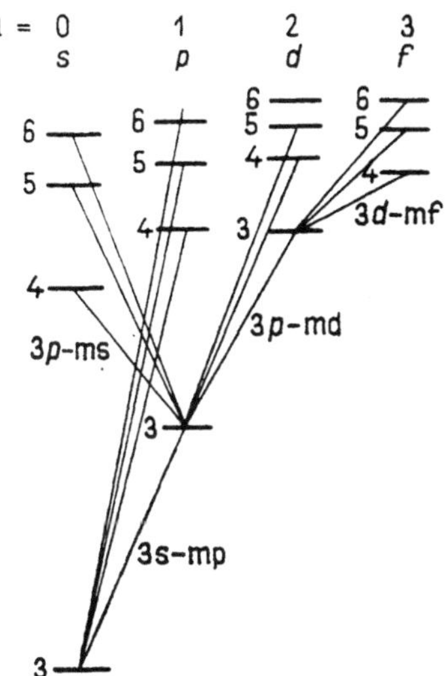

2.20 Das vereinfachte Termschema des Natriumatoms und die Übergänge, die die Linien der einzelnen Serien zustande bringen

wesentliche Unterschied besteht darin, daß zu den mit verschiedenen Werten von l bei gleichem n gekennzeichneten Elektronenbahnen auch ohne Berücksichtigung des Spins wesentlich abweichende Energiewerte gehören. Denkt man in *Bohr*schen Bahnen, so kann man sagen, daß die gestreckt ellipsenförmigen Bahnen auch in das unmittelbare, durch die zum Atomrumpf gehörenden Elektronen nicht abgeschirmte Feld des Kernes hineinreichen. Ihr Energieniveau liegt deshalb tiefer als das Niveau der Bahnen, die zum großen l gehören und der Kreisform ähnlicher sind.

Auf diese Weise ergibt sich das Termschema der Alkalimetalle, dessen Struktur in Abb. **2.20** dargestellt ist. Die aus verschieden angeregten

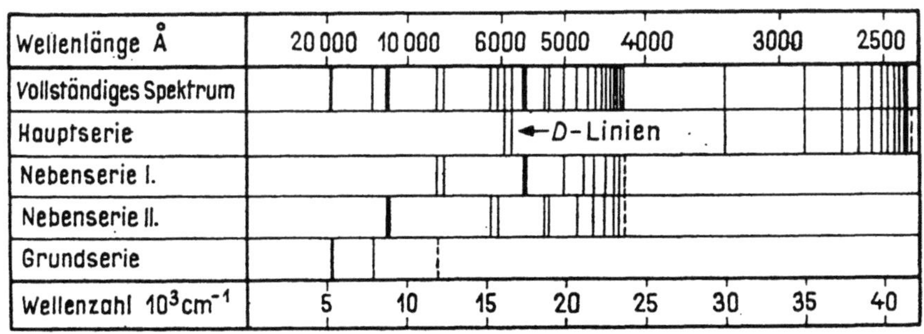

2.21 Das Spektrum des Na-Atoms und die Serien, die es bilden

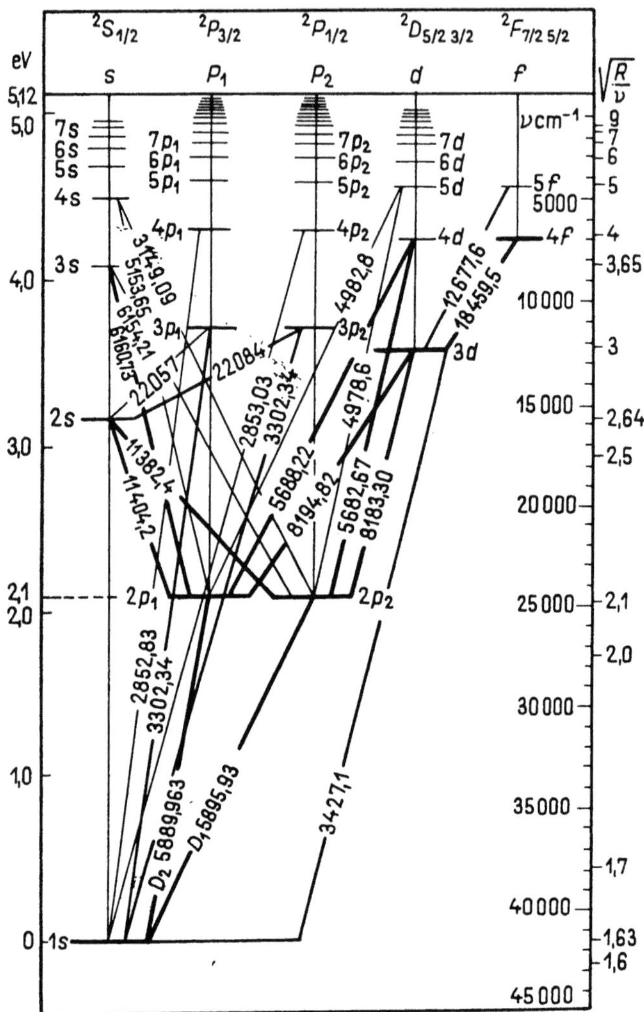

2.22 Das vollständige Termschema des Na. Die einzelnen Terme sind nicht der Abb. **2.20** entsprechend, sondern auf die in der Spektroskopie übliche Weise numeriert. Nur die Energiezustände eines einzigen Elektrons der angefangenen Schale werden dargestellt. Sein Grundzustand ist 1s. Die in die Linien eingeschriebenen Zahlen bedeuten die Wellenlänge in Å des bei dem entsprechenden Übergang ausgestrahlten Lichtes. R ist die *Rydberg*-Konstante [2.9]

Zuständen zu je einem bestimmten Endzustand führenden Linien bilden je eine Serie. Diese sind:

Hauptserie: $3s - mp$ $m \geq 3$,   Nebenserie II.: $3p - ms$,
Nebenserie I.: $3p - md$,   Grundserie: $3d - mf$.

Die englischen Namen dieser Serien sind der Reihe nach: *p*rincipal, *d*iffuse, *s*harp, *f*undamental series. Daraus ergeben sich die Bezeichnungen s, p, d, f. Abb. **2**.21 zeigt das Spektrum des Na in seine Serien aufgelöst.

Infolge des magnetischen Bahndrehimpulses und des eigenen Drehimpulses des Elektrons spaltet sich jeder zu den verschiedenen l gehörende Wert in zwei Linien auf, den beiden möglichen Werten von j entsprechend. Auf diese Weise kommt schließlich das vollständige Termschema des Natriums zustande (Abb. **2**.22).

2.6.2 Das Verhalten des Einelektronensystems im magnetischen Feld

Untersuchen wir nun das Verhalten des Einelektronensystems nach dem einfachsten Modell im magnetischen Feld. Im ungestörten Zustand hat man sich die Verbindung der Impulsmomente l^* und s^* so vorzustellen, daß diese das Impulsmoment j^* als Resultierende besitzen. Falls keine äußeren Kräfte einwirken, ist dieses Impulsmoment j^* konstant. Andererseits befindet sich die Bahn, ähnlich einem Kreisel, der ein magnetisches Moment besitzt, im Feld des Elektrons, während das Elektron selbst sich im magnetischen Feld der Bahn befindet; folglich führen beide eine Präzesionsbewegung aus, u. zw. auf solche Weise, daß sich als Resultierende der konstante Vektor j^* ergibt: s^* und l^* präzedieren mit identischer Winkelgeschwindigkeit um j^* (Abb. **2**.23).

Welches magnetische Feld ergibt sich also? Es ist sofort einzusehen, daß das resultierende magnetische Moment mit der Richtung des resultierender Drehimpulses nicht zusammenfällt, gerade als Folge des anomalen Verhältnisses zwischen dem Spin und dem magnetischen Moment des Elektrons. Es ist nämlich bekannt, daß das zum Bahnimpuls l gehörende magnetische Moment

$$m_l = \cdot\, l m_{\mathrm{B}}\,, \tag{11}$$

das zum Spin gehörende magnetische Moment

$$m_s = -\,2s m_{\mathrm{B}} \tag{12}$$

ist.

In diesen Beziehungen stellt

$$m_{\mathrm{B}} = \frac{\mu_0}{4\,\pi}\ \frac{e}{m_{\mathrm{e}}}\, h \tag{13}$$

das *Bohr*sche Magneton dar.

In Abb. **2**.24 wurde das resultierende magnetische Moment auf der Grundlage des obigen Zusammenhanges graphisch ermittelt. Selbstverständlich präzediert auch dieses magnetische Moment um j^*, zusammen mit den Vektoren l^* und s^*. Betrachtet man die Resultierende, so sieht man, daß nach außen hin nur die mit j^* parallele Komponente zur Geltung kommt, während der zeitliche Mittelwert der dazu senkrechten Komponente gleich Null ist. Die Größe dieses effektiven magnetischen Momentes ist leicht zu berechnen

$$\overline{m}_j = m_{j\,\shortparallel} = \frac{\mu_0}{4\,\pi}\ \frac{e}{m}\, h\,\lfloor l^* \cos\,(l^*,j^*) + 2\,s^* \cos\,(s^*,j^*)\rfloor. \tag{14}$$

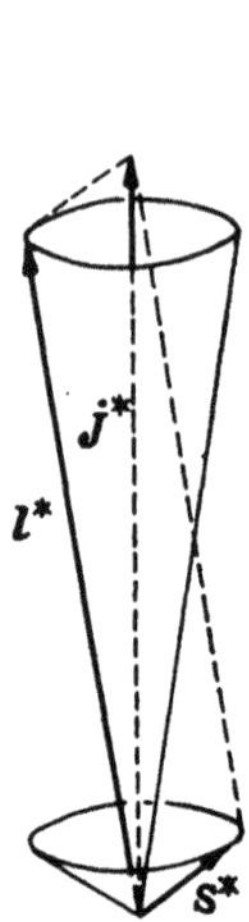

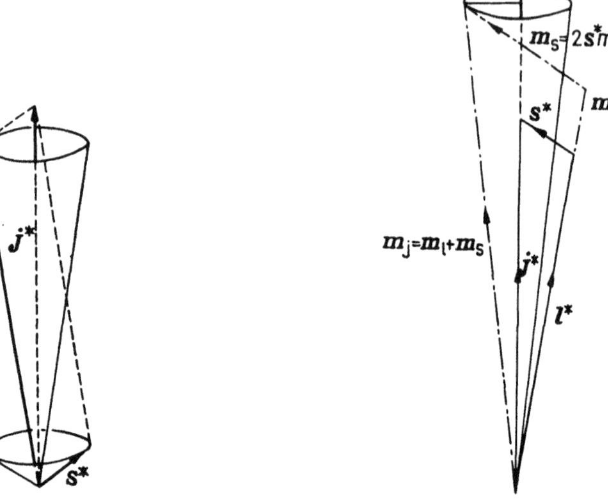

2.23 Im kräftefreien Raum präzedieren das Impulsmoment der Elektronenbahn und das eigene Impulsmoment des Elektrons um das resultierende Impulsmoment

2.24 Die Resultierende des magnetischen Momentes der Elektronenbahn und des eigenen magnetischen Momentes des Elektrons (um die Übersichtlichkeit zu erhöhen, sind die magnetischen Momente mit — 1 multipliziert gezeichnet)

Die Werte cos (l^*, j^*) bzw. cos (s^*, j^*) ergeben sich sofort aus Abb. 2.18,

$$\cos (l^*, j^*) = \frac{l^{*2} + j^{*2} - s^{*2}}{2\, l^*\, j^*}\,, \quad \cos (s^*, j^*) = \frac{s^{*2} + j^{*2} - l^{*2}}{2\, s^*\, j^*}\,.$$

Durch Einsetzen dieser Werte in die vorangehende Formel und Umordnen erhält man die Endformel

$$\bar{m}_j = m_{j\|} = g j^*\, m_B = g \sqrt{j(j+1)}\, m_B,\tag{15}$$

wobei g der sog. *Landé*sche Faktor, den folgenden Wert hat:

$$g = 1 + \frac{j(j+1) + s(s+1) - l(l+1)}{2\, j(j+1)}\,.\tag{16}$$

Kommt nun das Atom in ein äußeres magnetisches Feld, so wird das resultierende j^* und damit auch m_j um das magnetische Feld unter einem bestimmten Winkel präzedieren (Abb. 2.25). Die Projektion von j auf H kann nämlich nur die durch die magnetische Quantenzahl m bestimmten Werte

$$m = j,\ j-1, \ldots,\ -(j-1), -j\tag{17}$$

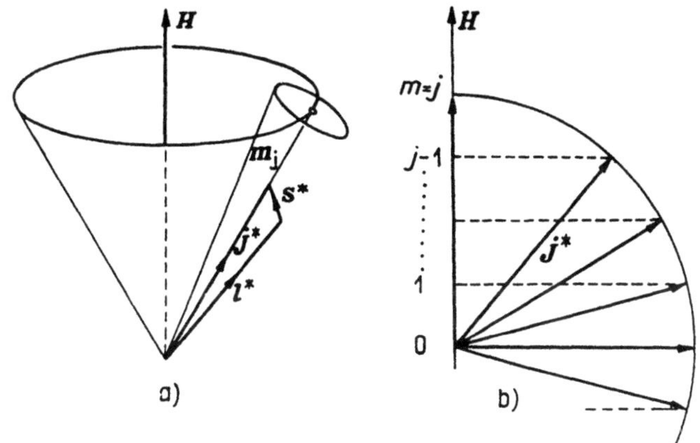

2.25 *a)* Im magnetischen Feld präzediert *j** zusammen mit m_j um *H*; *b)* die möglichen Einstellungen des Vektors *j**

annehmen. Das sind insgesamt $2j + 1$ Werte. Die Änderung der Energie unter Einwirkung des magnetischen Feldes ist also

$$\Delta W = -m_j H = g H m_\mathrm{B} j^* \cos (j, H). \tag{18}$$

Nach dem Vorangehenden ist $j^* \cos (j^*, H)$ gerade gleich m; so erhält man schließlich

$$\Delta W = g m m_\mathrm{B} H, \quad m = +j, \ldots, -j. \tag{19}$$

Man sieht also, daß im magnetischen Feld jedes Energieniveau in $2j + 1$ Energieniveaus zerfällt. Es ist somit eine sehr große Menge von Linien zu erwarten. Ihre Zahl ist jedoch dadurch begrenzt, daß die Auswahlregel $\Delta m = 0, \pm 1$ bei den Übergängen einzuhalten ist.

In Abb. **2**.26 wird beispielsweise die Aufspaltung der sich aus dem in Abb. **2**.22 bereits bezeichneten Übergang

$$^2P_{1/2} \rightarrow {}^2S_{1/2} \text{ bzw. } {}^2P_{3/2} \rightarrow {}^2S_{1/2}$$

ergebenden Linien bzw. der dazu gehörenden Terme untersucht.

Der Term $^2S_{1/2}$ spaltet sich in zwei Niveaus auf

$$j = \frac{1}{2}, \text{ folglich } 2j + 1 = 2.$$

Das gleiche gilt für das Niveau $^2P_{1/2}$. Das Niveau $^2P_{3/2}$ spaltet sich bereits in

$$2j + 1 = 2\frac{3}{2} + 1 = 4$$

Linien auf. Von allen möglichen Übergängen verbietet die Auswahlregel nur den mit der unterbrochenen Linie eingezeichneten Übergang. Dieser kommt im Spektrum tatsächlich nicht zum Vorschein.

Das bisher Gesagte gilt für »schwache« magnetische Felder. Das Feld ist schwach in dem Sinne, daß die Wechselwirkung zwischen der Bahn und dem eigenen magnetischen Moment stärker ist als die Wechselwirkung

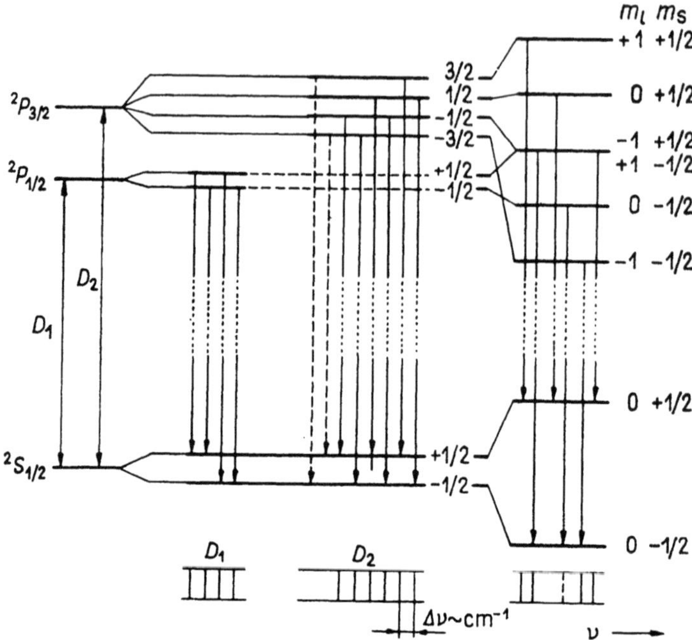

2.26 Die Aufspaltung der D-Linien des Na im schwachen bzw.
im starken magnetischen Feld. Bei dem mit dem unterbrochenen Pfeil bezeichneten Übergang ist $\Delta m = +2$; es handelt sich somit um einen verbotenen Übergang. Im schwachen magnetischen Feld stellt sich der resultierende Vektor
j gequantelt in bezug auf das äußere magnetische Feld ein.
Im starken magnetischen Feld stellen sich sowohl l als auch
s separat ein [2.8]

zwischen dem äußeren Feld und den einzelnen inneren magnetischen
Feldern. Da die Feinstruktur infolge der inneren Wechselwirkung zustande
kommt, spricht man von einem schwachen Feld, solange die Aufspaltung
im magnetischen Feld geringer ist als die Aufspaltung der Feinstruktur.
Im Fall des Na gilt z. B. ein Feld von 30 000 Gauß noch als schwach.

In einem sehr starken magnetischen Feld werden die Verhältnisse einfacher.
In solchen Fällen kann man die Wechselwirkung zwischen l und s in erster
Näherung außer Betracht lassen. Jeder Drehimpulsvektor präzediert unab-
hängig vom anderen um den Vektor H in der Weise, daß die folgenden
Beziehungen für die Projektion gelten:

$$m_l = l, \quad l-1, \quad \ldots, \quad 0, \ldots, -(l-1), \quad -l;$$

$$m_s = \frac{1}{2}, \quad -\frac{1}{2}.$$

Die Energieänderung beträgt dann

$$\Delta W = (m_l + 2m_s)\, m_B\, H. \tag{20}$$

Aus Abb. **2**.26 ist ferner ersichtlich, welche Energiezustände im Fall des Na bei sehr starkem magnetischem Feld den möglichen Werten von m_l und m_s entsprechen bzw. welche Übergänge zwischen ihnen auftreten. Alle diese Übergänge genügen den Auswahlregeln $\Delta m_l = 0, \pm 1$ bzw. $\Delta m_s = 0$. Das hier beschriebene Verhalten der Linien im starken magnetischen Feld wird *Paschen-Back*-Effekt genannt.

2.6.3 Mehrelektronensysteme

Bereits der Überblick über die Energieverhältnisse von Einelektronensystemen wurde in erster Linie auf das anschauliche Bild gegründet. Bei komplizierteren Systemen weist uns ebenfalls das Vektormodell des Atoms den Weg zwischen den Erscheinungen, wobei man jedoch naturgemäß nur qualitative oder halbquantitative Ergebnisse erhalten kann. Die Erklärung einer Erscheinung ist dementsprechend von besonderer Art: Sie besteht zum Teil aus der Aufzählung von Regeln, die unmittelbar nicht einzusehen sind. Einige dieser Regeln können auf Grund des Modells plausibel gemacht werden. Im allgemeinen werden nur ganz wenige Behauptungen streng bewiesen: Wenn bereits die in großen Zügen skizzierte Behandlung des ungestörten, spinlosen Wasserstoffatoms mehrere Seiten in Anspruch nahm, dann kann man sich vorstellen, welchen mathematischen Apparat die Behandlung eines realen Falles erfordern würde, falls die exakte Lösung überhaupt möglich ist.

Das Bahnmoment und das eigene Moment der einzelnen Elektronen lassen sich zu einem resultierenden Impulsmoment und dementsprechend zu einem resultierenden magnetischen Moment zusammenlegen.

Bei der am häufigsten vorkommenden Zusammenlegung, der *LS*- oder *Russel-Saunders*-Kopplung, addieren sich zuerst die Bahnimpulsmomente zu einem resultierenden Impulsmoment L, dann separat die Spin-Impulsmomente zu einem resultierenden Impulsmoment S, so daß schließlich die Summe der Vektoren L und S das resultierende Impulsmoment J des ganzen Atoms ergibt. Die graphische Ermittlung der Resultierenden der Spins bzw. der Bahnimpulse sowie des resultierenden Impulsmomentes des ganzen Atoms ist in Abb. **2**.27 dargestellt. Wie man sieht, sind die möglichen Werte von J:

$$J = L + S, \; L + S - 1, \ldots, L - S + 1, \; L - S. \tag{21}$$

Dies ergibt insgesamt $2S + 1$ Einstellmöglichkeiten. Jeder einzelnen Einstellung entspricht eine andere Wechselwirkungsenergie, so daß jeder zu einem gegebenen L und S gehörende Term eine $2S + 1$fache Multiplizität aufweist. Diese Multiplizität wird bei der Termbezeichnung als oberer Index vor den den resultierenden Bahnimpuls angebenden großen Buchstaben S, P, D, F geschrieben, während danach als unterer Index der resultierende Impuls J geschrieben wird. Die Termbezeichnung lautet damit

$$^{2S+1}L_J \, ,$$

wobei selbstverständlich zur Bezeichnung von $L = 0$ der Buchstabe S, für $L = 1$ der Buchstabe P usw. verwendet wird. In der Tabelle **2**.3 sind die möglichen Einstellungen sowie die entsprechenden optischen Termbezeichnungen für den Fall von zwei Elektronen angegeben.

Für den Absolutwert von J ist naturgemäß der quantenmechanische Zusammenhang

$$|J| = \sqrt{J(J+1)} \tag{22}$$

anzuwenden. Eine ähnliche Regel gilt auch für den Absolutwert von S bzw. L. Es gilt ferner die Regel, daß die Projektion von J auf eine beliebige äußere Richtung, z. B. auf die Richtung des eingeschalteten Feldes H, nur die Werte

$$m_J = J, \; J - 1, \ldots, -J \tag{23}$$

annehmen kann.

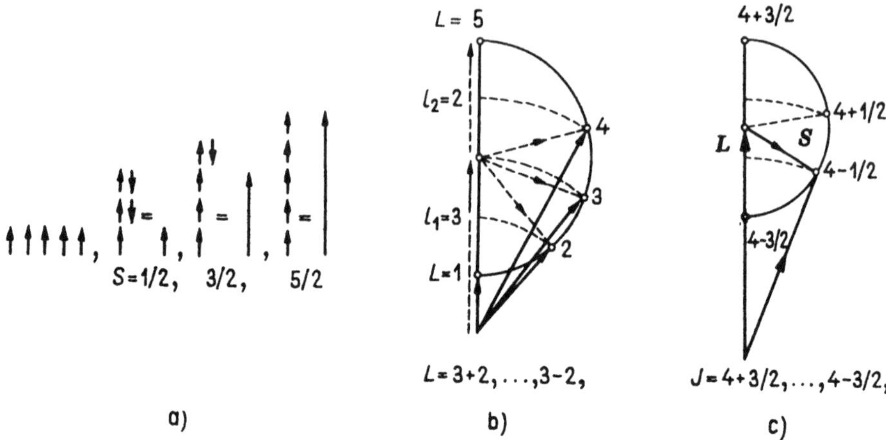

2.27 Die graphische Konstruktion der Spins, Bahnmomente und resultierenden Impulsmomente von Mehrelektronensystemen. *a)* Die möglichen resultierenden Spins von fünf Elektronen; *b)* die möglichen resultierenden Bahnmomente von zwei Elektronen mit den Nebenquantenzahlen $l_1 = 3$ und $l_2 = 2$; *c)* die möglichen Zusammensetzungen der Vektoren mit $|\mathbf{L}| = 4$ und $|\mathbf{S}| = 3/2$ zu einem resultierenden Impulsmoment $\mathbf{J}$

Falls nun das resultierende magnetische Moment des Atoms oder das Verhalten des Atoms im magnetischen Feld interessiert, so kann man genau die für ein Elektron gültigen Überlegungen wieder anstellen.

Das magnetische Moment des Atoms ergibt sich als die Resultierende der Bahnmomente und der eigenen Impulsmomente. Es ist zu beachten, daß zwischen dem Spin und dem dazu gehörenden magnetischen Moment ein anomales Verhältnis besteht.

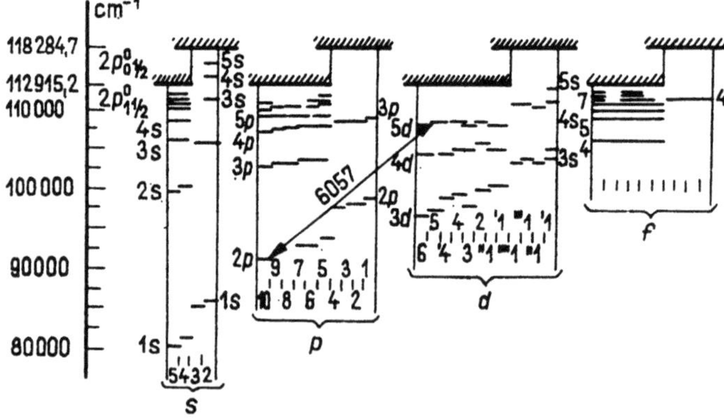

2.27 *d)* Ein Teil des Spektrums eines Kryptonatoms. Die Terme sind nach der *Paschen*schen Methode bezeichnet. Die ganzen Zahlen 1, 2, 3 ... bedeuten also *nicht* die Hauptquantenzahlen. Die 1*s*-Terme gehören z. B. zur Hauptquantenzahl $n = 5$. Der Term $2p_{10}$ gehört auch zu $n = 5$, deshalb wird er auch manchmal als $5p_{10}$-Term angegeben. Der Term $5d_5$ gehört zu $n = 6$, wird also auch als $6d_5$-Term bezeichnet. Der Übergang $2p_{10} \rightarrow 5d_5$ (oder $5p_{10} \rightarrow 6d_5$) definiert das Meter (siehe Anhang 1). Die unteren Indexzahlen sind »Katalognummern«, man kann sie aber mit den inneren Quantenzahlen in Verbindung bringen

Tabelle **2.3.** Die möglichen Zustände eines Zweielektronensystems (nach *Bauer*)

Vektorenkombination	L	S	$J = L+S$	Magnetische Quantenzustände	Spinquantenzustände	Zahl der Zustände	Termbezeichnung
			a) Parazustände ($S = 0$)				
$l_2 \;\; l_1$ / $s_2 \;\; s_1$	0	0	0	0	0	1	$^1S_0$
l_2 / l_1 / $s_2 \;\; s_1$	1	0	1	$0, \pm 1$	0	3	$^1P_1$
$l_1 \;\; l_2$ / $s_1 \;\; s_1$	2	0	2	$0, \pm 1, \pm 2$	0	5	$^1D_2$
			b) Orthozustände ($S = 1$)				
$l_2 \;\; l_1$ / $s_1 \;\; s_2$	0	1	1	0	$0, \pm 1$	3	$^3S_1$
l_2 / l_1 / $s_1 \;\; s_2$	1	1	$0, 1, 2$	$0, \pm 1$	$0, \pm 1$	9	$^3P_{0,1,2}$
$l_1 \;\; l_2$ / $s_1 \;\; s_2$	2	1	$1, 2, 3$	$0, \pm 1, \pm 2$	$0, \pm 1$	15	$^3D_{1,2,3}$

Jetzt präzedieren die Impulsmomente L und S genauso wie in Abb. 2.24 dargestellt, um das resultierende mechanische Moment J. Das resultierende Impulsmoment J ist räumlich konstant, während L und S nicht konstant sein können, da sie über ihre magnetischen Momente aufeinander einwirken. Dementsprechend präzediert auch der resultierende magnetische Vektor, so daß schließlich nur die in Richtung von J fallende Komponente des magnetischen Momentes des Atoms nach außen hin in Erscheinung tritt, da der Mittelwert der dazu senkrechten Komponenten gleich Null ist. Als Endergebnis erhält man

$$|m_j| = |m_L| \cos(L, J) + |m_S| \cos(S, J). \tag{24}$$

Werden hier die Werte von m_L und m_S sowie $\cos(L, J)$ und $\cos(S, J)$ auf die in Abschn. 2.6.2 behandelte Weise eingesetzt, so erhält man

$$|m_j| = g_J \sqrt{J(J + 1)} \, |m_B|, \tag{25}$$

wobei der Wert des *Landé*schen Faktors g_J

$$g_J = 1 + \frac{J(J+1) + S(S+1) - L(L+1)}{2\,J(J+1)} \tag{26}$$

beträgt.

Eine besondere meßtechnische Bedeutung kommt dem Spektrum des $_{36}\mathrm{Kr}^{86}$-Isotopes zu: Mit Hilfe des Überganges zwischen zwei wohlbestimmten Termen wird die Längeneinheit definiert (Abb. **2.27d**).

2.6.4 Der Einfluß des magnetischen Momentes des Atomkerns auf den Energiezustand des Atoms

Nicht nur das um den Atomkern kreisende Elektron, sondern auch der Atomkern selbst hat ein magnetisches Moment, entsprechend der Tatsache, daß der Atomkern ein mechanisches Impulsmoment besitzt. Dieses Impulsmoment ist auf die bekannte Weise gequantelt. Aber mit Rücksicht darauf, daß die Masse der Nukleonen größer ist, ist das dem gegebenen Impulsmoment auf Grund der Beziehung

$$m_l = \frac{\mu_0}{4\,\pi}\,\frac{e}{m}\,hl$$

zugeordnete magnetische Moment viel kleiner zu erwarten: So viele Male kleiner, wie viele Male die Masse eines Nukleons größer ist als die Masse des Elektrons. Es ist eben deshalb üblich, den magnetischen Impuls der Kerne nicht in *Bohr*schen Magnetonen, sondern in der Einheit

$$|\,\boldsymbol{m}_{\mathrm{Kern}}\,| = \frac{\mu_0}{4\,\pi\,m_{\mathrm{p}}}\,e\,h\,, \tag{27}$$

in den sog. Kernmagnetonen anzugeben.

Der einfache Zusammenhang

$$\boldsymbol{m} = \boldsymbol{I}m_{\mathrm{Kern}} \tag{28}$$

zwischen dem magnetischen Moment und dem Impulsmoment $\boldsymbol{I}$ des Kernes besteht nicht. Dies ist auch nicht zu erwarten: Das resultierende magnetische Moment der Atomhülle hat sich ja auch in der Form

$$|\,\boldsymbol{m}_J\,| = g_J\,|\,\boldsymbol{J}\,|\,m_{\mathrm{B}} \tag{29}$$

ergeben. Da auch der Kern ein zusammengesetztes Gebilde ist, ist auch für ihn ein Ausdruck wie

$$|\,\boldsymbol{m}_I\,| = g_I\,|\,\boldsymbol{I}\,|\,m_{\mathrm{Kern}} \tag{30}$$

zu erwarten.

Wie aus Abb. **2.28** ersichtlich ist, ergibt sich das vollständige mechanische — und damit auch das magnetische — Moment eines Atoms als die Resultierende des Bahnmoments, des Spinmoments und des Kernmoments. Das

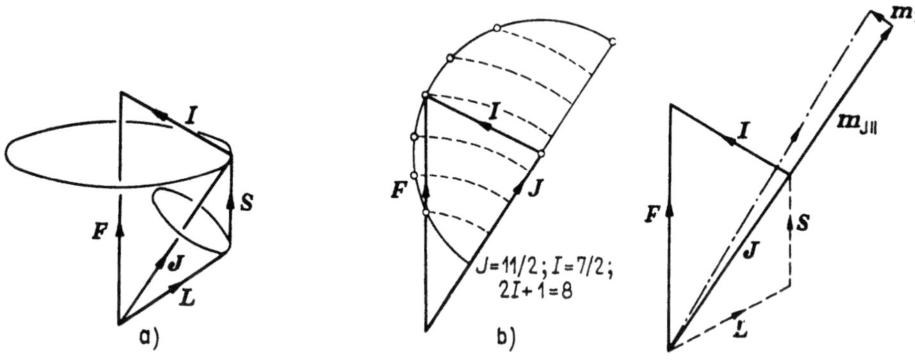

2.28 *a)* Das resultierende Impulsmoment *J* der Atomhülle ergibt zusammen mit dem resultierenden Moment *I* des Kernes den resultierenden Drehimpuls *F* des ganzen Atoms; *b)* die möglichen $2I + 1$ Einstellungen von *J* und *I*

2.29 Da das magnetische Moment des Kernes gegenüber dem Bahnmoment sehr klein ist, sind auch die Energiedifferenzen bei den verschiedenen Einstellungen sehr gering

magnetische Moment des Kernes beeinflußt das resultierende magnetische Moment nur geringfügig (Abb. **2.29**), so daß auch die zu den insgesamt

$$F = J + I, \; J + I - 1, \ldots, J - I \tag{31}$$

möglichen Einstellungen gehörenden magnetischen Energien sich nur sehr wenig voneinander unterscheiden; die in der Folge im Spektrum auftretenden Niveau-Aufspaltungen sind dementsprechend auch von nur sehr kleinen Ausmaßen. Deshalb wird die Gesamtheit der sich daraus ergebenden Linien als Hyperfeinstruktur bezeichnet. Abb. **2.30** zeigt die Verhältnisse

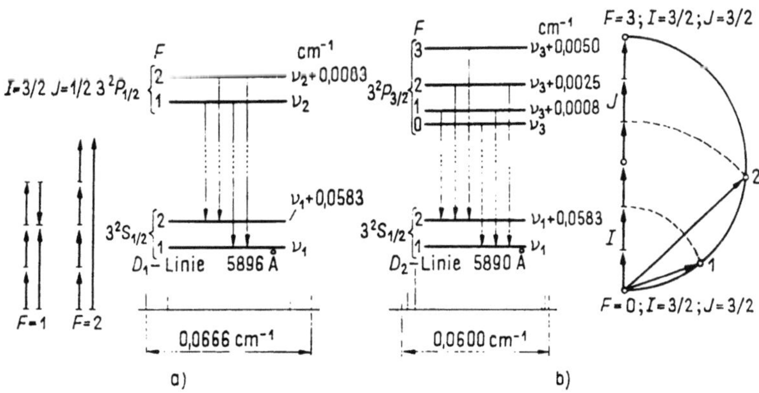

2.30 Die Hyperfeinstruktur der *D*-Linie des Natriums. Das Kernmoment des Na beträgt $I = 3/2$. *a)* Dieses zusammen mit der inneren Quantenzahl $J = 1/2$ kann die Resultierende $F = 1$ bzw. $F = 2$ ergeben. Dementsprechend spalten sich die Terme $J = 1/2$ in je zwei Linien auf. *b)* Die innere Quantenzahl $J = 3/2$ ergibt bereits die Resultierende $F = 0, 1, 2, 3$, so daß man vier Linien erhält (nach *S. Flügge*)

auch zahlenmäßig, u. zw. für den Fall der bereits mehrfach verwendeten D-Linien des Natriums. Der Spin des Natriumkernes beträgt $I = 3/2$; dementsprechend ergeben sich mit dem Moment $J = 1/2$ zwei und mit dem Moment $J = 3/2$ vier Einstellungsmöglichkeiten. In einem äußeren Magnetfeld erhält man verschiedene Erscheinungen je nach Feldstärke. In einem sehr schwachen Feld ergeben die Impulsmomente I, J eine einzige Resultierende, das Impulsmoment F; dieses ergibt eine mit der magnetischen Feinstruktur-Quantenzahl

$$m_F = F, \ldots, -F, \quad (2F + 1) \tag{32}$$

charakterisierbare Projektion in der Richtung des magnetischen Feldes H. Die Energieänderung beträgt

$$\Delta W = |\,\boldsymbol{m}_F\,|\, H \cos (\boldsymbol{H}, \boldsymbol{F}) = m_F g_F m_\mathrm{B} H, \tag{33}$$

wobei m_F die magnetische Feinstruktur-Quantenzahl und g_F einen *Landé-Faktor* von ziemlich komplizierter Zusammensetzung bezeichnen.

In einem stärkeren, aber immer noch schwachen magnetischen Feld addieren sich I und J nicht mehr zu einer einzigen Resultierenden. Beide stellen sich voneinander unabhängig, gequantelt, in Richtung des Feldes H ein. Die Projektion ergibt sich durch die magnetischen Quantenzahlen

$$m_I = I, I - 1, \ldots, -(I - 1), -I \tag{34}$$

bzw.

$$m_J = J, J - 1, \ldots, -(J - 1), -J. \tag{35}$$

Die Energiezunahme beträgt

$$\Delta W = |\,\boldsymbol{m}_I\,|\, H \cos (\boldsymbol{HI}) + |\,\boldsymbol{m}_J\,|\, H \cos (\boldsymbol{HJ}). \tag{36}$$

Berücksichtigt man die Beziehung

$$|\,\boldsymbol{m}_I\,| = g_I\,|\,\boldsymbol{I}\,|\, m_\mathrm{Kern}, \tag{37}$$

so erhält man für den sich allein aus dem magnetischen Moment des Kernes ergebenden Energie-Überschuß

$$\Delta W = m_I\, g_I\,|\,\boldsymbol{H}\,|\, m_\mathrm{Kern}. \tag{38}$$

2.6.5 Das Röntgenspektrum

Das Atom strahlt die in den sichtbaren Bereich fallenden Quanten $h\nu$ bei den Übergängen der äußeren Elektronen auf ihre verschiedenen Energieniveaus aus. Bei Elementen hoher Ordnungszahl ist die Energiedifferenz zwischen den inneren Bahnen so groß, daß die Frequenz der Quanten, die den Elektronenübergängen zwischen diesen Bahnen entsprechen, bereits in den Bereich der Röntgenstrahlen fällt. Da diese inneren Bahnen unter normalen Umständen voll besetzt sind, ist zur Emission einer Röntgenstrahlung durch das Atom erforderlich, daß zuerst ein Elektron aus einer Schale entfernt wird. An die Stelle des entfernten Elektrons springt aus einer oberen Schale ein Elektron ein, wobei das Emissionsspektrum

2.31 Aus der innersten K-Schale des schweren Atoms stößt ein von außen kommendes schnelles Elektron ein Elektron heraus. Das an diese Stelle hereinspringende Elektron bringt eine Röntgenstrahlung zustande

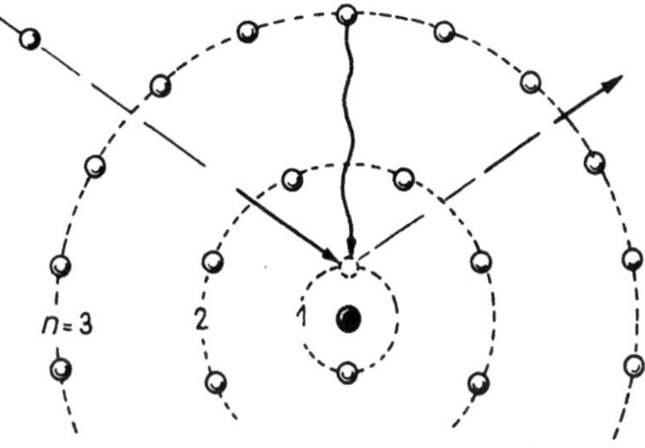

der charakteristischen Röntgenstrahlung des Stoffes entsteht (Abb. **2.31** und **2.32**).

Das Absorptionsspektrum wird gerade infolge der Besetzung der Schalen verschieden sein. Lassen wir Photonen von zunehmender Energie $h\nu$ auf

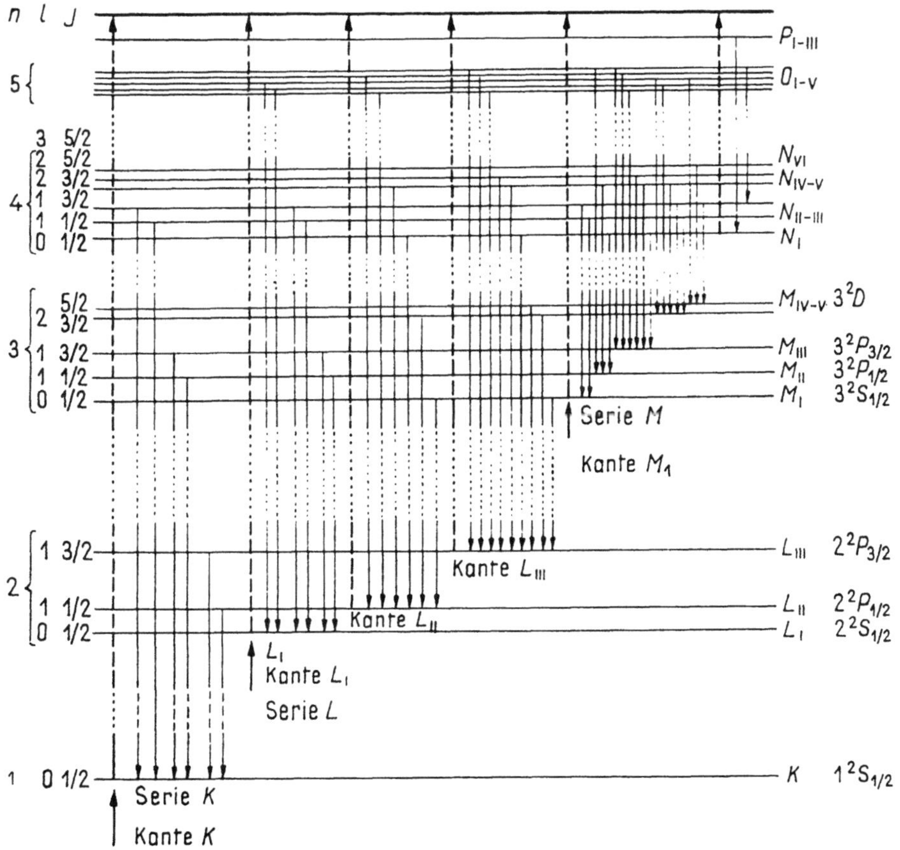

2.32 Das Zustandekommen der einzelnen Röntgenserien

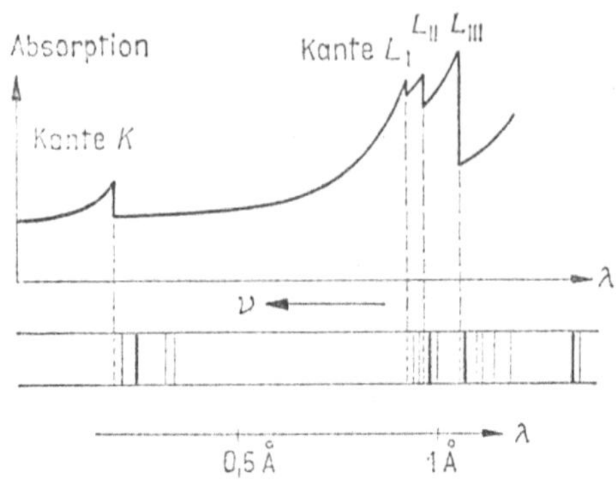

2.33 Die Absorptionskurve der Röntgenstrahlen. Zum Vergleich wurde auch das Emissionsspektrum dargestellt

unser Atom einfallen. Da die inneren Schalen voll besetzt sind, gehört keine Absorptionslinie zu den Übergängen zwischen den inneren Energieniveaus: Die Absorption nimmt jedoch plötzlich zu, wenn die Energie des Quantes $h\nu$ zum vollständigen Ausheben des Elektrons — sagen wir — einer voll besetzten Schale entspricht. Das Atom kann aber auch Photonen höherer Frequenz absorbieren: Den die Ionisationsarbeit übertreffenden Teil der Energie führt das Elektron in der Form von kinetischer Energie ab. Die Wahrscheinlichkeit der Absorption nimmt jedoch bei steigender Frequenz ab, solange, bis die Absorption beim Erreichen der Ionisationsenergie der Schale K wieder sprunghaft ansteigt. Abb. **2.33** zeigt das Absorptionsspektrum mit den entsprechenden Emissionslinien. Die dem Übergang zwischen den Schalen L und K entsprechende Linie ist auf sehr einfache Weise von der Ordnungszahl abhängig. Diese von *Moseley* stammende Gesetzmäßigkeit war zu ihrer Zeit von hoher Bedeutung: auf ihrer Grundlage ließ sich die Ordnungszahl eines unbekannten neuen Elementes sofort angeben. Fehlt ein Elektron aus der Schale K, dann wirkt auf das Elektron der Schale L das Gesamtfeld der Kernladung und des verbleibenden Elektrons der Schale K ein: Im großen und ganzen kann man so rechnen, als ob die Kernladung anstelle von Ze nun $(Z-1)\,e$ betragen würde. Die dem Übergang $n = 2 \to 1$ entsprechende Wellenzahl ist daher

$$\nu^* = (Z-1)^2\,R\left(\frac{1}{1^2} - \frac{1}{2^2}\right) = \frac{3}{4}\,(Z-1)^2\,R. \tag{1}$$

Röntgenstrahlen werden mit Hilfe der in Abb. **2.34** dargestellten Einrichtung erzeugt: Die aus dem Glühfaden heraustretenden Elektronen werden beschleunigt und stoßen dann auf eine Gegenelektrode, die sog. Antikathode. Ihre Energie geht größtenteils in der Form von Wärme

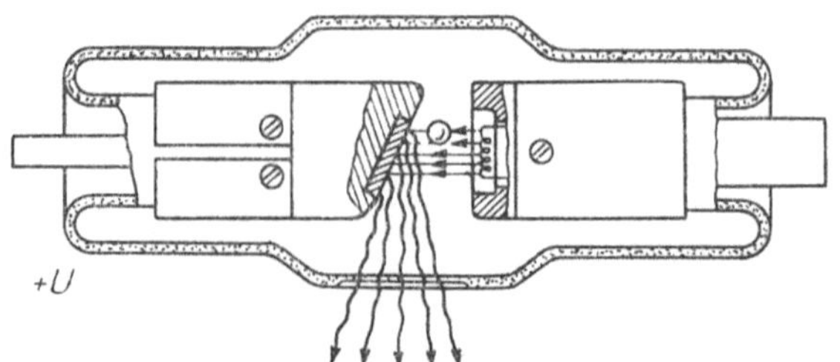

2.34 Einrichtung zur Erzeugung von Röntgenstrahlen

2.35 Die Bremsstrahlung und die charakteristische Strahlung des Rho-
diums als Antikathode. Die mit
einer Spannung von 23,2 kV beschleunigten Elektronen können
die Elektronen der Schale K
noch nicht herausheben, so daß
nur das Bremsspektrum zu-
stande kommt. 31,8 kV ist bereits
größer als die zur Schale K gehörende Ionisationsarbeit; folglich
erscheint auf einmal die ganze
K-Serie. Die charakteristische
Strahlung des die Antikathode
verunreinigenden Ru tritt ebenfalls in Erscheinung. Bei höheren
Spannungen ändert sich die Lage
der charakteristischen Linien
nicht, sondern nur ihre Intensität. Dagegen verschiebt sich
die Grenze des kontinuierlichen
Spektrums im Sinne der Gleichung (2) nach den kleineren Wellenlängen hin [2.9]

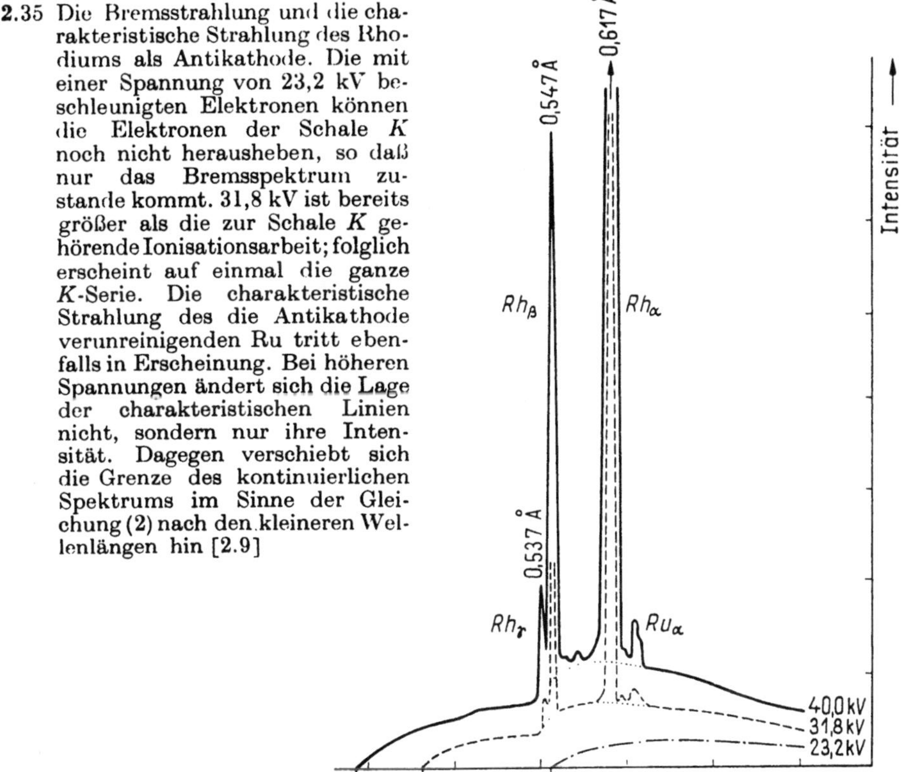

verloren; ein Teil der Elektronen wird jedoch im Feld der Kerne plötzlich
abgebremst, und diese Elektronen senden bei der Abbremsung eine ihrer
verzögerten Beschleunigung entsprechende Strahlung aus. Dadurch entsteht
der kontinuierliche Teil des Röntgenspektrums. Dieser ist nach den hohen
Frequenzen hin scharf begrenzt: Im besten Fall wandelt sich die gesamte
Energie eU des Elektrons in die Energie $h\nu_{max}$ eines Photons um. Die
Beziehungen

$$h\nu_{max} = eU \; ; \; \lambda_{min} = \frac{c}{\nu_{max}} = \frac{ch}{eU} = \frac{12345}{U} \, \text{Å} \tag{2}$$

bestimmen die obere Frequenzgrenze bzw. die untere Wellenlängen-
grenze des kontinuierlichen Spektrums. Diesem kontinuierlichen Bremsspektrum superponiert sich das *charakteristische Spektrum* der Antikathode:
genügt die Energie der auf die Antikathode aufprallenden Elektronen
zum Herausheben eines Elektrons aus einer inneren Schale und zu seiner
völligen Auslagerung aus dem Atomverband, so erscheint über der entsprechenden Beschleunigungsspannung die vollständige Linienserie der
fraglichen Schale (Abb. 2.35).

2.7 Das Spektrum der Moleküle

2.7.1 Qualitativer Überblick über die Energieverhältnisse

Wir haben schon gesehen, daß das Linienspektrum der Atome immer komplizierter wird, je mehr Elektronen das System besitzt. Das Spektrum wurde auch infolge der sich aus den verschiedenen Wechselwirkungen ergebenden Fein- und Hyperfeinstrukturen immer komplizierter. Man darf sich deshalb nicht wundern, daß das Spektrum von Molekülen an Linien noch reicher ist; andererseits kann man durch die rechnerisch schwierigere Auswertung dieser Spektren zur vollständigen Kenntnis des Aufbaus und der Energieverhältnisse der Moleküle gelangen.

Der Einfachheit halber untersuchen wir ein aus zwei Atomen bestehendes Molekül. Die in einem bestimmten Energiezustand aufgenommene Energie des ganzen Moleküls ist die Resultierende von drei Komponenten. Erstens: Zu der im fraglichen Zustand angenommenen Elektronenkonfiguration des Moleküls gehört ein ganz bestimmter, diskreter Energiewert: W_e. Zweitens: Das in der Form einer Hantel vorgestellte Molekül kann entlang der Verbindungsachse Schwingungen durchführen. Zu jedem Schwingungs- (Vibrations-) Zustand gehört ebenfalls ein diskreter Energiewert: W_v. Schließlich kann das ganze Molekül um die zur Verbindungsachse senkrechte Achse eine ebenfalls gequantelte Drehbewegung (Rotation) mit diskreten Energiewerten durchführen: W_r.

Geht das Molekül von einem höheren auf ein tieferes Energieniveau über, so strahlt es seine Energie in der Form des Lichtquants $h\nu$ aus. Bei einem solchen Übergang kann sich im allgemeinen der Wert eines jeden Energieanteils ändern, und der große Linienreichtum rührt gerade davon her.

Die Berechnung der sich aus der Elektronenkonfiguration ergebenden Energien ist im allgemeinen sehr kompliziert; hier sei lediglich darauf hingewiesen, daß der gegenseitige Abstand dieser Energieniveaus gegenüber dem Abstand der zur gleichen Elektronenkonfiguration gehörenden Schwingungsenergieniveaus groß ist, während der gegenseitige Abstand der letzteren gegenüber dem Abstand der Rotations-Energieniveaus voneinander ebenfalls groß ist. Das Verhältnis dieser Abstände zueinander liegt in der Größenordnung von 1000 : 100 : 1. In Abb. **2.36** wurden die Verhältnisse, um sie übersichtlicher zu gestalten, nicht ganz maßstabsgetreu dargestellt. Selbstverständlich sind nicht alle Übergänge möglich. Das Korrespondenz-Prinzip ergibt die richtigen Auswahlregeln auch in diesem Fall.

Bei einer reinen Elektronenkonfigurationsänderung fallen die Linien in den Bereich des sichtbaren Lichtes. Den zu gleichen Elektronenübergängen gehörenden verschiedenen Schwingungsmöglichkeiten entsprechend, erhält man eine Linienschar, die, den Rotationsenergieniveaus entsprechend, wiederum in viele Linien zerfällt. Dadurch ergibt sich die charakteristische Bänderanordnung der Molekülspektren. Der Übergang zwischen Rotationsenergieniveaus entspricht infolge ihres geringen gegenseitigen Abstandes einem sehr kleinem Energiequant und deshalb einer sehr langen Welle. In der Tat liegt das Rotationsspektrum der Moleküle im fernen Infrarot.

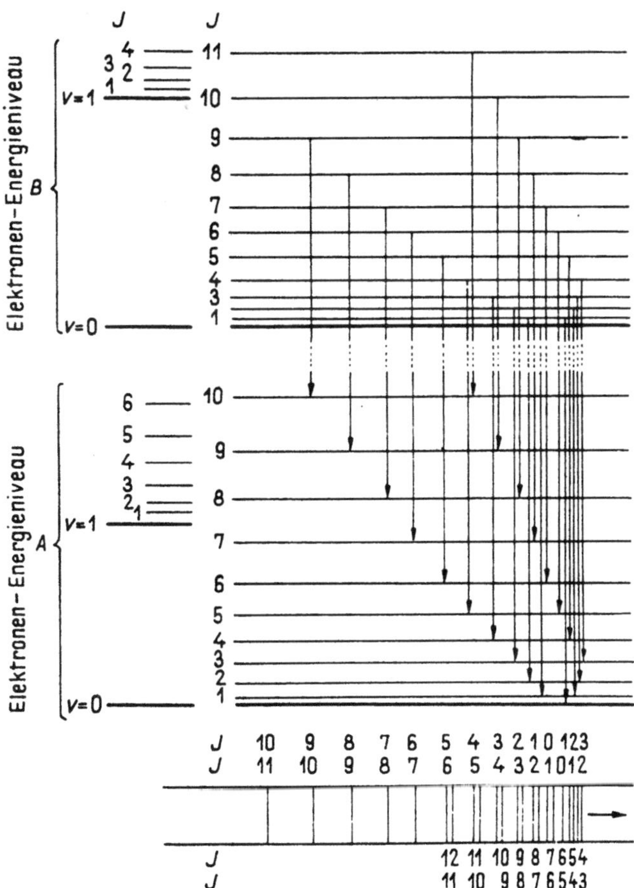

2.36 Skizze der Energieniveaus und des sich daraus ergebenden Spektrums eines aus zwei Atomen bestehenden Moleküls. Die Elektronen-Energieniveaus spalten sich dem Schwingungszustand v entsprechend auf. Jedes zeigt eine weitere Aufspaltung dem Rotationszustand J entsprechend

Dieses Bild wird jedoch durch die Schwingungs-Niveaudifferenzen ins nahe Infrarot verschoben, so daß das Rotations-Schwingungsspektrum in diesem Bereich zu messen ist. Dieses Spektrum überlagert sich dann auf jede, den einzelnen Elektronenübergängen entsprechende Linie.

2.7.2 Die Bestimmung der Frequenzen

Wie bereits erwähnt, ist die Berechnung der Elektronenenergien kompliziert. Die Rotations- und Schwingungs-Energien können wir jedoch aufschreiben. Ist K das Trägheitsmoment und $\dot{\varphi}$ die Winkelgeschwindigkeit des Moleküls, so ist seine kinetische Energie

$$W_\mathrm{r} = \frac{1}{2} K \dot{\varphi}^2. \tag{1}$$

Da das Impulsmoment K gequantelt ist, gilt

$$K\dot{\varphi} = m\,\frac{h}{2\,\pi} \qquad m = 0,1,\ldots, \tag{2}$$

so daß sich die Energie aus

$$W_r = \frac{h^2}{8\,\pi^2\,K}\,m^2 \tag{3}$$

ergibt.

Die Quantenmechanik führt auch hier die übliche Korrektur $m^2 \rightarrow m(m+1)$ ein. Damit wird schließlich

$$W_r = \frac{h^2}{8\,\pi^2\,K}\,m(m+1). \tag{4}$$

Berücksichtigt man die Auswahlregel

$$\Delta m = \pm 1,$$

so ist die zum Übergang zwischen den Rotations-Energieniveaus gehörende Frequenz

$$\nu = \frac{W_r^{m+1} - W_r^m}{h} = \frac{h}{4\,\pi^2\,K}\,(m+1) = \frac{h}{4\,\pi^2\,K}\,l, \quad l = 1,2,\ldots \tag{5}$$

Die Schwingungsenergie ist

$$W_v = nh\nu_0, \tag{6}$$

wobei ν_0 die Eigenfrequenz des Moleküls als schwingendes System bezeichnet. Bei rein harmonischer Bewegung ist auch hier nur

$$\Delta n = \pm 1$$

erlaubt. In Wirklichkeit sind aber, gerade weil die Rückstellkraft dem von der Gleichgewichtslage aus gemessenen Abstand nicht proportional ist, d. h. weil die Potentialkurve in der Umgebung der Gleichgewichtslage keine genaue Parabel darstellt, auch die höheren Übergänge möglich.

Schließlich, wenn das Molekül aus dem anfänglichen Energiezustand

$$W_1 = W_e^{(1)} + n_1 h\nu_1 + \frac{h^2\,m_1(m_1+1)}{8\,\pi^2\,K_1} \tag{7}$$

in den Endzustand der Energie

$$W_2 = W_e^{(2)} + n_2 h\nu_2 + \frac{h^2\,m_2(m_2+1)}{8\,\pi^2\,K_2} \tag{8}$$

gelangt, so strahlt es eine Schwingung der Frequenz

$$\nu = \frac{W_1 - W_2}{h} \tag{9}$$

aus. Hierbei sind die Grundfrequenz der Schwingung sowie das Trägheitsmoment im allgemeinen keine Molekularkonstanten, sondern vom Energiezustand des Moleküls abhängige Werte. Die Änderung der die Bindung bewirkenden Elektronenkonfiguration ändert sowohl den Gleichgewichtsabstand — der seinerseits das Trägheitsmoment bestimmt — als auch die Stärke der Bindung, den Verlauf der potentiellen Energie, welche neben dem Trägheitsmoment auch die Grundfrequenz der Schwingung beeinflußt.

2.7.3 Die Raman-Streuung

Die Untersuchung der Rotations- und Schwingungsspektren ist schwierig, weil die experimentellen Methoden der Untersuchung des fernen infraroten Bereichs viel weniger entwickelt sind als die des sichtbaren Lichtes. Die Untersuchung der *Raman*-Streuung ist eben deshalb so wichtig. Wird das Molekül mit sichtbarem Licht beleuchtet, so streut sich das Licht daran auf klassische Weise: Die Wellenlänge des einfallenden und des gestreuten Lichtes ist dieselbe. Bei sehr langer Expositionszeit tritt auch eine Linie auf, deren Frequenz gegenüber der des einfallenden Lichtes verschoben ist. Dieser *Raman*-Effekt wird klassisch durch die Vorstellung veranschaulicht, daß die Elektronen des Moleküls durch die einfallende Welle im selben Takt in Schwingung gebracht werden. Dieser Schwingung überlagert sich jedoch die sich aus der Eigenschwingung oder Rotation des Moleküls ergebende Bewegung, so daß die ursprüngliche Schwingung im Takt der Rotations- oder der Eigenschwingung sozusagen moduliert wird. Auf der Grundlage der Quantentheorie wird dagegen diese Erscheinung so aufgefaßt, daß das einfallende Lichtquant $h\nu'$ absorbiert wird, wobei es also das Molekül in einen »metastabilen« Zustand hebt und dieses ein Quant $h\nu$ emittiert. Hierdurch wird jedoch der ursprüngliche Zustand nicht hergestellt; es entsteht vielmehr der um die Rotations- oder der Eigenschwingungsenergie geänderte Zustand

$$h\nu' = h\nu \pm nh\nu_0.$$

Die Rotations- oder die Eigenschwingungsenergiedifferenz wird somit vom einfallenden Energiequant abgezogen oder dazu addiert. Die Energiezustände des Moleküls können also auf diese Weise infolge der Linienverschiebung im sichtbaren Spektrum untersucht werden.

2.8 Die Radiospektroskopie

2.8.1 Übergänge, die zu einer Ausstrahlung im Bereich der Radiowellen führen

Wir haben schon gesehen, daß die den Elektronenübergängen zwischen den Energieniveaus der Atome entsprechende Ausstrahlung etwa in den Bereich des sichtbaren Lichtes ($\nu \approx 10^{15}$ s^{-1}) fällt. Übergänge zwischen den inneren Schalen von Elementen höherer Ordnungszahl fallen sogar in den Röntgenbereich ($\nu \approx 10^{18}$ s^{-1}). Ebenso ist bekannt, daß sich die einzelnen Energieniveaus infolge der verschiedenen Wechselwirkungen aufspalten. Diese Energieniveaus können auch sehr nahe beieinander liegen. Dies bedeutet, daß zu dem Übergang zwischen zwei solchen nahe liegenden Energieniveaus — vorausgesetzt, daß es den betreffenden Übergang überhaupt gibt — eine sehr kleine Frequenz, also eine sehr große Wellenlänge gehört, so daß die ausgestrahlte oder absorbierte Energie im Radiofrequenzbereich liegen kann. Im vorangehenden Abschnitt haben wir ferner gesehen, daß die Übergänge zwischen den Rotationsenergieniveaus der Moleküle mit einer in den fernen infraroten Bereich fallenden Strahlung verbunden sind; es ist deshalb verständlich, daß es Moleküle gibt, deren Rotationsspektrum in den Mikrowellenbereich fällt.

Abb. **2.37** zeigt, welche Übergänge zur Ausstrahlung von Radiowellen führen können. Man sieht, daß die Übergänge von Feinstruktur-Linien untereinander auch bei mittelschweren Atomen eher in den infraroten Bereich fallen. In den Mikrowellenbereich fällt allein der Übergang $2^2P_{3/2} \rightarrow 2^2P_{1/2}$ des Wasserstoffs (Abb. **2.38**).

Im Abschnitt 2.6 war davon die Rede, daß die Niveaus $2^2S_{1/2}$ und $2^2P_{1/2}$ auch nach der *Dirac*schen Theorie zusammenfallen, da beide zu iden, tischen Werten von n und j gehören. Die Messungen zeigen jedoch, daß es eine Verschiebung zwischen beiden gibt. Da diese Tatsache

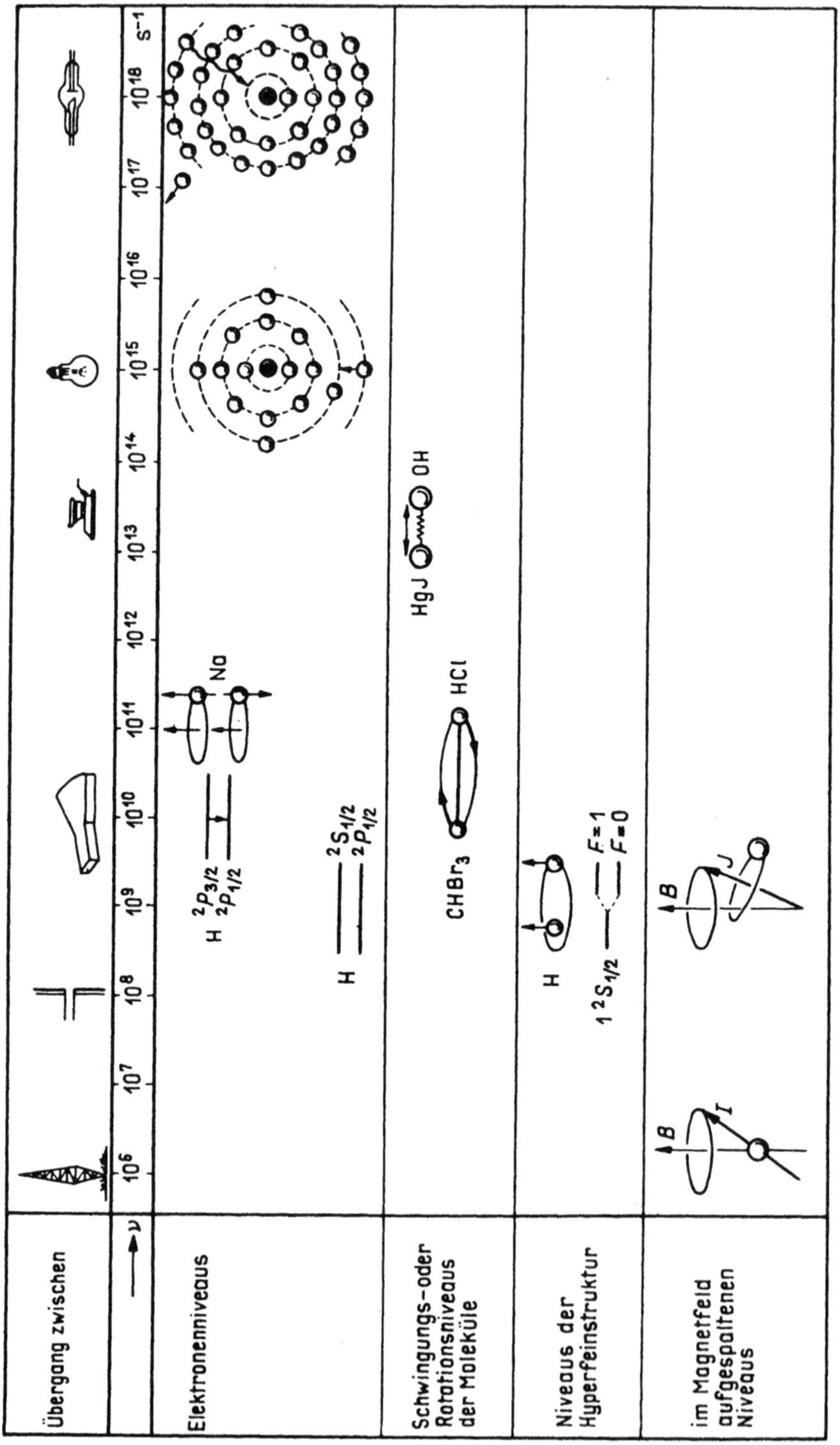

2.37 Die wichtigeren Typen der Übergänge, die zur Emission von elektromagnetischen Schwingungen verschiedener Frequenzen führen

mit der *Dirac*-Gleichung der relativistischen Quantentheorie in Widerspruch steht, ist sie von sehr großer Bedeutung. Dies ist die sog. *Lamb*-Verschiebung.

Auf ähnliche Weise ist der Übergang zwischen den vom Kernmoment herrührenden Feinstrukturen ebenfalls mit einer radiofrequenten Strahlung verbunden. Der Kern kann außerdem auch über sein elektrisches Quadrupolmoment mit der Elektronenhülle verbunden sein und die Energieterme dadurch beeinflussen. Die den verschiedenen gegenseitigen Lagen entsprechenden Übergänge liefern ebenfalls Radiowellen. Hinsichtlich der Messung des magnetischen Momentes von einzelnen Atomen oder Molekülen einerseits sowie von Atomkernen andererseits ist die Tatsache von besonderer Bedeutung, daß der Übergang zwischen den Energieniveaus der infolge des magnetischen Momentes der Elektronenhülle im Magnetfeld eintretenden Aufspaltung zu einer Mikrowellenstrahlung führt, während der Übergang zwischen den Energieniveaus der vom Kernmoment herrührenden Aufspaltung mit einer in den Bereich der normalen Radiowellen fallenden Ausstrahlung verbunden ist.

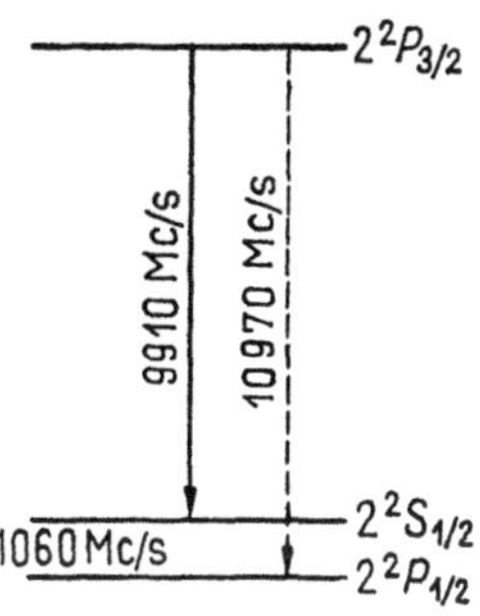

2.38 Die zur Bahn mit der Hauptquantenzahl $n = 2$ des Wasserstoffatoms gehörende Feinstruktur. Nach der Quantenmechanik sollten die Niveaus $S_{1/2}$ und $P_{1/2}$ zusammenfallen

Im Fall einer Quantenzahländerung von

$$\Delta m_J = \pm 1$$

erhält man nämlich auf Grund des Zusammenhanges

$$h\nu = g_J m_B H \tag{1}$$

den Wert von $\nu = 1{,}4 \cdot 10^9$ s^{-1} für die Frequenz zwischen den zwei aufgespaltenen Linien. Hierbei wurde mit den Werten $g = 1$, $H = 10^3$ Oe gerechnet.

Der Übergang zwischen den infolge des Kernmomentes im magnetischen Feld sich ergebenden Aufspaltungen ergibt auf Grund der Beziehung

$$h\nu = g_I m_{\text{Kern}} H \tag{2}$$

mit den obigen Daten gerechnet eine Ausstrahlung der Frequenz $\nu =$
$= 0{,}76 \cdot 10^6$ s^{-1}.

2.8.2 Die experimentellen Methoden der Radiospektroskopie

Abb. **2.39** zeigt einen Mikrowellen-Spektrographen. Der Generator erzeugt Mikrowellenschwingungen veränderlicher Frequenz, welche über einen Wellenleiter zu einem Registriergerät gelangen. Das zu untersuchende Gas wird im Wellenleiter untergebracht. Diese Anordnung ermöglicht die Messung der Wellenabsorption als Funktion der Frequenz. Dadurch lassen sich die Rotationsenergieniveaus bestimmen.

Bei der Untersuchung der *paramagnetischen Resonanz* wird die Materie in das magnetische Feld eingeführt und Mikrowellen ausgesetzt.

Die Frequenz wird konstant gehalten, während das Magnetfeld solange geändert wird, bis der Abstand der *Zeeman*-Niveaus mit der Energie $h\nu$ des radiofrequenten Quantes genau übereinstimmt. Ist das der Fall, so kann man eine starke Absorption beobachten.

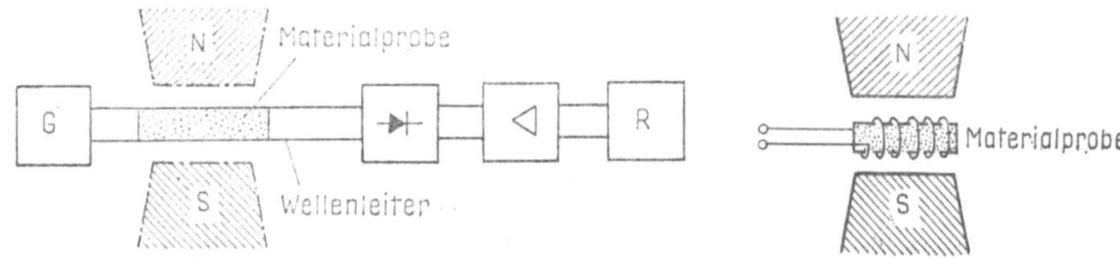

2.39 Mikrowellen-Spektrograph. Dieses Gerät eignet sich z. B. zur Untersuchung der Übergänge zwischen den Rotationszuständen. Wird der mit unterbrochenen Linien gezeichnete Magnet erregt, so kann man infolge des Übergangs zwischen den einzelnen *Zeeman*-Niveaus eine starke Absorption beobachten. (G: Mikrowellengenerator, R: Registrierapparat)

2.40 Die Messung des Kernmomentes mit der Resonanzmethode

Bei der Messung des Kernmomentes wird das äußere veränderliche Feld mittels einer Spule erzeugt. Durch Änderung des äußeren Magnetfeldes kann die Gleichheit der angelegten Radiofrequenz und der *Larmor*-Frequenz des Kernmomentes hergestellt werden. Dann tritt eine starke Absorption der Energie durch die Materie ein, so daß die Dämpfung der Spule stark zunimmt. Das Vorhandensein der Resonanz kann gerade durch die Messung der plötzlichen Verschlechterung des Gütefaktors festgestellt werden (Abb. 2.40)

Die Methode von *Rabi* ermöglicht die Feststellung von Übergängen zwischen den einzelnen Niveaus des *Zeeman*-Effektes auf sehr geistreiche Weise.

Nach Abb. **2.41a** wird aus einem Glühofen über verschiedene Blenden ein Molekülbündel in zwei nacheinander angeordnete Magnetfelder eingeführt, die in der zur Achse senkrechten Richtung sehr stark inhomogen sind. Der Feldstärkengradient der ersten Strecke ist dem der zweiten Strecke entgegengerichtet. Wenn ein Teilchen, das ein magnetisches Moment besitzt, in Achsrichtung startet, so wird es bereits im ersten Magnetfeld abgelenkt und erreicht das zweite Magnetfeld sicher nicht. Bei gegebenem magnetischen Moment kann immer ein Winkel α gefunden werden, so daß die unter diesem Winkel startenden Teilchen gerade noch durch den Spalt hindurchkommen. Falls solche Teilchen beim Durchgang zwischen den beiden Magnetfeldern ihre magnetische Ausrichtung beibehalten, so treffen sie sich wieder infolge der in Gegenrichtung wirkenden Kraft in dem auf der Achse liegenden Punkt R.

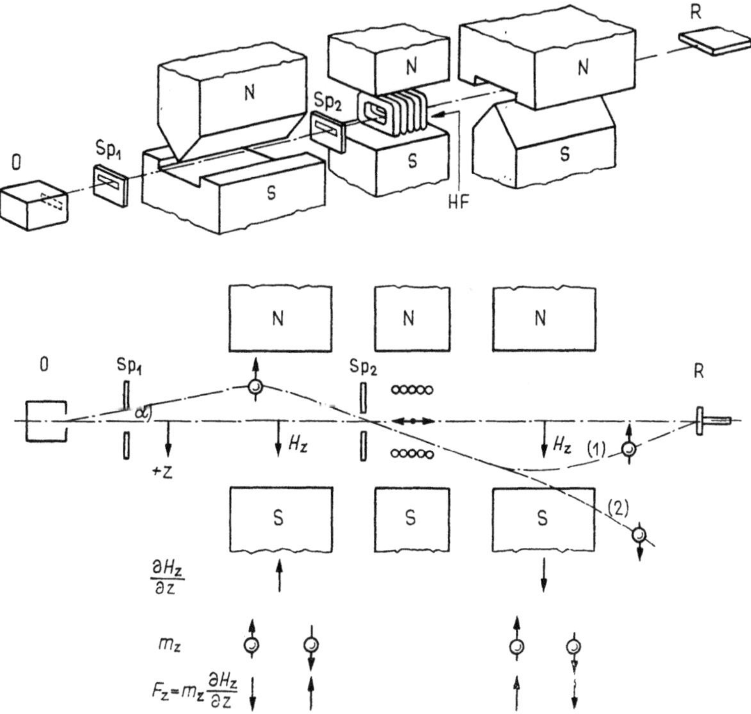

2.41 *a*) Die Methode von *Rabi* zur Untersuchung der magnetischen Momente. Aus dem Ofen O fliegen die Teilchen durch den Spalt Sp₁ entlang der Achse durch das inhomogene Magnetfeld, durch das Hochfrequenzfeld der Spule HF (superponiert auf das homogene Feld) und wieder durch das inhomogene Feld mit entgegengesetzter Inhomogenität. Die Teilchenbahn (2) entsteht in dem Fall, in dem das magnetische Moment des Teilchens beim Durchgang durch das mittlere Magnetfeld seine Ausrichtung in bezug auf das magnetische Feld geändert hat (R: Registrierapparat)

Wir bauen nun einen dritten Magnet mit konstantem Feld zwischen den beiden anderen Magneten ein; im konstanten magnetischen Feld wird das durchlaufende Molekül auf die bekannte Weise zu präzedieren beginnen. Falls nun dem vorangehenden entsprechend ein veränderliches Feld diesem Magnetfeld überlagert wird, so geht das Atom, das Molekül oder der Kern im Resonanzfall, d. h. wenn die *Larmor*-Frequenz mit der Radiofrequenz übereinstimmt, auf ein anderes *Zeeman*-Niveau über. Dies bedeutet, daß die in Feldrichtung fallende Komponente des magnetischen Momentes des Teilchens eine Änderung erfährt. Somit ändert sich auch die Ablenkung des Teilchens im zweiten inhomogenen, aber zeitlich konstanten magnetischen Feld, so daß man also keine Teilchen oder zumindest nur Teilchen in viel geringerer Anzahl im Beobachtungsspalt erhält. Diese Methode eignet sich zur Messung des magnetischen Momentes von Atomen oder Molekülen, wenn die Elektronenhülle ein magnetisches Moment besitzt. Wenn nicht, dann kann man mit dieser Methode das Kernmoment messen.

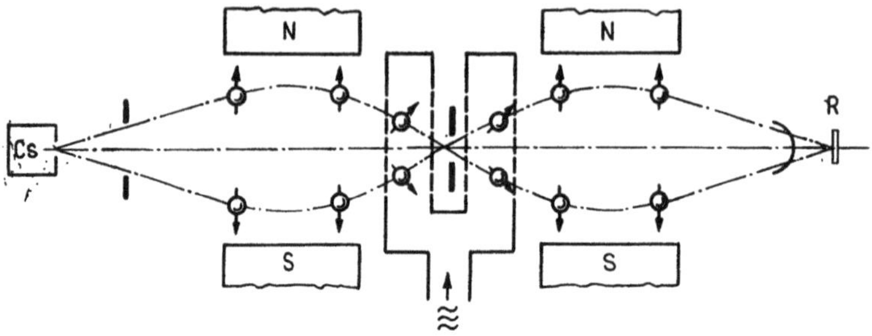

2.41 *b*) Eine Version der *Rabi*schen Methode zur Realisierung von Frequenznormalen oder Atom-Uhren oder der Normalsekunde. Diese wird jetzt durch den Übergang zwischen zwei Niveaus des Cäsium-Atoms definiert (s. Anhang 1). Die zwei Magnetfelder sind hier identischerweise aufgebaut; das Hochfrequenzfeld wird in einem Hohlraumresonator verwirklicht

Eine der vielen Anwendungen des hier Aufgeführten ist die Stabilisierung des magnetischen Feldes durch Kernresonanz. Eine Schwingung gegebener Frequenz kommt im Fall eines gegebenen Teilchens, z. B. eines Protons, genau bei dem durch die Gleichung (2) bestimmten magnetischen Feld in Resonanz, wobei also eine scharfe Absorption eintritt. Durch die Stabilisierung der Frequenz kann auch das magnetische Feld sehr genau konstant gehalten werden: Eine Änderung des magnetischen Feldes kann an der Abnahme der Absorption wahrgenommen werden, wodurch die Möglichkeit der Rückstellung gegeben ist.

Die Radiospektroskopie ist ein wirksames Forschungsmittel sowohl der Kernphysik als auch der Peripheriephysik und dadurch auch der Festkörperphysik. So gelang es z. B., mit Hilfe der radiospektroskopischen Methode festzustellen, daß ein Elektron-Positron-Paar vor seiner Vernichtung, d. h. vor seiner Umwandlung in γ-Strahlung, wenn auch für kurze Zeit, eine dem Wasserstoffatom ähnliche Konfiguration, das Positronium, bilden kann.

Als wichtiges Anwendungsgebiet kann die Verwirklichung von Atom-Uhren erwähnt werden (Abb. **2.41**b).

2.9 Die allgemeinen Prinzipien und die Rechenverfahren der Quantenmechanik

2.9.1 Umschreibung der Schrödinger-Gleichung in die Operatorform

Bisher sind wir bei der Lösung jedes quantenmechanischen Problems von der *Schrödinger*-Gleichung

$$\Delta\psi + \frac{8\,\pi^2\,m}{h^2}\,(W - W_\mathrm{p})\,\psi = 0 \tag{1}$$

ausgegangen, und die dem speziellen Problem entsprechende Potentialfunktion W_p haben wir in diese eingesetzt: Auf diese Weise haben wir die Eigenwerte W_n bzw. die Eigenfunktionen ψ_n ermittelt. Schreiben wir nun die *Schrödinger*-Gleichung in der folgenden Form:

$$\left(-\frac{h^2}{8\,\pi^2\,m}\,\Delta + W_\mathrm{p}\right)\psi = W\,\psi, \tag{2}$$

wobei der Klammerausdruck als Operator betrachtet wird, welcher auf die Funktion ψ anzuwenden ist. Die obige Gleichung kann dann folgendermaßen geschrieben werden:

$$\mathbf{H}\psi = W\psi.$$

Man sieht sofort, daß $\mathbf{H}$ ein linearer Operator ist, d. h. es gilt

$$\mathbf{H}(\alpha_1\psi_1 + \alpha_2\psi_2) = \alpha_1\mathbf{H}\psi_1 + \alpha_2\mathbf{H}\psi_2. \tag{3}$$

Einen solchen Operator kennen wir bereits: Die Multiplikation eines Vektors mit einem Tensor zeigt ähnliche Eigenschaften. Die Gleichung

$$\mathbf{H}\psi = W\psi$$

kann sogar auf sehr einfache Weise veranschaulicht werden. Betrachten wir vorübergehend ψ als Vektor und $\mathbf{H}$ als Tensor. Wenden wir auf den Vektor ψ eine lineare Operation an, so ist das Ergebnis im allgemeinen ein anderer Vektor. Besonders interessant sind die Vektoren ψ, die nach Anwendung der linearen Operation in ein skalares Vielfaches ihrer selbst übergehen, so daß man $W\psi$ erhält. Diese ψ-Vektoren werden als Eigenvektoren, die dazu gehörenden Werte W als Eigenwerte bezeichnet.

Die Lösung der *Schrödinger*-Gleichung ist also der Ermittlung der Eigenvektoren bzw. Eigenfunktionen des linearen Operators gleichwertig.

Es lohnt ferner, sich auch die folgende Ableitungsmethode der Gleichung (2) zu merken. Schreiben wir die *Hamilton*-Funktion eines mechanischen Problems auf, d. h. die Summe der kinetischen und der potentiellen Energie, u. zw. auf solche Weise, daß an Stelle der Geschwindigkeiten der Impuls über die Beziehung $v = p/m$ eingeführt wird:

$$H(p, q) = \frac{1}{2\,m}(p_x^2 + p_y^2 + p_z^2) + W_\mathrm{p}(x, y, z). \tag{4}$$

Führen wir rein formal die folgenden Substitutionen durch:

$$p_x \to \frac{h}{2\,\pi\,j}\frac{\partial}{\partial x},\; p_y \to \frac{h}{2\,\pi\,j}\frac{\partial}{\partial y},\; p_z \to \frac{h}{2\,\pi\,j}\frac{\partial}{\partial z},$$

oder etwas allgemeiner

$$p \to \frac{h}{2\,\pi\,j}\frac{\partial}{\partial q} = \frac{\hbar}{j}\frac{\partial}{\partial q}, \tag{5}$$

so läßt sich die *Schrödinger*-Gleichung auch folgendermaßen schreiben:

$$\mathbf{H}\left(q, \frac{h}{2\,\pi\,j}\frac{\partial}{\partial q}\right)\psi = W\psi. \tag{6}$$

Mit anderen Worten: Die Lösung der *Schrödinger*-Gleichung ist mit der Ermittlung der Eigenvektoren und Eigenwerte des *Hamilton*-Operators oder Energieoperators gleichbedeutend.

Bisher war nur von der zeitunabhängigen Form der *Schrödinger*-Gleichung bzw. von ihrer verallgemeinerten Form die Rede. Die Zeit wurde aus der ursprünglichen Wellengleichung dadurch eliminiert, daß die Zeitabhängigkeit in der Form $e^{-j2\pi\frac{W}{h}t}$ von vornherein berücksichtigt wurde. Dies bedeutet die folgende Ableitung nach der Zeit:

$$\frac{\partial}{\partial t} = -j\,2\,\pi\,\frac{W}{h}.$$

Damit läßt sich die Gleichung $\mathbf{H}\psi = W\psi$ in

$$\mathbf{H}\psi = -\frac{h}{2\,\pi\,j}\frac{\partial}{\partial t}\psi \tag{7}$$

umschreiben. Für diese Gleichung wird allgemeine Gültigkeit postuliert, so daß man damit die zeitabhängige *Schrödinger*-Gleichung vor sich hat.

2.9.2 Rechenregeln für den Zustandsvektor

Nachdem wir den verschiedenen Funktionen ψ den Namen Vektor gegeben haben, lohnt es sich, um der einfachen Ausdrucksweise willen, einige weitere aus der Vektoralgebra bekannte Bezeichnungen zu übernehmen.

So verstehen wir unter dem Quadrat der Länge des Vektors ψ definitionsgemäß den Ausdruck

$$\int \psi^*\psi\;\mathrm{d}V, \tag{8}$$

wobei die Integration auf den gesamten Raum zu erstrecken ist. Ist ψ ein Einheitsvektor, also auf Eins normiert, so gilt

$$\int \psi^*\psi\;\mathrm{d}V = 1. \tag{9}$$

Unter dem Skalarprodukt zweier Vektoren verstehen wir den Ausdruck

$$(\psi_a, \psi_b) = \int \psi_a^*\,\psi_b\,\mathrm{d}V. \tag{10}$$

Hiermit ist es nun verständlich, daß das Quadrat der Länge des Vektors ψ_a mit dem Ausdruck

$$(\psi_a, \psi_a) = \int \psi_a^*\,\psi_a\,\mathrm{d}V \tag{11}$$

angegeben wurde. Es ist ferner verständlich, daß zwei Vektoren ψ_a, ψ_b nunmehr dann als zueinander senkrecht betrachtet werden, wenn

$$(\psi_a, \psi_b) = \int \psi_a^*\,\psi_b\,\mathrm{d}V = 0 \tag{12}$$

ist. Außerdem besitzt (ψ_a, ψ_b) nach der Definition des skalaren Produktes solche Eigenschaften, wie sie von einem Skalarprodukt zu erwarten sind. So gilt z. B. auch die *Schwarz*sche Ungleichung

$$(\psi_a, \psi_a)\,(\psi_b, \psi_b) \geqq (\psi_a, \psi_b)^2. \tag{13}$$

Diese werden wir im folgenden noch verwenden.

2.9.3 Die möglichen Werte als Eigenwerte

Mit Hilfe der vorangehend eingeführten Sprechweise wird der Formalismus der allgemeinen Methode der Quantenmechanik sehr einfach, man könnte fast sagen anschaulich. Der Zustand eines Systems wird durch ein Element des »Funktionenraumes«, den »Vektor« ψ, charakterisiert, wobei die Funktion ψ selbst von den den Zustand des Systems klassisch bestimmenden Koordinaten $q_1, q_2, \ldots q_f$ sowie von der Zeit t abhängig ist. In diesem Funktionenraum oder Vektorenraum von unendlicher Dimension wurde bereits der Energieoperator definiert, der den Vektor ψ in einen anderen Vektor ψ überbringt. Auf ähnliche Weise ordnet die Quantenmechanik jeder klassischen Größe je einen selbstadjungierten linearen Operator oder *Hermite*schen Operator zu, welcher also der Beziehung

$$(\psi_a,\, \mathsf{L}\,\psi_b) = (\mathsf{L}\,\psi_a,\, \psi_b) \tag{14}$$

genügt. (Die Definition des zu L adjungierten Operators ist nämlich durch die Gleichung $(\psi_a,\, \mathsf{L}\,\psi_b) = (\mathsf{L}^\dagger\psi_a,\, \psi_b)$ gegeben.)

Auf die gleiche Weise, wie man die diskreten Werte der Energie eines Systems erhalten hat, kann man nun die möglichen (diskreten oder kontinuierlichen) Werte einer beliebigen, durch einen Operator L gekennzeichneten physikalischen Größe erhalten. Wir schreiben die Gleichung

$$\mathsf{L}\psi = L\psi \tag{15}$$

auf. Die sich als Lösung dieses Eigenwertproblems ergebenden Werte L_n sind nun die möglichen Werte der durch den betreffenden Operator L gekennzeichneten physikalischen Größe. Das System nimmt diese Werte an, wenn es sich gerade in dem Zustand befindet, welcher durch die zum Eigenwert L_n gehörende Eigenfunktion ψ_n charakterisiert ist.

Das Mikrosystem kann sich in einem durch die beliebige Funktion

$$\psi = \sum_{n=1}^{\infty} C_n\,\psi_n$$

gekennzeichneten Zustand befinden. Geometrisch kann diese Gleichung so aufgefaßt werden, daß der Vektor ψ in die in Richtung der Eigenvektoren $\psi_1, \psi_2, \ldots \psi_n \ldots$ fallenden Komponenten zerlegt wurde. In solchen Fällen kann man bei einer Messung verschiedene Werte L_n mit einer zu $|C_n|^2$ proportionalen Häufigkeit erhalten. Unter dem Mittelwert des Operators L versteht man den Mittelwert der mit unterschiedlicher Häufigkeit vorkommenden L_n-Werte:

$$\bar{L} \equiv \langle L \rangle = (\psi,\, \mathsf{L}\psi). \tag{16}$$

Man sieht sofort, daß, falls ψ auf Eins normiert ist und $\psi = \psi_n$ mit einer der Eigenfunktionen des Operators $\mathbf{L}$ übereinstimmt, der Mittelwert

$$\bar{L} \equiv \langle L \rangle = (\psi_n, \mathbf{L}\,\psi_n) = (\psi_n, L_n\,\psi_n) = L_n(\psi_n, \psi_n) = L_n \tag{17}$$

ist. Dieser Wert stimmt also mit dem Eigenwert L_n überein, was soviel bedeutet, daß das System im Zustand ψ_n genau den Meßwert L_n liefert. Die zeitliche Änderung von ψ wird durch die folgende Differentialgleichung beschrieben:

$$\mathbf{H}\,\psi = -\frac{h}{2\,\pi\,j}\,\frac{\partial}{\partial t}\,\psi. \tag{18}$$

Auf Grund des Vorangehenden können wir bereits die zeitliche Änderung des Mittelwertes berechnen:

$$\frac{\mathrm{d}\langle L \rangle}{\mathrm{d}t} = \frac{\mathrm{d}}{\mathrm{d}t}\,(\psi, \mathbf{L}\,\psi) = \left(\frac{\partial \psi}{\partial t}, \mathbf{L}\psi\right) + \left(\psi, \mathbf{L}\,\frac{\partial \psi}{\partial t}\right). \tag{19}$$

Wird hier der Wert $\partial \psi/\partial t$ aus der vorangehenden Gleichung eingesetzt und die Tatsache ausgenützt, daß $\mathbf{L}$ und $\mathbf{H}$ selbstadjungiert sind, so kann man schließlich schreiben

$$\frac{\mathrm{d}\langle L \rangle}{dt} = \frac{2\,\pi\,j}{h}\,\big(\psi, (\mathbf{HL} - \mathbf{LH})\,\psi\big) \tag{20}$$

oder in Operatorform

$$\frac{\mathrm{d}\mathbf{L}}{\mathrm{d}t} = \frac{2\,\pi\,j}{h}\,(\mathbf{HL} - \mathbf{LH}). \tag{21}$$

Als wichtige Spezialfälle wählen wir $\mathbf{L} = \mathbf{q}$ bzw. $\mathbf{L} = \mathbf{p}$. Dann haben wir

$$\dot{\mathbf{q}} = \frac{2\,\pi\,j}{h}\,[\mathbf{Hq} - \mathbf{qH}],$$

$$\dot{\mathbf{p}} = \frac{2\,\pi\,j}{h}\,[\mathbf{Hp} - \mathbf{pH}].$$

2.9.4 Die Orthogonalität der Eigenfunktionen

Auf Grund des bisherigen Formalismus ist leicht einzusehen, daß die zu den verschiedenen Eigenwerten gehörenden Eigenfunktionen zueinander orthogonal sind. Es sei nämlich

$$\mathbf{L}\,\psi_n = L_n\,\psi_n, \tag{22}$$

$$\mathbf{L}\,\psi_m = L_m\,\psi_m. \tag{23}$$

Wir multiplizieren die erste Gleichung von rechts skalar mit ψ_m, die zweite von links her skalar mit ψ_n und bilden ihre Differenz

$$(\mathbf{L}\,\psi_n, \psi_m) - (\psi_n, \mathbf{L}\,\psi_m) = (L_n - L_m)\,(\psi_n, \psi_m). \tag{24}$$

Da der Operator **L** selbstadjungiert ist, ist die linke Seite der Gleichung gleich Null. Folglich ist es auch die rechte Seite, d. h.

$$(\psi_n, \psi_m) = 0. \tag{25}$$

Dementsprechend kann ein beliebiges ψ nach den normierten ψ_n Funktionen in eine Reihe entwickelt werden,

$$\psi = \sum_{n=0}^{\infty} C_n \psi_n,$$

wobei

$$C = (\psi, \psi_n)$$

ist.

2.9.5 Die Rolle der Vertauschbarkeit der Operatoren

Die Vertauschbarkeit der Operatoren spielt eine wichtige Rolle. Wenn z. B. zwei Operatoren **L** und **M** gleiche Eigenfunktionen haben, so sind sie vertauschbar.

Wenn also $\qquad$ $\mathbf{L}\psi = L\psi, \quad \mathbf{M}\psi = M\psi$

ist, so gilt $\qquad$ $\mathbf{L}\mathbf{M}\psi = \mathbf{M}\mathbf{L}\psi = LM\psi. \tag{26}$

Mit der Vertauschbarkeit der Operatoren hängt auch die gleichzeitige Meßbarkeit zusammen. Sind nämlich die Operatoren vertauschbar und ist ein bestimmtes ψ_n die Eigenfunktion aller Operatoren, so können im Zustand ψ_n alle Größen gemessen werden. Wenn dagegen die Operatoren nicht vertauschbar sind, so ist es nicht möglich, alle Größen gleichzeitig mit beliebiger Genauigkeit zu messen.

Definieren wir die mittlere quadratische Abweichung auf die folgende Weise:

$$\overline{(\varDelta L)^2} = [\psi, (\mathbf{L} - \bar{L})^2\psi] = [(\mathbf{L}-\bar{L})\psi, (\mathbf{L}-\bar{L})\psi]. \tag{27}$$

Dann erhält man mit Hilfe der *Schwarz*schen Ungleichung, nach etwas mühsamer Rechenarbeit, den folgenden Zusammenhang:

$$\overline{(\varDelta L)^2}\,\overline{(\varDelta M)^2} \geq \left(\overline{\frac{LM+ML}{2}} - \bar{L}\bar{M}\right)^2 + \left(\overline{\frac{LM-ML}{2}}\right)^2 \geq \left(\overline{\frac{LM-ML}{2}}\right)^2. \tag{28}$$

Dies ist die allgemeinste Form der *Heisenberg*schen Unschärferelation. Hierbei bezeichnen $\overline{LM+ML}$ sowie $\overline{LM-ML}$ die durch Gleichung (16) definierten Mittelwerte der Operatoren $\mathbf{L}\mathbf{M}+\mathbf{M}\mathbf{L}$ bzw. $\mathbf{L}\mathbf{M}-\mathbf{M}\mathbf{L}$. Da z. B.

$$\mathbf{q} = q$$

und

$$\mathbf{p} = \frac{h}{2\pi j}\frac{\partial}{\partial q}$$

ist, gilt

$$(\mathbf{pq}-\mathbf{qp})\,\psi = \frac{h}{2\,\pi\,j}\,\frac{\partial}{\partial q}\,(q\,\psi) - \frac{h}{2\,\pi\,j}\,q\,\frac{\partial\psi}{\partial q} = \frac{h}{2\,\pi\,j}\,\psi,$$

d. h.

$$\mathbf{pq}-\mathbf{qp} = \frac{h}{2\,\pi\,j} = \frac{\hbar}{j}. \tag{29}$$

Daraus folgt die bekannte Unschärferelation

$$\Delta p\,\Delta q \geq \frac{1}{2}\,\frac{h}{2\pi} = \frac{\hbar}{2}. \tag{30}$$

2.9.6 Die wichtigeren Operatoren

Ist der klassische Ausdruck einer physikalischen Größe als Funktion von Ort und Impuls bekannt, so liegt die Regel zur Bildung des dazu gehörenden quantenmechanischen Operators auf der Hand: Wir setzen die Ort- und Impulsoperatoren in den klassischen Ausdruck ein. Die Tabelle 2.4 enthält die wichtigsten Operatoren sowie einige Beziehungen untereinander.

An diese Tabelle seien noch die folgenden Bemerkungen geknüpft: Der den Absolutwert des Impulsmomentes kennzeichnende Operator kann mit jeder Komponente und mit dem Energieoperator vertauscht werden, während die einzelnen Komponentenoperatoren untereinander unvertauschbar sind. Gleichzeitig kann also nur der Wert der Energie, der Absolutwert des Impulses und der Wert einer Komponente, sagen wir der Komponente z, bestimmt sein. Man sieht sofort, daß die Energie-Eigenfunktion

$$Y_l^m = \mathrm{e}^{jm\varphi}\,P_l^m(\cos\vartheta) \tag{31}$$

eine Eigenfunktion sowohl des Operators $\mathbf{L}_z$ als auch des Operators $\mathbf{L}^2$ darstellt. Es gilt nämlich

$$\mathbf{L}_z\,Y_l^m = \frac{h}{2\,\pi\,j}\,Y_l^m = \frac{h}{2\,\pi}\,m\,Y_l^m. \tag{32}$$

Der Eigenwert ist somit $(h/2\pi)\,m$. Multipliziert man die Gleichung 2.4 — (49) mit $-(h/2\pi)^2$ und setzt aus der Tabelle den Ausdruck für $\mathbf{L}^2$ ein, so erhält man

$$\mathbf{L}^2\,Y_l^m = \left(\frac{h}{2\,\pi}\right)^2 l(l+1)\,Y_l^m. \tag{33}$$

Der Eigenwert ist somit $(h/2\pi)^2\,l(l+1)$.

Damit ist die in Abschn. 2.1 bereits erwähnte Richtungsquantelung bewiesen, wonach also der Wert des Impulsmomentes in einer ausgezeichneten Richtung $(h/2\pi)m$ beträgt (wobei man weiß, daß der Wert von m sich von $-l$ bis $l+$ ändern kann), ferner die Tatsache, daß der Absolutwert des Impulsmomentes $(h/2\pi)\,\sqrt{l(l+1)}$ ist.

Daß die ganzzahlige Projektion m mit Recht als magnetische Quantenzahl bezeichnet wird, darauf kommen wir noch zurück.

Tabelle 2.4. Die zu den wichtigeren physikalischen Größen gehörenden Operatoren

Physikalische Größe	Klassischer Ausdruck	Operator	Bemerkung
Ort	x, y, z	$\mathbf{x} = x \cdot$ $\mathbf{y} = y \cdot$ $\mathbf{z} = z \cdot$	Die Operationsanweisung bedeutet einfache Multiplikation. Die Operatoren sind vertauschbar
Impuls	p_x, p_y, p_z	$\mathbf{p}_x = \dfrac{h}{2\pi j}\dfrac{\partial}{\partial x}$ $\mathbf{p}_y = \dfrac{h}{2\pi j}\dfrac{\partial}{\partial y}$ $\mathbf{p}_z = \dfrac{h}{2\pi j}\dfrac{\partial}{\partial z}$	$\mathbf{p}_x\,\mathbf{p}_y - \mathbf{p}_y\,\mathbf{p}_x = 0$ usw. dagegen ist $\mathbf{p}_\lambda\,\mathbf{x} - \mathbf{x}\mathbf{p}_x = \dfrac{h}{2\pi j}\mathbf{1}$ usw. $\mathbf{p}_x\,\mathbf{y} - \mathbf{y}\mathbf{p}_x = 0$ usw.
Komponenten des Impulsmomentes	$L_x = yp_z - zp_y$ $L_y = zp_x - xp_z$ $L_z = xp_y - yp_x$	$\mathbf{L}_x = \dfrac{h}{2\pi j}\left(y\dfrac{\partial}{\partial z} - z\dfrac{\partial}{\partial y}\right)$ $\mathbf{L}_y = \dfrac{h}{2\pi j}\left(z\dfrac{\partial}{\partial x} - x\dfrac{\partial}{\partial z}\right)$ $\mathbf{L}_z = \dfrac{h}{2\pi j}\left(x\dfrac{\partial}{\partial y} - y\dfrac{\partial}{\partial x}\right)$ in Kugelkoordinaten $\mathbf{L}_z = \dfrac{h}{2\pi j}\dfrac{\partial}{\partial \varphi}$	$\mathbf{L}_x\mathbf{L}_y - \mathbf{L}_y\mathbf{L}_x = j\dfrac{h}{2\pi}\mathbf{L}_z$ $\mathbf{L}_y\mathbf{L}_z - \mathbf{L}_z\mathbf{L}_y = j\dfrac{h}{2\pi}\mathbf{L}_x$ $\mathbf{L}_z\mathbf{L}_x - \mathbf{L}_x\mathbf{L}_z = j\dfrac{h}{2\pi}\mathbf{L}_y$
Absolutwert des Impulsmomentes	$L^2 = L_x^2 + L_y^2 + L_z^2$	$\mathbf{L}^2 = \mathbf{L}_x^2 + \mathbf{L}_y^2 + \mathbf{L}_z^2$ in Kugelkoordinaten $-\left(\dfrac{h}{2\pi}\right)^2\left[\dfrac{1}{\sin\vartheta}\dfrac{\partial}{\partial\vartheta}\times\right.$ $\left.\times\left(\sin\vartheta\dfrac{\partial}{\partial\vartheta}\right) + \dfrac{1}{\sin^2\vartheta}\dfrac{\partial^2}{\partial\varphi^2}\right]$	$\mathbf{L}_x\mathbf{L}^2 - \mathbf{L}^2\mathbf{L}_x = 0$ $\mathbf{L}_y\mathbf{L}^2 - \mathbf{L}^2\mathbf{L}_y = 0$ $\mathbf{L}_z\mathbf{L}^2 - \mathbf{L}^2\mathbf{L}_z = 0$
*Hamiltonsc*her Ausdruck	$H = \dfrac{1}{2m}(p_x^2 + p_y^2 + p_z^2) + W_\mathrm{p}(x, y, z)$	$\mathbf{H} = -\dfrac{h^2}{8\pi^2 m}\times$ $\times\left[\dfrac{\partial}{\partial x^2} + \dfrac{\partial}{\partial y^2} + \dfrac{\partial}{\partial z^2}\right] +$ $+ W_\mathrm{p}(x, y, y)$	$\mathbf{L}^2\mathbf{H} - \mathbf{H}\mathbf{L}^2 = 0$ $\mathbf{L}_x\mathbf{H} - \mathbf{H}\mathbf{L}_x = 0$ $\mathbf{L}_y\mathbf{H} - \mathbf{H}\mathbf{L}_y = 0$ $\mathbf{L}_z\mathbf{H} - \mathbf{H}\mathbf{L}_z = 0$ im zentralsymmetrischen Kräftefeld
Energie	W	$\dfrac{h}{2\pi j}\dfrac{\partial}{\partial t}$	

2.9.7 Der Formalismus der Matrizenrechnung

Zu einem eine beliebige physikalische Größe repräsentierenden Operator $\mathbf{G}$ läßt sich folgendermaßen eine Matrix finden, die die betreffende Größe auf eine dem Operator äquivalente Weise repräsentiert: In die Eigenwertgleichung des Operators $\mathbf{G}$,

$$\mathbf{G}\psi = g\psi, \tag{34}$$

setzen wir die Reihenentwicklung von ψ mittels einer vollständigen orthonormierten Funktionenreihe $\psi = \sum_\nu c_\nu \varphi_\nu$ ein, d. h.

$$\sum_\nu c_\nu \, \mathbf{G} \, \varphi_\nu = g \sum_\nu c_\nu \varphi_\nu. \tag{35}$$

Wir multiplizieren beide Seiten skalar mit φ_μ. Infolge der Orthogonalitätsrelationen erhält man dann die Form

$$\sum_\nu c_\nu(\varphi_\mu, \mathbf{G} \, \varphi_\nu) = g \, c_\mu. \tag{36}$$

Führen wir nun die Zahl $(\varphi_\mu, G\varphi_\nu) = G_{\mu\nu}$ ein,

$$\sum_\nu c_\nu G_{\mu\nu} = g \, c_\mu. \tag{37}$$

Anders geordnet lautet dies

$$\sum_\nu (G_{\mu\nu} - \delta_{\mu\nu} g) \, c_\nu = 0, \qquad \begin{matrix} \delta_{\mu\nu} = 0, \quad \mu \neq \nu \\[4pt] \delta_{\mu\nu} = 1, \quad \mu = \nu \end{matrix} \tag{38}$$

oder detailliert ausgeschrieben

$$(G_{11} - g) \, c_1 + G_{12} \, c_2 + G_{13} \, c_3 + \ldots + G_{1n} \, c_n + \ldots = 0,$$
$$G_{21} \, c_1 + (G_{22} - g) \, c_2 + G_{23} \, c_3 + \ldots + G_{2n} \, c_n + \ldots = 0, \tag{39}$$
$$\cdots\cdots\cdots\cdots\cdots\cdots\cdots\cdots\cdots\cdots\cdots\cdots\cdots\cdots$$
$$G_{n1} \, c_1 + G_{n2} \, c_2 + G_{n3} \, c_3 + \ldots + (G_{nn} - g) \, c_n + \ldots = 0.$$
$$\cdots\cdots\cdots\cdots\cdots\cdots\cdots\cdots\cdots\cdots\cdots\cdots\cdots\cdots$$

Für die unbekannten Koeffizienten erhält man somit ein Gleichungssystem, welches nur dann eine nichttriviale Lösung hat, wenn die Determinante des Systems gleich Null ist,

$$\| G_{\mu\nu} - \delta_{\mu\nu} g \| = 0. \tag{40}$$

Diese sog. Säkulargleichung dient zur Ermittlung der uns interessierenden Eigenwerte g.

$G_{\mu\nu}$ als Gesamtheit von Zahlen, die sich in einem zweifach unendlichen Schema ordnen lassen, kann auch als eine quadratische Matrix (von unendlicher Dimension) aufgefaßt werden, die die gegebene physikalische Größe charakterisiert. In der Tat können die Eigenwerte bei bekannter Matrix auf die oben beschriebene Weise ermittelt werden. Auf Grund der Definition ist es leicht einzusehen, daß die so bestimmte Matrix den für Matrizen geltenden Rechenregeln gehorcht: Dem Produkt der Operatoren wird die resultierende Matrix den Regeln der Matrizenmultiplikation entsprechend zugeordnet, und falls der Operator selbstadjungiert ist, so ist es auch die Matrix, so daß $G_{ij} = G_{ji}^*$ ist.

Wird die Matrix $G_{\mu\nu}$ mit Hilfe der Eigenfunktionen des Operators $\mathbf{G}$ aufgestellt, gilt also der Zusammenhang $\mathbf{G}\varphi_\nu = g_\nu\varphi_\nu$ für jedes Element des orthonormierten Systems φ_ν, so ist

$$G_{\mu\nu} = (\varphi_\mu, \mathbf{G} \, \varphi_\nu) = (\varphi_\mu, g_\nu \varphi_\nu) = g_\nu(\varphi_\mu, \varphi_\nu) = \delta_{\mu\nu} g_\nu. \tag{41}$$

Diese Matrix ist somit eine Diagonalmatrix, und ihre Diagonalelemente ergeben der Reihe nach die einzelnen Eigenwerte. Deshalb kommt der Transformation von Matrizen in die Diagonalform eine so große Bedeutung in der Matrizenmechanik zu.

Der Übergang auf Matrizen wird für den Fall des linearen harmonischen Oszillators dargestellt. Betrachten wir ein so klassisches Modell, wie das aus Feder und Masse bestehende schwingende System. Die potentielle Energie beträgt $W_\mathrm{p} = \dfrac{1}{2}\,kx^2$ (wobei k die Federkonstante bezeichnet). Die *Schrödinger*-Gleichung lautet somit

$$\frac{\mathrm{d}^2\,\psi(x)}{\mathrm{d}x^2} + \frac{8\,\pi^2\,m}{h^2}\left(W - \frac{k}{2}\,x^2\right)\psi(x) = 0. \tag{42}$$

Auf leicht einzusehende Weise läßt sich diese Gleichung in die folgende Form umschreiben:

$$\frac{\mathrm{d}^2\,\psi(\xi)}{\mathrm{d}\xi^2} + (\lambda - \xi^2)\,\psi(\xi) = 0, \tag{43}$$

wobei

$$\xi = \alpha\,x,\ \ \alpha^4 = \frac{mk\,4\,\pi^2}{h^2},\ \ \lambda = \frac{4\,\pi\,W}{h}\left(\frac{m}{k}\right)^{1/2} = \frac{2\,W}{h\nu}$$

sind und $\nu = (k/m)^{1/2}/2\pi$ die klassische Frequenz bezeichnet.

Wir suchen die Lösung dieser Gleichung in der Form

$$\psi(\xi) = H(\xi)\,e^{-\frac{1}{2}\xi^2}. \tag{44}$$

Für $H(\xi)$ erhält man dann die folgende Differentialgleichung

$$H'' - 2\xi H' + (\lambda - 1)H = 0. \tag{45}$$

Das ist die *Hermite*sche Differentialgleichung, deren Lösungen die *Hermite*schen Polynome sind. Diese erhält man folgendermaßen:

Stellen wir $H(\xi)$ in Form der nachstehenden Potenzreihe auf die bei den *Laguerre*-Polynomen übliche Weise dar,

$$H(\xi) = \xi^s(a_0 + a_1\xi + a_2\xi^2 + \ldots),\ \ a_0 \neq 0,\ s \geq 0. \tag{46}$$

Am Ort $\xi = 0$ erhält man so auf alle Fälle einen endlichen Wert. Wir setzen die Reihenentwicklung in die Differentialgleichung ein, sammeln die Glieder gleicher Potenz und setzen diese gleich Null. Man erhält dadurch die folgenden Rekursionsformeln für die Koeffizienten:

$$\begin{aligned}
s(s - 1)a_0 &= 0, \\
(s + 1)sa_1 &= 0, \\
(s + 2)(s + 1)a_2 - (2s + 1 - \lambda)a_0 &= 0, \\
(s + 3)(s + 2)a_3 - (2s + 3 - \lambda)a_1 &= 0, \\
(s + \nu + 2)(s + \nu + 1)a_{\nu+2} - (2s + 2\nu + 1 - \lambda)a_\nu &= 0.
\end{aligned} \tag{47}$$

Da $a_0 \neq 0$ ist, ist s entweder gleich Null oder gleich eins. Auf Grund der zweiten Gleichung ist entweder $s = 0$ oder $a_1 = 0$, oder $a_1 = s = 0$. Da bei unendlich vielen Gliedern die Beziehung $a_{\nu+2}/a_\nu \to 2/\nu$ gilt, die eine stärkere Zunahme als e^{ξ^2} bedeutet, kann man eine im unendlichen verschwindende Funktion ψ bei endlicher Gliederzahl des Polynoms $H(\xi)$ erhalten. Ist

$$2s + 2\nu + 1 - \lambda = 0,\ \ \lambda = 2s + 2\nu + 1, \tag{48}$$

so werden die Glieder $a_{\nu+2}$, $a_{\nu+4}$ gleich Null. ν muß eine gerade Zahl sein. Falls nämlich ν eine ungerade Zahl sein sollte, so würden, mit Rücksicht auf $a_0 \neq 0$, all die Glieder a_2, a_4, ... von Null verschieden sein; die Reihe würde bei einer endlichen Gliederzahl nicht abbrechen, obwohl die zu den ungeraden a_ν gehörende Reihe aufhört. Andererseits, wenn durch die Wahl eines geraden ν die Glieder mit einem geraden Index »abbrechen«, so kann man die Divergenz der ungeraden dadurch verhindern, daß man $a_1 = 0$ wählt, so daß sofort $a_3 = a_5 = a_7 \ldots = 0$ wird; mit Rücksicht darauf, daß $\nu = 2k$ gesetzt werden kann, erhält man also

$$\lambda = 2s + 4k + 1. \tag{49}$$

Wählt man $s = 0$ bzw. $s = 1$, so wird

$$\lambda = 4k + 1, \text{ bzw. } \lambda = 4k + 3.$$

Gibt man k der Reihe nach die Werte 0, 1, 2, . . ., so erhält man aus der ersten Beziehung die Werte 1, 5, 9, 13, . . . und aus der zweiten die Werte 3, 7, 11, 15, . . ., insgesamt also die Wertereihe

$$\lambda = 2n + 1, \; n = 0, 1, 2, \ldots \tag{50}$$

Bei diesen Werten von λ existiert eine im Unendlichen verschwindende Lösung der Differentialgleichung. Berücksichtigt man noch den Zusammenhang $\lambda = 2W/h\nu$, so sind die möglichen Energiewerte

$$W_n = h\nu\left(n + \frac{1}{2}\right). \tag{51}$$

Für die einzelnen *Hermite*schen Polynome ergibt die Rekursionsformel die folgenden Ausdrücke:

$$
\begin{aligned}
H_0(\xi) &= 1, & H_3(\xi) &= 8\xi^3 - 12\xi, \\
H_1(\xi) &= 2\xi, & H_4(\xi) &= 16\xi^4 - 48\xi^2 + 12, \\
H_2(\xi) &= 4\xi^2 - 2, & H_5(\xi) &= 32\xi^5 - 160\xi^3 + 20\xi.
\end{aligned}
\tag{52}
$$

Die zum Eigenwert W_n gehörende Lösung ist daher

$$\psi_n(\xi) = N_n H_n(\alpha x)\, \mathrm{e}^{-\frac{1}{2}\alpha^2 x^2} \equiv u_n(x). \tag{53}$$

Es ist zweckmäßig, die Normierung

$$\int\limits_{-\infty}^{+\infty} |\psi_n(x)|^2\, \mathrm{d}x = |N_n|^2 \int\limits_{-\infty}^{+\infty} H_n^2(\alpha x)\, \mathrm{e}^{-\alpha^2 x^2}\, \mathrm{d}x = \frac{|N_n|^2}{\alpha} \int\limits_{-\infty}^{+\infty} H_n^2(\xi) \mathrm{e}^{-\xi^2}\, \mathrm{d}\xi = 1 \tag{54}$$

einzuführen.

Eine etwas umständliche, aber keine prinzipielle Schwierigkeit enthaltende Berechnung ergibt den Normierungsfaktor

$$N_n = \left(\frac{\alpha}{\pi^{1/2}\, 2^n\, n!}\right)^{1/2}. \tag{55}$$

Die Eigenfunktionen genügen selbstverständlich der Orthogonalitätsrelation, indem

$$\int\limits_{-\infty}^{+\infty} H_n(\xi) H_m(\xi)\, \mathrm{e}^{-\xi^2}\, \mathrm{d}\xi = 0, \quad n \neq m \tag{56}$$

ist.

Bei be kannten Energie-Eigenfunktionen können die Elemente der zum Ortsoperator $\mathbf{q} = x$ gehörenden Matrix nach beträchtlicher Rechenarbeit aufgestellt werden:

$$q_{nm} = \int\limits_{-\infty}^{+\infty} \psi_n^*(x)\, x\, \psi_m(x)\, \mathrm{d}x = \begin{cases} \dfrac{1}{\alpha}\left(\dfrac{n+1}{2}\right)^{1/2} ; m = n + 1. \\[2mm] \dfrac{1}{\alpha}\left(\dfrac{n}{2}\right)^{1/2} = \dfrac{\hbar}{2\,m\,\omega}\, n^{1/2}; \; m = n - 1 \\[2mm] 0 \qquad ; \text{ sonst.} \end{cases} \tag{57}$$

Die zum Operator $\mathbf{p} = \dfrac{h}{2\pi j}\dfrac{\mathrm{d}}{\mathrm{d}x}$ gehörenden Matrizenelemente sind

$$p_{nm} = \int\limits_{-\infty}^{+\infty} \psi_n(x)\,\frac{h}{2\pi j}\,\frac{\mathrm{d}}{\mathrm{d}x}\,\psi_m(x)\,\mathrm{d}x = \left(\frac{\hbar\,\omega\,m}{2}\right)^{1/2} \cdot \begin{cases} -j(n+1)^{1/2} ; \; m = n+1 \\[2mm] j\, n^{1/2} \qquad ; \; m = n - 1 \\[2mm] 0 \qquad ; \text{ sonst.} \end{cases} \tag{58}$$

Die unmittelbare Berechnung zeigt auch, daß die beiden Matrizen der Vertauschungsrelation genügen und die Energiematrix

$$\mathbf{H} = \frac{\mathbf{p}^2}{2\,m} + \frac{k}{2}\,\mathbf{q}^2 \tag{59}$$

zu einer Diagonalmatrix machen

$$\mathbf{H} = \begin{bmatrix} \dfrac{1}{2}\,h\nu & 0 & 0 & 0 \\[2mm] 0 & \dfrac{3}{2}\,h\nu & 0 & \cdot \\[2mm] 0 & 0 & \dfrac{5}{2}\,h\nu & \cdot \\[1mm] \cdot & \cdot & \cdot & \cdot \\ \cdot & \cdot & \cdot & \cdot \\ \cdot & \cdot & \cdot & \cdot \\ 9 & \cdot & \cdot & h\nu\!\left(n + \dfrac{1}{2}\right) \end{bmatrix} \tag{60}$$

Bei der Behandlung des Problems des linearen Oszillators sind wir von der *Schrödinger*-Gleichung bzw. von den Eigenlösungen dieser Gleichung ausgegangen, und wir sind so zu Matrizen gelangt, die der Vertauschungsrelation genügen und die *Hamilton*-Matrix diagonalisieren. Man kann aber den umgekehrten Weg einschlagen wodurch die Unabhängigkeit und Gleichwertigkeit der *Schrödinger*schen Wellenmechanik und der *Heisenberg*schen Matrizenmechanik klar hervortritt. Es gilt nämlich die Behauptung: *Findet man solche selbstadjungierten Matrizen* $\mathbf{p}$ *und* $\mathbf{q}$, *welche der Vertauschungsrelation*

$$\mathbf{p}\,\mathbf{q} - \mathbf{q}\,\mathbf{p} = \frac{h}{2\pi j}\,\mathbf{1} \tag{61}$$

genügen und die mit diesen Größen berechnete Matrix $\mathbf{H}$ *zu einer Diagonalmatrix machen, so ergeben die Diagonalelemente gerade die Eigenwerte der Energie.*

(*)Für die spätere Behandlung des Problems der Quantisierung verschiedener Strahlungsfelder erweist sich ein Umschreiben des *Hamilton*schen Ausdruckes für den Oszillator als zweckmäßig.

Führen wir dazu die Operatoren $\mathbf{a}$ und $\mathbf{a}^\dagger$ mit den folgenden Definitionen ein:

$$\mathbf{a} = \frac{\alpha}{\sqrt{2}}\,\mathbf{x} + \frac{j}{\sqrt{2}\,\hbar\,\alpha}\,\mathbf{p}_x = \frac{\alpha}{\sqrt{2}}\,x + \frac{1}{\sqrt{2}\,\alpha}\,\frac{\partial}{\partial x}\,,$$

$$\mathbf{a}^\dagger = \frac{\alpha}{\sqrt{2}}\,\mathbf{x} - \frac{j}{\sqrt{2}\,\hbar\,\alpha}\,\mathbf{p}_x = \frac{\alpha}{\sqrt{2}}\,x - \frac{1}{\sqrt{2}\,\alpha}\,\frac{\partial}{\partial x}\,,$$

so können wir einerseits ohne Schwierigkeit die Operatoren $\mathbf{x}$ und $\mathbf{p}_x$ mit ihrer Hilfe ausdrücken:

$$\mathbf{x} = \frac{1}{\sqrt{2}\,\alpha}\,(\mathbf{a}^\dagger + \mathbf{a}),$$

$$\mathbf{p}_x = j\,\frac{\hbar\,\alpha}{\sqrt{2}}\,(\mathbf{a}^\dagger - \mathbf{a}),$$

andererseits die Richtigkeit der folgenden Vertauschungsrelation beweisen:

$$\mathbf{a}^\dagger\,\mathbf{a} - \mathbf{a}\,\mathbf{a}^\dagger = -\mathbf{1}\,.$$

Damit ergibt sich der *Hamilton*-Operator $\mathbf{H}$ mit $\mathbf{a}$ und $\mathbf{a}^\dagger$ ausgedrückt:

$$\mathbf{H} = \frac{\hbar\,\omega}{2}\,(\mathbf{a}^\dagger\,\mathbf{a} + \mathbf{a}\,\mathbf{a}^\dagger) = \hbar\,\omega\left(\mathbf{a}^\dagger\,\mathbf{a} + \frac{1}{2}\right).$$

Etwas schwieriger sind die Beweise der folgenden Behauptungen:

$$\mathbf{a}^\dagger\,u_n = \sqrt{n+1}\,u_{n+1},$$

$$\mathbf{a}\,u_n = \sqrt{n}\,u_{n-1},$$

wo u_n durch die Gleichung (53) gegeben ist.

In diesen Eigenschaften liegt die Begründung der Benennung $\mathbf{a}^\dagger$ als Operator der Erzeugung und $\mathbf{a}$ als Operator der Vernichtung.

Um diese Gleichungen zu beweisen, zeigt man, daß die Funktionen $\mathbf{a}^\dagger u_n$ bzw. $\mathbf{a} u_n$ die *Schrödinger*-Gleichung mit den Eigenwerten W_{n+1} bzw. W_{n-1} befriedigen.

Der Operator $\mathbf{a}^\dagger\mathbf{a}$ hat folgende Eigenschaften:

$$[\mathbf{H}, (\mathbf{a}^\dagger\,\mathbf{a})] = 0$$

$$\mathbf{a}^\dagger(\mathbf{a}\,u_n) = \mathbf{a}^\dagger\left(\sqrt{n}\,u_{n-1}\right) = n\,u_n.$$

Die Eigenwerte von $\mathbf{a}^\dagger\,\mathbf{a}$ sind also die Quantenzahlen $1, 2, \ldots, n$. Daraus folgt

$$\mathbf{H}\,u_n = \hbar\,\omega\left(\mathbf{a}^\dagger\,\mathbf{a} + \frac{1}{2}\right)u_n = \hbar\,\omega\left(n + \frac{1}{2}\right)u_n\,.$$

Wir haben somit den schon bekannten Satz über die Eigenwerte zurückerhalten.

2.10 Die Störungsrechnung

2.10.1 Störungsrechnung im nicht entarteten Fall

Wie aus dem Vorangehenden ersichtlich ist, besteht das Grundproblem der Quantenmechanik in der Lösung des Eigenwertproblems

$$\mathbf{H}\,\psi = W\,\psi.$$

Gesucht werden also die Werte W_n, bei denen die obige Gleichung gelöst werden kann, sowie die zu diesen W_n-Werten gehörenden Eigenfunktionen ψ_n. Bei komplizierteren Systemen wird auch die Lösung dieses Problems kompliziert. Es ist deshalb wichtig, die verschiedenen Näherungslösungen auszuarbeiten. Die Störungsrechnung ist eine dieser Näherungsmethoden.

Wir nehmen an, daß das System der Eigenfunktionen und Eigenwerte

$$\psi_1^{(0)},\, \psi_2^{(0)},\ldots\ldots\ldots,\, \psi_n^{(0)},\, \ldots$$

$$W_1^{(0)},\, W_2^{(0)},\ldots\ldots,\, W_n^{(0)},\, \ldots$$

das der Beziehung

$$\mathbf{H}_0\,\psi_n^{(0)} = W_n^{(0)}\,\psi_n^{(0)} \tag{1}$$

genügt, bekannt ist. $\mathbf{H}_0$ ist hierbei der den »störungsfreien« Zustand des Systems kennzeichnende *Hamilton*sche Operator. Nehmen wir ferner an, daß unser System irgendeiner schwachen Einwirkung, einer Störung, ausgesetzt wird. Wir setzen z. B. unser System in ein schwaches elektrisches oder magnetisches Feld. Die Wirkung der Störung beschreibt das additive Glied $\lambda\mathbf{V}$ im *Hamilton*schen Ausdruck, wobei λ einen kleinen Wert bezeichnet. Unsere Aufgabe besteht nunmehr in der Lösung des Eigenwertproblems

$$(\mathbf{H}_0 + \lambda\mathbf{V})\,\psi_n = W_n\,\psi_n. \tag{2}$$

Von der Lösung ψ_n, W_n fordern wir, daß diese im Fall $\lambda \to 0$ in die Lösung $\psi_n^{(0)}$, $W_n^{(0)}$ des Grundproblems übergehen soll. Wir entwickeln deshalb W_n und ψ_n in Reihen nach steigenden Potenzen von λ und brechen sie bereits bei der ersten Potenz ab. Im folgenden werden wir nur diese Näherung erster Ordnung benötigen. Man erhält

$$W_n = W_n^{(0)} + \lambda W_n^{(1)}, \tag{3}$$

$$\psi_n = \psi_n^{(0)} + \lambda\,\psi_n^{(1)}. \tag{4}$$

Damit ist erreicht, daß man im Fall $\lambda \to 0$ tatsächlich die Lösungen des ungestörten Systems zurückbekommt. Stellen wir nun $\psi_n^{(1)}$ mit Hilfe des orthonormierten Funktionensystems $\psi_n^{(0)}$ dar,

$$\psi_n^{(1)} = \sum_m a_m\,\psi_m^{(0)}, \tag{5}$$

so ist

$$\psi_n = \psi_n^{(0)} + \lambda\sum_m a_m\,\psi_m^{(0)}. \tag{6}$$

Unser Ziel ist erstens die Bestimmung der Energieänderung $\lambda W_n^{(1)}$ und zweitens die Bestimmung der Koeffizienten a_m. Wir setzen die Ausdrücke (3) und (6) in die Gleichung (2) ein

$$(\mathbf{H}_0 + \lambda\mathbf{V})\,(\psi_n^{(0)} + \lambda\sum_m a_m\,\psi_m^{(0)}) = (W_n^{(0)} + \lambda W_n^{(1)})\,(\psi_n^{(0)} + \lambda\sum_m a_m\,\psi_m^{(0)}). \tag{7}$$

Wir führen die bezeichneten Operationen durch und vernachlässigen die λ^2 enthaltenden Glieder

$$\mathbf{H}_0\,\psi_n^{(0)} + \lambda\sum_m \mathbf{H}_0\,\psi_m^{(0)} + \lambda\mathbf{V}\,\psi_n^{(0)} = W_n^{(0)}\,\psi_n^{(0)} + W_n^{(0)}\lambda\sum_m a_m\,\psi_m^{(0)} + \lambda W_n^{(1)}\,\psi_n^{(0)}. \tag{8}$$

15*

Berücksichtigen wir nun, daß $\mathbf{H}_0\psi_m^{(0)} = W_m^{(0)}\psi_m^{(0)}$ $(m = 1, 2,\ldots, n,\ldots)$, so verschwindet das erste Glied sowohl auf der rechten als auch auf der linken Seite; man kann ferner λ kürzen

$$\sum_m a_m\, W_m^{(0)}\, \psi_m^{(0)} + \mathbf{V}\psi_n^{(0)} = W_n^{(0)} \sum_m a_m\, \psi_m^{(0)} + W_n^{(1)}\, \psi_n^{(0)}\,. \tag{9}$$

Multiplizieren wir diese Gleichung skalar mit $\psi_n^{(0)}$ und berücksichtigen dabei, daß $(\psi_n, \psi_m) = \delta_{nm}$ ist,

$$a_n\, W_n^{(0)} + (\psi_n, \mathbf{V}\, \psi_n^{(0)}) = a_n\, W_n^{(0)} + W_n^{(1)}, \tag{10}$$

so ergibt sich

$$W_n^{(1)} = (\psi_n^{(0)}, \mathbf{V}\, \psi_n^{(0)}). \tag{11}$$

Die gesamte Niveauverschiebung ist also

$$\lambda\, W_n^{(1)} = (\psi_n^{(0)}, \lambda\, \mathbf{V}\, \psi_n^{(0)}). \tag{12}$$

Wir multiplizieren nun die Gleichung (9) mit ψ_m (wobei $m \neq n$ ist),

$$a_m\, W_m^{(0)} + (\psi_m^{(0)}, \mathbf{V}\, \psi_n^{(0)}) = W_n^{(0)} a_m. \tag{13}$$

Daraus ergibt sich

$$a_m = \frac{(\psi_m^{(0)}, \mathbf{V}\, \psi_n^{(0)})}{W_n^{(0)} - W_m^{(0)}}, \qquad (m \neq n). \tag{14}$$

Man erhält

$$\psi_n = \psi_n^{(0)} + \sum_{m \neq n} \frac{(\psi_m^{(0)}, \lambda\, \mathbf{V}\, \psi_n^{(0)})}{W_m^{(0)} - W_n^{(0)}}\, \psi_m^{(0)} + \lambda\, a_n\, \psi_n^{(0)}. \tag{15}$$

Wie ersichtlich, ist noch der Wert des Koeffizienten a_n zu bestimmen. Man erhält ihn durch die Normierung $(\psi_m, \psi_m) = 1$. Es ergibt sich ohne Schwierigkeit, jedoch mit einer gewissen Willkür, daß in erster Näherung $a_n = 0$ und folglich

$$\psi_n = \psi_n^{(0)} + \sum_{m \neq n} \frac{(\psi_m^{(0)}, \lambda\, \mathbf{V}\, \psi_n^{(0)})}{W_n^{(0)} - W_m^{(0)}}\, \psi_m^{(0} \tag{16}$$

ist. Dies wurde jedoch nur vollständigkeitshalber angeführt und wird im folgenden nicht erforderlich sein.

Wenn nur die geänderten Energiewerte interessieren, so kann die ganze Behandlung vereinfacht werden. Betrachten wir nämlich die Eigenfunktion $\psi_n \sim \psi_n^{(0)}$ als nullte Näherung. Damit ist

$$(\mathbf{H}_0 + \lambda\, \mathbf{V})\, \psi_n^{(0)} = W_n\, \psi_n^{(0)}. \tag{17}$$

Die Multiplikation mit $\psi_n^{(0)}$ ergibt

$$\left(\psi_n^{(0)}, (\mathbf{H}_0 + \lambda\, \mathbf{V})\, \psi_n^{(0)}\right) = W_n$$

oder anders geschrieben

$$W_n = (\psi_n^{(0)}, \mathbf{H}_0\, \psi_n^{(0)}) + (\psi_n^{(0)}, \lambda\, \mathbf{V}\, \psi_n^{(0)}) = W_n^{(0)} + (\psi_n^{(0)}, \lambda\, \mathbf{V}\, \psi_n^{(0)})$$

oder noch einfacher

$$W_n = (\psi_n^{(0)}, \mathbf{H}\, \psi_n^{(0)}), \tag{18a}$$

wobei $\mathbf{H} = \mathbf{H}_0 + \lambda \mathbf{V}$ ist.

Betrachten wir beispielsweise das Verhalten des Atoms im magnetischen Feld.
Aus 1.6—(12) folgt durch die Definitionsgleichung $p_i = \partial L /\partial \dot{q}_i$ für den kanonisch-konjugierten Impuls p der Zusammenhang $p = m\, v + q_e A$ bzw. $m\, v = p - q_e A$; nun wollen wir von der Beziehung $H = \operatorname{rot} A$ (und nicht von der Beziehung $B = \operatorname{rot} A$) ausgehen, so daß das Äquivalent des Ausdrucks $(p - q_e\mu_0 A)$ in Operatorform in den Ausdruck des *Hamilton*schen Operators einzusetzen ist,

$$\mathbf{H} = \frac{1}{2\, m_0}\, (\mathbf{p} - q_e\, \mu_0\, \mathbf{A})^2 + q_e\, U. \tag{18b}$$

Die *Schrödinger*-Gleichung lautet daher

$$\left[\frac{1}{2\, m_0} \left(\frac{h}{2\, \pi j}\, \operatorname{grad} \psi - q_e\, \mu_0\, \mathbf{A} \right)^2 + q_e\, U \right] \psi = W\psi.$$

Nach dem Ausführen der entsprechenden Operationen erhält man

$$-\frac{h^2}{8\, \pi^2\, m_0} \left[\Delta\psi - \frac{4\, \pi\, e\, \mu_0}{jh}\, \mathbf{A}\, \operatorname{grad} \psi - \left(\frac{e\, 2\, \pi\mu_0}{h}\, \mathbf{A} \right)^2 \psi \right] - eU\, \psi = W\psi.$$

In Verbindung mit dieser Beziehung ist die Tatsache bemerkenswert, daß der Übergang auf Operatoren nicht immer eindeutig ist und der richtige Ausdruck in vielen Fällen — auf etwas willkürliche Weise — erzwungen werden muß. Im gegebenen Fall bestand die Willkür in dem Aufschreiben des Ausdrucks 2 $\mathbf{A}$ grad ψ an Stelle von

$$[\mathbf{A}\, \operatorname{grad} (\quad) + \operatorname{grad} (\mathbf{A})]\, \psi = \mathbf{A}\, \operatorname{grad} \psi + \operatorname{div} \psi\, \mathbf{A}.$$

Zu diesem Resultat hat die Wahl div $A = 0$ geführt. Man sieht sofort, daß das Vektorpotential

$$A = -\, y\, \frac{H_z}{2}\, i + x\, \frac{H_z}{2}\, j$$

über die Beziehung $H = \operatorname{rot} A$ den Wert $H = kH_z$, also ein in z-Richtung weisendes homogenes magnetisches Feld ergibt. Führt man Kugelkoordinaten ein, so wird

$$\mathbf{H} = \mathbf{H}_0 + \frac{e\, \mu_0 H_z}{2m_0}\, \frac{h}{2\pi j}\, \frac{\partial}{\partial \varphi} + \frac{e^2\, \mu_0 H_z^2}{8 m_0}\, r^2 \sin^2 \vartheta,$$

wobei $\mathbf{H}_0 = -\dfrac{\hbar^2}{2m_0}\, \Delta - eU$ den *Hamilton*schen Operator ohne Magnetfeld bezeichnet. Lassen wir das dritte Glied außer Betracht, d. h. beschränken wir uns auf schwache Magnetfelder. Nach der Störungsrechnung erhält man dann

$$W = \int \psi_0{}^* \mathbf{H} \psi_0\, \mathrm{d}V = W_0 - \frac{e\, \mu_0 H_z}{2m_0}\, m\, \frac{h}{2\pi}\, .$$

Damit wurde der früher für schwache Felder gegebenen Ausdruck des *Zeemann*-Effektes bewiesen.

(*) Obgleich der Spin und das magnetische Moment des Elektrons nur in der relativistisch invarianten von *Dirac* entwickelten Theorie ihre korrekte Formulierung finden, kann man sie nach *Pauli* mit Hilfe der von ihm eingeführten Spinmatrizen in den meisten Fällen in hinreichenderweise in die *Schrödinger*sche Theorie einbauen.

Die Komponenten s_x, s_y, s_z des Spinoperators werden denselben Bedingungen unterworfen, wie die Komponenten des Bahnmomentoperators:

$$s_x\,s_y - s_y\,s_x = j\,\frac{h}{2\pi}\,s_z,$$

$$s_y\,s_z - s_z\,s_y = j\,\frac{h}{2\pi}\,s_x,$$

$$s_z\,s_x - s_x\,s_z = j\,\frac{h}{2\pi}\,s_y.$$

Da z. B. der Operator s_z nur zwei Eigenwerte besitzt, und zwar $(1/2)\,(h/2\pi)$ und $-(1/2)(h/2\pi)$, kann seine Matrizendarstellung sofort angegeben werden

$$s_z = \begin{pmatrix} \frac{1}{2}\,\frac{h}{2\pi} & 0 \\ 0 & -\frac{1}{2}\,\frac{h}{2\pi} \end{pmatrix} = \frac{1}{2}\,\frac{h}{2\pi} \begin{pmatrix} 1 & 0 \\ 0 & -1 \end{pmatrix} = \frac{1}{2}\,\frac{h}{2\pi}\,\sigma_z.$$

Durch Einsetzung in die Gleichungen bestätigt man leicht, daß zu diesem s_z die folgenden s_x bzw. s_y gehören

$$s_x = \frac{1}{2}\,\frac{h}{2\pi} \begin{pmatrix} 0 & 1 \\ 1 & 0 \end{pmatrix} = \frac{1}{2}\,\frac{h}{2\pi}\,\sigma_x, \quad s_y = \frac{1}{2}\,\frac{h}{2\pi} \begin{pmatrix} 0 & -j \\ j & 0 \end{pmatrix} = \frac{1}{2}\,\frac{h}{2\pi}\,\sigma_y.$$

Die hier eingeführten Matrizen σ_x, σ_y, σ_z sind die *Pauli*schen Spin-Matrizen. Jetzt kann auch der Operator s^2 gebildet werden:

$$s^2 = s_x^2 + s_y^2 + s_z^2 = \frac{3}{4} \left(\frac{h}{2\pi} \right)^2 \begin{pmatrix} 1 & 0 \\ 0 & 1 \end{pmatrix}.$$

Daraus ergibt sich der Eigenwert dieses Operators zu

$$s^2 = \left(\frac{h}{2\pi} \right)^2 l_s(l_s + 1) \quad \text{mit} \quad l_s = \frac{1}{2}.$$

Die *Schrödinger*-Gleichung wird jetzt durch einen neueren Term ergänzt. In Analogie zu $W = -\boldsymbol{m}\boldsymbol{H}$ schreiben wir jetzt

$$W_{\text{Spin}} = \frac{\mu_0 e}{m_e} \left(\frac{1}{2}\,\frac{h}{2\pi} \right) \boldsymbol{\sigma}\boldsymbol{H} = \mu_B\,\boldsymbol{\sigma}\,\boldsymbol{H}.$$

Die *Schrödinger*-Gleichung wird also

$$(\mathbf{H}_0 + \mu_B\,\boldsymbol{\sigma}\,\boldsymbol{H})\,\psi = j\,\frac{h}{2\pi}\,\frac{\partial \psi}{\partial t}\,; \quad \mu_B \equiv m_B. \tag{19}$$

$\mathbf{H}_0$ bedeutet hier den *Hamilton*-Operator ohne Berücksichtigung des Spins. Da $\mu_B\boldsymbol{\sigma}\boldsymbol{H}$ eine Matrix darstellt, muß $\mathbf{H}_0$ allerdings mit der Einheitsmatrix

$$\begin{pmatrix} 1 & 0 \\ 0 & 1 \end{pmatrix}$$

multipliziert gedacht werden. Außerdem muß man auch $\psi\,(\boldsymbol{r}, t)$ als eine Kolonnen-Matrix darstellen

$$\psi(\boldsymbol{r}, t) = \begin{pmatrix} \psi_+(\boldsymbol{r}, t) \\ \psi_-(\boldsymbol{r}, t) \end{pmatrix}$$

oder im stationären Zustand

$$\psi(\mathbf{r}, t) = \begin{pmatrix} \psi_+(\mathbf{r})\, e^{-j\frac{2\pi}{h}W_+ t} \\[2ex] \psi_-(\mathbf{r})\, e^{-j\frac{2\pi}{h}W_- t} \end{pmatrix}.$$

Es sei das magnetische Feld homogen und habe nur eine Komponente in der z-Richtung. Dann lautet Gl. (19) ausführlich

$$\left[\mathbf{H}_0 \begin{pmatrix} 1 & 0 \\ 0 & 1 \end{pmatrix} + \mu_\mathrm{B} H_z \begin{pmatrix} 1 & 0 \\ 0 & -1 \end{pmatrix} \right] \begin{bmatrix} \psi_+ \\ \psi_- \end{bmatrix} = j\,\frac{h}{2\pi}\,\frac{\partial}{\partial t} \begin{bmatrix} \psi_+ \\ \psi_- \end{bmatrix}.$$

Diese Gleichung zerfällt in die folgenden zwei Gleichungen:

$$(\mathbf{H}_0 + \mu_\mathrm{B} H_z)\,\psi_+(\mathbf{r}) = W_+ \psi_+(\mathbf{r})$$

$$(\mathbf{H}_0 - \mu_\mathrm{B} H_z)\,\psi_-(\mathbf{r}) = W_- \psi_-(\mathbf{r})$$

oder

$$\mathbf{H}_0\,\psi_+(\mathbf{r}) = (W_+ - \mu_\mathrm{B} H_z)\,\psi_+(\mathbf{r}) = W_0\,\psi_+(\mathbf{r})$$

$$\mathbf{H}_0\,\psi_-(\mathbf{r}) = (W_- + \mu_\mathrm{B} H_z)\,\psi_-(\mathbf{r}) = W_0\,\psi_-(\mathbf{r}).$$

Wir sehen also, daß $\psi_+(\mathbf{r})$ bzw. $\psi_-(\mathbf{r})$ mit den Eigenfunktionen von $\mathbf{H}_0$ in erster Näherung zusammenfallen, die Energiewerte verändern sich aber entsprechend den Beziehungen

$$W_+ = W_0 + \mu_\mathrm{B} H_z, \quad W_- = W_0 - \mu_\mathrm{B} H_z.$$

Es ist üblich, statt der Kolonnen-Matrix $\psi(\mathbf{r}, t)$ eine einzige Funktion $\psi(\mathbf{r}, t, s)$ einzuführen, welche auch von der Spinkoordinate s abhängt. Für s sind nur die Werte $+1$ und -1 erlaubt. Wir können also identifizieren

$$\psi(\mathbf{r}, t, +1) = \psi_+(\mathbf{r}, t), \quad \psi(\mathbf{r}, t, -1), = \psi_-(\mathbf{r}, t).$$

Wir finden auch manchmal die folgende Schreibweise:

$$\psi(\mathbf{r}, t, s) = \psi(\mathbf{r}, t)\,\psi_\mathrm{spin},$$

ψ_spin soll hier als eine Andeutung dienen, welche von den zwei ψ-Funktionen (ψ_+ oder ψ_-) zu nehmen ist.

2.10.2 Störung im Entartungsfall

Im vorangehenden wurde die Tatsache ausgenützt, daß die zu den verschiedenen Funktionen $\varphi_n^{(0)}$ gehörenden $W_n^{(0)}$-Werte unterschiedlich sind. Nehmen wir nun an, daß der Wert $W_n^{(0)}$ f-fach entartet ist, daß also zu jeder der Funktionen

$$\psi_{n_1}^{(0)}, \psi_{n_2}^{(0)}, \ldots, \psi_{nf}^{(0)} \tag{20a}$$

der Eigenwert $W_n^{(0)}$ gehört. Will man jetzt die am Ende des vorangehenden Abschnittes erwähnte einfache Methode anwenden und von ungestörten Eigenfunktionen ausgehen, so steht man sogleich vor einem Problem: Man weiß nicht einmal, von welcher Funktion $\psi_{ns}^{(0)}$ als erster Näherung bei der Berechnung von W_n ausgegangen werden soll, da ja zu jeder Funktion derselbe Eigenwert W_n gehört. Wir nehmen deshalb eine lineare Kombination dieser Funktion

$$\psi_n^{(0)} = \sum_{k=1}^{} a_k\,\psi_{nk}^{(0)}. \tag{20b}$$

Setzen wir diese Funktion in die Gleichung $H\psi_n = W_n\psi_n$ an die Stelle von ψ_n ein
(**H** bezeichnet jetzt den vollständigen, also auch das Störglied enthaltenden *Hamilton-schen Operator*),

$$\mathbf{H}\sum_{k=1}^{f} a_k\,\psi_{nk}^{(0)} = W_n \sum_{k=1}^{f} a_k\,\psi_{nk}^{(0)}, \tag{21}$$

oder anders geschrieben

$$\sum_{k=1}^{f} a_k\,\mathbf{H}\,\psi_{nk}^{(0)} = W_n \sum_{k=1}^{f} a_k\,\psi_{nk}^{(0)}. \tag{22}$$

Multiplizieren wir diese Gleichung mit $\psi_{nl}^{(0)}$ und berücksichtigen, daß $\psi_{nl}^{(0)}\psi_{nk}^{(0)} = \delta_{lk}$
ist, so wird

$$\sum_{k=1}^{f} a_k(\psi_{nl}, \mathbf{H}\,\psi_{nk}) = W_n a_l, \quad l = 1, 2, \ldots f. \tag{23}$$

Diese Gleichung läßt sich auch folgendermaßen schreiben:

$$\sum_{k=1} [(\psi_{nl}^{(0)}, \mathbf{H}\,\psi_{nk}^{(0)}) - W_n \delta_{lk}] = 0, \quad l = 1, 2, \ldots, f. \tag{24}$$

Zur Bestimmung der Koeffizienten a_k hat sich somit ein homogenes lineares Gleichungssystem ergeben. Eine nicht-triviale Lösung ist nur dann zu erwarten, wenn die Determinante gleich Null ist. Diese lautet

$$\begin{vmatrix} (\psi_{n_1}^{(0)}, \mathbf{H}\,\psi_{n_1}^{(0)}) - W_n, & (\psi_{n_1}^{(0)}, \mathbf{H}\,\psi_{n_2}^{(0)}) & \cdots & (\psi_{n_1}^{(0)}, \mathbf{H}\,\psi_{nf}^{(0)}) \\[2mm] (\psi_{n_2}^{(0)}, \mathbf{H}\,\psi_{n_1}^{(0)}) & (\psi_{n_2}^{(0)}, \mathbf{H}\,\psi_{n_2}^{(0)}) - W_n & \cdots & (\psi_{n_2}^{(0)}, \mathbf{H}\,\psi_{nf}^{(0)}) \\ \vdots & & & \\ (\psi_{nf}^{(0)}, \mathbf{H}\,\psi_{n_1}^{(0)}) & (\psi_{nf}, \mathbf{H}\,\psi_{n_2}) & \cdots & (\psi_{nf}, \mathbf{H}\,\psi_{nf}) - W_n \end{vmatrix} = 0. \tag{25}$$

Zur Bestimmung von W_n erhält man also ein Polynom f-ter Ordnung. Aus der Tatsache, daß der Operator **H** selbstadjungiert ist, folgt, daß die Wurzeln reell sind. Wenn man verschiedene Werte W_{n1}, $W_{n2}, \ldots, W_{nf}$ erhält, so sagt man, daß die Entartung durch die Störung vollkommen aufgehoben wurde. Die Entartung kann auch nur zum Teil aufgehoben werden, und es ist ebenfalls möglich, daß man in nullter Näherung eine gemeinsame Niveauverschiebung erhält. Für das folgende merke man sich die näherungsweise erfüllte Beziehung

$$(\psi_{nk}^{(0)}, \mathbf{H}\,\psi_{nl}^{(0)}) - W_n = (\psi_{nk}^{(0)}, \mathbf{H}_0\,\psi_{nl}) + (\psi_{nk}^{(0)}, \lambda\,\mathbf{V}\,\psi_{nl}^{(0)}) - $$

$$- (W_n^{(0)} + \lambda\,W_n^{(1)}) = (\psi_{nk}^{(0)}, \lambda\,\mathbf{V}\,\psi_{nl}^{(0)}) - \lambda\,W_n^{(1)}.$$

Eine ähnliche Umwandlung ist auch bei den nichtdiagonalen Elementen möglich. In der Determinante (25) kann also anstelle von **H** auch der störende Operator und anstelle von W_n auch der geänderte Energiewert vorkommen.

2.10.3 Zeitabhängige Störung

Nehmen wir an, daß die Lösungen des stationären Problems

$$\mathbf{H}_0\psi = W\psi$$

bekannt sind und der Reihe nach

$$\psi_1 \mathrm{e}^{-j\frac{2\pi}{h}W_1 t}, \quad \psi_2 \mathrm{e}^{-j\frac{2\pi}{h}W_2 t}, \ldots, \psi_m \mathrm{e}^{-j\frac{2\pi}{h}W_m t}, \ldots$$

lauten.

Erfährt nun das System eine durch den Operator $\mathbf{V}(\mathbf{r}, t)$ beschriebene zeitabhängige Störung, so geht man zur Bestimmung der neuen Zustandsfunktionen von der zeitabhängigen *Schrödinger*-Gleichung

$$(\mathbf{H}_0 + \mathbf{V})\,\psi = -\frac{h}{2\pi j}\,\frac{\partial\psi}{\partial t}$$

aus. Nehmen wir an, daß ψ mittels $\psi_1, \psi_2, \ldots, \psi_k, \ldots$ in der Form

$$\psi = \sum_k c_k(t)\,\psi_k$$

dargestellt werden kann; die Konstanten der Reihenentwicklung werden also jetzt als Funktionen der Zeit betrachtet. Wir setzen diesen Ausdruck in die vorangehende Gleichung ein:

$$\sum_k c_k\,\mathbf{H}_0\psi_k + \sum_k c_k\,\mathbf{V}\,\psi_k = -\frac{h}{2\pi j}\sum_k c_k\,\frac{\partial\psi_k}{\partial t} - \frac{h}{2\pi j}\sum_k \psi_k\,\frac{\mathrm{d}c_k}{\mathrm{d}t}\,.$$

Zieht man in Betracht, daß ψ_k die Lösung der Gleichung

$$\mathbf{H}_0\,\psi_k = -\frac{h}{2\pi j}\,\frac{\partial\psi_k}{\partial t}$$

darstellt, so erhält man den folgenden Zusammenhang:

$$\sum_k c_k\,\mathbf{V}\,\psi_k = -\frac{h}{2\pi j}\sum_k \psi_k\,\frac{\mathrm{d}c_k}{\mathrm{d}t}\,.$$

Wir multiplizieren beide Seiten dieser Gleichung skalar mit ψ_m. Infolge der Orthogonalitätsrelationen bleibt dann auf der rechten Seite nur das $k = m$-te Glied übrig. Durch Ordnen erhält man

$$\frac{\mathrm{d}c_m}{\mathrm{d}t} = -\frac{2\pi j}{h}\sum_k c_k(\psi_m, \mathbf{V}\psi_k)\,.$$

Auf Grund der Definition des Skalarproduktes läßt sich dieser Zusammenhang auch folgendermaßen schreiben:

$$\frac{\mathrm{d}c_m}{\mathrm{d}t} = -\frac{2\pi j}{h}\sum_k c_k \int\limits_V \psi_m^*\,\mathbf{V}\,\psi_k\,\mathrm{d}V\,. \tag{26}$$

Werden für m der Reihe nach die Werte $1,2,3\ldots$ eingesetzt, so erhält man zur Bestimmung der Funktionen $c_1(t), c_2(t), \ldots, c_k(t)\ldots$ ein System von Differentialgleichungen, welches im Prinzip lösbar ist. Im folgenden werden diese Resultate nur in den einfachsten Fällen verwendet.

2.11 Das Mehrkörperproblem der Quantenmechanik

2.11.1 Allgemeiner Fall mit vernachlässigbarer Wechselwirkung

In erster Näherung wird die Energie der Wechselwirkung vernachlässigt. Jedes System wird also als unabhängig betrachtet und nur gedanklich zu einer einzigen Einheit zusammengefaßt. Die *Schrödinger*-Gleichung lautet also

$$\sum_{i=1}^{N} \Delta_i \psi + \frac{8\,\pi^2 m}{h^2}\,(W - W_{\mathrm{p}})\,\psi = 0,$$

wobei angenommen wurde, daß alle Teilchen eine gleich große Masse haben. Es ist sofort einzusehen, daß die Veränderlichen getrennt werden können, und daß

$$\psi_1 = \psi_k(1)\psi_l(2)\ldots\psi_r(N)$$

eine Lösung darstellt. Hierbei sind $\psi_k, \ldots \psi_r$ die Zustandsfunktionen der separaten Einzelteilchen. Zur Zustandsfunktion ψ_1 gehört der Eigenwert

$$W_1 = W_k + W_l + \ldots + W_r,$$

wobei z. B. W_k den zur Funktion ψ_k gehörenden Eigenwert bezeichnet. Selbstverständlich führt ψ_1 zu einem entarteten Fall. Man erhält nämlich denselben Energiewert, wenn nicht das Elektron (1), sondern z. B. das Elektron (2) sich im Zustand ψ_k befindet, während das Elektron (1) in den Zustand ψ_l kommt. Man kann sogar sagen, wie viele verschiedene Funktionen ψ_1 gebildet werden können, welche alle zu demselben Energiewert W_1 gehören. Befindet sich nämlich jedes Teilchen in einem anderen Quantenzustand, so führt jede neue Permutation der Elektronen zu einer neuen Zustandsfunktion. Der Grad der Entartung ist dann gleich $N\,!$. Falls sich dagegen jedes der insgesamt N_k Elektronen im Zustand ψ_k befindet, ergibt ihr Vertauschen untereinander keinen neuen Zustand; in diesem Fall ist die Gesamtzahl aller, zur gegebenen Energie W_1 gehörenden Zustandsfunktionen ψ_1, d. h. der Grad der Entartung

$$\frac{N!}{N_k!\,N_l!\,\ldots N_r!},$$

wobei also N_k, N_l, $\ldots$ N_r die Zahl jener Teilchen bezeichnen, die sich alle im Zustand ψ_k, ψ_l, $\ldots$ ψ_r befinden.

Die lineare Kombination all dieser Funktionen stellt selbstverständlich auch eine Lösung dar. Zwei solche lineare Kombinationen sind von besonderer Bedeutung. Falls nämlich die Teilchen vollkommen identisch sind, muß eine Vertauschung von zwei dieser Teilchen ohne physikalische Bedeutung bleiben. Nun gibt es aber nur eine einzige Funktion ψ_1, die bei jeder möglichen Vertauschung unverändert bleibt:

$$\psi_{\mathrm{S}} = N_{\mathrm{S}} \sum_{\mathrm{P}} \psi_k(1)\,\psi_l(2)\,\ldots\,\psi_r(N).$$

Das ist also die Funktion, die man dadurch erhält, daß man alle möglichen Permutationen der Teilchen bildet und diese addiert. Das ist die sog. *symmetrische Zustandsfunktion*. N_S ist hierbei ein einfacher Normierungsfaktor. Auf den ersten Blick scheint der obige Ausdruck die einzig mögliche Kombination darzustellen. Da aber nur die Wahrscheinlichkeitsdichte $\psi\psi^*$ einen physikalischen Sinn hat, ist auch die Kombination zulässig, bei welcher jede Vertauschung zur Vorzeichenänderung führt, da ja diese den Wert von $\psi\psi^*$ nicht beeinflußt. Es ist wiederum nur eine solche lineare Kombination möglich:

$$\psi_A = N_A \begin{vmatrix} \psi_k(1) \; \psi_k(2) \; \ldots \; \psi_k(N) \\ \psi_l(1) \; \psi_l(2) \; \ldots \; \psi_l(N) \\ \ldots \; \ldots \; \ldots \; \ldots \\ \psi_r(1) \; \psi_r(2) \; \ldots \; \psi_r(N) \end{vmatrix} .$$

Das ist die *antisymmetrische* Lösung. Das Vertauschen zweier Elektronen kommt im Vertauschen von zwei Reihen der Determinante zum Ausdruck, was tatsächlich nur eine Multiplikation mit (-1) bedeutet. Der antisymmetrische Zustand weist noch eine Besonderheit auf. Falls zwei gleiche Quantenzustände vorkommen, also zwei Indizes, z. B. k und l, zusammenfallen, ist der Wert der Determinante gleich Null. Wenn eine Menge irgendwelcher Teilchen mittels einer antisymmetrischen Zustandsfunktion beschrieben werden kann, so muß sich jedes dieser Teilchen in einem von dem aller anderen abweichenden Quantenzustand befinden.

Unsere bisherigen Überlegungen sind unvollständig, da wir uns bis jetzt nur mit dem von den Ortskoordinaten abhängigen Glied befaßt haben, während die Spinkoordinaten außer acht blieben. Alles, was hier vorgetragen wird, bezieht sich auf die *resultierende Zustandsfunktion*, welche auf eine etwas summarische Weise als Produkt der Orts- und Spinfunktionen hergestellt wird:

$$\psi = \psi_{\text{Ort}}\,\psi_{\text{Spin}}.$$

Dieser Ausdruck muß bei gleichen Teilchen symmetrisch oder antisymmetrisch sein. Eine symmetrische resultierende Zustandsfunktion kann sich folgendermaßen ergeben:

$$\psi_{\text{Ort}}^{S}\,\psi_{\text{Spin}}^{S}\,, \quad \psi_{\text{Ort}}^{A}\,\psi_{\text{Spin}}^{A}\,, \tag{1}$$

eine antisymmetrische Zustandsfunktion erhält man dagegen in der Form

$$\psi_{\text{Ort}}^{S}\,\psi_{\text{Spin}}^{A}\,, \quad \psi_{\text{Ort}}^{A}\,\psi_{\text{Spin}}^{S}\,, \tag{2}$$

wobei S und A die symmetrischen bzw. antisymmetrischen Indizes bezeichnen.

Identische Teilchen können also entweder eine symmetrische oder eine antisymmetrische Zustandsfunktion haben. Was bei gegebenen Teilchen tatsächlich der Fall ist, muß jeweils auf Grund der experimentellen Tatsachen festgestellt werden. Es ist z. B. bekannt, daß sich zwei Elektronen einer aus Elektronen bestehenden Menge dem *Pauli*-Prinzip entsprechend nicht im gleichen Quantenzustand befinden können. In der Sprache der Wellenmechanik bedeutet dies, daß die die Elektronen beschreibende Zustandsfunktion immer antisymmetrisch ist, wenn auch die Spinfunktion berücksichtigt wird.

2.11.2 Das Wasserstoffmolekül

Das Wasserstoffmolekül ist für uns eigentlich auch nicht besonders interessant. Daß es hier trotzdem behandelt wird, ist dadurch begründet, daß die Methode sowie das Ergebnis dieser Behandlung charakteristisch und — zumindest im Prinzip — auch auf kompliziertere Systeme übertragbar sind. Auf das Folgende werden wir also später häufig zurückgreifen.

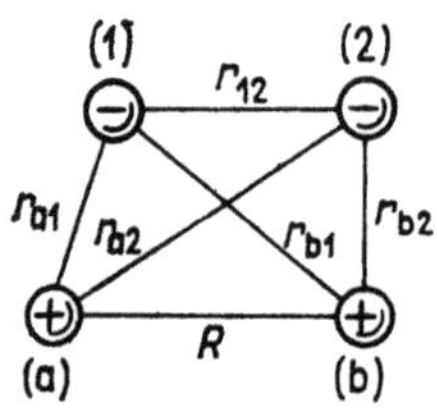

2.42 Zum H_2-Molekül

Betrachten wir den Kern der beiden Wasserstoffatome nach Abb. **2.42** als feststehend, und schreiben wir die *Schrödinger*-Gleichung für diesen Fall auf. ψ hängt nun von den Koordinaten der beiden Elektronen ab:

$$\psi = \psi(x_1, y_1, z_1; \; x_2, y_2, z_2).$$

Bei der *Laplace*-Operation müssen wir somit zweimal nach allen sechs Koordinaten differenzieren und an die Stelle der potentiellen Energie die Energie des ganzen, aus vier geladenen Teilchen bestehenden Systems setzen:

$$\Delta_1\psi + \Delta_2\psi + \frac{8\pi^2 m}{h^2}\left[W - \frac{e^2}{4\pi\varepsilon}\left(\frac{1}{R} + \frac{1}{r_{12}} - \frac{1}{r_{a1}} - \frac{1}{r_{a2}} - \frac{1}{r_{b1}} - \frac{1}{r_{b2}}\right)\right]\psi = 0. \quad (3)$$

Wir schreiben diese Gleichung in die folgende Form um:

$$\Delta_1\psi + \Delta_2\psi + \frac{8\pi^2 m}{h^2}\left[W + \frac{e^2}{4\pi\varepsilon\, r_{a1}} + \frac{e^2}{4\pi\varepsilon\, r_{b2}} - \right.$$
$$\left. - \left(\frac{e^2}{R} + \frac{e^2}{r_{12}} - \frac{e^2}{r_{a2}} - \frac{e^2}{r_{b1}}\right)\frac{1}{4\pi\varepsilon}\right]\psi = 0. \quad (4)$$

Solange die zwei Wasserstoffatome noch weit voneinander entfernt sind, kann der Ausdruck in den runden Klammern vernachlässigt werden. Später wird dann sein Einfluß als Störglied nach den Methoden der Störungsrechnung berücksichtigt. Die vereinfachte Gleichung lautet daher

$$\Delta_1\psi + \frac{8\pi^2 m}{h^2}\left(W_1 + \frac{e^2}{4\pi\varepsilon\, r_{a1}}\right)\psi + \Delta_2\psi + \frac{8\pi^2 m}{h^2}\left(W_2 + \frac{e^2}{4\pi\varepsilon\, r_{b2}}\right)\psi = 0, \quad (5)$$

wobei

$$W = W_1 + W_2$$

ist.

Die Veränderlichen der vorangehenden Gleichung lassen sich ohne weiteres trennen,

$$\psi((x_1, y_1, z_1;\ x_2, y_2, z_2) = \psi_a(x_1, y_1, z_1)\,\psi_b(x_2, y_2, z_2).$$

Wird dies in die Gleichung (5) eingesetzt, so erhält man die folgenden zwei Differentialgleichungen

$$\Delta_1\psi_a + \frac{8\,\pi^2 m}{h^2}\left(W_1 + \frac{e^2}{4\,\pi\varepsilon\,r_{a1}}\right)\psi_a = 0\,, \tag{6}$$

sowie

$$\Delta_2\,\psi_b + \frac{8\pi^2 m}{h^2}\left(W_2 + \frac{e^2}{4\pi\varepsilon r_{b2}}\right)\psi_b = 0\,. \tag{7}$$

Jede dieser Gleichungen für sich stellt die *Schrödinger*-Gleichung des Wasserstoffatoms a bzw. b dar, deren Lösung uns bereits bekannt ist. Im Grundzustand gilt z. B.

$$\psi_a\,(x_1, y_1, z_1) = \frac{1}{\sqrt{\pi}}\left(\frac{1}{r_1}\right)^{3/2}\mathrm{e}^{-\frac{r_{a1}}{r_1}}\,, \tag{8}$$

$$\psi_b\,(x_2, y_2, z_2) = \frac{1}{\sqrt{\pi}}\left(\frac{1}{r_1}\right)^{3/2}\mathrm{e}^{-\frac{r_{b2}}{r_1}}\,; \tag{9}$$

wobei r_1 jetzt den Halbmesser der ersten *Bohr*schen Bahn bezeichnet. Als Lösung erhält man also die Funktion

$$\psi = \psi_a(1)\,\psi_b(2) \tag{10}$$

mit dem Eigenwert

$$W = W_1 + W_2 = 2W_0\,. \tag{11}$$

Man sieht, daß die so erhaltene Lösung entartet ist. Man erhält denselben Eigenwert der Energie, wenn das Elektron (2) zum Atomkern a und das Elektron (1) zum Atomkern b gehört, wenn also die Elektronen vertauscht werden. Dementsprechend gehören zum Energiewert

$$W = W_1 + W_2 = 2W_0$$

die voneinander unabhängigen Lösungen

$$\psi_\mathrm{I} = \psi_a(1)\,\psi_b(2) \quad\text{und}\quad \psi_\mathrm{II} = \psi_a(2)\,\psi_b(1)\,. \tag{12}$$

In der Folge stellt natürlich auch jede beliebige lineare Kombination dieser Ausdrücke eine Lösung dar. Und wie im vorangehenden Abschnitt gezeigt wurde, sind zwei solche Kombinationen von besonderer Bedeutung:

$$\psi_\mathrm{S} = \psi_a(1)\,\psi_b(2) + \psi_a(2)\,\psi_b(1)\,, \tag{13}$$

$$\psi_\mathrm{A} = \psi_a(1)\,\psi_b(2) - \psi_a(2)\,\psi_b(1)\,. \tag{14}$$

Die erstere ist die symmetrische Lösung, welche beim Vertauschen der zwei Elektronen in sich selbst übergeht. Bei der zweiten, der antisymmetrischen Lösung wechselt ψ_A sein Vorzeichen, wenn die beiden Elektronen vertauscht werden. Diese beiden Lösungen erfüllen die Bedingung, daß sich die Wahrscheinlichkeitsdichte $\psi\psi^*$ nicht ändern darf, falls die zwei Elektronen vertauscht werden. Und das ist wichtig, weil das Vertauschen von Elektronen, die ja untereinander nicht zu unterscheiden sind, keine meßbare äußere Größe beeinflussen darf.

Wir wissen also nunmehr, daß ψ_I, bzw. ψ_{II} Lösungen des aus zwei Wasserstoffatomen bestehenden Systems darstellen. Es ist ebenfalls bekannt, daß jede lineare Kombination derselben auch eine Lösung ist, so auch ψ_S und ψ_A. Wird nun auch noch die Wechselwirkung der zwei Atome berücksichtigt, so geht der entartende Grundzustand in zwei Zustände unterschiedlicher Energie über, die mit zwei verschiedenen ψ beschrieben werden können. In nullter Näherung stellt dabei ψ_S die eine, ψ_A die andere Zustandsfunktion dar. Es erübrigt sich hier, diese nach der in Abschn. 2.10 beschriebenen Methode zu ermitteln, da das *Pauli*-Prinzip selbst die richtige nullte Näherung ohne weiteres liefert. Wir sind in der Lage, die Energieverschiebungen

$$\Delta W_S = W_S - 2W_0$$

und

$$\Delta W_A = W_A - 2W_0$$

bei bekannten ψ_S und ψ_A auf Grund der Gleichung 2.10.1—(12) aufzuschreiben

$$\Delta W_S = \frac{\int_V (\psi_I + \psi_{II})^* \mathbf{V}(\psi_I + \psi_{II})\mathrm{d}V}{\int_V (\psi_I + \psi_{II})^* (\psi_I + \psi_{II})\mathrm{d}V} \ .$$

wobei

$$\mathbf{V} = -\frac{1}{4\pi\varepsilon}\left(\frac{e^2}{R} + \frac{e^2}{r_{12}} - \frac{e^2}{r_{a2}} - \frac{e^2}{r_{b1}}\right)$$

ist. Nehmen wir nun an, daß die Funktionen ψ_I und ψ_{II} bereits richtig normiert worden sind, so daß die Beziehungen

$$\int_V \psi_I \psi_I^* \, \mathrm{d}V = 1 \quad \text{und} \quad \int_V \psi_{II} \psi_{II}^* \, \mathrm{d}V = 1$$

gelten. Bei der Integration ist zu berücksichtigen, daß ψ_I und ψ_{II} im allgemeinen Funktionen von $x_1, y_1, z_1, x_2, y_2, z_2$ darstellen, so daß $\mathrm{d}V = \mathrm{d}x_1 \cdot \mathrm{d}y_1 \cdot \mathrm{d}z_1 \cdot \mathrm{d}x_2 \cdot \mathrm{d}y_2 \cdot \mathrm{d}z_2$ ist. Für die zwei aufgespaltenen Niveaus erhält man schließlich

$$W_S = 2W_0 + \frac{U_{11} + U_{12}}{1 + J} \, , \tag{15}$$

$$W_A = 2W_0 + \frac{U_{11} - U_{12}}{1 - J} \, , \tag{16}$$

wobei

$$U_{22} = U_{11} = \frac{e^2}{4\,\pi\varepsilon} \int\limits_{V} \left(\frac{1}{R} + \frac{1}{r_{12}} - \frac{1}{r_{a2}} - \frac{1}{r_{b1}} \right) \psi_1\,\psi_1^* \, \mathrm{d}V \qquad (17)$$

und

$$U_{21} = U_{12} = \frac{e^2}{4\,\pi\varepsilon} \int\limits_{V} \left(\frac{1}{R} + \frac{1}{r_{12}} - \frac{1}{r_{a2}} - \frac{1}{r_{b1}} \right) \psi_{I}\,\psi_{II}^* \, \mathrm{d}V \qquad (18)$$

ist. Es gilt ferner

$$J = \int\limits_{V} \psi_{I}\,\psi_{II}^* \, \mathrm{d}V. \qquad (19)$$

Die Auswertung dieser Integrale führt zu langwierigen Berechnungen. Abb. 2.43 zeigt den Verlauf der sich aus dem Vertauschen ergebenden Energieänderung als Funktion des Abstandes zwischen den zwei Wasserstoffkernen. Man sieht, daß diese Energieänderung im symmetrischen Zustand bei einem wohldefinierten Abstand ein Minimum aufweist. Bei Annäherung tritt also eine Anziehungskraft auf, die zu einer Bindung führen kann. Die Kurve gibt übrigens auch den Abstand der zwei Wasserstoffatomkerne in dem Wasserstoffmolekül an, in voller Übereinstimmung mit den Versuchsergebnissen.

Die auf Elektronen bezogene vollständige Zustandsfunktion muß antisymmetrisch sein, wie dies im *Pauli*-Prinzip postuliert wird. Infolgedessen müssen die Spinfunktionen in dem Wasserstoffmolekül notwendigerweise antisymmetrisch, also von entgegengesetzer Ausrichtung sein. Die Bindung des Wasserstoffmoleküls kann also nur bei entgegengesetzter Ausrichtung der beiden Elektronenspins zustande kommen. Diese Regel wird sich im folgenden für beliebige Valenzbindungen verallgemeinern lassen.

Die Entartung der Energieniveaus bzw. ihre infolge der Wechselwirkung eintretende Aufspaltung ist mit der Tatsache verknüpft, daß es prinzipiell unmöglich ist, einzelne Elektronen voneinander zu unterscheiden. Deshalb werden die sich auf diese Weise ergebenden Energien als Austauschenergien und die zur räumlichen Änderung dieser Energien gehörenden Kräfte als Austauschkräfte bezeichnet. Wenn wir also in Zukunft die Energieabhängigkeit eines Systems auf diese Weise ermitteln und dabei bei einer

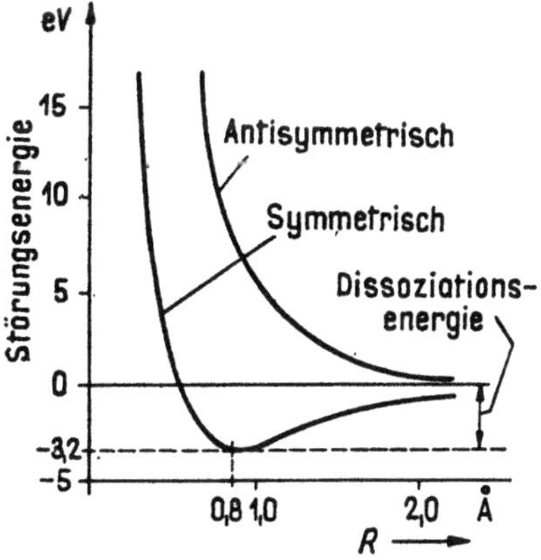

2.43 Die Austauschenergie des H_2-Moleküls. Es ist die symmetrische Lösung (in den Raumkoordinaten, d. h. antisymmetrisch in den Spinkoordinaten), die eine stabile Bindung ergibt

räumlichen Konfiguration ein Minimum erhalten, was selbstverständlich eine stabile Bindung bedeutet, dann werden wir einfach sagen: Die Bindung wurde durch die quantenmechanischen Austauschkräfte zustande gebracht.

2.12 Der Atomkern

2.12.1 Ordnungszahl, Massenzahl und Masse

In der Einleitung haben wir bereits gesehen, daß der wichtigste Kennwert des Kernes die Ordnungszahl Z ist. Dieser Wert bedeutet die Zahl der Protonen im Kern **und** bezeichnet den im periodischen System eingenommenen Platz des Elementes. Heute (1970) sind die Elemente bis zur Ordnungszahl $Z = 104$ bekannt. Das natürliche Element höchster Ordnungszahl ist das Uran mit $Z = 92$.

Die Summe der im Kern vorhandenen Neutronen (N) und Protonen (Z), d. h. die Zahl der im Kern vorhandenen Nukleonen, ist die Massenzahl (A):

$$A = N + Z.$$

In einem Kern stimmt die Zahl der Neutronen grob mit der Zahl der Protonen überein. Bei höheren Ordnungszahlen nimmt jedoch die Zahl der Überschußneutronen immer zu. Die Abb. 2.44 zeigt die Zahl der Neutronen als Funktion der Ordnungszahl, d. h. als Funktion der Protonenzahl. Wäre die Zahl der Neutronen und Protonen im Kern einander gleich, so würden sich die die einzelnen natürlichen Elemente bezeichnenden Kreise auf der Geraden mit dem Neigungswinkel von 45° befinden. Die zur Geraden $N = Z$ senkrechten Geraden verbinden die Elemente gleicher Massenzahl, sind also Linien, für welche $N + Z = A =$ konstant ist. Die Isotope eines gegebenen Elementes befinden sich auf einer vertikalen Geraden.

Die Masse des Atomkernes setzt sich aus der Masse der ihn bildenden Protonen und Neutronen zusammen. Bei der Verbindung wird jedoch Energie frei. Die entsprechende Masse fehlt, so daß die resultierende Masse kleiner ist als die Summe der Massen der den Kern bildenden Teile. Diese Massendifferenz wird als Massendefekt bezeichnet. Soll der Kern wieder in seine Bestandteile zerlegt werden, so muß die dem Massendefekt entsprechende Energiedifferenz zugeführt werden. Der Massendefekt ergibt also unmittelbar die Bindungsenergie des Kernes und charakterisiert dadurch seine Stabilität.

Mit Hilfe des Massenspektrographs kann die Masse der einzelnen Kerne sehr genau gemessen werden. Auf diese Weise läßt sich der Massendefekt und dadurch auch der Wert der Bindungsenergie bestimmen.

Anstelle der Masse des Atomkernes rechnet man in der Kernphysik im allgemeinen mit der Masse des neutralen Atoms. Die Masse der Elektronen ist also in der Masse des Atomkernes inbegriffen, da bei den Kernreaktionen (mit einigen Ausnahmen) dieselbe Elektronenmasse auf beiden Seiten vorkommt. Die Gesamtmasse der Bestandteile beträgt daher

$$W = Z m_\mathrm{p} + N m_\mathrm{n} + Z m_\mathrm{e}.$$

Ist M die genaue Masse des neutralen Atoms, dann beträgt der Massendefekt

$$\Delta M = W - M$$

$\longrightarrow$

2.44 Die in der Natur vorkommenden Isotope. Die leeren Kreise bezeichnen stabile, die vollen Kreise radioaktive Kerne. Durch künstliche Kernumwandlung können auch solche Kerne hergestellt werden, die außerhalb des im oberen Diagramm schraffierten Stabilitätsbereiches liegen. Diese wandeln sich jedoch mit bestimmter Umwandlungsgeschwindigkeit zu stabilen Kernen um, wobei sie die bezeichneten Umwandlungstypen oder eine ihrer Serien durchlaufen

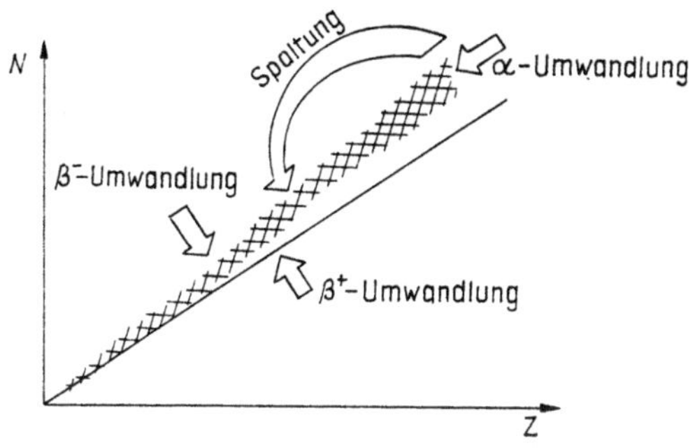

N
Spaltung
α-Umwandlung
β⁻-Umwandlung
β⁺-Umwandlung
Z
Neutronenzahl: N
150
140
130
120
110
100
90
80
70
60
50
40
30
20
10
92U²³¹
88Ra¹²⁶
A=230
220
210
200
190
180
170
160
150
140
130
120
110
100
75Re¹⁸⁷
74Lu¹⁷⁶
62Sm¹⁴⁷
37Rb⁸⁷
19K⁴⁰
10
20
30
40
50
60
70
80
90
0   10   20   30   40   50   60   70   80   90   100
Ordnungszahl: Z

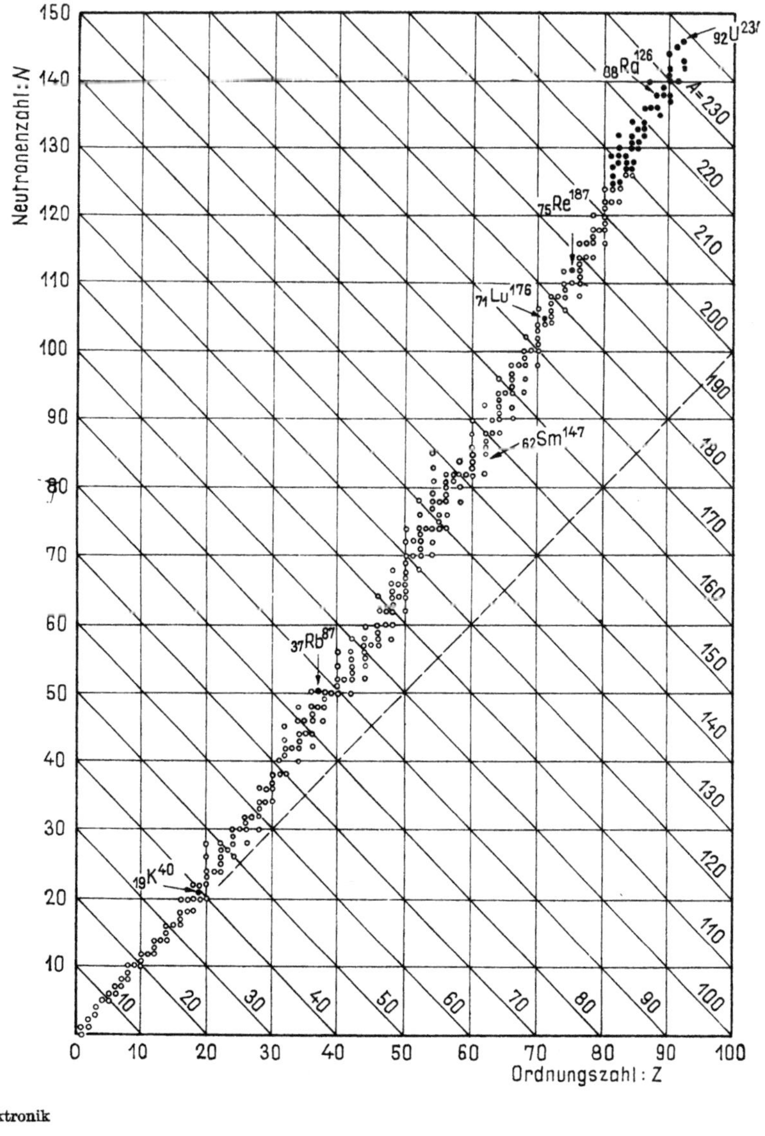

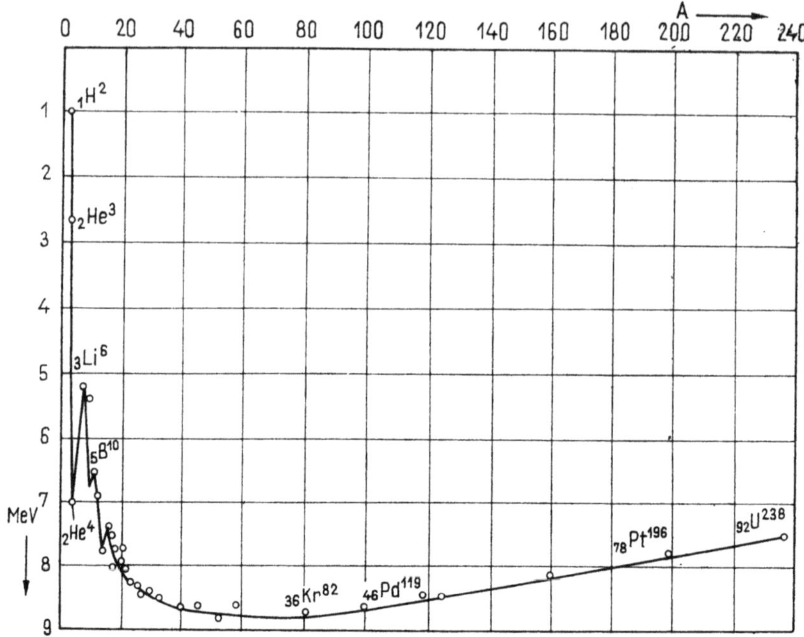

2.45 Die auf ein Nukleon bezogene Bindungsenergie von verschiedenen Kernen. Zwischen $A = 20$ und $A = 240$ ist dieser Wert etwa konstant: ~ 8 MeV

oder, was noch charakteristischer ist, der auf ein Nukleon entfallende Massendefekt

$$\frac{\Delta M}{A} = \frac{W - M}{A}.$$

Die Abb. **2.45** zeigt die auf ein Nukleon entfallende Bindungsenergie, berechnet auf Grund der, auf die beschriebene Weise gemessenen, genauen Masse. Aus dem Diagramm läßt sich die Gesetzmäßigkeit ablesen, daß die Bindungsenergie anfänglich zunimmt, bei den mittelschweren Kernen ein Maximum erreicht und gegen die schweren Kerne hin wieder abnimmt.

Aus der experimentell aufgenommenen Kurve selbst können wir auch viele interessante Folgerungen ziehen. Die die Energiegewinnung betreffende wichtigste Folgerung ist die folgende: Der Zusammenbau ganz leichter Kerne zu einem schwereren Kern, also die *Fusion* der leichten Kerne, ist mit dem Freiwerden von Energie verbunden. Bei der Aufspaltung, *Fission* ganz schwerer Kerne in mittelschwere wird aber ebenfalls Energie frei. Der ersterwähnte energieproduzierende Vorgang spielt sich im Inneren der Fixsterne sowie in der Wasserstoff-, oder allgemeiner ausgedrückt, Fusionsbombe ab, während der zweite Vorgang die zur Zeit einzige Möglichkeit zur kontrollierten Befreiung der Atomenergie im Atomreaktor bietet.

2.12.2 Die übrigen Kennwerte des Kerns

Die geometrische Abmessung des Kernes: r. Die verschiedenen Versuche, vor allem Streuungsversuche, ergeben für den Kernradius den folgenden Näherungswert

$$r \approx 1{,}4 \sqrt[3]{A}\, 10^{-13} \text{ cm}.$$

Daraus folgt, daß das Kernvolumen der Zahl der Nukleonen proportional ist. Die Dichte der verschiedenen Kerne kann in guter Näherung als konstant betrachtet werden.

Impulsmoment: I. Das Impulsmoment des Kernes setzt sich aus dem Bahnmoment (L) und dem Eigenmoment oder Spin (S) der einzelnen Nukleonen zusammen. In dem mit der Quantenzahl I gekennzeichneten Zustand ist das Impulsmoment des Kernes

$$\sqrt{I(I+1)}\,\frac{h}{2\pi}\;.$$

Magnetisches Moment: m_I. Zur Bahnbewegung des Teilchens, aber auch zum Spin, gehört im allgemeinen ein magnetisches Moment. Die Einheit dieses Momentes ist das Kern-Magneton vom Betrag

$$|\boldsymbol{m}_{\text{Kern}}| = |\boldsymbol{m}_0| = \frac{\mu_0\, h}{4\,\pi\, m_{\text{p}}}\;.$$

Das magnetische Moment des Protons beträgt $2{,}7024\,|\boldsymbol{m}_0|$. Interessanterweise weist auch das vollkommen ungeladene Neutron ein magnetisches Moment auf:

$$-\,1{,}3135\,|\boldsymbol{m}_0|\;.$$

Das negative Vorzeichen bedeutet, daß das Vorzeichen des magnetischen Momentes dem des mechanischen entgegengesetzt ist; es ist so, als ob sich eine negative Ladung drehen würde.

Elektrisches Quadrupolmoment. Ist die Ladung des Atomkernes räumlich kugelsymmetrisch verteilt, so ist ihr elektrisches Feld außerhalb des Kernes genau gleich dem Feld einer einzigen punktartigen Ladung. Ist aber der Kern in der Richtung der Drehachse gedehnt oder abgeplattet, so wird auch das äußere elektrische Feld vom Feld der punktartigen Ladung abweichend sein. Das Maß der Deformation ist das Quadrupolmoment des Kernes: Wird der Kern zigarrenförmig, so erhält man ein positives Quadrupolmoment, wird er diskusförmig, ein negatives Quadrupolmoment. Die Kennwerte einiger natürlicher Kerne sind zur Information in der Tabelle **2.5** zusammengefaßt.

Tabelle **2.5**. Die für die Kerntechnik weniger wichtigen Kennwerte einiger Kern

Ordnungszahl	Name	Massenzahl	Spin	Parität	Magnetisches Moment	Quadrupolmoment
0	Neutron	1	1/2	+	−1,912 80	
1	Wasserstoff	1	1/2	+	+2,792 55	
2	Helium	2	1	+	+0,957 354	+0,002 738
4	Beryllium	4	0	+		
6	Sauerstoff	9	3/2	−	+1,800 4	+0,074 0
		12	0	(+)	+0,702 25	
		16	0	+	−	
27	Kobalt	17	5/2	+	−1,893 5	−0,005
		18	0	+	−	
		59	7/2	(−)	+4,648 4	+0,52
83	Wismut	209	9/2	(−)	+4,082	−0,4
92	Uran	235	5/2	+		

Die Kernstatistik. Das »durchschnittliche« Verhalten einer sehr großen Anzahl von Kernen kann man aus statistischen Gesetzmäßigkeiten folgern. Verschiedenartige Kerne können unterschiedlichen Statistiken gehorchen. Für das Verhalten der Elementarteilchen Elektron, Proton, Positron, Neutrino ist die *Fermi-Dirac*sche Statistik maßgebend. Kerne, die eine ungerade Anzahl von Nukleonen enthalten, folgen ebenfalls dieser Statistik (Li^7, F^{19} usw.). Das gemeinsame Kennzeichen all dieser Teilchen ist, daß ihr Impulsmoment gleich einem ungeradzahligen Vielfachen von 1/2 (also 1/2 3/2, 5/2) ist, ihr Verhalten durch eine antisymmetrische Wellenfunktion beschrieben werden kann, und daß dementsprechend das Ausschließungsprinzip von *Pauli* für diese Teilchen gültig ist.

Die Photonen sowie die Nukleonen mit gerader Massenzahl (H^2, C^{12}, N^{14}) gehorchen der *Bose-Einstein*schen Statistik. Ihr Impulsmoment ist ganzzahlig (0, 1, 2) und ihre ψ-Funktion symmetrisch.

Parität des Kernes. Die den Kern charakterisierende Zustandsfunktion kann in einen von den Ortskoordinaten und einen von den Spinkoordinaten abhängigen Teil aufgelöst werden. Ist der von den Ortskoordinaten abhängige Teil so beschaffen, daß die Funktion nach dem Austausch $x, y, z \rightarrow -x, -y, -z$ ihr Vorzeichen nicht ändert, so sprechen wir von einem Kern gerader, sonst von einem Kern ungerader Parität. Dies hängt unmittelbar mit der resultierenden Quantenzahl L zusammen: Ist diese gerade bzw. ungerade, so ist es auch die Parität.

3. TEIL

Der Aufbau der makroskopischen Materie

Die phänomenologisch zusammenhängende, kontinuierlich erscheinende Materie besteht aus einer großen Vielzahl von Mikrosystemen, für welche die im vorangehenden Teil behandelten Gesetzmäßigkeiten gelten. In den verschiedenen Aggregatzuständen der Materie sind diese Mikrosysteme verschieden stark miteinander verbunden. Es besteht ein enger Zusammenhang zwischen dem Charakter dieser Verbindung und der mittleren kinetischen Energie der Teilchen.

Um die strukturelle Änderung der makroskopischen Materie als Funktion der Energie der Teilchen anschaulich verfolgen zu können und gleichzeitig einen Überblick über die zu erwartenden — in elektrischer Hinsicht wichtigen — Erscheinungen zu gewinnen, schließen wir ein Gas in ein Gefäß ein und beobachten sein Verhalten bei verschiedenen Temperaturen. (Die verschiedenen Temperaturen entsprechen nämlich den verschiedenen mittleren Energien der einzelnen Teilchen, da diese Werte in unmittelbarem Zusammenhang mit der in Kelvingraden gemessenen Temperatur stehen.)

Das Gas besteht aus Molekülen: Sagen wir, daß sich je zwei Atome unter Einwirkung bestimmter Kräfte zu einem Molekül zusammensetzen. Dies ist der einfachste Zustand der Materie. Die einzelnen Moleküle können in sehr guter Näherung als voneinander unabhängig betrachtet werden und treten nur bei unmittelbarer Begegnung in eine Wechselwirkung miteinander. Dann stoßen sie aneinander nach den Gesetzen der klassischen Mechanik, den Energie- und Impulssätzen.

Erhöhen wir nun gedanklich die Temperatur! Nehmen wir an, daß die Gefäßwand jede Temperatur und jeden Druck aushält. Bei einigen tausend Grad Temperatur ist die Energie des Zusammenstoßes bereits groß genug, um die molekulare Bindung zu zerreißen: Dann hat man es mit einem atomaren Gas zu tun. Bei einer noch höheren Temperatur reißen auch die Elektronen ab, um 10^5 °K sind die einzelnen Atome bereits ionisiert, es handelt sich also um eine aus positiv geladenen Atomrümpfen und negativ geladenen Elektronen bestehende »Gas«-Mischung: das Plasma. Das Auflösen der molekularen Bindung bzw. die Ionisation fängt natürlich bereits bei verhältnismäßig niedrigen Temperaturen an und kann sogar bei Zimmertemperatur mit Hilfe eines äußeren elektrischen Feldes angeregt werden. Dabei wird das Gas leitend, und die Fragen der elektrischen Strömung treten in den Vordergrund.

Wird die Temperatur um mehrere Größenordnungen weiter erhöht, dann wird die Energie des Teilchens so groß, daß ein Zusammenstoß bereits zur

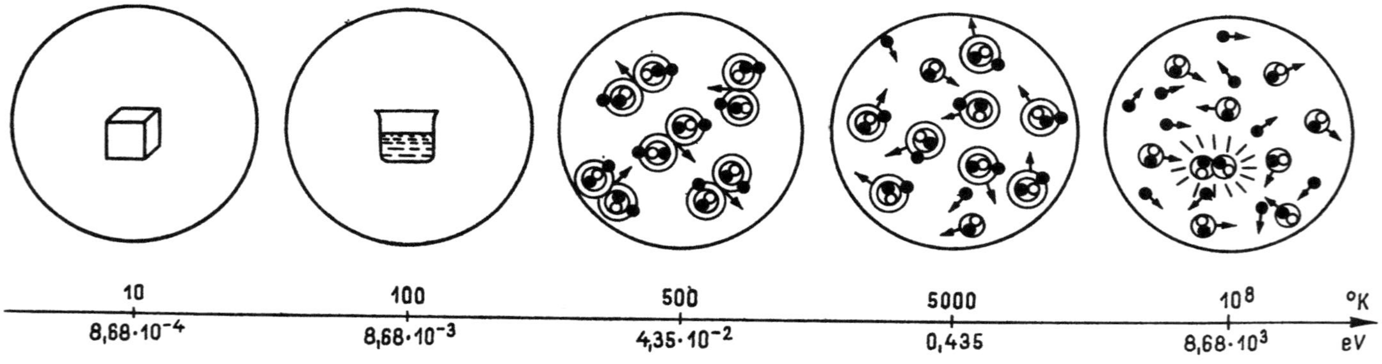

Festkörper	Flüssigkeit	Gas	Ionisiertes Gas	Plasma
Kennwerte von Metallen, Halbleitern, Isolierstoffen und magn. Materialien: σ, ε, μ, E_{krit} usw. Elektronenaustritt aus festen Stoffen, Erscheinungen an. Grenzflächen Festkörper-Maser und Laser Supraleitung Thermoelektrische Erscheinung Mößbauer-Effekt	Polarisation Leitungs-Erscheinungen an Grenzflächen zwischen Festkörper und Flüssigkeit Galvanische Elemente	Para- und Diamagnetismus Zustandsgleichung Gasmaser und Gaslaser	Verschiedene Entladungen Äußere Ionisation Teilchendetektoren MHD-Generatoren	MHD-Generatoren Energieerzeugung durch Fusion Ionentriebwerke Wechselwirkung zwischen elektromagnetischen Wellen und Plasma

3.1   Die Änderung der Struktur der Materie als Funktion der mittleren kinetischen Energie der Teilchen sowie die bei den einzelnen Zuständen interessierenden elektrischen Erscheinungen (auf der unteren Skala ist kT in eV aufgetragen)

Zerstörung, genauer gesagt zur Umwandlung des Kernes führt. Die Untersuchung der Eigenschaften des Plasmas ist eben deshalb von entscheidender Bedeutung, weil man auf diese Weise Kernenergie, in diesem Fall Fusionsenergie, freisetzen kann.

Schreitet man von der Zimmertemperatur in die entgegengesetzte Richtung fort, dann kommen auch die bisher vernachlässigbaren Kraftwirkungen zur Geltung, wodurch neue Bindungen entstehen. Bei einer bestimmten Temperatur erhält man eine Flüssigkeit und bei einer noch tieferen Temperatur einen festen Körper. Im letzteren Fall weisen die Materieteilchen meistens eine wohldefinierte geometrische Anordnung auf: Die Materie hat eine Kristallstruktur.

In Abb. **3.1** sind die Zustandsänderungen einer hypothetischen Materie dargestellt und die in den einzelnen Zuständen eintretenden wichtigeren Erscheinungen angeführt.

Im folgenden behandeln wir zuerst die einfachste makroskopische Form der Materie, den Gaszustand. Hier werden wir die Grundbegriffe der klassischen und quantenmechanischen Statistiken kennenlernen und auf einfache Fälle anwenden. Dann werden die Eigenschaften der festen Körper, besonders ihre Bandstruktur, etwas eingehender untersucht. Zum Schluß werden auch die Abweichungen von dem Gleichgewichtszustand besprochen.

3.1 Die klassische Statistik

3.1.1 Der Begriff der thermodynamischen Wahrscheinlichkeit

Wir teilen ein im kräftefreien Raum untergebrachtes und ein ideales Gas enthaltendes Gefäß in gleiche Zellen auf und numerieren die einzelnen Zellen der Reihe nach. Hierdurch werden die verschiedenen Stellen des Gefäßes, ähnlich dem Festlegen eines Koordinatensystems, gekennzeichnet. Im Laufe seiner Bewegung erreicht ein Gasmolekül jede Stelle des Gefäßes. Da kein Punkt im Gefäß irgendwie ausgezeichnet ist, ist es gleich wahrscheinlich, daß ein etwa durch a gekennzeichnetes Molekül bei einer Beobachtung in der ersten, zweiten oder i-ten Zelle aufgefunden wird. Diese Wahrscheinlichkeit ist gleich dem Verhältnis des Volumens einer Zelle zum Gesamtvolumen des Gefäßes, bei gleich großen Zellen also gleich $1/k$, wenn k die Zahl der Zellen bezeichnet.

Hierbei kam jener Satz der Wahrscheinlichkeitsrechnung zur Anwendung, wonach, falls jedes Ereignis im gleichen Maße möglich ist, die Eintrittswahrscheinlichkeit eines Ereignisses dem Verhältnis der Zahl der günstigen Ereignisse zur Gesamtzahl aller möglichen Fälle gleich ist. Bezeichnen wir diese Wahrscheinlichkeit mit w. Die Wahrscheinlichkeit dafür, daß das mit b bezeichnete Molekül z. B. in der k-ten Zelle gefunden wird, ist ebenfalls gleich w. Dagegen ist die Wahrscheinlichkeit dafür, daß bei ein und derselben Beobachtung das Molekül a in der i-ten und gleichzeitig das Molekül b in der k-ten Zelle vorgefunden wird, bereits geringer, da die Wahrscheinlichkeit des gleichzeitigen Eintreffens voneinander unabhängiger Ereignisse gleich dem Produkt der beiden Wahrscheinlichkeiten ist,

$w \cdot w = w^2$. Will man nun zur gleichen Zeit auch noch ein drittes Molekül in einer im voraus bestimmten Zelle finden, so wird die Wahrscheinlichkeit dafür $w^2 \cdot w = w^3$. Berücksichtigt man schließlich die Gesamtzahl N der vorhandenen Moleküle, so findet man, daß die Wahrscheinlichkeit dafür, daß bei einem Versuch das Molekül a in der i-ten, gleichzeitig das Molekül b in der k-ten Zelle und so weiter, jedes Molekül in einer vorbestimmten Zelle gefunden wird, gleich w^N ist. Wie man sieht, ist dieser Wert von der Anordnung unabhängig und wird nur durch die Zellengröße sowie durch die Zahl der Moleküle bestimmt. *Ein solcher Zustand des Gases, der durch die Angabe des Ortes eines jeden, besonders bezeichneten, individualisierten Moleküls gegeben ist, wird Mikrozustand genannt.* Unser obiges Ergebnis kann hiernach auch so formuliert werden, daß *die Wahrscheinlichkeit aller Mikrozustände die gleiche ist.* Diese Aussage wählen wir zu unserer grundlegenden Ausgangsannahme, obwohl diese sich im vorliegenden einfachen Fall als Folge einer anderen Annahme ergeben hat.

Die hier behandelten Begriffe sind so wichtig, ihr Verständnis ist so unentbehrlich, daß sie an Hand eines Beispiels noch einmal durchgearbeitet werden sollen.

Teilen wir das Gefäß einfachheitshalber in drei gleiche Zellen. Die Gesamtzahl der Molekeln soll $N = 4$ betragen. Wir bezeichnen diese der Reihe nach mit den Buchstaben a, b, c und d. Die Moleküle sollen sich im Gefäß den obigen Annahmen entsprechend bewegen. Dies bedeutet, daß man bei der Beobachtung des Gases das Molekül a mit gleicher Wahrscheinlichkeit in der ersten oder in der zweiten oder in der dritten Zelle findet. Die Wahrscheinlichkeit dafür, daß sich das Molekül a bei einer Beobachtung gerade in der Zelle 1 befindet, ist gleich einem Drittel, da es sich mit gleicher Wahrscheinlichkeit in irgendeiner der drei Zellen befinden kann und von den drei Möglichkeiten nur eine zutrifft. Wo sich die übrigen Moleküle aufhalten, damit befassen wir uns vorläufig nicht. Die Wahrscheinlichkeit dafür, daß das Molekül b in der Zelle 3 vorgefunden wird, ist ebenfalls gleich einem Drittel, falls die Lage der übrigen Moleküle wiederum außer acht bleibt. Die Wahrscheinlichkeit dafür, daß man bei ein und derselben Beobachtung das Molekül a in der Zelle 1 und gleichzeitig das Molekül b in der Zelle 3 findet, beträgt dagegen

$$\frac{1}{3} \cdot \frac{1}{3} = \frac{1}{9} \, .$$

Natürlich ist auch die Wahrscheinlichkeit gleich 1/9, daß sich sowohl das Molekül a als auch das Molekül b bei einer Beobachtung in der Zelle 1 befinden. Schließlich beträgt die Wahrscheinlichkeit dafür, daß die Moleküle a und b in die Zelle 1, gleichzeitig aber das Molekül c in die Zelle 2 und das Molekül d in die Zelle 3 kommt

$$\frac{1}{3} \cdot \frac{1}{3} \cdot \frac{1}{3} \cdot \frac{1}{3} = \left(\frac{1}{3}\right)^4 = \frac{1}{81} \, .$$

Es besteht aber die gleiche Wahrscheinlichkeit auch dafür, daß sowohl das Molekül a als auch die Moleküle b, c und d in die Zelle 1 kommen. Die beiden Fälle stellen je einen Mikrozustand des Gases dar, deren Wahrscheinlichkeiten, wie wir gesehen haben, einander gleich sind. In Abb **3.2** wurde neben diesen beiden auch ein dritter Mikrozustand aufgezeichnet. Wird unser Versuch viele Male wiederholt, so findet man, daß irgendeine Anordnung durchschnittlich nur bei jeder 81sten Beobachtung wieder vorliegt.

In bezug auf das makroskopische Verhalten des Gases ist es natürlich ohne Belang, ob sich das Molekül a oder b in einer gegebenen Zelle befindet; es interessiert vielmehr nur die *Gesamtzahl* der am gegebenen Ort vorhandenen Moleküle. Der Gaszustand wird also dadurch gekennzeichnet, daß man angibt: Die Zahl der Moleküle in der ersten Zelle beträgt N_1, in der zweiten Zelle N_2, in der i-ten Zelle N_i. *Der durch die Zahl der in den einzelnen Zellen vorhandenen Moleküle angegebene Gaszustand wird als der Makrozustand des Gases bezeichnet.* Für uns ist selbstverständlich von Interesse, wie hoch die Wahrscheinlichkeit der einzelnen Makrozustände ist. Wir werden sehen, daß die Wahrscheinlichkeit der verschiedenen Makrozustände verschieden ist.

Bei dem im vorangehenden Beispiel behandelten Gas ist z. B. die Wahrscheinlichkeit des mit den Zahlen $N_1 = 4$, $N_2 = 0$, $N_3 = 0$ angegebenen Makrozustandes gleich 1/81, da es zum Entstehen dieses Zustandes erforderlich ist, daß sowohl das Molekül a als auch die Moleküle b, c und d in die Zelle 1 kommen und die Wahrscheinlichkeit dieser Anordnung gerade 1/81 beträgt. Der genannte Makrozustand ist also nur bei einem einzigen Mikrozustand zu finden. Betrachten wir nun die Wahrscheinlichkeit eines anderen Makrozustandes, sagen wir die des Zustandes mit der Verteilung 2, 1, 1. Falls sich das Gas in irgendeinem der in Abb. **3.3** gezeichneten Mikrozustände befindet, so erhält man immer dieselben Makrozustände. Wird der Versuch viele Male wiederholt, so kommt jeder Mikrozustand in 81 Versuchen durchschnittlich

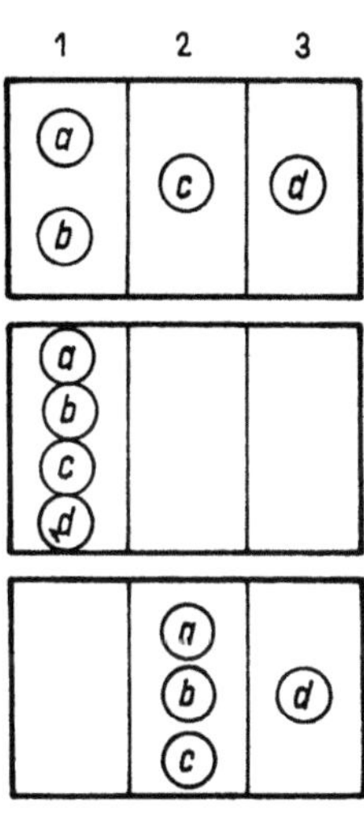

3.2 Einige Mikrozustände eines aus vier Molekülen bestehenden Gases

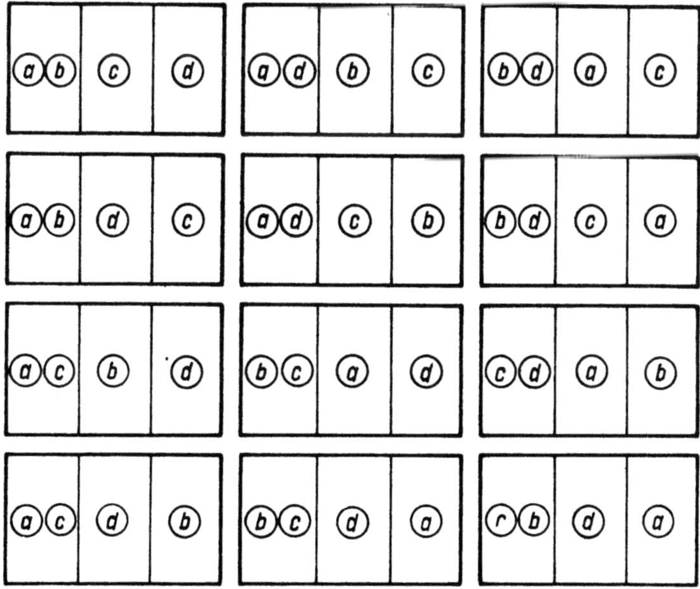

3.3 Die zur Makroverteilung 2, 1, 1 gehörenden Mikrozustände

einmal vor, so daß der genannte Makrozustand bei derselben Zahl von Versuchen durchschnittlich zwölfmal vorkommt; seine Wahrscheinlichkeit ist somit 12/81. Dies ist das Zwölffache der Wahrscheinlichkeit der früheren Anordnung, ganz einfach deshalb, weil jetzt zwölf verschiedene Mikrozustände demselben Makrozustand entsprechen. Daraus läßt sich also die folgende wichtige Folgerung ziehen: *Die Wahrscheinlichkeit eines beliebigen Makrozustandes ist proportional der Zahl der Mikrozustände, welche denselben verwirklichen.* Unsere Aufgabe besteht somit in der Ermittlung aller Mikrozustände, die zu einem gegebenen Makrozustand gehören.

In Abb. **3.**3 sind alle, zur Makroverteilung 2, 1, 1 gehörenden Mikrozustände dargestellt. Es ist ferner ersichtlich, wie man diese erhält: Man bildet alle Permutationen der Elemente a, b, c und d. Unter diesen werden jedoch jene Permutationen, die sich durch Permutierung der in einer gegebenen Zelle befindlichen Elemente ergeben, als identisch betrachtet (im vorliegenden Beispiel gelten also z. B. die Permutationen ab, c, d bzw. ba, c, d als identisch). Die Gesamtzahl der Permutationen beträgt in unserem Beispiel

$$4 \cdot 3 \cdot 2 \cdot 1 = 24,$$

da aber die Permutierung der in der ersten Zelle befindlichen Elemente keinen neuen Mikrozustand ergibt, ist die Zahl der den Makrozustand 2, 1, 1 verwirklichenden Mikrozustände:

$$\frac{4!}{2!} = 12.$$

Auf Grund des Vorangehenden entsprechen im allgemeinen Fall dem mit der Verteilung $N_1, N_2, \ldots, N_k$ gekennzeichneten Makrozustand insgesamt

$$\frac{N!}{N_1!\, N_2! \ldots N_k!} \tag{1}$$

Mikrozustände, wobei $N = \sum_{i=1}^{k} N_i$ ist. Dies bedeutet die Anzahl der verschiedenen Möglichkeiten zur Anordnung von N numerierten Molekülen in k Zellen auf solche Weise, daß N_1 Moleküle in die erste, N_2 Moleküle in die zweite, N_k Moleküle in die k-te Zelle kommen.

Die Wahrscheinlichkeit des solcherart gekennzeichneten Makrozustandes beträgt hiernach

$$\frac{N!}{N_1!\, N_2! \ldots N_k!}\, w^N. \tag{2}$$

Bekanntlich bezeichnet nämlich w^N die Wahrscheinlichkeit eines Mikrozustandes, welche noch mit der Zahl der zum Makrozustand gehörenden Mikrozustände zu multiplizieren ist.

Man sieht also, daß die Wahrscheinlichkeit der einzelnen Makrozustände sehr verschieden sein kann. Beim Vergleich derselben spielt der konstante Faktor w^N keine Rolle und kann deshalb weggelassen werden. Definitionsgemäß verstehen wir also unter der *thermodynamischen Wahrscheinlichkeit* eines, durch die Verteilung N_1, N_2, ..., N_k gekennzeichneten Makrozustandes den Ausdruck

$$w_{td} = \frac{N!}{N_1! \, N_2! \ldots N_k}. \tag{3}$$

Diese Zahl gibt somit die Häufigkeit an, mit welcher man die einzelnen Makrozustände vorfindet, wenn man sehr viele Beobachtungen am Gas durchführt.

Jetzt können wir bereits auch die Frage beantworten, warum die Dichte eines Gases im Gleichgewicht konstant ist, d. h. warum man das Gas immer in dem durch die Verteilung $N_1 = N_2 = N_3 = \ldots = N_k$ gekennzeichneten Zustand findet: Weil die thermodynamische Wahrscheinlichkeit dieses Zustandes am größten ist, u. zw. mit Rücksicht auf die sehr große Anzahl der Molekeln unvergleichlich größer als die irgendeines anderen Zustandes, so daß praktisch jener Zustand allein in Frage kommt. Bereits beim vorangehenden einfachen Beispiel — obwohl es sich dort nur um vier Moleküle handelte — war es ersichtlich, daß, während die thermodynamische Wahrscheinlichkeit des Zustandes 4, 0, 0 gleich 1 ist, diejenige der mehr homogenen Verteilung bereits 12 beträgt. Bei neun Molekülen verhält sich die Häufigkeit der Verteilungen 9, 0, 0, bzw. 3, 3, 3 bereits wie 1 zu 1680. Daß die Funktion w_{td} gerade im Fall $N_1 = N_2 = \ldots = N_k$ ihr Maximum hat, ergibt sich auf einfache Weise aus der mathematischen Untersuchung dieser Funktion; den Beweis werden wir bei der Behandlung des allgemeinen Falles erbringen. Aus dem bisher Gesagten ist ersichtlich, daß die Verteilungsfunktion, die den Ort der Moleküle des sich selbst überlassenen Gases kennzeichnet, zeitlich unveränderlich und sogar von Ort zu Or konstant ist.

3.1.2 Die Boltzmann-Verteilung als der wahrscheinlichste Makrozustand im Geschwindigkeitsraum

Wir untersuchen nun, ob die obige Methode auch auf die Geschwindigkeitsverteilung angewendet werden kann. An Stelle des gewöhnlichen Raumes nehmen wir den Geschwindigkeitsraum und teilen auch diesen in Zellen ein. Betrachten wir wieder unser Gas, das aus den mit a, b, c und d bezeichneten Moleküle besteht. Bei einem Versuch findet man z. B., daß sich die einzelnen Moleküle im Geschwindigkeitsraum auf die in Abb. **3.4a** dargestellte Weise anordnen. Wir wissen bereits genau, was dies bedeutet: z. B. die Geschwindigkeit des Moleküls c in x-Richtung fällt zwischen 3 und 4, in y-Richtung zwischen 0 und $+1$. Hiermit ist ein Mikrozustand des Gases, bezogen auf einen Geschwindigkeitsraum, angegeben. Ein anderer solcher Mikrozustand ist in Abb. **3.4b** dargestellt. Führen wir nun die folgende, nur durch die Richtigkeit der daraus gezogenen Konsequenzen erwiesene, grundlegende Annahme ein: *Genauso wie im gewöhnlichen Raum ist jede beliebige Anordnung der bezeichneten Moleküle auch im Geschwindigkeitsraum gleich wahrscheinlich.* Wird also die Geschwindigkeit der Moleküle sehr oft gemessen, so findet man die Verteilung **3.4a** genauso häufig, wie die Verteilung **3.4b**.

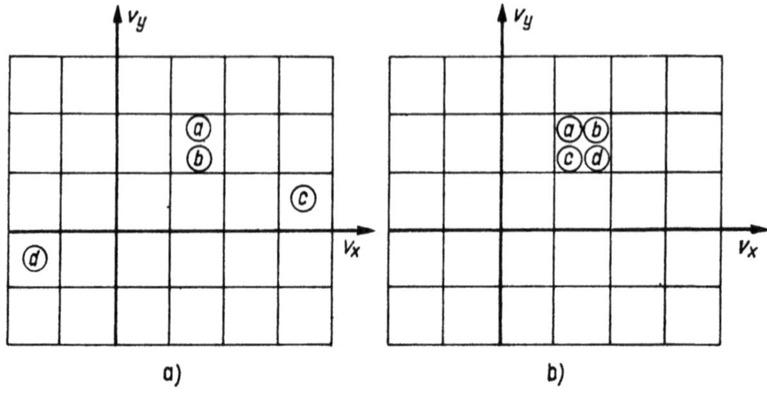

3.4 Zwei Mikrozustände im Geschwindigkeitsraum

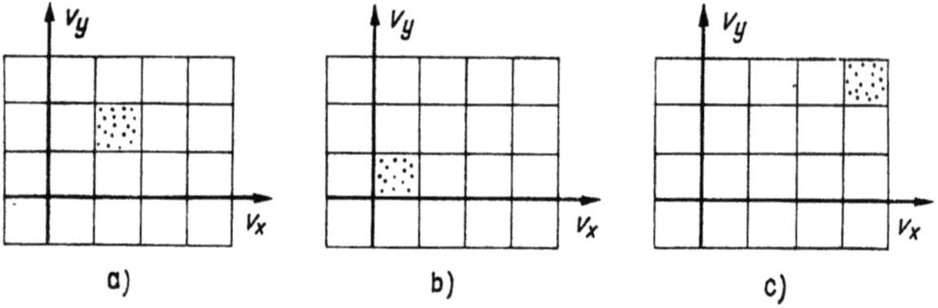

3.5 Drei Zustände des Gases mit verschiedenen Gesamtenergien

Den hinsichtlich des Makroverhaltens des Gases allein wichtigen Makrozustand charakterisieren wir wieder mit den Zahlen $N_1, N_2, \ldots, N_k$. Diese Zahlen bedeuten also jeweils die Zahl der Moleküle, die in die einzelnen irgendwie numerierten Zellen des Geschwindigkeitsraumes kommen. Zu einem Makrozustand gehören, genauso wie bisher,

$$w_{\mathrm{td}} = \frac{N!}{N_1!\,N_2!\ldots N_k!} \tag{4}$$

Mikrozustände; diese Zahl ist somit die Wahrscheinlichkeit des betreffenden Makrozustandes. Hieraus darf man aber jetzt nicht mehr die Folgerung ziehen, daß das Maximum dieses Ausdrucks bei $N_1 = N_2 = \ldots = N_k$ liegt; dies wäre, wie bekannt, auch gar nicht richtig, sogar unmöglich, da die Zahl der Zellen des Geschwindigkeitsraumes unendlich, dagegen die Zahl der Moleküle endlich ist. Es kommen nämlich nur jene Zustandsverteilungen in Frage, welche auch der Energiebedingung entsprechen. Das Einfügen eines Moleküls in eine Zelle des Geschwindigkeitsraumes bedeutet ja eben, daß jenes Molekül eine durch die Lage der Zelle gegebene Geschwindigkeit und damit eine eindeutig bestimmte Energie besitzt. Und da die kinetische Energie $(1/2)mv^2$ beträgt, gehört zu jeder Zelle eine dem Quadrat ihrer Entfernung vom Mittelpunkt proportionale

Energie. Die Energie eines jeden, in der i-ten Zelle befindlichen Moleküls beträgt somit

$$W_i = \frac{1}{2}\, mv_i^2.$$

Die Gesamtenergie der in dieser Zelle vorhandenen insgesamt N_i Moleküle ist dann

$$N_i\, W_i = N_i \frac{1}{2}\, mv_i^2 . \tag{5}$$

Die Gesamtenergie der ganzen Gasmenge beträgt also

$$N_1 W_1 + N_2 W_2 + \ldots + N_k W_k = W_\Theta, \tag{6}$$

und dieser Wert ist im Falle eines sich selbst überlassenen Systems gegeben und konstant. Somit ist zugleich auch die Zahl der möglichen Zellen eingeschränkt: Alle Zellen müssen in dem Inneren eines Kreises mit dem Radius v_0 liegen, wo v_0 der Gleichung $\frac{1}{2}\, mv^2{}_0 = W_0$ genügt. Außerhalb dieses Kreises würde also ein einziges Molekül eine größere Energie haben als die Gesamtenergie des Gases.

Eine Verteilung, die im Endergebnis zu mehr oder weniger Energie führen würde, ist folglich nicht nur unwahrscheinlich, sondern vollkommen ausgeschlossen. Falls z. B. der in Abb. **3**.5a dargestellte Zustand dem Gas in energetischer Hinsicht entspricht, dann kann dieser Zustand vorkommen, obwohl es sehr *unwahrscheinlich* ist, daß die Geschwindigkeit aller Moleküle nach Größe und Richtung nahezu gleich ist. Gleichzeitig ist aber die Verteilung dieses Gases nach Abb. **3**.5b oder **3**.5c *unmöglich*, da die Gesamtenergie des Gases in dem einen Fall kleiner, in dem anderen größer wäre als der im Fall **3**.5a für richtig befundene Energiewert.

In mathematischer Hinsicht stellt die Ermittlung der wahrscheinlichsten Verteilung auch hier eine einfache Aufgabe dar: Es ist der Extremwert der Funktion w_{td} für den Fall zu ermitteln, in welchem auch die Bedingungsgleichung (6) zwischen den veränderlichen $N_1, N_2, \ldots, N_k$ gültig bleibt. Die ausführliche Berechnung wird erst später vorgenommen; dagegen soll hier die Veranschaulichung des Endergebnisses versucht werden.

Werden die insgesamt N Moleküle von der Anordnung nach Abb. **3**.6a in die Anordnung nach Abb. **3**.6b übergeführt, so ist die Wahrscheinlichkeit der letzteren offenbar größer. Zur ersteren gehört ja nur ein einziger Mikrozustand, bei dem alle mit a, b, c usw. bezeichneten Moleküle sich gerade in der angegebenen Zelle befinden. Bei der zweiten Anordnung können dagegen die Moleküle auf zahllose Weise verteilt werden, wobei man jedesmal einen neuen Mikrozustand erhält. Legen wir z. B. das Molekül a mit vielen anderen Molekülen in die oberste Zelle, das Molekül b in die rechts daneben liegende usw.; wenn nun diese untereinander vertauscht werden, wird sich der Makrozustand nicht ändern.

Falls man nun die in der Kugelschale befindlichen Moleküle radial nach
innen und nach außen »verschmiert«, so wird die Wahrscheinlichkeit des
so entstandenen Zustandes noch größer, weil jetzt auch die Permutierung
solcher Moleküle neue Mikrozustände ergibt, welche bisher in derselben
Zelle waren. Beim Auseinanderziehen der Moleküle ist jedoch die Energiebedingung zu beachten. Wird ein Molekül in eine Zelle überführt, deren
Abstand vom Mittelpunkt doppelt so groß ist wie der ihrer ursprünglichen Zelle, so sind dafür vier Moleküle in eine Zelle mit halbem Abstand
zu verlegen, um die vierfache Energie des ersten Moleküls auszugleichen.

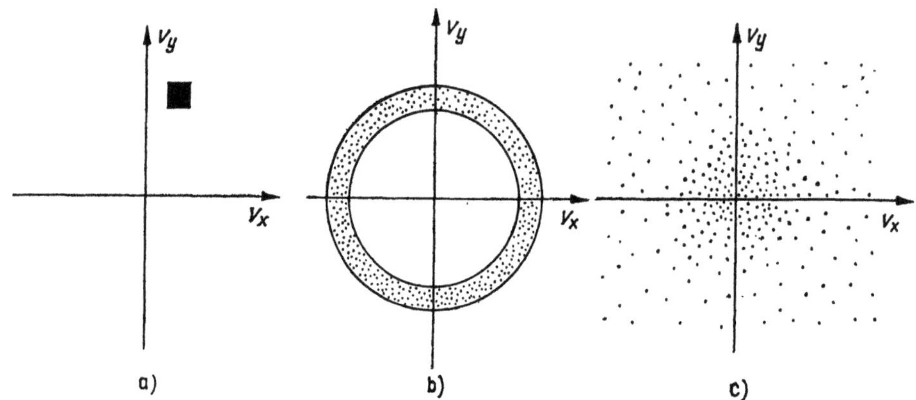

3.6 Ein sehr unwahrscheinlicher, ein etwas wahrscheinlicher und der wahrscheinlichste Makrozustand des Gases im Geschwindigkeitsraum. Der letztere entspricht dem Gleichgewichtszustand

Den Ausgleich kann man auch dadurch bewirken, daß man drei Moleküle
in die unmittelbare Umgebung des Mittelpunktes überführt. Je mehr
Moleküle in weiter außen liegende Zellen verlegt werden, um so größer
wird die Zahl ihrer möglichen Anordnungen; um das energetische Gleichgewicht zu wahren, müssen aber gleichzeitig mehr und mehr Moleküle in die
Umgebung des Mittelpunktes überführt werden, wodurch die Zahl der An-
ordnungsmöglichkeiten verringert wird, weil immer mehr Moleküle in
die gleiche Zelle kommen. Auf diese Weise erreicht man also eine sich gegen den Mittelpunkt hin verdichtende, günstigste Verteilung. Geht man
darüber hinaus, d. h. benützt man noch mehr Zellen großer Energie, so
nimmt die Zahl der zur betreffenden Anordnung gehörenden Mikrozustände wieder ab.

Die die größte Anzahl von Mikrozuständen enthaltende und daher wahrscheinlichste Verteilung ist aus Abb. **3**.6c ersichtlich. Im folgenden Abschnitt wird gezeigt, daß die Zahl der Moleküle in einer beliebigen, sagen
wir in der i-ten Zelle in diesem Fall

$$N_i = A\,\mathrm{e}^{-\beta W_i}$$

beträgt, wobei der Wert der Konstanten A und β aus der Angabe ermittelt
werden kann, daß die Gesamtzahl der Moleküle gleich N und die Gesamt-

energie gleich W_0 ist. Wird nun über die Definitionsgleichung

$$\overline{W} = \frac{3}{2}\,kT$$

die Temperatur eingeführt, so ergibt sich die *Boltzmann*-Verteilung

$$N_i = A\,\mathrm{e}^{-\frac{W_i}{kT}}.$$

Der Zusammenhang zwischen der mittleren Energie $\overline{W}$ und β sowie T wird später noch eingehend besprochen.

Wann immer man also das sich selbst überlassene Gas beobachtet, entspricht seine Energieverteilung jederzeit dem obigen Gesetz, weil diese unter allen energetisch möglichen Verteilungen die wahrscheinlichste ist, u. zw. soviel wahrscheinlicher als jede andere, daß praktisch nur diese Verteilung zu beobachten ist.

3.2 Die Quantenstatistiken

3.2.1 Der Begriff des Mikrozustandes in der Quantenmechanik

Die klassische Statistik ist dadurch auf die die Geschwindigkeitsverteilung beschreibenden Dichtefunktionen gekommen, daß sie den Geschwindigkeitsraum in Zellen unterteilte und dann ermittelte, auf wieviel Arten die einzelnen Teilchen in den einzelnen Zellen untergebracht werden können.

Dagegen erhebt die Quantenmechanik die folgenden Einwände:

Von der Zellengröße war in der klassischen Mechanik nicht die Rede; es wurde lediglich gefordert, daß die Zelle makroskopisch gesehen klein genug sein soll, um die Dichte darin als konstant betrachten zu können, gleichzeitig aber groß genug, um die Definition des Begriffes der Dichte schlechthin zu ermöglichen. Nach der Quantenmechanik kann die Aufteilung in Zellen allein schon deshalb nicht beliebig fein werden, weil, falls sich ein Teilchen in einem Gefäß vom Volumen V befindet, sein Ort gerade mit der durch die Größe dieses Volumens gegebenen Ungenauigkeit lokalisiert ist. Folglich kann seine Geschwindigkeit im Sinne der *Heisenberg*-schen Relation gewiß nicht genau bestimmt sein. Es hat somit keinen Sinn, den Ort eines Teilchens im Geschwindigkeitsraum mit einer größeren Genauigkeit angeben zu wollen.

Der andere wesentliche Einwand der Quantenmechanik ist, daß zwei gleichartige Teilchen prinzipiell nicht zu unterscheiden sind; folglich kann das Vertauschen von zwei solchen Teilchen sicherlich keinen neuen Zustand bewerkstelligen. Das Abzählen der Mikrozustände, die einen Makrozustand verwirklichen, erfolgt also in der Quantenstatistik ganz anders als in der klassischen Statistik. Außerdem gibt es noch eine zusätzliche Forderung, die berücksichtigt werden muß: Nach dem *Pauli*-Prinzip können sich — falls die Spinquantenzahl nicht gerechnet wird — in einem durch drei Quantenzahlen gekennzeichneten Zustand höchstens zwe

Teilchen befinden. Im Falle von Teilchen, die dem *Pauli*-Prinzip gehorchen, können also nicht beliebig viele Teilchen in einer Zelle untergebracht werden.

Wir betrachten also wieder den Geschwindigkeitsraum und teilen ihn in so kleine Zellen ein, daß die *Heisenberg*sche Relation erfüllbar bleibt. Wie groß sollen diese Zellen sein? Um dies zu ermitteln, betrachten wir vorerst das Ortskoordinatensystem x, y, z. Einfachheitshalber soll das Volumen V durch den Würfel der Kantenlänge a begrenzt sein. Wird der Mittelpunkt des Würfels in den Mittelpunkt des Koordinatensystems verlegt, so beträgt die Ungenauigkeit jeder Ortskoordinate $a/2$. Es gilt demnach

$$\Delta q = \frac{a}{2} = \frac{V^{\frac{1}{3}}}{2}.$$

Wir wählen die nach der *Heisenberg*schen Relation mögliche kleinste Ungenauigkeit in der Form

$$\Delta p \, \Delta q = \frac{h}{4},$$

um einfache Formeln zu erhalten. Die Unschärfe der Geschwindigkeit wird somit

$$\Delta v = \frac{\Delta p}{m} = \frac{1}{m \, \Delta q} \frac{h}{4} = \frac{h}{2 \, m V^{\frac{1}{3}}}. \tag{1}$$

Die Kantenlänge der Geschwindigkeitszelle ist also

$$2 \, \Delta v = \frac{h}{m \, V^{\frac{1}{3}}},$$

und ihr Volumen beträgt damit

$$\Delta V_v = \left(\frac{h}{m}\right)^3 \frac{1}{V}. \tag{2}$$

Es sei nebenbei bemerkt, daß man, falls die Zellen nicht im Geschwindigkeitsraum, sondern im Impulsraum angelegt werden, für ihre Größe den einfacheren Ausdruck

$$\Delta V_p = \frac{h^3}{V} \tag{3}$$

erhält. Dieser Ausdruck vereinfacht sich noch weiter, wenn der Phasenraum eingeführt wird, dessen elementare Zelle die Größe

$$\Delta V_{\mathrm{f}} = V \Delta V_p = h^3$$

hat. Für die Größe der elementaren Zelle ergibt sich also sofort der Wert h^3, da die Koordinaten des Phasenraumes alle Orts- und Impulskoordinaten voneinander unabhängig enthalten.

Die Ergebnisse des Abschnittes 2.4 liefern die exakte Ableitung dieser Formel. Aus 2.4 — (27) ist sofort ersichtlich, daß

$$4\pi p^2 \, \mathrm{d}p / (h^3/V)$$

mögliche Lösungen zum Volumen $4\pi p^2 \mathrm{d}p$ des Impulsraumes gehören. Somit kann man tatsächlich mit dem elementaren Zellenvolumen h^3/V rechnen.

Wir betrachten also den Geschwindigkeitsraum, unterteilen ihn in Zellen, dem· Vorangehenden entsprechend, und dann in Kugelschalen der Dicke Δv_i. Die Energie von Teilchen, die sich im Inneren einer solchen Kugelschale befinden, wird als nahezu konstant betrachtet. Die Zahl der Zellen, die es in je einer Kugelschale gibt, kann man ohne weiteres ermitteln: Man braucht nur festzustellen, wie oft die elementare Zelle in die Kugelschale hineinpaßt. Die Zahl der Zellen in der Kugelschale vom inneren Radius v_i und der Dicke Δv_i beträgt damit

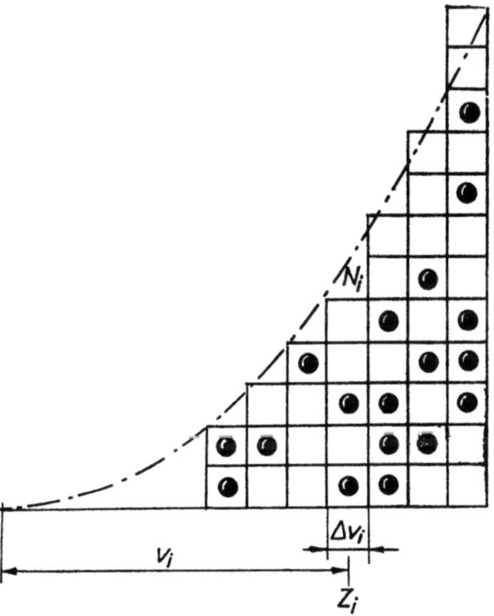

3.7 Die in der Kugelschale vom Radius v_i und von der Dicke Δv_i befindlichen Zellen im Geschwindigkeitsraum

$$Z_i = \frac{4\,\pi v_i^2\,\Delta v_i}{\Delta V_v} = 4\,\pi\,V\left(\frac{m}{h}\right)^3 v_i^2\,\Delta v_i = 4\,\pi\,V\,\frac{p_i^2}{h^3}\,\Delta p_i. \tag{4}$$

In Abb. **3**.7 wurden die in den Kugelschalen Δv_i befindlichen Zellen einfachheitshalber der Reihe nach nebeneinander angeordnet. Wir legen in diese Schalen der Reihe nach $N_1, N_2, \ldots, N_i \ldots$ Moleküle, selbstverständlich auf solche Weise, daß die Beziehungen

$$\sum_i N_i = N, \tag{5}$$

$$\sum_i N_i W_i = W_0 \tag{6}$$

immer erfüllt bleiben. In makroskopischer Hinsicht interessiert uns, wie viele Moleküle die bestimmte Energie W_i im Gleichgewichtszustand besitzen. Im Endergebnis interessiert uns, welche die wahrscheinlichste Verteilung $N_1, \ldots, N_i, \ldots$ ist.

3.2.2 Vergleich zwischen der klassischen, der Bose-Einsteinschen und der Fermi-Diracschen Statistik

Der Natur der Teilchen entsprechend kann man drei Fälle unterscheiden.

a) Betrachten wir die Teilchen als unterscheidbar und zählen auf dieser Grundlage alle verschiedenen Anordnungen ab, welche dieselbe Verteilung

$N_1 \ldots N_i \ldots$ ergeben. Auf diese Weise kommt man naturgemäß zur *Maxwell-Boltzmann*schen Statistik zurück.

b) Die Teilchen werden als grundsätzlich ununterscheidbar betrachtet. Das Maximum der auf diese Weise abgezählten Möglichkeiten führt zur *Bose-Einstein*schen Statistik.

c) Die Teilchen werden als voneinander ununterscheidbar betrachtet und sollen außerdem auch dem *Pauli*-Prinzip gehorchen: Auf eine Zelle können höchstens zwei Teilchen entfallen. So ergibt sich die *Fermi-Dirac*sche Statistik.

Bekanntlich können N unterscheidbare Teilchen in

$$\frac{N!}{N_1!\, N_2! \ldots N_i! \ldots} \tag{7}$$

verschiedenen Anordnungen auf eine beliebige Anzahl von Schalen derart verteilt werden, daß der Reihe nach $N_1, N_2, \ldots, N_i \ldots$ Teilchen in je eine Schale kommen. Nun können die in der i-ten Schale befindlichen N_i Teilchen auf die dort vorhandenen Z_i Zellen auf $Z_i^{N_i}$-fache Weise verteilt werden (Variationen von Z_i Elementen zur N_i-ten Klasse mit Wiederholung). Es gibt somit

$$w_{\mathrm{td}} = \frac{N!}{\Pi_i(N_i!)}\, \Pi_i(Z_i^{N_i}) \tag{8}$$

verschiedene Anordnungen, von denen jede einzelne zu einer makroskopisch interessierenden Verteilung $N_1 \ldots N_i \ldots$ führt. Ermittelt man das Maximum der obigen thermodynamischen Wahrscheinlichkeitsfunktion, so kommt man auf die Verteilungen, welche den Gleichgewichtszustand der *Maxwell-Boltzmann*schen Statistik kennzeichnen.

Sind die Teilchen ununterscheidbar, so hat der Umtausch von zwei Teilchen physikalisch keine Bedeutung und kann auch zu keinem neuen Mikrozustand führen. Von den zur gegebenen Verteilung $N_1 \ldots N_i \ldots$ gehörenden Verwirklichungsmöglichkeiten fallen demnach alle jene, die sich durch Vertauschen von in zwei verschiedenen Schalen befindlichen Teilchen ergeben, sofort aus. Der Teil

$$\frac{N!}{N_1! \ldots N_i! \ldots}$$

fällt somit weg. Die Frage ist nun, auf wie viele Arten N_i Teilchen in den Z_i Zellen untergebracht werden können, falls die Teilchen einander völlig gleich sind.

In der Abb **3.8** sind einige Verwirklichungsmöglichkeiten der Verteilung, $0, 1, 3, 0, \ldots$ nach der *Maxwell-Boltzmann*schen, der *Bose-Einstein*schen und der *Fermi*schen Statistik dargestellt. Es ist sofort ersichtlich, daß die zwei mittleren Möglichkeiten identisch werden, falls die Teilchen nicht zu individualisieren sind, falls sie also nicht mit den Buchstaben a, b, c gekennzeichnet werden können. Die letzte Möglichkeit ist dagegen bereits von beiden vorangehenden verschieden, u. zw. sowohl nach der klassischen als auch nach der Quantenstatistik.

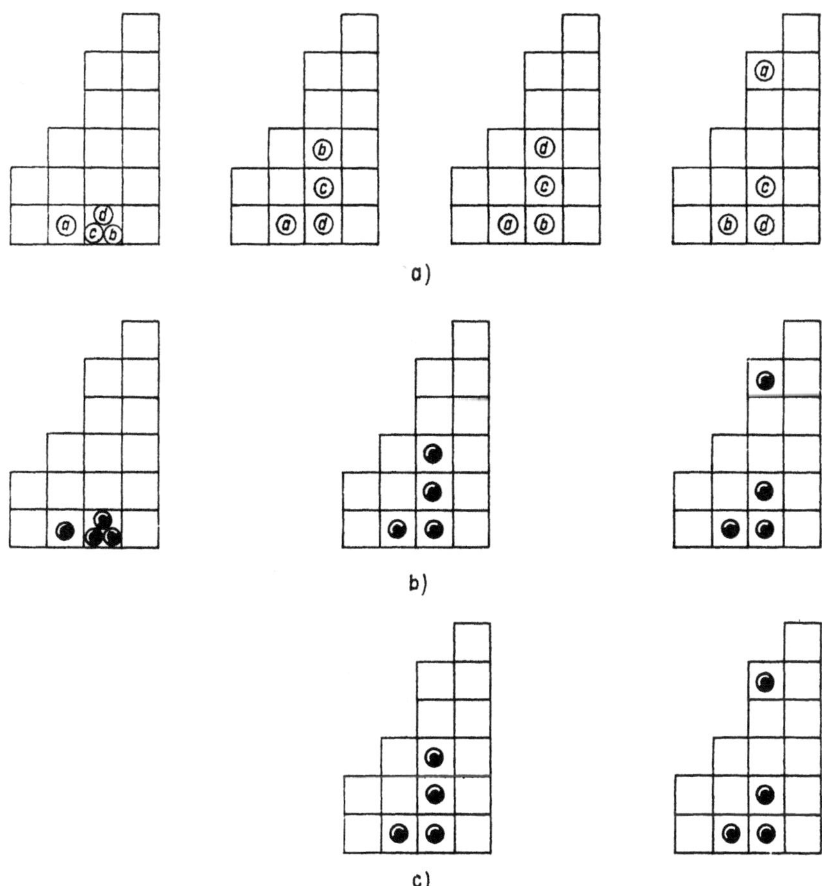

3.8 Einige, die Makroverteilung $N_i = 0, 1, 3, 0, \ldots$ verwirklichenden Mikrozustände nach *a)* der klassischen, *b)* der *Bose-Einstein*schen und *c)* der *Fermi-Dirac*schen Statistik

Untersuchen wir vorerst die Frage, auf wie viele Arten N_i Teilchen in Z_i Zellen untergebracht werden können, falls die Teilchen nicht nur identisch sind, sondern auch dem *Pauli*-Prinzip gehorchen, so daß nur ein einziges Elektron in eine Zelle kommen kann. (Die Zelle des Geschwindigkeitsraumes — in welcher zwei Elektronen von entgegengesetzt gerichtetem Spin untergebracht werden können — wird hier sozusagen als halbiert vorgestellt.) Diese Frage ist leicht zu beantworten. Wir ordnen die N_i Teilchen sowie unsere numerierten Zellen nach Abb. 3.9 nebeneinander an. Wählen wir nun die ersten N_i Zellen von den insgesamt Z_i Zellen aus und legen sie über je ein Teilchen, so erhalten wir eine bestimmte Anordnung, bei der jede der ersten N_i Zellen ein Teilchen enthält, während die Zahl der Teilchen in den übrigen Zellen gleich Null ist. Wir wählen nun N_i aus den insgesamt Z_i Zellen auf jede mögliche Art aus. Wir bilden also aus Z_i

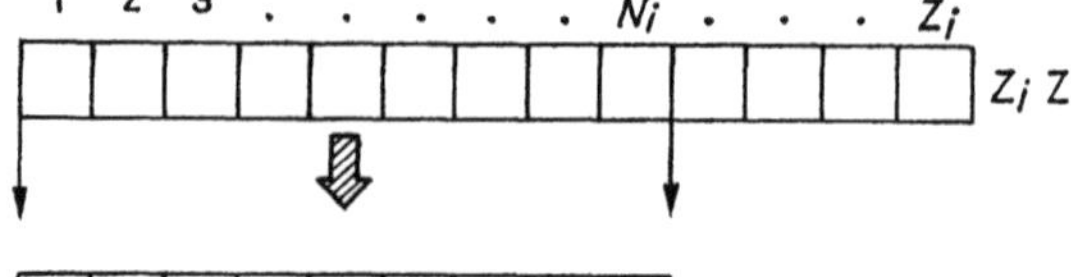

3.9 Zur Ableitung der *Bose-Einstein*schen und der *Fermi-Dirac*schen Verteilungsfunktion

Elementen eine Kombination der Klasse N_i *ohne Wiederholung*; damit erhält man die Zahl der gesuchten Möglichkeiten:

$$\binom{Z_i}{N_i} = \frac{Z_i!}{N_i!(Z_i - N_i)!} \, . \tag{9}$$

Die Zahl jener Möglichkeiten, die die Verteilung $N_1 \ldots N_i \ldots$ verwirklichen, beträgt hiernach

$$\Pi_i \frac{Z_i!}{N_i!(Z_i - N_i)!} \, . \tag{10}$$

Läßt man die Einschränkung fallen, wonach die Teilchen auch dem *Pauli*-Prinzip gehorchen sollen, dann können sich Teilchen beliebiger Anzahl in einer Zelle befinden. Dies bedeutet also, daß man an die Stelle der N_i Teilchen in der Abb. **3.**9 eine bestimmte Zelle sogar N_i-mal auflegen kann. So können N_i Teilchen in den Z_i Zellen so viele Male untergebracht werden, wie oft Kombinationen der Klasse N_i *mit Wiederholung* aus Z_i Elementen hergestellt werden können. Ihre Zahl beträgt

$$\binom{N_i + Z_i - 1}{N_i} = \frac{(N_i + Z_i - 1)!}{N_i!(Z_i - 1)!} \, . \tag{11}$$

Die Zahl der Möglichkeiten der Verteilung $N_1 \ldots N_i \ldots$ ist somit

$$\Pi_i \frac{(N_i + Z_i - 1)!}{N_i!(Z_i - 1)!} \, . \tag{12}$$

In der Folge beträgt also die Zahl der Möglichkeiten, die die Verteilung $N_1 \ldots N_i \ldots$ verwirklichen, nach der *Maxwell-Boltzmann*schen Statistik

$$w_{\mathrm{td}} = \frac{N!}{\Pi_i (N_i!)} \Pi_i(Z_i^{N_i}), \tag{13}$$

nach der *Bose-Einstein*schen Statistik

$$w_{\mathrm{td}} = \Pi_i \frac{(N_i + Z_i - 1)!}{N_i!(Z_i - 1)!}, \tag{14}$$

und nach der *Fermi-Dirac*schen Statistik

$$w_{\mathrm{td}} = \Pi_i \frac{Z_i!}{N_i!(Z_i - N_i)!} \, . \tag{15}$$

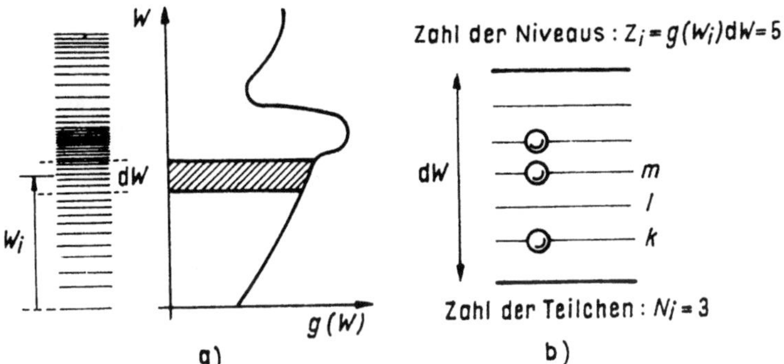

3.10 An Stelle der einzelnen Zellen treten im allgemeinen Fall die zulässigen Energieniveaus; *a)* die Funktion $g(W)$ ergibt die Anzahl der auf das Einheits-Energieintervall entfallenden Niveaus; *b)* zeigt das Intervall dW vergrößert. Die N_i Teilchen verteilen sich auf den mit den Buchstaben k, l, m usw. bezeichneten Niveaus

Formulieren wir jetzt die Wahrscheinlichkeit der verschiedenen Verteilungen auf etwas allgemeinere Weise. Wir nehmen an, daß unsere statistische Menge aus solchen Teilchen besteht, deren bestimmte Energiezustände sich nach Abb. 3.10 einer Energieachse entlang verteilen. Wir wählen ein Energieintervall dW aus, das noch viele verschiedene Energiezustände einschließt, aber makroskopisch betrachtet klein ist. Bei verschiedenen Energiewerten W wird eine verschiedene Anzahl von Energieniveaus in das Energieband von der Größe dW fallen. Diese Zahl wird durch

$$g(W_i)\mathrm{d}W$$

gegeben, wobei die Dichtefunktion der Energieniveaus $g(W)$ die entarteten Energieniveaus mit der der Entartung entsprechenden Häufigkeit berücksichtigt. Übrigens ergibt jetzt $g(W_i)\mathrm{d}W$ die Zahl der Zellen, d. h.

$$Z_i = g(W_i)\mathrm{d}W.$$

Uns interessiert natürlich auch jetzt die Verteilung der Teilchen auf die einzelnen Bereiche im Gleichgewichtszustand. Wir gehen von der völlig plausiblen Annahme aus, daß *jeder mit der zur gegebenen Gesamtenergie W_0 gehörenden Funktion ψ beschriebene Zustand des ganzen, aus N Teilchen bestehenden Systems gleich wahrscheinlich ist.* So wird sich offenbar die Verteilung $N_1 \ldots N_i \ldots$ verwirklichen, zu der die größte Anzahl von ψ-Funktionen gehört. Wir haben also nichts anderes zu tun, als alle jene verschiedenen ψ-Funktionen zusammenzuzählen, die zur gegebenen Verteilung $N_1 \ldots N_i \ldots$ gehören, wobei selbstverständlich auch der Symmetriecharakter der Teilchen zu berücksichtigen ist. Im i-ten Bereich soll es somit $Z_i = g(W)\mathrm{d}W$ mögliche Energiezustände und, auf diese verteilt, N_i Teilchen geben. Bezeichnet man die einzelnen Energiezustände der Reihe nach mit den Buchstaben $k, l, m, \ldots$ (Abb. 3.10b), so ist jener Teil der Funktion ψ, der sich auf die sich in diesem i-ten Bereich befindlichen Teilchen bezieht

$$\psi_i = \psi_k(1)\,\psi_l(2)\,\ldots\,\psi_r(N_i)\,. \tag{16}$$

Falls die Teilchen als unterscheidbar betrachtet werden, dann können die $k, l, \ldots r$, insgesamt Z_i Zustände so viele Male auf die $1, 2, \ldots N_i$ Teilchen verteilt werden, wie oft Variationen der Klasse N_i mit Wiederholung, aus Z_i Elementen gebildet werden können, d. h. $Z_i^{N_i}$-mal. Mit Rücksicht auf die Vertauschbarkeit der in den übrigen Schalen befindlichen Teilchen kommt noch der bekannte Faktor nach (1) hinzu.

Aus diesen Gründen ist es sofort klar, daß wir im Vorangehenden gerade die Zahl der ψ-Funktionen zusammengezählt haben, die die einzelnen Makrozustände verwirklichen.

Wenn die Teilchen als identisch betrachtet werden, aber durch symmetrische Zustands-funktionen beschrieben werden können, so ist der entsprechende Teil der Funktion ψ:

$$\psi_i = \sum_P \psi_k(1)\,\psi_l(2)\,\ldots\,\psi_r(N_i)\,, \tag{17}$$

wobei die Summation auf alle Permutationen der Elemente $1, 2, \ldots, N_l \ldots$ zu erstrecken ist. Das Vertauschen von zwei Teilchen darin ergibt somit offenbar keine neue Zustandsfunktion, da ja dies höchstens bedeuten könnte, daß man denselben Summand an einer anderen Stelle vorfindet. So erhält man also so viele Funktionen ψ_i, wie oft Kombinationen der Klasse N_l mit Wiederholung aus Z_l Elementen gebildet werden können.

Schließlich, beim Zusammenzählen der antisymmetrischen Lösungen

$$\psi_i = \begin{vmatrix} \psi_k(1) & \psi_k(2) & \ldots & \psi_k(N_i) \\ \psi_l(1) & \psi_l(2) & \ldots & \psi_l(N_i) \\ \vdots & \vdots & & \\ \psi_{N_i}(1) & \psi_{N_i}(2) & \ldots & \psi_{N_i}(N_l) \end{vmatrix} \tag{18}$$

sind auch zwei identische Quantenzustände unmöglich; es ist also zu ermitteln, auf wie viele Arten die z. B. durch die erste Spalte der Determinanten bezeichneten insgesamt N_l Stellen mit den insgesamt Z_l Quantenzuständen belegt werden können, u. zw. derart, daß es keine zwei identischen Zustände geben soll. Dies ergibt gerade die Zahl der Kombinationen der Klasse N_l, die sich aus den Z_l Zuständen ohne Wiederholung bilden lassen.

3.2.3 Die Bestimmung der zum Gleichgewichtszustand gehörenden Verteilung

Die Verteilung maximaler Wahrscheinlichkeit läßt sich hiernach ohne Schwierigkeit bestimmen. Es ist jedoch zweckmäßiger, nicht die Wahrscheinlichkeit selbst, sondern ihren Logarithmus aufzuschreiben und dessen Maximum zu ermitteln. Unter Verwendung der *Stirling*schen Näherung für die Fakultät erhält man

$$\lim_{n \to \infty} n! = \sqrt{2\,\pi n}\left(\frac{n}{e}\right)^n; \quad \ln n! \to n \ln n - n + \frac{1}{2}\ln 2\,\pi n\,. \tag{19}$$

Daraus folgt: $\ln n! \approx n \ln n - n \approx n \ln n$, falls n eine sehr große Zahl ist.

Die Logarithmen der Wahrscheinlichkeitsfunktionen können folgendermaßen geschrieben werden:

bei der *Maxwell-Boltzmann*schen Verteilung

$$\ln w_{\mathrm{td}} = N \ln N + \sum_i (N_i \ln Z_i - N_i \ln N_i), \tag{20}$$

bei der *Bose-Einstein*schen Verteilung

$$\ln w_{\mathrm{td}} = \sum_i \left[(N_i + Z_i)\ln(N_i + Z_i) - N_i \ln N_i - Z_i \ln Z_i\right], \tag{21}$$

und schließlich im *Fermi-Dirac*schen Fall

$$\ln w_{\mathrm{td}} = \sum_i \left[(N_i - Z_i)\ln(Z_i - N_i) - N_i \ln N_i + Z_i \ln Z_i\right]. \tag{22}$$

Es ist jeweils das Maximum dieser Funktionen zu ermitteln, wobei auch die Nebenbedingungen

$$N - \sum_i N_i = 0 , \tag{23}$$

$$W_0 - \sum_i N_i W_i = 0 \tag{24}$$

einzuhalten sind. Im Sinne der Multiplikatormethode von *Lagrange* ist der Extremwert der Funktion

$$\ln w_{td} + \alpha(N - \sum_i N_i) + \beta(W_0 - \sum N_i W_i) \tag{25}$$

zu suchen.

Bei den verschiedenen Statistiken sind die Bestimmungsgleichungen die folgenden:

$$\frac{\partial}{\partial N_i} [N \ln N - \sum_i N_i \ln N_i + \sum_i N_i \ln Z_i + \alpha(N - \sum_i N_i) + \beta(W_0 - \sum_i N_i W_i)] = 0 , \tag{26}$$

$$\frac{\partial}{\partial N_i} [\sum_i [(N_i + Z_i) \ln (N_i + Z_i) - N_i \ln N_i - Z_i \ln Z_i] + \alpha(N - \sum_i N_i) + \beta(W_0 - \sum_i N_i W_i)] = 0, \tag{27}$$

$$\frac{\partial}{\partial N_i} [\sum [(N_i - Z_i) \ln (Z_i - N_i) - N_i \ln N_i + Z_i \ln Z_i] + \alpha(N - \sum_i N_i) + \beta(W_0 - \sum_i N_i W_i) = 0. \tag{28}$$

Hier soll beispielsweise nur die letzte Gleichung behandelt werden. Die Differentiation ergibt

$$\ln (Z_i - N_i) + 1 - 1 - \ln N_i - \alpha - \beta W_i = 0.$$

Durch Umordnen erhält man

$$\ln \frac{N_i}{Z_i - N_i} = - \alpha - \beta W_i ,$$

d. h.

$$\frac{N_i}{Z_i - N_i} = \frac{1}{e^{\alpha + \beta W_i}} ,$$

woraus sich schließlich die Beziehung

$$N_i = \frac{Z_i}{e^{\alpha + \beta W_i} + 1}$$

ergibt.

Die wahrscheinlichsten Verteilungen sind somit der Reihe nach
bei der *Maxwell-Boltzmann*schen Statistik

$$N_i = \frac{Z_i}{e^{\alpha + 1 + \beta W_i}} , \tag{29}$$

bei der *Bose-Einstein*schen Statistik

$$N_i = \frac{Z_i}{e^{\alpha + \beta W_i} - 1} \tag{30}$$

und schließlich bei der *Fermi-Dirac*schen Statistik

$$N_i = \frac{Z_i}{e^{\alpha + \beta W_i} + 1} . \tag{31}$$

Die hierin vorkommende Konstante α wird auf Grund der Bedingung bestimmt, daß die Gesamtzahl der Teilchen gegeben ist. Für die Konstante β, die mit der Gesamtenergie in Verbindung steht, ergibt sich später nach der klassischen Statistik

$$\beta = \frac{1}{kT} \, .$$

Es ergibt sich ferner, daß die beiden anderen Statistiken im Fall $N_i \ll Z_i$ in die klassische Statistik übergehen. Der Wert von β ist somit in allen Statistiken durch die obige Gleichung bestimmt.

3.2.4* Zusammenhang mit der makroskopischen Thermodynamik

Wie erwähnt, kehren wir noch später zur Bestimmung des Zusammenhanges zwischen der als *Lagrange*scher Multiplikator eingeführten Größe β und der wichtigsten thermodynamischen Größe T zurück. Hier soll aber das Problem der Verknüpfung der makroskopischen thermodynamischen Größen mit den statistischen Größen ein wenig allgemeiner behandelt werden. Wir beschränken uns aber, um die Übersichtlichkeit nicht zu verlieren, auf die *Maxwell-Boltzmann*sche Verteilung und führen die Änderungen in den Bezeichnungen $W_0 \rightarrow W$, $\alpha + 1 \rightarrow \alpha$ ein.

Als Ausgangspunkt sollen die zwei Hauptsätze der Thermodynamik dienen:

$$\mathrm{d}Q + \mathrm{d}W_{\ddot{\mathrm{a}}} = \mathrm{d}W \,, \quad \mathrm{d}S = \frac{\mathrm{d}Q}{T} \, . \tag{32a, b}$$

Oder zusammenfassend:

$$T\mathrm{d}S + \mathrm{d}W_{\ddot{\mathrm{a}}} = \mathrm{d}W \, . \tag{33}$$

Hier bedeuten $\mathrm{d}Q$ die zugeführte Wärmemenge, $\mathrm{d}W_{\ddot{\mathrm{a}}}$ die dem System zugeführte Arbeit, $\mathrm{d}W$ den Zuwachs der (inneren) Energie des Systems und S die Entropie. Für Zustandsänderungen bei konstanter Temperatur und ohne Arbeitsleistung ($T = \mathrm{const}$, $\mathrm{d}W_{\ddot{\mathrm{a}}} = 0$) gilt

$$\mathrm{d}(TS) = \mathrm{d}W$$

oder

$$\mathrm{d}(W - TS) = 0. \tag{34}$$

Führen wir jetzt mit der Definition

$$A = W - TS \tag{35}$$

die *Helmholtzsche freie Energie* ein, so läßt sich di obige Gleichung in die einfache Form

$$\mathrm{d}A = 0 \tag{36}$$

umschreiben.

Die Änderung der freien Energie ist im allgemeinen Fall

$$\mathrm{d}A = \mathrm{d}W - S\mathrm{d}T - T\mathrm{d}S. \tag{37}$$

Wenn das System aus einem Gemisch von verschiedenen Teilchen besteht, so hängt die innere Energie von drei Parametern, z. B. von der Entropie (S), von den geometrischen Abmessungen bzw. generalisierten Koordinaten (x_i) und von der Teilchenzahl der einzelnen Sorten (n_s) ab. Die Änderung der inneren Energie wird also:

$$\mathrm{d}W = \frac{\partial W}{\partial S}\,\mathrm{d}S + \sum_i \frac{\partial W}{\partial x_i}\,\mathrm{d}x_i + \sum_s \frac{\partial W}{\partial n_s}\,\mathrm{d}n_s \, . \tag{38}$$

Da nach Gleichung (33)

$$\frac{\partial W}{\partial S} = T, \quad \frac{\partial W}{\partial S}\,\mathrm{d}S = T\,\mathrm{d}S \tag{39}$$

ist, läßt sich die Gleichung (37) folgendermaßen umformen:

$$dA = \frac{\partial W}{\partial S}\, dS + \sum_i \frac{\partial W}{\partial x_i}\, dx_i + \sum_s \frac{\partial W}{\partial n_s}\, dn_s - S\, dT - T\, dS =$$

$$= - \sum_i X_i\, dx_i + \sum_s \mu_s\, dn_s - S dT. \tag{40}$$

Hier wurde die generalisierte Kraftkomponente

$$X_i = - \frac{\partial W}{\partial x_i} \tag{41}$$

und das chemische Potential

$$\mu_s = \frac{\partial A}{\partial n_s} = \frac{\partial W}{\partial n_s} \tag{42}$$

eingeführt.

Das thermodynamische Gleichgewicht $(T = \text{const}, \ dx_i = 0, \ dA = 0)$ kann jetzt einfach ausgedrückt werden:

$$\sum_s \mu_s\, dn_s = 0. \tag{43}$$

Von den statistischen Größen spielt für die makroskopische Thermodynamik die *Zustandssumme* (Partition-Function) die wichtigste Rolle. Ihre Definitionsgleichung ist

$$P = \sum_i Z_i\, e^{-\beta W_i}. \tag{44}$$

Da

$$N = \sum_i Z_i\, e^{-\alpha-\beta W} = e^{-\alpha} \sum_i Z_i\, e^{-\beta W_i} = e^{-\alpha}\, P \tag{45}$$

ist, läßt sich z. B. die Gesamtenergie des Systems wie folgt schreiben

$$W = \sum_i Z_i\, e^{-\alpha-\beta W_i} W_i = e^{-\alpha} \sum_i Z_i\, e^{-\beta W_i} W_i =$$

$$= \frac{N}{P} \sum_i Z_i\, e^{-\beta W} W_i = - \frac{N}{P} \frac{\partial P}{\partial \beta} = - N \frac{\partial \ln P}{\partial \beta}. \tag{46}$$

Die mittlere Energie wird also

$$\overline{W} = \frac{W}{N} = - \frac{1}{P} \frac{\partial P}{\partial \beta} = - \frac{\partial \ln P}{\partial \beta}. \tag{47}$$

Als Beispiel soll z. B. die Zustandssumme des in einem würfelförmigen endlichen Volumen eingesperrten, sonst freien Elektrongases bestimmt werden.

Die Zahl der Energieniveaus im Energieintervall W und $W + dW$ ist nach Gl. 2.4−(17)

$$V \frac{4\pi}{h^3} (2\, m W)^{\frac{1}{2}}\, m\, dW.$$

Die Zustandssumme wird daher

$$P = \int_0^\infty V \frac{4\pi}{h^3} (2\, m W)^{\frac{1}{2}}\, m\, e^{-\frac{W}{kT}}\, dW = \left(\frac{2\pi k T m}{h^2}\right)^{\frac{3}{2}} V.$$

Hier haben wir wieder die *Maxwell-Boltzmann*sche Verteilung benutzt.

Um die wichtigste Größe der makroskopischen Thermodynamik, die Temperatur, in die Statistik einführen zu können, schreiben wir den grundlegenden *Boltzmann*schen Zusammenhang zwischen der Entropie und der thermodynamischen Wahrscheinlichkeit auf:

$$S = k \ln w_{\text{td}}. \tag{48}$$

Dieser Zusammenhang kann in aller Kürze folgendermaßen plausibel gemacht werden: Bei reellen Vorgängen streben beide Größen nach immer höheren Werten. Die Entropie ist weiter eine additive Größe in dem Sinn, daß die Entropie eines zusammengesetzten Systems als die Summe der Entropien der Teilsysteme dargestellt werden kann. Genau dieselbe Behauptung ist für den Logarithmus der thermodynamischen Wahrscheinlichkeit gültig, da für das Auftreten eines zusammengesetzten Ereignisses das Produkt der Teilwahrscheinlichkeiten maßgebend ist.

Schreiben wir jetzt die obige Grundgleichung ausführlicher auf:

$$S = k \ln w_{td} = kN \ln N + k\Sigma(N_i \ln Z_i - N_i \ln N_i). \tag{49}$$

Unter Berücksichtigung der Verteilung

$$N_i = Z_i \, e^{-\alpha - \beta W}$$

erhalten wir:

$$S = kN \ln N + k \sum_i N_i \ln Z_i - k \sum_i N_i (\ln Z_i + \ln e^{-\alpha} - \beta W_i) =$$

$$= kN(\ln N - \ln e^{-\alpha}) + k \beta W = kN \ln \frac{N}{e^{-\alpha}} + k\beta W. \tag{50}$$

Da nach Gleichung (45) $N/e^{-\alpha} = P$ ist, so wird

$$S = kN \ln P + k\beta W. \tag{51}$$

Greifen wir jetzt zur Gleichung (39) zurück und nehmen sie als Definitionsgleichung für T an, so haben wir die folgenden Zusammenhänge:

$$\frac{1}{T} = \frac{\partial S}{\partial W} + \frac{\partial S}{\partial \beta} \frac{\partial \beta}{\partial W} = k\beta + kW \frac{\partial \beta}{\partial W} + kN \frac{\partial \ln P}{\partial \beta} \frac{\partial \beta}{\partial W} =$$

$$= k\beta + kW \frac{\partial \beta}{\partial W} - kW \frac{\partial \beta}{\partial W} = k\beta \, .$$

Der vorletzte Schritt wird durch die Gleichung (46) gerechtfertigt. Wir erhalten also den grundlegenden Zusammenhang

$$\beta = \frac{1}{kT} \, . \tag{52}$$

Mit Hilfe der Zustandssumme können die thermodynamischen Grundgrößen für die Molekülsorte s folgendermaßen ausgedrückt werden [6.4]:

$$A_s = - n_s kT (\ln P_s - \ln n_s + 1) \, , \tag{53}$$

$$\mu_s = \frac{\partial A_s}{\partial n_s} = k T \ln \frac{n_s}{P_s} \, , \tag{54}$$

$$S = - \frac{\partial A_s}{\partial T} = n_s k \frac{\partial}{\partial T} \left[T (\ln P_s - \ln n_s + 1) \right] \, , \tag{55}$$

$$W_s = k T^2 \, n_s \frac{\partial}{\partial T} \ln P_s \, . \tag{56}$$

Wir wollen jetzt auch die Gleichgewichtsbedingung (43) in eine für uns später wichtige Form umschreiben. Es sei eine chemische Reaktion oder ein Ionisationsprozeß gegeben, wie z. B.

$$O_2 + 2 H_2 \rightleftharpoons 2 H_2O \tag{57}$$

oder

$$A_n \rightleftharpoons A_i + e \, . \tag{58}$$

Gesucht wird die Zahl der bei bestimmter Temperatur vorhandenen Teilchensorten, wie z. B. die Zahl der Elektronen bei thermischer Ionisation. Die angeführten Prozesse können in die folgende gemeinsame Form geschrieben werden

$$\sum_a{}' \nu_s \rightleftarrows \sum_b{}' \nu_s \,, \tag{59}$$

wo ν_s die stöchiometrische Konstante der einzelnen Reagenzien bedeutet. Bei unseren Beispielen werden diese: 1_{O_2}, 2_{H_2}, 2_{H_2O} bzw. 1_{A_a}, 1_{A_i}, 1_e.

Die Änderungen der Zahlen der einzelnen Teilchensorten können nicht beliebig sein, sondern sind eben durch diese Gleichung verbunden: Wenn z. B. die Zahl der Wassermoleküle um 2 abnimmt, so entstehen immer 2 Wasserstoffmoleküle und 1 Oxygenmolekül. Im allgemeinen ist

$$dn_s^{(a)} = \nu_s^{(a)} d\lambda \,, \tag{60}$$

$$dn_s^{(b)} = -\, \nu_s^{(b)} d\lambda \,. \tag{61}$$

Damit erhält die Gleichung (43) die folgende Gestalt

$$\sum_a{}' \mu_s \nu_s = \sum_b{}' \mu_s \nu_s \,. \tag{62}$$

Mit Berücksichtigung des Zusammenhanges

$$\mu_s = kT \ln \frac{n_s}{P_s}$$

erhalten wir

$$\sum_a{}' kT \, \nu_s \ln \frac{n_s}{P_s} = \sum_b{}' kT \, \nu_s \ln \frac{n_s}{P_s} \,. \tag{63}$$

Daraus folgt:

$$\prod_a \left(\frac{n_s}{P_s}\right)^{\nu_s} = \prod_b \left(\frac{n_s}{P_s}\right)^{\nu_s} \tag{64}$$

oder

$$\frac{\prod_b n_s^{\nu_s}}{\prod_a n_s^{\nu_s}} = \frac{\prod_b P_s^{\nu_s}}{\prod_a P_s^{\nu_s}} \,.$$

Diese Formel wird für uns bei der Ableitung der *Saha*schen Gleichung der thermischen Ionisation nützlich sein.

3.3 Die Gasgesetze

3.3.1 Das klassische Gas

Die Maxwellsche Geschwindigkeitsverteilung. Wir untersuchen die Kennwerte eines Gases, das in einem im kräftefreien Raum befindlichen Volumen V eingeschlossen ist. Auf Grund der *Maxwell-Boltzmann*schen Statistik wissen wir, daß die räumliche Dichteverteilung des Gases gleichmäßig ist, während die Zahl der in der i-ten Zelle des Geschwindigkeitsraumes befindlichen Teilchen

$$N_i = A e^{-\frac{1}{2}\frac{mv_i^2}{kT}} \tag{1}$$

beträgt. Zur Bestimmung der Teilchendichte nehmen wir an, daß das Zellenvolumen d^3 beträgt, wobei d so klein ist (und im Prinzip über jede

Grenze hinaus verkleinert werden kann), daß v_i darin als konstant betrachtet werden kann. Die Zahl der Moleküle in dem um den Punkt v_x, v_y, v_z befindlichen Volumen $\mathrm{d}v_x$, $\mathrm{d}v_y$, $\mathrm{d}v_z$ wird

$$\mathrm{d}N = N_i \frac{\mathrm{d}v_x \mathrm{d}v_y \mathrm{d}v_z}{d^3} = \frac{A}{d^3}\, \mathrm{e}^{-\frac{1}{2}\frac{m(v_x^2+v_y^2+v_z^2)}{kT}}\, \mathrm{d}v_x\,\mathrm{d}v_y\,\mathrm{d}v_z =$$

$$= A'\mathrm{e}^{-\frac{1}{2}m\frac{v_x^2+v_y^2+v_z^2}{kT}}\, \mathrm{d}v_x\,\mathrm{d}v_y\,\mathrm{d}v_z. \tag{2}$$

Daraus ergibt sich die räumliche Dichte der Geschwindigkeit im Geschwindigkeitsraum definitionsgemäß zu

$$\varrho(v_x, v_y, v_z) = \frac{\mathrm{d}N}{\mathrm{d}v_x \mathrm{d}v_y \mathrm{d}v_z} = A'\mathrm{e}^{-\frac{1}{2}m\frac{v_x^2+v_y^2+v_z^2}{kT}}. \tag{3}$$

Diese Dichtefunktion ist in Abb. **3**.11 dargestellt.

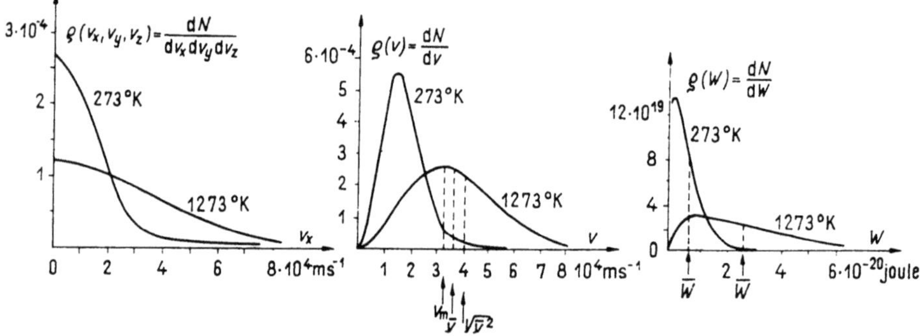

3.11 Die Verteilungskurven der klassischen Statistik für das Wasserstoffgas

Wie im vorangehenden bereits erwähnt, benützen wir zur Bestimmung von A die Tatsache, daß das Integral der Dichte über den gesamten Geschwindigkeitsraum die Gesamtzahl N der Teilchen ergeben muß:

$$N = \int \mathrm{d}N = \underset{\substack{v_x=\\v_y=\\v_z=}}{\overset{+\infty}{\iiint}}\!\!\!\!\!{}_{-\infty}\ \varrho(v_x, v_y, v_z)\, \mathrm{d}v_x\,\mathrm{d}v_y\,\mathrm{d}v_z =$$

$$= \int\!\!\!\int\!\!\!\int_{-\infty}^{+\infty} A'\mathrm{e}^{-\frac{1}{2}\frac{m}{kT}(v_x^2+v_y^2+v_z^2)}\, \mathrm{d}v_x\,\mathrm{d}v_y\,\mathrm{d}v_z.$$

Da

$$\int_{-\infty}^{+\infty} \mathrm{e}^{-x^2}\,\mathrm{d}x = \sqrt{\pi}, \tag{4}$$

ist, wird

$$\int_{-\infty}^{\infty} \mathrm{e}^{-\frac{m}{2kT}v_x^2}\,\mathrm{d}v_x = \sqrt{\frac{2\,kT}{m}} \int_{-\infty}^{+\infty} \mathrm{e}^{-\frac{m}{2kT}v_x^2}\,\mathrm{d}\sqrt{\frac{m}{2\,kT}}\,v_x = \sqrt{\frac{2\,kT}{m}}\,\sqrt{\pi}.$$

Daraus ergibt sich sofort

$$N = A' \left(\sqrt{\frac{2\,k\pi T}{m}}\right)^3, \qquad A' = N\sqrt{\left(\frac{m}{2\,\pi kT}\right)^3}. \tag{5}$$

Damit lautet schließlich die Dichtefunktion

$$\varrho\,(v_x, v_y, v_z) = N\sqrt{\left(\frac{m}{2\,\pi kT}\right)^3}\,\mathrm{e}^{-\frac{m}{2kT}(v_x^2+v_y^2+v_z^2)}. \tag{6a}$$

Am häufigsten interessiert uns die Zahl jener Moleküle, bei denen der Absolutwert ihrer Geschwindigkeit zwischen zwei gegebene Grenzen fällt, u. zw. unabhängig davon, wie groß die einzelnen Komponenten selbst sind. Wir wünschen also nach Abb. **3**.6c die Zahl jener Bildpunkte zu ermitteln, die zwischen den Kugelschalen vom Radius v bzw. $v + \mathrm{d}v$ liegen. Diese ist leicht zu berechnen: Im Abstand v vom Mittelpunkt gibt es im Einheits-Volumen

$$A'\mathrm{e}^{-\frac{1}{2}\frac{mv^2}{kT}}$$

Moleküle. Das Volumen der Kugelschale, falls ihre Dicke klein gegenüber dem Radius ist, ist gleich dem Produkt aus ihrer Oberfläche und Dicke, d. h. $4\pi v^2\,\mathrm{d}v$. Die Zahl jener Moleküle also, deren Geschwindigkeit zwischen v und $v + \mathrm{d}v$ fällt, ist gleich dem Produkt dieses Volumens mit der Zahl der Moleküle im Einheits-Volumen, d. h.

$$\varrho(v)\,\mathrm{d}v = 4\,\pi v^2\,\mathrm{d}v\,A'\mathrm{e}^{-\frac{1}{2}\frac{mv^2}{2kT}} = 4\,\pi N\sqrt{\left(\frac{m}{2\,\pi kT}\right)^3}\,\mathrm{e}^{-\frac{mv^2}{2kT}}\,v^2\,\mathrm{d}v. \tag{6b}$$

Damit haben wir das *Maxwell*sche Geschwindigkeitsverteilungsgesetz, das von grundlegender Bedeutung ist, erhalten.

Nun ist es bereits leicht zu beweisen, daß die Wahl des Wertes von β zu $1/kT$ richtig war. Wir setzen β in die *Maxwell*sche Geschwindigkeitsverteilungs-Funktion ein:

$$\varrho(v)\,\mathrm{d}v = 4\,\pi\,N\sqrt{\left(\frac{\beta\,m}{2\,\pi}\right)^3}\,\mathrm{e}^{-\beta\frac{mv^2}{2}}.$$

Die auf ein Teilchen entfallende kinetische Energie, die Größe W_0/N, erhält man dadurch, daß man den Mittelwert der Energie $\frac{1}{2}\,mv^2$ bei der obigen Verteilung bildet:

$$\frac{W_0}{N} = \frac{1}{N}\int_0^\infty \varrho(v)\,\frac{1}{2}\,mv^2\,\mathrm{d}v = \frac{1}{N}\int_0^\infty \frac{1}{2}\,mv^2\,4\,\pi\,N\sqrt{\left(\frac{\beta\,m}{2\,\pi}\right)^3}\,\mathrm{e}^{-\beta\frac{mv^2}{2}}\,v^2\,\mathrm{d}v =$$

$$= 2\,\pi\,m\sqrt{\left(\frac{\beta\,m}{2\,\pi}\right)^3}\int_0^\infty v^4\,\mathrm{e}^{-\beta\frac{mv^2}{2}}\,\mathrm{d}v.$$

Wir benutzen die Beziehung

$$\int_0^\infty x^n\,\mathrm{e}^{-ax^2}\,\mathrm{d}x = \frac{\Gamma\left(\dfrac{n+1}{2}\right)}{2\,a^{\frac{n+1}{2}}}. \tag{6c}$$

wobei die Gammafunktion eine Verallgemeinerung der Fakultät ist [0.7, Seite 237].

In unserem Fall erhält man damit

$$\int_0^\infty v^4\, e^{-\beta \frac{mv^2}{2}}\, dv = \frac{\Gamma\left(\frac{5}{2}\right)}{2\left(\frac{\beta m}{8}\right)^{5/2}}$$

Es ist somit

$$\frac{W_0}{N} = \frac{2\pi m \left(\frac{\beta m}{2\pi}\right)^{3/2}}{2\left(\frac{\beta m}{2}\right)^{5/2}}\, \Gamma\left(2+\frac{1}{2}\right).$$

Mit Rücksicht auf die Beziehung

$$\Gamma\left(\frac{5}{2}\right) = \Gamma\left(2+\frac{1}{2}\right) = \frac{3}{4}\,\sqrt{\pi},$$

ist also

$$\frac{W_0}{N} = \pi m\, \frac{\dfrac{1}{\pi^{3/2}}}{\dfrac{\beta m}{2}}\, \frac{2}{4}\,\sqrt{\pi} = \frac{3}{2}\,\frac{1}{\beta}.$$

Nach der Definition der Temperatur beträgt die mittlere kinetische Energie für Ted chen mit drei Freiheitsgraden

$$\frac{W_0}{N} = \frac{3}{2}\, kT,$$

so daß tatsächlich

$$\beta = \frac{1}{kT}$$

ist.

Wir bestimmen noch die Zahl der Moleküle, die eine Energie zwischen W und $W+dW$ besitzen. Wir benützen dazu die folgenden Zusammenhänge

$$\frac{1}{2}\, mv^2 = W, \quad v\,dv = \frac{dW}{m}, \quad v = \sqrt{\frac{2}{m}}\, W^{\frac{1}{2}},$$

So erhalten wir aus Gleichung (6b):

$$\varrho(W)\,dW = 2\pi N \sqrt{\frac{1}{(\pi kT)^3}}\; W^{\frac{1}{2}}\, e^{\frac{W}{kT}}\, d\,W \tag{6d}$$

In der Abbildung **3.11** ist auch diese Form der Verteilungsfunktion dargestellt.

Betrachten wir noch einmal die *Maxwell*sche Geschwindigkeitsverteilung. Ihr Verlauf kann auch durch qualitative Überlegungen plausibel gemacht werden (Abb. **3.6c**).

Obwohl die Dichte der Moleküle um den Mittelpunkt herum am größten ist, ist das Volumen der Kugelschale gegebener Dicke dort klein, so daß man dort nur relativ wenig Moleküle kleiner Geschwindigkeit findet. In größeren Entfernungen vom Mittelpunkt vermindert sich zwar die Dichte, doch nimmt das Volumen der Kugelschale stärker zu, so daß es mehr Moleküle von etwas größerer Geschwindigkeit geben wird. Diese Zunahme dauert solange an, bis die immer raschere Abnahme der Dichte die Zunahme des Volumens der Kugelschalen kompensiert. Anschließend nimmt die Geschwindigkeitsverteilungs-Funktion wieder ab, so daß die Moleküle hoher Geschwindigkeit wieder seltener werden.

Über den allgemeinen Verlauf der Funktionen $\varrho(v_x, v_y, v_z)$ bzw. $\varrho(v)$ bzw. $\varrho(W)$ informieren uns die folgenden Überlegungen. Bekanntlich bezeichnet in der auf die Einheit normierten Fehlerkurve, also in der Funktion

$$y = \frac{1}{\sigma\sqrt{2\pi}}\,\mathrm{e}^{-\frac{x^2}{2\sigma^2}},$$

die Konstante σ die Streuung, d. h. die Wurzel des quadratischen Mittels der Abweichung vom Mittelwert. Dieser Wert zeigt, wie breit die Kurve ist: Sie fällt gerade beim Wert $x = \sqrt{2}\sigma$ auf den e-ten Teil ihres Höchstwertes. Wenn also σ groß ist, bedeutet dies, daß die Kurve ganz flach verläuft; ist dagegen σ klein, so ist die Kurve der Fehlerfunktion y sehr schmal, d. h. also, daß sie ein scharfes Maximum am Ort $x = 0$ hat. Daß der Wert der Funktion auf eins normiert ist, bedeutet, daß die Fläche unter der Kurve immer gleich der Einheit ist. Dies ist unbedingt erforderlich, wenn man die einzelnen Kurvenwerte immer als spezifische Wahrscheinlichkeiten verstehen will. In der Verteilungsfunktion

$$\varrho(v_x, v_y, v_z) = A'\mathrm{e}^{-\frac{1}{2}\frac{mv^2}{kT}}$$

entspricht dieser Konstante der Ausdruck $\sqrt{kT/m}$. Die Streuung, d. h. die Breite der Kurve, ist der Wurzel der Temperatur direkt, der Wurzel der Masse umgekehrt proportional. Dies bedeutet, daß die Geschwindigkeitsverteilungskurve im Fall von Gasen gleicher Masse bei höheren Temperaturen immer flacher wird und nur bei kleineren Temperaturen ein sehr scharfes Maximum aufweist. Bei einer gegebenen Temperatur haben dabei jene Gase schärfere Maxima, deren Moleküle größere Massen haben, während die Kurve der Geschwindigkeitsverteilung eines Gases mit Molekülen kleinerer Masse viel flacher verläuft. Wird nun dies auf die Verteilungsfunktion

$$\varrho(v) = Bv^2\varrho(v_x, v_y, v_z)$$

angewandt, d. h. wird untersucht, wie viele Moleküle — ohne Rücksicht auf die Richtung — in einem gegebenen Intervall von v bis $v + \mathrm{d}v$ vorhanden sind, so gelten die gleichen Feststellungen über die Streuung. Es ist sofort ersichtlich, daß die Verminderung der Dichte die Volumenvergrößerung der Kugelschale nur bei wesentlich höheren Geschwindigkeitswerten übertrifft, falls die Kurve $\varrho(v_x, v_y, v_z)$ entweder infolge der hohen Temperatur oder infolge der kleinen Masse eine große Streuung hat. Dies bedeutet, daß sich der Geschwindigkeitswert größter Wahrscheinlichkeit der Kurven, zusammen mit der zunehmenden Streuung, nach immer höheren Geschwindigkeitswerten hin verschiebt. Alle diese Beziehungen sind aus Abb. **3**.12 sehr gut ersichtlich, wo die Geschwindigkeitsverteilung des Sauerstoff- und des Wasserstoffgases dargestellt wird.

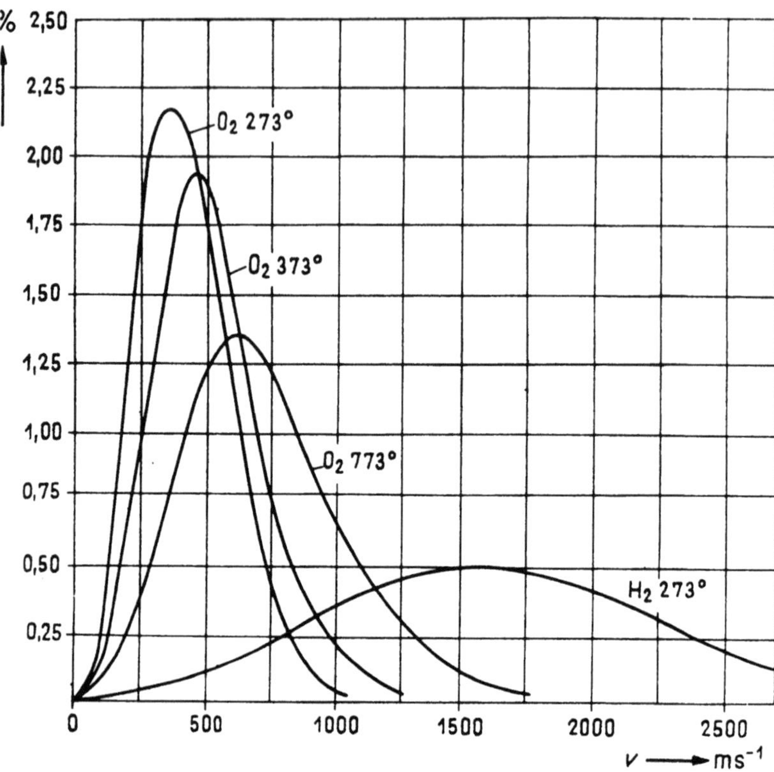

3.12 Die Geschwindigkeitsverteilung von O_2- und H_2-Molekülen bei verschiedenen Temperaturen. In dieser Abbildung ist die Einheit des Geschwindigkeitsintervalls gleich 10 ms⁻¹

Wählen wir eine beliebige Abszisse, z. B. die von 500 m/s, bei verschiedenen Temperaturen aus, dann beträgt der Wert der zum Sauerstoffgas von 0 °C Temperatur gehörenden Ordinate hier 1,75; d. h. daß 1,75% aller Moleküle sich mit einer Geschwindigkeit von 495 bis 505 m/s bewegen. Dies bedeutet gleichzeitig, daß die Wahrscheinlichkeit dafür, daß man für die Geschwindigkeit eines Moleküls bei einer Beobachtung einen Wert zwischen 495 und 505 m/s erhält, gerade 1,75/100 beträgt.

Es ist gut zu sehen, daß sich der Ort des Maximums der Verteilungsfunktion bei höheren Temperaturen nach höheren Geschwindigkeitswerten hin verschiebt und gleichzeitig auch die Streuung der Geschwindigkeit größer wird; die Kurve wird also breiter. Beim Wasserstoff ist die durchschnittliche Geschwindigkeit dem kleineren Molekulargewicht entsprechend höher.

In bezug auf die Geschwindigkeitsverteilungsfunktion können verschiedene charakteristische Geschwindigkeitswerte definiert werden. Vor allem ist die wahrscheinlichste Geschwindigkeit zu erwähnen. Darunter versteht man den zum Scheitelwert der Verteilungskurve gehörenden Geschwindigkeitswert v_m. Der Mittelwert der Verteilungsfunktion ist die durchschnittliche oder mittlere Geschwindigkeit $\bar{v}$. Für die Bewegung der Moleküle ist dieser Wert auch charakteristisch. Die Temperatur hängt dagegen mit der kinetischen Energie zusammen, so daß dafür der Mittelwert des Quadrates der Geschwindigkeit bzw. dessen Wurzel

$$\sqrt{\overline{v^2}} = \tilde{v}$$

charakteristisch ist.

Für die Bestimmung von v_m dient die Gleichung

$$\frac{\mathrm{d}\varrho(v)}{\mathrm{d}v} = 0.$$

Daraus erhalten wir

$$v_\mathrm{m} = \sqrt{\frac{2\,kT}{m}}\,.$$

Aus der Gleichung

$$\bar{v} = \frac{1}{N} \int\limits_0^\infty v\,\varrho(v)\,\mathrm{d}v$$

erhalten wir

$$\bar{v} = \sqrt{\frac{8\,kT}{\pi\,m}}\,.$$

Endlich haben wir den durch die mittlere Energie bestimmten Wert

$$\overline{v^2} = \frac{1}{N} \int\limits_0^\infty v^2\,\varrho(v)\,\mathrm{d}v = \frac{3\,kT}{m}\,.$$

Wir bemerken nun die folgenden Zusammenhänge zwischen diesen Größen

$$\bar{v} = \frac{2}{\sqrt{\pi}}\,v_\mathrm{m}, \qquad \overline{v^2} = \frac{3}{2}\,v_\mathrm{m}^2$$

d. h.

$$\sqrt{\overline{v^2}} > \bar{v} > v_\mathrm{m}\,.$$

In Abb. 3.11 sind die Werte der charakteristischen Geschwindigkeiten eingezeichnet.

Mit einem direkten Versuch hat *Stern* im Jahre 1920 die *Maxwell*sche Geschwindigkeitsverteilung bewiesen und gleichzeitig auch die absolute Geschwindigkeit der Moleküle gemessen. Das Prinzip seines Versuchs ist das folgende (Abb. 3.13):
Es sei bekannt, daß eine Kugel, wenn man sie aus dem Punkt O mit der Geschwindigkeit v auf den Schirm E schießt und der Schirm stillsteht, im Punkt K auftrifft. Die Kugel durchläuft diese Strecke während der Zeit l/v. Falls sich nun der Schirm E mit der Geschwindigkeit v' bewegt, dann durchläuft der Schirm während der Laufzeit l/v der Kugel den Weg

$$KK' = \frac{l}{v}\,v'\,.$$

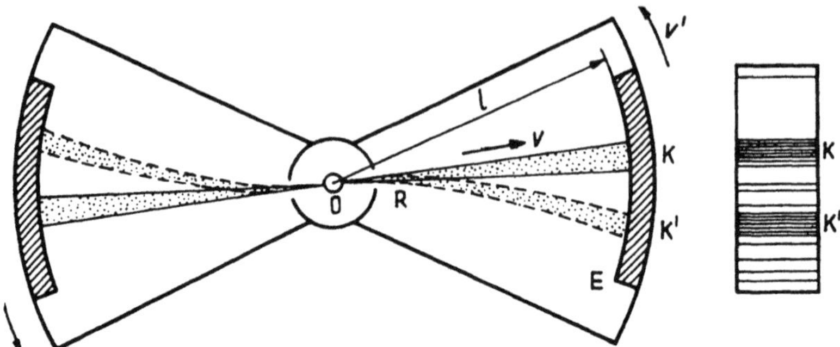

3.13 Das Prinzip der zur experimentellen Untersuchung der Molekular-
geschwindigkeit dienenden Einrichtung. Die sich am Schirm nieder-
schlagenden Moleküle zeigen die rechtsseitige Verteilung

Die Kugel trifft also den Schirm im Punkt K' anstatt in K. Bei der Ausführung der
Messung wird ein im luftleeren Raum angeordneter versilberter Platindraht (auf
der Abbildung im Punkt O) auf eine sehr hohe Temperatur erhitzt. Die Silberatome
verdampfen vom Platindraht und fliegen gleichmäßig nach allen Richtungen ab,
u. zw. mit Geschwindigkeiten, die der *Maxwell*schen Verteilung entsprechen. Diese
Atome schlagen sich auf der kalten Messingplatte E nieder. Wir drehen nun die ganze
Einrichtung. Die aus dem Punkt O abfliegenden Silberatome lagern sich jetzt nicht
mehr in K, sondern, von ihren Geschwindigkeiten abhängend, in verschiedenen Punkten
K' ab. Bei bekannten l und v' kann die entsprechende Geschwindigkeit auf Grund
der Entfernung KK' aus der Gleichung $KK' = (l/v)v'$ leicht errechnet werden. Aus
der Schichtdicke läßt sich auf diese Weise unmittelbar auf die Geschwindigkeitsverteilung schließen. Bezüglich der mittleren Geschwindigkeit ergab sich eine ausgezeichnete Übereinstimmung mit dem auf Grund der Theorie errechneten Wert. Die
sich aus der Messung der Schichtdicke ergebenden Werte stimmen aber infolge der
experimentellen Schwierigkeiten nur qualitativ mit der *Maxwell*schen Geschwindig-
keits-Verteilungsfunktion überein. Eine vollkommene Übereinstimmung ist auch
nicht zu erwarten, da die Geschwindigkeitsverteilung der von der Metalloberfläche
verdampfenden Atome von der Geschwindigkeitsverteilung der sich in einem Gefäß
frei bewegenden Gasmoleküle etwas abweicht.

Ein vielleicht noch unmittelbarerer Beweis der *Maxwell*schen Geschwindigkeitsverteilung der Moleküle ist in der Ausbreitung der Spektrallinien des von angeregten Gasatomen emittierten Lichtes zu finden. Nehmen wir an, daß die Moleküle im Ruhezu-
stand Licht der genau bestimmten Wellenlänge λ_0 emittieren. Ferner sei der *Doppler*-
Effekt bekannt, wonach die Wellenlänge des emittierten Lichtes, falls sich eine Lichtquelle vom Beobachter entfernt, der Beziehung

$$\lambda = \lambda_0 \left(1 + \frac{v}{c} \right)$$

entsprechend größer wird, wobei v wie bisher die Geschwindigkeit des sich entfernenden Moleküls und c die Lichtgeschwindigkeit bezeichnen. Dann findet man bei der
Beobachtung des Lichtes, welches die sich nach der *Maxwell*schen Geschwindigkeitsverteilung bewegenden Moleküle emittieren, daß seine Wellenlänge nicht gleich λ_0 ist,
sondern daß die Spektrallinie infolge der verschiedenen Geschwindigkeiten der sich
nähernden oder sich entfernenden Moleküle breiter wird, so daß man Werte erhält,
die von λ_0 sowohl nach oben als auch nach unten abweichen. Durch Messen der Verbreiterung kann man auf die Geschwindigkeitsverteilung schließen. Die Ergebnisse
dieser Experimente stimmen unter Berücksichtigung der Fehlergrenzen der Messung
mit den theoretischen Werten gut überein.

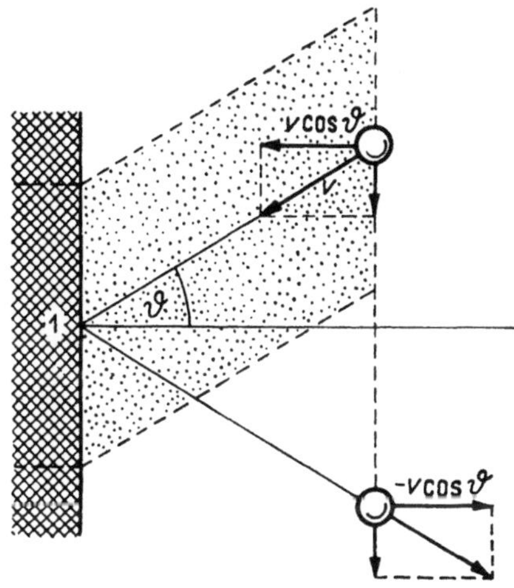

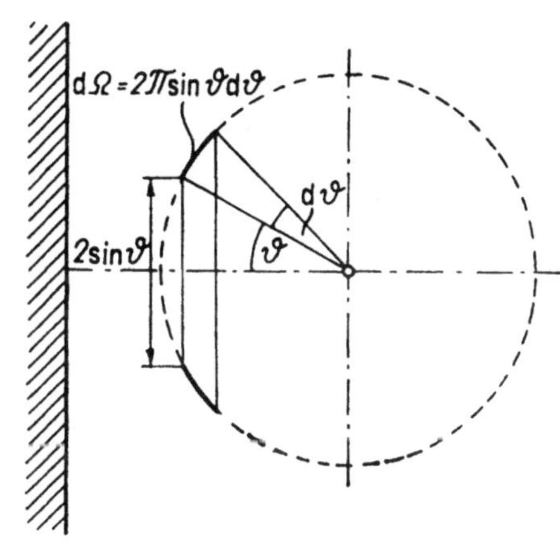

3.14 Elastischer Stoß eines Moleküls an der Wand

3.15 Zur Ableitung des Gas-Gesetzes

Der Gasdruck. Aus den bisherigen Überlegungen kann man den Gasdruck bereits leicht berechnen. Die Moleküle bewegen sich nämlich mit großer Geschwindigkeit hin und her und stoßen dabei sehr häufig gegen die Gefäßwand. Diese pausenlose Bombardierung übt eine Kraftwirkung auf die Gefäßwand aus.

Wir betrachten ein Molekül (Abb. **3.**14), das unter dem Winkel ϑ mit der Geschwindigkeit v an die Wand stößt. Nach dem Stoß wechselt die zur Wand senkrechte Geschwindigkeitskomponente $v\cos\vartheta$ ihr Vorzeichen, so daß die Impulsänderung des Teilchens und gleichzeitig auch der vom Teilchen an die Wand übertragene Impuls

$$2mv\cos\vartheta \tag{7}$$

beträgt.

Von den Teilchen, deren Richtung in den kleinen Winkelbereich zwischen ϑ und $\vartheta + \mathrm{d}\vartheta$ und deren Geschwindigkeit in den Bereich zwischen v und $v + \mathrm{d}v$ fällt, erreichen alle jene, die sich im Prisma von der Grundfläche von 1 m² und von der Höhe von $v\cos\vartheta$ befinden, die Wand während der Zeiteinheit, und stoßen gegen die bezeichnete Flächeneinheit, wobei sie ihr den Impuls $2mv\cos\vartheta$ übertragen. Die Zahl der während der Zeiteinheit anstoßenden Teilchen beträgt damit $n(v, \vartheta)\,\mathrm{d}v\,\mathrm{d}\vartheta\,v\cos\vartheta$.

Hierbei bezeichnet $n(v, \vartheta)$ die Dichte der in den Winkelbereich $\mathrm{d}\vartheta$ und in den Geschwindigkeitsbereich $\mathrm{d}v$ fallenden Moleküle.

Die Impulsänderung in der Zeiteinheit, bezogen auf die Flächeneinheit, ergibt gerade den Druck, so daß der durch die bisher berücksichtigten Teilchen erzeugte Druck

$$\mathrm{d}^2p = n(v, \vartheta)\,\mathrm{d}v\,\mathrm{d}\vartheta\,v\cos\vartheta \cdot 2mv\cos\vartheta$$

beträgt.

Ist die Geschwindigkeitsverteilung räumlich isotrop, so bewegt sich jener
Anteil aller Teilchen mit einer, zwischen die durch ϑ und $\vartheta + \mathrm{d}\vartheta$ bestimmten
Kegel fallenden Geschwindigkeit (Abb. **3**.15), welcher dem Anteil der
Fläche $2\pi \sin \vartheta\, \mathrm{d}\vartheta$ des durch die Kegel aus der Gesamtfläche 4π der Einheitskugel ausgeschnittenen Ringes gleich ist:

$$\frac{n(v, \vartheta)\, \mathrm{d}v\, \mathrm{d}\vartheta}{n(v)\, \mathrm{d}v} = \frac{2\pi \sin \vartheta\, \mathrm{d}\vartheta}{4\pi}. \tag{8}$$

Es ist also

$$\mathrm{d}^2 p = mn(v)\, \mathrm{d}v\, v^2 \cos^2 \vartheta \cdot \sin \vartheta\, \mathrm{d}\vartheta,$$

d. h.

$$p = m \int\limits_{v=0}^{\infty} \int\limits_{\vartheta=0}^{\pi/2} n(v)\, v^2\, \mathrm{d}v \cos^2 \vartheta \sin \vartheta\, \mathrm{d}\vartheta, \tag{9}$$

da

$$\int\limits_{0}^{\pi/2} \cos^2 \vartheta \sin \vartheta\, \mathrm{d}\vartheta = \frac{1}{3} \cos^3 \vartheta \Big|_{\pi/2}^{0} = \frac{1}{3},$$

ferner

$$\int\limits_{0}^{\infty} n(v)\, v^2\, \mathrm{d}v = n\overline{v^2}, \quad \int\limits_{0}^{\infty} mn(v)\, v^2\, \mathrm{d}v = \int\limits_{0}^{\infty} 2\, n(v)\, \frac{1}{2}\, mv^2\, \mathrm{d}v = n\, 2\, \overline{W}$$

ist, so gilt also

$$p = mn\, \frac{\overline{v^2}}{3}$$

bzw.

$$p = \frac{2}{3}\, n\, \overline{W}_{\text{kin}} = \frac{2}{3}\, n\, \frac{3}{2}\, kT = nkT. \tag{10}$$

Dasselbe Ergebnis kann man auch mit Hilfe einer viel einfacheren Vorstellung bezüglich der Bewegung der Gasmoleküle erhalten. Nehmen wir an,
daß sich ein Sechstel der Moleküle in der Richtung der positiven x-Achse
sowie ein Sechstel in der Richtung der negativen x-Achse bewegt; außerdem soll sich je ein Drittel der Moleküle in den Richtungen parallel zur
y- bzw. z-Achse bewegen; alle mit der durchschnittlichen Geschwindigkeit
$v \sim \sqrt{\overline{v^2}}$. Bei dieser Bewegung stören die Moleküle einander nicht, und ein
Molekül überträgt in diesem Fall den Impuls $2mv$ der Gefäßwand; folglich
beträgt der von den sich mit der durchschnittlichen Geschwindigkeit v bewegenden insgesamt $vn/6$ Molekülen in der Zeiteinheit übertragene Gesamtimpuls, d. h. der Druck,

$$p = v\, \frac{n}{6}\, 2\, mv = mn\, \frac{v^2}{3} \tag{11}$$

in vollkommener Übereinstimmung mit unserem vorangehenden Ergebnis.
All dies ist erwähnenswert, weil es in der kinetischen Gastheorie oft vorkommt, daß die einfachsten Annahmen zu denselben Ergebnissen führen,

wie die kompliziertesten, und die durch die zwei Methoden erhaltenen
Resultate sich nur um einen Faktor unterscheiden, der von der Einheit
kaum abweicht. Aber auch in solchen Fällen ist es oft strittig, ob die
kompliziertere Lösung die stichhaltigere ist, da man auch bei den letzteren
zur endgültigen Auswertung nur mehr oder weniger stichhaltige Annahmen verwendet.

Die Zustandsgleichung des Gases. Gibt es nun ingesamt N Moleküle in
einem Gas vom Volumen V, so ist

$$n = \frac{N}{V}, \qquad p = \frac{m}{3} \frac{N}{V} \overline{v^2}.$$

Der Druck ist also dem Volumen umgekehrt proportional. Bei gleicher
kinetischer Energie übt das Gas im halben Volumen den doppelten Druck
aus, weil infolge der größeren Dichte mehr Moleküle in der Zeiteinheit
gegen die Wand stoßen. Bringt man V auf die linke Seite der obigen Gleichung, so erhält man die folgende Beziehung

$$pV = \frac{mN}{3} \overline{v^2}. \tag{12}$$

V soll nun das Volumen von einem kmol des Gases und N_0 die Zahl der
darin befindlichen Moleküle bezeichnen; dann gilt für dieses Gas

$$pV = \frac{mN_0}{3} \overline{v^2} = \frac{2}{3} N_0 \frac{1}{2} m\overline{v^2} = \frac{2}{3} N_0 \frac{3}{2} kT = N_0 kT. \tag{13a}$$

Nach makroskopischen Messungen der Thermodynamik gilt die Beziehung

$$pV = RT, \tag{13b}$$

d. h. das Produkt von Druck und Volumen des Gases ist der absoluten
Temperatur direkt proportional. Der Wert des Proportionalitätsfaktors
R, der sogenannten Gaskonstante, beträgt für ein kmol des Gases — und
die Ausführungen beziehen sich gerade auf diese Gasmenge —

$$R = 8{,}31 \cdot 10^3 \ \frac{Ws}{°K \cdot kmol}.$$

Stellt man diese beiden Gleichungen einander gegenüber, so sieht man
sofort, daß sie in dem Fall identisch werden, daß

$$k = \frac{R}{N_0} = 1{,}38 \cdot 10^{-23} \, Ws/°K \tag{14}$$

ist.

Der Energieinhalt von 1 kmol eines Gases beträgt hiernach

$$W = N_0 \overline{W} = N_0 \frac{3}{2} \frac{R}{N_0} T = N_0 3 \frac{1}{2} kT = \frac{3}{2} RT. \tag{15}$$

Aus dieser Beziehung läßt sich die spezifische Wärme des Gases bei konstantem Volumen leicht ermitteln. Dieser Wert ist definitionsgemäß gleich der Wärmemenge, die

dem Gas zugeführt werden muß — während sein Volumen konstant bleibt, so daß es keine äußere Arbeit verrichtet —, um seine Temperatur um ein Grad zu erhöhen. Im gegebenen Fall gilt, bezogen auf eine Gasmenge von 1 kmol

$$c_{\mathrm{v}} = \frac{\partial W}{\partial T} = \frac{3}{2}\,R.$$

Um die spezifische Wärme des Gases bei konstantem Druck bestimmen zu können, muß man zuerst wissen, welche Arbeit das Gas verrichtet, wenn es sich bei konstantem Druck ausdehnt. Um nämlich die Gastemperatur bei gleichbleibendem Druck um ein Grad zu erhöhen, ist dem Gas eine größere Wärmemenge zuzuführen, da diese jetzt einerseits die Zunahme der inneren Energie des Gases und andererseits auch die nach außen hin verrichtete Arbeit liefern soll. Die Differenz der bei konstantem Druck bzw. bei konstantem Volumen zuzuführenden Wärmemengen wird gerade gleich dieser Arbeit sein.

Versetzt sich ein Kolben in einem Zylinder unter der Einwirkung des konstanten Druckes um die Strecke $\mathrm{d}l$, so ist die verrichtete Arbeit $\mathrm{d}W = pA\mathrm{d}l = p\mathrm{d}V$.

Aus der Zustandsgleichung folgt gleichzeitig, daß bei konstantem Druck $p\mathrm{d}V = = R\mathrm{d}T$ ist, so daß gerade die Arbeit R zur Temperaturerhöhung von 1 Grad gehört. In diesem Fall gilt also

$$\mathrm{d}W = c_{\mathrm{p}} - c_{\mathrm{v}} = R\,, \quad c_{\mathrm{p}} = R + c_{\mathrm{v}} = \frac{5}{2}\,R\,,$$

so daß das Verhältnis der spezifischen Wärmen des idealen Gases bei konstantem Druck bzw. bei konstantem Volumen

$$\frac{c_{\mathrm{p}}}{c_{\mathrm{v}}} = \frac{5}{3} = \varkappa$$

wird und somit mit dem, für einatomige Gase bei Zimmertemperatur gemessenen Wert übereinstimmt. Bei mehratomigen Gasen sowie bei extremen Temperaturverhältnissen erfährt jedoch dieser Zusammenhang eine Änderung. Überdenkt man nämlich den Weg, der uns zur Beziehung

$$W = \frac{3}{2}\,kT$$

geführt hat, so wird man sehen, daß sich der Zahlenfaktor 3 daraus ergab, daß das Molekül drei voneinander unabhängige Bewegungen in Richtung der drei Koordinatenachsen durchführen kann. Im Falle von Gasmolekülen, die sich auf einer Ebene bewegen, würde die mittlere kinetische Energie $(2/2)kT$ betragen. Im allgemeinen, falls das Teilchen f verschiedene unabhängige Bewegungen durchführen kann, mit anderen Worten falls sein Freiheitsgrad gleich f ist, beträgt seine kinetische Energie $(f/2)kT$. Dementsprechend ändert sich auch der Wert der spezifischen Wärme, u. zw. ist

$$c_{\mathrm{v}} = \frac{f}{2}\,R, \qquad c_{\mathrm{p}} = \frac{f+2}{2}\,R\,,$$

sowie

$$\varkappa = \frac{c_{\mathrm{p}}}{c_{\mathrm{v}}} = \frac{f+2}{f}\,.$$

Nun können wir die Geschwindigkeit der Moleküle zahlenmäßig angeben, und zwar mit Hilfe makroskopisch meßbarer Größen. Es ist nämlich

$$\overline{v^2} = 3\,\frac{kT}{m} = \frac{3RT}{N_0 m}\,.$$

Hierbei bezeichnen N_0 die Zahl der Moleküle in 1 kmol des Gases und m die Masse eines Teilchens. $N_0 m$ ist somit gleich der Masse (M) des ganzen Gases von 1 kmol. Es gilt hiernach

$$\sqrt{\overline{v^2}} = \tilde{v} = \sqrt{\frac{3RT}{M}},$$

wobei unter v die Quadratwurzel vom quadratischen Mittelwert der Geschwindigkeit verstanden wird. Nun sind bereits alle Daten aus makroskopischen Messungen bekannt. Für Wasserstoff von 0 °C Temperatur ist $T = 273\ °\mathrm{K}$, $M = 2$, d. h.

$$\tilde{v} = \sqrt{\frac{3 \cdot 8{,}31 \cdot 10^3 \cdot 273}{2}} = 1841\ \mathrm{ms^{-1}}.$$

Die Moleküle des Wasserstoffes bewegen sich also mit einer Geschwindigkeit von nahezu zwei Kilometern je Sekunde. Gase von größerer Masse bewegen sich nach den obigen Beziehungen im Verhältnis der Wurzeln der Massen langsamer.

Tabelle **3.1.** Die durchschnittliche Geschwindigkeit der Moleküle einiger Gase bei 0 °C Temperatur

Gas	H_2	H_2O Dampf	Ne	N_2	Luft	O_2	CO_2	Hg
v km/s	1,693	0,567	0,536	0,454	0,447	0,425	0,362	0,17

Die Tabelle **3.1** zeigt die durschschnittliche Geschwindigkeit einiger Gase. Von der Realität der sich so ergebenden Geschwindigkeiten kann man sich sofort überzeugen, wenn man bedenkt, daß sich der Schall — als Verdichtung und Verdünnung der Luft, welche ja die Moleküle durch ihre Zusammenstöße weiterleiten —, ebenfalls mit einer Geschwindigkeit dieser Größenordnung ausbreitet. Wir haben ferner gesehen, daß die obigen Werte sich auch durch Direktversuche nachweisen lassen.

Freie Weglänge, Durchmesser des Moleküls. Im folgenden wollen wir feststellen, welchen Weg ein Molekül durchschnittlich zurücklegt, bis es gegen ein anderes Molekül stößt. Daraus kann dann auch die Zahl der Zusammenstöße je Sekunde sowie der Durchmesser des Moleküls berechnet werden. Nehmen wir an, daß sich ein ausgewähltes Molekül zwischen den übrigen als stillstehend vorgestellten Moleküle bewegt. Frage: Wie groß ist die Wahrscheinlichkeit dafür, daß das Molekül auf einer kurzen Strecke dx mit einem beliebigen anderen Gasmolekül zusammenstößt? Das ausgewählte Molekül vom Durchmesser $2r_0$ stößt in dem Fall mit einem anderen Molekül vom gleichen Durchmesser zusammen, wenn es sich bis zur Entfernung $2r_0$ dem Mittelpunkt des zweiten Moleküls nähert (Abb. **3.16**). Anders kann man die Aufgabe so fassen, daß man den Zusammenstoß

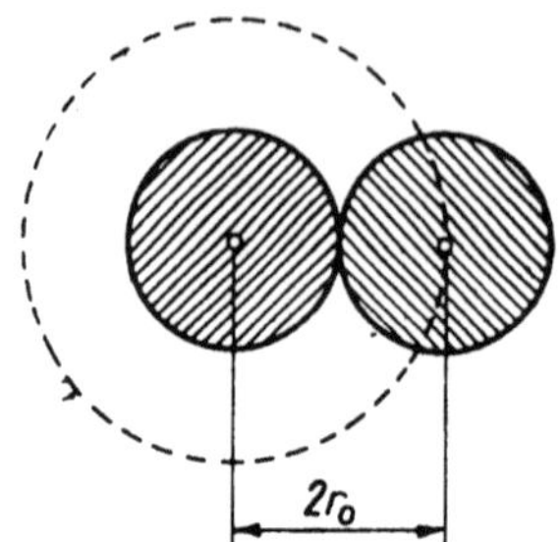

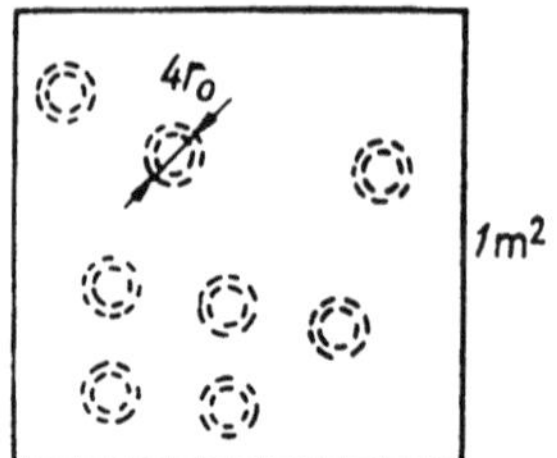

3.16 Bei dem Zusammenstoß von zwei Mole-
külen kann der Ab-
stand zwischen ihren
Mittelpunkten nicht
mehr als $2\,r_0$ betragen

3.17 Die gesamte Zielfläche aller Mole-
küle auf einer Flä-
che von 1 m² in
der Tiefe von dx
beträgt $n_1 dx (2r_0)^2 \pi$

eines Punktes (des Mittelpunktes des Moleküls) mit dem anderen Molekül vom Durchmesser $4r_0$ untersucht. Nach einem Vergleich von *Born* ist
die Lage dieselbe, wie in dem Fall, wenn man eine Gewehrkugel blindlings
zwischen die Bäume eines Waldes schießt. Die Wahrscheinlichkeit dafür,
daß man bis zu einer gewissen Tiefe des Waldes irgendeinen Baum trifft,
ist gleich dem Verhältnis der Gesamtfläche aller für uns in der betreffenden Tiefe des Waldes sichtbaren Bäume zur gesamten, als Zielfläche zur
Verfügung stehenden Fläche. Unser Molekül durchfliegt die in Abb. **3.17**
sichtbare Fläche von 1 m². In 1 m³ sollen n_1 Moleküle vorhanden sein,
dann gibt es in der Tiefe dx insgesamt $n_1 dx$ Moleküle. Ihre Gesamtfläche
beträgt $n_1 dx (2r_0)^2 \pi$. Da die zur Verfügung stehende Gesamtfläche 1 m²
beträgt, ergibt diese Zahl unmittelbar die gesuchte Wahrscheinlichkeit.

Die Fläche von 1 m² soll nun von einem parallelen Strahlenbündel, bestehend aus n_2 Molekülen, durchquert werden. Auf Grund des Vorangehenden
stoßen dann auf einer Länge von dx insgesamt $n_2 n_1 dx (2r_0)^2 \pi$ Moleküle
zusammen und streuen in der Folge aus dem parallelen Strahlenbündel
heraus. Falls die Abnahme der Zahl der im parallelen Strahlenbündel
befindlichen Moleküle mit $-dn_2$ bezeichnet wird, so ist

$$-dn_2 = n_2 n_1 \pi (2r_0)^2 dx\,,$$

und die Zahl der nach dem Durchlaufen der Wegstrecke x im parallelen
Bündel verbliebenen Moleküle ergibt sich durch Integration der obigen
Gleichung zu

$$n_2 = n_{20}\, e^{-n_1 \pi (2r_0)^2 x}\,. \tag{16}$$

Die Zahl der Moleküle vermindert sich somit exponentiell mit der durchlaufenen Weglänge. Einige Moleküle fallen infolge der Zusammenstöße
bereits am Anfang aus, während andere auch nach dem Durchlaufen von
ganz langen Strecken noch keinen Zusammenstoß erleiden. Es ist jedoch
möglich, die durchschnittliche Weglänge zu berechnen, die ein Molekül
ohne Zusammenstoß zurücklegt. Auf Grund der obigen Formel ist die Zahl

jener Moleküle bekannt, bei denen ein Zusammenstoß nach dem Durchlaufen einer Weglänge x stattfindet. Somit kann auch ihr Durchschnitt gebildet werden:

$$\lambda = \bar{x} = -\frac{1}{n_{20}} \int_0^\infty x \, dn_2 = \frac{1}{n_{20}} \int_0^\infty x n_2 n_1 \pi (2\,r_0)^2 \, dx =$$

$$= \frac{1}{n_{20}} \int_0^\infty x \, n_{20} \, e^{-n_1 \pi (2r_0)^2 x} \, n_1 \pi (2r_0)^2 dx = \frac{1}{\pi n_1 (2\,r_0)^2} \,. \tag{17}$$

Wie auch zu erwarten war, ist dieser Wert der Gasdichte und dem Moleküldurchmesser umgekehrt proportional.

Es ist bekannt, daß die durchschnittliche Geschwindigkeit

$$v \sim \sqrt{\overline{v^2}} = \sqrt{\frac{3\,kT}{m}}$$

beträgt. Das ist der Weg, den das Molekül in einer Sekunde durchläuft. Während dieser Zeit kommt es zu

$$z = \frac{v}{\lambda} = n_1 \pi (2\,r_0)^2 \cdot \sqrt{\frac{3\,kT}{m}} \tag{18}$$

Zusammenstößen. Dies ist die sogenannte Stoßzahl, die angibt, wie oft ein Molekül je Sekunde mit den anderen Molekülen zusammenstößt.

Bei der genauen Berechnung ist auch die Tatsache zu berücksichtigen, daß das parallele Strahlenbündel nicht zwischen stillstehenden, sondern zwischen sich bewegenden Molekülen durchläuft, deren Geschwindigkeit sich aus dem *Maxwell*schen Gesetz ergibt. In bezug auf die Zusammenstöße kommt in diesem Fall nur die relative Geschwindigkeit in Betracht. Unsere Ergebnisse werden jedoch dadurch nur unwesentlich beeinflußt, u. zw. gilt

$$\lambda = \frac{1}{\sqrt{2}\,\pi n (2\,r_0)^2} \,, \qquad z = 2\,\sqrt{2}\,\pi n (2\,r_0)^2 \sqrt{\frac{3\,kT}{m}} \,. \tag{19}$$

Die Verteilungsfunktion der *relativen* Geschwindigkeiten ergibt sich aus der Tatsache, daß die ›relative‹ Energie nach Gleichung 3.6.1—(3b) gleich

$$\frac{1}{2} \frac{m_1 m_2}{m_1 + m_2} v_r^2 = \frac{1}{4} m v_r^2$$

ist, wo wir sofort die Gleichheit der zwei Massen berücksichtigt haben. Die Verteilungsfunktion wird also

$$dN_{v_r} = 4\,\pi n \left(\frac{m}{4\,\pi\,kT}\right)^{\frac{3}{2}} v_r^2 \, e^{-\frac{m v^2}{4kT}} \, dv_r \,.$$

Ein ausgewähltes Molekül erleidet pro Sekunde insgesamt

$$z = \int \sigma v_r \, dN_{v_r} = 4\,\pi n \left(\frac{m}{4\,\pi\,kT}\right)^{\frac{3}{2}} \sigma \int_0^\infty v_r^3 \, e^{-\frac{m v_r^2}{4kT}} \, dv_r$$

Stöße, wo σ den effektiven Querschnitt bedeutet. Der Wert des Integrals kann nach Gl. 3.3.1−(6c) sofort angegeben werden, und man erhält

$$\frac{\Gamma\left(\dfrac{n+1}{2}\right)}{2a^{\frac{n+1}{2}}} = \frac{\Gamma(2)}{2(m/4kT)^2} = \frac{1}{2}\left(\frac{4\,kT}{m}\right)^2,$$

$$z = 4\pi n\left(\frac{m}{4\pi kT}\right)^{\frac{3}{2}} \sigma\,\frac{1}{2}\left(\frac{4kT}{m}\right)^2 = \sqrt{2}\,\sigma n\left(\frac{2}{\sqrt{\pi}}\sqrt{\frac{2\,kT}{m}}\right).$$

Im Klammerausdruck erkennt man aber die mittlere Geschwindigkeit. Es wird also

$$z = \sqrt{2}\,\sigma n v,$$

woraus sich

$$\lambda = \frac{v}{z} = \frac{1}{\sqrt{2}\,\sigma n}$$

ergibt.

Wir können jetzt auch die Zahl aller Zusammenstöße pro Zeiteinheit und pro Volumeinheit angeben

$$z_{\text{alle}} = \frac{z\,n}{2}$$

da jeder Stoß zweimal gezählt wurde.

Die mittlere freie Weglänge läßt sich aus makroskopischen Messungen bestimmen. Lassen wir nämlich ein paralleles Molekülstrahlenbündel ein Gas durchlaufen und messen seine Intensitätsverminderung in zwei verschiedenen Tiefen, so kann man aus den zwei Meßwerten nach Gleichung (16) $1/n\pi(2r_0)^2$, d. h. λ bestimmen.

Aus der Kenntnis der freien Weglänge kann man auch über den Durchmesser der Gasmoleküle Informationen erhalten, falls die Zahl der Moleküle in 1 m³ Gas von normalem Druck bekannt ist. Nach der Gleichung (17) ist nämlich

$$2\,r_0 = \sqrt{\frac{1}{\pi n \lambda}}. \tag{20}$$

Kennt man die *Avogadro*sche Zahl, so kann man auch den mittleren Abstand t der Moleküle berechnen. Hierfür gilt nämlich

$$t^3 N_0 = 22{,}4 \ \text{m}^3.$$

Im Ausdruck der freien Weglänge kommt das Produkt $n(2r_0)^2$ vor. Folglich kann $2r_0$, auch wenn λ bereits experimentell gemessen wurde, nur dann berechnet werden, wenn n bekannt ist. Diesen Wert haben wir bisher von einem anderen Gebiet der Physik übernommen. Mißt man jedoch das Volumen, das 1 m³ Gas, von Normalzustand, flüssig gemacht, einnimmt, so erhält man die Größenordnung des Gesamtvolumens, das die Moleküle einnehmen. Dies beträgt

$$\frac{4\,\pi(r_0)^3\,n}{3}.$$

In diesem Zustand nehmen ja die Moleküle dicht nebeneinander Platz. Durch diese Messung kann nr_0^3, durch die Messung von λ der Wert von $n(2r_0)^2$ bestimmt werden: Aus den zwei Messungen läßt sich also sowohl n als auch r_0 separat ermitteln. Die Kenntnis von n ist aber mit der Kenntnis der *Avogadro*schen Zahl N_0 gleichbedeutend.

Auf Grund von makroskopischen Messungen ist es somit möglich, alle mikroskopischen Kennwerte zu bestimmen, wie den Radius des Moleküls (r_0), die Zahl der Moleküle im Kubikmeter (n), ihre Masse (m), ihre Geschwindigkeit (v), den ohne Zusammenstoß durchlaufenen durchschnittlichen Weg (λ) usw.

Mit diesen bekannten Werten wurde eine kleine Menge von Wasserstoffgas im Normalzustand maßstabsgetreu einige millionenfach vergrößert dargestellt (Abb. **3.18**). Ein Gefäß von der Kantenlänge von 1 cm würde bei dieser Vergrößerung etwa 30 bis 40 km groß sein. Diese Länge, d. h. die der Kantenlänge von 1 cm entsprechende

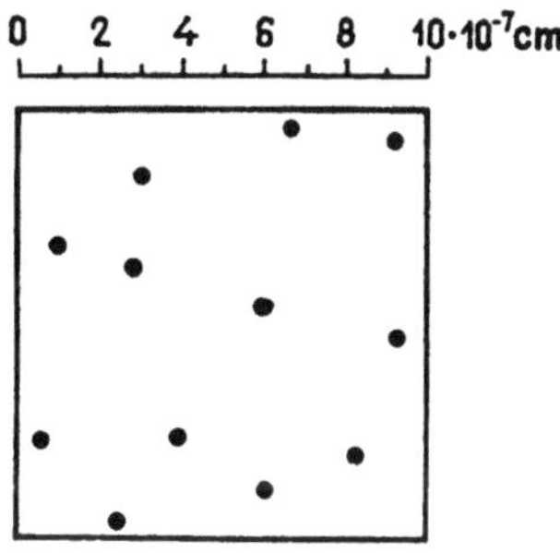

3.18 Normales Wasserstoffgas einige millionenfach vergrößert. Die freie Weglänge beträgt $\lambda = 1{,}2 \cdot 10^{-5}$ cm. In der Vergrößerung dieser Abbildung entspricht dies etwa der Länge der Diagonalen einer Buchseite

Entfernung von 30 bis 40 km, würde das Molekül mit seiner entsprechend vergrößerten Geschwindigkeit etwa 200 000mal je Sekunde durchlaufen. Es ist somit verständlich, daß ein Molekül so häufig mit einem anderen zusammenstößt.

Es ist sehr aufschlußreich, das Verhalten der Gase unter gewissen besonderen Bedingungen zu untersuchen. Unterschiede der Temperatur oder des Atomgewichtes beeinflussen die freie Weglänge oder die Stoßzahl kaum, da diese Einflußgrößen experimentell nur zwischen engen Grenzen geändert werden können und ihr Einfluß auf die Erscheinungen sowieso verhältnismäßig gering ist, da sie in den Formeln unter dem Wurzelzeichen stehen. Wird z. B. die Temperatur von 0 °C auf 10 000 °C erhöht, so ändert sich die Stoßzahl nur um zwei Größenordnungen, während sich die freie Weglänge im Fall eines idealen Gases überhaupt nicht ändert. Demgegenüber kann sich der Gasdruck und damit auch die Dichte des Gases in den praktischen Anwendungen sogar um zehn Größenordnungen ändern. Man denke nur einerseits an den atmosphärischen Druck, andererseits an die Vakuumröhren, in denen ein Druck von 10^{-8} Torr herrscht. Die Tabelle **3.2** gibt

Tabelle **3.2**. Freie Weglänge und Stoßzahl verschiedener Gasmoleküle bei 0 °C und $p = 1$ Torr

Gas	H_2	A	Luft	CO_2	Xe
λ mm	0,0839	0,0471	0,0454	0,0395	0,0264
z s^{-1}	$4{,}35 \cdot 10^7$	$1{,}75 \cdot 10^7$	$2{,}12 \cdot 10^7$	$2{,}66 \cdot 10^7$	$1{,}72 \cdot 10^7$

die freie Weglänge sowie die Stoßzahl bei der Temperatur von 0 °C und beim Druck von 1 Torr an. Es ist eine wichtige Tatsache, daß die freie Weglänge bei niedrigen Drücken in die Größenordnung der Abmessungen der bei den Versuchen allgemein gebräuchlichen Gefäße fällt.

Diese Tatsache spielt nämlich eine sehr wichtige Rolle in der Erklärung von Erscheinungen, die bei der Untersuchung des Durchströmens von Gasen durch Öffnungen oder Rohre, der Wärmeleitung und der inneren Reibung von Gasen bei niedrigen Drücken auftreten und vom Normalen stark abweichen.

Abweichungen von der Zustandsgleichung des idealen Gases. Die van-der-Waalssche Gleichung. Die Gleichung

$$pV = RT \tag{21}$$

legt Zusammenhänge zwischen den makroskopischen Kennwerten des idealen Gases fest. Dieses Gas ist dadurch gekennzeichnet, daß einerseits seine Moleküle punktartige betrachtete, elastische Kugeln sind, welche andererseits überhaupt keine Kräfte aufeinander ausüben, ausgenommen, wenn sie in direkten Kontakt kommen. Bei den wirklichen Gasen ist das nicht der Fall: Die Moleküle haben einen endlichen Durchmesser und üben auch dann eine Anziehungskraft aufeinander aus, wenn sie in keine direkte Berührung miteinander kommen. Infolgedessen weicht die Zustandsgleichung des realen Gases von der des idealen Gases ab.

Untersuchen wir zuerst die durch das endliche Volumen der Moleküle gegenüber dem idealen Gaszustand verursachten Änderungen. Es ist leicht einzusehen, daß der Druck in diesem Fall zunimmt. Das muß schon deshalb der Fall sein, weil der Mittelpunkt des Moleküls, wenn es gegen die Wand stößt, nicht näher als bis zur Entfernung r_0 an die Wand herankommen kann, wodurch ein kleineres Volumen dem Molekül zur Verfügung steht. Dieser Effekt wird noch stärker fühlbar, wenn auch die Zusammenstöße der Moleküle untereinander berücksichtigt werden. Stellen wir uns nämlich vor, daß zwei Moleküle gerade frontal zusammenstoßen. Dann können sich ihre Mittelpunkte nur bis auf den Abstand $2r_0$ nähern, während sie ihre Impulse beim Zusammenstoß untereinander austauschen. Der Abstand r_0 wird also vom Impuls des einen beim Zusammenstoß beteiligten Moleküls sozusagen übersprungen und auf diese Weise durch das andere beteiligte Molekül weitergebracht. Dies bedeutet, daß die Moleküle untereinander häufiger zusammenstoßen, u. zw. im Verhältnis $\lambda/(\lambda - 2r_0)$, wobei λ die freie Weglänge bezeichnet. Wenn die zwei Moleküle nicht genau frontal, sondern schief zusammenstoßen, dann wird der übersprungene Abstand kleiner, u. zw. vermindert sich dieser Abstand bei gleitendem Zusammenstoß bis auf Null. Im Durchschnitt beträgt die mittlere Wegverkürzung gerade r_0, so daß die Zahl der Zusammenstöße und damit auch der Druck um den Faktor

$$\frac{\lambda}{\lambda - r_0}$$

zunimmt. Die Zustandsgleichung lautet damit

$$pV = RT \frac{\lambda}{\lambda - r_0} \, .$$

Wird hier der Ausdruck der freien Weglänge eingesetzt, so erhält man nach Gl. (20) daß

$$pV = RT \frac{1}{1 - \dfrac{b}{V}} \, ,$$

$$b = 3\sqrt{2} N \frac{4\pi}{3} r_0^3$$

ist und N die Gesamtzahl der Moleküle im Volumen V bezeichnet. Die endgültige Form der Zustandsgleichung ist

$$p(V - b) = RT.$$

Wir haben bereits gesehen, daß der Wert der Konstanten b annähernd gleich dem Vierfachen des eigenen Volumens der Moleküle ist.

Die gegenseitige Anziehung der Moleküle wurde bisher noch nicht berücksichtigt. Die Tatsache aber, daß der flüssige Aggregatzustand der Materie auch bei endlichen Drücken aufrechterhalten werden kann, zeigt, daß bei kleinen Abständen eine starke Anziehungskraft zwischen den Molekülen wirksam ist. Im Gaszustand zieht diese Anziehungskraft die gegen die Gefäßwände stoßenden Moleküle nach innen, ins Innere des Gefäßes, wodurch der Druck des Gases nach außen hin vermindert wird. Dies bedeutet also, daß zu dem, an der Gefäßwand gemessenen Druck auch noch der von der gegenseitigen Anziehung der Moleküle stammende Druck addiert werden muß, wenn die Beziehung (21) gültig bleiben soll. Diese sich aus der Anziehung der Moleküle ergebende Druckverminderung ist einerseits proportional der Zahl der anziehenden, andererseits der Zahl der angezogenen Moleküle, so daß sie im Endeffekt dem Quadrat der Dichte proportional ist. Schreibt man dagegen die Dichte als Quotient der Zahl aller Moleküle und des Volumens auf, so ist der fragliche Wert dem Reziprokwert des Quadrats des Volumens proportional. Die Zustandsgleichung des realen Gases lautet somit — nunmehr unter Berücksichtigung der Korrektur, die sich aus dem endlichen Volumen sowie aus der gegenseitigen Anziehung der Moleküle ergibt —

$$\left(p + \frac{a}{V^2} \right) (V - b) = RT. \tag{22}$$

Damit haben wir bereits die aus der Thermodynamik bekannte *van-der-Waalssche* Zustandsgleichung vor uns. In molekular-kinetischer Hinsicht besteht die Bedeutung dieses Zusammenhanges darin, daß die darin vorkommende Konstante b, die durch makroskopische Messungen bestimmt werden kann, in unmittelbarer Beziehung zu der Zahl und dem Durchmesser der Moleküle steht. Daraus läßt sich also der Wert des Produktes $n(2r_0)^2$ ermitteln und aus einer der Kenngrößen die andere berechnen.

3.3.2 Das Elektronengas

Die Verteilungsfunktionen des Elektronengases auf Grund der Fermi-Diracschen Statistik. Wir haben bereits gesehen, daß die wahrscheinlichste Verteilung bei Verwendung der *Fermi-Dirac*schen Statistik durch die Funktion

$$N_i = \frac{Z_i}{e^{\alpha + \beta W_i} + 1} \tag{1}$$

beschrieben wird. Wir wenden nun diese Statistik auf ein, in einem Gefäß vom Inhalt V eingeschlossenes, der *Fermi*-Statistik gehorchendes Gas, im einfachstem Fall auf das Elektronengas, an.

Es wurde bereits gezeigt, daß der Inhalt der elementaren Zelle im Geschwindigkeitsraum gleich $h^3/(m^3 V)$ ist, so daß man im Volumen $\mathrm{d}v_x\,\mathrm{d}v_y\,\mathrm{d}v_z$ um den Punkt v_x, v_y, v_z insgesamt

$$Z_i = \frac{\mathrm{d}v_x\,\mathrm{d}v_y\,\mathrm{d}v_z}{h^3/(m^3\,V)} = V \left(\frac{m}{h} \right)^3 \mathrm{d}v_x\,\mathrm{d}v_y\,\mathrm{d}v_z \tag{2}$$

Zellen findet. Da man zwei Elektronen mit entgegengesetzter Spin-Ausrichtung in jeder Zelle unterbringen kann, erhält man die folgende

Verteilung im Geschwindigkeitsraum:

$$\mathrm{d}N = \varrho(v_x, v_y, v_z)\,\mathrm{d}v_x\,\mathrm{d}v_y\,\mathrm{d}v_z = 2V\left(\frac{m}{h}\right)^3 \frac{1}{e^{\frac{W-W_F}{kT}}+1},$$

d. h.

$$\varrho(v_x, v_y, v_z) = 2V\left(\frac{m}{h}\right)^3 \frac{1}{e^{\frac{W-W_F}{kT}}+1}.$$

Hierbei wurde an Stelle von α die durch die Gleichung

$$\alpha = -\frac{W_\mathrm{F}}{kT} \tag{3}$$

definierte neue Größe, das *Fermi*sche Energieniveau, eingeführt. Unsere Kenntnisse über die Verteilungsfunktion werden erst durch die Bestimmung und Erläuterung dieser Größe vollständig sein.

Zur Verteilungsfunktion des Absolutwertes der Geschwindigkeit kommt man auf demselben Weg wie beim klassischen Gas. Wir ermitteln zunächst, wie viele Teilchen in die durch die Radien v und $v + \mathrm{d}v$ begrenzte Kugelschale fallen:

$$\mathrm{d}N = \varrho(v)\,\mathrm{d}v = 4\pi\,v^2\,\mathrm{d}v\,2V\left(\frac{m}{h}\right)^3 \frac{1}{e^{\frac{W-W_F}{kT}}+1}.$$

Folglich ist

$$\varrho(v) = 8\pi\,V\left(\frac{m}{h}\right)^3 v^2\,\frac{1}{e^{\frac{W-W_F}{kT}}+1}.$$

Verwendet man wiederum die Beziehungen für die sich im kräftefreien Raum bewegenden Teilchen

$$W = \frac{1}{2}\,mv^2, \quad \mathrm{d}W = mv\,\mathrm{d}v,$$

so erhält man

$$\mathrm{d}N = \varrho(W)\,\mathrm{d}W = \frac{4\pi\,V(2m)^{3/2}}{h^3}\,\frac{W^{\frac{1}{2}}}{e^{\frac{W-W_F}{kT}}+1}\,\mathrm{d}W$$

und daraus

$$\varrho(W) = \frac{\mathrm{d}N}{\mathrm{d}W} = \frac{4\pi\,V(2m)^{3/2}}{h^3}\,W^{\frac{1}{2}}\,\frac{1}{e^{\frac{W-W_F}{kT}}+1}.$$

Faßt man die einzelnen Dichtefunktionen zusammen, so erhält man (Abb. 3.19) für die Verteilung der Geschwindigkeitskomponenten

$$\varrho(v_x, v_y, v_z) = \frac{\mathrm{d}N}{\mathrm{d}v_x\,\mathrm{d}v_y\,\mathrm{d}v_z} = 2V\left(\frac{m}{h}\right)^3 \frac{1}{e^{\frac{W-W_F}{kT}}+1}, \tag{4a}$$

für die Geschwindigkeitsverteilung

$$\varrho(v) = \frac{\mathrm{d}N}{\mathrm{d}v} = 8\pi\, V \left(\frac{m}{h}\right)^3 v^2 \, \frac{1}{e^{\frac{W-W_F}{kT}} + 1} \tag{4b}$$

und für die Energieverteilung

$$\varrho(W) = \frac{\mathrm{d}N}{\mathrm{d}W} = \frac{4\pi\, V (2m)^{3/2}}{h^3} \, \frac{W^{1/2}}{e^{\frac{W-W_F}{kT}} + 1}\,. \tag{4c}$$

W_F ist eine Größe mit der Dimension einer Energie, deren Wert durch die Tatsache bestimmt ist, daß das Integral der Verteilungsfunktion über den vollen Wertebereich die Gesamtzahl der Teilchen ergeben soll. Mit dem Wert und mit der Bedeutung dieser Größe befassen wir uns später. Wie ersichtlich, kommt in jeder Formel der für die Statistik bezeichnende Faktor

$$\frac{1}{e^{\frac{W-W_F}{kT}} + 1} \tag{5}$$

vor.

Betrachten wir nun das Verhalten dieses Faktors im Fall $T = 0$, d. h. am absoluten Nullpunkt. Für $W_F(T)$ nehmen wir in diesem Fall den Wert W_{F_0} an. Dann geht der Exponent des Ausdrucks

$$e^{\frac{W-W_{F_0}}{kT}}$$

dem Unendlichen zu, u. zw. ist

im Fall $\qquad\qquad W < W_{F_0}\,, \quad \dfrac{W-W_{F_0}}{kT} \to -\infty, \quad$ wenn $T \to 0$,

bzw. im Fall $\qquad\quad W > W_{F_0}\,, \quad \dfrac{W-W_{F_0}}{kT} \to +\infty, \quad$ wenn $T \to 0$.

Der exponentielle Ausdruck selbst geht somit im ersten Fall gegen Null, im zweiten Fall gegen Unendlich. Es wird also für $T = 0$

$$\frac{1}{e^{\frac{W-W_{F_0}}{kT}} + 1} = \begin{cases} 1, & \text{wenn } W < W_{F_0} \\[2mm] 0, & \text{wenn } W > W_{F_0}. \end{cases}$$

Damit können wir nunmehr die drei Verteilungsfunktionen für den Fall $T = 0$ darstellen (Abb. **3.**19a, b, c).

Aus der Verteilung der Geschwindigkeitskomponenten ist ersichtlich, daß die Dichte der Elektronen im Geschwindigkeitsraum unterhalb des dem Faktor W_{F_0} entsprechenden Geschwindigkeitswertes

$$v_{F_0} = \sqrt{\frac{2}{m}\, W_{F_0}}$$

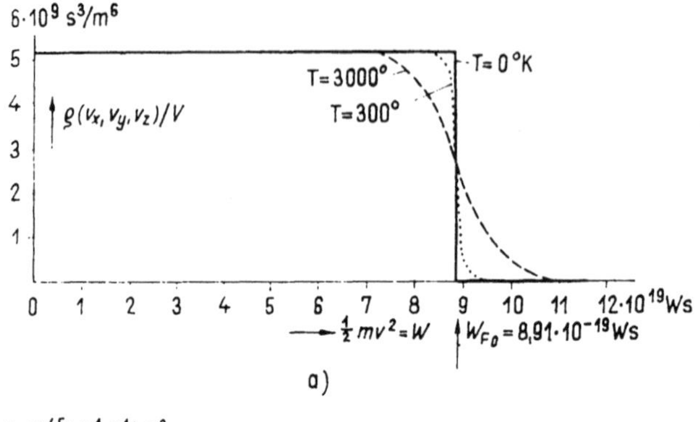

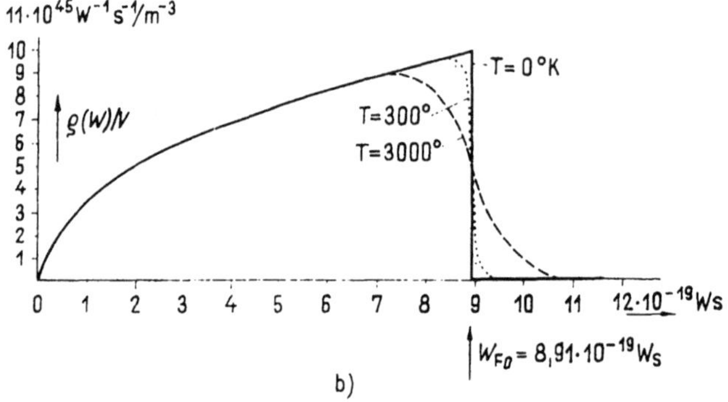

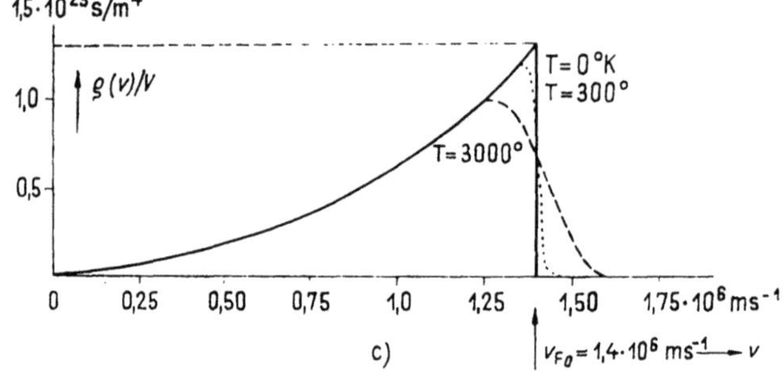

3.19 Die Verteilungsfunktionen des Elektronengases bei verschiedenen Temperaturen für metallisches Wolfram, falls ein freies Elektron je Atom vorausgesetzt wird [5.7]

konstant ist, oberhalb dieses Wertes dagegen gleich Null. Bei $T = 0$ füllen also die Elektronen im Geschwindigkeitsraum eine Kugel vom Radius v_{F0} mit gleichmäßiger Dichte aus. Von der klassischen Theorie abweichend besitzen also die Elektronen auch am absoluten Nullpunkt eine gewisse Energie. Diese »Nullpunktsenergie« ist durch das *Pauli*-Prinzip begründet: Dieses läßt es nicht zu, daß sich die Elektronen im Mittelpunkt des Geschwindigkeitsraumes versammeln, wie dies die klassische Theorie verlangen würde.

W_{F_0} als die maximale Nullpunktsenergie hat somit eine anschauliche Deutung erhalten. Berechnen wir nun die Größe dieser Energie.

Die Gesamtzahl der Elektronen ist

$$N = \int\limits_{(N)} dN = \int\limits_0^\infty \varrho(W)\, dW. \tag{6}$$

Unter Berücksichtigung der Gleichung (4c) und daß, wie bereits gezeigt, bei $T = 0$

$$\frac{1}{e^{\frac{W-W_{F_0}}{kT}} + 1} = \begin{cases} 1, & W < W_{F_0} \\ & \text{ist für} \\ 0, & W > W_{F_0}, \end{cases}$$

erhält man für den Wert von N den Ausdruck

$$N = \frac{4\pi\, V(2m)^{3/2}}{h^3} \int\limits_0^{W_{F_0}} W^{1/2}\, dW = \frac{4\pi\, V(2m)^{3/2}}{h^3} \cdot \frac{2}{3}\, W_{F_0}^{3/2}. \tag{7}$$

Daraus ergibt sich

$$W_{F_0} = \frac{h^2}{2m} \left(\frac{3N}{8\pi\, V}\right)^{2/3} \tag{8}$$

oder, mit der durchschnittlichen Dichte $n = N/V$ der Elektronen im Metall,

$$W_{F_0} = \frac{h^2}{2m} \left(\frac{3n}{8\pi}\right)^{2/3}. \tag{9}$$

Diesen Zusammenhang kann man auch durch die folgende, sehr anschauliche Überlegung erhalten. Am absoluten Nullpunkt trachten die Elektronen, soweit es das *Pauli*-Prinzip zuläßt, so nahe als nur möglich an den Mittelpunkt des Geschwindigkeitsraumes heranzukommen. Auf diese Weise füllen sie eine Kugel mit gleichmäßiger Dichte aus. Die Zahl der Zellen, die in der Kugel Platz finden (d. h. der Kugelinhalt dividiert durch das Zellenvolumen), ist gleich der Hälfte der Gesamtteilchenzahl, da zwei Teilchen in jeder Zelle untergebracht werden können:

$$\frac{\dfrac{4\pi\, v_{F_0}^3}{3}}{\dfrac{1}{V}\left(\dfrac{h}{m}\right)^3} = \frac{N}{2}, \qquad v_{F_0} = \sqrt{\frac{2}{m}\, W_{F_0}}.$$

Einige Umformungen führen auf Gleichung (8).

Allgemein läßt sich zeigen, daß W_F bei $T \neq 0$ durch eine Reihe dargestellt werden kann, deren erstes Glied

$$W_F = W_{F_0} \left[1 - \frac{\pi^2}{12}\left(\frac{kT}{W_{F_0}}\right)^2 + \dots\right] \tag{10}$$

19 Physikalische Elektronik

ist. Prüft man die Größenordnung der hierin vorkommenden Größen, so zeigt sich, daß sogar bei Temperaturen von $T = 3000-4000\,°K$ in sehr guter Näherung

$$W_{\mathrm{F}} \approx W_{\mathrm{F_0}} \tag{11}$$

ist.

Das Verhalten des Elektronengases bei sehr hoher Temperatur. Untersuchen wir nun, wie sich das Elektronengas bei sehr hohen Temperaturen verhält. Ist $T \gg 50\,000\,°K$, so wird W_{F} — das im Gegensatz zu $W_{\mathrm{F_0}}$ keine auf einfache Weise angebbare physikalische Deutung hat — eine große negative Zahl, wie dies auf Grund der Beziehung (10) zu erwarten war. Schreiben wir nun die Gleichung (4a) um:

$$\varrho(v_x, v_y, v_z) = 2V\left(\frac{m}{h}\right)^3 \cdot \frac{1}{e^{\frac{W}{kT}}\, e^{-\frac{W_{\mathrm{F}}}{kT}} + 1}\,.$$

Nach dem Vorangehenden ist im Nenner $e^{-\frac{W_{\mathrm{F}}}{kT}} \gg 1$, so daß die Eins sogar bei $W = 0$ gegenüber dem ersten Glied des Nenners vernachlässigt werden kann. Somit gilt in guter Näherung die Beziehung

$$\varrho(v_x\, v_y, v_z) \approx 2V\left(\frac{m}{h}\right)^3 e^{\frac{W_{\mathrm{F}}}{kT}}\, e^{-\frac{W}{kT}}\,. \tag{12}$$

Berechnen wir den Wert des hier vorkommenden Ausdruckes $e^{\frac{W_{\mathrm{F}}}{kT}}$. Die Gesamtzahl der Elektronen war

$$N = \int\limits_{(N)} \mathrm{d}N = \int\limits_{-\infty}^{+\infty} \int\limits_{-\infty}^{+\infty} \int\limits_{-\infty}^{+\infty} \varrho(v_x, v_y, v_z)\, \mathrm{d}v_x\, \mathrm{d}v_y\, \mathrm{d}v_z\,.$$

Wird $\varrho(v_x, v_y, v_z)$ nach Gleichung (12) hier eingesetzt, so erhält man

$$N = 2V\left(\frac{m}{h}\right)^3 e^{\frac{W_{\mathrm{F}}}{kT}} \int\limits_{-\infty}^{+\infty} \int\limits_{-\infty}^{+\infty} \int\limits_{-\infty}^{+\infty} e^{-\frac{m}{2kT}(v_x^2 + v_y^2 + v_z^2)}\, \mathrm{d}v_x\, \mathrm{d}v_y\, \mathrm{d}v_z\,. \tag{13}$$

Bekanntlich kann das hier vorkommende Integral

$$J = \int\limits_{-\infty}^{+\infty} e^{-\lambda x^2}\, \mathrm{d}x$$

durch Transformation auf Polarkoordinaten leicht berechnet werden und ergibt $J = \sqrt{\pi/\lambda}$. Damit wird

$$N = 2V\left(\frac{m}{h}\right)^3 e^{\frac{W_{\mathrm{F}}}{kT}} \left(\frac{\pi}{\frac{m}{2kT}}\right)^{3/2}, \tag{14}$$

und daraus

$$e^{\frac{W_F}{kT}} = \frac{N}{V}\,\frac{h^3}{2m^3}\left(\frac{m}{2\pi kT}\right)^{3/2}.\tag{15}$$

Das Einsetzen der Zahlenwerte beweist die Richtigkeit der im vorangehenden gemachten Annahme

$$e^{-\frac{W_F}{kT}} \gg 1\,.$$

Wird (15) in die Gleichung (12) eingesetzt, so folgt

$$\varrho(v_x, v_y, v_z) \approx N\left(\frac{m}{2\pi kT}\right)^{3/2} e^{-\frac{W}{kT}},\tag{16}$$

und das ist nichts anderes als die *Maxwell-Boltzmannsche* Verteilung der Geschwindigkeitskomponenten. Man sieht also, daß die *Fermi-Diracschen* Verteilungen bei sehr hohen Temperaturen in die entsprechenden *Maxwell-Boltzmannschen* Verteilungen übergehen. Dies ist übrigens auch aus der Darstellung der bei hohen Temperaturen gültigen *Fermi-Diracschen* Verteilungsfunktionen ersichtlich (Abb. **3.**19).

Die Bedingung des Übergangs war, wie wir sahen

$$e^{-\frac{W_F}{kT}} \gg 1\,,\quad e^{\frac{W_F}{kT}} \ll 1,$$

d. h.

$$\frac{N}{V}\,\frac{h^3}{2\,m^3}\left(\frac{m}{2\,\pi\,kT}\right)^{3/2} \ll 1.$$

Wie man aus dieser Gleichung ersieht, wird diese Bedingung nicht nur bei sehr hohen Werten von T, sondern auch bei einer kleinen Teilchendichte N/V oder bei einer großen Masse m erfüllt.

Aus Abb. **3.**19 ist ersichtlich, daß sich die Dichte der Elektronen kleiner Energie bei einer Erhöhung der Temperatur nicht ändert, sondern nur die Elektronen größter Energie sich nach noch größeren Energien hin verschieben. Es gibt im Gebiet $v \ll v_{F_0}$ keine bedeutende Abweichung von der für den Fall $T = 0$ aufgenommenen Kurve. Man sieht aber auch, daß sich die Kurve bereits bei kleinen Temperaturen asymptotisch der v-Achse nähert, so daß das Gas im Prinzip Teilchen beliebig hoher Geschwindigkeit (Energie) enthalten kann.

Die durchschnittliche Energie und die spezifische Wärme des Elektronengases. Außer bei 0 Grad können die Elektronen des Elektronengases, wie gezeigt, jeden beliebigen Geschwindigkeitswert annehmen, so daß ihre kinetische Energie sich zwischen weiten Grenzen ändern kann. Das Mittel dieser Energiewerte erhält man, wenn man die Gesamtenergie des Systems berechnet und diese durch die Zahl der Elektronen dividiert:

$$\overline{W} = \frac{W}{N}\,.$$

Da aber

$$\overline{W} = \int\limits_{(N)} W\,\mathrm{d}N = \int\limits_{0}^{\infty} W\,\varrho(W)\,\mathrm{d}W\tag{17}$$

19*

st, so gilt

$$\overline{W} = \frac{\int\limits_0^\infty W\varrho(W)\,\mathrm{d}W}{N} = \frac{\int\limits_0^\infty W\varrho(W)\,\mathrm{d}W}{\int\limits_{(N)} \mathrm{d}N} \, .$$

Unter Verwendung der Gleichung (6) folgt

$$\overline{W} = \frac{\int\limits_0^\infty W\varrho(W)\,\mathrm{d}W}{\int\limits_0^\infty \varrho(W)\,\mathrm{d}W} \, . \tag{18}$$

Wir setzen nun in den Ausdruck (18) $\varrho(W)$ nach Gleichung (4c) ein

$$\overline{W} = 4\pi \, \frac{V}{N} \, \frac{(2m)^{3/2}}{h^3} \int\limits_0^\infty \frac{W^{3/2}}{e^{\frac{W-W_{\mathrm{F}}}{kT}} + 1} \, \mathrm{d}W \, . \tag{19}$$

Das Integral in der Gleichung (19) läßt sich nicht in geschlossener Form berechnen. Die Reihenentwicklung ergibt bei Vernachlässigung aller Glieder von höherer als der zweiten Ordnung

$$\overline{W} = \frac{3}{5} \, W_{\mathrm{F}_\bullet} \left[1 + \frac{5\pi^2}{12} \, \frac{(kT)^2}{W_{\mathrm{F}_\bullet}^2} \right] . \tag{20}$$

Bei 0 Grad gilt somit genau und bei niedrigen Temperaturen in guter Näherung die Beziehung

$$\overline{W} \approx \frac{3}{5} \, W_{\mathrm{F}_\bullet} \, .$$

Die Gesamtenergie im Einheitsvolumen wird

$$W = n\overline{W} = \frac{3}{5} \, nW_{\mathrm{F}_\bullet} \left[1 + \frac{5\pi^2}{12} \, \frac{(kT)^2}{W_{\mathrm{F}_\bullet}^2} \right] . \tag{21}$$

Nach der klassischen Statistik gilt

$$W = \frac{3}{2} \, nkT \, . \tag{22}$$

Aus W kann die spezifische Wärme bei konstantem Volumen berechnet werden:

$$c_{\mathrm{v}} = \frac{\partial W}{\partial T} \, .$$

Dieser Wert beträgt nach der *Fermi-Diracschen* Statistik, auf Grund der Gleichung (21

$$c_{\mathrm{v}}^{\mathrm{FD}} = \frac{n\pi^2}{2} \, \frac{k^2 T}{W_{\mathrm{F}_\bullet}} \, , \tag{23}$$

bzw. nach der *Maxwell-Boltzmannschen* Statistik, auf Grund des Zusammenhanges (22)

$$c_{\mathrm{v}}^{\mathrm{MB}} = \frac{3}{2} \, nk \, . \tag{24}$$

Das Verhältnis der beiden Werte ist

$$\frac{c_{\mathrm{v}}^{\mathrm{FD}}}{c_{\mathrm{v}}^{\mathrm{MB}}} = \frac{\pi^2}{3} \, \frac{kT}{W_{\mathrm{F}_\bullet}} \, .$$

Der Wert von W_{F_0} liegt in der Größenordnung von 10 eV $\approx 10^{-18}$ Ws. Damit ergibt sich z. B. für $T = 1000$ °K:

$$\frac{c_v^{FD}}{c_v^{MB}} \approx 4,5 \cdot 10^{-2}.$$

Die sich auf Grund der *Fermi-Dirac*schen Statistik für das Elektronengas ergebende spezifische Wärme liegt also um Größenordnungen niedriger, als der aus der klassischen Statistik folgende Wert.

Es ist nunmehr verständlich, warum der Freiheitsgrad der Elektronen im Ausdruck der spezifischen Wärme von Metallen nicht vorkommt.

3.3.3 Das Photonengas

Wenden wir nun die Statistik von *Bose* auf die Bestimmung der Energieverteilung einer, in einem Hohlraum vom Volumen V eingeschlossenen Strahlung an.

Falls in diesem Hohlraum thermodynamisches Gleichgewicht besteht, so kann die Verteilung der Photonen auf die verschiedenen Energiebereiche auf Grund der Formel 3.2.3 — (30) berechnet werden. Da die Zahl der Photonen nicht konstant zu sein braucht — die Wand kann ja absorbieren oder emittieren —, so fällt die Bedingungsgleichung d$N = 0$ weg, was durch die Wahl $\alpha = 0$ berücksichtigt wird. Verwendet man die Beziehungen $W = h\nu$ sowie $\beta = 1/kT$ und bezeichnet die Zahl der in den Bereich zwischen ν und $\nu + d\nu$ fallenden Quantenzustände mit dz, so beträgt die Zahl der Photonen, deren Energie in das Intervall zwischen $h\nu$ und $h(\nu + d\nu)$ fällt

$$\mathrm{d}N = \frac{\mathrm{d}z}{e^{\frac{h\nu}{kT}} - 1}. \tag{25}$$

Bekanntlich gilt für den Impuls von Photonen

$$p = \frac{h\nu}{c}.$$

Auf Grund der Gleichung 3.2—(4) ist die Zahl der in das Impulsintervall zwischen p und $p + dp$ fallenden Quantenzustände

$$\mathrm{d}z = \frac{4\pi V \nu^2}{c^3}\,\mathrm{d}\nu.$$

Berücksichtigt man noch, daß jeder einzelne Quantenzustand mit zwei Photonen besetzt werden kann, so beträgt die Zahl der in das Energieband zwischen $h\nu$ und $h(\nu + d\nu)$ fallenden Photonen

$$\mathrm{d}N = \frac{8\pi V \nu^2}{c^3}\,\frac{1}{e^{\frac{h\nu}{kT}} - 1}\,\mathrm{d}\nu. \tag{26}$$

Wird dN mit der Energie $h\nu$ eines einzelnen Photons multipliziert, so erhält man die in den Bereich zwischen ν und $\nu + d\nu$ fallende Strahlungsenergie. Dividiert man diesen Wert durch das Volumen des Hohlraumes, so erhält man die in das genannte Frequenzintervall fallende Energiedichte

$$\varrho(\nu)\,\mathrm{d}\nu = \frac{8\pi h\nu^3}{c^3}\,\frac{1}{e^{\frac{h\nu}{kT}} - 1}\,\mathrm{d}\nu. \tag{27}$$

Das ist die Strahlungsformel von *Planck*.

Die von der Oberfläche in der Zeiteinheit abgestrahlte Energie läßt sich sehr einfach dadurch bestimmen, daß man in die Wand des Hohlraumes einen Spalt ausreichend kleiner Fläche schneidet, so daß das Gleichgewicht im Hohlraum nicht gestört wird.

Aus der Theorie der elektromagnetischen Wellen wissen wir, daß das Produkt der räumlichen Energiedichte mit der Lichtgeschwindigkeit die Strahlungsleistung der ebenen elektromagnetischen Welle ergibt. Infolge der räumlichen Isotropie kommt hier noch der Faktor $1/4\pi$ hinzu.

Es gilt daher

$$I_\nu\,\mathrm{d}\nu = \frac{c}{4\pi}\,\varrho(\nu)\,\mathrm{d}\nu = \frac{2h\nu^3}{c^2}\,\frac{1}{e^{\frac{h\nu}{kT\lambda}}-1}\,\mathrm{d}\nu\,. \tag{28}$$

Hierbei bedeutet I_ν die in das Frequenzintervall zwischen ν und $\nu+\mathrm{d}\nu$ fallende, die Einheitsfläche senkrecht durchquerende und in den Einheits-Raumwinkel gelangende Leistung. Wird die Frequenz durch die Wellenlänge ausgedrückt, so lautet die Beziehung

$$I_\lambda\,\mathrm{d}\lambda = \frac{2hc^2}{\lambda^5}\,\frac{1}{e^{\frac{hc}{kT\lambda}}-1}\,\mathrm{d}\lambda\,.$$

Die zu den verschiedenen Temperaturen T gehörenden Kurven sind in Abb. **3**.20 dargestellt.

Die Strahlungsformel von *Planck* spielt bei sehr vielen Problemen der Praxis eine Rolle, insbesondere bei Fragen der Wärmeübertragung und der Beleuchtungstechnik. Ihre theoretische und wissenschaftsgeschichtliche Bedeutung ist besonders groß: Die *Planck*sche Quantenhypothese ist bei der Ableitung dieses Gesetzes entstanden

Zum *Stefan-Boltzmann*schen Gesetz gelangen wir folgendermaßen: Aus Gleichung (28) erhalten wir die abgestrahlte Leistung in den Halbraum, also in den Raumwinkel 2π im Frequenzintervall ν und $\nu+\mathrm{d}\nu$ zu

$$\varepsilon(\nu,T)\,\mathrm{d}\nu = \frac{2\pi h\nu^3}{c^2}\,\frac{1}{e^{\frac{h\nu}{kT}}-1}\,\mathrm{d}\nu\,.$$

Daß diese Gleichung nicht einfach durch eine Multiplikation mit 2π aus Gleichung (28) erhalten werden kann, erklärt sich durch die Tatsache, daß in einer Richtung, welche mit der Normalen der strahlenden Einheitsfläche den Winkel ϑ einschließt, nur die Fläche $1\cdot\cos\vartheta$ zur Geltung kommt. Dementsprechend erhalten wir

$$\varepsilon(\nu,T)\,\mathrm{d}\nu = \frac{2h\nu^3}{c^2}\,\frac{1}{e^{\frac{h\nu}{kT}}-1}\,\mathrm{d}\nu \int\limits_0^{2\pi}\int\limits_0^{\pi/2}\cos\vartheta\,\sin\vartheta\,\mathrm{d}\vartheta\,\mathrm{d}\varphi = \frac{2\pi h\nu^3}{c^2}\,\frac{1}{e^{\frac{h\nu}{kT}}-1}\,\mathrm{d}\nu\,.$$

Die abgestrahlte Gesamtleistung im Frequenzintervall $0-\infty$ wird also

$$P_\mathrm{str} = \frac{2\pi h}{c^2}\int\limits_0^\infty \frac{\nu^3}{e^{\frac{h\nu}{kT}}-1}\,\mathrm{d}\nu\,.$$

Da

$$\frac{1}{e^{\frac{h\nu}{kT}}-1} = e^{-\frac{h\nu}{kT}}\,\frac{1}{1-e^{-\frac{h\nu}{kT}}} = e^{-\frac{h\nu}{kT}} + e^{-\frac{2h\nu}{kT}} + \dots + e^{-\frac{nh\nu}{kT}} + \dots$$

und

$$\int\limits^\infty \nu^3\,e^{-\frac{nh\nu}{kT}}\,\mathrm{d}\nu = \frac{3!}{\left(\frac{nh}{kT}\right)^4}$$

3.20 Die spektrale Dichte der von der Oberflächeneinheit des schwarzen Körpers in den halben Raumwinkel abgestrahlten Leistung

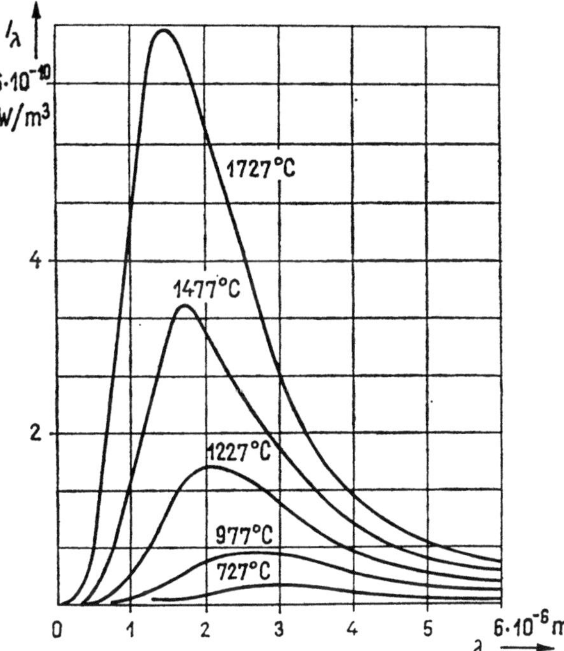

ist, erhalten wir

$$P_{\text{Str}} = \frac{2\pi h}{c^2} \ \frac{k^4 T'^4 3!}{h^4} \left[1 + \frac{1}{2^4} + \frac{1}{3^4} + \cdots \right] .$$

Da die unendliche Reihe den Grenzwert $\pi^4/90$ besitzt, erhalten wir unsere Endformel:

$$P_{\text{Str}} = \frac{\pi^2 k^4}{60 \, \hbar^3 c^2} \, T^4 = \sigma \, T^4 .$$

Die Größe σ wird *Stefan-Boltzmann*sche Konstante genannt. Ihr Wert beträgt

$$\sigma = \frac{\pi^2 k^4}{60 \, \hbar^3 c^2} = \frac{2\pi^5 k^4}{15 \, h^3 c^2} = 5{,}67 \cdot 10^{-8} \ \text{Wm}^{-2} (^{\circ}\text{K})^{-4} .$$

3.4 Die Grundlagen der Festkörperphysik

3.4.1 Die Natur der chemischen Bindung

Im vorangehenden wurde ein einziger Sonderfall der chemischen Bindung, das Wasserstoffmolekül, behandelt. Die Quantenmechanik allein war in der Lage, die Erläuterung dieser homöopolaren oder kovalenten Bindung zu liefern. Klassisch schien nur die heteropolare, elektrovalente oder Ionenbindung verständlich zu sein. Im folgenden wird zuerst dieser letztere Bindungstyp erörtert, anschließend kommen wir auf die homöopolare Bindung zurück.

Es ist bekannt, daß die Atome eines Elementes im seltensten Fall allein bleiben: Normalerweise ordnen sie sich auch im Gaszustand zu Molekülen zusammen. Einatomig sind vor allem die Edelgase. Dies wird der Tatsache zugeschrieben, daß die Atome dieser Elemente abgeschlossene Elektronenschalen haben. Diese Konfiguration ist von sehr hoher Stabilität. Es ist demnach nicht verwunderlich, daß auch die übrigen Elemente eine starke Neigung zum Aufbau einer solchen Edelgas-Konfiguration zeigen, falls sich die Möglichkeit dazu bietet. Betrachten wir einen Sonderfall, den des NaCl (Abb. **3.**21). Das Natrium besitzt 11 Elektronen: 2 in der innersten, 8 in der nächsten Schale — diese beiden Schalen zusammen ergeben die Elektronen-Anordnung des Neons — und dazu noch ein einziges Elektron in der äußersten Schale. Von den 17 Elektronen des Chlors weisen die

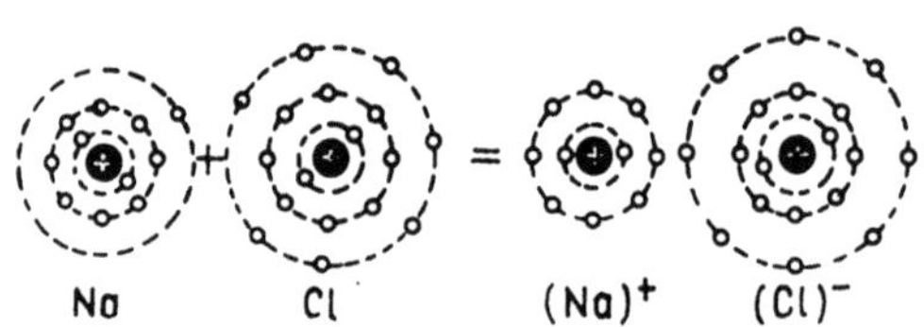

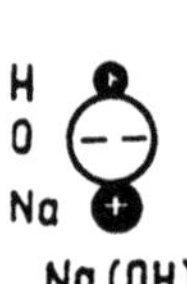

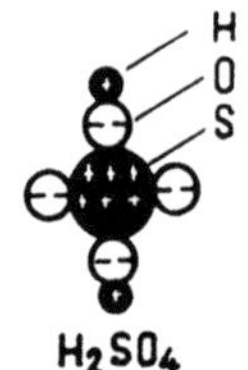

3.21 Beispiel des heteropolaren Bindungstyps: das Steinsalz

3.22 Mehratomige Moleküle mit Ionenbindung bzw. vom Übergangstyp

inneren zehn eine Edelgas-Konfiguration der erwähnten Art auf, während zu den 7 Elektronen der äußeren Schale noch ein Elektron fehlt, um die Anordnung des nächsten Edelgases, des Argons, zu erhalten. Wenn also das Na-Atom sein äußeres Elektron dem Cl-Atom leiht, so weist jedes der so entstehenden Na$^+$ und Cl$^-$ Ionen die energetisch günstige Edelgas-Konfiguration auf. Die Bindung des Moleküls NaCl wird gerade den elektrostatischen Anziehungskräften zwischen den so entstandenen Ionen zugeschrieben. Es ist ferner natürlich, daß sich das so entstehende Steinsalzmolekül als elektrischer Dipol verhält. Das Feld dieses Dipols bringt den Ionenkristall zustande.

Ähnlich verhält es sich mit den Ionenbindungen der aus mehreren Atomen bestehenden Moleküle. In dem H$_2$SO$_4$-Molekül z. B. gibt das Schwefelatom sechs, die beiden Wasserstoffatome je ein Elektron ab, so daß jedes der vier Sauerstoffatome sowie das Schwefelatom selbst, eine Edelgas-Konfiguration annehmen. Die Abb. **3.**22 zeigt die Ionenbindung der Schwefelsäure sowie der Natronlauge.

Die Wertigkeit eines Elementes wird bei der Ionen-Bindung durch die Zahl der Elektronen bestimmt, die das Element abgeben bzw. aufnehmen soll, um eine Edelgas-Anordnung anzunehmen.

Es ist unmöglich, die kovalente Bindung auf klassische Weise zu veranschaulichen. Bei dem Wasserstoffmolekül haben wir gesehen, daß die Bindung durch die zwei Elektronen von entgegengesetzter Spin-Ausrichtung der beiden Atome zustande gebracht wird: Jedes dieser zwei Elektronen gehört zu jedem der beiden Atome, sie werden unter ihnen sozusagen ausgetauscht. Dieses Ergebnis kann verallgemeinert werden: Ein solches Elektron jedes beliebigen Atoms, zu welchem kein Elektron von entgegengesetzt ausgerichtetem Spin im Atom selbst gehört, kann eine kovalente Bindung zustande bringen. Die in den zwei verschiedenen Atomen befindlichen, auf diese Weise zusammengefügten Elektronenpaare gehören gemeinsam zu den beiden Atomen und bringen auf diese Weise die Bindung zustande. Andererseits ergibt sich der resultierende Spin des Atoms ebenfalls durch diese ungepaarten Elektronen. Das Doppelte der resultierenden Spinquantenzahl (S) ergibt somit die Zahl der paarlosen Elektronen und damit gleichzeitig die Wertigkeit des Atoms.

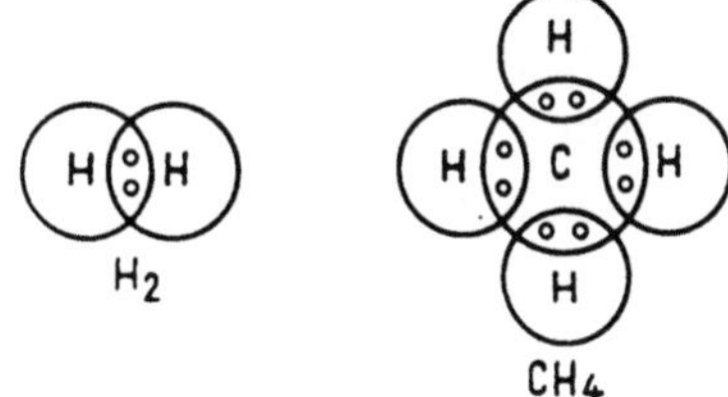

3.23 Bei der kovalenten Bindung gehören die die Verbindung zustande bringenden Elektronen gleichzeitig zu den beiden Atomen

Da die Multiplizität der Energieterme ebenfalls mit der resultierenden Spinquantenzahl zusammenhängt, ($M = 2S + 1$), so folgt daraus, daß die Wertigkeit gleich der Multiplizität minus eins ist. Durch Versuche konnte aber kein vollständiger Nachweis dieser Folgerung erbracht werden. Dies weist darauf hin, daß die Wertigkeit keine, von jeder Nebenbedingung unabhängige Eigenschaft des ausgewählten Atoms ist, sondern auch durch die anderen, an der Molekülbildung teilnehmenden Atome beeinflußt wird. Das Vorhandensein der letzteren kann die Zahl der ungepaarten Elektronen ändern, z. B. dadurch, daß ein Elektron auf eine Bahn von höherem Energieniveau gehoben wird, wo dann das *Pauli*-Prinzip eine bis dahin verbotene Ausrichtung zuläßt.

Wie die Abb. **3**.23 zeigt, kommt das Bestreben nach abgeschlossenen Schalen auch bei der homöopolaren Bindung zum Vorschein, jedoch im Gegensatz zur Ionenbindung auf solche Weise, daß die einzelnen Elektronen zu beiden Atomen gehören und ihre Schalen dadurch zu einer Edelgashülle ergänzen.

Zusammenfassend läßt sich folgendes feststellen: Bei der Ionenbindung kann man sagen, daß das paarlose Elektron des einen Atoms sich zu dem

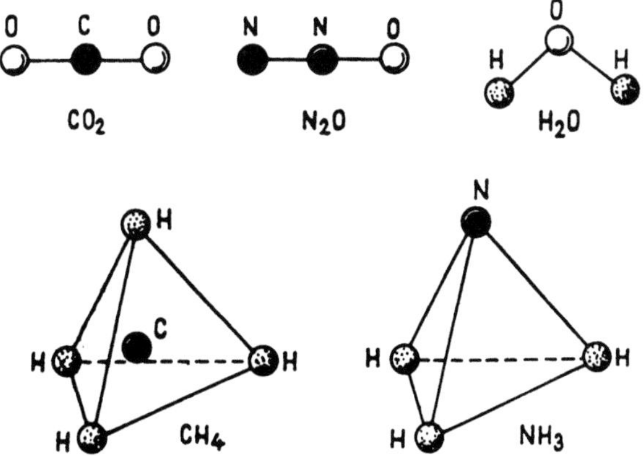

3.24 Die räumliche Anordnung einiger mehratomiger Moleküle

ebenfalls paarlosen Elektron des anderen Atoms gesellt, wobei jedoch diese beiden Elektronen zu ein und demselben Atom in dem Molekül gehören;

bei der kovalenten Bildung gehört das die Bindung zustande bringende Elektronenpaar von entgegengesetzter Spinausrichtung zu den beiden Atomen des Moleküls.

Es sei erwähnt, daß diese strenge Trennung theoretisch unbegründet ist. Unter den realen Bindungen gibt es sehr viele des Übergangstyps.

Es sei ebenfalls noch erwähnt, daß die kovalente Bindung infolge der Natur der Austauschkräfte, die nicht kugelsymmetrisch sind wie das elektrostatische Feld der Ionen, mit einer bestimmten räumlichen Anordnung verbunden ist. Die Abb. **3.**24 zeigt den Aufbau einiger bekannterer Moleküle.

3.4.2 Der Aufbau der Festkörper

Im vorangehenden Abschnitt haben wir gesehen, wie sich die einzelnen Atome zu Molekülen zusammensetzen, und in Verbindung mit der kinetischen Gastheorie wurde gezeigt, wie die aus voneinander unabhängigen Individuen bestehende Menge der Moleküle behandelt werden kann. Im folgenden soll nun untersucht werden, wie eine solche Menge, eine solche Anhäufung von Atomen oder Molekülen entstehen kann, in welcher die einzelnen Individuen voneinander nicht mehr unabhängig, sondern mehr oder weniger stark aneinander gebunden sind und dadurch den flüssigen oder festen, makroskopischen Körper zustande bringen.

Gehen wir von den in sehr großen Entfernungen voneinander befindlichen und deshalb als unabhängig betrachteten Atomen aus. Bringt man sie einander näher, so können die festen Körper aufgebaut werden. Nun klassifizieren wir die Festkörper danach, was mit ihren Elektronen geschieht, wenn die einzelnen Atome ihren endgültigen Platz im Festkörper einnehmen.

a) Im einfachsten Fall, bei der Bildung der Molekülkristalle, bildet sich zuerst ein Molekül, wie bisher aus zwei oder mehr Atomen: So bilden sich die H_2-Moleküle im Fall des Wasserstoffs mit der bekannten homöopolaren Bindung (Abb. **3.**25a). Mit welcher Kraft wirken nun diese Moleküle aufeinander ein? Diese Kräfte werden zusammenfassend *van-der-Waals*sche Kräfte genannt: Im einfachsten Fall wirkt das Feld des Dipolmoleküls auf die übrigen Dipolmoleküle ein. Die potentielle Energie ist dabei der dritten Potenz des Abstandes umgekehrt proportional. Das Feld der Dipolmoleküle wirkt natürlich auch auf die übrigen, unpolarisierten Moleküle ein: Es deformiert die Ladungsverteilung und induziert Dipole in diesen Molekülen; schließlich wirken der ursprüngliche Dipol und der induzierte Dipol der sechsten Potenz des Abstandes umgekehrt proportional aufeinander ein. Im ersten Fall sprechen wir vom Orientierungseffekt, im zweiten vom Induktionseffekt. Die quantenmechanische Störungsrechnung ergibt in zweiter Näherung für polarisierbare Systeme ebenfalls eine, mit einem der sechsten Potenz des Abstandes umgekehrt proportio-

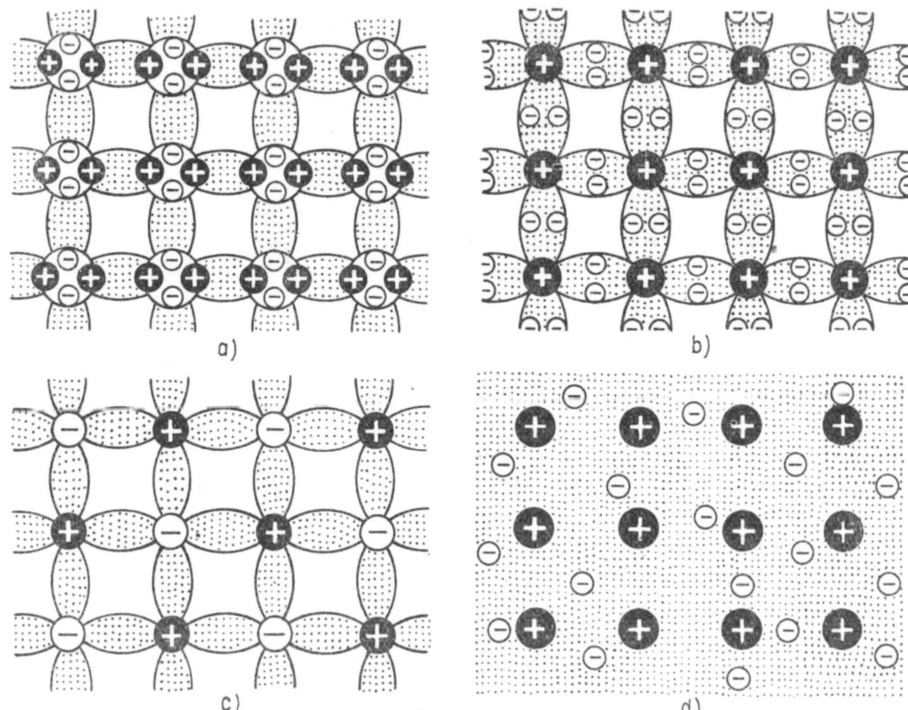

3.25 *a)* Die die Gitterpunkte des Molekülgitters bildenden Moleküle wirken mit den *van-der-Waals*schen Kräften aufeinander ein. Das ist der Fall beim CH_4, dessen Bindungsenergie 2,4 kcal/mol beträgt; *b)* die Elemente des Valenzgitters werden durch die Austauschkräfte miteinander verbunden. Das ist der Fall beim Diamanten, dessen Bindungsenergie 170 kcal/mol beträgt; *c)* beim Ionengitter stellt das elektrostatische Feld der Gitterpunkte die Bindung her. Das ist der Fall beim NaCl, dessen Bindungsenergie 180 kcal/mol beträgt; *d)* bei der metallischen Bindung gehören die Valenzelektronen den Atomen gemeinsam an. Das ist der Fall beim Fe, dessen Bindungsenergie 94 kcal/mol beträgt

nalen Potential beschreibbare Kraftwirkung, den sogenannten Dispersionseffekt.

Im Endergebnis wird die zwischen den Molekülen wirkende Kraft durch ein semiempirisches Potential der Form

$$U\,(r) = \begin{cases} \infty\,, r < r_0 \\ U_0 \left(\dfrac{r_0}{r}\right)^{s}, \ r > r_0\,, \ s \sim 6 \end{cases}$$

angenähert. Die *van-der-Waals*sche Zustandsgleichung

$$\left(p + \frac{a}{V^2}\right)(V - b) = RT \tag{1}$$

läßt sich gerade unter Annahme einer solchen Kraftwirkung ableiten. Zwischen den Konstanten a und b sowie den im vorangehenden Ausdruck vorkommenden Konstanten r_0, s besteht der folgende einfache Zusammenhang:

$$a \approx N_A^2 \left(\frac{3}{s-3}\right) \frac{2\pi}{3} r_0^3; \quad b = N_A \frac{2\pi}{3} r_0^3, \tag{2}$$

wobei $N_A = N_0$ die *Avogadro*sche Zahl ist.

Will man ein Molekül aus dem Verband herausreißen, so müssen diese *van-der-Waals*schen Kräfte überwunden werden. Die Dissoziationsenergie des Festkörpers ist daher viel kleiner als die Energie der molekularen Bindung.

Molekülkristalle der beschriebenen Art bilden die Stoffe H_2, O_2, N_2, Cl_2, CH_4 im festen oder flüssigen Zustand.

b) Die Atome brauchen sich nicht notwendigerweise vorher zu Molekülen zusammenzustellen: Je ein Atom kann sich mit Hilfe der durch seine Valenzelektronen hervorgerufenen Austauschkräfte mit den übrigen Atomen verbinden, die es im Festkörper umgeben (Abb. **3.25b**). In diesen Atom- oder Valenzgittern gehört jedes Elektron zu zwei Atomen, während die Austauschkräfte die Bindung verursachen. Ein solcher Festkörper ist z. B. der Diamant oder das Germanium.

c) Gesellt sich ein Elektron des einen Atoms zu dem anderen Atom, so bringen die zwischen dem zurückgebliebenen positiven Ion und dem entstandenen negativen Ion wirkenden elektrostatischen Kräfte den Festkörper zustande. Ein solches Ionengitter hat z. B. das Steinsalz (Abb. **3.25c**).

d) Schließlich kann das Atom sein Valenzelektron gänzlich abgeben; diese Elektronen können sich also zu jedem beliebigen Atom gesellen und werden deshalb freie Elektronen genannt. So entsteht die metallische Bindung. Wie wir noch sehen werden, ist die Energie des so entstandenen Festkörpers bei bestimmter Kristallform und bei gegebenen Gitterabmessungen kleiner als die der freien Atome, so daß die Entstehungsmöglichkeit von Bindungen dieses Typs durchaus gegeben ist (Abb. **3.25d**).

Bisher war im allgemeinen von kristallinen Festkörpern die Rede; die einzelnen Atome, Ionen oder Moleküle, also die Bauelemente der Kristalle, haben wir uns in ganz bestimmten räumlichen Anordnungen vorgestellt. Selbstverständlich führen die in den Gitterpunkten des Kristalls sitzenden Atome infolge ihrer thermischen Bewegung Schwingungen aus; die Amplitude dieser Schwingungen nimmt mit der Erhöhung der Temperatur ständig zu. Noch weit unterhalb der Dissoziationsenergie gibt es eine gewisse Wahrscheinlichkeit dafür, daß das Atom den Gitterpunkt verlassen kann: Der Tunneleffekt bietet die Möglichkeit dazu. Bei ganz hohen Temperaturen wechseln die Nachbarn eines gegebenen Atoms immer häufiger, bis man schließlich im flüssigen Zustand in der unmittelbaren Umgebung eines gegebenen Teilchens in einem gegebenen Augenblick einen ziemlich geordneten Zustand — einen Quasikristall — vorfindet, der sich im nächsten Augenblick bereits deformiert. Man spricht auch dann von einer Flüssigkeit, wenn diese Deformation langsam stattfindet (Asphalt, Glas), obwohl diese Stoffe im praktischen Leben Feststoffe genannt werden.

3.4.3 Der Verlauf der potentiellen Energie in den metallischen Festkörpern

Nach dem bisher Gesagten ergibt sich also folgendes Bild der metallischen
Festkörper: In den Gitterpunkten des Kristallgitters sitzen die Ionen, die
Elektronen führen dagegen ihre Bewegung, vom Atomverband befreit,
im Inneren des Festkörpers durch. Auf ein ausgewähltes bewegliches
Elektron wirkt das Feld der positiv geladenen Ionen sowie natürlich auch
das Feld der übrigen Elektronen ein. Das Feld dieser letzteren ändert
sich in komplizierter Weise. Es ist ausgeschlossen, daß die Wirkung dieses
Feldes im Detail berücksichtigt werden könnte, und es ist auch nicht
erforderlich, irgend etwas anderes als den durchschnittlichen Effekt jener
Elektronen zu berücksichtigen. Die Sache kann also so betrachtet werden,
als ob die Ladung der Valenzelektronen nach irgendeiner Gesetzmäßigkeit
kontinuierlich im Inneren des Metalls verteilt wäre. Es ist auch üblich, zu
sagen, daß das positive Ionengitter im negativen Ladungsmeer schwimmt.
Es stellt sich jedoch die Frage, nach welcher Gesetzmäßigkeit die den durchschnittlichen Effekt der negativen Elektronen ausdrückende negative
Ladungsdichte »verschmiert« werden soll. Zu einer gegebenen Ladungsdichte gehört ein vollständig bestimmter räumlicher und energetischer
Zustand des ausgewählten Elektrons. Haben wir unsere ursprüngliche
Dichteverteilung richtig angenommen, so müssen wir sie nun durch Bilden
des Mittels der jetzt beschriebenen Lösung zurückerhalten: Das ist die bei
der Lösung von Mehrkörperproblemen häufig verwendete Methode des
»self-consistent-field« (selbstkonsistentes Feld).

Später wird man sehen, daß die genaue Kenntnis des resultierenden Potentials unwesentlich ist: Man kann bereits auf Grund einfacher Annahmen
sehr genaue Ergebnisse erhalten. Aus Zweckmäßigkeitsgründen genügt
es deshalb vollkommen, uns nur über den Verlauf des durchschnittlichen
Potentials zu informieren. Das Potential
eines aus dem Verband eines Atoms herausgerissenen Elektrons ist aus Abb. **3**.26
ersichtlich: In großer Entfernung kann der
Atomkern zusammen mit seinen zurückgebliebenen Elektronen durch eine Punktladung $+e$ ersetzt werden. Die potentielle Energie beträgt hier

$$W_\mathrm{p} = -\,\frac{e^2}{4\pi\varepsilon_0 r}. \qquad (3\text{a})$$

In unmittelbarer Kernnähe kommt die
abschirmende Wirkung der äußeren Elektronen nicht zur Geltung, so daß dort das
Feld der vollen Kernladung Ze wirkt. Die
potentielle Energie wird somit in Kernnähe durch das Gesetz

$$W_\mathrm{p} = q_\mathrm{e} U = -\,\frac{Ze^2}{4\pi\varepsilon_0 r} \qquad (3\text{b})$$

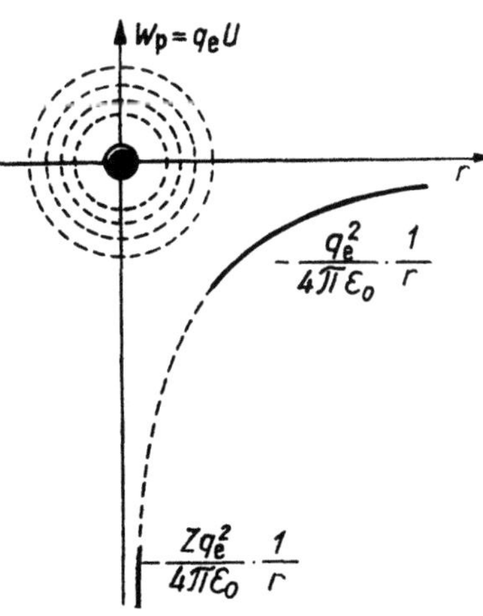

3.26 Verlauf der potentiellen Energie eines Elektrons im Felde
eines Ions

beschrieben. Zwischen den beiden Bereichen kann man mit der sich aus
der durchschnittlichen Dichte der Elektronen ergebenden mittleren potentiellen Energie rechnen. Diese durchschnittliche Dichte kann z. B. mit
Hilfe der erwähnten »self-consistent-field-«Methode von *Hartree* berechnet
werden.

Die Verteilung der potentiellen Energie des in Abb. **3**.27 dargestellten
zweidimensionalen Kristallgitters ergibt sich als Überlagerung solcher
Felder. Als wichtigste Tatsache für unsere weiteren Überlegungen können
wir in dieser Hinsicht folgendes festlegen:

Die potentielle Energie ist eine periodische Funktion des Ortes: In den,
den Elementarzellen entsprechenden Punkten des Kristallgitters ist der
Wert des Potentials immer derselbe.

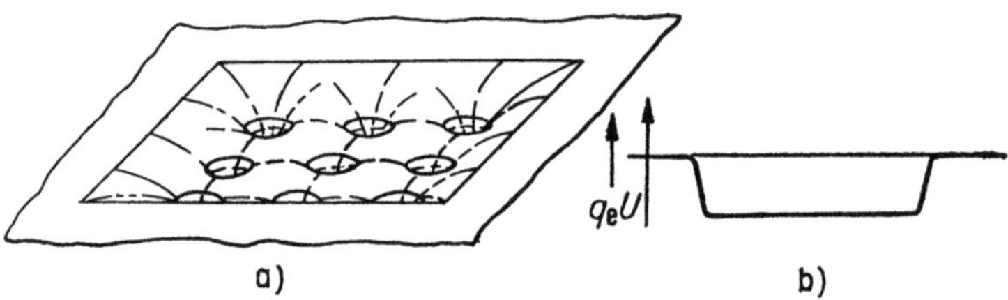

3.27 *a)* Verlauf des durchschnittlichen Potentials im Feld eines »zweidimensionalen« Kristalls; *b)* der vereinfachte Potentialverlauf

In der unmittelbaren Nähe eines Ions kommt in erster Linie sein eigenes
Feld zur Geltung: Demgegenüber kann das Feld der in den benachbarten
Gitterpunkten sitzenden Ionen vernachlässigt werden. Hier ändert sich
die potentielle Energie den obigen Zusammenhängen gemäß.

In Abb. **3**.27a sieht man ferner, daß der Wert des Potentials sich nur in
der Umgebung der Gitterpunkte stark ändert und sonst als ziemlich konstant betrachtet werden kann.

In der ersten oder noch richtiger in der nullten Näherung kann der Wert
des Potentials im Inneren des Metalls überall als konstant betrachtet werden
(Abb. **3**.27b). Die Elektronen bewegen sich also frei im kräftefreien Raum
wie die Teilchen eines Gases, des Elektronengases. Der an der Oberfläche
des Metalls vorhandene Potentialsprung hindert sie am Verlassen des
Inneren des Metalls: gegen die Metalloberfläche stoßend, werden die Elektronen daran genauso reflektiert wie die Gasmoleküle an der Gefäßwand.
Ihre Wechselwirkung mit den Gitterionen kann jedoch auch in dieser
Näherung berücksichtigt werden: Die Elektronen können mit den Ionen
zusammenstoßen und dadurch Energie mit ihnen austauschen.

In der nächsten Näherung wird bereits die Tatsache berücksichtigt, daß
das Potential periodisch ist. Allein aus dieser Tatsache, d. h. aus der periodischen Änderung der potentiellen Energie, können bereits wertvolle Folgerungen hinsichtlich der möglichen Zustände der Elektronen gezogen werden.
Wir werden sehen, daß sich die Elektronen nur in bestimmten Energie-
bändern aufhalten können.

Schließlich wird dieses Bild — wenn auch nur in groben Zügen — durch die Behandlung der Wechselwirkung zwischen Elektronen und Ionen ergänzt, wodurch u. a. der Begriff des Widerstandes erhellt wird.

3.4.4 Die Bandtheorie der Festkörper

Im folgenden ist nunmehr die Tatsache zu berücksichtigen, daß das Potential im Inneren des Körpers nicht konstant, sondern der Periodizität des Gitters entsprechend periodisch ist. Die Frage ist also die, wie sich das Elektron im periodischen Potentialfeld nach der Quantenmechanik verhält. Im folgenden Abschnitt wird diese Frage quantitativ beantwortet; hier wollen wir uns vorerst qualitativ ein Bild über die zu erwartenden Ergebnisse verschaffen.

Wir starten von zwei verschiedenen Richtungen aus: Zuerst betrachten wir, was geschieht, wenn sich ein freies Elektron im vorhandenen periodischen Potential bewegt. Dann gehen wir vom Zustand des sich im Atomverband befindenden Elektrons aus und untersuchen, wie sich dieser Zustand ändert, wenn die vielen Atome zu einem Metall zusammengesetzt werden.

Der ersten Vorstellung entsprechend soll also die dem Elektron zugeordnete ebene Welle in einem Raum mit periodischem Potential fortschreiten. Erreicht diese Welle den am Ort der Ionen vorhandenen Potentialsprung, so kommt es zur Streuung, genauso wie bei der Lichtwelle, die auf ein kleines materielles Teilchen fällt. Vom Ort des Potentialsprunges (des Ions) gehen Kugelwellen nach allen Richtungen aus. Da sich die Ionen der Metalle in den Gitterpunkten eines regelmäßigen Kristallgitters befinden, führt die Interferenz der Kugelwellen dazu, daß sich diese in der Einfallsrichtung verstärken, in jeder anderen Richtung dagegen auslöschen. Im Endeffekt durchquert also die einfallende ebene Welle das Material ohne Streuung und somit ohne Intensitätsverlust. Auf Grund von Röntgenstrukturuntersuchungen ist es jedoch bekannt, daß man bei gewissen Einfallswinkeln und Wellenlängen eine totale Reflexion — *Bragg*sche Reflexion — erhält. Die Festlegung der Wellenlänge bedeutet beim Elektron

3.28 Aufspaltung der Energieniveaus eines Atoms unter Einwirkung der übrigen, benachbarten Atome. Die rechte Seite zeigt die Lage der Energieniveaus entlang der gestrichelten Linie. Hier besitzt das ganze System ein Energieminimum. Bei diesem Abstand entsteht also der stabile metallische Verband

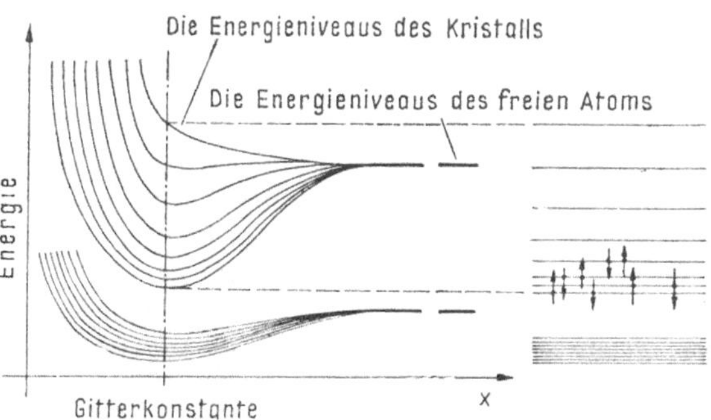

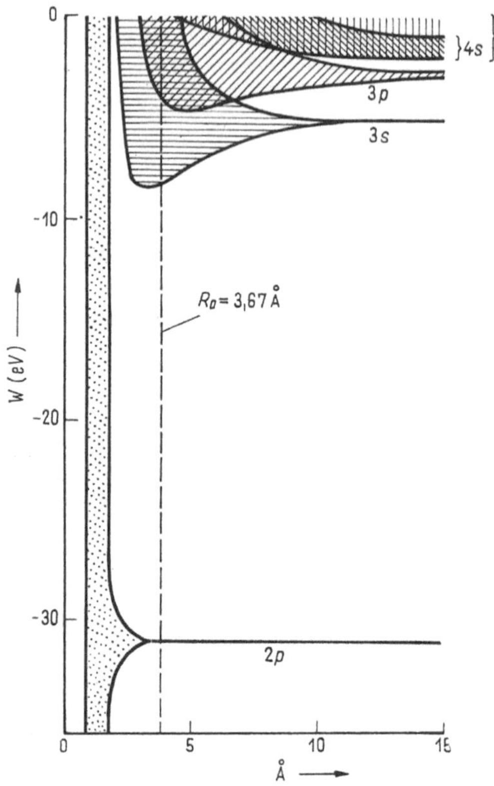

3.29 Die Energiebänder des Natriums (nach *Slater*)

die Festlegung eines bestimmten Impulses und einer bestimmten Energie, so daß Elektronen, welche gewisse Impuls- und dementsprechende Energiewerte besitzen, im Inneren des Metalls nicht fortschreiten können. Daraus folgt gleichzeitig, daß auch die diesen diskreten Werten nahe liegenden Werte nur mit einer sehr kleinen Wahrscheinlichkeit vorkommen können. Man sieht also, daß die Energie des Elektrons nicht jeden beliebigen Wert annehmen kann: Zwischen den erlaubten Energiewerten sind verbotene Werte oder Bänder eingefügt.

Mit Hilfe der anderen Näherung kommt man qualitativ zu demselben Bild, d. h. zu dem der Energiebänder. Nehmen wir vorerst nur zwei Atome, die voneinander unendlich weit entfernt sein sollen. Ihre äußersten Elektronen haben dann mehrere mögliche Energieniveaus der Tatsache entsprechend, daß verschiedene Energiewerte dem Grundzustand und den erregten Zuständen des Atoms entsprechen. Werden nun die Atome einander genähert, so verschieben sich diese Energiewerte infolge der Wechselwirkung zwischen den Atomen in verschiedenem Maße, und die Energieniveaus spalten sich auf. Dies kann auf der Abb. **3**.28 anschaulich verfolgt werden, wo die Energieniveaus als Funktion des Abstandes zwischen den Atomen für den Fall von acht Atomen dargestellt wurden. Da es im Metall sehr viele Atome gibt und weil außerdem die Aufspaltungsniveaus einander sehr nahe liegen, erhalten wir Bänder mit fast kontinuierlich verteilten Energiezuständen (Abb. **3**.29).

Die ursprünglichen diskreten Energieniveaus haben sich somit in Bänder aufgespalten. Diese Bänder bestehen aus sehr vielen, einander nahe liegenden Energieniveaus und jedes kann nach dem *Pauli*-Prinzip durch zwei Elektronen besetzt werden. Einen Energiewert, der zwischen zwei solche Bänder fallen würde, kann jedoch kein Elektron aufweisen. Dieser Bereich wird verbotenes Band genannt. Im folgenden Abschnitt wird das hier Vorgetragene quantitativ ausgelegt. Danach kommen wir wieder auf die qualitative Erörterung der Bandstruktur zurück.

3.4.5 Elektronen im periodischen Potentialfeld. Eindimensionaler Fall

Die Lösung der eindimensionalen Schrödinger-Gleichung. Die Bloch-Wellen.
Für den Fall von realen Kristallen, auch wenn eine ideal fehlerfreie Kristallstruktur vorausgesetzt wird, ist die quantitative Behandlung der Verhältnisse äußerst kompliziert. Beim qualitativen Überblick über die zu erwartenden Verhältnisse bietet das eindimensionale Kristallmodell eine wertvolle Hilfe: Die Gitterionen befinden sich in den der »Gitterperiode« entsprechenden Abständen a längs einer Geraden. Wir nehmen an, daß, gerade
infolge der Periodizität, eine identische Kraft auf das Elektron an den
Orten x, $x + a$, $x + 2a$, ..., $x + na$ einwirkt, also die die Kraftwirkung
bestimmende potentielle Energie $W_\mathrm{p}(x)$ periodisch ist, ferner daß auch die
Wahrscheinlichkeit des Vorkommens des Elektrons an diesen Stellen
identisch ist, d. h.

$$W_\mathrm{p}(x) = W_\mathrm{p}(x + a); \quad \psi(x)\,\psi^*(x) = \psi(x + a)\,\psi^*(x + a)\,. \tag{4}$$

Hierbei bedeutet $\psi(x)$ die Lösung der eindimensionalen *Schrödinger*-
Gleichung

$$\frac{\mathrm{d}^2\psi}{\mathrm{d}x^2} + \frac{8\pi^2 m}{h^2}\,[W - W_\mathrm{p}(x)]\,\psi = 0\,. \tag{5}$$

Versuchen wir die Lösung mit der sog. *Bloch*-Welle:

$$\psi(x) = u_k(x)\,\mathrm{e}^{jkx}\,; \tag{6}$$

$u_k(x)$ ist hierbei eine periodische Funktion:

$$u_k(x + a) = u_k(x)\,. \tag{7}$$

Die Annahme (6) kann auch von zwei Seiten her plausibel gemacht werden.
Einerseits wird nämlich (4) bei dieser Annahme automatisch erfüllt, da

$$\psi(x + a)\,\psi^*(x + a) = u_k(x + a)\,\mathrm{e}^{jk(x+a)}\,u_k^*(x + a)\,\mathrm{e}^{-jk(x+a)} =$$

$$= u_k(x + a)\,u_k^*(x + a) = u_k(x)\,u_k^*(x) = \psi(x)\,\psi^*(x) \tag{8}$$

ist. Andererseits bezeichnet (6) eine ebene Welle e^{jkx}, deren Amplitude
$u_k(x)$ mit der Gitterperiode moduliert ist, was physikalisch ebenfalls
plausibel ist. In bezug auf den allgemeinen räumlichen Fall wollen wir
jedoch die Tatsache, daß die Lösung die Form der *Bloch*-Welle haben
muß, strenger begründen.

Wird die *Bloch*-Welle als Lösung in die *Schrödinger*-Gleichung eingesetzt,
so erhält man die folgende Differentialgleichung für die Funktion $u_k(x)$:

$$\frac{\mathrm{d}^2 u_k(x)}{\mathrm{d}x^2} + 2jk\,\frac{\mathrm{d}u_k(x)}{\mathrm{d}x} + \frac{8\pi^2 m}{h^2}\left(W - \frac{h^2}{8\pi m}\,k^2 - W_\mathrm{p}(x)\right)u_k(x) = 0\,. \tag{9a}$$

Das Kronig-Pennysche Modell. Weitere Feststellungen können dann
gemacht werden, wenn eine konkrete Annahme hinsichtlich des Verlaufs

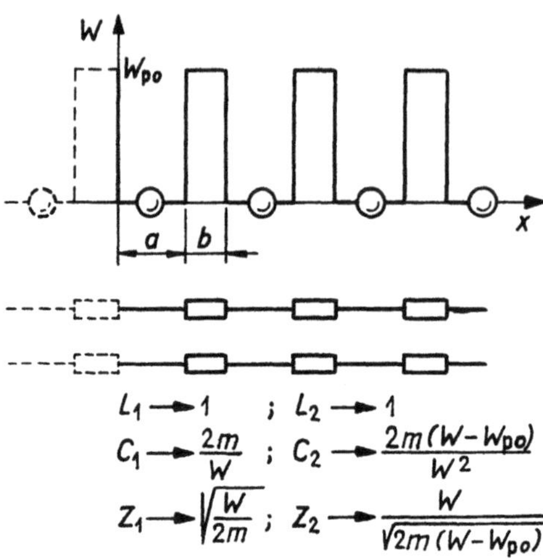

$$C_1 \rightarrow \frac{2m}{W} \quad ; \quad C_2 \rightarrow \frac{2m\,(W-W_{po})}{W^2}$$

$$Z_1 \rightarrow \sqrt{\frac{W}{2m}} \quad ; \quad Z_2 \rightarrow \frac{W}{\sqrt{2m\,(W-W_{po})}}$$

3.30 Das *Kronig-Pennysche* Kristallmodell und die analoge Fernleitung

von $W_p(x)$ gemacht wird. Das einfachste, aber jede wesentliche Eigenschaft bereits enthaltende Modell ist das *Kronig-Pennysche*. Dieses Kristallmodell nähert den tatsächlichen Potentialverlauf der Abb. **3.30** entsprechend möglichst einfach an: In einer Breite a um das Ion ist $W_p = 0$, darauf folgt ein Potentialwall, der sich in Abständen von $a + b$ periodisch wiederholt.

Die Lösung der Gleichung (9) läßt sich streckenweise sofort angeben:

$$
\begin{aligned}
u_{k1} &= A\mathrm{e}^{j(\alpha-k)x} + B\mathrm{e}^{-j(\alpha+k)x}, & 0 &< x < a, \\
u_{k2} &= C\mathrm{e}^{j(\beta-k)x} + D\mathrm{e}^{-j(\beta+k)x}, & -b &< x < 0,
\end{aligned}
\tag{9b}
$$

wobei

$$\alpha = \sqrt{\frac{8\pi^2 m\,W}{h^2}}\,, \qquad \beta = \sqrt{\frac{8\pi m}{h^2}\,(W-W_{po})} \tag{9c, d}$$

ist, wie es das Einsetzen von (9b) in (9a) zeigt.

Die Werte der Konstanten A, B, C und D erhält man aus den folgenden vier Bedingungsgleichungen:

$$u_{k1}\big|_{x=0} = u_{k2}\big|_{x=0}, \qquad A + B = C + D, \tag{10a}$$

$$\frac{\mathrm{d}u_{k1}}{\mathrm{d}x}\bigg|_{x=0} = \frac{\mathrm{d}u_{k2}}{\mathrm{d}x}\bigg|_{x=0}, \; j(\alpha-k)\,A - j(\alpha+k)\,B = j(\beta-k)\,C - j(\beta+k)\,D, \tag{10b}$$

$$u_{k1}\big|_{x=a} = u_{k2}\big|_{x=-b}, \; A\mathrm{e}^{j(\alpha-k)a} + B\mathrm{e}^{-j(\alpha+k)a} = C\mathrm{e}^{-j(\beta-k)b} + D\mathrm{e}^{j(\beta+k)b}, \tag{10c}$$

$$\frac{\mathrm{d}u_{k1}}{\mathrm{d}x}\bigg|_{x=a} = \frac{\mathrm{d}u_{k2}}{\mathrm{d}x}\bigg|_{x=-b}, \; j(\alpha-k)\,A\mathrm{e}^{j(\alpha-k)a} - j(\alpha+k)\,B\mathrm{e}^{-j(\alpha+k)a} =$$

$$= j(\beta-k)\,C\mathrm{e}^{-j(\beta-k)b} - j(\beta+k)\,D\mathrm{e}^{j(\beta+k)b}. \tag{10d}$$

Eine nicht-triviale Lösung für A, B, C, D erhält man dann, wenn die Determinante des Systems gleich Null ist:

$$
\begin{vmatrix}
1 & 1 & -1 & -1 \\
j(\alpha-k) & -j(\alpha+k) & -j(\beta-k) & +j(\beta+k) \\
\mathrm{e}^{j(\alpha-k)a} & \mathrm{e}^{-j(\alpha+k)a} & -\mathrm{e}^{-j(\beta-k)b} & -\mathrm{e}^{j(\beta+k)b} \\
j(\alpha-k)\mathrm{e}^{j(\alpha-k)a} & -j(\alpha+k)\mathrm{e}^{-j(\alpha+k)a} & -j(\beta-k)\mathrm{e}^{-j(\beta-k)b} & +j(\beta+k)\mathrm{e}^{j(\beta+k)b}
\end{vmatrix} = 0.
$$

Die etwas umständliche Auflösung führt zu dem verhältnismäßig einfachen Ausdruck

$$\frac{(j\beta)^2 - \alpha^2}{2\alpha j\beta}\,\mathrm{sh}\,j\beta b\,\sin\alpha a + \mathrm{ch}\,j\beta b\,\cos\alpha a = \cos k(a+b)\,. \qquad (11)$$

Da wir später die Werte $W < W_{\mathrm{po}}$ näher untersuchen wollen, ist es zweckmäßig, die Größe

$$j\beta = \sqrt{\frac{8\pi^2 m}{k^2}(W_{\mathrm{po}} - W)} = \beta_0$$

einzuführen. Damit lautet die Bedingungsgleichung:

$$\cos k(a+b) = \frac{\beta_0^2 - \alpha^2}{2\alpha\beta_0}\,\mathrm{sh}\,\beta_0 b\,\sin\alpha a + \mathrm{ch}\,\beta_0 b\,\cos\alpha a\,. \qquad (12)$$

Einen einfacheren, übersichtlicheren, aber die wesentlichen Eigenschaften noch enthaltenden Zusammenhang erhält man dadurch, daß man mit einem unendlich schmalen, gleichzeitig aber unendlich hohen Potentialwall rechnet. Es sei also $W_{\mathrm{po}} \to \infty$, $b \to 0$, jedoch auf solche Weise, daß die Größe

$$\lim_{\substack{W_{\mathrm{po}}\to\infty \\ b\to 0}} \frac{\beta^2 ab}{2} = \delta \quad (\beta \equiv \beta_0)$$

endlich bleibt. In diesem Fall gilt

$$\beta b = \sqrt{\frac{\beta^2 ab}{2}}\,\sqrt{\frac{2}{ab}}\,b = \delta\,\sqrt{\frac{2}{a}}\,\sqrt{b} \to 0\,,$$

so daß

$$\mathrm{ch}\,\beta b\,\cos\alpha a \to \cos\alpha a$$

ist. Andererseits gilt

$$\frac{\beta^2 - \alpha^2}{2\alpha\beta}\,\mathrm{sh}\,\beta b \to \frac{\beta^2}{2\alpha\beta}\,\mathrm{sh}\,\beta b \to \frac{\beta}{2\alpha}\,\beta b \to \frac{\beta^2 b}{2\alpha}\,\frac{a}{a} \to \frac{\delta}{\alpha a}\,,$$

so daß schließlich

$$\cos ka = \delta\,\frac{\sin\alpha a}{\alpha a} + \cos\alpha a \qquad (13)$$

wird.

Der zur Grundlage unserer weiteren Untersuchungen dienende Zusammenhang (13) ergibt über die Wellenzahl k sowie über die Größe α die Verbindung zur Energie (Gl. 9c), d. h. die Funktion $W = W(k)$. Es läßt sich vor allem feststellen, daß, wenn $\delta = 0$ ist, $\cos ka = \cos\alpha a$ und damit $k = \alpha$ ist, d. h.

$$W = \frac{h^2 k^2}{8\pi^2 m}\,, \quad k = \frac{2\pi}{\lambda} = \frac{2\pi}{h/p}\,, \quad W = \frac{p^2}{2m}\,,$$

so daß man den beim freien Elektron zwischen Energie und Wellenzahl bestehenden Zusammenhang wiedererhält. Dieser Zusammenhang ist in

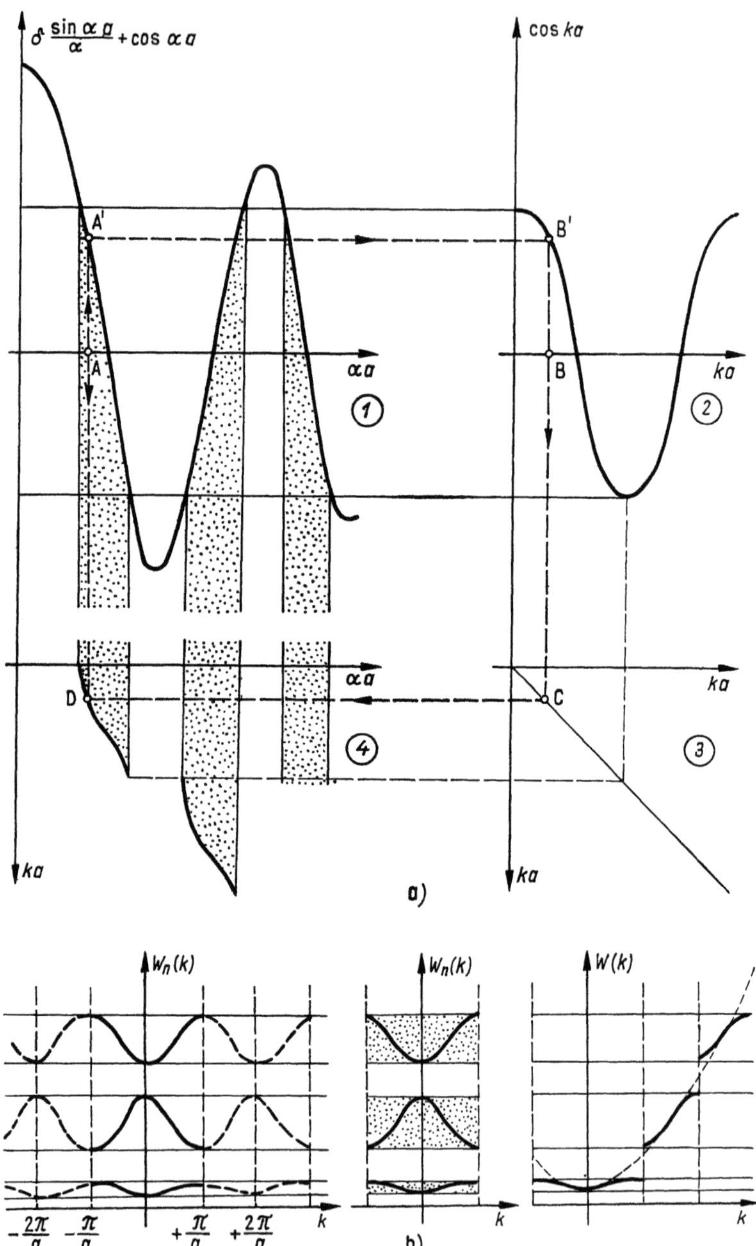

3.31 *a)* Die Ermittlung der möglichen αa-Werte im *Kronig-Penny*schen Modell. Als Endergebnis erhalten wir das Diagramm ④, welches $\alpha a = a\,\sqrt{\dfrac{8\pi^2\,m\,W}{h^2}}$ als Funktion von ka darstellt. *b)* Die verschiedenen Darstellungsmöglichkeiten des Zusammenhanges $W = W(k)$: die wiederholte, die reduzierte und die erweiterte Zonen-Darstellung

Abb. **3.**31b, in dem rechts liegenden Diagramm durch die mit unterbrochener Linie gezeichnete Parabel angenähert.

Abb. **3.**31a zeigt die Ermittlung des Zusammenhanges $W = W(k)$ im allgemeinen Fall auf Grund des Zusammenhanges (13). In Abb. **3.**31a ist zuerst im Diagramm ① die rechte Seite der Gleichung (13) als Funktion von αa aufgetragen. Das Diagramm ② ergibt dagegen die linke Seite der Gleichung (13) als Funktion von ka. Offensichtlich erhält man eine reelle Wellenzahl nur dann, wenn der Wert der rechten Seite der Gleichung (13) kleiner ist als 1, da der Wert von $\cos ka$ bei reellem ka immer kleiner als eins ist. Damit folgt sofort, daß es Energiewerte gibt, zu denen keine Lösung gehört. Auf Grund der Abbildung wird ein Ausbreitungsfaktor, der zu einer einem beliebigen αa entsprechenden Energie gehört, auf solche Weise graphisch ermittelt, daß man die zu diesem Wert gehörende Ordinate vom Diagramm ① der Abb. **3.**31a (Punkt A) in das Diagramm ② projiziert, wo der entsprechende k-Wert an der Abszisse abgelesen werden kann (B). Den entsprechenden Punkt in dem sich als Endergebnis ergebenden Diagramm ④ erhält man als Schnittpunkt D der aus dem Ausgangspunkt (A) gezogenen Vertikalen mit der vom entsprechenden k-Wert aus gezogenen Horizontalen. Das Achsenkreuz ③ dient lediglich zur leichten Projizierung des entsprechenden ka-Wertes mit Hilfe einer unter 45 Grad gezogenen Geraden.

In Abb. **3.**31b wurde das Diagramm ④ mit dem Unterschied neu gezeichnet, daß auf der vertikalen Achse an Stelle von αa

$$(\alpha a)^2 = \frac{8\pi^2 m a^2}{h^2} W ,$$

also der der Energie unmittelbar proportionale Wert aufgetragen wurde. Aus der Form der Gleichung (13) oder aus der das Aufsuchen der zusammengehörenden Werte veranschaulichenden Abb. **3.**31a ist sofort ersichtlich, daß unendlich viele k-Werte zu jedem erlaubten Energiewert gehören, die sich nur durch ein ganzzahliges Vielfaches der Größe $2\pi/a$ voneinander unterscheiden. In Abb. **3.**31b wurden auch die die Periodizität der Beziehung $W = W(k)$ zeigenden Kurven gestrichelt eingetragen (linker Teil). Wenn man aber mit dem Wert von k zwischen den Grenzen

$$-\frac{\pi}{a} \leq k \leq +\frac{\pi}{a}$$

bleibt, so erhält man die in Abb. **3.**31b im mittleren Teil dargestellte Kurvenschar. Um die Eindeutigkeit der Verbindungen sicherzustellen, wird dabei mit einem Index bezeichnet, zu welchem Band der bei einem gegebenen k-Wert geltende Energiewert

$$W = W_n(k)$$

gehört.

Die Eindeutigkeit kann auch dadurch erzwungen werden, daß man zu nacheinander folgenden k-Gebieten die nacheinander folgenden Energiebänder ein-eindeutig zuordnet. Wir bemerken vorläufig, daß das Gebiet

$-\dfrac{\pi}{a} \le k \le +\dfrac{\pi}{a}$ erste *Brillouin*sche Zone heißt, das Gebiet $-\dfrac{2\pi}{a} \le k \le$

$\le -\dfrac{\pi}{a}\,;\; +\dfrac{\pi}{a} \le k \le \dfrac{2\pi}{a}$ zweite *Brillouin*sche Zone usw. Die Diagramme

in **3.31b** heißen der Reihe nach wiederholte Zonen-Darstellung, reduzierte Zonen-Darstellung bzw. erweiterte Zonen-Darstellung.

Die Analogie mit den Fernleitungen. Das System der erlaubten und verbotenen Energiewerte erinnert sehr an die Durchlaß- und Sperrbereiche von Filterketten, besonders wenn man noch berücksichtigt, daß die Zeitabhängigkeit eines gegebenen Energiewertes durch den Ausdruck

$$\mathrm{e}^{j\omega t} = \mathrm{e}^{j2\pi\nu t} = \mathrm{e}^{j2\pi\frac{W}{h}t}\,, \quad \omega \leftrightarrow W$$

gegeben ist. In der Tat, die Analogie besteht sogar quantitativ, so daß die Lösung der *Schrödinger*-Gleichung im Falle des *Kronig-Penny*schen Modells aus der Theorie der Fernleitungen übernommen werden kann. Eine über eine Fernleitung fortschreitende Spannungswelle genügt auch genau der der *Schrödinger*-Gleichung entsprechenden Wellengleichung. Dem periodischen Potential entspricht eine Fernleitung mit sich streckenweise änderndem Wellenwiderstand. Für die die Spannung bestimmende Differentialgleichung suchen wir auch in diesem Fall eine solche Lösung, die den kontinuierlichen Übergang von U und $\mathrm{d}U/\mathrm{d}x$ an den Bereichsgrenzen liefert. In der Welle hängt die Ableitung von U nach x unmittelbar mit der Stromstärke I zusammen. Die Forderung des stetigen Überganges von U und $\mathrm{d}U/\mathrm{d}x$ bringt also die einfache und selbstverständliche Tatsache zum Ausdruck, daß man in der unmittelbaren Nachbarschaft der Anschlußstellen dieselbe Spannung bzw. dieselbe Stromstärke an der linken wie an der rechten Seite finden soll.

Um die vollständige Analogie mit der Telegraphengleichung herzustellen, führen wir mit der Definitionsgleichung

$$\frac{\mathrm{d}\psi}{\mathrm{d}x} = -j2\pi\,\frac{W}{h}\,I_\psi$$

die »Stromstärke« I_ψ ein. Dies hat natürlich nur eine fiktive Bedeutung. Die *Schrödinger*-Gleichung zerfällt damit in die folgenden zwei Differentialgleichungen erster Ordnung:

$$\frac{\mathrm{d}\psi}{\mathrm{d}x} = -j2\pi\cdot\frac{W}{h}\,I_\psi\,, \qquad\qquad \frac{\mathrm{d}U}{\mathrm{d}x} = -j2\pi\nu\,LI\,, \qquad (14\text{a, b})$$

$$\frac{\mathrm{d}I_\psi}{\mathrm{d}x} = -j2\pi\,\frac{W}{h}\,\frac{2m\,(W-W_{\mathrm{po}})}{W^2}\,\psi\,, \qquad \frac{\mathrm{d}I}{\mathrm{d}x} = -j2\pi\nu\,CU\,. \qquad (15\text{a, b})$$

Zum Vergleich wurde auch die Differentialgleichung der Fernleitung aufgeschrieben. Es ist sofort ersichtlich, daß die Analogien

$$U \to \psi\,, \qquad I \to I_\psi\,, \qquad \nu \to \frac{W}{h}\,, \qquad L \to 1\,, \qquad C \to \frac{2m\,(W-W_{\mathrm{po}})}{W^2} \qquad (16)$$

zwischen den einzelnen Größen bestehen.

Das dementsprechende Fernleitungsanalogon unseres Kristallmodells ist in Abb. **3.30** dargestellt. Dies kann als die Kettenschaltung des in der Abb. **2.32a** gezeichneten symmetrischen Vierpoles betrachtet werden. Die Durchlaß- und Sperrbereiche des aus symmetrischen Elementen zusammengesetzten Filters können mit Hilfe des Gliedes A_{11} der Kettenmatrix **A** des Elementes bestimmt werden. Der zwischen

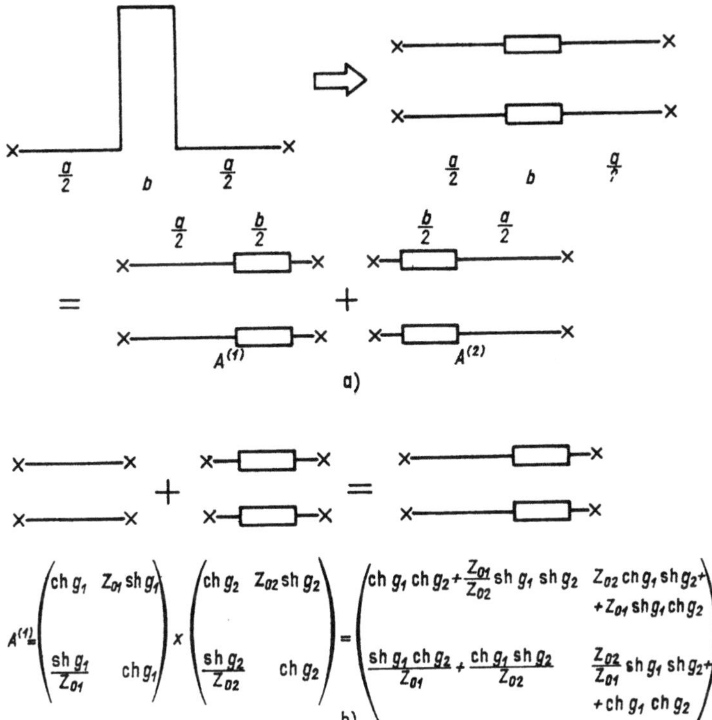

3.32 Zur Bestimmung der Kettenmatrix, die zu einem Element der in Abb. **3**.30 dargestellten Fernleitung gehört

den Eingangsgrößen bestehende Zusammenhang läßt sich nämlich auf die folgende Weise schreiben:

$$U_1 = \operatorname{ch} g\, U_2 + Z_0 \operatorname{sh} g\, I_2 , \qquad (17\text{a})$$

$$I_1 = \frac{\operatorname{sh} g}{Z_0} U_2 + \operatorname{ch} g\, I_2 . \qquad (17\text{b})$$

Hierbei bezeichnen Z_0 die Wellenimpedanz des Vierpoles und g den Übertragungsfaktor: Bei abgestimmtem Abschluß ergibt e^{-g} das Verhältnis U_2/U_1. Ob also der Vierpol sperrt oder durchläßt, wird dadurch entschieden, ob g reell oder imaginär ist. Im Fall einer idealen Fernleitung ist

$$g = j 2\pi \nu \sqrt{LC}\, l ; \qquad Z_0 = \sqrt{L/C} ,$$

wobei L und C die auf die Längeneinheit bezogene Induktivität bzw. Kapazität bezeichnen.

Nach all dem soll also der Wert von $\operatorname{ch} g$ für das in Abb. **3**.32a sichtbare Element bestimmt werden. Dieses Element setzt sich aus zwei unsymmetrischen Vierpolen zusammen, und diese beiden bestehen wiederum aus je zwei Elementen in Kettenschaltung (Abb. **3**.32b). Im unsymmetrischen Fall lautet die Verbindung

$$U_1 = A_{11}^{(1)} U_2 + A_{12}^{(1)} I_2 , \qquad \begin{pmatrix} U_1 \\ I_1 \end{pmatrix} = \mathbf{A}^{(1)} \begin{pmatrix} U_2 \\ I_2 \end{pmatrix}$$

$$I_1 = A_{21}^{(1)} U_2 + A_{22}^{(1)} I_2 ,$$

$$A_{11}^{(1)} A_{22}^{(1)} - A_{12}^{(1)} A_{21}^{(1)} = 1 .$$

Vertauscht man den Anfang und das Ende des vorangehenden unsymmetrischen Vierpols, so nimmt die Matrix $\mathbf{A}^{(2)}$ die Form

$$\mathbf{A}^{(2)} = \begin{pmatrix} A_{22}^{(1)} & A_{12}^{(1)} \\ A_{21}^{(1)} & A_{11}^{(1)} \end{pmatrix}$$

an.

Da uns nur die erste Komponente der resultierenden Matrix $\mathbf{A}^{\text{res}}$ interessiert, kann diese auf Grund der Multiplikationsregeln für Matrizen leicht angegeben werden:

$$A_{11}^{\text{res}} = A_{11}^{(1)} A_{11}^{(2)} + A_{12}^{(1)} A_{21}^{(2)} = A_{11}^{(1)} A_{22}^{(1)} + A_{12}^{(1)} A_{21}^{(1)} = 2 A_{11}^{(1)} A_{22}^{(1)} - 1 \, .$$

Beim letzten Schritt wurde der Zusammenhang

$$A_{11}^{(1)} A_{22}^{(1)} - A_{12}^{(1)} A_{21}^{(1)} = 1$$

angewendet.

Nach dem Durchführen der Multiplikationen erhält man unter Verwendung der Additionstheoreme

$$A_{11}^{\text{res}} = 2 A_{11}^{(1)} A_{22}^{(1)} - 1 = \left(\frac{Z_{02}}{Z_{01}} + \frac{Z_{01}}{Z_{02}} \right) \operatorname{sh} 2g_1 \operatorname{sh} 2g_2 + \operatorname{ch} 2g_1 \operatorname{ch} 2g_2 \, . \tag{18}$$

Andererseits ist

$$A_{11}^{\text{res}} = \operatorname{ch} g_{\text{res}} \, .$$

Berücksichtigt man also die Beziehungen

$$2g_1 = j 2\pi v \sqrt{L_1 C_1} \, a,$$

$$2g_2 = j 2\pi v \sqrt{L_2 C_2} \, b,$$

$$g_{\text{res}} = jk \, (a + b) \, ,$$

$$Z_{01} = \sqrt{L_1/C_1},$$

$$Z_{02} = \sqrt{L_2/C_2}$$

sowie die ihnen auf Grund der Analogie entsprechenden Größen, so erhält man genau die Gleichung (12).

Das endliche Kristallgitter. Bisher haben wir ein unendliches, eindimensionales Kristallgitter untersucht. Jetzt nehmen wir dagegen an, daß die Länge L des Kristalls gegeben und von endlichem Wert ist. Wir haben somit insgesamt L/a Gitterpunkte. Die Vermutung liegt nahe, daß es keine wesentliche Abweichung von der für den unendlichen Kristall geltenden Lösung geben kann, wenn L/a eine sehr große Zahl ist. Die Fernleitungs-Analogie vermittelt uns jedoch eine Warnung. Eine Fernleitung endlicher Länge stellt ein schwingendes System dar. Ein zeitlich beständiger Zustand ist somit nur bei ganz genau bestimmten Frequenzen und dementsprechend nur bei ganz genau bestimmten Wellenlängen möglich, welche eine, zwar aus unendlich vielen Gliedern bestehende, aber doch diskrete Menge bilden. Hinsichtlich des Energieniveaus des periodischen Potentials bedeutet dies, daß jene Größen kein Band kontinuierlich ausfüllen, sondern nur bestimmte Werte innerhalb des Bandes annehmen können. Zur Ermittlung der Zahl und des Ortes dieser diskreten Werte verwenden wir den natürlichen Ansatz, daß man am Anfang und Ende des Kristalls genau gleiche Verhältnisse vorfindet. Bezüglich der Fernleitungsanalogie bedeutet dies, daß

z. B. sowohl der Anfang als auch das Ende der Leitung geöffnet oder vielleicht gerade kurzgeschlossen sind.

Identische Verhältnisse am Anfang und Ende des Kristalls erhält man dann, wenn die Energiebestimmungsgleichungen identisch sind, d. h. wenn

$$\cos k\,0 = 1 = \cos kL$$

ist. In diesem Fall ergibt die linke Seite unserer Gleichung (12) an den Orten $x = 0$ sowie $x = L$ und demzufolge auch ihre rechte Seite identische Energiewerte. Die Bedingung dieses Zustands lautet

$$kL = l\,2\pi\,,$$

d. h.

$$k = l\frac{2\,\pi}{L} = \frac{l}{N}\,\frac{2\,\pi}{a}\,;\quad l = 1, 2, \ldots, N,$$

wobei N die Zahl der Gitterpunkte bezeichnet. Daraus läßt sich sofort ablesen, daß k keinesfalls jeden beliebigen Wert zwischen 0 und $2\pi/a$ oder $-\pi/a$ und $+\pi/a$ annehmen kann, sondern nur die, durch die obige Gleichung bestimmten, diskreten Werte. Es ist ebenfalls klar, daß es in dem jetzt angegebenen Bereich gerade N verschiedene k und dementsprechend gerade N verschiedene Energiewerte W gibt. Bei einer sehr großen Anzahl von Gitteratomen unterscheiden sich zwei aufeinanderfolgende k-Werte und damit auch die entsprechenden W-Werte nur ganz wenig voneinander, so daß das Band in der Mehrheit der praktischen Fälle als Kontinuum betrachtet werden kann.

Das Bisherige zusammenfassend, kann man folgendes sagen:

Wenn das Feld des Festkörpers mit einem periodischen Potential beschrieben wird, dann ordnen sich die möglichen Energiewerte in Bändern ein, welche durch verbotene Zonen voneinander getrennt sind. Obwohl die erlaubten Energiewerte innerhalb eines Bandes im praktischen Sinne als kontinuierlich verteilt betrachtet werden können, besteht jedes Energieband in Wirklichkeit aus so vielen diskreten Energieniveaus, wieviele Atome im Kristall vorhanden sind.

3.4.6 Elektronen im periodischen Potentialfeld. Räumlicher Fall

Untersuchen wir jetzt die bei den wirklichen räumlichen Kristallen herrschenden Verhältnisse. Die *Schrödinger*-Gleichung lautet in diesem Fall

$$-\frac{\hbar^2}{2\,m}\,\Delta\psi(\boldsymbol{r}) + W_{\mathrm{p}}(\boldsymbol{r})\,\psi(\boldsymbol{r}) = W\psi(\boldsymbol{r})\,, \tag{19}$$

wobei die potentielle Energie W_{p} der Periodizität des Gitters entsprechend periodisch ist:

$$W_{\mathrm{p}}(\boldsymbol{r}) = W_{\mathrm{p}}\,(\boldsymbol{r} + \boldsymbol{R}_n)\,.$$

Hierbei bezeichnet

$$\boldsymbol{R}_n = n_1\boldsymbol{a}_1 + n_2\boldsymbol{a}_2 + n_3\boldsymbol{a}_3 \tag{20}$$

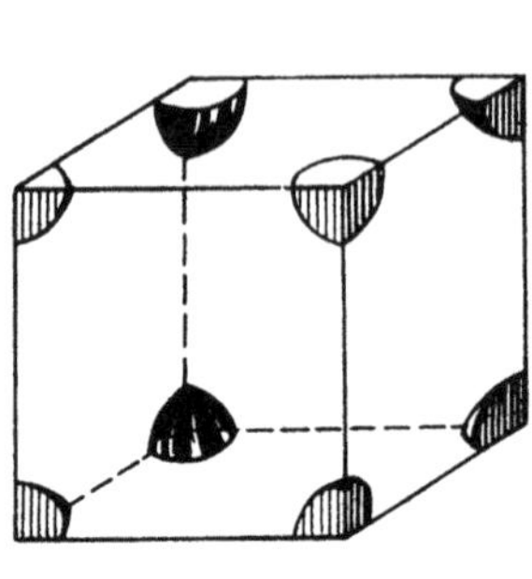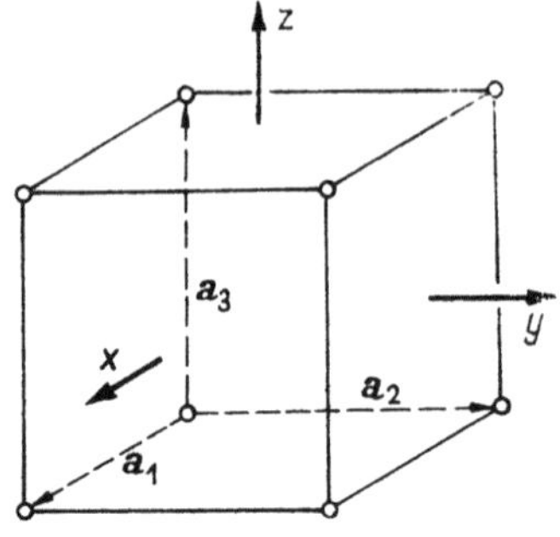

$$a_1 = a\,i\,;\qquad a_2 = a\,j\,;\qquad a_3 = a\,k$$

a)

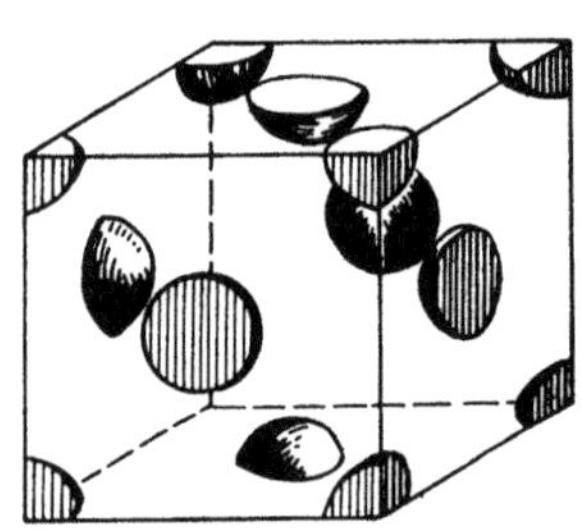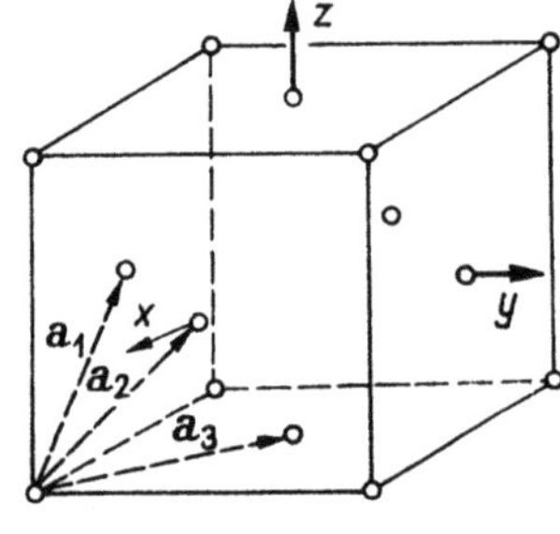

$$a_1 = \frac{a}{2}\,(k-i)\,;\qquad a_2 = \frac{a}{2}\,(j+k)\,;\qquad a_3 = \frac{a}{2}\,(j-i)$$

b)

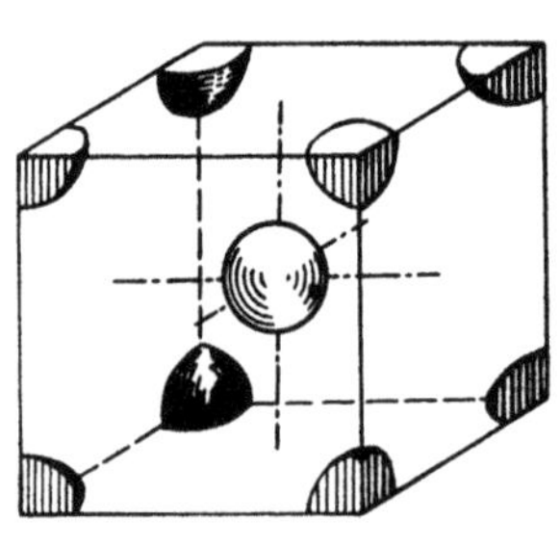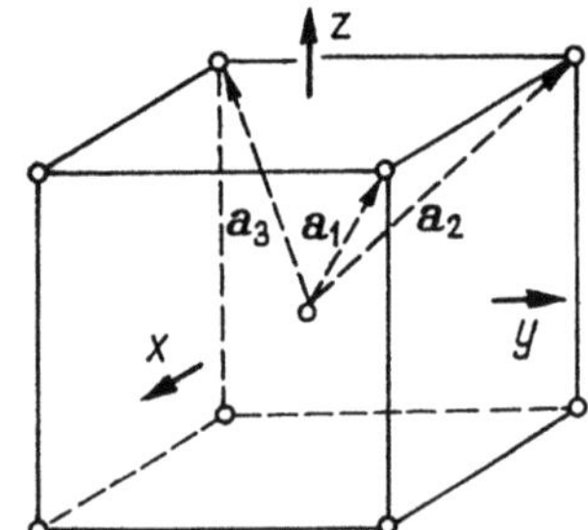

$$a_1 = \frac{a}{2}\,(i+j+k)\,;\qquad a_2 = \frac{a}{2}\,(-i+j+k)\,;\qquad a_3 = \frac{a}{2}\,(-i-j+k)$$

c)

3.33 Die drei einfachsten Gittertypen und die zu den einzelnen Gittertypen gehörenden Basisvektoren. *a)* Das einfach kubische Raumgitter; *b)* das kubisch flächenzentrierte Gitter. Solch ein Gitter haben folgende Elemente: Cu, Ag, Au, Al, Pb, Fe(γ), Ni; *c)* das kubisch raumzentrierte Gitter. Hierher gehören Fe(α), Li, K, Na, Ta, V, Cr, Mo, W [5.4]

den Gittervektor, während $\boldsymbol{a}_1$, $\boldsymbol{a}_2$, $\boldsymbol{a}_3$ die die elementare Zelle aufspannenden Basisvektoren und n_1, n_2, n_3 beliebige ganze Zahlen sind (Abb. **3.33**).

Zur Lösung von (19) verwenden wir das Theorem von *Floquet-Bloch*, wonach die Lösung $\psi(\boldsymbol{r})$ einer Gleichung von dieser Form folgende Eigenschaft besitzt:

$$\psi(\boldsymbol{r} + \boldsymbol{R}_n) = \mathrm{e}^{jk R_n}\,\psi(\boldsymbol{r})\,, \tag{21}$$

wobei $\boldsymbol{k}$ einen beliebigen Vektor bezeichnet. Es ist sofort ersichtlich, daß eine Lösung dieses Typs unserer Erwartung, wonach die Aufenthaltswahrscheinlichkeit des Elektrons der Gitterperiode entsprechend periodisch ist, voll entspricht. Falls nämlich eine Lösung der obigen Form angenommen wird, so ist

$$\psi(\boldsymbol{r} + \boldsymbol{R}_n)\,\psi^*(\boldsymbol{r} + \boldsymbol{R}_n) = \mathrm{e}^{jk R_n}\,\psi(\boldsymbol{r})\,\mathrm{e}^{-jk R_n}\,\psi^*(\boldsymbol{r}) = \psi(\boldsymbol{r})\,\psi^*(\boldsymbol{r}).$$

Noch bevor wir das *Floquet-Bloch*sche Theorem beweisen, wollen wir sofort auf eine wichtige Folgerung hinweisen, und zwar darauf, daß die Funktion

$$u(\boldsymbol{r}) = \mathrm{e}^{-jkr}\,\psi(\boldsymbol{r}) \tag{22}$$

der Gitterperiode entsprechend periodisch ist. Wird nämlich die Gültigkeit des *Floquet-Bloch*schen Theorems vorausgesetzt, so ist

$$\mathrm{e}^{-jk(r+R_n)}\,\psi(\boldsymbol{r} + \boldsymbol{R}_n) = \mathrm{e}^{-jkr}\,\mathrm{e}^{-jk R_n}\,\mathrm{e}^{jk R_n}\,\psi(\boldsymbol{r}) = \mathrm{e}^{-jkr}\,\psi(\boldsymbol{r})\,.$$

Wenn man nun die Gleichung (22) mit e^{jkr} multipliziert, so läßt sich die Lösung in der folgenden Form darstellen:

$$\psi(\boldsymbol{r}) = \mathrm{e}^{jkr}\,u(\boldsymbol{r})\,, \tag{23a}$$

wobei

$$u(\boldsymbol{r} + \boldsymbol{R}_n) = u(\boldsymbol{r}) \tag{23b}$$

ist. Diese Lösung wird *Bloch*-Funktion oder *Bloch*-Welle genannt. Sie kann als eine ebene Welle aufgefaßt werden, deren Amplitude periodisch moduliert ist. Die unmittelbare Folge des *Floquet-Bloch*schen Theorems lautet somit: *Die Lösung der Schrödinger-Gleichung in einem Feld von periodischem Potential kann in der Form einer Blochschen Welle aufgeschrieben werden.*

Kommen wir nun zum Beweis des *Floquet-Bloch*schen Theorems. Wir führen vor allem den Verschiebungsoperator $\mathbf{R}_n$ ein, der den Ortsvektor $\boldsymbol{r}$ in den Ortsvektor $\boldsymbol{r} + \boldsymbol{R}_n$ überführt. Diesem Operator gegenüber sind sowohl die Operation $\varDelta$ als auch W_p Invarianten. Es gilt nämlich

$$\frac{\partial^2}{\partial x^2} = \frac{\partial^2}{\partial(x+X_n)^2}\,,\quad \frac{\partial^2}{\partial y^2} = \frac{\partial}{\partial(y+Y_n)^2}\,,\quad \frac{\partial^2}{\partial z^2} = \frac{\partial^2}{\partial(z+Z_n)^2}\,,$$

$$W_\mathrm{p}(\boldsymbol{r}) = W_\mathrm{p}(\boldsymbol{r} + \boldsymbol{R}_n),$$

wobei

$$\boldsymbol{R}_n = X_n\,\boldsymbol{i} + Y_n\,\boldsymbol{j} + Z_n\,\boldsymbol{k}$$

ist. Daraus folgt, daß

$$\mathbf{R}_n(\mathbf{H}\,\psi) = \mathbf{H}(\mathbf{R}_n\,\psi),$$

d. h.

$$\mathbf{R}_n\,\mathbf{H} - \mathbf{H}\,\mathbf{R}_n = 0$$

ist.

Der *Hamilton*-Operator und der Verschiebungsoperator sind somit vertauschbar. Dies bedeutet, daß die Eigenfunktionen von H und R_n identisch sind (Abschn. 2.9). Es gilt daher

$$\mathsf{R}_n\,\psi(\boldsymbol{r}) = \psi(\boldsymbol{r} + \boldsymbol{R}_n) = C_n\,\psi(\boldsymbol{r}), \tag{24}$$

wobei die Größe C_n von $\boldsymbol{r}$ unabhängig ist, jedoch von $\boldsymbol{R}_n$ abhängig sein kann. Und da

$$\mathsf{R}_n\,\mathsf{R}_m = \mathsf{R}_{n+m} \quad \text{ist, so folgt} \quad C_n\,C_m = C_{n+m}.$$

Diese Gleichung kann mit der Beziehung

$$C_n = \mathrm{e}^{j\boldsymbol{k}\boldsymbol{R}_n} \tag{25}$$

befriedigt werden. Die Größe $j\boldsymbol{k}$ wurde rein imaginär gewählt, um nirgends unendlich große Werte zu erhalten. Berücksichtigt man die Beziehung (24), so erhält man

$$\psi(\boldsymbol{r} + \boldsymbol{R}_n) = \mathrm{e}^{j\boldsymbol{k}\boldsymbol{R}_n}\,\psi(\boldsymbol{r}) \quad \text{bzw.} \quad \psi_{\boldsymbol{k}}(\boldsymbol{r}) = u_{\boldsymbol{k}}(\boldsymbol{r})\,\mathrm{e}^{j\boldsymbol{k}\boldsymbol{r}},$$

d. h. gerade die *Bloch*-Welle. Die einzelnen Lösungen wurden hier bereits mit dem Index $\boldsymbol{k}$ bezeichnet.

Setzen wir nun den Wert von $\boldsymbol{k}$ fest und führen die obige Lösung in die *Schrödinger*-Gleichung (19) ein. Damit erhält man die folgende Differentialgleichung für die Funktion $u_{\boldsymbol{k}}(\boldsymbol{r})$:

$$\left[\frac{\hbar^2}{2\,m}(\boldsymbol{k}^2 - \varDelta) - j\,\frac{\hbar^2}{m}\,\boldsymbol{k}\,\mathrm{grad} + W_{\mathrm{p}}(\boldsymbol{r})\right] u_{\boldsymbol{k}}(\boldsymbol{r}) = W u_{\boldsymbol{k}}(\boldsymbol{r}). \tag{26a}$$

Bei gegebenem $\boldsymbol{k}$ sowie bei den Randbedingungen

$$u_{\boldsymbol{k}}(\boldsymbol{r} + \boldsymbol{R}_n) = u_{\boldsymbol{k}}(\boldsymbol{r}), \quad \mathrm{grad}\,u_{\boldsymbol{k}}(\boldsymbol{r} + \boldsymbol{R}_n) = \mathrm{grad}\,u_{\boldsymbol{k}}(\boldsymbol{r}) \tag{26b}$$

erhält man eine Lösung dieser Differentialgleichung nur bei diskreten Werten der Energie W:

$$W_1(\boldsymbol{k}), \; W_2(\boldsymbol{k}), \; \ldots \; W_n(\boldsymbol{k}), \; \ldots$$

$$u_{1k}(\boldsymbol{r}), \; u_{2k}(\boldsymbol{r}), \; \ldots \; u_{nk}(\boldsymbol{r}), \; \ldots \tag{26c}$$

$$\psi_{1k} = \mathrm{e}^{j\boldsymbol{k}\boldsymbol{r}}\,u_{1k}(\boldsymbol{r}), \; \psi_{2k} = \mathrm{e}^{j\boldsymbol{k}\boldsymbol{r}}\,u_{2k}(\boldsymbol{r}), \; \ldots \; \psi_{nk} = \mathrm{e}^{j\boldsymbol{k}\boldsymbol{r}}\,u_{nk}(\boldsymbol{r}), \ldots$$

Untersuchen wir nun, wie die Größen

$$\psi_{\boldsymbol{k}}(\boldsymbol{r}), \; u_{\boldsymbol{k}}(\boldsymbol{r}), \; W_{\boldsymbol{k}}$$

von $\boldsymbol{k}$ abhängen. Um diese Frage beantworten zu können, führen wir den Begriff des *reziproken Gitters* ein. Die das reziproke Gitter aufspannenden elementaren Vektoren $\boldsymbol{b}_1,\, \boldsymbol{b}_2,\, \boldsymbol{b}_3$ definieren wir durch die folgenden Beziehungen:

$$\boldsymbol{b}_i\,\boldsymbol{a}_j = 2\,\pi\,\delta_{ij}, \quad \delta_{ij}\begin{cases} = 0, & i \neq j \\ = 1, & i = j \end{cases}. \tag{27a}$$

Es ist sofort ersichtlich, daß die Vektoren

$$\boldsymbol{b}_1 = 2\,\pi\,\frac{\boldsymbol{a}_2 \times \boldsymbol{a}_3}{\boldsymbol{a}_1\,\boldsymbol{a}_2\,\boldsymbol{a}_3}, \quad \boldsymbol{b}_2 = 2\,\pi\,\frac{\boldsymbol{a}_3 \times \boldsymbol{a}_1}{\boldsymbol{a}_1\,\boldsymbol{a}_2\,\boldsymbol{a}_3}, \quad \boldsymbol{b}_3 = 2\,\pi\,\frac{\boldsymbol{a}_1 \times \boldsymbol{a}_2}{\boldsymbol{a}_1\,\boldsymbol{a}_2\,\boldsymbol{a}_3} \tag{27b}$$

die Definitionsgleichung befriedigen. Nebenbei bemerken wir noch, daß

$$\boldsymbol{b}_1\,\boldsymbol{b}_2\,\boldsymbol{b}_3 = \frac{(2\,\pi)^3}{\boldsymbol{a}_1\,\boldsymbol{a}_2\,\boldsymbol{a}_3} \tag{27c}$$

ist. Diese Gleichung stellt die Verbindung zwischen dem Volumen der elementaren Zelle mit dem der elementaren Zelle des reziproken Gitters her. Die Abb. **3.35** zeigt die reziproken Basisvektoren für den Fall der einfachsten Kristalle.

Nach der Vorgabe des Gittervektors $\boldsymbol{R}_n = n_1\boldsymbol{a}_1 + n_2\boldsymbol{a}_2 + n_3\boldsymbol{a}_3$ kann auch der reziproke Gittervektor

$$\boldsymbol{K}_l = l_1\boldsymbol{b}_1 + l_2\boldsymbol{b}_2 + l_3\boldsymbol{b}_3$$

eingeführt werden, wobei l_1, l_2, l_3 ganze Zahlen sind. Es läßt sich sofort zeigen, daß die Funktion $e^{j\boldsymbol{K}_l\boldsymbol{r}}$ in der Veränderlichen $\boldsymbol{r}$ periodisch ist. Es ist nämlich:

$$e^{j\boldsymbol{K}_l(\boldsymbol{r}+\boldsymbol{R}_n)} = e^{j\boldsymbol{K}_l\boldsymbol{r}}\,e^{j\boldsymbol{K}_l\boldsymbol{R}_n} = e^{j\boldsymbol{K}_l\boldsymbol{r}}\,e^{j2\pi(m_1l_1+m_2l_2+m_3l_3)} = e^{j\boldsymbol{K}_l\boldsymbol{r}}\,. \tag{28}$$

Als eine bei sehr vielen Anwendungen wichtige Tatsache kann festgestellt werden, daß eine periodische Funktion $F(\boldsymbol{r} + \boldsymbol{R}_n) = F(\boldsymbol{r})$ in der Form einer *Fourier*-Reihe dargestellt werden kann:

$$F(\boldsymbol{r}) = \sum_l G(\boldsymbol{K}_l)\,e^{j\boldsymbol{K}_l\boldsymbol{r}},$$

wobei

$$G(\boldsymbol{K}_l) = \frac{1}{V}\int\limits_V F(\boldsymbol{r})\,e^{-j\boldsymbol{K}_l\boldsymbol{r}}\,dV$$

ist.

Betrachten wir nun die zum Wert $\boldsymbol{k} + \boldsymbol{K}_l$ gehörende Lösung

$$\psi_{\boldsymbol{k}+\boldsymbol{K}_l}(\boldsymbol{r}) = e^{j(\boldsymbol{k}+\boldsymbol{K}_l)\boldsymbol{r}}\,u_{\boldsymbol{k}+\boldsymbol{K}_l}(\boldsymbol{r}) = e^{j\boldsymbol{k}\boldsymbol{r}}\left[e^{j\boldsymbol{K}_l\boldsymbol{r}}\,u_{\boldsymbol{k}+\boldsymbol{K}_l}(\boldsymbol{r})\right].$$

Die Funktion in den eckigen Klammern ist periodisch, da alle ihre Glieder auf Grund von (28) bzw. (26b) periodisch sind.

Man sieht also, daß die Lösung wiederum in der Form der durch die Gleichung (23a) definierten *Bloch*-Welle dargestellt wurde, mit dem Unterschied allerdings, daß jetzt eine andere periodische Funktion neben dem Faktor $e^{j\boldsymbol{k}\boldsymbol{r}}$ steht. Es stellt sich also die Frage, ob man auf diese Weise tatsächlich verschiedene Lösungen erhält. Um dies zu entscheiden, setzen wir die Funktion $\psi_{\boldsymbol{k}+\boldsymbol{K}_l}(\boldsymbol{r})$ in die Differentialgleichung (19) ein. Dadurch erhält man die folgende Beziehung:

$$\left[\frac{\hbar^2}{2\,m}(k^2 - \varDelta) - j\,\frac{\hbar^2}{2\,m}\,\boldsymbol{k}\,\mathrm{grad} + W_\mathrm{p}(\boldsymbol{r})\right]e^{j\boldsymbol{K}_l\boldsymbol{r}}\,u_{\boldsymbol{k}+\boldsymbol{K}_l}(\boldsymbol{r}) =$$
$$= W_{\boldsymbol{k}+\boldsymbol{K}_l}\left[e^{j\boldsymbol{K}_l\boldsymbol{r}}\,u_{\boldsymbol{k}+\boldsymbol{K}_l}(\boldsymbol{r})\right].$$

Dieser Zusammenhang hat die gleiche Form wie die Differentialgleichung (26a), so daß auch die Lösungen identisch sind. Man kann die folgenden Zuordnungen wählen:

$$W_n(k) = W_n(k + K_l)\,,$$

$$u_{nk}(r) = e^{jK_l r}\, u_{n,k+K_l}(r)\,,$$

$$\psi_{n,k+K_l}(r) = \psi_{nk}(r)\,.$$

Man sieht also, daß *die Energiewerte* im reziproken Gitter, d. h. *im k-Raum, periodisch sind* [7.4].

Im Fall eines endlichen Kristalls kann auch jetzt vorgeschrieben werden, daß die Verhältnisse am Anfang und am Ende des Kristalls identisch sein sollen:

$$\psi(r) = \psi(r + G_1 a_1) = \psi(r + G_2 a_2) = \psi(r + G_3 a_3),$$

wobei G_1, G_2, G_3 die Zahlen der elementaren Zellen des endlichen Kristalls bezeichnen. Berücksichtigt man die Gleichung (21), so läßt sich diese Bedingung folgendermaßen schreiben:

$$e^{jG_1 ka_1} = e^{jG_2 ka_2} = e^{jG_3 ka_3} = 1\,,$$

und daraus folgt

$$ka_1 = g_1 \frac{2\pi}{G_1}\,, \quad ka_2 = g_2 \frac{2\pi}{G_2}\,, \quad ka_3 = g_3 \frac{2\pi}{G_3}\,,$$

$$g_i = 1, 2, \ldots G_i\,; \quad i = 1, 2, 3\,.$$

Es sei $k = k_1 b_1 + k_2 b_2 + k_3 b_3$. Multipliziert man beide Seiten mit a_i und berücksichtigt die Gleichung (27a), so ergibt sich die Beziehung

$$ka_i = k_i\, b_i\, a_i = k_i\, 2\pi\,.$$

Die Beziehung $ka_i = 2\pi(g_i/G_i)$ liefert damit die endgültige Formel

$$k = \frac{g_1}{G_1}\, b_1 + \frac{g_2}{G_2}\, b_2 + \frac{g_3}{G_3}\, b_3\,, \quad g_i = 1, 2, \ldots G_i\,.$$

Da die Zahl der in einem endlichen Kristall vorhandenen elementaren Zellen sehr groß ist, verteilen sich die erlaubten k-Werte praktisch kontinuierlich im k-Raum.

Wie kann nun die Abhängigkeit der Energie von k, d. h. die Funktion $W(k)$ dargestellt oder veranschaulicht werden? Die Schwierigkeit liegt darin, daß es sich hier um die gleichzeitige räumliche Darstellung der Skalarvektorfunktionen

$$W_1(k), \quad W_2(k), \ldots, W_n(k), \ldots$$

handelt. Im eindimensionalen Fall haben wir sogar drei Möglichkeiten (Abb. 3.31b). Jetzt bietet auch die Tatsache eine Vereinfachung, daß $W_n(k)$ im k-Raum periodisch verläuft, und zwar mit der Periode K_l. Es genügt, den k-Raum in Teile zu zerlegen, in dem sich die W_n-Werte wiederholen. Diese Teile sind die *Brillouin*-Zonen. Ihre genaue Definition lautet wie folgt: Unter *Brillouin*-Zonen werden jene Bereiche des reziproken Raumes verstanden, welche die folgenden Eigenschaften aufweisen:

1. Das Volumen einer jeden Zone ist gleich dem der elementaren Zelle des reziproken Raumes.

2. Jede Zone kann auf eine sog. *erste Brillouin-Zone* reduziert werden, und zwar so, daß ihre einzelnen Teile um je einen reziproken Gittervektor verschoben werden.

3. Die erste *Brillouin*-Zone hat eine raumausfüllende Eigenschaft in dem Sinne, daß der ganze Raum lückenlos mit solchen Gebilden ausgefüllt werden kann.

Die einzelnen *Brillouin*-Zonen sind durch die Ebenen begrenzt, welche die reziproken Gittervektoren senkrecht halbieren. Die Gleichung dieser Ebenen lautet somit: $2\,\boldsymbol{k}\boldsymbol{K}_l - \boldsymbol{K}_l^2$. Die erste *Brillouin*-Zone ist der so umschlossene kleinste Raumteil im reziproken Gitterraum.

Abb. **3**.34a zeigt die erste, zweite und dritte *Brillouin*-Zone im Fall eines »ebenen« einfach-kubischen Gitters. Man kann die soeben aufgezählten Eigenschaften der *Brillouin*-Zonen leicht überprüfen. Im Bildteil *b* wird die Relation $W = W(\boldsymbol{k})$ in der erweiterten Zonen-Darstellung angegeben. (Diese Darstellung enspricht dem rechten Diagramm in Abb. **3**.31b.) Hier wurde also in der ersten Zone $W_1(\boldsymbol{k})$, in der zweiten Zone $W_2(\boldsymbol{k})$ usw. aufgetragen, und zwar derart, daß die Kurven konstanter Energien aufgezeichnet wurden. Im Bildteil *c* wurde alles auf die erste Zone reduziert. (Vergleiche mit dem mittleren Diagramm in Abb. **3**.31b!)

Im räumlichen Fall werden die Verhältnisse sogar bei dem einfachen kubischen Gitter unübersichtlicher. Man benötigt sogar zur Darstellung von $W_1(\boldsymbol{k})$ eine Reihe von Flächen konstanter Energie: Abb. **3**.34d entspricht nur dem untersten Kurvenstück im mittleren Diagramm der Abbildung **3**.31b oder der linken Figur der Abbildung Abb. **3**.34c.

Um die komplizierte Struktur der *Brillouin*-Zonen anzudeuten, haben wir in Abb. **3**.35 die erste und zweite *Brillouin*-Zone der einfachsten Gittertypen angeführt.

Natürlich, wenn man den Verlauf der Funktionen $W_n = W_n(\boldsymbol{k})$ in einem konkreten Fall bestimmen will, dann geht man einerseits von den Basisvektoren des konkreten Kristallgitters bzw. den dazugehörenden reziproken Vektoren aus, andererseits muß man entweder bezüglich des Verlaufs des Potentials oder hinsichtlich der Form der Lösungen konkretere Ansätze machen. Diese Ansätze müssen selbstverständlich im Fall des Potentials die Periodizität (im $\boldsymbol{r}$-Raum) und hinsichtlich der Zustandsfunktionen das *Floquet-Bloch*sche Theorem befriedigen.

Von den vielen Näherungsverfahren wollen wir nur die beiden Extremfälle erwähnen: die Näherung über das nahezu freie Elektron sowie die Näherung über die enge Bindung. Bei der Näherung des nahezu freien Elektrons gehen wir von der ebenen Welle

$$\psi(\boldsymbol{r}) = \frac{1}{\sqrt{V}}\,\mathrm{e}^{j\boldsymbol{k}\boldsymbol{r}} \tag{29a}$$

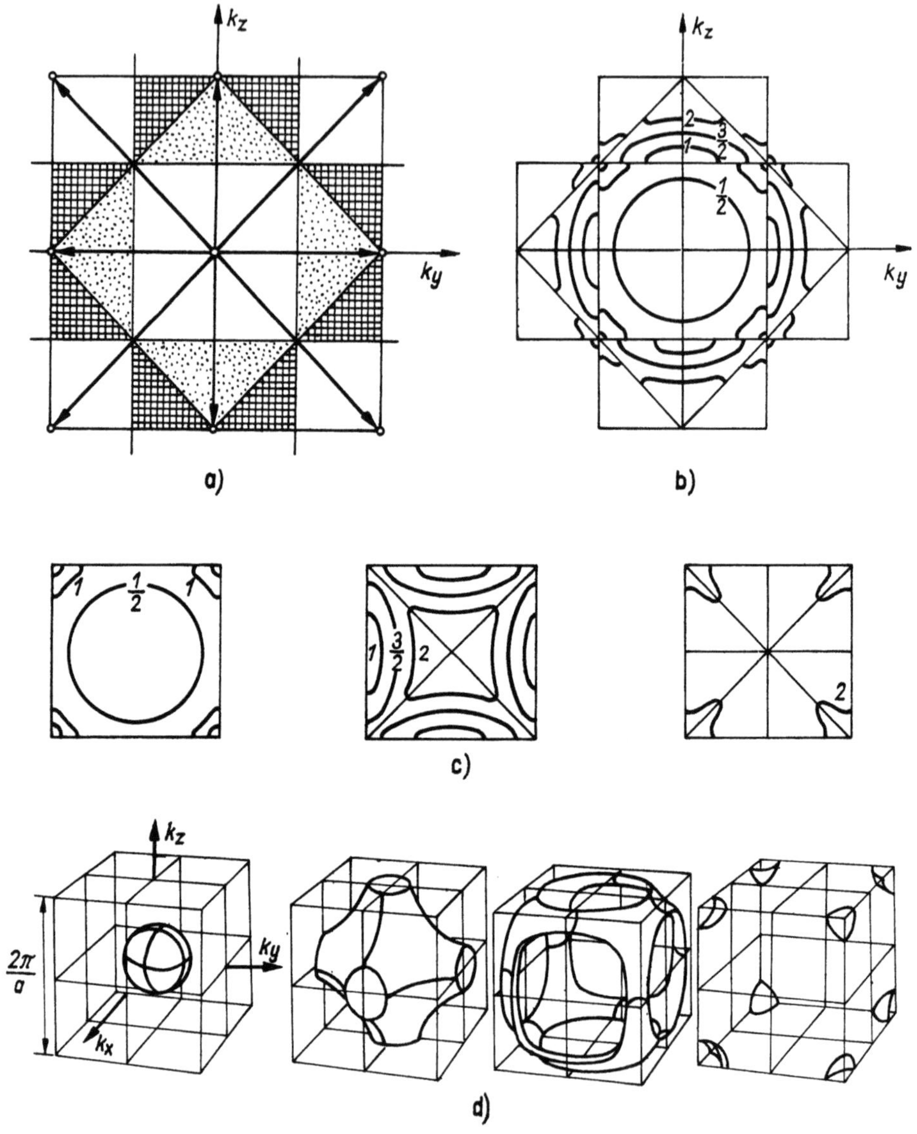

3.34 Die Darstellungsmöglichkeiten der Funktion $W = W(\mathbf{k})$ im »planaren« bzw. räumlichen Gitter. *a)* Die Konstruktion der *Brillouin*-Zonen für ein zweidimensionales einfach kubisches Gitter. Das mittlere leere Quadrat ist die erste Zone. Die punktierten Teile ergeben die zweite, die gekästelten Teile die dritte Zone. *b)* Die erweiterte Zonen-Darstellung von $W = W(\mathbf{k})$. *c)* Die reduzierte Zonen-Darstellung. Diese Bilder entstehen aus *b)* dadurch, daß die Teilstücke der zweiten bzw. dritten Zone in die erste verschoben sind. *d)* Die Flächen konstanter Energie im einfachsten räumlichen Fall, in reduzierter Zonen-Darstellung, aber nur für $W_1 = W_1(\mathbf{k})$. Diese Bilderreihe entspricht dem linken Bild in *c)* [7.4]

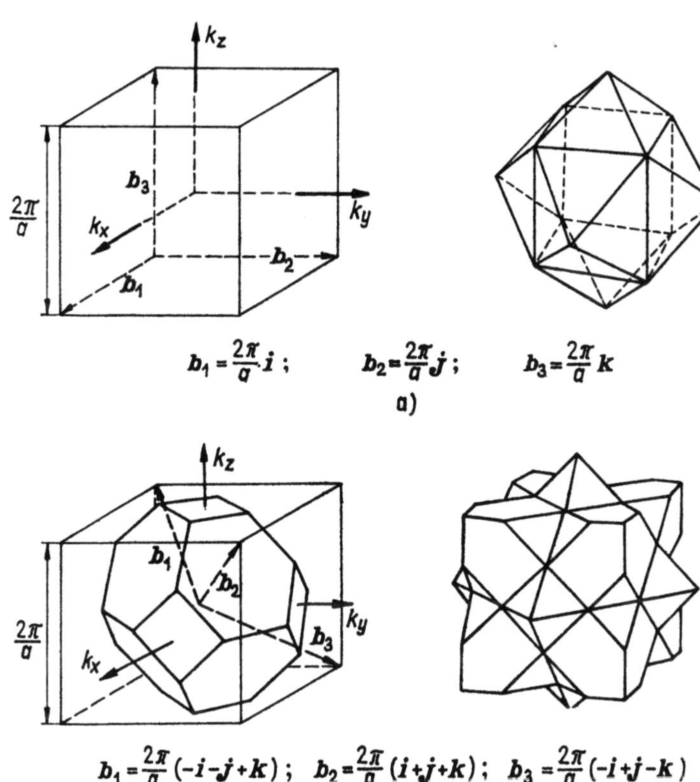

$$b_1 = \frac{2\pi}{a}\,i\,;\qquad b_2 = \frac{2\pi}{a}\,j\,;\qquad b_3 = \frac{2\pi}{a}\,k$$

a)

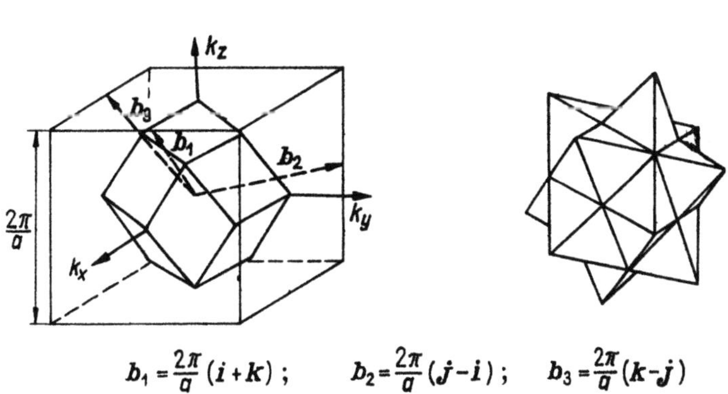

$$b_1 = \frac{2\pi}{a}\,(-i-j+k)\,;\quad b_2 = \frac{2\pi}{a}\,(i+j+k)\,;\quad b_3 = \frac{2\pi}{a}\,(-i+j-k)$$

b)

$$b_1 = \frac{2\pi}{a}\,(i+k)\,;\qquad b_2 = \frac{2\pi}{a}\,(j-i)\,;\qquad b_3 = \frac{2\pi}{a}\,(k-j)$$

c)

3.35 Der reziproke Gitter-Raum oder k-Raum und die erste bzw. zweite *Brillouin*-Zone. *a)* Einfach kubisches Gitter, *b)* kubisch flächenzentriertes Gitter, *c)* kubisch raumzentriertes Gitter (die zweiten *Brillouin*-Zonen sind nicht maßgerecht gezeichnet) [3.3]

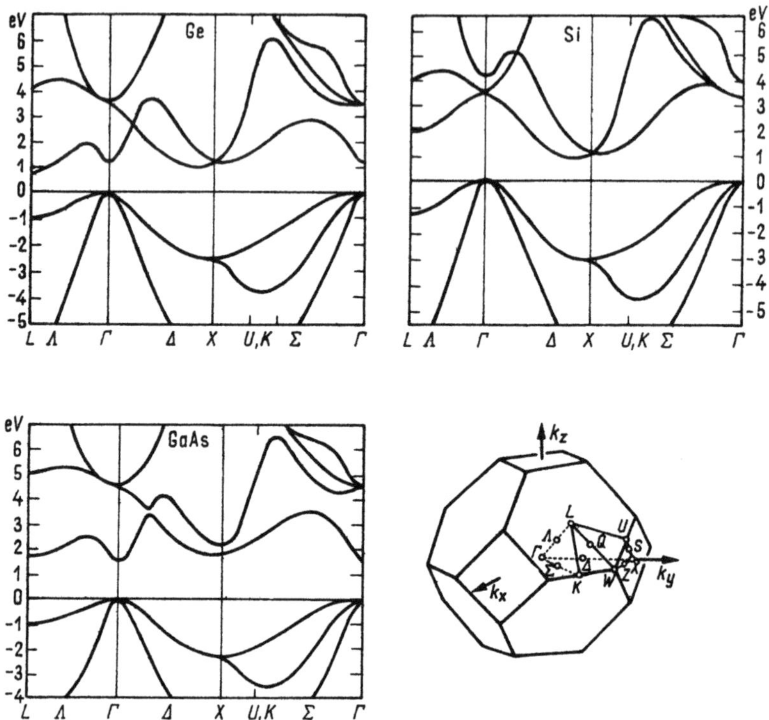

3.36 Eine praktisch wichtige Art der Darstellung der Verknüpfung $W_n = W_n(k)$ bei Ge, Si und GaAs. Es sind die erste *Brillouin*-Zone und die wichtigsten Symmetrielinien angeführt, entlang welchen die W-Werte ausgerechnet sind (*Marvin et alii*. Phys. Rev. Vol. 141, S. 789)

aus, welche das *Floquet-Bloch*sche Theorem selbstverständlich befriedigt. Der Einfluß der potentiellen Energie wird als Störung der im Abschnitt 2.10 angegebenen Methode entsprechend berücksichtigt. Die detaillierte Berechnung zeigt in solchen Fällen, daß man bei den der Bedingung $2kK_l = K_l^2$ entsprechenden k-Werten, also an den Grenzen der *Brillouin*-Zone, eine wesentliche Abweichung vom Freien-Elektron-Zustand (z. B. eine Unstetigkeitsstelle in der Funktion $W = W(k)$) vorfindet.

Bei der Methode der engen Bindung geht man von der Zustandsfunktion der sich selbst überlassenen Atome aus und kombiniert diese auf solche Weise, daß die sich so ergebende Lösung das *Floquet-Bloch*sche Theorem befriedigt:

$$\psi_k(r) = \sum_i e^{jkR_i}\,\psi_a(r - R_i). \tag{29b}$$

In diesem Ausdruck ist $\psi_a(r - R_i)$ die Eigenfunktion des in dem Gitterpunkt R_i befindlichen Atoms. Zu ψ_a gehört der Eigenwert W_0.

Im Fall eines einfach kubischen Raumgitters führen die Berechnungen über gewisse vereinfachende Annahmen zu der Beziehung

$$W(k) = W_0 + K + 2J\,(\cos k_x a + \cos k_y a + \cos k_z a).$$

Hierbei bezeichnen K und J Konstanten, bestimmt durch das Atompotential und durch die Funktion ψ_a. In Abb. **3.34d** sind im wesentlichen die Niveauflächen

$$W(\boldsymbol{k}) - W_0 - K = \text{const}$$

dargestellt.

Bei komplizierten Gittern sind auch die Ergebnisse kompliziert. Abb. **3.36** zeigt Diagramme, welche für die praktisch wichtigen Fälle des Germaniums (Ge), Si bzw. des Galliumarsenids (GaAs) unter Verwendung feinerer Näherungsmethoden berechnet wurden.

3.4.7 Die Bewegung der Elektronen in einem äußeren Feld. Begriff der effektiven Masse

Wie es im vorangehenden gezeigt wurde, ist das Verhalten der Elektronen im Potentialfeld des Festkörpers ziemlich kompliziert, obwohl ein stark vereinfachtes Modell der Wirklichkeit als Berechnungsgrundlage angenommen wurde. Unter solchen Umständen ist die Fiktion der freien Elektronen natürlich nicht mehr ohne weiteres aufrechtzuerhalten. In vielen Fällen — insbesondere bei der Behandlung der Stromverhältnisse in Halbleitern — erweist sich jedoch die Einführung eines fiktiven Begriffes, des der effektiven Masse, als sehr nützlich. Es handelt sich nämlich darum, daß das Elektron unter dem Einfluß einer äußeren Kraft, z. B. des elektrischen Feldes $\boldsymbol{F}_{\text{ä}} = q_e\boldsymbol{E}$, eine gerichtete Bewegung durchführt: So entsteht der elektrische Strom. Die Beschleunigung kann dabei selbstverständlich nicht nach der Beziehung

$$\boldsymbol{F}_{\text{ä}} = m\,\frac{\mathrm{d}\boldsymbol{v}}{\mathrm{d}t}$$

berechnet werden, da die sich aus dem Gitterpotential ergebende innere Kraft im allgemeinen viel größer ist als die äußere Kraft. Die richtige Bewegungsgleichung lautet demnach

$$\boldsymbol{F}_{\text{ä}} + \boldsymbol{F}_{\text{i}} = m\,\frac{\mathrm{d}\boldsymbol{v}}{\mathrm{d}t}.$$

Natürlich kann aber die Erscheinung auch so beschrieben werden, als ob nur die Kraft $\boldsymbol{F}_{\text{ä}}$ wirksam wäre. Dann bedeutet aber m_{eff} in der Gleichung

$$\boldsymbol{F}_{\text{ä}} = m_{\text{eff}}\,\frac{\mathrm{d}\boldsymbol{v}}{\mathrm{d}t} \tag{30}$$

nicht mehr die tatsächliche Masse, sondern eine entsprechend gewählte Größe, mit welcher die unter der gemeinsamen Einwirkung der Kräfte $\boldsymbol{F}_{\text{ä}}$ und $\boldsymbol{F}_{\text{i}}$ zustande gekommene tatsächliche Beschleunigung $\mathrm{d}\boldsymbol{v}/\mathrm{d}t$ zu multiplizieren ist, damit man gerade die Kraft $\boldsymbol{F}_{\text{ä}}$ erhält. Im Fall des freien Elektrons ($\boldsymbol{F}_{\text{i}} = 0$) fällt natürlich die so definierte effektive Masse mit der wirklichen Masse zusammen.

Um zum Begriff der effektiven Masse zu kommen, bestimmen wir vorerst die Geschwindigkeit des Elektrons. Im vereinfachten quantenmechanischen Bild ist das Elektron durch ein Wellenpaket vertreten, dessen Gruppengeschwindigkeit mit der Geschwindigkeit des Elektrons zusammenfällt. Für diese Gruppengeschwindigkeit und somit für die Geschwindigkeit des Elektrons gilt

$$v = \frac{d\omega}{dk} = \frac{2\pi}{h}\frac{dW}{dk}. \tag{31}$$

Diesen wichtigen Zusammenhang können wir noch etwas präzisieren. Den Erwartungswert des zur Lösung

$$\psi = u_k(\boldsymbol{r})\, e^{jkr}$$

gehörenden Impulses erhält man, indem man die skalare Multiplikation $(\psi,\ \boldsymbol{p}\,\psi)$ durchführt, wobei $\boldsymbol{p}$ den Impulsoperator

$$\frac{h}{2\pi j}\,\mathrm{grad}$$

bezeichnet. Es ist damit

$$\langle\boldsymbol{p}\rangle = \frac{h}{2\pi j}\int\limits_{V} \psi^*\,\mathrm{grad}\,\psi\,dV.$$

Nach einer etwas umständlichen Rechnung kann man schreiben:

$$\langle\boldsymbol{p}\rangle = 2\pi\frac{m}{h}\,\mathrm{grad}_{\boldsymbol{k}}W\,(\boldsymbol{k}).$$

Dementsprechend wird der Erwartungswert der Geschwindigkeit

$$\langle\boldsymbol{v}\rangle = \frac{2\pi}{h}\,\mathrm{grad}_{\boldsymbol{k}}W(\boldsymbol{k}). \tag{32}$$

Es wirke nun die Kraft F auf das sich mit der Geschwindigkeit v fortbewegende Elektron ein. Die Energieänderung beträgt dann

$$\frac{dW}{dt} = Fv. \tag{33}$$

Durch Einsetzen des Wertes der Geschwindigkeit erhält man daraus

$$\frac{dW}{dt} = \frac{2\pi}{h}\,F\,\frac{dW}{dk}. \tag{34}$$

Die Änderung der Energie läßt sich auch auf die folgende Weise ausschreiben:

$$\frac{dW}{dt} = \frac{dW}{dk}\frac{dk}{dt}. \tag{35}$$

Durch Vergleich der beiden letzten Gleichungen erhält man

$$F = \frac{h}{2\pi} \frac{\mathrm{d}k}{\mathrm{d}t}. \tag{36}$$

Auf Grund der Gleichung (31) ist die Beschleunigung

$$\frac{\mathrm{d}v}{\mathrm{d}t} = \frac{2\pi}{h} \frac{\mathrm{d}}{\mathrm{d}t}\left(\frac{\mathrm{d}W}{\mathrm{d}k}\right) = \frac{2\pi}{h} \frac{\mathrm{d}^2 W}{\mathrm{d}k^2} \frac{\mathrm{d}k}{\mathrm{d}t}.$$

Wird hier an Stelle von $\mathrm{d}k/\mathrm{d}t$ der aus der vorangehenden Gleichung mit Hilfe der Kraft F ausgedrückte Wert eingesetzt, so erhält man

$$\frac{\mathrm{d}v}{\mathrm{d}t} = \left(\frac{2\pi}{h}\right)^2 \frac{\mathrm{d}^2 W}{\mathrm{d}k^2} F = \frac{1}{m_{\mathrm{eff}}} F.$$

Man sieht also, daß die folgende Formel die effektive Masse ergibt:

$$\frac{1}{m_{\mathrm{eff}}} = \left(\frac{2\pi}{h}\right)^2 \frac{\mathrm{d}^2 W}{\mathrm{d}k^2}. \tag{37}$$

Geht man von der Gleichung (32) aus, so ändern sich unsere übrigen Gleichungen wie folgt:

$$\frac{\mathrm{d}W}{\mathrm{d}t} = \boldsymbol{F v} = \boldsymbol{F}\frac{2\pi}{h}\,\mathrm{grad}_k\,W(\boldsymbol{k}),$$

$$\frac{\mathrm{d}W}{\mathrm{d}t} = \mathrm{grad}_k\,W(\boldsymbol{k})\,\frac{\mathrm{d}\boldsymbol{k}}{\mathrm{d}t},$$

$$\frac{\mathrm{d}\boldsymbol{v}}{\mathrm{d}t} = \left(\frac{2\pi}{h}\right)^2 \mathrm{grad}_k\,(\mathrm{grad}_k\,W(\boldsymbol{k}))\,\frac{\mathrm{d}\boldsymbol{k}}{\mathrm{d}t}.$$

Zur Kennzeichnung der effektiven Masse erhält man somit eine tensorielle Größe mit den folgenden Komponenten:

$$(\mathbf{m}^*)^{-1} = \begin{pmatrix} \dfrac{\partial^2 W}{\partial k_x^2} & \dfrac{\partial^2 W}{\partial k_x\,\partial k_y} & \dfrac{\partial^2 W}{\partial k_x\,\partial k_z} \\[2ex] \dfrac{\partial^2 W}{\partial k_y\,\partial k_x} & \dfrac{\partial^2 W}{\partial k_y^2} & \dfrac{\partial^2 W}{\partial k_y\,\partial k_z} \\[2ex] \dfrac{\partial^2 W}{\partial k_z\,\partial k_x} & \dfrac{\partial^2 W}{\partial k_z\,\partial k_y} & \dfrac{\partial^2 W}{\partial k_z^2} \end{pmatrix}. \tag{38}$$

In Abb. **3.**37 haben wir auch den Wert der effektiven Masse aufgezeichnet. Wie man sieht, ist diese nach Gleichung (37) der Krümmung der Funktion $W(\boldsymbol{k})$ proportional. Ihr Wert kann Null und sogar negativ werden. In der Abbildung ist auch die Geschwindigkeit eingetragen, so daß man auf anschauliche Weise verfolgen kann, daß der Wert k im Fall einer in positiver

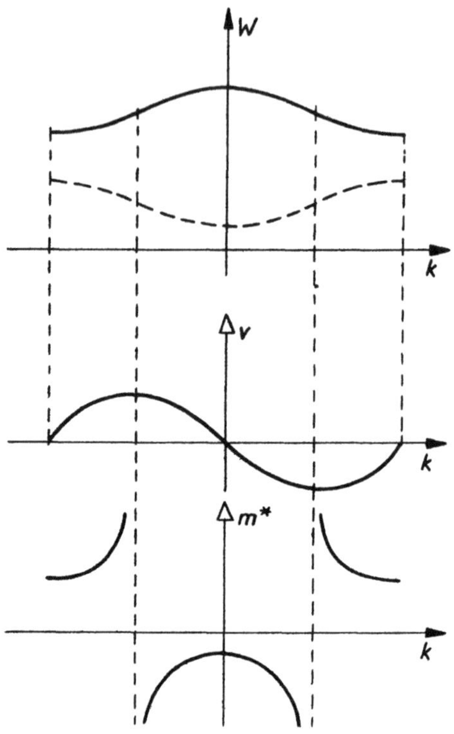

3.37 Die Geschwindigkeit ($\sim dW/dk$) und die effektive Masse [$\sim(dv/dk)^{-1}$] im Fall des zweiten Bandes

Richtung einwirkenden Kraft dem Zusammenhang (36) entsprechend ebenfalls in positiver Richtung zunimmt, während die Geschwindigkeit das eine Mal größer, das andere Mal kleiner wird, je nachdem, ob die effektive Masse einen negativen bzw. positiven Wert aufweist. Sobald ein Elektron infolge seiner Bewegung den Zonenrand erreicht, wird es dort reflektiert und erscheint wieder am linken Rand der Zone.

3.4.8 Die möglichen Fälle der Bandstrukturen

Auf Grund des Vorangehenden können wir uns nunmehr einen Überblick über die möglichen Fälle der Bandstruktur der einzelnen Festkörper verschaffen. Stellen wir uns nämlich die freien Atome einander zwar sehr fern, jedoch bereits der endgültigen Kristallstruktur entsprechend angeordnet vor und nähern sie dann einander bis zu ihrer endgültigen Gleichgewichtslage und sogar darüber hinaus. Die Energieniveaus des freien Atoms spalten sich dabei in Bänder auf, welche aus der Gesamtheit der diskreten Niveaus bestehen. Das Maß der Aufspaltung ist vom gegenseitigen Abstand der Atome abhängig und kann nach den im vorangehenden angegebenen Methoden berechnet werden. Auf diese Weise erhält man die Abb. **3**.28, wo die Aufspaltung der einzelnen ungestörten Niveaus als Funktion der Änderung der Gitterkonstante zu sehen ist. Betrachtet man die mittlere Energie, so sieht man, daß diese bei einem ganz bestimmten Abstand ein Minimum aufweist, welches der Gleichgewichtslage entspricht. Gerade das sich so ergebende Minimum weist auf die Möglichkeit der metallischen Bindung hin. Wird nun bei diesem Gleichgewichtszustand sozusagen ein vertikaler Schnitt durch das Diagramm gemacht, so erhält man die Gleichgewichtsbandstruktur des Metalls.

Hinsichtlich der Leitfähigkeit ist die Untersuchung der Tatsache von entscheidender Bedeutung, wie viele der aufgespaltenen Energieniveaus tatsächlich besetzt sind. Nehmen wir z. B. ein einwertiges Metall. Das s-Niveau ist in G^3 Niveaus aufgespalten. Im Sinne des *Pauli*-Prinzips können der entgegengesetzten Spinausrichtung entsprechend je zwei Elektronen auf jedem Niveau Platz nehmen. Im Metall gibt es insgesamt G^3

Elektronen, so daß nur die Hälfte der möglichen Niveaus besetzt ist. Ohne eingehendere Untersuchung der Verbindung zwischen dem elektrischen Feld und den Elektronenwellen wissen wir, daß das Elektron im elektrischen Strom eine gewisse Energie aus dem Feld aufnimmt, also auf ein höheres Energieniveau kommen muß als das, auf dem es sich zuvor befand. Dies ist aber nur dann möglich, wenn es in der unmittelbaren Nähe der besetzten Niveaus leere, aber erlaubte Niveaus gibt. Bei den jetzt behandelten einwertigen Metallen ist dies auch der Fall. Daraus würde sofort folgen, daß im Fall der zweiwertigen Metalle, bei denen alle Niveaus besetzt sind, die weitere Energieaufnahme der Elektronen, also die metallische Stromleitung, unmöglich ist. Erfahrungsgemäß ist das aber nicht der Fall: Die angeregten Niveaus des freien Atoms spalten sich auch auf, und die beiden Bänder können sich im Gleichgewichtszustand nach Abb. **3.38**a überdecken. Auf diese Weise können sich erlaubte Energieniveaus ohne dazwischen gelegene verbotene Niveaus den besetzten Energieniveaus anschließen. Die Stromleitung ist somit möglich.

Leiter sind demnach jene Festkörper, bei denen das oberste, sog. Leitungsband, noch nicht voll mit Elektronen besetzt ist. Abb. **3.38**b zeigt, wie solche unvollkommen besetzten Bänder bei einem praktisch wichtigen Leiter entstehen. Bei Isolatoren ist jedes Niveau dieses Bandes mit Elektronen voll besetzt. Die verschiedenen kristallinen Modifikationen desselben Materials können sich verschieden verhalten. Betrachtet man den großen

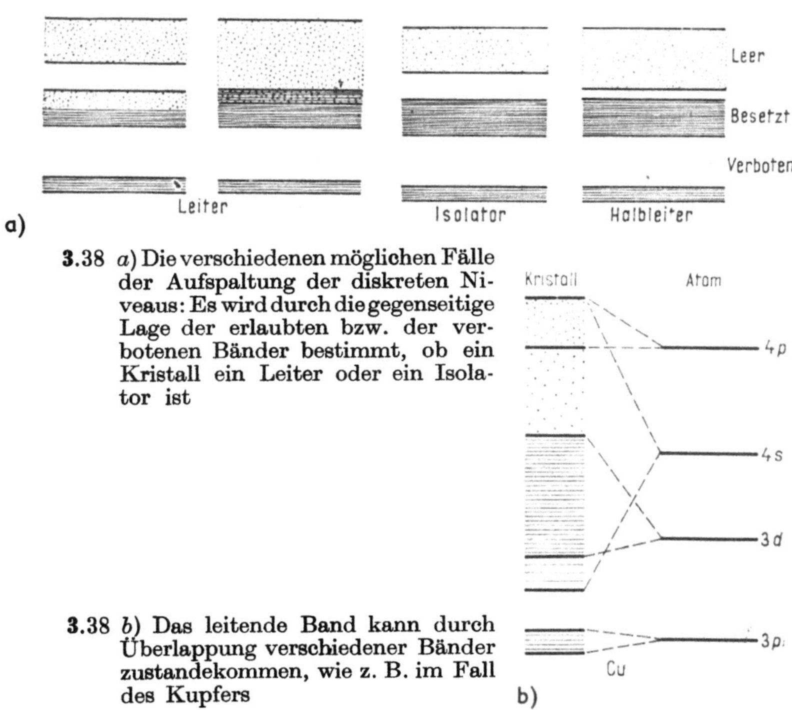

3.38 a) Die verschiedenen möglichen Fälle der Aufspaltung der diskreten Niveaus: Es wird durch die gegenseitige Lage der erlaubten bzw. der verbotenen Bänder bestimmt, ob ein Kristall ein Leiter oder ein Isolator ist

3.38 b) Das leitende Band kann durch Überlappung verschiedener Bänder zustandekommen, wie z. B. im Fall des Kupfers

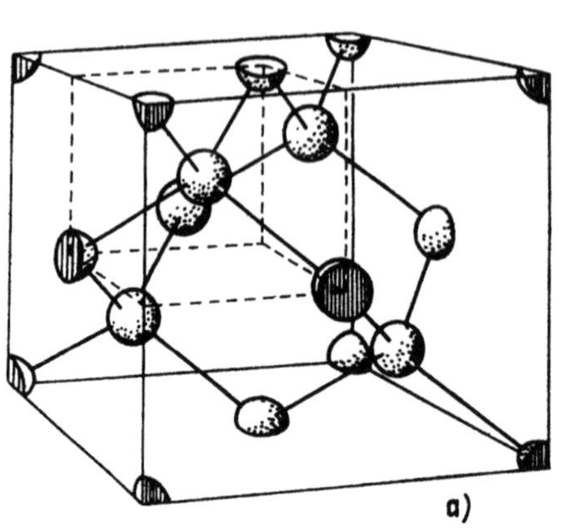

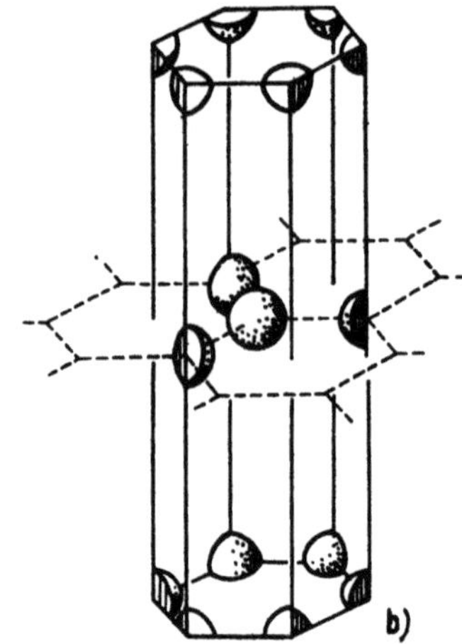

3.39 *a*) Das Kristallgitter des Diamanten. In einem ähnlichen System kristallisieren das Silizium sowie das Germanium. Die Breite der verbotenen Zone zwischen Valenz- und Leitungsband beträgt der Reihe nach für C : 6, Si : 1, Ge : 0,7 eV

3.39 *b*) Das Kristallgitter des Graphits

Unterschied nach Abb. **3.**39a und Abb. **3.**39b zwischen den Gitteranordnungen der Modifikationen des Kohlenstoffs Diamant und Graphit, so ist es nicht mehr weiter erstaunlich, daß der erstere ein Isolator, der letztere ein Leiter ist. Ist das besetzte Leitungsband von dem darüber liegenden, leeren Energieband nur durch ein schmales verbotenes Band getrennt, so kann die thermische Bewegung der Elektronen bereits ausreichen, daß Elektronen in das leere Band hinaufgelangen. Dadurch wird elektrische Leitung möglich. Diese Stoffe — die später noch eingehender besprochen werden sollen — nennt man Halbleiter.

Man sieht ferner, daß die Überdeckung der Bänder und dadurch die Tatsache, daß ein Festkörper ein Leiter oder ein Isolator ist, durch die Gitterkonstante, d. h. durch den gegenseitigen Abstand der das Kristallgitter bildenden Atome bedingt wird. Dies kann aber durch mechanische Einwirkung geändert werden. Das so entstandene Bild weist somit auf den Zusammenhang zwischen Leitfähigkeit und dem mechanischen Spannungszustand hin.

3.4.9 Die Berücksichtigung der Gitterbewegung

Alle unsere bisherige Behandlungen haben Näherungscharakter, der sich u. a. auch darin zeigt, daß der Kristall als ruhend betrachtet wird, obwohl sich die Temperatur der das Gitter bildenden Ionen in Schwingungen um die Gleichgewichtslage äußert. Eine weitgehend brauchbare Methode der Beschreibung dieser Gitterschwingungen wurde von *Debye* angegeben. Er nahm das folgende Modell des Festkörpers als Grundlage seiner Überlegungen an: Die Dichte des Körpers sei gleichmäßig und kontinuierlich verteilt. Wir betrachten die verschiedenen möglichen, d. h. mit den Randbedingungen in Einklang zu bringenden Schwingungszustände und wenden dann die Quantenstatistik bei der Berechnung der durchschnittlichen Energie auf diese Schwingungszustände an.

Das akustische Schwingungsenergiequant der Schwingungszahl ν und der Energie $h\nu$ wollen wir in Analogie zum Photon *Phonon* nennen. Genau so, wie wir von der sich im Innern einer geschlossenen Höhle ausbildenden schwarzen Strahlung als vom Gleichgewichtszustand des Photonengases gesprochen haben, soll nun dem sich im Innern eines Festkörpers der Temperatur T ausgebildeten Schwingungszustand der Gleichgewichtszustand des *Phononen*gases entsprechen. Bekanntlich gibt es in dem zwischen die Werte ν und $\nu + \mathrm{d}\nu$ fallenden Frequenzintervall

$$\mathrm{d}z = \frac{4\pi V}{c^3}\, \nu^2\, \mathrm{d}\nu$$

mögliche Schwingungszustände, gleichgültig, ob von elektromagnetischen Wellen oder akustischen Wellen die Rede ist. Bei den letzteren ist zusätzlich zu berücksichtigen, daß eine longitudinale Welle der Geschwindigkeit c_l sowie eine transversale Welle der Geschwindigkeit c_t existiert. Die transversalen Wellen können zwei verschiedene Polarisationsrichtungen aufweisen, so daß diese bei der Abzählung mit dem doppelten Wert zu berücksichtigen sind. Schließlich ist also

$$\mathrm{d}z = 4\pi V \nu^2\, \mathrm{d}\nu \left(\frac{1}{c_l^3} + \frac{2}{c_t^3} \right) . \tag{39}$$

Für die Energie $\mathrm{d}u$ folgt somit auf Grund von Abschn. 3.3.3:

$$\mathrm{d}u = 4\pi V \left(\frac{1}{c_l^3} + \frac{2}{c_t^3} \right) \frac{h\nu^3}{\mathrm{e}^{\frac{h\nu}{kT}} - 1}\, \mathrm{d}\nu . \tag{40}$$

Im Festkörper können aber keine beliebig hohen Frequenzen auftreten, da die Teilchenstruktur sich bei sehr kurzen Wellen bereits bemerkbar macht. Nach *Debye* wird die maximale Frequenz $\nu_{\max}$ auf solche Weise bestimmt, daß die sich so ergebende Zahl der möglichen Zustände den $3N$ Freiheitsgraden des festen Körpers gleich sein soll, d. h.

$$\int_0^{\nu_m} \mathrm{d}z = \int_0^{\nu_m} 4\pi V \nu^2 \left(\frac{1}{c_l^3} + \frac{2}{c_t^3} \right) \mathrm{d}\nu = 3N , \tag{41}$$

und daraus

$$\frac{4\pi V}{3} \left(\frac{1}{c_l^3} + \frac{2}{c_t^3} \right) \nu_m^3 = 3N .$$

Schließlich wird damit die Energie

$$\mathrm{d}u = \frac{9N}{\nu_m^3} \frac{h\nu^3}{\mathrm{e}^{\frac{h\nu}{kT}} - 1}\, \mathrm{d}\nu \tag{42}$$

oder nach Durchführen der Integration

$$u = \frac{9Nh}{\nu_m^3} \int\limits_0^{\nu_m} \frac{\nu^3 \, \mathrm{d}\nu}{\mathrm{e}^{\frac{h\nu}{kT}} - 1}.$$

Die der Höchstfrequenz durch die Gleichung

$$h\nu_m = k\Theta, \quad \Theta = h\nu_m/k \tag{43}$$

zugeordnete Temperatur wird *Debye-Temperatur* genannt. Die Auswertung durch Reihenentwicklung des obigen Integrals ergibt

$$u = 3RT - \frac{9R\Theta}{8} + \frac{3}{20}\frac{R\Theta^2}{T} \pm \ldots, \quad \text{wenn} \quad T \gg \Theta \quad \text{ist} \tag{44a, b}$$

bzw.

$$u = 58{,}45 \, RT \left(\frac{T}{\Theta}\right)^3, \quad \text{wenn} \quad T \ll \Theta \quad \text{ist,}$$

wobei $R = Nk$ die Gaskonstante bezeichnet.

Auf Grund dieser Zusammenhänge läßt sich die spezifische Wärme bestimmen; man erhält eine befriedigende Übereinstimmung mit den Versuchsergebnissen.

Wenn wir noch immer im Rahmen der klassischen Dynamik bleiben, können wir doch der Wirklichkeit etwas näher kommen, wenn wir die Teilchenstruktur der Materie in Betracht ziehen. Als einfachstes Modell behandeln wir jetzt die Bewegung einer linearen Kette der Teilchen (Abb. **3.40**). Die Ionen seien mit Kräften an ihre Gleichgewichtslagen gebunden, die proportional mit der Verschiebung aus den Gleichgewichtslagen sind. Mit anderen Worten: Die potentielle Energie hängt quadratisch von dieser Verschiebung ab.

Die *Newton*sche Bewegungsgleichung des n-ten Ions lautet nun

$$M \frac{\mathrm{d}^2 u_n}{\mathrm{d}t^2} = -\alpha[(u_n - u_{n-1}) - (u_{n+1} - u_n)] = -\alpha[2u_n - u_{n-1} - u_{n+1}]. \tag{45}$$

Hier bedeutet α die »Federkonstante«. Wir versuchen diese Gleichung mit einer Lösung in der Form

$$u_n = A\,\mathrm{e}^{j(qan - \omega t)} \tag{46}$$

zu befriedigen. Diese Annahme kann folgendermaßen plausibel gemacht werden: Die zu untersuchende Teilchenkette entspricht bei kontinuierlicher Massenverteilung dem elastischen Stab oder der elastischen Saite. In diesen Fällen kennen wir die Lösung als fortschreitende elastische Welle:

$$u(x, t) = A\,\mathrm{e}^{j(qx - \omega t)}.$$

Anstelle der kontinuierlichen Veränderlichen x treten jetzt die diskreten Größen $a, 2a, \ldots, na, \ldots$ So erhalten wir die Lösung (46). Die Begründung kann aber auch mit dem *Floquet*schen Theorem in Zusammenhang gebracht werden.

Führen wir jetzt die Lösung (46) in die Bewegungsleichung ein, so erhalten wir

$$M\omega^2 = \alpha(2 - \mathrm{e}^{-jqa} - \mathrm{e}^{+jqa}) = 2\alpha(1 - \cos qa) = 4\alpha \sin^2 \frac{qa}{2}. \tag{47}$$

3.40 *a)* Eine lineare Kette gleicher Atome als Modell zur Untersuchung der Gitterschwingungen; *b)* die dazugehörige Dispersionsrelation; *c)* ein etwas verfeinertes Modell und *d)* die zugehörige Dispersionsrelation

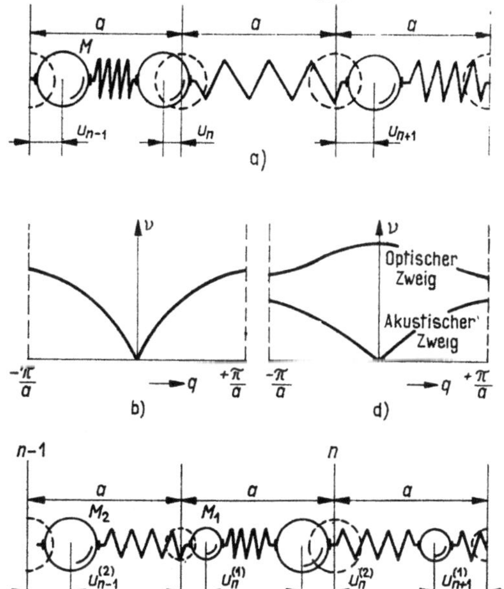

Es wird also

$$\omega^2 = 4\,\frac{\alpha}{M}\sin^2\frac{qa}{2},$$

$$\omega = \sqrt{\frac{\alpha}{M}}\left|\,2\sin\frac{qa}{2}\,\right|. \tag{48}$$

q übernimmt jetzt die Rolle des (eindimensionalen) Wellenvektors k. In Abbildung 3.40b ist der Zusammenhang zwischen q und $\nu = \dfrac{\omega}{2\pi}$ dargestellt.

Wegen der Periodizität der sin-Funktion genügt es, sich auch jetzt auf das q-Gebiet

$$-\frac{\pi}{a} \leq q \leq +\frac{\pi}{a},$$

also auf die erste *Brillouin*sche Zone, zu beschränken.

Als eine bessere Approximation der tatsächlichen Verhältnisse nehmen wir jetzt an, daß unsere lineare Kette aus Ionen mit der Masse M_1 bzw. M_2 besteht, die abwechselnd in einer Entfernung a voneinander mit elastischen Kräften an ihre Ruhelagen gebunden sind. Jetzt lauten die Bewegungsgleichungen folgendermaßen:

$$M_1\frac{\mathrm{d}^2 u_n^{(1)}}{\mathrm{d}t^2} = -\alpha(u_n^{(1)} - u_n^{(2)}) - \alpha(u_n^{(1)} - u_{n-1}^{(2)})$$

$$M_2\frac{\mathrm{d}^2 u_n^{(2)}}{\mathrm{d}t^2} = -\alpha(u_n^{(2)} - u_n^{(1)}) - \alpha(u_n^{(2)} - u_{n+1}^{(1)}). \tag{49a, b}$$

Wir versuchen jetzt die Lösung in der Form

$$u_n^{(1)} = A^{(1)}\, e^{j(qan - \omega t)}, \qquad (50a)$$

$$u_n^{(2)} = A^{(2)}\, e^{j(qan - \omega t)} \qquad (50b)$$

darzustellen. In die Bewegungsgleichung eingesetzt, erhalten wir nach elementarer Umordnung

$$\left(\omega^2 - \frac{2\alpha}{M_1}\right) A^{(1)} + \left[\frac{\alpha(1 + e^{-jaq})}{M_1}\right] A^{(2)} = 0\,. \qquad (51a)$$

$$\left[\frac{\alpha(1 + e^{jaq})}{M_2}\right] A^{(1)} + \left(\omega^2 - \frac{2\alpha}{M_2}\right) A^{(2)} = 0\,. \qquad (51b)$$

Um eine nicht-triviale Lösung erhalten zu können, muß die Determinante Null sein. Daraus ergibt sich die folgende *Dispersionsrelation*, d. h. die Relation zwischen ω und q:

$$\omega_\pm^2 = \alpha\left(\frac{1}{M_1} + \frac{1}{M_2}\right) \pm \alpha\sqrt{\left(\frac{1}{M_1} + \frac{1}{M_2}\right)^2 - \frac{4\sin^2 qa}{M_1 M_2}}\,. \qquad (52)$$

Dieser Zusammenhang ist in Abb. **3.40d** dargestellt. Wie wir sehen, haben wir zwei separate Zweige. Der untere wird *akustischer Zweig* genannt, weil er bei kontinuierlicher Massenverteilung den akustischen Wellen entspricht. Der obere wird *optischer Zweig* genannt, weil sich die Ionen bei $q = 0$ sozusagen unabhängig voneinander im Gegentakt bewegen, und so — in erster Linie in Ionenkristallen — ein oszillierendes Dipolmoment verursachen. Diese Erscheinung kann zur optischen Aktivität führen, wie die Absorption oder Emission infraroter Strahlung.

Es besteht nun keine praktische oder prinzipielle Schwierigkeit, von der klassischen zur quantenmechanischen Beschreibung hinüberzugehen. Den möglichen Gitterschwingungen entsprechen die möglichen Zustände der Phononen, die durch die Wellenvektoren k_{phon} und durch die dazugehörigen Energiewerte W_k charakterisiert sind.

Die Wechselwirkung der Elektronen mit dem Gitter wird jetzt als Elektronen-Phononen-Wechselwirkung gedeutet, bei der das Impulserhaltungsgesetz in der Form

$$k_{el} + k_{\text{phon}} = k'_{el} + K \qquad (53)$$

gültig ist, wo K, wie früher, den Vektor im reziproken Gitterraum bedeutet.

Die Energiegleichung gilt bei diesem Absorptionprozeß in der Form

$$W(k_{el}) + W(k_{\text{phon}}) = W(k'_{el})\,. \qquad (54)$$

Daß in der Impulsbilanz ein solcher Anteil — nämlich K — auch vorkommt, welcher bei der Energiebilanz keine Rolle spielt, deutet auf die Möglichkeit hin, daß es Vorgänge gibt, bei denen ein Impulsaustausch mit dem Gitter stattfindet, welche durch keinen Energieaustausch begleitet sind. Die *Bragg*sche Reflexion ist z. B. ein solcher Vorgang. Ein äußerst wichtiger Effekt sei hier noch erwähnt: der *Mößbauer*-Effekt. Es sei ein radioaktiver Kern in der Kristallstruktur eingebaut. Wenn dieser Kern ein γ-Quant emittiert, so verändert sich im allgemeinen die Energie des γ-Quantes wegen des Rückstoßes: Außerdem wird die Linienbreite durch die Wärmebewegung der Kerne — infolge des *Doppler*effektes — vergrößert. Es besteht aber eine gewisse, in vielen Fällen sogar ziemlich große Wahrscheinlichkeit [bei ^{57}Fe(14,4 keV) beträgt sie 0,8] dafür, daß der Kern bei der Emission des γ-Quantes keinen Rückstoß erleidet. Der Impuls wird sozusagen von dem Kristall als Ganzes aufgenommen. Demzufolge wird ein γ-Quant von äußerst scharfer Linienbreite emittiert, so daß sich Nebeneinflüsse in nie geahnter Empfindlichkeit bemerkbar machen. Für die Festkörperphysik sind z. B. die Einflüsse der lokalen elektrischen und magnetischen Felder von Wichtigkeit. Von prinzipieller Bedeutung ist aber z. B. die Tatsache, daß sich damit der Einfluß des Gravitationsfeldes messen läßt.

3.4.10* Die Begründung der bisher behandelten Näherungen

Zum Schluß sei noch kurz skizziert, wie man von dem allgemeinsten Fall ausgehend zu immer einfacheren Gleichungen gelangt.

Ein Kristall besteht aus Atomkernen, die sich um ihre Ruhelage bewegen, und aus Elektronen. Die momentanen Lagekoordinaten der Kerne seien $R_1, R_2, \ldots R_\alpha, R_\beta, \ldots$, die der Elektronen $r_1, r_2, \ldots, r_i, r_j, \ldots$
Wir haben im allgemeinen Fall die *Schrödinger*-Gleichung

$$\mathsf{H}\,\Psi = W\Psi \tag{55}$$

zu lösen, wo $\Psi = \Psi(r_1, \ldots, r_i \ldots; R_1, \ldots, R_\alpha \ldots)$ ist, d. h. eine Funktion der Lagekoordinaten aller Teilchen; H besteht aus den folgenden Teilen:
kinetische Energie der Elektronen:

$$-\sum_i{}' \frac{\hbar^2}{2m} \Delta_i\,, \tag{56a}$$

kinetische Energie der Atomkerne:

$$-\sum_\alpha{}' \frac{\hbar^2}{2M_\alpha} \Delta_\alpha\,, \tag{56b}$$

Wechselwirkungsenergie aller Elektronen:

$$\frac{1}{2} \sum_{i,j}^{i\neq j}{}' \frac{e^2}{4\pi\varepsilon_0\,|r_i - r_j|}\,, \tag{56c}$$

Wechselwirkungsenergie aller Kerne:

$$\frac{1}{2} \sum_{\alpha,\beta}^{\alpha\neq\beta} \frac{Z_\alpha Z_\beta\, e^2}{4\pi\varepsilon_0\,|R_\alpha - R_\beta|}\,, \tag{56d}$$

Wechselwirkungsenergie der Elektronen und der Kerne:

$$-\sum_{i,\alpha}{}' \frac{Z_\alpha\, e^2}{4\pi\varepsilon\,|r_i - R_\alpha|}\,, \tag{56e}$$

Energie aller Teilchen in einem äußeren Feld:

$$W_\mathrm{p}(r_1 \ldots r_i \ldots;\ \ R_1 \ldots R_\alpha \ldots)\,. \tag{56f}$$

Diese letztere soll sofort außer acht gelassen werden.

Die Lösung der *Schrödinger*-Gleichung unter diesen Bedingungen ist unmöglich und auch unnötig.

Erster Schritt zur Vereinfachung: *Adiabatische Näherung von Born-Oppenheimer.* Wir nützen die Tatsache aus, daß sich die Kerne verhältnismäßig langsam bewegen: wir nehmen die Lagekoordinaten $R_1, R_2, \ldots, R_\alpha, \ldots$ als konstant an, das heißt wir betrachten die Kerne als eingefroren und lösen die *Schrödinger*-Geichung für die Elektronen

$$\sum_i{}' \left[-\frac{\hbar^2}{2m} \Delta_i + \frac{1}{2}\,\frac{1}{4\pi\varepsilon} \sum_j^{i\neq j}{}' \frac{e^2}{|r_i - r_j|} - \frac{1}{4\pi\varepsilon} \sum_\alpha \frac{Z_\alpha\, e^2}{|r_i - R_\alpha|} \right] \Psi_\mathrm{e} = W_\mathrm{e}\Psi_\mathrm{e}\,. \tag{57}$$

Hier werden also $R_1, \ldots R_\alpha \ldots$ als Parameter und nicht als Veränderliche betrachtet. Ψ_e hängt außer von $r_1, r_2, \ldots, r_i \ldots$ noch von diesen Parametern ab. Auch W_e ist von $R_1, R_2, \ldots, R_\alpha \ldots$ abhängig. Probieren wir jetzt, die Gleichung (55) mit dem Ansatz

$$\Psi(r_1 \ldots r_i \ldots; R_1 \ldots R_\alpha \ldots) = \Psi_\mathrm{e}(r_1 \ldots r_i \ldots; R_1 \ldots R_\alpha \ldots)\,\Phi(R_1 \ldots R_\alpha \ldots) \tag{58}$$

zu befriedigen.

Wir erhalten auf diese Weise:

$$\mathbf{H}\,\Psi = \mathbf{H}\,\Psi_e\,\Phi = \left\{ \sum_i \left[-\frac{\hbar^2}{2m}\,\Delta_i + \frac{1}{2}\sum_j^{i\neq j} \frac{e^2}{4\pi\varepsilon\,|\mathbf{r}_i - \mathbf{r}_j|} - \sum_\alpha \frac{1}{4\pi\varepsilon}\,\frac{Z_\varkappa e^2}{|\mathbf{r}_i - \mathbf{R}_\alpha|} \right] \right\} \Psi_e\,\Phi +$$

$$+ \left[\sum_\alpha{}' \left(-\frac{\hbar^2}{2M_\alpha} \right) \Delta_\alpha + \frac{1}{2}\sum_{\alpha,\beta}^{\alpha\neq\beta}{}' \frac{Z_\alpha Z_\beta e^2}{4\pi\varepsilon\,|\mathbf{R}_\varkappa - \mathbf{R}_\beta|} \right] \Psi_e\,\Phi =$$

$$= W_e\,\Psi_e\,\Phi + \left[\sum_\alpha \left(-\frac{\hbar^2}{2M_\alpha} \right) \Delta_\alpha + \frac{1}{2}\sum_{\alpha,\beta}^{\alpha\neq\beta}{}' \frac{Z_\alpha Z_\beta e^2}{4\pi\varepsilon\,|\mathbf{R}_\alpha - \mathbf{R}_\beta|} \right] \Psi_e\,\Phi =$$

$$= \left[\sum_\alpha \left(-\frac{\hbar^2}{2M_\alpha} \right) \Delta_\alpha + \frac{1}{2}\sum_{\varkappa,\beta}^{\alpha\neq\beta}{}' \frac{Z_\alpha Z_\beta e^2}{4\pi\varepsilon\,|\mathbf{R}_\alpha - \mathbf{R}_\beta|} + W_e \right] \Psi_e\,\Phi =$$

$$= \Psi_e \left[\sum_\alpha \left(-\frac{\hbar^2}{2M_\alpha} \right) \Delta_\varkappa + \frac{1}{2}\sum_{\alpha,\beta}^{\varkappa\neq\beta}{}' \frac{Z_\alpha Z_\beta e^2}{4\pi\varepsilon\,|\mathbf{R}_\alpha - \mathbf{R}_\beta|} + W_e \right] \Phi +$$

$$+ \sum_\alpha \left(-\frac{\hbar^2}{2M_\alpha} \right) (\Phi\Delta_\alpha\,\Psi_e + 2\,\mathrm{grad}_\alpha\,\Phi\,\mathrm{grad}_\alpha\,\Psi_e). \tag{59}$$

Wenn die Glieder der letzten Zeile vernachlässigt werden können, so kann die Lösung der Gleichung

$$\mathbf{H}\,\Psi_e\,\Phi = W\,\Psi_e\,\Phi$$

auf die Lösung der Gleichung

$$\left[\sum_\alpha \left(-\frac{\hbar^2}{2M_\alpha} \right) \Delta_\alpha + \frac{1}{2}\sum_{\alpha,\beta}^{\alpha\neq\beta}{}' \frac{Z_\alpha Z_\beta e^2}{4\pi\varepsilon\,|\mathbf{R}_\alpha - \mathbf{R}_\beta|} + W_e(\mathbf{R}_1 .. \mathbf{R}_\alpha ..) \right] \Phi(\mathbf{R}_1 .. \mathbf{R}_\alpha ..) = W\,\Phi \tag{60}$$

zurückgeführt werden. Das ist aber eine Wellengleichung für die Kerne allein. Die Elektronen greifen nur durch die Größe $W_e(\mathbf{R}_1 \ldots \mathbf{R}_\alpha \ldots)$ ein.

Die Vernachlässigung der sogenannten »nicht-adiabatischen« Glieder ist wegen $m \ll M_\alpha$ im allgemeinen berechtigt, man muß aber dann die Wechselwirkung zwischen den Elektronen und Gitterschwingungen — also Phononen — irgendwie in Betracht ziehen.

Bisher haben wir erreicht, daß wir eine separate Wellengleichung für die Elektronen und eine für die Kerne haben.

Der nächste Schritt zur Vereinfachung: die *Einelektron-Näherung*.

Wir möchten zuerst das Wechselwirkungsglied der Elektronen, das größte Hindernis im Weg der weiteren Vereinfachungen, so umformen, daß es als Summe solcher Glieder darstellbar ist, die nur von der Koordinate eines Elektrons abhängen. Dann kann nämlich nach Kap. 2.11 Ψ als Produkt aufgeschrieben werden:

$$\Psi_e = \prod_i \psi_i(\mathbf{r}_i), \qquad W_e = \sum_i W_e.$$

Um dies zu erreichen, denken wir uns dieses Programm schon durchgeführt, sogar $\psi_i(\mathbf{r}_i)$ auch bestimmt. Wir können die Verteilung der Ladungen mit Hilfe der ψ_i-Funktionen bestimmen. So können wir auch die potentielle Energie des i-ten Elektrons im Feld der anderen Elektronen angeben:

$$\frac{1}{2}\sum_j^{i\neq j} \frac{|\psi_j(\mathbf{r}_j)|^2\,e^2\,\mathrm{d}V_j}{4\pi\varepsilon\,|\mathbf{r}_i - \mathbf{r}_j|}.$$

Diese Größe hängt natürlich nur von $\mathbf{r}_i$ ab, da über j summiert wird.

Wir erhalten somit die *Hartree*sche Gleichung

$$-\frac{\hbar^2}{2m}\,\Delta\,\psi_i(\boldsymbol{r}_i) + \left[\frac{1}{2}\sum_{j}^{i\neq j}{}' \int\limits_{V_j} |\psi_j(\boldsymbol{r})|^2\,\frac{e^2}{4\pi\varepsilon\,|\boldsymbol{r}_i-\boldsymbol{r}_j|}\,\mathrm{d}V_j\right]\psi_i(\boldsymbol{r}_i)$$

$$+\,W_\mathrm{p}(\boldsymbol{r}_i;\boldsymbol{R}_1\ldots\boldsymbol{R}_\alpha\ldots)\,\psi_i(\boldsymbol{r}_i) = W_{ei}\,\psi_i(\boldsymbol{r}_i)\,.$$

Die Lösung dieser Gleichung kann z. B. durch Approximation erhalten werden. Wir bemerken zunächst, daß die Berücksichtigung des *Pauli*-Prinzips zu einer verfeinerter Form dieser Gleichung, zu der *Hartree-Fock*schen Gleichung führt.

3.5 Statistische Schwankungen

3.5.1 Die Schwankung der Teilchenzahl in einem gegebenen Raumteil

Im vorangehenden wurde der Gleichgewichtszustand einer Gesamtheit dadurch bestimmt, daß wir den wahrscheinlichsten Zustand ermittelten. Andere, von diesem wahrscheinlichsten Zustand abweichende Zustände sind jedoch ebenfalls möglich, kommen in der Wirklichkeit auch vor, nur mit einer geringeren Wahrscheinlichkeit. Kleine Abweichungen vom wahrscheinlichsten Zustand sind aber häufig: die um den Gleichgewichtszustand stattfindenden Schwankungen sind die handgreiflichsten Beweise der atomaren, also eine statistische Menge darstellenden Beschaffenheit der Materie. Die Gesetzmäßigkeiten und die zu erwartende Größenordnung dieser statistischen Schwankungen werden am einfachsten und anschaulichsten Beispiel, dem der Dichteschwankungen des Gases, demonstriert.

Die Zahl der Moleküle eines sich im beliebigen Volumen ΔV im Gleichgewicht befindenden Gases oder genauer, ihr Mittelwert sei $\bar{n} = (N/V)\Delta V$, wobei N die Gesamtzahl der im Volumen eingeschlossenen Moleküle bezeichnet. In Wirklichkeit wird die Zahl der im ausgewählten Volumen ΔV vorhandenen Moleküle um diesen Mittelwert $\bar{n}$ schwanken, und ihre Größe wird in einem gegebenen Augenblick $n \neq \bar{n}$ sein. Uns interessiert das Maß dieser Schwankung. Nach den Regeln der Wahrscheinlichkeitsrechnung ist jetzt — wie wir gleich beweisen — der quadratische Mittelwert der Abweichungen gerade gleich dem Mittelwert:

$$\overline{(n-\bar{n})^2} = \bar{n}, \tag{1}$$

so daß die Quadratwurzel des Mittelwertes die Abweichung ergibt. In 1 cm³ Normalgas gibt es $2{,}7\cdot10^{19}$ Moleküle. Der Mittelwert der Abweichung beträgt in diesem Fall

$$\delta = \sqrt{2{,}7\cdot10^{19}} \sim 5\cdot10^9\,.$$

Die Zahl der in 1 cm³ vorhandenen Gasmoleküle schwankt durchschnittlich um diesen Wert. Wie groß auch diese Zahl ist, sie beträgt nicht mehr als das $2\cdot10^{-10}$fache der ursprünglichen Molekülzahl, so daß die Dichte des Gases nur in einem, makroskopisch nicht nachweisbaren Maß schwankt. Diese Schwankung beträgt jedoch bereits $0{,}2^0/_{00}$, falls das Volumen von

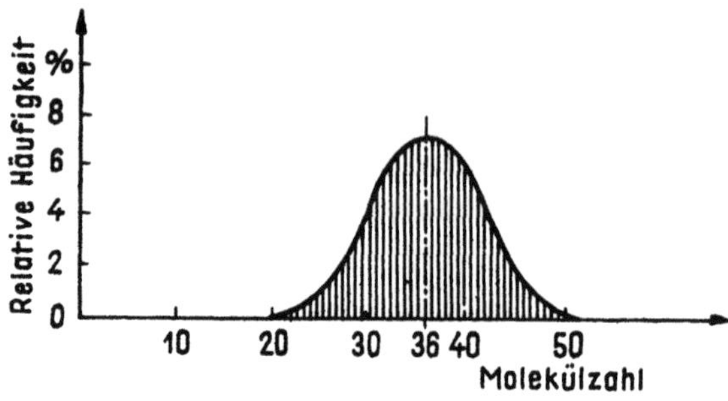

3.41 Die Schwankung der Teilchenzahl in einem Volumen von 1 μ^3 des Gases von 0 °C beim Druck von 10^{-3} Torr

1 μ^3 betrachtet wird. Geht man noch weiter und vermindert man den Druck auf 0,001 Torr, so befinden sich nur mehr 36 Moleküle im Volumen von 1 μ^3, und ihre durchschnittliche Schwankung beträgt $\sqrt{36} = 6$. Diese Schwankung ist bereits sehr beträchtlich: 17% der Gesamtzahl der Moleküle. Die fragliche Größe bedeutet die mittlere Abweichung oder genauer die Quadratwurzel vom quadratischen Mittelwert der Abweichungen. Natürlich erhält man auch größere Abweichungen, doch nimmt ihre Häufigkeit mit der Größe der Abweichung rapid ab. In Abb. **3**.41 kann abgelesen werden, mit welcher Häufigkeit eine vom Durchschnitt von 36 abweichende Anzahl von Molekülen in 1 μ^3 des Gases von 0,001 Torr Druck zu finden ist. Weniger als 20 oder mehr als 52 Moleküle findet man praktisch nie.

Die hier gegebene Berechnungsart der Schwankung ist für jedes Teilchen-Abzählungsproblem derart charakteristisch, daß es zweckmäßig ist, sich etwas eingehender damit zu befassen. Leiten wir also die Beziehung $\overline{(n - \bar{n})^2} = \bar{n}$ ab.

Wir teilen das Volumen V in elementare Volumina der Größe ΔV ein. Die Zahl solcher Zellen wird also $Z = V/\Delta V$. Wir wissen bereits, daß wir im Mittel $\bar{n}$ Moleküle in einer ausgewählten Zelle finden werden. Frage: Wie groß ist die Wahrscheinlichkeit dafür, daß man eine beliebige Anzahl n von Molekülen vorfindet? Die Wahrscheinlichkeit, daß ein bestimmtes Molekül dorthin kommt, ist $1/Z$; daß n bestimmte Moleküle dorthin kommen, ist $(1/Z)^n$, und die Wahrscheinlichkeit dafür, daß die übrigen $(N - n)$ Moleküle gleichzeitig *nicht* dorthin kommen, beträgt

$$\left(\frac{1}{Z}\right)^n \left(1 - \frac{1}{Z}\right)^{N-n}. \tag{2}$$

Mit Rücksicht darauf, daß n von insgesamt N Teilchen auf

$$\binom{N}{n}\text{-fache}$$

Art ausgewählt werden können und diese alle für uns günstigen Fälle darstellen, ist die gesuchte Wahrscheinlichkeit

$$w = \binom{N}{n} p^n (1 - p)^{N-n}, \tag{3}$$

wobei

$$p = \frac{1}{Z} = \frac{\Delta V}{V}.$$

ist. (Die Teilchen wurden als unterscheidbar betrachtet.)
Benützt man nun für die Annäherung die Tatsache, daß N eine sehr große, p dagegen eine sehr kleine Zahl ist, und führt die Abkürzung

$$\lambda = Np = N\left(\frac{\Delta V}{V}\right)$$

ein, dann läßt sich die obige Formel wie folgt umschreiben:

$$w = \frac{N(N-1)\ldots(N-n+1)}{n!}\left(\frac{\lambda}{N}\right)^n\left(1-\frac{\lambda}{N}\right)^{N-n} =$$

$$= \frac{\lambda^n}{n!}\,\frac{\left(1-\dfrac{1}{N}\right)\ldots\left(1-\dfrac{n-1}{N}\right)}{\left(1-\dfrac{\lambda}{N}\right)^n}\left(1-\frac{\lambda}{N}\right)^N.$$

Das mittlere Glied dieses Produktes geht für $N \to \infty$ gegen 1, während der Grenzwert des dritten Faktors $e^{-\lambda}$ ist; damit haben wir die *Poisson*sche Verteilung erhalten:

$$w(n) = \frac{\lambda^n}{n!}e^{-\lambda}. \tag{4}$$

Die mittlere Zahl der im Volumen ΔV befindlichen Teilchen wird daher

$$\bar{n} = \sum_{n=1}^{\infty} nw(n) = \sum_{n=1}^{\infty} n\frac{\lambda^n}{n!}e^{-\lambda} = \lambda\sum_{n=1}^{\infty}\frac{\lambda^{n-1}}{(n-1)!}e^{-\lambda} = \lambda e^{\lambda}e^{-\lambda} = \lambda = \frac{N\Delta V}{N},$$

wie dies natürlich auch zu erwarten war. Gerade für diese Verteilung ist es charakteristisch, daß der Durchschnitt des Quadrats der Abweichungen mit dem Mittelwert übereinstimmt. Es ist nämlich

$$\overline{(n-\bar{n})^2} = \sum_{n=0}^{\infty}(n-\bar{n})^2 w(n) = \sum_{n=1}^{\infty} n^2 w(n) - 2\lambda\sum_{n=1}^{\infty} nw(n) + \lambda^2\sum_{n=0}^{\infty} w(n). \tag{5}$$

Den Wert der beiden letzten Glieder der rechtsseitigen Summe können wir sofort aufschreiben:

$$\lambda^2\sum_{n=0}^{\infty} w(n) = \lambda^2,$$

da die Summe der Wahrscheinlichkeiten die Einheit ergibt. Im zweiten Glied kommt gerade der Mittelwert wieder vor:

$$-2\lambda\sum_{n=0}^{\infty} nw(n) = -2\lambda^2.$$

Und das erste Glied läßt sich folgendermaßen umgestalten:

$$\sum_{n=0}^{\infty} n^2 w(n) = \sum_{n=0}^{\infty} n^2 \frac{\lambda^n}{n!} e^{-\lambda} = \sum_{n} \lambda^n \frac{n}{(n-1)!} e^{-\lambda} =$$

$$= \sum_{n} \lambda^n \frac{(n-1)! + (n+2)!}{(n-2)! \, (n-1)!} e^{-\lambda} = \sum_{n} \lambda^n \left[\frac{1}{(n-2)!} + \frac{1}{(n-1)!} \right] e^{-\lambda} =$$

$$= \sum_{n} \left[\lambda^2 \frac{\lambda^{n-2}}{(n-2)!} + \lambda \frac{\lambda^{n-1}}{(n-1)!} \right] e^{-\lambda} = (\lambda^2 e^{\lambda} + \lambda e^{\lambda}) e^{-\lambda} = \lambda^2 + \lambda,$$

es gilt also

$$\overline{(n - \overline{n})^2} = \lambda^2 + \lambda - 2\lambda^2 + \lambda^2 = \lambda = \overline{n}. \tag{6}$$

Damit ist der Beweis der Beziehung (1) erbracht.

3.5.2 Die Brownsche Bewegung

Nach dem Äquipartitionsprinzip entfällt auf jedes Teilchen des Gases eine seinem Freiheitsgrad proportionale Energie. Die aus der thermischen Bewegung stammende Energie der im Gas schwebenden Teilchen, ob es die größeren, sogar mit dem bloßen Auge sichtbaren oder die mikroskopischen Teilchen sind, beträgt somit $(3/2)kT$, falls nur die translatorische Bewegung des Teilchens in den drei Richtungen berücksichtigt wird. Makroskopisch gesehen ist dies eine sehr kleine Energie; wenn also die Masse des Teilchens groß ist, entspricht dieser Energie eine so kleine Geschwindigkeit, daß sie nicht mehr wahrgenommen werden kann. Im normalen Mikroskop erscheint aber die Hin- und Herbewegung eines Körpers mit einer Geschwindigkeit von 10^{-1} mm/s bereits als sehr lebhaft. Die zu dieser Geschwindigkeit gehörende Masse ergibt sich auf Grund der Beziehung

$$\frac{1}{2} m v^2 = \frac{3}{2} kT, \quad \text{d. h.} \quad m = \frac{3kT}{v^2}$$

zu $m \approx 10^{-9}$ Gramm bei Zimmertemperatur. Die Masse eines Festkörpers mit den linearen Abmessungen von 10^{-3} cm fällt gerade in diese Größenordnung. Solche Körper sind unter dem Mikroskop leicht zu beobachten. So ist diese sogenannte *Brown*sche Bewegung an den in der Luft schwebenden Rauchteilchen sehr gut zu sehen.

Infolge ihrer Wärmeenergie führen die einzelnen Teilchen eine völlig unregelmäßige Bewegung aus. Für die durchschnittliche Bewegung sehr vieler Teilchen läßt sich jedoch bereits eine strenge Gesetzmäßigkeit finden. Werden nämlich viele Teilchen im beliebigen Zeitpunkt $t = t_0$ in einem gegebenen Punkt angeordnet, so wird man die Teilchen nach der Zeit $t = \tau$ in verschiedenen Abständen von jener Anfangslage vorfinden. Für

den Mittelwert des Quadrats der Entfernung in einer gegebenen x-Richtung
hat *Einstein* den folgenden Zusammenhang aufgestellt:

$$\overline{x^2} = \frac{kT}{3\,\pi\eta\,r}\,\tau\,. \tag{7}$$

Hierbei bezeichnen k die *Boltzmann*sche Konstante, T die absolute Temperatur, η die Viskositätszahl der Flüssigkeit, in welcher das Teilchen
sich bewegt, und r den Halbmesser des als Kugel vorgestellten Teilchens.
Daraus folgt, daß die durchschnittliche Entfernung der Teilchen in einer
gegebenen Richtung in direktem Verhältnis mit der Quadratwurzel der
Zeit zunimmt.

Die einfachste Ableitung dieses Zusammenhanges stammt von *Langevin*·
Betrachtet man nämlich die Bewegung eines Teilchens entlang der x-Koor-
dinatenachse, so lautet die Bewegungsgleichung

$$m\ddot{x} = X - 6\pi r\dot{x}\eta, \tag{8}$$

wobei der Ausdruck $6\pi r\dot{x}\eta$ im Sinne des *Stokes*schen Gesetzes die auf eine
sich in einer viskosen Flüssigkeit bewegende Kugel einwirkende, von der
Reibung herrührende und der Geschwindigkeit proportionale Bremskraft
darstellt, während X eine sich aus den Zusammenstößen der Moleküle
ergebende, zeitlich vollkommen unregelmäßige Kraft bezeichnet. Wir multiplizieren beide Seiten dieser Gleichung mit x:

$$m\ddot{x}x = Xx - 6\pi\eta r\dot{x}x.$$

Da

$$\frac{\mathrm{d}^2x^2}{\mathrm{d}t^2} = 2\,\dot{x}^2 + 2\,\ddot{x}x$$

ist, nimmt unsere vorangehende Gleichung die Form

$$\frac{m}{2}\,\frac{\mathrm{d}^2x^2}{\mathrm{d}t^2} - m\dot{x}^2 + 3\,\pi\eta\,r\,\frac{\mathrm{d}}{\mathrm{d}t}\,x^2 = Xx$$

an.

Bildet man nun den Mittelwert für sehr viele Teilchen, so findet man xX
in gleich vielen Fällen positiv bzw. negativ, so daß $\overline{xX} = 0$. Führen wir
nun die Substitution $z = \dfrac{\mathrm{d}}{\mathrm{d}t}\,\overline{x^2}$ durch, so erhalten wir die folgende einfache
Form für unsere obige Gleichung:

$$\frac{m}{2}\,\dot{z} + 3\,\pi\eta\,rz = m\overline{\dot{x}^2}.$$

Nehmen wir nun an, daß unser Teilchen 1 Freiheitsgrad besitzt, dann
beträgt seine mittlere Energie im Sinne des Äquipartitionsprinzips

$$\frac{1}{2}\,m\overline{\dot{x}^2} = \frac{1}{2}\,kT\,,$$

so daß

$$\dot z = \frac{2\,kT}{m} - \frac{6\,\pi\eta\,rz}{m}$$

ist. Diese Gleichung läßt sich bereits leicht integrieren; die Lösung lautet

$$z = \frac{kT}{3\,\pi\eta\,r} + Ce^{-\frac{6\,\pi\eta rt}{m}}. \tag{9}$$

In dieser Lösung kann das zweite Glied vernachlässigt werden, da der Exponent nach Einsetzen der üblichen Werte eine sehr große negative Zahl wird. Wir können deshalb

$$z = \frac{\mathrm{d}}{\mathrm{d}t}\,\overline{x^2} = \frac{kT}{3\,\pi\eta\,r},$$

d. h.

$$\overline{x^2} = \frac{kT}{3\,\pi\eta\,r}\,\tau \tag{10}$$

schreiben.

Dies ist bereits der *Einstein*sche Zusammenhang, wenn der Mittelwert des Quadrats der anfänglichen Verrückungen zu Null angenommen wird.

Wie bereits erwähnt, stellen die Schwankungserscheinungen die stärksten Beweise der atomaren Auffassung dar. Unter diesen steht die *Brown*sche Bewegung an der ersten Stelle, da diese bereits durch sehr einfache Mittel beobachtet werden kann und die Bewegung der Moleküle fast handgreiflich vor unsere Augen führt. Durch Ausmessen der einzelnen Teilchenbahnen kann der Wert der universellen Konstanten k bestimmt werden. Die durchgeführten Messungen ergeben eine ausgezeichnete Übereinstimmung mit den auf anderen Wegen erhaltenen Werten von k.

Wir wollen schließlich darauf hinweisen, daß das Prinzip der Äquipartition von ganz allgemeiner Natur ist und auf beliebig große Makroteilchen angewendet werden kann, wie z. B. bei einer — von *Fermi* angegebenen — interessanten Möglichkeit der Entstehung der kosmischen Strahlung. Nach dieser bewegen sich größere Nebel mit ihrem magnetischen Feld im interstellaren Raum, und durch Wechselwirkungen, »Zusammenstöße«, dürfte sich ein Gleichgewichtszustand zwischen den einzelnen, individuellen, geladenen Teilchen und jenen Makromassen einstellen. Da die Masse der letzteren groß ist, gehört zu ihrer verhältnismäßig kleinen Geschwindigkeit eine so große Energie, daß sie die kosmische Energie der Teilchen liefern könnte.

3.5.3 Die durch die thermische Schwankung bedingte Grenze der Meßgenauigkeit von Instrumenten

Das Prinzip der Äquipartition der Energie ist für jeden Körper gültig, der mit seiner Umgebung temperaturmäßig im Gleichgewicht steht, wie groß auch seine Abmessungen sein mögen. So haben wir bereits gesehen, daß Rauchkörnchen mit linearen Abmessungen von 10^{-3} cm unter Einwirkung der fortwährenden Stöße der sie umgebenden Moleküle eine beobachtbare unregelmäßige Bewegung durchführen und die mittlere Energie dieser Bewegung gerade $(3/2)kT$ beträgt. Die beweglichen Teile von sehr empfindlichen Meßinstrumenten — die am Torsionsfaden hängende Spule des Galvanometers genauso wie der Waagebalken — führen eine ebensolche unregelmäßige Bewegung durch. Dies bedeutet, daß das Galvanometer auch im stromlosen Zustand nicht am Skalennullpunkt stillsteht, sondern unregelmäßige Schwingungen um ihn durchführt. Den quadratischen Mittelwert dieser Schwankungen können wir auf Grund des Äquipartitionsprinzips sofort feststellen. Wird nämlich die Schwingspule gegenüber ihrer Nullage der Torsionskraft mit einem Winkel φ zum Ausschlag gebracht, so erlangt diese die potentielle Energie $(1/2)D\varphi^2$. Im Falle eines linearen Torsionsmomentes ist der Mittelwert der kinetischen Energie gleich dem der potentiellen Energie, wie sich dies auf Grund der *Boltzmann*-Verteilung errechnen läßt. Bei einem System von einem Freiheitsgrad, wie dies auch die um eine Achse drehbare Spule darstellt, gilt somit

$$\overline{W}_{\text{pot}} = \overline{W}_{\text{kin}} = \frac{1}{2} D\overline{\varphi_0^2} = \frac{1}{2} kT,$$

und daraus ergibt sich die Beziehung

$$\overline{\varphi_0^2} = \frac{kT}{D}$$

für den durchschnittlichen Ausschlag des Galvanometers. Die Lage des Nullpunktes wird in diesem Maße ungewiß. Dies führt natürlich zu einer Ungewißheit auch in der Strommessung. Und zwar, falls die Einheitsstromstärke die Spule mit dem Drehmoment NAB zum Ausschlag zu bringen trachtet, wird die Stromstärke i das Galvanometer bis zu dem Winkel φ auslenken, bei dem das Torsionsmoment $D\varphi$ mit dem vom Strom verursachten Drehmoment $NAiB$ gleich wird, d. h.

$$D\varphi = iBNA.$$

Folglich ist

$$i = \frac{D}{NAB}\varphi.$$

Die dem Wert $\overline{\varphi_0^2}$ entsprechende Stromschwankung beträgt somit auf Grund der vorangehenden Gleichungen

$$\overline{i_0^2} = \frac{kT}{N^2 A^2 B^2} D. \tag{11}$$

In den obigen Beziehungen bezeichnen N die Windungszahl, A die Oberfläche der Spule und B die Induktion. Unsere Strommessung wird also infolge der thermischen Bewegung in diesem Maße ungenau sein. Wird der bei Zimmertemperatur geltende Wert von kT eingesetzt, so erhält man bei den heute realisierbaren Werten von D und NAB eine Stromschwankung von 10^{-12} A. Diese führt an einem guten Galvanometer bereits zu sichtbaren Ausschlägen. Der Ablesungsgenauigkeit wird also durch die thermische Bewegung eine bereits praktisch zu berücksichtigende, prinzipielle Grenze gesetzt. Es ist jedoch zu betonen, daß jede Größe trotzdem mit einer beliebigen Genauigkeit gemessen werden kann, nur muß man viele Ablesungen durchführen oder die Ausschläge des Instrumentes kontinuierlich registrieren. Durch die Mittelbildung wird dann nämlich der durch die thermische Bewegung verursachte Fehler ausgeglichen.

Im Endeffekt stammt die thermische Bewegung der Instrumentenspule von den in unregelmäßigen Zeitabständen und Anzahlen stoßenden Molekülen. Es könnte der Gedanke auftauchen, daß dieser Tatbestand umgangen werden kann, wenn das Galvanometer im Vakuum oder zumindest in stark verdünnter Luft untergebracht wird, wodurch die Schwankungen vermindert werden sollten. Auf Grund des Äquipartitionsprinzips kann jedoch im voraus festgestellt werden, daß diese Maßnahmen nichts nützen, da die durchschnittliche potentielle Energie unabhängig von der Dichte $(1/2)kT$ beträgt. Die Frage wurde auch experimentell untersucht. Der zeitliche Verlauf der Schwankungen ist bei verschiedenen Drücken natürlich verschieden, doch ist der Mittelwert der Abweichungen in beiden Fällen meßbar derselbe. Diese paradoxe Erscheinung können wir auch anschaulich deuten: Es stimmt zwar, daß sich mehr Teilchen beim atmosphärischen Druck am Drehteil stoßen, doch ist gleichzeitig auch die bewegungshemmende Reibung größer. Man kann sogar noch weiter gehen. Stellt man sich nämlich vor, daß es gelingt, ein vollkommenes Vakuum herzustellen, so bleibt die Schwankung auch dann bestehen. Es wird ja angenommen, daß das Instrument sich im thermodynamischen Gleichgewicht mit seiner Umgebung befindet, so daß es Energie, wenn nicht anders, dann durch Strahlung an die Umgebung abgibt bzw. davon aufnimmt. Die Unregelmäßigkeit der auf diese Weise abgegebenen bzw. aufgenommenen Impulse verursacht ebenfalls eine Schwankung von $(1/2)\,kT$ der potentiellen Energie. Es ist auch daran ersichtlich, wie allgemeiner Natur das Prinzip der Äquipartition der Energie ist.

3.5.4 Der Schroteffekt (Schottky-Effekt)

Der Strom in den Metallen und in den Elektronenröhren wird durch sich bewegende Elektronen gebildet. Da die Ladung der Elektronen endlich klein ist und da die Zahl der den Querschnitt je Zeiteinheit passierenden Elektronen eine statistische Schwankung um den Mittelwert zeigt, schwankt auch die Stromstärke in einem geringen Maße um den durchschnittlichen Wert. Dieser Effekt verursacht das im Rundfunkgerät hörbare, prasselnde, dem von herabfallenden Schroten ähnliche Geräusch. Auf Grund dieser Ähnlichkeit hat dieser Effekt den Namen Schroteffekt erhalten. Ein Signal, dessen Amplitude in die Größenordnung des so entstehenden Geräusches fällt, ist offenbar schlecht wahrzunehmen. Damit ist eine praktische Grenze zur Verstärkung durch Röhren gesetzt. Die Bestimmung der Größenordnung des so entstehenden Geräusches ist also wichtig.

Während einer sehr langen Zeit t sollen N Teilchen eintreffen. Dann treffen in einem ausgewählten Zeitabstand Δt durchschnittlich $\bar{n} = N(\Delta t/t)$ Teilchen ein.

Tatsächlich schwankt die Zahl der während der Zeit Δt passierenden Teilchen um den obigen Wert. Das Maß der Schwankung beträgt $(n - \bar{n})$. Für das quadratische Mittel dieses Wertes gilt der *Poisson*sche Zusammenhang der Streuungsquadrate:

$$\overline{(n - \bar{n})^2} = \bar{n}. \tag{12}$$

Die zu erwartende Abweichung wird damit

$$\sqrt{\overline{(n - \bar{n})^2}} = \sqrt{\bar{n}}. \tag{13}$$

Während der Zeit Δt ist die Stromstärke

$$I_{\Delta t} = \frac{ne}{\Delta t}. \tag{14}$$

Im Durchschnitt gilt

$$I_0 = \frac{\bar{n}e}{\Delta t}. \tag{15}$$

Die Multiplikation beider Seiten der Gleichung (12) mit $e^2/(\Delta t)^2$ ergibt

$$\overline{\left(\frac{ne}{\Delta t} - \frac{\bar{n}e}{\Delta t}\right)^2} = \frac{\bar{n}e}{\Delta t}\frac{e}{\Delta t}. \tag{16}$$

Unter Berücksichtigung der Gleichungen (14) und (15) erhält man

$$\overline{(I_{\Delta t} - I_0)^2} = \frac{I_0 e}{\Delta t} \tag{17}$$

oder, falls die Bezeichnung

$$i_{\Delta t} = I_{\Delta t} - I_0 \tag{18}$$

für die Abweichung vom Durchschnitt verwendet wird,

$$\overline{i_{\Delta t}^2} = \frac{I_0 e}{\Delta t}. \tag{19}$$

Wie aus der Formel ersichtlich, ist das Streuungsquadrat der Meßdauer umgekehrt und der Elektronenladung direkt proportional.

Da die Schwankung völlig unregelmäßig ist, kommt im Geräuschspektrum jede Frequenz mit gleicher Intensität vor. So ist die Intensität eines herausgegriffenen Bandes der Breite Δf dieser Bandbreite direkt proportional. Mit der *Fourier*-Analyse läßt sich zeigen, daß

$$\overline{i_{\Delta f}^2} = 2 I_0 e \, \Delta f \tag{20}$$

ist. Darin ist $i_{\Delta f}^2$ das Quadrat des mit dem Indikatorinstrument der Bandbreite Δf nachweisbaren Geräuschstromes.

Nehmen wir an, daß die Elektronen, die je einen Stromstoß der sehr kurzen Zeitdauer τ bedeuten, völlig unregelmäßig in dem im Verhältnis zu τ sehr langen Zeitintervall T nacheinander folgen, wobei jedoch ihr Verhalten als mit der Periodenzeit T
periodisch betrachtet wird. Da T beliebig groß sein kann, bedeutet diese Annahme
keine besondere Einschränkung, ermöglicht aber eine einfache mathematische Beschreibung.

Wir untersuchen die *Fourier*-Reihe des Stromimpulses der Höhe e/τ im Zeitabstand
von $-\tau/2$ bis $+\tau/2$ bezüglich des Intervalls $-T/2$ bis $+T/2$:

$$i = a_0 + \sum_{n=1}^{\infty} a_n \cos n \frac{2\pi}{T} t + \sum_{n=1}^{\infty} b_n \sin n \frac{2\pi}{T} t,$$

wobei

$$a_0 = \frac{1}{T} \int_{-T/2}^{+T/2} i \, \mathrm{d}t = \frac{1}{T} \int_{-\tau/2}^{+\tau/2} i \, \mathrm{d}t = \frac{e}{T},$$

$$a_n = \frac{2}{T} \int_{-\tau/2}^{+\tau/2} i \cos n \frac{2\pi}{T} t \, \mathrm{d}t = \frac{2}{T} \int_{-\tau/2}^{+\tau/2} \frac{e}{\tau} \cos n \frac{2\pi}{T} t \, \mathrm{d}t,$$

$$b_n = \frac{2}{T} \int_{-T/2}^{+T/2} i \sin n \frac{2\pi}{T} t \, \mathrm{d}t = \frac{2}{T} \int_{-\tau/2}^{+\tau/2} \frac{e}{\tau} \sin n \frac{2\pi}{T} t \, \mathrm{d}t$$

ist. Beschränken wir uns auf solche Frequenzen $n2\pi/T$, welche im Verhältnis zu $1/\tau$
klein sind, d. h. für welche

$$n \frac{2\pi}{T} \tau \ll 1$$

ist, dann ist der Wert von $\cos n \dfrac{2\pi}{T} t$ im Intervall von $-\tau/2$ bis $+\tau/2$ etwa gleich 1,

während im Ausdruck von $b_n \sin \dfrac{2\pi}{T} t \sim 0$ ist, so daß

$$a_0 = \frac{e}{T}, \quad a_n = \frac{2e}{T}, \quad b_n = 0,$$

d. h.

$$i = \frac{e}{T} + \sum_{n=1}^{\infty} \frac{2e}{T} \cos n \frac{2\pi}{T} t$$

wird. So ist das quadratische Mittel einer jeden Oberharmonischen

$$\overline{i_n^2} = \frac{1}{2} \left(\frac{2e}{T} \right)^2 = \frac{2e^2}{T^2}.$$

Da die Phase völlig ungeordnet ist, addieren sich die *Amplitudenquadrate*, wenn N
Elektronen während der Zeit T eintreffen:

$$N \overline{i_n^2} = \frac{2Ne^2}{T^2}.$$

Im Frequenzintervall Δf gibt es $\Delta f/(1/T) = \Delta f T$ Wellen, da die einzelnen Oberharmonischen mit Frequenzintervallen von $1/T$ einander folgen. Es gilt mithin schließlich

$$\overline{i_{\Delta f}^2} = \frac{2Ne^2}{T^2} T \Delta f = 2 \frac{Ne}{T} e \Delta f = 2 I_0 e \, \Delta f.$$

3.5.5 Das Widerstandsgeräusch

Die Dichte des Elektronengases im Metall ist genauso statistischen Schwankungen unterworfen, wie die des normalen Gases, jedoch mit dem Unterschied, daß in diesem Fall die Dichteschwankung, d. h. die Schwankung der Teilchenzahl in einem ausgewählten Volumenelement gleichzeitig die Schwankung der elektrischen Ladung dieses Raumteiles bedeutet, welche natürlich auch die unregelmäßige Änderung der Potentialverhältnisse nach sich zieht. Zwischen den zwei Endpunkten eines Widerstandes wird deshalb eine Spannung beobachtet, auch wenn keine äußere Spannung angelegt wurde; diese Spannung stört ebenfalls oder macht sogar den Empfang von sehr schwachen Signalen unmöglich.

Nehmen wir einen mit einer schwarzen Strahlung gefüllten Hohlraum und bringen wir darin einen Widerstand unter, der mit einer Antenne der Länge l versehen ist, damit er durch Strahlung in ein gutes Wärmeübertragungsgleichgewicht mit seiner Umgebung kommen kann. Die aus dem strahlenden Raum durch die Antenne aufgenommene Energie wird den Widerstand erwärmen; die eigene Spannung des Widerstandes strahlt dagegen über die Antenne Energie ab. Falls sowohl die Temperatur des Hohlraumes als auch die der Antenne gleich T ist, so müssen die beiden Leistungen einander gleich sein. Man weiß, daß für die Energiedichte

$$\varrho(\nu, T)\,\mathrm{d}\nu = \frac{8\,\pi\nu^2}{c^3}\cdot kT\,\mathrm{d}\nu \tag{21}$$

gilt, wobei sofort die *Rayleigh-Jeans*sche Näherung aufgeschrieben wurde. Diese Energiedichte kann mit Hilfe der elektromagnetischen Feldstärken ausgedrückt werden:

$$\varrho(\nu, T)\,\mathrm{d}\nu = \frac{1}{2}\,(\varepsilon_0 \overline{E_\nu^2} + \mu_0 \overline{H_\nu^2})\,\mathrm{d}\nu. \tag{22}$$

Berücksichtigt man, daß die elektrische und die magnetische Energie im Mittel einander gleich sind, so kann man schreiben:

$$\varrho(\nu, T)\,\mathrm{d}\nu = \varepsilon_0 \overline{E_\nu^2}\,\mathrm{d}\nu,$$

wobei

$$\overline{E_\nu^2} = \overline{E_{\nu x}^2} + \overline{E_{\nu y}^2} + \overline{E_{\nu z}^2},$$

und mit Rücksicht auf die völlige Ungeordnetheit

$$\overline{E_{\nu x}^2} = \overline{E_{\nu y}^2} = \overline{E_{\nu z}^2} = \frac{\overline{E_\nu^2}}{3} \tag{23}$$

ist.

Mit Hilfe der Gleichungen (21) und (23) beträgt das Mittel des Quadrats der in der Antenne der Länge l induzierten Spannung

$$\overline{U_{\nu a}^2}\,\mathrm{d}\nu = l^2 \overline{E_{\nu x}^2}\,\mathrm{d}\nu = l^2 \frac{\overline{E_\nu^2}}{3}\,\mathrm{d}\nu = 4\cdot 80\,\pi^2 \left(\frac{l}{\lambda}\right)^2 kT\,\mathrm{d}\nu\,.$$

Der in dieser Formel vorkommende Ausdruck

$$80\,\pi^2 \left(\frac{l}{\lambda}\right)^2 = R_\mathrm{s} \tag{24}$$

ist bereits bekannt: er bezeichnet den Strahlungswiderstand der Antenne. Somit läßt sich unsere vorangehende Beziehung folgendermaßen schreiben:

$$\overline{U}_{\nu\mathrm{a}}^2\,\mathrm{d}\nu = 4\,kT R_\mathrm{s}\,\mathrm{d}\nu.$$

Diese Spannung verursacht einen Strom über den Widerstand R. Die Größe dieses Stromes wird nach Abb. **3.**42a auf Grund der folgenden Gleichung berechnet:

$$\overline{I_{\nu\mathrm{a}}^2}\,\mathrm{d}\nu = \frac{\overline{U}_{\nu\mathrm{a}}^2\,\mathrm{d}\nu}{(R + R_\mathrm{s})^2}. \tag{25}$$

Ein Teil der aufgenommenen Leistung, und zwar

$$R\overline{I}_{\nu\mathrm{a}}^2\,\mathrm{d}\nu = R\,\frac{\overline{U}_{\nu\mathrm{a}}^2\,\mathrm{d}\nu}{(R + R_\mathrm{s})^2},$$

erwärmt den Widerstand R, während ihr anderer Teil, und zwar

$$R_\mathrm{s}\overline{I}_{\nu\mathrm{a}}^2\,\mathrm{d}\nu = R_\mathrm{s}\,\frac{\overline{U}_{\nu\mathrm{a}}^2\,\mathrm{d}\nu}{(R + R_\mathrm{s})^2},$$

wieder abgestrahlt wird. Nun muß zwischen den beiden Enden des Widerstandes R eine so hohe Spannung $U_\nu^2\,\mathrm{d}\nu$ auftreten, daß dieselbe wie die den Widerstand R erwärmende Leistung abgestrahlt wird. Die Spannung $U_\nu^2\,\mathrm{d}\nu$ schickt den Strom

$$\overline{I}_\nu^2\,\mathrm{d}\nu = \frac{\overline{U}_\nu^2\,\mathrm{d}\nu}{(R + R_\mathrm{s})^2}$$

durch den Kreis, und die Leistung

$$R_\mathrm{s}\,\overline{I}_\nu^2\,\mathrm{d}\nu = R_\mathrm{s}\,\frac{\overline{U}_\nu^2\,\mathrm{d}\nu}{(R + R_\mathrm{s})^2}$$

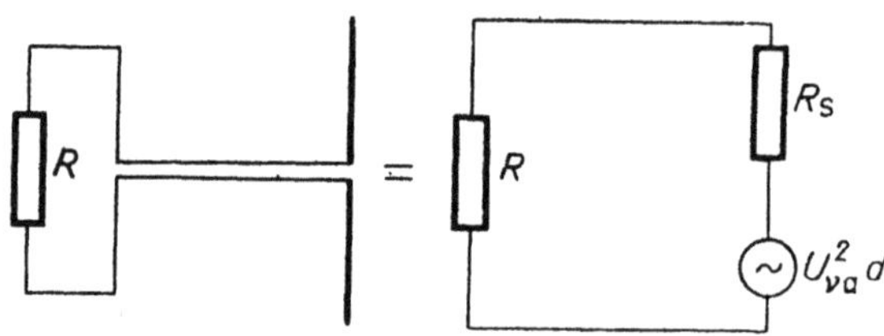

3.42 *a)* Zur Ableitung des thermischen Geräusches

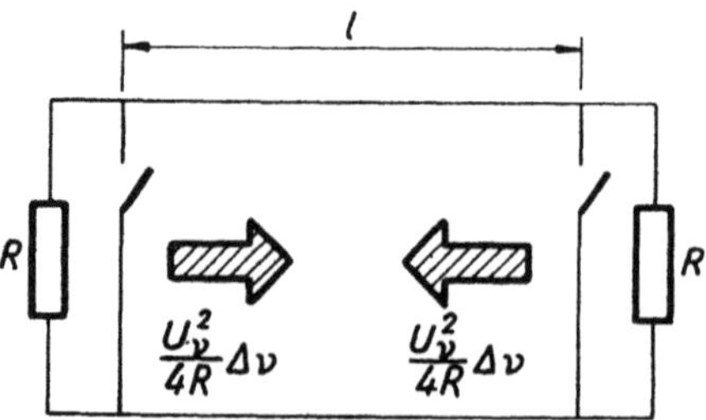

3.42 *b)* *Lecher*-Leitung zur Bestimmung der Freiheitsgrade

wird infolgedessen abgestrahlt. Die Gleichgewichtsbedingung lautet

$$R_\text{s}\,\frac{\overline{U}_\nu^2\,\mathrm{d}\nu}{(R+R_\text{s})^2} = R\,\frac{\overline{U}_{\nu\text{a}}^2\,\mathrm{d}\nu}{(R+R_\text{s})^2} = R\,\frac{4\,kTR_\text{s}\,\mathrm{d}\nu}{(R+R_\text{s})^2}\,. \tag{26}$$

Daraus ergibt sich der quadratische Mittelwert der Spannungsschwankungen des Widerstandes im Frequenzbereich $\mathrm{d}\nu$ zu

$$\overline{U}_\nu^2\,\mathrm{d}\nu = 4\,kTR\,\mathrm{d}\nu\,. \tag{27}$$

Beim rein *Ohm*schen Widerstand ist also die Geräuschspannung von gleichmäßiger spektraler Verteilung im gesamten Frequenzbereich. Es ist zu betonen, daß diese Aussage nur solange wahr ist, wie die als Ausgangsbasis verwendete *Rayleigh-Jeans*sche Annäherung gilt, also nur, wenn die Frequenz nicht zu hoch ist.

Die ursprüngliche, von *Nyquist* stammende Ableitung benützt das Prinzip der Äquipartition in der folgenden Form: Verbinden wir zwei gleiche und auf der gleichen Temperatur T gehaltene Widerstände R nach Abb. **3.**42b mit einer idealen Fernleitung. Die Spannungsschwankung des einen Widerstandes liefert die Leistung $U_\nu^2\Delta\nu/2R$ in das System, und zwar so, daß ihre eine Hälfte im Widerstand selbst bleibt, während die andere Hälfte, also $U_\nu^2\Delta\nu/4R$, über die Fernleitung in den anderen Widerstand gelangt und dort absorbiert wird. Dieser Widerstand schickt seinerseits ebenfalls eine Leistung von $U_\nu^2\Delta\nu/4R$ zurück, so daß die Temperatur konstant bleibt. In einem gegebenen Zeitpunkt ist also die von beiden Widerständen während der Zeit l/c gelieferte Energie, d. h.

$$2\,\frac{U_\nu^2\Delta\nu}{4\,R}\,\frac{l}{c}\,,$$

in der Fernleitung gespeichert. Wird das Ende der Fernleitung kurzgeschlossen, so wird diese Energie als stationäre Wellen verschiedener Frequenz vorhanden sein. An einer kurzgeschlossenen Fernleitung sind nur solche Wellenlängen möglich, für welche der Zusammenhang $l = n\,\lambda/2$ gültig ist, d. h.

$$n = \frac{2l}{\lambda} = \frac{2l}{c}\,\nu\,.$$

Zum Frequenzband $\Delta\nu$ gehören somit $\Delta n = (2l/c)\Delta\nu$ mögliche Schwingungszustände. Berücksichtigt man nun, daß jeder Schwingungszustand zwei Freiheitsgrade besitzt, da sowohl elektrische als auch magnetische Energien im Spiel sind, so entfällt die Energie $\Delta n\,kT$ auf die Schwingungszahl Δn. Es ist somit

$$2\,\frac{U_\nu^2\Delta\nu}{4\,R}\,\frac{l}{c} = \frac{2l}{c}\,\Delta\nu\,kT$$

und daraus

$$U_\nu^2\Delta\nu = 4\,RkT\,\Delta\nu\,.$$

3.6 Das Verhalten von Systemen, die sich nicht im Gleichgewicht befinden

Im vorangehenden wurden Systeme im Gleichgewicht untersucht, bei denen die den Zustand charakterisierende Verteilungsfunktion zeitunabhängig ist. In der Praxis begegnet man aber häufig Erscheinungen von allgemeinem zeitlichem Ablauf sowie einem noch engeren Fragenkomplex, dem der Übergangserscheinungen, bei welchen das System von einem seiner Gleichgewichtszustände in einen anderen gelangt, und für uns sind auch diese Übergangsverhältnisse wichtig. Die quantitative Behandlung ist im Prinzip sogar im ganz allgemeinen Fall möglich, doch ist sie meistens unübersichtlich kompliziert. Im folgenden lernen wir die dabei eine Rolle spielenden Elementarvorgänge kennen. Schließlich behandeln wir — zwar in einer stark vereinfachten Form — zwei wichtige Systeme, die sich nicht im Gleichgewicht befinden.

3.6.1 Die Energiebilanz des elastischen und des unelastischen Stoßes

Das Bestehen des Gleichgewichtszustandes — falls sich das Gas im Gleichgewicht befindet — bzw. seine Einstellung — falls sich das Gas im Übergangszustand befindet — wird durch den Stoß sichergestellt; so erfolgt die Verlangsamung des zu schnellen Teilchens sowie die Beschleunigung des zu langsamen Teilchens gleichfalls über den Stoß. Es lohnt sich deshalb, die beim Stoß eintretenden Verhältnisse eingehend zu studieren.

Bezeichnen wir die Masse des primären Teilchens (1) mit m_1, seine Geschwindigkeit vor dem Stoß durch v_1 bzw. nach dem Stoß durch v_1'; das andere Teilchen (2) soll sich vor dem Stoß in Ruhe befinden, und seine Masse soll $m_2 > m_1$ sein. Natürlich interessiert uns das Endergebnis des Stoßes im Laboratoriums-Koordinatensystem (L), in welchem das Material und somit auch das Teilchen (2) vor dem Stoß ruht. Die Gleichungen werden jedoch einfacher in einem Koordinatensystem, in dem der Massenmittelpunkt ruht. Die konstante Geschwindigkeit dieses Massenmittelpunkts-Koordinatensystems (S) gegenüber der des Laboratoriums-Systems ergibt sich aus der Definitionsgleichung des Massenmittelpunktes, und für sie gilt

$$v_s = \frac{m_1}{m_1 + m_2}\, v_1 \,. \tag{1}$$

In diesem System war der Gesamtimpuls vor dem Stoß Null und bleibt also auch nach dem Stoß gleich Null. Die Teilchen fliegen also mit entgegengesetzt gerichteten Geschwindigkeiten voneinander weg. Da auch die Energie erhalten bleibt, ändert sich auch der Betrag der Geschwindigkeiten nicht. Das Ergebnis des Stoßes läßt sich also im Koordinatensystem (S) dadurch beschreiben, daß man die vor dem Stoß vorhandenen Geschwindigkeiten jeweils um denselben Winkel φ verdreht. Auf Grund der im Koordinatensystem (S) erhaltenen Ergebnisse kommt man auf sehr einfache Weise ins Laboratoriums-Koordinatensystem zurück: Man addiert die Geschwindigkeit des Koordinatensystems (S) vektoriell zu jeder Einzelgeschwindigkeit (Abb. **3.43**).

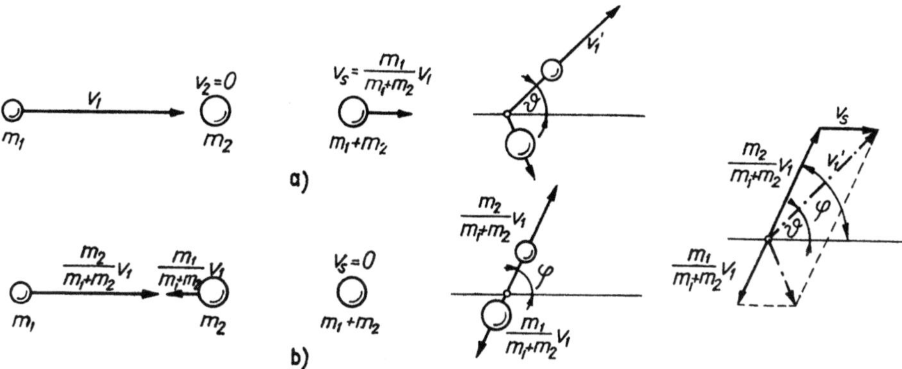

3.43 Der Verlauf des elastischen Stoßes. *a)* Im Laboratoriums-, *b)* im Massenmittelpunkts-Koordinatensystem

Die beiden Extremfälle des Stoßes sind interessant: Beim tangentialen Stoß ist $\varphi = 0$, so daß überhaupt keine Energieübertragung stattfindet. Die größte Energieübertragung erfolgt beim zentralen Zusammenstoß: In diesem Fall verliert das stoßende Teilchen am meisten Energie. Dann wird die Geschwindigkeit des Teilchens (1) nach dem Stoß

$$v_1' = \left(\frac{m_2 - m_1}{m_2 + m_1}\right) v_1 .$$

Das Verhältnis der Energien vor bzw. nach dem Zusammenstoß ist also

$$\frac{W_1'}{W_1} = \left(\frac{m_2 - m_1}{m_2 + m_1}\right)^2 . \tag{2}$$

Man erkennt sofort, daß $W_1'/W_1 \approx 1$ für $m_2 \gg m_1$ wird, so daß der Energieverlust sehr gering ist. Dieses Verhältnis kann man übrigens auch im allgemeinen Fall auf sehr einfache Weise erhalten. Auf Grund der Abb. **3**.43 gilt nämlich

$$v_1'^2 = v_1^2 \left(\frac{m_2}{m_1 + m_2}\right)^2 + v_1^2 \left(\frac{m_1}{m_1 + m_2}\right)^2 + 2\, v_1^2 \left(\frac{m_2}{m_1 + m_2}\right) \left(\frac{m_1}{m_1 + m_2}\right) \cos \varphi, \tag{3a}$$

so daß

$$\frac{W_1'}{W_1} = \frac{(1/2)\, m_1 v_1'^2}{(1/2)\, m_1 v_1^2} = \frac{1 + r}{2} + \frac{1 - r}{2} \cos \varphi$$

ist, wobei einfachheitshalber die verkürzende Bezeichnung

$$r = \left(\frac{m_2 - m_1}{m_1 + m_2}\right)^2$$

eingeführt wurde.

Bis jetzt war von dem mit der größten und mit der kleinsten Energieübertragung verbundenen Stoß die Rede. Uns interessiert selbstverständlich auch der durchschnitt-

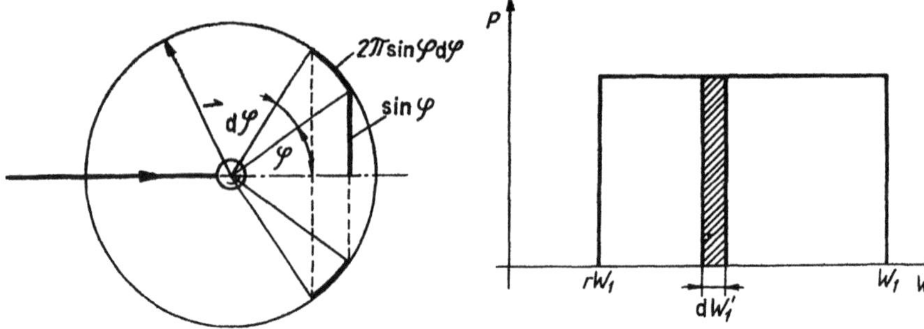

<table>
<tr>
<td>

3.44 Im Massenmittelpunkts-System zeigt der Zusammenstoß eine sphärische Symmetrie

</td>
<td>

3.45 Die Wahrscheinlichkeit der Energie nach dem Stoß des mit der Energie W_1 stoßenden Teilchens ist im Bereich von W_1 bis rW_1 konstant

</td>
</tr>
</table>

liche Energieverlust. Dazu muß man die Wahrscheinlichkeit der einzelnen Zusammenstöße kennen. Es ist sehr naheliegend, anzunehmen, was übrigens im Rahmen der klassischen Statistik bewiesen und durch Versuche bis zu einer Energie von 10 MeV auch bestätigt werden kann, daß die Verteilung im Koordinatensystem (S) eine sphärische Symmetrie zeigt. So ist die Wahrscheinlichkeit dafür, daß das Teilchen (1) in den mit den Winkeln φ und $\varphi + d\varphi$ eingeschlossenen Raumwinkel streut, diesem Raumwinkel, dem Ausdruck $2\pi \sin \varphi d\varphi$, proportional (Abb. **3.44**). Daraus, daß dieser Ausdruck in der Form

$$2\pi \sin \varphi \, d\varphi = -2\pi \, d \, (\cos \varphi)$$

geschrieben werden kann, folgt, daß alle Werte von $\cos \varphi$ gleich wahrscheinlich sind. Auf Grund der Gleichung (3) kann daher behauptet werden, das alle Werte von W_1'/W_1 — zwischen den erlaubten Werten von 1 und r — gleich wahrscheinlich sind. Die Wahrscheinlichkeit dafür, daß die Energie des Teilchens (1) nach dem Zusammenstoß in den zwischen den Werten W_1 und rW_1 liegenden Bereich dW_1' fällt (Abb. **3.45**), wird also

$$P \, dW_1' = \frac{dW_1'}{W_1 - rW_1} .$$

Daraus folgt, daß die mittlere Energie nach einem Zusammenstoß gleich

$$\frac{rW_1 + W_1}{2} = \frac{1+r}{2} W_1$$

ist. Es ist nämlich

$$\overline{W} = \int\limits_{rW_1}^{W_1} W_1' P \, dW_1' = \frac{1}{W_1 - rW_1} \int\limits_{rW_1}^{W_1} W_1' \, dW_1' =$$

$$= \frac{1}{W_1 - rW_1} \, \frac{1}{2} \, [W_1^2 - (rW_1)^2] = \frac{1+r}{2} W_1 .$$

Nehmen wir den für später wichtigen Fall an, daß $m_1 \ll m_2$, so wird

$$r = \left(\frac{1 - \dfrac{m_1}{m_2}}{1 + \dfrac{m_1}{m_2}} \right)^2 \approx 1 + 4 \frac{m_1}{m_2} .$$

Damit erhalten wir für den mittleren *Energieverlust* des stoßenden Teilchens:

$$W_1 - \frac{1+r}{2} W_1 = \frac{1-r}{2} W_1 \approx 2 \frac{m_1}{m_2} W_1 .$$

Die kinetische Energie zweier Teilchen kann in die folgenden später benutzten zwei Teile aufgespalten werden:

$$W = \frac{1}{2}(m_1 + m_2)(\dot{\boldsymbol{r}}_s)^2 + \frac{1}{2}\frac{m_1 m_2}{m_1 + m_2}(\dot{\boldsymbol{r}}_r)^2. \tag{3b}$$

Hier bedeuten

$$\boldsymbol{r}_s = \frac{m_1 \boldsymbol{r}_1 + m_2 \boldsymbol{r}_2}{m_1 + m_2}$$

den Ortsvektor des Schwerpunktes,

$$\boldsymbol{r}_r = \boldsymbol{r}_1 - \boldsymbol{r}_2$$

den relativen Ortsvektor der Teilchen. Die Gleichung ergibt sich einfach durch Differenzieren der Gleichungen

$$\boldsymbol{r}_1 = \boldsymbol{r}_s + \frac{m_2 \boldsymbol{r}}{m_1 + m_2},$$

$$\boldsymbol{r}_2 = \boldsymbol{r}_s - \frac{m_1 \boldsymbol{r}}{m_1 + m_2}$$

nach der Zeit und Einsetzen der so erhaltenen Resultate in die Gleichung

$$W = \frac{1}{2}m_1(\dot{\boldsymbol{r}}_1)^2 + \frac{1}{2}m_2(\dot{\boldsymbol{r}}_2)^2.$$

Bei der Ableitung unserer bisherigen Beziehungen wurde ausgenützt, daß die Winkelverteilung der Zusammenstöße im Massenmittelpunkts-Koordinatensystem isotrop ist. Im Laboratoriums-Koordinatensystem ist das natürlich nicht der Fall. So ist auch $\overline{\cos\vartheta}$ nicht gleich Null. Wird nun im Zusammenhang

$$\overline{\cos\vartheta} = \frac{1}{4\pi}\oint \cos\vartheta\,\mathrm{d}\Omega$$

alles mit Hilfe des Winkels φ ausgedrückt, so läßt sich die folgende einfache Beziehung ohne jede Schwierigkeit nachweisen:

$$\overline{\cos\vartheta} = \frac{2}{3}\frac{m_1}{m_2}.$$

Sind die gestoßenen Teilchen sehr schwer, so kommt die Winkelverteilung auch im Laboratoriums-Koordinatensystem der isotropen Verteilung sehr nahe.

Mit Rücksicht auf unsere späteren Ausführungen ist auch die Behandlung der unelastischen Stöße wesentlich. Bei Zusammenstößen zwischen Elektron und Atom bzw. Atom und Atom kann die zur Anregung anwendbare Energie, ferner im Fall von Kernreaktionen beim Zusammenstoß des den Kern bombardierenden Teilchens mit dem Kern die die Kernreaktion auslösende Energie auf Grund der sich hierbei ergebenden Gesetzmäßigkeiten berechnet werden.

Wir bezeichnen die vor dem Zusammenstoß bestehenden Geschwindigkeiten mit v_1 und v_2 bzw. die nach dem Zusammenstoß mit v_1' und v_2'. Die Verhältnisse können wir wieder durch die Annahmen vereinfachen, daß das Teilchen (2) sich vor dem Zusammenstoß in Ruhe befindet, ferner, daß das Teilchen (1) sich entlang der Verbindungsachse bewegend einen zentralen Stoß erfährt. Sei die beim Zusammenstoß zur Erhöhung der inneren Energie eines der Teilchen angewandte Energie W, so lauten die Gleichungen der Erhaltung des Impulses bzw. der Energie

$$m_1 v_1 = m_1 v_1' + m_2 v_2',$$

$$W_1 = \frac{1}{2} m_1 v_1^2 = \frac{1}{2} m_1 v_1'^2 + \frac{1}{2} m_2 v_2'^2 + W.$$

Auf Grund dieser zwei Gleichungen können die nach dem Zusammenstoß auftretenden Geschwindigkeiten v_1' und v_2' aus v_1 und W berechnet werden. Wir eliminieren aus der ersten Gleichung den Wert von v_2' und setzen diesen Wert in die zweite Gleichung ein:

$$W_1 = \frac{1}{2} \frac{m_1^2}{m_2} (v_1 - v_1')^2 + \frac{1}{2} m_1 v_1'^2 + W.$$

Daraus läßt sich v_1' bereits ermitteln. Umgekehrt kann zu den verschiedenen Werten von v_1' auch der entsprechende und damit auch der höchste erreichbare Wert von W bestimmt werden. Da

$$W = W_1 - \left[\frac{1}{2} \frac{m_1^2}{m_2} (v_1 - v_1')^2 + \frac{1}{2} m_1 v_1'^2 \right]$$

ist, lautet die zur Bestimmung von $W_{\max}$ dienende Gleichung

$$\frac{\mathrm{d}W}{\mathrm{d}v_1'} = - m_1 v_1' + \frac{m_1^2}{m_2} (v_1 - v_1') = 0 ;$$

und danach ist

$$v_1' = \frac{m_1}{m_1 + m_2} v_1.$$

Wird dieser Zusammenhang in den Ausdruck von W eingesetzt, so ist der Höchstwert der zur Anregung anwendbaren Energie

$$W_{\max} = W_1 \frac{m_2}{m_1 + m_2}.$$

Dieser Fall läßt sich physikalisch sehr einfach interpretieren. Unsere vorige Gleichung kann nämlich auch in der Form

$$(m_1 + m_2) v_1' = m_1 v_1$$

geschrieben werden. Daraus erkennt man, daß sich die zwei Körper nach dem Zusammenstoß mit einer gemeinsamen Geschwindigkeit fortbewegen. Der stoßende Körper »klebt« sozusagen an dem gestoßenen Körper. Übrigens zeigt auch die unmittelbare Berechnung, daß in diesem Fall $v_1' = v_2'$ ist. Bezüglich $W_{\max}$ kann man nun feststellen, daß bei Elektronen, d. h. im Fall $m_1 \ll m_2$,

$$W_{\max} \sim W_1$$

ist. Die gesamte Energie des Elektrons wird somit im wesentlichen zur Anregung oder zur Ionisierung verwendbar. Andererseits ist es ebenfalls

ersichtlich, daß beim Zusammenstoß von Teilchen gleicher Masse $W_{\max} =$
$= \dfrac{1}{2} W_1$ ist, so daß nur die Hälfte der kinetischen Energie des stoßenden
Teilchens zur Erhöhung der inneren Energie angewendet werden kann.

3.6.2 Der Begriff des Wirkungsquerschnitts

Das Vorangehende hat uns darüber informiert, was passiert, wenn ein
eilementarer Akt, wie z. B ein elastischer oder ein unelastischer Stoß (d. h.
ene Anregung), stattfindet.

Auskunft über die Häufigkeit eines elementaren Aktes erteilt der jeweilige
Wirkungsquerschnitt. Den Begriff des Wirkungsquerschnittes beim Stoß haben wir eigentlich bereits bei der Ableitung der mittleren freien Weglänge benützt (Kap. 3.3.1). Zum allgemeinen Begriff des Wirkungsquerschnittes sowie
gleichzeitig zur Methode, ihn zu messen, führen die folgenden Erwägungen:
Lassen wir nach Abb. 3.46 ein Teilchenbündel der Intensität I auf Materie
von der Dicke $\mathrm{d}x$ fallen. Beim Passieren der Materie nimmt die ursprüngliche Intensität ab. Verständlicherweise ist diese Abnahme der ursprünglichen Intensität I, der Teilchendichte sowie der Dicke $\mathrm{d}x$ proportional:

$$-\mathrm{d}I = \sigma I N\,\mathrm{d}x. \tag{4}$$

Der Proportionalitätsfaktor σ wird nun der Wirkungsquerschnitt gegenüber dem die Abnahme zustandebringenden Elementarprozeß (oder
Prozessen) genannt. Die Gleichung läßt sich folgendermaßen veranschaulichen: Jedes Materieteilchen soll die Oberfläche σ gegenüber dem als punktförmig betrachteten Geschoß darstellen. Ist der Querschnitt des Teilchenbündels gleich a, so bedeuten die im Volumen $a\,\mathrm{d}x$ vorhandenen, insgesamt
$Na\,\mathrm{d}x$ Zielobjekte eine »Zielfläche« von $\sigma Na\,\mathrm{d}x$ für das Geschoß. Die
Wahrscheinlichkeit dafür, daß das auf dem Querschnitt a irgendwo ein-
treffende Teilchen diese Fläche $\sigma Na\,\mathrm{d}x$ trifft, beträgt

$$\frac{\sigma Na\,\mathrm{d}x}{a} = \sigma N\,\mathrm{d}x.$$

Da die Zahl der je Sekunde eintreffenden Teilchen gleich I ist, beträgt
die Zahl der aus dem Bündel je Sekunde verschwindenden Teilchen $I\sigma N\,\mathrm{d}x$.

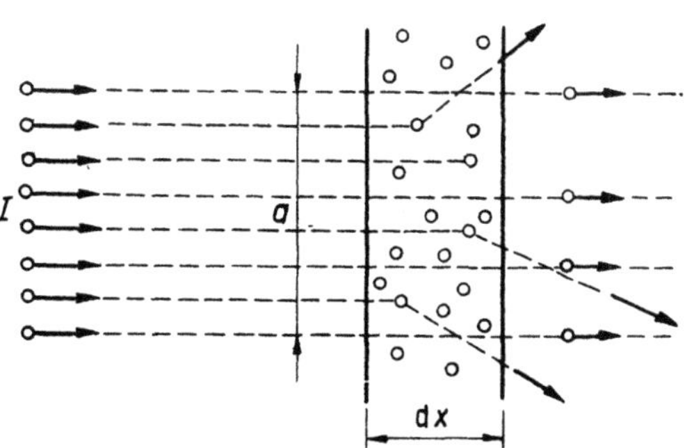

3.46 Zur Ableitung des Begriffs des
Wirkungsquerschnittes

Der so definierte Faktor σ wird *totaler Wirkungsquerschnitt* genannt. Dieser Faktor ist dafür kennzeichnend, daß überhaupt etwas infolge der Wechselwirkung mit den Teilchen passiert. Die Ursache des Ausscheidens aus dem Bündel können die verschiedenen elastischen oder unelastischen Streuungsvorgänge oder sogar der Einfang bilden. Allgemein gilt somit

$$\sigma = \sigma_1 + \sigma_2 + \ldots,$$

wobei $\sigma_1, \sigma_2, \ldots$ die Wirkungsquerschnitte gegenüber den einzelnen Elementarprozessen bezeichnen. Auf diese Weise bedeuten $IN\,\sigma_1\,dx$, $IN\,\sigma_2\,dx$, $\ldots$ die Zahl der in einem Prozeß des einen oder des anderen Typs teilnehmenden Teilchen.

Es ist üblich, den Wert $\Sigma = N\sigma$ als *makroskopischen Wirkungsquerschnitt* zu bezeichnen. Dem Vorangehenden entsprechend kann auch dieser in die Glieder $\Sigma_1 = N\sigma_1$, $\Sigma_2 = N\sigma_2$, $\ldots$ aufgelöst werden. In einem groben Vergleich kann man es sich so vorstellen, daß sich die Wirkungsquerschnitte aller in der Volumeneinheit befindlichen Teilchen zu einem großen Querschnitt zusammensetzen — zum makroskopischen Gesamtwirkungsquerschnitt —, der sich natürlich in Teilquerschnitte zerlegen läßt.

Durch Integrieren der Gleichung (4) erhält man die Intensitätsabnahme für die beliebige Dicke x:

$$I = I_0\,e^{-\sigma N x} = I_0\,e^{-\Sigma x}. \tag{5}$$

Hierbei bezeichnet I_0 die Anfangs- oder Eintrittsintensität.

Der makroskopische Wirkungsquerschnitt steht in unmittelbarer Beziehung zu der freien Weglänge des bombardierenden Teilchens. Die Intensitätsverminderung kann ja auch so interpretiert werden, daß die Zahl der Teilchen deshalb abnimmt, weil das bombardierende Teilchen nach dem Durchlaufen einer durchschnittlichen freien Weglänge λ gegen ein Teilchen der Materie stößt. Die Stoßwahrscheinlichkeit eines Teilchens nach Durchlaufen der Wegstrecke dx (wobei $dx \ll \lambda$ ist) beträgt dx/λ. Die Zahl der je Zeiteinheit zusammenstoßenden Teilchen ist also

$$-\,dI = I\,\frac{dx}{\lambda}.$$

Daraus erhält man sofort den Ausdruck

$$I = I_0\,e^{-\frac{x}{\lambda}}.$$

Wird nun diese Gleichung der Gleichung (5) gegenübergestellt, so erhält man den folgenden einfachen und grundlegenden Zusammenhang:

$$\lambda = \frac{1}{\Sigma} = \frac{1}{N\sigma}. \tag{6}$$

Die freie Weglänge der sich bewegenden Teilchen ist also gleich dem reziproken Wert des makroskopischen Wirkungsquerschnittes. In bezug auf die freie Weglänge kann man ebenfalls von den zu den einzelnen Elementarprozessen gehörenden freien Weglängen sprechen; diese können aber natürlich nicht addiert werden: Die Summe ihrer reziproken Werte ergibt den reziproken Wert der resultierenden freien Weglänge. Die Intensität I des Teilchenbündels kann auch auf die Weise angegeben werden, daß man die in der Längeneinheit des Bündels vorhandene Teilchendichte mit der (als gemeinsam betrachteten) Geschwindigkeit der Teilchen multipliziert. Für die auf die Flächeneinheit bezogene Bündelintensität erhält man die folgende Beziehung:

$$nv = \Phi.$$

Die durch die Querschnittseinheit des Bündels während der Zeiteinheit hindurchgehende Teilchenzahl wird Teilchenfluß genannt. Die Wichtigkeit dieser Größe beruht darauf, daß die Wahrscheinlichkeit des Geschehens der elementaren Akte unmittelbar damit zusammenhängt. So ist z. B. die Zahl der Elementarprozesse je Volumeneinheit und Zeiteinheit

$$\Sigma\Phi = \sigma N\Phi.$$

Bei jeder beliebigen Erscheinung ist der entsprechende Wert von σ einzusetzen.

Wenn es sich nicht um ein parallel fortschreitendes Teilchenbündel handelt, sondern die Teilchen die verschiedensten Bewegungen, allerdings mit konstanter Geschwindigkeit, im Innern der Materie durchführen, so bleiben die obigen Zusammenhänge weiter gültig. Wählen wir nämlich irgendein in einer bestimmten Volumeneinheit mit der Geschwindigkeit v fortschreitendes bombardierendes Teilchen, so wird die Wahrscheinlichkeit dafür, daß dieses mit einem anderen Teilchen während der Zeiteinheit in Wechselwirkung tritt, $vN\sigma$ betragen, da das bombardierende Teilchen soviel Zielfläche entlang seines Weges vorfindet. Dabei stellen wir uns vor, daß ein Zylinder von einer Querschnittseinheit rund um die Geschwindigkeit des bombardierenden Teilchens zu dessen Verfügung steht. Da es insgesamt n bombardierende Teilchen je Volumeneinheit gibt, können insgesamt $nvN\sigma = \Phi\Sigma$ Elementarprozesse vor sich gehen.

Die theoretische Ausrechnung des Wirkungsquerschnittes der verschiedenen Vorgänge ist im allgemeinen äußerst kompliziert und nur mit Hilfe der Quantenmechanik möglich.

3.6.3 Die Diffusion

Wir betrachten ein beliebiges sich im Gleichgewicht befindendes Gas als gegeben und stellen uns vor, daß irgendwo, z. B. entlang einer Seitenwand, eine genau bestimmte Anzahl andersartiger Teilchen während der Zeiteinheit in den Gasraum gelangt, z. B. durch Passieren der Gefäßwand oder z. B. dadurch, daß sie sich von der Oberfläche der Gefäßwand befreien. Nehmen wir an, daß die Zahl der letzteren im Vergleich zur ursprünglichen Zahl der Gasteilchen klein ist. Welches wird das Los dieser fremden Teilchen sein? Es ist leicht einzusehen, daß diese sich infolge ihrer Zusammenstöße mit den Gasmolekülen zwar auf einer zickzackförmigen Bahn, aber doch immer weiter von ihrem Entstehungsort entfernen werden. Die Konzentration dieser Moleküle wird sich somit als Funktion des Ortes ändern.

Umgekehrt wird überall im Gas, wo sich die Teilchenkonzentration ändert, gerade als Folge dieser Konzentrationsänderung eine Teilchenströmung beobachtet. Dies ist sehr leicht einzusehen. Stellt man sich im Innern des im Gleichgewicht befindlichen, homogenen Gases eine beliebige Fläche vor, so werden diese genauso viele Teilchen in der einen wie in der anderen Richtung durchqueren. Gibt es aber verschiedene Teilchenkonzentrationen auf den beiden Seiten der Fläche, so werden von der einen Richtung mehr Teilchen ankommen und die Fläche passieren als von der anderen; so erhält man also eine zusätzliche Strömung vom Ort der höheren Konzentration her in Richtung auf den Ort kleinerer Konzentration. Diese Strömung ist in erster Näherung dem Konzentrationsabfall, d. h. der auf der Wegeinheit gemessenen Änderung der Konzentration proportional:

$$\boldsymbol{J} = -D \ \operatorname{grad} n, \tag{7}$$

wobei das negative Vorzeichen die bezüglich der Strömungsrichtung bereits erwähnte Gesetzmäßigkeit berücksichtigt. Den Wert der *Diffusionskonstanten D* kann man auf Grund gaskinetischer Erwägungen folgendermaßen erhalten: Die ganze Erscheinung wird nach Abb. **3**.47 weitestgehend vereinfacht: Die ursprünglichen Gasatome werden als in Ebenen angeordnet vorgestellt, wobei der Abstand zwischen den Ebenen der freien Weglänge λ entspricht. Die Konzentration soll sich ausschließlich entlang der auf diese Ebenen senkrechten x-Achse ändern. Diese Änderung kann natürlich nur stufenweise erfolgen: Die Konzentration zwischen zwei solchen Atomebenen ist überall gleich. Die Teilchenströmung bzw. der Transportmechanismus sieht nämlich folgendermaßen aus: An der Atomebene A stoßen Teilchen an, die von links kommen und deren Geschwindigkeit infolge des Zusammenstoßes wieder völlig ungeordnet wird, so daß durchschnittlich die eine Hälfte dieser Teilchen durchkommt und die andere zurückgestreut wird. Die Hälfte der zur Atomebene B von rechts ankommenden Teilchen erreicht die angenommene Fläche S, während ihre andere Hälfte zurückgestreut wird. Ist die Konzentration hier kleiner, so werden schließlich mehr Teilchen die Fläche S von links nach rechts passieren als von rechts nach links. Zum makroskopischen Fall wird die Dichteverteilung der Abb. **3**.47 entsprechend als stetig angenommen. Somit ist also die an den Stellen $x + \lambda$ bzw. $x - \lambda$ angenommene Konzentration für die Größe des die Fläche S durchquerenden Teilchenstromes maßgebend.

Die Bewegung der Moleküle wird ebenfalls stark schematisiert: Ein Drittel aller Moleküle soll sich entlang der x-Achse bewegen. Die Hälfte, also ein Sechstel aller Moleküle, kommt über die Ebene A durch. So ist schließlich die die Fläche S passierende Strömung, d. h. die Zahl der je Sekunde und je Flächeneinheit durchgehenden Teilchen

$$J = \frac{v\left(n - \lambda \dfrac{\partial n}{\partial x}\right)}{6} - \frac{v\left(n + \lambda \dfrac{\partial n}{\partial x}\right)}{6} = -\frac{v\lambda}{3}\frac{\partial n}{\partial x}.$$

3.47 Die schematische Darstellung der Diffusionserscheinung

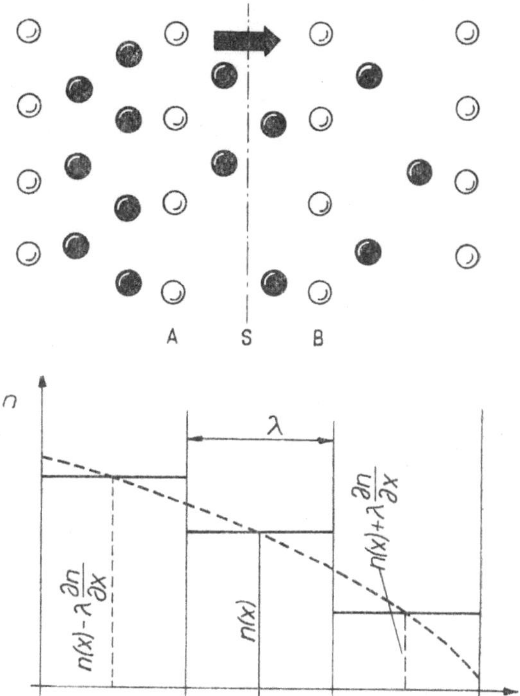

Im allgemeineren Fall gilt

$$J = - \frac{v\lambda}{3}\,\mathrm{grad}\,n. \tag{8}$$

Damit erhält man den folgenden wichtigen Zusammenhang:

$$D = \frac{v\lambda}{3}.$$

Mit anderen Worten: Die Diffusionskonstante ist der durchschnittlichen Geschwindigkeit der Moleküle sowie der freien Weglänge proportional.

Da die Erscheinung der Diffusion im folgenden eine wichtige Rolle spielen wird, ist es lohnend, auch von anderer Seite her und etwas genauer an die Grundgleichung der Strömung heranzukommen. Gehen wir diesmal nicht von der Teilchenzahl, sondern von dem Teilchenfluß

$$\Phi = n(x, y, z)v$$

aus. Mit Hilfe dieser Größe können wir nämlich die Zahl der Zusammenstöße je Sekunde im Volumenelement dV auf sehr einfache Weise berechnen:

$$N\sigma\,\Phi\,dV, \tag{9}$$

wobei N die Zahl der Atome des streuenden Mediums bezeichnet.

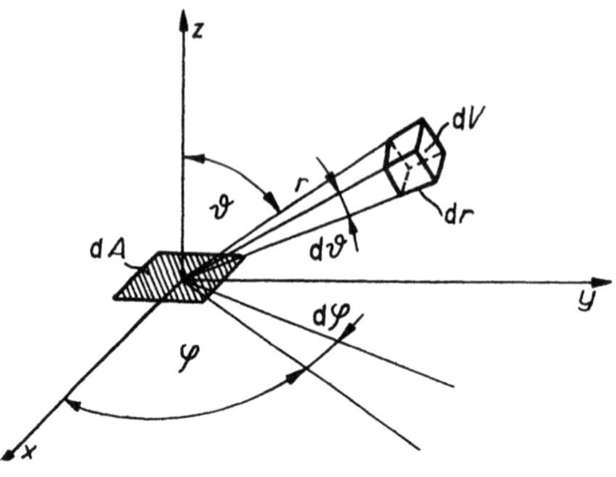

3.48 Die Bestimmung der sich durch Diffusion ergebenden Teilchenströmung

Hiernach erhält man nunmehr die Zahl der Teilchen, welche durch das senkrecht zu z-Achse gelegte Flächenelement $\mathrm{d}A$ in der Zeiteinheit hindurchstreuen, welche also die Fläche in positiver oder negativer Richtung passieren, auf folgende Weise: Von den im Volumenelement $\mathrm{d}V$ der Abb. **3.48** isotrop gestreuten Teilchen starten dem aus diesem Punkt vorhandenen Raumwinkel $\mathrm{d}A \cos\vartheta/r^2$ der Fläche $\mathrm{d}A$ entsprechend insgesamt

$$\Phi N \sigma \, \mathrm{d}V \; \frac{\mathrm{d}A \cos\vartheta}{r^2} \; \frac{1}{4\pi} \tag{10}$$

Teilchen in Richtung auf das Flächenelement $\mathrm{d}A$. Von diesen kommen aber sehr viele nicht so weit, da sie neue Zusammenstöße erleiden. Nach der Gleichung 3.3.1—(16) ist die Wahrscheinlichkeit dafür, daß ein Teilchen ohne Zusammenstoß die Entfernung r zurücklegt, gleich $e^{-N\sigma r}$. Von den im Volumenelement $\mathrm{d}V$ gestreuten Teilchen passieren also schließlich insgesamt

$$\Phi N \sigma \, \mathrm{d}V \; \frac{\mathrm{d}A \cos\vartheta}{4\pi r^2} \; e^{-N\sigma r} \tag{11}$$

Teilchen die Fläche $\mathrm{d}A$. Integriert man nun über das Volumen des gesamten oberen Raumteils, so erhält man die Zahl aller Teilchen, die in der negativen Richtung der z-Achse die Fläche $\mathrm{d}A$ passieren:

$$J_z^- \, \mathrm{d}A = \frac{\mathrm{d}A}{4\pi} N\sigma \int\limits_0^\infty \int\limits_0^{2\pi} \int\limits_0^{\pi/2} \Phi \, e^{-N\sigma r} \cos\vartheta \sin\, \mathrm{d}\vartheta \, \mathrm{d}\varphi \, \mathrm{d}r \, . \tag{12}$$

Hierin wurde der Wert

$$\mathrm{d}V = r^2 \sin\vartheta \, \mathrm{d}r \, \mathrm{d}\varphi \, \mathrm{d}\vartheta$$

bereits eingesetzt. Wir entwickeln nun die Funktion $\Phi(x, y, z)$ in der Umgebung des Punktes $x = 0$, $y = 0$, $z = 0$ in eine Reihe und brechen nach dem in r linearen Glied ab:

$$\Phi(\boldsymbol{r}) \approx \Phi(0) + \boldsymbol{r} \, \mathrm{grad}_0 \Phi \, .$$

In Koordinaten läßt sich dies auch wie folgt schreiben:

$$\Phi(x, y, z) = \Phi_0 + x \left(\frac{\partial\Phi}{\partial x} \right)_0 + y \left(\frac{\partial\Phi}{\partial y} \right)_0 + z \left(\frac{\partial\Phi}{\partial z} \right)_0 .$$

Werden nun hier die in Abb. **3.48** ablesbaren Werte von x, y und z

$$x = r \sin\vartheta \cos\varphi, \; y = r \sin\vartheta \sin\varphi, \; z = r \cos\vartheta$$

eingesetzt, so kann das Integral (12) berechnet werden:

$$J_{\bar{z}} = \frac{N\sigma}{4\pi}\left[\Phi_0 \int_0^\infty \int_0^{2\pi} \int_0^{\pi/2} e^{-N\sigma r}\cos\vartheta \sin\vartheta \, d\vartheta \, d\varphi \, dr + \right.$$

$$\left. + \left(\frac{\partial\Phi}{\partial z}\right)_0 \int_0^\infty \int_0^{2\pi} \int_0^{\pi/2} r e^{-N\sigma r}\cos^2\vartheta \sin\vartheta \, d\vartheta \, d\varphi \, dr \right].$$

Die Glieder, welche $\partial\Phi/\partial x$ bzw. $\partial\Phi/\partial y$ enthalten, ergeben Null, da $\sin\varphi$ bzw. $\cos\varphi$ zwischen den Grenzen 0 und 2π zu integrieren sind.

Die jetzt aufgeschriebenen Integrale sind einfach auszuwerten:

$$J_{\bar{z}} = \frac{\Phi_0}{4} + \frac{1}{6N\sigma}\left(\frac{\partial\Phi}{\partial z}\right)_0. \tag{13}$$

Einen ganz ähnlichen Zusammenhang erhält man auch bezüglich der in der positiven z-Richtung fortschreitenden Teilchen:

$$J^+ = \frac{\Phi_0}{4} - \frac{1}{6N\sigma}\left(\frac{\partial\Phi}{\partial z}\right)_0. \tag{14}$$

Als Endergebnis erhält man somit für die resultierende Strömung in der z-Richtung

$$J_z = J_z^+ - J_z^- = -\frac{1}{3N\sigma}\left(\frac{\partial\Phi}{\partial z}\right)_0. \tag{15}$$

Wird nun die freie Streuungsweglänge

$$N\sigma = \frac{1}{\lambda}$$

eingeführt und die Gleichung $\Phi = nv$ eingesetzt, so kommt man unter der Annahme, daß v konstant ist, zu der Beziehung

$$J_z = -\frac{\lambda v}{3}\left(\frac{\partial n}{\partial z}\right)$$

bzw. in allgemeinerer Form zu

$$\boldsymbol{J} = -\frac{\lambda v}{3}\operatorname{grad} n. \tag{16}$$

Es ist hinzuzufügen, daß in dem Fall, daß die Streuung nicht isotrop, sondern in bezug auf die Einfallsrichtung irgendwie ausgezeichnet ist, z. B. falls die Teilchen in der Einfallsrichtung häufiger streuen als in der umgekehrten Richtung, der Diffusionskoeffizient einen anderen Wert haben wird. Bei isotroper Streuung ist der Mittelwert des Kosinus des zwischen dem gestreuten bzw. dem einfallenden Teil eingeschlossenen Winkels natürlich gleich Null:

$$\overline{\cos\Theta} = 0.$$

Ist dieser Mittelwert nicht Null, sondern — sagen wir — ein positiver Wert, so erwarten wir einen größeren Teilchenfluß. Die genaue Berechnung zeigt, daß man in solchen Fällen anstelle von λ mit der sog. freien Transportweglänge

$$\lambda_{\mathrm{tr}} = \frac{\lambda}{1 - \overline{\cos\Theta}} \tag{17}$$

zu rechnen hat. Die Diffusionsgleichung lautet dann

$$\boldsymbol{J} = -\frac{\lambda_{\mathrm{tr}}}{3}\,\operatorname{grad}\,\boldsymbol{\Phi}. \tag{18}$$

Nehmen wir im Gasraum einen durch eine beliebige geschlossene Fläche A umgrenzten Raumteil vom Volumen V an. Durch diese Fläche strömen

$$-\oint_A D\,\operatorname{grad} n\,\mathrm{d}\boldsymbol{A}$$

Teilchen je Zeiteinheit infolge der Diffusion hindurch. Infolgedessen ändert sich die Teilchenzahl — ebenfalls in der Zeiteinheit — um den Wert

$$-\int_V \frac{\partial n}{\partial t}\,\mathrm{d}V\,.$$

Es ist somit

$$-\oint_A D\,\operatorname{grad} n\,\mathrm{d}\boldsymbol{A} = -\frac{\partial}{\partial t}\int_V n\,\mathrm{d}V = -\int_V \frac{\partial n}{\partial t}\,\mathrm{d}V\,. \tag{19}$$

Wir verwenden den Gaußschen Satz auf der linken Seite:

$$\int_V \operatorname{div}(D\,\operatorname{grad} n)\,\mathrm{d}V = \int_V \frac{\partial n}{\partial t}\,\mathrm{d}V\,.$$

Diese Beziehung ist bei jedem beliebigen Volumen V gültig, so daß

$$\operatorname{div}(D\,\operatorname{grad} n) = \frac{\partial n}{\partial t}$$

oder

$$D\,\Delta n = \frac{\partial n}{\partial t} \tag{20}$$

ist. Das ist die Grundgleichung der Diffusion.

Die Lösung der Diffusionsgleichung in einigen einfachen Fällen. Die Diffusionskonstante D soll konstant sein, und wir beschränken uns im Augenblick auf den stationären Fall

$$\frac{\partial n}{\partial t} = 0\,.$$

Es ist mithin die *Laplace*sche Gleichung

$$\Delta n = 0$$

zu lösen. Wir müssen daran erinnern, daß die gleiche Beziehung in der Elektrostatik zur Bestimmung des Potentials U gilt, so daß auch die Lösung von dort übernommen werden kann. Wir können z. B. für den Fall einer punktförmigen Quelle die Lösung sofort aufschreiben:

$$n = \frac{C}{r}\,.$$

Der Wert der Konstanten C läßt sich folgendermaßen ermitteln: Bezeichnen wir die Zahl der aus der für punktförmig betrachtbaren Quelle je Sekunde heraustretenden, diffundierenden Teilchen mit Q, so läßt sich dieser Wert in eine unmittelbare Beziehung zu der Diffusionsströmungsdichte bringen. Diese Dichte beträgt nämlich

$$\boldsymbol{J} = -\,D\,\mathrm{grad}\,n = \frac{DC}{r^2}\,\boldsymbol{r}_0\,.$$

Die durch die Fläche $4\pi r^2$ der Kugel vom Radius r hindurchdiffundierende gesamte Stoffmenge ist natürlich gerade gleich Q. Mit anderen Worten: es ist

$$Q = \frac{DC}{r^2}\,4\pi r^2 = 4\pi\,DC\,,$$

und somit

$$C = \frac{Q}{4\pi D}\,.$$

Im Endergebnis erhält man für die Dichteverteilung

$$n = \frac{Q}{4\pi\,D}\,\frac{1}{r}\,.$$

Den nichtstationären Fall untersuchen wir nur als ein ebenes Problem:

$$\frac{\partial n}{\partial t} = D\,\frac{\partial^2 n}{\partial x^2}\,. \tag{21}$$

Diese Gleichung können wir durch Trennung der Variablen ohne Schwierigkeit lösen:

$$n(x,\,t) = X(x)T(t).$$

Durch Einsetzen des Ansatzes erhält man

$$\frac{1}{T}\,\frac{\mathrm{d}T}{\mathrm{d}t} = \frac{D}{X}\,\frac{\mathrm{d}^2 X}{\mathrm{d}x^2} = \alpha,$$

wobei α die aus den Anfangsbedingungen zu bestimmende Separationskonstante bezeichnet. Die Lösung lautet also

$$n(x,\,t) = A\mathrm{e}^{\alpha t}\,\mathrm{e}^{\pm\sqrt{\frac{\alpha}{D}}\,x}\,.$$

Führen wir nun anstelle der Separationskonstanten α über den Zusammenhang

$$\alpha = -k^2 D$$

die Konstante k^2 ein, so läßt sich die Lösung folgendermaßen schreiben:

$$n(x,\,t) = \mathrm{e}^{-k^2 Dt}(A\cos kx + B\sin kx) = C\mathrm{e}^{-k^2 Dt}\cos k(x - \varphi)\,.$$

Durch die Kombination von Lösungen, die zu verschiedenen k-Werten gehören, können wir unsere Lösung beliebigen Anfangsbedingungen anpassen. So kann man ohne jede Schwierigkeit zeigen, daß, falls die Konzentrationsverteilung im Zeitpunkt $t = 0$, also der Zusammenhang

$$n(x, 0) = n(x)$$

gegeben ist, in einem beliebigen späteren Zeitpunkt

$$n(x, t) = \frac{1}{\pi} \int\limits_{0}^{\infty} n(u)\, \mathrm{d}u \int\limits_{)}^{\infty} \mathrm{e}^{-k^2 Dt} \cos k(u - x)\, \mathrm{d}k$$

wird.

Daß der obige Ausdruck die Lösung der Differentialgleichung darstellt, ist daraus ersichtlich, daß dieser bezüglich x und t aus Lösungen zusammengesetzt ist, wie diese im vorangehenden aufgeschrieben worden sind. Übrigens, da k und u von x und t unabhängig sind, ist durch einfache Substitution und Ableitung unter dem Integralzeichen sofort einzusehen, daß diese Lösung die Differentialgleichung (21) befriedigt. Andererseits, wenn man die Substitution $t = 0$ durchführt, ist ebenfalls einzusehen, daß zur Zeit $t = 0$ gerade $n(x, 0) = n(x)$ ist. Dann erhält man nämlich

$$n(x, 0) = \frac{1}{\pi} \int\limits_{-\infty}^{+\infty} n(u)\, \mathrm{d}u \int\limits_{0}^{\infty} \cos k(u - x)\, \mathrm{d}k = \frac{1}{\pi} \int\limits_{0}^{\infty} \int\limits_{-\infty}^{+\infty} n(u) \cos k(u - x)\, \mathrm{d}u\, \mathrm{d}k \, .$$

Und das ist nichts anderes als die Funktion $n(x)$, aufgestellt in der Form eines *Fourier*-Integrals. Das Integral über k im Ausdruck von $n(x, t)$ läßt sich auswerten. Es ist nämlich

$$\int\limits_{0}^{\infty} \mathrm{e}^{-ax^2} \cos bx\, \mathrm{d}x = \frac{1}{2} \sqrt{\frac{\pi}{a}}\, \mathrm{e}^{-\frac{b^2}{4a}} \, .$$

Also wird

$$n(x, t) = \frac{1}{2\sqrt{D\pi t}} \int\limits_{-\infty}^{+\infty} n(u)\, \mathrm{e}^{-\frac{(u-x)^2}{4Dt}}\, \mathrm{d}u \, .$$

Abb. **3.49** zeigt dagegen, wie Teilchen, die ursprünglich nur in dem einen Halbraum vorhanden waren, in den anderen Halbraum hinüberdiffundieren.

Die praktische Verwendung der Diffusionserscheinungen. Der Erscheinung der Diffusion begegnet man auf den verschiedensten Gebieten der theoretischen Physik

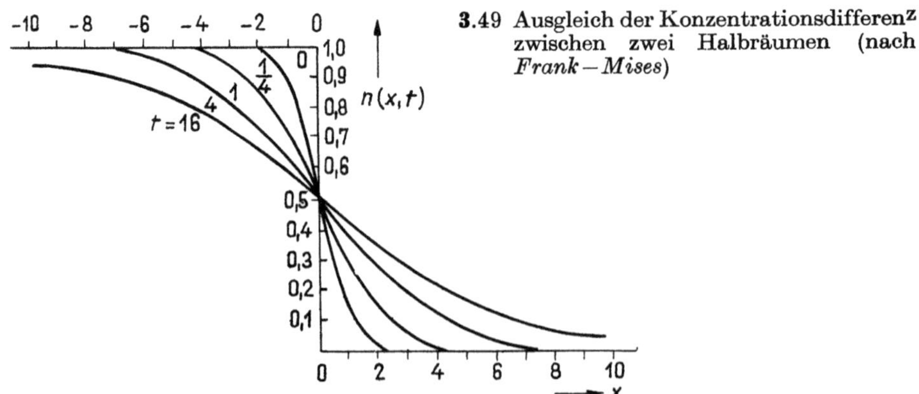

3.49 Ausgleich der Konzentrationsdifferenz zwischen zwei Halbräumen (nach *Frank—Mises*)

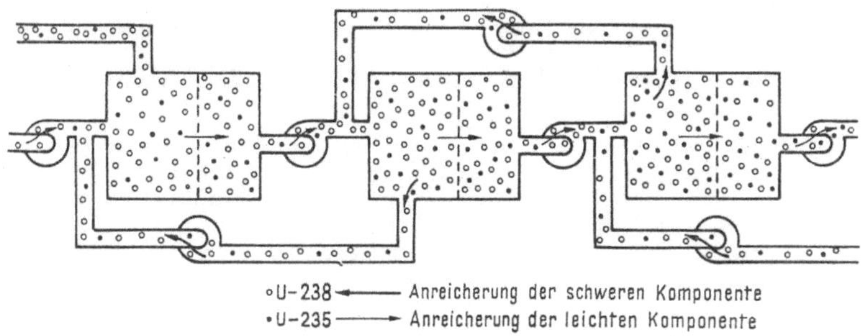

3.50 Die Anwendung der Erscheinung der Diffusion zur Trennung von Isotopen

und ihrer Anwendungen, obwohl der gerade erörterte Diffusionsfall ziemlich selten ist. Häufig ändert sich die Zahl der Teilchen auch infolge der bis jetzt außer acht gelassenen Absorption, in anderen Fällen entstehen neue Teilchen durch verschiedene Mechanismen — wie Neutronen durch Spaltung, Ionisation geladener Teilchen — in wieder anderen Fällen wird die Diffusion durch eine äußere Strömung oder durch eine gerade als Folge der Diffusion entstehende Kraftwirkung beeinflußt. Diese Erscheinungen werden wir in Verbindung mit den Gasentladungen und den Halbleitern betrachten. An dieser Stelle sollen nur zwei Anwendungsfälle erwähnt werden.

Wir haben bereits gesehen, daß der Diffusionskoeffizient der durchschnittlichen Teilchengeschwindigkeit proportional ist. Der Diffusionskoeffizient und somit auch die Diffusionsgeschwindigkeit von Isotopen eines sich im thermischen Gleichgewicht befindenden Gases, welche verschiedene Massen M besitzen, ändern sich also im Verhältnis von

$$\frac{v_1}{v_2} = \sqrt{\frac{M_2}{M_1}}.$$

Wenn also das Isotopenverhältnis eines Gases auf einer Seite eines porösen Diaphragmas dem natürlichen Isotopenverhältnis entspricht, so diffundieren die leichteren

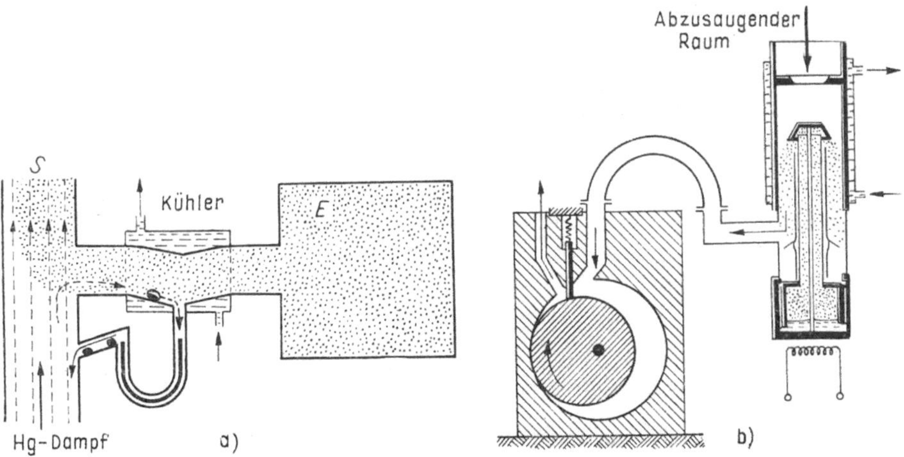

3.51 a) Schematische Darstellung der Diffusionspumpe; b) die Diffusionspumpe mit der angeschlossenen rotierenden Vorvakuumpumpe

Isotope etwas schneller, die schwereren etwas langsamer hindurch. Von der anderen Seite der porösen Wand kann man somit ein im leichteren Isotop ein wenig angereichertes Gas abführen. Durch häufiges Wiederholen dieses Prozesses können die einzelnen Isotope des Gases getrennt werden. Aus Abb. **3.**50 sind die Elemente einer Diffusionsanlage in Kaskadenschaltung ersichtlich.

Die Erscheinung der Diffusion kommt auch bei den Diffusionspumpen zur Anwendung. Es ist erwünscht, in dem in Abb. **3.**51a gezeigten Gefäß E ein sehr hohes Vakuum zu erzeugen. Dieses Gefäß wird über ein mit einem Kühlmantel versehenes Rohr mit einem anderen, zum ersteren quer verlaufenden Rohr verbunden, in welchem eine Strömung hoher Geschwindigkeit von Quecksilber-, Öl- oder vielleicht Siliconöldampf aufrechterhalten wird. Aus dem Gefäß diffundieren die Moleküle des abzusaugenden Gases zwischen die Moleküle des strömenden Dampfes. Der Dampf reißt die Gasmoleküle mit sich und verdichtet sie im Raume S, von wo sie durch eine rotierende Pumpe abgesaugt werden. Die Konzentrationsdifferenz zwischen dem Raum S und der Eintrittsöffnung, welche die Rückdiffusion auszugleichen trachtet, wird gerade durch die Dampfströmung aufrechterhalten. Das Einströmen des Dampfes in das Gefäß E wird mit Hilfe des Kühlers verhindert. Die Abb. **3.**51b zeigt eine Ausführungsform der Diffusionspumpe.

3.6.4 Die translatorische Bewegung des Elektronengases unter Einwirkung eines äußeren Kraftfeldes

Untersuchen wir das Verhalten des Elektronengases im Inneren des Metalls, welches durch eine bestimmte Gleichgewichtsverteilungsfunktion gekennzeichnet ist, während ein elektrisches Kraftfeld der Intensität E im Innern des Metalls aufgebaut wird. Unter Einwirkung des elektrischen Feldes wird ein beliebiges Elektron, welches eine der thermischen Bewegung entsprechende, ungeordnete Bewegung durchführt, sich solange beschleunigt in der der Feldstärke entgegengesetzten Richtung fortbewegen, bis es mit einem Ion zusammenstößt und diesem seinen gesamten Überschuß an Energie übergibt. Dann startet das Elektron wieder mit seiner alten Durchschnittsgeschwindigkeit, wird erneut bis zum Zusammenstoß beschleunigt und verliert wieder seine so gewonnene Geschwindigkeit. Im Endeffekt erhält man eine einer ungeordneten Bewegung superponierte, der Feldrichtung entgegengerichtete und der Feldstärke proportionale translatorische Bewegung, also einen Strom. Verfolgen wir nun den hier beschriebenen Gedankengang auch quantitativ. Bei unserer Ableitung werden wir immer die gröbsten statistischen Mittelwerte einsetzen. Die grundlegenden Annahmen enthalten ja sowieso derartige Großzügigkeiten, daß die minutiöse Durchführung der Berechnung nur den falschen Anschein der Genauigkeit der Ergebnisse erwecken könnte. Später, im Teil 7 behandeln wir dieses Problem etwas eingehender.

Wir betrachten nun, was geschieht, wenn die elektrische Feldstärke E in dem kräftefreien Raum angeschaltet wird. Zur ungeordneten, im Durchschnitt $v = \sqrt{\bar{v^2}}$ betragenden Geschwindigkeit der Elektronen addiert sich dann die aus der Beschleunigung $a = \dfrac{F}{m} = \dfrac{eE}{m}$ stammende, der Feldrichtung entgegengesetzte Geschwindigkeit. Die entgegengesetzte Richtung wird durch die negative Ladung des Elektrons verursacht (Abb. **3.**52).

Bezeichnen wir die mittlere freie Weglänge des Teilchens, d. h. den Weg, den das Teilchen im Durchschnitt ohne Zusammenstoß mit Ionen zurücklegen kann, mit λ. Dann beschleunigt das Teilchen während der Zeit $\tau = \lambda/v$, und seine Geschwindigkeit nimmt um den Wert

$$\overline{\Delta v} = a\tau = \frac{eE}{m}\frac{\lambda}{v}$$

zu. Da die Beschleunigung konstant ist, beträgt die mittlere Geschwindigkeitszunahme in der $-E$-Richtung

$$\bar{u} = \frac{1}{2}\overline{\Delta v} = \frac{eE}{2}\frac{\lambda}{mv}. \tag{22}$$

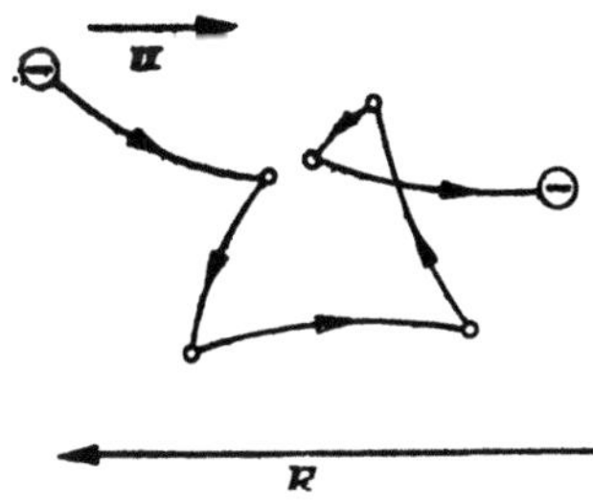

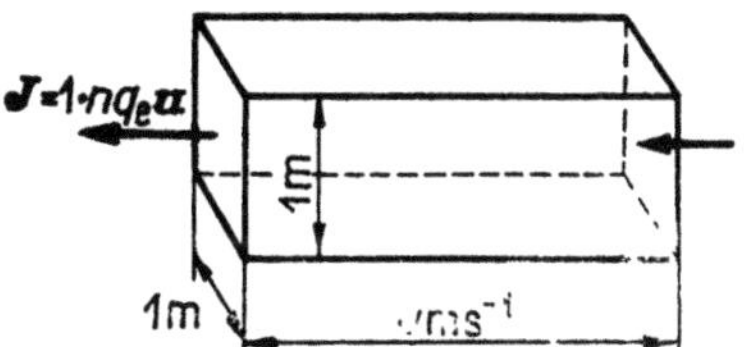

3.52 Der ungeordneten Bewegung eines Elektrons wird eine durchschnittliche Verschiebung in Gegenfeldrichtung superponiert

3.53 Bei der Berechnung der Stromdichte kann die ungeordnete Bewegung außer acht bleiben

Die Menge der Elektronen von ungeordneter Geschwindigkeit bewegt sich also mit der konstanten Geschwindigkeit u in Gegenfeldrichtung. Es ist auch üblich, diese Geschwindigkeit Verschiebungs- oder Driftgeschwindigkeit zu nennen.

Wir betrachten im Raum ein Prisma, dessen Grundfläche gleich der Einheit und dessen Höhe gleich u ist (Abb. **3.53**). Die Höhe des Prismas soll parallel zur Feldrichtung liegen. Die sich darin befindenden Elektronen passieren die Stirnfläche des Prismas in 1 s, so daß die Stromdichte

$$J = \bar{u} \cdot 1 \cdot ne$$

wird, wobei n die Zahl der Ladungen je Volumeneinheit bezeichnet. Durch Einsetzen des Wertes $\bar{u} = |\,u\,|$ erhält man

$$J = \frac{1}{2}n\frac{e^2\lambda}{mv}E.$$

Dieser Zusammenhang läßt sich noch einfacher wie folgt schreiben:

$$J = \gamma E,$$

wobei

$$\gamma = \frac{n}{2}\,\frac{e^2\,\lambda}{mv} \tag{23}$$

ist. Das ist das *Ohm*sche Gesetz in differentieller Form. Den Wert der Leitfähigkeit γ haben wir somit auch, ausgedrückt in den atomaren Konstanten, erhalten.

Die unter Einwirkung der Einheit der Feldstärke entstehende Translationsgeschwindigkeit nennen wir Beweglichkeit,

$$\mu_e = \frac{\bar{u}}{E} = \frac{e\lambda}{2\,mv}\,. \tag{24}$$

Damit ausgedrückt lautet die Stromdichte

$$J = ne\bar{u} = ne\mu_e E.$$

3.6.5 Der Zusammenhang zwischen der Diffusionskonstanten und der Beweglichkeit

Wenn es um die Diffusion geladener Teilchen geht, so spielt der Zusammenstoß mit den Gitterionen eine Rolle, sowohl bezüglich des Wertes der Diffusionskonstanten D als auch in bezug auf den Wert der Beweglichkeit μ. Dividiert man die Beziehungen

$$\mu = \frac{q\lambda}{2\,mv}\,, \quad D = \frac{1}{3}\,\lambda v, \tag{25}$$

so erhält man

$$\frac{D}{\mu} = \frac{2}{3}\,\frac{mv^2}{q} = 2\,\frac{kT}{q}$$

unter Berücksichtigung der Gleichung $(3/2)kT = (1/2)mv^2$.

Bei der Ableitung von D und auch von μ haben wir verschiedene grobe Mittelwerte eingesetzt. Die feineren statistischen Untersuchungen führen μ. Dividiert zur *Einsteinschen Beziehung*

$$\frac{D}{\mu} = \frac{kT}{q}$$

von allgemeinerer Gültigkeit.

Im folgenden soll dieser später häufig vorkommende Zusammenhang auch mit Hilfe makroskopischer Überlegungen abgeleitet werden.

Zur Abwechslung gehen wir jetzt von einer Mischung neutraler Gasteilchen, Ionen und Elektronen aus, die unter der Einwirkung eines elektrischen Feldes steht, und beobachten die Bewegung der Ionen.

Den Ionen, deren anfängliche Verteilung als gleichmäßig angenommen wird, erteilt das elektrische Feld eine Driftgeschwindigkeit. Dadurch ändert

sich die Dichte, so daß ein Dichte- und damit auch ein Druckgradient
entsteht. Die Gleichgewichtsverteilung wird dadurch charakterisiert, daß
die auf ein beliebig ausgewähltes Volumen einwirkende elektrische Kraft
sowie die Resultierende des auf die Oberfläche einwirkenden Druckes
einander gleich sind:

$$\int\limits_V q n_{\mathrm{i}}\, \boldsymbol{E}\, \mathrm{d}V = \int\limits_A p\, \mathrm{d}\boldsymbol{A} = \int\limits_V \operatorname{grad} p\, \mathrm{d}V,$$

d. h.

$$q n_{\mathrm{i}} \boldsymbol{E} = \operatorname{grad} p.$$

Berücksichtigt man die Beziehungen $\boldsymbol{E} = -\operatorname{grad} U$, $p = kTn$, so ist

$$-q n_{\mathrm{i}} \operatorname{grad} U = kT \operatorname{grad} n_{\mathrm{i}}.$$

Durch Ordnen erhält man

$$\frac{\operatorname{grad} n_{\mathrm{i}}}{n_{\mathrm{i}}} = -\frac{q}{kT} \operatorname{grad} U.$$

Durch Einsetzen beweist man sofort die Lösung dieser Gleichung:

$$n_{\mathrm{i}}(\boldsymbol{r}) = n_{\mathrm{i}0}\, \mathrm{e}^{-\frac{q U(\boldsymbol{r})}{kT}}.$$

Dieses Ergebnis stellt übrigens gerade die *Boltzmann*-Verteilung dar.

Im Gleichgewicht ist selbstverständlich auch der resultierende Strom gleich
Null. Es gilt also

$$\boldsymbol{J}_{\mathrm{i}} = 0 = q n_{\mathrm{i}} \mu_{\mathrm{i}}\, \boldsymbol{E} - q D_{\mathrm{i}} \operatorname{grad} n_{\mathrm{i}}.$$

Da auf Grund der vorangehenden Gleichung

$$\operatorname{grad} n_{\mathrm{i}} = -\frac{q n_{\mathrm{i}}}{kT} \operatorname{grad} U,$$

sowie

$$\boldsymbol{E} = -\operatorname{grad} U$$

sind, erhält man

$$-q n_{\mathrm{i}} \mu_{\mathrm{i}} + q D_{\mathrm{i}} \frac{q n_{\mathrm{i}}}{kT} = 0$$

und daraus

$$\frac{D_{\mathrm{i}}}{\mu_{\mathrm{i}}} = \frac{kT_{\mathrm{i}}}{q}.$$

Diese Ableitung ist von den Einschränkungen unabhängig, die wir einzeln
bei der Ableitung von D_{i} und μ_{i} gemacht hatten. Genauso gilt natürlich
auch die Beziehung

$$\frac{D_{\mathrm{e}}}{\mu_{\mathrm{e}}} = \frac{kT_{\mathrm{e}}}{e}.$$

3.6.6 Die kinetische Boltzmann-Gleichung

Will man die durch eine nicht im Gleichgewicht befindliche Teilchenschar geförderte Stoffmenge, Ladung oder Energie bestimmen, will man also die sog. Transportprozesse in der möglichst allgemeinen Form untersuchen, so muß man auf die kinetische Gleichung *Boltzmanns* zurückgreifen.

Der augenblickliche Zustand der Teilchen soll durch die Verteilungsfunktion $f(\boldsymbol{r}, \boldsymbol{p}, t)$ charakterisiert werden. Diese Funktion wird anschaulicherweise als eine Dichtefunktion im sechsdimensionalen *Phasenraum* $\boldsymbol{r}$, $\boldsymbol{p}$ aufgefaßt. Der Zustand einer Teilchenmenge in diesem Phasenraum wird in einem festgesetzten Augenblick durch einen Punkt gekennzeichnet. Wir wünschen also festzustellen, welche Bewegung die die Teilchenmenge kennzeichnende Punktmenge im Phasenraum durchführt. Wählen wir also ein beliebiges Volumen V_f aus, und untersuchen wir, aus welchem Grund sich die Zahl der Punkte je Zeiteinheit im Innern dieses Volumens ändert. (Im Endeffekt suchen wir einen der Diffusionsgleichung (20) ähnlichen Zusammenhang im Phasenraum.) Vom Effekt der Zusammenstöße sehen wir vorerst ab. Dann ist die Änderung der Zahl der im Volumen befindlichen Punkte durch Herausströmen von Punkten durch die Oberfläche hindurch verursacht, d. h. es gilt

$$\int\limits_{V} \frac{\partial f}{\partial t}\, \mathrm{d}V = - \oint\limits_{A_f} f v_f\, \mathrm{d}A_f\,,$$

wobei $\boldsymbol{v}_f$ hier die Geschwindigkeit im *Phasenraum* bezeichnet, also den sechsdimensionalen Vektor, dessen Komponenten $\dot{x}, \dot{y}, \dot{z}, \dot{p}_x, \dot{p}_y, \dot{p}_z$ sind.

Geht man auf die übliche Weise vom Flächenintegral auf das Raumintegral und dann auf das Einheitsvolumen über, so erhält man die Beziehung

$$\frac{\partial f(\boldsymbol{r}, \boldsymbol{p}, t)}{\partial t} = - \operatorname{div}_{\boldsymbol{p}}(f\dot{\boldsymbol{p}}) - \operatorname{div}_{\boldsymbol{r}}(f\dot{\boldsymbol{r}})\,.$$

Die sechsdimensionale Divergenz wurde dabei bereits in zwei dreidimensionale Divergenzen aufgelöst. Der obige Zusammenhang läßt sich auch folgendermaßen schreiben:

$$\frac{\partial f}{\partial t} = - (f \operatorname{div}_{\boldsymbol{p}} \dot{\boldsymbol{p}} + \dot{\boldsymbol{p}}\operatorname{grad}_{\boldsymbol{p}} f + f \operatorname{div}_{\boldsymbol{r}} \dot{\boldsymbol{r}} + \dot{\boldsymbol{r}}\operatorname{grad}_{\boldsymbol{r}} f)$$

$$= - (\dot{\boldsymbol{r}}\operatorname{grad}_{\boldsymbol{r}} f + \dot{\boldsymbol{p}}\operatorname{grad}_{\boldsymbol{p}} f) - f(\operatorname{div}_{\boldsymbol{p}} \dot{\boldsymbol{p}} + \operatorname{div}_{\boldsymbol{r}} \dot{\boldsymbol{r}})\,.$$

Aus den Bewegungsgleichungen

$$\dot{p}_x = - \frac{\partial H}{\partial x}\,, \quad \dot{p}_y = - \frac{\partial H}{\partial y}\,, \quad \dot{p}_z = - \frac{\partial H}{\partial z}\,,$$

$$\dot{x} = \frac{\partial H}{\partial p_x}\,, \quad \dot{y} = \frac{\partial H}{\partial p_y}\,, \quad \dot{z} = \frac{\partial H}{\partial p_z}$$

folgt aber

$$\frac{\partial p_x}{\partial p_x} = - \frac{\partial^2 H}{\partial x\, \partial p_x} = - \frac{\partial \dot{x}}{\partial x}\,, \quad \text{d. h.} \quad \frac{\partial \dot{p}_x}{\partial p_x} + \frac{\partial \dot{x}}{\partial x} = 0\,.$$

Ähnliche Zusammenhänge erhält man auch für die übrigen Komponenten. Es ist somit

$$\operatorname{div}_{\boldsymbol{p}} \dot{\boldsymbol{p}} + \operatorname{div}_{\boldsymbol{r}} \dot{\boldsymbol{r}} = \frac{\partial \dot{p}_x}{\partial p_x} + \frac{\partial \dot{p}_x}{\partial p_y} + \frac{\partial \dot{p}_z}{\partial p_z} + \frac{\partial x}{\partial x} + \frac{\partial \dot{y}}{\partial y} + \frac{\partial \dot{z}}{\partial z} = 0\,,$$

und folglich

$$\frac{\partial f}{\partial t} + \dot{\boldsymbol{r}}\operatorname{grad}_{\boldsymbol{r}} f + \dot{\boldsymbol{p}}\operatorname{grad}_{\boldsymbol{p}} f \equiv \frac{\mathrm{d}f}{\mathrm{d}t} = 0\,.$$

Als Zusammenfassung unserer bisherigen Ergebnisse können wir feststellen, daß sich die Teilchen im Phasenraum genauso bewegen wie die Teilchen einer inkompressiblen Flüssigkeit (*Liouville*sches Theorem).

Untersuchen wir nun auch den Effekt der Zusammenstöße! In diesem Fall wird die Änderung je Zeiteinheit der Zahl der im herausgegriffenen Raumteil befindlichen Teilchen nicht nur durch die in der Zeiteinheit ein- und ausströmenden Teilchen verursacht; es ist vielmehr auch die Zahl der in den Raumteil herein- bzw. hinaustretenden Teilchen zu berücksichtigen:

$$\frac{\partial f}{\partial t} = -\,\dot{\boldsymbol{r}}\,\mathrm{grad}_{\boldsymbol{r}}\,f - \dot{\boldsymbol{p}}\,\mathrm{grad}_{\boldsymbol{p}}\,f + \left(\frac{\partial f}{\partial t}\right)_{\mathrm{Stoß}},$$

oder in einer etwas anderen Form:

$$\frac{\partial f}{\partial t} = -\,\boldsymbol{v}\,\mathrm{grad}_{\boldsymbol{r}}\,f - \boldsymbol{F}\,\mathrm{grad}_{\boldsymbol{p}}\,f + \left(\frac{\partial f}{\partial t}\right)_{\mathrm{Stoß}}.$$

Hierbei wurde die Kraft $\boldsymbol{F}$ anstelle von $\dot{\boldsymbol{p}}$ auf Grund der Bewegungsgleichung $\boldsymbol{p} = \boldsymbol{F}$ eingesetzt.

Die größte Schwierigkeit verursacht natürlich die genaue Berücksichtigung des Effektes der Zusammenstöße.

(*)Untersuchen wir nun etwas eingehender den Effekt der Stoßvorgänge für den **Fall** des idealen Gases. Um die infolge der Zusammenstöße der Moleküle eintretende Verteilungsänderung bestimmen zu können, untersuchen wir den Zusammenstoß derjenigen im Volumenelement $\mathrm{d}V$ des Gases befindlichen Moleküle, deren Geschwindigkeit zwischen $\boldsymbol{v}_1$ und $\boldsymbol{v}_1 + \mathrm{d}\boldsymbol{v}_1$ liegt (Abb. **3**.54). Nach der Definition der Verteilungsfunktion gibt es insgesamt

$$n f(\boldsymbol{r}, \boldsymbol{v}_1, t)\,\mathrm{d}v_{1x}\,\mathrm{d}v_{1y}\,\mathrm{d}v_{1z}\,\mathrm{d}V$$

solcher Moleküle.

Diese sollen mit Molekülen zusammenstoßen, welche in den Geschwindigkeitsbereich zwischen $\boldsymbol{v}_2$ und $\boldsymbol{v}_2 + \mathrm{d}\boldsymbol{v}_2$ fallen. Die Dichte dieser Moleküle ist

$$n f(\boldsymbol{r}, \boldsymbol{v}_2, t)\,\mathrm{d}v_{2x}\,\mathrm{d}v_{2y}\,\mathrm{d}v_{2z}\,.$$

Nehmen wir vorläufig an, daß die Stoßachse in den um eine bestimmte Richtung liegenden Kegelwinkel $\mathrm{d}\Omega$ fällt. Die Wahrscheinlichkeit des Zusammenstoßes ist proportional der Zahl der im Bereich $\mathrm{d}V\,\mathrm{d}\boldsymbol{v}_1 = \mathrm{d}v_{1x}\,\mathrm{d}v_{1y}\,\mathrm{d}v_{1z}\,\mathrm{d}V$ vorhandenen Moleküle, der Moleküldichte im Bereich $\mathrm{d}\boldsymbol{v}_2$, der relativen Geschwindigkeit $\boldsymbol{v}_r = \boldsymbol{v}_1 - \boldsymbol{v}_2$ sowie dem Raumwinkel $\mathrm{d}\Omega$. Der Proportionalitätsfaktor kann auch von der relativen Geschwindigkeit abhängig sein, hängt aber in erster Linie vom Durchmesser der Moleküle sowie von dem durch die relative Geschwindigkeit und die Stoßachse eingeschlossenen Winkel α ab. Auf diese Weise beträgt also die Zahl der Zusammenstöße je Zeiteinheit

$$\sigma(v_r, \alpha)\,v_r\,n^2\,f(\boldsymbol{r}, \boldsymbol{v}_1, t)\,f(\boldsymbol{r}, \boldsymbol{v}_2, t)\,\mathrm{d}\boldsymbol{v}_1\,\mathrm{d}\boldsymbol{v}_2\,\mathrm{d}V\,\mathrm{d}\Omega\,.$$

Als Folge dieser Zusammenstöße werden die ursprünglich im Bereich $\mathrm{d}\boldsymbol{v}_1$ befindlichen Moleküle in einem anderen Bereich $\mathrm{d}\boldsymbol{v}_1'$ Platz nehmen. Die Gesamtzahl jener im Raumteil $\mathrm{d}V$ befindlichen Moleküle, welche je Zeiteinheit den Geschwindigkeitsbereich $\mathrm{d}\boldsymbol{v}_1$ infolge der Zusammenstöße verlassen, erhält man dadurch, daß man den obigen Ausdruck über den gesamten Bereich $\mathrm{d}\boldsymbol{v}_2$ und über alle mögliche Raumwinkel $\mathrm{d}\Omega$ summiert. Die Zahl der je Zeiteinheit aus dem Bereich $\mathrm{d}\boldsymbol{v}_1$ herausgestreuten Moleküle ist also

$$\mathrm{d}\boldsymbol{v}_1\,\mathrm{d}V n^2 \iint \sigma(v_r, \alpha)\,v_r\,f(\boldsymbol{r}, \boldsymbol{v}_1, t)\,f(\boldsymbol{r}\,\boldsymbol{v}_2\,t)\,\mathrm{d}\boldsymbol{v}_2\,\mathrm{d}\Omega\,.$$

Untersuchen wir nun andererseits, wieviele Moleküle infolge der Zusammenstöße aus anderen Geschwindigkeitsbereichen in den Geschwindigkeitsbereich $\mathrm{d}\boldsymbol{v}_1$ kommen.

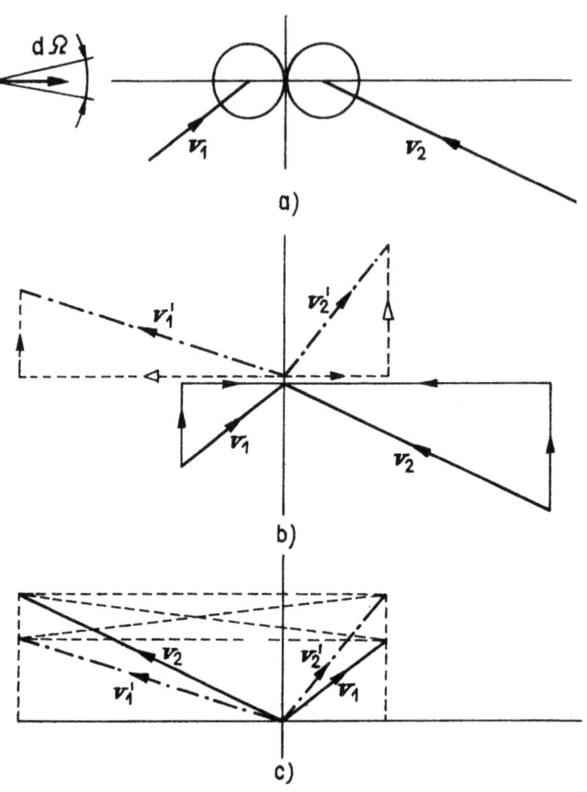

3.54 Zusammenstoß gleicher Teilchen im Fall einer Stoßachse von festgelegter Richtung. *a)* Die zwei als kugelförmig vorgestellten Teilchen im Augenblick des Zusammenstoßes: Die Stoßachse ist durch die augenblickliche Lage ihrer Mittelpunkte gegeben; *b)* die zur Stoßachse parallelen Geschwindigkeitskomponenten werden vertauscht, die dazu senkrechten bleiben; *c)* die Geschwindigkeitsvektoren, gezeichnet von einem Punkte aus. Man sieht, daß $|v_1 - v_2| = |v_1' - v_2'|$ ist

Falls der Zusammenstoß von Molekülen der Geschwindigkeit v_1 und v_2 bei festliegender Stoßachse zu den Geschwindigkeiten v_1' und v_2' führt, so führt umgekehrt der Zusammenstoß von Molekülen der Geschwindigkeit v_1' und v_2' zu den Geschwindigkeiten v_1 und v_2 zurück. Von den Molekülen, welche sich im Volumen dV befinden und die in die Geschwindigkeitsbereiche dv_1' und dv_2' fallen, werden in der Zeiteinheit

$$\left[n^2 \sigma(v_r, \alpha') \, v_r' \, f(r, v_1', t) \, f(r, v_2', t) \, dv_1' \, dv_2' \, dV \, d\Omega \right.$$

Moleküle zusammenstoßen. Das Integral dieses Ausdruckes über alle Werte von v_1' und v_2', welche zu den Werten v_1 und v_2 zurückführen, ergibt die Zahl der Teilchen, die in den Bereich dv_1 zurückgestreut werden.

Die Zahl der je Zeiteinheit in den Bereich dv_1 hineingestreuten Teilchen wird also

$$n^2 \, dV \int\limits_{v_1', \, v_2', \, \Omega} \sigma(v_r', \alpha') \, v_r' \, f(r, v_1', t) \, f(r, v_2', t) \, dv_1' \, dv_2' \, d\Omega \, .$$

Berücksichtigt man die in den Abb. **3.54** und **3.55** veranschaulichte Tatsache, daß beim Zusammenstoß die zur Stoßachse senkrechten Geschwindigkeitskomponenten unverändert bleiben, während die zur Achse parallelen ausgetauscht werden, so können die folgenden Gesetzmäßigkeiten festgestellt werden:

$$v_r' = |v_1' - v_2'| = |v_1 - v_2| = v_r \, ,$$
$$dv_1' \, dv_2' = dv_1 \, dv_2 \, .$$

3.55 Zum Nachweis der
Beziehung $\mathrm{d}\boldsymbol{v}_1\,\mathrm{d}\boldsymbol{v}_2 =$
$= \mathrm{d}\boldsymbol{v}_1'\,\mathrm{d}\boldsymbol{v}_2'$

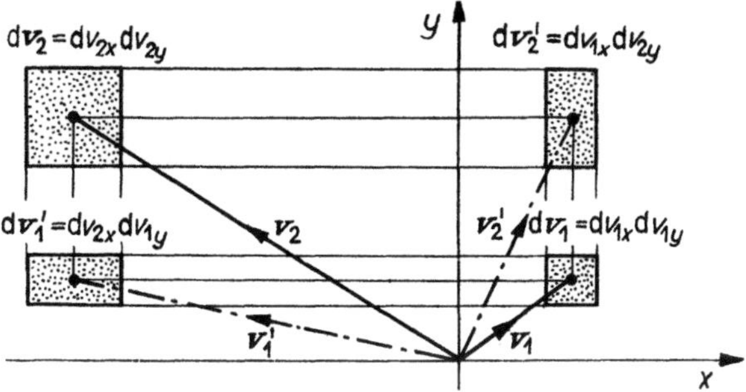

Im Endeffekt beträgt somit die Zahl der hineingestreuten Teilchen

$$\mathrm{d}\boldsymbol{v}_1\,n^2\,\mathrm{d}V \int \sigma(v_r,\alpha)\,v_r\,f(\boldsymbol{r},\boldsymbol{v}_1',t)\,f(\boldsymbol{r},\boldsymbol{v}_2',t)\,\mathrm{d}\boldsymbol{v}_2\,\mathrm{d}\Omega\;.$$

Auf Grund des Vorangehenden gilt dann

$$n\left(\frac{\partial f(\boldsymbol{r},\boldsymbol{v}_1,t)}{\partial t}\right)_{\text{Stoß}}\mathrm{d}V\,\mathrm{d}\boldsymbol{v}_1 = \mathrm{d}\boldsymbol{v}_1\,n^2\,\mathrm{d}V \int \sigma v_r[f(\boldsymbol{r},\boldsymbol{v}_1',t)\,f(\boldsymbol{r},\boldsymbol{v}_2',t) - f(\boldsymbol{r},\boldsymbol{v}_1,t)\,f(\boldsymbol{r},\boldsymbol{v}_2,t)]\,\mathrm{d}\boldsymbol{v}_2,$$

oder nach Vereinfachung und nach Einsetzen von $\boldsymbol{v}$ anstelle der beliebigen Geschwindigkeit $\boldsymbol{v}_1$

$$\left(\frac{\partial f}{\partial t}\right)_{\text{Stoß}} = n\int \sigma v_r\,[f(\boldsymbol{r},\boldsymbol{v}',t)\,f(\boldsymbol{r},\boldsymbol{v}_2',t) - f(\boldsymbol{r},\boldsymbol{v},t)\,f(\boldsymbol{r},\boldsymbol{v}_2,t)]\,\mathrm{d}\boldsymbol{v}_2\;.$$

Wir kommen also zur *Boltzmann*schen kinetischen Gleichung zurück:

$$\frac{\partial f}{\partial t} + \boldsymbol{v}\,\mathrm{grad}_r\,f + \frac{\boldsymbol{F}}{m}\,\mathrm{grad}_v\,f = n\int \sigma v_r[f(\boldsymbol{r},\boldsymbol{v}',t)\,f(\boldsymbol{r},\boldsymbol{v}_2',t) - f(\boldsymbol{r},\boldsymbol{v},t)\,f(\boldsymbol{r},\boldsymbol{v}_2,t)]\,\mathrm{d}\boldsymbol{v}_2\;. \quad (26)$$

Im allgemeinen kann sich die Verteilungsfunktion nicht nur unter der Einwirkung von Zusammenstößen ändern. Bei ionisierten Gasen können ständig neue Teilchen durch Ionisation entstehen oder vorhandene durch Rekombination verschwinden. Die Verteilungsfunktion des Neutronengases verändert die Neutronenabsorption, die Emission äußerer Neutronenquellen bzw. die durch Spaltung entstehenden neuen Neutronen. Die *Boltzmann*-Gleichung kann durch die entsprechenden Glieder ergänzt werden.

Bedauerlicherweise kann die exakte Lösung der allgemeinen *Boltzmann*schen Gleichung nur in den seltensten Fällen angegeben werden. Durch Verwendung verschiedener vereinfachender Annahmen erhält man aber eine bereits leichter zu handhabende Form. In der Praxis wird die Ausgangsformel von vornherein vereinfacht und dadurch die kinetische Gleichung umgangen.

Wenn man die Verteilung sucht, welche die Zusammenstöße ungeändert lassen, d. h. bei welcher die Zahl der in einen Bereich hinein- bzw. herausgestreuten Teilchen identisch ist, kommt man zur Gleichgewichtsverteilung. Nach Gleichung (26) wird die zeitliche Änderung der Verteilungsfunktion sicher gleich Null sein, wenn

$$f(\boldsymbol{v}')\,f(\boldsymbol{v}'_2) - f(\boldsymbol{v})\,f(\boldsymbol{v}_2) = 0$$

ist. Diese Funktionengleichung legt gerade die jetzt gesuchte Verteilungsfunktion fest, und ihre Lösung ist gerade der uns bereits bekannte Ausdruck

$$A\mathrm{e}^{-\dfrac{mv^2}{2kT}}\,,$$

die *Boltzmann*-Verteilung.

24*

3.6.7 Näherungslösungen der kinetischen Gleichung

Wenn es keine äußere Kraft gibt (d. h. $\dot{p} = 0$ ist) und die Verteilung räumlich homogen ist, so findet die zeitliche Änderung der Verteilungsfunktion ausschließlich infolge der Zusammenstöße statt. In solchen Fällen ist die sog. *Relaxationszeitnäherung* sehr erfolgreich. Da die Zusammenstöße bei Abweichungen vom Gleichgewichtszustand bewirken, daß das Gas wieder in den Gleichgewichtszustand gelangt, ist anzunehmen, daß die Änderung der Verteilungsfunktion je Zeiteinheit der Abweichung vom Gleichgewichtszustand proportional ist:

$$\frac{\partial f}{\partial t} = \left(\frac{\partial t}{\partial f}\right)_{\text{Stoß}} = -\frac{f - f_0}{\tau}\,.$$

Der hierbei vorkommende Proportionalitätsfaktor τ ist die sog. Relaxationszeit.

Die Lösung der obigen Gleichung lautet

$$f(v, t) = f_0(v) + [f(v, 0) - f_0(v)]\, \mathrm{e}^{-\frac{t}{\tau}}\,.$$

Hierbei ist $f_0(v)$ die Gleichgewichtsverteilung und $f(v, 0)$ die im Zeitpunkt $t = 0$ (nicht im Gleichgewicht) gültige Verteilung.

Im stationären Zustand aber, bei räumlicher Inhomogenität wird die Grundgleichung der Relaxationsnäherung

$$v \operatorname{grad}_r f + F \operatorname{grad}_p f = -\frac{f - f_0}{\tau}\,.$$

Führen wir jetzt mit der Definition $f_1 = f - f_0$ die Abweichung von der Gleichgewichtsverteilung ein, so erhalten wir

$$v \operatorname{grad}_r (f_0 + f_1) + F \operatorname{grad}_p (f_0 + f_1) = -\frac{f_1}{\tau}\,.$$

Die gröbste Annahme, die aber bei vielen Anwendungen hinreicht, besteht darin, daß wir auf der linken Seite $f_0 + f_1 \approx f_0$ setzen. So wird also in erster Näherung

$$f_1 = -\tau(v \operatorname{grad}_r f_0 + F \operatorname{grad}_p f_0)\,.$$

Wenn $f(v, r)$ bekannt ist, so erhalten wir die uns interessierenden Größen folgendermaßen:

Teilchendichte:

$$n(r) = \int\limits_{V_v} f(v, r)\, \mathrm{d}V_v\,.$$

Teilchenstromdichte:

$$J_t = \int\limits_{V_v} v\, f(v, r)\, \mathrm{d}V_v\,.$$

Elektrische Stromdichte, wenn nur eine Teilchensorte für die Förderung des Stromes verantwortlich ist:

$$J = \int\limits_{V_v} q\, v\, f(v, r)\, \mathrm{d}V_v\,.$$

Energieflußdichte:

$$J_W = \int\limits_{V_v} v\, W\, f(v, r)\, \mathrm{d}V_v\,.$$

Die hier angeführten Zusammenhänge werden von uns bei der Behandlung der elektrischen und Wärmeleitfähigkeit benutzt.

In den angeführten Gleichungen können wir den klassischen Rahmen erstens dadurch überschreiten, daß man für f_0 die *Fermi-Dirac*-Verteilung statt der *Boltzmann*-Verteilung wählt, zweitens noch weiter dadurch, daß man den k-Raum anstelle des v- oder p-Raumes nimmt und die Integration auf die besetzten quantenmechanischen Zustände bezieht.

Der Austritt von Elektronen aus Metallen

Um ein Elektron aus der Kristallstruktur eines Metalles herauszureißen, muß ihm eine entsprechende Energie mitgeteilt werden. Nach der einfachsten Vorstellung bewegen sich die Elektronen eines Metalls frei in seinem Inneren, doch werden sie durch einen »Potentialwall« am Austritt gehindert; irgendein äußerer Faktor muß dem Elektron über diese Wand hinüberhelfen (Abb. 4.1). Wird das Metall auf eine hohe Temperatur erhitzt, so kann die Wärmebewegung der Elektronen bereits genügen, um diese aus dem Metall heraustreten zu lassen: Das ist die thermische Elektronenemission. Kommt ein besonders starkes elektrisches Feld zur Anwendung, so kann auch dieses den Elektronen heraushelfen, u. zw. entweder durch Herabsetzen der Höhe des Potentialwalls oder über den quantenmechanischen Tunneleffekt: Das ist die sog. Feld- oder Kaltemission. Von außen her auf die Metalloberfläche geschossene Elektronen können den Elektronen des Metalls beim Zusammenstoß eine so große Energie übergeben, daß die Erscheinung der Sekundäremission auftreten kann. In dem Fall schließlich, in dem die Elektronen des Metalls unter der Einwirkung von Photonen aus der Metalloberfläche heraustreten, sprechen wir von Photoemission oder von der (äußeren) lichtelektrischen Erscheinung.

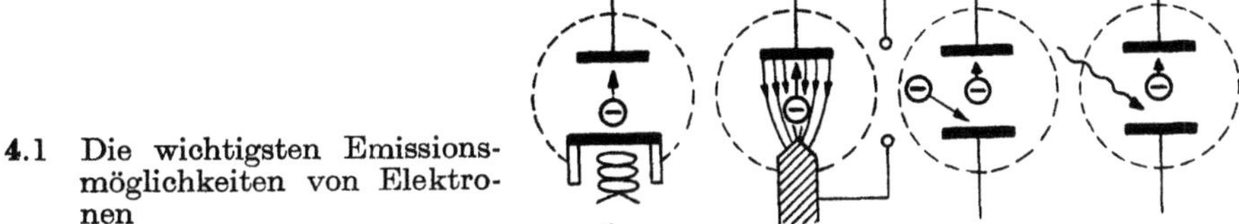

4.1 Die wichtigsten Emissionsmöglichkeiten von Elektronen

Die Erscheinungen der Elektronenemission bilden die Grunderscheinung der Vakuumröhren: Die Wirkungsweise der Diode, der Triode und alle übrigen Mehrgitterröhren werden durch die Gesetzmäßigkeiten der Emission und der damit verbundenen Raumladung bestimmt. Bis zum Erscheinen der Halbleiter, also bis in die letzte Zeit, war das der unbestritten wichtigste Teil der Elektronenphysik. Und die dabei kennengelernten Gesetzmäßigkeiten sind nicht nur für die Vakuumröhren, sondern auch zum Verständnis der Funktion der auf Grund von Gasentladungen arbeitenden Röhren unerläßlich.

4.1 Die thermische und die Feldemission

4.1.1 Die Ableitung der Formel von Richardson—Dushman

Im folgenden untersuchen wir, wieviele Elektronen infolge der lebhafteren Wärmebewegung während der Zeiteinheit über der Oberfläche eines Metalls heraustreten können, wenn das Metall (die Kathode einer Elektronenröhre) auf einer sehr hohen, konstanten Temperatur T gehalten wird. Mit anderen Worten, wir wollen die die thermische Emission kennzeichnende Stromdichte ermitteln. Diese Austritts-Stromdichte ergibt die Formel von *Richardson* und *Dushman*.

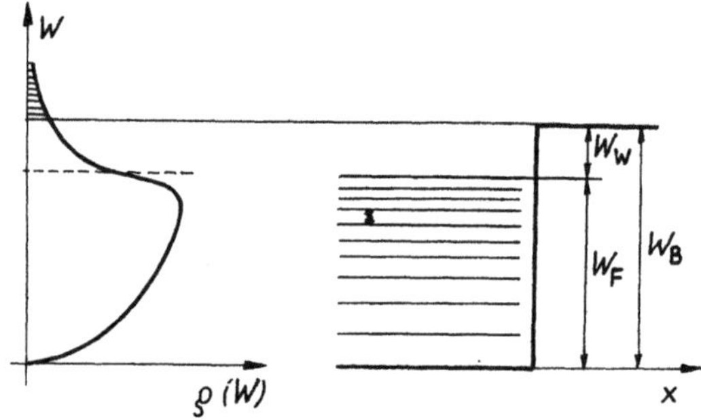

4.2 Die Energieverteilung im Metall. Nur Elektronen, die eine größere Energie als W_B haben, können aus dem Metall heraustreten. Von diesen treten diejenigen auch tatsächlich heraus, für welche die Beziehung $(1/2)mv_x^2 > W_B$ besteht

Zur Ableitung dieser Formel wird angenommen, daß die Energieverhältnisse im Innern eines Metalls durch eine Potentialgrube der Tiefe W_B dargestellt werden können, in welcher die Elektronen der der Temperatur T entsprechenden *Fermi*-Verteilung folgen. Dementsprechend liegt natürlich die Energie des größten Teiles der Elektronen in der Nähe des *Fermi*-Niveaus, wobei es aber gleichzeitig viele Elektronen gibt, die eine viel größere Energie haben. Zum Austritt eines Elektrons aus dem Metall ist es unbedingt erforderlich, daß seine Energie höher liegt als die Wallhöhe der Grube. Dies ist aber für sich allein noch nicht genug: Es ist ebenfalls erforderlich, daß das Elektron sich mit dieser Energie senkrecht zur Metallfläche bewegen soll. Mit welcher Geschwindigkeit auch immer ein Elektron parallel zum Wall laufen sollte, es wird niemals aus dem Metall heraustreten können. Nimmt man die x-Achse der Abb. 4.2 entsprechend senkrecht zur Metalloberfläche, so lautet die Austrittsbedingung:

$$\frac{1}{2}\,mv_x^2 \geq W_B$$

Für die Grenzgeschwindigkeit ergibt sich daraus der Wert

$$v_{xB} = \sqrt{\frac{2W_B}{m}}\,. \tag{1}$$

Wählen wir eine Fläche von der Größe der Flächeneinheit an der Grenzfläche des Metalls aus. Von all den eine Geschwindigkeitskomponente v_x besitzenden Elektronen des Metalls erreichen diese Fläche jene Elektronen innerhalb einer Sekunde, welche sich im Inneren eines Prismas der Länge v_x befinden.

Die Zahl der Elektronen im Einheitsvolumen, die eine Geschwindigkeit zwischen v_x und $v_x + \mathrm{d}v_x$, v_y und $v_y + \mathrm{d}v_y$ bzw. v_z und $v_z + \mathrm{d}v_z$ haben, ist

$$\mathrm{d}N_{(V=1)} = \frac{2\,m^3}{h^3}\,\frac{1}{\mathrm{e}^{\frac{W-W_\mathrm{F}}{kT}} + 1}\,\mathrm{d}v_x\,\mathrm{d}v_y\,\mathrm{d}v_z\,. \tag{2}$$

Im Prisma der Länge v_x befinden sich somit

$$\mathrm{d}N_x = v_x\,\frac{2\,m^3}{h^3}\,\frac{1}{\mathrm{e}^{\frac{W-W_\mathrm{F}}{kT}} + 1}\,\mathrm{d}v_x\,\mathrm{d}v_y\,\mathrm{d}v_z \tag{3}$$

Elektronen. Von den sich im Geschwindigkeitsbereich $\mathrm{d}v_x$, $\mathrm{d}v_y$, $\mathrm{d}v_z$ aufhaltenden Elektronen erreicht somit diese Zahl die Oberflächeneinheit des Metalls in 1 s.

Da jedes an den Wall stoßende Elektron das Metall verläßt, wenn seine Geschwindigkeitskomponente in der x-Richtung größer ist als $v_{x\mathrm{B}}$, unabhängig vom Wert von v_y und v_z, beträgt die Gesamtzahl der über der Oberflächeneinheit in 1 s heraustretenden Elektronen

$$N = \frac{2\,m^3}{h^3}\int\limits_{v_x = v_{x\mathrm{B}}}^{\infty}\int\limits_{v_y = -\infty}^{\infty}\int\limits_{v_z = -\infty}^{\infty}\frac{v_x}{\mathrm{e}^{\frac{W-W_\mathrm{F}}{kT}} + 1}\,\mathrm{d}v_x\,\mathrm{d}v_y\,\mathrm{d}v_z\,. \tag{4}$$

Der Mindestwert, den der exponentielle Ausdruck im Nenner noch annehmen kann, ist

$$\left(\mathrm{e}^{\frac{W-W_\mathrm{F}}{kT}}\right)_{\min} = \mathrm{e}^{\frac{W_\mathrm{B}-W_\mathrm{F}}{kT}}\,. \tag{5}$$

Bekanntlich ist auch bei $T = 3000 - 4000\ ^\circ\mathrm{K}$ in sehr guter Näherung $W_\mathrm{F} = W_\mathrm{F0}$. Diese Näherung werden wir im folgenden — ohne besonderen Hinweis — stets gebrauchen.

Da z. B. für Wolfram von 3000 $^\circ\mathrm{K}$ Temperatur

$$W_\mathrm{B} - W_\mathrm{F0} = 4{,}52\ \mathrm{eV}\quad\text{und}\quad kT = 0{,}259\ \mathrm{eV}$$

ist, beträgt der Wert des Ausdruckes (5) $3{,}8 \cdot 10^7$. Eine ähnliche Größenordnung erhält man auch für andere Metalle. Diesem Wert gegenüber ist die Eins in jedem Fall vernachlässigbar. Es gilt somit

$$N = \frac{2\,m^3}{h^3}\int\limits_{v_{x\mathrm{B}}}^{\infty}\int\limits_{-\infty}^{\infty}\int\limits_{-\infty}^{\infty} v_x\,\mathrm{e}^{\frac{W_\mathrm{F0}}{kT}}\,\mathrm{e}^{-\frac{W}{kT}}\,\mathrm{d}v_x\,\mathrm{d}v_y\,\mathrm{d}v_z \tag{6a}$$

oder, wenn man die Energie W durch die Geschwindigkeitskomponenten ausdrückt

$$N = \frac{2\,m^3}{h^3}\,\mathrm{e}^{\frac{W_\mathrm{F0}}{kT}}\int\limits_{v_{z\mathrm{B}}}^{\infty} v_x\,\mathrm{e}^{-\frac{m v_x^2}{2kT}}\,\mathrm{d}v_x\int\limits_{-\infty}^{\infty}\mathrm{e}^{-\frac{m v_y^2}{2kT}}\,dv_y\int\limits_{-\infty}^{\infty}\mathrm{e}^{-\frac{m v^2}{2kT}}\,\mathrm{d}v_z\,.$$

Jedes der beiden letzten Integrale ergibt den Wert $\sqrt{2\pi kT/m}$, das erste dagegen den Wert

$$\frac{kT}{m}\, e^{-\frac{W_B}{kT}} .$$

Im Endergebnis beträgt also die Zahl der über der Oberflächeneinheit je Sekunde heraustretenden Elektronen

$$N = \frac{4\,\pi k^2\, m}{h^3}\, T^2\, e^{-\frac{W_B - W_{F_0}}{kT}} . \tag{6b}$$

Die Stromdichte ergibt sich daraus durch Multiplikation mit der Ladung des Elektrons

$$J_t = Ne,$$

d. h.

$$J_t = \frac{4\,\pi k^2\, me}{h^3}\, T^2\, e^{-\frac{W_B - W_{F_0}}{kT}} . \tag{7}$$

Der Index t weist dabei auf die thermische Art der Emission hin. Führen wir nun die folgenden Bezeichnungen ein:

$$\frac{4\,\pi k^2\, me}{h^3} = A_0 ,$$

$$W_B - W_{F_0} = W_W ,$$

W_W heißt die Austrittsarbeit. Ihre Bedeutung ist aus Abb. 4.2 ersichtlich. Mit diesen Abkürzungen ist

$$J_t = A_0\, T^2\, e^{-\frac{W_W}{kT}} , \tag{8}$$

W_W und kT im Exponenten müssen natürlich in gleicher Einheit gemessen werden: in Ws, in eV oder im Temperaturäquivalent. Diese letztere kann durch die Gleichung

$$b_0 = \frac{W_W}{k} = \frac{W_W[\text{eV}]\cdot 1{,}6\cdot 10^{-19}\,[\text{Ws/eV}]}{1{,}38\cdot 10^{-23}\,[\text{Ws/}^\circ\text{K}]} = 11600\, W_W\,[^\circ\text{K}]$$

eingeführt werden, wobei W_W in eV gemessen wird; so läßt sich unsere Gleichung in der folgenden endgültigen Form schreiben:

$$J_t = A_0\, T^2\, e^{-\frac{b_0}{T}} . \tag{9}$$

Die Beziehungen (8) und (9) sind verschiedene Formen der *Richardson-Dushman*schen Formel.

Den Wert des bei der Ableitung der Emissionsformel vorkommenden Integrals können wir auch ohne jede Vernachlässigung angeben. Schreiben wir nämlich die Gleichung (4) in der folgenden Form:

$$N = \frac{2m^3}{h^3} \int\limits_{v_{xB}}^{\infty} v_x \, \mathrm{d}v_x \int\limits_{-\infty}^{+\infty} \int\limits_{-\infty}^{+\infty} \frac{\mathrm{d}v_y \, \mathrm{d}v_z}{e^{\frac{m/2}{kT}(v_x^2 + v_y^2 + v_z^2) - \frac{W_F}{kT}} + 1}$$

auf und führen nun die neuen Integrationsveränderlichen

$$v_y = \varrho \cos \varphi; \quad v_z = \varrho \sin \varphi; \quad v_z^2 + v_y^2 = \varrho^2,$$

$$\mathrm{d}v_y \, \mathrm{d}v_z = \varrho \, \mathrm{d}\varphi \, \mathrm{d}\varrho$$

ein, so ist

$$N = \frac{2m^3}{h^3} \int\limits_{v_{xB}}^{\infty} v_x \, \mathrm{d}v_x \int\limits_{0}^{2\pi} \mathrm{d}\varphi \int\limits_{0}^{\infty} \frac{\varrho \, \mathrm{d}\varrho}{e^{\frac{(m/2)(v_x^2 + \varrho^2) - W_F}{kT}} + 1}.$$

Nach Durchführen der Integration über φ sowie nach der neuen Veränderlichen

$$y = \frac{m \varrho^2}{2 \, kT}$$

erhält man

$$N = \frac{2m^3}{h^3} \int\limits_{v_{xB}}^{\infty} v_x \, \mathrm{d}v_x \, 2\pi \, \frac{kT}{m} \int\limits_{0}^{\infty} \frac{\mathrm{d}y}{e^{\frac{\frac{mv_x^2}{2} - W_F}{kT} + y} + 1}.$$

Durch Einführen der neuen Veränderlichen

$$e^{\frac{\frac{mv_x^2}{2} - W_F}{kT} + y} = z$$

geht dieses Integral in die Form

$$\int \frac{\mathrm{d}z}{(z+1)z} = \ln \frac{z}{z+1}$$

über. Anschließendes Einsetzen der ursprünglichen Ausdrücke der Veränderlichen der Reihe nach sowie unter Berücksichtigung der entsprechenden Integrationsgrenzen ergibt die Endformel

$$N = \frac{4\pi m}{h^3} kT \int\limits_{v_{xB}}^{\infty} \ln \left[1 + e^{\frac{-\left(\frac{mv_x^2}{2} - W_F\right)}{kT}} \right] mv_x \, \mathrm{d}v_x. \tag{10}$$

Bedenkt man nun, daß

$$e^{\frac{-\left(\frac{mv_x^2}{2} - W_F\right)}{kT}} \ll 1$$

ist, so braucht man bei der Reihenentwicklung der ln-Funktion nur das erste Glied zu berücksichtigen. Damit kommt man wieder zur Gleichung (6).

4.1.2 Eigenschaften der Elektronen, welche die Kathode verlassen haben

Um unsere späteren Ausführungen zu erhellen, untersuchen wir jetzt, wie groß die mittlere kinetische Energie der die Kathode verlassenden Elektronen ist. Zu diesem Zweck betrachten wir zuerst die Größe der mittleren kinetischen Energie dieser Elektronen *vor* Verlassen des Metalls. Im Inneren des Metalls ist nämlich die Verteilungsfunktion bekannt, so daß die Mittelwertbildung auf einfache Weise durchgeführt werden kann. Die Zahl der die Oberflächeneinheit verlassenden Elektronen ist durch die Beziehung (6a) gegeben, also ebenfalls bekannt. Den Regeln der Mittelwertbildung entsprechend, multiplizieren wir jedes Elektron mit der dazu gehörenden kinetischen Energie, dann summieren wir über alle Elektronen, und schließlich dividieren wir durch die Zahl aller in Frage kommenden Elektronen.

$$\overline{W} = \frac{\displaystyle\int\limits_{v_{xB}}^{\infty}\int\limits_{-\infty}^{+\infty}\int\limits_{-\infty}^{+\infty} \frac{1}{2} m(v_x^2 + v_y^2 + v_z^2)\, v_x\, e^{-\frac{m}{2kT}(v_x^2 + v_y^2 + v_z^2)}\, dv_x\, dv_y\, dv_z}{\displaystyle\int\limits_{v_{xB}}^{\infty}\int\limits_{-\infty}^{+\infty}\int\limits_{-\infty}^{+\infty} v_x\, e^{-\frac{m}{2kT}(v_x^2 + v_y^2 + v_z^2)}\, dv_x\, dv_y\, dv_z} \, .$$

Hierbei wurde die Ungleichung

$$e^{\frac{W - W_{\mathrm{F}}}{kT}} \gg 1$$

bereits berücksichtigt. Die Integration läßt sich ohne besondere Schwierigkeiten ausführen. Nach Durchführen der Multiplikation im Zähler ergibt sich $\overline{W}$ als Summe von drei Brüchen. Der erste lautet

$$\overline{W}_x = \frac{1}{2} m\, \frac{\displaystyle\int\limits_{v_{xB}}^{\infty} v_x^3\, e^{-\frac{m}{2kT} v_x^2}\, dv_x}{\displaystyle\int\limits_{v_{xB}}^{\infty} v_x\, e^{-\frac{m}{2kT} v_x^2}\, dv_x} \, .$$

Hierbei kann man nämlich das Integral über v_y und v_z kürzen. Die Ermittlung des Integrals im Nenner ist bereits bekannt. Andererseits kann die Integration im Zähler mit Hilfe der Substitutionen

$$u = v_x^2, \quad dv_x = \frac{du}{2v_x} = \frac{du}{2u^{1/2}}$$

ausgeführt werden. Als Ergebnis erhält man die Beziehung

$$\overline{W}_x = W_{\mathrm{B}} + kT \, .$$

Nach den bisherigen Überlegungen läßt sich der Wert der Integrale bei den zwei anderen Gliedern der Summe leicht ermitteln:

$$\overline{W}_y = \overline{W}_z = \frac{1}{2} kT \, .$$

Als Endergebnis verfügen also die austretenden Elektronen *vor ihrem Austritt*, also noch im Metall, über die mittlere kinetische Energie

$$\overline{W} = W_{\mathrm{B}} + 2kT \, . \tag{11}$$

Nach dem Austritt wurde der Teil W_B der Energie eines jeden Teilchens zum »Besteigen« des Potentialwalls W_B angewandt. Die mittlere kinetische Energie der Elektronen nach dem Austritt beträgt somit

$$\overline{W} = W_\mathrm{B} + 2kT - W_\mathrm{B} = 2kT \;.$$

Die Elektronen verlassen also die Kathode mit einer mittleren kinetischen Energie von $2kT$.

Wie aus dem Obigen hervorgeht, wurde die besondere Bedeutung von W_B bei der Ableitung des Zusammenhanges $\overline{W} = W_\mathrm{B} + 2kT$ nicht ausgenützt. So ist auch allgemein gültig, daß die mittlere kinetische Energie innerhalb des Metalls von Elektronen, welche durch eine beliebige Potentialwand W hindurchkommen können,

$$\overline{W} = W + 2kT$$

beträgt, wobei W vom Nullniveau der Metallelektronen zu rechnen ist. Nach dem Austritt aus der Kathode beträgt die mittlere kinetische Energie dieser Elektronen

$$W + 2kT - W_\mathrm{B} \;.$$

Diesen Zusammenhang werden wir bei den thermionischen Energiewandlern brauchen. Untersuchen wir noch die Energieverteilung der aus der Kathode herausgetretenen Elektronen. Nach unserer Gleichung (6a) beträgt die Zahl jener Elektronen, deren Geschwindigkeitskomponente im Bereich zwischen v_x und $v_x + dv_x$ zur Metalloberfläche hin gerichtet ist, während v_y und v_z beliebig sein können, unter Berücksichtigung der für die austretenden Elektronen sicher geltenden Einschränkung,

$$\mathrm{d}N_{v_x} = \frac{4\pi m^2 kT}{h^3}\, \mathrm{e}^{\frac{W_\mathrm{F}}{kT}}\, \mathrm{e}_x \mathrm{e}^{-\frac{mv_x^2}{2kT}}\, \mathrm{d}v_x \;.$$

Falls die Geschwindigkeit außerhalb der Kathode u_x ist, dann gelten die folgenden Gleichungen:

$$\frac{mv_x^2}{2} = \frac{mu_x}{2} + W_\mathrm{B}; \quad v_x\,\mathrm{d}v_x = u_x\,\mathrm{d}u_x \;.$$

Es ist somit

$$\mathrm{d}N_{u_x} = \frac{4\pi m^2 kT}{h^3}\, \mathrm{e}^{\frac{W_\mathrm{F}}{kT}}\, u_x\, \mathrm{e}^{\frac{-\frac{mu_x^2}{2}-W_\mathrm{B}}{kT}}\, \mathrm{d}u_x = \frac{4\pi m^2 kT}{h^3}\, \mathrm{e}^{-\frac{W_\mathrm{B}-W_\mathrm{F}}{kT}}\, u_x\, \mathrm{e}^{-\frac{mu_x^2}{2kT}}\, \mathrm{d}u_x \;.$$

Berücksichtigt man nun den Zusammenhang

$$N = \frac{4\pi k^2 m}{h^3}\, T^2 \mathrm{e}^{-\frac{W_\mathrm{B}-W_\mathrm{F}}{kT}} \;,$$

so nimmt unsere obige Gleichung die folgende endgültige Form an:

$$\mathrm{d}N_{u_x} = N\, \frac{m}{kT}\, u_x\, \mathrm{e}^{-\frac{mu_x^2}{2kT}}\, \mathrm{d}u_x \;.$$

Die räumliche Dichte der Teilchen erhält man, wenn man die obige Gleichung durch u_x dividiert, d. h.

$$\mathrm{d}N = N\, \frac{m}{kT}\, \mathrm{e}^{-\frac{mu_x^2}{2kT}}\, \mathrm{d}u_x \;.$$

Diese Verteilung kann als eine *Maxwell*-Verteilung für den eindimensionalen Fall betrachtet werden.

Auf Grund des bisher Gesagten ergibt die *Richardson-Dushman*sche Formel die Zahl der aus dem erhitzten Metall heraustretenden Elektronen bzw. die Stromdichte der Emission. Wieviele von den austretenden Elektronen die Anode erreichen, wird aber auch durch andere Einwirkungen beeinflußt. Im folgenden werden wir nun diese der Reihe nach betrachten.

4.1.3 Der Einfluß des retardierenden Feldes

Die Größe des austretenden thermischen Stromes können wir am einfachsten mit Hilfe der aus Abb. 4.3 ersichtlichen Versuchsanordnung untersuchen. Wir bauen die Kathode in eine Glasglocke mit verdünnter Atmo-

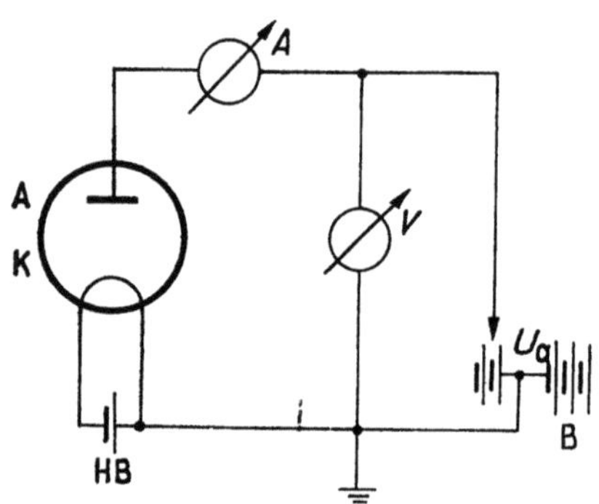

sphäre ein und erhitzen sie mit Hilfe der Heizbatterie HB. Im Vergleich zu dieser liegt an der Anode die mit Hilfe der Batterie B erzeugte Spannung U_a. Den Strom, welchen die an der Anode angekommenen Elektronen verursachen, messen wir mit dem Strommesser A.

$U_a = U_r$ soll jetzt negativ sein, wobei der Index r auf die retardierende, also verzögernde Wirkung hinweist. Die potentielle Energie der Elektronen an der Anode ist dann gegenüber der Kathode positiv, da $W_r = q_e U_r$ ist, wobei q_e die Ladung des Elektrons,

4.3 Anordnung zur Messung des Emissionsstromes

also einen negativen Wert bezeichnet. Zur Anode gelangen mithin nur jene Elektronen, deren kinetische Energie groß genug ist, um einen Potentialwall nicht nur von der Höhe W_B, sondern auch von der Höhe $W_B + W_r$ zu überwinden. Abb. 4.4 zeigt die Potentialverhältnisse bei ebenen Elektroden.

Für die an der Anode ankommenden Elektronen ist die Gesamthöhe des Potentialwalles, wie ersichtlich

$$W_\Sigma = W_B + W_r . \tag{12}$$

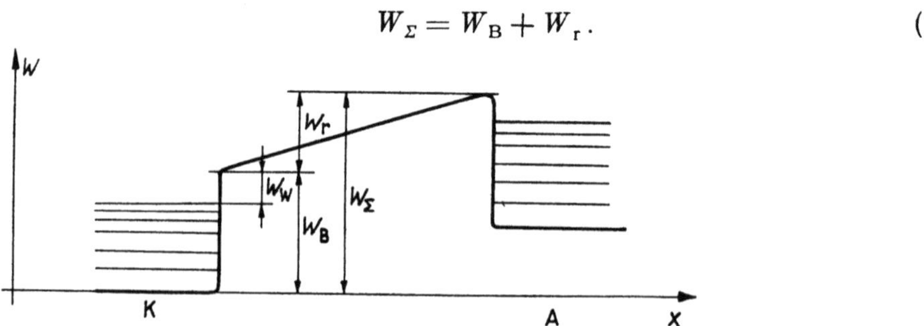

4.4 Veranschaulichung der Potentialverhältnisse der Anordnung nach Abb. 4.3 im Fall einer negativen Anodenspannung (der Einfluß der Raumladung ist hier vernachlässigt)

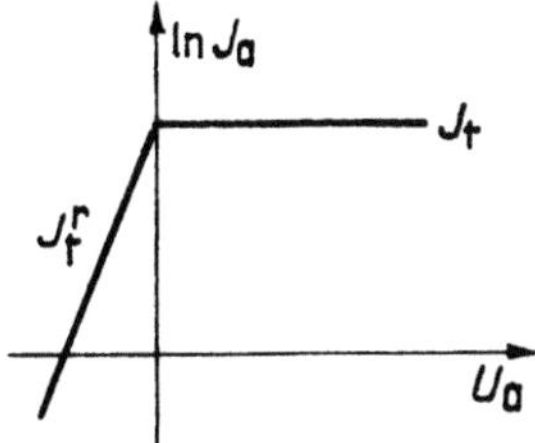

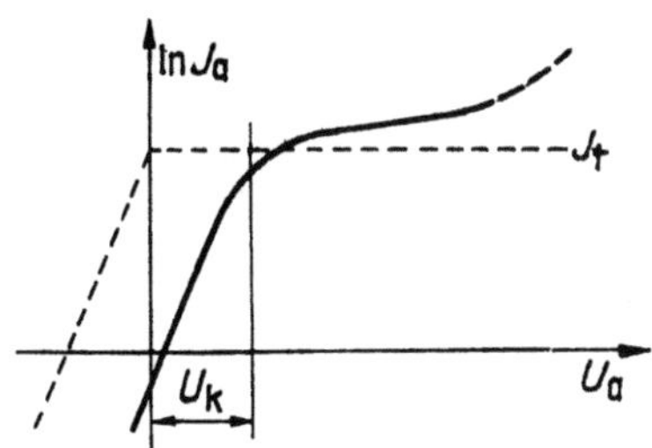

4.5 Der in erster Näherung erwartete Verlauf der Stromdichte als Funktion der Anodenspannung bei der Anordnung nach Abb. 4.3. Die Horizontale ist die aus Gl. (8) erhaltene sog. Sättigungs-Stromdichte

4.6 Der experimentell meßbare Verlauf der Stromdichte. Mit unterbrochener Linie ist auch die Kurve nach Abb. 4.5 eingezeichnet

Wenn man mit diesem Potentialwall rechnet, muß man in der *Dushman*-Formel anstelle von W_B die Größe W_Σ schreiben

$$J_t^r = A_0 T^2 \, e^{-\frac{W_B + W_r - W_{F_0}}{kT}} . \tag{13}$$

Durch den Vergleich der Gleichung (13) mit der Gleichung (7) erhält man die bei der negativen Spannung U_r auf die Anode entfallende thermische Stromdichte

$$J_t^r = J_t \, e^{-\frac{W_r}{kT}} . \tag{14}$$

Dieser Zusammenhang gilt natürlich nur solange, wie die Anodenspannung negativ ist. Ist die Anodenspannung positiv, so erwarten wir auf Grund der bisherigen Überlegungen, daß die Anode — von der Größe der Spannung unabhängig — sämtliche von der Kathode heraustretenden Elektronen zu sich zieht, so daß der Anodenstrom im Fall $U_a > 0$ von der Anodenspannung unabhängig wird. Wir erwarten somit im einfachlogarithmischen Koordinatensystem das Meßergebnis nach Abb. 4.5. Tatsächliche Messungen ergeben dagegen eine Kurve nach Abb. 4.6. Die beiden Kurven zeigen die folgenden Abweichungen:

1. Das »Knie« der wahren Kurve ist gegenüber dem Ort $U_a = 0$ um einen bestimmten Wert U_k verschoben. Diese Verschiebung ergibt sich aus dem zwischen Kathode und Anode auftretenden Kontaktpotential.

2. Die Größe des Stromes steigt auch nach dem Knickpunkt weiter an, wenn auch zuerst nur in verringertem Maße. Die unter Einwirkung des äußeren Feldes eintretende Steigerung der thermischen Emission wird *Schottky*-Effekt genannt.

Bei höheren Feldern kommt die durch den Tunneleffekt bedingte Steigerung des Emissionstromes, die Feldemission, zur Geltung.

3. Die Kurve hat keinen scharfen Knick am Knie: Diese Abrundung wird durch die Raumladung verursacht.

In den folgenden Abschnitten werden diese Effekte der Reihe nach behandelt.

4.1.4 Das Kontaktpotential

Im vorangehenden Abschnitt wurde erwähnt, daß die Kurve der Stromdichte eine Verschiebung um die Spannung U_k gegenüber der idealen Kurve erfährt. Die Lage ist also derart, daß außer der Spannung U_a auch noch die Spannung U_k zwischen Kathode und Anode wirksam ist.

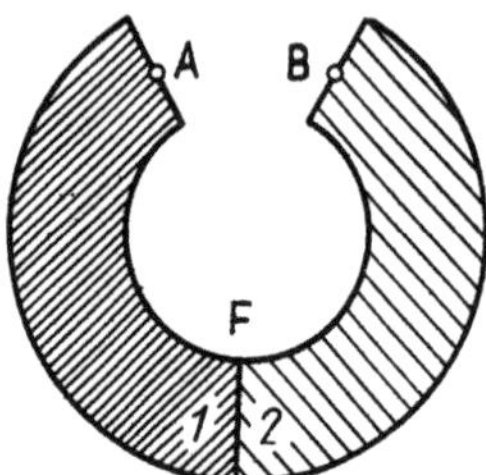

4.7 Das Kontaktpotential, das zwischen den entlang F zusammengefügten Metallen auftritt, ist zwischen den Punkten A und B meßbar

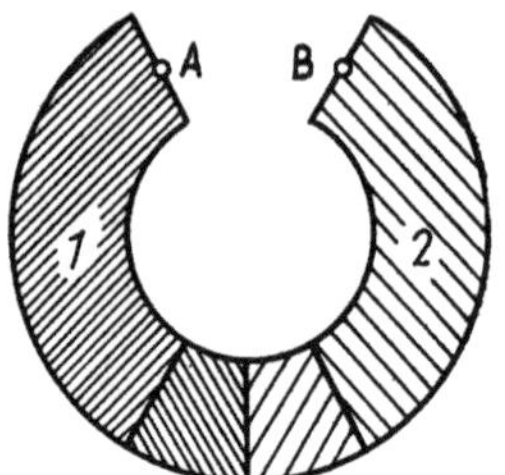

4.8 Der Wert des Kontaktpotentials ändert sich nicht, wenn weitere Metallstücke zwischen den zwei ursprünglichen Metallen eingefügt werden

Zur weiteren Untersuchung dieser Erscheinung führen wir den folgenden Versuch durch (Abb. 4.7):
Zwei verschiedene Metalle (1 und 2) werden entlang der Fläche F miteinander verbunden, und ein Spannungsmesser wird zwischen den Punkten A und B angeschlossen. Man findet, daß es eine Potentialdifferenz zwischen den zwei Metallen gibt und, falls die zwei Metalle gerade das Material der Kathode bzw. der Anode darstellten, diese Potentialdifferenz gerade

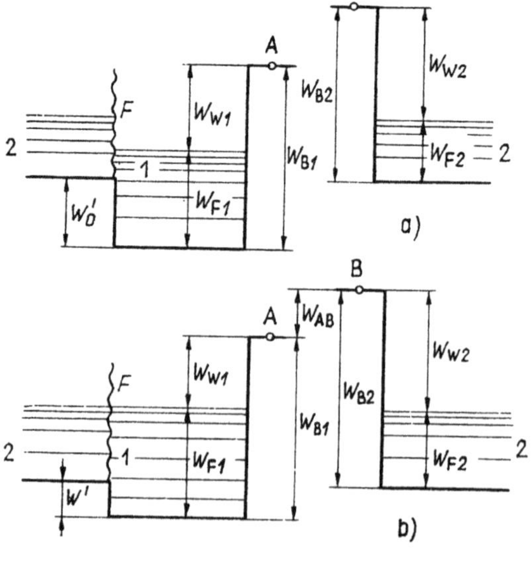

4.9 *a)* Die Energieniveaus von zwei Metallen an ihrer Verbindungsstelle sowie an den Punkten A und B der vorangehenden Abbildungen im Augenblick ihres Zusammenfügens; *b)* die Energieniveaus der Abbildung *a)* nach Einstellen des stationären Zustandes

gleich U_k ist. Die Erscheinung erfährt keine Änderung, wenn weitere Metallstücke zwischen den ursprünglichen zwei Metallen eingefügt werden (Abb. 4.8). Zur Erklärung der Erscheinung zeichnen wir die Energieniveaus der Metalle auf, u. zw. an ihrer Verbindungsstelle sowie an den Punkten A und B der vorangehenden Abbildungen (Abb. 4.9a).

Die Grundniveaus der potentiellen Energie der zwei Metalle seien im Augenblick der Berührung um den Wert W_0 gegeneinander verschoben. In der Folge werden in der einen Richtung (im vorliegenden Fall vom Metall 2 ins Metall 1) mehr Elektronen die Fläche F durchqueren als in der anderen. Schließlich stellt sich der stationäre Zustand ein, in dem gleich viele Elektronen die Fläche F in der einen und in der anderen Richtung durchqueren

Wie wir bei der Ableitung der *Richardson-Dushman*schen Gleichung gesehen haben, beträgt die Zahl der Elektronen in der Volumeneinheit und im Geschwindigkeitsraumelement dv_x, dv_y, dv_z, welche je Flächeneinheit während der Zeiteinheit vom Metall heraustreten,

$$dN_x = \frac{2\,m^3}{h^3}\,\frac{v_x}{e^{\frac{W-W_F}{kT}}+1}\,dv_x\,dv_y\,dv_z\,. \tag{15}$$

Im stationäre Zustand gilt dem Vorangehenden entsprechend

$$dN_{x_1} = dN_{x_2}\,, \tag{16}$$

wobei — wie überall in diesem Abschnitt — der Index der einzelnen Größen auf das betroffene Metall hinweist.

Die Bedingung des stationären Zustandes läßt sich nach dem bisherigen folgendermaßen schreiben:

$$\frac{2\,m^3}{h^3}\,\frac{v_{x_1}}{e^{\frac{W_1-W_{F_1}}{kT}}+1}\,dv_{x_1}\,dv_{y_1}\,dv_{z_1} = \frac{2\,m^3}{h^3}\,\frac{v_{x_1}}{e^{\frac{W_2-W_{F_2}}{kT}}+1}\,dv_{x_2}\,dv_{y_2}\,dv_{z_2}\,. \tag{17}$$

Die Differenz zwischen den Potential-Grundniveaus der Metalle, nach Einstellen des stationären Zustandes, betrage W'. Dann folgen aus der Konstanz der Gesamtenergie des Elektrons die folgenden Beziehungen

$$\frac{1}{2}\,mv_{x_1}^2 = \frac{1}{2}\,mv_{x_2}^2 + W'\,, \quad v_{y_1} = v_{y_2}\,, \quad v_{z_1} = v_{z_2}\,. \tag{18}$$

Aus diesen Gleichungen ergibt sich $W_1 = W_2 + W'$.

Durch Differenzieren der Gleichungen (18) ergeben sich die Beziehungen

$$v_{x_1}\,dv_{x_1} = v_{x_2}\,dv_{x_2}\,, \quad dv_{y_1} = dv_{y_2}\,, \quad dv_{z_1} = dv_{z_2}\,.$$

Mit ihrer Hilfe läßt sich unsere Bedingungsgleichung wie folgt schreiben:

$$\frac{1}{e^{\frac{W_2+W'-W_{F_1}}{kT}}+1} = \frac{1}{e^{\frac{W_2-W_{F_2}}{kT}}+1}\,.$$

Aus diesem Zusammenhang kann die bisher unbekannte Größe W' bestimmt werden. Es ist nämlich

$$W_2 + W' - W_{F1} = W_2 - W_{F2}$$

und folglich

$$W' = W_{F1} - W_{F2}.$$

So groß wird also die Differenz der Energie-Grundniveaus nach Einstellen des stationären Zustandes sein. Dies bedeutet, daß im stationären Zustand die *Fermi*-Niveaus W_F auf gleicher Höhe liegen werden (Abb. 4.9b). Aus der Abbildung kann man ablesen, daß die Differenz der potentiellen Energie zwischen den Punkten A und B

$$W_{AB} = W_{W1} - W_{W2},$$

und folglich die Potentialdifferenz

$$U_{AB} = U_k = \frac{W_{W1} - W_{W2}}{q_e}$$

beträgt.

U_k ist das Kontaktpotential. Sein Wert ist gegebenenfalls bei der Berechnung der Stromdichte mit dem entsprechenden Vorzeichen der Batteriespannung zu addieren.

4.1.5 Der Schottky-Effekt und die kalte Emission

An Hand der Abb. 4.6 haben wir gesehen, daß der Emissionsstrom bei steigender Anodenspannung zunimmt. Die auf der Kathodenoberfläche auftretende, von der positiven Anodenspannung stammende Feldstärke hilft also den Elektronen beim Austritt aus dem Metall. Um quantitative Zusammenhänge zu erhalten, untersuchen wir nun die Kraft, welche auf das Elektron in der unmittelbaren Nähe des Metalls einwirkt.

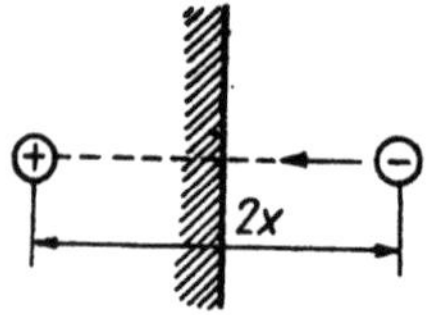

4.10 Die Anwendung des Spiegelungsprinzips bei der Berechnung des *Schottky*-Effektes

Wir wissen aus der Elektrostatik, daß auf ein aus dem Metall befreites Elektron in genügender Entfernung von der Metalloberfläche die Spiegelkraft nach Abb. 4.10 einwirkt. Diese Kraft ist

$$F_s = -\frac{1}{4\pi\varepsilon_0}\frac{e^2}{(2x)^2}.$$

Die hierzu gehörende potentielle Energie ist

$$W_s = -\frac{1}{2}\frac{1}{4\pi\varepsilon_0}\frac{e^2}{2x},$$

4.11 Verlauf der auf das Elektron einwirkenden Kraft sowie der potentiellen Energie beim Auftreten des
Schottky-Effektes

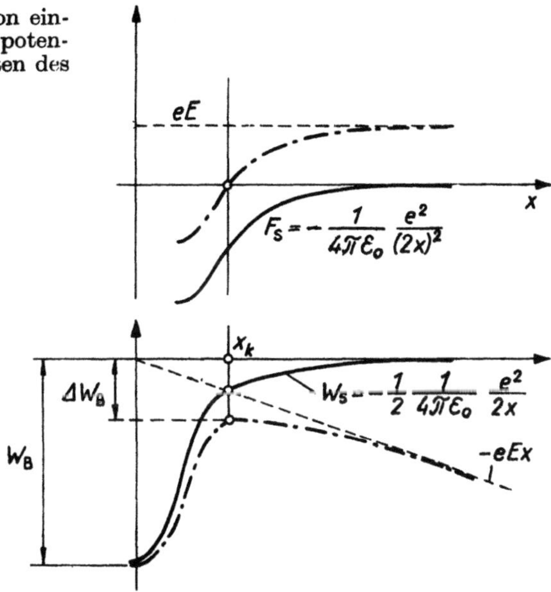

da sich die Kraft tatsächlich als die negative Ableitung dieses Ausdrucks ergibt. In Abb. 4.11 wurde der Verlauf von F_s und W_s mit ausgezogener Linie dargestellt.

Direkt auf der Oberfläche des Metalls sind diese Gesetze ungültig, ihre Gestalt ist für unsere weiteren Ausführungen unwesentlich.

Das homogene äußere Feld bedeutet ein lineares Potential. Sowohl die Kraftwirkung dieses Feldes auf das Elektron als auch das Potential des Kraftfeldes wurden mit unterbrochenen Linien eingezeichnet. Die resultierende Kraft bzw. die potentielle Energie wurde strichpunktiert ein-getragen.

Das Maximum der so entstehenden Potentialbarriere liegt bei dem Wert x_k, bei welchem die Resultierende der Spiegelkraft und der äußeren Kraft gleich Null wird, d. h.

$$eE - \frac{e^2}{16\,\pi\varepsilon_0}\,\frac{1}{x_k^2} = 0\,. \tag{19}$$

Dieser Zusammenhang ist nur eine andere Formulierung der Tatsache, daß der Differentialquotient der resultierenden potentiellen Energie am Ort x_k gleich Null ist. Daraus folgt

$$x_k = \sqrt{\frac{e}{16\,\pi\varepsilon_0}\,\frac{1}{\sqrt{E}}} = c\,\frac{1}{\sqrt{E}}\,. \tag{20}$$

Bei diesem Wert x_k sind das Potential der Spiegelkraft und das äußere

Potential einander gleich:

$$- eE\,x_k = -\frac{1}{2}\,\frac{1}{4\,\pi\varepsilon_0}\,\frac{e^2}{2\,x_k},$$

wie sich dies durch Multiplizieren der das Gleichgewicht ausdrückenden Gleichung (19) mit x_k ergibt. Der Höhenschwund der Potentialbarriere ist somit das Doppelte dieses Wertes

$$\Delta W_\mathrm{B} = -2\,eE\,x_k = -2\,eE\,c\,\frac{1}{\sqrt{E}} = -2\,ec\,\sqrt{E}.$$

Im Endergebnis ist also der Höhenschwund der Potentialbarriere dem Wert $Ex_k \sim \sqrt{E}$ proportional. Die entsprechende Zunahme des thermischen Stromes unter Einwirkung des äußeren Feldes beschreibt die *Schottky*-Formel

$$J_t^E = J_t\mathrm{e}^{\frac{2ec\sqrt{E}}{kT}} = J_t\mathrm{e}^{\frac{0{,}44\sqrt{E}}{T}}. \tag{21}$$

Bei kleinen Feldstärken ergibt dieser Zusammenhang richtige Werte, bei großen Feldstärken sind aber die gemessenen Ströme um Größenordnungen größer als die berechneten. Die Quantenmechanik ist in der Lage, die Erklärung hierzu zu liefern. Aus Abschnitt 2.4 ist nämlich bekannt, daß ein Elektron den Potentialwall von ähnlicher Dicke auch dann durchdringen kann, wenn seine Energie kleiner ist als die Höhe der Barriere: das ist gerade die Wirkung des Tunneleffektes. Den aus der kalten Kathode unter Einwirkung sehr großer Feldstärken erfolgenden Elektronenaustritt nennen wir kalte Emission oder Feldemission.

Bei kalter Emission spielt nach *Fowler* und *Nordheim* in der Formel der Stromdichte das elektrische Feld E dieselbe Rolle wie die Temperatur bei der thermischen Emission:

$$J_E = K_1 E^2 \mathrm{e}^{-\frac{K_2}{E}}. \tag{22}$$

Bei der Behandlung des Tunneleffektes (Abschnitt 2.4) haben wir gesehen, daß die Wahrscheinlichkeit dafür, daß ein Teilchen der Energie W einen Potentialwall von der Höhe $qU > W$ und von der Dicke l durchdringen kann, maßgeblich durch den Ausdruck

$$\mathrm{e}^{-\frac{4\pi}{h}\,l\sqrt{2m}\,\sqrt{qU-W}}$$

bestimmt wird. Wenn die Höhe des Potentialwalles der Dicke l entlang nicht konstant ist, können wir die Näherung einer Vielzahl von Wällen der Dicke dx verwenden, wobei die Wallhöhe entlang dieser Dicke als konstant betrachtet werden kann (Abb. 4.12). Die elementare Wahrscheinlichkeit der Durchdringung eines solchen dünnen Walles ist der Größe

$$\mathrm{e}^{-\frac{4\pi}{h}\,dx\,\sqrt{2m}\,\sqrt{qU(x)-W}}$$

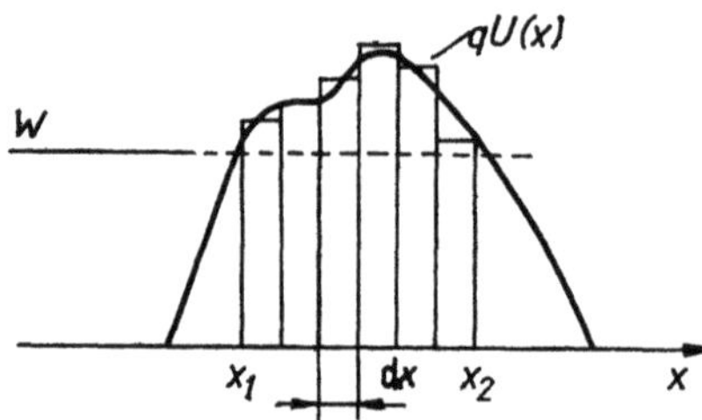

4.12 Zur Berechnung des Tunneleffektes bei einem Potentialwall allgemeinen Verlaufs

4.13 Vereinfachter Potentialverlauf für den Fall der ebenen Diode

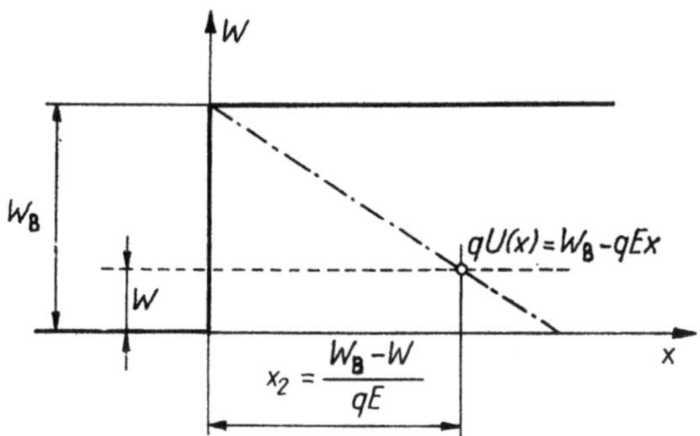

proportional. Die Wahrscheinlichkeit der Durchdringung des ganzen Walles ist dem Produkt der elementaren Wahrscheinlichkeiten proportional, d. h.

$$e^{-\frac{4\pi}{h}\,dx\,\sqrt{2m}\,\sqrt{qU(x_1)-W}} \cdot e^{-\frac{4\pi}{h}\,dx\,\sqrt{2m}\,\sqrt{qU(x_1+dx)-W}} \cdots = e^{-\frac{4\pi}{h}\int_{x_1}^{x_2}\sqrt{2m}\,\sqrt{qU(x)-W}\,dx}\,.$$

Werden nun die Potentialverhältnisse des Außenraumes der Abb. 4.13 entsprechend gezeichnet, dann gilt

$$qU(x) = W_{\mathrm{B}} - qEx.$$

Obwohl im folgenden von Elektronen die Rede sein wird, setzen wir, um die allgemeine Gültigkeit zu wahren, die Ladung des Elektrons nur am Ende ein.

Beträgt die Energie des Elektrons im Innern des Metalls W, dann sind die Grenzen des Integrals im Exponenten

$$x_1 = 0, \quad x_2 = \frac{W_{\mathrm{B}} - W}{qE}\,.$$

Für das Integral ergibt sich also

$$\int_0^{\frac{W_{\mathrm{B}}-W}{qE}} \sqrt{2m}\,\sqrt{W_{\mathrm{B}} - qEx - W}\,dx = \frac{2}{3}\sqrt{2m}\,\frac{(W_{\mathrm{B}} - W)^{3/2}}{qE}\,.$$

Der Ausdruck der Durchdringungswahrscheinlichkeit nimmt damit die folgende Form an:

$$C \cdot e^{-\frac{8\pi\sqrt{2m}}{3qh}\frac{(W_{\mathrm{B}}-W)^{3/2}}{E}}\,.$$

Die Gesamtzahl der infolge des Tunneleffektes herauskommenden Elektronen erhält man nun auf solche Weise, daß man vor allem ermittelt, wieviele Elektronen sich mit einer zwischen W und $W + dW$ fallenden Energie auf die Metalloberfläche zu bewegen. Wird diese Zahl mit der Durchdringungswahrscheinlichkeit multipliziert und dann über alle möglichen Werte von W summiert, so erhält man die Stromdichte der kalten Emission. Um den Einfluß der thermischen Bewegung vollkommen auszuschalten, nehmen wir das Elektronengas der Temperatur $T = 0°$ K. Die Integration ist dann im Energiebereich zwischen 0 und W_{F}, im Geschwindigkeitsbereich zwischen den Grenzen 0 und $v_{\mathrm{F}} = \sqrt{2W_{\mathrm{F}}/m}$ durchzuführen. Da die Verteilungsfunktion im Geschwindigkeitsraum am einfachsten ist, werden wir auch die Energie durch die Geschwindigkeit ausdrücken. Bei der Temperatur von $T = 0°$ K ordnen sich die Elektronen mit gleichmäßiger Dichte im Geschwindigkeitsraum, im Innern der Kugel vom Radius v_{F} an. Die Zahl der mit einer Geschwindigkeit zwischen v_x

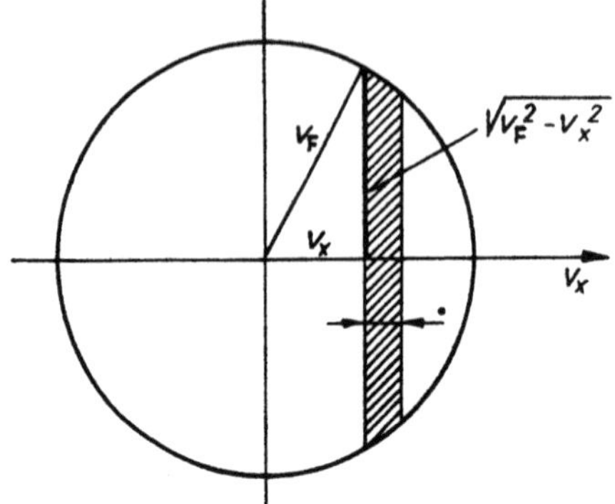

4.14 Berechnung der Zahl der gegen die Metallwand stoßenden Elektronen bei $T = 0\ °K$

und $v_x + dv_x$ gegen die Metallwand stoßenden Elektronen erhält man, indem man die in diesen Geschwindigkeitsbereich fallenden Elektronen abzählt — das Ergebnis ist gerade gleich der Zahl der Elektronen, welche sich in dem in Abb. 4.14 durch Schraffieren gekennzeichneten Volumen befinden — und die so erhaltene Zahl mit v_x multipliziert. Die Größe des in der Abbildung gekennzeichneten Volumens ist

$$\pi(v_F^2 - v_x^2)\,dv_x\,.$$

Da das Volumen der elementaren Zelle, welche einem Elektron zur Verfügung steht, gleich $h^3/2m^3$ ist, beträgt die gesuchte Elektronendichte

$$\frac{2\,\pi m^3}{h^3}\,(v_F^2 - v_x^2)\,dv_x$$

und die Zahl der gegen die Oberfläche stoßenden Elektronen

$$\frac{2\,\pi m^3}{h^3}\,v_x(v_F^2 - v_x^2)\,dv_x\,.$$

Schließlich ist also die Zahl der heraustretenden Elektronen

$$N = \int\limits_0^{\sqrt{\frac{2W_F}{m}}} \frac{2\,\pi m^3}{h^3}\,v_x(v_F^2 - v_x^2)\,Ce^{-\frac{8\pi\,\sqrt{2m}}{3qhE}\left(W_B - \frac{1}{2}mv_x^2\right)^{3/2}}\,dv_x\,.$$

Der Wert von C hat keinen ausschlaggebenden Einfluß auf das Ergebnis. Man verwendet häufig die vereinfachende Annahme $C = 1$. Die genauere Theorie liefert den Zusammenhang

$$C = \frac{4\,\sqrt{W(W_F - W)}}{W_B}\,.$$

Durch Integrieren erhält man mit diesem Wert die folgende endgültige Form der *Fowler-Nordheim*-Formel für die Stromdichte der kalten Emission:

$$J_E = \frac{6{,}2\cdot 10^{-6}}{W_B}\left(\frac{W_F}{W_B - W_F}\right)^{1/2} E^2 e^{-\frac{6{,}8\cdot 10^9(W_B - W_F)^{3/2}}{E}}\,. \tag{23}$$

Hierbei ist E in V/m, W_B und W_F in eV einzusetzen. Den Wert von J_E erhält man in A/m².

Bei der Ableitung dieser Gleichung haben wir ziemlich grobe Annäherungen gemacht. Wir dürfen also auf keine exakte Übereinstimmung mit den Meßergebnissen hoffen. Mit der Annahme eines realistischeren Potentialverlaufes erhalten wir die folgenden Zahlenwerte für Wolfram, die zur Orientierung dienen sollen: Bei $E = 2 \cdot 10^9$ V/m wird $J_E = 5$ A/m², bei $4 \cdot 10^9$ V/m wird J_E aber 10^8 A/m².

4.1.6 Der Einfluß der Raumladung

Bis jetzt wurde vorausgesetzt, daß die Potentialverteilung sowie die Feldstärke im Raum zwischen der Kathode und der Anode nur von der an den Elektroden liegenden Spannung sowie vom Kontaktpotential herrühren. In Wirklichkeit werden aber die Erscheinungen auch durch das Potential

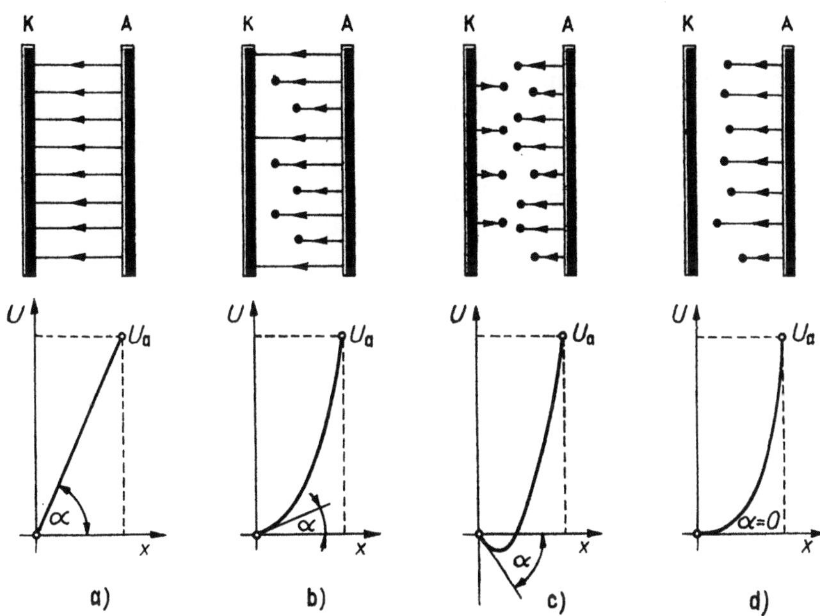

4.15 Veranschaulichung des Einflusses der Raumladung: *a)* Feldlinienbild und Verlauf des Potentials bei unbeheizter Kathode; *b)*, *c)* und *d)* Potentialverlauf, wenn eine Raumladung vorhanden ist (bei der Anfangsgeschwindigkeit Null)

sowie durch die Feldstärke, welche die sich in diesem Raum bewegenden Elektronen verursachen, stark beeinflußt.

Betrachten wir die Abb. 4.15. Hier zeigt die Figur *a)* das Feldlinienbild bei unbeheizter Kathode. Die von der Anode A heraustretenden Feldlinien enden auf der Kathode K. Beheizen wir nun die Kathode! Dann treten Elektronen von der Kathode aus. Während ihres Fluges bilden diese eine Raumladung im Raum zwischen der Kathode und der Anode, und infolge ihrer negativen Ladung vermindern sie den Wert des Potentials etwas in ihrer Umgebung. Dies hat zur Folge, daß die Feldstärke an der Kathode

$$|E| = \frac{\mathrm{d}U}{\mathrm{d}x} = \mathrm{tg}\,\alpha$$

abnimmt. Dies ist übrigens in der Abbildung auch an der abschirmenden Wirkung der Elektronen zu sehen. Die Feldstärke an der Kathode kann als die Resultierende von zwei Feldern aufgefaßt werden. Das eine wird durch die Anode, das andere durch die Raumladung verursacht. Die zwei Felder wirken gegeneinander. Ist nun, wie aus Figur *b)* ersichtlich, die Wirkung der Anode stärker, dann wird auf die Elektronen an der Kathode eine Kraft wirksam, welche sie in Richtung Anode zieht. In der Folge nimmt die Zahl der heraustretenden Elektronen — und damit die Wirkung der Raumladung — zu. Falls andererseits, der Figur *c)* entsprechend, das von der Raumladung herrührende Feld das stärkere ist, dann weist die Kraftrichtung in der Nähe der Kathode zur Kathode hin, das Feld zieht also die die Raumladung bildenden Elektronen in die Kathode zurück. Nehmen wir an, daß die Kathode eine unbegrenzte Menge von Elektronen zu emittieren vermag und ferner, daß die Energie der austretenden Elektronen gleich Null ist. Unter solchen Umständen treten unendlich viele Elektronen aus, wenn eine beliebig kleine positive Feldstärke an der Oberfläche der Kathode vorhanden ist, während unter der Einwirkung eines beliebig kleinen negativen Feldes überhaupt keine Elektronen heraustreten. Mit diesen Annahmen kann nur dann ein endlicher Anodenstrom fließen, wenn die Feldstärke an der Oberfläche der Kathode gleich Null ist.

Der Arbeitsbereich, wo das Funktionieren der Röhre durch die Raumladung ausschlaggebend beeinflußt wird, wird Raumladungsbereich genannt. In diesem Bereich treten bereits genügend viele Elektronen von der Kathode aus, um eine beträchtliche Raumladung zu bilden, jedoch noch nicht so viel, daß sich ihre Zahl der Sättigungsgrenze näherte.

Um den Potentialverlauf im Raum zwischen der Anode und der Kathode bestimmen zu können, ist die eindimensionale, also nur von x abhängige *Laplace-Poisson*-Gleichung

$$\Delta U = -\frac{\varrho}{\varepsilon_0}\,,\quad \frac{\mathrm{d}^2 U}{\mathrm{d}x^2} = -\frac{\varrho(x)}{\varepsilon_0} \tag{24}$$

unter den folgenden Randbedingungen zu lösen:

Am Ort $x = 0$, d. h. an der Kathode, soll

$$U(0) = 0\,;\quad \left.\frac{\mathrm{d}U}{\mathrm{d}x}\right|_{x=0} = 0\,,$$

Am Ort $x = x_\mathrm{a}$, d. h. an der Anode, soll

$$U(x_\mathrm{a}) = U_\mathrm{a}$$

sein.

Vor allem interessiert der Zusammenhang zwischen der Stromdichte J und der Anodenspannung U_a; wir versuchen daher, den Wert von $\varrho(x)$ mittels $U(x)$ sowie des von x nicht abhängigen Wertes der Stromdichte J auszudrücken. (J ist deshalb von x unabhängig, weil im stationären Fall div $\boldsymbol{J} = \mathrm{d}J/\mathrm{d}x = 0$ und somit $J = $ const ist.)

Bezeichnet n die Zahl der Elektronen je Raumeinheit, dann ist die Ladungsdichte bzw. die Stromdichte

$$\varrho = -ne,\quad J = nev.$$

Somit ist

$$\varrho = -\frac{J}{v}\,.$$

Andererseits können wir den Wert von v in Abhängigkeit von U auf die bereits bekannte Weise ausdrücken: $v = \sqrt{(2e/m)U}$. Damit ist schließlich

$$\varrho = -J \sqrt{\frac{m}{2e}} \frac{1}{\sqrt{U}}.$$

Hiernach kommt in der *Laplace-Poisson*-Gleichung $U(x)$ als die einzige abhängige Variable vor

$$\frac{\mathrm{d}^2 U}{\mathrm{d}x^2} = \frac{J}{\varepsilon_0} \sqrt{\frac{m}{2e}} U^{-1/2}.$$

Diese Gleichung läßt sich ohne jede Schwierigkeit integrieren. Das direkte Einsetzen zeigt sofort, daß die Funktion

$$U = \left[\frac{9}{4} \frac{J}{\varepsilon_0} \sqrt{\frac{m}{2e}} x^2 \right]^{2/3} = cx^{4/3} \tag{25}$$

sowohl der Differentialgleichung als auch der Grenzbedingung $x = 0$, $U = 0$ genügt. Setzen wir in die Gleichung (25) anstelle von x und U die sich auf die Anode beziehenden Werte x_a und U_a ein:

$$J = \frac{4\varepsilon_0}{9} \sqrt{\frac{2e}{m}} \frac{U_\mathrm{a}^{3/2}}{x_\mathrm{a}^2}. \tag{26}$$

Das ist die für ebene Elektroden gültige *Child-Langmuir*-Gleichung Man sieht, daß die Stromdichte und damit auch die Stromstärke mit der Potenz 3/2 der Anodenspannung zunimmt. Dieses Gesetz nennt man daher das $U^{3/2}$-*Gesetz*, und in der Form

$$J = \alpha U_\mathrm{a}^{3/2} \tag{27}$$

ist es für jede im Raumladungsbereich arbeitende Elektronenröhre gültig (Abb. 4.16).

Setzt man die Zahlenwerte der Konstanten in die Gleichung (26) ein, so ergibt sich

$$J = 2{,}34 \cdot 10^{-6} \frac{U_\mathrm{a}^{3/2}}{x_\mathrm{a}^2}. \tag{28}$$

Die Potentialänderung als Ortsfunktion erhält man durch die Gegenüberstellung der Gleichungen (25) und (26)

$$1 = \left(\frac{U}{U_\mathrm{a}} \right)^{3/2} \left(\frac{x_\mathrm{a}}{x} \right)^2, \tag{29}$$

d. h.

$$\frac{U}{U_\mathrm{a}} = \left(\frac{x}{x_\mathrm{a}} \right)^{4/3}. \tag{30}$$

4.16 Die *Child-Langmuir*-Gleichung

Die Änderung der Ladungsdichte als Funktion des Ortes kann man aus der ursprünglichen Gleichung

$$\frac{\mathrm{d}^2 U}{\mathrm{d}x^2} = -\frac{\varrho}{\varepsilon_0}$$

erhalten. Die zweifache Differentiation der Gleichung (30) ergibt

$$\frac{\mathrm{d}^2 U}{\mathrm{d}x^2} = \frac{4}{9}\frac{U_\mathrm{a}}{x_\mathrm{a}^{4/3}}\,x^{-2/3}. \tag{31}$$

Damit wird

$$\varrho = -\frac{4\,\varepsilon_0}{9}\frac{U_\mathrm{a}}{x_\mathrm{a}^{4/3}}\,x^{-2/3}. \tag{32}$$

Auf Grund der Gleichung $\varrho = -ne$ ist somit die Zahl der Elektronen in der Volumeneinheit

$$n = -\frac{\varrho}{e} = \frac{4\,\varepsilon_0}{9\,e}\frac{U_\mathrm{a}}{x_\mathrm{a}^{4/3}}x^{-2/3}. \tag{33}$$

Die durch die Gleichungen (30) und (33) angegebene Ortsabhängigkeit von U und n ist in Abb. 4.17 dargestellt.

Überlegen wir uns nun, welche neue physikalische Erscheinung man erhält, wenn eine endliche Anfangsgeschwindigkeit berücksichtigt wird. Wir untersuchen die folgenden Fälle:

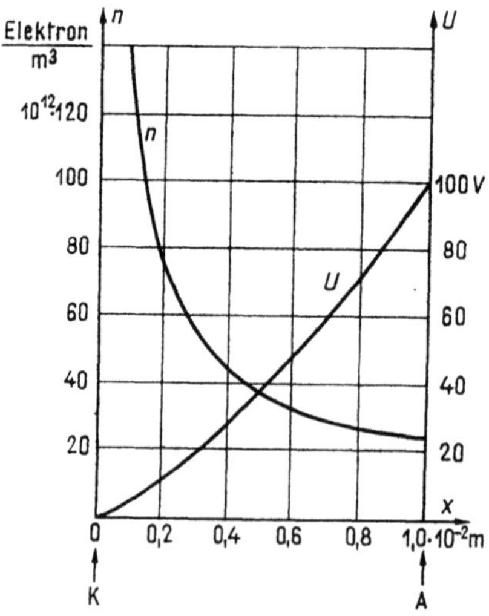

4.17 Die Änderung des Potentials sowie der Zahl der Elektronen in der Volumeneinheit zwischen der Anode und der Kathode der ebenen Diode [4.5]

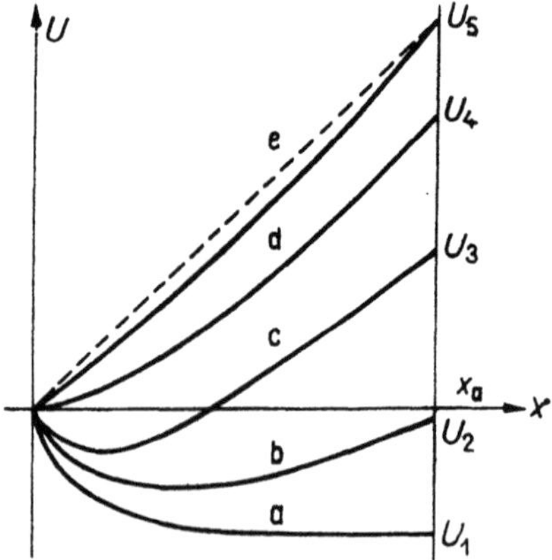

4.18 Die möglichen Fälle der Potentialkurve der ebenen Diode unter Berücksichtigung der Anfangsgeschwindigkeit der Elektronen: *a* isolierte Anode, *b* kleine negative, *c* kleine positive Anodenspannung, *d* Sättigungsstrom, *e* sehr hohe Anodenspannung [4.5]

Die Anode soll zuerst von allem isoliert sein (Abb. 4.18, Kurve a). Infolge ihrer Anfangsgeschwindigkeit fliegen die von der Kathode heraustretenden Elektronen zur Anode und laden sie negativ auf. Dieser Vorgang dauert solange, bis die Anodenplatte so negativ aufgeladen wurde, daß sie praktisch von keinen Elektronen mehr erreicht wird. Diese Spannung sei mit U_1 bezeichnet. Infolge der Elektronen-Austritte wird die Kathode eine positive Ladung haben. Der größte Teil der herausgetretenen Elektronen kehrt nach Zurücklegen eines kurzen Weges in die Kathode zurück. Die Raumladung ist deshalb in der Nähe der Kathode am größten. Wir verbinden jetzt die Anode mit der Kathode über eine Batterie der Spannung U_2 auf solche Weise, daß die Anode zwar negativ, jedoch $|U_2| <$ $< |U_1|$ ist. Die Elektronen größter Geschwindigkeit erreichen nunmehr die Anode (Kurve b). Die übrigen Elektronen bilden eine Raumladung, deren dichtester Teil ein negativeres Potential aufweist als die Anode. Es bildet sich somit ein Potentialminimum im Raum, eine sog. virtuelle Kathode.

Wird eine kleine positive Spannung U_3 an die Anode gelegt, so bleibt das Potentialminimum noch bestehen, es wird aber kleiner, und sein Ort verschiebt sich gegen die Kathode (Kurve c). Das Potentialminimum ist normalerweise kleiner als 1 V.

Ist die Anodenspannung U_4 gerade so groß, daß die Feldstärke an der Kathode gleich Null wird, so tritt aus der Kathode der gesamte Sättigungsstrom heraus: Es gibt keine Retardierung mehr (Kurve d).

Wird die Anodenspannung weiter erhöht (U_5), so nimmt der Strom nur noch infolge des *Schottky*-Effektes weiter zu — in unbedeutendem Maße. Die Raumladung nimmt ab, und die Potentialverteilung nähert sich der des raumladungsfreien Falles (Kurve e).

Untersucht man nun die Potentialkurve im Fall $c)$, so sieht man, daß beim Aufschreiben des *Child-Langmuir*-Gesetzes für das aus der Anode und der virtuellen Kathode bestehende System anstelle des Abstandes Anode—Kathode sowie anstelle der entsprechenden Spannungen sinngemäß die Werte

$$x_\mathrm{a} \to x_\mathrm{a} - x_\mathrm{m} \cdot$$

$$U_\mathrm{a} \to U_\mathrm{a} - U_\mathrm{m}$$

zu schreiben sind. Aus der Gleichung (28) wird somit

$$J = 2{,}34 \cdot 10^{-6} \frac{(U_\mathrm{a} - U_\mathrm{m})^{3/2}}{(x_\mathrm{a} - x_\mathrm{m})^2} \cdot$$

U_m ist in diese Gleichung unter Berücksichtigung des Vorzeichens einzusetzen (Abb. 4.19).

In der Praxis werden zylindrische Dioden am häufigsten verwendet. In diesem Fall wird der Zusammenhang zwischen der Spannung und der Stromdichte

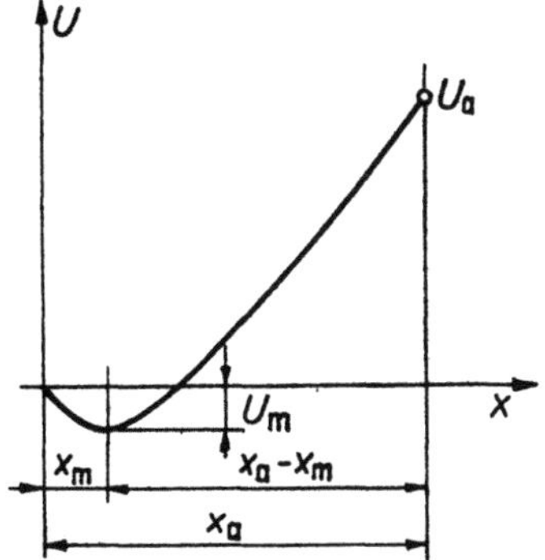

4.19 Der Ort der virtuellen Kathode in der ebenen Diode

sowie die Differentialgleichung, welche ihn beschieibt, etwas komplizierter. Die
Poisson-Gleichung $\Delta U = - \varrho/\varepsilon_0$ lautet, in Zylinderkoordinaten aufgeschrieben, für
den zylindersymmetrischen Fall

$$\frac{1}{r}\left(\frac{\partial}{\partial r}\, r\,\frac{\partial U}{\partial r}\right) = -\,\frac{\varrho}{\varepsilon_0}\,.$$

Den Wert von ϱ ermitteln wir mit Hilfe der im Fall der ebenen Elektroden verwendeten Methode

$$\varrho = -\,J\,\sqrt{\frac{m}{2e}}\,U^{-1/2}. \tag{34}$$

Es ist somit

$$\frac{\partial}{\partial r}\left(r\,\frac{\partial U}{\partial r}\right) = \frac{rJ}{\varepsilon_0}\,\sqrt{\frac{m}{2e}}\,U^{-1/2}.$$

Es ist jetzt zweckmäßiger, anstelle der Stromdichte, welche ja jetzt eine Funktion
der Koordinaten r ist, mit dem gesamten Strom I zu arbeiten. Bei jedem beliebigen
Wert von r ist nämlich

$$I = 2\pi r l J,$$

d. h.

$$rJ = \frac{I}{2\,\pi l}\,.$$

Die zu lösende Gleichung lautet daher

$$\frac{\mathrm{d}}{\mathrm{d}r}\left(r\,\frac{\mathrm{d}U}{\mathrm{d}r}\right) = \frac{I}{2\,\pi\varepsilon_0 l}\,\sqrt{\frac{m}{2e}}\,U^{-1/2}$$

oder nach Durchführen der Differentiation

$$r\,\frac{\mathrm{d}^2 U}{\mathrm{d}r^2} + \frac{\mathrm{d}U}{\mathrm{d}r} = \frac{I}{2\,\pi\varepsilon_0 l}\,\sqrt{\frac{m}{2e}}\,U^{-1/2}. \tag{35}$$

Führen wir nach *Langmuir* anstelle der abhängigen Variablen U die abhängige Variable β mit Hilfe der Beziehungen

$$\frac{I}{l} = k\,\frac{U^{3/2}}{r\beta^2}\,, \quad k = \frac{8\pi\varepsilon_0}{9}\,\sqrt{\frac{2e}{m}}$$

ein, ferner über die Gleichung $\xi = \ln\,(r/r_{\text{Kathode}})$ die neue unabhängige Variable ξ,
dann läßt sich für diese anstelle des Zusammenhanges (35) die Differentialgleichung

$$3\,\beta\,\frac{\mathrm{d}^2\beta}{\mathrm{d}\xi^2} + \left(\frac{\mathrm{d}\beta}{\mathrm{d}\xi}\right)^2 + 4\,\beta\,\frac{\mathrm{d}\beta}{\mathrm{d}\xi} + \beta^2 = 1$$

aufschreiben.
Durch Reihenentwicklung erhält man die folgende Lösung:

$$\beta = \xi - \frac{2}{5}\,\xi^2 + \frac{11}{120}\,\xi^3 - \frac{47}{3300}\,\xi^4 \pm \cdots.$$

Der auf die Anode pro Längeneinheit entfallende Strom ist damit

$$\frac{I}{l} = \frac{14{,}66\cdot 10^{-6}\,U_{\mathrm{a}}^{3/2}}{r_{\text{Anode}}\,\beta^2(r_{\text{Anode}})}\,,$$

oder die Stromdichte an der Kathode ist

$$J_{\text{Kathode}} = \frac{2{,}34\cdot 10^{-6}\,U_{\mathrm{a}}^{3/2}}{r_{\text{Kathode}}\,r_{\text{Anode}}\,\beta^2(r_{\text{Anode}})}\,.$$

Man sieht, daß das $U^{3/2}$-Gesetz auch hier gültig ist.

4.1.7 Der experimentelle Nachweis der Emissionsformeln

Den Nachweis der *Richardson-Dushman*-Formel können wir mit Hilfe der Schaltung nach Abb. 4.20 versuchen. Die Stromdichte J_t kann man dabei aus der gemessenen Stromstärke erhalten. Die Bestimmung der Temperatur T kann mit Hilfe eines optischen Pyrometers durch Vergleich erfolgen.

Ist die Kathode unsichtbar, so kann die Temperatur aus der eingespeisten Leistung errechnet werden.

In den meisten Fällen wird der weitaus größte Teil dieser Leistung als Ersatz für die abgestrahlte Leistung verwendet. Die abgestrahlte Leistung erhält man aus der *Stefan-Boltzmann*-Formel, wonach

$$P = 5{,}67 \cdot 10^{-8} e_T T^4, \tag{36}$$

ist. Hierbei bezeichnen P die je m² abgestrahlte Leistung in Watt, T die Temperatur der Kathode in °K, während die Dimension der Konstanten $5{,}67 \cdot 10^{-8}$ W/m² °K⁴ ist. e_T ist eine von der Oberflächenbeschaffenheit abhängige Konstante, welche in geringem Maße auch von der Temperatur abhängig ist. Diese Konstante gibt an, welchen Bruchteil des Emissionsvermögens des absolut schwarzen Körpers das der gegebenen Fläche ausmacht (siehe Kap. 3.3.3).

Durch Gegenüberstellung der Gleichung (36) mit der *Richardson-Dushman*-Formel erhält man die Gleichung

$$J_t = C_1 \sqrt{P}\, \mathrm{e}^{-\dfrac{C_2}{4}\big/\sqrt{P}}, \tag{37}$$

welche die Stromdichte als Funktion der eingespeisten Leistung angibt. Zur Orientierung sollen die folgenden Angaben dienen:

W	2400 °K	0,1 A/cm²	50 W/cm²
Th	1600 °K	0,5 A/cm²	10 W/cm²
Ba	1000 °K	2 A/cm²	2 W/cm²

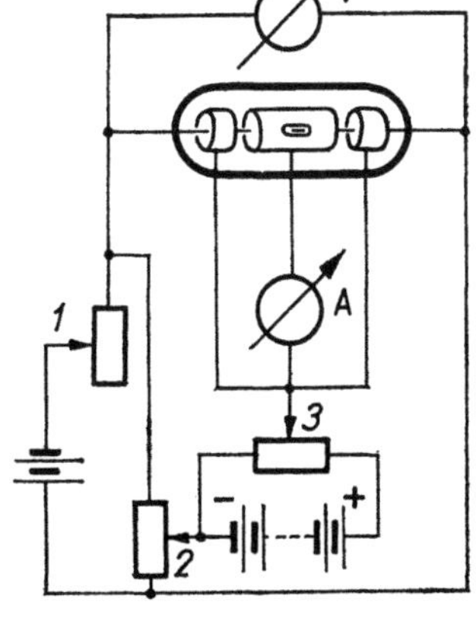

4.20 Meßanordnung zum Nachweis der *Richardson-Dushman*-Formel. Mit Hilfe des Widerstandes 1 kann der Heizstrom und damit die Temperatur geändert werden. Die Anodenspannung wird über das Potentiometer 2 an die Mitte des Heizfadens gelegt. Schließlich kann mittels des Potentiometers 3 die Anodenspannung geändert werden [4.5]

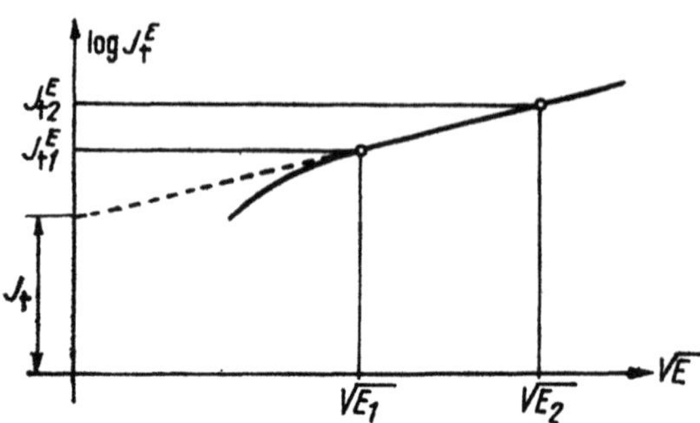

4.21 Aus dem Verlauf der Strom-
dichte-Kurve des *Schottky*-
Effektes kann der Wert von
J_t durch Extrapolation bestimmt werden

Es ist üblich, mit dem Quotienten

$$\eta = \frac{J_\mathrm{t}}{P}$$

(38)

den Emissions-Wirkungsgrad zu definieren.

Dieser Wirkungsgrad wird gut, wenn man bei niedrigeren Temperaturen
mit einem Material von geringer Austrittsarbeit arbeitet.

Das Ergebnis unserer obigen Messung wird dadurch in Zweifel gestellt,
daß die Umstände bei niedrigen Temperaturen auch durch den *Schottky*-
Effekt, bei höheren Temperaturen auch durch die Raumladung beeinflußt
werden. Wenn aber die Messungen bei so hohen Feldstärken durchgeführt
werden, bei welchen der Einfluß der Raumladung sowie des Kontaktpotentials bereits vernachlässigt werden können, so kann man die *Schottky*-
Kurve (Abb. 4.21) bis zum Fall $E = 0$ extrapolieren und auf diese Weise

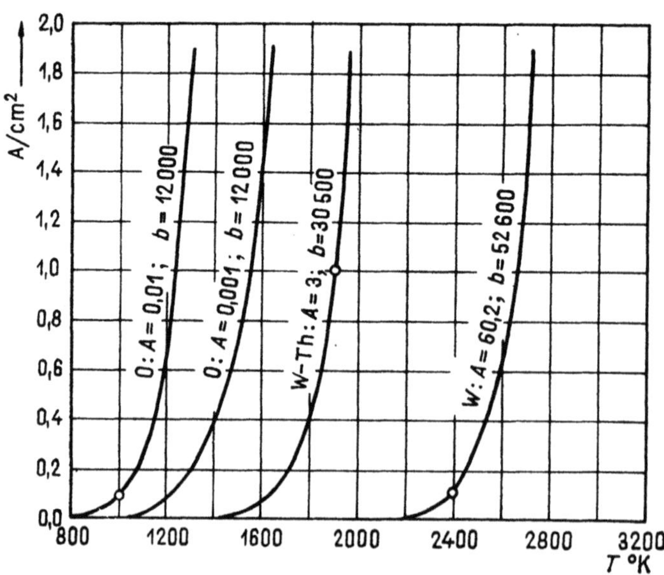

4.22 Die thermische Emissions-Stromdichte als Funktion der
Temperatur, für verschiedene Kathodenmaterialien [4.4]

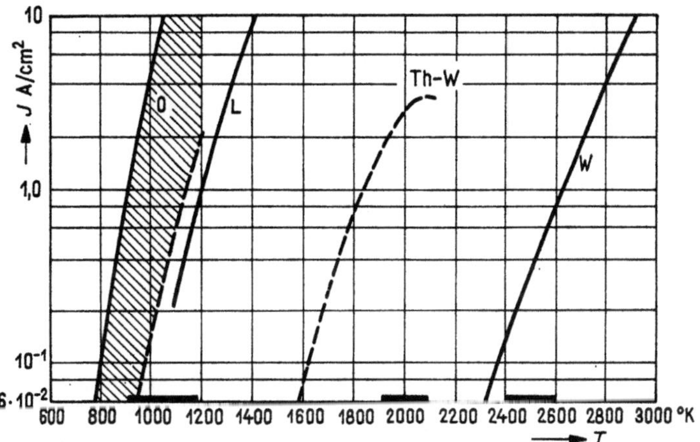

4.23 Die praktisch wichtigen Bereiche der zu verschiedenen Kathodentypen gehörenden $J_t = J_t(T)$ Kurven. (O Oxydkathoden, L L-Kathoden, Th-W thoriertes Wolfram, W Wolfram) [4.1]

den in der *Dushman*-Formel vorkommenden Wert J_t bei der Meßtemperatur erhalten. Dies ergibt also einen Punkt der mit der *Dushman*-Formel angegebenen Kurve

$$J_t = f(T).$$

Auf diese Weise sind die Kurven der Abb. 4.22 und 4.23 entstanden. Zur einfachen Bestimmung der Konstanten A und b ist es üblich, beide Seiten der *Dushman*-Formel zu logarithmieren und die sich so ergebende Größe

$$\ln J_t + 2\ln\frac{1}{T} = \ln A - b\frac{1}{T}$$

als Funktion von T bzw. von $1/T$ darzustellen (Abb. 4.24).

Nun können wir die Abb. 4.6 wieder in unsere Erinnerung rufen: Für jede ihrer Teilstrecken haben wir die Erklärung gefunden. Tragen wir jetzt dieselbe Kurve im normalen (nicht logarithmischen) Koordinatensystem auf (Abb. 4.25). An dieser Kurve wurden die drei Bereiche besonders bezeichnet.

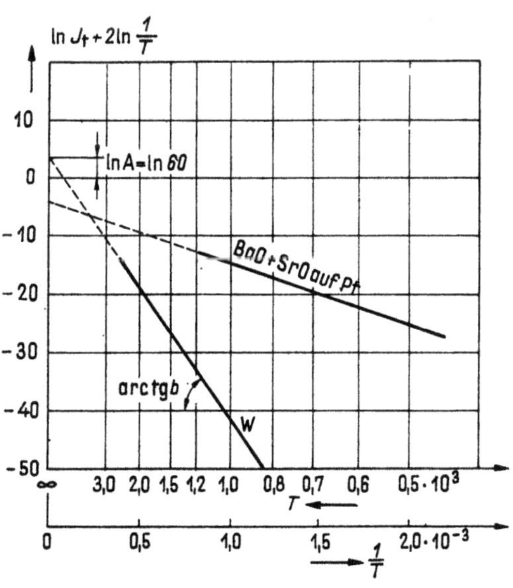

4.24 Besonderes Koordinatensystem zur Bestimmung der Konstanten A und b der *Richardson-Dushman*-Formel. Die Richtungstangente der Geraden ergibt b, die an der vertikalen Koordinatenachse abgeschnittene Strecke $\ln A$

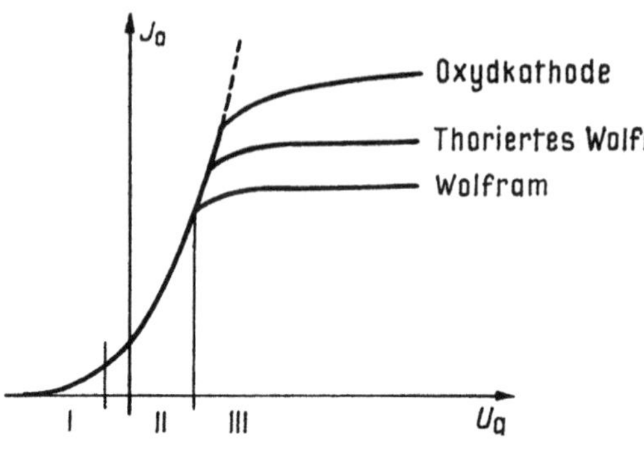

4.25 Die drei charakteristischen Teilstrecken der Anodenstrom-Anodenspannungs-Kurve: *I* Anlaufbereich, *II* Raumladungsbereich, *III* Sättigungsbereich. Die Stromstärke des Anlaufbereiches ist stark übertrieben gezeichnet

Im Anlaufbereich gelangen Elektronen trotz der negativen Anodenspannung zur Anode, da sie die Kathode mit einer kinetischen Energie verlassen, welche nicht gleich Null ist. Die Größe dieses Anodenstromes nimmt mit der im Absolutwert zunehmenden negativen Spannung exponentiell ab. Die infolge ihrer thermischen Bewegung heraustretenden Elektronen erzeugen eine Raumladungswolke rund um die Kathode. Aus dieser Raumladung speist im Raumladungsbereich die steigende Anodenspannung die Zunahme des Anodenstromes nach Maßgabe des $U^{3/2}$-Gesetzes.

Schließlich — nach Erreichen einer bestimmten Spannung — erreichen alle von der Kathode heraustretenden Elektronen die Anode: Dieser Sättigungsstrom wird in erster Linie durch Material und Temperatur der Kathode bestimmt, doch übt darauf auch die an der Kathodenoberfläche gemessene Feldstärke über den *Schottky*- und Tunneleffekt einen Einfluß aus. Bei Oxydkathoden ist auch diese Sättigungserscheinung infolge des stärker auftretenden *Schottky*-Effektes weniger ausgeprägt.

Auf Grund der beschriebenen Messungen können auch die Konstanten A und b bestimmt werden (Tabelle 4.1). Für die erstere ergibt die Theorie den Wert

$$A = 1{,}2 \cdot 10^6 \ \text{A/m}^2 \ (^\circ\text{K})^2$$

Tabelle **4.1.** Eigenschaften von Kathodenmaterialien

Material	Austrittsarbeit eV	Konstanten der *Richardson-Dushman*-Formel		Schmelzpunkt °K	Vorgeschriebene Betriebstemperatur °K	Heizleistung W/m²	Sättigungsstromdichte A/m²	Emissionswirkungsgrad A/W
		A A/m² °K²	b °K					
Wolfram	4,54	60 · 10⁴	52 600	3655	2400	55,8 · 10⁴	1020	$3{,}8 \cdot 10^{-3}$
Thoriertes W	2,63	3 · 10⁴	30 500	—	1800	14,1 · 10⁴	4280	$3{,}03 \cdot 10^{-2}$
Ni mit Oxydbelag	1	10—100	12 000	—	1150	4 · 10⁴	10⁴	0,25

bei jedem reinen Metall. Nach den Messungen ist der Wert von A für die verschiedenen Metalle nicht der gleiche. Am häufigsten kommt der Wert

$$A = 6 \cdot 10^5 \text{ A/m}^2 \ (^\circ\text{K})^2$$

vor; das ist die Hälfte des theoretischen Wertes. Die Abweichung der Meßwerte von der Theorie wird mit den folgenden Gründen erklärt:
Der Abstand der Metallionen voneinander ist von der Temperatur abhängig. So ändert sich die Austrittsarbeit und damit auch der Wert von A. Die Austrittsarbeit ist an den einzelnen Seiten des Metallkristalls verschieden. Die Metalloberfläche besteht aus vielen solchen Kristallflächen, welche verschiedene Winkel miteinander einschließen und für welche verschiedene Werte von A gelten. Gemessen wird der Durchschnitt dieser Werte. Dieser Durchschnitt hängt vom Material, von der Größe des Kristalls, von der Temperatur usw. ab.
Wie aus den vorangehenden Überlegungen folgt, ist es auch unmöglich, die aktive Oberfläche des Metalls genau zu bestimmen. Dadurch werden die Verhältnisse wiederum komplizierter.
Klassisch treten alle Elektronen, für welche

$$\frac{1}{2} m v_x^2 > W_\text{B}$$

ist, aus dem Metall heraus. Die Wellenmechanik hat gezeigt, daß auch einige von diesen Elektronen, als umgekehrte Erscheinung zu dem Tunneleffekt, vom Potentialwall reflektiert werden. Durch diese Erscheinung wird der Wert von A kleiner als erwartet.

4.1.8 Die emittierenden Materialien der Praxis

Von den reinen Metallen kommt heute fast ausschließlich Wolfram zur Verwendung. Früher haben auch Platin und Kohle eine Rolle gespielt. Die Daten des Wolframs sind in der Tabelle 4.1 zu finden. Ein großer Vorteil dieses Metalls besteht darin, daß es keine besondere aktive Oberflächenschicht aufweist und deshalb gegenüber der Bombardierung durch positive Ionen unempfindlich ist. Ebendeshalb werden in Röntgenröhren, in Hochspannungs-Gleichrichterröhren (über 5000 V) und in Hochleistungs-Senderöhren Wolframkathoden verwendet. Übrigens muß das Vakuum gut sein (10^{-7} bis 10^{-8} Torr), da der Wasserdampf und der Sauerstoff bei hohen Temperaturen die Kathode angreifen würden. Die Lebensdauer dieser Kathode kann einige tausend Stunden erreichen.
Nach den Angaben der Tabelle 4.1 weist das thorierte Wolfram ein viel besseres Emissionsvermögen auf. Das ungefähr 0,5% Th enthaltende Wolfram wird einer entsprechenden Formierung unterzogen. Als Ergebnis dieser Formierung bildet sich eine einatomige Th-Schicht an der Oberfläche des Wolframs.
Diese Schicht verdampft zwar während des Betriebes, doch wird sie aus dem Inneren des Wolframs immer wieder ersetzt. Diese einatomige Thoriumschicht verhält sich wie eine elektrische Doppelschicht: Dadurch drückt

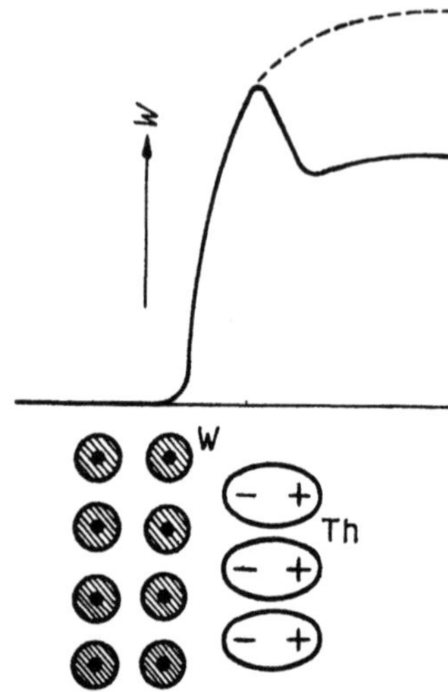

4.26 Einfluß einer einatomigen Schicht an der Metalloberfläche auf die Gestaltung des Potentialwalles

sie einerseits die Höhe des Potentialberges herunter und erleichtert damit das Heraustreten der Elektronen, andererseits erleichtert sie das Heraustreten auch dadurch, daß sie den Elektronen eine weitere Möglichkeit verschafft, da die Breite des Potentialberges klein wird und somit auch der Tunneleffekt wirksam werden kann (Abb. 4.26).

Die einatomige Thoriumschicht ist aber gegenüber der Ionenbombardierung sehr empfindlich, so daß die thorierte Wolframkathode nur in Vakuumröhren für kleinere Spannungen verwendet werden kann.

Das am häufigsten verwendete emittierende Material sowohl in den Vakuumröhren als auch in den gasgefüllten Röhren ist die Oxydkathode. Auf ein Nickelröhrchen wird entweder Bariumkarbonat ($BaCO_3$) oder Strontiumkarbonat ($SrCO_3$) bzw. eine Mischung der beiden, unter Zusatz von $5-10\%$ $CaCO_3$, mit Hilfe eines Bindemittels (z. B. Amylazetat) aufgetragen. Im Laufe des Formierungsprozesses, welcher bei einer höher als die Betriebstemperatur liegenden Temperatur bei ständiger Evakuierung stattfindet, wird das Karbonat zum Barium- oder Strontiumoxyd (BaO, SrO) reduziert. Diese Oxyde bilden die emittierende Fläche. Bezüglich des Mechanismus der Emission gehen die Meinungen auseinander. Es ist vorstellbar, daß die wichtigste Rolle die als »Verunreinigung« in der Oxydschicht verstreut befindlichen reinen Metallatome spielen, welche im Laufe der Formierung aus dem Oxyd reduziert worden sind [4.3].

Durch Bombardierung mit Ionen hoher Energie werden die Oxydkathoden desaktiviert; nur Ionen von 20 bis 30 eV Energie sind zulässig. Die Lebensdauer solcher Kathoden kann mehrere tausend Stunden betragen. Ihr weiterer Vorteil besteht darin, daß ihnen kurzfristig sehr große Ströme entnommen werden können (bis 100 A/cm²).

Da die geformte Oxydkathode im wesentlichen kein Metall, sondern einen Halbleiter darstellt, gelten die von uns abgeleiteten Emissionsformeln für sie nur als sehr grobe Annäherungen.

4.2 Die Grundtypen der Vakuumröhren

4.2.1 Die Diode

Im vorangehenden, beim Nachweis der thermischen Emissionsformel, haben wir bereits mit einer Diode gearbeitet. Wir haben auch die Anodenstrom-Anodenspannungs-Charakteristik dieser Röhre kennengelernt, und wir wissen, daß diese bis zum Erreichen des Sättigungsbereiches dem $U^{3/2}$-Gesetz gehorcht. Abb 4.27 zeigt die Charakteristik einer Diode.

Hinsichtlich der Anwendung ist jene Eigenschaft der Diode besonders charakteristisch, daß der Strom nur in einer Richtung diese Röhre durchfließen kann: Elektronen können nur aus der Kathode der Anode zuströmen; dementsprechend kann ein Strom, vom ganz geringen Anlaufstrom abgesehen, nur bei positiver Polarität der Anode fließen. Hierdurch wird die Diode zur Gleichrichtung geeignet.

Die Ausführungsformen der zwei wichtigsten Konstruktionselemente, der Kathode und der Anode, behandeln wir in Verbindung mit der Diode.

Die Kathode kann direkt oder indirekt beheizt sein: Im ersten Fall fließt der Heizstrom durch das emittierende Material selbst hindurch, während im zweiten Fall der stromdurchflossene Leiter die separate Kathode nur erwärmt (Abb. 4.28a, b). Die indirekte Heizung hat mehrere Vorteile: Infolge ihrer großen Wärmeträgheit kann diese Art Kathode mit Wechselstrom beheizt werden, ohne daß dadurch die Emission beeinflußt würde. Die Kathodenoberfläche ist sicher eine äquipotentielle Fläche, im Gegensatz zur direkten Heizung, bei der der Heizstrom einen Spannungsabfall verursacht, wodurch die verschiedenen Punkte der Kathode auf verschiedenen Spannungen zu liegen kommen. Die emittierende Schicht wird auf eine separate Nickelröhre aufgetragen. Der darin angeordnete, aus einer Wolfram-Molybdän-Legierung hergestellte Heizfaden ist mit einer Isolierschicht aus Beryllium- und Aluminiumoxyd von der Kathode getrennt. Der Widerstand dieser Isolierung soll bei normalen Betriebsverhältnissen mindestens 10 MΩ betragen. Es ist darauf zu achten, daß keine größere Spannung als 100 V zwischen Kathode und Heizfaden auftreten kann, da sonst die Isolierschicht zugrunde gehen könnte.

Die direkte Heizung ist trotz allem bei den mit hoher Anodenspannung arbeitenden Röhren zweckmäßig, in welchen die Oxydschicht infolge der Bombardierung durch die immer vorhandenen Ionen zugrunde gehen würde.

Die Anode wird bei den Empfängerröhren aus Nickel oder Eisen, bei den großen Senderöhren aus Tantal, Molybdän oder Graphit hergestellt. Die Leistung der Röhre wird in erster Linie durch die Leistung bestimmt, welche die Anode noch vertragen kann, bei welcher also ihre Temperatur noch unter der zulässigen Höchsttemperatur bleibt. Bei sehr hohen Anodentemperaturen kann sich eventuell auch das Glasgehäuse auf eine Temperatur über 500—600 °K erwärmen — auf diese Temperatur wurde die Röhre bei der Entgasung aufgeheizt —, wodurch wieder Gase frei werden

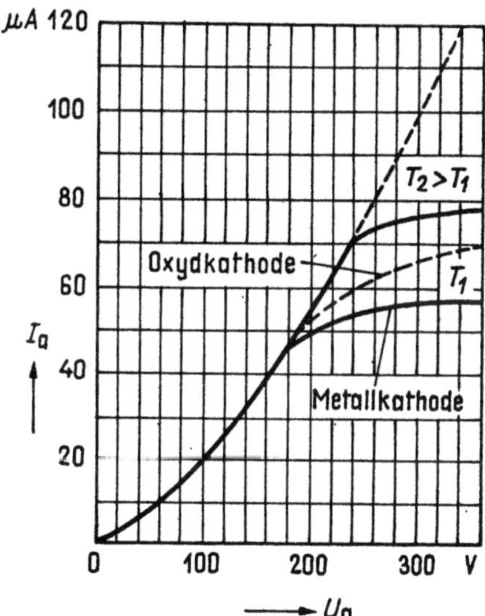

4.27 Die Charakteristik der Diode

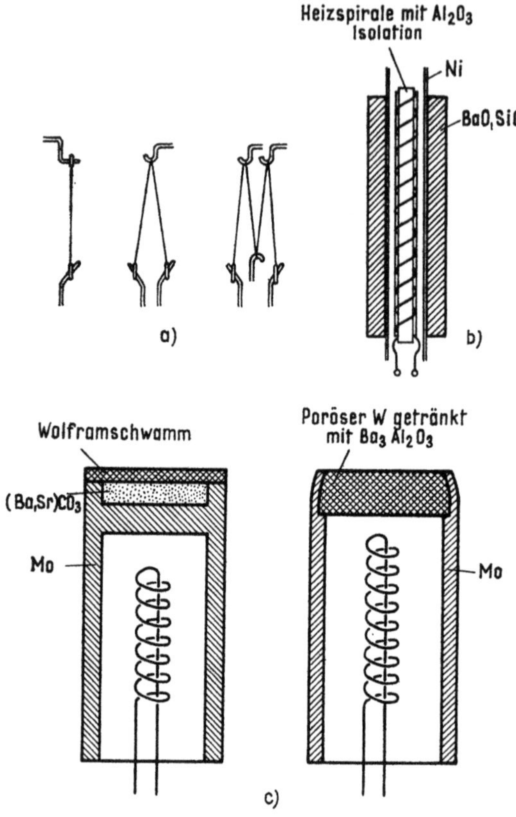

4.28 Praktische Ausführungen von Kathoden; *a)* direkt geheizte Kathoden; *b)* einfache indirekt geheizte Oxydkathode; *c)* zwei Typen der sogenannten Vorratskathoden (dispenser cathodes): L-Kathode (nach *Lemmens* benannt). Hier wird die Emissionsschicht (ein Bariumfilm) durch die hindiffundierenden Bariumatome aufrechterhalten. Diese Ba-Atome stammen von dem als Vorrat dienenden Ba- und Sr-Karbonat. Imprägnierte Kathode: Hier wird die poröse Wolframschicht direkt mit bariumhaltigen Vorratsmassen imprägniert. Beide Typen ergeben bei 1400°K einen Sättigungsstrom 5 A/cm² [7.3]

können, und in diesem Fall geht die Röhre selbstverständlich zugrunde. Um eine bessere Wärmeabfuhr zu erreichen, wird die Oberfläche der Anode aufgerauht und eingeschwärzt. Eine dunkelrot glühende Anode gibt in den meisten Fällen noch keine schädliche Gasmenge ab. Eine allzu hohe Spannung führt nicht nur zur Überhitzung der Anode, sondern kann auch einen Durchschlag verursachen. Eben deshalb wird die Anodenzuleitung bei Hochspannungsdioden nicht neben der Kathodenzuleitung, sondern am anderen Ende der Röhre angeordnet.

Im Laufe der Röhrenherstellung wird zuerst der Glasballon durch Erhitzen auf 400—600 °K bei ständiger Evakuierung entgast, dann werden die Metallteile durch Hochfrequenz-Erhitzung ausgeglüht. Dann folgt die Formierung der Kathode. Nach dem endgültigen Verlöten wird die Röhre noch gegettert: Durch Hochfrequenz-Erhitzung wird ein Stoff (z. B. Ba) in der Röhre zum Verdampfen gebracht, welcher Gase chemisch bindet. Dieser Stoff absorbiert die nach dem Verlöten noch verbliebenen Gase, wodurch das endgültige Vakuum, um 10^{-7} Torr, eingestellt wird.

4.2.2 Die Triode

Die Erfindung von *Lee de Forest* im Jahre 1907, wonach der Anodenstrom der Diode mit Hilfe einer dritten, zwischen der Kathode und Anode angeordneten Elektrode, Gitter genannt, gesteuert werden kann, war von größter Bedeutung für die Entwicklung der Elektronik. Dies ist auch verständlich. Wird dieses Gitter, das ebendeshalb so genannt wird, weil es die Bewegung der Elektronen mechanisch in keiner Weise behindert — weil also die Elektronen die Öffnungen dieser Elektrode, dieses Gitters, frei durchfliegen können —, auf verschiedene Spannungen gebracht, so kann dadurch die Bewegung der Elektronen in Richtung Anode begünstigt, aber auch behindert werden. Wird z. B. eine große negative Spannung ans Gitter gelegt, so kann man sicher sein, daß auch dann, wenn eine große positive Spannung an die Anode geschaltet wurde, das der Kathode näher liegende, negativ geladene Gitter die Elektronen zur Kathode hin zurückstößt und nicht zur Anode gelangen läßt. Hat dagegen die Anode eine verhältnismäßig geringe positive Spannung und wird auch dem Gitter eine positive Spannung erteilt, so wird dadurch der Start der Elektronen von der Kathode nicht behindert, und der größte Teil der Elektronen erreicht auch die Anode durch das Gitter. Bei positiver Gitterspannung zieht aber das Gitter einen Teil der Elektronen zu sich. In diesem Fall fließt also auch ein Gitterstrom. Die Abb. 4.29a, b zeigt die Skizze bzw. Ausführungsform einer solchen Röhre: In der Mitte befindet sich die zylindrische Kathode für indirekte Heizung. Diese ist von einer Metallspirale umgeben: Das ist das Gitter, und von außen ist das Ganze mit einem Metallzylinder umgeben: Das ist die Anode. Diese zylindrische Anordnung ist natürlich nicht die einzig gebräuchliche. Trioden in ebener Anordnung (Abb. 4.29 c) werden ebenfalls hergestellt.

Der Anode wird eine gegenüber der Kathode positive Spannung erteilt, dem Gitter dagegen normalerweise eine negative, da bei entsprechender

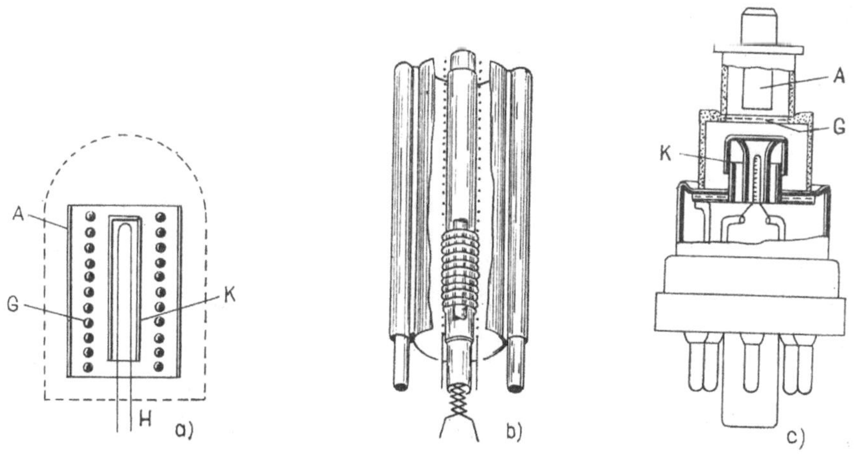

4.29 Die Skizze der Triode: *a)*, *b)* Triode in zylindrischer Anordnung, *c)* Kurzwellen-Triode in ebener Anordnung

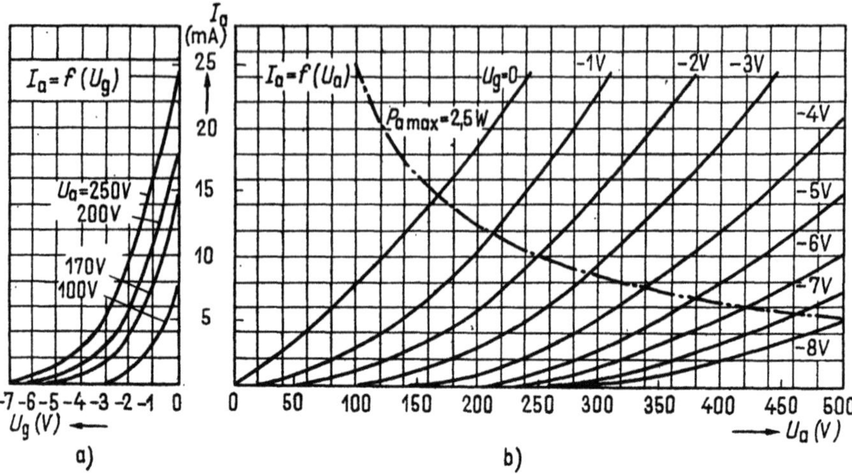

4.30 Die Charakteristiken: *a)* Anodenstrom-Gitterspannung, *b)* Anodenstrom-Anodenspannung einer Triode; im Bereich oberhalb der Kurve $P_{a\,max}$ darf die Röhre nicht belastet werden

positiver Anodenspannung auch so ein Anodenstrom fließt. Mit Hilfe des Gitters kann der Anodenstrom geändert werden, gleichzeitig gelangen jedoch keine Elektronen bei negativer Gitterspannung auf das Gitter; ein Gitterstrom fließt also nicht. Das ist günstig, weil auf diese Weise die Änderung des Anodenstromes praktisch ohne Leistungsverbrauch erfolgen kann. Das Verhalten einer Triode wird durch ihre Charakteristiken oder Kennlinien beschrieben. Unter diesen ist die Gitterspannungs-Anodenstrom-Charakteristik die informativ ergiebigste. Auf der horizontalen Achse des Koordinatensystems wird die Gitterspannung, auf der vertikalen der Anodenstrom aufgetragen. Wird die Änderung des Anodenstromes als Funktion der Gitterspannung bei konstanter Anodenspannung untersucht, so findet man, daß man bei hoher negativer Gitterspannung überhaupt keinen Strom erhält (Abb. 4.30a). Bei einer gewissen negativen Gitterspannung zieht aber die positive Anodenspannung die Elektronen durch die Öffnungen des Gitters bereits zu sich. Das elektrische Feld der Anode, »greift gewissermaßen durch« durch das Gitter und wirkt auf die von der Kathode heraustretenden Elektronen ein. Damit läuft der Anodenstrom an. Wird die Anodenspannung weiterhin konstant gehalten, die Gitterspannung dagegen erhöht, so nimmt der Strom ständig zu, bis schließlich, nach Erreichen einer gewissen Gitterspannung, alle von der Kathode heraustretenden Elektronen zur Anode gelangen, also der Sättigungsstrom erreicht wird.

Dies kann auch bei einer negativen Gitterspannung eintreten. Wird nun die Anodenspannung erhöht, und die obige Messung an dieser erhöhten, dann aber wiederum konstant gehaltenen Spannung wiederholt, so findet man, daß man bereits bei einer größeren negativen Gitterspannung einen Anodenstrom erhält. Das ist auch verständlich, da die an einer höheren Spannung liegende Anode imstande ist, bereits bei einer größeren negativen Gitterspannung Elektronen anzuziehen. Auch den Sättigungsstrom erhält man bei einer noch negativen Gitterspannung. Die zur höheren Anodenspannung gehörende Kennlinie ergibt sich also einfach dadurch, daß die zur niedrigeren Anodenspannung gehörende Kennlinie nach links verschoben wird. Die zu einer niedrigeren Anodenspannung gehörende Kennlinie ergibt sich durch Verschieben nach rechts. Wenn ein Teil der Kennlinie in den positiven Gitterspannungs-Bereich hinüberreicht, bleibt der Anodenstrom nach Erreichen des Sättigungsstromes nicht mehr konstant, da der zunehmende Gitterstrom zur Verminderung des Anodenstromes führt.

Zur Darstellung der Eigenschaften von Trioden ist auch die Anodenspannungs-Anodenstrom-Charakteristik gebräuchlich. Dabei wird die Anodenspannung an der horizontalen, der Anodenstrom an der vertikalen Achse aufgetragen (Abb. 4.30b). Die einzelnen Kennlinien gehören zu einer konstanten Gitterspannung. Man findet, daß bei gegebener Gitterspannung kein Anodenstrom fließt, bis eine positive Anodenspannung von bestimmter Höhe erreicht wird. Auf Grund des Vorangehenden ist dies auch verständlich, da die kleine positive Anodenspannung die Elektronen entgegen der großen negativen Gitterspannung nicht an sich ziehen kann. Je größer die negative Gitterspannung, um so größer die positive Anodenspannung, bei der der Anodenstrom anläuft; die zu den verschiedenen Gitterspannungen gehörenden Kennlinien sind also auch in diesem Fall gegeneinander verschoben. Natürlich können diese letzteren Kurven auf Grund der Gitterspannungs-Anodenstrom-Charakteristik konstruiert werden. Abb. 4.31 zeigt das vereinigte Bild beider Charakteristiken.

Die Charakteristiken einer Triode können mit der Schaltung nach Abb. 4.32 aufgenommen werden. Wird z. B. die Anodenspannung auf einen gegebenen Wert eingestellt und dieser Wert am Spannungsmesser abge-

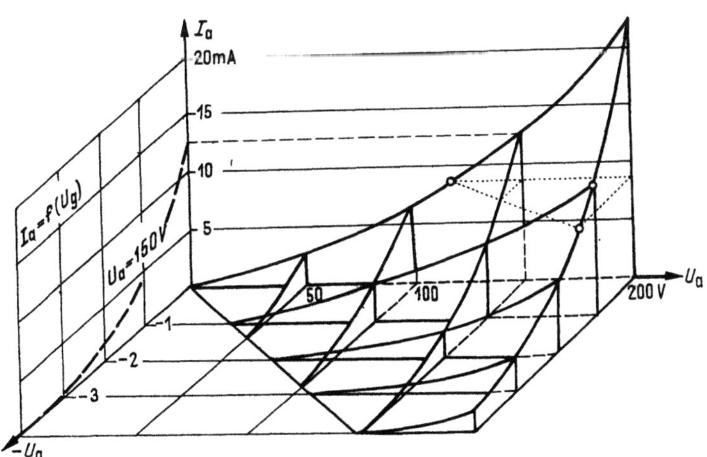

4.31 Das vereinigte Bild der Charakteristiken $I_a = I_a(U_g)$ und $I_a = I_a(U_a)$

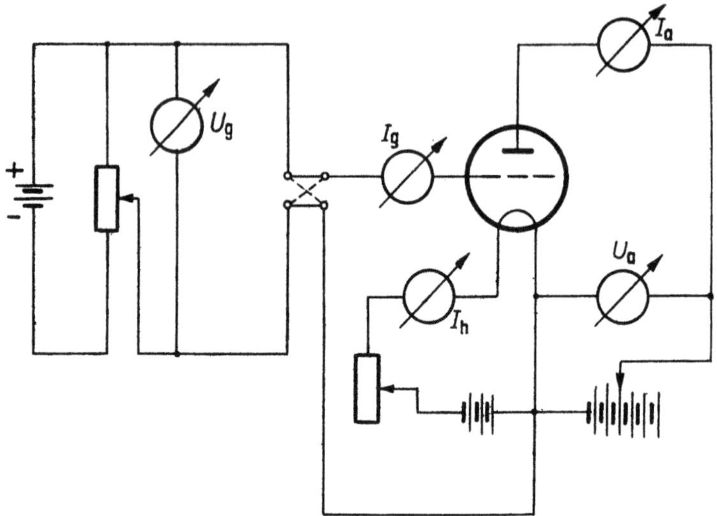

4.32 Anordnung zur Messung der Charakteristiken der Triode

lesen, so können die zu den verschiedenen Werten der Gitterspannung
gehörenden Anodenströme ebenfalls abgelesen werden. Dann wird eine
andere Anodenspannung eingestellt und die diesem Wert entsprechende
Kurve aufgenommen.

Für das Verhalten einer Triode sind die folgenden an der Kennlinie ablesbaren Daten kennzeichnend: die Steilheit (S), der Durchgriff (D) und
der Innenwiderstand (R_1). Die Steilheit, wie es die Bezeichnung selbst
andeutet, ist die Maßzahl der Anodenstrom-Änderung, die bei konstanter
Anodenspannung unter Einwirkung einer Änderung der Gitterspannung
um die Spannungseinheit zustande kommt. Sie zeigt also tatsächlich die
Steilheit der Charakteristik Gitterspannung—Anodenstrom. In mathematischer Form heißt das

$$S = \left(\frac{\partial I_a}{\partial U_g}\right)_{U_a=\text{const}}. \tag{1}$$

Diesen Wert können wir auf einfache Weise an der Kennlinie ablesen:
Man stellt fest, welche Anodenstrom-Änderung durch die Änderung der
Gitterspannung um 1V verursacht wird. Die Steilheit wird in mA/V ge-
messen.

Das Gitter liegt näher zur Kathode als die Anode. Dementsprechend wird
der Anodenstrom durch die Gitterspannung stärker beeinflußt als durch
die Anodenspannung. Durchgriff nennen wir die Zahl, welche zeigt, um
wieviele Volt die Gitterspannung geändert werden muß, damit der Anodenstrom bei einer Änderung um 1V der Anodenspannung unverändert bleibt.
D. h.

$$D = - \left(\frac{\partial U_g}{\partial U_a}\right)_{I_a=\text{const}}. \tag{2}$$

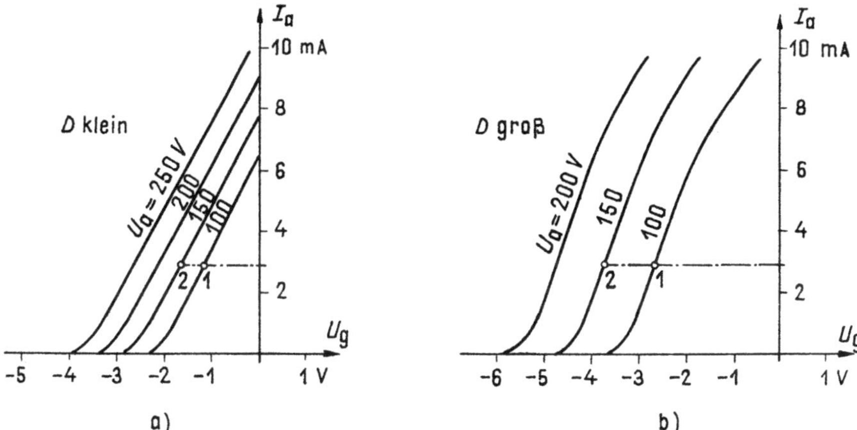

4.33 Vergleich von zwei Röhren mit kleinem bzw. großem Durchgriff: *a)* Röhre mit kleinem Durchgriff; *b)* Röhre mit großem Durchgriff

Das negative Vorzeichen wird deshalb gesetzt, um einen positiven Wert für den Durchgriff zu erhalten; bei Erhöhen der Anodenspannung muß ja die Gitterspannung herabgesetzt werden, um den Anodenstrom unverändert zu behalten. Der Wert des Durchgriffes ist eine sehr kleine Zahl. Deshalb wird er nicht als Absolutwert, sondern in Prozenten angegeben. So bedeutet die Angabe, daß der Durchgriff einer Röhre 4% beträgt, daß eine angegebene Änderung der Anodenspannung bereits durch 4% dieser Änderung kompensiert werden kann, falls diese Spannungsänderung an das Gitter gelegt wird. Wenn also die Anodenspannung dieser Röhre um 10 V größer wird, so ändert sich der Anodenstrom dann nicht, wenn die Gitterspannung um 0,4 V herabgesetzt wird. In Abb. 4.33 sehen wir die Charakteristiken einer Röhre von kleinem bzw. von großem Durchgriff nebeneinander. Es ist ersichtlich, daß bei den Röhren von kleinem Durchgriff die zu verschiedenen Anodenspannungen gehörenden Kennlinien sehr nahe beieinander liegen, während die Kennlinien der Röhren von großem Durchgriff voneinander fern sind. Das ist auch verständlich. Den Durchgriff erhält man nämlich aus der Charakteristik auf die Weise, daß man die den konstanten Anodenstrom bezeichnende Horizontale zieht und die Entfernung ihrer Schnittpunkte, gemessen im Maßstab der Gitterspannung, mit zwei nebeneinander liegenden, zu gegebenen Anodenspannungen gehörenden Kennlinien feststellt. Falls man nämlich von Punkt (1) ausgehend in Punkt (2) angelangt ist, dann hat man zwar die Anodenspannung geändert, gleichzeitig aber auch die Gitterspannung, so daß der Anodenstrom konstant geblieben ist. Die an den Kennlinien abgelesene Gitterspannungs-Differenz dividiert durch die Differenz der Anodenspannungen und multipliziert mit 100 ergibt den Wert des Durchgriffs.

Der dritte Kennwert der Röhre ist der Innenwiderstand. Diese Größe zeigt, welche Anodenspannungs-Änderung bei konstanter Gitterspannung erforderlich ist, um eine Änderung um eine Einheit des Anodenstromes zu

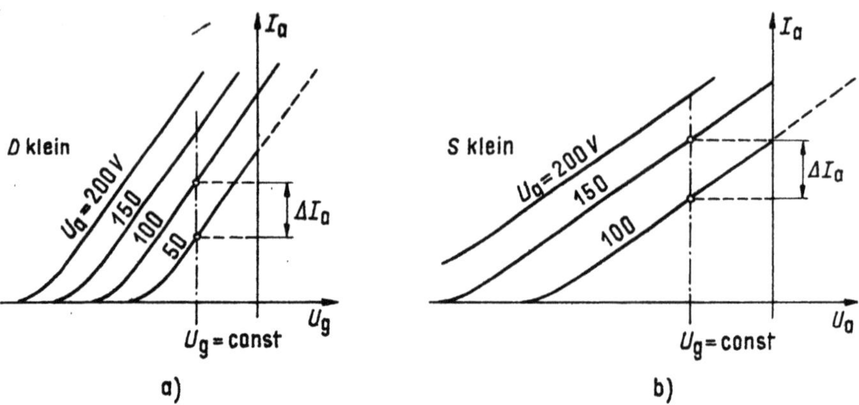

4.34 Der Innenwiderstand der Triode kann groß sein, falls *a)* der Durchgriff klein oder *b)* die Steilheit gering ist

bewirken, d. h.

$$R_\mathrm{i} = \left(\frac{\partial U_\mathrm{a}}{\partial I_\mathrm{a}}\right)_{U_\mathrm{g}=\mathrm{const}}. \tag{3}$$

Der Innenwiderstand ist groß, falls die Schnittpunkte der die konstante Gitterspannung bezeichnenden Vertikalen (nach Abb. **4.34**) mit zwei nebeneinander liegenden Kennlinien im Maßstab des Anodenstromes einander nahe liegen. Man sieht, daß diese Entfernung deshalb klein sein kann, weil entweder der Durchgriff klein ist, also die Kennlinien dicht nebeneinander liegen, oder weil die Steilheit gering ist. Aus allem ist es ersichtlich, daß der Innenwiderstand von der Steilheit und vom Durchgriff nicht unabhängig, sondern den beiden umgekehrt proportional ist. Es ist leicht, den zwischen den Kenngrößen der Röhre bestehenden, sogenannten *Barkhausen*schen Zusammenhang, zu beweisen, wonach

$$SDR_\mathrm{i} = 1 \tag{4}$$

ist, d. h. das Produkt von Steilheit, Durchgriff und Innenwiderstand immer Eins ergibt. Der Anodenstrom ist nämlich im allgemeinen eine Funktion von Anodenspannung und Gitterspannung. Es ist also

$$I_\mathrm{a} = I_\mathrm{a}(U_\mathrm{a}, U_\mathrm{g}),$$

so daß die Änderung des Anodenstromes aus einer durch die Anodenspannung sowie aus einer durch die Gitterspannung verursachten Änderung zusammengesetzt gedacht werden kann. D. h.

$$\mathrm{d}I_\mathrm{a} = \left(\frac{\partial I_\mathrm{a}}{\partial U_\mathrm{a}}\right)_{U_\mathrm{g}=\mathrm{const}} \mathrm{d}U_\mathrm{a} + \left(\frac{\partial I_\mathrm{a}}{\partial U_\mathrm{g}}\right)_{U_\mathrm{a}=\mathrm{const}} \mathrm{d}U_\mathrm{g}. \tag{5}$$

Ist nun die gesamte Änderung des Anodenstromes gleich Null und wird die ganze Gleichung durch die Gitterspannungsänderung dividiert, so erhält man

$$0 = \left(\frac{\partial I_\mathrm{a}}{\partial U_\mathrm{a}}\right)_{U_\mathrm{g}} \left(\frac{\partial U_\mathrm{a}}{\partial U_\mathrm{g}}\right)_{I_\mathrm{a}} + \left(\frac{\partial I_\mathrm{a}}{\partial U_\mathrm{g}}\right)_{U_\mathrm{a}}. \tag{6}$$

Berücksichtigt man die Definitonen der einzelnen Kennwerte, so geht
diese Gleichung in die Gleichungen

$$0 = - \frac{1}{R_\mathrm{i}} \frac{1}{D} + S, \quad SR_\mathrm{i}D = 1$$

über.

4.2.3 Die eingehendere Untersuchung der Stromverhältnisse der Triode. Die Elektrometerröhre

Vor allem im Laboratorium, aber darüber hinaus auch bei gewissen industriellen
Kontrollprüfungen, ist die Messung von sehr kleinen Stromstärken erforderlich. Eine
Möglichkeit dazu besteht darin, daß man den zu messenden Strom dem Gitter einer
Triode zuführt. Die Anodenstrom-Änderung, verursacht durch den Spannungsabfall
an dem voraussetzungsgemäß sehr großen Gitter-Ableitungswiderstand, kann dann
im Anodenkreis direkt gemessen werden. All dies hat aber natürlich nur dann einen
Sinn, wenn der bei gegebener Gitterspannung im Gitterkreis ohne jede äußere Einwirkung fließende Strom kleiner ist als der zu messende, unserem Ansatz gemäß sehr
kleine Strom. Warum fließt aber überhaupt ein Gitterstrom bei einer bestimmten
negativen Gitterspannung? Bisher haben wir ja nur bei positiven Gitterspannungen
von einem Gitterstrom gesprochen. Wie wir sehen werden, haben wir das im allgemeinen mit gutem Recht getan, da der Gitterstrom bei negativer Gitterspannung
sehr klein ist. Jetzt ist aber auch der zu messende Strom sehr klein, so daß nicht
einmal dieser kleine, störende Gitterstrom außer acht bleiben kann. In Abb. 4.35
sehen wir die Gitterspannungs-Anodenstrom-Charakteristik einer Elektrometer-
Triode, gleichzeitig aber auch den Gitterstrom, obwohl natürlich in einem anderen
Maßstab dargestellt. Man sieht, daß bei großer negativer Gitterspannung in der
Mehrzahl positiv geladene Teilchen zum Gitter gelangen und bei Erhöhen der Gitterspannung die Zahl der Elektronen rasch zunimmt. Der Gitterstrom setzt sich aus
den aus Abb. 4.36 ersichtlichen Komponenten zusammen.

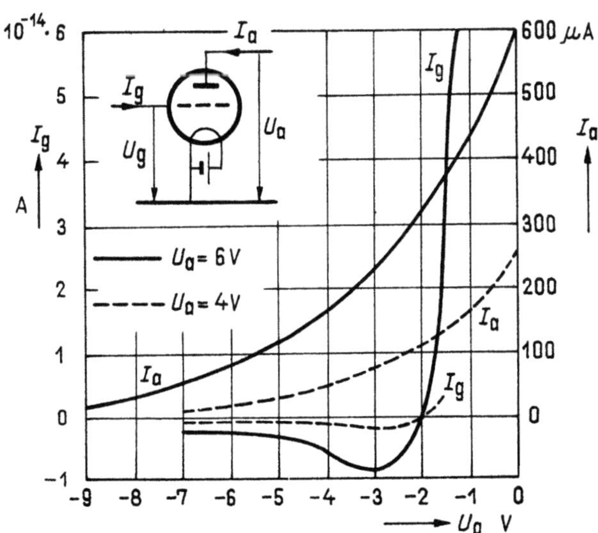

4.35 Anodenstrom- und
Gitterstrom-Charak-
teristiken einer Elek-
trometer-Triode als
Funktion der Gitter-
spannung [4.5]

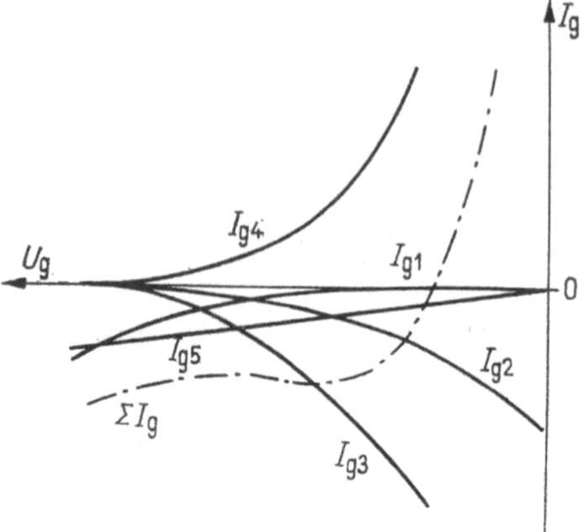

4.36 Die verschiedenen Komponenten des Gitterstromes: I_{g1} thermische und photoelektrische Elektronenemission vom Gitter, thermische Ionenemission von der Anode; I_{g2} Elektronenstrom der Sekundär-Emission; I_{g3} aus der Bombardierung der Anode stammender sowie in den Gasrückständen entstehender Ionenstrom; I_{g4} der aus dem Kathodenstrom entnommene Elektronenstrom; I_{g5} Durchleitung; ΣI_g die Resultierende [4.5]

Die Elektronen besitzen eine ihrer thermischen Energie entsprechende Anfangsgeschwindigkeit, so daß sie trotz der negativen Gitterspannung zum Gitter gelangen (I_{g4}). Die Betriebstemperatur der Kathode der Elektrometerröhre wird sehr niedrig gewählt, die Röhre wird unterheizt (bei thorierten Wolframkathoden ist z. B. $T = 1000$ °K). Da die Anode sich in der Folge ebenfalls nicht erwärmt, werden weder aus der Kathode noch aus der Anode allzu viele Ionen frei. Die in Richtung Anode fliegenden Elektronen stoßen gegen die in der Röhre immer vorhandenen Gasreste und erzeugen ebenfalls positive Ionen. Dem ist abzuhelfen durch Verwendung einer niedrigen Anodenspannung. Damit ist gleichzeitig auch dagegen geholfen, daß die Elektronen, gegen die Anode stoßend, dort ebenfalls positive Ionen auslösen (I_{g3}).

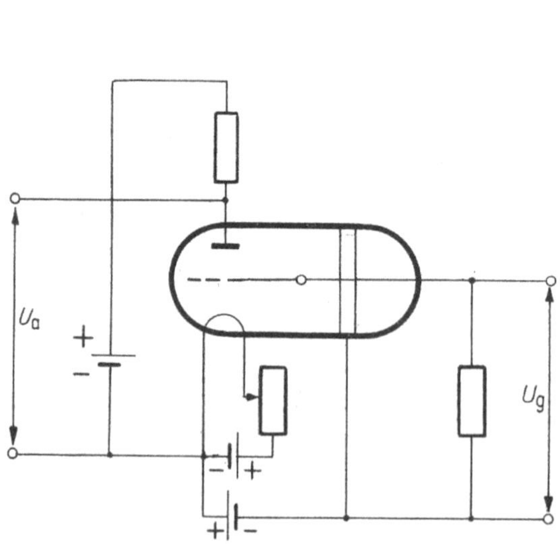

4.37 Die Schaltung des Schutzringes bei Elektrometerröhren

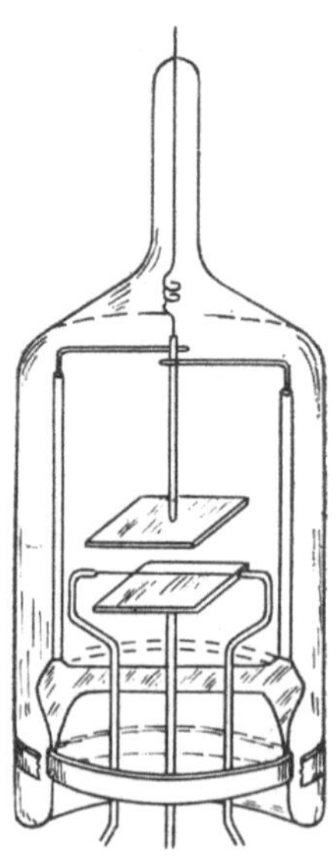

4.38 Eine Ausführungsform der Elektrometerröhre. Die Kathode liegt zwischen Anode und Gitter [4.5]

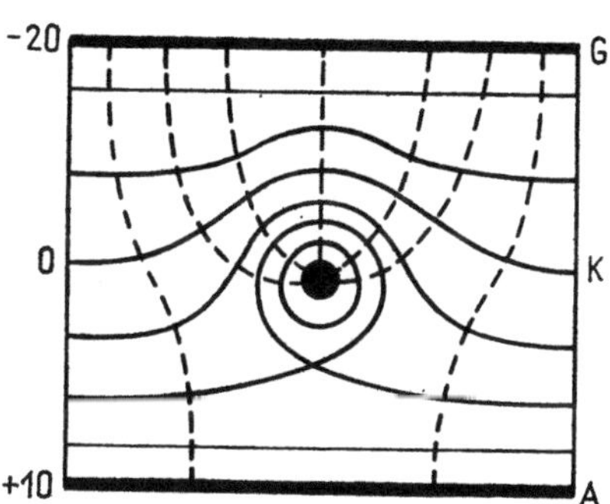

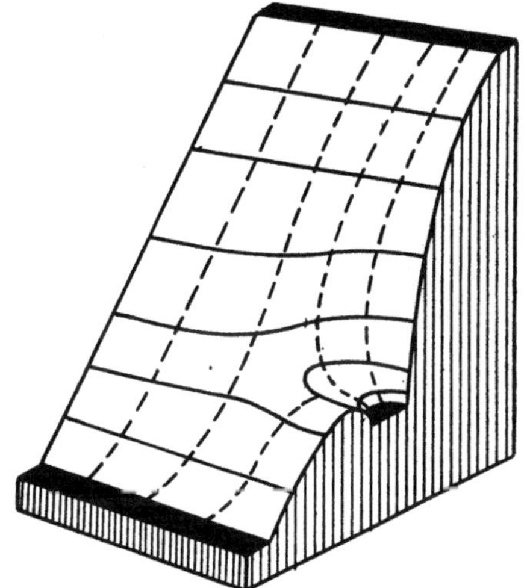

4.39 Gestaltung der Potentialverhältnisse in der Elektrometerröhre. Die Abbildung bezieht sich auf den gesperrten Zustand der Röhre

Die freigewordenen Ionen können sowohl am Gitter als auch an der Kathode sekundäre Elektronen erzeugen (I_{g2}). Das Gitter kann auch durch thermische Emission Elektronen aussenden und eventuell sogar Photoelektronen unter Einwirkung des Kathodenlichtes (I_{g1}). Diese Effekte lassen sich vermindern, wenn man ein Metall mit großer Austrittsarbeit für das Material des Gitters wählt. Schließlich tritt auch an der Oberfläche des Kolbens infolge Durchsickerns ein Strom auf (I_{g5}). Dagegen kann man sich durch Verlängern der Kriechwege sowie durch das Einschalten von Schutzringen wehren. Der Schutzring ist der Abb. 4.37 entsprechend so zu schalten, daß er mit dem Gitter auf gleicher Spannung liegt; in diesem Fall können die Kriechströme auch bei normaler Glasisolierung die Messung nur noch ganz geringfügig stören.

Der Arbeitspunkt der Röhre ist in der Nähe jenes Punktes zu wählen, wo der Gitterstrom gleich Null ist.

Die Anordnung einer Elektrometerröhre ist in Abb. 4.38 dargestellt. Das Gitter befindet sich nicht zwischen der Anode und der Kathode — ist auch nicht gitterförmig —, sondern die Kathode liegt in der Mitte, und an den beiden Seiten sind das Gitter sowie die Anode angeordnet. Auf diese Weise kann eine bessere Kühlung des Gitters gewährleistet werden, weniger Elektronen gelangen an das Gitter, und die Wahrscheinlichkeit des Entstehens von Sekundärelektronen ist auch geringer. Somit kann ein Gitterstrom von 10^{-15} A sowie ein Gittereingangswiderstand von 10^{16} Ω anstelle der üblichen 10^8 bis 10^9 Ω erreicht werden.

Diese Anordnung ist gleichzeitig ein Beispiel dafür, daß der Anodenstrom auch durch Ändern der Spannung einer so angeordneten Elektrode beeinflußt werden kann. In Abb. 4.39 ist beispielsweise der Fall veranschaulicht, in welchem das Gitter den Elektronen den Weg zur Anode völlig absperrt.

Auf Grund der hier diskutierten Verhältnisse kann man folgern, wie gut das Vakuum in einer Röhre ist. Abb. 4.40 zeigt den Gitterstrom einer Röhre mit gutem bzw. mit schlechtem Vakuum. $U_A = 220$ V, $I_a = 1$ mA, bei $U_g = -2$ V entspricht ein Ionenstrom von $2 \cdot 10^{-7}$ A einem Druck von 10^{-6} Torr. Das ist noch annehmbar.

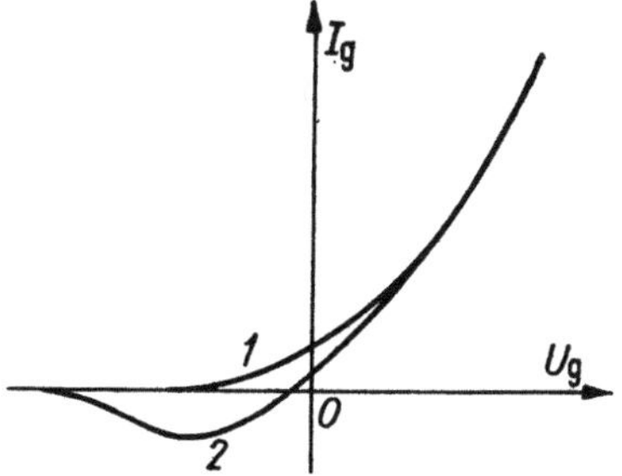

4.40 Gitterstrom einer Röhre bei gutem (1) bzw. bei schlechtem (2) Vakuum

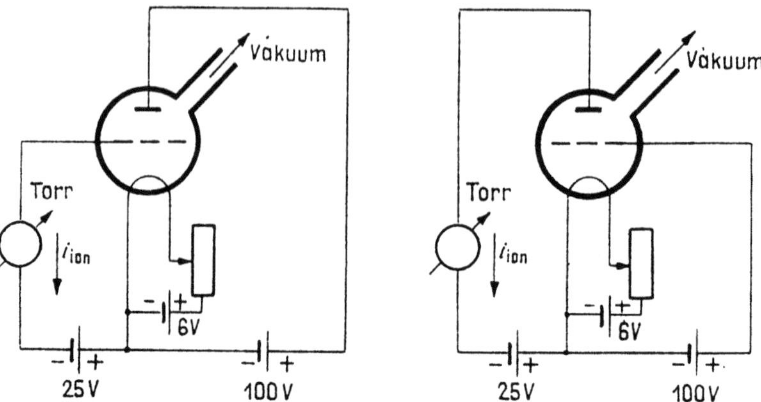

4.41 Zwei verschiedene Schaltungen der Ionisations-Vakuummeterröhre.
Das Meßinstrument für i_{ion} kann in Druckeinheiten kalibriert werden

Damit sind wir bereits auf das Ionisations-Vakuummeter gekommen: Dieses ist auf
Grund der bei der Elektrometerröhre niedergelegten Grundsätze zu bemessen, aller
dings mit dem Unterschied, daß die Stärke des vom Gas in der Röhre stammenden
Ionenstromes erhöht werden soll, während die übrigen Stromkomponenten auf möglichst niedrigen Werten zu halten sind. Das ist durch Verwenden einer höheren Spannung sowie eines magnetischen Feldes möglich. Das letztere verlängert den Elektro-
nenweg und erhöht dadurch die Wahrscheinlichkeit der Ionisation. Die Schaltung
einer Ionisations-Vakuummeterröhre ist aus Abb. 4.41 ersichtlich.

4.2.4 Die Mehrgitterröhren

Wie wir noch sehen werden, kann man mit einer Röhre eine um so größere
Spannungsverstärkung erreichen, je kleiner ihr Durchgriff ist; bei den
Spannungsverstärkerröhren wird also ein kleiner Durchgriff angestrebt.
Ist aber der Durchgriff der Röhre sehr klein, so bedeutet dies, daß eine
sehr große positive Anodenspannung einzusetzen ist, damit die Anode
die Elektronen trotz der negativen Gitterspannung an sich ziehen kann.
Mit anderen Worten: Es ist eine sehr hohe Anodenspannung erforderlich,
um die Kennlinie insgesamt in den negativen Gitterspannungsbereich zu
verschieben (Abb. 4.33). Gleichzeitig ist es auch aus einem anderen Grunde
erforderlich, daß die Änderung der Anodenspannung keine wesentliche
Änderung des Anodenstromes verursachen soll; im Anodenkreis ist ja
normalerweise ein Widerstand vorgesehen, an dem ein von der Größe
des Anodenstromes abhängiger Spannungsabfall auftritt, so daß die Anode
nicht unmittelbar die Batteriespannung erhält. Dieser Effekt kann ebenfalls durch das Verwenden einer Röhre mit kleinem Durchgriff vermindert
werden. Und wie wir gesehen haben, wird die Anodenspannung einer
Triode von kleinem Durchgriff hoch sein. Dieser Nachteil wird durch die
Vierelektrodenröhre oder Tetrode behoben. Diese Röhre besitzt zwei
Gitter. Einem der Gitter, dem sog. Steuergitter, wird eine negative Spannung erteilt. Dieses Gitter übernimmt die Rolle des einzigen Gitters der
Triode. Dem anderen, dem sog. Schirmgitter, wird eine positive Spannung

erteilt. Da das letztere näher zur Kathode liegt, kann es den Elektronen in ihrem Bestreben, die Anode zu erreichen, besser beistehen. Infolge seiner positiven Ladung werden dieses Gitter Elektronen erreichen, so daß im Betrieb auch über dieses Hilfsgitter ein Gitterstrom fließen wird. Mit Hilfe dieses Gitters kann erreicht werden, daß man auch bei verhältnismäßig kleiner Anodenspannung einen ziemlich großen Anodenstrom erhält, auch dann, wenn das Steuergitter nahe der Kathode liegt, so daß der Durchgriff der Anode sehr gering ist. Gleichzeitig wird das Feld der Anode durch das Hilfsgitter gegenüber der Kathode sozusagen abgeschirmt.

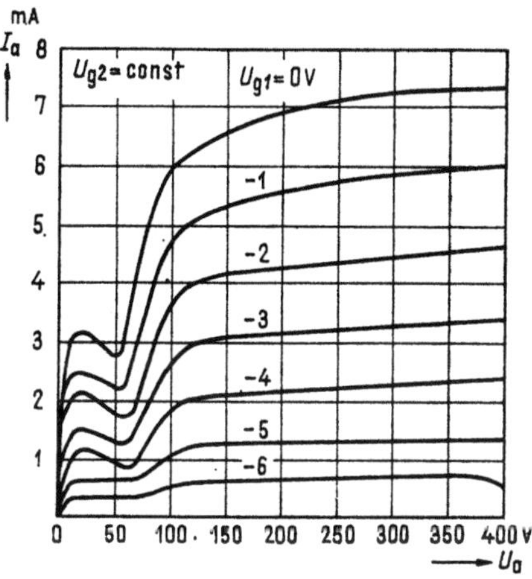

4.42 Die Anodenstrom-Anodenspannung-Charakteristik der Tetrode

Mit der Tetrode wurde somit die Herstellung einer Röhre gelöst, welche auch bei kleiner Anodenspannung einen großen Durchgriff hat und somit zur Verstärkung ausgezeichnet geeignet ist. Nimmt man die Anodenstrom-Anodenspannungs-Kennlinien der Tetrode bei einer ganz genau festgelegten Hilfsgitterspannung auf, so erhält man die aus Abb. 4.42 ersichtliche Kurvenschar. Man muß sich aber genau vergegenwärtigen, daß man jetzt außer der Heizspannung drei Spannungen variieren kann: Die Anodenspannung, die negative Gitterspannung und die positive Hilfsgitterspannung. Aus den Kennlinien der Abbildung ist herauszulesen, daß der Anodenstrom bei Erhöhen der Anodenspannung vorerst zunimmt. Bei der Anodenspannung Null erhält man keinen Anodenstrom. In diesem Fall zieht das Hilfsgitter die heraustretenden Elektronen zu sich. Bei zunehmender Anodenspannung gehen mehr und mehr Elektronen auf die Anode über, und dementsprechend vermindert sich der Hilfsgitterstrom. Eine sonderbare Erscheinung wird beobachtet, wenn sich die zunehmende Anodenspannung der konstant gehaltenen Hilfsgitterspannung nähert. An dieser Stelle nimmt nämlich der Anodenstrom trotz des Erhöhens der Anodenspannung ab, während der Hilfsgitterstrom für eine Weile wieder zunimmt; dann nimmt der Anodenstrom weiter zu, während der Hilfsgitterstrom sich weiter vermindert. Auf einer kurzen Strecke erhält man also einen fallenden Anodenstrom bei zunehmender Anodenspannung. Die Tetrode kann somit auch eine fallende oder negative Charakteristik haben. Eine solche negative Charakteristik kann in einer geeigneten Schaltung zur Erzeugung von Schwingungen ausgenützt werden, im allgemeinen ist aber diese Erscheinung für das normale Funktionieren der Elektronenröhre störend. Der behandelte seltsame Verlauf der Charakteristik wird durch sekundäre Elektronen verursacht, welche aus der Anode heraustreten. Solange die Anodenspannung noch zu hoch ist, tritt diese Erscheinung zwar auf, doch können die Elektronen das Gitter, welches auf einer, der Anode gegenüber negativen Spannung liegt, nicht erreichen, sondern

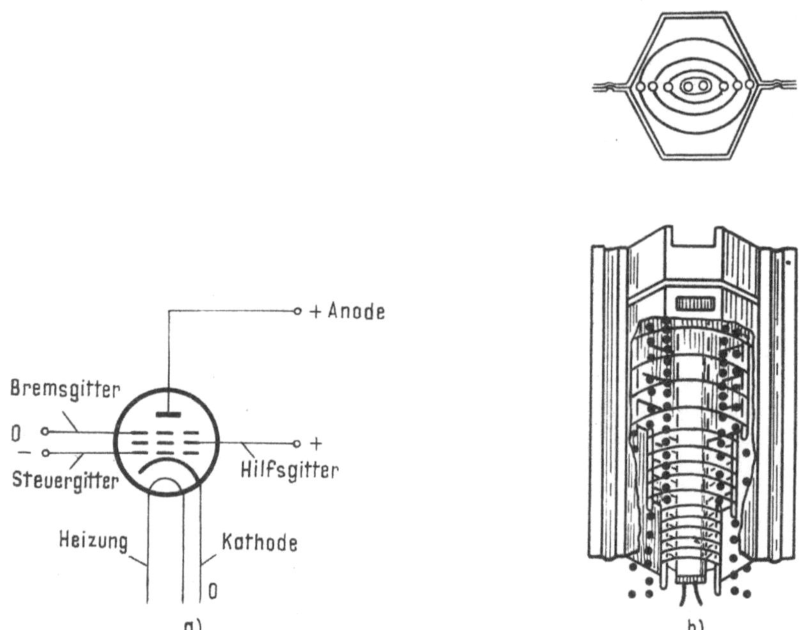

4.43 *a)* Die Elektrodenanordnung der Pentode; *b)* die vereinfachte Skizze
der praktischen Ausführung der Pentode

fallen auf die Anode zurück. Wenn aber die Anodenspannung nur um ein
geringes niedriger als die Hilfsgitterspannung liegt, dann gelangen alle
austretenden Sekundärelektronen auf das Gitter, dessen Spannung positiver ist als die der Anode, und vermindern damit den Anodenstrom bzw.
vergrößern den Gitterstrom. Daraus ergibt sich der seltsame Verlauf der
Charakteristik.

Die störende Erscheinung der sekundären Elektronenemission kann dadurch
behoben werden, daß man ein drittes Gitter in der unmittelbaren Nähe
der Anode anordnet, mit der Aufgabe, die heraustretenden Sekundärelektronen in die Anode zurückzustoßen und nicht zum Hilfsgitter gelangen zu lassen. Dementsprechend muß man diese Suppressorgitter, auch
Bremsgitter genannte Elektrode auf eine hohe, gegenüber der Anode
negative Spannung bringen. Dies wird am einfachsten dadurch erreicht,
daß man dieses Gitter an die Kathodenspannung legt. Auf diese Weise
gelangt man zur Fünfelektrodenröhre oder Pentode, welche den am
häufigsten verwendeten Röhrentyp der heutigen Schwachstromtechnik
darstellt. In dieser Röhre gibt es also, außer der Kathode und der Anode,
drei Gitter. Das der Kathode am nächsten liegende Gitter ist das Steuergitter, dem eine negative Spannung erteilt wird. Dann folgt das Hilfsgitter, das eine kleinere positive Spannung hat als die Anodenspannung,
und schließlich das Bremsgitter, dessen Spannung mit der Kathodenspannung identisch ist. Die Anode liegt wiederum an einer positiven Spannung.
Eine schematische Darstellung der Pentode ist in Ab 4.43a zu sehen. Die

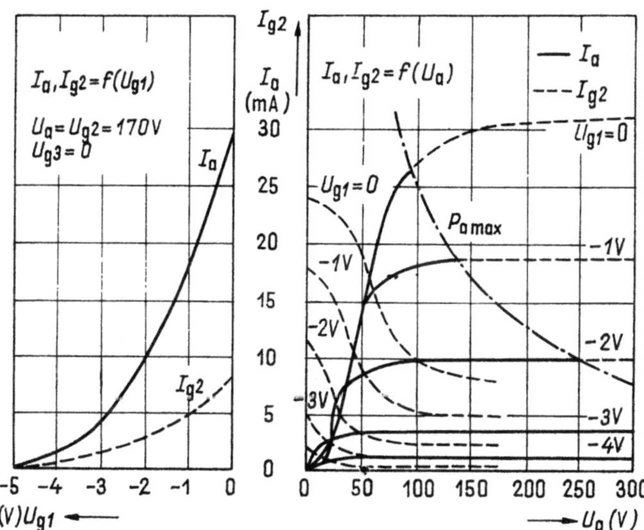

vereinfachte Skizze der praktischen Ausführung der Pentode ist in Abb. 4.43b wiedergeben.

Abb. 4.44 zeigt die Charakteristik einer Pentode.

4.3 Die einfachsten Röhrenschaltungen

Weder die Einzelheiten des konstruktiven Aufbaus der Elektronenröhren noch die Behandlung der mit den einzelnen Röhrentypen zu verwirklichenden Schaltungen gehören zur physikalischen Elektronik. Folglich befassen wir uns nur mit den Verhältnissen der grundlegenden Stromkreise.

4.3.1 Die Diode als Gleichrichter

In der Praxis wird die Diode am häufigsten als Gleichrichter verwendet. Die einfachste Gleichrichterschaltung ist in Abb. 4.45 zu sehen. Von den zwei Klemmen der Sekundärspule eines Transformators wird die eine direkt, die andere über eine Diode mit dem Verbraucherwiderstand verbunden.

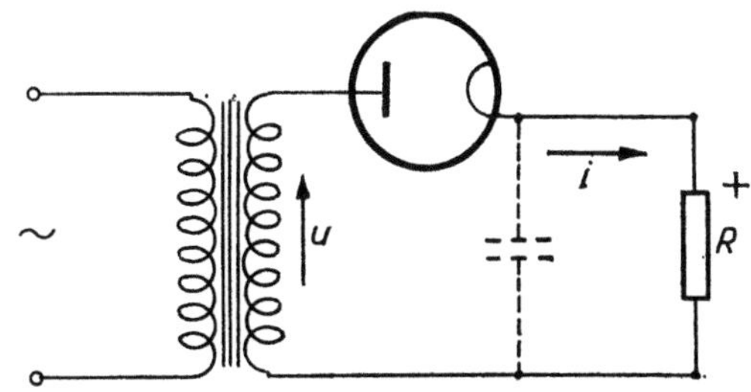

4.45 Diodengleichrichter in Einwegschaltung

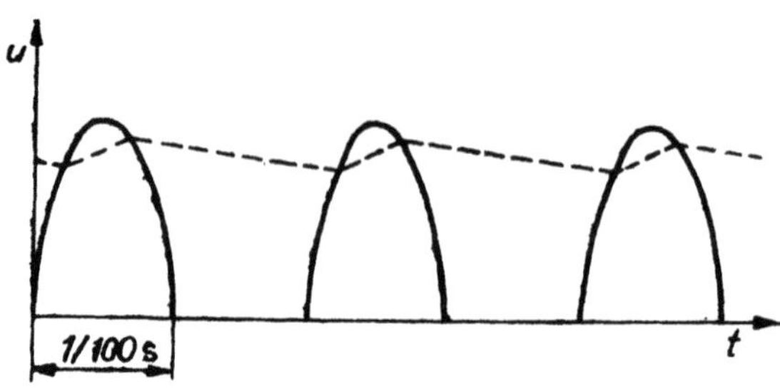

4.46 Die zeitliche Änderung der Spannung bei Einweg-Gleichrichtung; die gestrichelte Linie zeigt die Wirkung des parallel zum Verbraucher geschalteten Kondensators

Nehmen wir an, daß die Spannungsrichtung in der Sekundärspule des Transformators dem Pfeil in der Abbildung entspricht. In diesem Fall läßt die Diode den Strom durch, und der Stromkreis wird über den Verbraucherwiderstand geschlossen. Wenn die Richtung der Spannung in der Sekundärspule des Transformators sich umkehrt, dann läßt die Diode keinen Strom durch, so daß auch durch den Verbraucherwiderstand kein Strom fließen kann. In der anderen Halbperiode fließt also kein Strom im Kreis. In der nächsten Halbperiode fließt wieder der Strom in der gleichen Richtung wie zuvor, und dieses Spiel wiederholt sich f-mal je Sekunde (Abb. 4.46 zeigt den zeitlichen Verlauf des Stromes). Diese Art der Gleichrichtung wird Einwegschaltung genannt, weil nur die eine Halbperiode ausgenützt wird. Das Ergebnis ist ein sehr stark pulsierender Gleichstrom. Die Stromstärke ist also nicht konstant, aber die Stromrichtung am Verbraucherwiderstand ist immer dieselbe. Das Pulsieren des Gleichstromes kann mit Hilfe eines parallel zum Verbraucher geschalteten Kondensators, des sog. Glättungskondensators, vermindert werden. Wenn nämlich die Diode den Strom durchläßt, wird auch dieser Kondensator aufgeladen; er entlädt sich in der nächsten Halbperiode über den Widerstand, wenn sonst kein Strom über den Widerstand fließen würde. In der Abbildung ist die Wirkung des Kondensators auf die am Widerstand R auftretende Spannung mit gestrichelter Linie eingezeichnet.

Abb. 4.47 zeigt einen Gleichrichter in Zweiwegschaltung. Dabei ist auch der Mittelpunkt der Sekundärspule des Transformators herausgeführt. Dieser Punkt wird mit der einen Klemme, die zwei anderen Spulenenden über je eine Diode mit der anderen Klemme des Verbrauchers verbunden. Wenn die Spannungsrichtung in der Sekundärspule des Transformators nach oben weist, dann fließt Strom über die obere Diode, er durchfließt den Verbraucherwiderstand von rechts nach links, und der Stromkreis schließt sich über den Transformator-Mittelpunkt. Das positive Ende des Verbrauchers liegt also an der rechten Seite. Es ist auch ersichtlich, daß

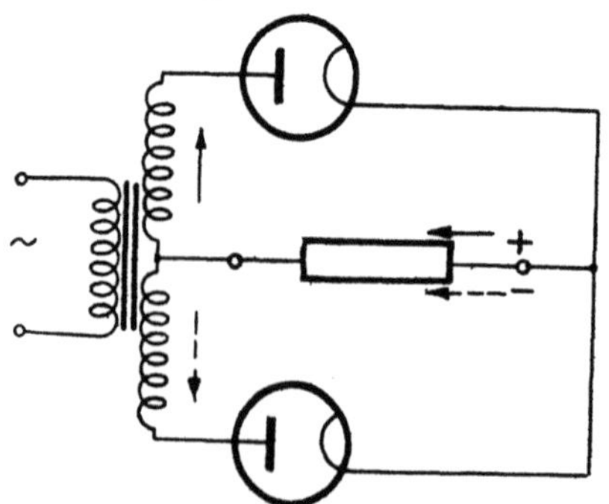

4.47 Diodengleichrichter in Zweiwegschaltung

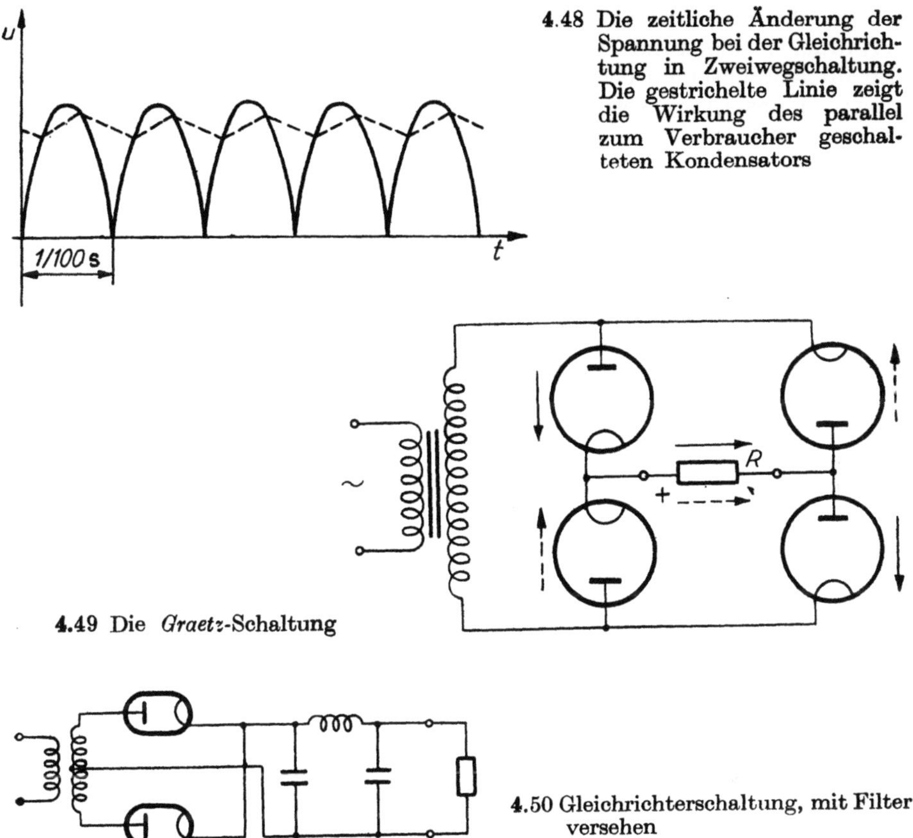

4.48 Die zeitliche Änderung der Spannung bei der Gleichrichtung in Zweiwegschaltung. Die gestrichelte Linie zeigt die Wirkung des parallel zum Verbraucher geschalteten Kondensators

4.49 Die *Graetz*-Schaltung

4.50 Gleichrichterschaltung, mit Filter versehen

nur die halbe Transformatorspannung den Strom im geschlossenen Stromkreis treibt. Wenn die Spannungsrichtung im Transformator sich umkehrt, dann führt die untere Diode den Strom, der wiederum von rechts nach links durch den Widerstand fließt, so daß wieder die rechte Seite des Verbrauchers von positiver Polarität ist und der Stromkreis sich wieder über den Transformator-Mittelpunkt schließt. Im Stromkreis ist auch jetzt nur die halbe Transformatorspannung wirksam. Die zeitliche Änderung des gleichgerichteten Stromes bzw. der Spannung ist in Abb. 4.48 dargestellt. Es ist üblich, auch bei dieser Schaltung einen Glättungskondensator anzuwenden; seine Wirkung ist in der Abbildung ebenfalls zu sehen. Der Vorteil dieser Schaltung ist, daß der Gleichstrom weniger pulsiert. Sein Nachteil besteht darin, daß zwei Dioden erforderlich sind und daß nur die halbe Transformatorspannung wirksam wird.

Die in Abb. 4.49 dargestellte *Graetz*-Schaltung ist ebenfalls eine Doppelwegschaltung, nützt aber die volle Transformatorspannung aus. Ihr Nachteil hingegen ist, daß vier Dioden erforderlich sind. Der stark ausgezogene bzw. der gestrichelt gezeichnete Pfeil erlauben, dem Stromweg während der einzelnen Halbperioden zu folgen, und man sieht, daß der Strom im Verbraucherwiderstand immer in der gleichen Richtung fließt, daß man also tatsächlich einen Gleichstrom bzw. eine Gleichspannung erhält. Glättungskondensatoren werden auch bei dieser Schaltung verwendet. In der Praxis kommt meistens ein aus einem parallel geschalteten Kondensator und einer in Reihe geschalteten Induktivität bestehender Filter zur Anwendung (Abb. 4.50).

4.3.2 Die Elektronenröhre als Verstärker

Die größte Bedeutung der Elektronenröhren mit mehreren Elektroden beruht auf der Tatsache, daß eine an das Gitter angelegte Wechselspannung den Anodenstrom im gleichen Takt ändert. Legen wir nämlich nach Abb. 4.51 an das Gitter einer Triode oder sogar an das Steuergitter einer Pentode eine negative Vorspannung, dann fließt bei gegebener Anodenspannung der genau bestimmte, an der in Abb. 4.52 dargestellten Charakteristik ablesbare sog. Anoden-Ruhstrom. Wird nun eine beliebige, veränderliche, aber einfachheitshalber zeitlich sinusförmig veränderliche Wechselspannung auf der negativen Gitterspannung superponiert, so wird das Gitter dadurch einmal mehr, das andere Mal weniger negativ im Vergleich zum ursprünglichen Zustand gemacht. Dementsprechend hat der Anodenstrom einen größeren bzw. kleineren Wert. U. zw. wenn die Wechselspannung und die negative Vorspannung gegeneinander wirken, nimmt die Gitterspannung einen kleinen negativen Wert an. Dann ist der Anodenstrom groß. Anschließend, wenn die Wechselspannung wieder gleich Null wird, nimmt der Anodenstrom wiederum seinen Ruhwert an und dann, wenn die negative Vorspannung und die Wechselspannung im gleichen Sinn wirken, wird das Gitter stark negativ. Dabei geht der Anodenstrom stark zurück. Man sieht also, daß der Anodenstrom schwankt, u. zw. im Takt der Gitterschwankung. Der Gedanke der Spannungsverstärkung liegt damit bereits auf der Hand: Wird nämlich ein Widerstand zwischen die Anode und die die Anodenspannung liefernde Batterie geschaltet (Abb. 4.53), so fließt der Anodenstrom durch diesen Widerstand, und man erhält daran einen wechselnden Spannungsabfall, dessen Änderung der der Gitterspannung vollkommen ähnlich ist, jedoch in Gegenphase dazu liegt und dabei noch den Unterschied aufweist, daß der genannte Spannungsabfall bei entsprechender Wahl der Daten viel größer sein kann, als es die ursprüngliche Gitterspannung war. Die Gitterspannung bzw. die an das Gitter gelegte Wechselspannung wurde somit verstärkt. Die verstärkte Spannung kann vom Widerstand im Anodenkreis abgenommen werden. Damit haben wir die einfachste Verstärkerschaltung vor uns.

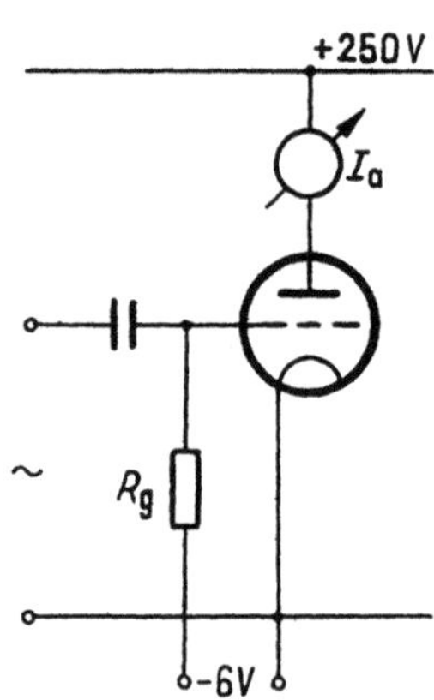

4.51 Der Anodenstrom I_a der Triode wird durch die Anodenspannung und die negative Vorspannung bestimmt

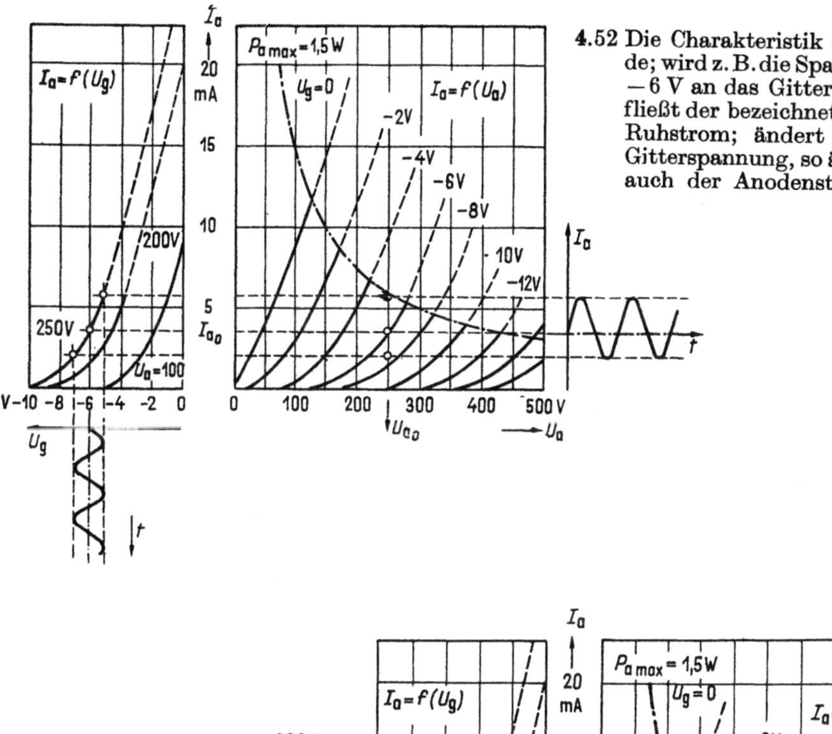

4.52 Die Charakteristik einer Triode; wird z. B. die Spannung von −6 V an das Gitter gelegt, so fließt der bezeichnete Anoden-Ruhstrom; ändert man die Gitterspannung, so ändert sich auch der Anodenstrom

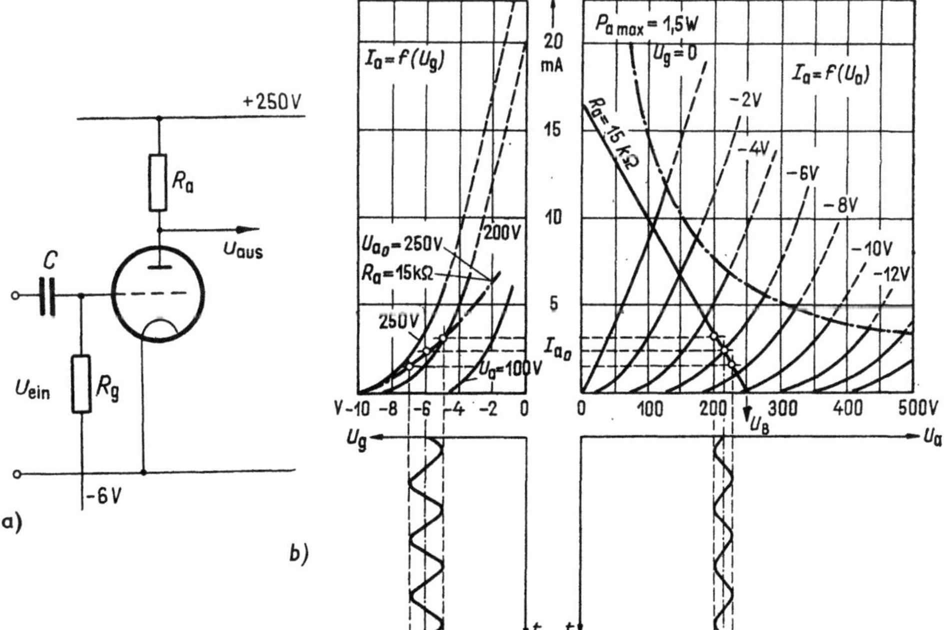

4.53 *a)* Triode in Verstärkerschaltung. Mögliche Daten: Röhre: 1/2 ECC 40; $R_a = 100$ kΩ; $R_g = 1$ MΩ; $C = 20$ nF; *b)* die dynamische Charakteristik der Triode. Diese erhält man durch Projektion der Schnitte der Charakteristik $U_a = U_B - I_a R_a$ mit der Charakteristik $I_a = \mathrm{f}(U_a)$ auf die Kurvenschar $I_a = \mathrm{f}(U_g)$

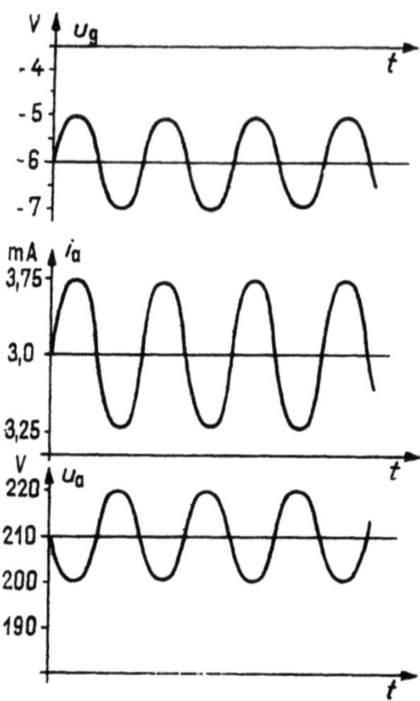

4.54 Die zusammengehörenden Änderungen der Gitterspannung, des Anodenstromes und der Anodenspannung der Triode als Funktion der Zeit. Die Werte entsprechen den Daten der Abb. 4.53

Auf den ersten Blick könnte man annehmen, daß man den Wert der verstärkten Spannung als Produkt der ohne Widerstand gemessenen Anodenstrom-Fluktuation durch den Anodenwiderstand R_a erhält. Das ist aber nicht der Fall. Wenn nämlich ein sehr großer Anodenstrom fließt, tritt ein sehr großer Spannungsabfall an diesem Widerstand auf, und die Spannung der Anodenplatte gegenüber der Kathode wird um eben diesen Spannungsabfall kleiner, als sie es in dem Fall wäre, wenn die Batteriespannung unmittelbar an der Anodenplatte liegen würde. Dies bedeutet also, daß die Anodenspannung gerade dann zurückgeht, wenn der größte Anodenstrom fließt; in der Folge nimmt auch der Anodenstrom ab. Mit anderen Worten: Man erhält die Änderung des Anodenstromes in diesem Fall nicht mehr durch Projektion an der statischen Charakteristik, sondern an der sog. dynamischen Charakteristik, deren Neigung geringer ist als die der ersteren (Abb. 4.53).

Die statische Charakteristik gilt in dem Fall, wenn der Anodenwiderstand gleich Null ist. Der zeitliche Verlauf der Gitterspannung, des Anodenstromes sowie der zwischen Kathode und Anode gemessenen Anodenspannung ist in Abb. 4.54 dargestellt. Man sieht, daß der Anodenstrom zunimmt, wenn die Gitterspannung erhöht wird, gleichzeitig nimmt aber die Anodenspannung ab und umgekehrt. Das ist eben jene Erscheinung, welche auf die Strömung der Elektronen rückwirkt und einen kleineren Anodenstrom zustande bringt, u. zw. einen um so kleineren, je größer der Durchgriff ist.

Das Maß der Verstärkung können wir auch leicht berechnen. Definitionsgemäß ist nämlich die Änderung des Anodenstromes gleich dem Produkt von Steilheit und Gitterspannungsänderung, falls die Anodenspannung konstant ist. Wenn sich aber auch die Anodenspannung ändert, ist diese Gleichung nicht mehr so einfach. Die Anodenspannungsänderung u_a bedeutet nämlich hinsichtlich der Anodenstromänderung genau soviel, als würde man die Gitterspannung um den Wert Du_a ändern, wobei D den Durchgriff bezeichnet. Im Endeffekt wirkt also auf das Gitter anstelle von u_g die Steuerspannung $u_g + Du_a$ ein. Dementsprechend ist der veränderliche Anodenstrom

$$i_a = S(u_g + Du_a).$$

Es ist aber bekannt, daß

$$u_{\mathrm{a}} = - i_{\mathrm{a}} R_{\mathrm{a}}$$

ist. Dies bedeutet, daß die veränderliche Anodenspannung genau gleich dem durch den Anodenstrom am Anodenwiderstand erzeugten Spannungsabfall ist. Es gilt somit

$$i_{\mathrm{a}} = S(u_{\mathrm{g}} - DR_{\mathrm{a}} i_{\mathrm{a}})$$

und daraus

$$i_{\mathrm{a}} = \frac{S}{1 + SDR_{\mathrm{a}}}\, u_{\mathrm{g}} = \frac{S}{1 + \dfrac{R_{\mathrm{a}}}{R_{\mathrm{i}}}}\,.$$

Es ist daraus ersichtlich, daß man den Anodenstrom nicht einfach als Produkt von Gitterspannung und Steilheit erhält, sondern daß er kleiner als dieser Wert ist. Ist der Anodenwiderstand gleich Null, d. h. $R_{\mathrm{a}} = 0$, so ergibt auch dieser Zusammenhang unser altes Ergebnis

$$i_{\mathrm{a}} = S u_{\mathrm{g}}\,.$$

Die verstärkte Spannung, welche an den zwei Klemmen des Anodenwiderstandes gemessen werden kann, wird nunmehr gleich dem Produkt der so berechneten Stromstärke mit dem Anodenwiderstand, d. h. $i_{\mathrm{a}} R_{\mathrm{a}}$. Der Quotient dieses Wertes und der Gitterspannung ergibt die Verstärkung. Die Verstärkung A beträgt damit

$$|A| = \frac{i_{\mathrm{a}} R_{\mathrm{a}}}{u_{\mathrm{g}}} = \frac{R_{\mathrm{a}} S}{1 + SDR_{\mathrm{a}}} = \frac{R_{\mathrm{a}} S}{1 + \dfrac{R_{\mathrm{a}}}{R_{\mathrm{i}}}}\,.$$

Je größer also die Steilheit, um so größer die Verstärkung. Einen einfachen Zusammenhang können wir für den Fall angeben, in welchem der äußere Widerstand dem inneren gegenüber sehr groß ist. In diesem Fall ist nämlich

$$|A| = \frac{R_{\mathrm{a}} S}{1 + \dfrac{R_{\mathrm{a}}}{R_{\mathrm{i}}}} \sim \frac{R_{\mathrm{a}} S}{\dfrac{R_{\mathrm{a}}}{R_{\mathrm{i}}}} = R_{\mathrm{i}} S = \frac{1}{D} = \mu\,.$$

Wir haben also das bereits angeführte Ergebnis erhalten: Bei sehr großem äußerem Widerstand wird die Verstärkung gleich dem Reziprokwert des Durchgriffs. Das ist die überhaupt größte erreichbare Verstärkung. Der reziproke Durchgriff der Röhre wird deshalb auch Verstärkungsfaktor (μ) genannt.

Diese Verstärkung kann nur bei sehr großem Widerstand erreicht werden, wenn die Stromstärke naturgemäß sehr klein ist; solche Verstärker können keine Leistung abgeben, nur die Spannung wird groß. Das ist also nur zu dem Zweck zu gebrauchen, daß man die verstärkte Spannung an das Gitter einer anderen Röhre legt, weil dazu keine Leistung erforderlich ist. Die Verstärker der beschriebenen Art werden deshalb Spannungsverstärker genannt.

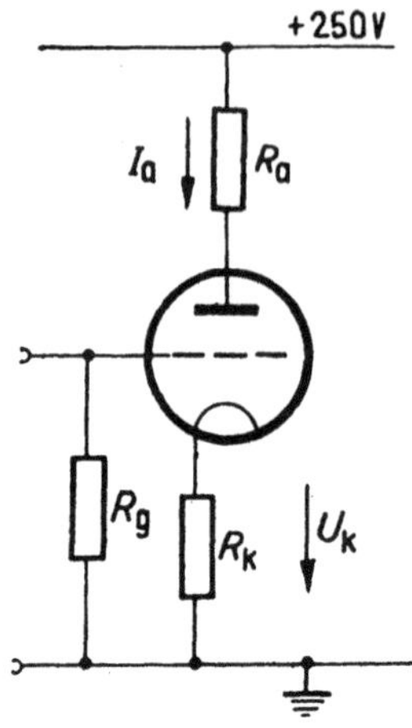

4.55 Triode in Verstärkerschaltung. Der Unterschied gegenüber der Abb. **4.**53a besteht nur darin, daß die Vorspannung mit Hilfe eines Kathodenfall-Widerstandes hergestellt wird. Mögliche Daten: $R_k = 2\,\mathrm{k}\Omega$; die übrigen Daten bleiben unverändert

Die negative Vorspannung des Gitters kann man mit Hilfe einer Batterie bereitstellen. In der Praxis besteht jedoch die am häufigsten verwendete Methode der Erzeugung der Vorspannung im Einsatz eines Kathodenfallwiderstandes. Wird nämlich der Negativpol der Anodenbatterie, wo auch das Gitter angeschlossen wird, in der Schaltung nach Abb. **4.**55 durch einen Fallwiderstand mit der Kathode verbunden, so erzeugt der durch die Röhre fließende Anoden-Ruhstrom einen genau bestimmten Spannungsabfall an diesem Widerstand. Dieser Spannungsabfall wird nach der Kenntnis der erforderlichen negativen Vorspannung und des Anoden-Ruhstromes mit Hilfe eines Widerstandes eingestellt, welcher auf Grund der Beziehung

$$I_a R_k = U_k$$

bestimmt wurde. Der durch die negative Gittervorspannung und den Anoden-Ruhstrom bestimmte Punkt der Kennlinie wird der Arbeitspunkt der betreffenden Röhre genannt. Beim Verstärker wird vor allem dieser Punkt durch die entsprechende Wahl des Anodenwiderstandes und des Kathodenfallwiderstandes eingestellt.

Abb. **4.**56 zeigt die Schaltung einer Pentode als Verstärkerröhre. Die negative Vorspannung wird auch hier mittels eines Kathodenfallwiderstandes erzeugt. Die zu verstärkende Spannung wird an das Steuergitter gelegt, das Bremsgitter wird mit der Kathode verbunden, dem Hilfsgitter wird über einen Fallwiderstand eine positive Spannung erteilt. Dieses Hilfsgitter wird über einen Kondensator mit der Kathode verbunden, so daß dieser Kondensator für Wechselströme einen Kurzschluß zwischen Kathode und Hilfsgitter bildet, damit keine, eventuell eine störende Rückwirkung verursachende Wechselspannung zwischen Kathode und Hilfsgitter auftreten kann. Der Kathodenfallwiderstand wird ebenfalls mit einem großen Kondensator, meist mit einem elektrolytischen, überbrückt, damit keine Wechsel-

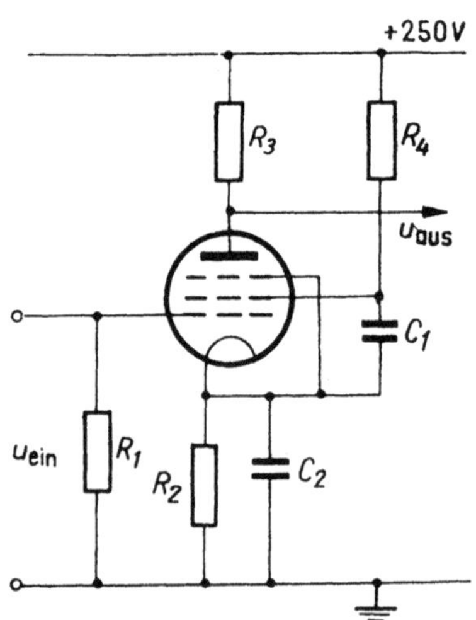

4.56 Pentode in Verstärkerschaltung. Mögliche Daten: Röhre EF 40, $R_1 = 1\,\mathrm{M}\Omega$; $R_2 = 2{,}2\,\mathrm{k}\Omega$; $R_3 = 330\,\mathrm{k}\Omega$; $R_4 = 1{,}5\,\mathrm{M}\Omega$; $C_1 = 0{,}1\,\mu\mathrm{F}$; $C_2 = 25\,\mu\mathrm{F}$

spannung zwischen den beiden Enden dieses Widerstandes auftreten kann.

Im vorangehenden ergab sich der folgende Ausdruck für den Anodenstrom:

$$i_\mathrm{a} = \frac{S}{1 + \dfrac{R_\mathrm{a}}{R_\mathrm{i}}}\, u_\mathrm{g}\,.$$

4.57 Die Ersatzschaltung eines Verstärkers mit Elektronenröhren

Dieser Ausdruck kann folgendermaßen umschrieben werden: Wir erweitern sowohl den Zähler als auch den Nenner mit R_i

$$i_\mathrm{a} = \frac{R_\mathrm{i} S}{R_\mathrm{a} + R_\mathrm{i}}\, u_\mathrm{g} = \frac{\mu\, u_\mathrm{g}}{R_\mathrm{a} + R_\mathrm{i}}\,.$$

Aus diesem Ausdruck ergibt sich sofort die in Abb. 4.57 dargestellte Ersatzschaltung. Die innere Spannung des Generators beträgt μu_g, und sein innerer Widerstand ist mit dem Innenwiderstand der Röhre R_i identisch.

4.4 Die Umformung der Wärme in elektrische Energie durch Ausnützen der thermischen Elektronenemission

Bis in die letzte Zeit umfaßte das ausschließliche Anwendungsgebiet der Elektronenröhren mit zwei oder mehr Elektroden lediglich die Umformung der verschiedenen Formen der elektrischen Energie ineinander. Die Gleichrichter formen Wechselstrom in Gleichstrom, die Verstärker die Wechselspannung (evtl. Gleichspannung) kleiner Leistung in Wechselspannung großer Leistung um, unter Verwendung der Gleichstromleistung. Die Oszillatoren erzeugen ebenfalls eine Wechselstromleistung aus einer Gleichstromleistung.

Die Forschungen des letzten Jahrzehntes haben jedoch auf eine neue Möglichkeit hingewiesen: Die der Kathode zugeführte Wärme kann mit Hilfe der emittierten Elektronen unmittelbar in elektrische Energie umgesetzt werden. Diese Vorrichtungen werden üblicherweise als Glühkathodenumformer, thermische Umformer, Thermoemissions-Umformer oder, zur Unterscheidung von den thermoelektrischen, als thermoelektronische Umformer bezeichnet.

Das Arbeitsprinzip der auf der Grundlage der thermischen Emission funktionierenden thermoelektronischen Einrichtung ist folgendes: Der Kathode wird auf die in Abb. 4.58 ersichtliche Weise Wärme zugeführt; natürlich wird jetzt die Kathode nicht mit einer elektrischen Leistung beheizt, da ja gerade die Herstellung elektrischer Energie bezweckt wird.

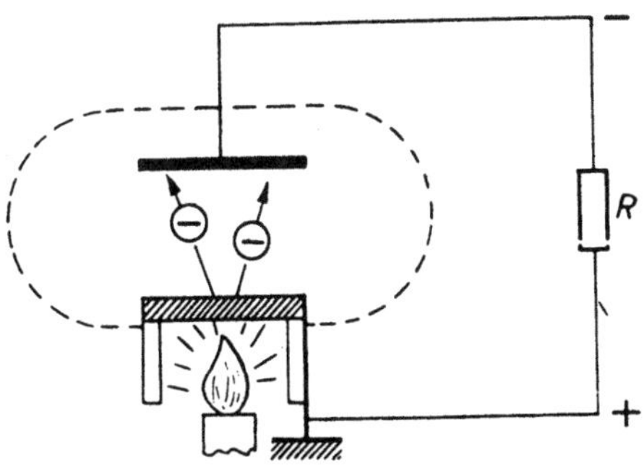

4.58 Skizze des thermoelektronischen Energieumformers

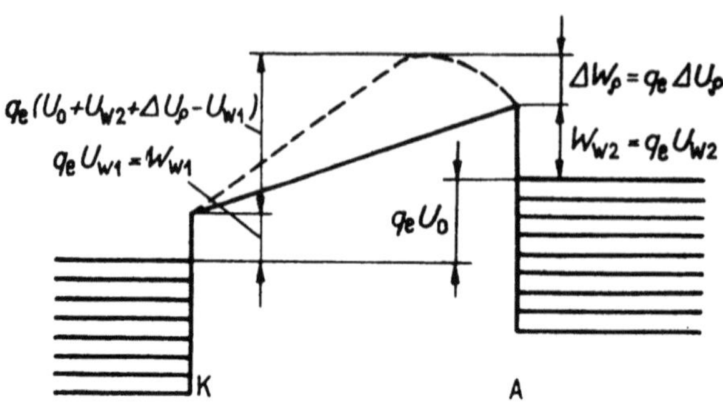

4.59 Die relativen Energieniveaus von Anode und Kathode bei dem thermoelektronischen Umformer

Die auf eine hohe Temperatur erwärmte Kathode emittiert Elektronen, welche zur Anode gelangen, an einem äußeren Belastungswiderstand nützliche elektrische Energie liefern und danach zur Kathode zurückgelangen. Fließt ein Strom durch den Belastungswiderstand, so tritt dort naturgemäß ein Spannungsabfall auf. Im stationären Betrieb liegt die Anode auf einer konstanten, der Kathode gegenüber negativen Spannung $U_0 = I_0R$. Einige der von der Kathode abfliegenden Elektronen gelangen infolge ihrer kinetischen Energie, trotz des erwähnten abstoßenden Potentials, zur Anode, wobei sie jedoch abgebremst werden. Es ist dieser »abgebremste« Teil der kinetischen Energie, der die nutzbare elektrische Energie ergibt. Die im Augenblick des Eintretens in die Anode noch übriggebliebene Energie erwärmt die Anode als Verlustenergie.

Abb. 4.59 zeigt die Potentialverhältnisse der einander gegenüberliegenden Kathode und Anode, falls die Diode als Generator belastet wird. Die zwei *Fermi*-Niveaus fallen jetzt nicht zusammen, sondern sind um den Wert $q_e U_0$ gegeneinander verschoben. Die gestrichelte Linie zeigt den Verlauf des Potentials in dem Fall, wenn auch die Raumladung berücksichtigt wird. Durch die Raumladung wird es verständlicherweise erschwert, daß die Elektronen zur Anode gelangen. Die Größe des von der Kathode zur Anode gelangenden Stromes ist

$$J_{\text{K}\to\text{A}} = J_t\, e^{-\frac{W_r}{kT_1}} = A_1\, T_1^2\, e^{-\frac{W_{W1}+q_e\Delta U_\rho+q_e U_0}{kT_1}}.$$

Die Temperatur der Anode betrage T_2; die von der Anode startenden Elektronen haben lediglich den Potentialwall $q_e\Delta U_\rho$ zu überwinden, um zur Kathode zu gelangen. Es ist somit

$$J_{\text{A}\to\text{K}} = A_2\, T_2^2\, e^{-\frac{W_{W2}}{kT_2}}\, e^{-\frac{q_e\Delta U_\rho}{kT_2}}.$$

Der über den äußeren Widerstand R fließende Strom wird gleich der Differenz dieser Ströme,

$$J = J_{\text{K}\to\text{A}} - J_{\text{A}\to\text{K}}.$$

Es ist eine interessante Tatsache, daß der Strom von der Austrittsarbeit der Kathode nicht abhängt, sondern nur von der Temperatur und von der Austrittsarbeit der Anode, u. zw. je kleiner W_{W2}, desto größer der Strom, wenigstens solange, bis

$$|\Delta U_\varrho + U_{W_2} + U_0| > U_{W_1}.$$

Kann der von der Anode gegen die Kathode gerichtete Elektronenstrom der tatsächlichen Lage entsprechend vernachlässigt und die Wirkung der Raumladung irgendwie behoben werden, so läßt sich der Strom in der folgenden einfachen Form ausdrücken:

$$J_0 = A_1 T_1^2 \, e^{-\frac{W_{W_2}}{kT_1}} \, e^{-\frac{q_e U_0}{kT_1}}.$$

In der Formel ist die Kathode mit ihrer Temperatur, die Anode dagegen mit ihrer Austrittsarbeit vertreten. Der Strom ist von der an der Belastung auftretenden Spannung sehr stark abhängig: Bei großer Spannung nimmt der Strom exponentiell ab.

In Abb. 4.60 sind die jetzt erörterten Energieverhältnisse sowie die übrigen möglichen Lastverhältnisse wieder aufgezeichnet, wobei überall der Fall *ohne Raumladung* berücksichtigt wurde.

Vom Zustand (2) beginnend brauchen die von der Kathode heraustretenden Elektronen keinen Potentialwall zu überwinden, so daß der gesamte Emissionsstrom zur Anode gelangen kann. Die äußere Spannung ergibt sich aus der Differenz der Austrittsarbeiten. Zu diesem Zustand gehört die Höchstleistung — oder sie liegt wenigstens sehr nahe daran —; bei einer größeren äußeren Spannung nimmt der Strom ab, bei kleinerer Spannung bleibt der Strom derselbe: Zustand (3). Punkt (4) zeigt den kurzgeschlossenen Zustand. Die Abb. 4.60b zeigt zusammenfassend die Änderung der Stromstärke als Funktion der Ausgangsspannung. Die größte Leistung erhält man offenbar im Betriebszustand (2). Ihr Wert beträgt somit:

$$P_{\max} \sim J_0 (U_{W_1} - U_{W_2}).$$

Zur Berechnung des Wirkungsgrades müssen wir den Wert der gesamten zugeführten Leistung kennen. Diese setzt sich aus den folgenden Teilen zusammen:

a) Die Elektronen müssen auf das Energieniveau der Außenwelt »heraufgehoben« werden. Hierzu ist wenigstens die Leistung $J_0 U_{W_1}$ erforderlich.

b) Jedes heraustretende Elektron besitzt im Durchschnitt die Energie $2kT_1$. Die Energie der insgesamt J_0/e Elektronen beträgt somit

$$J_0(2kT_1)/e.$$

c) Um die Kathode auf der entsprechenden Temperatur zu halten, muß man schließlich die durch Strahlung und Leitung verlorene Wärmeleistung ersetzen. Der Wirkungsgrad ist also

$$\eta = \frac{J_0(U_{W_1} - U_{W_2})}{J_0 U_{W_1} + J_0\left(\dfrac{2kT_1}{e}\right) + Q_S + Q_L} < \frac{U_{W_1} - U_{W_2}}{U_{W_1}}.$$

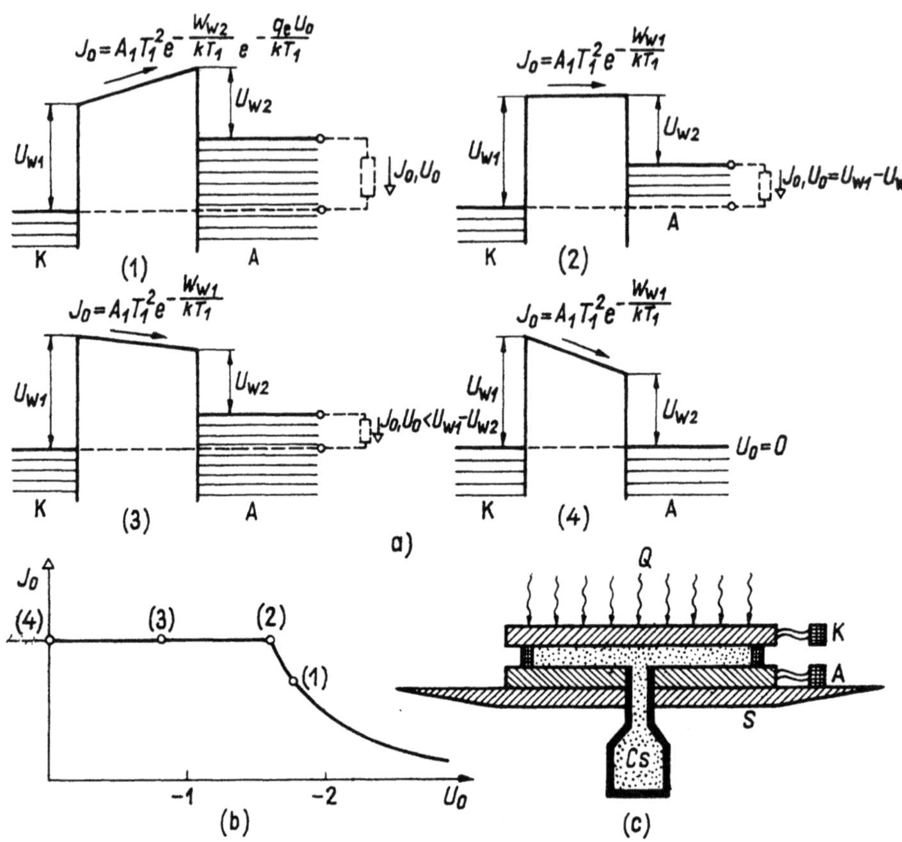

4.60 *a)* Die verschiedenen Betriebszustände eines mit Raumladungs-Kompensation
versehenen Dioden-Energieumformers; *b)* die abnehmbare Stromstärke bei
verschiedenen Ausgangsspannungen. Die Zahlen neben der Kurve weisen auf
die entsprechende Figur der Abb. 4.60a hin; *c)* Ausführungsform eines Um-
formers. *K, A* sind die Anschlußklemmen für die Kathode bzw. Anode, *Q* die
zugeführte Wärme (hier in Form von Strahlungsenergie der Sonne), *S* die Strah-
lungsfläche zur Kühlung der Anode. *Cs* Caesium-Behälter. Das verdampfte
Caesium sorgt für Raumladungskompensation

In Wirklichkeit hängt der Wirkungsgrad stark von der Temperatur ab.
Bei tiefer Temperatur wird im Nenner des Wirkungsgrades das den Wärme-
verlust bezeichnende Glied gegenüber der Nutzleistung

$$J_0(U_{W_1} - U_{W_2})$$

groß. Bei zunehmender Temperatur nimmt der Emissionsstrom exponentiell, der Strahlungsverlust aber nur mit der vierten Potenz zu. Bei sehr
großer Temperatur nimmt der Wirkungsgrad wieder ab, weil dann die kinetische Energie der in die Anode einschlagenden Elektronen groß wird.

Es fragt sich, wie groß die höchste erreichbare Spannung ist. Diese entspricht dem Zustand (1) der Abb. 4.60 bei unendlich großem Belastungs-

widerstand: Das ist die Leerlaufspannung. Physikalisch ist es klar, daß, wenn die Isolation der Anode ideal ist, ferner, falls die Anode selbst keine Elektronen emittiert, die Anode auf unendlich große Spannung aufgeladen werden kann, weil es unter den austretenden Elektronen einige von äußerst hoher Geschwindigkeit gibt, wenn auch nur in sehr geringer Zahl. In Wirklichkeit begrenzt aber die Durchführung der Anode und der Kathode durch die Glaswand die Leerlaufspannung auf einen endlichen und nicht einmal allzu großen Wert. Aber auch wenn man davon absieht, kompensiert die Anodenemission, welche durch die Spannung U_0 nicht behindert wird, den von der Kathode auf die Anode gelangenden Strom bereits bei einem nicht zu großen Wert von U_0. Tatsächlich ergibt die Bedingung

$$T_1^2\, e^{-\frac{q_e(U_0+U_{W_2})}{kT_1}} = T_2^2\, e^{-\frac{q_e U_{W_2}}{kT_2}}$$

als Bedingung der Gleichheit der beiden Ströme die Gleichung

$$U_0 = U_{W2}\frac{T_1-T_2}{T_2} - \frac{2\,kT_1}{e}\ln\frac{T_1}{T_2}\,.$$

Es sei $U_{W_2} = -2\,\mathrm{V}$, $T_1 = 2000\ °\mathrm{K}$, $T_2 = 300\ °\mathrm{K}$; dann ergibt sich für die Leerlaufspannung der Wert $U_0 = -12\ \mathrm{V}$. Bei dieser Spannung kann selbstverständlich kein Strom abgenommen werden.

Wie aus dem Vorangehenden hervorgeht, kann die Vakuumdiode der Radiotechnik deshalb nicht unmittelbar als thermoelektronischer Umformer verwendet werden, weil die abstoßende Wirkung der zwischen den Elektroden in der Form von Raumladung vorhandenen Elektronen das Erreichen einer praktisch bedeutsamen Stromdichte verhindert. Es ist auch ohne besondere quantitative Überlegungen klar, daß die Wirkung der Raumladung um so kleiner wird, je kleiner das zur Verfügung stehende Volumen ist. Die einfachste Kompensationsmöglichkeit besteht also darin, daß man den Abstand zwischen Anode und Kathode vermindert. Aus der Theorie der im Raumladungsbereich arbeitenden Dioden zitieren wir die Gleichung 4.1 — (28):

$$J = 2{,}3 \cdot 10^{-6}U^{3/2}/d^2.$$

Im Augenblick ist für uns das einzig Wesentliche in diesem Zusammenhang, daß das Quadrat des Elektrodenabstandes *im Nenner* des die Stromdichte angebenden Ausdruckes steht. Will man den zur Kathodentemperatur T gehörenden Sättigungsstrom angenähert erreichen, so muß man den Abstand d in der Größenordnung von einigen zehn Mikron halten. Das ist eine scharfe Forderung gegenüber der Herstellungstechnologie, ganz davon abgesehen, daß auch die Kühlung der Anode in diesem Fall ein viel größeres Problem darstellt.

Eine wirksamere und in der Praxis bewährte andere Methode zum Beheben der Raumladung besteht darin, daß man eine solche Menge von positiv geladenen Ionen in den Raum zwischen den Elektroden einführt, daß die negative Ladung der die Raumladung bildenden Elektronen gerade kompensiert wird. Die einfachste Methode der Erzeugung der positiven Ionen ist, daß man durch Verdampfen neutrale Caesiumatome in den betreffenden Raum einführt, welche dort gegen die Oberfläche der Wolframkathode stoßen und dadurch mit großer Wahrscheinlichkeit ionisiert werden (s. Abschn. 6.1, Abb. 6.15). Die erforderliche Caesiummenge kann auf Grund abschätzender Rechnungen leicht ermittelt werden. Über die Wahrscheinlichkeit der Ionisation gibt die etwas modifizierte Form der *Saha*-Gleichung (Abschn. 6.1, Gleichung (1)) Auskunft:

$$\frac{\beta}{1-\beta} = \frac{1}{2}\, e^{-\frac{q_e(U_i-U_W)}{kT}},$$

wobei β die Wahrscheinlichkeit der Ionisation, U_i das Ionisationspotential des Caesiums und U_W die Austrittsarbeit des Wolframs bezeichnen. Bezeichnen wir die sich aus der thermischen Bewegung ergebende mittlere Geschwindigkeit der Caesiumatome mit v, dann stoßen grob gerechnet $nv/6$ Atome während der Zeiteinheit gegen die Flächeneinheit der Kathodenoberfläche. Die Zahl der die Kathode verlassenden ionisierten Caesiumatome ist also

$$\beta \frac{nv}{6}\,.$$

Daraus folgt, daß die durch die positiven Ionen gelieferte Stromdichte

$$J_i = \beta \frac{nv}{6}\, e$$

beträgt. Berücksichtigt man andererseits, daß die Ionenstromdichte infolge der größeren Masse der Ionen nur einen kleinen Bruchteil der Elektronenstromdichte ausmacht, da

$$\frac{J_i}{J_e} = \sqrt{\frac{m_e}{m_i}}$$

ist, so erhält man schließlich für den Gesamtstrom den folgenden Zusammenhang:

$$J \sim J_e = J_i \sqrt{\frac{m_i}{m_e}} = \sqrt{\frac{m_i}{m_e}}\, \beta\, \frac{nv}{6}\, e\,.$$

Unter Berücksichtigung der folgenden Beziehungen zwischen Teilchenzahl, Druck, Geschwindigkeit und Temperatur:

$$p = \frac{nv^2\, m_i}{3}\,, \qquad \frac{1}{2}\, m_i\, v^2 \approx \frac{3}{2}\, kT\,,$$

erhält man den folgenden annähernd richtigen Zusammenhang zwischen dem Caesiumdruck und dem Gesamtstrom

$$p \approx \frac{J}{e\beta}\, \sqrt{2\pi\, m_e\, kT}\,.$$

Zu dem sich so ergebenden Druck gehört eine bestimmte Caesium-Temperatur, die aus Tabellen entnommen werden kann.

Das Einbringen von Caesium führt, außer zur Raumladungskompensation, auch zu einer wesentlichen Änderung der Oberflächenverhältnisse von Anode und Kathode. Folglich bleibt all das, was im vorangehenden über den mit Raumladunskompensation versehenen Generator gesagt wurde, nur im großen und ganzen gültig. Die wichtigste Änderung besteht darin, daß das Caesium in einem von der Temperatur abhängigen Maß eine einatomige Schicht an der Oberfläche der Elektroden bildet und dadurch die Austrittsarbeit sowohl der Anode als auch der Kathode und somit im Endeffekt den Emissionsstrom sehr wesentlich (um viele Größenordnungen) ändert.

4.5 Die Sekundäremission

Bei der Bombardierung einer Metallfläche mit Elektronen kann man beobachten, daß Elektronen aus dem Metall heraustreten. Das ist die Erscheinung der Sekundäremission. Definieren wir den Sekundäremissions-Koeffizienten oder Emissionswirkungsgrad durch den Zusammenhang

$$\eta = \frac{\text{Zahl der Sekundärelektronen}}{\text{Zahl der einfallenden Elektronen}}\,.$$

4.61 *a*) Die Änderung des Sekundäremissions-Wirkungsgrades als Funktion der Energie der einfallenden Elektronen [nach *R. Kollath*, Handbuch der Physik, Bd. 21]

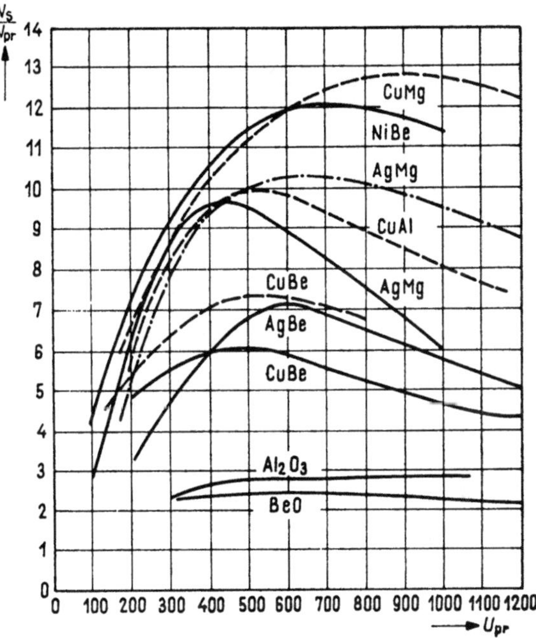

Wie es die Messungen beweisen, ist η von den einfallenden (primären) Elektronen, vom Einfallswinkel, vom Material und vom physikalischen Zustand der Oberfläche abhängig. Nach den Messungen ändert sich η bei den verschiedenen Materialien als Funktion der Energie W_{pr} der einfallenden Elektronen gemäß den Kurven der Abb. 4.61a.

Wie aus den Kurven ersichtlich ist, erhöht sich η zunächst mit der Energie der einfallenden Elektronen, erreicht ein Maximum (Tabelle 4.2) und beginnt dann sich zu vermindern. Die qualitative Erklärung dieser Erscheinung ist die folgende: Die einfallenden Elektronen übergeben ihre

Tabelle 4.2. Sekundäremission (Zahlenwerte für einige Stoffe)

Material	$\left(\dfrac{N_s}{N_p}\right)_{max}$	Energie der Primär-Elektronen (eV)
Al	0,97	300
Cu	1,35	600
Fe	1,32	400
Ni	1,3	550
W	1,43	700
MgO	8,2	525
BeO	10,2	500
BaO—SrO	10	1400

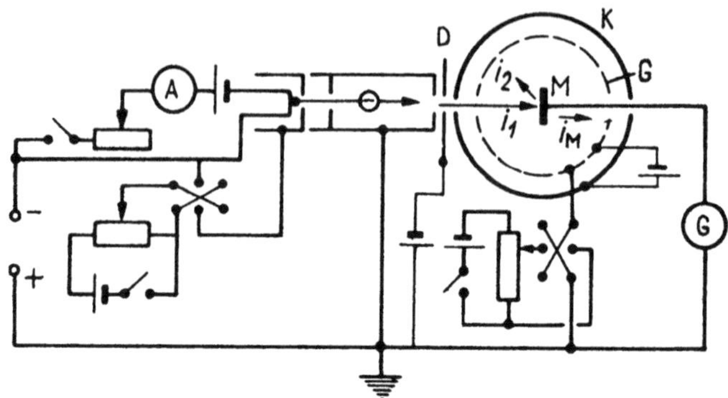

4.61 *b*) Eine Einrichtung zur Messung der Gesetzmäßigkeiten der Sekundäremission. Die linke Seite bis zum Diaphragma *D* dient nur zur Erzeugung eines Elektronenbündels von bestimmter Energie. Der einfallende Primärstrom auf die zu messende Metallfläche *M* ist mit i_1 bezeichnet. Der Galvanometer mißt $i_M = i_1 - i_2$. Der Strom i_2 hängt von dem Potential des Gitters *G* bzw. Kollektors *K* ab. Hat *G* das Potential Null, so ist i_2 mit dem Sekundärstrom identisch. Mit der Vergrößerung des Potentials von *G* in negativer Richtung kann das Energiespektrum der Sekundärelektronen ausgemessen werden (nach *Dobrezov* [4.2])

Energie den im Metall vorhandenen Elektronen. Ist die Summe der übergebenen und der eigenen Energie des Metallelektrons größer als die zum Austritt erforderliche Arbeit, so kann das Metallelektron aus dem Metall heraustreten.

Bei kleiner Primärenergie können nur jene Elektronen heraustreten, welche die größte eigene Energie besitzen. Bei zunehmender Primärenergie nimmt die Zahl der heraustretenden Elektronen nach dem Vorangehenden zu. Bei 300 bis 400 eV tritt jedoch ein anderer Effekt in den Vordergrund.

Die Eindringtiefe der Primärelektronen ist von ihrer Energie abhängig. Elektronen mit einer größeren Primärenergie dringen tiefer in das Metall ein. Falls die Primärelektronen ihre Energie solchen Elektronen übergeben, welche tief im Metall liegen, so treten diese nur in dem Fall aus dem Metall aus, wenn sie ihre Energie nicht bereits vorher durch Zusammenstoß abgeben. Je größer die Energie des Primärelektrons ist, um so tiefer starten die Metallelektronen an die Oberfläche und um so größer ist die Wahrscheinlichkeit, daß sie noch vor Erreichen der Metalloberfläche einen Zusammenstoß erleiden. Dieser Effekt gibt die Erklärung für die Abnahme von η bei den größeren Primärenergien.

Die Energie der heraustretenden Elektronen ist sehr gering, im Durchschnitt etwa 10 eV. Abb. 4.62 zeigt die Energieverteilung der Sekundärelektronen.

Die Verteilungsfunktion weist um W_{pr} ein kleines Maximum auf, verursacht

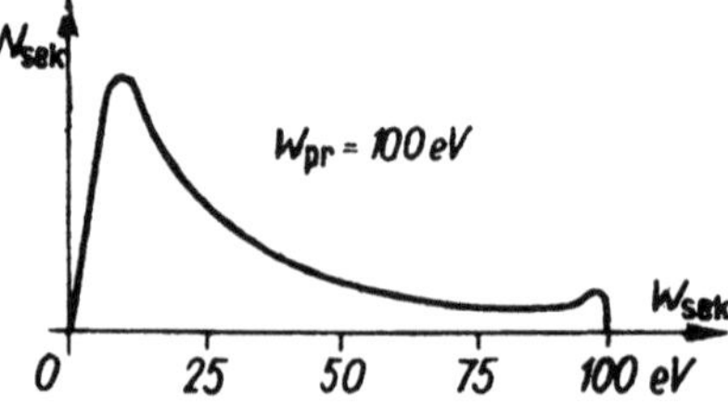

4.62 Die Energieverteilung der Sekundärelektronen

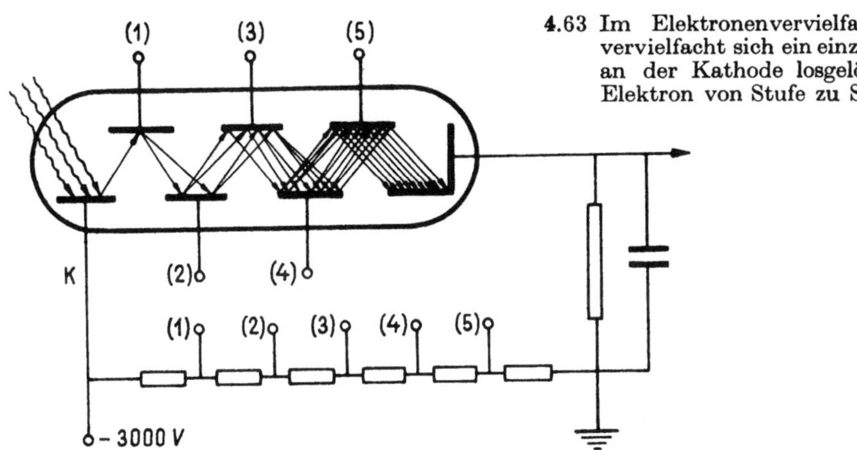

4.63 Im Elektronenvervielfacher vervielfacht sich ein einziges, an der Kathode losgelöstes Elektron von Stufe zu Stufe

durch die Primärelektronen, welche ins Metall nicht eindringen, sondern von der Oberfläche zurückprallen.

Eine Sekundäremission tritt auch dann auf, wenn die Oberfläche anstelle von Elektronen durch Ionen bombardiert wird. Um den gleichen Emissionswirkungsgrad zu erreichen, müssen aber die Ionen eine viel größere Primärenergie besitzen.

Die Erscheinung der Sekundäremission tritt in fast allen Einrichtungen auf, wo sich geladene Teilchen bewegen und mit festen Körpern zusammenstoßen. Ihre Wirkung ist im allgemeinen störend: Sie verfälscht z. B. die Messung der Stärke eines aus positiven Ionen bestehenden Bündels, und sie erregt Röntgenstrahlen in Anlagen höherer Spannung. Es ist oft sehr leicht, Abhilfe zu schaffen: Da die Energie der heraustretenden Sekundärelektronen nicht groß ist, können sie durch ein ganz schwaches Gegenfeld zur Rückkehr gezwungen werden. In manchen Fällen ist aber die Abwehr völlig unmöglich.

Wie jede Erscheinung kann auch diese nutzbar gemacht werden. Es ist der Elektronenvervielfacher, dessen Funktion auf der Erscheinung der Sekundäremission beruht. Betrachten wir ein Elektron, welches, z. B. unter Einwirkung der Beleuchtung, von der Kathode ausgeht. Dieses Elektron wird beschleunigt und stößt gegen die erste Anode, sagen wir zwei Sekundärelektronen davon freisetzend (Abb. 4.63). Diese werden weiter in Richtung der nächsten Elektrode beschleunigt, wovon bereits 2^2 Elektronen weiterstarten werden. Nach n Elektroden werden wir bereits 2^n Elektronen haben. Auf diese Weise kann einerseits eine so große Ladung bei einem einzigen abgehenden Teilchen zur letzten Anode gelangen, daß man dort einen, bereits gut meßbaren Impuls erhält, so daß die Röhre zur Teilchenzählung geeignet wird; andererseits können schwache Elektronenströme verstärkt werden, so daß diese Röhre auch die Rolle einer Verstärkerröhre mit sehr großer Verstärkung übernehmen kann. Eine Ausführungsform dieser Röhre ist in Abb. 4.70 dargestellt.

4.6 Der äußere Photoeffekt

Wird ein Metall beleuchtet, so treten von seiner Oberfläche Elektronen aus. Diese Erscheinung wird Photoeffekt genannt. (Im weiteren Sinne ist es ebenfalls ein Photoeffekt, daß sich der Widerstand gewisser Materialien unter Einwirkung der Beleuchtung ändert sowie die Erscheinung, daß in gewissen Fällen unter Einwirkung der Beleuchtung eine Spannung entsteht. Mit diesen Erscheinungen befassen wir uns später.)

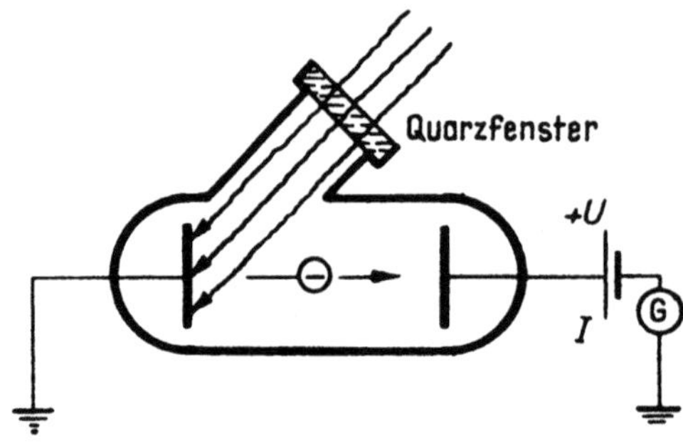

4.64 Röhre zur Messung des Photoeffektes

Die wichtigeren experimentellen Tatsachen bezüglich dieser Erscheinung sind die folgenden:

Wir führen Messungen mit einer Anordnung nach Abb. 4.64 aus. Ändern wir die Spannung zwischen den Elektroden und messen den durch den Photoeffekt erzeugten Strom. Das Ergebnis dieser Messung wird die Kurvenschar nach Abb. 4.65 sein. (Die einzelnen Kurven wurden bei verschiedenen Lichtintensitäten aufgenommen.) Bei der Messung war die Frequenz des Lichtes konstant. Wie ersichtlich, kann U_r auch die schnellsten heraustretenden Elektronen zurückhalten; folglich ist der Wert der retardierenden Spannung von der Lichtintensität unabhängig. Dies bedeutet, daß die erreichbare maximale Energie der freiwerdenden Elektronen von der Lichtintensität unabhängig ist.

Wird der vorangehende Versuch auf solche Weise wiederholt, daß nun die Lichtintensität während der ganzen Messung konstant gehalten und die Frequenz bei der Aufnahme der einzelnen Kurven geändert wird, so erhält man die Kurvenschar nach Abb. 4.66. Aus der Abbildung ist ersichtlich, daß der Wert von U_r und damit der der maximalen Energie der freiwerdenden Elektronen von der Frequenz des beleuchtenden Lichtes abhängig ist. Wird diese Erscheinung ausgemessen, so findet man, daß die maximale Energie eine lineare Funktion der Frequenz ist.

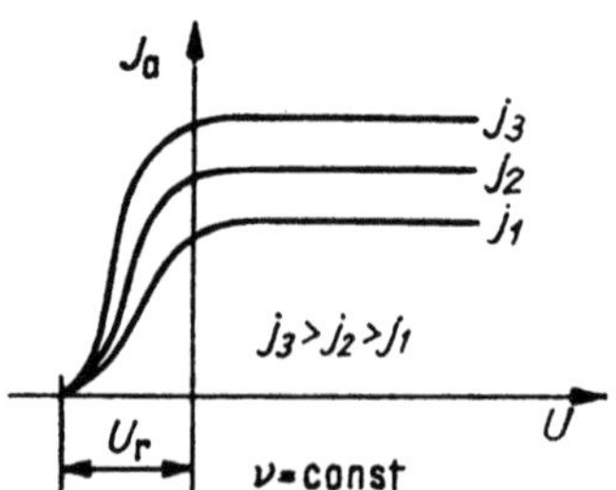

4.65 Bei verschiedenen Lichtintensitäten aufgenommene Charakteristiken

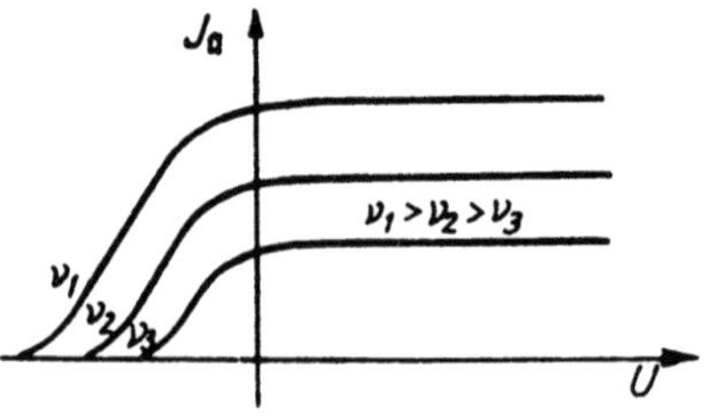

4.66 Mit Licht verschiedener Frequenz aufgenommene Charakteristiken

4.67 Abhängigkeit der Lichtempfindlichkeit der Alkali-Metalle von
der Wellenlänge des Lichtes

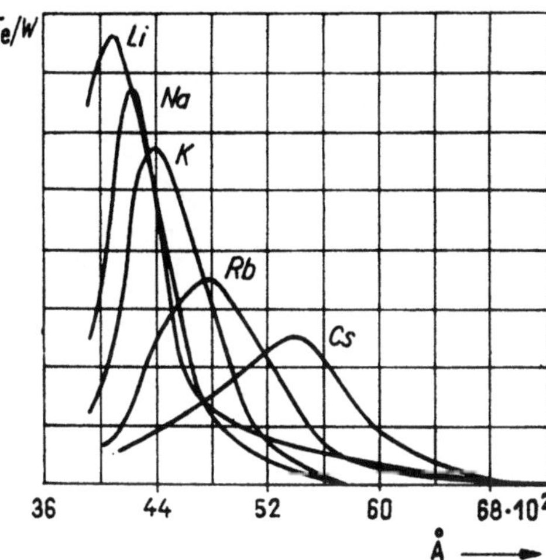

Die Größe des photoelektrischen Stromes ist — wie es das erste Diagramm (Abb. 4.65) zeigt — von der Lichtintensität abhängig. Durch Messung des Sättigungsstromes (an der horizontalen Strecke der Kurve) erwies sich auch diese Abhängigkeit als linear. Die erwähnten Charakteristiken sind von der Temperatur zwischen weiten Grenzen unabhängig. Unter Einwirkung der Beleuchtung treten die Elektronen sofort heraus. Nach den Messungen ist der zeitliche Abstand zwischen Beleuchtung und Austritt kleiner als $3 \cdot 10^{-9}$ s.

Wir definieren die Lichtempfindlichkeit durch die Gleichung

$$\text{Lichtempfindlichkeit} = \frac{\text{photoelektrischer Strom (in Ampere)}}{\text{Lichtleistung (in Watt)}}.$$

Nach den Messungen ist die so definierte Empfindlichkeit von der Wellenlänge (Frequenz) des Lichtes abhängig. Für Alkali-Metalle ergaben die Messungen die Kurven nach Abb. 4.67.

Der Photoeffekt ist von grundlegender prinzipieller Bedeutung: Die Quantentheorie des Lichtes offenbart sich hier am augenfälligsten. Auch historisch hat *Einstein* zuerst gerade zur Erklärung dieser Erscheinung, über die Formel der schwarzen Strahlung hinausgehend, die Quantenhypothese von *Planck* verwendet. Damit wird die Erklärung sehr einfach.

Die Photonen dringen in die Materie ein und übergeben ihre Energie den Elektronen. Diese verwenden einen Teil der erhaltenen Energie zum Austritt aus dem Metall, während der Rest als kinetische Energie in ihrem Besitz bleibt. Dementsprechend ist

$$h\nu \geq \frac{1}{2} mv^2 + W_W, \tag{1}$$

d. h.

$$\frac{1}{2} mv^2 \geq h\nu - W_W.$$

Das ist die *Einstein*-Gleichung.

Falls nun, wie oben, eine retardierende Spannung auf die Elektronen einwirkt, so gilt für die den Strom absperrende retardierende Spannung die Gleichung

$$e U_r = \frac{1}{2} mv_{\max}^2 = h\nu - W_W. \tag{2}$$

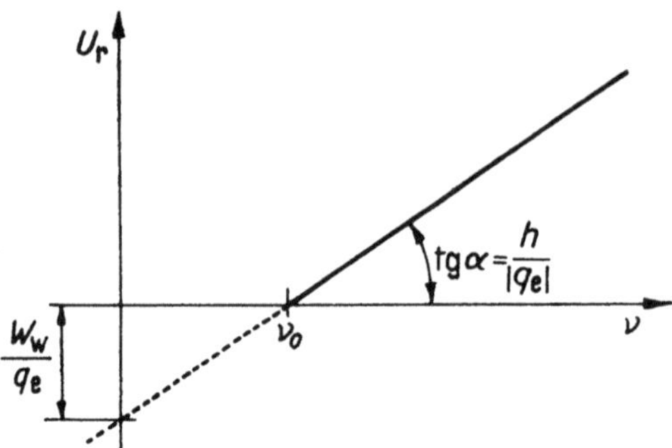

4.68 Zur Messung der *Planck*schen Konstanten (hier und in den Gleichungen (1)—(3) sind U_r und W_W positive Größen)

Diese hat *Millikan* gemessen und eine mit der Gleichung (2) in Einklang stehende Gerade nach Abb. 4.68 erhalten: Wird der Wert $v_{max} = 0$ in die Gleichung (2) eingesetzt, so erhält man den kleinsten Frequenzwert, bei welchem noch Elektronen aus dem Metall heraustreten können. Wie auch aus der Abbildung ersichtlich, ist dieser Wert

$$v_0 = \frac{W_W}{h}. \tag{3}$$

v_0 ist die sog. Grenzfrequenz. Die dazu gehörende Wellenlänge ist unter Verwendung der Gleichung (3)

$$\lambda_0 = \frac{c}{v_0} = \frac{ch}{W_W}.$$

Diese Messung ist sehr einfach und leicht auszuführen. Aus der Kenntnis von q_e ergibt der Neigungswinkel der aufgenommenen Geraden gleichzeitig auch den Zahlenwert der Konstanten h.

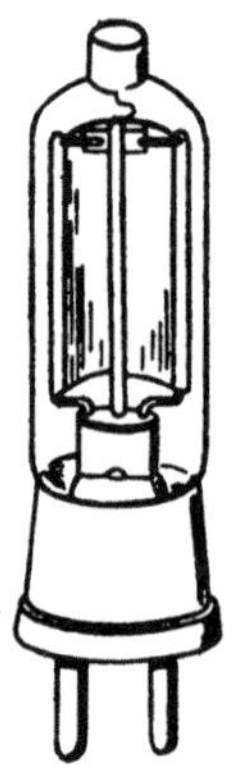

4.69 Ausführungsform einer Photozelle

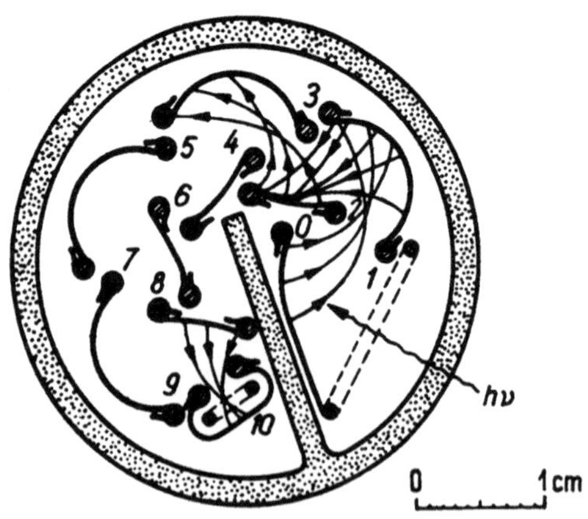

4.70 Die Anordnung des Photomultipliers [4.4]

Der Photoeffekt wird z. B. durch die Photozellen nutzbar gemacht, deren einfachste Ausführungsform aus Abb. 4.69 ersichtlich ist. Die Anode ist ein dünner Metallstab oder Metallring, damit die Beleuchtung der Photokathode dadurch nicht verhindert wird. Die obere Durchführung sichert gleichzeitig eine genügend kleine Durchleitung zwischen Anode und Kathode. Die Daten einiger Photokathoden sind in der Tabelle 4.3 enthalten.

Tabelle 4.3. Eigenschaften von Photokathoden-Materialien

Material	Austrittsarbeit eV	Grenzwellenlänge Å	Wellenlänge maximaler Empfindlichkeit	Empfindlichkeit bezüglich des Spektrums des Glühfadens aus Wolfram von 2848 °K A/Lumen
Cs	1,87—1,96	6 600	5390	—
Sb—Cs	—	7 000	4600	30—100
Bi—O—Ag—Cs	—	7 600	4700	10—60
Cs—CsO—Ag	1,23	10 000	8943	—

Zur Verstärkung und Messung kleiner Lichtintensitäten ist der Photomultiplier besonders geeignet: Das ist ein Elektronenvervielfacher mit lichtempfindlicher Kathode (Abb. 4.70). Damit lassen sich auch ganz schwache Lichtblitze beobachten, so daß er z. B. auch zur Verwendung in Szintillations-Teilchenzählern geeignet ist.

Halbleiter

Die Bezeichnung »Halbleiter« weist auf Stoffe hin, deren Leitfähigkeit zwischen der der Metalle (10^4 bis 10^6 (Ω cm)$^{-1}$) bzw. der der Isolatoren (10^{-22} bis 10^{-10} (Ω cm)$^{-1}$) liegt. In der Praxis beträgt die übliche Leitfähigkeit solcher Stoffe 10^{-9} bis 10^3 (Ω cm)$^{-1}$. Obwohl diese Feststellung als erste Umgrenzung annehmbar ist, zeigt eine etwas eingehendere Untersuchung, daß dem *Zahlenwert* der Leitfähigkeit keine ausschlaggebende Bedeutung hinsichtlich der hier zu erörternden Anwendungen zukommt. In der Tat, es gibt Stoffe, deren Leitfähigkeit der der Metalle sehr nahekommt, welche aber als Halbleiter eingereiht werden, während viele andere Stoffe schlechter Leitfähigkeit, wie z. B. die Elektrolyte, im folgenden überhaupt nicht zur Sprache kommen; bei diesen erfolgt nämlich die Leitung, d. h. Strömung der elektrischen Ladungen, durch Vermittlung von Ionen.

Im folgenden werden unter Halbleitern solche, im allgemeinen kristalline, feste Körper verstanden, deren Leitfähigkeit mit der Anwesenheit von »quasifreien« Elektronen zusammenhängt und zwischen weiten Grenzen mit steigender Temperatur zunimmt, während ihre hinsichtlich der Anwendung ausschlaggebenden Eigenschaften durch Störungen des Kristallgitters bedingt sind. Diese Defekte sind meistens auf Fremdatome zurückzuführen, welche in das Gitter eingebaut sind.

Die in den Halbleitern auftretenden Erscheinungen sind äußerst verwickelt: beim Studium des Verhaltens der Elektronen ist das innere Kraftfeld nach den Methoden der Quantenmechanik zu berücksichtigen. Es ist jedoch von sehr großer Bedeutung, daß die Strömungserscheinungen, solange die Wechselwirkung der Elektronen untereinander vernachlässigbar bleibt, so beschrieben werden können, als wenn neben den quasi freien Elektronen auch fiktive Teilchen positiver Ladung, die sog. *Löcher*, als Ladungsträger am Zustandekommen des Stromes mitbeteiligt wären. Auch so bleiben die Verhältnisse immer noch verwickelt; neben den zwei verschiedenen Teilchen kann man von zwei verschiedenen Strömen beiderlei Teilchen reden, und zwar von dem unter Einwirkung des äußeren Feldes zustandekommenden Leitungsstrom sowie von dem sich aus der räumlichen Konzentrationsänderung ergebenden Diffusionsstrom. Besonders bei starken Inhomogenitäten, an der Berührungsfläche verschiedenartiger Materialien, werden die Verhältnisse kompliziert; gerade an solchen Stellen entstehen aber die für die Praxis wertvollsten Zustände.

Im folgenden werden jene Fälle eingehend behandelt, welche mit Hilfe des vorerwähnten, vereinfachten Bildes gelöst werden können. Es wird angestrebt, die komplizierteren Fälle auf jene zurückzuführen. Dabei wird von den anläßlich der Behandlung der allgemeinen Eigenschaften der Festkörper gesammelten Kenntnissen Gebrauch gemacht.

5.1 Der Aufbau der Halbleiter

5.1.1 Die Energieniveaus der Halbleiter. Halbleiterwerkstoffe

In Verbindung mit der Bandtheorie der Festkörper war bereits vom grundlegenden Unterschied zwischen Isolator und Leiter die Rede. Beim Isolator sind alle Energieniveaus des einen Bandes, des Valenzbandes, mit Elektronen vollständig besetzt. Im anderen, dem Leitungsband, gibt es keine Elektronen; es gibt also keine Möglichkeit dafür, daß die Elektronen die mit der Leitung zusammenhängende zusätzliche Energie aufnehmen, da der entsprechende Energiezustand verboten ist. Die Leitung kann aber auch in diesem Fall zustandekommen. Wird nämlich ein Elektron des Valenzbandes auf irgendeine Art in das Leitungsband gehoben, so kann dieses auch weitere Energie vom Feld beziehen, wodurch aus dem vorher isolierenden Kristall ein Leiter wird. Eine Art des »Aufhebens«, d. h. der Energiezufuhr, ist die Beleuchtung des Kristalls. Das Photon reißt ein Elektron aus seinem Verband heraus und setzt es frei, so daß es den Einwirkungen des von außen angelegten Feldes folgen kann.

Ist die Bindung zwischen Elektron und Gitterion sehr locker oder mit anderen Worten ist die das Leitungsband vom Valenzband trennende verbotene Zone sehr schmal, so können die Elektronen auch mittels ihrer thermischen Energie in das Leitungsband hinaufkommen. Solche Kristalle sind bei niedriger Temperatur Isolatoren, während sie bei höheren Temperaturen immer bessere Leiter werden. Diese Materialien werden strukturelle (intrinsic) oder Eigenhalbleiter genannt. Die Erscheinung ist beim Germanium anschaulich zu verfolgen. Unter Einwirkung der thermischen Bewegung lockert sich eine Bindung, ein Elektron befreit sich aus dem Verband und bewegt sich frei als Leitungselektron innerhalb des Kristallgitters. Gleichzeitig hinterläßt es eine Lücke an seinem ursprünglichen Ort, ähnlich einer Blase im Wasser. In diese Lücke oder dieses *Loch* kann ein Elektron aus dem Verband der benachbarten Atome leicht hinüberspringen, diesem kann ein weiteres Elektron folgen und so weiter, so daß im Endeffekt das Loch — die Defektstelle oder Blase — ebenfalls zu wandern beginnt.

Im folgenden richten wir unsere Aufmerksamkeit in erster Linie auf die Verunreinigungshalbleiter, da diese die größte praktische Bedeutung besitzen.

Man stelle sich vor, daß ein Kristall — wobei wir in erster Linie an Silizium- und Germaniumkristalle denken — ein Isolator ist. Sein Valenzband ist ausgefüllt, sein Leitungsband ist leer. Die Abb. 5.1 veranschaulicht die Anordnung der Ionen des Germaniumkristalls in den Gitterpunkten, in der Ebene ausgebreitet. Das Germaniumatom besitzt 32 Elektronen, darunter 4 Valenzelektronen, und diese sind es, die die Bindung herstellen. Zusammen mit seinen Rumpfelektronen hat also der Atomkern eine vier

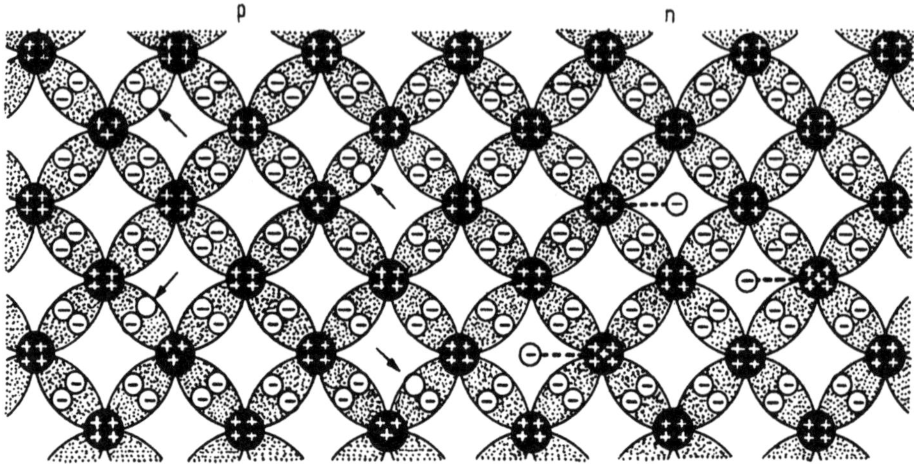

5.1 Die Anordnung der Ionen des Germaniumkristalls in den Gitterpunkten. Die eingebauten Verunreinigungen können über mehr oder weniger Valenzelektronen verfügen als die Germaniumionen, wobei die Energieniveaus dieser Elektronen in die verbotene Zone fallen. Man erhält also Kristalle des p- und n-Typs

Elektronen entsprechende positive Ladung. Das Germaniumion ist mit je einem Elektronenpaar an jeden seiner Nachbarn gebunden. Für die Leitung bleibt kein überschüssiges, freies Elektron übrig. Man stelle sich nun vor, daß Verunreinigungen im Kristall eingebaut sind, die ein auch bei niedrigen Temperaturen mit Elektronen besetztes Energieniveau in der verbotenen Zone, unmittelbar unter dem Leitungsband besitzen (Abb. **5.2a**). Diese Niveaus sind lokaler Natur und wurden deshalb nicht mit kontinuierlicher Linie dargestellt. Ein sich auf diesem Energieniveau befindendes Elektron kann infolge seiner thermischen Bewegung in das Leitungsband hinaufkommen und dort eine Leitung zustandebringen. Um die sich dabei abspielenden Erscheinungen anschaulicher zu vergegenwärtigen, wurde in Abb. **5.2b** auch das Schema der räumlichen Anordnung aufgezeichnet. Wir nehmen nun das Germaniumatom aus einem Gitterpunkt weg und ersetzen es durch ein Antimonatom (das Einsetzen des As- oder des P-Atoms führt zu einer ähnlichen Erscheinung). Das Antimonatom hat 5 Valenzelektronen, so daß nach erfolgter Bindung ein ganz locker gebundenes Überschußelektron übrigbleibt. Der Energiezustand dieses Elektrons fällt gerade in das sonst verbotene Energieband. Die lockere Bindung bedeutet ja eben, daß der entsprechende Energiezustand nahe dem Leitungsband liegt; das Elektron kann bereits unter der Einwirkung der thermischen Bewegung leicht abreißen, und der so verunreinigte oder *dotierte* Germaniumkristall wird dadurch leitend. Solche Fremdatome, welche für die Leitung Elektronen spenden, werden *Donatoren* oder *Donoren* genannt, während das entsprechende Niveau als Donatorenniveau bezeichnet wird. Da die Leitung in solchen Fällen auf die übliche Weise durch Elektronen erfolgt, sprechen wir dann von n-Leitung und bezeichnen den Germaniumkristall als Kristall des n-Typs (»n« ist der Anfangsbuchstabe des Wortes »negativ«).

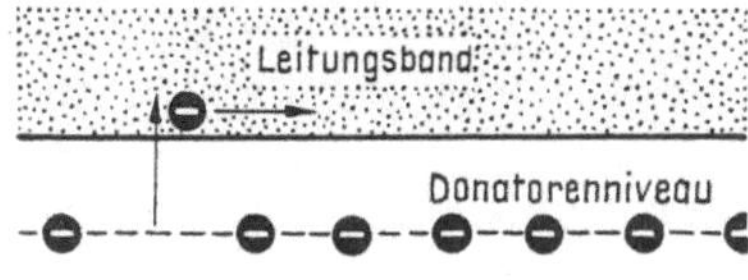

5.2 *a*) Liegt das mit Elektronen ausgefüllte Niveau des verunreinigenden Atoms nahe dem Leitungsband in der verbotenen Zone, so können die Elektronen leicht in das Leitungsband hinaufkommen und dort eine Elektronenleitung zustandebringen

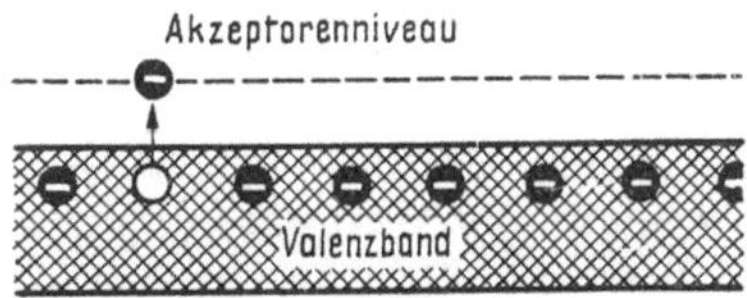

5.3 *a*) Wenn es ein leeres Niveau, das sog. Akzeptorenniveau, in der Nähe des Valenzbandes gibt, so kann dieses durch ein Valenzelektron besetzt werden. An der ursprünglichen Stelle des letzteren bleibt ein Loch zurück

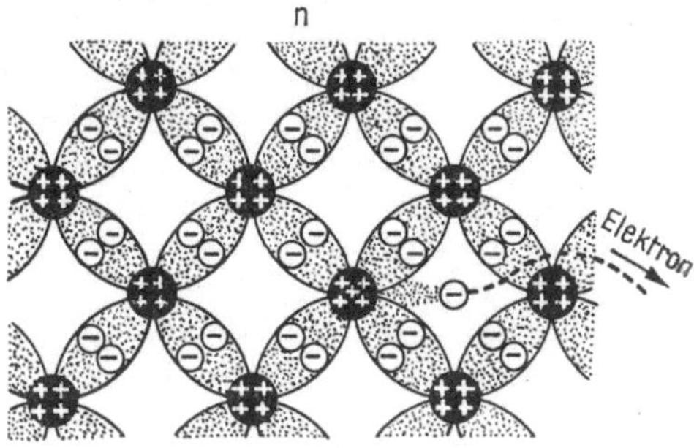

5.2 *b*) Veranschaulichung der Elektronenleitung im Kristall des *n*-Typs

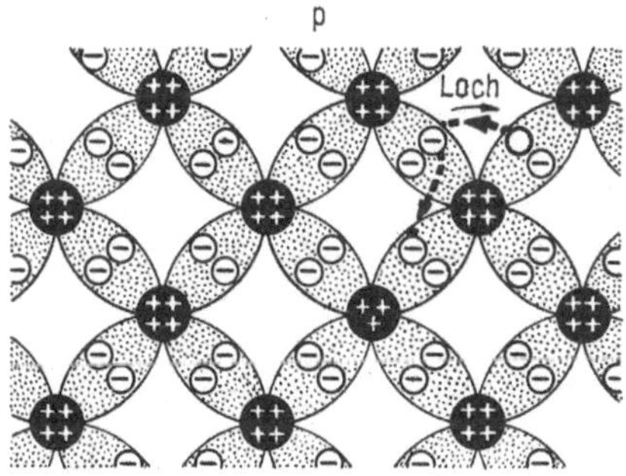

5.3 *b*) Veranschaulichung der Löcherleitung in einem Kristall des *p*-Typs

Eine andere Art von Halbleitern spielt ebenfalls eine wichtige Rolle. Ist nämlich die Verunreinigung von solcher Beschaffenheit, daß sie in der verbotenen Zone in der Nähe des Valenzbandes (Abb. **5.**3a) ein Energieniveau zustandebringt, welches bei niedrigen Temperaturen *nicht* vollbesetzt ist, so kann ein Elektron des Valenzbandes infolge seiner thermischen Bewegung auf dieses Niveau heraufspringen. In der Folge wird das untere Band nicht mehr voll besetzt sein, so daß die Elektronen des Valenzbandes aus dem dem Kristall angelegten Feld Energie aufnehmen können, da sie auf den leer hinterlassenen Platz wie auf ein höheres Niveau überspringen können.

Die Verhältnisse sind in Abb. **5.**3b veranschaulicht. Wir ersetzen ein Atom des Germaniumkristalls z. B. durch Bor (es könnte aber genausogut Indium,

Aluminium oder Gallium sein). Bor ist dreiwertig, so daß eine der Bindungen unvollständig bleibt. Das ist der Defekt (das Loch), der dem in der verbotenen Zone eingezeichneten Energieniveau entspricht. Aus der benachbarten, durch die thermische Bewegung aufgelockerten Bindung kann ein Elektron hierher überspringen, seinen Platz nimmt wieder ein anderes Elektron aus einer anderen Bindung ein usw., so daß die Defektstelle im Endeffekt eine unregelmäßige Bewegung durchführt. Tatsächlich sind es natürlich die Elektronen, die sich bewegen, doch kann die ganze Erscheinung auch so beschrieben werden, als bewege sich das positiv geladene Loch in der entgegengesetzten Richtung. Dies um so mehr, als ein in den Verband eines Germaniumatoms geratenes Loch dort tatsächlich eine unkompensierte, positive Ladung bedeutet.

Unter Einwirkung des elektrischen Feldes besetzen vor allem jene Elektronen ein Loch, welche dabei vom Feld unterstützt werden; die Erscheinung kann also auch als eine in Feldrichtung angelaufene Strömung der Löcher beschrieben werden. Im folgenden wird sehr oft von Löcherleitung die Rede sein; es ist dabei immer vor Augen zu halten, daß dann eine Strömung von Elektronen in der entgegengesetzten Richtung stattfindet, und zwar so, daß die Elektronen von einem leeren Platz auf einen anderen überspringen. Die verunreinigenden Atome, welche aus Bindungen Elektronen zu sich nehmen und die Leitung ermöglichen, werden *Akzeptoren*, das dazu gehörende Niveau Akzeptorenniveau und das Germanium dieser Art p-Germanium genannt. Die entsprechende Leitung wird ebenfalls als p-Leitung bezeichnet, wobei die Vorstellung der Strömung positiv geladener Löcher berücksichtigt wird.

Zum Verständnis des folgenden ist es wesentlich, zu wissen, daß das freie Elektron beim Verlassen des Donator-Atoms einen Atomrumpf hinterläßt (Abb. 5.4), der eine einem Elektron entsprechende positive, also unkompensierte Ladung besitzt; dabei nimmt es eine zusätzliche negative Ladung mit sich. Gleichzeitig hat das das Loch abgebende Akzeptor-Atom eine

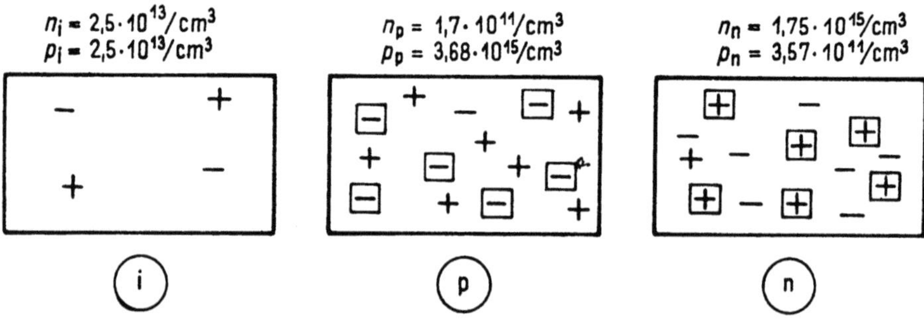

5.4 Im Halbleiter ohne Dotierung gibt es freie Elektronen und Löcher (i), im Halbleiter des p-Typs ortsgebundene negative Ladungen und frei bewegliche positiv geladene Löcher, schließlich im Halbleiter des n-Typs ortsgebundene positive Ladungen und frei bewegliche Elektronen. In einer verhältnismäßig geringen Anzahl kommen freie Elektronen auch bei dem p-Typ und freie Löcher auch bei dem n-Typ vor. Die Angaben beziehen sich auf Germanium der Leitfähigkeit 1 $(\Omega\,\mathrm{cm})^{-1}$ bei Zimmertemperatur

einem Elektron entsprechende unkompensierte negative Ladung, während an der Stelle des Loches eine zusätzliche positive Ladung vorhanden ist. Bei einem homogenen Kristall macht sich der Effekt dieser Ladung nur örtlich fühlbar, und für einen größeren, viele Donator- oder Akzeptor-Atome enthaltenden Raumteil des Kristalls ist die resultierende Raumladungsdichte gleich Null. Die speziellen und gerade deshalb auch für die Praxis interessanten Erscheinungen treten dann auf, wenn der Kristall hinsichtlich der Verunreinigungen inhomogen ist; wenn also an einer Stelle mehr, an der anderen weniger verunreinigende Atome, z. B. des p-Typs, vorhanden sind, oder vielleicht die eine Hälfte des Kristalls vom p-Typ, die andere vom n-Typ ist. In solchen Fällen trachtet die Diffusion der Elektronen den Konzentrationsunterschied auszugleichen, sowohl die Elektronen als auch die Löcher diffundieren von ihren Donatoren- bzw. Akzeptorenrümpfen weg, so daß eine Raumladung und infolgedessen ein Feld zustandekommt, wodurch schließlich der Gleichgewichtszustand wieder hergestellt wird. Im folgenden werden diese Erscheinungen eingehender erörtert.

Um einen Begriff von der Größenordnung der Zahl der verunreinigenden Atome zu geben, sollen die folgenden typischen Zahlen angeführt werden: Die Zahl der Germaniumatome beträgt $5 \cdot 10^{28}$ m^{-3}, die der verunreinigenden Atome $5 \cdot 10^{20}$ m^{-3}; ihr Verhältnis ist also in diesem Fall etwa 1:10^8.

In der Praxis sind natürlich nicht nur Ge und Si als Halbleiter verwendbar. Für die mannigfachen Halbleiterverwendungen erweisen sich immer wieder andere Substanzen am geeignetsten. Für Transistoren kommen in erster Linie Si und Ge in Frage, als Material für Gleichrichter Si, CuO und Se, für Photozellen Ge, PbS, PbTe, Se, CdS, Ag-O-Cs, für temperaturabhängige Widerstände, d. h. Thermistoren Ge, B, U_3O_8. Den Grundstoff von lumineszierenden Materialien oder Phosphoren bilden ZnS, CdS, $ZnSiO_3$, $MgWO_3$. Für Thermoelemente sind PbTe und Bi_2Te_3 am geeignetsten. Die Tabelle **5.2** enthält die Kennwerte der wichtigeren Halbleitersubstanzen, während Tabelle 5.1 die Lage der Donatoren- und Akzeptorenniveaus für die zwei wichtigsten Halbleiterstoffe, Ge und Si, bei verschiedenen Dotierungen angibt.

5.1.2 Die Berechtigung der Einführung des »Loch«-Begriffes

Wie bereits erwähnt, leisten die Elektronen eines vollbesetzten Bandes keinen Beitrag zum elektrischen Leitvermögen. Diese Tatsache sowie die Rolle der Defektstellen sollen nun auf der Grundlage der Funktion $W = W(k)$ des eindimensionalen Kristallmodells untersucht werden. In Abb. 5.5 wurden der durch eine Parabel anzunähernde mittlere Teil dieser Funktion in einem ausgewählten Band, ferner die Geschwindigkeit und die effektive Elektronenmasse aufgezeichnet. Der Zustand der einzelnen Elektronen wurde ebenfalls eingezeichnet. Wir nehmen an, daß ein Feld der bezeichneten Richtung angelegt wird; dann beginnt eine Elektronenströmung im k-Feld von links nach rechts, der Beziehung 3.4 — (36) entsprechend. An der rechten Seite werden die Elektronen reflektiert und erscheinen wieder mit umgekehrtem Vorzeichen des k-Wertes auf der linken Seite. In jedem beliebigen

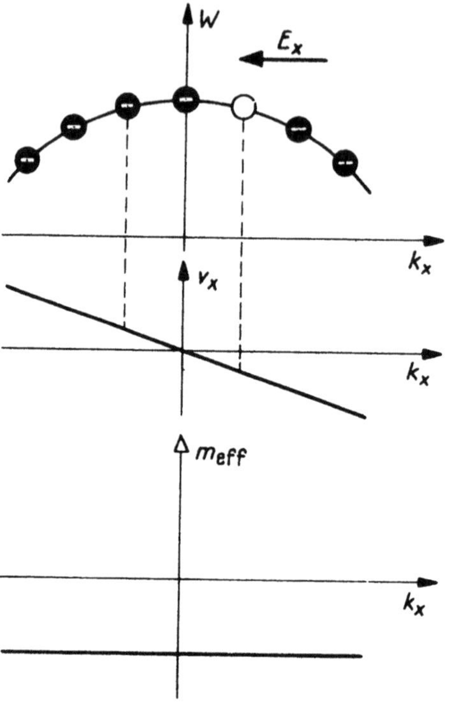

5.5 Im Kristall des p-Typs kommt eine dem leergewordenen Valenzniveau entsprechende Löcherleitung zustande (s. auch Abb. **3.37**)

Augenblick ist das Gesamtbild mit dem des kräftefreien Falles identisch, wenn keine Defektstelle vorhanden ist: Die Elektronen bevölkern das Band mit der gleichen Verteilung. Zu jedem Elektron, das sich mit einer Geschwindigkeit v_x bewegt, findet man ein anderes Elektron, dessen Geschwindigkeit $-v_x$ beträgt, so daß die resultierende Stromstärke gleich Null ist. Ist aber eine Defektstelle (der leere Kreis in der Abbildung) vorhanden, dann wandert diese von den zwei benachbarten Elektronen in die Mitte genommen ebenfalls nach rechts im k-Feld. Damit stellt sich eine *unkompensierte Elektronenbewegung* ein, deren Geschwindigkeit nach der Abbildung der Lochgeschwindigkeit *entgegengerichtet* ist, so daß sich ein *in Richtung der Lochbewegung gerichteter Strom* ergibt. Das Loch verhält sich also wie eine positive Ladung. Welche Masse soll nun dem Loch zugeschrieben werden? Um diese Frage beantworten zu können, ergänzen wir einfachheitshalber das Band, aus dem nur ein einziges Elektron fehlt, durch Hinzugabe eines Elektrons zu einem vollen Band und setzen, damit keine Änderung eintritt, ein hypothetisches Teilchen, das Loch, der Ladung $+e$ und der Masse $-m_{n\,eff} = m_{p\,eff}$ an derselben Stelle ein. Das vollbesetzte Band ergibt keinen resultierenden Strom, es bleibt also nur der sich aus der Bewegung des Loches der Ladung $+e$ und der Masse $-m_{n\,eff}$ ergebende Strom übrig.

Der ganze Gedankengang hat natürlich nur dann einen Sinn, wenn Elektron und Loch auch im Laufe ihrer weiteren Bewegung zusammenbleiben. Tatsächlich verursacht jede beliebige Kraftwirkung eine identische Beschleunigung der beiden, wie dies auch auf quantenmechanischem Wege sofort einzusehen ist. Die zeitabhängige *Schrödinger*-Gleichung lautet nämlich für das Elektron

$$\frac{h^2}{8\pi^2 m}\,\Delta\psi_n + e\,U(\mathbf{r})\,\psi_n = \frac{h}{2\pi j}\,\frac{\partial\psi_n}{\partial t}$$

bzw. für das Loch

$$-\frac{h^2}{8\pi^2 m}\,\Delta\psi_p - e\,U(\mathbf{r})\,\psi_p = \frac{h}{2\pi j}\,\frac{\partial\psi_p}{\partial t},$$

so daß

$$\frac{h^2}{8\pi^2 m}\,\Delta\psi_p + e\,U(\mathbf{r})\,\psi_p = -\frac{h}{2\pi j}\,\frac{\partial\psi_p}{\partial t}$$

ist.

Nimmt man z. B. das Konjugierte beider Seiten der letzten Gleichung, so erhält man die Gleichung für das Elektron. Es gilt also

$$\psi_n(\boldsymbol{r}, \boldsymbol{k}) = \psi_p^*(\boldsymbol{r}, \boldsymbol{k})\,.$$

Dies bedeutet, daß $\psi_n\psi_n^* = \psi_p\psi_p^*$ ist, so daß der Aufenthaltsort von Loch und Elektron derselbe bleibt.

Aus den für den stationären Fall aufgeschriebenen Gleichungen

$$\frac{h^2}{8\pi^2 m}\, \varDelta\psi_n + (W + eU)\,\psi_n = 0\,,$$

$$-\frac{h^2}{8\pi^2 m}\, \varDelta\psi_p + (W - eU)\,\psi_p = 0$$

oder

$$-\frac{h^2}{8\pi^2 m}\, \varDelta\psi_p^* + (W - eU)\,\psi_p^* = 0$$

ist es übrigens sofort ersichtlich, daß zwischen den Eigenwerten $W_n(k)$ bzw. $W_p(k)$, welche zu einem mit $\psi_n(\boldsymbol{r}, \boldsymbol{k})$ gekennzeichneten Elektronenzustand bzw. dem entsprechenden mit $\psi_p(\boldsymbol{r}, \boldsymbol{k})$ gekennzeichneten Lochzustand gehören, die Beziehung

$$W_p(k) = -\,W_n(k)$$

besteht.

Bisher haben wir von einem einzigen Loch gesprochen. Auf Grund des Vorangehenden ist es jedoch klar, daß die N Defektstellen eines vollbesetzten Bandes als N Löcher positiver Ladung behandelt werden können, deren effektive Masse der der Elektronen gleich, jedoch von entgegengesetztem Vorzeichen ist. Da die effektive Masse der Elektronen in der oberen Hälfte des Valenzbandes negativ ist, ist die der Löcher ein positiver Wert. Die effektive Masse der im unteren Teil des Leitungsbandes befindlichen Elektronen ist ebenfalls positiv.

Die Verteilung der Löcher auf die einzelnen Niveaus folgt der *Fermi*-Statistik. Die Wahrscheinlichkeit, daß das Energieniveau W_n mit Elektronen vollbesetzt ist, ist nämlich gegeben durch

$$\frac{1}{e^{\frac{W - W_\mathrm{F}}{kT}} + 1}\,.$$

Der Ausdruck für die Wahrscheinlichkeit, daß es dort *kein* Elektron gibt, lautet also

$$1 - \frac{1}{e^{\frac{W - W_\mathrm{F}}{kT}} + 1} = \frac{1}{e^{-\frac{W - W_\mathrm{F}}{kT}} + 1} = \frac{1}{e^{\frac{(-W) - (-W_\mathrm{F})}{kT}} + 1}\,.$$

Berücksichtigt man nun, daß, wie bereits gezeigt,

$$W \equiv W_n = -W_p$$

ist, so ist die Wahrscheinlichkeit, daß ein Loch die Stelle der *Lochenergie* W besetzt, gleich

$$\frac{1}{e^{\frac{W - W_\mathrm{F}}{kT}} + 1}\,.$$

Dies bedeutet aber gerade, daß auch die Löcher der *Fermi*-Verteilung folgen.

5.2 Die Verteilung der Ladungsträger auf die verschiedenen Energieniveaus

Wir präzisieren nun das qualitative Bild des vorangehenden Abschnittes durch Bestimmung der Zahl der beweglichen Ladungsträger als Funktion der charakteristischen Daten des Kristalls sowie der Temperatur.

Bekanntlich ist die Wahrscheinlichkeit dafür, daß ein Elektron einen Zustand der bestimmten Energie W bei der Temperatur T besetzt, durch die oben angeführte *Fermi-Dirac*sche Verteilungsfunktion gegeben. Hierbei bezeichnet W_F das später zu bestimmende, auch von der Temperatur abhängige *Fermi*-Niveau. Es ist übrigens sofort ersichtlich, daß die Wahrscheinlichkeit der Besetzung bei $W = W_F$ gerade gleich 1/2 ist. Ist nun die Dichte der erlaubten Energieniveaus durch die Dichtefunktion $g(W)$ beschrieben, so ist die Zahl der Elektronen pro Volumeneinheit, deren Energie in den Energiebereich zwischen W und $W + \mathrm{d}W$ fällt,

$$\mathrm{d}N = g(W)\,\frac{\mathrm{d}W}{e^{\frac{W-W_F}{kT}} + 1}\,.$$

Abb. 5.6a zeigt die Verteilung der Niveaudichten für den ganz allgemeinen Fall, d. h. für einen Halbleiter mit der Donatorendichte N_d und der Akzeptorendichte N_a. Hierbei bedarf nur der parabolische Verlauf des Leitungsbandes einer besonderen Erklärung: Das Elektron ist hier bereits als vollkommen frei zu betrachten, so daß die Niveaudichte des freien Elektrons

$$g(W)\mathrm{d}W = \frac{4\pi(2m)^{3/2}}{h^3}(W - W_c)^{1/2}\,\mathrm{d}W, \quad W > W_c$$

zu verwenden ist.

Wird nun die Lage des Niveaus W_F als bekannt vorausgesetzt, so kann die Zahl der auf den Donatorenniveaus befindlichen Elektronen (die gleich-

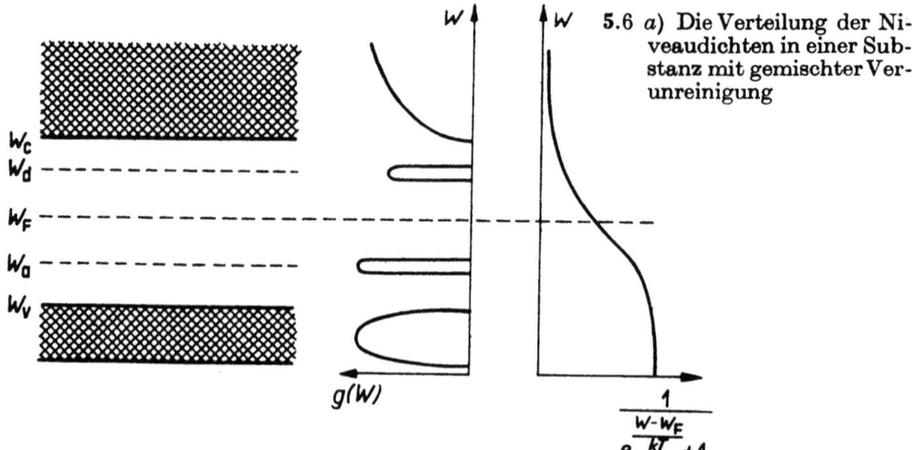

5.6 *a)* Die Verteilung der Niveaudichten in einer Substanz mit gemischter Verunreinigung

Tabelle 5.1. Die Lage der Störniveaus verschiedener Stoffe in Germanium und in Silizium (nach *Smith* und *Conwell*)

Element		Zahl der Valenzelektronen	Atomzahl	Für die Schaffung eines Ladungsträgers nötige Ionisationsenergie	
				in Ge	in Si
B	Akzeptoren	3	5	0,0104	0,045
Al	*p*-Typ-	3	13	0,0102	0,057
Ga	Leitung	3	31	0,0108	0,065
In		3	49	0,0112	0,16
P	Donatoren	5	15	0,0120	0,044
A	*n*-Typ-	5	33	0,0127	0,049
Sb	Leitung	5	51	0,0096	0,039
Sn	Löt-Mittel	4	50	—	—
Si		4	14		$1{,}205-2{,}8\cdot10^{-4}\cdot T(°\mathrm{K})$
Ge		4	32	$0{,}782-3{,}9\cdot10^{-4}\,T(°\mathrm{K})$	

zeitig die Zahl der nicht-ionisierten Donator-Atome bedeutet) sofort angegeben werden. Es gilt nämlich, da $g(W_\mathrm{d})\,\mathrm{d}W$ die Gesamtzahl der Donatorenniveaus bezeichnet, welche andererseits gerade gleich N_d ist:

$$n_\mathrm{d} = \mathrm{d}N_{(W=W_\mathrm{d})} = \frac{g(W_\mathrm{d})\,\mathrm{d}W}{\mathrm{e}^{\frac{W_\mathrm{d}-W_\mathrm{F}}{kT}}+1} = \frac{N_\mathrm{d}}{\mathrm{e}^{\frac{W_\mathrm{d}-W_\mathrm{F}}{kT}}+1} \cdot$$

Auf ähnliche Weise ist die Zahl der auf den Akzeptorenniveaus befindlichen Elektronen

$$n_\mathrm{a} = N_\mathrm{a}\,\frac{1}{\mathrm{e}^{\frac{W_\mathrm{a}-W_\mathrm{F}}{kT}}+1} \cdot$$

Die Zahl der im Leitungsband befindlichen Elektronen beträgt

$$n = \int\limits_{W=W_\mathrm{c}}^{\infty} \frac{g(W)\,\mathrm{d}W}{\mathrm{e}^{\frac{W-W_\mathrm{F}}{kT}}+1} = \frac{4\pi(2\,m)^{3/2}}{h^3}\int\limits_{W_\mathrm{c}}^{\infty}(W-W_\mathrm{c})^{1/2}\,\mathrm{e}^{\frac{-(W-W_\mathrm{F})}{kT}}\,\mathrm{d}W,$$

wobei bereits die Tatsache berücksichtigt wurde, daß in realen Fällen

$$W_\mathrm{c}-W_\mathrm{F} > kT \quad \text{und deshalb} \quad \mathrm{e}^{\frac{W-W_\mathrm{F}}{kT}} \gg 1$$

ist.

Das Integral läßt sich ohne Schwierigkeit auswerten:

$$n = 2\left(\frac{2\,\pi\,mkT}{h^2}\right)^{3/2}\mathrm{e}^{-\frac{W_\mathrm{c}-W_\mathrm{F}}{kT}} = N_\mathrm{c}\,\mathrm{e}^{-\frac{W_\mathrm{c}-W_\mathrm{F}}{kT}} \cdot$$

Die Zahl der im Valenzband befindlichen Löcher ergibt sich auf Grund ganz ähnlicher Überlegungen zu

$$p = 2 \left(\frac{2\,\pi\,mkT}{h^2} \right)^{3/2} \mathrm{e}^{-\frac{W_F - W_v}{kT}} = N_v\, \mathrm{e}^{-\frac{W_F - W_v}{kT}}.$$

Bei genaueren Berechnungen muß man mit der effektiven Masse der Löcher bzw. der Elektronen rechnen. Dann ist $N_c \neq N_v$. Wir begnügen uns im allgemeinen mit der Näherung $N_c \approx N_v \approx N_0$.

Nun kennen wir also die uns interessierende Zahl der Ladungsträger, vorausgesetzt, daß der Wert des *Fermi*-Niveaus bekannt ist. Dieser Wert ergibt sich auf Grund der folgenden Überlegungen: Bei der Temperatur von $T = 0$ °K ist sowohl das Valenzband als auch jedes Niveau der Donator-Atome besetzt. Die insgesamt $n + n_a$ Elektronen, die sich bei der Temperatur T im Valenzband sowie auf den Akzeptorenniveaus befinden, können offenbar nur aus den Donator-Atomen ($N_d - n_d$ Elektronen) bzw. aus dem Valenzband gekommen sein, wo sie p Defektstellen hinterließen. Es gilt also

$$n + n_a = p + N_d - n_d.$$

Diese Beziehung kann man auch als Gleichung der Ladungsneutralität bezeichnen. Auf der linken Seite dieser Gleichung stehen nämlich alle negativen und auf der rechten Seite alle positiven Ladungen, da das ionisierte Donator-Atom, wie erwähnt, ebenfalls eine (ortsgebundene) positive Ladung darstellt. Setzt man hier die im vorangehenden bereits bestimmten Ausdrücke für die einzelnen Größen ein, so erhält man die Beziehung

$$2 \left(\frac{2\,\pi\,m\,kT}{h^2} \right)^{3/2} \mathrm{e}^{-\frac{W_c - W_F}{kT}} + N_a\, \frac{1}{\mathrm{e}^{\frac{W_a - W_F}{kT}} + 1} =$$

$$= 2 \left(\frac{2\,\pi\,mkT}{h^2} \right)^{3/2} \mathrm{e}^{-\frac{W_F - W_v}{kT}} + N_d - N_d\, \frac{1}{\mathrm{e}^{\frac{W_d - W_F}{kT}} + 1}.$$

Aus dieser Gleichung kann man — im allgemeinen Fall nur auf graphischem oder numerischem Weg — W_F als Funktion von T bestimmen.

Für die Praxis sind die Eigenhalbleiter sowie die Halbleiter interessant, welche nur Verunreinigungen des reinen p-Typs bzw. des reinen n-Typs enthalten. In solchen Fällen kann man das *Fermi*-Niveau mit Hilfe gewisser Näherungen auch analytisch bestimmen.

Eigenhalbleiter. Da in diesem Fall Elektronen nur aus dem Valenzband in das Leitungsband übertreten können, gilt

$$p_i = n_i, \qquad N_0\, \mathrm{e}^{-\frac{W_c - W_{Fi}}{kT}} = N_0\, \mathrm{e}^{-\frac{W_{Fi} - W_v}{kT}}.$$

Hierbei weist der Buchstabe i auf das Wort intrinsic (strukturell) hin. Es ergibt sich sofort der Ausdruck

$$W_{Fi} = \frac{W_v + W_c}{2}.$$

Bei strukturellen Halbleitern liegt also das *Fermi*-Niveau in der Mitte der verbotenen Zone. In der Verteilungsfunktion ist damit bereits alles bekannt; so läßt sich für den Fall von Ge ($W_c - W_v = 0{,}72$) der Wert von n_i bzw. p_i bei Zimmertemperatur ermitteln:

$$n_i = p_i = 2 \left(\frac{2\,\pi\,mkT}{h^2} \right)^{3/2} \mathrm{e}^{-\frac{W_c - W_v}{2kT}} \approx 2{,}5 \cdot 10^{13}/\mathrm{cm}^3.$$

n-Halbleiter. Es wird vorausgesetzt, daß bei der Temperatur T alle Donator-Atome ionisiert sind, während die Zahl der Löcher um Größenordnungen kleiner ist als die der Elektronen im Valenzband. Dann ist

$$n_n \approx N_d,$$

d. h.

$$2 \left(\frac{2\,\pi\,m\,kT}{h^2} \right)^{3/2} \mathrm{e}^{-\frac{W_c - W_F}{kT}} \equiv N_c\, \mathrm{e}^{-\frac{W_c - W_F}{kT}} = N_d,$$

und folglich

$$W_F = W_c + kT \ln \frac{N_d}{N_c}.$$

Mit diesem Wert läßt sich aus der Beziehung

$$p_n = 2 \left(\frac{2\,\pi\,mkT}{h^2} \right)^{3/2} \mathrm{e}^{-\frac{W_F - W_v}{kT}} \equiv N_v\, \mathrm{e}^{-\frac{W_F - W_v}{kT}} \tag{1}$$

auch die Zahl der Löcher für den Fall des n-Halbleiters berechnen, und zwar

$$p_n = N_v\, \mathrm{e}^{-\frac{W_c - W_v}{kT} - \ln \frac{N_d}{N_c}} = \frac{N_c N_v}{N_d}\, \mathrm{e}^{-\frac{W_c - W_v}{kT}} = \frac{n_i\, p_i}{n_n}.$$

Daraus ergibt sich die folgende äußerst interessante Beziehung:

$$n_n\, p_n = n_i\, p_i \sim n_i^2 \sim p_i^2.$$

Da die Zahl der Elektronen jetzt größer ist als im Fall der strukturellen Halbleiter, ist p_n kleiner geworden. Diese Tatsache kann so interpretiert werden, daß sich das *Fermi*-Niveau jetzt nach oben verschoben hat und die Wahrscheinlichkeit der Besetzung des Valenzbandes mit Elektronen dadurch größer geworden ist, so daß dort weniger Löcher zu finden sind. Anschaulich kann man sagen, daß die Wahrscheinlichkeit der Erzeugung des Loch-Elektron-Paares durch thermische Anregung die gleiche bleibt, die Rekombination aber infolge der großen Zahl der Elektronen wahrscheinlicher wird, so daß die Lebensdauer des Loches kürzer wird. Es sei hier bemerkt, daß die die Mehrheit bildenden Ladungsträger als *Majoritäts-*, die in der Minderheit vorhandenen als *Minoritäts*-Ladungsträger bezeichnet werden.

p-Halbleiter. Nimmt man an, daß bei der Temperatur T alle Akzeptoren·niveaus vollbesetzt sind, dann ist

$$p_p \approx N_a.$$

Bezüglich der Lage des *Fermi*-Niveaus führt diese approximative Gleichheit zur Beziehung

$$W_F = W_v + kT \ln \frac{N_v}{N_a}, \tag{2}$$

Man kann ferner auch die Beziehungen

$$n_p\, p_p = n_i\, p_i \sim n_i^2 \sim p_i^2$$

oder

$$n_p = \frac{N_c N_v}{N_a} e^{-\frac{W_c - W_v}{kT}}$$

ableiten. Auf Grund von Erwägungen, die den vorangehenden völlig analog sind, kann man also feststellen, daß die Zahl der Elektronen im p-Halbleiter kleiner ist als im strukturellen Halbleiter. Welcher Art die Verunreinigungen auch sein mögen, die Zahl der Ladungsträger kann mit den Daten des strukturellen Halbleiters immer bestimmt werden, und zwar auf folgende Weise:

$$n = n_i\, e^{\frac{W_F - W_{Fi}}{kT}}, \tag{3a}$$

$$p = p_i\, e^{\frac{W_{Fi} - W_F}{kT}}. \tag{3b}$$

Daraus läßt sich u. a. auch die Beziehung

$$np = n_i\, p_i = N_c N_v\, e^{-\frac{W_c - W_v}{kT}} \sim C T^3 e^{-\frac{\Delta W}{kT}}$$

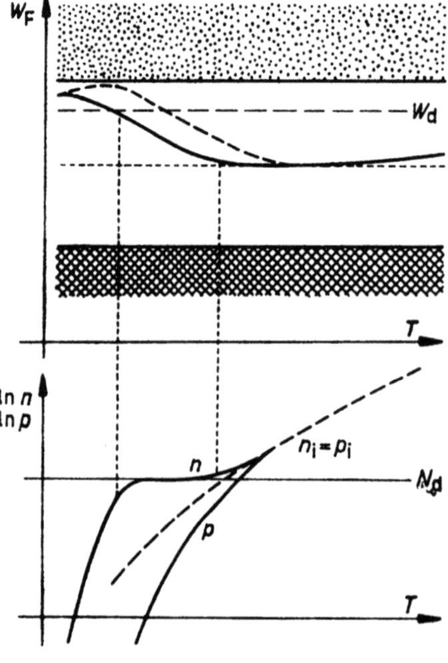

ableiten. Die beschränkte Gültigkeit dieser Gleichung erhellt aus Abb. **5.6**b.

Abb. **5.6** *b*) Die Lage des *Fermi*-Niveaus bei einem mäßig dotierten n-Halbleiter als Funktion der Temperatur. Die Gültigkeit der Gleichung $np = n_i p_i$ beschränkt sich auf ein schmales Intervall, nämlich wo $n = N_d$ angenommen werden kann. Bei höheren Temperaturen treten die Eigenhalbleiter-Eigenschaften hervor. Die gestrichelte Linie gehört zu einer stärkeren Dotierung [7.2]

5.3 Elektrizitätsleitung im homogenen Halbleiter

5.3.1 Der Leitungsmechanismus

Wird eine äußere Spannung einem Halbleiter des n- oder p-Typs angelegt,
so beginnen die Elektronen, sich gegen die Feldrichtung (bei dem n-Typ)
zu bewegen und bringen damit eine Strömung zustande. Die Elektrizitäts-
leitung ist also der in den gewöhnlichen Metallen stattfindenden Elektri-
zitätsleitung sehr ähnlich, mit dem Unterschied allerdings, daß die Zahl
der sich frei bewegenden Elektronen viel kleiner ist. Von den Kontaktstellen zwischen Metall und Halbleiter an den Stromzuführungen wird
angenommen, daß sich dort kein Potentialwall (keine Sperrschicht) ausbildet, daß also ein *Ohm*scher Kontakt und kein Sperrschichtkontakt vorliegt. Dies bedeutet, daß ein Elektron sofort aus dem Metall in den Halb
leiter übertritt, wenn dort Platz für das Elektron frei wird.

Bei Löcherleitung wird der Strom im Halbleiter durch Löcher vermittelt.
Es lohnt sich deshalb, etwas näher zu untersuchen, wie die Löcherleitung
an der Grenzfläche zwischen Metallen in Elektronenleitung übergeht. Wie
erwähnt, ergibt sich die Löcherleitung durch die kontinuierlichen, der
Feldrichtung im Durchschnitt entgegengerichteten Sprünge der Elektronen,
wenn diese auf die im Valenzband leergebliebenen Plätze springen. Im
wesentlichen bezeichnet also die Löcherleitung die Teilnahme der im
Valenzband befindlichen Elektronen an der Leitung.

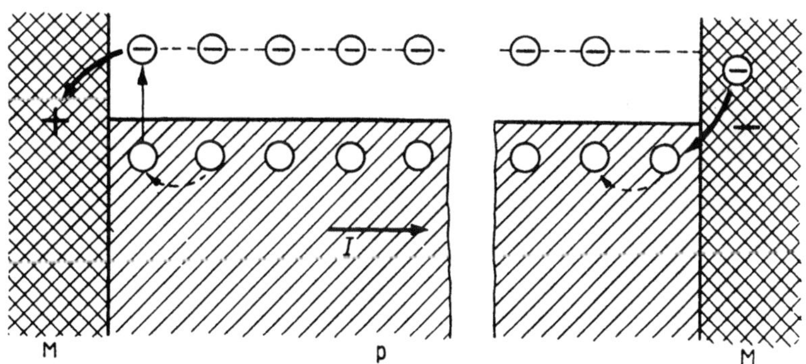

5.7 Die bei dem p-Halbleiter am metallischen Anschlußstück
auftretenden Erscheinungen

Was geschieht nun, wenn ein Loch zum metallischen Anschlußstück
gelangt (Abb. 5.7)? Physikalisch bedeutet dies, daß eines der Valenzelektronen in unmittelbarer Nähe des Metalls in Gegenrichtung auf einen
leergelassenen Bindungsplatz gesprungen ist. Dadurch entsteht eine örtliche
unkompensierte positive Zusatzladung, die dann einem Elektron zum Austritt aus dem Metall verhilft.

Wenn am anderen Anschluß ein Loch vom Metall zum Halbleiter hin
startet, so bedeutet dies physikalisch, daß die dort angekommenen Elektronen das Loch besetzt haben. Das mit Elektronen besetzte Akzeptoren-

Tabelle 5.2. Wichtigere Eigenschaften einiger Halbleiter (nach *Gorodeckij* und *Kravčenko*)

	Ge	Si	Se krist.	GaAs
Gitterkonstante (Å)	5,66	5,43	4,34	5,63
Breite des verbotenen Bandes bei $T = 300\,°\text{K}$ (eV)	0,72	1,12	1,2	1,35
Beweglichkeit der Elektronen (cm²/Vs)	3600	1200	—	5000
Beweglichkeit der Löcher (cm²/Vs)	1700	500		400
Effektive Masse der Elektronen	$0,12\,m_0$	$0,26\,m_0$	—	$0,072\,m_0$
Effektive Masse der Löcher	$0,2\,m_0$	$0,39\,m_0$	—	$0,5\,m_0$
Relative dielektrische Permittivität	16	12	6	11,1
Schmelztemperatur (°C)	936	1420	220	1240

niveau stellt dann eine zusätzliche negative Ladung dar, deren Feld die Wirkung des äußeren Feldes, das das Elektron zum Übertreten in das Metall veranlaßt, wirksam verstärkt. Der Austritt von Löchern aus dem Metall unter Einwirkung des Feldes bedeutet also, daß das Feld den Zusatzelektronen der Akzeptor-Atome zum Eintritt in das Metall verhilft, wodurch Löcher im Halbleiter entstehen. Das Einspringen der Elektronen von rechts her in diese Löcher ist mit einer Strömung der Löcher nach rechts gleichwertig und bedeutet eine nach rechts weisende Stromrichtung.

Nach dem bisher Gesagten kommt der Strom in einem homogenen Halbleiter (ob strukturell, des n-Typs oder des p-Typs) derart zustande, daß sich eine durchschnittliche Wanderungsgeschwindigkeit oder Driftgeschwindigkeit (drift-velocity) in Feldrichtung (im Fall der Löcher), bzw. in Gegenfeldrichtung (im Fall von Elektronen) der ungeordneten thermischen Bewegung der Elektronen und Löcher überlagert. Die Stromdichte ist also dieser Geschwindigkeit, der Dichte sowie der Ladung des Elektrons direkt proportional, d. h.

$$J_n = env_e.$$

Die Leitfähigkeit ist daher

$$\sigma_n = \frac{J_n}{E} = en\,\frac{v_e}{E}.$$

Der Quotient v_e/E, also die unter Einwirkung der Einheitsfeldstärke auftretende charakteristische Geschwindigkeit, wird als Beweglichkeit be-

InSb	InAs	GaSb	GaP	InP	SiC	Cu_2O
6,48	6,06	6,09	4,45	5,86	4,35	4,26
1,18	0,36	0,67	2,25	1,29	2,86	1,56
80000	30000	4000	110	4600	100	—
1250	460	1400	75	150	20	60—80
$0,015m_0$	$0,2\ m_0$	$0,17m_0$	—	$0,07\ m_0$	$0,6\ m_0$	—
$0,18\ m_0$	$0,41\ m_0$	$0,5\ m_0$	—	$0,4\ m_0$	$1,2\ m_0$	—
16,0	14	15	10	14	7,0	8,75
523	942	706	1350	1070	2700	1232

zeichnet,

$$\mu_n = v_e/E \quad (\text{cm}^2/\text{Vs}).$$

Damit erhält man für die Leitfähigkeit

$$\sigma_n = en\mu_n,$$

bzw. für die Stromdichte

$$J_n = en\mu_n E.$$

In analoger Weise erhält man für die Löcher

$$\sigma_p = ep\mu_p, \quad J_p = ep\mu_p E.$$

Berücksichtigt man beide Arten von Ladungsträgern, so ergibt sich

$$\sigma = e(n\mu_n + p\mu_p).$$

Für Ge können die Werte μ_n und μ_p aus Tabelle **5.2** genommen werden.

$$\mu_n = 3600 \ \text{cm}^2/\text{Vs}, \quad \mu_p = 1700 \ \text{cm}^2/\text{Vs}.$$

Es gilt ferner

für Eigenhalbleiter

$$\sigma = en_i(\mu_n + \mu_p),$$

für n-Halbleiter

$$\sigma_n = e\mu_n n_n,$$

für p-Halbleiter

$$\sigma_p = e\mu_p p_p.$$

5.3.2 Die experimentelle Untersuchung der elektrischen Leitung. Der Hall-Effekt

Bisher wurden die mit den Halbleitern verbundenen Erscheinungen als Bewegung der von Donator-Atomen abgegebenen Elektronen sowie der von den Akzeptor-Atomen ebenfalls »abgegebenen« Löcher beschrieben. Die Tatsache, daß das Einspringen von Elektronen in die Lücken der Valenzbindung als Bewegung positiv geladener Teilchen in der entgegengesetzten Richtung beschrieben werden kann, ist zwar ziemlich anschaulich, aber keinesfalls selbstverständlich, wie wir schon gesehen haben. Bezüglich des Leitungsmechanismus bietet der *Hall-Effekt* wertvolle Einsicht.

Der *Hall*-Effekt ist einerseits ein »sprechender« Beweis dafür, daß die Löcher als Teilchen positiver Ladung behandelt werden können; andererseits ermöglicht es diese Erscheinung, nach Annahme der Löcherhypothese die Frage zu entscheiden, mit welcher Art von Leitung (ob p- oder n-Leitung) man es zu tun hat.

Der *Hall*-Effekt selbst besteht in folgendem: Wird nach Abb. **5**.8 ein stromdurchflossener Halbleiter in ein magnetisches Feld gelegt, so kann man zwischen den Punkten AB eine Spannungsdifferenz wahrnehmen. Bekanntlich wirkt auf ein sich im Magnetfeld H mit der Geschwindigkeit v bewegendes Teilchen der Ladung q die Kraft

$$F = \mu H v q$$

ein, wobei die Kraftwirkung zur Bewegungsrichtung sowie zur Feldwirkung senkrecht liegt (μ bezeichnet hierbei die magnetische Permeabilität). Die Geschwindigkeit des Teilchens ist im vorliegenden Fall

$$v = \frac{I}{abnq}.$$

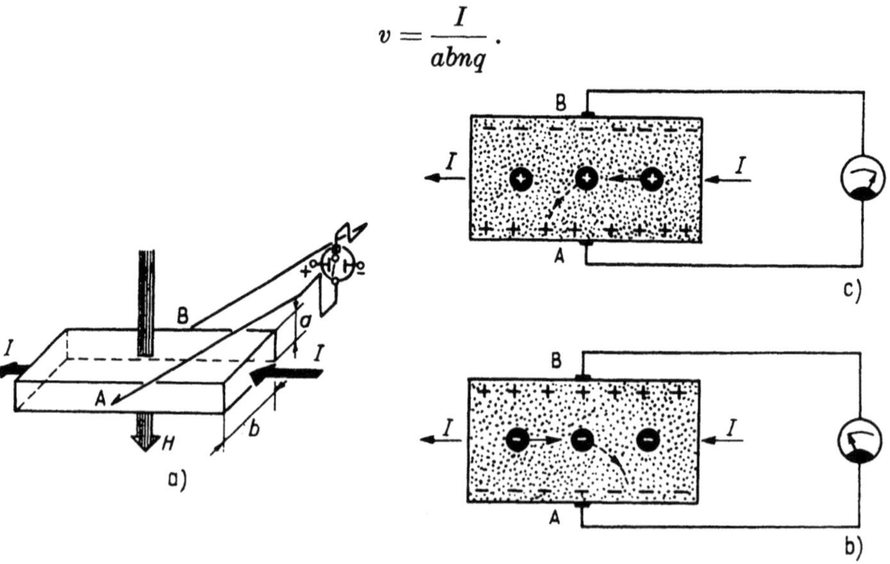

5.8 Veranschaulichung des *Hall*-Effektes: *a)* das Vorzeichen der zwischen den Punkten A und B meßbaren Spannungsdifferenz gibt Auskunft darüber, ob *b)* eine Elektronenleitung oder *c)* eine Löcherleitung vorliegt

Damit ergibt sich für die Kraft

$$F = \frac{\mu HI}{abn} \, .$$

Diese Kraft würde in der Richtung AB einen Strom fließen lassen, bewirkt aber nur eine solche Aufladung der Fläche A, daß die entstehende Feldstärke der obigen Kraft F genau gleich wird, jedoch in entgegengesetzter Richtung auf das Teilchen einwirkt; dann bleibt die Richtung der Geschwindigkeit unverändert. Da die im elektrischen Feld wirkende Kraft

$$Eq = \frac{U}{b} q$$

ist, kann die *Hall*-Spannung aus der folgenden Gleichung ermittelt werden:

$$\frac{U}{b} q = \frac{\mu HI}{abn} \, .$$

Diese Spannung ist also

$$U = \frac{\mu}{nq} \frac{HI}{a} = R \frac{HI}{a} \, ,$$

wobei die Konstante R als *Hall*-Koeffizient bezeichnet wird ($q = -e$ bei Elektronenleitung bzw. $q = +e$ bei Löcherleitung). Der Wert dieses Koeffizienten, d. h. die Zahl der an der Leitung teilnehmenden Teilchen, kann durch Messung ermittelt werden.

Das Interessante an dieser Erscheinung ist, daß das magnetische Feld die Teilchen, gleichgültig ob es positive oder negative Teilchen sind, die den Strom vermitteln, stets nach der gleichen Seite abzubiegen trachtet. Bei den verschiedenen Teilchen sind namlich sowohl die Ladungen als auch die Bewegungsrichtungen entgegengesetzt, so daß die Kraftwirkung immer dieselbe ist. Andererseits häufen sich im einen Fall positive, im anderen negative Ladungen auf ein und derselben Seite an, so daß das Vorzeichen der Spannungsdifferenz davon abhängt, ob die Ladungsträger positiv oder negativ sind. Auf dieser Grundlage kann man also bestimmen, welche Art von Ladungsträgern den Strom vermittelt.

Wenn mehr als eine Art von Ladungsträgern beteiligt sind, dann werden unsere Beziehungen etwas verwickelter; und zwar wird

$$R \approx \frac{\mu}{e} \frac{p\,\mu_p^2 - n\,\mu_n^2}{(p\mu_p + n\mu_n)^2} \, .$$

Für die Verwendbarkeit eines Halbleiters ist die Breite der verbotenen Zone sowie die Beweglichkeit der Ladungsträger am bezeichnendsten. Ein breites verbotenes Energieband bedeutet, daß Elektronen durch ihre thermische Bewegung auch bei verhältnismäßig hohen Temperaturen nicht in das Leitungsband gelangen können, so daß sich die aus dem Verunreinigungscharakter ergebenden Eigenschaften — auf denen die Gleichrichterwirkung sowie das Funktionieren des Transistors beruhen — nicht verwischen (Abb. 5.6b). Das breite verbotene Energieband bedeutet also, daß der Halbleiter bis zu einer höheren Temperatur verwendbar bleibt.

Die Beweglichkeit ist für die Frequenzcharakteristik der Geräte ausschlaggebend, da die Laufzeit der Ladungsträger der Beweglichkeit umgekehrt proportional ist. Zwischen der Breite der verbotenen Zone und der Beweglichkeit scheint eine Korrelation vorzuliegen; bei wachsendem Energieabstand nimmt die Beweglichkeit und damit auch die Grenzfrequenz ab (Tabelle 5.2). Unter den intermetallischen Legierungen gibt es auch solche, die bei hoher Beweglichkeit einen großen Energieabstand aufweisen.

5.3.3 Halbleiter-Widerstände

Für die Leitfähigkeit von Halbleitern erhielten wir im vorangehenden die Beziehung

$$\sigma = en\mu_n + ep\mu_p.$$

Bei strukturellen Halbleitern ist

$$n_i = p_i = 2\left(\frac{2\,\pi\,mkT}{h^2}\right)^{3/2} e^{-\frac{\Delta W}{2kT}},$$

wobei ΔW die Breite der verbotenen Zone bezeichnet. Die Leitfähigkeit des strukturellen Halbleiters ist also

$$\sigma = en_i(\mu_n + \mu_p) = 2\,e\left(\frac{2\,\pi\,mkT}{h^2}\right)^{3/2}(\mu_n + \mu_p)\,e^{-\frac{\Delta W}{2kT}}.$$

Wie man sieht, nimmt die Leitfähigkeit des Halbleiters mit der Temperatur exponentiell zu. Gegen diese Zunahme wirken alle jene Faktoren, die bei reinen Metallen die Abnahme der Leitfähigkeit im Verhältnis zu $1/T$ verursachen. Die exponentielle Zunahme überwiegt jedoch gegenüber jeder anderen Tendenz.

Die Leitfähigkeit wächst aber nicht nur als Funktion der Temperatur. Elektronen, die auf irgendeinem Weg in das obere Leitungsband gelangen, erhöhen die Leitfähigkeit. So findet man in sehr vielen Fällen eine ausgesprochene Zunahme der Leitfähigkeit bei Erhöhen der Spannung. Es scheint jedoch nicht einmal bei sehr hohen Feldstärken möglich zu sein, daß das Elektron aus dem Feld soviel Energie aufnehmen kann, daß es damit in das Leitungsband übertreten könnte. Nimmt man an, daß das Feld im Inneren des Halbleiters sehr inhomogen ist, ferner daß das Elektron ein Vielfaches der Gitterabmessungen durchlaufen und dadurch Energie aufnehmen kann, so kann vielleicht dieser Mechanismus eine Erklärung für die Spannungsabhängigkeit der Leitfähigkeit bieten. In der Praxis wird der stark temperaturabhängige Widerstand Thermistor genannt. Abb. 5.9 zeigt die Änderung des Widerstands von Uranoxyd als Funktion der Temperatur. Auch ZnO und AgS sind als Thermistormaterial gebräuchlich.

Die Thermistoren eignen sich zur Begrenzung der hohen Stromstärken, die bei der Einschaltung kleinerer Motoren auftreten. Durch äußere Erwär-

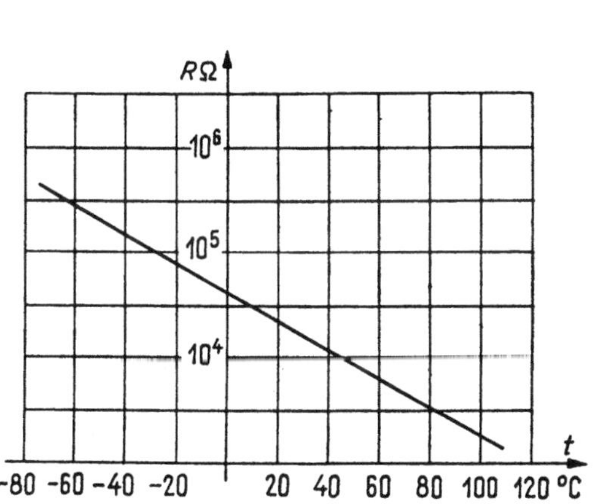

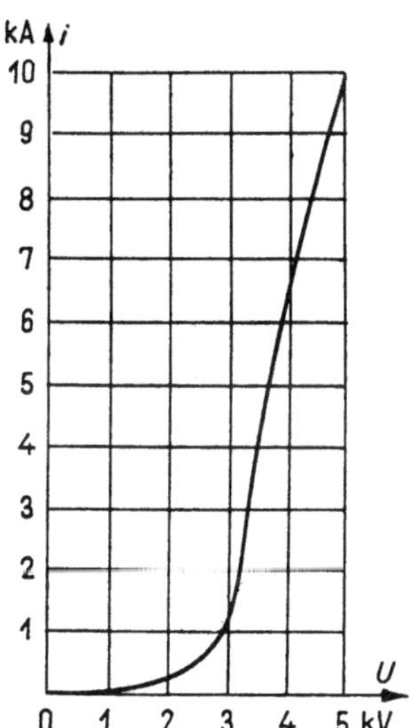

5.9 Die Änderung des Widerstands eines Thermistors aus Uranoxyd als Funktion der Temperatur

5.10 Charakteristik eines Überspannungsableiters

mung ermöglichen diese Geräte die kontinuierliche Änderung des Widerstandes ohne Gleitkontakt, sind also auch zur Fernsteuerung geeignet. Außerdem sind sie auch als Zeitrelais und als Widerstandsthermometer verwendbar. Abb. 5.10 zeigt die Strom-Spannungs-Kennlinie eines Halbleiters, der aus Siliziumkarbid, Lehm und Graphit besteht. Die Stromstärke wächst mit etwa der vierten bis fünften Potenz der Spannung. Dieser Halbleiter kommt als Überspannungsableiter zur Anwendung und bewirkt sozusagen eine Erdung von Fernleitungen beim Auftreten hoher Überspannungen. Bei Rückkehr der Betriebsspannung wird dann der Widerstand dieses Halbleiters wieder so groß, daß er praktisch als Isolator gilt.

5.3.4 Der Gunn-Effekt

Bei den bisherigen die Leitfähigkeit betreffenden Überlegungen wurde vorausgesetzt, daß die in den Beziehungen

$$J = \sigma E = e(p\,\mu_p + n\,\mu_n)\,E, \qquad v = \mu\,E$$

vorkommenden Werte σ bzw. μ_p und μ_n konstant sind. Genauer gesagt, es wurde angenommen, daß die Stromdichte-Feldstärke-Charakteristik oder die Driftgeschwindigkeits-Feldstärke-Charakteristik linear ist. Auf diese Folgerungen sind wir aber durch starke Vereinfachung der im Innern des Kristalls herrschenden Verhältnisse gekommen.

Es ist jedoch bekannt, daß der Wellenvektor k, d. h. im wesentlichen der Impulsvektor, in einem sehr komplizierten Verhältnis zur Energie stehen kann. Untersuchen wir z. B. den Fall, in welchem die Energie in der in

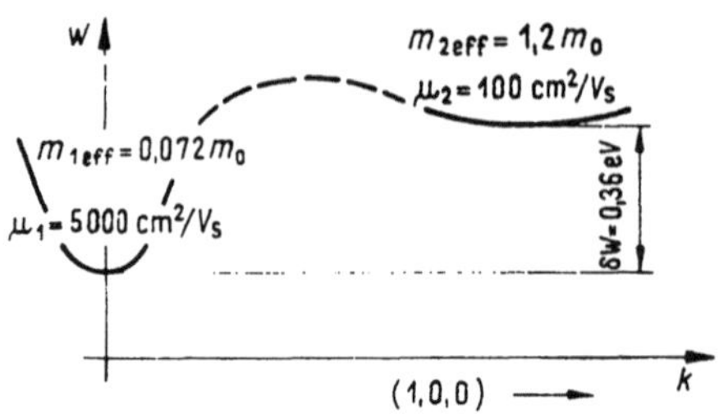

5.11 Die Haupt- und Nebenmulden von GaAs mit der entsprechenden effektiven Masse und Beweglichkeit

Abb. **5.11** ersichtlichen Weise von k abhängig ist! Wir haben also eine tieferliegende Hauptmulde von stärkerer Krümmung und eine höher liegende, flachere Nebenmulde vor uns. Das ist der Fall z. B. beim Galliumarsenid. (Im komplizierten Kurvensystem $(k - W)$ der Abb. **3.36** ist diese Kurvenform klar erkennbar.) Ist die elektrische Feldstärke gleich Null, so befinden sich die Elektronen zum Teil in der Hauptmulde, zum Teil in der Nebenmulde, wobei die Verteilung von der Elektronentemperatur sowie vom Niveauunterschied der beiden Mulden abhängt. Wenn die am Kristall liegende Feldstärke wächst, dann kommen mehr und mehr Elektronen von der unteren Mulde in die obere hinauf, da sie immer mehr Energie aus dem elektrischen Feld aufnehmen können. Nach Erreichen einer gewissen Feldstärke kann man sagen, daß sich praktisch alle Elektronen in der oberen Mulde aufhalten. Die Elektronen der zwei Mulden besitzen aber grundverschiedene Eigenschaften. Für uns ist in dieser Beziehung die Tatsache am wichtigsten, daß die effektive Masse — wie in Abschn. 3.4.7 gezeigt — der Krümmung der Energieminima umgekehrt proportional ist. Dementsprechend ist die effektive Masse der in der Hauptmulde befindlichen Elektronen klein, womit eine hohe Beweglichkeit verbunden ist. Die effektive Masse der in der Nebenmulde befindlichen Elektronen ist dagegen groß, was eine geringe Beweglichkeit bedeutet. In Abb. **5.12** sind die Stromdichte-Feldstärke-Geraden für die zwei idealisierten Fälle dargestellt, in welchen alle in der Leitung teilnehmenden Elektronen sich in der unteren bzw. in der oberen Mulde aufhalten. Die steilere Gerade beschreibt die tatsächlichen Verhältnisse bei kleinerer, die andere bei größerer Feldstärke in guter Näherung. Es gibt natürlich auch einen Bereich, in welchem sich die Elektronen in einem von der elektrischen Feldstärke abhängigen Verhältnis zwischen der unteren und der oberen Mulde verteilen. In diesem Bereich erhält man die in der Abbildung dargestellte fallende Charakteristik, wonach die Stromstärke bei wachsender Feldstärke abnimmt. Formell läßt sich hier die Stromdichte aus der folgenden Formel berechnen:

$$J = e\,n_0\,\tilde{\mu}\,E,$$

5.12 Die statische Charakteristik von GaAs. Die steilere Gerade entspricht dem Ansatz, daß sich alle Elektronen in der Hauptmulde aufhalten, während die untere Gerade den Fall darstellt, daß sich alle Elektronen in der Nebenmulde befinden

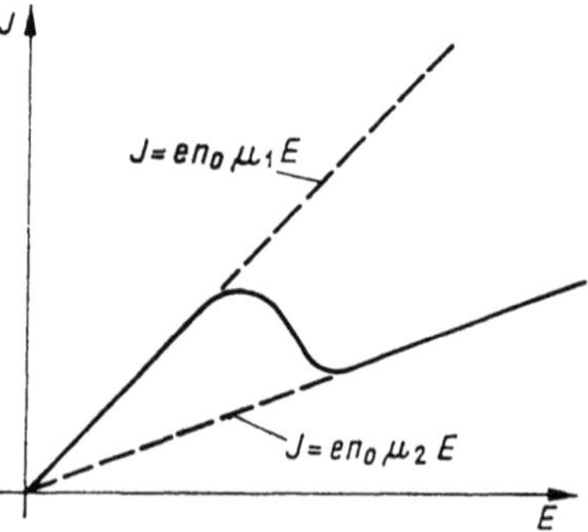

wobei die mittlere Beweglichkeit $\tilde{\mu}$ durch die Beziehung

$$\tilde{\mu} = \frac{n_1 \mu_1 + n_2 \mu_2}{n_1 + n_2}$$

definiert ist. Hierbei bezeichnen $n_0 = n_1 + n_2$ die Gesamtzahl aller an der Leitung teilnehmenden Elektronen und n_1 bzw. n_2 die von der Feldstärke abhängige Zahl der in den beiden Mulden befindlichen Elektronen. Es ist ebenfalls üblich, anstelle der Stromdichte-Feldstärke-Charakteristik die Beziehung zwischen der durch die Gleichung $v = \tilde{\mu}E$ definierten durchschnittlichen Driftgeschwindigkeit und der Feldstärke darzustellen.

Die praktische Bedeutung der beschriebenen Erscheinung besteht darin, daß die Elemente negativer Charakteristik in geeigneter Schaltung als aktives Element, d. h. als Verstärker bzw. als Oszillator verwendet werden können.

Zum Zustandekommen der negativen Charakteristik ist die Erfüllung der folgenden Bedingungen erforderlic:

1. Die Temperatur soll möglichst niedrig sein, weil sich dann praktisch alle Elektronen in der unteren Mulde aufhalten, solange keine Feldstärke vorhanden ist.

2. Bezüglich der effektiven Masse der in den beiden Mulden befindlichen Elektronen soll die Ungleichung

$$m_{1\,\text{eff}} \ll m_{2\,\text{eff}}$$

bestehen.

3. Die Energieniveaudifferenz δW soll bedeutend kleiner sein als die Breite der verbotenen Zone, damit bei größeren Feldstärken kein Durchschlag eintritt.

Beim bisher Gesagten wurde vorausgesetzt, daß identische Verhältnisse in der ganzen Ausdehnung des Kristalls vorherrschen. Tatsächlich sind aber die Erscheinungen äußerst verwickelt. Der Negativwert der differentiellen Beweglichkeit $\mu_d = dv/dE$ ermöglicht die Ausbildung von *Domänen* mit bestimmter Feldstärken- bzw. Ladungskonfiguration, die von der Kathode ausgehen und mit bestimmter Geschwindigkeit auf die Anode zulaufen. Sobald eine solche Domäne die Anode erreicht hat, startet eine neue Domäne aus der Kathode. Ursprünglich (im Jahr 1963) hat *Gunn* diese Erscheinung beobachtet, und es hat sich erst später herausgestellt, daß dabei von einer Folge der oben behandelten und theoretisch bereits 1960 untersuchten Grunderscheinung die Rede war.

5.4 Die Grundgleichungen der phänomenologischen Behandlung der Halbleitergeräte

Bis jetzt wurden der statische und der stationäre Fall im homogenen Halbleiter untersucht. Die in einem Halbleitergerät auftretenden Erscheinungen sind aber komplizierter; hier finden zeitlich veränderliche Ereignisse in einem inhomogenen Halbleitersystem statt. Im folgenden werden die Grundgleichungen zusammengestellt, die diese Ereignisse beschreiben und als Ausgangspunkt unserer weiteren Überlegungen dienen.

In einem inhomogenen System ändert sich jede Größe, so auch die Dichte der Ladungsträger, von Ort zu Ort, d. h. $n = n(\boldsymbol{r}, t)$ und $p = p(\boldsymbol{r}, t)$; hierbei wurde bereits auch die Zeitabhängigkeit mit berücksichtigt. Falls nun die Dichte einen räumlichen Gradienten aufweist, dann tritt neben dem unter Einwirkung der elektrischen Feldstärke entstehenden Drift-Strom auch ein Diffusionsstrom auf. Der Betrag der Teilchenströmung ist dann

$$-D_n \operatorname{grad} n, \text{ bzw. } -D_p \operatorname{grad} p.$$

Beide zeigen also in Richtung *sinkender* Konzentration. Der Ausdruck für den entsprechenden elektrischen Strom lautet dagegen

$$\boldsymbol{J}_n = eD_n \operatorname{grad} n, \; \boldsymbol{J}_p = -eD_p \operatorname{grad} p,$$

da die Richtung des elektrischen Stromes bei negativer Ladung der Strömungsrichtung der Ladungsträger entgegengesetzt ist. Unter Berücksichtigung des Drift-Stromes ist also der gesamte Elektronen bzw. Löcherstrom

$$\boldsymbol{J}_n = ne\mu_n \boldsymbol{E} + eD_n \operatorname{grad} n \tag{1}$$

bzw.

$$\boldsymbol{J}_p = pe\mu_p \boldsymbol{E} - eD_p \operatorname{grad} p. \tag{2}$$

Welches sind nun die Gründe, die zur zeitlichen Änderung der Löcher- bzw. der Elektronendichte an einem gegebenen Ort führen, d. h. welches sind die Komponenten der Größen $\partial p/\partial t$ und $\partial n/\partial t$? Die Zahl der Löcher pro Volumeneinheit ändert sich vor allem deshalb, weil die an den Grenzflächen der Volumeneinheit ein- und ausströmende Löchermenge nicht die gleiche ist. Die Differenz beträgt

$$- \operatorname{div} \frac{\boldsymbol{J}_p}{e}.$$

Die Zahl der Löcher ändert sich ferner infolge der der Abweichung vom Gleichgewichtszustand proportionalen Rekombination in Relaxationszeitnäherung,

$$- \frac{p - p_0}{\tau_p},$$

wobei der Proportionalitätsfaktor τ_p die auf die Löcher und auf die Rekombination bezogene Relaxationszeit bezeichnet. Die Zahl der Löcher kann sich schließlich ändern, weil ein äußerer Faktor, z. B. Licht, Löcher erzeugt. Bezeichnen wir die Zahl der letzteren pro Volumen- und Zeiteinheit mit g_p, dann lautet die »Löcher-Bilanz« der Volumeneinheit

$$\frac{\partial p}{\partial t} = - \frac{1}{e} \operatorname{div} \boldsymbol{J}_p - \frac{p - p_0}{\tau_p} + g_p. \tag{3}$$

Für die Elektronen läßt sich eine ähnliche Gleichung aufschreiben:

$$\frac{\partial n}{\partial t} = \frac{1}{e} \operatorname{div} \boldsymbol{J}_n - \frac{n - n_0}{\tau_n} + g_n. \tag{4}$$

Im Ausdruck für die Drift-Stromdichte kommt die Feldstärke vor, welche jedoch von der Löcher- und Elektronenverteilung abhängt, und zwar ist

$$\operatorname{div} \boldsymbol{E} = \frac{\varrho}{\varepsilon} = \frac{e}{\varepsilon}(p - n + N_{\mathrm{d}} - N_{\mathrm{a}}^{-}) = -\operatorname{div}\operatorname{grad} U = -\varDelta U. \tag{5}$$

Zur vollständigen Bestimmung von U ist auch die Kenntnis der Randbedingungen, d. h. der von außen angelegten Spannungswerte, erforderlich. Ergänzen wir die jetzt aufgeschriebenen Gleichungen (1) bis (5) mit den für Löcher und Elektronen aufgeschriebenen, in guter Näherung gültigen *Einstein*schen Gleichungen

$$\frac{D_n}{\mu_n} = \frac{D_p}{\mu_p} = \frac{kT}{e}, \tag{6}$$

so haben wir alle Grundgleichungen der phänomenologischen Theorie der Halbleiter vor uns.

Jede dieser Gleichungen kann als eine Näherung der *Boltzmann*-Gleichung betrachtet werden. In der Tat, schreibt man die *Boltzmann*-Gleichung separat für die Leitungs- und Valenzelektronen wie für zwei verschiedene Gase auf, so erhält man die obigen Beziehungen durch Integrieren über die *Brillouin*-Zone und durch Einführen der Löcherverteilungsfunktion anstelle der Verteilungsfunktion $1-f_{\mathrm{v}}\,(\boldsymbol{k}, \boldsymbol{r}, t)$, wobei f_{v} die Verteilung der Valenzelektronen bezeichnet.

5.5 Der pn-Übergang

5.5.1 Die Verschiebung der Energieniveaus

Wie bereits erwähnt, sind besondere Verhältnisse zu erwarten, falls die Verunreinigung des Germaniumkristalls inhomogen ist. Zur Untersuchung des praktisch wichtigsten Falles derartiger Erscheinungen stellen wir einen Kristall her, bei dem eine Seite vom p-Typ, die andere vom n-Typ ist. Nebenbei gesagt ist es unzweckmäßig, separate Kristalle des einen und des anderen Typs herzustellen und diese zu einer Einheit zusammenzufassen, da an der Kontaktfläche der beiden Kristalle mit Sicherheit störende, komplizierende Flächeneffekte auftreten würden. Andererseits ist zwischen den Teilen des p- bzw. n-Typs eine schmale Übergangszone vorzusehen. Bekanntlich sind im p-Germanium freie Löcher, im n-Germanium frei bewegliche Elektronen vorhanden (Abb. 5.13). Durch Diffusion gelangt ein Teil der Elektronen auf die linke, ein Teil der Löcher auf die rechte Seite. Als Ergebnis, z. T. infolge der von der rechten Seite wegdiffundierten Elektronen, z. T. infolge hierher eindiffundierter Löcher — was aber natürlich wieder nur die Tatsache beschreibt, daß in Wirklichkeit Elektronen auch von der Valenzbindung in die entgegengesetzte Richtung wandern —, entsteht in der Umgebung der Anschlußstelle auf der rechten Seite eine Anhäufung positiver bzw. auf der linken Seite negativer Raumladungen. Schließlich stellt sich ein Gleichgewichtszustand ein, bei dem das so entstandene Kraftfeld die sich aus der Diffusion ergebende Ladungsströmung gerade kompensiert.

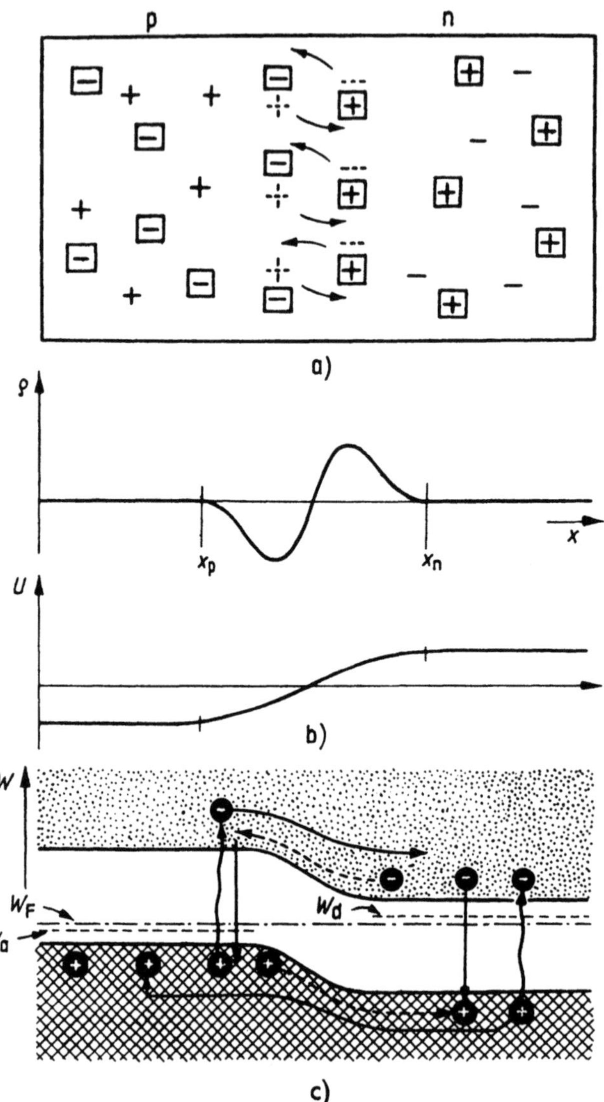

5.13 *a)* Beim Kristall, dessen eine Hälfte vom *n*-Typ und die andere vom *p*-Typ
ist, können durch Diffusion Elektronen von der *n*-Hälfte in die *p*-Hälfte und
Löcher von der *p*-Hälfte in die *n*-Hälfte übertreten. *b)* Die durchdiffundierten
Ladungen ordnen sich in einer Doppelschicht an; der Verlauf von Ladungsdichte und Potential entspricht dieser Anordnung. *c)* Die Energieniveaus der
beiden Halbleiterteile richten sich (in größerer Entfernung von der Fügungs-
stelle) nach dem gemeinsamen *Fermi*-Niveau. Bei thermischem Gleichgewicht
gelangen Elektronen von *n* nach *p* und Löcher von *p* nach *n* durch Diffusion,
während etwa die gleiche Zahl von durch thermische Anregung entstandenen
Löchern und Elektronen in der entgegengesetzten Richtung übertritt. Die
gestrichelte Linie zeigt die Richtung der Diffusionsströmung, die volle Linie
die Richtung der Feldströmung

Als Folge der beschriebenen Erscheinungen ändert sich auch der Potentialverlauf, und zwar wird infolge der sich in der Mitte ausbildenden Doppelschicht das Potential der rechten Seite positiver, das der linken Seite negativer. Dementsprechend verschieben sich die Energieniveaus der Elektronen
auf der rechten Seite nach unten, auf der linken Seite nach oben. Auf eine
derartige Verschiebung der Energieniveaus kann man bereits daraus
schließen, daß die *Fermi*-Niveaus in einem System ohne äußeres Feld bei
thermischem Gleichgewicht auf derselben Höhe liegen müssen, wie wir es
im folgenden noch sehen werden. Andererseits ist es natürlich, daß die
relative Lage von *Fermi*-Niveau und Valenzband oder *Fermi*-Niveau und
Leitungsband im unverbundenen p-Germanium eine andere ist als im
unverbundenen n-Germanium. Mit Rücksicht darauf, daß das *Fermi*-
Niveau der beiden Substanzen im vorliegenden Fall auf der gleichen Höhe
liegt, ist es also nicht verwunderlich, daß ihre Valenz- und Leitungsbänder
gegeneinander verschoben sind. In der Abbildung ist auch das gemeinsame
Fermi-Niveau eingezeichnet.

Verfolgt man nun diese thermodynamische Gleichgewichtserscheinung in
ihren Einzelheiten, so findet man folgendes: Durch Diffusion treten einige
Elektronen, wenn auch nur sehr wenige, trotz des Potentialhügels vom
n-Raum in den p-Raum über, wo sie sich z. B. auf freien Bindungsplätzen
einbauen; anders ausgedrückt, sie vereinen sich mit je einem Loch. Diese
von rechts nach links zeigende Elektronenströmung wird durch im p-Raum
durch thermische Anregung entstehende Elektron-Loch-Paare kompensiert,
wobei das Freie-Elektron-Glied des Paares »den Hang hinunterrollen« kann.
Die Löcher — auch als Blasen veranschaulicht — trachten ihrer Benennung
entsprechend nach oben, können jedoch auch nach rechts diffundieren.
Im Endergebnis erhalten wir den Strom Null gesondert für die Elektronen
und für die Löcher.

5.5.2 Die quantitative Behandlung des thermischen Gleichgewichts des pn-Überganges

Wie bereits an Hand des qualitativen Bildes ersichtlich war, stellt sich
das Gleichgewicht dann ein, wenn die unter Einwirkung des Feldes entstehende Strömung und die Diffusionsströmung einander kompensieren, wenn
also ihre Resultierende gleich Null wird.

Die Resultierende von Feldstrom und Diffusionsstrom ist

$$\boldsymbol{J}_p = e\mu_p p\boldsymbol{E} - eD_p \operatorname{grad} p, \tag{1}$$

$$\boldsymbol{J}_n = e\mu_n n\boldsymbol{E} + eD_n \operatorname{grad} n. \tag{2}$$

Es wird nun angenommen, daß das Problem eindimensional ist, d. h. daß
alle Größen von der x-Koordinate allein abhängig sind.

Bei thermischem Gleichgewicht sind separat betrachtet sowohl der resultierende Löcherstrom als auch der resultierende Elektronenstrom gleich
Null. Es läßt sich also

$$- e\mu_p p\,\frac{\mathrm{d}U}{\mathrm{d}x} - eD_p\,\frac{\mathrm{d}p}{\mathrm{d}x} = 0 \tag{3}$$

schreiben. Eine ähnliche Gleichung kann auch für die Elektronen aufgeschrieben werden. Sowohl n als p sind nun in den makroskopisch sehr
kleinen oberflächlichen Schichten (Größenordnung 10^{-4} cm) der unmittelbaren Umgebung der Bindungsstelle veränderlich, außerhalb dieses Bereiches sind sie konstant. Die einzelnen Stromkomponenten sind daher natürlich hier für sich allein gleich Null.

Die obige Gleichung läßt sich auch in der folgenden Form schreiben:

$$e\mu_p\, \mathrm{d}U + eD_p \frac{\mathrm{d}p}{p} = 0\,. \tag{4}$$

Wir integrieren jetzt vom linken Rand der Übergangszone bis zu ihrem
rechten Rand, wo U und p bereits die konstanten Werte U_p und p_p bzw.
U_n und p_n haben,

$$\mu_p \int\limits_{U_p}^{U_n} \mathrm{d}U + D_p \int\limits_{p_p}^{p_n} \frac{\mathrm{d}p}{p} = 0\,.$$

Man erhält

$$p_p = p_n \mathrm{e}^{\frac{(U_n - U_p)\mu_p}{D_p}} = p_n \mathrm{e}^{\frac{(W_p - W_n)\mu_p}{eD_p}}\,. \tag{5}$$

Eine völlig analoge Beziehung läßt sich auch für die Elektronenverteilung
ableiten.

Es ist bekannt, daß die Strömung die Verhältnisse im Innern der beiden
Kristallhälften — von der Übergangszone abgesehen — im wesentlichen
nicht geändert hat. Es gelten also dort die Beziehungen nach Gl. 5.2−(3)

$$p_p = p_i \mathrm{e}^{\frac{W_{\mathrm{F}i}^p - W_{\mathrm{F}}^p}{kT}}\,, \quad p_n = p_i \mathrm{e}^{\frac{W_{\mathrm{F}i}^n - W_{\mathrm{F}}^n}{kT}}\,, \tag{6}$$

wobei W_{F}^p das *Fermi*-Niveau der p-Schicht und $W_{\mathrm{F}i}$ das zum nichtverun-
reinigten (intrinsic) Fall gehörende *Fermi*-Niveau bezeichnen.
Durch Einsetzen dieser zwei Werte in die vorangehende Gleichung erhält
man

$$\frac{W_{\mathrm{F}i}^p - W_{\mathrm{F}}^p}{kT} = \frac{W_{\mathrm{F}i}^n - W_{\mathrm{F}}^n}{kT} + \frac{\mu_p(W_p - W_n)}{D_p\, e}\,. \tag{7}$$

Diese Gleichung kann auch in der folgenden Form geschrieben werden:

$$\frac{1}{kT}(W_{\mathrm{F}}^p - W_{\mathrm{F}}^n) = -\frac{\mu_p(W_p - W_n)}{D_p\, e} - \frac{W_{\mathrm{F}i}^n - W_{\mathrm{F}i}^p}{kT} = \left(\frac{\mu_p}{eD_p} - \frac{1}{kT}\right)(W_n - W_p)\,, \tag{8}$$

wobei bereits berücksichtigt wurde, daß das »intrinsic« *Fermi*-Niveau in
beiden Fällen in die Mitte der verbotenen Zone fällt und sich deshalb
um das statische Potential verschiebt, d. h. daß

$$W_{\mathrm{F}i}^n - W_{\mathrm{F}i}^p = W_n - W_p \tag{9}$$

ist.

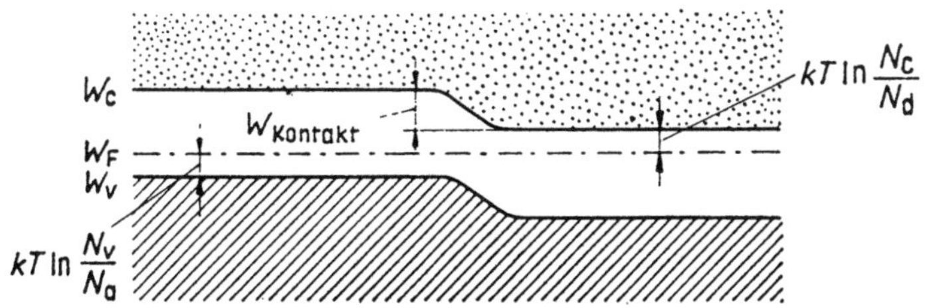

5.14 Das Maß der Niveauverschiebung und das Kontaktpotential

Betrachten wir erneut Gleichung (8), so kann folgendes festgestellt werden:
Die Diffusionskonstante und die Beweglichkeit sind voneinander nicht
unabhängig, da beide durch die Zusammenstöße zwischen Teilchen und
Ionen geregelt werden. Zwischen den beiden besteht die *Einstein*sche
Relation (Abschn. 3.6.5)

$$D = \frac{kT\mu}{e}, \qquad \frac{\mu}{eD} - \frac{1}{kT} = 0. \tag{10}$$

Nach Gleichung (8) ist also

$$W_F^p = W_F^n. \tag{11}$$

Wir haben also die wichtige Beziehung erhalten, daß die *Fermi*-Niveaus
auf der gleichen Höhe liegen. Damit kann man auf Grund der Abb. **5.14**
sowohl das Maß der Niveauverschiebung als auch das Kontaktpotential
berechnen. Da auf Grund der Gleichungen 5.2 − (1), (2)

$$W_v^p + kT \ln \frac{N_v}{N_a} = W_c^n - kT \ln \frac{N_c}{N_d} \tag{12}$$

ist, erhält man für das Kontaktpotential in Energieeinheiten

$$W_k = W_c^n - W_c^p = W_v^p - W_c^p + kT \ln \frac{N_v N_c}{N_a N_d}. \tag{13}$$

Durch Umordnen der im Abschnitt 5.2 angeführten Gleichung

$$n_p = \frac{N_c N_v}{N_a} e^{-\frac{W_c^p - W_v^p}{kT}}, \qquad W_v^p - W_c^p = kT \ln \frac{n_p N_a}{N_c N_v} \tag{14}$$

erhält man schließlich die Beziehung

$$U_k = -\frac{W_k}{e} = -\frac{1}{e}\left[kT \ln \frac{n_p N_a}{N_c N_v} + kT \ln \frac{N_c N_v}{N_a N_d} \right] = \frac{kT}{e} \ln \frac{\sigma_p \sigma_n}{n_i^2 e^2 \mu_p \mu_n}. \tag{15}$$

5.6 Die Schichtdiode

5.6.1 Qualitative Übersicht

Das im vorangehenden Abschnitt behandelte thermische Gleichgewicht wird sofort umgeworfen, wenn eine Spannungsdifferenz den beiden Enden des Kristalls angelegt wird. Durch Diffusion werden nur sehr wenige Elektronen oder Löcher von einem Raumteil in den anderen übertreten, falls die positive Spannung auf der n-Seite, die negative auf der p-Seite angelegt wird. Der Potentialberg wird nämlich unter Einwirkung des Feldes so hoch, daß die Elektronen nun in einer mit der Höhe exponentiell sinkenden Anzahl hinaufdiffundieren können (Abb. **5.15a**). Mit den Löchern verhält es sich ähnlich. Der Strom, welcher sich durch die Bildung von thermischen Elektron-Loch-Paaren ergibt, bleibt also unkompensiert. Dieser Strom ist naturgemäß sehr klein. Sein Betrag ist nicht von der Höhe des Berges, sondern nur von der Temperatur abhängig.

Werden die gleichen Überlegungen auf die Schaltung der entgegengesetzten Polarität angewendet (Abb. **5.15b**), so findet man, daß der Kristall gut

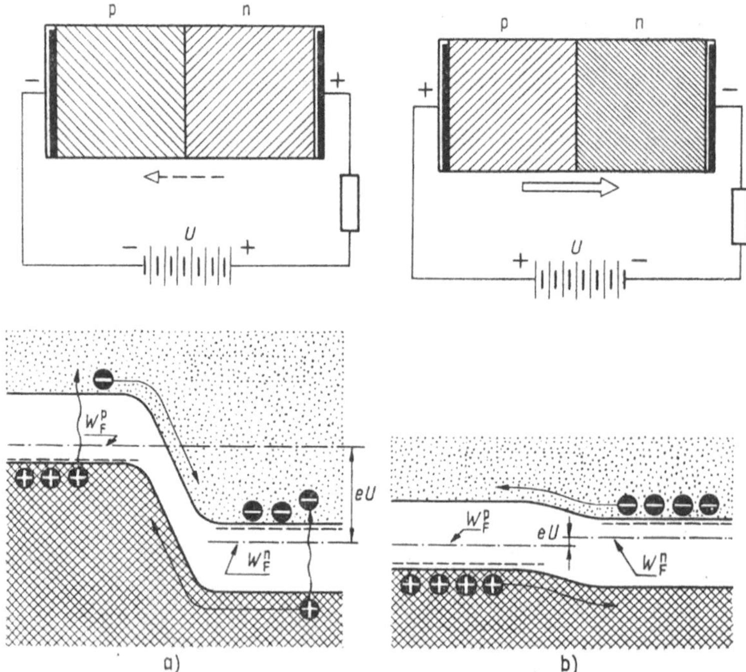

5.15 *a)* Das Herabsetzen der Energieniveaus des n-Leiters mittels einer äußeren Spannung baut ein Hindernis gegenüber dem Diffundieren der Elektronen von n nach p bzw. der Löcher von p nach n auf. Das ist also die Sperrschaltung. *b)* Die dem p-Leiter angelegte positive Spannung erleichtert das Durchdiffundieren von Elektronen und Löchern

leitet. Der Diffusionsstrom von Elektronen und Löchern nimmt mit der Abnahme der Höhe des Potentialberges exponentiell zu. Naturgemäß ergeben beide Arten der Teilchenströmung einen Strom der gleichen Richtung. Die vollständige Charakteristik ist in Abb. 5.16 dargestellt. Wie ersichtlich ist der Strom in der Sperrichtung um zwei Größenordnungen kleiner als in der Durchlaßrichtung.

Bei sehr großer Sperrspannung wächst der Strom der *pn*-Diode wieder an, die Diode wird leitend. Das Zustandekommen dieses Durchschlagstromes, des

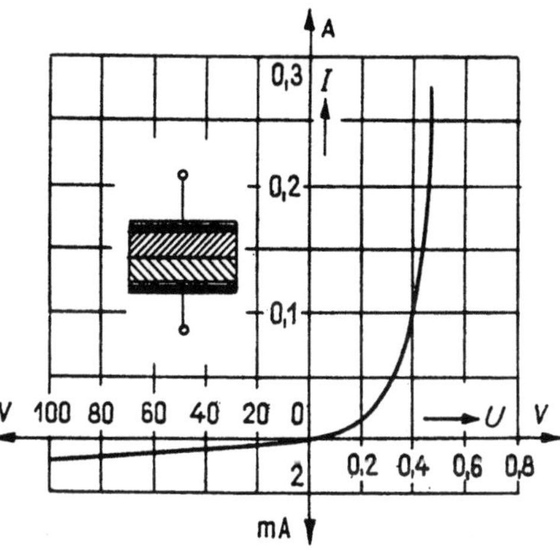

5.16 Charakteristik einer Leistungsdiode

sog. *Zener-Stromes*, beruht auf dem folgenden Mechanismus: Bei Hochspannung entsteht eine sehr große Feldstärke in der Übergangsschicht. Diese beschleunigt die wenigen dort befindlichen Elektronen derart, daß sie durch wiederholte Zusammenstöße, also lawinenartig, mehreren Elektronen eine solche Energie mitteilen, daß diese in das Leitungsband hinaufkommen (Abb. 5.17). Solange die Stromstärke nicht

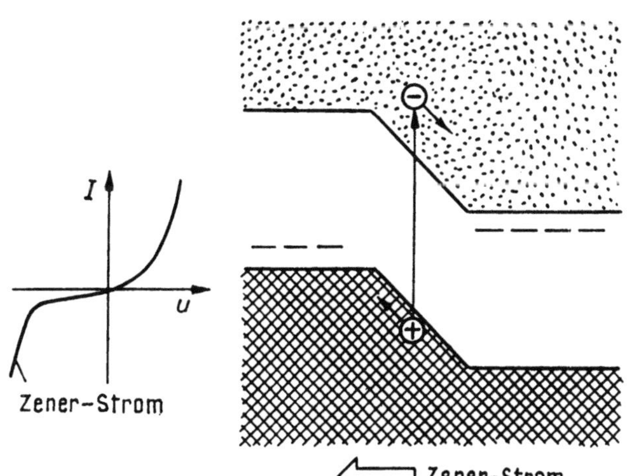

5.17 Das Zustandekommen des *Zener*-Stromes

zu hoch wird, verursacht dieser Prozeß keine irreversible Änderung in der Diode (sie geht infolge des Durchschlags nicht zugrunde). Die Diode ist sowohl zur Spannungsbegrenzung als auch zur Spannungsstabilisierung verwendbar.

5.6.2 Die quantitative Bestimmung des Stromes in Durchlaß- und Sperrichtung

Wir ermitteln vor allem, um wieviel die Zahl der Minoritäts-Ladungs-träger jenseits der Grenzschicht gegenüber dem Gleichgewichtszustand zugenommen hat. Falls auch ein Strom J_p fließt, kann die Gleichung (4) unter Berücksichtigung von (2) in der Form

$$e\mu_p \int\limits_{U_p'}^{U_n} \mathrm{d}U + eD_p \int\limits_{p_p}^{p_n} \left(1 + \frac{J_p}{eD_p}\,\frac{\mathrm{d}x}{\mathrm{d}p}\right)\frac{\mathrm{d}p}{p} = 0$$

geschrieben werden, wobei jetzt $U_p' = U_p + U$ den um die äußere Span-nung erhöhten Wert bezeichnet. Das Einsetzen des Stromes stellen wir uns jetzt so vor, daß Feldstrom und Diffusionsstrom das Gleichgewicht nicht mehr halten. Das Feld ist etwas abgeschwächt, so daß ein Zusatz-strom fließen kann. Dieser Zusatzstrom ist gegenüber den einander das Gleichgewicht haltenden Strömen klein (40 000 A/cm²: 1 A/cm²), so daß der Wert J_p bei der Bestimmung der Teilchenzahl vernachlässigt werden kann. Unter Verwendung der Gleichung 5.5 — (5) sowie der *Einstein*schen Relation führt die analog zu den vorangehenden durchgeführte Integration zur Beziehung

$$p_{n_0} \equiv p_{e_0} = p_p \mathrm{e}^{\frac{\mu_p}{D_p}(U_p'-U_n)} = p_n \mathrm{e}^{\frac{\mu_r}{D_p}(U_n-U_p)}\,\mathrm{e}^{\frac{\mu_p}{D_p}(U_p'-U_n)} = p_n \mathrm{e}^{\frac{\mu_p}{D_p}U} = p_n \mathrm{e}^{\frac{qU}{kT}}. \tag{1a}$$

Diese Gleichung besagt, daß die Zahl der von der linken zur rechten Seite der Kontaktfläche durchdiffundierten (durchemittierten) Minoritäts-Ladungsträger um einen von der angelegten Spannung exponentiell abhän-gigen Faktor größer ist als die Zahl der sich dort im thermischen Gleich-gewicht befindenden Löcher p_n. In ähnlicher Weise gilt die Beziehung

$$n_{e_0} = n_p \mathrm{e}^{\frac{eU}{kT}} \tag{1b}$$

auch für die durchdiffundierten Minoritäts-Elektronen (Abb. 5.18).

Die von der einen Schicht in die andere übergetretenen Minoritäts-Ladungs-träger bewegen sich auf den metallischen Anschluß zu und treffen auf ihrem Weg die Majoritäts-Ladungsträger. Eine Rekombination findet statt, die Zahl der Minoritäts-Ladungsträger sinkt mit dem zunehmenden Abstand von der Kontaktfläche, bis sich dann die dem thermischen Gleichgewicht entsprechende Zahl in genügender Entfernung wieder einstellt. Um die räumliche Konzentrationsänderung der Ladungsträger aufschreiben zu können, muß die diesbezügliche Kontinuitätsgleichung gelöst werden.

Die Kontinuitätsgleichung wird nach Gl. 5.4—(3) bzw. 5.4—(4) im statio-nären Zustand:

$$\operatorname{div} \boldsymbol{J}_p = \frac{\mathrm{d}J_p}{\mathrm{d}x} = -e\frac{p - p_n}{\tau_p}.$$

5.18 Die Änderung der Komponenten der Elektronen- und Löcherkonzentration sowie der Stromdichte in Durchlaßrichtung $p(x_n)$ und $n(x_p)$ bezeichnen die durch Gl. (1a) und (1b) bestimmten durchdiffundierten Minoritäts-Ladungsträger. Die Werte von $J_p(x) \equiv i_p(x)$ und $J_n(x) \equiv i_n(x)$ ergeben die Gleichungen (5) und (6) [5.8]

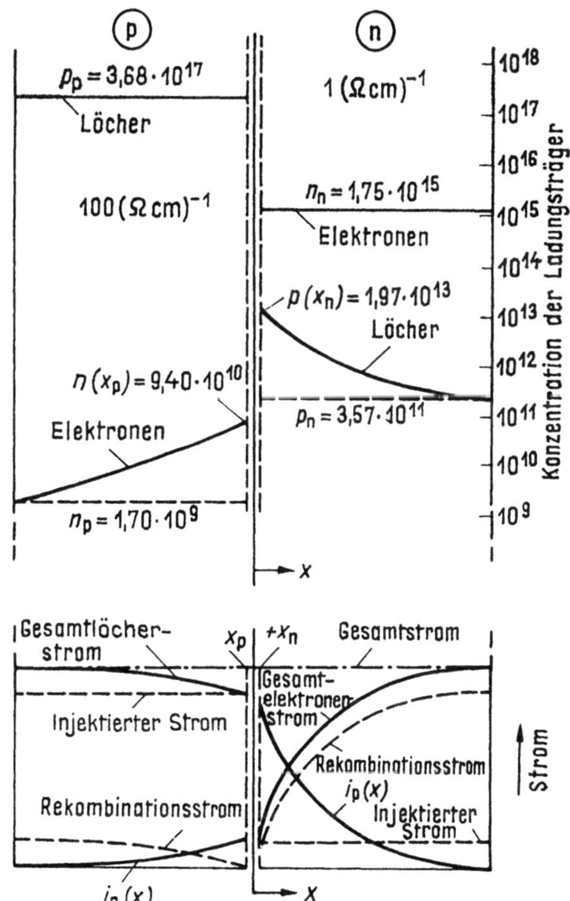

Wird nun der Strom durch die Beziehung

$$J_p = -\,eD_p \frac{\mathrm{d}p}{\mathrm{d}x}$$

eingeführt (der Driftstrom ist gleich Null, da außerhalb der Grenzschicht $U = \text{const}$ ist), so erhält man nach Umordnen die Differentialgleichung

$$\frac{\mathrm{d}^2 p(x)}{\mathrm{d}x^2} + \frac{p_n - p(x)}{D_p \tau_p} = 0, \qquad \frac{\mathrm{d}^2 [p(x) - p_n]}{\mathrm{d}x^2} = \frac{p(x) - p_n}{L_p^2}$$

für die räumliche Änderung der Löcherkonzentration. Die allgemeine Lösung dieser Gleichung lautet

$$p(x) - p_n = A\mathrm{e}^{-\frac{x}{L_p}} + B\mathrm{e}^{\frac{x}{L_p}}, \tag{2}$$

30*

wobei die Diffusionslänge L_p definitionsgemäß gleich

$$L_p = \sqrt{D_p \tau_p}$$

ist. Physikalisch bedeutet diese die Entfernung, welche ein Loch im Durchschnitt zurücklegt, bevor es rekombiniert.

Berücksichtigt man den auf der linken Seite der n-Schicht angenommenen Wert

$$p(x_n) = p_n e^{\frac{eU}{kT}}$$

sowie den auf der rechten Seite angenommenen Wert p_n (die Dicke der n-Schicht soll groß genug sein, damit der letztere dem am Ort $x = \infty$ angenommenen Wert gleich wird), so erhält man die Endformel

$$p(x) - p_n = p_n \left(e^{\frac{eU}{kT}} - 1 \right) e^{\frac{x_n - x}{L_p}}, \quad x > x_n, \tag{3a}$$

wobei x_n die rechtsseitige Koordinate des Grenzschichtrandes bezeichnet. Analog erhält man

$$n(x) - n_p = n_p \left(e^{\frac{eU}{kT}} - 1 \right) e^{\frac{x - x_p}{L_n}}, \quad x < x_p. \tag{3b}$$

Berücksichtigt man die folgenden Beziehungen zwischen Stromdichte und Löcher- bzw. Elektronenkonzentration,

$$J_p = - e D_p \frac{dp}{dx}, \quad J_n = eD_n \frac{dn}{dx}, \tag{4a, b}$$

so ergeben sich für die einzelnen Stromgrößen die Beziehungen

$$J_p(x) = \frac{+ eD_p p_n}{L_p} \left(e^{\frac{eU}{kT}} - 1 \right) e^{\frac{x_n - x}{L_p}}, \quad x > x_n, \tag{5}$$

$$J_n(x) = \frac{eD_n n_p}{L_n} \left(e^{\frac{eU}{kT}} - 1 \right) e^{\frac{x - x_p}{L_n}}, \quad x < x_p. \tag{6}$$

Diese Gleichungen ergeben naturgemäß nur den Strom, den die Minoritäts-Ladungsträger verursachen.

Die aus der Grenzschicht herausfließenden, also durch diese injektierten Ströme sind

$$J_p(x_n) = J_{ps} \left(e^{\frac{eU}{kT}} - 1 \right), \quad J_{ps} = \frac{eD_p p_n}{L_p},$$

$$J_n(x_p) = J_{ns} \left(e^{\frac{eU}{kT}} - 1 \right), \quad J_{ns} = \frac{eD_n n_p}{L_n}.$$

In Abb. 5.18 wurde von dem sich so ergebenden Elektronen- bzw. Löcherstrom ausgegangen. Die gesamte die Schichtdiode durchströmende Stromdichte ist natürlich in jedem Querschnitt die gleiche. Zur Rekombination der Löcher sind Elektronen dorthin zu transportieren; der von der rechten

5.19 Die Änderung der Komponenten der Elektronen- und Löcherkonzentration sowie der Stromdichte für den Strom in Sperrichtung. Gegenüber der Abb. 5.18 ist hier die Reihenfolge pn umgekehrt und auch das Maß der Verunreinigung verschieden. Dadurch lassen sich die Abbildungen **5.18** und **5.19** zu einem $p\,n\,p$-Schichttransistor kombinieren [5.8]

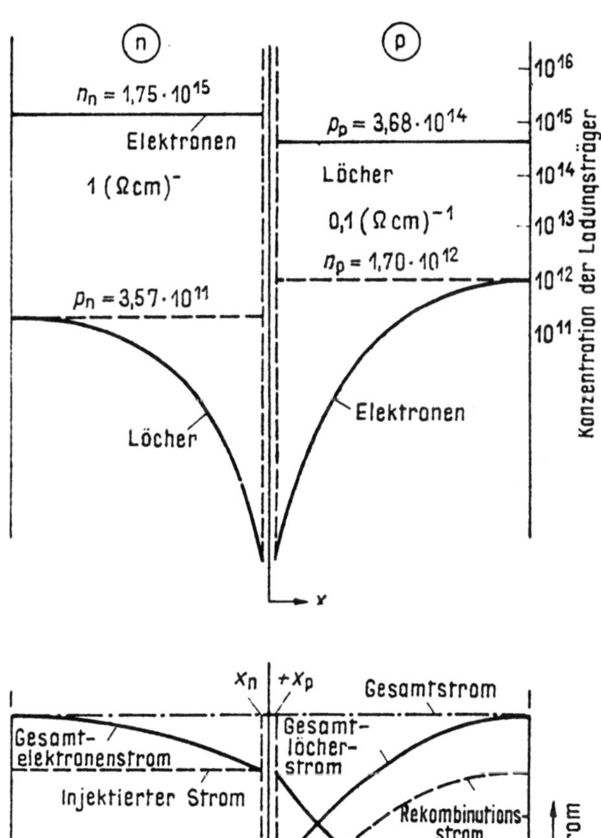

Seite eintretende Elektronenstrom sowie der von der linken Seite eintretende Löcherstrom nehmen also auf ihrem Weg zur Grenzschicht fortwährend ab und erreichen dort gerade die durchdiffundierten oder injektierten Werte.

Der Gesamtstrom an der Grenzschicht kann in einfacher Form angegeben werden. Es ist nämlich

$$J = \left(\frac{eD_p\,p_n}{L} + \frac{eD_n\,n_p}{L_n}\right)\left(e^{\frac{eU}{kT}} - 1\right) \equiv J_s\left(e^{\frac{eU}{kT}} - 1\right), \tag{7a}$$

wobei

$$J_s = J_{ps} + J_{ns} = \frac{eD_p\,p_n}{L_p} + \frac{eD_n\,n_p}{L_n} \tag{7b}$$

ist.

Erfahrungsgemäß bleibt diese Beziehung auch bei umgekehrtem Potential gültig, und dies kann, natürlich unter Anwendung der bisherigen Näherungen, auch bewiesen werden. Dadurch sieht man auch, daß J_s den konstanten Sättigungsstrom des in Sperrichtung fließenden Stromes darstellt.

Mit Rücksicht auf den Transistor lohnt es sich, die räumliche Verteilung der Löcher- und Elektronenkonzentration sowie der Stromdichten auch im Fall des in Sperrichtung fließenden Stromes näher zu betrachten (Abb. 5.19).

5.6.3 Die Breite der entleerten Zone. Die Kapazität des pn-Überganges

Im vorangehenden wurden die bei dem *pn*-Übergang eintretenden Verhältnisse bei konstanten Spannungen und folglich bei konstanten Stromverhältnissen untersucht. Wir haben bereits gesehen, daß sich unter solchen Umständen eine Raumladung im Innern der Diode in der Nähe des Überganges anhäuft. Infolgedessen erhält man im Fall ohne angelegte Spannung einen dem Kontaktpotential bzw. beim Anlegen einer äußeren Spannung einen im wesentlichen der vorzeichengerechten Summe dieser und der Kontaktspannung entsprechenden Spannungssprung. Wird die angelegte äußere Spannung geändert, z. B. erhöht, so wird zur neuen Spannung ein auf Grund des Vorangehenden zu bestimmender, neuer Gleichstrom, natürlich mit einer anderen Ladungsverteilung, gehören. Bei Änderung der Spannung ändert sich die Anordnung der Ladungen in der Schichtdiode sowie auch die Gesamtladung, was im äußeren Kreis einen von der Spannungs*änderung* abhängigen, also kapazitiven Strom bedeutet. Folglich wird diese Erscheinung bei der Beschreibung des *pn*-Überganges mit den bei Stromkreisen üblichen Begriffen durch Einschalten eines Kondensators berücksichtigt.

Einfachheitshalber wird die Kapazität in Sperrichtung bzw. in Durchlaßrichtung separat behandelt. Bei der Strömung in Sperrichtung ist die Zahl der von einer Schicht in die andere durchdiffundierten Minoritäts-Ladungsträger vernachlässigbar. In diesem Fall kommt der Effekt der Doppelschicht zur Geltung, welche sich aus den zu beiden Seiten der Grenzschicht auftretenden Ladungsdichten entgegengesetzten Vorzeichens ergibt. In der Durchlaßrichtung sind die durchdiffundierten Minoritäts-Ladungsträger ausschlaggebend, so daß in diesem Fall deren Wirkung in Betracht kommt.

Wir betrachten zuerst den Fall der Spannung in Sperrichtung und wollen die durch die Gleichung

$$C_{\mathrm{T}} = \frac{\mathrm{d}Q}{\mathrm{d}U_{\mathrm{Sperr}}}$$

definierte Übergangs- (Transitions-) Kapazität bestimmen. Da die Beziehung von Q und U nichtlinear ist, hat eine Kapazität Q/U keinen Sinn. Andererseits kann aber die differentielle Kapazität bei einer in Sperrichtung vorgespannten Diode im Fall von kleinen Wechselstromsignalen die Rolle der gewöhnlichen Kapazität spielen.

Zur Bestimmung des Wertes C_T ist zu untersuchen, welche Ladungen sich bei gegebener U_Sperr auf den beiden Seiten des Überganges anhäufen. Diese Ladungsanhäufung hat man sich so vorzustellen, daß sich die Löcher und Elektronen auf den beiden Seiten des Überganges gleichsam »zurückziehen«, so daß dort nur die unkompensierten Donator- und Akzeptorionen verbleiben. Die Dicke der Ladungsschicht ist natürlich von der angelegten Spannung abhängig.

Wir betrachten vorerst eine beliebige Ladungsverteilung nach Abb. 5.20. Da die Gesamtladung gleich Null ist, muß auch das *gesamte* Raumintegral Null ergeben. Wird nun das Problem als ein ebenes Problem betrachtet, dann sind alle Größen nur von x abhängig. Für die Dichtefunktion $\varrho(x)$ kann man dann die Bedingungsgleichung

$$\int\limits_{x_p}^{x_n} \varrho(x)\,\mathrm{d}V = 0 \tag{1}$$

aufschreiben, wobei x_p den Anfang der Ladung in der p-Schicht und x_n das Ende der Ladung

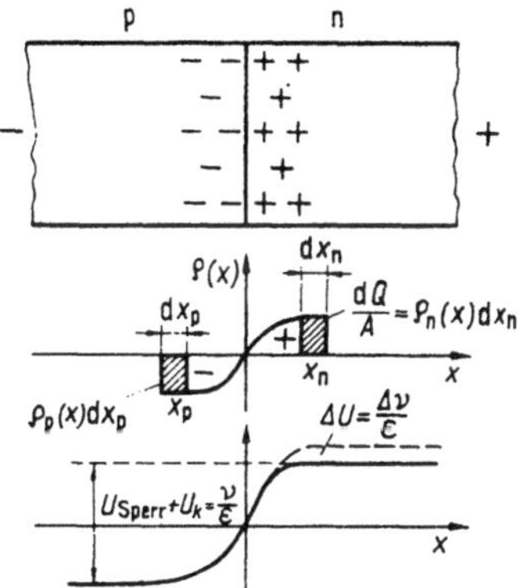

5.20 Die sich in der Umgebung der Kontaktfläche ausbildende Doppelschicht und der dazu gehörende Potentialsprung

in der n-Schicht bezeichnen. Infolge der großen Feldstärke verweilen keine beweglichen Ladungsträger in der Übergangsschicht, so daß sich die Ladung nur aus den dort verbleibenden unkompensierten Donator- und Akzeptor-Atomen in der bereits erwähnten Weise ergeben kann. Es gilt also

$$\varrho(x) = e[n_\mathrm{D}(x) - n_\mathrm{A}(x)]. \tag{2}$$

Die Änderung von $n_\mathrm{D}(x)$ und $n_\mathrm{A}(x)$ in der Übergangsschicht ist durch die Herstellungstechnologie bedingt. Im einfachsten Fall ist n_A bis zur Grenzschicht konstant und wird dann gleich Null bzw. ist n_D gleich Null und nimmt dann sprungweise einen konstanten Wert an.

Die Bedingungsgleichung (1) kann nunmehr in der Form

$$\int\limits_{x_p}^{x_n} [n_\mathrm{D}(x) - n_\mathrm{A}(x)]\,\mathrm{d}x = 0 \tag{3}$$

geschrieben werden.

Die in der Grenzschicht auftretende Doppelschicht verursacht den Potentialsprung $U_\mathrm{Sperr} + U_\mathrm{k}$, wobei U_k das Kontaktpotential bezeichnet. Andererseits ist aus der Theorie der elektrostatischen Felder bekannt, daß der über der Doppelschicht auftretende Potentialsprung gleich v/ε ist, wobei v das Flächenmoment der Doppelschicht bezeichnet ([0.7], Seite 140). Damit ist

$$U_\mathrm{Sperr} + U_\mathrm{k} = \frac{1}{\varepsilon} \int\limits_{x_p}^{x_n} x\varrho(x)\,\mathrm{d}x . \tag{4}$$

Durch Einsetzen des Ausdrucks (2) für $\varrho(x)$ erhält man

$$\int_{x_p}^{x_n} x[n_D(x) - n_A(x)]\,dx = \frac{\varepsilon}{e}\,(U_{Sperr} + U_k)\,. \tag{5}$$

Wird nun irgendeine plausible Funktion bezüglich des Verlaufs von $n_D(x)$ und $n_A(x)$ angesetzt, so können die Werte x_n und x_p mit Hilfe der Gleichungen (3) oder (5) bestimmt werden. Wird z. B. ein sprunghafter Übergang vorausgesetzt, so erhält man

$$x_p = -\sqrt{2\,\frac{\varepsilon}{e}\,\frac{n_D}{n_A(n_D + n_A)}\,(U_{Sperr} + U_k)}\,, \tag{6}$$

$$x_n = +\sqrt{2\,\frac{\varepsilon}{e}\,\frac{n_A}{n_D(n_D + n_A)}\,(U_{Sperr} + U_k)}\,. \tag{7}$$

Es ist nunmehr leicht einzusehen, daß die differentielle Kapazität gleich

$$C_T = \frac{dQ}{dU} = \varepsilon\,\frac{A}{x_n - x_p}$$

ist, wobei A den Diodenquerschnitt an der Übergangsstelle bezeichnet. Man kommt zu dieser Einsicht, indem man überprüft, ob die der Ladungsänderung dQ gemäß der Definition der differentiellen Kapazität zugeordnete Spannungsänderung

$$dU = \frac{dQ}{C_T} = \frac{1}{\varepsilon}\,\frac{dQ}{A}\,(x_n - x_p) \tag{8}$$

gleich der Spannungsänderung ist, die sich tatsächlich beim Erscheinen der der Verschiebung der Grenzschichtränder entsprechenden Zusatzladungen $\varrho_p(x)dx_p$ und $\varrho_n(x)dx_n$ ergibt. Natürlich ist dabei

$$-\varrho_p(x)\,dx_p = \varrho_n(x)\,dx_n = \frac{dQ}{A}\,,$$

da die Gesamtladung der Diode auch jetzt neutral ist. Das auf die Flächeneinheit bezogene Moment der sich aus den Ladungen $+dQ$ am Ort $x = x_n$ bzw. $-dQ$ am Ort $x = x_p$ ergebenden Doppelschicht ist

$$d\nu = \frac{dQ}{A}\,x_n - \frac{dQ}{A}\,x_p\,.$$

Hierzu gehört der Spannungssprung $d\nu/\varepsilon$, so daß

$$dU = \frac{d\nu}{\varepsilon} = \frac{1}{\varepsilon}\,\frac{dQ}{A}\,(x_n - x_p)$$

ist.

Dieser Ausdruck ist mit Ausdruck (8) identisch, so daß der obige Ansatz für die Kapazität richtig ist.

Es kommt sehr oft vor, daß die eine Seite in einem viel höheren Maß verunreinigt ist als die andere. Es sei z. B. $n_\mathrm{A} \gg n_\mathrm{D}$; dann wird $x_n \gg x_p$ und folglich $x_n - x_p \sim x_n$, während

$$x_n = \sqrt{2\,\frac{\varepsilon}{e}\,\frac{1}{n_\mathrm{D}}\,(U_\mathrm{Sperr} + U_\mathrm{k})} \tag{9}$$

ist. Es ergibt sich schließlich

$$C_\mathrm{T} = \varepsilon\,\frac{A}{x_n} = \varepsilon\,\frac{A}{\sqrt{2\,\dfrac{\varepsilon}{e}\,\dfrac{1}{n_\mathrm{D}}\,(U_\mathrm{Sperr} + U_\mathrm{k})}} = K(U_\mathrm{Sperr} + U_\mathrm{k})^{-1/2}.$$

Mit steigender Sperrspannung wird also C_T immer kleiner. Sein praktischer Wert liegt zwischen 5 bis 100 pF.

Zur Bestimmung der Diffusionskapazität C_D berechnen wir die Ladung, welche die in die p-Schicht eindiffundierten Elektronen bzw. die in die n-Schicht eindiffundierten Löcher darstellen. Bei einer Spannung in Öffnungsrichtung beträgt die zusätzliche Ladung der Elektronen gegenüber dem Gleichgewichtsniveau nach Gl. 5.6.2 − (3b)

$$n(x) - n_p = n_p\left(\mathrm{e}^{\frac{e\,U_\mathrm{Öffn}}{kT}} - 1\right)\mathrm{e}^{\frac{x - x_p}{L_n}}.$$

Die Ladung ist also

$$Q_n = e \int_{-\infty}^{x_p} [n(x) - n_p]\,\mathrm{d}x.$$

Die Integration kann ohne weiteres durchgeführt werden und ergibt die Beziehung

$$Q_n = e n_p L_n\left(\mathrm{e}^{\frac{e\,U_\mathrm{Öffn}}{kT}} - 1\right).$$

Die differentielle Diffusionskapazität ist definitionsgemäß

$$C_\mathrm{D} = \frac{\mathrm{d}Q_n}{\mathrm{d}U_\mathrm{Öffn}} = \frac{e^2 n_p L_n}{kT}\,\mathrm{e}^{\frac{e}{kT} U_\mathrm{Öffn}}.$$

Bezüglich der in die n-Schicht eindiffundierten Löcher erhält man die analoge Beziehung

$$C_\mathrm{D} = \frac{e^2 p_n L_p}{kT}\,\mathrm{e}^{\frac{e}{kT} U_\mathrm{Öffn}}.$$

Damit lautet schließlich der Ausdruck für die vollständige Diffusionskapazität

$$C_\mathrm{D} = C_\mathrm{D}^p + C_\mathrm{D}^n = \frac{e^2}{kT}\,(n_p L_n + p_n L_p)\,\mathrm{e}^{\frac{e\,U_\mathrm{Öffn}}{kT}}.$$

Diese Kapazität wächst exponentiell mit der steigenden Spannung und wird bei hohen Werten von $U_{\text{Öffn}}$ dem Strom direkt proportional.

Die Untersuchung der ladunganhäufenden, oder anders ausgedrückt, kapazitiven Eigenschaft der Schichtdiode ist wichtig, weil dadurch einerseits das Ersatzschaltbild genauer gemacht werden kann, andererseits weil man damit über ein Schaltelement verfügt, dessen Kapazität auf sehr einfache Weise durch Änderung der Vorspannung geändert werden kann. Mit Hilfe solcher einstellbaren Kapazitäten lassen sich die sog. parametrischen Verstärker verwirklichen.

5.6.4 Der Feldtransistor

Bereits *Shockley* hat darauf hingewiesen, daß die Stärke der entleerten Zone in der *pn*-Grenzschicht durch entsprechende Vorspannung geändert und diese Erscheinung zu Verstärkungszwecken verwendet werden kann. Die damalige Technologie hat jedoch die Schichttransistoren favorisiert, so daß die ursprüngliche Vorstellung von *Shockley* erst in der letzten Zeit eine praktische Bedeutung erlangt hat.

Wir betrachten einen stabförmigen n-Halbleiter nach Abb. **5**.21, welcher zum Teil mit einer sich mantelartig anschmiegenden p-Schicht überzogen ist. Wird an die beiden Enden des Stabes eine Spannung angelegt, so erhält man einen durch den spezifischen Widerstand und den Querschnitt des Stabes bestimmten Widerstand $R_0 = l/(ab\sigma)$, und im äußeren Kreis wird der durch die angelegte Spannung U_A und den genannten Widerstand bestimmte Strom fließen. Einfachheitshalber wird hier und im folgenden der Effekt der außerhalb des ummantelten Kanals liegenden Stabteile vernachlässigt. Wird nun der p-Schicht eine negative Spannung erteilt, so entsteht eine entleerte Schicht (Abb. **5**.22), in welcher also keine freien Ladungsträger vorhanden sind, die an der Stromleitung teilnehmen würden. Die entleerte Schicht wird natürlich nur dann die in Abb. **5**.22 dargestellte gleichmäßige Dicke haben, wenn es keinen Spannungsabfall längs des n-Halbleiters gibt. Wird dagegen ein Strom abgenommen, so wird die Spannungsdifferenz entlang der p-Schicht auf den Pluspol zu fortschreitend immer größer, und die entleerte Zone entlang der p- und n-Schicht wird immer dicker. Legt man eine steigende Sperrspannung negativer Polarität

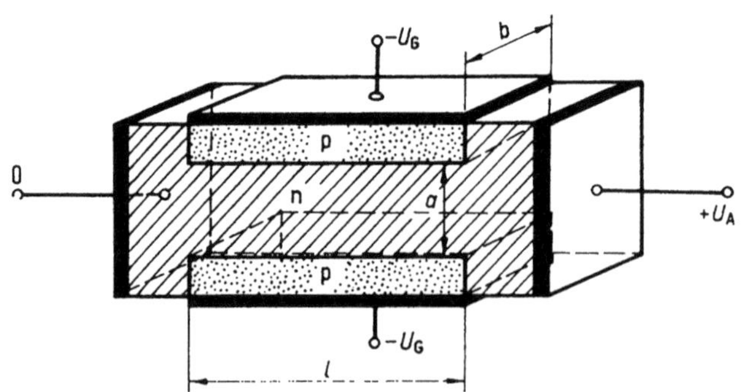

5.21 Das Schema des Feldtransistors

(bei einem Hauptstrom gleich Null) an, erreicht man einen Spannungswert, bei dem die entleerte Zone den vollen Stabquerschnitt einnimmt, so daß das Gerät absperrt. Diese Spannung bezeichnet man üblicherweise durch U_p, wobei der Index p auf das Wort »pinch off« hinweist. Auf Grund der für die entleerte Schicht geltenden Formel 5.6.3—(9) ist

$$U_\mathrm{p} = \frac{en_\mathrm{A}}{2\epsilon}\left(\frac{a}{2}\right)^2.$$

Der Widerstand wird nämlich dann sehr groß, wenn die entleerte Schichtdicke die Mittellinie von beiden Seiten erreicht, also

$$x_n = \frac{a}{2}$$

wird.

Zur Bestimmung des Stromes des Feldeffekttransistors in Abhängigkeit von der Spannung U_A bzw. von der Sperrspannung U_G gehen wir von der Potentialverteilung nach Abb. **5.22** entlang der Sperre aus. Zu dem sich von Ort zu Ort ändernden Potential gehört eine von Ort zu Ort verschiedene Dicke der entleerten Schicht gemäß der Beziehung

$$v(x) = \sqrt{\frac{2\varepsilon}{en_\mathrm{A}}}\sqrt{U(x)} = \frac{a}{2}\sqrt{\frac{U(x)}{U_\mathrm{p}}}.$$

Andererseits ist aber die Potentialänderung selbst von der Querschnittsänderung nicht unabhängig. Die Potentialänderung dU entlang der Strecke

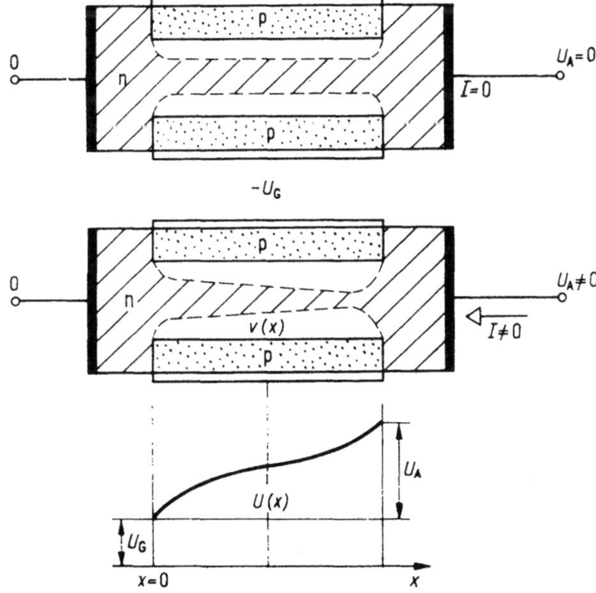

5.22 Wenn kein Strom fließt, ist die Dicke der entleerten Schicht gleichmäßig. Falls der Strom nicht gleich Null ist, hängt die Spannung sowie die Dicke der entleerten Schicht in komplizierterer Weise von x ab

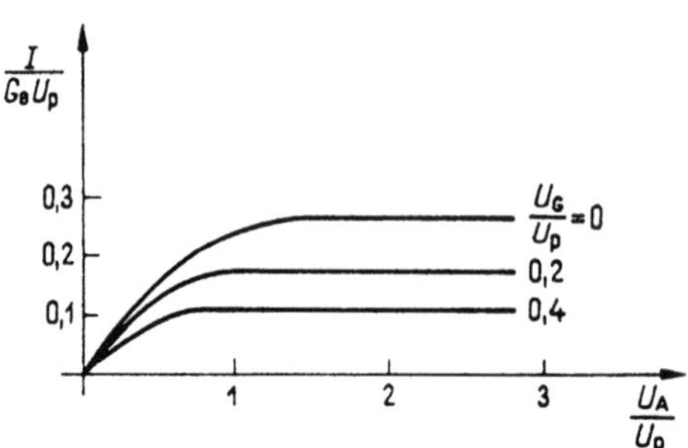

5.23 Typische Kennlinienschar eines Feldtransistors

$\mathrm{d}x$ ist gleich dem Produkt der konstanten Stromstärke I und des Widerstandes der Strecke $\mathrm{d}x$, d. h.

$$\mathrm{d}U(x) = I\,\frac{\mathrm{d}x}{[a - 2\,v(x)]\,b\sigma}\,.$$

Durch Ordnen erhält man

$$\left(a - a\sqrt{\frac{U(x)}{U_\mathrm{p}}}\right) b\sigma\,\frac{\mathrm{d}U(x)}{\mathrm{d}x} = I\,,$$

$$\left(1 - \sqrt{\frac{U(x)}{U_\mathrm{p}}}\right)\frac{\mathrm{d}U}{\mathrm{d}x} = \frac{I}{ab\,\sigma} = \frac{Il}{l\,ab\,\sigma} = \frac{IR_0}{l}\,.$$

Es ist nun zweckmäßig, die relativen Veränderlichen x/l und $U(x)/U_\mathrm{p}$ einzuführen. Damit nimmt die obige Gleichung die Form

$$\left(1 - \sqrt{\frac{U(x)}{U_\mathrm{p}}}\right)\frac{\mathrm{d}(U/U_\mathrm{p})}{\mathrm{d}(x/l)} = \frac{IR_0}{U_\mathrm{p}}$$

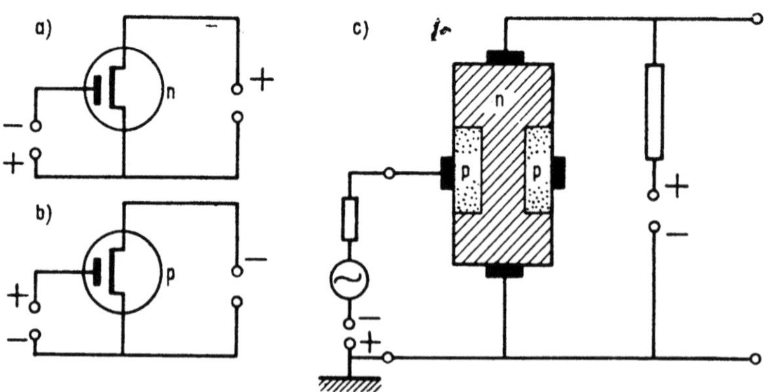

5.24 *a)* Darstellung eines Feldtransistors mit n-Basis und p-Sperre bzw. *b)* mit p-Basis und n-Sperre, *c)* Verstärkerschema

an. Beim Integrieren dieser Differentialgleichung sind die auch auf Abb. 5.22 ablesbaren Randbedingungen

$$x = 0, \ U = U_\mathrm{G}; \quad x = l, \ U = U_\mathrm{A} + U_\mathrm{G}$$

zu berücksichtigen. Das Integrieren läßt sich ohne weiteres ausführen und ergibt

$$\int\limits_{u=\frac{U_\mathrm{G}}{U_\mathrm{p}}}^{(U_\mathrm{A}+U_\mathrm{G})/U_\mathrm{p}} (1 - \sqrt{u})\,\mathrm{d}u = \int\limits_{\xi=0}^{1} \frac{IR_0}{U_\mathrm{p}}\,\mathrm{d}\xi: \quad \begin{array}{l} u = U(x)/U_\mathrm{p}, \\[2pt] \xi = x/l \end{array}$$

d. h.

$$\left(u - \frac{2}{3}\,u^{\frac{3}{2}}\right)\Bigg|_{\frac{U_\mathrm{G}}{U_\mathrm{p}}}^{\frac{U_\mathrm{A}+U_\mathrm{G}}{U_\mathrm{p}}} = \frac{IR_0}{U_\mathrm{p}} = \frac{I}{G_0 U_\mathrm{p}}$$

und folglich

$$I = U_\mathrm{p} G_0 \left[\frac{U_\mathrm{A}}{U_\mathrm{p}} - \frac{2}{3}\left(\frac{U_\mathrm{A} + U_\mathrm{G}}{U_\mathrm{p}}\right)^{\frac{3}{2}} + \frac{2}{3}\left(\frac{U_\mathrm{G}}{U_\mathrm{p}}\right)^{\frac{3}{2}} \right].$$

Abb. **5.**23 zeigt die Kennlinien eines Feldeffekttransistors.

Auf Abb. **5.**24a und b ist die übliche Darstellung des Feldeffekttransistors ersichtlich, während Abb. **5.**24c die Schaltung eines Feldtransistors als Verstärker darstellt.

5.6.5 Die Esaki- oder Tunnel-Diode

Bei einem sehr stark dotierten pn-Übergang gibt es eine weitere Stromleitungsmöglichkeit, den auf dem quantenmechanischen Tunneleffekt beruhenden Tunnelstrom *(Esaki,* 1958).

Untersucht man die unmittelbare Folge einer Erhöhung des bei gewöhnlichen Dioden üblichen Dotierungsgrades (Größenordnung $10^{15}/\mathrm{cm}^3$) auf das 10^4- bis 10^5-fache (also auf 10^{19} bis $10^{20}/\mathrm{cm}^3$), so ergibt die Beziehung 5.5 — (15), daß das Kontaktpotential ansteigt, während die Beziehungen (6) und (7) zeigen, daß die Dicke der Übergangsschicht sehr klein wird, und zwar nur einige Mikron beträgt. In der Übergangsschicht treten also sehr hohe Feldstärken auf.

Eine andere Folge der starken Verunreinigung ist, daß sich das *Fermi-* Niveau auf der n-Seite in das Leitungsband hinaufschiebt, während es auf der p-Seite in das Valenzband sinkt. Im Leitungsband verweilen also ständig sehr viele Elektronen und im Valenzband sehr viele Löcher. Übrigens, gerade infolge der relativ starken Annäherung der Donator- und Akzeptor-Atome stellen das Donatoren- und Akzeptoren-Niveau keine scharfen Linien dar, sondern breiten sich infolge der Wechselwirkung aus, und bei genügend starker Verunreinigung liegen sie völlig über dem Leitungsband bzw. dem Valenzband.

Auf Abb. **5.**25a sind die Energieniveaus des stark verunreinigten pn-Überganges im Zustand ohne äußere Spannung dargestellt. In diesem Fall

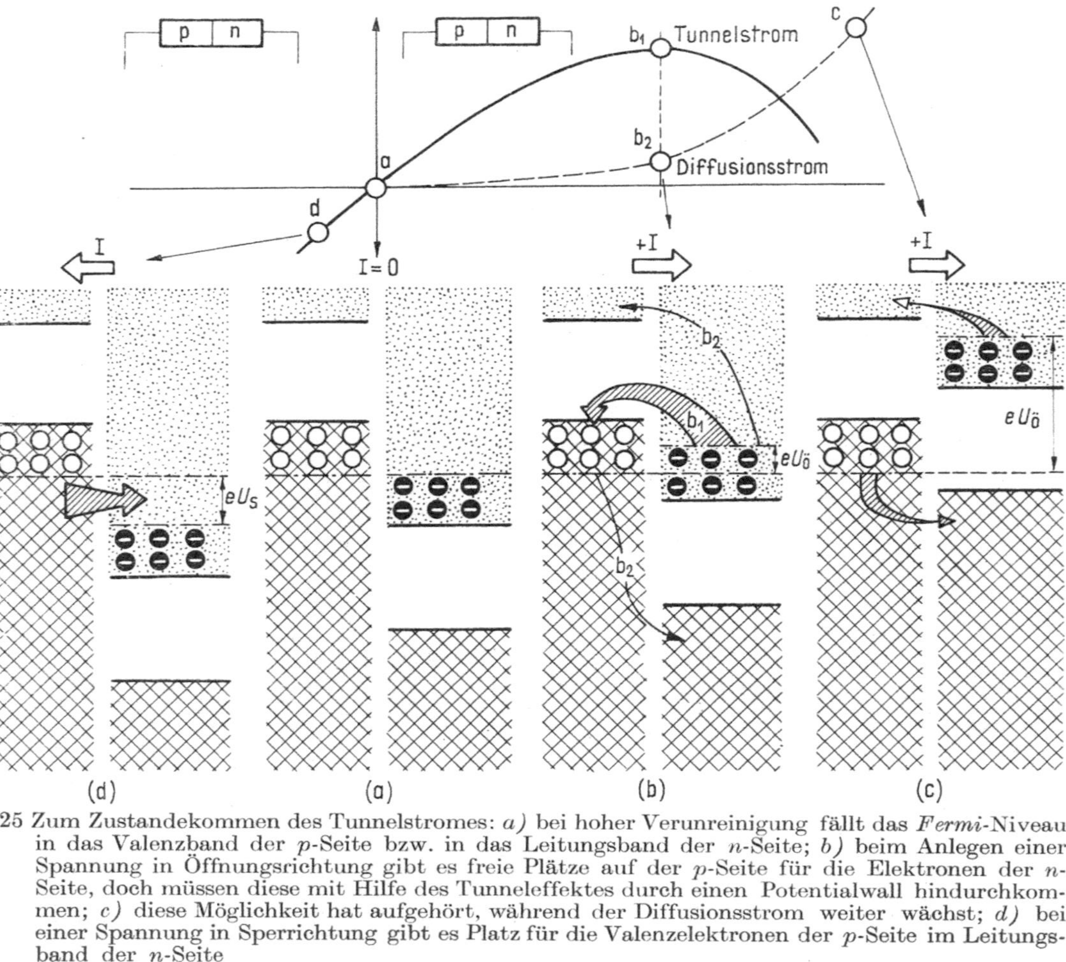

5.25 Zum Zustandekommen des Tunnelstromes: *a)* bei hoher Verunreinigung fällt das *Fermi*-Niveau in das Valenzband der *p*-Seite bzw. in das Leitungsband der *n*-Seite; *b)* beim Anlegen einer Spannung in Öffnungsrichtung gibt es freie Plätze auf der *p*-Seite für die Elektronen der *n*-Seite, doch müssen diese mit Hilfe des Tunneleffektes durch einen Potentialwall hindurchkommen; *c)* diese Möglichkeit hat aufgehört, während der Diffusionsstrom weiter wächst; *d)* bei einer Spannung in Sperrichtung gibt es Platz für die Valenzelektronen der *p*-Seite im Leitungsband der *n*-Seite

liegen die *Fermi*-Niveaus der beiden Seiten auf der gleichen Höhe. Einfachheitshalber wird in erster Näherung vorausgesetzt, daß das Leitungsband mit Elektronen bzw. das Valenzband mit Löchern bis zum *Fermi*-Niveau voll besetzt ist (was strenggenommen nur bei $T = 0\ ^{\circ}K$ zutrifft). Wird nun die Spannung in Öffnungsrichtung erhöht (Abb. **5.25**b), so meldet sich der auch bei dem gewöhnlichen *pn*-Übergang wahrnehmbare Diffusionsstrom. Viel stärker als dieser kommt aber der folgende Effekt zur Geltung: Die im Valenzband der *p*-Seite vorhandenen unbesetzten Niveaus kommen auf die gleiche Höhe mit den Energieniveaus der in den Leitungsbändern der *n*-Seite befindlichen Elektronen. Klassisch könnte ein Elektron nur in der Weise dorthin kommen, daß es zuerst bis zur Höhe eU_{verboten} $= \Delta U$ aufsteigt, wo es dann in das Leitungsband der *p*-Seite übertreten und von dort schließlich auf das gemeinsame Niveau auf der *p*-Seite zurückspringen kann. Bekanntlich gibt es aber nach der Quantenmechanik eine endliche Wahrscheinlichkeit dafür, daß das Elektron statt des »Besteigens« dieses Potentialberges sich sozusagen einen Tunnel hindurchbohrt, und zwar eine um so höhere Wahrscheinlichkeit, je niedriger der Potentialwall und je geringer seine Dicke. Das Auftreten des Tunneleffektes in der *Esaki*-Diode ist einerseits durch diesen Umstand, also durch die geringe Übergangsdicke zu erklären, andererseits dadurch, daß das voll besetzte Leitungsband auf die gleiche Höhe mit dem leeren Valenzband gekommen ist, und das bei einer so niedrigen angelegten Spannung, bei welcher der Diffusionsstrom noch vernachlässigt werden kann. Bei einer noch höheren Spannung in Öffnungsrichtung verschieben sich die beiden Bänder gegeneinander, so daß schließlich der Tunnelstrom auf einen kleinen Wert herabsinkt und der stetig steigende Diffusionsstrom dominiert (Abb. **5.25**c). In praktischer Hinsicht ist die Tatsache ausschlaggebend, daß die resultierende Charakteristik der Diode auch eine fallende Strecke aufweist, welche einen negativen differentiellen Widerstand bedeutet. Dadurch wird die *Esaki*-Diode in entsprechender Schaltung als Verstärker oder Oszillator anwendbar.

Wird eine Spannung in Sperrichtung der Diode angelegt (Abb. **5.25**d), so wird ein Tunnelstrom in der entgegengesetzten Richtung möglich, weil dann die Niveaus der im Valenzband der *p*-Seite befindlichen Elektronen mit den freien Niveaus des Leitungsbandes der *n*-Seite zusammenfallen. Gleichzeitig verstärkt das äußere Feld das in der Übergangsschicht unterhalb der Doppelschicht entstandene Feld, so daß auch der lawinenartige *Zener*-Strom auftritt. Die kombinierte Wirkung dieser Faktoren führt zum sehr steilen Anstieg des Stromes in Sperrichtung.

Abb. **5.26** zeigt die Kennlinie einer existierenden Diode, an der auch die Größenordnung der vorkommenden Spannungen und Ströme abgelesen werden kann.

Der Betrag des Tunnelstromes ist der Durchdringungswahrscheinlichkeit und der Zahl der gegen die Oberfläche stoßenden Teilchen proportional. Die Durchdringungswahrscheinlichkeit beträgt

$$w \sim e^{-\frac{4\pi}{h}\sqrt{2m\Delta U}\,d}$$

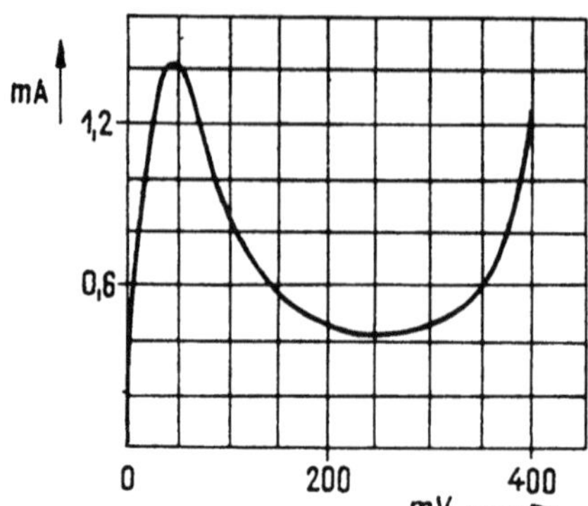

5.26 Kennlinie einer Tunnel-Diode

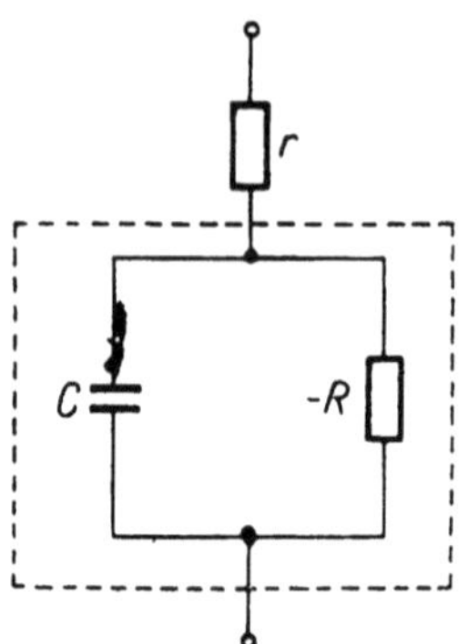

5.27 Ersatzschaltbild der Tunnel-Diode. Die gestrichelte Linie umfaßt den Übergangsbereich

Drückt man die Dicke d durch die Potentialdifferenz ΔU und die Feldstärke E auf Grund der Formel $\Delta U = dE$ aus, so ergibt sich die Beziehung

$$w \sim e^{-\frac{4\pi}{h}\frac{\sqrt{2m}}{E}(\Delta U)^{\frac{3}{2}}}.$$

Die Zahl der anstoßenden Elektronen ist durch die Zahl der verfügbaren, d. h. auf der anderen Seite einen entsprechenden Platz findenden Elektronen bedingt, hängt also natürlich von der angelegten Spannung ab.

Die Tunnel-Diode ist bis zu sehr hohen Frequenzen (10^9 s^{-1}) anwendbar, da die Schichtdicke sehr gering ist. Ihre Stabilität gegenüber Temperaturänderungen ist ausgezeichnet, und ihre Rauschleistung ist ebenfalls sehr gering. Andererseits ist die Leistung dieser Diode klein, ihre Spannung fällt in die Größenordnung der verbotenen Zonenbreite. Eine Leistungserhöhung ist also nur durch Vergrößerung der Abmessungen möglich. Dabei wird aber einerseits die Kapazität größer, andererseits der negative Teil der Kennlinie in einem solchen Maß abgeflacht, daß die praktische Anwendung bereits Schwierigkeiten bereitet.

Abb. **5.27** zeigt das Ersatzschaltbild der *Esaki*-Diode; der Parallelkondensator berücksichtigt die im vorangehenden bereits kennengelernte Übergangskapazität der Diode. Diese wird dem negativen Widerstand parallel geschaltet, und zu diesen beiden liegt der die Verluste vertretende innere Widerstand in Reihe. In Abb. **5.28** ist die Schaltung eines abstimmbaren Verstärkers dargestellt.

Es lohnt sich, die Änderungen der Charakteristik des pn-Überganges als Funktion des Dotierungsgrades zu verfolgen. Bei geringer Dotierung erhält man die als Gleichrichter verwendete Diode; bei hoher Spannung in Sperrichtung steigt der Strom an, und der *Zener*-Durchschlag tritt ein (Abb. **5.29a**). Bei mittlerer Verunreinigung tritt der *Zener*-Durchschlag früher ein; dieser Typ ist als Regel- oder Begrenzungselement verwendbar (b). Wird der Verunreinigungsgrad noch weiter erhöht, so beginnt

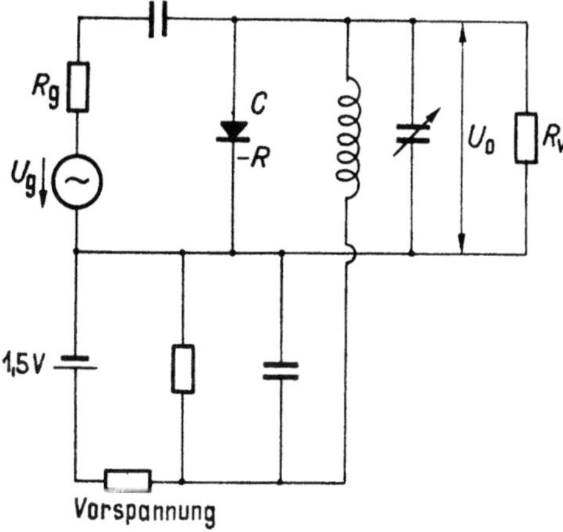

5.28 Die Tunnel-Diode als Verstärker

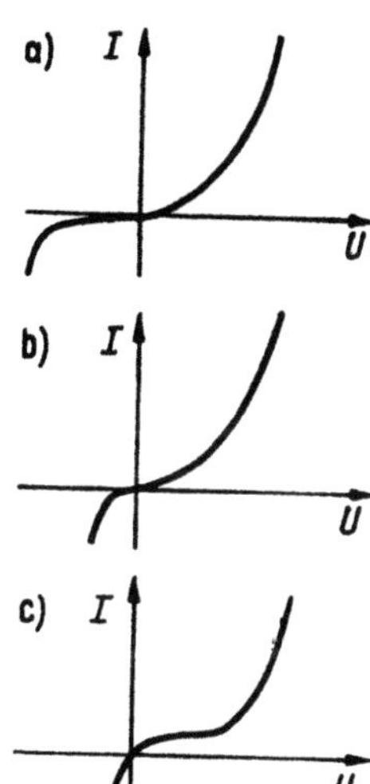

5.29 Die Änderung der Kennlinie der *pn*-Diode als Funktion des Dotierungsgrades. *a)* Geringe Dotierung): Gewöhnliche Diode; *b)* mittlere Dotierung: *Zener*-Diode; *c)* starke Dotierung: verkehrter Gleichrichter; *d)* sehr starke Dotierung: Tunnel-Diode

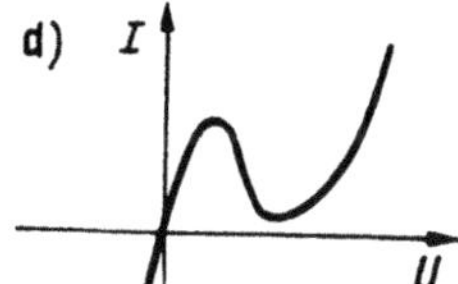

auch der Einfluß des Tunnelstromes, jedoch nur auf die Weise, daß die Anfangsstrecke der Kennlinie flacher wird; in diesem Fall erfolgt die Gleichrichtung in der entgegengesetzten Richtung. Schließlich kommt bei sehr hoher Verunreinigung auch der fallende Charakter der Kennlinie zur Geltung (d).

5.7 Die Oberflächen-Erscheinungen

Kommt ein Metall ohne besondere Vorsichtsmaßnahmen mit einem Halbleiter in Berührung, dann treten, wie bereits erwähnt, spezielle störende oder im Gegenteil praktisch sehr vorteilhaft ausnützbare Erscheinungen auf. Diese Erscheinungen sind äußerst kompliziert; es ist bisher nicht gelungen, eine einheitliche Theorie der verschiedenen Metall-Halbleiter-Kontakte aufzustellen. Im folgenden wird die plausibelste Theorie der Erscheinungen erörtert, die im Fall eines Kontaktes Metallspitze—Germanium auftreten. Darin stimmen alle Theorien überein, daß sich im Fall des thermischen Gleichgewichts eine Potentialbarriere zwischen Halbleiter und Metall ausbildet, die sich gegenüber den Polaritätsänderungen eines dem Metall und dem Halbleiter angelegten Potentials asymmetrisch verhält. Das Zustandekommen dieses Potentialberges hat *Bardeen* in erster Linie den Energieniveaus der an der Oberfläche befindlichen Atomen zugeschrieben. Es ist bekannt, daß jede Unregelmäßigkeit, jede Verunreinigung des Kristalls, Extraniveaus hervorrufen kann, welche natur-

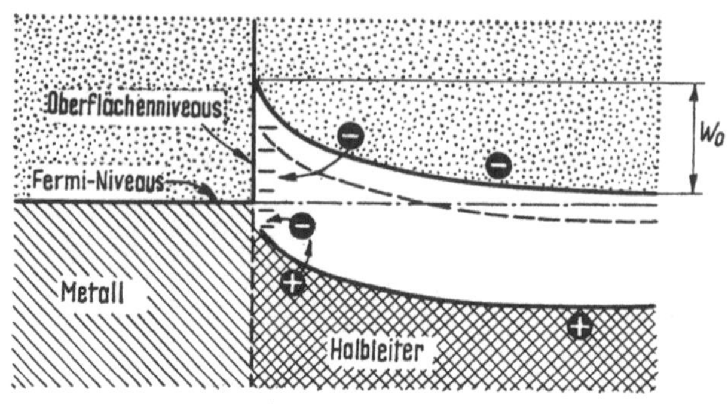

5.30 Bei der Verbindung zwischen Metall und Halbleiter bilden die aus den Donatoren-Niveaus des Halbleiters in das Leitungsband gekommenen Elektronen eine Sperrschicht auf der Oberfläche

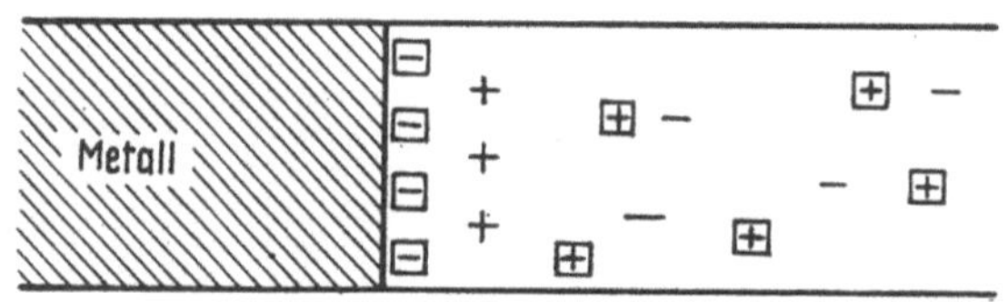

gemäß auch in die verbotene Zone fallen können. Auf der Oberfläche des Kristalls ist jede Voraussetzung dazu gegeben, daß sich dort solche Extraniveaus ausbilden. Vor allen Dingen ist die Regelmäßigkeit, die Periodizität der Kristallstruktur an der Oberfläche zu Ende. Die Lage der am Rande des Kristalls befindlichen Atome ist offensichtlich eine andere als die der im Innern des Kristalls befindlichen; folglich sind auch ihre Energieniveaus verschieden. Gleichzeitig tragen auch die sich auf der Oberfläche ablagernden verunreinigenden Moleküle zur Ausbildung der oberflächlichen Niveaus bei.

Das System, bestehend aus dem Übergangsbereich an der Metalloberfläche und dem Halbleiter, kommt dann ins Gleichgewicht, wenn ihre *Fermi*-Niveaus zusammenfallen. Anschaulich kann man sich das so vorstellen, daß die in den oberflächlichen Niveaus befindlichen Elektronen zum Teil aus den freien Elektronen der Donatoren, zum Teil aus den von der Valenzbindung befreiten Elektronen hervorgegangen sind. Im ersten Fall haben diese ortsgebundene, im zweiten bewegliche positive Ladungen in der Form von Löchern hinterlassen. Es sind die negative Ladung der oberflächlichen Niveaus sowie die positive Ladung des sich so ergebenden Feldes, die zu dem aus Abb. **5.30** ersichtlichen Verlauf des Energieniveaus führen. Im Gleichgewichtsfall treten die freien Elektronen durch Diffusion durch den Potentialwall in die oberflächlichen Niveaus über, von wo sie dann unmittelbar in das Metall gelangen können. Aus dem Metall gelangen dagegen die Elektronen entweder unmittelbar auf Grund der thermischen Emission oder aber durch Vermittlung der oberflächlichen Niveaus in den Halbleiter.

Jetzt nehmen wir an, daß der Halbleiter an eine positive, das Metall an eine negative Spannung gelegt wird (Abb. **5.31**). Die sich auf der Ober-

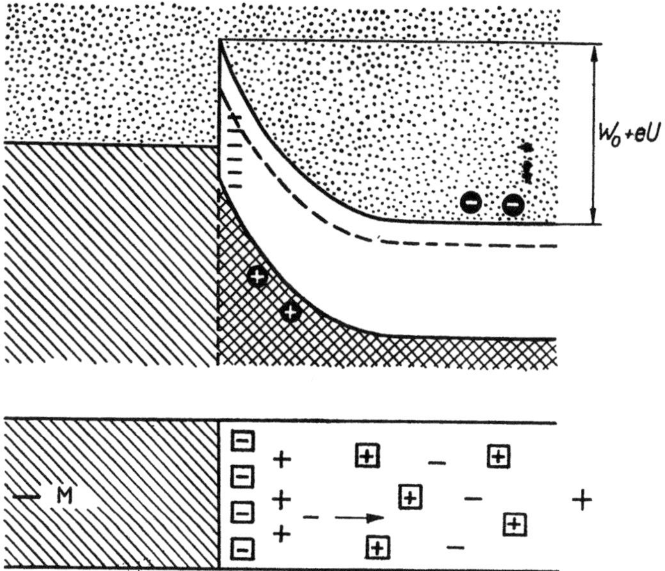

5.31 Wird die negative Spannung dem Metall angelegt, so wächst die Sperrschicht, so daß Elektronen nur schwer in das Metall übertreten können (Sperrichtung). Es handelt sich um einen n-Halbleiter

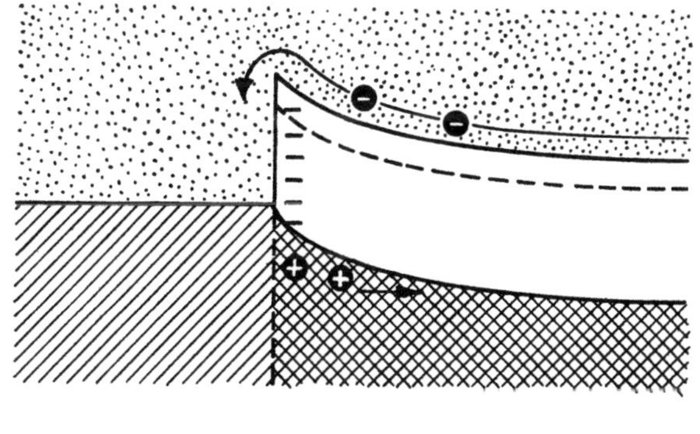

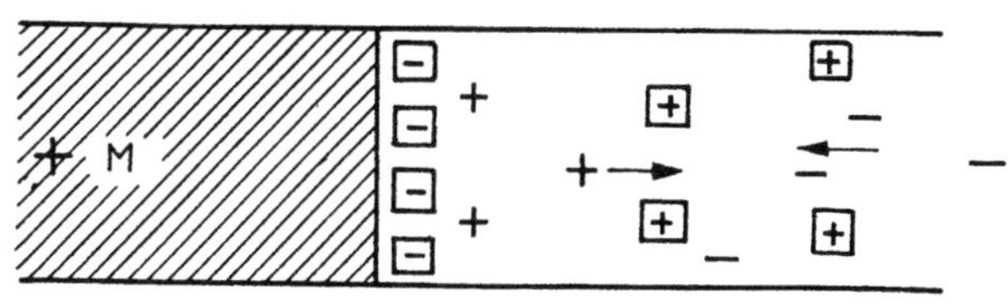

5.32 Bei positiver Spannung wird die Sperrschicht kleiner (Öffnungsrichtung). Es handelt sich um einen n-Halbleiter; bei einem p-Halbleiter liegen die Verhältnisse umgekehrt

fläche ausbildenden Verhältnisse sind durch die Oberflächenniveaus bedingt, so daß es dort keine wesentlichen Abweichungen gibt. Die potentielle Energie der im Halbleiter befindlichen Elektronen sinkt aber der positiven Spannung entsprechend, und das Gleichgewicht geht verloren. Aus dem Metall strömen auch jetzt genau so viele Elektronen dem Halbleiter zu wie zuvor, da die Höhe des Potentialberges, insoweit diese das Metall oder die Oberflächenniveaus betrifft, unverändert geblieben ist. Um so

31*

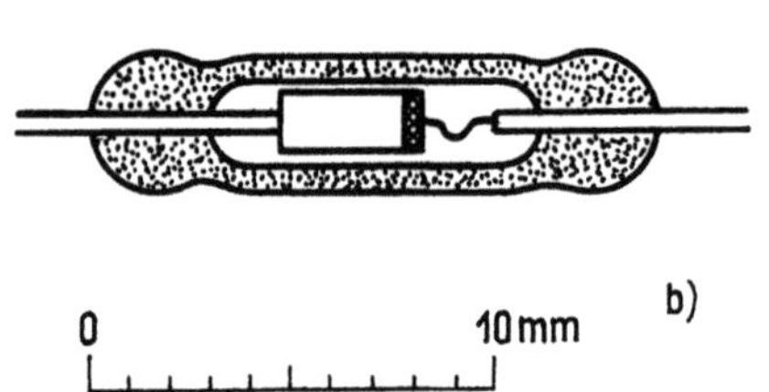

5.33 *a)* Kennlinie einer *n*-Germanium-Spitzendiode; *b)* die praktische Ausführung der Spitzendiode

stärker hat sich dagegen die Zahl der aus dem Halbleiter in das Metall diffundierenden Elektronen geändert, da diese mit der Erhöhung der angelegten Spannung exponentiell sinkt. Man erhält also einen von der Spannung ziemlich unabhängigen kleinen Stromwert.

Bei entgegengesetzter Polarität (Abb. **5.32**) ändert sich die Höhe der Potentialbarriere vom Metall her gesehen wieder nicht, während sie für die Elektronen, die aus dem Halbleiter in das Metall diffundieren wollen, kleiner wird; der Strom wächst also exponentiell mit der Spannung. Gleichzeitig können auch die Löcher in Bewegung kommen, wodurch die Stromleitung noch wirksamer wird. Abb. **5.33** zeigt eine Germanium-Spitzendiode und ihre Kennlinie.

5.8 Der pnp-Schichttransistor

5.8.1 Aufbau und Funktionsprinzip des Schichttransistors

Wir nehmen einen Germaniumkristall, dessen zwei Enden vom *p*-Typ, der schmale mittlere Teil dagegen vom *n*-Typ sind. Im thermischen Gleichgewicht bildet sich in der beschriebenen Weise eine Dipolschicht entlang der beiden Grenzflächen aus. Die Energieniveaus verschieben sich dann in der in Abb. **5.34** dargestellten Weise; der mittlere Teil stellt für die Elektronen ein tiefes Energieniveau dar. Es fließt kein Strom. Das *Fermi*-Niveau hat wiederum den gleichen Wert entlang des ganzen Kristalls. Legen wir jetzt eine hohe negative Spannung an den Kollektor genannten rechtsseitigen Anschluß und eine kleine positive Spannung an den linksseitigen Emitter, dann ändern sich die Energieverhältnisse (Abb. **5.35**). Wenn die Akzeptorendichte im *p*-Bereich größer ist als die Donatorendichte im *n*-Bereich, dann erfolgt die Leitung größtenteils durch Vermittlung von Löchern. Die in den *n*-Bereich gelangenden Löcher erreichen sofort den Kollektor. Wird nun die Potentialmulde des *n*-Bereiches vertieft,

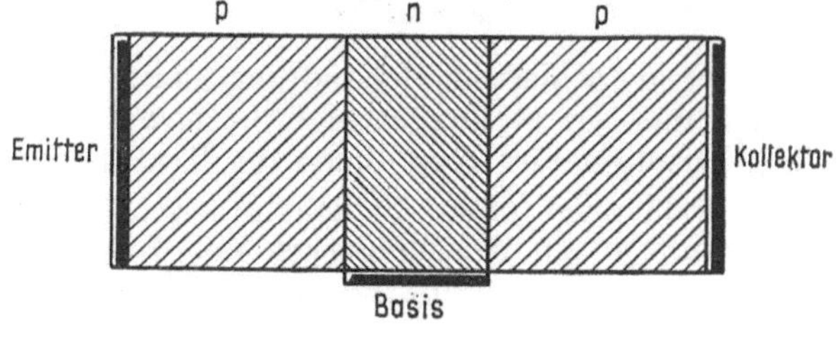

5.34 Die Energieniveaus des
pnp-Schichttransistors,
wenn keine äußere Spannung angelegt wird

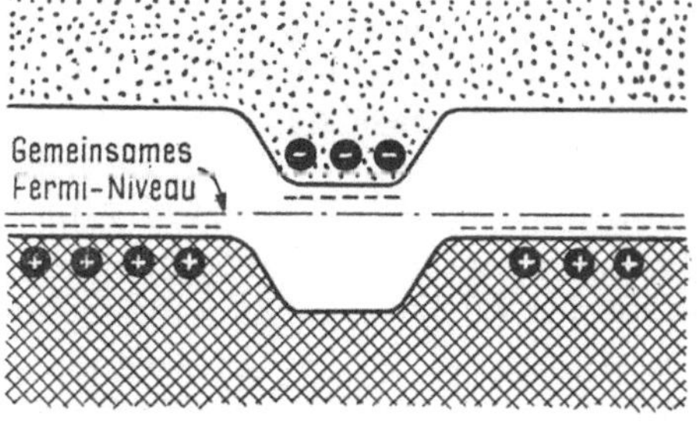

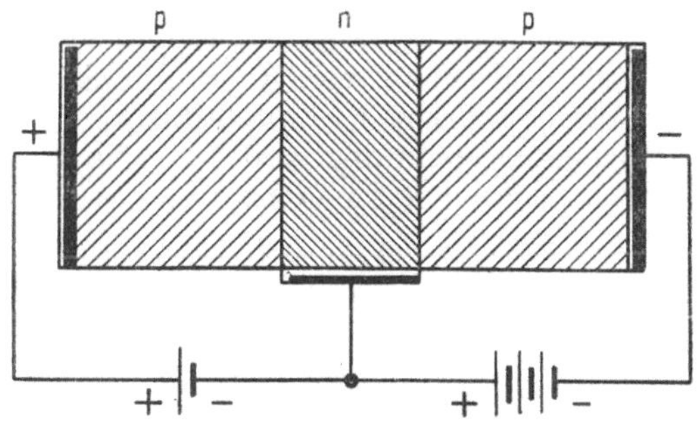

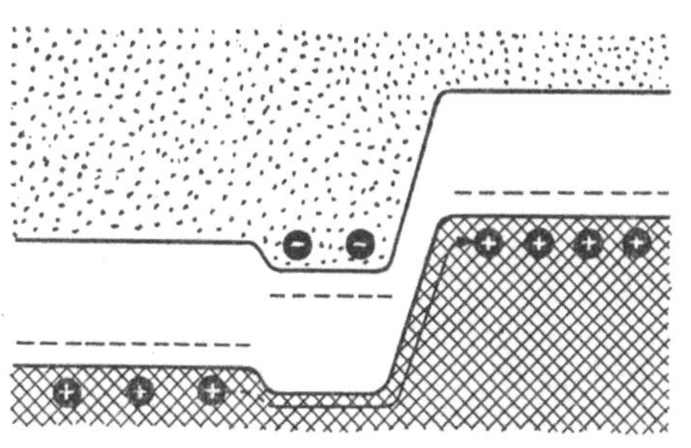

5.35 Die Potentialmulde des *n*-
Bereiches kann durch Anlegen
einer Spannung an den *pnp*-
Schichttransistor geregelt werden. Bei Löcherleitung kann in
dieser Weise die Zahl der den
Kollektor erreichenden Löcher
geregelt werden. Im Fall eines
npn-Transistors sind Spannungen umgekehrten Vorzeichens
anzulegen. (Auf die Basis bezogen erhält der Emitter eine
Spannung in Öffnungsrichtung, der Kollektor eine Spannung in Sperrichtung)

so können keine Löcher dorthin gelangen, so daß kein Strom den Kollektor
erreichen kann, weil die den Strom tragenden Teilchen nicht mehr zur Verfügung stehen. Der Kollektorstrom wird also durch die zwischen Basis und
Emitter angelegte Spannung bzw. durch den entsprechenden Strom geregelt.
Der *pnp*-Transistor kann demnach die Rolle der Triode übernehmen.

5.8.2 Die Grundschaltungen

Vor der detaillierten Behandlung der Stromverhältnisse des Transistors sollen das Herstellungsverfahren sowie die verschiedenen Schaltungsmöglichkeiten und Kennlinien der Transistoren kurz beschrieben werden. Abb. **5.**36 zeigt einen Schichttransistor des legierten Typs. Bei diesem Typ wird je ein Anschlußstück aus Indium an den beiden Seiten einer Platte des *n*-Typs befestigt, und das ganze System wird für kurze Zeit auf eine hohe Temperatur erhitzt. Dadurch diffundiert das Indium in das Germanium hinein und erzeugt dort je eine *p*-Schicht in der Umgebung der beiden Anschlüsse. Die geometrischen Abmessungen des Kollektors sind größer, so daß es nur eine geringe Wahrscheinlichkeit dafür gibt, daß die vom Emitter ausgehenden Ladungsträger auf die Basis zu diffundieren können; den Kollektor erreichen sie früher.

Zur Herstellung eines gezüchteten Schichttransistors wird aus geschmolzenem Germanium ein Kristall gezüchtet, und seine einzelnen Teile werden im Laufe des Zuchtvorgangs entsprechend verunreinigt.

Eine Ausführungsform des Transistors ist in Abb. **5.**37 dargestellt.

Der Transistor wird in den folgenden Schaltungen eingesetzt:

Schaltung mit gemeinsamer oder geerdeter Basis. Abb. **5.**38 zeigt die Schaltung und das übliche Schaltschema. Obwohl die charakteristischen Eigenschaften des Transistors später noch eingehend besprochen werden, soll auch hier das Funktionieren des Transistors als Verstärker halbquantitativ untersucht werden. Eine Änderung der Eingangsspannung um ΔU_1 führt zur Änderung des Emitterstromes um ΔI_E. Gelangt das α-fache dieses Stromes

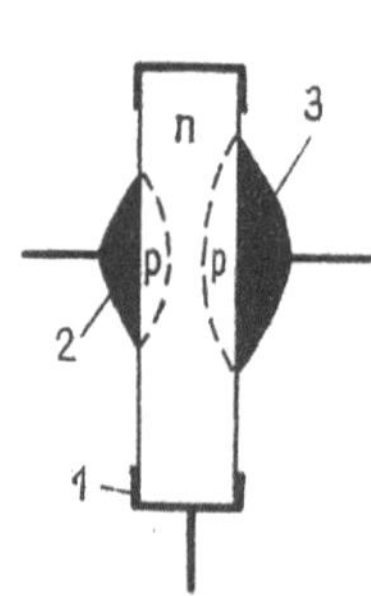

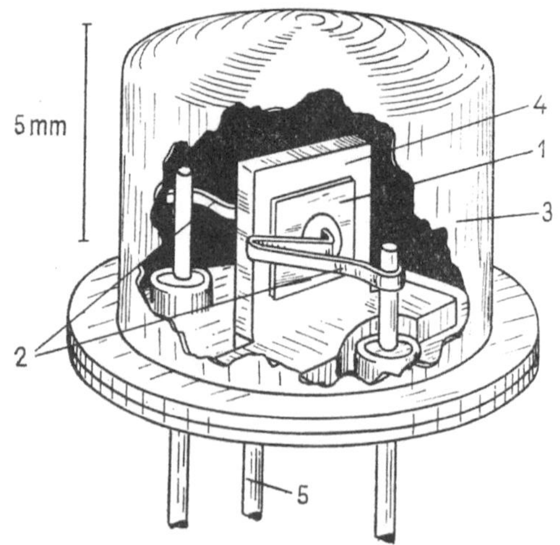

5.36 Schematischer Aufbau eines *pnp*-Transistors des legierten Typs: *1* Basis, *2* Emitter, *3* Kollektor [4.8]

5.37 Der praktische Aufbau eines Schichttransistors: *1* Germaniumplatte, *2* Emitter- und Kollektorzuführungen, *3* Metallgehäuse, *4* als Basis dienender Metallrahmen, *5* Basiszuleitung [4.8]

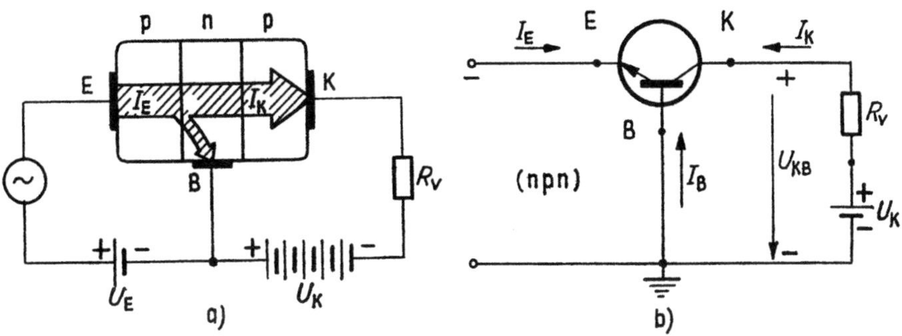

5.38 Die Schaltung mit geerdeter Basis [4.8 und 4.4]

auf den Kollektor und fließt er über den Lastwiderstand R_v, so ist die Änderung der Ausgangsspannung

$$\Delta U_v = \alpha \Delta I_E R_v.$$

Die Spannungsverstärkung ist also

$$A = \frac{\Delta U_v}{\Delta U_1} = \frac{\alpha R_v \Delta I_E}{r_E \Delta I_E} = \alpha \frac{R_v}{r_E}.$$

Hierbei bezeichnet r_E den dynamischen Widerstand des Emitters. Da der Wert von α nahezu 1, der von r_E einige 10 Ω und gleichzeitig R_v einige 1000 Ω beträgt, erreicht die Spannungsverstärkung einen Wert von 10 bis 50.

Der Faktor $\alpha = -(\Delta I_K/\Delta I_E)$ spielt eine sehr große Rolle beim Funktionieren des Transistors. Sein Wert kann einerseits durch eine zweckmäßige geometrische Anordnung, andererseits durch stärkere Verunreinigung der p-Schicht des Emitters erreicht werden. Den Strom des Übergangs Emitter— Basis erzeugt dann in erster Linie die Wanderung von Löchern, und diese kann der Kollektor einsammeln. Der von der Basis ausgehende Elektronen-Stromteil trägt zur Steigerung des Kollektorstromes nicht bei.

Die dieser Schaltung entsprechende Charakteristik ist aus Abb. 5.39 ersichtlich. Auf der horizontalen Achse wurde die Kollektorspannung U_{KB} in dem der Sperrschaltung entsprechenden negativen Wertbereich aufgetragen. Die vertikale Achse trägt den Kollektorstrom bei verschiedenen Emitterströmen. Neben den einzelnen Kurven ist der Wert des Emitterstromes als Parameter angeführt. Die zum Emitterstrom $I_E = 0$ gehörende Kollektorstrom-Kurve stellt die Charakteristik des np-Überganges in der Sperrichtung dar. Der Strom hat den sehr geringen Wert von einigen μA. Bei positiven Kollektorspannungen, also in Durchlaßrichtung, steigt der Strom exponentiell mit der Spannung (in der Abbildung gestrichelt dargestellt).

Wird der Emitterstrom auf I_E erhöht, so steigt der Kollektorstrom infolge der injizierten und den Kollektor erreichenden Löcher auf den Wert

$$I_K = \alpha I_E + I_{K0}.$$

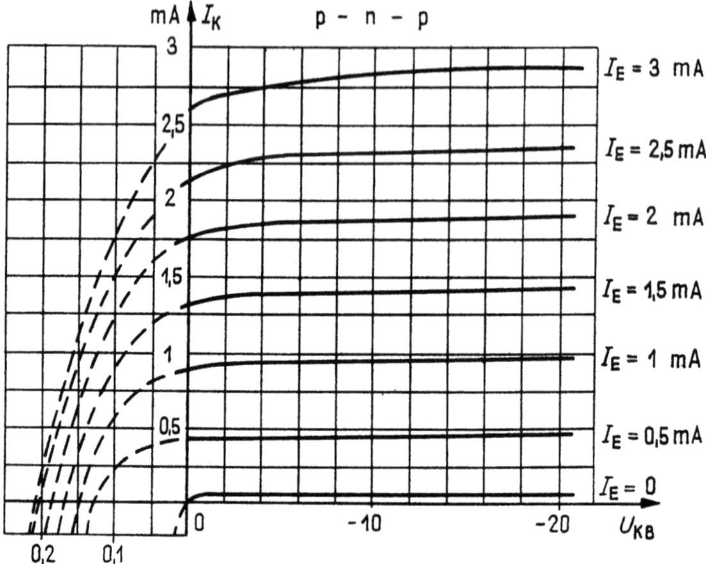

5.39 Ausgangscharakteristik eines *pnp*-Transistors mit geerdeter Basis [4.8]

In diesem Fall steigt der Kollektorstrom auch bei der Kollektorspannung Null, und dies bedeutet, daß die Ladungsträger in erster Linie durch ihre Diffusionsbewegung den Kollektor erreichen. Zur Eliminierung dieses Diffusionsstromes muß eine entgegengesetzt gerichtete Spannung angelegt werden. Folglich erfolgt der Übergang auf die Öffnungsrichtung nicht bei dem Wert Null, sondern bei immer höheren positiven Werten der Kollektorspannung.

Die die Eingangsseite des Transistors charakterisierenden Kennlinien sind aus Abb. 5.40 ersichtlich. Bei $U_K = 0$ entspricht die Beziehung zwischen dem Emitterstrom I_E und der Emitterspannung U_E der Durchlaßcharakteristik des gewöhnlichen *pn*-Übergangs. Die verschiedenen Kollektorspannungen haben nur einen sehr geringen Einfluß auf diese Charakteristik, die Rückwirkung des Kollektorkreises ist also sehr klein. Wird eine negative Spannung dem Emitter erteilt, so erhält man die Sperrcharakteristik bei der Kollektorspannung Null. Wird nun die Kollektorspannung in der

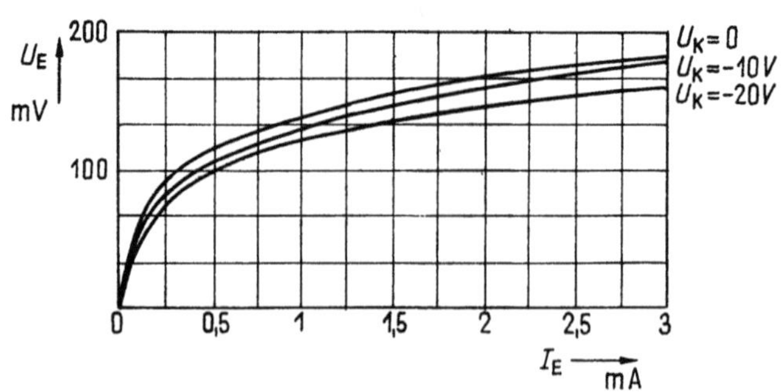

5.40 Eingangscharakteristik des *pnp*-Transistors mit geerdeter Basis [4.8]

5.41 Die Schaltung des Transistors mit geerdetem Emitter [4.8 und 4.4]

Durchlaßrichtung erhöht, bekommt sie also einen positiven Wert, so wird der Emitterstrom von der Kollektorspannung stark abhängig. Der Transistor funktioniert dann bei Rollenvertausch zwischen Emitter und Kollektor. Da die zwei p-Schichten der pnp-Schicht nicht identisch sind, erreicht der Transistor bei dieser Schaltung nur eine kleinere Verstärkung als bei der richtigen Schaltung.

Die Schaltung mit gemeinsamem Emitter. Die Schaltung sowie das entsprechende Schaltschema sind aus Abb. **5.41** ersichtlich.

Auf der horizontalen Achse der Charakteristik (Abb. **5.42**) ist auch jetzt die Kollektorspannung, auf der vertikalen der Kollektorstrom aufgetragen, als Parameter fungieren aber Basiswerte. Die Kollektorspannung Null (bezogen auf den

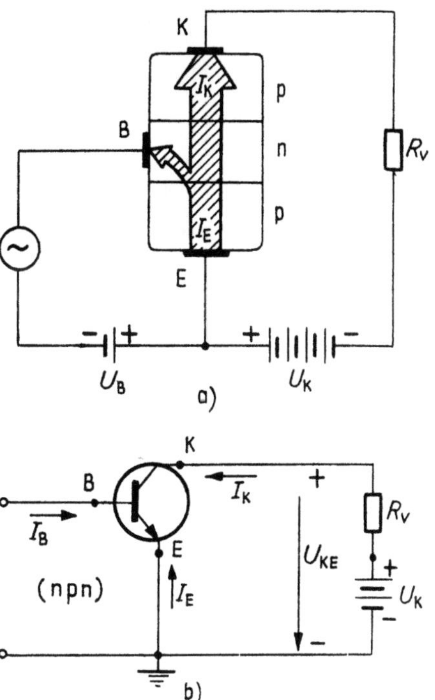

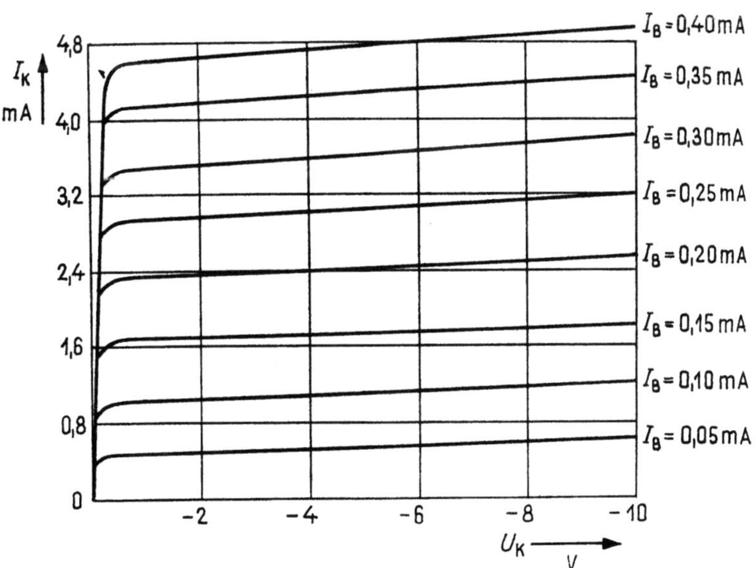

5.42 Die Eingangscharakteristik des pnp-Transistors mit geerdetem Emitter [4.8]

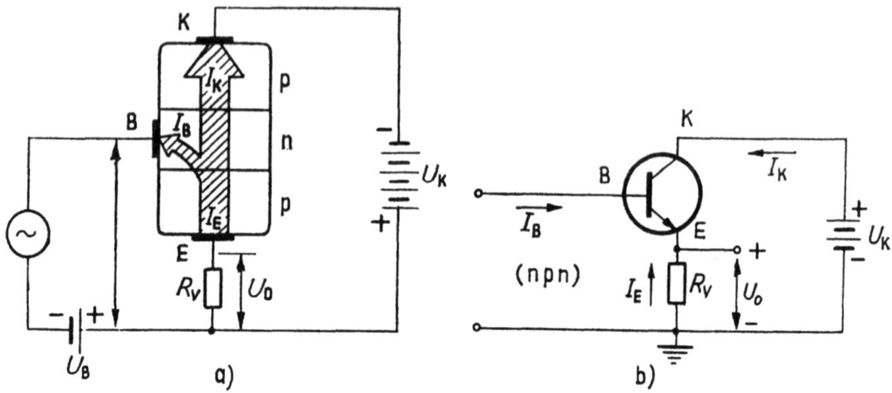

5.43 Die Schaltung des Transistors mit geerdetem Kollektor [4.8 und 4.4]

Emitter) bedeutet jetzt eine positive Kollektorspannung gegenüber der Basis; diese Spannung verhindert die Diffusion der vom Emitter injizierten Löcher in die Richtung des Kollektors. Wenn die Kollektorspannung im negativen Sinn erhöht wird, diffundieren mehr und mehr Löcher zum Kollektor durch. Die Folge ist eine sehr steile Steigung der Kurve bei kleinen negativen Werten von U_K, bis schließlich die Mehrzahl der emittierten Löcher den Kollektor erreicht. Die Kurve steigt auch weiterhin, wenn auch nicht mehr so stark. Die Erklärung hierfür ist, daß der Transistor auch als Spannungsteiler funktioniert und ein Teil der hohen negativen Kollektorspannung auch am Übergang Basis—Emitter erscheint.

Die Schaltung mit gemeinsamem oder *geerdetem Kollektor ist* aus Abb. **5.**43 ersichtlich. Auf Grund der in der vorangehenden Schaltung aufgenommenen Kennlinien können auch die für diesen Fall gültigen Charakteristiken aufgezeichnet werden. Die Spannung zwischen Basis und Emitter ergibt sich jetzt als Differenz zwischen der Eingangs- und Ausgangsspannung.

Bei dieser Schaltung ist die Spannungsverstärkung kleiner als 1, die Stromverstärkung ist aber größer als bei den anderen Schaltungen, da der Ausgangsstrom

$$I_E = I_K + I_B > I_K$$

ist.

5.8.3 Die quantitative Behandlung der Stromverhältnisse des Schichttransistors

Wir untersuchen zuerst die Löcherdichte in der Basisschicht eines *pnp*-Transistors. Auch jetzt genügt die Funktion $p = p(x)$ der Gleichung

$$L_p^2 \frac{\mathrm{d}^2(p - p_n)}{\mathrm{d}x^2} = p - p_n,$$

nur sind jetzt die Grenzbedingungen anders. Als Ursprung des Koordinatensystems wählen wir einen Punkt auf der Mittellinie der Basis, und die Dicke der n-Schicht bezeichnen wir mit $2w$. Die allgemeine Lösung läßt sich auch in der folgenden Form schreiben:

$$p(x) - p_n = A \operatorname{sh} \frac{w - x}{L_p} + B \operatorname{sh} \frac{w + x}{L_p}.$$

Die Grenzbedingungen sind

$$p_{eo} = p(-w) = p_n e^{\frac{eU_E}{kT}} ,$$

$$p_{ko} = p(w) = p_n e^{\frac{eU_K}{kT}} .$$

Folglich gibt die Löcherverteilung in der Basisschicht der Ausdruck

$$p(x) - p_n = \frac{(p_{eo} - p_n)\,\text{sh}\,\dfrac{w-x}{L_p} + (p_{ko} - p_n)\,\text{sh}\,\dfrac{w+x}{L_p}}{\text{sh}\,\dfrac{2w}{L_p}}$$

wieder. Den Löcherstrom der Basis erhält man durch Differenzieren gemäß Gleichung 5.6.2—(4 ab) in der Form

$$J_p = \frac{e\,D_p}{L_p}\,\frac{(p_{eo} - p_n)\,\text{ch}\,\dfrac{w-x}{L_p} - (p_{ko} - p_n)\,\text{ch}\,\dfrac{w+x}{L_p}}{\text{sh}\,\dfrac{2w}{L_p}} .$$

Den vom Emitter durchkommenden bzw. zum Kollektor durchgehenden Strom erhält man durch Bestimmung des obigen Wertes am Ort $x = -w$ bzw. $x = +w$:

$$J_{peo} = J_p(-w) = \frac{e\,D_p}{L_p}\left[(p_{eo} - p_n)\,\text{cth}\,\frac{2w}{L_p} - (p_{ko} - p_n)\,\frac{1}{\text{sh}\,\dfrac{2w}{L_p}}\right] ,$$

$$J_{pko} = J_p(+w) = \frac{e\,D_p}{L_p}\left[(p_{eo} - p_n)\,\frac{1}{\text{sh}\,\dfrac{2w}{L_p}} - (p_{ko} - p_n)\,\text{cth}\,\frac{2w}{L_p}\right] .$$

Die Löcherdichte ändert sich in der p-Schicht des Emitters und des Kollektors nicht. Es ändert sich dagegen die Elektronendichte, und zwar in der Weise, wie dies die Kontinuitätsgleichung bei Einsetzen der relevanten Grenzbedingungen ergibt [Gl. 5.6.2—(3 b)],

$$n_e(x) - n_{pe} = (n_{eo} - n_{pe})\,e^{\frac{w+x}{L_n}}$$

$$n_k(x) - n_{pk} = (n_{ko} - n_{pk})\,e^{\frac{w-x}{L_n}} ,$$

wobei n_{eo} und n_{ko} die Elektronendichte an der sich der Basis anschließenden Fläche der Emitterschicht bzw. der Kollektorschicht bezeichnen, d. h.

$$n_{eo} = n_{pe}\,e^{\frac{eU_E}{kT}} , \qquad n_{ko} = n_{pk}\,e^{\frac{eU_K}{kT}} .$$

Der Elektronenstrom im Emitter bzw. im Kollektor ist

$$J_{ne} = \frac{e\,D_n}{L_n}\,(n_{eo} - n_{pe})\,e^{\frac{w+x}{L_n}} ,$$

$$J_{nk} = -\,\frac{e\,D_n}{L_n}\,(n_{ko} - n_{pk})\,e^{\frac{w-x}{L_n}} .$$

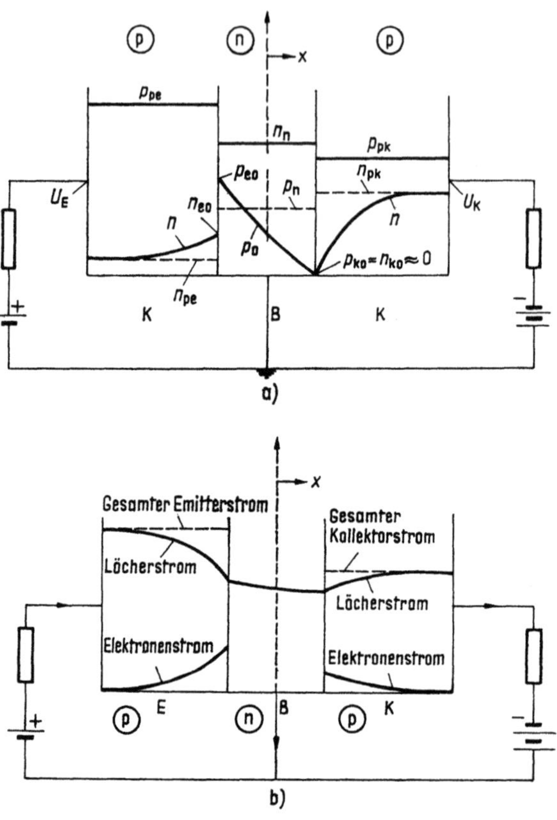

5.44 Die Elektronen- und die Löcherdichte sowie die Stromverteilung in der Emitter- und Kollektorschicht des Typs *pnp* [5.8]

Der gesamte Emitterstrom ist gleich der Summe von Elektronen- und Löcherstrom am Ort $x = -w$. Den gesamten Kollektorstrom ergibt dieselbe Summe am Ort $x = +w$. Es gelten also die Beziehungen

$$J_E = \left(\frac{e D_p p_n}{L_p} \operatorname{cth} \frac{2w}{L_p} + \frac{e D_n n_{pe}}{L_n} \right) \left(e^{\frac{e U_E}{kT}} - 1 \right) - \frac{e D_p p_n}{L_p} \frac{1}{\operatorname{sh} \dfrac{2w}{L_p}} \left(e^{\frac{e U_K}{kT}} - 1 \right),$$

$$J_K = \frac{e D_p p_n}{L_p} \frac{1}{\operatorname{sh} \dfrac{2w}{L_p}} \left(e^{\frac{e U_E}{kT}} - 1 \right) - \left(\frac{e D_n n_{pk}}{L_n} + \frac{e D_n p_n}{L_p} \operatorname{cth} \frac{2w}{L_p} \right) \left(e^{\frac{e U_K}{kT}} - 1 \right).$$

Die entsprechende Dichte- und Stromverteilung ist aus Abb. **5.44** ersichtlich. Um den Vergleich mit der Triode zu erleichtern, lohnt es sich, die Bezeichnungen

$$U\widetilde{_E} = U_E + u_E,$$
$$U\widetilde{_K} = U_K + u_K$$

einzuführen, wobei u_E bzw. u_K den veränderlichen Teil der Emitter- bzw. der Kollektorspannung bezeichnen. Es wird angenommen, daß diese nur klein sind. Die Reihenentwicklung ergibt nach Ordnen die Beziehungen

$$i_{\widetilde{K}} = g_{11}\, u_{\mathrm{E}} + g_{12}\, u_{\mathrm{K}}\,,$$

$$i_{\widetilde{E}} = g_{21}\, u_{\mathrm{E}} + g_{22}\, u_{\mathrm{K}}\,.$$

Es ist zu bemerken, daß jede Größe nur in einem sehr geringen Maß von der Kollektorspannung abhängt, sobald ein negativer Wert bestimmter Höhe überschritten wurde.

5.9 Festkörper-Stromkreise

Anfänglich war die Rolle der Halbleitergeräte auf den Ersatz der entsprechenden Elektronenröhren, der Trioden, Dioden usw., in den konventionellen Stromkreisen beschränkt. Dabei gehen aber mehrere Vorteile der Halbleitergeräte verloren. Gegen die Miniaturisierungsbestrebungen wirkt z. B. die Tatsache, daß sowohl das Volumen als auch das Gewicht eines gewöhnlichen kompletten Transistors einschließlich der Zuleitungen und der Umhüllung etwa das Tausendfache des Volumens bzw. des Gewichts des eigentlichen Halbleiters beträgt. Außerdem vermindern die Zuleitungen und Verdrahtungen die Zuverlässigkeit.

Die Halbleiter-Technologie bietet aber eine einzigartige Möglichkeit dadurch, daß ein einziger Block mehrere, aktive und passive, Schaltungselemente zusammen mit ihren Verbindungen und der Isolation enthalten kann, so daß vollständigen Schaltungen entsprechende Funktional-Blöcke hergestellt werden können. Vor allem betrachten wir die Möglichkeit der Isolierung der einzelnen Elemente gegeneinander. Obwohl die heutige Technologie bereits auch das Einbringen einer unmittelbar isolierenden Membrane ermöglicht, ist die Lösung nach Abb. 5.45 häufiger. Hiernach ist eine solche Spannung zwischen der Basis vom p-Typ und der Kollektorschicht des n-Typs des als Beispiel gewählten Transistors gelegt, daß sie eine Vorspannung in Sperrichtung bedeutet. Die in der Grenzschicht entstehende entleerte Zone ist einer Isolation gleichwertig. Diese ist im Ersatzschaltbild als Diode mit der entsprechenden Shunt-Kapazität zu berücksichtigen.

Mit Hilfe entsprechender Verunreinigung sowie durch die entsprechende Wahl der geometrischen Abmessungen können Widerstände zwischen $10\ \Omega$ und $10^4\ \Omega$ mit einer Genauigkeit von $+10\%$ eingestellt werden (bei dem Verhältnis von Widerständen ist eine Genauigkeit von 1% erreichbar).

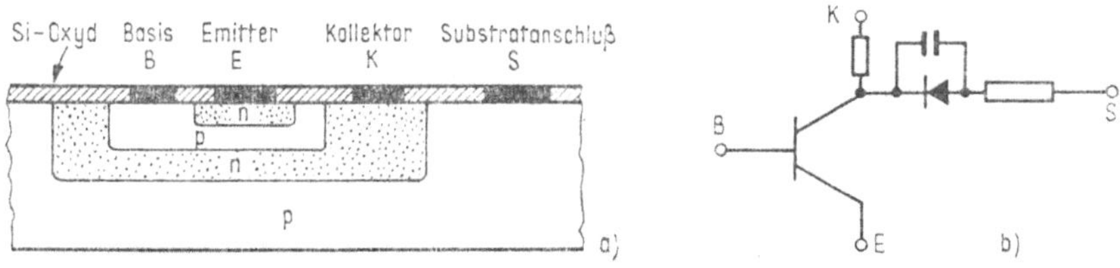

5.45 *a)* Isolierung eines Transistors durch Vorspannung in Sperrichtung; *b)* Ersatzschaltbild

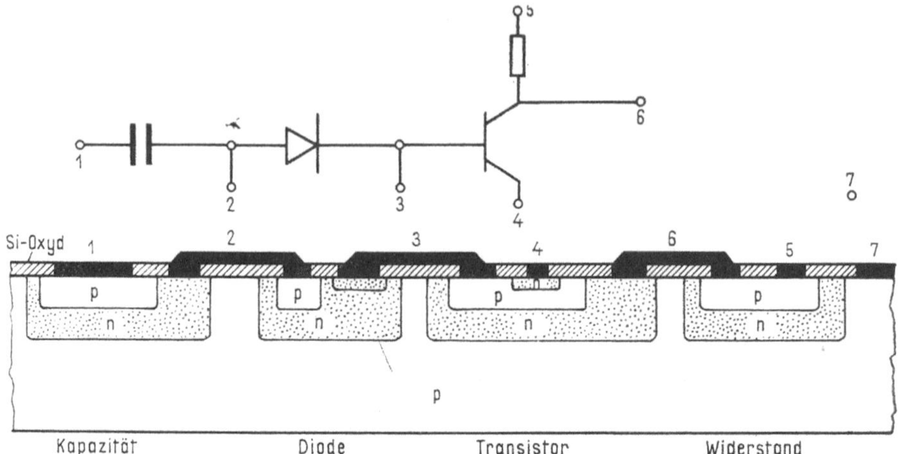

5.46 Stromkreis und seine Verwirklichung als Festkörper-Stromkreis

Kondensatoren können durch eine in Sperrichtung vorgespannte *pn*-Schicht verwirklicht werden; die Größenordnung von 100 pF ist erreichbar.

Abb. **5.**46 zeigt eine einfache Schaltung und ihre Ausführung als integrierten Stromkreis.

5.10 Halbleiter-Photoeffekte

5.10.1 Photowiderstand, Photodiode, Photoelement

Die Wechselwirkung von Licht und Halbleiter ist im allgemeinen eine äußerst komplizierte Erscheinung, gleichgültig, ob man Lichtenergie dem Halbleiter mitteilt und die als Folge in den elektrischen Eigenschaften des Halbleiters entstehenden Änderungen untersucht oder die infolge der Zuführung der verschiedensten Energien eintretende Lichtemission des Halbleiters betrachtet. Deshalb werden im folgenden nur die einfachsten, der quantitativen Behandlung einigermaßen zugänglichen Fälle erörtert. Wird der Halbleiter mit einem Licht beleuchtet, dessen Energiequant größer ist als die Breite der verbotenen Zone, dann gelangen Elektronen aus dem Valenzband in das Leitungsband, so daß sich die Leitfähigkeit des Halbleiters als Funktion der Beleuchtungsintensität ändert. Diese Photowiderstände sind deshalb als Detektoren oder zur exakten Messung verschiedener Strahlungen (Licht, Röntgenstrahlung oder sogar Strahlung geladener Teilchen) geeignet. Wenn die Strahlung f Elektron-Loch-Paare je Zeiteinheit erzeugt, dann beträgt die Zunahme der Teilchenzahl

$$\Delta n = f\tau_n, \quad \Delta p = f\tau_p, \tag{1}$$

wobei τ_n und τ_p die jeweilige durchschnittliche Lebensdauer bezeichnen. Damit beträgt die Erhöhung der Leitfähigkeit

$$\Delta\sigma = e(\Delta n\,\mu_n + \Delta p\,\mu_p) = ef(\tau_n\,\mu_n + \tau_p\,\mu_p)\,. \tag{2}$$

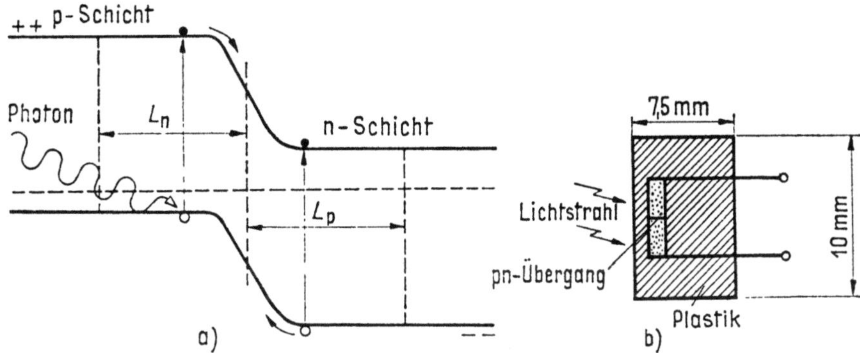

5.47 *a)* Das Prinzip und *b)* die Ausführungsform der Photodiode [4.4]

Obwohl das physikalische Bild und die erhaltenen Formeln sehr einfach sind, stößt die theoretische Definition der Beweglichkeit und insbesondere die der Lebensdauer auf große Schwierigkeiten. Im allgemeinen ist die Wahrscheinlichkeit der unmittelbaren Rekombination von Elektron und Loch sehr gering; diese kommt nur bei sehr hohen Dichten in Frage. Sonst kann sie nur durch Vermittlung von Rekombinationszentren erfolgen.

Zur Untersuchung der Erscheinungen, die bei der Beleuchtung einer *pn*-Diode auftreten (Abb. 5.47), nehmen wir an, daß die Lichtfrequenz genügend hoch ist, um die Elektronen über die verbotene Zone hinaufzuheben ($h\nu > e\Delta U$). Sowohl auf der *p*- als auch auf der *n*-Seite der Diode entstehen Elektron-Loch-Paare, welche im Durchschnitt bis auf eine Entfernung L_p bzw. L_n diffundieren, bevor sie sich rekombinieren würden. Offenbar kommen sie über den *pn*-Übergang nur dann hinweg, bedeuten also nur dann einen Strom, wenn der Abstand ihres Entstehungsortes vom Übergang nicht größer ist als L_p bzw. L_n. Bezeichnen wir die Zahl der während der Zeiteinheit im Einheitsvolumen entstehenden Paare mit g_{Licht}, dann ist die durch das Licht erzeugte Stromdichte

$$J_{\text{Licht}} = g_{\text{Licht}}\, e(L_p + L_n). \tag{3}$$

Bekanntlich fließt über eine in Sperrichtung an die Spannung U gelegte Diode der Strom

$$J_{\text{dunkel}} = J_{\text{Sättigung}} \left(1 - e^{\frac{qU}{kT}}\right) \tag{4}$$

(Gleichung 5.6.2—(7)). Die Sättigungsstromstärke ergibt sich aus den thermisch angeregten Elektron-Loch-Paaren nach Maßgabe der Beziehung

$$J_{\text{Sättigung}} = e\left[\frac{p_r D_p}{L_p} + \frac{n_p D_n}{L_n}\right]. \tag{5}$$

Um den Dunkelstrom der Diode mit dem durch das Licht erzeugten Strom vergleichen zu können, führen wir auch hier die Zahl $g_{\text{thermisch}}$ der in der Volumeneinheit während der Zeiteinheit durch thermische Anregung erzeugten Paare ein. Ist p_n die Zahl der Löcher und τ_p ihre durchschnittliche Lebensdauer, dann rekombinieren offenbar p_n/τ_p Löcher während der Zeiteinheit, so daß dieselbe Quantität erzeugt werden muß. Aus der Beziehung $L_p = \sqrt{D_p \tau_p}$ folgt andererseits, daß

$$\tau_p = \frac{L_p^2}{D_p}, \tag{6}$$

und deshalb

$$g_{\text{thermisch}} = \frac{p_n}{\tau_p} = \frac{p_n D_p}{L_p} \frac{1}{L_p} \tag{7}$$

ist.

Die Sättigungs-Stromdichte läßt sich also in der Form

$$J_{\text{Sättigung}} = e\, g_{\text{thermisch}} (L_p + L_n) \tag{8}$$

ausdrücken.

Die Gesamtstromdichte der Photodiode beträgt also

$$J = e g_{\text{thermisch}}(L_p + L_n)\left(1 - e^{\frac{eU}{kT}}\right) + e g_{\text{Licht}} (L_p + L_n) \tag{9}$$

bzw. bei einer sehr hohen negativen Spannung $J = e(g_{\text{thermisch}} + g_{\text{Licht}}) \cdot (L_p + L_n)$.

Was passiert nun, falls die Photodiode als Photoelement eingesetzt, also keine äußere Spannungsquelle verwendet wird?

Falls der äußere Kreis kurzgeschlossen wird, kann sich eine Ladung nirgends anhäufen, und der entstehende Strom hat den Betrag

$$J_{\text{kz}} = e g_{\text{Licht}} (L_p + L_n).$$

Betrachten wir nun das Photoelement im Leerlaufsfall. Nach Abb. 5.48 trachten die entstehenden Elektron-Loch-Paare das auftretende Kontakt-

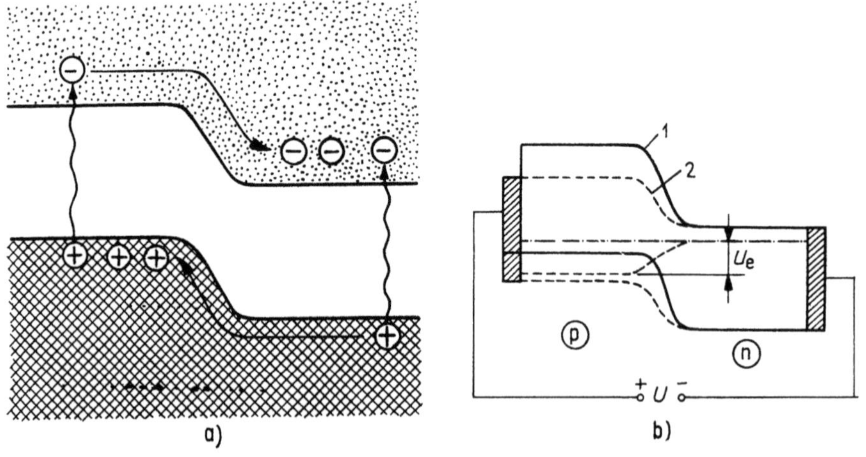

5.48 Bestimmung der Spannung des Photoelementes [4.4]

potential zu vernichten. Man muß sich hierbei vergegenwärtigen, daß dem Kontaktpotential der sich aus den durch die Temperatur angeregten Paaren ergebende Strom sowie der Diffusionsstrom das Gleichgewicht halten. Falls die ersterwähnte Komponente des Stromes aus irgendeinem Grund ansteigt, muß auch der kompensierende Strom zunehmen, damit sich der statische, also stromlose Zustand einstellen kann. Die Energieniveaus der p-Seite verschieben sich deshalb (bezogen auf die Elektronen) nach unten. Dasselbe gilt natürlich auch für das *Fermi*-Niveau. Im beleuchteten Zustand des pn-Überganges ist es gerade diese Niveauverschiebung, die als stromtreibende Spannung im äußeren Kreis erscheint. Ihr Höchstwert ist das Kontaktpotential selbst.

Die Leerlaufspannungen können auch für den allgemeinen Fall berechnet werden. Der durch das Licht angeregte Strom fließt in Sperrichtung; es ist die Spannung zu berechnen, welche den Wert dieses in Sperrichtung fließenden Stromes auf Null herabsetzt. Auf Grund der Gleichung (9) ist

$$0 = eg_{\text{thermisch}}\,(L_p + L_n)\left(1 - e^{\frac{eU}{kT}}\right) + eg_{\text{Licht}}\,(L_p + L_n)\,.$$

Daraus ergibt sich

$$U = \frac{kT}{e}\ln\left(1 + \frac{g_{\text{Licht}}}{g_{\text{thermisch}}}\right)\,.$$

Bei hohen Lichtintensitäten ist also die Leerlaufspannung dem Logarithmus der Lichtstärke proportional.

5.10.2 Die Lumineszenz der Halbleiter

Als Lumineszenz wird die Erscheinung bezeichnet, bei welcher bestimmte Stoffe die ihnen zugeführte Energie in sichtbare Lichtenergie umwandeln und dies bei einer solchen Temperatur, die noch zu keiner thermischen Lichtemission führt. Je nachdem, ob die Energiezuführung durch Anregung mittels Photonen abweichender Energie, durch Elektronen oder durch das elektrische Feld erfolgt, ist es üblich, von Photolumineszenz, Kathodolumineszenz oder Elektrolumineszenz zu sprechen. Tritt das Lumineszieren sofort nach der Anregung auf, so spricht man von Fluoreszenz, und falls die Leuchterscheinung auch längere Zeit, 10^{-7} s oder mehr (eventuell einige Stunden), nach Aufhören der Anregung noch vorhanden ist, so wird sie als Phosphoreszenz bezeichnet. Die die Erscheinung der Lumineszenz hervorbringenden Stoffe werden Lumineszenzstoffe oder einfach Phosphore genannt. Einer der bekanntesten dieser Stoffe ist im anorganischen Bereich das Zinksulfid. Ähnliche Eigenschaften weisen z. B. auch das Kadmiumsulfid und das Magnesiumwolframat auf. Von den organischen Phosphoren kommen das Anthrazen und das Stilben sehr häufig zur Anwendung.

Die praktische Bedeutung der Lumineszenzstoffe nimmt ständig zu, so daß es zahlreiche theoretische und experimentelle Untersuchungen in dieser Beziehung gibt. Trotzdem sind immer noch zahlreiche Einzelheiten ungeklärt. Im folgenden wird die Erscheinung in stark schematisierter Form erläutert:

Es ist von vornherein festzustellen, daß die erwähnten Phosphore in ihrem
reinen Zustand entweder überhaupt nicht oder nur ganz schwach lumineszieren. Dazu ist das Vorhandensein verunreinigender Atome, der sog.
Aktivatoren, erforderlich. Auch die Wellenlänge des emittierten Lichtes
wird durch diese maßgebend beeinflußt. Im ZnS-Kristall spielen die an
einigen Stellen statt des zweiwertigen Zn^{++}-Ions vorkommenden Cu^{+}-
Ionen die Rolle des Aktivators. Wird ferner das Schwefelion durch ein
Chlorion ersetzt, das ein Elektron mehr besitzt als zur Bindung erforderlich
ist, so kann das Chlorion ein Elektron leicht verlieren. Dieses wird aber
unter normalen Umständen vom Aktivatorion, dem sog. Zentrum, ein-
gefangen.

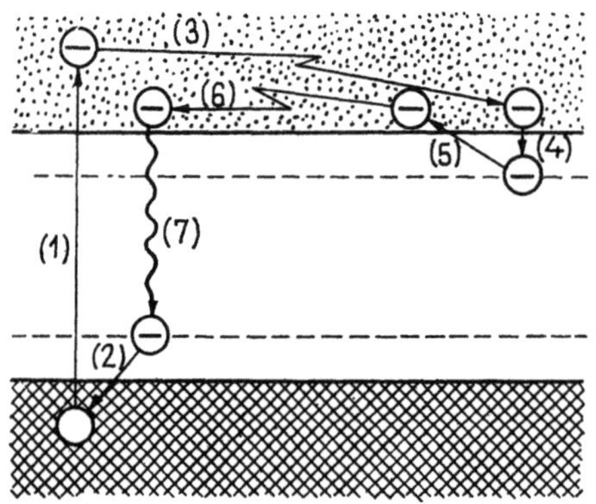

5.49 Vereinfachter Mechanismus der Lumineszenz. *1* Absorption, *2* das
Elektron des Zentrums springt auf
das leere Niveau hinüber (das Zentrum fängt das Loch ein), *3* das
Elektron diffundiert und gibt dabei
Energie an das Gitter ab, *4* das Elektron geht in die Falle, *5* das Elektron entkommt der Falle und *6*
diffundiert zum Zentrum; *7* schließlich emittiert es eine Lumineszenzstrahlung

Wird nun der Kristall beleuchtet, so hebt das Licht ein Elektron vom
Valenzband des Kristalls in das Leitungsband hinauf, wodurch ein Loch
im Valenzband entsteht. Dieses Loch wird durch das sich im Zentrum
aufhaltende Elektron gefüllt (Abb. **5.49**). Das in das Leitungsband gekommene Elektron tritt in Wechselwirkung mit dem Gitter und gibt soviel
Energie ab, daß es an den unteren Rand des Bandes sinkt. Sehr häufig
wird das Elektron von dem auch als Elektronenfalle bezeichneten Band
des Koaktivators aufgenommen. Von hier aus kann es nicht in das Valenzband fallen, weil dort kein Platz ist; andererseits ist der leere Platz im
Zentrum räumlich zu weit entfernt. Das Elektron kann mit Hilfe der
thermischen Bewegung in das Leitungsband zurückgelangen, wo es dann
bis zu dem einen leeren Platz aufweisenden Zentrum diffundieren kann.
Diese Elektron-Loch-Rekombination ist es, die die Lumineszenzstrahlung
ergibt. Der zeitliche Abstand zwischen Absorption und Emission hängt
teils von Diffusionskonstanten ab. Die in die Falle geratenen Elektronen
können dort »eingefroren« werden; falls die Energie kT nicht genügend
groß ist, halten sich die Elektronen sehr lange Zeit auf diesen Niveaus auf.
Bei Erhöhen der Temperatur können die Elektronen in das Leitungsband
zurückgelangen, so daß der im kalten Zustand bestrahlte Phosphor während
der Erwärmung luminesziert. Diese Erscheinung, die Thermolumineszenz,
eignet sich sehr zur Untersuchung der Energieniveaus der verunreinigenden
Atome.

Die Lumineszenzstoffe finden viele Anwendungen von hoher Bedeutung (Schirme von Kathodenstrahlröhren und Fernsehbildröhren, Beläge für Teilchenzähler, Szintillationszähler und Leuchtröhren).

Bei der Elektrolumineszenz wird einem in Isolierstoff eingebetteten Phosphor eine Wechselspannung angelegt, die im Innern des Stoffes ein hohe elektrische Feldstärke erzeugt. Diese hohe Feldstärke »hebt« die Elektronen aus den einzelnen Quantenzuständen des Zentrums heraus und macht damit Platz für die vom Leitungsband hinunterspringenden Elektronen. Diese Erscheinung, d. h. die direkte Umwandlung der elektrischen Energie in Lichtenergie, kann noch eine große Bedeutung erlangen.

Elektrische Erscheinungen in Gasen

In der kinetischen Gastheorie wurde zur Erläuterung der Gasgesetze vorausgesetzt, daß die Gasmoleküle elastische, strukturlose Kugeln sind, die überhaupt keine Kraftwirkung aufeinander entfalten, außer wenn sie einander sehr nahekommen. Mit dieser Annahme kann die Bewegung der Gasmoleküle mit den für elastische Stöße geltenden Gesetzen der klassischen Mechanik beschrieben werden. Zur Beschreibung der vielfältigen Erscheinungsgruppe der Gasentladungen ist aber diese Vorstellung nicht mehr geeignet, da sie die Wirklichkeit allzusehr vereinfacht. Im folgenden wird jedem Gasmolekül eine der *Bohr*schen Atomtheorie entsprechende Struktur zugeschrieben. Dadurch lassen sich alle Erscheinungen qualitativ und die meisten auch quantitativ richtig beschreiben, so daß man nur selten auf die Wellenmechanik zurückgreifen muß.

Im folgenden betrachten wir vor allem qualitativ, welche Erscheinungen zu erwarten sind, falls ein elektrisches Feld in einem gasgefüllten Raum erzeugt wird und welche Elementarprozesse anläßlich der verschiedenartigen Gasentladungen vor sich gehen. Die Gesetzmäßigkeiten dieser Elementarprozesse werden eingehend untersucht. Sind diese bekannt, so können die einzelnen Entladungsarten auch quantitativ beschrieben werden, wodurch man eine Anleitung zur praktischen Anwendung und zur Bemessung erhält.

An die in Abb. **6.1** dargestellten zwei Elektroden wird eine einstellbare Spannung gelegt. Die Stromstärke wird ebenfalls gemessen. Der Raum zwischen den beiden Elektroden wird im Laufe des Versuches mit Gasen verschiedenen Druckes gefüllt. Die Spannung wird von Null an erhöht. Bei einer nicht zu hohen Spannung findet man, daß die Gase sehr gute Isolatoren sind. Ein Strom läßt sich nicht einmal mit einem empfindlichen Galvanometer nachweisen. Mit Hilfe von Spezialverfahren kann man aber trotzdem feststellten, daß ein Strom fließt, welcher anfänglich mit steigender Spannung zunimmt und dann einen konstanten Sättigungswert annimmt (Abb. **6.2**). Dieser Wert ist aber immer noch so klein, daß er unterhalb der Empfindlichkeitsgrenze des gewöhnlichen Galvanometers bleibt.

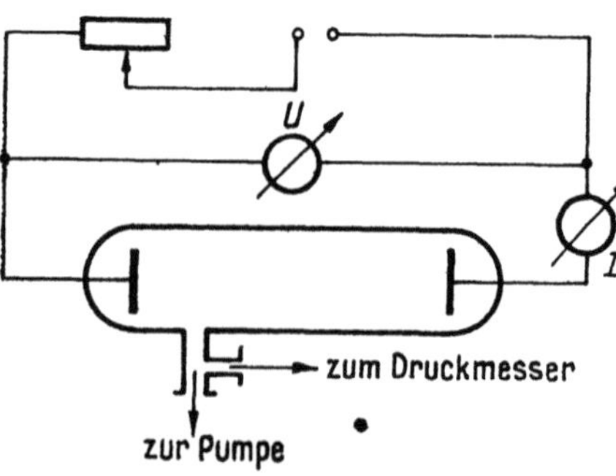

6.1 Anordnung zur Untersuchung der Gasentladungen

6.2 Gasentladungsstrom als Funktion des auf den Gasraum entfallenden Spannungsabfalls

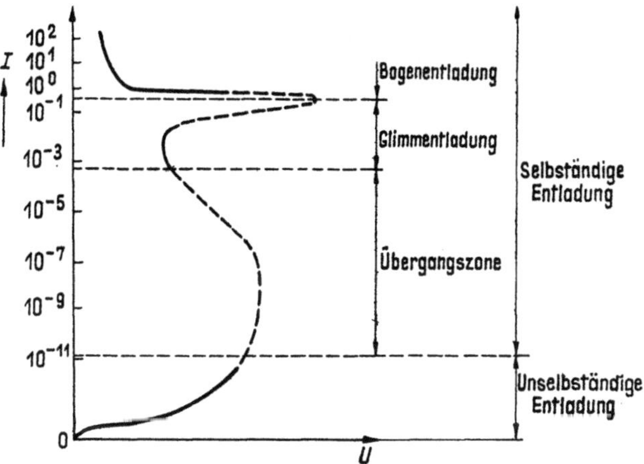

Diese Erscheinung weist darauf hin, daß ladungstragende Teilchen vorhanden sind, wenn auch in geringer Zahl. Diese werden durch die überall und zu jeder Zeit vorhandene kosmische Strahlung sowie durch die Strahlung radioaktiver Stoffe erzeugt. Trifft man besondere Maßnahmen, z. B. Bestrahlung des Gasraumes durch Röntgenlicht, zur Erzeugung solcher ladungstragenden Teilchen, so erhält man eine Erscheinung derselben Art in vergrößertem Maß. Die Sättigungsstromstärke wird erreicht, wenn alle entstehenden Ladungen durch die entsprechend hohe Feldstärke an die Elektrode befördert werden, bevor sie Gelegenheit zur Rekombination gefunden haben. Wird nun die Spannung weiter erhöht, so gelangen nicht nur die entstandenen Elektronen und Ionen auf die Elektrode. Vielmehr beschleunigen sich die Elektronen im Raum, bis sie genügend Energie erhalten, um selbst ionisieren zu können. Die so entstandenen Ladungsträger werden wieder beschleunigt und erzeugen weitere Elektronen und Ionen, die wieder beschleunigt werden. In dieser Weise entsteht eine Ladungslawine, indem ein einziges durch äußere Einwirkung entstandenes Elektron exponentiell vervielfacht wird, bevor es die Anode erreicht (*Townsend*-Effekt).

Alle diese Erscheinungen werden als angeregte Leitung oder angeregte, nicht selbsterhaltende Entladung des Gases bezeichnet, da ein äußerer ladungserzeugender Faktor zum Ingangsetzen des Ladungsmechanismus erforderlich ist. Den so entstehenden Strom kann man (in der Sättigungszone) unmittelbar messen, oder man bekommt ein Vielfaches desselben infolge des *Townsend*-Effektes. Beim Aufhören der die Ladung erzeugenden äußeren Ursache hört auch der Strom auf. Aus der Stromstärke läßt sich auf die Art des die Ladung erzeugenden äußeren Faktors schließen; Ein großer Teil der Strahlungsmeßgeräte funktioniert auf Grund der beschriebenen Erscheinungen. Ein weiteres wichtiges Anwendungsgebiet der eben diskutierten Erscheinungen stellen gewisse Druckmeßgeräte sowie die gasgefüllte Photozelle dar.

Falls die Spannung weiter erhöht wird, ändert sich der ganze Charakter der Erscheinung. Zum Fließen des Stromes war es bislang erforderlich, daß eine äußere Einwirkung Ladungsträger erzeugt. Ist aber die Feldstärke genügend hoch, so entstehen so viele Ionen über den Lawinenmechanismus, daß sie beim Erreichen der Kathode ein Elektron aus ihr freisetzen. Dieses Elektron wird beschleunigt und erzeugt eine neue Lawine, deren Ionen wieder ein Elektron herausschlagen. Es ist also nicht mehr erforderlich, die die Lawine ingangsetzenden Ladungsträger besonders zu erzeugen; die Entladung ist selbsterhaltend geworden. Das ist die Glimmentladung. Eine solche Entladung findet man in Reglerröhren, Signallampen und Reklameröhren.

Wird die Stromstärke erhöht, so kann sich die Kathode soweit erwärmen, daß eine thermische Elektronenemission eintritt. Dies kann eine riesige weitere Steigerung der Stromstärke zur Folge haben, wobei die Spannung sinkt. Das ist der technisch wichtigste Bereich, der der Bogenentladung. Dieser Erscheinung begegnet man bei Gleichrichtern, Reglerröhren, Schaltern, bei der Lichtbogenschweißung, bei Lichtbogenöfen und bei einigen Beleuchtungsanlagen.

Außer den einzelnen stabilen Entladungsarten ist mit Rücksicht auf den Durchschlagsmechanismus auch die Kenntnis der Übergangserscheinungen von Interesse.

Die komplizierte Erscheinung der Gasentladung läßt sich auf einige wenige einfache Elementarprozesse zurückführen, in welchen nur wenige (2 bis 3) Teilchen teilnehmen. Unter diesen sind vor allem jene von Interesse, die zur Änderung im Ladungszustand des Teilchens führen. Hierzu gehören die Ionisation, die Rekombination und die Umpolarisierung. Die meisten Wechselwirkungen können auf Grund der Energie und Impulserhaltungssätze der klassischen Mechanik als Stoßprozesse beschrieben werden. Obwohl der elastische Stoß naturgemäß die kinetische Energie des Teilchens ändert und nicht zur Ionisation führt, kann seine indirekte Rolle trotzdem wichtig sein. Die so erhaltene größere kinetische Energie verteilt sich in der Form von Wärmeenergie unter den Gasteilchen. Dadurch wird die Temperatur des Gases oder der Elektroden erhöht. Der elastische Stoß kann also über die Temperaturerhöhung in den Verlauf der Ionisationserscheinungen eingreifen. Beim unelastischen Stoß wird ein Teil der kinetischen Energie zur Änderung der inneren Energie des einen Stoßteilnehmers verwendet (unelastischer Stoß erster Art). Manchmal spielt auch der sog. unelastische Stoß zweiter Art eine Rolle, bei dem das im angeregten Zustand befindliche Teilchen seine Energie abgibt und diese dann als Zunahme der kinetischen Energie in Erscheinung tritt.

Ein Teil der Elementarprozesse findet im Gasraum statt. Die an den Elektroden bzw. Gefäßwänden vor sich gehenden Erscheinungen sind aber ebenfalls sehr wichtig, und zwar sowohl hinsichtlich der Rekombination, als auch in bezug auf die Entstehung neuer Ladungsträger.

Für die quantitative Beschreibung eines gegebenen Prozesses ist die Energie- oder Impulsänderung maßgebend. Darüber hinaus ist aber auch die Kenntnis der Wahrscheinlichkeit von entscheidender Wichtigkeit, mit welcher der fragliche Prozeß stattfindet, also die Kenntnis des Wirkungsquerschnittes.

Bis auf die letzte können die erwähnten Größen verhältnismäßig einfach
auf Grund klassischer Überlegungen berechnet werden. Der Wirkungsquerschnitt ergibt sich dagegen nur aus komplizierten quantenmechanischen
Berechnungen. In den meisten Fällen werden wir uns deshalb mit der Angabe der experimentell aufgenommenen Kurve des Wirkungsquerschnittes
oder der damit mehr oder weniger gleichwertigen freien Weglänge begnügen.
Die wesentlichsten Elementarprozesse sind: Der elastische oder unelastische Stoß zwischen Elektron und Neutralteilchen (Atom oder Molekül),
wie die Anregung, die Ionisation oder die Bildung negativer Ionen; der
elastische oder unelastische Stoß neutraler Teilchen; Stoß zwischen Ionen
und Atomen; Stoß von Photon und Neutralteilchen; Rekombination von
positivem Ion und Elektron; Rekombination von positiven und negativen
Ionen; sekundäre Elektronenemission an der Oberfläche; Photoeffekt an
der Oberfläche; sekundäre Elektronenemission unter Einwirkung von Ionen;
Neutralisierung des Ions auf der Oberfläche; Ionisation eines neutralen
Teilchens auf der Oberfläche; Elektronenaustritt aus der Elektrode (infolge
der thermischen Bewegung); Elektronenaustritt unter Einwirkung des äußer-
en Feldes. Abb. **6.**3 veranschaulicht die häufigsten Elementarprozesse in
einer Gasentladung. Ein Teil der angeführten Erscheinungen wurde bereits
eingehend behandelt; jetzt kommen also jene an die Reihe, die hinsichtlich
der Gasentladungen wichtig sind und bis jetzt nicht zur Sprache kamen.
Im folgenden wird also eingehend untersucht, wie ladungstragende Teilchen
im Gasraum entstehen oder verschwinden können; ferner wird die Bewegung der ladungstragenden Teilchen unter verschiedenen Umständen
betrachtet. Schließlich werden die Eigenschaften und Anwendungsmöglichkeiten des sehr stark ionisierten Gases, des Plasmas, besprochen.

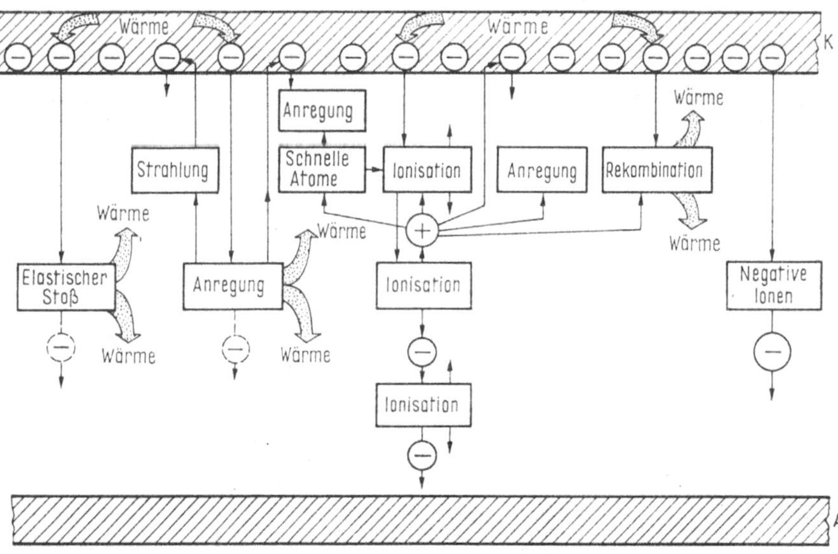

6.3   Die Elementarprozesse der Gasentladung und ihre Beziehungen
(nach *Penning*)

6.1 Das Entstehen und Verschwinden der Ladungsträger

6.1.1 Der Stoß von Elektronen und Atomen

Um ein Atom in den angeregten Zustand zu bringen bzw. zu ionisieren, muß ihm die Energie eU_e bzw. eU_i mitgeteilt werden. Es ist zu ermitteln, welche Energie das anstoßende Teilchen besitzen muß, um diese Energie tatsächlich übergeben zu können. Nach dem Energie- und Impulssatz wandelt sich nämlich die kinetische Energie nur unter ganz besonderen Umständen gänzlich in innere Energie um.

Diese Frage wurde bereits in Abschn. 3.6.1 erörtert. Danach wird fast die ganze Primärenergie zur Anregung angewandt, falls die Masse des sich bewegenden Teilchens gegenüber der Masse des als ruhend betrachteten angestoßenen Teilchens klein ist. Dies ist auch für den Zusammenstoß zwischen beschleunigten Elektronen und ihnen gegenüber ruhenden Atomen zutreffend.

Es ist einfach, die Häufigkeit bzw. die Wahrscheinlichkeit qualitativ zu bestimmen, mit welcher ein zur Ionisation führender Stoß durch Elektronen verschiedener Energie zustandekommt (Abb. **6**.4). Solange die Energie des Elektrons das erste Anregungsniveau nicht erreicht, kann selbstverständlich nur ein elastischer Stoß stattfinden. Nach Überschreiten der Anregungs- oder Ionisierungsenergie steigt die Wahrscheinlichkeit des Prozesses steil an und fällt dann wieder ab. Die Verminderung der Wahrscheinlichkeit ergibt sich daraus, daß bei zunehmender Energie auch die Geschwindigkeit des Elektrons steigt, so daß die für die Wechselwirkung zur Verfügung stehende Zeit immer kürzer wird.

Die Stoßwahrscheinlichkeit läßt sich in einen direkten Zusammenhang mit dem Wirkungsquerschnitt bringen (Kap. 3.3).

Man stelle sich vor, daß zu jedem Atom der Querschnitt σ_i gehört. Trifft ein als punktförmig vorgestelltes Elektron auf diesen Querschnitt, so tritt Ionisation ein. Ist n_A die Dichte der Atome, so besteht zwischen dem gesamten Ionisationswirkungsquerschnitt und der mittleren freien Ionisationsweglänge die bekannte Beziehung

$$n_A \, \sigma_i = \frac{1}{\lambda_i} \, .$$

6.4 Qualitativer Verlauf der Wahrscheinlichkeit des zur Anregung und zur Ionisation führenden Stoßes als Funktion der Energie

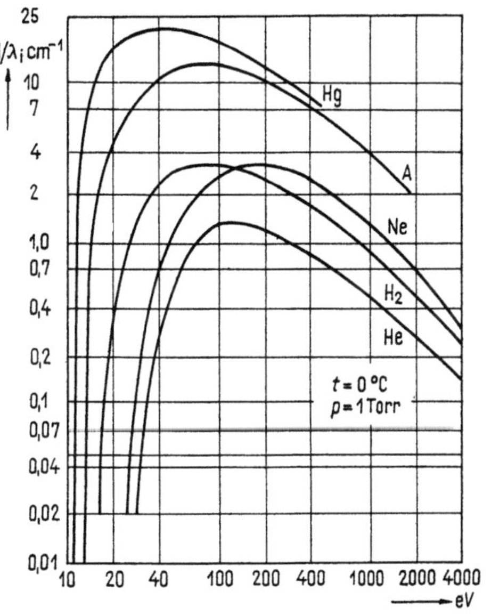

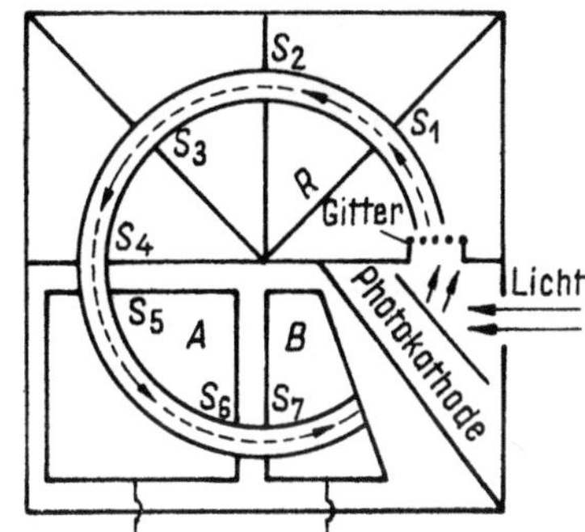

6.6 Einrichtung zur Messung der gesamten Stoßwahrscheinlichkeit

6.5 Die Wahrscheinlichkeit der Ionisation in einigen Gasen [1.9]

Abb. **6.**5 zeigt diesen Wert für verschiedene Gase bei $p = 1$ Torr und 0 °C.

Werden alle möglichen Wechselwirkungen zwischen Elektron und Atom — einschließlich des elastischen Stoßes oder der Streuung — berücksichtigt, so kommt man auf den Gesamtwirkungsquerschnitt des Elektrons. Dieser Wert wurde zuerst durch *Ramsauer* bei verschiedenen Energien mit Hilfe der aus Abb **6.**6 ersichtlichen Einrichtung gemessen. Die von der Photokathode austretenden Elektronen werden beschleunigt und durch ein magnetisches Feld auf eine Kreisbahn gezwungen. Mit Hilfe der Spalte S_1, S_2, S_3, S_4 wird erreicht, daß nur Elektronen mit ganz bestimmter Energie in die Kammer A gelangen können. Durch Messen des Stromes, der in die Auffangkammer B gelangt bzw. der sich aus den in der Streukammer A gestreuten Elektronen ergibt, erhält man den Gesamtquerschnitt. Die Meßergebnisse sind aus Abb. **6.**7 ersichtlich. Das bei kleinen Geschwindigkeiten eintre-

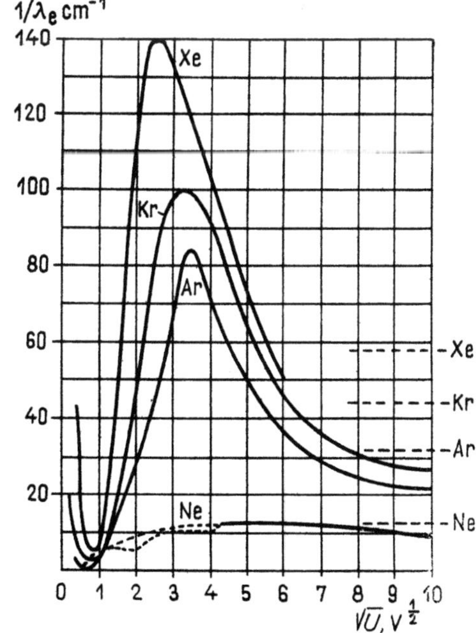

6.7 Die gesamte Stoßwahrscheinlichkeit als Funktion der Energie

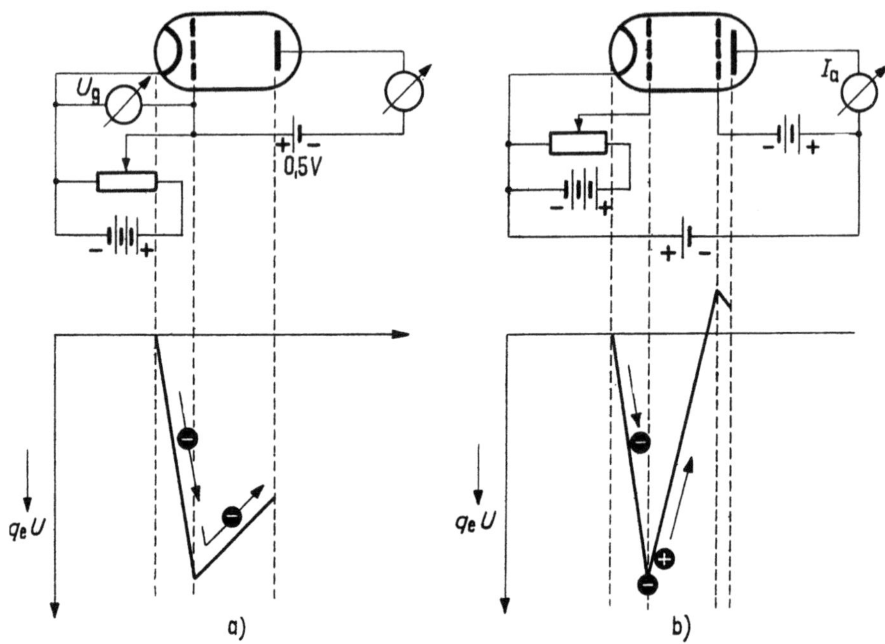

6.8 Meßanordnung zum *Franck-Hertz*schen Versuch. *a)* Das erste Anregungsniveau; *b)* die Messung der Ionisationsspannung

tende Minimum, der sog. *Ramsauer*-Effekt, ist äußerst interessant, da die sehr lange freie Weglänge langsamer Elektronen durch die klassische Theorie nicht zu erklären ist. Die Quantenmechanik begründet diese Erscheinung durch eine geringe Streuung von Elektronen, die eine lange *de-Broglie*-Wellenlänge haben, an den kleinen Atomen.

Es lohnt sich, den Versuch historischer Bedeutung von *Franck* und *Hertz* etwas eingehender zu erörtern. Dieser grundlegende Versuch hat den entscheidenden Beweis dafür geliefert, daß das Atom nur diskrete Energiewerte aufnehmen kann. Bei diesem Versuch wird nach Abb. **6.**8a eine einstellbare positive Spannung an das Gitter einer gasgefüllten Niederdruckröhre gelegt. Der Anode wird eine kleine, gegenüber dem Gitter negative Spannung (etwa 0,5 V) erteilt, und der Anodenstrom wird gemessen. Man findet, daß der Anodenstrom anfänglich mit zunehmender Gitterspannung monoton steigt; im Raum zwischen Gitter und Anode stoßen die Elektronen elastisch gegen die Gasmoleküle, und da die Masse des Elektrons viel kleiner ist als die des Moleküls, verlieren die Elektronen praktisch keine Energie. Nach Überschreiten einer bestimmten Gitterspannung beginnt der Anodenstrom plöztlich zu fallen. Darin kommt zum Ausdruck, daß die Elektronen jetzt unelastisch stoßen, den größten Teil ihrer Energie dem Atom übergeben und dieses dadurch in den angeregten Zustand bringen. Andererseits können dann die Elektronen mit ihrer verminderten Energie die Wirkung des Anodenfeldes nicht mehr überwinden, sie erreichen die Anode nicht, so daß der Anodenstrom abnimmt.

Wird die Gitterspannung weiter erhöht, so nimmt der Anodenstrom wieder zu, bis er bei einem bestimmten Spannungswert erneut zu fallen beginnt. Hier haben die Elektronen bereits soviel Energie, daß sie vom Grundzustand ausgehend zweimal nacheinander je ein Atom anregen können. Die Differenz der zu den Höchstwerten des Anodenstromes gehörenden Gitterspannungen ergibt gerade den Wert des ersten Energieniveaus in Elektronenvolt. Unter normalen Umständen gibt das Elektron seine von dem elektrischen Feld aufgenommene Energie durch unelastischen Stoß an das Gasatom ab und bringt es dadurch in den niedrigsten Anregungszustand, noch bevor das Elektron die dem nächsten Anregungszustand des Gases entsprechende Energie aufgenommen hätte. Die bei dem beschriebenen Versuch nacheinander erscheinenden Maxima des Anodenstromes

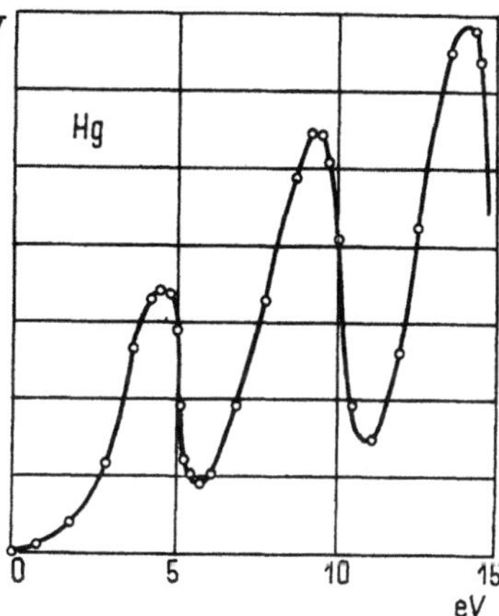

6.9 Die mit dem *Franck-Herz*schen Versuch für Quecksilberdampf erhaltene Kurve

entsprechen deshalb alle dem ersten Anregungszustand (Abb. **6**.9). Eine geringfügige Änderung der Anordnung ermöglicht die Messung der Ionisationsspannung eines Gases (Abb **6**.8b). Dabei wird die Anode an eine gegenüber der Kathode negative Spannung gelegt, so daß sie kein Elektron erreichen kann. Ein Anodenstrom beginnt erst dann zu fließen, wenn die durch die positive Gitterspannung beschleunigten Elektronen bereits das Gas zu ionisieren vermögen. Natürlich bringen die Elektronen noch unterhalb der Ionisationsspannung die Atome in den Anregungszustand, wovon diese unter Lichtemission in sehr kurzer Zeit in ihren Grundzustand zurück-

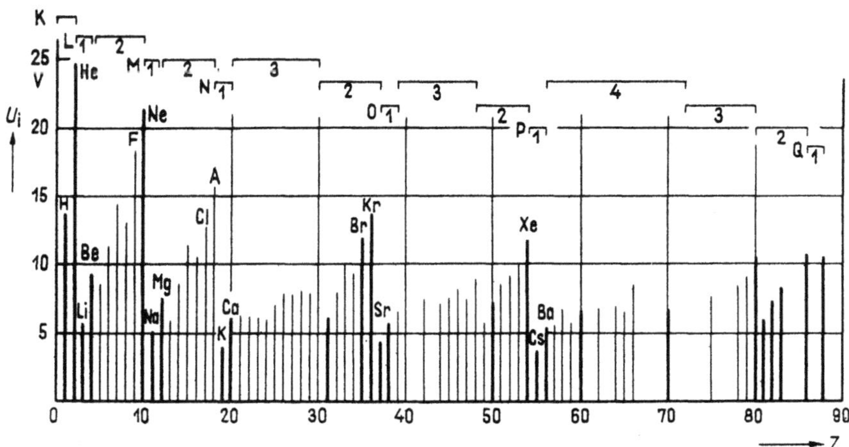

6. 0 Die Ionisationsspannung der Elemente des periodischen Systems. Zur Information ist auch die Bezeichnung der äußeren Atomhülle der einzelnen Elemente angeführt

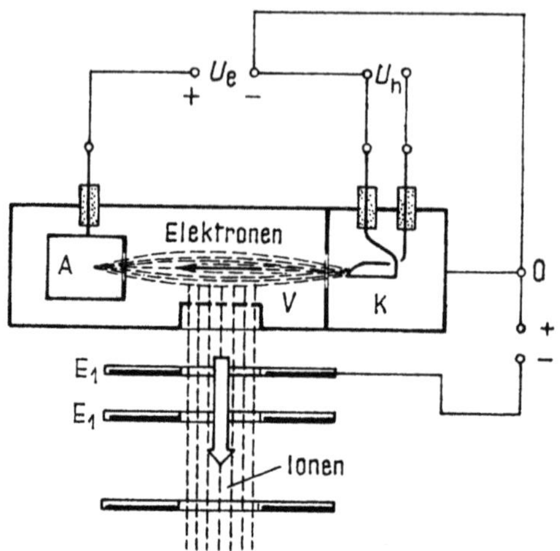

6.11 Ionenquelle eines Massenspektrographen. Die Ionen werden durch Elektronenstoß erzeugt

kehren. Die entstehenden Photonen können Elektronen aus der Anode herausschlagen, die an das Gitter gelangen. Das Meßgerät kann diesen von der Anode heraustretenden Elektronenstrom von dem in die Anode eintretenden positiven Ionenstrom nicht unterscheiden, wodurch die Messung verfälscht wird. Um diese Elektronen zurückzulenken, wird ein Bremsgitter negativer Spannung vor der Anode angeordnet. Die für verschiedene Stoffe so gemessenen Ionisationsspannungen sind in Abb. **6.10** dargestellt.

Die Untersuchung des Stoßes von Elektronen und neutralen Gasatomen ist zur Bestimmung der Anregungszustände von Atomen sowie zur Deutung der Gasentladungserscheinungen sehr wichtig. Manchmal wird aber gerade das Ziel gesetzt, Ionen in der beschriebenen Weise zu erzeugen, um sie dann für weitere Untersuchungen anwenden zu können. Abb. **6.11** zeigt z. B. die Ionenquelle eines Massenspektrographen. Die aus der Kathode heraustretenden Elektronen werden durch die positive Spannung der Anode A beschleunigt. Das entstehende Bündel ionisiert die Atome oder Moleküle des im Raum V befindlichen Gases. Das ionisierte Gas wird durch die an den Elektroden E_1, E_2 liegende verhältnismäßig niedrige Spannung in Richtung auf die fokussierenden und weiter beschleunigenden Elektroden beschleunigt. Von dort gelangen die Teilchen in den Analysator des Massenspektrographen.

6.1.2 Der Stoß von Ionen mit neutralen Atomen

Der Stoß von Ionen an neutralen Teilchen hat keine große Bedeutung. Wie wir bereits gesehen haben, ist dazu, daß die Ionisation überhaupt möglich wird, ein Ion erforderlich, dessen kinetische Energie dem Doppelten der Ionisationsenergie entspricht. Viel wichtiger ist der Umstand, daß bei gleicher Elektronen- bzw. Ionenenergie die Geschwindigkeit des Ions im Verhältnis $\sqrt{m_i/m_e}$ kleiner ist, und bei niedriger Geschwindigkeit die ganze Wechselwirkung einen anderen Charakter bekommt. Bei dem Elektron handelt es sich um einen tatsächlichen Stoß; die Dauer der Wechselwirkung ist sehr kurz. Bei der langsamen Annäherung eines Ions an das neutrale Atom deformiert das Feld des ersteren die Elektronenbahnen, während die Elektronen trotz der Energieänderung auf den ursprünglichen Bahnen bleiben. Nach dem Vorbeiziehen des Ions stellt sich der ursprüngliche Zustand wieder ein; der Stoß ist also elastisch. Bezüglich der Wechsel-

6.12 Vergleich des Ionisationsvermögens des Elektrons, des Ions und des neutralen Atoms (Ne, 1 Torr, 0 °C) [6.1.5]

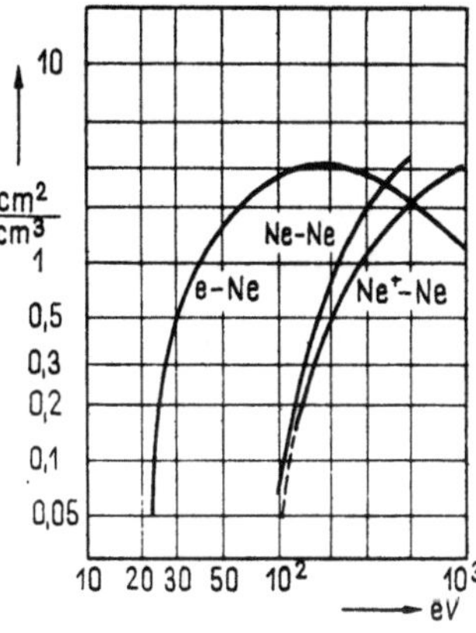

wirkung ist in erster Linie die Geschwindigkeit und nicht die Energie maßgebend. Auf ähnliche Gründe läßt sich die Tatsache zurückführen, daß ein neutrales Atom von einem anderen mit einem größeren Wirkungsquerschnitt angeregt wird als von einem Ion der gleichen Geschwindigkeit. Das Kraftfeld der neutralen Teilchen nimmt nämlich mit einer höheren Potenz der Entfernung ab, so daß die Wechselwirkung tatsächlich den Charakter des Stoßes annimmt. Zum Vergleich sind in Abb. **6.**12 die Ionisationswahrscheinlichkeiten dargestellt, die in ein und demselben Gas (Neon) bei einem Druck von 1 Torr und bei 0 °C vom Elektron, vom Neonion und vom Neonatom erzeugt werden.

6.1.3 Der Stoß neutraler Teilchen

Die vom Zusammenstoß neutraler Gasteilchen stammende Ionisation beginnt erst bei sehr hohen Drücken und Temperaturen eine Rolle zu spielen. Die Zahl der zur Ionisation führenden Stöße in einem Gas der Temperatur T und der Dichte n läßt sich leicht abschätzen. Die Zahl der Stöße, welche die gegeneinander relative Geschwindigkeiten zwischen v und $v + dv$ aufweisenden Teilchen während der Zeiteinheit erleiden, beträgt nach Abschn. 3.3.1

$$\mathrm{d}z = \frac{\sqrt{2}\,\pi\,n}{\lambda}\left(\frac{m}{4\,\pi\,kT}\right)^{3/2} \mathrm{e}^{-\frac{mv^2}{4kT}}\,v^3\,\mathrm{d}v\,.\tag{1}$$

Damit der Stoß zur Ionisation führen kann, muß die Beziehung

$$\frac{1}{2}\,mv^2 \geqq 2\,eU_\mathrm{i}$$

bestehen. Bezeichnet man mit f die Wahrscheinlichkeit, daß der Stoß eines Teilchens mit einer der obigen Ungleichung entsprechenden relativen Geschwindigkeit zur Ionisation führt, dann ist die Gesamtzahl solcher Stöße je Zeiteinheit

$$f_z = f\int_{v_\mathrm{i}}^{\infty}\mathrm{d}z = f\frac{n}{\lambda}\left(\frac{2\,kT}{\pi m}\right)^{1/2}\mathrm{e}^{-\frac{eU_\mathrm{i}}{kT}}\left(\frac{eU_\mathrm{i}}{kT}+1\right)\,.\tag{2}$$

Bei der Integration wurde f als konstant betrachtet. Sein Wert liegt in der Größenordnung von 10^{-3} bis 10^{-4}. Die so erhaltene Ionisation hängt exponentiell vom Ionisationspotential ab. Beim Cäsium, dessen Ionisationspotential sehr niedrig liegt, findet man bereits bei 3000 °K eine bedeutende Ionisation, während dies bei Helium erst über 10 000 °K der Fall ist.

6.1.4 Der Ionisationsgrad eines im thermischen Gleichgewicht befindlichen Gases

Bei sehr hohen Temperaturen trägt zur Ionisation des im thermischen Gleichgewicht befindlichen ionisierten Gases nicht nur der Zusammenstoß der neutralen Teilchen miteinander, sondern auch der Stoß von Elektronen oder Ionen an neutralen Teilchen bei. Das Entstehen und die Rekombination der geladenen Teilchen kommt in ein dynamisches Gleichgewicht, das, analog zur Theorie der chemischen Dissoziation, auch auf Grund thermodynamischer Überlegung behandelt werden kann. Das Problem der thermischen Ionisation wurde von *Saha* in dieser Weise gelöst.

Auf Grund des im Kap. 3.2.4 Gesagten können wir den Ionisationsgrad auch quantitativ angeben. Als Ausgangspunkt soll dazu die Gl. 3.2 − (65) dienen:

$$\frac{\underset{b}{\Pi} n_s^{\nu_s}}{\underset{a}{\Pi} n_s^{\nu_s}} = \frac{\underset{b}{\Pi} P_s^{\nu_s}}{\underset{a}{\Pi} P_s^{\nu_s}} \cdot \tag{3}$$

Wir suchen das Gleichgewicht des folgenden Prozesses:

$$A_n \rightleftarrows A_i + e, \tag{4}$$

also des einfachen Ionisationsprozesses. Die Zahl der neutralen Teilchen, der Ionen bzw. der Elektronen sei der Reihe nach n_n, n_i bzw. n_e. Wir erhalten also

$$\frac{n_i\, n_e}{n_n} = \frac{P_i\, P_e}{P_n}, \tag{5}$$

da die stöchiometrischen Konstanten alle gleich 1 sind.
Eine ausführliche Aufschreibung der Zustandssumme deutet auf die Möglichkeit hin, die P-Funktionen als ein Produkt aufzuschreiben:

$$P = P_{\text{int}}\, P_{\text{trans}}\, P_{\text{chem}}, \tag{6}$$

wo sich der Index »int« auf die Verteilung der inneren (internal) Energieniveaus, »trans« auf die translatorische Energie und »chem« auf die chemische Energie bezieht. Diese letztere wird den Elektronen zugeschrieben und ist mit der Ionisationsenergie W_i identisch. Gleichung (5) läßt sich also folgendermaßen schreiben:

$$\frac{n_i\, n_e}{n_n} = 2\, \frac{P_{i\,\text{trans}}\, P_{i\,\text{int}}\, P_{e\,\text{trans}}\, e^{-\frac{W_i}{kT}}}{P_{n\,\text{trans}}\, P_{n\,\text{int}}} \cdot =$$

$$= 2\, \frac{P_{i\,\text{int}}}{P_{n\,\text{int}}} \left(\frac{2\,\pi\, m_e\, kT)}{h^2}\right)^{3/2} e^{-\frac{W_i}{kT}} = G \left(\frac{2\,\pi\, m_e\, kT}{h^2}\right)^{3/2} e^{-\frac{W_i}{kT}}. \tag{7}$$

Der Faktor 2 nimmt die Spinentartung des Elektrons in Betracht. Da die Massen der neutralen Teilchen und der Ionen gleich betrachtet werden können, fallen $P_{i\,\text{trans}}$ und $P_{n\,\text{trans}}$ aus. Die translatorische Zustandssumme des Elektrons ist nach Gl. 3.2−(48a) in diese Formel eingesetzt. $G = 2 P_{i\,\text{int}} P_{n\,\text{int}}$ ist eine Größe in der Größenordnung 1.

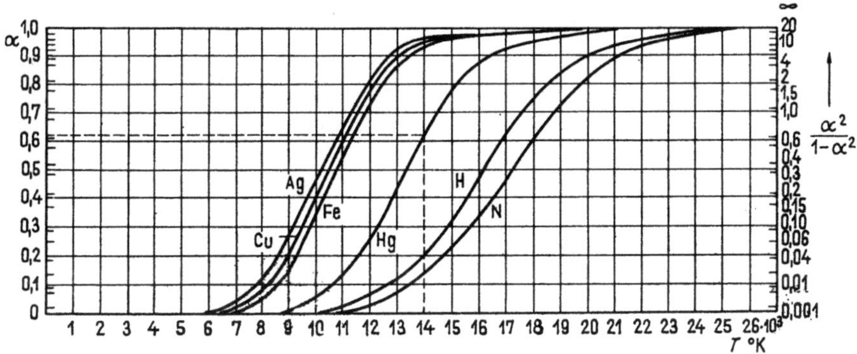

6.13 Ionisationsgrad verschiedener Stoffe als Funktion der Temperatur [6.3]

Führen wir jetzt den Ionisationsgrad mit der Definitionsgleichung

$$\alpha = \frac{n_e}{n_i + n_n}, \qquad n_i = n_e = \frac{\alpha}{1 - \alpha}\, n_n$$

ein, so erhalten wir aus (7):

$$\frac{n_e\, n_i}{n_n} = \frac{\alpha^2}{1 - \alpha^2}\, n = G \left(\frac{2\,\pi\, m_e\, kT}{h^2}\right)^{3/2} e^{-\frac{W_i}{kT}}.$$

Hier bedeutet n die Zahl aller Teilchen

$$n = n_n + n_e + n_i = 2\, n_e + n_n.$$

Da der Gasdruck nach Gl. 3.3 — (10)

$$p = nkT$$

ist, erhalten wir

$$\frac{\alpha^2}{1 - \alpha^2} = G\, \frac{kT}{p} \left(\frac{2\,\pi\, m_e\, kT}{h^2}\right)^{3/2} e^{-\frac{W_i}{kT}}.$$

Nehmen wir α als klein an, so erhalten wir

$$\alpha \sim G^{1/2}\, \frac{(kT)^{5/4}}{p^{1/2}} \left(\frac{2\,\pi\, m_e}{h^2}\right)^{3/4} e^{-\frac{W_i}{2kT}}.$$

Abb. **6**.13 zeigt den Ionisationsgrad für verschiedene Stoffe im linearen bzw. logarithmischen Maßstab.

6.1.5 Die ionisierende Wirkung von Photonen

Von seltenen Ausnahmen abgesehen ist die Rolle von Photonen in der direkten Ionisation eines Gases nicht groß. Damit ein Quant ionisieren kann, muß die Ungleichung

$$h\nu \geq eU_i$$

bestehen. Bezüglich der Grenzwellenlänge $\lambda_0 = \dfrac{c}{\nu_0}$ gilt

$$\lambda_0 = \frac{ch}{eU_i} = \frac{12\,350}{U_i}\, \text{Å},$$

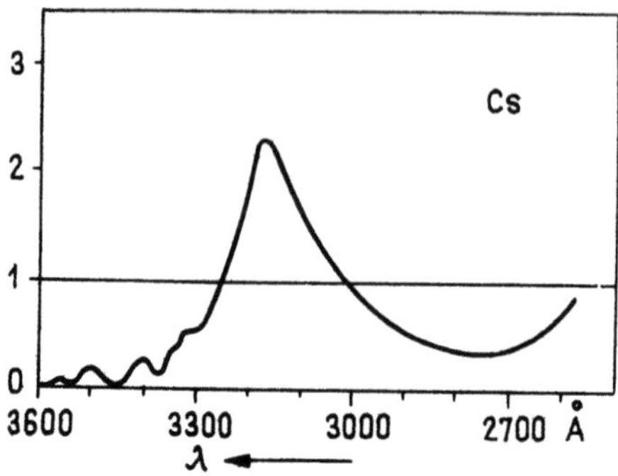

6.14 Die Wahrscheinlichkeit der durch Photonen erzeugten Ionisation als Funktion der Photonenenergie [6.3]

wobei U_1 in Volt zu messen ist. Wird nun das Gas der Abb. **6**.14 entsprechend mit Licht verschiedener Wellenlänge beleuchtet, so erhält man die maximale Ionisation bei der für die fragliche Substanz geltenden und durch die obige Gleichung bestimmten Wellenlänge λ_0. Auf den ersten Blick ist es überraschend, daß eine Ionisation auch bei $\lambda > \lambda_0$ stattfindet. Dies bedeutet ja, daß die Energiezufuhr in diesem Fall stufenweise erfolgt. Das Lichtquant hebt das Atom in den angeregten Zustand, aus dem es schon leichter durch Stoß in den ionisierten Zustand gelangt. Die auf der Ionisationskurve im Bereich $\lambda > \lambda_0$ auftretenden örtlichen Maxima weisen ebenfalls auf diesen Mechanismus hin. Die so ausgezeichneten Wellenlängen stehen nämlich in direktem Zusammenhang mit den angeregten Zuständen des Atoms entsprechend der Gleichung $h\nu = eU_{\text{Anregung}}$. Dabei ist natürlich eine Bedingung der stufenweisen Ionisation, daß das Atom längere Zeit im angeregten Zustand bleiben soll; es sind die metastabilen Zustände, die die Wahrscheinlichkeit des Vorgangs erhöhen.

Es gibt mehrere, normalerweise sehr viele Möglichkeiten dafür, daß das Gas aus dem angeregten oder ionisierten Zustand durch Photonenemission in den Grundzustand zurückkehrt. Die Energie der emittierten Photonen ist dann verständlicherweise kleiner, als zur Ionisation erforderlich ist. Strahlt das Atom die Resonanzlinie, also die bei dem Übergang vom ersten angeregten Niveau in den Grundzustand erscheinende Linie aus, so besitzt ihre Absorption eine hohe Wahrscheinlichkeit, da sich sehr viele Moleküle im Grundzustand aufhalten. Die wieder emittierten und dann wieder absorbierten Photonen erhöhen die Zahl der angeregten Moleküle und damit die Ionisationswahrscheinlichkeit. Im Fall von sehr starken Beschleunigungsfeldern (z. B. bei Funkenentladungen) können die Elektronen auch die Ionen in den angeregten Zustand versetzen. Die durch die letzteren ausgestrahlte Energie ist bereits größer als die Ionisationsenergie, so daß die Wahrscheinlichkeit der Photoionisation zunimmt.

6.1.6 Die Oberflächenionisation

Die Oberfläche der Elektrode sowie die Gefäßwand sind von großer Bedeutung für das Entstehen der Gasentladung. Die thermische und die Feldemission, der äußere Photoeffekt sowie die durch Ionen oder Elektronen erzeugte sekundäre Elektronenemission wurden als Erscheinungen, die geladene Teilchen für die Gasentladung liefern, bereits besprochen. Diese werden also trotz ihrer wichtigen, manchmal sogar entscheidenden Rolle hier nicht behandelt.

Unter den auf der Oberfläche stattfindenden Erscheinungen gibt es noch eine unter Umständen sehr wichtige Erscheinung, die zum Entstehen geladener Teilchen führt und bis jetzt nicht behandelt wurde. Erreicht ein neutrales Atom, dessen Ionisierungspotential kleiner ist als die Austrittsarbeit des Metalls, die Metalloberfläche, so kann das Atom ein Elektron an das Metall abgeben, während das Atom selbst als Ion in den Gasraum zurückgelangt. Diese der Rekombination von Ionen auf der Metalloberfläche entgegengesetzte Erscheinung wird im Abschn. 6.1.9 behandelt.

6.1.7 Die Bildung negativer Ionen

Diese Erscheinung führt zwar nicht zu einer Vergrößerung der Zahl der geladenen Teilchen, doch ändert sie die Natur — vor allem die Beweglichkeit — der ladungstragenden Teilchen und kann dadurch den Ablauf der Erscheinungen wesentlich beeinflussen. Trifft ein Elektron auf ein neutrales Atom, so gibt es, von der Energie des Elektrons und von der Eigenart des Gases abhängend, eine endliche Wahrscheinlichkeit dafür daß sich das Elektron dem Atom »anhängt«. Die entsprechende »Reaktions«-gleichung lautet:

$$\text{Atom} + \text{Elektron} + W_{el} = \text{neg tives Ion} + W_{aff} + W_{el},$$

wobei W_{el} die Energie des einfallenden Elektrons und W_{aff} die für die Elektronenaffinität charakteristische Energie bezeichnen. $W_{aff} + W_{el}$ geht in der Form von Strahlung ab. Die Wahrscheinlichkeit der negativen Ionenbildung ist erwartungsgemäß um so größer, je größer der Wert von W_{aff} ist. Ihr Wert beträgt der Reihe nach 2, 4,1, 3,8, 0,7 eV für atomaren Sauerstoff, Fluor, Chlor bzw. für atomares Wasserstoffgas. Die Zahl der Stöße, die zur Bildung eines negativen Ions führen, beträgt für Luft, O_2, H_2O und Cl_2 der Reihe nach $2 \cdot 10^5$, $4 \cdot 10^4$, $4 \cdot 10^4$ bzw. $2,1 \cdot 10^3$. Die Zahl der Elektronenstöße an Molekülen liegt bei 1 atm in der Größenordnung von 10^{11}/s. Bei einem Druck von einigen Torr ist also die Zahl der entstehenden negativen Ionen vernachlässigbar klein.

Hinsichtlich der Gasentladungen spielen die negativen Ionen unmittelbar keine große Rolle. Andererseits kann die Durchschlagsfestigkeit von unter Hochdruck stehenden Gasen dadurch vergrößert werden, daß die weitere Beschleunigung der enstandenen Elektronen durch schwere Moleküle verhindert wird, die die Elektronen einfangen. Die Funktion von Teilchenzählern kann durch diese Erscheinung ebenfalls beeinflußt werden (obwohl bei diesen die Umpolarisierung eher entscheidend sein dürfte). Falls ein leichteres, ionisiertes Atom gegen ein schweres negatives Molekül stößt und dieses sein Elektron dem Ion übergibt, fördert das schwere Ion das Erlöschen der bereits laufenden Entladung.

6.1.8 Die Umpolarisierung

Die Erscheinung der Umpolarisierung soll nur kurz erwähnt werden: Das Ion H^+ kann sich bei dem Durchgang durch bestimmte Gase in H^- verwandeln. Diese Tatsache ist bei dem sog. Tandem-Beschleuniger von

Bedeutung. Die negative Hochspannungselektrode beschleunigt das H^+-Ion; wird die Reaktion $H^+ \rightarrow H^-$ in der Elektrode durchgeführt, so bekommt das H^- Ion die doppelte Energie, bis es wieder auf Erdpotential ist.

6.1.9 Die Rekombination Elektron—Ion

Die meisten Prozesse, die zum Entstehen geladener Teilchen führen, sind in einem gewissen Maß umkehrbar und bedeuten dann das Verschwinden der geladenen Teilchen. Die Bedeutung der einzelnen Prozesse ist aber in der Erzeugung bzw. dem Verschwindenlassen der geladenen Teilchen verschieden.

Die natürlichste Art der Rekombination ist, daß ein Elektron und ein Ion zusammentreffen und ein neutrales Atom oder Molekül bilden. Dabei kann die kinetische und die Ionisierungsenergie gemäß der Beziehung

$$h\nu = \frac{1}{2}\,mv^2 + eU_\mathrm{i}$$

in der Form von Lichtquanten erscheinen. Eine stufenweise Rekombination ist ebenfalls möglich, wobei das entstandene neutrale Atom zuerst unter Emission eines Quantes der Energie

$$h\nu_1 = \frac{1}{2}\,mv^2 + e\,(U_\mathrm{i} - U_\mathrm{e})$$

in den angeregten Zustand gelangt, dann in der Form eines Photons der Energie

$$h\nu_2 = eU_\mathrm{e}$$

seine Überschußenergie abgibt und auf diese Weise in den Grundzustand zurückfällt.

Die Rekombinationsenergie kann übrigens zur Dissoziation des Moleküls verwendet werden, die kinetische Energie des Moleküls erhöhen, eine chemische Reaktion zustandebringen und kann sogar als kinetische Energie von einem bei der Rekombination anwesenden Atom oder Elektron übernommen werden.

Die Wahrscheinlichkeit der beschriebenen Rekombination Ion—Elektron ist aber verhältnismäßig gering, da die Dauer der Wechselwirkung infolge der hohen Geschwindigkeit des Elektrons sehr kurz ist. Die Rekombinationswahrscheinlichkeit ist für sehr langsame Elektronen groß. Das Rekombinationsspektrum, das bei der durch die Energie $eU_\mathrm{i} = h\nu_\mathrm{i}$ bestimmten Frequenz beginnt, infolge der Kontinuität der kinetischen Energie $(1/2)\,mv^2$ kontinuierlich ist, weist tatsächlich in der Nähe der Frequenz ν_i den Höchstwert auf. Die genaue Intensitätsverteilung ist natürlich auch durch die Geschwindigkeitsverteilung der Elektronen bedingt.

Zur makroskopischen Beschreibung der Rekombination Elektron—Ion kann eine einfache Differentialgleichung aufgestellt werden. Angenommen, daß die Volumeneinheit makroskopisch neutral, also $n_+ = n_-$ ist, dann finden

$$\frac{\mathrm{d}n_+}{\mathrm{d}t} = \frac{\mathrm{d}n_-}{\mathrm{d}t} = -\, r n_-\, n_+ = -\, r n^2$$

Rekombinationen je Zeiteinheit statt. Die Wahrscheinlichkeit, daß ein bestimmtes Elektron auf ein beliebiges Ion trifft, ist nämlich der Ionendichte proportional, während die Wahrscheinlichkeit, daß ein beliebiges Elektron auf ein beliebiges Ion trifft, dem Produkt $n_- \cdot n_+$ proportional ist.

Wird eine anfängliche Ionisation auf irgendeine Art, z. B. durch Röntgenstrahlung erzeugt, so daß im Zeitpunkt $t_0 = 0$, $n = n_0$ ist, so gilt nach Aufhören der ionisierenden Einwirkung die Differentialgleichung

$$\frac{\mathrm{d}n}{\mathrm{d}t} = -\, r n^2$$

mit der Lösung

$$n = \frac{n_0}{1 + r n_0\, t}\,.$$

Wird diese Beziehung in der Form

$$r = \frac{1}{t}\left(\frac{1}{n} - \frac{1}{n_0}\right).$$

aufgeschrieben, so erhält man gleichzeitig die Methode zur Messung von r. Die Messungen ergeben, daß im Fall der Rekombination Elektron—Ion

$$r \approx 10^{-8}\ \mathrm{cm^3\ s^{-1}}$$

beträgt. Bei der Rekombination Ion—Ion ist die Wahrscheinlichkeit der Rekombination infolge der kleineren Geschwindigkeit der Ionen verständlicherweise größer, so daß

$$r \approx 10^{-6}\ \mathrm{cm^3\ s^{-1}}$$

ist.

Falls ein konstanter Ionisationsfaktor vorhanden ist und nur die jetzt beschriebene Rekombination in Betracht kommt, gilt allgemein die Gleichung

$$\frac{\mathrm{d}n}{\mathrm{d}t} = n^* - r n^2,$$

wobei n^* die Zahl der je Zeiteinheit entstehenden Ionenpaare bezeichnet. Im stationären Fall ist $\mathrm{d}n/\mathrm{d}t = 0$ und folglich

$$n^* = r n^2.$$

Auf Grund dieser Beziehung kann man durch Messen von n auf den Wert von n^* oder durch Messen von n^* auf den Wert von n schließen. Im Bereich der Erdoberfläche kann man z. B. mit einer Ionenpaardichte von

$n \sim 10^3/$ cm^3 rechnen. Für Luft ist $r \sim 1,6 \cdot 10^{-6}$ cm^3 s^{-1} und daraus $n * \sim 1,6$ cm^{-3} s^{-1}. Grob gerechnet erzeugt also die kosmische Strahlung zusammen mit der allgemeinen Radioaktivität der Erdkruste zwei Ionenpaare je Zeit- und Volumeneinheit.

6.1.10 Rekombination auf der Oberfläche

In Gefäßen von in Laboratorien üblichen Abmessungen und bei nicht zu großen Drücken spielen die Elektroden und die Wände eine entscheidende Rolle bei der Neutralisierung der geladenen Teilchen. Die auf die metallische Anode stoßenden Elektronen fallen in ihre Potentialgrube. Die Rekombinationswahrscheinlichkeit der zur Wand diffundierten Ionen und Elektronen steigt ebenfalls an. Das die Kathode erreichende positive Ion erzeugt bei der Ankunft auf der Kathodenoberfläche die aus Abb. **6.15**a ersichtliche Potentialverteilung. Von den erlaubten, jedoch mit einem Elektron nicht besetzten Niveaus des Ions fallen mehrere mit den durch Elektronen besetzten Niveaus des Metalls zusammen. Auf Grund des Tunneleffektes kann also ein solches Metallelektron heraustreten und das leere Niveau besetzen. Das Ion verläßt also die Oberfläche des Metalls in der Form eines — eventuell angeregten — neutralen Atoms. Nach der Neutralisierung ist die Anregungsenergie des Atoms

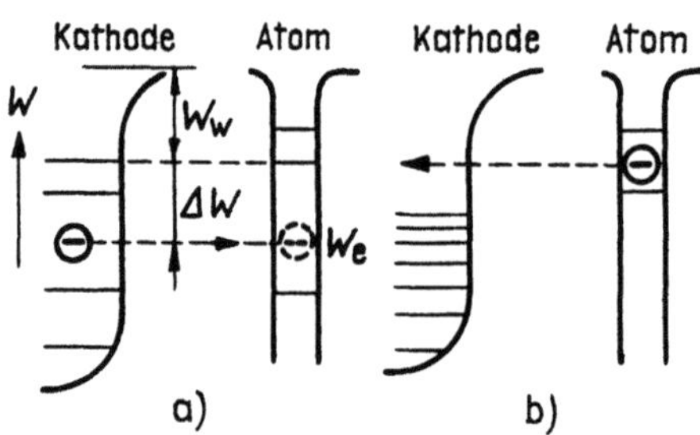

6.15 Potentialverlauf des an der Metalloberfläche ankommenden Atoms zusammen mit dem des Metalls. *a)* Die Rekombination ist wahrscheinlich; *b)* die Ionisation des neutralen Atoms ist wahrscheinlich

$$eU_e = eU_i - (W_W + \Delta W),$$

wobei ΔW die Entfernung des besetzten Niveaus U_e vom *Fermi*-Niveau bezeichnet. Ist diese verbleibende Energie größer als die Austrittsarbeit W_W, ist also

$$eU_i - W_W - \Delta W \geq W_W,$$

d. h. im Grenzfall

$$eU_i > 2 W_W,$$

so kann das angeregte Molekül mit einem Stoß zweiter Art ein weiteres Elektron aus der Kathode freisetzen. Diese Art der Neutralisierung kann also gleichzeitig zum Entstehen geladener Teilchen führen.

Abb. **6.15**b zeigt den Fall, in dem die Ionisationsenergie des Atoms kleiner oder höchstens gleich der Austrittsarbeit des Metalls ist. Dann kann ein Elektron nicht heraustreten oder nur mit einer sehr geringen Wahrscheinlichkeit. Gleichzeitig ist aber der Übertritt des Elektrons des neutralen Atoms in das Metall möglich, da dort ein freies Energieniveau vorhanden ist. Dieser Fall kommt z. B. bei dem Cs vor, dessen Ionisationspotential niedrig ist. So entsteht die erwähnte Ionisation auf der Oberfläche, welche, wie bereits erwähnt, bei dem Glühkathoden-Energieumformer eine große Rolle spielt (Kap. 4.4.).

6.2 Die Bewegung ladungtragender Teilchen

6.2.1 Die Bewegung unter Einwirkung des elektrischen Feldes

Ob es sich um Elektronen oder Ionen handelt, die unter Einwirkung des elektrischen Feldes eintretende Ladungsströmung kann in gröbster Näherung folgendermaßen beschrieben werden: Wird die durchschnittliche Geschwindigkeit der ungeordneten thermischen Bewegung der geladenen Teilchen mit v und die mittlere freie Weglänge mit λ bezeichnet, so überlagert sich die Verschiebungs- oder Driftgeschwindigkeit u der ungeordneten Bewegung. Diese Geschwindigkeit ist gleich der Hälfte der im Feld der Feldstärke E während der Zeit $\tau = \lambda/v$ erreichten Endgeschwindigkeit

$$\frac{qE}{m}\tau = \frac{qE}{m}\cdot\frac{\lambda}{v}\,,$$

d. h.

$$u = \frac{1}{2}\frac{q\lambda}{mv}E.$$

Diese Gleichung ist bereits im Abschn 3.6.4 vorgekommen. Zu ihrer Ableitung haben wir vorausgesetzt, daß die geladenen Teilchen am Ende jeder Beschleunigungsperiode gegen die neutralen Gasatome stoßen und gleichmäßig nach jeder Richtung gestreut werden, ferner daß $u \ll v$ ist. Der in der Gleichung vorkommende Faktor

$$\mu = \frac{1}{2}\frac{q\lambda}{mv}$$

ist die Beweglichkeit.

Die bisherigen groben Überlegungen können und müssen in mancher Hinsicht schon jetzt verfeinert werden. Es ist vor allem zu berücksichtigen, daß sowohl die Geschwindigkeit der geladenen Teilchen als auch die freie Weglänge veränderlich sind, und zwar gemäß einem durch eine Verteilungsfunktion gegebenen statistischen Gesetz. Wird die bekannte exponentielle Funktion für die freie Weglänge und die *Maxwell*-Verteilung für die Geschwindigkeitsfunktion genommen, so ändert sich der Ausdruck der Beweglichkeit praktisch nicht. Falls v an Stelle des quadratischen Mittels die durch das arithmetische Mittel definierte Geschwindigkeit bedeutet, dann muß man an Stelle des Faktors 0,5 den Wert $2/\pi = 0,64$ einsetzen. Einfachheitshalber werden wir im folgenden die übliche Formel

$$\mu = \frac{\lambda q}{mv}$$

anwenden.

Die bedeutenderen Korrekturen ergeben sich aus der sehr verschiedenen
Masse von Elektron und Ion, so daß diese separat berücksichtigt werden.
Bei der Berechnung der Beweglichkeit der Elektronen besteht ein direkter
Zusammenhang zwischen der durchschnittlichen Geschwindigkeit v und
der Gastemperatur T nur bei sehr schwachen Feldern. Bei normalen in der
Praxis vorkommenden Feldern ist die unter Einwirkung des Feldes ent-
stehende Geschwindigkeit des Elektrons mit seiner sich aus der Temperatur
ergebenden Geschwindigkeit bereits vergleichbar. Nach Einschalten des
Feldes beschleunigen sich die Elektronen, können aber ihre Energie durch
Stoß an die neutralen Gasteilchen nicht abgeben. Ihre durchschnittliche
Geschwindigkeit nimmt also nach Durchlaufen jeder freien Weglänge zu,
bis sich schließlich ein stationärer Zustand einstellt, bei dem das Elektron
die nach Durchlaufen der freien Weglänge aufgenommene Energie in voller
Höhe an die Gasmoleküle abgeben kann; nach dem Stoß wird die Bewegung
des Elektrons völlig ungeordnet. Dies tritt im allgemeinen bei einer solchen
Geschwindigkeit u ein, welche ein Vielfaches der durch die Gastemperatur
gegebenen mittleren Geschwindigkeit beträgt. Man kann es auch so ausdrücken, daß die Temperatur des Elektronengases ein Vielfaches der
Gastemperatur erreichen kann. Natürlich gilt die Beziehung

$$u = \frac{e\lambda}{mv} E$$

auch in diesem Fall, doch ist jetzt v über das Energiegleichgewicht durch
das elektrische Feld bestimmt. An einem Elektron verrichtet das Feld
die Arbeit ueE je Zeiteinheit; während dieser Zeit stößt das Elektron v/λ-mal
an. Gibt das Elektron bei jedem Stoß durchschnittlich das $\varkappa$-fache der
mittleren Energie $(1/2)\, mv^2$ ab, so beträgt die gesamte abgegebene Energie
$(v/\lambda)\varkappa\,(1/2)\, mv^2$. Über $\varkappa$ braucht man im allgemeinen nichts mehr zu wissen,
als daß sein Wert zwischen 0 und 1 fällt. Auf Grund der Stoßgesetze kann
leicht festgestellt werden, daß im vorliegenden Fall $\varkappa = 2\, m_e/m_m$ ist,
wobei m_e die Masse des Elektrons und m_m die der Moleküle bezeichnet
(Abschn. 3.6.1). Der Ausdruck des Energiegleichgewichts lautet demnach

$$ueE = \frac{v}{\lambda}\,\varkappa\,\frac{1}{2}\, mv^2 = \frac{\varkappa}{2\,\lambda}\, mv^3.$$

Auf Grund der beiden Beziehungen lassen sich die Werte u und v berechnen, und zwar ist

$$u = \sqrt[4]{\frac{\varkappa}{2}}\,\sqrt{\frac{e\lambda}{m}}\,\sqrt{E}$$

und

$$v = \sqrt[4]{\frac{2}{\varkappa}}\,\sqrt{\frac{e\lambda}{m}}\,\sqrt{E}.$$

Damit erhält man für die Beweglichkeit des Elektrons den Ausdruck

$$\mu_e = \frac{u}{E} = \sqrt{\frac{\varkappa}{2}}\ \sqrt[4]{\frac{e\lambda}{m}}\ \frac{1}{\sqrt{E}}\,;$$

die Beweglichkeit kann demnach nicht als konstant betrachtet werden. Sie ist von der Feldstärke abhängig, und zwar ihrer Quadratwurzel umgekehrt proportional.

Bei bekanntem Wert v kann man die Elektronentemperatur definieren. Berücksichtigt man, daß v hierbei nicht den quadratischen Mittelwert bedeutet, so erhält man für die Definition von T_e die Beziehung

$$\frac{1}{2}\,mv^2 = \frac{4}{\pi}\,kT_e,$$

und daraus ist

$$T_e = \frac{\pi\lambda}{8}\,\frac{e}{k}\,\sqrt{\frac{2}{\varkappa}}\,E.$$

Da die freie Weglänge λ dem Druck umgekehrt proportional ist, ist es üblich, die bei dem Druck von 1 Torr geltende freie Weglänge λ_1 einzuführen. Dann ist in allen Formeln $\lambda = \lambda_1/p$ einzusetzen, bzw. es steht überall E/p an Stelle von E. Zur Information sei erwähnt, daß, falls sich die Elektronen in Heliumgas bewegen ($p = 1$ Torr, $E = 3$ V/cm), $\varkappa = 2\,m_e/m_i$ $= 2{,}8 \cdot 10^{-4}$ und $\lambda_e = 5 \cdot 10^{-2}$ cm ist. Dem Wert $v = 1{,}5 \cdot 10^8$ cm s^{-1} entsprechend beträgt die Elektronentemperatur etwa 4 eV. Die Driftgeschwindigkeit ist $2 \cdot 10^6$ cm s^{-1}, also etwa 2% der mittleren Geschwindigkeit.

Bei der Berechnung der Beweglichkeit von Ionen ist die Tatsache zu berücksichtigen, daß die Masse des anstoßenden Ions bzw. die des angestoßenen Moleküls vergleichbar oder sogar gleich sind. Dies bedeutet, daß die Ionen die vom Feld bezogene Energie dem Gas übergeben können, ohne eine allzu hohe Geschwindigkeit zu erreichen. Mit anderen Worten: Ionentemperatur und Gastemperatur können in einem größeren Feldstärkenintervall als einander gleich betrachtet werden. Gleichzeitig ist aber die Annahme, daß die Bewegung des Ions nach dem Stoß völlig ungeordnet wird, nicht mehr gültig. Gerade infolge der großen Masse des Ions bleibt nach jedem Stoß eine im Mittel nach vorn, in Feldrichtung weisende Komponente bestehen, welche die Beweglichkeit in einer vom Verhältnis m_i/m_m abhängigen Weise vergrößert. Die genaue Formel stammt von *Langevin* und lautet

$$u_i = a_i\,\frac{e\,\lambda_i}{m_i\,v_i}\,\sqrt{1 + \frac{m_i}{m_m}}\,E,$$

wobei a_i einen numerischen Faktor von der Größenordnung 0,5 bis 1 bedeutet. Zur Information über Größenordnungen sollen die folgenden Werte dienen: Bei $p = 1$ Torr und $t = 0\ °C$ ist die Beweglichkeit von He$^+$ in Heliumgas $\mu_i = 8 \cdot 10^{-3}$ cm^2/Vs und kann bis zu $E/p < 10$ V/(cm Torr) als konstant betrachtet werden.

6.2.2 Die Diffusionsbewegung

Ändert sich die räumliche Konzentration von Ionen oder Elektronen, so ist eine Diffusionsmaterieströmung vorhanden, die gleichzeitig auch einen Diffusionsstrom darstellt, wobei

$$\boldsymbol{J}_\mathrm{i} = -e\,D_\mathrm{i}\,\mathrm{grad}\,n_\mathrm{i}\,,$$

$$\boldsymbol{J}_e = e\,D_e\,\mathrm{grad}\,n_e$$

sind.

Ist auch ein elektrisches Feld vorhanden, so setzen sich sowohl der Elektronenstrom als auch der Ionenstrom aus zwei Teilen zusammen, und zwar ist

$$\boldsymbol{J}_e = en_e\,\mu_e\,\boldsymbol{E} + eD_e\,\mathrm{grad}\,n_e\,,$$

$$\boldsymbol{J}_\mathrm{i} = en_\mathrm{i}\,\mu_\mathrm{i}\,\boldsymbol{E} - eD_\mathrm{i}\,\mathrm{grad}\,n_\mathrm{i}\,.$$

Wir haben bereits gesehen, daß die Beweglichkeit und der Diffusionskoeffizient voneinander nicht unabhängig sind. Die Formeln

$$\mu = \frac{e\lambda}{mv} \qquad D = \frac{1}{3}\lambda v$$

führen tatsächlich unmittelbar auf die *Einsteins*che Beziehung

$$\frac{D}{n} = \frac{kT}{e}\,,$$

welche bereits im Abschnitt 3.6 unter sehr allgemeinen Bedingungen abgeleitet wurde.

Bei den Gasentladungen spielt die *ambipolare Diffusion* eine sehr wichtige Rolle. Es sei angenommen, daß im Gasraum ständig Ionen und Elektronen entstehen. Diese diffundieren zur Gefäßwand, wo eine Rekombination stattfindet. Da aber die Diffusionsgeschwindigkeit der Elektronen am Anfang der Entladung größer ist, sind es diese, die die Gefäßwand (welche als isolierend betrachtet wird) zuerst erreichen. Der stationäre Zustand stellt sich ein, wenn die Strömung der Elektronen gegen dieses verzögernde Feld und die durch dasselbe Feld unterstützte Strömung der Ionen einander gleich werden. Dann ist die resultierende Stromstärke gleich Null. Es wird ferner angenommen, daß $n_e = n_\mathrm{i} = n$ ist, obwohl dies nicht genau zutrifft, da zur Erzeugung des Feldes Überschußelektronen erforderlich sind. Zur Erzeugung eines statischen Feldes genügt allerdings, daß $n_e - n_\mathrm{i} \ll n_e \sim n$ sei. Auf Grund des bisher Gesagten gelten also die Beziehungen

$$\boldsymbol{J}_e + \boldsymbol{J}_\mathrm{i} = 0\,,$$

$$\boldsymbol{J}_\mathrm{i} = en\,\mu_\mathrm{i}\,\boldsymbol{E} - eD_\mathrm{i}\,\mathrm{grad}\,n\,,$$

$$\boldsymbol{J}_e = en\,\mu_e\,\boldsymbol{E} + eD_e\,\mathrm{grad}\,n\,.$$

Auf Grund dieser Gleichungen ist

$$\boldsymbol{J}_i = -\,\boldsymbol{J}_e = -\,e\,\frac{\mu_i\,D_e + \mu_e\,D_i}{\mu_i + \mu_e}\,\mathrm{grad}\,n = -\,e\,D_a\,\mathrm{grad}\,n,$$

wobei die Größe D_a üblicherweise als ambipolarer Diffusionskoeffizient bezeichnet wird.

6.2.3 Die allgemeinen Grundgleichungen der Gasentladung

Eine Gasentladung ist dann in allen Einzelheiten bekannt, wenn die dafür charakteristischen Größen als Funktion von Ort und Zeit bekannt sind. Diese Größen sind U, $\boldsymbol{E}$, n_i, n_e, $\boldsymbol{J}_i$ und $\boldsymbol{J}_e$, welche durch die folgenden sechs Gleichungen berechnet werden können:

$$\boldsymbol{E} = -\mathrm{grad}\,U, \tag{1}$$

$$\mathrm{div}\,\boldsymbol{E} = \frac{e}{\varepsilon}\,(n_i - n_e)\,. \tag{2}$$

Die Gleichung (1) ist unmittelbar klar. Die Gleichung (2) ist die Anwendung der *Maxwell*-Gleichung $\mathrm{div}\,\boldsymbol{E} = \varrho/\varepsilon$ auf unseren Fall. Es gelten ferner die Beziehungen

$$\boldsymbol{J}_e = e\,\mu_e\,n_e\,\boldsymbol{E} + e\,D_e\,\mathrm{grad}\,n_e\,, \tag{3}$$

$$\boldsymbol{J}_i = e\,n_i\,\mu_i\,\boldsymbol{E} - e\,D_i\,\mathrm{grad}\,n_i \tag{4}$$

Die Gleichung $\mathrm{div}\,\boldsymbol{J} + \partial\varrho/\partial t = 0$ der Ladungserhaltung wurde so interpretiert, daß sich die Ladungsdichte in einem gegebenen Raumteil nur in dem Fall ändern kann, wenn ein Strom dorthinein fließt oder davon abfließt. Werden aber nur die Elektronen oder die Ionen allein für sich betrachtet, so kann die zeitliche Änderung der Elektronen- bzw. Ionenkonzentration die Folge einer Strömung sein oder aber auch aus den sich auf Grund der Ionisations- und Rekombinationsvorgängen je Zeiteinheit ergebenden zusätzlichen Ladungen resultieren, d. h.

$$e\,\frac{\partial n_i}{\partial t} = -\,\mathrm{div}\,\boldsymbol{J}_i + e n_i{}^*\,, \tag{5}$$

$$e\,\frac{\partial n_e}{\partial t} = \mathrm{div}\,\boldsymbol{J}_e + e n_e{}^*, \tag{6}$$

wobei $n_i{}^*$ bzw. $n_e{}^*$ die Zahl der je Zeiteinheit entstehenden zusätzlichen Ionen bzw. Elektronen bezeichnen. Auf Grund des Ionisierungsmechanismus folgt ferner, daß $n_i = n_e = n$ ist. Gelingt es, diese Größe durch die in den Gleichungen (1) bis (6) vorkommenden Unbekannten auszudrücken, so stehen in den sechs Gleichungen tatsächlich nur sechs Unbekannte. Den Einheitsquerschnitt passieren $\boldsymbol{J}_e/e$ Elektronen bzw. $\boldsymbol{J}_i/e$ Ionen je Zeiteinheit. Erzeugt ein Elektron α Ionenpaare bzw. ein Ion β Ionenpaare auf der Längeneinheit, so entstehen $\alpha\boldsymbol{J}_e/e + \beta\boldsymbol{J}_i/e$ Überschußelektronen in der Volumeneinheit. Wird nur die Rekombination Elektron—Ion berücksichtigt, so verschwinden $r n_i n_e$ Elektronen bzw. Ionen je Zeiteinheit. Damit erhält man schließlich die Beziehung

$$e n^* = \alpha\boldsymbol{J}_e + \beta\boldsymbol{J}_i - e r n_e n_i\,.$$

Diese Gleichung ist naturgemäß nicht exakt. Sie soll nur illustrieren, daß die Aufstellung einer zusätzlichen Gleichung dieser Art erforderlich ist.

6.3 Die eingehendere Untersuchung der verschiedenen Gasentladungen

6.3.1 Angeregte Gasentladungen

Auf Grund des Vorangehenden können die bei den Gasentladungen verschiedener Art auftretenden Erscheinungen nunmehr auch quantitativ behandelt werden. Anfänglich soll der Raum zwischen den beiden Elektroden kraftfrei sein und eine ionisierende Strahlung, z. B. die Röntgenstrahlung, soll eine bestimmte Anzahl von Ionenpaaren erzeugen. Dann kann nur durch Diffusion eine verschwindend kleine Anzahl von Ladungsträgern beider Polarität die Elektroden erreichen. Wird eine Spannung angelegt, so beginnen die Teilchen je nach ihrer Beweglichkeit gegen die eine oder andere Elektrode zu strömen, so daß der Strom ansteigt. Ist das Feld genügend stark, so haben die Ionen keine Zeit zur Rekombination und erreichen alle die eine oder andere Elektrode. Das ist der Sättigungsstrom. Eine als Röntgendosimeter verwendete Ionisationskammer ist in Abb. **6.**16a, eine Ionisationskammer in ebener Anordnung in Abb. **6.**16b dargestellt. Nun erhöhen wir die Spannung bis zu einem Wert, bei dem das Elektron zwischen zwei Stößen genügend Energie aufnehmen kann, um das Gas zu ionisieren. Angenommen, daß das Elektron auf der Einheitsweglänge α Elektronen erzeugt, so erzeugen die in einer Entfernung x von der Kathode vorhandenen n Elektronen

$$\mathrm{d}n = \alpha n \, \mathrm{d}x \tag{1}$$

neue Elektronen beim Durchlaufen der anschließenden Wegstrecke $\mathrm{d}x$. Gehen n_0 Elektronen von der Kathode aus, so findet man an der Stelle x

$$n = n_0 \, \mathrm{e}^{\alpha x} \tag{2}$$

neue Elektronen, so daß die Zahl der Elektronen exponentiell zugenommen hat. Bei einem Abstand d zwischen Anode und Kathode beträgt die Zahl der die Anode erreichenden Elektronen

$$n_\mathrm{b} = n_0 \, \mathrm{e}^{\alpha d} . \tag{3}$$

Entsteht nun jedes durch den äußeren Faktor erzeugte Elektron auf der Kathodenoberfläche oder in ihrer unmittelbaren Umgebung, wie es z. B. bei Photokathoden der Fall ist, so kann auch für die Ströme die Beziehung

$$I_\mathrm{b} = I_0 \, \mathrm{e}^{\alpha d} \tag{4}$$

aufgeschrieben werden.

Der innere Verstärkungsfaktor $\mathrm{e}^{\alpha d}$ kann bei den gasgefüllten Photozellen den Wert 10 erreichen. Diese innere Verstärkung wird zur proportionalen Teilchenzählung ausgenützt (Abb. **6.**16c).

Die Abb. **6.**17 zeigt, in welchem Verhältnis sich die im äußeren Stromkreis gemessene konstante Stromstärke in den verschiedenen Punkten des Gasraumes aus Elektronen bzw. Ionen zusammensetzt.

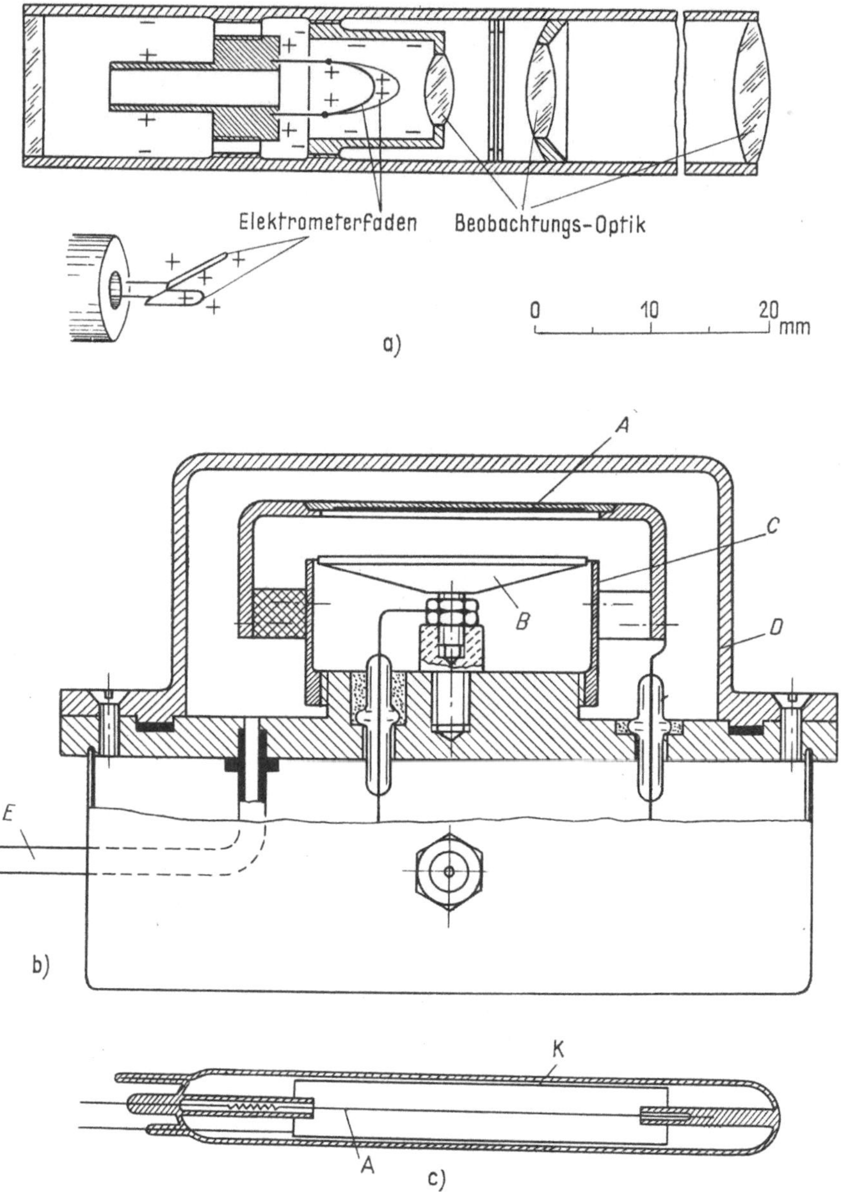

6.16 *a)* Kleine Ionisationskammer, die als Röntgendosimeter verwendet wird. Die von der Ionisation abhängige Entladung der positiv geladenen Zunge wird durch die Vergrößerungsoptik beobachtet. *b)* Ionisationskammer in ebener Anordnung: *A* Elektrode zur Aufnahme des Präparats, *B* Sammelelektrode, *C* Schutzring, *D* Gehäuse, *E* Gaseinlaß. *c)* Aufbau der Teilchenzählröhre: *A* positive, *K* negative Elektrode. Die Anode wird durch eine Feder straff gezogen

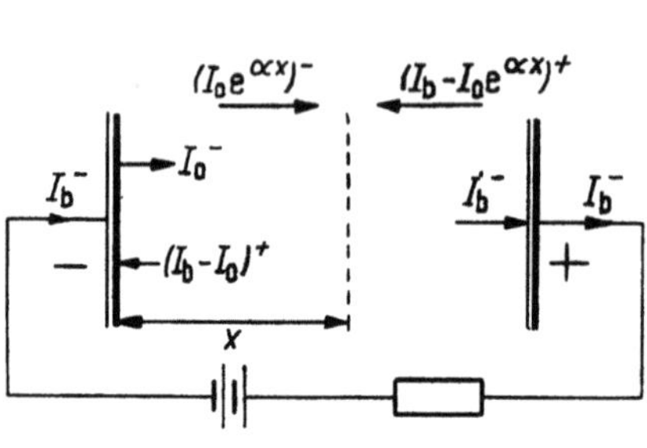

6.17 Im Strom der Gasentladung ist das Verhältnis von Elektronen und Ionen von Punkt zu Punkt verschieden

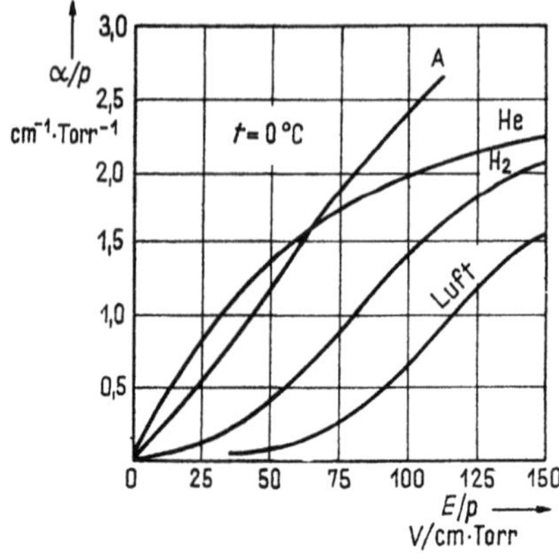

6.18 Der Wert von α/p für verschiedene Gase [1.9]

Es ist verhältnismäßig leicht festzustellen, wovon der Wert des Faktors α abhängig ist. Er ist offenbar der Zahl der Stöße und diese dem Druck direkt proportional. Er ist außerdem von der Energie abhängig, mit der das Elektron gegen das Atom stößt. Da das Elektron zwischen zwei Stößen die Energie λE erlangt, muß α eine Funktion dieses Produktes sein. Andererseits ist aber $\lambda \sim 1/p$, also dem Druck umgekehrt proportional, so daß schließlich

$$\alpha = p f\left(\frac{E}{p}\right),$$

oder in anderer Form

$$\frac{\alpha}{p} = f\left(\frac{E}{p}\right) \tag{5}$$

ist.

Der Wert von α/p ist für einige Gase in Abb. **6.18** angegeben.

6.3.2 Der Durchschlag des Gases

Bisher haben wir nicht berücksichtigt, daß die die Kathode erreichenden Ionen Elektronen daraus herausschlagen und dadurch die Entladung selbsterhaltend machen können. Mit γ als die Wahrscheinlichkeit, daß ein Ion ein Elektron aus der Kathode freisetzt, läßt sich die Bedingung der Selbsterhaltung der Entladung leicht aufschreiben. Aus einem aus der Kathode heraustretenden Elektron werden nämlich

$$e^{\alpha d} - 1 \tag{6}$$

Ionen.

Erreicht diese Anzahl Ionen die Kathode, so schlagen sie daraus

$$\gamma(e^{\alpha d} - 1) \tag{7}$$

Elektronen heraus. Ist

$$\gamma(e^{\alpha d} - 1) \geq 1, \tag{8}$$

dann ist die Entladung bereits selbsterhaltend. Falls das Zeichen »>«
gilt, nimmt die Stromstärke ständig
zu, während bei dem Zeichen »—« die
Erscheinung stationär verläuft.

Der die Zahl der aus der Kathode heraustretenden Elektronen angebende
Wert γ dürfte eine Funktion der Energie der Ionen sein. Das Ion erhält
diese Energie zwischen zwei Stößen,
so daß

$$\gamma = \psi_0(\lambda E)$$

ist. Da aber λ dem Gasdruck umgekehrt proportional, also

$$\lambda \sim \frac{1}{p}$$

ist, erhält man schließlich

$$\gamma = \varphi\left(\frac{E}{p}\right). \qquad (9)$$

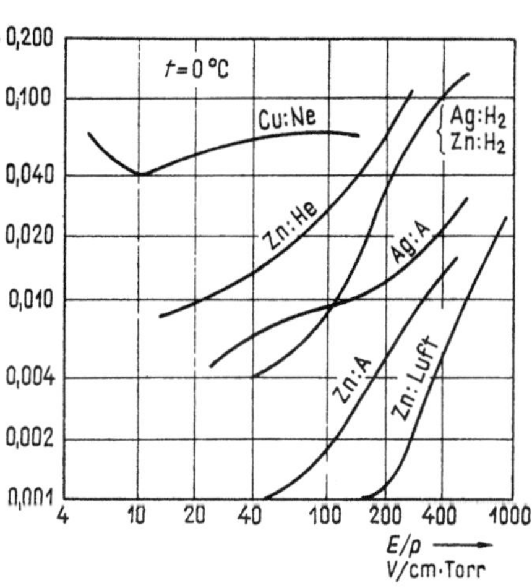

6.19 Die Wahrscheinlichkeit γ des Elek-
tronenaustritts bei dem Einschlag
von Ionen auf verschiedenen Materialien [1.9]

Diese Beziehung ist in Abb. **6.**19 dargestellt. Durch die Bedingungsgleichung (8) der Zündung wird eine Beziehung zwischen E_{krit}, p und d gemäß
den Funktionen (5) und (9) festgestellt, und zwar ist

$$\psi\left(\frac{E_{\text{krit}}}{p}\right)\left[e^{pf\left(\frac{E_{\text{krit}}}{p}\right)d} - 1\right] \geq 1. \qquad (10)$$

Dies kann auch in der Form

$$\psi\left(\frac{U_{\text{krit}}}{pd}\right)\left[e^{f\left(\frac{U_{\text{krit}}}{pd}\right)pd} - 1\right] \geq 1 \qquad (11)$$

geschrieben werden, wobei die Gleichung

$$\frac{E_{\text{krit}}}{p} = \frac{E_{\text{krit}}\,d}{pd} = \frac{U_{\text{krit}}}{pd} \qquad (12)$$

verwendet wurde.

Die obige Gleichung ist interessant, weil sie die Aussage enthält, daß
U_{krit} allein vom Produkt pd abhängig ist, vom Einzelwert p oder d jedoch
nicht. Bei niedrigem Druck erfolgt der Durchschlag zwischen weit entfernten Elektroden genauso, wie bei hohem Druck zwischen naheliegenden
Elektroden, vorausgesetzt, daß der Wert des Produktes pd in den beiden
Fällen der gleiche ist. Das ist das *Gesetz von Paschen* (Abb. **6.**20). Es ist
z. B. bekannt, daß die Luft bei einem Elektrodenabstand von 1 cm 30 kV
aushält; bei kleinerem Druck oder kleinerem Abstand vermindert sich die
Durchschlagspannung, ihr Wert erreicht ein Minimum und beginnt dann
bei sehr kleinen Abständen oder sehr kleinen Drücken wieder zu steigen.

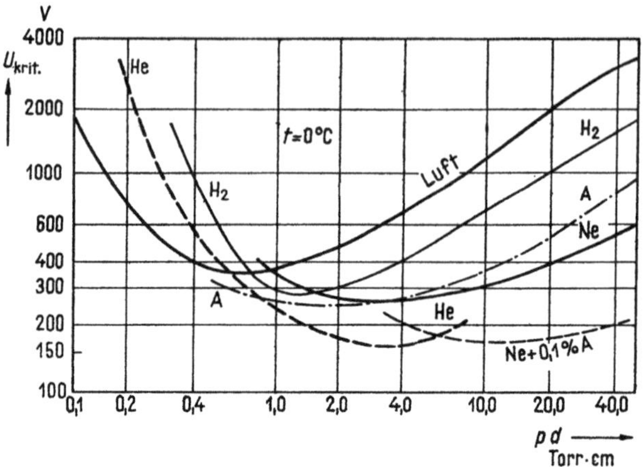

6.20 Das *Paschen*-Gesetz

Das *Paschen*-Gesetz verliert seine Gültigkeit bei sehr großen und auch bei sehr kleinen Werten des Produktes *pd*. Durchschläge in einem Gasraum von sehr hohem Druck oder zwischen sehr weit entfernten Elektroden, ferner im Hochvakuum, erfolgen auf Grund eines abweichenden und noch nicht völlig geklärten Mechanismus.

6.3.3 Die Glimmentladung

Wenn die Spannung den kritischen Wert überschreitet, nimmt die Stromstärke um Größenordnungen zu, wobei unsere bisherigen Überlegungen ihre Gültigkeit natürlich verlieren; das Feld der sich verhältnismäßig langsam bewegenden Ionen stellt ein Raumladungsfeld dar, das das ursprüngliche elektromagnetische Feld grundlegend verändert. Nach Ablauf der in ihren Einzelheiten schwer zu verfolgenden Übergangserscheinungen tritt ein stationärer Zustand, der Zustand der Glimmentladung, ein. Dieser stellt einen der wichtigsten Leitungstypen dar.

Die Glimmentladung ist von lebhaften Farbeffekten begleitet, die durch die Beschaffenheit und durch den Druck des Gases bedingt sind. Der Spannungsverlauf entlang der Entladung ist grob schematisiert in Abb. **6**.21 dargestellt; der größte Teil der Spannung, der sogenannte Kathodenfall, entfällt auf die unmittelbare Umgebung der Kathode. In der Umgebung der Anode ändert sich die Spannung kaum; dieser Teil wird als positive Säule oder Plasma bezeichnet und liefert den überwiegenden Teil

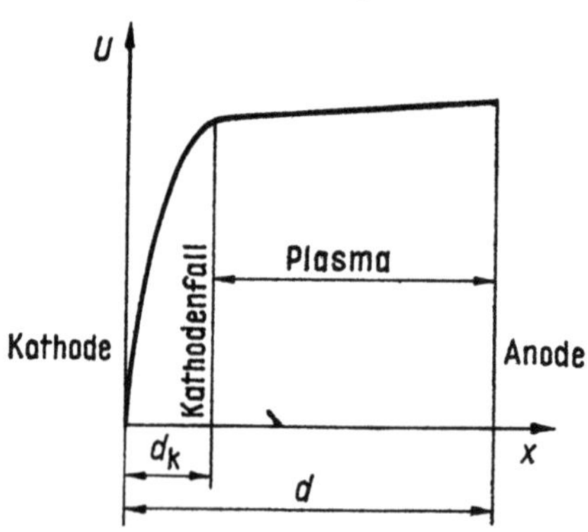

6.21 Der grobschematische Spannungsverlauf zwischen Anode und Kathode bei der Glimmentladung. Kathodenfall und Plasma lassen sich scharf unterscheiden

des Lichtstromes der Gasentladung. Der zur Aufrechterhaltung der Entladung wichtigste Faktor läßt sich durch einen einfachen Versuch leicht bestimmen. Werden nämlich sowohl die Anode als auch die Kathode beweglich ausgeführt und die Anode der Kathode genähert, so wird die positive Säule immer kürzer, während sich die Licht- und Spannungsverhältnisse der unmittelbaren Umgebung der Kathode überhaupt nicht ändern. Wird umgekehrt die Kathode bewegt, so schiebt diese sozusagen den ganzen Kathodenfall vor sich her, so daß wieder nur die positive Säule kürzer wird. Dazwischen ändert sich die Spannung kaum, wenn die Stromstärke konstant gehalten wird. Eine neue Erscheinung tritt erst dann auf, wenn eine der Elektroden bereits den Bereich des Kathodenfalles erreicht. Dann hat man bereits die anomale Glimmentladung vor sich.

Die Eigenschaften der Glimmentladung lassen sich in ihren Einzelheiten an Hand der Abb. **6**.22 verfolgen, wo die wichtigsten Kennwerte über der Entladungsstrecke aufgetragen sind. Es ist bereits bekannt, daß diese Entladung selbständig ist, so daß eine sehr große Anzahl positiver Ionen die Kathode erreichen muß, um die entsprechende Anzahl Elektronen freisetzen zu können. Im Raum vor der Kathode findet man also eine positive Raumladung. Die Geschwindigkeit der aus der Kathode heraustretenden Elektronen ist nahezu Null, so daß man unmittelbar auf der Kathodenoberfläche eine kleine negative Raumladung vorfindet. Es ist die positive Raumladung vor der Kathode, die den großen Kathodenfall verursacht.

In diesem Bereich ist die Zahl der Elektronen noch gering, so daß diese noch keinen Lichteffekt verursachen können. Deshalb ist die Kathode

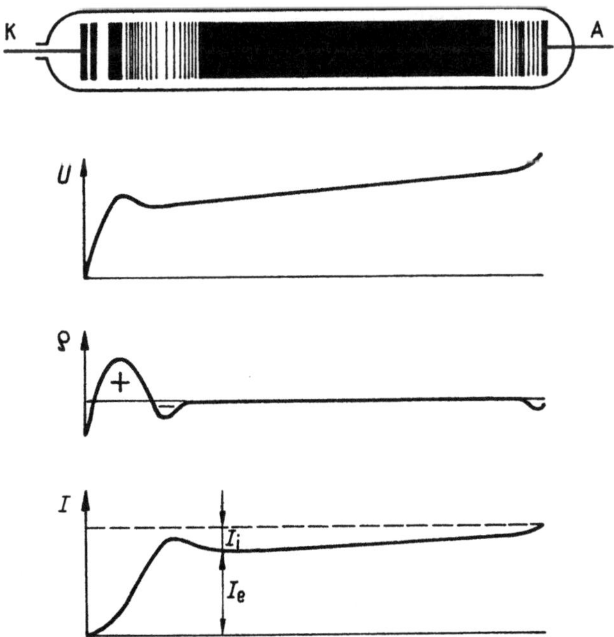

6.22 Verlauf der Kennwerte der Glimmentladung [4.5]

von dem sog. *Aston*schen Dunkelraum umgeben. Der Mechanismus der Entstehung des darauf folgenden Kathodenlichtes ist unklar. Vielleicht handelt es sich um ein Licht, das die auf der Kathodenoberfläche rekombinierenden Ionen emittieren. Hernach folgt der *Hittorf*sche oder *Crookes*sche oder Kathoden-Dunkelraum. Oft beginnt damit die ganze Entladung. Gegen Ende des Kathodenfalles entstehen einerseits sehr viele Elektronen durch die Stoßionisierung, welche die Elektronen gleichzeitig abbremst; andererseits gibt es auch viele, weil eben erst entstandene, verhältnismäßig langsame Elektronen in der Lawine, so daß sich die Anregungswahrscheinlichkeit sehr erhöht. So entsteht das negative Glimmlicht. Die hier abgebremsten Elektronen kommen nur langsam wieder in die Lage, genügend Energie zur Ionisation zu sammeln, da das Feld auf der folgenden Strecke bereits verhältnismäßig schwach ist. Hier ist die Konzentration von Elektronen und positiven Ionen etwa gleich, die resultierende Raumladung ist deshalb Null, so daß sich das Potential linear ändert. Dieser quasineutrale Raumteil, das Plasma, beginnt eine zunehmend wichtige Rolle zu spielen, so daß ein besonderer Abschnitt seiner Untersuchung gewidmet wird.

Bei einer gegebenen Spannung und bei gegebenem Strom findet man, daß die Kathode nicht vollständig mit dem Kathodenlicht überzogen ist. Nur ein Teil der Kathode leuchtet, also nur dieser Teil nimmt an der Stromleitung teil. Bei zunehmender Stromstärke wird auch die leuchtende Fläche größer, so daß die Stromdichte konstant bleibt. Folglich bleibt auch die Spannung konstant, und zwar solange, bis der Leuchtfleck die ganze Oberfläche der Kathode bedeckt. Danach folgt bereits die abnormale Entladung bei steigender Spannung. Bezüglich der einzelnen Größen können die folgenden experimentellen Tatsachen festgehalten werden.

Der Kathodenfall ist etwa gleich der dem gegebenen Gas und der gegebenen Kathode entsprechenden kleinsten Durchschlagfestigkeit und vom Druck im wesentlichen unabhängig. Daraus folgt, daß die Länge des Kathodenfalles dem Druck umgekehrt proportional ist.

Im Bereich der normalen Entladung ist die Stromdichte dem Quadrat des Druckes proportional.

Die Glimmlampen werden zur Stabilisierung der Spannung, als Meldelampen, seltener zur Gleichrichtung und in großem Umfang zur Reklamebeleuchtung verwendet.

6.3.4 Die Bogenentladung

Wird die Stromstärke bei der Gasentladung über den Bereich der Glimmentladung hinaus erhöht, so nimmt die Spannung vorerst zu und fällt dann plötzlich auf einen niedrigen Wert herunter, wobei die Stromstärke sehr hohe Werte annimmt. Dies zeigt, daß sich ein grundverschiedener Entladungsmechanismus eingestellt hat. Dabei zieht sich die Entladung auf einen engen Bereich der Kathode zusammen. Der wesentliche Unterschied gegenüber der Glimmentladung besteht darin, daß die Elektronen aus der Kathode nicht mehr unter Einwirkung der Bombardierung mit positiven Ionen heraustreten, sondern durch thermische Emission infolge der

Erhitzung der Kathode auf eine hohe Temperatur. Deshalb ist der Kathodenfall auf einen so niedrigen Wert gesunken.

Die Strom-Spannungs-Charakteristik des Lichtbogens ist in Abb. **6**.23 dargestellt. In der Praxis wird die Bogenentladung nicht über die Glimmentladung, sondern auf andere Art erzeugt, z. B. dadurch, daß man die Elektroden zuerst in Berührung bringt und dann auseinanderzieht. Bei der Berührung glühen die Kontaktstellen auf, so daß die Bogenentladung in Gang kommt. Die Erhaltung der hohen Temperatur übernimmt dann die Entladung selbst.

Diese Erhitzung und Bogenzündung tritt aber auch in Fällen ein, in welchen sie gar nicht erwünscht ist, z. B. bei der

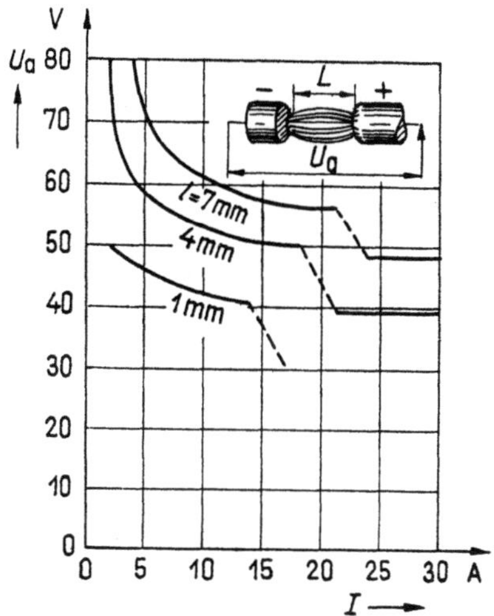

6.23 Die Charakteristik der Bogenentladung bei Kohleelektroden

Unterbrechung von Stromkreisen hoher Leistung. Dann ist die Lichtbogenbildung schädlich und der Lichtbogen muß schnellstens gelöscht werden. Diese Aufgabe ist im Leistungsschalter gelöst.

Die Erzeugung der Elektronen kann natürlich nicht nur durch thermische Emission, sondern auch auf Grund eines anderen Mechanismus erfolgen. Die Kathode kann auch von außen beheizt werden, oder die Elektronen können durch kalte Emission unter Einwirkung einer hohen Feldstärke heraustreten. Hierzu gehören die gasgefüllte Diode mit Glühkathode, der gittergesteuerte Quecksilberdampfgleichrichter, das Thyratron und das Ignitron.

Die Rolle der Gasfüllung wird am Beispiel einer gewöhnlichen gasgefüllten Diode untersucht. Es läßt sich vor allem feststellen, daß die Stoßionisierung zur Steigerung der Stromstärke *nicht* ausgenützt wird; die Stromstärke entspricht im wesentlichen dem aus der Glühkathode heraustretenden Elektronenstrom. Welchen Vorteil gibt es dann gegenüber der Vakuumdiode?

Vor allem können mehr Elektronen aus der Glühkathode einer gasgefüllten Röhre heraustreten, da die Kathode auf eine höhere Temperatur erhitzt werden kann. Die Verdampfung des Kathodenmaterials wird nämlich durch das Gas unterbunden. Zweitens neutralisieren die positiven Ionen die Raumladung der Elektronen, so daß die austretenden Elektronen bereits bei einer ganz niedrigen Spannung die Anode erreichen können. Die Spannung kann natürlich nicht beliebig klein sein, da zur Neutralisierung der Raumladung Ionen und zur Ionisation eine Mindestspannung erforderlich sind. Überraschenderweise kann der Spannungsabfall in der Gasdiode kleiner sein als das Ionisationspotential des in der Röhre befindlichen Gases. Z. B. liegt der Spannungsabfall einer mit Argon von 50 bis 100 mm Druck gefüllten Röhre mit Wolframfaden zwischen 5 bis 6 Volt,

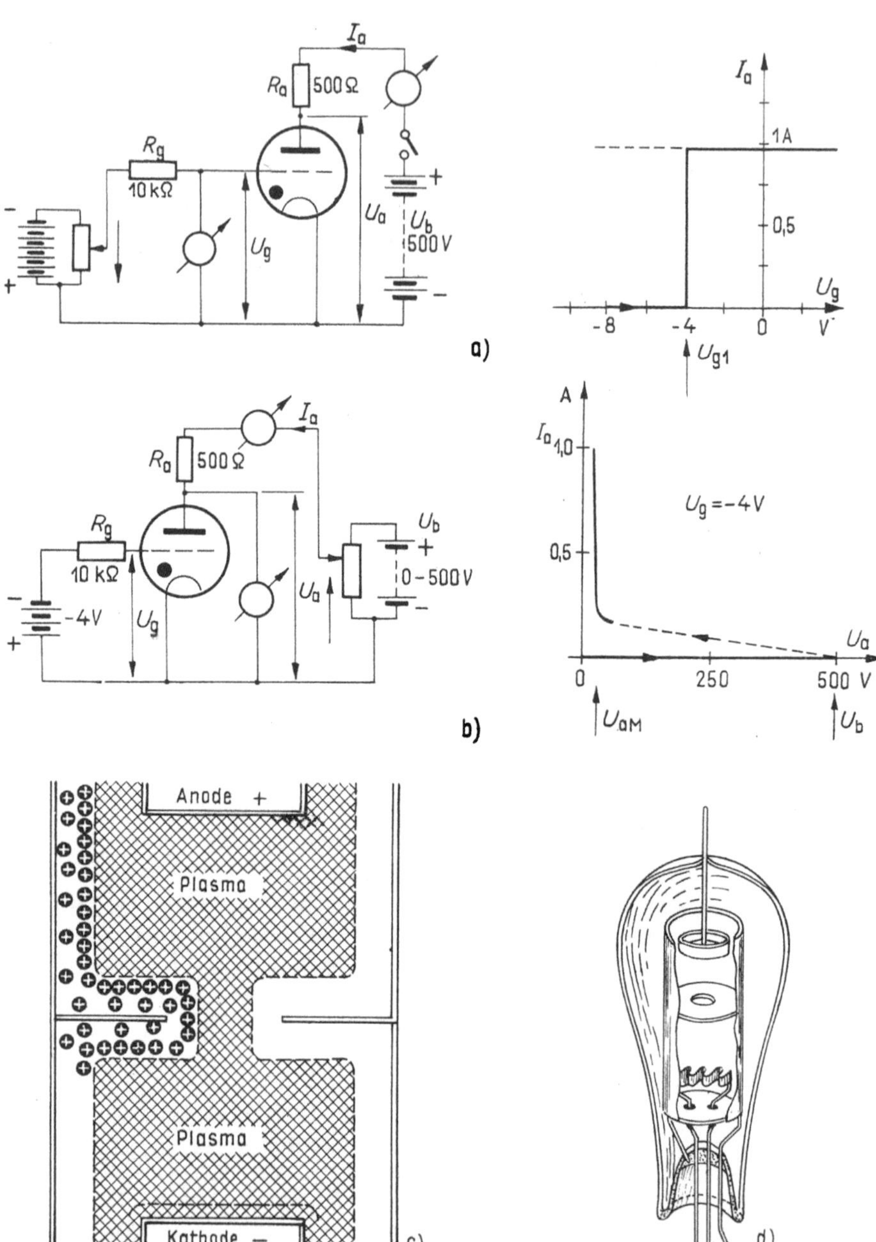

6.24 Die Zündung der Thyratronröhre erfolgt *a)* entweder bei Erhöhen der Gitterspannung oder *b)* bei Erhöhen der Anodenspannung. Nach der Zündung entfällt in beiden Fällen die Spannung U_{aM} auf die Röhre; *c)* die Ausbildung der Raumladung nach der Zündung. Die Wirkung des negativen Gitters wird durch die angezogenen positiven Ionen zunichte gemacht; *d)* Aufbau eines Thyratrons [4.5]

während das Ionisierungspotential des Argons nach Abb. **6**.10 15,4 V beträgt. Das Entstehen der Ionisation ist in solchen Fällen auf mehrere Arten vorstellbar; z. B. kann der Spannungsabfall oszillieren. Es gibt dann Zeitpunkte, zu welchen die Spannung über dem Ionisationspotential liegt, obwohl der gemessene mittlere Gleichstromwert unterhalb dieses Potentials bleibt. Bei hoher Ionendichte ist es ferner möglich, daß sich das Atom stufenweise durch Stöße bis zu den Ionisationsenergien anregt. Der übersichtlichste Mechanismus ist der, bei dem das Feld unter Einwirkung der Raumladung derart deformiert wird, daß das Ionisierungspotential zwischen der Kathode und gewissen Punkten des Raumes tatsächlich zustande kommt. In Wirklichkeit spielen meistens alle drei Effekte eine Rolle.

Im Vergleich mit der Vakuumdiode zeichnet sich also die gasgefüllte Diode durch die hohe Stromstärke und den geringen Spannungsabfall aus.

Die Beeinflussung des Stromes der Glühkathoden-Vakuumröhre mit Hilfe einer dritten Elektrode, des Gitters, wurde gerade durch die Raumladung ermöglicht. Diese Raumladung wird aber durch die Gasfüllung behoben; folglich sind vom Gitter der gasgefüllten Röhren keine bedeutenden Regelungsmöglichkeit zu erwarten. Wird die Anode gegenüber der Kathode entsprechend abgeschirmt, so kann die Zündung der Röhre mit Hilfe des Gitters natürlich verhindert werden (Abb. **6**.24). Durch Änderung der Gitterspannung kann also der Zündzeitpunkt geändert werden. Ist aber die Röhre einmal gezündet, dann gelangt das Gitter in das Plasma und verliert damit jeden weiteren Einfluß auf das Feld. Umsonst wird eine hohe negative Spannung an das Gitter gelegt; diese stößt zwar die Elektronen ab, doch wird ihre Wirkung durch die verbleibende positive Raumladung völlig abgeschirmt (Abb. **6**.24c). Über das Gitter fließt natürlich ein positiver Gitterstrom dem *Child-Langmuir*-Gesetz entsprechend. Abb. **6**.24d zeigt den Aufbau einer solchen gasgefüllten, gittergesteuerten Glühkathodenröhre, des Thyratrons.

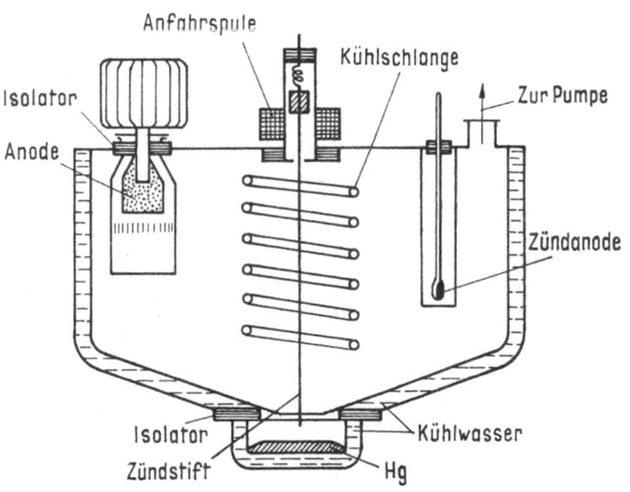

6.25 Moderne Quecksilberdampf-Gleichrichterröhre [4.5]

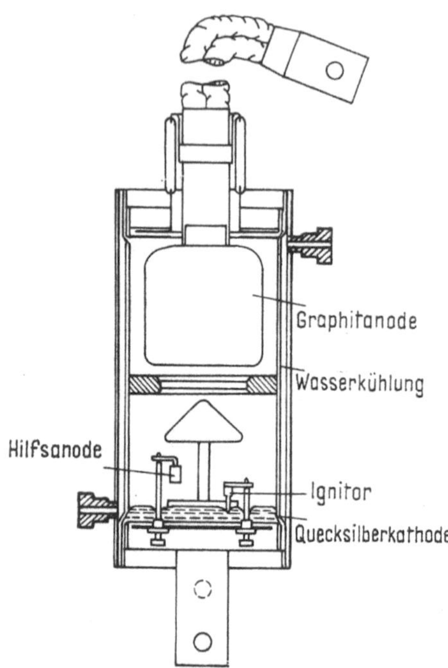

6.26 Ignitron-Röhre mit den folgenden Hauptdaten: $I_{a\,max} = 150$ A bei konstanter Last bzw. 9000 A bei einer Belastung von 0,15 s; Betriebsspannung 12,6 bis 19,1 V; größte Sperrspannung 2100 V; Zündzeit 100 μs [4.5]

Die seit den frühesten Zeiten verwendeten Quecksilberdampf-Gleichrichterröhren sind ebenfalls unter die gasgefüllten, eventuell mit einer Gittersteuerung versehenen Röhren einzureihen. Ihr Aufbau ist aus Abb. **6.25** ersichtlich. Die Entladung geht von den auf der Quecksilberoberfläche laufenden leuchtenden Punkten aus. Das Anfahren erfolgt mit Hilfe eines Zündstiftes oder durch das Kippen der ganzen Röhre und mit einer Zündanode. Der Mechanismus der Elektronenemission ist bis heute ungeklärt. Bei größerer Stromstärke spaltet sich der Brennfleck in mehrere Teile auf. Wird ihr Strom für 10^{-9} s unterbrochen, so erlischt die Röhre. Im magnetischen Feld wird der Lichtbogen in der entgegengesetzten Richtung ausgelenkt, als es der Fall sein sollte.

Auf Grund der neuesten Entwicklung wurde der bewegliche Zündstift abgeschafft. Diese Aufgabe übernimmt bei dem Ignitron der sog. Ignitor, eine halbleitende Hilfselektrode, die in das Quecksilber taucht. Wird ein Stromstoß darüber hindurchgeschickt, so zündet der Lichtbogen wahrscheinlich infolge der kalten Emission, die dann auf der Oberfläche des Quecksilbermeniskus auftritt. Abb. **6.26** zeigt den Aufbau eines Ignitrons und seine Betriebsdaten.

6.4 Die Grundlagen der Plasmaphysik

Unter Plasma wird im allgemeinen ein Gemisch verstanden, das aus Ionen, Elektronen und neutralen Atomen oder Molekülen besteht. Auf alle Fälle wird vorausgesetzt, daß eine Wechselwirkung zwischen den einzelnen Teilchen besteht, so daß auch kollektive Erscheinungen im Plasma auftreten können. Der Kreis der Plasmaerscheinungen ist sehr breit. Obwohl schätzungsweise etwa 99,9% des Weltalls aus Materie besteht, die sich im Plasmazustand befindet, ist die praktische Bedeutung der Untersuchung diesbezüglicher Erscheinungen erst heute erkannt worden. Die Kenntnis der Plasmaeigenschaften ist vor allem zur Verwirklichung der kontrollierten thermonuklearen Fusion erforderlich. Ebenso tritt Plasma im Inneren der Sterne und im interstellaren Raum, in der Umgebung der mit großer Geschwindigkeit in die Atmosphäre zurückkehrenden Raketen, in der zur Explosion gebrachten Atombombe, in den Ionen-Triebwerken und magnetohydrodynamischen Generatoren, in den Gasentladungsröhren sowie in der Ionosphäre auf.

Das Verhalten des Plasmas ist verständlicherweise sehr kompliziert. Die geladenen Teilchen stellen eine Raumladung, ihre Bewegungen elektrische Ströme dar, welche miteinander sowie mit dem von außen aufgezwungenen elektrischen und magnetischen Feld in einer Wechselwirkung stehen. Die das Verhalten des Plasmas beschreibenden Gleichungen vereinigen daher die die elektromagnetischen Erscheinungen beschreibenden *Maxwell*schen Gleichungen mit den Grundgleichungen der Mechanik, die sich auf Grund eines Plasmamodells ergeben.

Im folgenden soll das Verhalten des Plasmas auf Grund von zwei verschiedenen Modellen untersucht werden, die als Extremfälle angesehen werden können. In der Folge werden die mikrophysikalischen Faktoren definiert, die im konkreten Fall die Wahl zwischen den Modellen entscheiden. Dann werden die Beziehungen zwischen Plasma und elektromagnetischen Wellen etwas eingehender untersucht und schließlich die praktischen Anwendungen kurz erörtert.

6.4.1 Das Einteilchenmodell

In gröbster Näherung kann das Plasma als ein Aggregat voneinander unabhängiger geladener Teilchen aufgefaßt werden, die sich in ihrer Bewegung weder durch ihr elektromagnetisches Feld noch durch Stöße beeinflussen. Hierdurch wird eigentlich die Möglichkeit kollektiver Erscheinungen jeder Art ausgeschaltet. Das Verhalten der einzelnen Teilchen ist in diesem Fall ausschließlich durch das äußere Feld bestimmt. Die Untersuchung des Plasmas betrifft dann lediglich die Bewegung geladener Teilchen in verschiedenen, eventuell in Raum und Zeit veränderlichen elektromagnetischen Feldern. Dies ist von Bedeutung vor allem in der kosmischen Elektrodynamik sowie bei der Untersuchung der Möglichkeiten einer räumlichen Einschließung des aus geladenen Teilchen sehr hoher Energie bestehenden Plasmas, d. h. der Realisierbarkeit der sogenannten elektromagnetischen Wand.

Wir fassen nun kurz zusammen, was wir von der Bewegung geladener Teilchen in homogenen elektrischen und magnetischen Feldern bereits wissen (Abschn. 1.2.3). Ist nur ein Magnetfeld vorhanden, dann bewegt sich das Teilchen auf einer Schraubenlinie, und seine Geschwindigkeit parallel zu den Feldlinien ist konstant. In der zu den Feldlinien senkrechten Ebene beschreibt dann das Teilchen eine Kreisbahn, deren Radius durch den Zyklotronradius

$$\varrho_{\mathrm{c}} = \frac{mv_{\perp}}{qB}$$

und deren Kreisfrequenz durch die Zyklotronfrequenz

$$\omega_c = \frac{qB}{m} \tag{1}$$

bestimmt ist. (Die Zyklotronfrequenz wird auch *Larmor-* oder *Gyrations-*frequenz genannt.)

Wenn ein homogenes Magnetfeld und ein homogenes elektrisches Feld gleichzeitig vorhanden sind, läßt sich die resultierende Geschwindigkeit in drei Komponenten zerlegen:

1. Die zu den $\boldsymbol{B}$-Linien parallele Komponente des elektrischen Feldes erzeugt eine gleichförmig beschleunigte Bewegung des Teilchens parallel zu den $\boldsymbol{B}$-Linien, mit der Beschleunigung

$$\dot{\boldsymbol{v}}_{||} = \frac{q}{m}\,\boldsymbol{E}_{||}\,. \tag{2}$$

2. In der zu den $\boldsymbol{B}$-Linien senkrechten Ebene beschreibt das Teilchen eine Kreisbahn mit der Winkelgeschwindigkeit $\boldsymbol{\omega}_c$, d. h. mit der Geschwindigkeit

$$\boldsymbol{u} = \boldsymbol{\omega}_c \times \boldsymbol{\rho}_c\,. \tag{3}$$

3. Schließlich verschiebt sich der Mittelpunkt der Kreisbahn des Teilchens senkrecht zu den $\boldsymbol{B}$- und auch zu den $\boldsymbol{E}$-Linien mit der Geschwindigkeit

$$\boldsymbol{v}_{\mathrm{D}}^{E} = \frac{m}{q}\,\frac{\boldsymbol{E}\times\boldsymbol{B}}{B^2}\,. \tag{4}$$

Diese Geschwindigkeit wird in der Plasmaphysik Driftgeschwindigkeit genannt.

Die resultierende Geschwindigkeit ist also

$$\boldsymbol{v} = \boldsymbol{v}_{||} + \boldsymbol{\omega}_c \times \boldsymbol{\rho}_c + \boldsymbol{v}_{\mathrm{D}}^{E}\,. \tag{5}$$

Wir betrachten nun die Bahn des Teilchens in einem inhomogenen Magnetfeld. Es wird versucht, die Bewegung in drei Komponenten zu zerlegen wie zuvor. Man stelle sich vor, daß sich das Teilchen auf einer schraubenlinienförmigen Bahn bewegt, die die Feldlinie sozusagen umwickelt, wobei sich jedoch der Mittelpunkt der entsprechenden Kreisbahn infolge der Inhomogenität des Feldes senkrecht zu den Feldlinien ständig verschiebt. Diese Behandlungsweise der Teilchenbewegung wird Drift-Näherung (guiding center approximation) genannt. Für das Zustandekommen einer derartigen Bewegung ist es notwendig, daß sich das Magnetfeld nur allmählich ändert, oder genauer gesagt, daß der Zyklotronradius gegenüber der die Änderung des Magnetfeldes charakterisierenden Länge überall klein ist. Natürlich ist diese Bewegung auch bei der geschilderten Betrachtungsweise sehr kompliziert, so daß ihre allgemeine Behandlung nur in großen Zügen am Ende des Kapitels skizziert werden kann. Vorerst wird jedoch versucht, einen Überblick über die zu erwartenden Erscheinungen zu gewinnen. Der Abb. **6.**27 entsprechend sei angenommen, daß die $\boldsymbol{B}$-

Linien parallel zueinander verlaufen, ihre Dichte jedoch von Stelle zu Stelle veränderlich ist. Ein einzelnes Teilchen soll sich in der zu den Feldlinien senkrechten Ebene bewegen. Der Krümmungsradius der Teilchenbahn wird an Stellen kleiner magnetischer Induktion groß, an Stellen großer magnetischer Induktion klein sein, so daß die Bewegung qualitativ durch eine den verschlungenen Zykloide ähnliche Kurve dargestellt werden kann.

Auf alle Fälle sieht man daraus, daß eine Verschiebung tatsächlich auftritt. Aus der Abbildung ist ferner ersichtlich, daß diese Verschiebung senkrecht zu den Feldlinien B und gleichzeitig senkrecht zur Richtung der Größe grad B stattfindet. Es ist deshalb vorauszusehen, daß das Vektorprodukt $B \times$ grad B in der Formel enthalten sein wird.

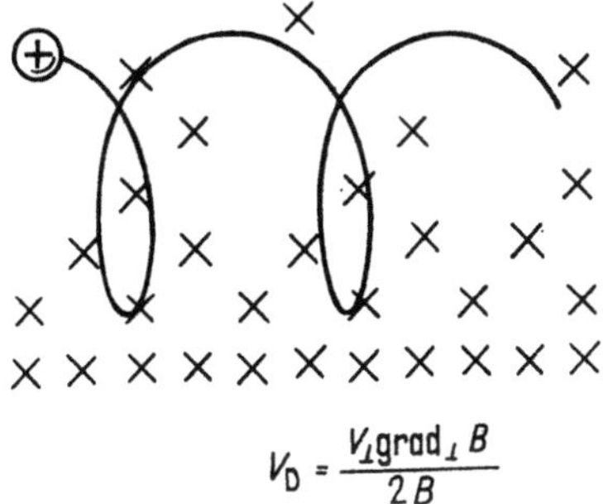

6.27 Im stark inhomogenen Feld verschiebt sich das Teilchen senkrecht zu den Induktionslinien. Die Bahn ist jetzt keine Schraubenlinie, sondern eine der ebenen verschlungenen Zykloide ähnliche Kurve. Das Teilchen verschiebt sich hier nach links

Es ist üblich, die sich aus der Inhomogenität der Feldliniendichte ergebende Verschiebung als Gradientendrift zu bezeichnen. Ihr Zahlenwert kann näherungsweise auch auf Grund der folgenden einfachen Überlegung ermittelt werden. Der Abb. **6**.28 entsprechend wird vorausgesetzt, daß die magnetische Induktion oberhalb der x-Achse den Wert $B + \Delta B$, unterhalb dieser Achse den Wert B hat. Dementsprechend bewegt sich das Teilchen in dem einen Raumteil auf einer Kreisbahn vom Radius ϱ_{c1}, in dem anderen auf einer Kreisbahn vom Radius ϱ_{c2}. Nach einer vollen Umdrehung beträgt die Verschiebung

$$\Delta x \approx 2(\varrho_{c2} - \varrho_{c1}) = 2\,\Delta\varrho_c .$$

Die Verschiebung pro Zeiteinheit, d. h. die Driftgeschwindigkeit, ist dann

$$v_D^{gr} = \frac{\Delta x}{T} = 2\,\frac{\Delta\varrho_c}{T} = \frac{\Delta\varrho_c\,\omega_c}{\pi} .$$

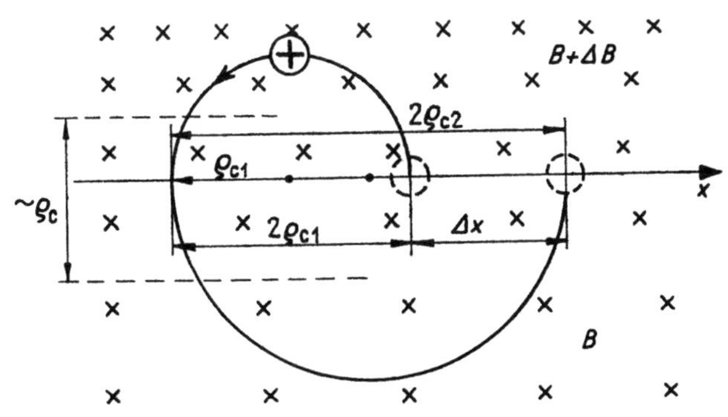

6.28 Zur vereinfachten Berechnung der Gradientendrift (nach *Frank—Kamenetzki*)

Wird nun eine stetige Änderung des Bahnradius vorausgesetzt, so braucht man nur die Korrektur $\pi \to 2$ durchzuführen. Damit ist

$$v_\mathrm{D}^\mathrm{gr} = \frac{1}{2}\,\Delta\varrho_\mathrm{c}\,\omega_\mathrm{c}.$$

Die Änderung des Zyklotronradius je Einheit der zurückgelegten Weglänge ist durch $\mathrm{grad}_\perp\varrho_\mathrm{c}$, für eine Weglänge ϱ_c durch den Ausdruck $\varrho_\mathrm{c}\,\mathrm{grad}_\perp\varrho_\mathrm{c}$ gegeben; folglich ist

$$\Delta\varrho_\mathrm{c} = \varrho_\mathrm{c}\,\mathrm{grad}_\perp\varrho_\mathrm{c} = -\frac{\varrho_\mathrm{c}^2}{B}\,\mathrm{grad}_\perp B.$$

Dabei wurde der durch die Formel $\varrho_\mathrm{c} = mv_\perp/qB$ gegebene Wert des Zyklotronradius angewendet. Der Ausdruck für die Gradientendrift lautet also

$$|\,\boldsymbol{v}_\mathrm{D}^\mathrm{gr}\,| = \left|\,\frac{1}{2}\frac{\varrho_\mathrm{c}^2\omega_\mathrm{c}}{B}\,\mathrm{grad}_\perp B\,\right|.$$

Wir setzen nun den Ausdruck $\omega_\mathrm{c} = v_\perp/\varrho_\mathrm{c}$ der Zyklotronfrequenz ein. Damit ist

$$|\,\boldsymbol{v}_\mathrm{D}^\mathrm{gr}\,| = \left|\,\frac{\varrho_\mathrm{c}\,v_\perp}{2}\frac{\mathrm{grad}_\perp B}{B}\,\right|.$$

Die Änderung von B senkrecht zu den Feldlinien kann in der Form

$$|\,\mathrm{grad}_\perp B\,| = |\,\mathrm{grad}\,B \times \boldsymbol{b}_0\,| = |\,-\boldsymbol{b}_0 \times \mathrm{grad}\,B\,|$$

ausgedrückt werden, wobei $\boldsymbol{b}_0 = \boldsymbol{B}/B$ den in Feldrichtung zeigenden Einheitsvektor bedeutet. Dies führt unter Berücksichtigung der Richtungen zur Endformel

$$\boldsymbol{v}_\mathrm{D}^\mathrm{grad} = \frac{1}{2}\,\varrho_\mathrm{c}\,v_\perp\,\frac{\boldsymbol{b}_0 \times \mathrm{grad}\,B}{B} = \frac{1}{2}\,\varrho\,v_\perp\,\frac{\boldsymbol{B} \times \mathrm{grad}\,B}{B^2} = \frac{1}{2}\frac{mv_\perp^2}{q}\frac{\boldsymbol{B} \times \mathrm{grad}\,B}{B^3}. \tag{6}$$

Es ist bemerkenswert, daß man auch auf einem anderen Weg zum gleichen Ergebnis kommen kann. Wird nämlich das magnetische Moment des sich drehenden Teilchens, gegeben durch

$$\boldsymbol{m} = \frac{1}{2}\,q(\varrho_\mathrm{c} \times \boldsymbol{v}_\perp), \quad |\boldsymbol{m}| = \frac{1}{2}\frac{mv_\perp^2}{B}$$

eingeführt, so wirkt auf dieses Moment im inhomogenen Feld die Kraft

$$\boldsymbol{F} = \boldsymbol{m} \times \mathrm{rot}\,\boldsymbol{B} + (\boldsymbol{m}\,\mathrm{grad})\boldsymbol{B}$$

ein. Und da

$$\boldsymbol{m} = -\,|\boldsymbol{m}|\,\frac{\boldsymbol{B}}{B}$$

ist, gilt

$$\boldsymbol{F} = \mathrm{rot}\,\boldsymbol{B} \times \frac{\boldsymbol{B}}{B}\,|\boldsymbol{m}| - \frac{|\boldsymbol{m}|}{B}\,(\boldsymbol{B}\,\mathrm{grad})\,\boldsymbol{B}.$$

Durch Verwenden der Beziehung

$$\mathrm{rot}\,\boldsymbol{B} \times \boldsymbol{B} = (\boldsymbol{B}\,\mathrm{grad})\,\boldsymbol{B} - \mathrm{grad}\,\frac{B^2}{2}$$

erhält man

$$F = - \frac{|\boldsymbol{m}|}{B} \operatorname{grad} \frac{B^2}{2} = - |\boldsymbol{m}| \operatorname{grad} B.$$

Es ist andererseits bekannt, daß die zu $\boldsymbol{B}$ parallele Komponente der Kraft $\boldsymbol{F}$ eine beschleunigte Bewegung in dieser Richtung, ihre senkrechte Komponente dagegen eine der Abb. 1.18c entsprechende Driftbewegung

$$\frac{1}{q} \frac{\boldsymbol{F}_\perp \times \boldsymbol{B}}{B^2} \tag{7a}$$

verursacht. Wird in diese Formel der Ausdruck der auf den Dipol einwirkenden Kraft eingesetzt, so erhält man die Beziehung

$$- \frac{1}{q} \frac{|\boldsymbol{m}| \operatorname{grad}_\perp \boldsymbol{B} \times \boldsymbol{B}}{B^2} = \frac{1}{2} \frac{mv_\perp^2}{q} \frac{\boldsymbol{B} \times \operatorname{grad}_\perp \boldsymbol{B}}{B^3} = \boldsymbol{v}_\mathrm{D}^\mathrm{gr},$$

d. h. genau die Driftformel (6). Für die Beschleunigung in Feldrichtung ergibt sich gleichzeitig der Ausdruck

$$\frac{d\boldsymbol{v}_{||}}{dt} = \frac{\boldsymbol{F}_{||}}{m} = - \frac{|\boldsymbol{m}|}{mB} [(\boldsymbol{B} \operatorname{grad}) \boldsymbol{B}]_{||} = - \frac{|\boldsymbol{m}|}{mB} \left[\operatorname{grad} \frac{B^2}{2} \right]_{||}. \tag{7b}$$

Eine Verschiebung ergibt sich auch dann, wenn zwar die Feldliniendichte unverändert bleibt, sich aber die Richtung der Feldlinien ändert. Die infolge einer Krümmung entstehende Drift wird Krümmungsdrift genannt. Ihr Entstehen kann auf Grund der Abb. 6.29 in einfacher Weise veranschaulicht werden. Wenn sich ein Teilchen parallel zu den Feldlinien B bewegt, ist es keiner Kraftwirkung ausgesetzt (Punkt A_1). Falls nun die Feldlinien gekrümmt sind und das Teilchen den Punkt A_2 erreicht, tritt eine zu seiner Geschwindigkeit senkrechte B-Komponente und damit auch eine zum Krümmungsradius senkrechte Kraft auf.

Es wurde bereits gezeigt, daß die Gradientendrift als eine Verschiebung berechnet werden kann, die unter der Einwirkung einer Kraft zustandekommt. Aus ähnlichen Gründen steht das Teilchen, während es sich parallel zur Feldrichtung zu bewegen trachtet, unter der Einwirkung der Zentrifugalkraft

$$\boldsymbol{F}_\mathrm{c} = \frac{mv_{||}^2}{R^2} \boldsymbol{R},$$

wodurch nach (7a) die Verschiebungsgeschwindigkeit

$$\boldsymbol{v}_\mathrm{D}^\mathrm{c} = \frac{1}{q} \frac{mv_{||}^2}{R^2} \frac{\boldsymbol{R} \times \boldsymbol{B}}{B^2} \tag{8}$$

entsteht. Der Krümmungsradius kann in der Form

$$\frac{\boldsymbol{R}}{R^2} = - (\boldsymbol{b}_0 \operatorname{grad}) \boldsymbol{b}_0$$

ausgedrückt werden. Für die Krümmungsdrift erhält man damit die Beziehung

$$\boldsymbol{v}_\mathrm{D}^\mathrm{c} = \frac{mv_{||}^2}{q} \frac{1}{B^4} \boldsymbol{B} \times (\boldsymbol{B} \operatorname{grad}) \boldsymbol{B}. \tag{9}$$

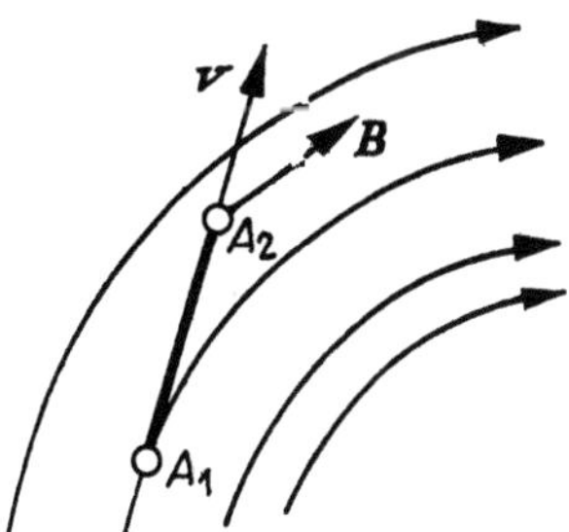

6.29 Im inhomogenen Feld eines Toroids verschiebt sich das Teilchen infolge der Inhomogenität in Richtung der Wände. Im Punkt A_2 wirkt auf das Teilchen eine zur Papierebene senkrechte Kraft ein

Schließlich spielt noch eine dritte Art Verschiebung, die sogenannte Polarisationsverschiebung eine Rolle. Darauf kommt man durch die folgende Überlegung: Das elektrische und das magnetische Feld sollen sich mit der Zeit ändern, jedoch nur so langsam, daß ihre Änderung während eines Umlaufes des Teilchens vernachlässigt werden kann. Die Bewegungsgleichung lautet für diesen Fall

$$\frac{\mathrm{d}\boldsymbol{v}}{\mathrm{d}t} = \frac{q}{m}\,(\boldsymbol{E} + \boldsymbol{v} \times \boldsymbol{B})\,.$$

Läßt man den Einfluß zeitlicher Änderungen vorerst unberücksichtigt, so kann man die Lösung dieser Gleichung in nullter Näherung mit dem Ansatz

$$\boldsymbol{v}_0 = \boldsymbol{v}_\mathrm{D}^E + \boldsymbol{v}_\parallel$$

angeben. Als Näherungslösung erster Ordnung soll der Ansatz

$$\boldsymbol{v} = \boldsymbol{v}_0 + \boldsymbol{u}$$

dienen, wobei die Geschwindigkeit $\boldsymbol{u}$ sowohl die Änderung der Umlaufgeschwindigkeit, wie auch die Änderung der Verschiebung in der zu $\boldsymbol{B}$ senkrechten Ebene berücksichtigt. Wird dieser Ansatz in die Bewegungsgleichung eingesetzt, so erhält man die Beziehung

$$m\,\frac{\mathrm{d}\boldsymbol{u}}{\mathrm{d}t} = q(\boldsymbol{u} \times \boldsymbol{B}) + q\boldsymbol{E}_\parallel - m\cdot\frac{\mathrm{d}\boldsymbol{v}_0}{\mathrm{d}t}\,,$$

da

$$\boldsymbol{v} \times \boldsymbol{B} = 0\,,\ \boldsymbol{v}_\mathrm{D}^E \times \boldsymbol{B} = -\,\boldsymbol{E}_\perp$$

sind. Das letzte Glied auf der rechten Seite der obigen Gleichung kann also als eine Kraft angesehen werden, die eine Verschiebung verursacht; diese Verschiebung ist die *Inertial*drift. Die dazu gehörende Geschwindigkeit ist

$$\boldsymbol{v}_\mathrm{D}^\mathrm{i} = \frac{1}{q}\,\frac{\boldsymbol{F} \times \boldsymbol{B}}{B^2} = -\,\frac{m}{qB^2}\left(\frac{\mathrm{d}\boldsymbol{v}_0}{\mathrm{d}t} \times \boldsymbol{B}\right)\,. \tag{10}$$

Diese Inertialdrift berücksichtigt auch die sich aus der Änderung der Richtung von $\boldsymbol{B}$ ergebende Kraft, also auch die Zentrifugal- oder Krümmungsdrift. Für uns ist jedoch der Fall von Interesse, in dem sowohl $\boldsymbol{E}$ als auch $\boldsymbol{B}$ homogen sind und $\boldsymbol{B}$ in der Zeit konstant, das elektrische Feld aber zeitlich veränderlich ist. In dieser Weise kommt man auf die Polarisationsdrift

$$\boldsymbol{v}_\mathrm{D}^\mathrm{c} = \frac{m}{qB^2}\left[\boldsymbol{B} \times \frac{\mathrm{d}}{\mathrm{d}t}\left(\frac{\boldsymbol{E} \times \boldsymbol{B}}{B^2}\right)\right] = \frac{m}{q}\,\frac{\dot{\boldsymbol{E}}_\perp}{B^2}\,. \tag{11}$$

Die bisherigen Ergebnisse können folgendermaßen zusammengefaßt werden [6.7]:

Das geladene Teilchen bewegt sich mit der Winkelgeschwindigkeit $\omega_\mathrm{c} = qB/m$ auf einer Kreisbahn vom Radius $\varrho_\mathrm{c} = mv_\perp/qB$. Der Mittelpunkt des Kreises verschiebt sich senkrecht zu den Feldlinien mit der elektrischen Driftgeschwindigkeit

$$v_{\mathrm{D}}^{E} = \frac{\boldsymbol{E} \times \boldsymbol{B}}{B^2} \,,$$

mit der Gradienten-Driftgeschwindigkeit

$$v_{\mathrm{D}}^{\mathrm{gr}} = \frac{|\boldsymbol{m}|}{qB^3} \boldsymbol{B} \times \operatorname{grad} \frac{B^2}{2} \,,$$

mit der Krümmungs-Driftgeschwindigkeit

$$v_{\mathrm{D}}^{\mathrm{c}} = \frac{mv^2}{qB^4} \boldsymbol{B} \times (\boldsymbol{B} \operatorname{grad}) \boldsymbol{B} \,,$$

sowie mit der Polarisations-Driftgeschwindigkeit

$$v_{\mathrm{D}}^{\mathrm{p}} = \frac{m}{q} \frac{\dot{\boldsymbol{E}}_{\perp}}{B^2} \,.$$

Zugleich bewegt sich der Mittelpunkt des Kreises in der Richtung der Feldlinien $\boldsymbol{B}$ mit der Beschleunigung

$$\frac{\mathrm{d}v}{\mathrm{d}t} = \frac{q}{m} \boldsymbol{E} - \frac{|\boldsymbol{m}|}{mB} [(\boldsymbol{B} \operatorname{grad}) \boldsymbol{B}] \,. \tag{12}$$

Diese letzte Formel weist darauf hin, daß die Bewegung des Teilchens in Feldrichtung auch durch den Gradienten des Magnetfeldes beeinflußt wird, so daß die Kraft von der Richtung dieses Gradienten abhängig ist. Da diese Erscheinung eine wichtige Rolle in der Problematik der elektromagnetischen Wand spielt, soll sie etwas eingehender untersucht werden.

Wir betrachten ein achsensymmetrisches Magnetfeld nach Abb. **6**.30, an dessen beiden Enden sich die Feldlinien verdichten, und untersuchen die Bewegung eines Einzelteilchens, das sich auf einer schraubenlinienförmigen Bahn parallel zur Feldachse gegen das dichtere Feld hin bewegt. Aus der Abbildung ist ersichtlich, daß dann eine dieser Bewegung entgegengerichtete Kraft auftritt, die schließlich zum Aufhören bzw. zur Umkehr der Bewegung in Achsrichtung führt. Da sich aber die Energie des Teilchens im Magnetfeld nicht ändern kann, muß seine Geschwindigkeit in der Ebene senkrecht zu den Feldlinien selbstverständlich zunehmen. Die

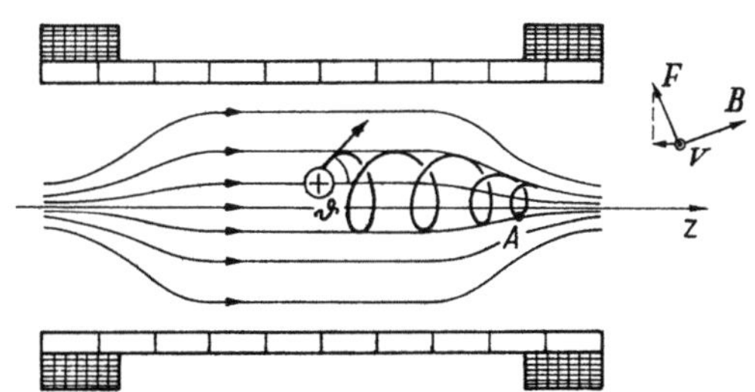

6.30 Der magnetische »Spiegel«. Die Größen $\boldsymbol{v}$, $\boldsymbol{B}$ und $q\boldsymbol{v} \times \boldsymbol{B}$ sind rechts für den Punkt A aufgezeichnet. Man sieht, daß eine zurücktreibende Kraftkomponente auftritt

beschriebene Anordnung wird auch magnetischer Spiegel genannt, da das Teilchen von den Stellen höherer Intensität wie von einem Spiegel reflektiert wird. Um nun zu quantitativen Ergebnissen zu kommen, soll das Problem vereinfacht und die Untersuchung auf jene Bewegungen beschränkt werden, die sich genügend nahe der Drehachse abspielen, um dieselben Näherungsformeln wie für die magnetische Linse verwenden zu können, und zwar die Beziehung 1.6.5−(7)

$$B_r = - \frac{r}{2} \frac{\mathrm{d}B_z}{\mathrm{d}z}.$$

Der Ausdruck für die in Richtung z wirkende Kraft lautet

$$F_z = q v_\perp B_r = - \frac{1}{2} q v_\perp r \frac{\mathrm{d}B_z}{\mathrm{d}z}, \tag{13}$$

oder, mit dem magnetischen Moment ausgedrückt,

$$F_z = - |\boldsymbol{m}| \frac{\mathrm{d}B_z}{\mathrm{d}z}. \tag{14}$$

Die Änderung der Energie, die zur Bewegung parallel zu den Feldlinien gehört, beträgt auf der Strecke $\mathrm{d}z$

$$\mathrm{d}W = F_z \mathrm{d}z = - |\boldsymbol{m}| \frac{\mathrm{d}B_z}{\mathrm{d}z} \mathrm{d}z. \tag{15}$$

Da die Gesamtenergie konstant ist, muß die Änderung der der senkrechten Geschwindigkeit zugeordneten Energie der obigen Energieänderung gleich sein, jedoch das entgegengesetzte Vorzeichen haben, d. h.

$$\mathrm{d}W_\perp = - \mathrm{d}W = |\boldsymbol{m}| \frac{\mathrm{d}B_z}{\mathrm{d}z} \mathrm{d}z, \quad \frac{\mathrm{d}W_\perp}{\mathrm{d}z} = |\boldsymbol{m}| \frac{\mathrm{d}B_z}{\mathrm{d}z}. \tag{16}$$

Der Ausdruck der zur senkrechten Geschwindigkeitskomponente gehörenden Energie kann auch in der folgenden Form geschrieben werden:

$$W_\perp = \frac{1}{2} m v_\perp^2 = \frac{1}{2} \frac{m v_\perp^2}{B_z} B_z = |\boldsymbol{m}| B_z. \tag{17}$$

Hieraus ergibt sich für die Änderung dieser Energie die Beziehung

$$\frac{\mathrm{d}W_\perp}{\mathrm{d}z} = |\boldsymbol{m}| \frac{\mathrm{d}B_z}{\mathrm{d}z} + \frac{\mathrm{d}|\boldsymbol{m}|}{\mathrm{d}z} B_z. \tag{18}$$

Wird diese letzte Beziehung mit der Gleichung (16) verglichen, so erhält man

$$\frac{\mathrm{d}|\boldsymbol{m}|}{\mathrm{d}z} = 0, \quad |\boldsymbol{m}| = \text{const.}$$

Es handelt sich also um eine Bewegung, bei der das magnetische Moment
konstant bleibt, d. h.

$$|\boldsymbol{m}| = \frac{1}{2}\frac{mv_\perp^2}{B} = \text{const} \tag{19}$$

ist. Üblicherweise wird diese Tatsache durch die Feststellung ausgedrückt,
daß das magnetische Moment eine adiabatische Invariante der Bewegung
darstellt.

Auf Grund des Vorangehenden kann nunmehr die Frage beantwortet werden, wie ein stationäres Magnetfeld zu gestalten ist, um die Bewegung
geladener Teilchen hoher Energie auf einen bestimmten Raumteil begrenzen zu können, oder mit anderen Worten, wie man eine magnetische Wand
zur Begrenzung eines Plasmas sehr hoher Temperatur herstellen kann.

In der zu den Feldlinien senkrechten Richtung können sich die Teilchen
im homogenen Magnetfeld nicht weiter entfernen als auf

$$\varrho_c = mv_\perp/qB\,,$$

zumindest solange, als man von Stößen absehen kann (Abb. **6.31**). In
Feldrichtung wird jedoch die Bewegung gar nicht behindert. Die Begrenzung
mittels des magnetischen Spiegels stellt eine Art Sperre in dieser Richtung
dar. In Abb. **6.**30 ist die Spulenanordnung aufgezeichnet, durch die das
hierzu erforderliche Magnetfeld hergestellt werden kann. Die magnetische
Wand dieses Typs ist aber noch »undicht«. Es ist ja leicht einzusehen,
daß ein Teilchen, das sich in der Mitte parallel zu den Feldlinien bewegt,
keine Reflexion erleidet. Um genauer zu sein: Es kann ein Grenzwinkel
ϑ_g bestimmt werden, und zwar so, daß alle Teilchen, die unter einem kleineren Winkel starten, den umgrenzten Raum verlassen, während alle anderen
reflektiert werden. Das magnetische Moment eines Teilchens, das nach
Abb **6.**30 mit der Geschwindigkeit v unter einem Winkel ϑ_g startet, beträgt

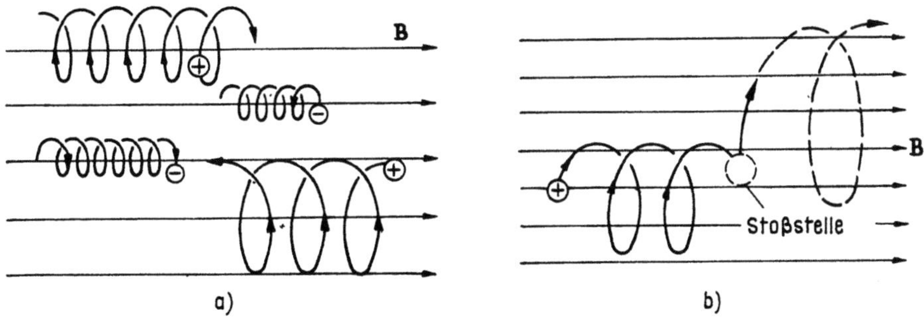

6.31 *a)* Ein homogenes Feld begrenzt die Bewegung sowohl des positiv als auch
des negativ geladenen Teilchens senkrecht zu den Feldlinien; *b)* bei einem
Zusammenstoß kann sich die Bahn des Teilchens aus dem magnetischen Feld
hinausschieben

im Augenblick des Starts

$$|\boldsymbol{m}_0| = \frac{\frac{1}{2}\,mv^2\sin^2\vartheta_{\mathrm{g}}}{B_0}\,,$$

bzw. am Ort der Reflexion

$$|\boldsymbol{m}_{B_{\max}}| = \frac{\frac{1}{2}\,mv^2}{B_{\max}}\,.$$

Aus der Konstanz des magnetischen Momentes folgt die Beziehung

$$\frac{1}{2}\,\frac{mv^2\sin\vartheta_{\mathrm{g}}}{B_0} = \frac{1}{2}\,\frac{mv^2}{B_{\max}}\,,$$

d. h.

$$\sin\vartheta_{\mathrm{g}} = \sqrt{\frac{B_0}{B_{\max}}}\,.$$

Diese Gleichung ergibt den Grenzwert des Startwinkels, bei dem das Teilchen gerade noch reflektiert wird. Alle Teilchen, die unter einem kleineren Winkel starten, kommen über den Ort von $B_{\max}$ hinaus, werden also vom Spiegel nicht reflektiert. Die in der beschriebenen Weise hergestellte magnetische Wand ist also innerhalb des Kegelwinkels $2\,\vartheta_{\mathrm{g}}$ undicht. Dieser Kegelwinkel kann durch Erhöhen von $B_{\max}$ theoretisch beliebig verkleinert werden.

Würde man ein homogenes Magnetfeld zu einem Torus verformen wollen, dann würde es einerseits nicht mehr homogen bleiben; andererseits würden die Teilchen, wie aus Abb. **6.**29 ersichtlich ist, infolge der Krümmung wiederum aus dem umgrenzten Raum herausgeschoben werden. Es wird daher versucht, die Feldlinien so zu verzerren, daß sich die aus der Inhomoge-

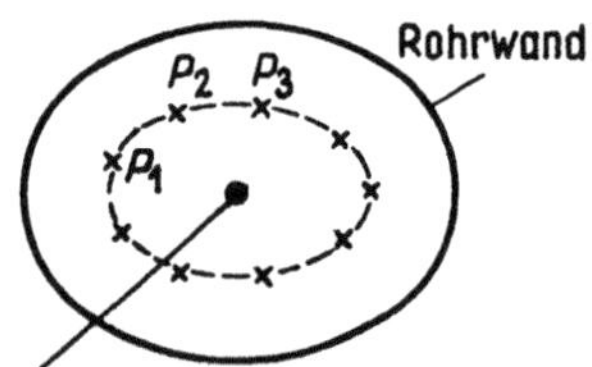

6.32 *a)* Der Stellarator ergibt sich durch Verformung eines kreisringförmigen Toroids in eine Figur ähnlich einer Acht. *b)* Verfolgt man eine Kraftlinie, vom Punkt P_1 eines ausgewählten Querschnitts ausgehend, durch die ganze Acht, so kommt man in einen anderen Punkt P_2 desselben Querschnitts zurück. Nach dem wiederholten Durchlaufen der Acht kommt man im Punkt P_3 an. Die nacheinander folgenden Durchstoßpunkte einer gegebenen Induktionslinie bestimmen eine geschlossene Kurve in der Ebene des Ausgangsquerschnittes. Die auf eine beliebige Länge verlängerte Induktionslinie selbst bedeckt eine ebenfalls achtförmige Fläche mit beliebiger Dichte. Eine einzige Induktionslinie ist geschlossen, welche als magnetische Achse bezeichnet werden kann

nität der verschiedenen Stellen ergebenden Verschiebungen einander in guter Näherung gegenseitig aufheben. Im sogenannten Stellarator geschieht dies derart, daß man ein Toroid in der Form einer Acht nach Abb. **6.32** herstellt. Wenn man von einem Punkt eines beliebigen Querschnittes ausgehend die Induktionslinie durch die ganze Acht verfolgt, gelangt man nicht zum gleichen Punkt des Ausgangsquerschnittes zurück. Die Induktionslinien sind also nicht geschlossen! Geht man von dem so erhaltenen Punkt aus und verfolgt wieder die Induktionslinie durch die ganze Acht, so kommt man nochmals in einem anderen Punkt des Ausgangsquerschnittes an. Es kann gezeigt werden, daß die in dieser Weise im Ausgangsquerschnitt nacheinander erhaltenen Durchstoßpunkte eine geschlossene Kurve ergeben. Dies bedeutet, daß die verlängerte Induktionslinie schließlich eine Fläche bedeckt, die ebenfalls einer Acht ähnlich ist (Abb. **6.32**). Es kann in sehr guter Näherung angenommen werden, daß die Mitte der schraubenlinienförmigen Bahn des Teilchens auf dieser Fläche liegt, so daß das Teilchen folglich in einem endlichen Raumteil verbleibt. Auch die Lösung der makroskopischen Gleichungen ergibt, daß die Begrenzung nahezu vollständig ist. Es zeigt sich sogar, daß das so entstandene Plasma, von einigen speziellen und unterdrückbaren Deformationstypen abgesehen, auch stabil ist.

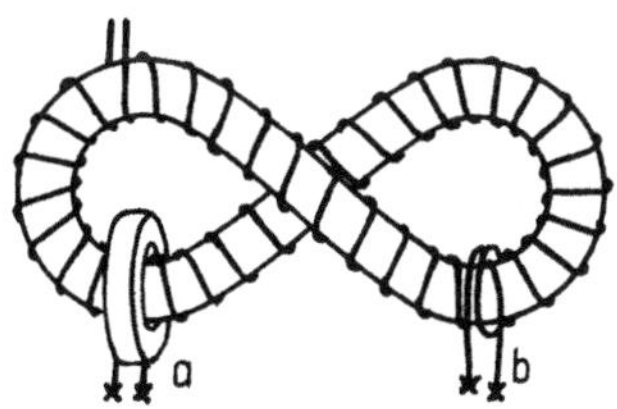

6.33 Die Art der Heizung des Plasmas im Stellarator: *a)* *Ohm*sche Heizung, *b)* Hochfrequenzheizung

Das Anheizen erfolgt mit Hilfe des gemäß Abb. **6.33** angeordneten Transformators, bei dem die ionisierte, die Form einer Acht annehmende Gasmenge die Sekundärwicklung am Eisenkern bildet. Das elektrische Feld ist also in diesem Fall parallel zu den Induktionslinien. Die *Joule*-Wärme des durch das elektrische Feld erzeugten Stromes erhöht die Energie des Plasmas.

6.4.2 Das Einflüssigkeitsmodell

In einer anderen Näherung soll nun das Plasma als ein kompressibles oder inkompressibles Gas bzw. als eine Flüssigkeit aufgefaßt werden. Sein elektrisches Verhalten wird durch Einführen der isotropen Leitfähigkeit σ berücksichtigt. Dies führt zu einer sehr einfachen Form der Grundgleichungen.

Die Bewegungsgleichung lautet

$$\varrho \, \frac{\mathrm{d}\boldsymbol{v}}{\mathrm{d}t} = - \operatorname{grad} p + \boldsymbol{f}, \qquad (20)$$

$$\frac{\mathrm{d}}{\mathrm{d}t} = \frac{\partial}{\partial t} + (\boldsymbol{v} \operatorname{grad}).$$

Für die Erhaltung der Masse gilt die Beziehung

$$\frac{\partial \varrho}{\partial t} + \operatorname{div}(\varrho\, \boldsymbol{v}) = 0\,. \tag{21}$$

Die elektrischen Grundgleichungen sind:

$$\operatorname{rot} \boldsymbol{H} = \boldsymbol{J}, \tag{22}$$

$$\operatorname{rot} \boldsymbol{E} = -\frac{\partial \boldsymbol{B}}{\partial t}, \tag{23}$$

$$\operatorname{div} \boldsymbol{D} = 0, \tag{24}$$

$$\operatorname{div} \boldsymbol{B} = 0, \tag{25}$$

$$\boldsymbol{f} = \boldsymbol{J} \times \boldsymbol{B}, \tag{26}$$

$$\boldsymbol{J} = \sigma(\boldsymbol{E} + \boldsymbol{v} \times \boldsymbol{B}) = \sigma \boldsymbol{E}^{*}. \tag{27}$$

Hierzu kommt noch eine Zustandsgleichung, wie z. B. für den Fall der inkompressiblen Flüssigkeit

$$\operatorname{div} \boldsymbol{v} = 0\,, \tag{28}$$

für die isotherme Flüssigkeit

$$\frac{\mathrm{d}}{\mathrm{d}t}\left(\frac{p}{\varrho}\right) = 0\,, \tag{29}$$

für das ideale Gas

$$\frac{\mathrm{d}}{\mathrm{d}t}\left(\frac{p}{\varrho T}\right) = 0\,. \tag{30}$$

Setzt man die Beziehungen

$$\boldsymbol{f} = \boldsymbol{J} \times \boldsymbol{B}, \ \operatorname{rot} \boldsymbol{H} = \boldsymbol{J}$$

in die Bewegungsgleichung ein, so erhält man

$$\varrho\, \frac{\mathrm{d}\boldsymbol{v}}{\mathrm{d}t} = -\operatorname{grad} p + \frac{1}{\mu_0} \operatorname{rot} \boldsymbol{B} \times \boldsymbol{B} = -\operatorname{grad}\left(p + \frac{B^2}{2\,\mu_0}\right) + \frac{(\boldsymbol{B}\operatorname{grad})\,\boldsymbol{B}}{\mu_0}\,. \tag{31}$$

Wird nun in der II. *Maxwell*schen Gleichung für $\boldsymbol{E}$ der Ausdruck

$$\boldsymbol{E} = \frac{\boldsymbol{J}}{\sigma} - \frac{\boldsymbol{v} \times \boldsymbol{B}}{\sigma} = \frac{\operatorname{rot} \boldsymbol{B}}{\mu_0 \sigma} - \frac{\boldsymbol{v} \times \boldsymbol{B}}{\sigma}$$

eingesetzt, so erhält man, da $\operatorname{div} \boldsymbol{B} = 0$ ist, die grundlegende Gleichung

$$\frac{\partial \boldsymbol{B}}{\partial t} = \operatorname{rot} \boldsymbol{v} \times \boldsymbol{B} + \frac{1}{\mu_0 \sigma}\, \varDelta \boldsymbol{B}\,. \tag{32}$$

Als Grundlage der weiteren Erwägungen dienen die Beziehungen (31) bzw. (32).

Es wird jetzt angenommen, daß das Plasma ein unendlich guter Leiter ist. Dann nimmt die obige Gleichung die Form

$$\frac{\partial \boldsymbol{B}}{\partial t} = \operatorname{rot} \boldsymbol{v} \times \boldsymbol{B}\,, \quad \frac{\partial \boldsymbol{B}}{\partial t} - \operatorname{rot} \boldsymbol{v} \times \boldsymbol{B} = 0$$

an, so daß

$$\frac{\partial}{\partial t} \int_A \boldsymbol{B}\,\mathrm{d}\boldsymbol{A} + \oint_L (\boldsymbol{B} \times \boldsymbol{v})\,\mathrm{d}\boldsymbol{l} = \frac{\mathrm{d}}{\mathrm{d}t}\,\Phi = 0 \tag{33}$$

ist. Die physikalische Bedeutung dieser Beziehung ist folgende: Wenn man sich eine beliebige geschlossene Kurve im Plasma vorstellt, und zwar so, daß sich jeder ihrer Punkte mit dem Plasma bewegt, so bleibt der von der Kurve umschlossene Fluß konstant. Diese Erscheinung kann auch folgendermaßen beschrieben werden: Die Induktionslinien sind im Plasma »eingefroren« und bewegen sich zusammen mit dem Plasma. Daraus folgt, daß die Induktionslinien in erster Näherung weder in das Plasma eindringen noch aus diesem heraustreten können.

Nimmt man hingegen an, daß das Plasma eine endliche Leitfähigkeit besitzt und sich in Ruhe befindet, so kann man die Gleichung (32) in der Form

$$\frac{\partial \boldsymbol{B}}{\partial t} = \frac{1}{\mu_0 \sigma}\,\Delta \boldsymbol{B} \tag{34}$$

schreiben. Dieser Ausdruck ist der Form nach mit der Wärmeleitungs- oder Diffusionsgleichung identisch. Das Magnetfeld diffundiert also in diesem Fall nach Maßgabe der Konstanten $\mu_0 \sigma$ durch das Plasma.

Wir untersuchen nun den Gleichgewichtsfall. Die diesbezüglichen Gleichungen lauten:

$$\frac{1}{\mu_0}\operatorname{rot} \boldsymbol{B} \times \boldsymbol{B} = \operatorname{grad} p\,, \quad \boldsymbol{J} \times \boldsymbol{B} = \operatorname{grad} p\,. \tag{35}$$

Man sieht also, daß der Druckgradient senkrecht zu der durch $\boldsymbol{J}$ und $\boldsymbol{B}$ bestimmten Ebene steht. Da aber dieser Gradient andererseits senkrecht zur Fläche $p = \mathrm{const}$ liegt, folgt, daß sowohl die $\boldsymbol{J}$-Linien als auch die $\boldsymbol{B}$-Linien auf der Druckniveaufläche liegen (Abb. 6.34). Die Gleichung (31) kann auch in der. Form

$$\operatorname{grad}\left(p + \frac{B^2}{2\,\mu_0}\right) = \frac{(\boldsymbol{B}\operatorname{grad})\,\boldsymbol{B}}{\mu_0} \tag{36}$$

geschrieben werden. Es sei angenommen, daß die rechte Seite gleich Null ist. Dieser Fall tritt ein, wenn sich der Vektor $\boldsymbol{B}$ nur senkrecht zu seiner Richtung ändert.

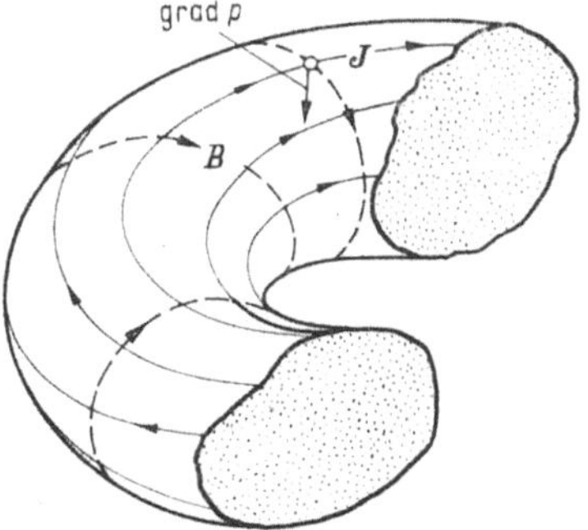

6.34 Die $\boldsymbol{J}$- und $\boldsymbol{B}$-Linien liegen auf der Fläche $p = \mathrm{const}$

Dann ist

$$\mathrm{grad}\left(p + \frac{B^2}{2\,\mu_0}\right) = 0, \tag{37}$$

d. h.

$$p + \frac{B^2}{2\,\mu_0} = \mathrm{const.} \tag{38}$$

Diese Beziehung ist der aus der Hydrodynamik bekannten *Bernoulli*-Gleichung analog.

Eine Möglichkeit zum Aufheizen und Zusammenhalten des Plasmas ist durch den *Pinch*-Effekt gegeben. Wenn man eine Kondensatorbatterie sehr großer Kapazität und Spannung (2000 μF, 3000 V) zwischen zwei Elektroden entlädt, entsteht kurzzeitig ein Strom von der Größenordnung 10^6 A (Abb. **6.35**). Das eigene Magnetfeld komprimiert den Stromfaden, wodurch einerseits die Temperatur des Plasmas weiter erhöht, andererseits das Entweichen geladener Teilchen verhindert wird. Auf Grund der Gleichung (38) kann man die Plasmamasse, die durch eine Stromstärke von der Größenordnung 10^6 A zusammengehalten werden kann, schätzungsweise leicht ermitteln. Zur Stromstärke I gehört ein maximaler magnetischer Druck von

$$p_{\max} = \frac{1}{2}\,\mu_0 \left(\frac{I}{2\,\pi r_0}\right)^2,$$

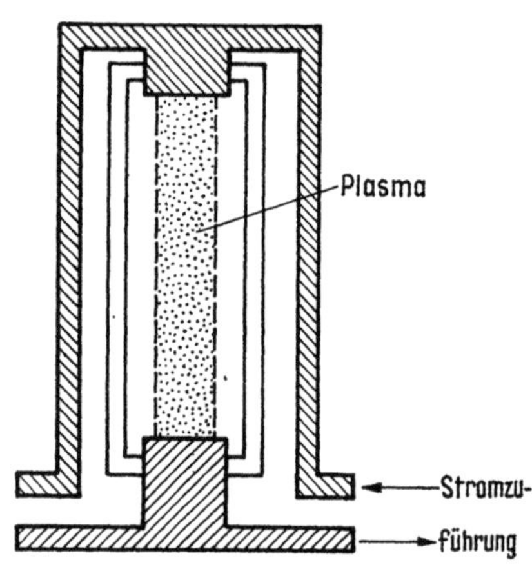

6.35 Plasmaherstellung durch elektrische Entladung. Die spezielle Form der Stromzuführung dient zur Eliminierung der störenden magnetischen Einflüsse

wenn der Radius des zylindrisch gedachten Stromfadens r_0 ist. Wenn nun die Dichte der geladenen Teilchen mit n und ihre Temperatur mit T bezeichnet werden, so üben die Teilchen den Druck nkT aus. Der Höchstwert dieses Druckes, bei dem der Wert der Induktion B auf Null sinkt, ist nach Gleichung (38) mit dem Höchstwert des magnetischen Druckes identisch, bei dem der Druck p gleich Null ist, d. h.

$$nkT = \frac{1}{2}\,\mu_0\left(\frac{I}{2\,\pi r_0}\right)^2, \qquad \frac{8\,\pi^2 r_0^2\,nkT}{\mu_0} = I^2.$$

Führt man über die Beziehung

$$\pi r_0^2\,n = N_0$$

die Teilchenzahl des Plasmafadens pro Längeneinheit ein, so erhält man

$$I^2 = \frac{8\,\pi}{\mu_0} N_0 kT\,.$$

Bei einer Temperatur von $T = 10^8\ {}^\circ\mathrm{K}$ gehört zur Stromstärke von 10^6 A eine Teilchenzahl von $10^{18}/\mathrm{cm}$.

6.4.3 Das Zweiflüssigkeitsmodell

Man kommt der Wirklichkeit etwas näher, wenn man das Plasma als ein Gemisch einer aus Ionen und einer aus Elektronen bestehenden Flüssigkeit auffaßt.

Es wird angenommen, daß die beiden Flüssigkeiten mit einer der relativen Geschwindigkeit proportionalen Reibungskraft aufeinander einwirken. Wird nun ein Elementarvolumen $\mathrm{d}V$ dieser Flüssigkeit betrachtet, dann gilt für die darin eingeschlossene Elektronengasmasse $n_e \mathrm{d}Vm$ die Bewegungsgleichung

$$\frac{\mathrm{d}(n_e\,\mathrm{d}V\,m\,\boldsymbol{v}_e)}{\mathrm{d}t} = -en_e\,\mathrm{d}V(\boldsymbol{E} + \boldsymbol{v}_e\times\boldsymbol{B}) - \mathrm{d}V\,\mathrm{grad}\,p_e - R\,\mathrm{d}V n_i n_e(\boldsymbol{v}_e - \boldsymbol{v}_i)$$

und für das Ionengas

$$\frac{\mathrm{d}(n_i\,\mathrm{d}V\,M\,\boldsymbol{v}_i)}{\mathrm{d}t} = en_i\,\mathrm{d}V(\boldsymbol{E} + \boldsymbol{v}_i \times \boldsymbol{B}) - \mathrm{d}V\,\mathrm{grad}\,p_i - R\,\mathrm{d}V n_i n_e(\boldsymbol{v}_i - \boldsymbol{v}_e)\,.$$

Dividiert man beide Gleichungen durch $\mathrm{d}V$, so ergeben sich die Beziehungen

$$n_e\frac{\mathrm{d}m\boldsymbol{v}_e}{\mathrm{d}t} = -n_e e(\boldsymbol{E}+\boldsymbol{v}_e\times\boldsymbol{B}) - \mathrm{grad}\,p_e - Rn_i n_e(\boldsymbol{v}_e - \boldsymbol{v}_i) \tag{39}$$

bzw.

$$n_i\frac{\mathrm{d}M\boldsymbol{v}_i}{\mathrm{d}t} = n_i e(\boldsymbol{E} + \boldsymbol{v}_i\times\boldsymbol{B}) - \mathrm{grad}\,p_i - Rn_i n_e(\boldsymbol{v}_i - \boldsymbol{v}_e)\,. \tag{40}$$

Es wird ferner angenommen, daß das Plasma als elektrisch neutral betrachtet werden kann, also

$$n_e \sim n_i = n$$

ist. Die Stromdichte ist also

$$\boldsymbol{J} = n_i e\boldsymbol{v}_i - n_e e\boldsymbol{v}_e \approx en(\boldsymbol{v}_i - \boldsymbol{v}_e)\,. \tag{41}$$

Addiert man die Bewegungsgleichungen für Elektronen und Ionen, so erhält man die Gleichung

$$n\frac{\mathrm{d}}{\mathrm{d}t}(m\boldsymbol{v}_e + M\boldsymbol{v}_i) = en(\boldsymbol{v}_i - \boldsymbol{v}_e) \times \boldsymbol{B} - \mathrm{grad}\,(p_i + p_e) \tag{42}$$

und hieraus

$$n(M + m)\frac{\mathrm{d}}{\mathrm{d}t}\frac{m\boldsymbol{v}_e + M\boldsymbol{v}_i}{(M + m)} = \boldsymbol{J}\times\boldsymbol{B} - \mathrm{grad}\,p\,. \tag{43}$$

Wenn man nun

$$\boldsymbol{v} = \frac{m\boldsymbol{v}_e + M\boldsymbol{v}_i}{(M + m)} \quad \text{und} \quad n(M + m) = \varrho$$

einsetzt, kommt man auf die Grundgleichung des Einflüssigkeitsmodells

$$\varrho\frac{\mathrm{d}\boldsymbol{v}}{\mathrm{d}t} = \boldsymbol{J}\times\boldsymbol{B} - \mathrm{grad}\,p\,. \tag{44}$$

Die elektrische Kraft ist infolge der Ladungsneutralität, die Reibungskräfte dagegen sind auf Grund des III. *Newtonschen* Gesetzes herausgefallen. In den meisten Fällen begeht man keinen großen Fehler, wenn man annimmt, daß die Masse der Ionen gegenüber der der Elektronen sehr groß ist. In diesem Fall gilt

$$v \sim v_i$$

bzw.

$$v_e = v_i - \frac{J}{en} \sim v - \frac{J}{en} . \tag{45}$$

Mit Hilfe der Beziehung (45) können die beiden Bewegungsgleichungen (39) und (40) in der Form

$$\frac{dv_e}{dt} = - \frac{e}{m}(E + v \times B) + \frac{J}{nm} \times B - \frac{\text{grad } p_e}{nm} - \frac{Rn_i}{m}(v_e - v_i) , \tag{46}$$

$$\frac{dv_i}{dt} = \frac{e}{M}(E + v \times B) - \frac{\text{grad } p_i}{nM} + \frac{Rn_e}{M}(v_e - v_i) \tag{}$$

geschrieben werden. Wenn man noch anstatt des Reibungskoeffizienten die Beziehung

$$R = \frac{\widetilde{m}}{n_i} v_{ei} = \frac{\widetilde{m}}{n_e} v_{ie} , \quad \widetilde{m} = \frac{mM}{m+M} \sim m \tag{47}$$

einsetzt, so erhält man für die obigen Beziehungen

$$\frac{dv_e}{dt} = - \frac{e}{m}(E + v \times B) + \frac{1}{nm} J \times B - \frac{1}{nm} \text{grad } p_e - \frac{\widetilde{m}}{m} v_{ei}(v_e - v_i) , \tag{48}$$

$$\frac{dv_i}{dt} = \frac{e}{M}(E + v \times B) - \frac{1}{nM} \text{grad } p_i + \frac{\widetilde{m}}{M} v_{ie}(v_e - v_i) . \tag{49}$$

Der hier formell eingeführten Größe $v_{ie} = v_{ei}$ kann auch ein physikalischer Sinn zugeschrieben werden. Ihre Dimension ist 1/s, sie ist also eine Frequenz. Nun wird die Reibung durch den Impulsaustausch bei dem Stoß zwischen Ionen und Elektronen verursacht. Die Größe v_{ei} kann daher auch als die Häufigkeit der Impulsübertragung bezeichnet werden.

Die Differenz der obigen zwei Gleichungen ist unter Berücksichtigung der Relation $m \ll M$

$$\frac{d(v_i - v_e)}{dt} = \frac{e}{m}(E + v \times B) - \frac{1}{nm} J \times B + \frac{1}{nm} \text{grad } p_e + v_{ei}(v_i - v_i), \tag{50}$$

oder

$$\frac{dne(v_i - v_e)}{dt} = \frac{ne^2}{m}(E + v \times B) - \frac{e}{m} J \times B + \frac{e}{m} \text{grad } p_e - v_{ei} \, ne(v_i - v_e) . \tag{51}$$

Wird nun der Ausdruck

$$J = ne(v_i - v_e)$$

der Stromdichte berücksichtigt, so erhält man die Beziehung

$$\frac{dJ}{dt} = \frac{ne^2}{m}(E + v \times B) - \frac{e}{m}(J \times B) + \frac{e}{m} \text{grad } p_e - \frac{J}{\tau} , \qquad (\tau = 1/v_{ei}) . \tag{52}$$

Diese Beziehung beschreibt zusammen mit der bereits bekannten Gleichung (44)

$$\varrho \frac{dv}{dt} = J \times B - \text{grad } p$$

das Verhalten des Zweiflüssigkeitsmodells. Dabei müssen natürlich noch die *Maxwellschen* Gleichungen hinzugezogen werden, welche den Zusammenhang der elektromagnetischen Feldgrößen angeben.

Die Gleichung (52) wird, da sie einen Zusammenhang zwischen J und E darstellt, auch verallgemeinertes *Ohm*sches Gesetz genannt. Im Gleichstromfall nimmt dieses Gesetz die Form

$$J + \tau \frac{eB}{m}(J \times b_0) = \frac{ne^2}{m}\tau(E + v \times B) = \frac{ne^2}{m}\tau E^*$$

an. Durch Einführen der Elektronzyklotronfrequenz $\omega_{ec} = eB/m$ erhält man die Gleichungen

$$J + \tau\,\omega_{ec}(J \times b_0) = \frac{ne^2}{m}\tau E^*, \quad b_0 \equiv k,$$

$$J = \sigma_0(E + v \times B) - \frac{\omega_{ec}\tau}{B}J \times B, \quad \sigma_0 = \frac{ne^2}{m}\tau. \tag{53}$$

Die Beziehung zwischen Stromdichte und elektrischem Feld lautet daher

$$E^* = \mathbf{R}J, \quad J = \sigma E^*, \tag{54}$$

wobei der Wert des Widerstandstensors $\mathbf{R}$ bzw. des Leitfähigkeitstensors σ

$$\mathbf{R} = \begin{vmatrix} \dfrac{1}{\sigma_0} & \dfrac{\omega_{ec}\tau}{\sigma_0} & 0 \\[2mm] -\dfrac{\omega_{ec}\tau}{\sigma_0} & \dfrac{1}{\sigma_0} & 0 \\[2mm] 0 & 0 & \dfrac{1}{\sigma_0} \end{vmatrix} \tag{55}$$

$$\sigma = \mathbf{R}^{-1} = \begin{vmatrix} \dfrac{\sigma_0}{1 + \omega_{ec}^2\tau^2} & -\dfrac{\omega_{ec}\tau\sigma_0}{1 + \omega_{ec}^2\tau^2} & 0 \\[2mm] \dfrac{\omega_{ec}\tau\sigma_0}{1 + \omega_{ec}^2\tau} & \dfrac{\sigma_0}{1 + \omega_{ec}^2\tau^2} & 0 \\[2mm] 0 & 0 & \sigma_0 \end{vmatrix} \tag{56}$$

beträgt.

6.4.4 Die mikrophysikalischen Kenngrößen des Plasmas

Plasmafrequenz. Wir untersuchen nun die im Plasma auftretenden Erscheinungen etwas eingehender und bestimmen die Faktoren, deren Größenordnung bzw. deren Verhältnis zueinander für die Wahl des entsprechenden Modells und der zulässigen Vernachlässigungen maßgebend sind. Das Plasma wird im allgemeinen als quasineutral betrachtet. Dies bedeutet, daß der zeitliche Mittelwert der positiven und der negativen Ladungen in einem gegebenen Raumteil einander gleich sind. Diese Neutralität wird durch die elektrostatischen Kräfte selbst gesichert. Kommt es nämlich im Plasma aus irgendeinem Grund zur Scheidung der positiven und negativen Ladungen sowie zu zusätzlichen Dichteänderungen, so trachtet das entstehende Kraftfeld die Elektronen an ihren ursprünglichen Ort zurückzuziehen und dadurch den erwähnten Unterschied zu beheben. Dabei erhalten die Elektronen eine Geschwindigkeit, wodurch sie über den neutralen Zustand hinausschwingen können. Es entsteht also eine

Schwingung. Dieser Schwingungstyp wird die elektrostatische Schwingung des Plasmas genannt. Um die charakteristische Frequenz dieser Schwingung, die sogenannte Plasmafrequenz, bestimmen zu können, gehen wir von dem »kalten Plasma-Modell« aus, bei dem die thermische Bewegung der Elektronen vernachlässigt werden kann. Es wird ferner angenommen, daß die Ionen feststehen und nur die Elektronen an der Bewegung teilnehmen. Wir betrachten den Fall, in dem sich die Zahl der Elektronen um δn ändert, so daß die Elektronendichte $n_0 + \delta n(\boldsymbol{r},\ t)$ beträgt, wobei n_0 die Elektronendichte im Gleichgewicht bezeichnet. Die Bewegungsgleichung des Elektrons lautet

$$\frac{\mathrm{d}\boldsymbol{v}}{\mathrm{d}t} \approx \frac{\partial \boldsymbol{v}}{\partial t} = -\frac{e}{m}\boldsymbol{E}\,.$$

Die Stromdichte ist

$$\boldsymbol{J} = -e(n_0 + \delta n)\,\boldsymbol{v} \approx -en_0\boldsymbol{v}\,.$$

Bilden wir die Ableitung der ersten *Maxwell*-Gleichung nach der Zeit

$$\mathrm{rot}\,\dot{\boldsymbol{H}} = \dot{\boldsymbol{J}} + \ddot{\boldsymbol{D}}\,, \tag{57}$$

so erhalten wir unter Berücksichtigung der vorangehenden Gleichung die Beziehung

$$\mathrm{rot}\,\dot{\boldsymbol{H}} = -en_0\dot{\boldsymbol{v}} + \ddot{\boldsymbol{D}} = \frac{e^2 n_0}{m}\boldsymbol{E} + \ddot{\boldsymbol{D}} = \frac{e^2 n_0}{\varepsilon_0 m}\boldsymbol{D} + \ddot{\boldsymbol{D}}\,. \tag{58}$$

Nimmt man die Divergenz beider Seiten dieser Gleichung, so gilt

$$0 = \frac{e^2 n_0}{\varepsilon_0 m}\,\mathrm{div}\,\boldsymbol{D} + \mathrm{div}\,\ddot{\boldsymbol{D}}\,. \tag{59}$$

Durch Berücksichtigung der Beziehung $\mathrm{div}\,\boldsymbol{D} = -e\delta n$ erhält man

$$\frac{\partial^2}{\partial t^2}\,\delta n + \frac{e^2 n_0}{\varepsilon_0 m}\,\delta n = 0\,. \tag{60}$$

Die Lösung dieser Gleichung stellt eine rein sinusförmige Schwingung dar, deren Frequenz

$$\omega_\mathrm{p}^2 = \frac{e^2 n_0}{\varepsilon_0 m}\,, \quad \omega_\mathrm{p} = e\,\sqrt{\frac{n_0}{\varepsilon_0 m}} \tag{61}$$

beträgt.

In der Bestimmungsgleichung (60) von δn kommt keine räumliche Ableitung vor. Dementsprechend handelt es sich um keine sich ausbreitende Welle, sondern um eine lokale Schwingung. Die behandelte Störung führt also, wenigstens im Fall des kalten Plasmas, zu keiner Wellenerscheinung. Man sieht, daß das Quadrat der Plasmafrequenz der Dichte proportional ist. Bei sehr vielen Untersuchungen ist es zweckmäßig, an Stelle der Dichte mit der Plasmafrequenz zu rechnen.

Temperatur. Die die mittlere kinetische Energie der Plasmateilchen charakterisierende Größe ist die Temperatur. Die Temperatur der das Plasma bildenden Teilchen (neutrale Teilchen, Ionen, Elektronen) ist nicht notwendigerweise identisch. Im allgemeinen fällt die Temperatur der Elektronen in die Größenordnung von $T_e \sim 20{-}30\,000\ °K$, die der Ionen und neutralen Teilchen in die Größenordnung von $2{-}3000\ °K$. Im allgemeinen besteht die Beziehung $T_n < T_i < T_e$, doch kann (z. B. bei einer starken Impulsentladung) auch der Fall $T_i > T_e$ vorkommen. Das Verhalten des quasi neutralen, vollständig ionisierten Plasmas ist durch die Dichte oder die Plasmafrequenz sowie die Temperatur im wesentlichen bereits bestimmt. Aus Abb. **6.36** sind die Bereiche ersichtlich, in welche die Kenngrößen der in der Natur oder unter Laborverhältnissen vorkommenden Plasmen fallen.

Debye-Radius. Dem *Coulomb*schen Gesetz entsprechend wirken die geladenen Teilchen gemäß einer $1/r^2$-Gesetzmäßigkeit aufeinander ein. Es gibt also sehr viele Teilchen, die in einer direkten Wechselwirkung miteinander stehen. Diese Wechselwirkung kommt aber nicht voll zur Geltung, da die positive Ladung eines Ions die Elektronen seiner Nachbarschaft an sich zieht und diese das Feld des Ions gewissermaßen abschirmen. Der Wirkungsbereich des Feldes eines einzigen geladenen Teilchens wird durch den *Debye-Radius* charakterisiert, welcher quantitativ folgendermaßen definiert werden kann. Das sich als Folge der Abschirmung ergebende Potential $U(r)$ ändert die Elektronen- und die Ionendichte den *Boltzmann*schen Beziehungen

$$n_i = n_0 e^{-\frac{eU(r)}{kT}}, \tag{62}$$

$$n_e = n_0 e^{+\frac{eU(r)}{kT}} \tag{63}$$

entsprechend. Andererseits liefert die *Laplace-Poisson*sche Gleichung zur Bestimmung von $U(r)$ die Gleichung

$$\frac{1}{r^2}\frac{\mathrm{d}}{\mathrm{d}r}r^2\frac{\mathrm{d}U}{\mathrm{d}r} = -\frac{e}{\varepsilon_0}(n_i - n_e) = \frac{e}{\varepsilon_0}n_0\left(e^{\frac{eU(r)}{kT}} - e^{\frac{-eU(r)}{kT}}\right). \tag{64}$$

Führt man für Elektronengas von genügend hoher Temperatur die Einschränkung

$$eU(r) \ll kT$$

ein, so nimmt die vorangehende Gleichung näherungsweise die einfachere Form

$$\frac{1}{r^2}\frac{\mathrm{d}}{\mathrm{d}r}\left(r^2\frac{\mathrm{d}U}{\mathrm{d}r}\right) = 2\frac{e^2}{\varepsilon_0}\frac{n_0}{kT}U(r)$$

an. Die Lösung ist

$$U(r) = U_0\frac{e^{-\frac{r}{r_D}}}{r}, \tag{65}$$

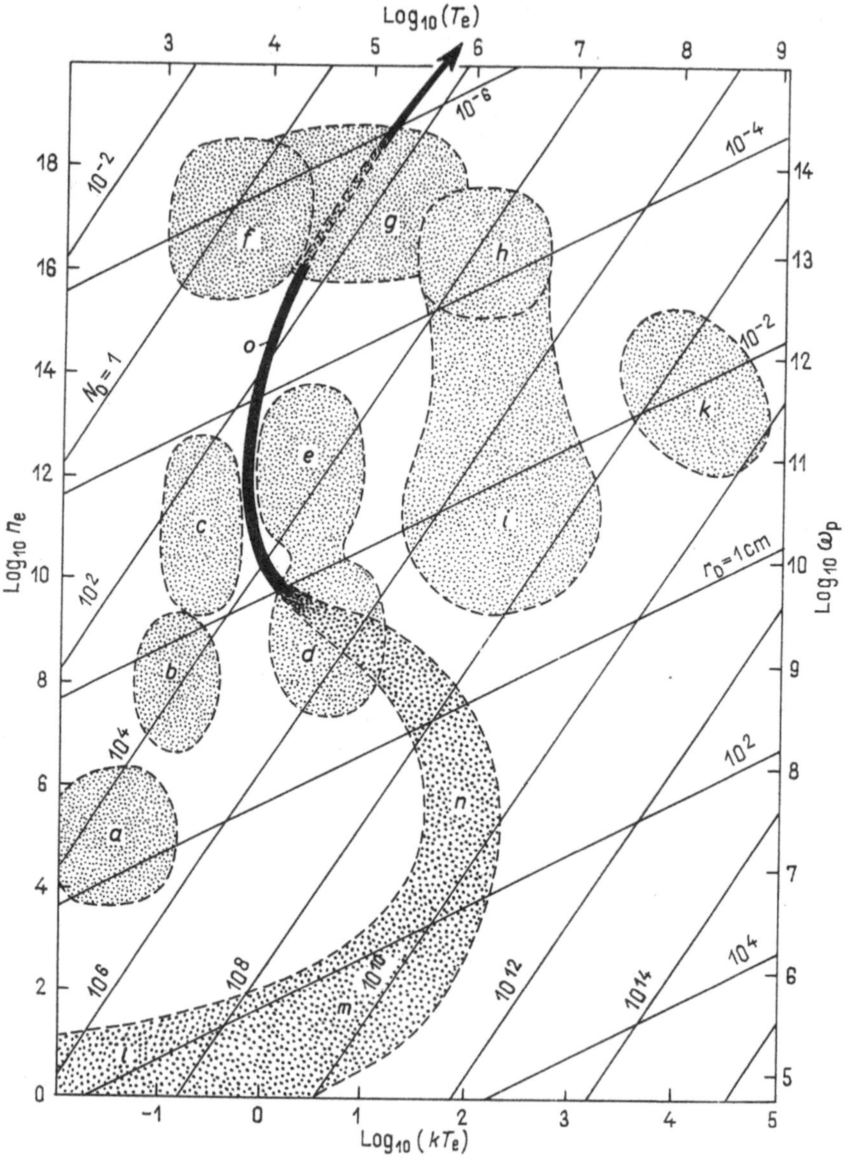

6.36 Die Kenngrößen der verschiedenen Plasmen: a Ionosphäre, b Flamme, c Alkali-Dampfplasma, d Glimmentladung, e Niederdruck-Lichtbogen, f Hochdruck-Lichtbogen, g Stoßwelle, h Pinch, i Fusionsversuche, k für Fusions-Reaktoren vorgeschlagener Zustand, l interstellarer Raum, m interplanetarer Raum, n Korona, o das Innere der Sonne (nach *Kunkel*) [6.3]

wobei der Ausdruck

$$r_{\mathrm{D}} = \left(\frac{\varepsilon_0\, kT}{2\, e^2\, n_0}\right)^{1/2} \tag{66}$$

den *Debye*schen Relaxationsabstand bezeichnet. Grob ausgedrückt bleibt das Feld des Ions bis zu diesem Abstand wirksam, während darüber hinaus seine Wirkung infolge der Abschirmung vernachlässigbar ist. In Abb. 6.36 sind auch die den verschiedenen Zuständen entsprechenden Werte des *Debye*-Radius eingezeichnet.

Der Begriff des *Deybe*-Radius ist natürlich nur dann sinvoll, wenn die statistische Methode noch verwendbar ist, wenn es also eine genügende Anzahl von Teilchen innerhalb dieses Radius gibt. Die Teilchenzahl muß also unbedingt größer als die Einheit sein. Auf Abb. **6.36** sind auch die den verschiedenen Zuständen entsprechenden Teilchenzahlen ablesbar. Diese Zahl ist sozusagen ein Maß dafür, wieviele Teilchen in direkter Wechselwirkung miteinander stehen und ist deshalb charakteristisch dafür, inwieweit die kollektiven Erscheinungen gegenüber den individuellen im Plasma dominieren.

Die Stoßzahl. Wird das Geschick eines ausgewählten Probeteilchens im Plasma untersucht, so zeigt sein Weg ein völlig anderes Bild als der Weg eines Gasmoleküls im Innern eines neutralen Gases. Bei dem letzteren erfährt nämlich die geradlinige Bahn eine starke Brechung bei jedem Stoß, so daß man eine Zickzacklinie erhält, und zwar im wesentlichen infolge der bei den Stößen auftretenden molekularen Kräfte kurzer Reichweite. Die *Coulomb*-Kräfte haben eine große Reichweite, sie wirken auch aus der Ferne auf das ausgewählte Teilchen ein, so daß seine Bahn eine unregelmäßige Kurve wird. Auch der Stoß und infolgedessen der Begriff der Stoßzahl müssen neu definiert werden. Als Ergebnis sehr vieler, eigentlich nicht als Stoß zu bezeichnender Abbiegungen erfährt das Teilchen schließlich eine totale Änderung seiner ursprünglichen Richtung. Es läßt sich

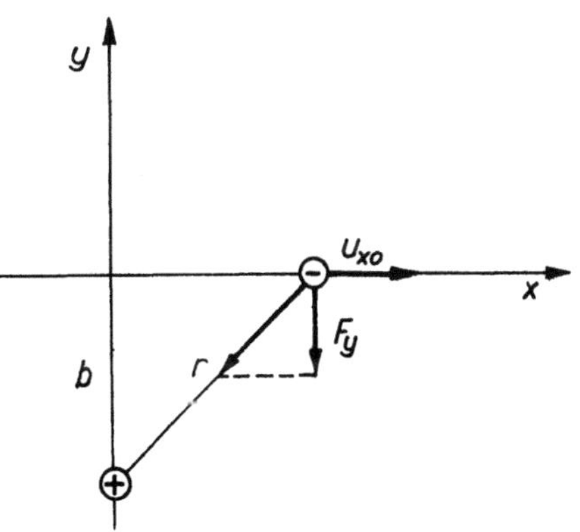

6.37 Zur Berechnung des Ablenkwinkels von Elektronen, *b* ist der Stoßparameter

auch zahlenmäßig verfolgen, wie sich eine bereits als Stoß zu bezeichnende endliche Ablenkung aus den vielen kleinen Ablenkungen ergibt.

Das untersuchte Elektron soll sich in einer durch den Stoßparameter *b* gegebenen Entfernung von dem als ruhend betrachteten Ion der Ladung *ze* mit der Geschwindigkeit u_{x0} bewegen (Abb. **6.37**). Die zur ursprünglichen Bahn senkrechte Ablenkkraft ist

$$F_y = -\frac{1}{4\,\pi\varepsilon_0}\,\frac{ze^2}{r^2}\,\frac{b}{r} = -\frac{ze^2\,b}{4\,\pi\varepsilon_0\,r^3}. \tag{67}$$

Das Zeitintegral dieser Kraft ergibt den Impuls in y-Richtung

$$p_y = m_\mathrm{e}\, u_y = \int\limits_{-\infty}^{+\infty} F_y\, \mathrm{d}t = \int\limits_{-\infty}^{+\infty} F_y\, \frac{\mathrm{d}x}{u_{x0}} = -\frac{ze^2}{4\,\pi\varepsilon_0\, u_{x0}} \int\limits_{-\infty}^{+\infty} \frac{dx}{r^3} = \frac{2\,ze^2}{4\,\pi\varepsilon_0\, u_{x0}} \frac{1}{b}\,. \tag{68}$$

u_y/u_{x0} ist für die Ablenkung des Teilchens charakteristisch. Mit Rücksicht auf den statistischen Charakter der Ablenkung addiert sich bei vielen Stößen der quadratische Mittelwert dieses Ausdruckes und nicht die Ablenkung selbst. Da das ausgewählte Elektron

$$2\,\pi\, b\, \mathrm{d}b\, n\, u_{x0}$$

Ablenkungen je Zeiteinheit erleidet, ist die Zunahme des Quadrats des Ablenkwinkels während der Zeiteinheit

$$\left(\frac{2\,ze^2}{4\,\pi\varepsilon_0\, m_\mathrm{e}\, u_{x0}^2\, b}\right)^2 2\,\pi\, b\, \mathrm{d}b\, n u_{x0}.$$

Um die volle Änderung $\mathrm{d}\overline{\psi^2}/\mathrm{d}t$ zu erhalten, ist der obige Ausdruck über die in Frage kommenden b-Werte zu integrieren

$$\frac{\mathrm{d}\,\overline{\psi^2}}{\mathrm{d}t} = \int\limits_{b_\mathrm{min}}^{b_\mathrm{max}} \left(\frac{2\,ze^2}{4\,\pi\varepsilon_0\, m_\mathrm{e}\, u_{x0}^2\, b}\right)^2 2\,\pi\, n u_{x0}\, b\, \mathrm{d}b\,. \tag{69}$$

Die Grenzen ergeben sich auf Grund der folgenden Überlegungen. Da die Größenordnung der Ausdehnung des Ionenfeldes nur dem *Debye*-Radius entspricht, kann dieser als die obere Grenze für b eingesetzt werden. Es ist auch üblich, den Wert $\sqrt{2}\, r_\mathrm{D}$ als obere Grenze einzusetzen, da die ganze Überlegung sowieso nur einen approximativen Wert ergibt. Als untere Grenze b_min kann der Wert betrachtet werden, bei dem die Streuung des Elektrons bereits bei einem einzigen Stoß groß ist. Diesen Effekt erhält man, wenn der auf Grund der Formel (68) berechnete Impuls $m_\mathrm{e} u_y$ die Größe $m_\mathrm{e} u_{x0}$ des ursprünglichen Impulses erreicht, d. h. wenn

$$m_\mathrm{e}\, u_y = m_\mathrm{e}\, u_{x0} = \frac{2\,ze^2}{4\,\pi\varepsilon_0\, u_{x0}\, b_\mathrm{min}}$$

ist. Daraus ergibt sich

$$b_\mathrm{min} = \frac{2\,ze^2}{4\,\pi\varepsilon_0\, m_\mathrm{e}\, u_{x0}^2}\,.$$

Ein Ergebnis ähnlicher Größenordnung erhält man auf Grund der Forderung, daß die Ablenkung bei b_min den Wert 90 Grad haben soll. In diesem Fall ist nämlich

$$b_\mathrm{min} = \frac{ze^2}{4\,\pi\varepsilon_0\, m_\mathrm{e}\, u_{x0}^2}\,. \tag{70}$$

Unter Berücksichtigung dieser Integrationsgrenzen erhält man die Beziehung

$$\frac{\mathrm{d}\,\overline{\psi^2}}{\mathrm{d}t} = \left(\frac{2\,ze^2}{4\pi\varepsilon_0\,m_\mathrm{e}\,u_\mathrm{x0}^2}\right)^2 2\pi\,nu_\mathrm{x0}\int\limits_{b_\mathrm{min}}^{b_\mathrm{max}}\frac{\mathrm{d}b}{b} = \frac{z^2\,e^4\,n}{2\pi\varepsilon_0^2\,u_\mathrm{x0}^3 m_\mathrm{e}^2}\ln\frac{b_\mathrm{max}}{b_\mathrm{min}} = \frac{z^2\,e^4\,n}{2\pi\varepsilon_0^2\,u_\mathrm{x0}^3\,m_\mathrm{e}^2}\ln\Lambda, \tag{71a}$$

wobei

$$\Lambda = \frac{b_\mathrm{max}}{b_\mathrm{min}} = \frac{\sqrt{2}\,r_\mathrm{D}}{e^2/(4\pi\varepsilon_0\,m_\mathrm{e}\,u_\mathrm{x0}^2)} = \frac{12\,\pi\varepsilon_0}{e^3}\left(\frac{\varepsilon_0\,k^3\,T^3}{n}\right)^{1/2}, \quad r_\mathrm{D} = \left(\frac{\varepsilon_0\,kT}{2\,e^2\,n}\right)^{1/2}, \quad z = \Lambda \tag{71b}$$

ist. Wie ersichtlich, ist der genaue Wert der Grenzen allein schon deshalb von zweitrangiger Bedeutung, weil der Logarithmus ihres Verhältnisses in der Formel steht. Für die Ermittlung des Wertes b_min wurde übrigens auch die Beziehung

$$\frac{1}{2}\,m_\mathrm{e}\,u_\mathrm{x0}^2 = \frac{3}{2}\,kT.$$

verwendet.

Die Zeit, während der die Ablenkung eines Elektrons 1 Radiant erreicht, beträgt nach (71a)

$$t = \frac{2\pi\varepsilon_0^2\,m_\mathrm{e}^2\,u_\mathrm{x0}^3}{ne^4\ln\Lambda}. \tag{72}$$

Dementsprechend ist die freie Weglänge

$$\lambda = u_\mathrm{x0}\,t = \frac{2\pi\varepsilon_0^2\,m_\mathrm{e}^2\,u_\mathrm{x0}^4}{ne^4\ln\Lambda}$$

und schließlich der Streuquerschnitt

$$\sigma = \frac{1}{n\,\lambda} = \frac{e^4}{2\pi\varepsilon_0^2\,m_\mathrm{e}^2\,u_\mathrm{x0}^4}\ln\Lambda = \frac{e^4}{8\pi\varepsilon_0^2}\frac{1}{W_\mathrm{e}^2}\ln\Lambda \sim \frac{1}{T_\mathrm{e}^2}\ln\Lambda. \tag{73}$$

Bei steigenden Elektronenergien wird also der Streuquerschnitt kleiner. Der Querschnitt des nahen, zu großen Ablenkwinkeln führenden Stoßes kann πb_min^2 gleichgesetzt werden. Die Energieabhängigkeit dieser Größe ist genau die gleiche, wie die des sich als Resultierende sehr ferner Wirkungen ergebenden Querschnittes, während sie größenordnungsmäßig bei sehr hohen Temperaturen kleiner ist.

Eine geringe Modifikation der hier verwendeten Beziehungen führt zur *Bohr*schen Theorie der Abbremsung der schweren geladenen Teilchen in der Materie. Die von der radioaktiven Zersetzung stammenden α-Teilchen oder Zersetzungsprodukte ionisieren die Materie und verlieren dadurch ihre Energie. Die Energie der angestoßenen Elektronen läßt sich so berechnen, als würde das schwere Teilchen stillstehen und das Elektron sich bewegen. Die einem einzigen Elektron übergebene Energie beträgt

$$\varLambda W = \frac{p_\mathrm{y}^2}{2\,m_\mathrm{e}} = \frac{z^2\,e^4}{8\pi^2\,\varepsilon_0^2\,m_\mathrm{e}\,b^2\,u_\mathrm{x0}^2}.$$

Die bei dem Durchlaufen der Längeneinheit abgegebene Energie beträgt dagegen

$$\frac{\Delta W}{\Delta x} = \int\limits_{b_{\min}}^{b_{\max}} \Delta W \, 2\pi \, b \, \mathrm{d}b \, n = \frac{z^2 \, e^4 \, n}{4\pi\varepsilon_0 \, m_e \, u_{x0}} \int\limits_{b_{\min}}^{b_{\max}} \frac{\mathrm{d}b}{b} = \frac{z^2 \, e^4 \, n}{4\pi\varepsilon_0 \, m_e \, u_{x0}^2} \, \ln \frac{b_{\max}}{b_{\min}} \, .$$

Die Werte von $b_{\max}$ und $b_{\min}$ ergeben sich jetzt auf Grund der folgenden Überlegungen: Ein sich bewegendes schweres Teilchen kann einem leichten Teilchen maximal die Energie

$$\Delta W_{\max} = \frac{1}{2} \, m_e (2 \, u_{x0})^2 = \frac{z^2 \, e^4}{8\pi^2 \varepsilon_0^2 \, m_e \, b_{\min}^2 \, u_{x0}^2}$$

übergeben. Diese Gleichung definiert den Wert

$$b_{\min} = \frac{ze^2}{4\pi\varepsilon_0 m_e u_{x0}^2} \, .$$

Andererseits wird der Wert $b_{\max}$ durch die Bedingung bestimmt, daß ein Elektron eine kleinere Energie als seine Anregungsenergie nicht aufnehmen kann, d. h.

$$\Delta W_{\min} = W_{\mathrm{anr}} = \frac{z^2 \, e^4}{8\pi\varepsilon_0^2 \, m_e \, b_{\max}^2 \, u_{x0}^2} \, .$$

Folglich ist

$$\frac{\Delta W}{\Delta x} = n \, \frac{z^2 \, e^4}{4\pi\varepsilon_0^2 \, m_e \, u_{x0}^2} \, \ln \frac{2 \, m_e \, u_{x0}}{\sqrt{2 \, m_e \, W_{\mathrm{anr}}}} \approx C \, \frac{nz^2}{u_{x0}^2} \, .$$

Mit Rücksicht auf seine langsame Änderung wird der logarithmische Faktor üblicherweise als konstant betrachtet.

Gegenüber der obigen klassischen Formel nimmt der Energieverlust in Wirklichkeit mit zunehmender Energie des schweren Teilchens ab, jedoch nur bis zu einer gewissen Grenze. Bei sehr hohen Energien beginnt das spezifische Bremsvermögen (stopping power) wieder zu steigen. In diesem Fall wird die Energiebilanz auch durch den relativistischen Effekt, durch die bei dem Zusammenstoß mit dem schweren Kern auftretende Bremsstrahlung sowie durch die Čerenkov-Strahlung beeinflußt.

6.4.5 Grundlagen der kinetischen Theorie des Plasmas

Bei der statistischen Behandlung des Plasmas wird für jede Teilchenart eine Verteilungsfunktion

$$f^e(\boldsymbol{r}, \boldsymbol{v}, t), \quad f^i(\boldsymbol{r}, \boldsymbol{v}, t), \quad f^0(\boldsymbol{r}, \boldsymbol{v}, t) \tag{74}$$

angesetzt und untersucht, wie sich eine solche Funktion infolge einer äußeren Kraftwirkung oder infolge von Wechselwirkungen ändert. Bei bekannter Verteilungsfunktion können dann alle interessierenden Größen, wie z. B. Dichte, mittlere Geschwindigkeit, Energie usw. errechnet werden. Wir gehen von der im Abschnitt 3.6.6 behandelten *Boltzmann*-Gleichung

$$\frac{\partial f^\sigma}{\partial t} + \boldsymbol{v} \, \mathrm{grad}_{\boldsymbol{r}} \, f^\sigma + \frac{\boldsymbol{F}}{m} \, \mathrm{grad}_{\boldsymbol{v}} \, f^\sigma = \left(\frac{\partial f^\sigma}{\partial t} \right)_{\mathrm{Stoß}} \qquad \sigma = 0, \, i, \, e \tag{75}$$

aus. Mit dieser Gleichung kann man natürlich erst dann etwas anfangen, wenn eine konkrete Annahme bezüglich der Änderung der Funktion infolge der Stöße, genauer gesagt, infolge der Wechselwirkung der Teilchen, auf der rechten Seite der Gleichung gemacht wird. Die einfachste Annahme besteht natürlich im Außerachtlassen der

Stoßwirkung. Wenn man noch die *Lorentz*-Kraft in den Ausdruck der Kraftwirkung einsetzt. kommt man auf die stoßfreie *Boltzmann*-Gleichung oder *Vlassov*-Gleichung:

$$\frac{\partial f^{\sigma}}{\partial t} + v\,grad_r\,f^{\sigma} - \frac{e}{m}\,(E + v \times B)\,grad_v\,f^{\sigma} = 0. \tag{76}$$

Wenn man annimmt, daß das elektrische und das magnetische Feld bekannt sind, kann aus dieser Gleichung die Verteilungsfunktion ermittelt werden. Bei bekannter Verteilungsfunktion kann andererseits die räumliche Ladungsdichte

$$\varrho(r, t) = \sum_{\sigma} q^{\sigma} \int_{V} f^{\sigma}(r, v, t)\,dv = \sum_{\sigma} q^{\sigma} n^{\sigma}(r, t) \tag{77}$$

bzw. Stromdichte

$$J(r, t) = \sum_{\sigma} q^{\sigma} \int v f^{\sigma}(r, v, t)\,dv = \sum_{\sigma} q^{\sigma} n^{\sigma}(r, t)\,u^{\sigma}(v, t) \tag{78}$$

bestimmt werden. Setzt man nun diese Größen in die *Maxwell*schen Gleichungen ein, so erhält man die Werte von $E(r, t)$ und $B(r, t)$. Das Kriterium für die richtige Lösung ist, daß man wieder zu der als Ausgangspunkt in der *Vlassov*-Gleichung verwendeten elektrischen und magnetischen Feldstärke gelangen muß. Das Schema des Verfahrens ist in Abb. **6.38** dargestellt.

Will man nun auch den Stoßterm berücksichtigen, so ist es zweckmäßiger, statt des nach Gleichung (75) berechneten Stoßintegrals die Tatsache in Betracht zu ziehen, daß ein gewähltes Test-Teilchen unter dem Einfluß innerer Kräfte eine statistisch wechselnde Bahn durchläuft. Dieser Gedanke findet in der *Focker-Planck*schen Gleichung seinen quantitativen Ausdruck.

Von einer Form der kinetischen Gleichung ausgehend kann man natürlich auch zur Grundgleichung des Zweiflüssigkeitsmodells gelangen und den dort vorkommenden Reibungsterm in dieser Weise. exakt beweisen. Auch die Berechtigung der Bezeichnung Stoßhäufigkeit wird dann erst völlig einleuchtend.

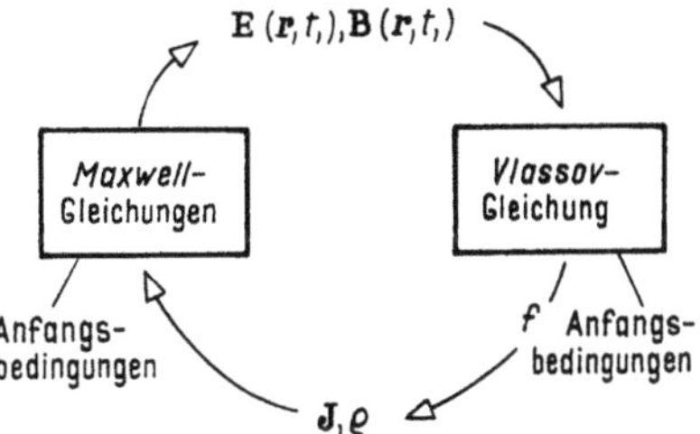

6.38 Das Kriterium für die richtige Lösung ist, daß man die in der *Vlassov*-Gleichung vorkommenden Werte von E und B auf dem mit dem Pfeil bezeichneten Weg zurückerhalten muß

6.4.6 Wellenerscheinungen im Plasma

Da Wellenerscheinungen auch in neutralen Gasen und Flüssigkeiten vorkommen, ist es zu erwarten, daß im Plasma verschiedene Verbindungen der mechanischen und elektromagnetischen Wellen möglich sind. Man hat also mit sehr vielfältigen und verwickelten Wellenerscheinungen zu rechnen. Mit dem ganz allgemeinen Fall wollen wir uns im folgenden nicht befassen. Wir beschränken uns auf die Wellenerscheinungen, zu welchen die bereits verwendeten Näherungen führen.

Die elektrostatischen Schwingungen wurden bereits bei der Einführung der Plasmafrequenz erwähnt. Dabei wurde festgestellt, daß sich diese Schwingungen nicht in Wellenform ausbreiten. Man muß sofort hinzufügen, daß diese Aussage nur solange zutrifft, wie die thermische Bewegung der Elektronen außer acht bleiben kann. Besitzen nämlich die Elektronen auch eine sich aus der thermischen Bewegung ergebende Geschwindigkeit, so wird eine örtliche, elektrostatische Störung im Raum weiterbefördert, so daß man eine wellenartige Ausbreitung erhält.

Die Alfvén-Wellen. Wir gehen von den Grundgleichungen des Einflüssigkeits-Modells aus. Einfachheitshalber wird die Flüssigkeit als inkompressibel und von unendlich guter Leitfähigkeit betrachtet. Die ganze Flüssigkeit wird in das konstante homogene magnetische Feld $\boldsymbol{B}_0$ gelegt. Wird ein Stück Flüssigkeit von seinem Ort weggerückt, so wird darin eine Spannung induziert. Folglich fließt ein Strom, welcher das ursprüngliche magnetische Feld verzerrt. Das verzerrte Feld wirkt auf das sich bewegende Leiterstück zurück, so daß die Verbindung der Änderung des magnetischen Feldes und der Geschwindigkeit im Endeffekt zur nachstehend beschriebenen wellenartigen Fortpflanzung der Störung führt. Das geänderte magnetische Feld kann in der Form

$$\boldsymbol{B}(\boldsymbol{r}, t) = \boldsymbol{B}_0 + \boldsymbol{b}(\boldsymbol{r}, t) \tag{79}$$

geschrieben werden. Dann nehmen die Gleichungen (32) und (31) die Form

$$\frac{\partial \boldsymbol{b}}{\partial t} = \operatorname{rot}(\boldsymbol{v} \times \boldsymbol{B}_0) \tag{80}$$

bzw.

$$\varrho \frac{\partial \boldsymbol{v}}{\partial t} = - \operatorname{grad}\left(p + \frac{B^2}{2\,\mu_0}\right) + \frac{1}{\mu_0}(\boldsymbol{B}\operatorname{grad})\,\boldsymbol{b} \tag{81}$$

an. Die erste Gleichung läßt sich mit Hilfe der vektoriellen Beziehung

$$\operatorname{rot}(\boldsymbol{v} \times \boldsymbol{B}_0) = (\boldsymbol{B}_0\operatorname{grad})\boldsymbol{v} - (\boldsymbol{v}\operatorname{grad})\boldsymbol{B}_0 + \boldsymbol{v}(\operatorname{div}\boldsymbol{B}_0) - \boldsymbol{B}_0(\operatorname{div}\boldsymbol{v}) \tag{82}$$

umformen. Im obigen Ausdruck sind die drei letzten Glieder gleich Null, da $\boldsymbol{B}_0$ konstant bzw. $\operatorname{div}\boldsymbol{B}_0 = 0$ und infolge der Inkompressibilität $\operatorname{div}\boldsymbol{v} = 0$ ist. Es gilt also

$$\frac{\partial \boldsymbol{b}}{\partial t} = (\boldsymbol{B}_0\operatorname{grad})\,\boldsymbol{v}. \tag{83}$$

Das Koordinatensystem sei so angeordnet, daß die z-Achse in die Richtung des magnetischen Feldes weist. Es werden Lösungen gesucht, welche in Richtung der z-Achse fortschreitende ebene Wellen bedeuten, so daß

$$\frac{\partial}{\partial x} = \frac{\partial}{\partial y} = 0 \tag{84}$$

ist. Unter dieser Annahme lassen sich die Gleichungen (83) und (81) in der Form

$$\frac{\partial \boldsymbol{b}}{\partial t} = B_0 \frac{\partial \boldsymbol{v}}{\partial z}, \tag{85}$$

$$\varrho_0 \frac{\partial \boldsymbol{v}}{\partial t} = \frac{1}{\mu_0} B_0 \frac{\partial \boldsymbol{b}}{\partial z} - \frac{\partial}{\partial z}\left(p + \frac{B^2}{2\,\mu_0}\right) \boldsymbol{z}_0 \tag{86}$$

schreiben, während die Gleichungen div $\boldsymbol{v} = 0$ bzw. div $\boldsymbol{B} = 0$ die einfache Form

$$\frac{\partial v_z}{\partial z} = 0, \quad v_z = 0, \tag{87}$$

$$\frac{\partial b_z}{\partial z} = 0, \quad b_z = 0 \tag{88}$$

annehmen. Daraus läßt sich schließen, daß weder die Geschwindigkeit noch das veränderliche magnetische Feld eine longitudinale Komponente aufweisen. In diesem Fall kann aber die Gleichung (85) nur dann bestehen, wenn

$$\frac{\partial}{\partial z}\left(p + \frac{B^2}{2\mu_0}\right) - 0 \tag{89}$$

ist. Schließlich ergeben sich die Beziehungen

$$\frac{\partial \boldsymbol{b}}{\partial t} = B_0 \frac{\partial \boldsymbol{v}}{\partial z}, \tag{90}$$

$$\frac{\partial \boldsymbol{v}}{\partial t} = \frac{B_0}{\mu_0 \varrho_0} \frac{\partial \boldsymbol{b}}{\partial z}. \tag{91}$$

Diese zwei Gleichungen führen auf je eine Wellengleichung für $\boldsymbol{b}$ und $\boldsymbol{v}$, und zwar ist

$$\frac{\partial^2 \boldsymbol{b}}{\partial t^2} = \frac{B_0^2}{\mu_0 \varrho_0} \frac{\partial^2 \boldsymbol{b}}{\partial z^2}, \qquad \frac{\partial^2 \boldsymbol{v}}{\partial t^2} = \frac{B_0^2}{\mu_0 \varrho_0} \frac{\partial^2 \boldsymbol{v}}{\partial z^2}. \tag{92}$$

Die Phasengeschwindigkeit ist also

$$v = \frac{B_0}{\sqrt{\varrho_0 \mu_0}}. \tag{93}$$

Man sieht also, daß die *Alfvén*-Wellen hinsichtlich $\boldsymbol{v}$ und auch $\boldsymbol{b}$ transversale Wellen sind und die Geschwindigkeit der Wellen von der Frequenz unabhängig ist. Auf Grund der Gleichungen (90) und (91) kann man ferner feststellen, daß $\boldsymbol{v}$ und $\boldsymbol{b}$ in der gleichen Richtung polarisiert sind. Werden Lösungen der Form $e^{j(\omega t - kr)}$ angesetzt, dann ist

$$\frac{\partial \boldsymbol{b}}{\partial t} = B_0 \frac{\partial \boldsymbol{v}}{\partial z}, \qquad \text{d. h.} \qquad -\omega \boldsymbol{b} = B_0 k \boldsymbol{v}, \tag{94}$$

so daß sich schließlich die Beziehung

$$\boldsymbol{v} = -\frac{\boldsymbol{b}}{\sqrt{\mu_0 \varrho_0}}, \qquad \left(k = \frac{2\pi}{\lambda}, \qquad \frac{\omega}{k} = v\right) \tag{95}$$

ergibt. Zur Veranschaulichung der *Alfvén*-Welle kann die magnetische Kraft-

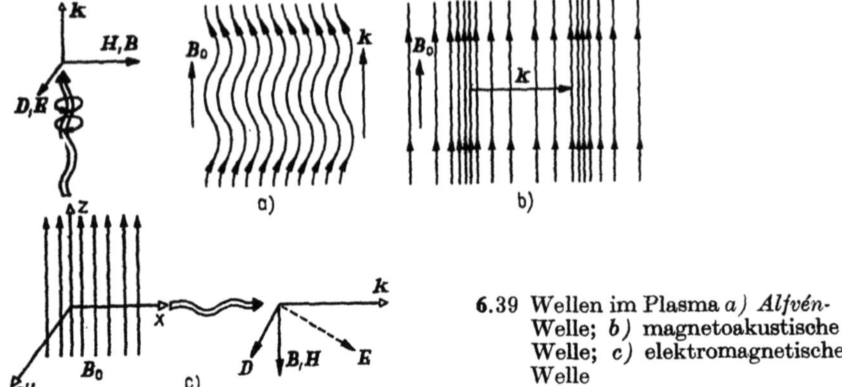

6.39 Wellen im Plasma *a)* *Alfvén*-Welle; *b)* magnetoakustische Welle; *c)* elektromagnetische Welle

linie als eine gespannte Saite betrachtet werden, auf welcher sich eine transversale Welle in Längsrichtung ausbreitet (Abb. **6.39a**).

Magnetoakustische Wellen. Wird nun ebenfalls auf Grund des Einflüssigkeits-Modells eine sich senkrecht zum magnetischen Feld ausbreitende ebene Welle untersucht, so findet man, daß sich eine hinsichtlich der Änderung **b** des magnetischen Feldes transversale und hinsichtlich der Änderung **v** der Geschwindigkeit longitudinale Welle mit der Phasengeschwindigkeit

$$v = \left(\frac{p_0 \gamma + (B^2/\mu_0)}{\varrho_0} \right)^{1/2} \tag{96}$$

ergibt $(\gamma = c_v/c_p)$.

Wenn das magnetische Feld verschwindet, geht die Welle in gewöhnliche Schallwellen über, und die Formel der Phasengeschwindigkeit wird mit der Schallgeschwindigkeitsformel identisch; wenn dagegen das magnetische Feld dominiert, erhält man die Geschwindigkeit der *Alfvén*-Wellen wieder.

Elektromagnetische Wellen. Wenn man von den Grundgleichungen des Zweiflüssigkeits-Modells

$$\varrho \frac{d\boldsymbol{v}}{dt} = \boldsymbol{J} \times \boldsymbol{B}_0 - \operatorname{grad} p, \qquad v = \frac{mn_e\,\boldsymbol{v}_e + Mn_i\,\boldsymbol{v}_i}{\varrho}, \tag{97}$$

$$\frac{m}{ne^2} \frac{\partial \boldsymbol{J}}{\partial t} = \boldsymbol{E} + \boldsymbol{v} \times \boldsymbol{B}_0 + \frac{1}{en} \operatorname{grad} p_e - \frac{1}{en} \boldsymbol{J} \times \boldsymbol{B}_0 - \frac{\boldsymbol{J}}{\sigma}, \tag{98}$$

$$\sigma = \frac{ne^2}{m\nu_{el}}, \tag{99}$$

ausgeht und sich auf zeitlich rein sinusförmige Vorgänge beschränkt, kann die letzte Gleichung, d. i. das verallgemeinerte *Ohm*sche Gesetz, in der Form

$$\frac{m}{ne^2} j\omega \boldsymbol{J} = \boldsymbol{E} + \boldsymbol{v} \times \boldsymbol{B}_0 - \frac{1}{en} \boldsymbol{J} \times \boldsymbol{B}_0 - \frac{\boldsymbol{J}}{\sigma} \tag{100}$$

geschrieben werden. (Dabei wurde der Druckterm vernachlässigt, d. h. es handelt sich um ein kaltes Plasma.) Aus der Bewegungsgleichung ergibt sich dann die Beziehung

$$v = \frac{1}{\varrho\, j\, \omega}\, J \times B_0. \tag{101}$$

In die vorangehende Gleichung eingesetzt, liefert dieser Ausdruck die Beziehung

$$\frac{m}{ne^2}\, j\, \omega\, J = E + \frac{1}{j\, \omega\varrho}\, (J \times B_0) \times B_0 - \frac{1}{en}\, (J \times B_0) - \frac{J}{\sigma}. \tag{102}$$

Wird das doppelte Kreuzprodukt aufgelöst und die Bezeichnung $B_0 = B_0 b_0$ eingeführt, so erhält man die Beziehungen

$$\frac{m}{ne^2}\, j\, \omega\, J = E + \frac{B_0^2}{j\, \omega\varrho}\, [b_0(Jb_0) - J] - \frac{B_0}{en}\, (J \times b_0) - \frac{J}{\sigma}, \tag{103}$$

$$J = \frac{ne^2}{mj\omega}\, E - \frac{ne^2 B_0^2}{\omega^2\varrho\, m}\, [(Jb_0)\, b_0 - J] - \frac{eB_0}{j\, \omega m}\, (J \times b_0) - \frac{ne^2}{j\omega m}\, \frac{J}{\sigma}. \tag{104}$$

Wir führen nun durch die Ausdrücke

$$\omega_\mathrm{p}^2 = \frac{ne^2}{\varepsilon_0 m}, \qquad \omega_\mathrm{lc} = \frac{eB_0}{M}, \qquad \omega_\mathrm{ec} = \frac{eB_0}{m} \tag{105}$$

der Reihe nach die Plasmafrequenz, die Ionenzyklotronfrequenz und die Elektronenzyklotronfrequenz ein. Man erhält

$$J = \frac{\omega_\mathrm{p}^2}{j\omega}\, \varepsilon_0 E + \frac{\omega_\mathrm{lc}\, \omega_\mathrm{ec}}{\omega^2}\, [J - (Jb_0)\, b_0] - \frac{\omega_\mathrm{ec}}{j\omega}\, (J \times b_0) - \frac{\nu_\mathrm{el}}{j\omega}\, J. \tag{106}$$

Hierbei wurde die Näherungsformel

$$\frac{ne^2 B_0^2}{\varrho\, m} \sim \frac{ne\, B_0}{nM}\, \frac{e\, B_0}{m} = \omega_\mathrm{lc}\, \omega_\mathrm{ec} \tag{107}$$

verwendet.

Die vorangehende Beziehung schafft eine tensorielle Verbindung zwischen J und E, und zwar ist

$$J = \sigma E.$$

Die beiden *Maxwell*schen Gleichungen nehmen jetzt die Form

$$\mathrm{rot}\, H = \sigma E + j\omega\varepsilon_0 E = j\omega\epsilon E, \tag{108}$$

$$\mathrm{rot}\, E = -j\omega\mu_0 H \tag{109}$$

an. Die Definition des hierin auftretenden dielektrischen Tensors lautet

$$\epsilon = \varepsilon_0\, \mathbf{1} + \frac{1}{j\omega}\, \sigma. \tag{110}$$

Die Berechnung der Komponenten des Tensors ϵ auf Grund der vorange
henden Gleichungen führt zu den Beziehungen

$$\epsilon = \begin{pmatrix} \varepsilon_1 & \varepsilon_2 & 0 \\ -\varepsilon_2 & \varepsilon_1 & 0 \\ 0 & 0 & \varepsilon_3 \end{pmatrix}, \tag{111}$$

wobei

$$\varepsilon_1 = \varepsilon_0 \left(1 - \frac{\omega_p^2}{\omega^2 - \omega_c^2}\right), \tag{112}$$

$$\varepsilon_2 = \varepsilon_0 \frac{j\,\omega_c \omega_p^2}{\omega(\omega^2 - \omega_c^2)} \tag{113}$$

und

$$\varepsilon_3 = \varepsilon_0 \left(1 - \frac{\omega_p^2}{\omega^2}\right) \tag{114}$$

sind. Dabei ist der hier vorkommende Wert $\omega_c = \omega_{ec}$. Bei der Ableitung
der obigen Gleichungen wurde der Effekt der Stöße außer acht gelassen
und angenommen, daß $\omega_{ec}\omega_{ic}/\omega^2 \ll 1$ ist.
Wird nun der Effekt der Stöße berücksichtigt, während die Ionen immer
noch als stillstehend betrachtet werden, so ergeben sich die Beziehungen

$$\varepsilon_1 = \varepsilon_0 \left(1 + \frac{\omega_p^2(\nu + j\omega)}{j\omega(\nu + j\omega) + \omega_c^2}\right),$$

$$\varepsilon_2 = \varepsilon_0 \left(\frac{\omega_p^2\,\omega_c}{j\,\omega[(\nu + j\,\omega)^2 + \omega_c^2]}\right),$$

$$\varepsilon_3 = \varepsilon_0 \left(1 + \frac{\omega_p^2}{j\,\omega(\nu + j\,\omega)}\right).$$

Vollständigkeitshalber seien auch die Komponenten des Tensors für den
Fall angeführt, in welchem die Einwirkung der thermischen Bewegung
berücksichtigt wird. Man erhält

$$\frac{\varepsilon_1}{\varepsilon_0} = 1 + \frac{\omega_p^2(\nu + j\omega)}{j\omega[(\nu + j\omega)^2 + \omega_c^2]}\left\{1 - \frac{\omega_c^2\,u^2[(\nu + j\omega)^2 - 3\,\omega_c^2]}{[(\nu + j\,\omega)^2 + \omega_c^2]^2}\right\},$$

$$\frac{\varepsilon_2}{\varepsilon_0} = \frac{\omega_p^2\omega_c}{\omega[(\nu + j\,\omega)^2 + \omega_c^2]}\left\{1 - \frac{\omega_c^2\,u^2[3(\nu + j\,\omega)^2\,\omega_c^2]}{[(\nu + j\,\omega)^2 + \omega_c^2]^2}\right\},$$

$$\frac{\varepsilon_3}{\varepsilon_0} = 1 + \frac{\omega_p^2}{j\,\omega(\nu + j\,\omega)}\left[1 - \frac{3\,\omega_c\,u^2}{(\nu + j\,\omega)^2}\right],$$

$$u^2 = \beta^2\frac{kT}{m\,\omega_c^2}, \quad \beta = \frac{2\pi}{\lambda}, \ \nu = \nu_{el}.$$

Zur Wellengleichung kommt man in der üblichen Weise. Man bildet z. B. die Rotation der II. *Maxwell*schen Gleichung und nimmt noch die I. Gleichung hinzu, d. h.

$$\operatorname{rot}\operatorname{rot}\boldsymbol{E} = -(j\,\omega)^2\,\mu_0\,\epsilon\,\boldsymbol{E}\,. \tag{115}$$

Beschränkt man sich nun auf die ebene Welle der Form $e^{j(\omega t - \boldsymbol{k}\boldsymbol{r})}$ so kann die obige Gleichung in der Form

$$-\boldsymbol{k}\times(\boldsymbol{k}\times\boldsymbol{E}) = k^2\boldsymbol{E} - \boldsymbol{k}(\boldsymbol{k}\boldsymbol{E}) = \omega^2\mu_0\epsilon\boldsymbol{E} \tag{116}$$

oder

$$\boldsymbol{k}\times(\boldsymbol{k}\times\boldsymbol{E}) = \beta^2[(\boldsymbol{k}_0\boldsymbol{E})\boldsymbol{k}_0 - \boldsymbol{E}] = -\omega^2\mu_0\epsilon\boldsymbol{E}, \tag{117}$$

$$\beta = |\boldsymbol{k}| = 2\pi/\lambda$$

geschrieben werden, da $\operatorname{rot} \to -j\,\boldsymbol{k}\times$ ist. Durch die Definition

$$\boldsymbol{k}\times(\boldsymbol{k}\times\boldsymbol{E}) = \boldsymbol{\lambda}\boldsymbol{E}$$

kann ferner der Tensor $\boldsymbol{\lambda}$ eingeführt werden, dessen Komponenten

$$\boldsymbol{\lambda} = \begin{pmatrix} k_x^2 - \beta^2 & k_x\,k_y & k_xk_z \\ k_yk_y & k_y^2 - \beta^2 & k_y\,k_z \\ k_xk_z & k_yk_z & k_z^2 - \beta^2 \end{pmatrix} \tag{118}$$

sind. Damit kann die Grundgleichung (117) in der Form

$$(\boldsymbol{\lambda} + \omega^2\mu_0\epsilon)\boldsymbol{E} = 0 \tag{119}$$

geschrieben werden. Diese Gleichung hat nur dann eine nichttriviale Lösung, wenn die Determinante gleich Null, d. h. wenn

$$|\boldsymbol{\lambda} + \omega^2\mu_0\epsilon| = 0 \tag{120}$$

ist. Diese Beziehung liefert den Zusammenhang zwischen $\boldsymbol{k}$ und ω. In dieser Weise kann man also im ganz allgemeinen Fall auf die sogenannte *Dispersionsrelation* kommen. Im folgenden soll aber vorerst auf die Gleichung (117) zurückgegriffen und die Vereinfachungen sollen der Übersichtlichkeit halber bereits daran vorgenommen werden.

1. Es sei $\boldsymbol{B}_0 = 0$, und wir suchen transversale Wellen, es sei also auch $\boldsymbol{E}\boldsymbol{k}_0 = 0$. In diesem Fall entartet der Tensor ϵ zu einem skalaren Wert,

$$\epsilon \to \varepsilon \to \varepsilon_0\left(1 - \frac{\omega_p^2}{\omega^2}\right),$$ und die Grundgleichung (117) lautet

$$-\beta^2 + \omega^2\mu_0\varepsilon = 0\,.$$

Daraus ergibt sich die Beziehung

$$\beta^2 = \omega^2\,\varepsilon_0\,\mu_0 - \omega_p^2\,\varepsilon_0\,\mu_0 = \frac{1}{c^2}(\omega^2 - \omega_p^2). \tag{121}$$

Es ist also ersichtlich, daß man einen reellen Ausbreitungskoeffizienten nur dann erhält, wenn die Schwingungsfrequenz ω größer ist als die Plasmafrequenz ω_p. Damit läßt sich z. B. die Tatsache erklären, daß die in die Ionosphäre eindringenden Wellen an der Stelle reflektiert werden, wo die Dichte des Plasmas so groß wird, daß die Plasmafrequenz und die Schwingungsfrequenz bereits übereinstimmen.

Es sei hier bemerkt, daß in dieser Welle die Leitungs-Stromdichte und die Verschiebungs-Stromdichte einander entgegengesetzt gerichtet sind. Ihr Verhältnis ist

$$\frac{J_\mathrm{L}}{J_\mathrm{V}} = - \frac{\omega_\mathrm{p}^2}{\omega^2};$$

$$(122)$$

bei der Plasmafrequenz sind also die beiden Ströme genau gleich groß und entgegengesetzt gerichtet, so daß sie keine magnetisierende Wirkung haben. Das ist der Grund dafür, daß sich spontane Plasmaschwingungen nicht in Wellenform ausbreiten.

2. $B_0 = 0$. Ein magnetisches Feld gibt es also nicht, und wir suchen longitudinale Wellen, d. h. $E \times k_0 = 0$. Die Grundgleichung für diesen Fall lautet

$$- k \times (k \times E) = 0 = \omega^2 \mu_0 \varepsilon E = \mu_0 \varepsilon_0 \omega^2 \left(1 - \frac{\omega_p^2}{\omega^2}\right) E$$

und daraus ergibt sich die Beziehung

$$\omega = \omega_\mathrm{p} .$$

$$(123)$$

Eine Welle dieses Typs kann also nur bei der Plasmafrequenz entstehen.

3. $B_0 \neq 0$. Es gibt also ein magnetisches Feld, und die in Richtung des magnetischen Feldes fortschreitende transversale Welle wird gesucht, d. h.

$$E k_0 = 0, \quad B_0 \times k_0 = 0.$$

Die Grundgleichung nimmt jetzt die Form

$$-\beta^2 E_x + \omega^2 \mu_0 (\varepsilon_1 E_x + j \varepsilon_2 E_y) = 0,$$

$$(124)$$

$$-\beta^2 E_y + \omega^2 \mu_0 (-j \varepsilon_2 E_x + \varepsilon_1 E_y) = 0$$

an. (Hier wurde die Bezeichnung $\varepsilon_2 \to j\varepsilon_2$ eingeführt.)
Eine nichttriviale Lösung dieser Gleichung ist nur dann möglich, wenn die Determinante gleich Null, also

$$\begin{vmatrix} \omega^2 \mu_0 \varepsilon_1 - \beta^2 & j\,\omega^2 \mu_0 \varepsilon_2 \\ -j\,\omega^2 \mu_0 \varepsilon_2 & \omega^2 \mu_0 \varepsilon_1 - \beta^2 \end{vmatrix} = 0$$

ist. Daraus ergibt sich die Dispersionsrelation

$$\beta_\pm^2 = \omega^2 \mu_0 (\varepsilon_1 \pm \varepsilon_2) = k_0^2 \frac{\varepsilon_1 \pm \varepsilon_2}{\varepsilon_0}, \qquad k_0^2 = \omega^2 \varepsilon_0 \mu_0 .$$

$$(125)$$

Man erhält also zwei verschiedene Wellen mit verschiedenen Phasengeschwindigkeiten. Werden die Ausdrücke für β_+ und β_- wieder in die Grundgleichung eingesetzt, so findet man zwischen E_x und E_y die Beziehungen

$$\beta_+ \to \frac{E_x}{E_y} = +j, \quad \beta_- \to \frac{E_x}{E_y} = -j.$$

$$(126)$$

Die erste Beziehung bedeutet eine nach rechts, die zweite eine nach links zirkular polarisierte Welle (Abb. **6**.39).

Schließlich untersuchen wir die sich senkrecht zum magnetischen Feld ausbreitende Welle. Es gelten also die Beziehungen

$$\boldsymbol{k}\boldsymbol{B}_0 = 0, \quad \boldsymbol{k} = k_x \boldsymbol{i} = k\,\boldsymbol{i}.$$

Dann nimmt die Grundgleichung die Form

$$-\beta^2 E_y + k_0^2 \left(\frac{\varepsilon_1}{\varepsilon_0} E_y - j\,\frac{\varepsilon_2}{\varepsilon_0} E_x\right) = 0, \quad E_z = 0,$$

$$k_0^2 \left(j\,\frac{\varepsilon_2}{\varepsilon_0} E_y + \frac{\varepsilon_1}{\varepsilon_0} E_x\right) = 0, \quad \beta^2 = \frac{k_0^2(\varepsilon_1^2 - \varepsilon_2^2)}{\varepsilon_1\,\varepsilon_0}$$

an, wodurch man die Beziehung

$$\frac{E_x}{E_y} = -j\,\frac{\varepsilon_2}{\varepsilon_1} = -j\,\frac{\left(\dfrac{\omega_c}{\omega}\right)\omega_p^2}{-\omega_c^2 - \omega_p^2 + \omega^2} \tag{127}$$

erhält. Diese stellt eine elliptisch polarisierte Welle dar, die in der Umgebung der Werte $\omega = \omega_c$ in eine zirkular polarisierte Welle übergeht. Bei sehr hohen Frequenzen ergibt sich eine einer linearen Polarisierung ähnliche Welle.

6.4.7 Die magnetohydrodynamischen Generatoren

Von den Anwendungsgebieten der Plasmaphysik sollen nur die MHD-Generatoren ein wenig eingehender behandelt werden. Als wirtschaftliche Umwandlungsmethode der Energie der klassischen Energieträger steht dieser Themenkreis im Vordergrund des Interesses.

Die Funktion der gewöhnlichen Generatoren beruht auf der Erscheinung der Induktion. Bewegt sich ein Leiter der Länge l mit der Geschwindigkeit $\boldsymbol{v}$ in dem durch die Induktion $\boldsymbol{B}$ charakterisierten magnetischen Feld, so wird darin die Spannung $U_i = \boldsymbol{l}(\boldsymbol{v} \times \boldsymbol{B})$ induziert. Falls nun in dem in Abb. **6**.40 dargestellten Kanal ein leitend gewordenes, also ionisiertes Gas, mit sehr hoher Geschwindigkeit in dem zur Strömungsrichtung senkrechten magnetischen Feld strömt, so entsteht in ähnlicher Weise die Leerlaufspannung

$$U_0 = lvB \tag{128}$$

zwischen den beiden Auffangelektroden. Durch Untersuchung der

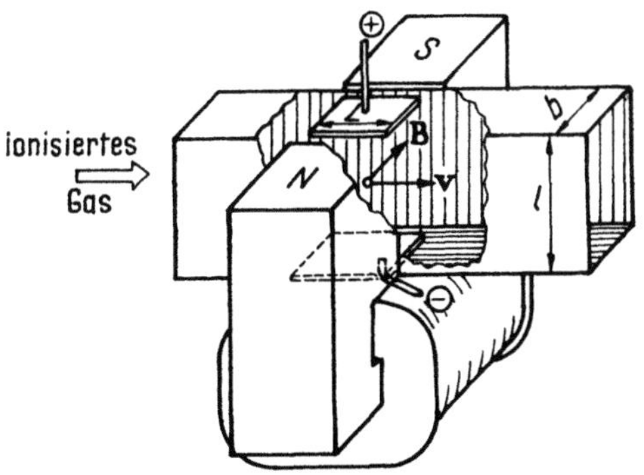

6.40 Prinzipieller Aufbau des magnetohydrodynamischen Generators

auf das geladene Teilchen einwirkenden Kraft sowie der Bewegung solcher Teilchen erhält man dasselbe einfache Ergebnis (Abb. **6.**41). Einfachheitshalber sei angenommen, daß das Gas genügend dünn ist, um die voneinander völlig unabhängige Bewegung der geladenen Teilchen zu gewährleisten, so daß diese nicht zusammenstoßen. Kommen Teilchen der Ladung q mit der Geschwindigkeit v im homogenen magnetischen Feld der Induktion B an, so wirkt auf sie die Kraft $F_B = qvB$ ein. Unter der Einwirkung dieser Kraft bewegen sich die Teilchen auf einer Kreisbahn im homogenen Feld und treffen je nach Vorzeichen auf der oberen oder unteren Elektrode auf. Auf diese Weise entsteht eine ständig zunehmende Spannung U zwischen den Elektroden, wozu die elektrische Feldstärke $E = U/l$ gehört. Die durch dieses Feld entfaltete Kraft $F_E = qU/l$ wirkt gegen die

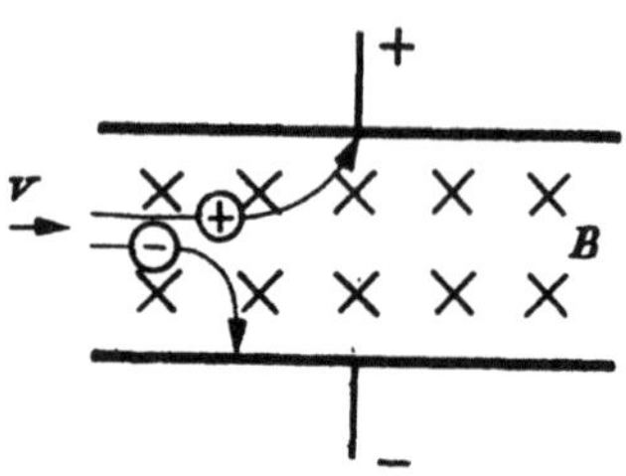

6.41 Entstehen der Spannung zwischen den Elektroden bei dünnem Plasma

Kraft F_B. Die beiden Elektroden werden auf die Spannung U_0 aufgeladen, bei der die magnetische Kraft keine weitere Ladung mehr den Elektroden aufzwingen kann, bei der also

$$F_E = F_B\,, \qquad q\,\frac{U_0}{l} = qvB.$$

sind. Für die Spannung zwischen den Elektroden ergibt sich also wieder die vorangehende Beziehung

$$U_0 = vBl.$$

Diese Spannung treibt einen Strom über den Lastwiderstand R_v und den inneren Widerstand R_l hindurch. Bekanntlich kann die größte Leistung im Anpassungsfall abgenommen werden, also wenn $R_v = R_l$ ist. Sie ist gegeben durch

$$P_{\max} = \frac{U_0^2}{4R_l}\,.$$

Bezeichnet man die Leitfähigkeit des ionisierten Gases mit σ, so ist der innere Widerstand

$$R_l = \frac{l}{\sigma bL}\,,$$

womit man für die Höchstleistung unter Berücksichtigung der Beziehung $U_0 = Bvl$ den Ausdruck

$$P_{\max} = \frac{(Blv)^2}{4}\frac{\sigma bL}{l} = \frac{(Bv)^2}{4}\sigma Lbl = \frac{(Bv)^2}{4}\sigma V \tag{129}$$

erhält. V bezeichnet dabei das aktive Volumen des Generators.

Obwohl die Wirklichkeit bei der Ableitung stark vereinfacht wurde, bietet die obige Formel wertvolle Erkenntnisse. Es ist nämlich ersichtlich, daß hohe Werte der Induktion, der Gasgeschwindigkeit, der Leitfähigkeit und des Generatorvolumens erforderlich sind, um eine hohe Leistung zu erreichen. Die maximale spezifische Leistung ist gegeben durch

$$p_{\max} = \frac{P_{\max}}{V} = \frac{(Bv)^2}{4}\,\sigma.$$

Mit den Werten $B = 1$ Vs/m², $\sigma = 50\ (\Omega\mathrm{m})^{-1}$, $v = 500$ ms^{-1}, erhält man

$$p_{\max} = \frac{(1 \cdot 500)^2}{4} \cdot 50 = 3{,}12 \cdot 10^6\,\frac{\mathrm{W}}{\mathrm{m}^3} = 3{,}12\,\frac{\mathrm{W}}{\mathrm{cm}^3} = 3{,}12\,\frac{\mathrm{kW}}{\mathrm{dm}^3}.$$

Es ist sehr aufschlußreich, zu ermitteln, welcher Anteil der kinetischen Energie des strömenden Gases zu seiner teilweisen oder vollständigen Ionisation aufgebracht wird. Besteht das Gas der Temperatur T aus N Teilchen, dann beträgt die kinetische (und damit die gesamte) Energie des als ideal betrachteten Gases

$$W = N\,\frac{3}{2}\,kT.$$

Will man jedes Teilchen ionisieren, so ist die minimale Ionisationsenergie

$$W_\mathrm{i} = NU_\mathrm{i}\,e,$$

wobei U_i das Ionisationspotential und e die Ladung des Elektrons bezeichnen. Es gilt also die Beziehung

$$\frac{W_\mathrm{i}}{W} = \frac{U_\mathrm{i}\,e}{(3/2)kT}. \tag{130}$$

Werden die entsprechenden Zahlenwerte eingesetzt, so findet man, daß nur einige Prozent aller Teilchen bei einer Temperatur von 2500 °K ionisiert werden können, falls die gesamte Energie des Gases zur Ionisation verwendet wird.

Glücklicherweise ist in Wirklichkeit kein so hoher Ionisationsgrad erforderlich. Die erforderliche Leitfähigkeit von $\sigma = 50{-}100\ (\Omega\mathrm{m})^{-1}$ wird bereits bei einem Ionisationsgrad von 0,1% erreicht. In diesem Fall braucht man aber (zumindest theoretisch) nur einige Prozent der gesamten kinetischen Energie zur Ionisation zu verwenden.

In der Praxis ist das Ionisationspotential des als Energieträger verwendeten Gases (Verbrennungsprodukt oder Kühlmittel des Kernreaktors) normalerweise so hoch, daß seine direkte thermische Ionisation überhaupt nicht in Betracht kommt. Wird aber ein wenig Metalldampf niedriger Ionisationspannung (Caesium-, Kalium- oder Natriumdampf) zugemischt, so kann man den zur Verwirklichung einer guten Leitfähigkeit erforderlichen Ionisationsgrad erreichen. Abb. **6**.42 zeigt die Leitfähigkeit von Luft bei verschiedenen Temperaturen bei Zugabe von 1% K bzw. Na.

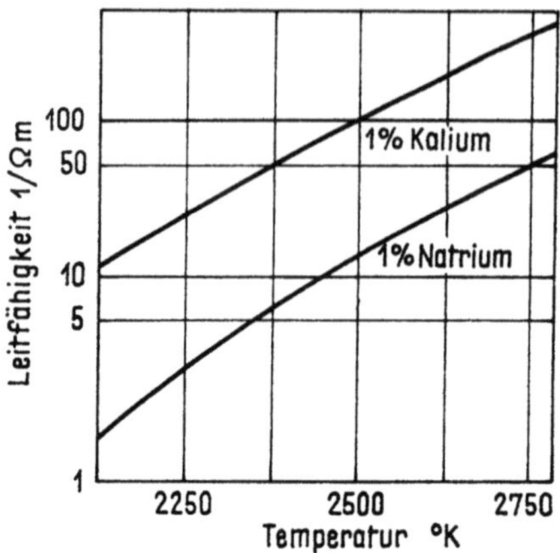

6.42 Änderung der Leitfähigkeit der Luft als Funktion der Temperatur bei Zugabe von 1% K bzw. Na

Wie man sieht, erhält man bei einer Temperatur von 2500 °K eine praktisch bereits befriedigende Ionisation.

So einfach die im Generator stattfindende Grunderscheinung selbst ist, d. h. daß in einem sich im magnetischen Feld bewegenden leitenden Medium eine Spannung entsteht und dadurch elektrische Energie gewonnen werden kann, so verwickelt werden die Verhältnisse, wenn die Einzelheiten der Energieübergabe zur Untersuchung kommen. Wird nämlich der Generator belastet und beginnt ein Strom zwischen den Elektroden zu fließen, so übt das magnetische Feld darauf eine Bremswirkung aus. Die Bremskraft wirkt unmittelbar auf die geladenen Teilchen und trachtet, diese auf einer der Strömung entgegengerichteten Bahn abzulenken. Dieser Geschwindigkeit in Gegenrichtung wirken die Stöße an den neutralen Teilchen entgegen, wodurch aber gleichzeitig auch die kinetische Energie des Gases vermindert wird. Die Verhältnisse werden infolge der Tatsache noch verwickelter, daß die Wechselwirkung zwischen positiven bzw. negativen Ladungsträgern und den neutralen Teilchen verschieden ist. Im Innern des Generators findet also eine gewisse Trennung der Ladungen statt, welche im Endeffekt ein elektrisches Feld in Längsrichtung zur Folge hat.

Auf Grund des beschriebenen Mechanismus der Energieübertragung kann der MHD-Generator im Endeffekt so betrachtet werden, als würden die Turbinenschaufeln gleichzeitig auch die Rolle der Leiter des Generators übernehmen. Der MHD-Generator entspricht also einer Turbine und einem Generator in einer integrierten Einheit.

Für eine etwas tiefere aber immer noch eindimensionale Behandlung geht man von den folgenden Gleichungen aus.

Bewegungsgleichung:

$$\varrho v \frac{\mathrm{d}v}{\mathrm{d}x}\,\boldsymbol{x_0} = -\operatorname{grad} p + \boldsymbol{J} \times \boldsymbol{B}. \tag{131}$$

*Ohm*sches Gesetz:

$$\boldsymbol{J} = \sigma(\boldsymbol{v} \times \boldsymbol{B} + \boldsymbol{E}) - \frac{\omega_{ec}\tau}{B}\,\boldsymbol{J} \times \boldsymbol{B}. \tag{132}$$

Energiegleichung:

$$\varrho v \frac{\mathrm{d}}{\mathrm{d}x}\left(\frac{v^2}{2} + c_p\,T\right) = \boldsymbol{JE}. \tag{133}$$

Kontinuitätsgleichung:

$$\varrho\,v\,A = \text{const.} \tag{134}$$

Wir benutzen diese Gleichungen im folgenden nur, um die Einteilungsprinzipien der MHD-Generatoren hervorheben zu können (Abb. **6.43**). Dazu schreiben wir das *Ohm*-

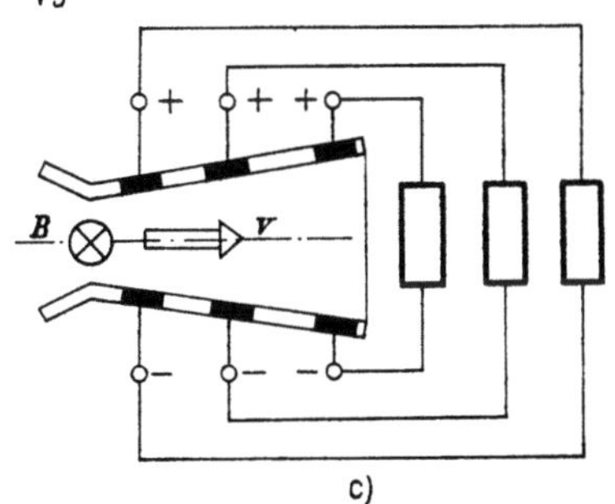

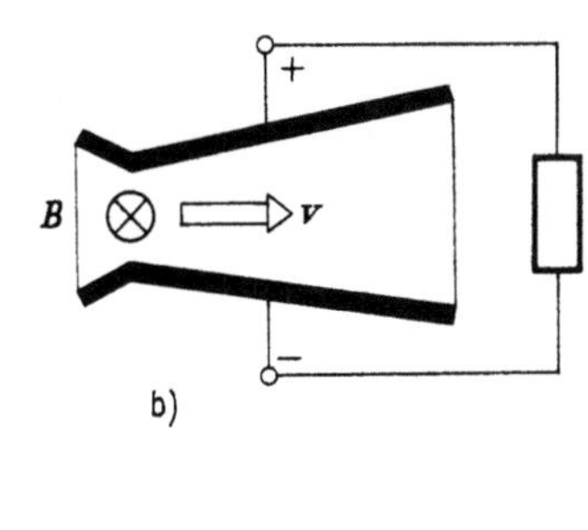

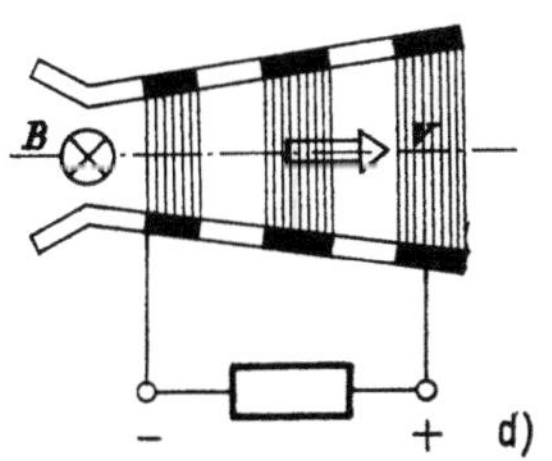

6.43 *a)* Die Koordinatenachsen zu den Gleichungen (135a) und (135b); *b)* Generator mit kontinuierlichen Elektroden; *c)* mit segmentierten Elektroden, *d)* Hall-Generator

sche Gesetz in Komponentenzerlegung auf:

$$J_x = \sigma E_x - \frac{\omega_{ec}\tau}{B} J_y B = \sigma E_x - \omega_{ec}\tau J_y ; \quad J_x + \omega_{ec}\tau J_y = \sigma E_x, \tag{135a}$$

$$J_y = \sigma(E_y - v_x B) + \omega_{ec}\tau J_x ; \qquad -\omega_{ec}\tau J_x + J_y = \sigma(E_y - v_x B). \tag{135b}$$

Aus diesen Gleichungen erhalten wir für J_x bzw. J_y:

$$J_x = \frac{\sigma}{1 + \omega_{ec}^2 \tau^2} \left[E_x - \omega_{ec}\tau(E_y - v_x B) \right], \tag{136a}$$

$$J_y = \frac{\sigma}{1 + \omega_{ec}^2 \tau^2} \left[(E_y - v_x B) + \omega_{ec}\tau E_x \right]. \tag{136b}$$

Bei kontinuierlichen Elektroden können wir als eine gute Näherung annehmen, daß $E_x = 0$ ist. Es wird also

$$J_x = - \frac{\sigma \omega_{ec}\tau}{1 + \omega_{ec}^2 \tau^2} (E_y - v_x B), \tag{136c}$$

$$J_y = \frac{\sigma}{1 + \omega_{ec}^2 \tau^2} (E_y - v_x B). \tag{136d}$$

Die in der Volumeneinheit erzeugte elektrische Leistung wird:

$$P = -\mathbf{EJ}.$$

Das negative Vorzeichen wurde nur deswegen hingeschrieben, damit wir für die *abgegebene* elektrische Leistung einen positiven Zahlenwert erhalten. Es wird also

$$P = -\mathbf{EJ} = -E_y J_y = \frac{\sigma}{1 + \omega_{ec}^2 \tau^2} (v_x B - E_y) E_y = \frac{\sigma K(1 - K) v_x^2 B^2}{1 + \omega_{ec}^2 \tau^2} \tag{137}$$

Hier wurde nach der Belastungsfaktor $K = E_y/v_x B$ eingeführt.

Diese Nutzleistung wurde durch die »Schiebekraft« $-\boldsymbol{J} \times \boldsymbol{B}$ des Gases geleistet· Die Leistung $-\boldsymbol{v}(\boldsymbol{J} \times \boldsymbol{B})$ dieser Kraft muß aber auch den *Joule*schen Verlust $\boldsymbol{J}^2/\sigma$ decken. Wir erhalten tatsächlich aus Gl. (132), wenn wir sie mit $\boldsymbol{J}$ multiplizieren,

$$\boldsymbol{J}^2 = \sigma\,(\boldsymbol{J}(\boldsymbol{v}\times\boldsymbol{B}) + \boldsymbol{JE}) - \frac{\omega_{ec}\,\tau}{B}\,\boldsymbol{J}(\boldsymbol{J}\times\boldsymbol{B}).$$

Das letzte Glied ist Null; wir erhalten also

$$\frac{\boldsymbol{J}^2}{\sigma} = \boldsymbol{J}(\boldsymbol{v}\times\boldsymbol{B}) + \boldsymbol{JE}.$$

Oder ein wenig umgeschrieben

$$-\boldsymbol{v}(\boldsymbol{J}\times\boldsymbol{B}) = -\boldsymbol{EJ} + \frac{\boldsymbol{J}^2}{\sigma}, \tag{138}$$

d. h.

$$P_{\text{Schiebe}} = P_{\text{Nutz}} + P_{\text{Joule}}. \tag{139}$$

Wir bemerken zunächst, daß J_x nicht gleich Null ist: Es fließt ein elektrischer Strom parallel zur Gasströmung. Dieser Strom findet seinen Weg durch die Elektroden zurück. Um diese Strömung zu verhindern, werden die Elektroden segmentiert. Jetzt findet die Strömung keinen geschlossenen Weg, es wird also $J_x = 0$, es entsteht jetzt ein axiales elektrisches Feld nach Gl. (135a)

$$E_x = \omega_{ec}\tau(E_y - v_x B),$$

J_y und die Nutzleistung werden jetzt

$$J_y = \sigma(E_y - v_x B),$$
$$P = \sigma(v_x B - E_y)E_y.$$

Diese Leistung ist um den Faktor $1 + \omega^2_{ec}\,\tau^2$ größer als bei dem Generator ohne Segmentierung.

Neben den zwei bisher behandelten *Faraday*-Generatoren erhalten wir den MHD-Generator vom *Hall*-Typ, in dem wir die segmentierten gegenüberliegenden Elektroden kurzschließen, Wir bringen damit E_y zum Verschwinden und schließen die Belastung zwischen dem ersten und letzten Segment an. Die Nutzleistung wird jetzt durch J_x und E_x bestimmt:

$$P = -\boldsymbol{JE} = -J_x E_x = \frac{w^2_{ec}\,\tau^2}{1 + \omega^2_{ec}\,\tau^2} K_H(1 - K_H)\,\sigma\,v^2_x\,B^2.$$

Hier wurde der Belastungsfaktor K_H durch die Gleichung

$$K_H = \left| \frac{E_x}{\omega_{ec}\,\tau\,v_x\,B} \right|$$

eingeführt.

Die praktischen Gesichtspunkte, die eine reelle Beurteilung der verschiedenen Typen ermöglichen, wollen wir nicht näher diskutieren [6.4].

Die mikrophysikalische Deutung der in den Grundgleichungen der Elektrodynamik vorkommenden Stoffkonstanten

Die Verbindung zwischen den zur Beschreibung des völlig allgemeinen elektromagnetischen Feldes dienenden elektrischen und magnetischen Größen E, D bzw. H, B sowie ihre Verbindung mit den sie erzeugenden Größen der elektrischen Strom- und Ladungsdichte wird durch die *Maxwell*-Gleichungen

$$\operatorname{rot} H = J + \frac{\partial D}{\partial t}, \tag{I}$$

$$\operatorname{rot} E = -\frac{\partial B}{\partial t}, \tag{II}$$

$$\operatorname{div} B = 0, \tag{III}$$

$$\operatorname{div} D = \varrho \tag{IV}$$

hergestellt. Für uns ist jetzt die die Stoffkonstanten enthaltende Gleichungsgruppe

$$J = \gamma E, \quad D = \varepsilon E, \quad B = \mu H \tag{V}$$

oder in allgemeinerer Form

$$J = \gamma E, \quad D = \varepsilon_0 E + P, \quad B = \mu_0 H + M$$

am wichtigsten.

Die Leitfähigkeit γ, die Dielektrizitätskonstante ε sowie die magnetische Permeabilität μ können in vielen Fällen tatsächlich als konstant betrachtet werden. Die Beziehung zwischen den einzelnen Feldgrößen ist dann linear. Für den allgemeinen Fall trifft das aber nicht zu. Im folgenden wird untersucht, wie die Werte von γ, ε und μ von den die Mikrostruktur der Materie kennzeichnenden Daten sowie von den verschiedenen äußeren Parametern abhängen.

7.1 Die elektrische Leitfähigkeit

7.1.1 Die Arten der Leitfähigkeit

Anläßlich der Behandlung der Halbleiter wurde bereits erwähnt, daß der Wert der Leitfähigkeit oder ihr Reziprokwert, der Widerstand, zwischen sehr weiten Grenzen veränderlich sind (Tabelle 7.1). Für die Theorie oder

Tabelle **7.1** Der spezifische Widerstand einiger Festkörper (Ω cm)

Isolierstoffe und Halbleiter		Metalle	
Paraffin	$3 \cdot 10^{18}$	Wismut	$1,2 \cdot 10^{-4}$
Schwefel (70 °C)	$4 \cdot 10^{15}$	Tellur	$2 \cdot 10^{-5}$
Quarz	$1,2 \cdot 10^{14}$	Blei	$2 \cdot 10^{-5}$
Diamant	$10^{12} - 10^{13}$	Eisen	$1,2 \cdot 10^{-5}$
Silizium	10^2	Aluminium	$3,2 \cdot 10^{-6}$
Germanium	10	Silber	$1,65 \cdot 10^{-6}$
Graphit	$3 \cdot 10^{-3}$	Kupfer	$1,75 \cdot 10^{-6}$

die Praxis ist nicht so sehr der Zahlenwert der Leitfähigkeit als die Art des Leitungsmechanismus entscheidend.

Der wichtigste Leitungstyp ist die Elektronenleitung. Dabei wird die Ladung durch die Elektronen weiterbefördert. Durch die elektrische Strömung entsteht kein Materietransport. In den metallischen Leitern sind die Elektronen in erster Näherung frei beweglich. Die Leitfähigkeit nimmt dabei mit steigender Temperatur ab; der spezifische Widerstand nimmt dann naturgemäß zu.

Eine besondere Art der Elektronenleitung wurde bei den Halbleitern kennengelernt; bei diesen tritt sowohl die Elektronenleitung vermittels der in das Leitungsband heraufgekommenen freien Elektronen auch der spezielle Leitungstyp der Elektronen des Valenzbandes, die Löcherleitung, auf. Bei steigender Temperatur nimmt die Leitfähigkeit zu.

Der elektrische Strom kann auch durch Ionen vermittelt werden; dann spricht man von Ionenleitung. Bei der typischen Ionenleitung, in Elektrolyten, wird neben der Ladungsströmung auch eine Stoffströmung beobachtet. Die *Faraday*schen Gesetze der Elektrolyse stellen eine zahlenmäßige Beziehung zwischen der durchgeströmten Ladung und der ausgeschiedenen Stoffmenge fest. In Festkörpern, vor allem in den Kristallen mit heteropolarer Bindung, kann eine Ionenleitung ebenfalls zustande kommen; diese steht dann mit den Gitterdefekten in Verbindung. Die unter Einwirkung der thermischen Bewegung aus dem Gitterverband freigewordenen Ionen wandern unter der Einwirkung des äußeren Feldes. Im allgemeinen steigt die Leitfähigkeit mit der Tempera-

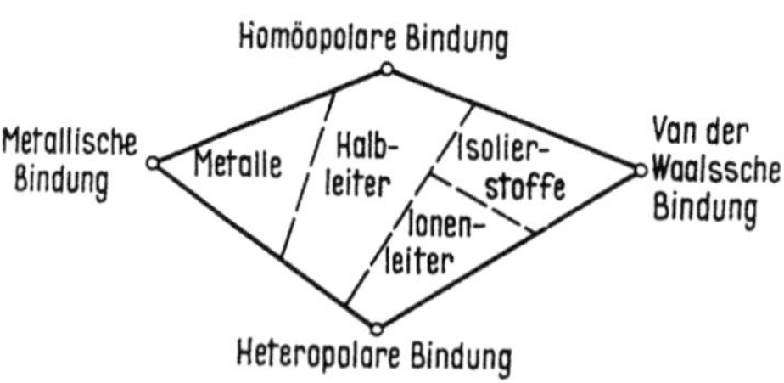

7.1 Der Zusammenhang zwischen chemischer Bindung und Leitungstyp. An den Ecken des Vierecks sind die in Abb. **3**.25 dargestellten »reinen« Bindungstypen angeführt. Verständlicherweise bedeutet die metallische Bindung eine metallische Leitung, die Ionenbindung eine Ionenleitung, die Valenzbindung Halbleitereigenschaften (nach *Stöckmann*)

tur. Bei den Isolierstoffen des Ionenleitungstyps ist diese Tatsache von entscheidender Bedeutung. Oberhalb einer gewissen Temperatur sind diese Stoffe keine Isolierstoffe mehr.

Den vielfältigsten Leitungsformen begegnet man bei den Gasentladungen. Es trifft zwar zu, daß die Gase und sogar die Metalldämpfe gut isolieren, doch kann man in diesen Stoffen mittels eines genügend starken Feldes eine selbsterhaltende Entladung zustande bringen, wie dies bereits eingehend behandelt wurde.

In Abb. 7.1 ist der Zusammenhang zwischen der den Festkörper erzeugenden chemischen Bindung und dem Leitungstyp veranschaulicht.

7.1.2 Die metallische Leitung

Die unter Einwirkung des elektrischen Feldes stattfindende Bewegung des Elektronengases wurde bereits behandelt. Jetzt gehen wir wieder von diesem einfachsten Modell des Metalls aus und untersuchen, inwieweit die Versuchsergebnisse auf dieser Grundlage erklärt werden können. Vollständigkeitshalber soll aber zuerst das im Abschnitt 3.6 Gesagte zusammengefaßt werden.

Bezeichnet man die von der thermischen Bewegung herrührende mittlere Geschwindigkeit des Elektrons mit v_m, die freie Weglänge mit λ, dann bewegt sich das Elektron mit der Beschleunigung eE/m während der Zeit λ/v_m, so daß es sich zwischen zwei Stößen unter Einwirkung des elektrischen Feldes mit der durchschnittlichen Geschwindigkeit

$$u = \frac{1}{2}\,\frac{eE}{m}\,\frac{\lambda}{v_m} \tag{1}$$

bewegt. Um auch den Wert der Stromdichte ermitteln zu können, nehmen wir im Feld einen Quader von Einheits-Grundfläche und von der Höhe $|u|$. Die Höhe des Quaders soll parallel zur Feldrichtung ausgerichtet sein. Die im Quader befindlichen Elektronen passieren seine Stirnfläche in 1 s, so daß die Stromdichte

$$\boldsymbol{J} = \boldsymbol{u} \cdot 1 \cdot nq_e \tag{2}$$

beträgt, wobei n die Zahl der Elektronen je Volumeinheit bezeichnet. Durch Einsetzen des Wertes $u = |\boldsymbol{u}|$ erhält man

$$\boldsymbol{J} = \frac{1}{2}\,n\,\frac{e^2\lambda}{mv_m}\,\boldsymbol{E}\,. \tag{3}$$

Diese Beziehung läßt sich einfacher in der Form

$$\boldsymbol{J} = \gamma\boldsymbol{E}$$

schreiben, wobei

$$\gamma = \frac{n}{2}\,\frac{e^2\lambda}{mv_m} \tag{4}$$

ist. Das ist das differentielle *Ohm*sche Gesetz. Gleichzeitig haben wir auch die Leitfähigkeit γ mit den atomaren Konstanten ausgedrückt erhalten.

Ein ähnlich einfacher Gedankengang führt zum *Joule*-Gesetz. Wie bereits gezeigt, nimmt die Geschwindigkeit des Elektrons zwischen zwei Stößen um den Wert

$$\overline{\Delta v} = 2u = \frac{eE}{m}\frac{\lambda}{v_{\mathrm{m}}} \tag{5}$$

zu. Folglich nimmt der Mittelwert der kinetischen Energie des Elektrons um den Wert

$$\overline{\Delta W} = \Delta\overline{\left(\frac{1}{2}mv^2\right)} = m\bar{v}\,\overline{\Delta v} \tag{6}$$

zu. Die durchschnittliche Geschwindigkeit der ungeordneten Bewegung ist gleich Null, so daß die mittlere Geschwindigkeit der unter der Einwirkung des Feldes E entstehenden Translationsgeschwindigkeit gleich wird, d. h $\bar{v} = u$. Damit und mit der Formel für $\overline{\Delta v}$ erhält man die Beziehung

$$\overline{\Delta W} = mu \cdot 2u = 2mu^2. \tag{7}$$

Das ist die Energie, die das Elektron zwischen zwei Stößen von dem Felt, erhält und bei jedem Stoß dem Metallion übergibt. Da der zeitliche Abstand zwischen zwei Stößen eines Elektrons im Durchschnitt $\tau = \lambda/v_{\mathrm{m}}$ beträgt, ist die Zahl der Stöße je Sekunde v_{m}/λ. Dementsprechend gibt ein Elektron die Energie

$$\frac{\overline{\Delta W}}{\tau} = 2mu^2\frac{v_{\mathrm{m}}}{\lambda} \tag{8}$$

je Sekunde ab. Gibt es durchschnittlich n Elektronen in der Volumeinheit so ist der Mittelwert der in der Volumeinheit je Sekunde abgegebenen Energie

$$\overline{W} = n\frac{\overline{\Delta W}}{\tau} = 2nmu^2\frac{v_{\mathrm{m}}}{\lambda}. \tag{9}$$

Durch Einsetzen des Ausdruckes für u erhält man die Beziehung

$$\overline{W} = 2nm\frac{e^2E^2\lambda^2}{4\,m^2v_{\mathrm{m}}^2}\frac{v_{\mathrm{m}}}{\lambda} = \frac{1}{2}n\frac{e^2}{m}\frac{\lambda}{v_{\mathrm{m}}}E^2, \tag{10}$$

welche unter Verwendung der Beziehung (4) auch in der bekannten Form

$$W = \gamma E^2 \tag{11}$$

geschrieben werden kann. Damit haben wir also die mikrophysikalische Deutung des *Joule*-Gesetzes erhalten.

Bei der Behandlung der elektrischen Leitung in Metallen wurde die Tatsache, daß für Elektronen die *Fermi-Dirac*sche Statistik gültig ist, in expliziter Form überhaupt nicht verwendet. Bei den Mittelwertbildungen spielt aber natürlich auch die die Grundlage der Behandlung bildende Verteilungsfunktion eine implizite Rolle. Bei der Behandlung der Wärmeleitung verwenden wir die einfachere klassische Formel zur Mittelwertbildung, um damit die breite Verwendbarkeit der klassischen Statistik, gleichzeitig aber auch ihre Grenzen zu demonstrieren.

Bekanntlich wird sowohl die Elektrizität als auch die Wärme durch Elektronen entlang des Leiters transportiert; es steht also zu erwarten, daß der Zusammenhang der beiden Erscheinungen auch quantitativ nachgewiesen werden kann. Die diesbezüglichen Versuche zeigen, daß der Quotient $\varkappa/\gamma$ der Wärme- bzw. der elektrischen Leitfähigkeit für alle Metalle ziemlich gleich und von der Temperatur ungefähr linear abhängig ist (Abb. 7.2). Zur theoretischen Erläuterung der Erscheinung nehmen wir an, daß die Temperaturänderung entlang des Leiters in der Form $T = T(x)$ gegeben ist. Durch ihre ständigen Stöße mit den Ionen befinden sich die Elektronen überall im thermischen Gleichgewicht mit der Umgebung. Auf Grund der klassischen Statistik hängt also ihre mittlere Energie gemäß der Beziehung

$$W_e(x) = \frac{1}{2}\, m v_{\mathrm{m}}^2 = \frac{3}{2}\, kT(x) \tag{12}$$

von x ab.

Zwischen zwei Stößen soll das Elektron während der Zeit τ die Strecke τv_x durchlaufen. Mit Rücksicht auf die Abhängigkeit des Wertes T von x ändert sich die Metalltemperatur auf dieser Strecke (Abb. 7.3) um

$$\Delta T = \frac{\partial T}{\partial x}\, v_x \tau , \tag{13}$$

und dementsprechend die mittlere kinetische Energie des Elektrons gemäß Gl, (12) um

$$\Delta W_e = \frac{3}{2}\, k\, \frac{\partial T}{\partial x}\, v_x \tau . \tag{14}$$

Wie es bei der Ableitung des differentiellen *Ohm*schen Gesetzes gezeigt wurde, passieren $N = v_x \cdot 1 \cdot n$ Teilchen der Geschwindigkeit v_x die zu v_x senkrechte Einheits-

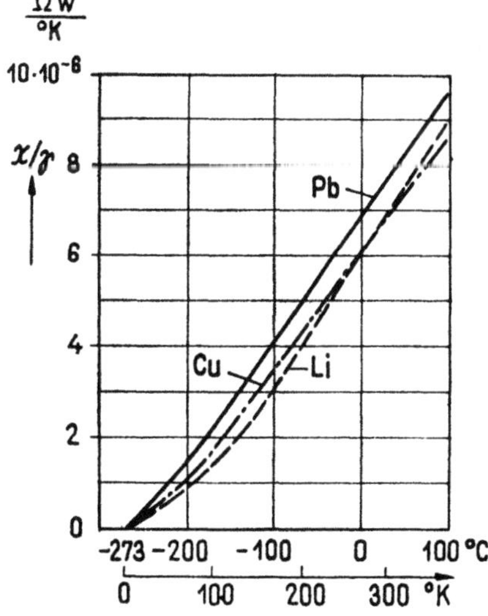

7.2 Temperaturabhängigkeit des Verhältnisses von Wärmeleitung und elektrischer Leitung

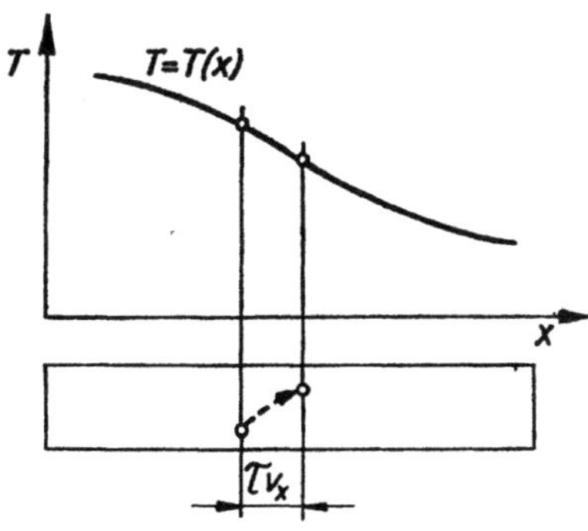

7.3 Zur Ableitung des *Wiedemann-Franz*schen Gesetzes

fläche je Sekunde. Folglich strömt durchschnittlich die zusätzliche Energie

$$W = -N\Delta W_e = -\frac{3}{2}\,k\,\frac{\partial T}{\partial x}\,v_x^2\,\tau n \tag{15}$$

pro Sekunde durch die Einheitsfläche des Leiterquerschnittes.

Durch Einsetzen des Zusammenhanges $v_x^2 = v_m^2/3$ erhält man die Gleichung

$$W = -\frac{1}{2}\,kv_m^2\,\tau n\,\frac{\partial T}{\partial x}\,. \tag{16}$$

Unter Berücksichtigung der Beziehung $\lambda = v_m\tau$ ergibt sich schließlich die Endformel

$$W = -\frac{1}{2}\,kv_m\,\lambda n\,\frac{\partial T}{\partial x}\,. \tag{17}$$

Wird diese dem makroskopischen Wert

$$W = -\varkappa\,\frac{\partial T}{\partial x} \tag{18}$$

der Wärmegleichung gegenübergestellt, so läßt sich für den Wärmeleitungskoeffizienten $\varkappa$ der Ausdruck

$$\varkappa = \frac{1}{2}\,kv_m\,\lambda n \tag{19}$$

aufschreiben. Andererseits lautet der Ausdruck für die elektrische Leitfähigkeit

$$\gamma = \frac{n}{2}\,\frac{e^2}{m}\,\frac{\lambda}{v_m}\,. \tag{20}$$

Das Verhältnis der beiden ist daher

$$\frac{\varkappa}{\gamma} = \frac{\dfrac{1}{2}\,kv_m\,\lambda n}{\dfrac{1}{2}\,\dfrac{e^2}{m}\,\dfrac{\lambda}{v_m}\,n} = k\,\frac{m}{e^2}\,v_m^2 \tag{21}$$

oder umgeordnet

$$\frac{\varkappa}{\gamma} = \left(\frac{k}{e}\right)^2\,\frac{mv_m^2}{k}\,. \tag{22}$$

Berücksichtigt man nun die Beziehung

$$\frac{1}{2}\,mv_m^2 = \frac{3}{2}\,kT, \tag{23}$$

erhält man die Endformel

$$\frac{\varkappa}{\gamma} = 3\left(\frac{k}{e}\right)^2\,T\,. \tag{24}$$

Diese Beziehung stellt das *Wiedemann-Franzsche* Gesetz dar.

Wir untersuchen jetzt, inwieweit die Temperaturabhängigkeit der spezifischen Leitfähigkeit gemäß der Formel (4) bzw. des daraus ableitbaren spezifischen Widerstandes

$$\varrho = \frac{1}{\gamma} = \frac{2\,mv_m}{ne^2\,\lambda}$$

den experimentellen Tatsachen entspricht. Abb. 7.4 zeigt die Temperaturabhängigkeit des Widerstandes der reinen Metalle, Abb. 7.5 die des Kupfers zwischen etwas weiteren Grenzen. Der Sprung erfolgt hier am Schmelz-

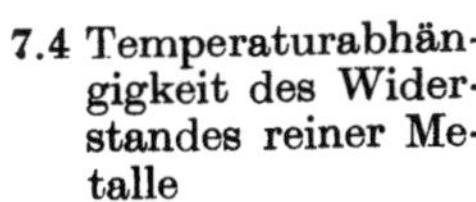

7.4 Temperaturabhängigkeit des Widerstandes reiner Metalle

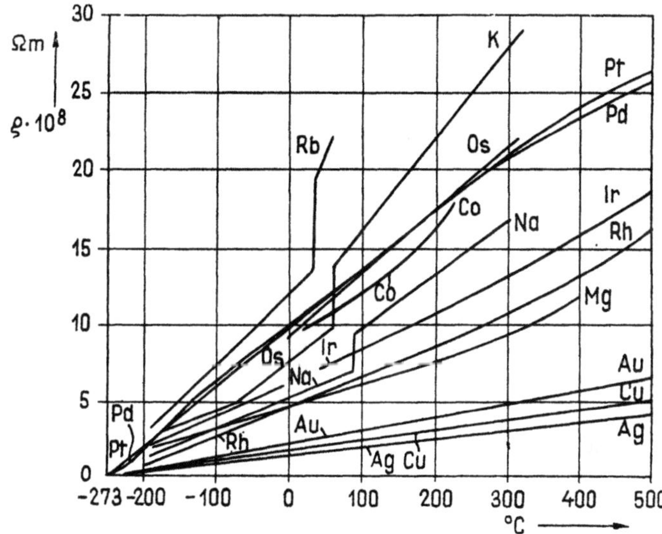

punkt; der Widerstand des flüssigen Metalls ist im allgemeinen größer als der des festen kristallinen Metalls.

Berechnet man die mittlere Geschwindigkeit auf Grund der klassischen Statistik, so erhält man für die spezifische Leitfähigkeit einen Ausdruck der Form

$$\varrho = \text{const} \sqrt{T}. \tag{25}$$

Nach Abb. 7.4 ist das aber unrichtig. In erster Näherung ändert sich der spezifische Widerstand linear mit der Temperatur. Eine Erklärung liefert nur die Quantenmechanik. Danach wird nämlich die Bewegung eines freien Elektrons durch eine ungedämpfte ebene Welle beschrieben. Anschaulich hat man sich diese Erscheinung so vorzustellen, daß die ebene Welle zwar an jedem einzelnen Gitteratom gestreut wird, doch verstärken einander die gestreuten Wellen infolge der vollkommen regelmäßigen Anordnung der Gitteratome nur in der Fortpflanzungsrichtung, während sie sich in den anderen Richtungen durch Interferenz vollständig auslöschen. Das ist dieselbe Erscheinung, als wenn das Licht ohne jeden Intensitätsverlust einen regelmäßigen Kristall passiert. Eine Streuung tritt nur deshalb auf, weil der Gitteraufbau nicht streng regelmäßig ist: Die natürlichste Ursache der Abweichung von der Regelmäßigkeit ist die thermische Bewegung der Ionen. Mit grober Schätzung kann man sagen, daß die Streuung und damit der Widerstand dem quadratischen Mittel

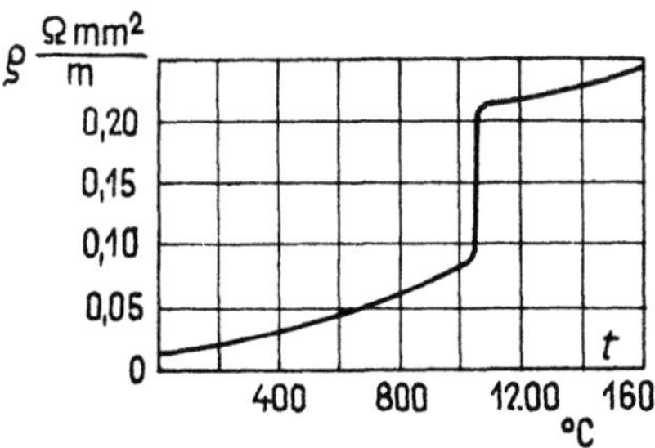

7.5 Änderung des spezifischen Widerstandes von Kupfer als Funktion der Temperatur

der Abweichung von der regelmäßigen Gleichgewichtslage proportional ist. Dem Prinzip der Äquipartition gemäß ist die Abweichung selbst eine lineare Funktion der Temperatur; dasselbe gilt also auch für den Widerstand.

Bei der genauen Anwendung der Theorie ist der Schwingungszustand der Ionen sowie die Wechselwirkung zwischen den Elektronen zu untersuchen. Die Behandlung wird anschaulicher, wenn die zu den quantisierten mechanischen Schwingungszuständen gehörenden Energiequanten analog zu den Photonen als Phononen bezeichnet werden; dann hat man die Wechselwirkung von Elektronen und Phononen zu untersuchen. Unter den Faktoren, welche eine Streuung verursachen und den Wert des Widerstandes beeinflussen, spielen die Fremdatome, die Verunreinigungen sowie die sich aus dem geometrischen Aufbau des Kristalls ergebenden Defekte eine wichtigere Rolle. Die theoretische Berücksichtigung dieser Faktoren ist ebenfalls möglich.

Der konstante Wert des Widerstandes bei tieferen Temperaturen rührt von diesen Effekten her.

Auf Grund dieser Betrachtung wird die Tatsache verständlich, daß der Widerstand der Legierungen größer ist als der der einzelnen Komponenten; die räumliche Periodizität ist dann stark gestört. Bei den Legierungsverhältnissen, welche zur Bildung irgendeiner geregelten Struktur führen, sinkt der Widerstandswert sofort (Abb. 7.6a).

Die räumliche Anisotropie der Leitfähigkeit oder des Widerstandes ist bisher nicht erwähnt worden. In Wirklichkeit besteht das Metall im allgemeinen aus einer ungeregelten Anhäufung von Kristallen, in der es keine ausgezeichnete Richtung gibt; aus der Anisotropie der Einzelkristalle bildet sich ein Mittelwert aus. Untersucht man dagegen den spezifischen Widerstand oder die spezifische Leitfähigkeit eines

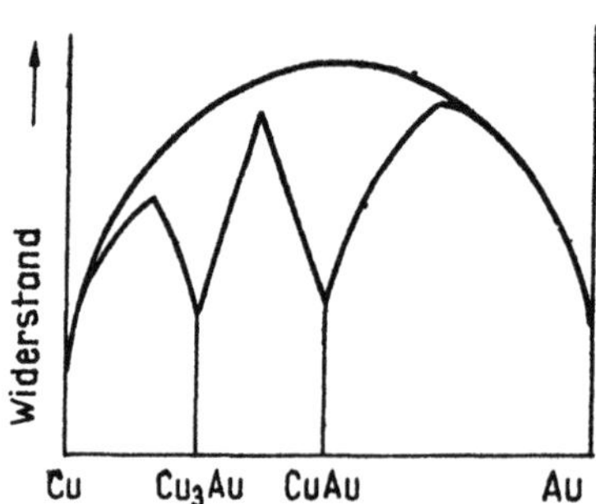

7.6 *a*) Die Änderung des spezifischen Widerstandes der Kupfer-Gold-Legierung als Funktion des Legierungsverhältnisses. Obere Kurve: ungetempert; untere Kurve: getempert

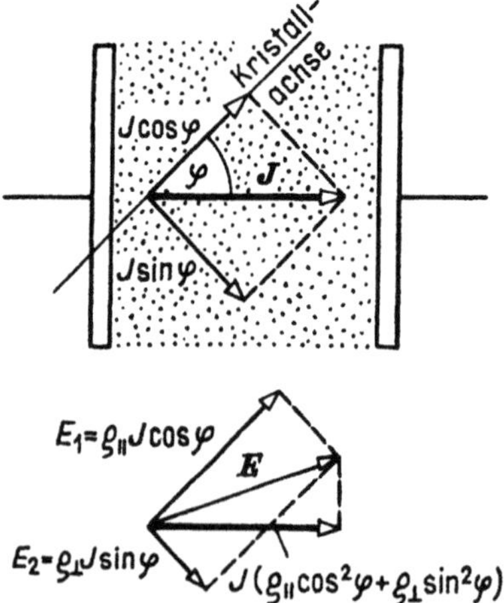

7.6 *b*) Zur Berechnung des resultierenden spezifischen Widerstandes eines Kristalls

einzigen Kristalls, so findet man im allgemeinen, daß die Beziehung zwischen E und J durch einen Tensor gegeben ist:

$$\gamma_x = \gamma_{11}E_x + \gamma_{12}E_y + \gamma_{13}E_z,$$
$$\gamma_y = \gamma_{21}E_x + \gamma_{22}E_y + \gamma_{23}E_z, \qquad (26)$$
$$\gamma_z = \gamma_{31}E_x + \gamma_{32}E_y + \gamma_{33}E_z.$$

Erfahrungsgemäß ist dieser Tensor symmetrisch, so daß $\gamma_{ik} = \gamma_{ki}$ ist. Durch Transformieren auf die Hauptachsen des Kristalls erhält man die Beziehung

$$J_1 = \gamma_1 E_1,$$
$$J_2 = \gamma_2 E_2,$$
$$J_3 = \gamma_3 E_3,$$

wobei die Indexzahlen 1, 2 und 3 die drei Hauptachsen bezeichnen. Bei einem kubischen Kristall ist $\gamma_1 = \gamma_2 = \gamma_3$, so daß die sich in diesem System kristallisierenden Metalle durch einen einzigen Leitfähigkeitswert charakterisiert werden können. Bei einachsigen Kristallen (d. h. bei hexagonalen und tetragonalen Systemen) ist $\gamma_1 \neq \; \neq \gamma_2 = \gamma_3$, so daß die Angabe von zwei Leitfähigkeiten und insbesondere von zwei spezifischen Widerstandswerten erforderlich ist:

$$E_1 = \varrho_{\|} J_1 ,$$
$$E_2 = \varrho_\perp J_2 , \qquad (27)$$
$$E_3 = \varrho_\perp J_3 ,$$

wobei $\varrho_{\|}$ und $\varrho_\perp$ den parallel bzw. senkrecht zur Kristallachse gemessenen spezifischen Widerstand bezeichnen.

Zwischen einer Stromdichte, deren Richtung einen beliebigen Winkel einschließt und der in dieselbe Richtung fallenden Komponente der Feldstärke läßt sich auf Grund der Abb. 7.6b eine einfache Beziehung aufstellen. Um die zur Erzeugung der Stromdichte J erforderliche Feldstärke E zu ermitteln, wird J in eine zur Kristallachse parallele und eine dazu senkrechte Komponente aufgelöst. Zu diesen gehören die Feldstärken

$$E_1 = \varrho_{\|} J \cos \varphi \quad \text{bzw.} \quad E_2 = \varrho_\perp J \sin \varphi.$$

Die in die Richtung von J fallende Komponente des resultierenden Feldes — da ja diese durch die dem Kondensator angelegte Spannung gemäß der Beziehung U/d bestimmt wird — ist demnach

$$E = \varrho_{\|} J \cos^2 \varphi + \varrho_\perp J \sin^2 \varphi. \qquad (28)$$

Der Widerstand ist also

$$\varrho = \varrho_{\|} \cos^2 \varphi + \varrho_\perp \sin^2 \varphi. \qquad (29)$$

Zur größenordnungsmäßigen Information sei erwähnt, daß im Fall von Zink

$$\varrho_{\|} = 6{,}06 \cdot 10^{-6} \, \Omega \, \text{cm},$$
$$\varrho_\perp = 5{,}83 \cdot 10^{-6} \, \Omega \, \text{cm}$$

ist.

Das obige Ergebnis läßt sich durch Einführen des Widerstandstensors $\mathbf{T}_\varrho$ sehr einfach ausdrücken. Damit ist nämlich

$$E = \mathbf{T}_\varrho J. \qquad (30)$$

Führt man noch den in die Richtung von J zeigenden Einheitsvektor n ein, so daß $J = Jn$ ist, dann gilt

$$n E = E_J = n \mathbf{T}_\varrho n J = J n \mathbf{T}_\varrho n = J \varrho.$$

In voller Allgemeinheit ergibt sich also der Wert des spezifischen Widerstandes ϱ in der Form

$$\varrho = n\,\mathbf{T}_\varrho\,n.$$

(*) Jetzt möchten wir die Leitungserscheinungen mit etwas verfeinerten statistischen Methoden untersuchen, obzwar die hier zu benutzenden Formeln auch nur eine beschränkte·Gültigkeit besitzen [7.2]. Wir nehmen an, daß entlang eines guten Leiters gleichzeitig ein elektrischer Potentialgradient und ein Temperaturgradient existieren. Außerdem nehmen wir an, daß sich an jedem Ort eine lokale Gleichgewichtsverteilung, und zwar eine *Fermi-Dirac*-Verteilung einstellt. Als Ausgangspunkt dient die Gleichung 3.6.7 — (27)

$$f_1 = -\,\tau(\boldsymbol{v}\,\mathrm{grad}_{\boldsymbol{r}}\,f_0 + \boldsymbol{F}\,\mathrm{grad}_{\boldsymbol{p}}\,f_0)\,,$$

wo

$$f_0 = \frac{2}{h^3}\,\frac{1}{e^{\frac{W-W_F}{kT}}+1}\,,\quad \boldsymbol{F} = -\,e\boldsymbol{E}.$$

Hier wurde $\boldsymbol{p} = m\boldsymbol{v}$ statt $\boldsymbol{v}$ eingeführt. So fehlt jetzt m^3 im Verhältnis zur Gl, 3.3.2 — (4a). T hängt explizit — und auf bekannte Weise — von $\boldsymbol{r}$ bzw. von x ab. W_F hängt von der Teilchendichte, n bzw. von der Temperatur ab. Die Temperaturabhängigkeit ist aber in einem sehr breiten Intervall vernachlässigbar, so nehmen wir auch im weiteren $\partial W_F/\partial T$ gleich Null. $\mathrm{grad}_{\boldsymbol{p}} f_0$ kann einfach aufgeschrieben werden, da f_0 von $\boldsymbol{p}$ nur durch W abhängt:

$$\mathrm{grad}_{\boldsymbol{p}}\,f_0 = \frac{\partial f_0}{\partial W}\,\mathrm{grad}_{\boldsymbol{p}}\,W\,,\quad \mathrm{grad}_{\boldsymbol{p}}\,W = \frac{\boldsymbol{p}}{m} = \boldsymbol{v}.$$

Ein wenig umständlicher ist die Ausrechnung von $\mathrm{grad}_{\boldsymbol{r}}\,f_0$, da sie, wie erwähnt, durch T und W_F von $\boldsymbol{r}$ abhängt:

$$\mathrm{grad}_{\boldsymbol{r}}\,f_0\big|_x = \frac{\partial f_0}{\partial x} = \frac{\partial f_0}{\partial\!\left(\dfrac{W-W_F}{kT}\right)}\,\frac{\partial}{\partial x}\,\frac{W-W_F}{kT} =$$

$$= -\frac{2}{h^3}\,\frac{e^{\frac{W-W_F}{kT}}}{\left(e^{\frac{W-W_F}{kT}}+1\right)^2}\,\frac{\partial}{\partial x}\left(\frac{W}{kT}-\frac{W_F}{kT}\right). \tag{31}$$

Unter Berücksichtigung der Zusammenhänge

$$\frac{\partial}{\partial x}\,\frac{W}{T} = -\frac{W}{T^2}\,\frac{\partial T}{\partial x},$$

$$\frac{\partial}{\partial x}\,\frac{W_F}{T} = -\frac{W_F}{T^2}\,\frac{\partial T}{\partial x} + \frac{1}{T}\,\frac{\partial W_F}{\partial n}\,\frac{\partial n}{\partial x}\,,$$

$$\frac{\partial f_0}{\partial W} = -\frac{2}{h^3}\,\frac{e^{\frac{W-W_F}{kT}}}{\left(e^{\frac{W-W_F}{kT}}+1\right)^2}\,\frac{\partial}{\partial W}\,\frac{W-W_F}{kT} = -\frac{2}{h^3}\,\frac{1}{kT}\cdot\frac{e^{\frac{W-W_F}{kT}}}{\left(e^{\frac{W-W_F}{kT}}+1\right)^2}$$

erhalten wir

$$\mathrm{grad}_{\boldsymbol{r}}\,f_0 = \frac{\partial f_0}{\partial W}\left[\left(-\frac{W}{T}+\frac{W_F}{T}\right)\mathrm{grad}_{\boldsymbol{r}}\,T - \frac{\partial W_F}{\partial n}\,\mathrm{grad}_{\boldsymbol{r}}\,n\right].$$

Wenn wir jetzt nur metallische Stoffe in Betracht ziehen, sehen wir von dem Dichtegradienten ab. Eine Änderung der Teilchendichte würde nämlich eine so starke Feldstärke hervorrufen, daß sie in kürzester Zeit (im Verhältnis zu τ) die Inhomogenität beseitigen würde.

Wir erhalten jetzt für die elektrische Strömung

$$\boldsymbol{J} = -e \int\limits_{V_p} f\boldsymbol{v}\,\mathrm{d}V_p = e \int\limits_{V_p} \tau\,\frac{\partial f_0}{\partial W}\,\mathrm{grad}_p\,W\left[\left(-\frac{W}{T}+\frac{W_\mathrm{F}}{T}\right)\mathrm{grad}_r\,T - e\boldsymbol{E}\right]\boldsymbol{v}\,\mathrm{d}V_p \qquad (32)$$

bzw. für die Energieströmung

$$\boldsymbol{J}_\mathrm{W} = \int\limits_{V_p} f\boldsymbol{v}\,W\mathrm{d}V_p = -\int\limits_{V_p} \tau W\,\frac{\partial f_0}{\partial W}\,\mathrm{grad}_p\,W\left[\left(-\frac{W}{T}+\frac{W_\mathrm{F}}{T}\right)\mathrm{grad}_r\,T - e\boldsymbol{E}\right]\boldsymbol{v}\,\mathrm{d}V_p . \qquad (33)$$

Beide Formeln können in der folgenden einfachen Form geschrieben werden

$$\boldsymbol{J} = C_1\,\mathrm{grad}_r\,T + C_2\boldsymbol{E} , \qquad (34)$$

$$\boldsymbol{J}_\mathrm{W} = C_3\,\mathrm{grad}_r\,T + C_4\boldsymbol{E} . \qquad (35)$$

Wenn wir jetzt berücksichtigen, daß das Problem eindimensional ist und die Elektronen als frei betrachtet werden können, so gelten:

$$W = \frac{1}{2\,m}\,(p_x^2 + p_y^2 + p_z^2), \quad \mathrm{grad}_p\,W = \boldsymbol{v} .$$

Die Gleichungen (32), (33) lassen sich also folgendermaßen umschreiben:

$$J_x = e \int\limits_{V_p} \tau\,\frac{\partial f_0}{\partial W}\,v_x^2\left[\left(-\frac{W}{T}+\frac{W_\mathrm{F}}{T}\right)\frac{\mathrm{d}T}{\mathrm{d}x} - eE_x\right]\mathrm{d}V_p , \qquad (36)$$

$$J_\mathrm{Wx} = -\int\limits_{V_p} \tau W\,\frac{\partial f_0}{\partial W}\,v_x^2\left[\left(-\frac{W}{T}+\frac{W_\mathrm{F}}{T}\right)\frac{\mathrm{d}T}{\mathrm{d}x} - eE_x\right]\mathrm{d}V_p . \qquad (37)$$

Da die elektrische Leitfähigkeit durch die Gleichung

$$\gamma = \frac{J_x}{E_x}\bigg|_{\frac{\partial T}{\partial x}=0} \qquad (38)$$

definiert ist, erhalten wir aus der Gleichung (36)

$$\gamma = -e^2 \int\limits_{V_p} \tau\,\frac{\partial f_0}{\partial W}\,v_x^2\,\mathrm{d}V_p . \qquad (39)$$

Die Wärmeleitfähigkeit ist dagegen durch die Gleichung

$$\varkappa = -\left(\frac{J_\mathrm{Wx}}{\partial T/\partial x}\right)_{J_x=0} \qquad (40)$$

definiert.

Die Ausrechnung der hier vorkommenden Funktionen wird dadurch erleichtert, daß $\partial f_0/\partial W$ im wesentlichen nur in der Nähe von $W = W_\mathrm{F}$ von Null abweicht. Ohne die etwas umständlichen Details anzuführen, geben wir die Endresultate:

$$\gamma \sim \frac{ne^2\tau_\mathrm{F}}{m} , \qquad (41)$$

$$\varkappa \sim \frac{\pi^2 n\tau_\mathrm{F}\,k^2 T}{3\,m} , \quad \frac{\varkappa}{\gamma} = \frac{\pi^2}{3}\left(\frac{k}{e}\right)^2 T . \qquad (42)$$

Hier bezieht sich τ_F auf den Wert von $\tau(W)$ bei der *Fermi*-Energie W_F.

Wir müssen auch die Vorstellungen über die Wärmeleitfähigkeit etwas verfeinern.

Da die elektrische Leitfähigkeit eines Metalls um 20 Größenordnungen größer sein kann als die eines Isolators, dagegen sich die Wärmeleitfähigkeiten nur um 3 Größenordnungen unterscheiden, tritt eine andere Art der Energieförderung mit der Verminderung der Zahl der frei beweglichen Elektronen in den Vordergrund, und zwar die Wärmeleitung mit Hilfe der Gitterschwingungen, oder anders gesagt, mit Hilfe der Phononen. Wenn wir mit dem Begriff der Phononen operieren, so kann die Wärmeleitfähigkeit genau so berechnet werden, wie die elektrische Leitfähigkeit mit Hilfe der Elektronen: Die Wärmeleitfähigkeit ist proportional der Zahl und Geschwindigkeit der Phononen und deren freier Weglänge. Für die thermoelektrischen Generatoren ist es wichtig, Stoffe mit hoher elektrischer, aber mit niedriger thermischer Leitfähigkeit zu erzeugen. Schwere Störatome, wie Tellur, reduzieren die Geschwindigkeit der Phononen und gleichzeitig auch die freie Weglänge und damit die Wärmeleitfähigkeit.

7.1.3 Thermoelektrische Erscheinungen

Die Elektronen spielen — wie wir es soeben gesehen haben — nicht nur bei der Förderung der elektrischen Ladungen, sondern auch beim Wärmetransport eine grundlegende Rolle; es ist folglich nicht überraschend, daß mit thermischen Inhomogenitäten elektrische Erscheinungen verbunden sind. Diese *thermoelektrischen* Erscheinungen haben im *Thermoelement* eine nützliche Anwendung gefunden, u. zw. in erster Linie für die Zwecke der Temperaturmessung. Die Bedeutung dieser Erscheinungen hat sich neuerdings erhöht, da man hoffen kann, daß die Wärme auf diesem Weg mit praktisch befriedigendem Wirkungsgrad direkt in elektrische Energie umgewandelt werden kann.

Die wichtigsten thermoelektrischen Erscheinungen sind die folgenden:

Der Seebeck-Effekt. Wird aus zwei verschiedenen Stoffen ein geschlossener Stromkreis hergestellt und die eine Lötstelle auf der Temperatur $T_\text{kalt} = T$, die andere auf der Temperatur $T_\text{warm} = T + \mathrm{d}T$ gehalten, so entsteht im Kreis die Spannung

$$\mathrm{d}U_{12} = S_{12}\mathrm{d}T. \tag{43}$$

Der in der Formel vorkommende Faktor S_{12} [V/°K] ist der *Seebeck-Koeffizient*, dessen Wert von der Materialbeschaffenheit der beiden Stoffe und der Temperatur, nicht aber von der Geometrie der Kontaktstellen abhängig ist.

Der *Peltier-Effekt* kann als Umkehrung des *Seebeck*-Effektes betrachtet werden. Fließt der Strom I durch die Lötstelle von zwei verschiedenen Stoffen, so wird sich diese je nach Stromrichtung erwärmen oder abkühlen. Die während der Zeiteinheit umgesetzte Wärmemenge beträgt

$$\mathrm{d}Q_\text{P} = \Pi_{12}I. \tag{44}$$

Die hier vorkommende Größe Π_{12} [V] ist der *Peltier-Koeffizient*, welcher von den Kennwerten der beiden Stoffe und von der Temperatur abhängt.

Wird schließlich ein Temperaturgradient entlang eines Leiters erzeugt und zusätzlich der Strom I hindurchgeleitet, so wird auf der Strecke der Länge dx die Wärmemenge

$$dQ_\mathrm{T} = \tau I \left(\frac{dT}{dx}\right) dx \tag{45}$$

frei. Das ist die *Thomson*-Wärme, und τ [V/°K] ist der *Thomson*-Koeffizient. Die obigen Beziehungen sind, zumindest in kleinen Temperaturbereichen, sowohl in T als auch in I linear. Dies bedeutet, daß diese Effekte, im Gegensatz zur Entstehung der *Joule*-Wärme, *reversible* Prozesse sind.

Auf Grund des Ersten und Zweiten Hauptsatzes der Thermodynamik ist es leicht, einfache Beziehungen zwischen den einzelnen Koeffizienten festzustellen. Zu diesem Zweck stellen wir aus den mit (1) und (2) bezeichneten Stoffen einen geschlossenen Kreis (Abb. 7.7a und b) her und halten die Kontaktstellen auf der Temperatur $T_\mathrm{W} = T + dT$ bzw. $T_\mathrm{k} = T$. Infolge der Thermospannung fließt dann natürlich ein Strom im Kreis, so daß man die elektrische Leistung $S_{12}\,dTI$ erhält. Auf Grund des *Peltier*-Effektes wird durch diesen Strom beim Durchgang an den Kontaktstellen Wärme entzogen bzw. freigesetzt. Will man also die Kontaktstellen auf einer vorgegebenen konstanten Temperatur halten, so muß man dem warmen Kontakt die Wärmemenge

$$\left(\Pi_{12} + \frac{d\Pi_{12}}{dT}\,dT\right) I$$

zuführen und dem kalten Kontakt die Wärmemenge

$$\Pi_{12}I$$

entziehen. Gleichzeitig wird in einem Strompfad die *Thomson*-Wärme

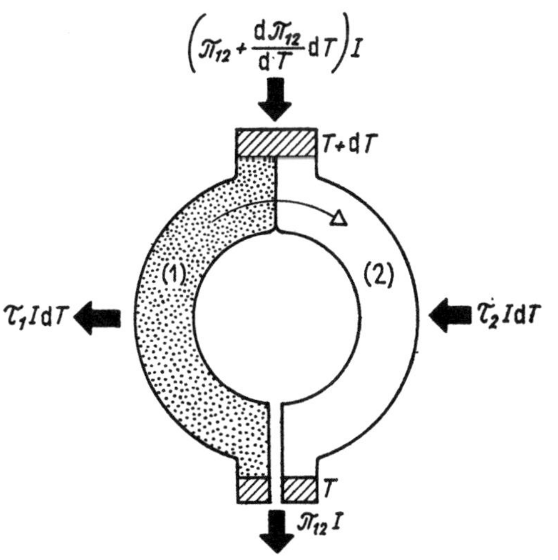

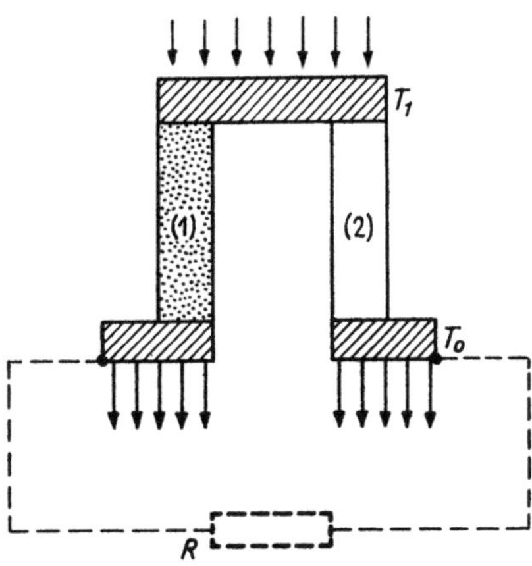

7.7 *a*) Zur Ableitung der Zusammenhänge zwischen den verschiedenen thermoelektrischen Kenngrößen

7.7 *b*) Skizze eines Thermoelementes

$\tau_2 I dT$ frei, während im anderen die *Thomson*-Wärme $\tau_1 I dT$ einzuspeisen ist. Ist die Stromstärke sehr klein, so kann der quadratisch kleine *Joule*-Verlust außer acht bleiben, und die Energiegleichung lautet

$$S_{12}\,\mathrm{d}TI = \left(\Pi_{12} + \frac{\mathrm{d}\Pi_{12}}{\mathrm{d}T}\right) I - \Pi_{12}\,I + (\tau_1 - \tau_2)\,I\,\mathrm{d}T\,. \tag{46}$$

Daraus ergibt sich die Beziehung

$$S_{12} = \frac{\mathrm{d}\Pi_{12}}{\mathrm{d}T} + \tau_1 - \tau_2\,. \tag{47}$$

Unter Berücksichtigung der verwendeten Einschränkungen können die Prozesse als reversibel betrachtet werden. Nach dem Zweiten Hauptsatz der Thermodynamik bedeutet dies, daß die Summe der Entropie-Änderungen gleich Null, also

$$\sum \frac{\mathrm{d}Q}{T} = \frac{\left(\Pi_{12} + \dfrac{\mathrm{d}\Pi_{12}}{\mathrm{d}T}\right) I}{T + \mathrm{d}T} - \frac{\Pi_{12}}{T}\,I + \frac{\tau_1 - \tau_2}{T}\,I\,\mathrm{d}T = 0$$

ist. Daraus erhält man nach Dividieren durch $I dT$ die Beziehung

$$\frac{\mathrm{d}}{\mathrm{d}T}\left(\frac{\Pi_{12}}{T}\right) + \frac{\tau_1 - \tau_2}{T} = 0\,, \quad \text{d. h.} \quad \frac{\mathrm{d}\Pi_{12}}{\mathrm{d}T} - \frac{\Pi_{12}}{T} = \tau_2 - \tau_1\,. \tag{48}$$

Aus dem Vergleich dieser Beziehung mit der Energiegleichung (47) folgt, daß

$$S_{12} = \frac{\Pi_{12}}{T} \tag{49}$$

ist. Das Differenzieren dieser Gleichung nach T ergibt

$$\frac{\mathrm{d}S_{12}}{\mathrm{d}T} = \frac{1}{T}\left(\frac{\mathrm{d}\Pi_{12}}{\mathrm{d}T} - \frac{\Pi_{12}}{T}\right),$$

o daß gemäß (49)

$$\frac{\mathrm{d}S_{12}}{\mathrm{d}T} = \frac{\tau_2}{T} - \frac{\tau_1}{T} = \frac{\mathrm{d}}{\mathrm{d}T}(S_2 - S_1)$$

ist.

Während der *Thomson*-Koeffizient separat für die verschiedenen Stoffe, der *Seebeck*- und *Peltier*-Koeffizient dagegen nur für Stoffpaare definiert wurde, bietet die letzte Gleichung die Möglichkeit, mit Hilfe der Beziehungen

$$\frac{\mathrm{d}S}{\mathrm{d}T} = \frac{\tau}{T}\,, \quad S = \int^{T} \frac{\tau}{T}\,\mathrm{d}T$$

bzw.

$$S = \frac{\Pi}{T}\,, \quad \Pi = ST$$

einen absoluten *Seebeck*- und *Peltier*-Koeffizienten für die einzelnen Stoffe zu definieren. Der entsprechende Koeffizient eines Stoffpaares ergibt sich dann als Differenz der absoluten Werte. In der praktischen Meßtechnik handelt es sich natürlich immer um geschlossene Kreise, so daß ein zweiter Stoff immer dabei ist. Beim Supraleiter sind die thermoelektrischen Koeffizienten nachweisbar gleich Null. Wird also ein zu untersuchender Stoff mit einem Supraleiter zu einem Thermopaar vereinigt, so können die absoluten Koeffizienten des ersteren bestimmt werden. In der Praxis ist es üblich, die Werte für Blei gleich Null zu setzen. Hinsichtlich der Zahlenwerte sei bemerkt, daß der *Seebeck*-Koeffizient von Metallen in die Größenordnung von einigen Mikrovolt pro Grad fällt und bei Halbleitern den Wert von 0,1 Millivolt pro Grad erreicht.

Die genaue mikrophysikalische Behandlung der thermoelektrischen Erscheinungen ist sehr kompliziert. Die einfachste Vorstellung, die des Freien-Elektron-Modells, gibt nur ein grobes qualitatives Bild. Hiernach entsteht der *Seebeck*-Effekt folgendermaßen: Wird ein Ende eines Leiters ständig auf einer hohen Temperatur gehalten, so wird die kinetische Energie der sich dort aufhaltenden Elektronen größer als die der Elektronen am anderen, auf einer niedrigeren Temperatur gehaltenen Leiterende. Dementsprechend diffundiert eine größere Zahl von Elektronen auf das kalte Ende zu, wodurch eine Spannungsdifferenz zwischen den beiden Enden entsteht. Im Gleichgewichtszustand erzeugt diese Spannungsdifferenz, oder genauer gesagt die damit zusammenhängende Feldstärke, einen Strom, der dem Diffusionsstrom gleich, jedoch entgegengerichtet ist. In diesem Zustand treten genau so viele Elektronen durch einen beliebigen Leiterquerschnitt in der einen wie in der anderen Richtung hindurch. Eine Ladungsströmung gibt es also nicht; die durchschnittliche Geschwindigkeit der in der einen Richtung strömende Elektronen ist aber größer, so daß man eine Wärmeströmung erhält. Die zwischen den beiden Leiterenden so entstehende Spannung ist die absolute *Seebeck*-Spannung. In einem Thermoelement erscheint die mit dem entsprechenden Vorzeichen gebildete Differenz dieser Spannungen als elektromotorische Kraft.

Der *Thomson*-Effekt entsteht in der Weise, daß der Strom die Elektronen z. B. von der wärmeren auf die kältere Stelle zu trägt, wo sie die mitgenommene Überschußenergie abgeben; gelangen die Elektronen von einem kälteren in einen wärmeren Teil des Leiters, so ist dem Leiter Wärme zuzuführen, falls dort die Temperatur nicht sinken soll.

Schließlich entsteht die *Peltier*-Wärme in der Weise, daß die mittlere kinetische Energie der vom einen Stoff über die Kontaktstelle in den anderen überströmenden Elektronen auch bei konstanter Temperatur von der Materialbeschaffenheit abhängig ist; in der Verteilungsfunktion stehen auch Materialkennwerte. Die Energie der Elektronen nimmt also bei dem Durchgang entweder ab — dann ist zur Konstanthaltung der Temperatur Wärme zuzuführen — oder zu, wenn Wärme abgeführt werden muß.

Die Größe des *Thomson*-Koeffizienten kann auf Grund der Hypothese über das der *Maxwell-Boltzmann*-Statistik gehorchende Freie-Elektron-Gas geschätzt werden. Die Sache kann nämlich so aufgefaßt werden, als wäre eine die eine gegebene Ladungsmenge darstellende Elektronengasmenge auf eine höhere Temperatur zu bringen; der *Thomson*-Koeffizient ist dann nichts anderes als die spezifische Wärme der eine Ladungseinheit ausmachenden Elektronen, d. h. die auf die Elektronenladung bezogene spezifische Elektronenwärme,

$$\tau \approx \frac{c_{\text{el}}}{e} = \frac{3}{2}\frac{k}{e},$$

oder auf Grund der *Fermi-Dirac*schen Statistik $\big(\text{Gl. } 3.3.2-(23)\big)$

$$\tau \approx \frac{1}{e}\,\pi^2 k\left(\frac{kT}{W_{\text{F}_0}}\right).$$

Die Gleichungen des vorigen Kapitels ermöglichen uns die Bestimmung des *Seebeck*-Koeffizienten. Dazu haben wir als erster Schritt die elektrische Feldstärke bei gegebenem Temperaturgradienten im stromlosen Zustand zu bestimmen. Wir nehmen also in Gleichung 7.1.2 − (36) $J_x = 0$ und bestimmen aus dieser Gleichung die Feldstärke E_x. Wir erhalten somit

$$E_x = -\frac{1}{\bar{\tau}e}\left[T\,\frac{\text{d}}{\text{d}T}\left(\frac{W_{\text{F}}}{T}\right) + \frac{1}{T}\,(\overline{W\tau})\right]\frac{\text{d}T}{\text{d}x} = T\,\frac{\text{d}}{\text{d}T}\left[\frac{\overline{W\tau} - W_{\text{F}}\bar{\tau}}{eT\bar{\tau}}\right]\frac{\text{d}T}{\text{d}x}.$$

Der *Seebeck*-Koeffizient wird durch die folgende Gleichung definiert:

$$S = \frac{\text{d}}{\text{d}T}\int_{x_1}^{x_2} E_x\,\text{d}x = \frac{\text{d}}{\text{d}T}\int_{T_1}^{T_2} E_x\,\frac{\text{d}x}{\text{d}T}\,\text{d}T.$$

Wir erhalten also

$$S = -\frac{\overline{W\tau} - W_{\text{F}}\bar{\tau}}{eT\bar{\tau}}.$$

Die Mittelwerte sind hier über dem Impulsraum mit Hilfe der Verteilungsfunktion $(\partial f_0/\partial W)v_x^2$ zu bilden.

Bis in die letzte Zeit wurden die Thermoelemente ausschließlich zur Temperaturmessung verwendet. Wird die direkte Umwandlung der Wärme in elektrische Energie als Ziel gesetzt, so sind zum Erreichen eines guten Wirkungsgrades solche Stoffe zu wählen, die einen hohen *Seebeck*-Koeffizienten haben und gleichzeitig zur Herabsetzung der im Generator selbst entstehenden Verluste eine gute elektrische Leitfähigkeit, ferner eine geringe Wärmeleitfähigkeit aufweisen, damit nur ein möglichst kleiner Teil der im Warmpunkt zugeführten Wärme den Kaltpunkt durch Wärmeleitung erreichen kann. Es sind also Stoffe zu finden, für welche der sogenannte Gütefaktor

$$z = \frac{S^2\gamma}{\varkappa}$$

einen möglichst hohen Wert hat. Dieser Wert ist gleichzeitig für die durch Ausnützen des *Peltier*-Effektes erreichbare Kühlwirkung maßgebend. Die größte realisierbare Temperaturdifferenz ist nämlich $T_{\text{max}} = 1/2\ zT^2$.

Der praktische Wert von z beträgt einige $10^{-3}/°\text{K}$. Damit ist bei einer Temperatur $T_{\text{warm}} = 600-1000\ °\text{K}$ ein Wirkungsgrad von $5-15\%$ erreichbar.

7.1.4 Die Ionenleitung

Das typische Beispiel für die Ionenleitung ist durch die Elektrolyte gegeben. Unter Einwirkung des Feldes beginnen die in Kationen und Anionen dissoziierten Moleküle sich zu bewegen und erzeugen eine Stromdichte gemäß der Beziehung

$$J = (n_+ z^+ e\mu^+ + n_- z^- e\mu^-)E.$$

Hierbei bezeichnen n die Ionendichte, ze die Ladung eines einzigen Ions und μ die Beweglichkeit. Wir befassen uns nicht näher mit diesem Leitungstyp, obwohl er eine große praktische Bedeutung hat, da er in den Kreis der physikalischen Chemie gehört. Es sei lediglich bemerkt, daß bei steigender Konzentration die Leitfähigkeit bis zu einer gewissen Grenze zunimmt. Bei hoher Konzentration wirken dagegen zwei verschiedene Faktoren der weiteren Zunahme der Leitfähigkeit entgegen, indem der Dissoziationsgrad infolge der Wechselwirkung der Anionen und Kationen herabgesetzt und auch die Beweglichkeit kleiner wird.

Gemäß dem Gesetz von *Faraday* ist die abgeschiedene Stoffmenge

$$M = \frac{1}{9,65 \cdot 10^7} \frac{A}{z} It.$$

z ist die Wertigkeit, während A das Atomgewicht, I die Stromstärke und t die Dauer der Elektrolyse bezeichnen (Abb. **7.8**).

Die Ionenleitung fester Ionenkristalle entsteht in der Weise, daß einzelne Ionen als Folge der thermischen Bewegung aus dem Gitterverband herausgerissen werden. Die Zahl der herausgerissenen Teilchen hängt von dem Verhältnis der Aktivierungsenergie und der sich aus der thermischen Bewegung ergebenden mittleren Energie ab. Die Leitfähigkeit ist daher gemäß der Beziehung

$$\gamma = \gamma_0 \, e^{-\frac{B}{kT}}$$

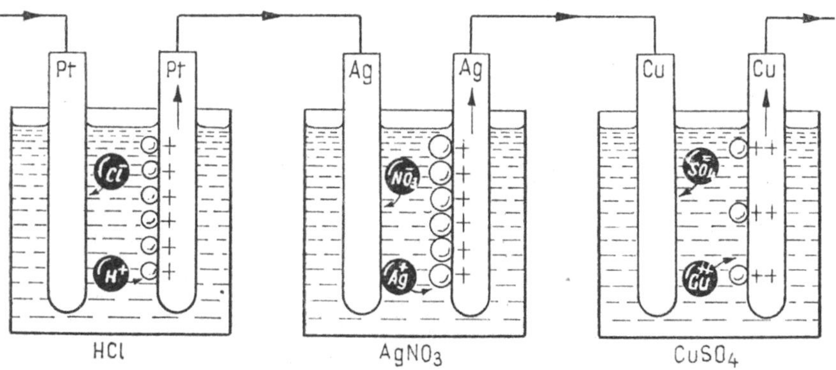

7.8 Veranschaulichung des elektrolytischen Gesetzes von *Faraday*

von der Temperatur abhängig. Hierbei ist es der Wert B, der in unmittelbarer Beziehung zu der Aktivierungsenergie steht. Bei steigender Temperatur nimmt also γ stark zu. Andererseits ändert sich der spezifische Widerstand gemäß der Beziehung

$$\varrho = \varrho_0\, e^{\frac{B}{kT}}$$

mit der Temperatur. Die einfache Temperaturabhängigkeit kann durch den Umstand komplizierter werden, daß verschiedene Aktivierungsenergien zur Erzeugung der verschiedenen Gitterdefekte gehören. In solchen Fällen läßt sich der Ausdruck von γ als Summe von zwei oder mehr ähnlich aufgebauten Ausdrücken herstellen.

7.1.5 Die Supraleitung

Untersucht man die in der Nähe der absoluten Temperatur Null zu erwartenden Widerstandswerte, so kommen auf Grund des bisher Gesagten die folgenden Möglichkeiten in Betracht.

Ist die Vorstellung zutreffend, daß der Widerstand durch die Streuung an den Gitterpunkten verursacht wird, welche eine thermische Schwirrbewegung durchführen, dann muß der Widerstand zusammen mit T gegen Null gehen.

Werden auch die immer vorhandenen Gitterdefekte berücksichtigt, bleiben diese als Streuungszentren auch bei $T = 0$ bestehen. Der Widerstand muß daher einen endlichen Wert haben.

Es ist sogar vorstellbar, daß der Widerstand nach Erreichen eines Minimums wieder zu steigen beginnt und in der unmittelbaren Nähe des Punktes $T = 0$ einen sehr hohen Wert annimmt: Die Zahl der Ladungsträger oder der Wert der Beweglichkeit könnte ja gegen Null gehen.

Nach Abb. 7.9 wird im Fall des Pt tatsächlich eine der obigen Möglichkeiten verwirklicht. Hg zeigt dagegen einen Rückgang des Widerstandes ähnlichen Charakters bis zu $T_c = 4{,}12\ °\text{K}$, während sein Widerstand unterhalb dieser Temperatur für jede praktische Messung gleich Null wird; das Quecksilber wird supraleitend (*Kamerlingh Onnes*, 1911). Heute sind bereits mehrere hundert supraleitende Elemente und Legierungen bekannt (Tabelle 7.2).

Im folgenden werden von den speziellen Eigenschaften der Supraleiter nur die elektrischen besprochen. Die Übergangstemperatur oder kritische Temperatur T_c ist von der magnetischen Feldstärke abhängig; in einem magnetischen Feld wird die Materie nur bei einer niedrigeren Tem-

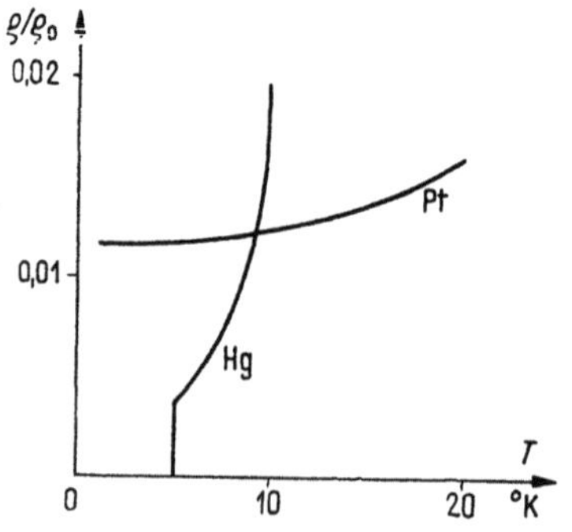

7.9 Verlauf des spezifischen Widerstandes von Platin und Quecksilber in der Nähe von 0 °K

Tabelle **7.2.** Übergangstemperatur einiger Supraleiter (°K)

Al	1,14	Ru	0,47	Re	1,0	$PbTl_2$	3,8
Ti	0,53	Cd	0,54	Os	0,71	$SnSb_2$	3,9
V	5,1	In	3,37	Hg	4.12	CuS	1,6
Zn	0,79	Sn	3,69	Tl	2,38	NbN	14,7
Ca	1,07	La	4,71	Pb	7,26	MoN	12,0
Zr	0,7	Hf	0,35	Th	1,32	NbB	6
Nb	9,22	Ta	4,38	U	0,8	ZrC	2,3
				Pb_2Au	7,0	Nb_3Sn	18,5

peratur supraleitend als sonst. Die Abhängigkeit kann durch die in
Abb. 7.10 ersichtlichen parabelförmigen Kurven dargestellt und mathematisch mit sehr guter Näherung in der Form

$$H = H_0 \left[1 - \left(\frac{T}{T_c} \right)^2 \right]$$

angegeben werden. Hierbei bezeichnet T_c die Übergangstemperatur ohne
magnetisches Feld bzw. T die zur magnetischen Feldstärke H gehörende
Übergangstemperatur. Bei dem Wert $H = H_0$ schneidet die Kurve die
H-Achse; in einem stärkeren magnetischen Feld kann also der Stoff bei
keiner Temperatur supraleitend werden. (In der Abbildung sind die Werte
$B = \mu_0 H$ aufgetragen.)

Auf Grund des Gesetzes $i = I_0 e^{-\frac{R}{L}t}$ bleibt der im Supraleiter einmal
erzeugte (z. B. induzierte) Strom dem Wert $R = 0$ entsprechend für prak-

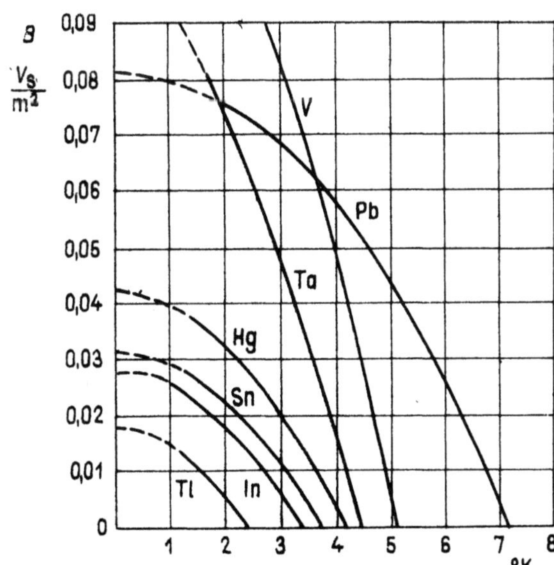

7.10 Die Abhängigkeit der Übergangstemperatur T_c von der
Intensität des magneti-
schen Feldes [3.3]

tisch unendlich lange Zeit konstant. Es entwickelt sich keine Wärme, so daß es nichts gibt, das die magnetische Energie aufzehren würde. Es ist trotzdem unmöglich, eine beliebig hohe Stromstärke durch einen Supraleiter zu leiten, da das eigene magnetische Feld des Stromes dem Vorangehenden entsprechend den kritischen Wert H_0 im Stoff nicht erreichen darf. Für einen zylindrischen Leiter ergibt sich also die maximale Stromstärke auf Grund der Beziehung $H = I/2\pi r$ zu

$$I_{\max} = H_0\, 2\,\pi r\,.$$

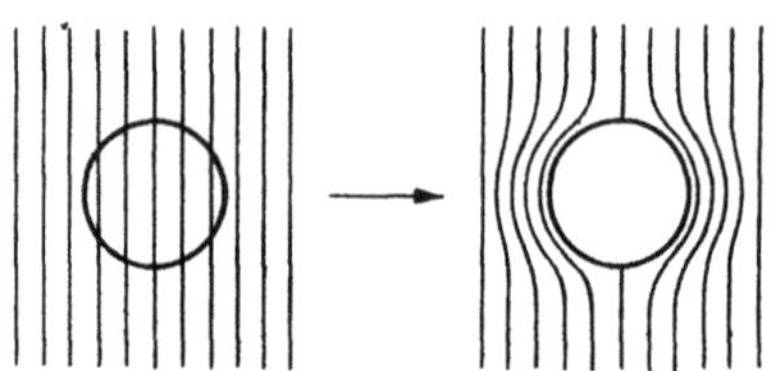

7.11 Im magnetischen Feld stößt der Stoff die magnetischen Induktionslinien aus sich heraus (*Meissner*-Effekt)

Ihrer Bezeichnung entsprechend, ist natürlich eine der kennzeichnendsten Eigenschaften der Supraleiter, daß ihr Widerstand gleich Null ist. Eine andere, davon unabhängige Eigenschaft ist, daß der im magnetischen Feld supraleitend gewordene Stoff die magnetischen Induktionslinien aus sich herausstößt (Abb. 7.11) (*Meissner*-Effekt). Der Supraleiter verhält sich also wie ein idealer diamagnetischer Stoff. Auf Grund der Beziehung

$$B = \mu_0(1 + \varkappa)H$$

ist dann $B = 0$ und daher $\varkappa = -1$. Dies ist der Gleichung

$$\mu = \mu_0\,(1 + \varkappa) = 0$$

gleichwertig.

Dieses Verhalten des Supraleiters kann nicht aus der unendlich guten Leitfähigkeit abgeleitet werden. Eine endliche Stromdichte J bedeutet auf Grund der Beziehung $E = \varrho J$ ein elektrisches Feld gleich Null im Inneren des Leiters, was aber gemäß der Beziehung

$$\mathrm{rot}\,E = -\,\frac{\partial B}{\partial t}$$

zu der Gleichung $\partial B/\partial t = 0$ führt. Nach der *Maxwell*-Gleichung »frieren« also die Feldlinien sozusagen im Supraleiter ein. Die Tatsache $B = 0$ muß also neben $\varrho = 0$ als unabhängige Forderung berücksichtigt werden.

Durch die phänomenologische, also beschreibende Theorie der Supraleitung (*London*, 1935) wurden diese zwei Tatsachen in der Form von zwei Gleichungen ausgedrückt, welche die Stromdichte mit dem elektrischen bzw. mit dem magnetischen Feld verbinden; diese Gleichungen wurden als Ergänzung zu den *Maxwell*-Gleichungen angeführt, wodurch ein großer Teil der makroskopischen Erscheinungen sehr gut beschrieben wurde. Eine der *London*-Gleichungen soll im folgenden auf Grund einer noch früheren Theorie abgeleitet werden, um daraus auf eine bisher unerwähnte experimentelle Tatsache folgern zu können.

Wir gehen von der einfachen Vorstellung aus, daß die Supraleitung durch völlig frei bewegliche Elektronen erzeugt wird, welche nicht gegen die Gitteratome stoßen und sich daher unter Einwirkung der Feldstärke E der Beziehung

$$m\,\frac{\mathrm{d}v}{\mathrm{d}t} = q_\mathrm{e}\,E$$

gemäß ständig beschleunigen. Die Stromdichte ist also der Beziehung

$$J = n q_\mathrm{e}\,v$$

entsprechend zeitlich veränderlich. Wird der Wert v aus dieser Beziehung in die vorangehende eingesetzt, so erhält man nach Ordnen die Gleichung

$$\frac{\partial \Lambda J}{\partial t} - E = 0 \,,$$

wobei $\Lambda = m/nq_e^2$ ist.

Diese Gleichung ist mit der einen *London*-Gleichung identisch. Da wir die andere, den diamagnetischen Charakter des Stoffes widerspiegelnde *London*-Gleichung im folgenden nicht brauchen werden, soll diese ohne Begründung nur angeführt werden:

$$\text{rot } \Lambda J + H = 0, \quad \text{d. h. } J = -cA, \text{ wenn } H = \text{rot } A \text{ ist.}$$

In den zuzüglich aufgeschriebenen *Maxwell*-Gleichungen I bis IV wird mit den Werten ε_0 und μ_0 gerechnet. Aus der *Maxwell*-Gleichung

$$\text{rot } E = - \frac{\partial B}{\partial t}$$

und der vorangehenden Gleichung

$$\frac{\partial \Lambda J}{\partial t} - E = 0$$

erhält man die Beziehung

$$\Lambda \text{ rot } \frac{\partial J}{\partial t} + \frac{\partial B}{\partial t} = 0 \,,$$

und daraus, unter Berücksichtigung der Beziehung

$$\text{rot } B = \mu_0 J,$$

ergibt sich die Gleichung

$$\Lambda \text{ rot rot } \frac{\partial B}{\partial t} + \frac{\partial B}{\partial t} = 0 \,.$$

Nach Durchführen der üblichen vektoranalytischen Umformung $\text{rot rot } B = \text{grad div } B - \Delta B$ erhält man unter Berücksichtigung der Gleichung $\text{div } B = 0$ die Beziehung

$$\lambda^2 \Delta \frac{\partial B}{\partial t} - \frac{\partial B}{\partial t} = 0 \,,$$

wobei aus Zweckmäßigkeitsgründen die Bezeichnung $\Lambda/\mu_0 = \lambda^2$ eingeführt wurde. Falls ein Stoff im Augenblick $t = t_1$ supraleitend wurde und die Feldstärke in diesem Augenblick B_1 betrug, so ergibt die Integration der obigen Gleichung über die Zeit die Beziehung

$$\lambda^2 \Delta (B - B_1) - (B - B_1) = 0 \,.$$

Als zusätzliche Forderung wird auf Grund des *Meissner*-Effektes die Gleichung $B_1 = 0$ geltend gemacht. So ergibt sich schließlich die Gleichung

$$\lambda^2 \Delta B = B \,.$$

Die für den eindimensionalen Fall gültige Lösung dieser Gleichung lautet

$$B_x = B_{x0}\, e^{-\frac{x}{\lambda}} \,.$$

Bestimmt durch die Eindringtiefe λ nimmt die magnetische Feldstärke von der Oberfläche nach dem Inneren des supraleitenden Stoffes hin exponentiell ab. Die Größenordnung von λ liegt um $5 \cdot 10^{-6}$ cm, in ziemlich guter Übereinstimmung mit dem sich aus der obigen einfachen Theorie ergebenden Wert.

Die befriedigende mikroskopische Theorie der Supraleitung konnte erst in der jüngsten Zeit (*Bardeen—Cooper—Schrieffer*, 1957) angegeben werden, wobei der gesamte begriffs- und berechnungstechnische Apparat der Quantenmechanik in Anspruch genommen werden mußte. Hier soll nur der Gedankengang dieser Theorie skizziert werden.

Die Theorie hat vor allem darüber Rechenschaft abzulegen, welche neue, sonst nirgends auftretende Erscheinung es ist, die bei sehr tiefen Temperaturen vorkommt und die Supraleitung verursacht.

Die als *Fermi*sche Gasteilchen betrachteten Elektronen des Metalls stehen in Wechsel- wirkung miteinander und mit dem Metallgitter. Aufeinander wirken sie über die *Coulomb*-Kraft ein, obwohl diese abstoßende Kraft durch das Feld der Gitterionen stark abgeschirmt wird. Die Wechselwirkung mit dem Gitter erfolgt über die Energie- quanten der quantisierten Gitterschwingung, d. h. über die Phononen. Das System der Gitterschwingungen kann als Phononenfeld bildlich veranschaulicht und die Menge der Phononen als Phononengas bezeichnet werden. Ein Elektron gibt Energie an das Gitter ab, d. h. es emittiert ein Phonon. Das Elektron nimmt Energie von dem Gitter auf, d. h. es absorbiert ein Phonon. Das Bild ist dem der Wechselwirkung zwischen Mikroteilchen und Photonengas, d. h. Strahlungsfeld, völlig analog; die Tatsache, daß auch die statische *Coulomb*-Kraft zwischen zwei Ladungen in der Quanten-Elektrodynamik als eine Wechselwirkung mit dem Photonenraum beschrie- ben werden kann (die eine Ladung emittiert ein virtuelles Photon, das von der anderen absorbiert wird und umgekehrt) hat wichtige Folgen hinsichtlich der Theorie der Supraleitung. Es läßt sich zeigen, daß diese virtuelle Emission und Absorption zwi- schen den zwei geladenen Teilchen zu einem Energieausdruck führt, der dem Produkt der Ladungen direkt und der ersten Potenz des Abstandes umgekehrt proportional ist. In dieser Weise erhält man also das *Coulomb*-Potential.

Wird nun analog die Wechselwirkung von Elektronen im Phononenfeld untersucht, so tritt neben der sich durch die Emission und Absorption der virtuellen Photonen ergebenden (abstoßenden) Wechselwirkung auch eine durch Emission und Absorp- tion der Phononen entstehende anziehende Wirkung auf. Bei sehr tiefen Temperatu- ren kann diese stärker werden als die durch das Feld der Ionen sowieso sehr abge- schwächte *Coulomb*-Wirkung. Es ergibt sich aus der Theorie, daß diese Wirkung auch von dem Impuls der Elektronen abhängig und in dem Fall am stärksten ist, wenn der resultierende Impuls der beiden Elektronen gleich Null ist. In dieser Weise ordnen sich die Elektronen in Paare mit dem resultierenden Impuls Null. Die in Paaren geordneten Elektronen sind natürlich auf ein tieferes Energieniveau gesunken, da die auftretende Bindungsenergie gelockert werden muß, damit das Elektron wieder in seinen ursprünglichen Zustand gelangt. Bei einer gewissen Temperatur — eben der Übergangstemperatur — findet man zwei verschiedene Sorten von Elektronen, oder besser gesagt, zwei verschiedene Sorten Elektronengas in den Metallen. Zu der ersten Sorte gehören die Elektronen im Normalzustand, welche die normale Leitung zustande bringen und der *Fermi*-Statistik gehorchen; zur anderen gehören dagegen aus zwei Elektronen bestehende Teilchen mit geradem Spin (d. h. mit dem Spin Null), welche eben deshalb der *Bose*-Statistik gehorchen. Die letzteren sind für die Supra- leitung verantwortlich. Dieses sogenannte Bosonengas zeigt nämlich ein ganz beson- deres Verhalten in seinem kondensierten Zustand bei Tieftemperatur. Damit läßt sich die Superfluidität, d. h. die völlig reibungslose Strömung des Isotops He^4 erklä- ren (*Bogoljubov*, 1947). Die Superfluidität geladener Teilchen ist natürlich mit der Supraleitung gleichbedeutend.

Zwischen dem supraleitenden Elektronengas und dem Elektronengas im Normal- zustand gibt es eine Energielücke, welche nach der Theorie in der Größenordnung von $3,5\ kT_c$ bei $T = 0$ °K liegt. Das ist die Energie, mit welcher ein Elektron angeregt werden muß, um aus dem supraleitenden Zustand in den normalen Leitungszustand zu gelangen. Diese Energielücke kann mit einem Mikrowellenquant von der Größen- ordnung $\nu = 10^9$ s^{-1} überbrückt werden. Die Versuche haben die Richtigkeit der Theorie in jeder Hinsicht, wenigstens in großen Zügen, bestätigt.

Es ist höchst beruhigend, daß die früheren Theorien, einschließlich der phänomenolo- gischen, von zwei verschiedenen Sorten von Stromdichte, Elektronen und Flüssig- keiten zur Erklärung der experimentellen Ergebnisse gesprochen hatten. Die obige

Theorie gibt die Existenzbedingungen des aus Elektronenpaaren bestehenden, welche der *Bose*-Statistik gehorchen, sowie des sich nach den Gesetzen der *Fermi*-Statistik verhaltenden Elektronengases konkret an.

Die praktische Nutzbarmachung der Erscheinung der Supraleitung ist eine Aufgabe für die Zukunft. Gegenwärtig wird diese Erscheinung in Speicherelementen von Computern erfolgreich genutzt und ausgedehnte Versuche sind im Gange mit dem Zweck, bei Großgeneratoren (500 MW), Transformatoren, Fernkabeln und Elektromagneten (für MHD Generatoren) sehr großer Leistung durch Anwendung von Supraleitern die Abmessungen zu verkleinern und den Wirkungsgrad zu verbessern.

Zur Beschleunigung der praktischen Verwendung sind Forschungen hauptsächlich auf den folgenden Gebieten im Gange:

Vereinfachung und Kostensenkung bei den Kühlanlagen; Suche nach Stoffen, deren Übergangstemperatur möglichst hoch liegt. Diese Eigenschaft weist z. B. das Nb_3Sn auf, dessen Übergangstemperatur $T_c = 18\ {}^\circ K$ beträgt.

Suche nach Stoffen, die ihre supraleitende Eigenschaft auch im sehr starken magnetischen Feld beibehalten. Das erwähnte Nb_3Sn bleibt auch bei einer Feldstärke von 10 Vs/m² (10^5 Gauß) noch supraleitend.

7.2 Die Dielektrizitätskonstante

7.2.1 Die Klassifikation der Dielektrika

Eine grundlegende Tatsache der makroskopischen Elektrodynamik, welche in der Praxis vielseitig ausgenützt wird, ist, daß das makroskopische elektrische Feld durch Einbringen von Isolierstoff stark geändert wird. Im Einheitsvolumen des Isolierstoffes kommt unter Einwirkung des elektrischen Feldes ein davon abhängiges bzw. in vielen Fällen dazu proportionales Dipolmoment zustande. Diese Tatsache wird üblicherweise durch die Beziehung

$$P = \varkappa \varepsilon_0 E \tag{1}$$

ausgedrückt, u. zw. auch dann, wenn die Suszeptibilität $\varkappa$ nicht konstant ist. (ε_0 könnte prinzipiell im Wert von $\varkappa$ einbegriffen sein, die getrennte Schreibweise ist jedoch zweckmäßiger, weil dann $\varkappa$ eine dimensionsfreie reine Zahl ist.) Es ist ferner bekannt, daß man zur Charakterisierung des elektrischen Feldes zweckmäßigerweise den Verschiebungsvektor D mittels der Beziehung

$$D = P + \varepsilon_0 E = \varepsilon_0(1 + \varkappa)E = \varepsilon_0 \varepsilon_r E = \varepsilon E \tag{2}$$

einführt. Die Quellen des Vektors D stehen nämlich über die Gleichung $\mathrm{div} D = \varrho$ ausschließlich mit den realen Ladungen in Verbindung. Die Größe

$$\varepsilon_r = 1 + \varkappa$$

wird die (relative) Dielektrizitätskonstante oder Permittivität des Stoffes genannt, während $\varepsilon_0 \varepsilon_r$ die absolute Dielektrizitätskonstante ist.

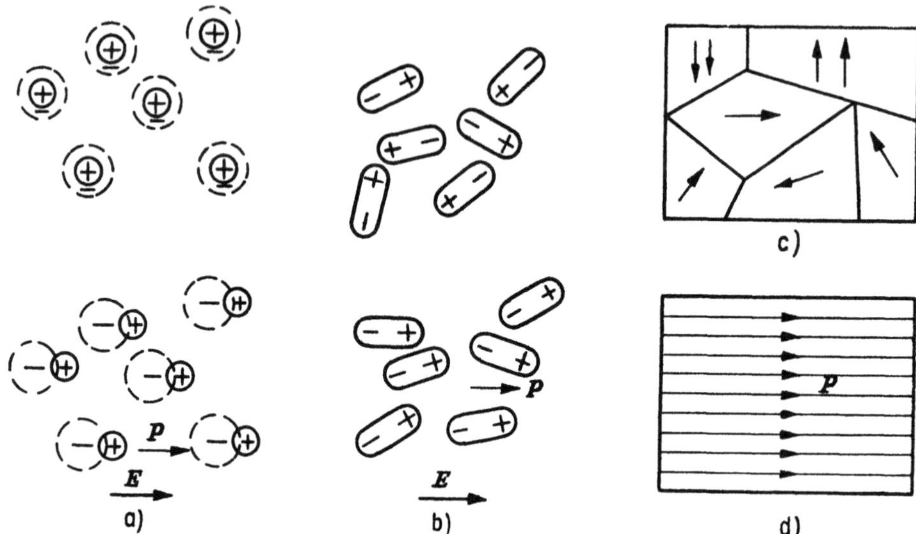

7.12 Die Arten der Dielektrika: *a)* unpolarisierte, *b)* polarisierte, *c)* ferroelektrische Stoffe; *d)* der Polarisationszustand der makroskopischen Materie

Im folgenden stellen wir uns die Aufgabe, den Wert von $\varkappa$ oder ε, oder allgemein die Abhängigkeit der Größen P oder D von E, auf die Mikrokonstanten der Materiestruktur zurückzuführen.

Das makroskopisch meßbare elektrische Dipolmoment der Volumeneinheit ist die Resultierende der Dipolmomente der den Körper bildenden Mikroteilchen. Die Dielektrika können auf der Grundlage klassifiziert werden, welcher physikalische Vorgang über welchen Mechanismus im Inneren des Stoffes vor sich geht (Abb. 7.12).

a) Bei Abwesenheit eines äußeren Feldes sind die Teilchen des Dielektrikums elektrisch neutral, der Schwerpunkt der positiven und negativen Ladungen fällt zusammen. Unter Einwirkung des äußeren Feldes verschieben sich diese Schwerpunkte gegeneinander, so daß jedes Teilchen ein in Feldrichtung zeigendes Dipolmoment aufweist. Das ist die *Deformations-Polarisation*.

b) Die Teilchen des Dielektrikums besitzen von vornherein, also auch bei Abwesenheit eines äußeren Feldes, ein Dipolmoment; sie können deshalb als kleine Dipole betrachtet werden. Das äußere Feld trachtet, diese ohne wesentliche Änderung des Betrags dieses Dipolmomentes und trotz der zerrüttelnden thermischen Schwirrbewegung in seine eigene Richtung einzuschwenken. Das resultierende Dipolmoment ergibt sich also in diesem Fall durch Ordnen bzw. Ausrichten der vorhandenen kleinen Dipole. Das ist die *Orientierungs-Polarisation*.

c) Die einzelnen Domänen des Dielektrikums weisen bei Abwesenheit eines äußeren Feldes ein Dipolmoment auf. Das äußere Feld trachtet, diese Domänen in seine eigene Richtung einzuschwenken. Die hierbei stattfindenden elektrischen Erscheinungen zeigen eine nahe Analogie zu den in den ferromagnetischen Stoffen stattfindenden magnetischen Erscheinungen. Diese Stoffe werden deshalb als ferroelektrische (in dem sowjetischen Schrifttum als senjetto-elektrische) Stoffe bezeichnet, während die Erscheinung selbst *ferroelektrische Polarisation* genannt wird.

Bei der theoretischen Behandlung der dielektrischen Polarisation stößt man meistens auf Schwierigkeiten, wenn der Polarisationsgrad eines gegebenen, in ein bestimmtes elektrisches Feld gelegten Mikrosystems bestimmt werden soll. Die Bestimmung des tatsächlich wirksamen elektrischen Feldes bereitet eine besondere Schwierigkeit. Es ist ja leicht einzusehen, daß dieses mit dem äußeren Feld nicht identisch ist; das Teilchen, für welches der Effekt gerade berechnet wird, ist als weggenommen zu betrachten, und das resultierende Feld ist für seinen Platz in diesem Zustand zu bestimmen. Die Berechnung dieses die Polarisation erzeugenden, wirksamen oder inneren Feldes stößt natürlich nur in dem Fall auf Schwierigkeiten, wenn die Wechselwirkung der Teilchen sehr stark ist, also bei Gasen unter Hochdruck, bei Flüssigkeiten und Festkörpern.

Zuerst wird der Fall der Gase untersucht, weil die Verhältnisse dort am einfachsten sind.

7.2.2 Deformations- und Orientierungspolarisation in Gasen

Im allgemeinen können die Moleküle eines Gases eine äußerst komplizierte Zusammensetzung aufweisen. Sie können ein konstantes elektrisches Dipolmoment besitzen; außerdem können unter Einwirkung des elektrischen Feldes Ladungsverschiebungen zustande kommen. Zuerst werden jedoch nicht polarisierte Gase untersucht. Hierzu gehören verständlicherweise die Edelgase (He, Ne, A, Kr, Xe), ferner die zweiatomigen Gase (H_2, O_2, N_2). Das resultierende Dipolmoment der symmetrisch aufgebauten Moleküle ist im allgemeinen gleich Null. Das ist der Fall bei dem Molekül des CO_2 und des CH_4; es ist gerade der gemessene Wert Null des Dipolmomentes, der auf die symmetrische Struktur des Moleküls hinweist (Abb. 7.13).

Werden die nicht polarisierten Moleküle in ein elektrisches Feld gelegt, so tritt eine Deformations- oder Verschiebungspolarisation auf. Bei den Molekülen, die aus identischen Atomen bestehen, verschieben sich die Elektronen gegenüber dem Atomkern, ohne daß sich die gegenseitige Lage

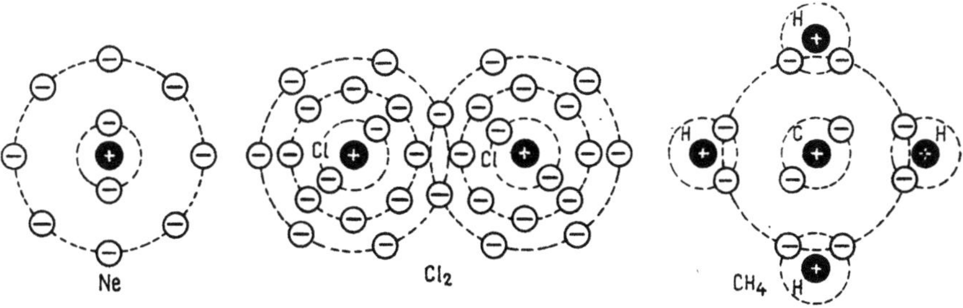

7.13 Typische Vertreter der nicht polarisierten Gase

der Atomkerne selbst fühlbar ändert. Besteht aber das Molekül aus Ionen, so ändert sich auch ihr Abstand unter der Feldwirkung. Man kann also von einer Elektronen- und einer Ionenverschiebungs-Polarisation reden. Die Unterscheidung ist gerechtfertigt, weil sich die beiden Polarisationstypen im hochfrequenten elektrischen Feld verschieden verhalten.

Wird nun ein nicht polarisiertes Gas in ein Feld der Intensität E eingeführt, so erhält jedes Molekül ein der Intensität proportionales Dipolmoment

$$p = \alpha E. \tag{3}$$

α ist eine Konstante, die von der Molekülstruktur abhängig ist und, falls diese Struktur bekannt ist, durch quantenmechanische Berechnungen ermittelt werden kann. Auf Grund des Vorangehenden besteht sie meistens aus zwei Teilwerten

$$\alpha = \alpha_e + \alpha_i, \tag{4}$$

wobei sich α_e aus der Elektronen- und α_i aus der Ionenverschiebung ergibt. Das resultierende Moment der Volumeneinheit ist

$$P = Np = N\alpha E, \tag{5}$$

wobei N die Zahl der Moleküle pro Volumeneinheit bezeichnet. Der Vektor der dielektrischen Verschiebung ist also

$$D = \varepsilon_0 E + P = \varepsilon_0 \left(1 + \frac{N\alpha}{\varepsilon_0}\right) E, \tag{6}$$

so daß man für die relative Dielektrizitätskonstante bzw. für die Suszeptibilität die Ausdrücke

$$\varepsilon_r = 1 + \frac{N\alpha}{\varepsilon_0}, \quad \varkappa = \frac{N\alpha}{\varepsilon_0} \tag{7}$$

erhält.

Als Beispiel sei angeführt, daß der Wert von ε_r im Fall des He bei dem Druck von 1 atm und bei 0 °C 1,000 0684 beträgt. Da in diesem Fall $N = 2{,}7 \cdot 10^{25}$ ist, erhält man

$$\alpha = \frac{\varepsilon_0(\varepsilon_r - 1)}{N} = 0{,}18 \cdot 10^{-40} \text{ As m}^2/\text{V}.$$

Zur theoretischen Abschätzung der Größenordnung der sich aus der kugelsymmetrischen Elektronenverschiebung ergebenden Polarisationskonstanten α_e läßt sich ein auch für praktische Zwecke geeignetes Modell herstellen. In das elektrische Feld E bringen wir Metallkugeln vom Radius r_0 mit einem solchen gegenseitigen Abstand, daß jede Kugel so betrachtet werden kann, als wäre sie allein im homogenen Feld E; es wird die Größe des Dipolmomentes ermittelt, das die Influenz-Ladungen darstellen. Die Elektrodynamik ergibt dafür den Ausdruck

$$P = 4\pi\varepsilon_0 r_0^3 E, \tag{8}$$

d. h.

$$\alpha = 4\pi\varepsilon_0 r_0^3. \tag{9}$$

Für das beschriebene Modell-Dielektrikum ist daher

$$\varepsilon_r = 1 + 4\pi r_0^3 N. \tag{10}$$

Wird nun für r_0 der Atomradius $r_0 \approx 10^{-10}$ m eingesetzt, so erhält man den Wert

$$\alpha \approx 4\pi \cdot 8{,}86 \cdot 10^{-12} \cdot 10^{-30} \sim 10^{-40}$$

in guter Übereinstimmung mit dem obigen experimentellen Wert. Dies zeigt, daß auch ein so grobes Modell zur halbquantitativen Beschreibung der Erscheinungen geeignet ist. Dabei geht es aber um mehr als ein bloßes Anschauungsmodell; die angegebene Anordnung wird als Dielektrikum in der Mikrowellentechnik praktisch verwendet. Für sehr kurze Radiowellen ist die Anwendung der aus der Optik bekannten Richtapparate technisch bereits möglich. Parabolische Reflektoren und ebene Spiegelflächen werden häufig verwendet. Auch Linsen zur Fokussierung von Strahlenbündeln können hergestellt werden, deren Abmessungen jedoch viel größer sind als die in der Lichtoptik üblichen Linsenabmessungen, so daß sie nur mit den größten Refraktoren der Sternwarten vergleichbar sind. Der Brechungsindex solcher Linsen ergibt sich aus der *Maxwell*-Beziehung $n^2 = \varepsilon_r$. Um die sich ergebenden riesigen Gewichte zu vermeiden, ist es zweckmäßiger, die Mikrowellenlinsen durch dünnwandige Metallkugeln auf isolierenden Abstandshaltern (in der beschriebenen Anordnung) zu verwirklichen.

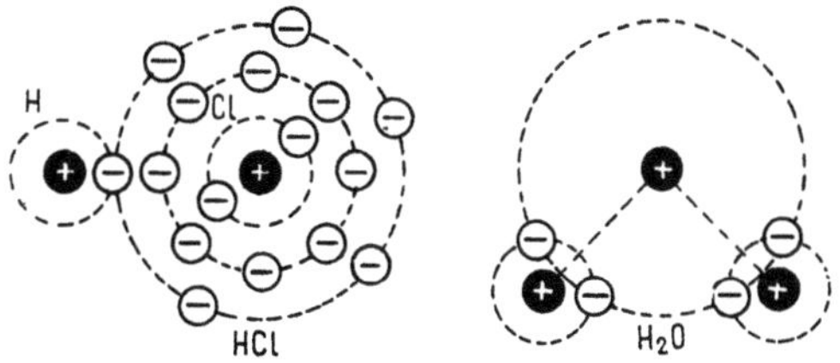

7.14 Einige polarisierte Moleküle

Wir wenden uns nun den Isolierstoffen zu, deren Moleküle auch im feldfreien Zustand einen konstanten Dipol besitzen. Solche sind z. B. CO, HCl, H_2O (Abb. 7.14). Im homogenen Feld der Feldstärke E hat das das Moment $\boldsymbol{p}$ konstanter Größe besitzende Molekül die Energie

$$W = -(\boldsymbol{pE}) = -pE \cos\varphi. \tag{11}$$

Diese Energie ändert sich ständig infolge der thermischen Bewegung des Dipols und kann je nach Ausrichtung desselben die verschiedensten Werte annehmen. Im thermischen Gleichgewicht ändert sich die Zahl der in die verschiedenen Energiebereiche fallenden Teilchen gemäß der *Boltzmann*-Statistik so, daß die Zahl der Dipole im Energieintervall von W bis $W + \mathrm{d}W$

$$\mathrm{d}N = A\mathrm{e}^{-\frac{W}{kT}}\,\mathrm{d}W \tag{12}$$

beträgt. Da

$$\mathrm{d}W = -\mathrm{d}(pE \cos\varphi) = pE \sin\varphi\,\mathrm{d}\varphi \tag{13}$$

ist, ferner p und E konstant sind, gilt

$$\mathrm{d}N = B\mathrm{e}^{-\frac{W}{kT}} \sin\varphi\,\mathrm{d}\varphi = B\mathrm{e}^{\frac{pE \cos\varphi}{kT}} \sin\varphi\,\mathrm{d}\varphi. \tag{14}$$

Die Konstante B kann auf Grund der Forderung bestimmt werden, daß die Summation aller möglichen Energiewerte, d. h. über alle möglichen Winkel φ, die die Gesamtzahl aller Dipole ergeben muß, d. h.

$$N = B \int_0^\pi \mathrm{e}^{\frac{pE\cos\varphi}{kT}} \sin\varphi\,\mathrm{d}\varphi =$$

$$= -\,B\,\frac{kT}{pE}\,\mathrm{e}^{\frac{pE\cos\varphi}{kT}}\Big|_0^\pi = \frac{BkT}{pE}\left(\mathrm{e}^{\frac{pE}{kT}} - \mathrm{e}^{-\frac{pE}{kT}}\right) = \frac{2\,BkT}{pE}\sinh\frac{pE}{kT}. \quad (15)$$

Folglich ist

$$B = \frac{N}{2}\,\frac{pE}{kT}\,\frac{1}{\sinh\dfrac{pE}{kT}}. \quad (16)$$

Die Zahl der zwischen φ und $\varphi + \mathrm{d}\varphi$ fallenden Teilchen beträgt also

$$\mathrm{d}N = \frac{N}{2}\,\frac{pE}{kT}\,\frac{1}{\sinh\left(\dfrac{pE}{kT}\right)}\,\mathrm{e}^{\frac{pE\cos\varphi}{kT}}\sin\varphi\,\mathrm{d}\varphi. \quad (17)$$

Für uns ist der Durchschnittswert der in Feldrichtung zeigenden Komponente $p\cos\varphi$ des Dipols von Interesse. Den allgemeinen Regeln der Durchschnittsbildung gemäß erhält man dafür den Ausdruck

$$\overline{p} = \frac{1}{N}\int p\cos\varphi\,\mathrm{d}N = \frac{p^2 E}{2\,kT\sinh\left(\dfrac{pE}{kT}\right)}\int_0^\pi \cos\varphi\,\mathrm{e}^{\frac{pE\cos\varphi}{kT}}\sin\varphi\,\mathrm{d}\varphi =$$

$$\frac{p}{2\sinh\dfrac{pE}{kT}}\left(\mathrm{e}^{\frac{pE}{kT}} + \mathrm{e}^{-\frac{pE}{kT}}\right) - \frac{kT}{2E\sinh\dfrac{pE}{kT}}\left(\mathrm{e}^{\frac{pE}{kT}} - \mathrm{e}^{-\frac{pE}{kT}}\right) = p\coth\left(\dfrac{pE}{kT}\right) - \frac{kT}{E}. \quad (18)$$

Dividiert man beide Seiten der Gleichung durch p, so ergibt sich die Endformel

$$\frac{\overline{p}}{p} = \coth\left(\dfrac{pE}{kT}\right) - \frac{1}{p\,\dfrac{E}{kT}}. \quad (19)$$

Führt man über die Definition

$$y = \frac{pE}{kT}$$

die neue Veränderliche y ein, dann ist

$$\frac{\bar{p}}{p} = \coth y - \frac{1}{y} \equiv L(y) \, . \qquad (20)$$

Das ist die sogenannte *Langevin*-Funktion, deren Verlauf aus Abb. 7.15 ersichtlich ist. Das Verhalten dieser Funktion ist bei kleinen Werten von y sehr einfach. Durch Reihenentwicklung kann man ohne weiteres beweisen, daß die Beziehung

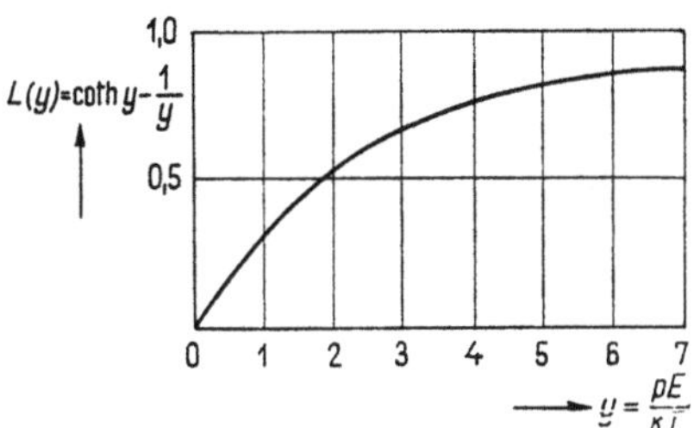

7.15 Die *Langevin*-Funktion

$$\coth y - \frac{1}{y} \to \frac{1}{3} y \, , \quad \text{falls } \ y \to 0$$

gilt.

Damit erhält man also für kleine Feldstärken

$$\frac{\bar{p}}{p} = \frac{1}{3} \frac{pE}{kT} \, , \qquad (21)$$

d. h.

$$\bar{p} = \frac{p^2 E}{3 \, kT} \, . \qquad (22)$$

Damit haben wir den durchschnittlichen Wert der in die Richtung des Feldes E fallenden Komponente des Dipolmomentes p des Moleküls erhalten.

Wir beschränken uns nun auf kleine Feldstärken, wir begnügen uns also mit der Näherung nach Gl. (22) und nehmen an, daß unser Isolierstoff eine Mischung ist, welche aus Molekülen mit konstantem Dipol sowie aus solchen mit induziertem Dipol besteht. Dann ist

$$P = N \left(\frac{p^2}{3 \, kT} + \alpha \right) E \, , \qquad (23)$$

d. h.

$$\varepsilon_r = 1 + \frac{N}{\varepsilon_0} \left(\frac{p^2}{3 \, kT} + \alpha \right) . \qquad (24)$$

Ist das Gas eine Mischung verschiedener Moleküle, in welcher Momente vorhanden sind, welche sich aus Elektronenverschiebung, Ionenverschiebung sowie aus der Einordnung konstanter Dipole ergeben, dann gilt

$$\varepsilon_r = 1 + \frac{1}{\varepsilon_0} \left[\sum_i N_i \frac{p_i^2}{3 \, kT} + \sum_k N_k^e \alpha_k^e + \sum_l N_l^i \alpha_l^i \right] . \qquad (25)$$

7.2.3 Die Polarisation von Flüssigkeiten und Festkörpern

Unsere bisherigen Überlegungen beruhen auf der grundlegenden Annahme, daß die auf die einzelnen Moleküle einwirkende effektive Feldstärke mit dem äußeren Feld E identisch ist. Dies bedeutet gleichzeitig, daß das

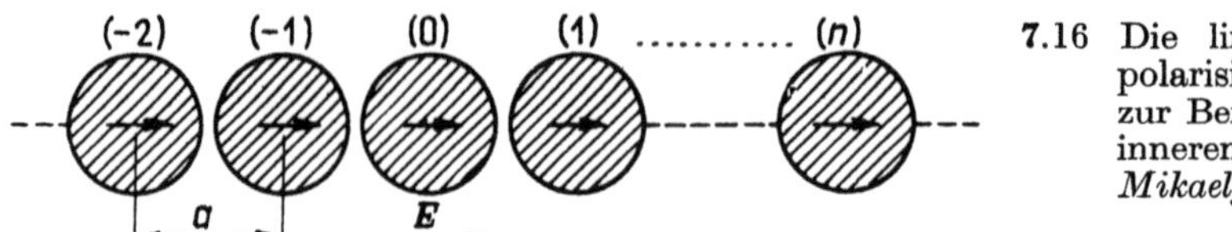

7.16 Die lineare Kette polarisierter Atome zur Berechnung des inneren Feldes (nach *Mikaeljan*)

Dipolfeld eines Moleküls die anderen Moleküle nicht beeinflußt, was aber bei sehr hoher Dichte offenbar nicht zutrifft. Im letzteren Fall sollte am Ort eines jeden Dipols die Resultierende der übrigen Dipole und des äußeren Feldes berechnet werden, da diese auf den nachträglich dorthin eingesetzt gedachten Dipol einwirkt. Die Verhältnisse können nur in einem bis zur Irrealität vereinfachten Fall genau verfolgt werden. Wegen seiner Übersichtlichkeit und weil dies die Richtung zur Verallgemeinerung der Ergebnisse weist, ist es trotzdem lohnend, einen solchen Fall durchzurechnen.

Man stelle sich vor, daß eine lineare Kette polarisierbarer Atome nach Abb. 7.16 in das äußere Feld E eingebracht wird. Es wird angenommen, daß jedes Atom im Endeffekt das Moment p besitzen wird. Zu bestimmen ist die Feldstärke E_i, welche der Gleichung $p = \alpha E_\mathrm{i}$ entsprechend gerade das Moment p erzeugt. Auf ein ausgewähltes Teilchen (in der Abbildung mit (0) bezeichnet) wirkt offenbar auch das Feld der übrigen Dipole ein. Der Beziehung

$$E_p = -\frac{1}{4\pi\varepsilon_0}\,\mathrm{grad}\,\frac{p r_0}{r^2} = \frac{1}{4\pi\varepsilon_0}\left[\frac{3(p r_0)\,r_0}{r^3} - \frac{p}{r^3}\right] \tag{26}$$

entsprechend [0.7, Seite 124] ist das Feld des Dipols (1) am Ort (0)

$$E_p = +\frac{1}{4\pi\varepsilon_0}\,\frac{2p}{a^3} = \frac{p}{2\pi\varepsilon_0 a^3}\,, \tag{27}$$

da hier der auf den gewählten Punkt hinzeigende Einheitsvektor r_0 dem Vektor p entgegengerichtet ist, so daß

$$3(p r_0)r_0 = -3p r_0 = 3p$$

und andererseits $r = a$ ist.

Das Teilchen (-1) erzeugt eine gleich große Feldstärke desselben Vorzeichens. In ähnlicher Weise ergeben auch die mit $(+2)$ und (-2) bezeichneten Teilchen ein identisches Ergebnis. Im Endeffekt wirkt auf das ausgewählte Teilchen das Feld

$$E_\mathrm{i} = E + 2\frac{p}{2\pi\varepsilon_0 a^3}\sum_{n=1}^{\infty}\frac{1}{n^3} \tag{28}$$

ein.

Die wirksame Feldstärke ist also größer als die äußere. Für den allgemeinen räumlichen Fall ist eine Beziehung der analogen Form

$$E_\mathrm{i} = E + \frac{\gamma}{\varepsilon_0}\,P \tag{29}$$

zu erwarten, wobei der dimensionsfreie Faktor γ als innere Feldkonstante bezeichnet wird.

Der Wert der Konstanten γ kann für gewisse Sonderfälle auf Grund einer von *Lorentz* stammenden Überlegung bestimmt werden. Man stelle sich eine Kugel um das ausgewählte Teilchen vor (Abb. 7.17). Das auf das Molekül einwirkende Feld kann dann in zwei Teile geteilt werden. Diese sind das Feld der Dipole der innerhalb der Kugel befindlichen Moleküle, Feldstärke E_{m},

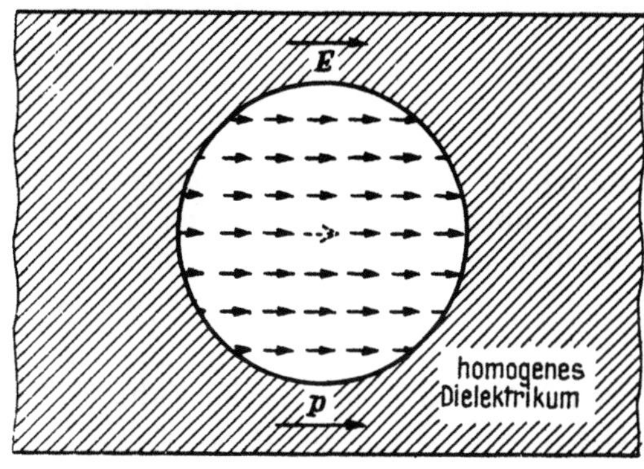

7.17 Zur Berechnung der auf ein ausgewähltes Teilchen einwirkenden Kraft

sowie das von dem Stoffteil außerhalb der Kugel stammende Feld der Feldstärke $E_{\mathrm{ü}}$. Letztere ist mit der Feldstärke identisch, welche im Inneren des kugelförmigen, im Dielektrikum ausgebildeten Hohlraumes gemessen werden kann. Für diese Feldstärke ergibt die Berechnung den Ausdruck

$$E_{\mathrm{ü}} = E + \frac{P}{3\,\varepsilon_0}. \tag{30}$$

Die induzierende wirksame Feldstärke ist daher

$$E_{\mathrm{i}} = E_{\mathrm{m}} + E_{\mathrm{ü}} = E_{\mathrm{m}} + E + \frac{P}{3\,\varepsilon_0}. \tag{31}$$

Bei einem kubischen Raumgitter ist $E_{\mathrm{m}} = 0$; in diesem Fall heben sich die Felder der Dipole im Inneren der Kugel gegenseitig auf. Dann gilt für die induzierende Feldstärke die *Lorentz*sche Lösung

$$E_{\mathrm{i}} = E + \frac{P}{3\,\varepsilon_0}. \tag{32}$$

Der Wert von γ beträgt also 1/3.

Für das Dipolmoment der Volumeneinheit erhält man damit

$$P = Np = N\alpha\,E_{\mathrm{i}} = N\alpha\left(E + \frac{P}{3\,\varepsilon_0}\right). \tag{33}$$

Die Lösung dieser Gleichung ergibt für P die Beziehung

$$P = \frac{N\alpha}{1 - \dfrac{N\alpha}{3\,\varepsilon_0}}\,E. \tag{34}$$

Für die dielektrische Konstante erhält man schließlich den Ausdruck

$$\varepsilon = \varepsilon_0\left[1 + \frac{N\alpha}{\varepsilon_0\left(1 - \dfrac{N\alpha}{3\,\varepsilon_0}\right)}\right] = \varepsilon_0\,\varepsilon_r. \tag{35}$$

Dieser Ausdruck läßt sich auch in der Form

$$\frac{\varepsilon_r - 1}{\varepsilon_r + 1} = \frac{N\alpha}{3\,\varepsilon_0} \qquad (36)$$

schreiben. Das ist die *Clausius-Mosotti*sche Beziehung. Diese kann noch etwas umgeformt werden. Die Zahl der Moleküle pro Volumeneinheit ist nämlich

$$N = N_\mathrm{A}\,\frac{\delta}{M}\,,$$

wobei N_A die *Avogadro*sche Zahl, δ die Dichte und M das Atomgewicht bezeichnen. Als Endergebnis erhält man damit

$$\frac{\varepsilon_r - 1}{\varepsilon_r + 1} = \frac{N_\mathrm{A}\alpha}{3\,\varepsilon_0 M}\,\delta\,. \qquad (37)$$

Der Druck und die Temperatur beeinflussen die Dielektrizitätskonstante der Stoffe, welche induzierte Dipole aufweisen, insoweit, als sie die Dichte δ beeinflussen.

Die obige Gleichung ist auch zur Bestimmung der Größe α geeignet, welche die Polarisierbarkeit eines einzelnen Moleküls charakterisiert,

$$\alpha = \frac{3\,\varepsilon_0\,M}{N_\mathrm{A}}\,\frac{\varepsilon_r - 1}{\varepsilon_r + 2}\,\frac{1}{\delta}\,. \qquad (38)$$

Zur beschriebenen Gruppe der Isolierstoffe gehören z. B. Paraffin, Benzol, Tetrachlorkohlenstoff, Kohlendioxyd, O_2, N_2, H_2 sowie die Edelgase im flüssigen Aggregatzustand.

Strenggenommen gelten die obigen Überlegungen für die sich aus der Elektronenverschiebung ergebende Polarisation der Dielektrika mit kubischem Raumgitter, während sie für sonstige Fälle eher informatorischen Charakters sind. Bei Ionendielektrika werden die Verhältnisse u. a. auch deshalb verwickelter, weil man am Ort des positiven Ions im allgemeinen eine ganz andere wirksame Feldstärke vorfindet, als am Ort des negativen Ions. Bei polarisierten flüssigen und festen Isolierstoffen ist die Lage ähnlich kompliziert.

Sehr interessant und charakteristisch ist die Temperaturabhängigkeit der verschiedenen Polarisationstypen, obwohl auch sekundäre Effekte den quantitativen Verlauf der diesbezüglichen Kurven beeinflussen.

Im Fall der Gase ist die sich aus der Elektronendeformation ergebende Polarisation von der Temperatur unabhängig. Bei festen Körpern und

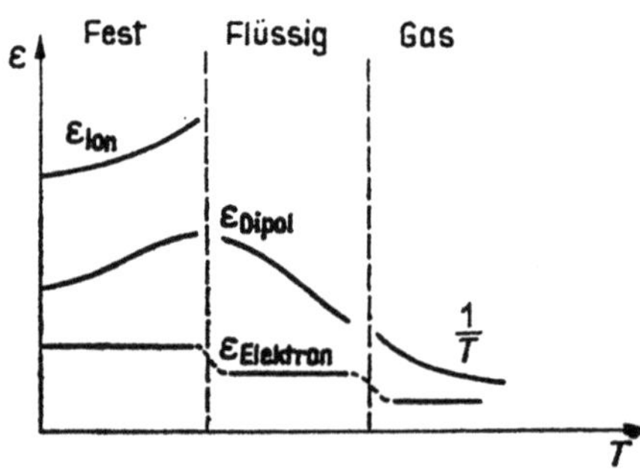

7.18 Der grob qualitative Verlauf der Temperaturabhängigkeit der von verschiedenen Mechanismen herrührenden Dielektrizitätskonstanten

Flüssigkeiten ist die Temperaturänderung mit einer Änderung der Dichte verbunden, so daß auch die Elektronenpolarisation eine Änderung erfährt, während bei Änderung des Aggregatszustandes eine sprunghafte Änderung der Dielektrizitätskonstanten zu erwarten ist.

Die Polarisation der polarisierbaren Gase folgt einem $1/T$-Gesetz. Im festen Zustand kann die Erhöhung der Temperatur die Orientierung der Dipole durch Auflockern der ihrer Bewegung entgegengesetzten Kräfte fördern. In festen Körpern kann auch die Ionenpolarisation in ähnlicher Weise zunehmen (Abb. 7.18).

7.2.4 Die Frequenzabhängigkeit der Dielektrizitätskonstanten. Der dielektrische Verlust

Wird das Dielektrikum in ein veränderliches elektrisches Feld gelegt, so wird das Verhalten jeder, sich aus einem verschiedenen Mechanismus ergebenden Polarisation verschieden sein. So erfolgt z. B. die Verschiebung der Elektronen bis zu den sehr hohen Frequenzen im wesentlichen ohne Trägheit und ohne Verlust. Besondere Erscheinungen sind erst bei den in den ultravioletten Bereich fallenden Frequenzen zu erwarten. Ähnlich verhält es sich mit der Ionenverschiebung, mit dem nicht sehr wesentlichen Unterschied, daß die Trägheit der Ionen größer ist, so daß die resonanzartigen Erscheinungen im roten oder infraroten Bereich auftreten.

Bei den polarisierbaren Dielektrika liegen die Verhältnisse wiederum anders; auch bei nicht zu hohen Frequenzen kann das Einordnen der Teilchen nur mit einer bestimmten Verzögerung der Änderung des äußeren Feldes folgen.

Im folgenden wird versucht, die oben diskutierten Erscheinungen auch quantitativ zu verfolgen.

Zur Behandlung der Elektronendeformations-Polarisation stellen wir ein einfaches Modell her. Das polarisierbare Teilchen soll aus einem feststehenden Ion und einem quasielastisch daran gebundenen Elektron bestehen. Die quasielastische Bindung bedeutet, daß auf das Elektron, wenn es auf die Entfernung x aus seiner Ruhlage gerückt wirkt, eine dieser Entfernung proportionale Rückführungskraft einwirkt. Das Teilchen bildet also ein schwingendes System. Klassisch gesehen bedeutet die durch die sich beschleunigenden Ladungen emittierte Strahlungsenergie die Dämpfung des Systems.

Es ist sehr einfach einzusehen, wie die quasielastische Bindung zustande kommt, wenn man das Atom so betrachtet, als würden die Elektronen den positiv geladenen punktförmigen Atomkern in der Form einer Elektronenwolke umgeben, die eine Kugel mit dem Radius r_0 gleichmäßig füllt. Verschiebt sich der Mittelpunkt dieser Kugel auf die Entfernung x von dem Atomkern, so ist die rückziehende Kraft des Kernes der in der Kugel befindlichen Ladung sowie der Ladung des Atomkernes direkt, dem Quadrat der Entfernung x dagegen umgekehrt proportional,

$$F = - \frac{4\pi}{3} x^3 \frac{Ze}{\frac{4\pi}{3} r_0^3} Ze \frac{1}{x^2} \frac{1}{4\pi\varepsilon_0} = - ax. \tag{39}$$

Ze bezeichnet die Ladung der Elektronenwolke bzw. die des Atomkernes, während die Größe

$$\varrho = \frac{Ze}{\frac{4\pi}{3} r_0^3}$$

die Ladungsdichte der Kugel angibt.

Die das schwingende System dämpfende Kraft kann als zu der Geschwindigkeit proportional betrachtet werden. Unter Berücksichtigung der anregenden Kraft $qE\mathrm{e}^{j\omega t}$ lautet daher die Bewegungsgleichung

$$m\frac{\mathrm{d}^2 x}{\mathrm{d}t^2} = -ax - s\frac{\mathrm{d}x}{\mathrm{d}t} + qE\mathrm{e}^{j\omega t}. \tag{40}$$

Wir ordnen diese Gleichung und dividieren durch m,

$$\frac{\mathrm{d}^2 x}{\mathrm{d}t^2} + \frac{s}{m}\frac{\mathrm{d}x}{\mathrm{d}t} + \frac{a}{m}x = \frac{q}{m}E\mathrm{e}^{j\omega t}. \tag{41}$$

Den stationären Zustand ergibt, analog zu den angeregten elektrischen Schwingungssystemen, die Funktion

$$x = \frac{\frac{q}{m}E}{-\omega^2 + j\omega\frac{s}{m} + \frac{a}{m}}\,\mathrm{e}^{j\omega t}. \tag{42}$$

Durch Einführen der Eigenfrequenz $\omega_0^2 = a/m$ erhält man

$$x = \frac{\frac{q}{m}E}{\omega_0^2 - \omega^2 + j\omega\frac{s}{m}}\,\mathrm{e}^{j\omega t}. \tag{43}$$

Das Dipolmoment eines einzigen Teilchens ist daher

$$p = qx = \frac{\frac{q^2}{m}E}{\omega_0^2 - \omega^2 + j\omega\frac{s}{m}}\,\mathrm{e}^{j\omega t} \tag{44}$$

und das Dipolmoment der Volumeneinheit

$$P(t) = Nqx = N\,\frac{\frac{q^2}{m}E}{\omega_0^2 - \omega^2 + j\omega\frac{s}{m}}\,\mathrm{e}^{j\omega t}. \tag{45}$$

Das makroskopische Dipolmoment ändert sich also rein sinusförmig; seine Amplitude ist komplex, was soviel bedeutet, daß eine Phasenverschiebung zwischen dem Dipolmoment und dem äußeren Feld vorhanden ist. Selbstverständlich ist auch der durch Gl. (44) definierte Polarisationskoeffizient eine komplexe Größe,

$$\alpha = \frac{\dfrac{q^2}{m}}{\omega_0^2 - \omega^2 + j\omega\dfrac{s}{m}} = \frac{q^2}{m}\left[\frac{\omega_0^2 - \omega^2}{(\omega_0^2 - \omega^2)^2 + \omega^2\dfrac{s^2}{m^2}} - j\,\frac{\omega\dfrac{s}{m}}{(\omega_0^2 - \omega^2)^2 + \omega^2\dfrac{s^2}{m^2}}\right]$$

$$= \alpha' - j\alpha'', \tag{46}$$

wobei die Werte von α' und α'' unmittelbar abgelesen werden können. In ähnlicher Weise ist auch die Dielektrizitätskonstante komplex

$$\varepsilon = \varepsilon_0(1 + N\alpha) = \varepsilon_0(\varepsilon' - j\varepsilon''), \tag{47}$$

$$\varepsilon' = 1 + N\alpha' = 1 + \frac{Nq^2}{m}\,\frac{\omega_0^2 - \omega^2}{(\omega_0^2 - \omega^2)^2 + \omega^2\dfrac{s^2}{m^2}}, \tag{48}$$

$$\varepsilon'' = N\alpha'' = \frac{Nq^2}{m}\,\frac{\omega\dfrac{s}{m}}{(\omega_0^2 - \omega^2)^2 + \omega^2\dfrac{s^2}{m^2}} \tag{49}$$

sind. Die Frequenzabhängigkeit von ε' und ε'' ist aus Abb. 7.19 ersichtlich. Die Frequenzabhängigkeit der Ionendeformations-Polarisation ist völlig analog, mit dem Unterschied, daß der Wert von ω_0 infolge der größeren Masse der schwingenden Ionen kleiner ist.
Bei optischen Frequenzen kommt ausschließlich die Elektronenpolarisation zur Geltung, so daß dafür die *Maxwell*sche Relation

$$n^2 = \varepsilon_r \tag{50}$$

gültig ist. Dementsprechend ist der Berechnungsindex wiederum eine komplexe Zahl. Läßt man jedoch die Dämpfung unberücksichtigt, so ist

$$n^2 = 1 + \frac{Nq^2}{m\,\varepsilon_0}\,\frac{1}{\omega_0^2 - \omega^2}. \tag{51}$$

Falls n nur sehr wenig von der Einheit abweicht, dann ist

$$n = 1 + \frac{1}{2}\,\frac{Nq^2}{m\,\varepsilon_0}\,\frac{1}{\omega_0^2 - \omega^2}. \tag{52}$$

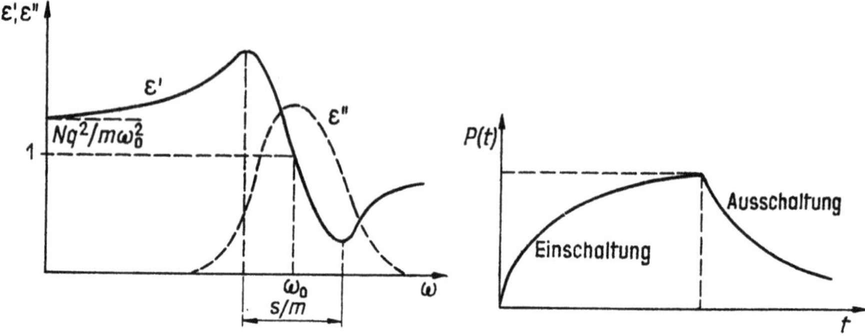

7.19 Frequenzabhängigkeit des reellen und des imaginären Teils der Dielektrizitätskonstanten bei Elektronendeformations-Polarisation

7.20 Die Änderung der Polarisation beim Ein- und Ausschalten des elektrischen Feldes

Der Mechanismus der Orientierungs-Polarisation ist ganz verschieden, so daß quantitative Aussagen nur auf Grund eines Modells von verschiedenem Charakter gemacht werden können.

Es ist vor allem der zeitliche Verlauf der Polarisation bei dem Übergang von einem Gleichgewichtszustand in den anderen zu klären. Wenn z. B. die Polarisation unter Einwirkung der Feldstärke E den Wert $P = \varkappa\varepsilon_0 E$ erreicht und das Feld E plötzlich verschwindet, dann verschwindet auch der Wert P infolge der Stöße der Teilchen sehr schnell, wenn auch nicht sprunghaft. Auf die Zeitfunktion $P(t)$ führt der folgende Gedankengang: Die Änderung der Polarisation dP/dt wird um so größer, je größer die Abweichung vom Endzustand (im gegebenen Fall von dem Wert $P(\infty) = 0$) ist. Dann haben nämlich noch viele Teilchen ausgerichtete Dipole, so daß die Zahl der eine Depolarisation verursachenden Stöße dementsprechend groß ist, d. h.

$$\frac{dP}{dt} = -\frac{P(t) - P(\infty)}{\tau} . \tag{53}$$

Damit haben wir wieder die Relaxationsnäherung angewendet. Der Proportionalitätsfaktor hat Zeitdimension und wurde aus Zweckmäßigkeitsgründen mit τ bezeichnet. Das ist die für den Orientierungs-Dipol charakteristische Relaxationszeit. Die Lösung der obigen Gleichung für den Fall des Ein- oder Ausschaltens konstanter Feldstärke lautet

$$P(t) - P(\infty) = [P(0) - P(\infty)]e^{-\frac{t}{\tau}}. \tag{54}$$

Bei $P(_0) = P_0$, $P(\infty) = 0$ (Ausschalten des Feldes) ist

$$P(t) = P_0\, e^{-\frac{t}{\tau}}.$$

Bei $P(0) = 0$, $P(\infty) = P_0$ (Einschalten des Feldes) ist

$$P(t) = P_0\left(1 - e^{-\frac{t}{\tau}}\right). \tag{55}$$

Die Polarisation ändert sich also nach dem durch die Relaxationszeit τ charakterisierten exponentiellen Gesetz (Abb. 7.20).

Ändert sich die elektrische Feldstärke nach dem $Ee^{j\omega t}$ Gesetz, so nimmt die Gleichung (53) die Form

$$j\omega P = \frac{\varepsilon_0 \varkappa E - P}{\tau} \tag{56}$$

an. Daraus ergibt sich die Beziehung

$$P = \frac{\varepsilon_0 \varkappa}{1 + j\omega\tau} E = \varepsilon_0 \bar{\varkappa} E. \tag{57}$$

Für ε erhält man also den Ausdruck

$$\varepsilon = \varepsilon_0(1 + \bar{\varkappa}) = \varepsilon_0\left(1 + \frac{\varkappa}{1 + j\omega\tau}\right) = \varepsilon_0(\varepsilon' - j\varepsilon''). \tag{58}$$

Die Dielektrizitätskonstante ist auch jetzt komplex. Ihr reeller Teil ist

$$\varepsilon' = 1 + \frac{\varkappa}{1 + (\omega\tau)^2}, \tag{59}$$

$$\varepsilon'' = \frac{\varkappa\omega\tau}{1 + (\omega\tau)^2}. \tag{60}$$

Bei $\omega = 0$ ist $\varepsilon' = 1 + \varkappa$ und $\varepsilon'' = 0$; bei $\omega \to \infty$ gilt $\varepsilon' \to 1$ und $\varepsilon'' \to 0$. Der schematische Verlauf der im Ausdruck von ε' und ε'' vorkommenden Funktionen ist aus Abb. 7.21 ersichtlich.

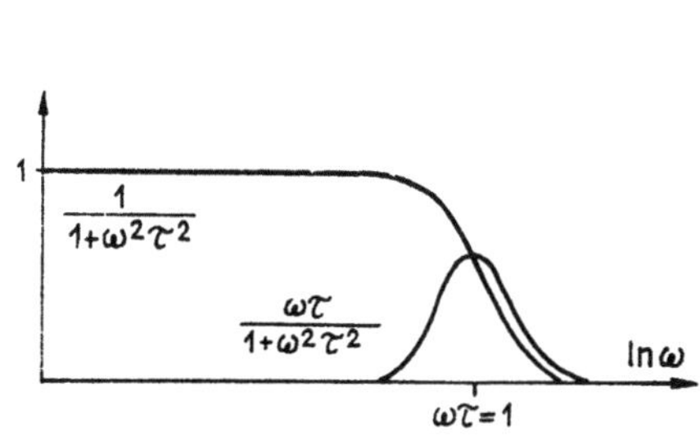

7.21 Die Änderung des reellen und des imaginären Teils der Dielektrizitätskonstanten bei Relaxations-Polarisation

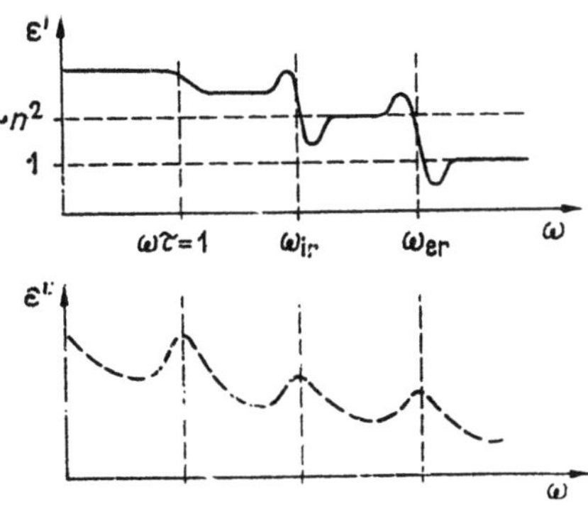

7.22 Der qualitative Verlauf der Frequenzabhängigkeit der Dielektrizitätskonstanten

Faßt man das bisher über die Frequenzabhängigkeit der Dielektrizitätskonstanten Gesagte zusammen, so erhält man die Abb. 7.22. Bei steigender
Frequenz hört zuerst die sich aus der Orientierung ergebende Polarisation
bei der durch die Gleichung $\omega\tau = 1$ definierten Frequenz auf. Die Ionendeformations-Polarisation zeigt eine Resonanzerscheinung bei der Frequenz
ω_{ir}. Bei höheren Frequenzen wird der Beitrag der Ionen immer mehr
vernachlässigbar, so daß nur die Elektronendeformations-Polarisation vorhanden bleibt. Bei sehr hohen Frequenzen kann schließlich die relative
Dielektrizitätskonstante praktisch gleich eins gesetzt werden. Aus der
Abbildung sind auch die Werte von ε'' ersichtlich. Der Wirklichkeit
entsprechend, sind die scharfen Resonanzerscheinungen durch sekundäre
Effekte sehr verwischt.

Die Tatsache, daß die Dielektrizitätskonstante eine komplexe Größe ist,
weist darauf hin, daß das Dielektrikum die elektrische Feldenergie nicht
nur trägt, sondern verbraucht, indem es einen Teil dieser Energie in Wärme
umsetzt. Bekanntlich ist die für den Aufbau des elektrischen Feldes erforderliche momentane Leistungsdichte gleich $E\,\partial D/\partial t$, so daß die während
der Periode $T = 2\pi/\omega$ in das Einheitsvolumen des Feldes eingespeiste und
dort in Wärme umgesetzte durchschnittliche Energie

$$\frac{W}{T} = \frac{1}{T} \int_0^T E\,\frac{\partial D}{\partial t}\,\mathrm{d}t \tag{61}$$

beträgt. Ändert sich das elektrische Feld gemäß der Beziehung $E\mathrm{e}^{j\omega t}$,
dann gilt

$$\frac{\partial D}{\partial t} = \varepsilon j\,\omega\,E\mathrm{e}^{j\omega t} = \varepsilon_0(\varepsilon' - j\,\varepsilon'')\,j\omega\,E\mathrm{e}^{j\omega t} = (\varepsilon_0\,\varepsilon''\omega + j\,\varepsilon_0\,\varepsilon'\,\omega)\,E\mathrm{e}^{j\omega t}. \tag{62}$$

Geht man wieder zu den Realteilen über, so ändert sich die Feldstärke wie

$$E \cos \omega t$$

und $\partial D/\partial t$ wie

$$\varepsilon_0\varepsilon''\omega\,E \cos \omega t - \varepsilon_0\varepsilon'\omega\,E \sin \omega t$$

mit der Zeit.
Die mittlere Leistung wird dann

$$\frac{W}{T} = \frac{\varepsilon_0\,\omega}{T}\,E^2 \int_0^T \cos \omega\,t(\varepsilon'' \cos \omega\,t - \varepsilon' \sin \omega\,t)\,dt. \tag{63}$$

Das Integral läßt sich ohne weiteres auswerten,

$$\frac{W}{T} = \omega\varepsilon_0\,\varepsilon''\,E_{\mathrm{eff}}^2. \tag{64}$$

Man sieht also, daß für die Schwingung — Speicherung und Rückgabe —
der Energie die Größe ε' und für den Verlust die Größe ε'' maßgebend ist.

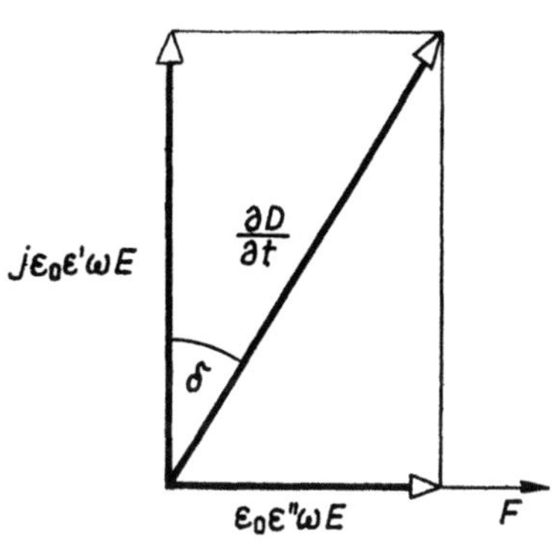

7.23 Zur Erklärung des Verlust-
winkels

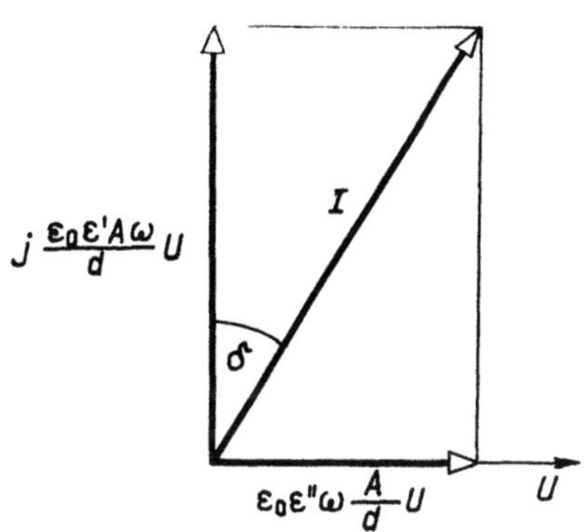

7.24 Die komplexen Kenngrößen von
Spannung und Strom im Fall
des verlustbehafteten Kondensators

In der Praxis spielt der durch die Formel

$$\operatorname{tg}\delta = \frac{\varepsilon''}{\varepsilon'} \tag{65}$$

definierte Verlustwinkel eine große Rolle. Der Winkel δ ist der Ergänzungs-
winkel des zwischen den komplexen Größen

$$Ee^{j\omega t} \quad\text{und}\quad \frac{\partial D}{\partial t} = \varepsilon_0(\varepsilon' - j\varepsilon')j\omega\,Ee^{j\omega t} \tag{66}$$

liegenden Winkels (Abb. 7.23).

Eine völlig analoge Abbildung wurde für die an den Klemmen eines ebenen
Kondensators meßbare Spannung U sowie für den durchfließenden Strom
I aufgezeichnet, wobei die Beziehungen

$$U = Ed,$$

$$I = A\,\frac{\partial D}{\partial t} = A\,\varepsilon_0(\varepsilon' - j\varepsilon')j\omega\,\frac{Ed}{d} = \varepsilon_0(\varepsilon' - j\varepsilon')\,\frac{A}{d}\,Uj\omega \tag{67}$$

berücksichtigt wurden (Abb. 7.24).

Der verlustbehaftete Kondensator kann als ein Kondensator aufgefaßt
werden, dessen Kapazität durch die Beziehung

$$C = \varepsilon_0(\varepsilon' - j\varepsilon')\,\frac{A}{d} \tag{68}$$

zu berechnen ist. Dies bedeutet gleichzeitig, daß ein solcher Kondensator
durch einen idealen Kondensator der Kapazität

$$C_0 = \varepsilon_0\varepsilon'\,\frac{A}{d} \tag{69}$$

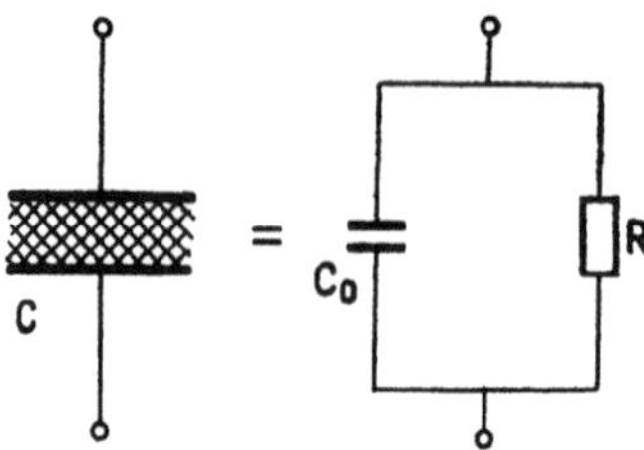

7.25 Ersatzschaltbild des verlustbehafteten Kondensators für eine einzige Frequenz

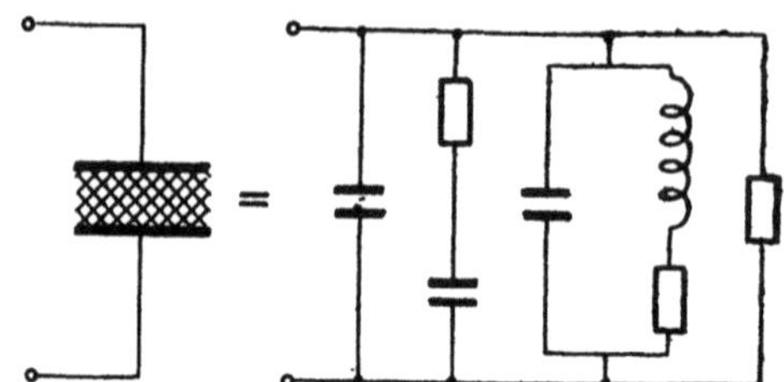

7.26 Ersatzschaltbild des verlustbehafteten Kondensators für einen Frequenzbereich

und einen dazu parallel liegenden Ohmschen Widerstand

$$\varepsilon_0\varepsilon''\omega\,\frac{A}{d} \tag{70}$$

ersetzt werden kann (Abb. 7.25). Da ε' und ε'' von ω abhängig sind, ferner ω im Ausdruck für R auch explizit vorkommt, gilt diese einfache Ersatzschaltung nur für eine einzige Frequenz.

Will man eine für ein Frequenzband gültige Ersatzschaltung aufstellen, so sind die Frequenzabhängigkeiten der den verschiedenen Mechanismen entsprechenden Polarisationsformen zu berücksichtigen. Die Relaxations-Polarisation kann mit einem RC-Glied, die Resonanzerscheinung mit einem Schwingkreis berücksichtigt werden. Aus der Leitfähigkeit des Isolierstoffes kann sich ebenfalls ein in erster Näherung frequenzunabhängiger Parallelwiderstand ergeben (Abb. 7.26).

7.2.5 Ferroelektrische Stoffe

Die Polarisierung der im vorangehenden behandelten Dielektrika ist der äußeren Feldstärke praktisch proportional, so daß die Werte von ε bzw. $\varkappa$ in dieser Hinsicht als konstant betrachtet werden können. Die bezeichnendste Eigenschaft der ferroelektrischen Stoffe ist dagegen, daß der Wert von ε von der Feldstärke sowie von dem Vorleben des Stoffes abhängig ist und einer der Magnetisierungskennlinie der ferromagnetischen Stoffe ähnlichen Hysteresekurve folgt. Diese Ähnlichkeit hat zu der etwas irreführenden Bezeichnung »ferroelektrisch« geführt; diese Stoffe haben ja nichts mit dem Element Eisen zu tun. (Im sowjetischen Schrifttum wird die Bezeichnung »senjetto-elektrisch« verwendet, nach dem Seignette-Salz, an dem diese Erscheinung zuerst beobachtet wurde.)

Werden in einem solchen Stoff die Werte der Feldstärke E und der Polarisation P von dem völlig unpolarisierten Zustand des Stoffes ausgehend gemessen, so erhält man die Strecke $OABC$ der Abb. 7.27. Die lineare Strecke BC ist dabei die Sättigungsstrecke. Wird die Feldstärke vermindert, dann kehrt die Polarisation nicht auf derselben Kurve zurück, und auch bei der äußeren Feldstärke Null erhält man noch eine remanente Polarisation P_r. Für die theoretischen Untersuchungen stellt der Schnittpunkt

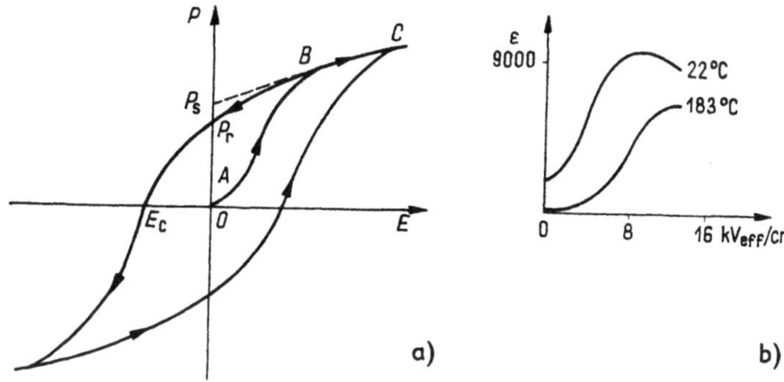

7.27 *a)* Die Abhängigkeit der Polarisation eines ferroelektrischen Stoffes und *b)* der Dielektrizitätskonstanten von der Feldstärke

der geraden Strecke BC mit der Achse P eine wichtige Größe, die sogenannte spontane Polarisation P_s dar. Es ist auch üblich, von der koerzitiven Feldstärke zu sprechen, welche die Polarisation zum Verschwinden bringt.

Zur Aufnahme der Kurve sei bemerkt, daß der Stoff in einen ebenen Kondensator gelegt wird, wobei dann E auf Grund der am Kondensator gemessenen Spannung U durch die Beziehung $E = U/d$ berechnet werden kann, während man den Wert von P aus der, z. B. durch ein ballistisches Galvanometer gemessenen Ladung Q des Kondensators mit Hilfe der Gleichungen $D = Q/A$ (wobei A die Oberfläche der Kondensatorplatte bezeichnet) und $P = D - \varepsilon_0 E$ erhält. Auf Grund der Abb. 7.28 kann die Hysteresekurve auch am Leuchtschirm eines Oszillographen dargestellt werden. Dabei wird den horizontalen Ablenkplatten die Kondensatorspannung, den vertikalen eine der Kondensatorladung proportionale Spannung angelegt.

Die Dielektrizitätskonstante ε ist also von der Feldstärke E abhängig, und nicht einmal auf eindeutige Weise. Folglich ist stets herauszustellen, unter welchen Umständen der zur Diskussion stehende Wert von ε gemessen wurde. Häufig kann die durch die Gleichung

$$\varepsilon_0(\varepsilon_r - 1) = \frac{\mathrm{d}P}{\mathrm{d}E} \tag{71}$$

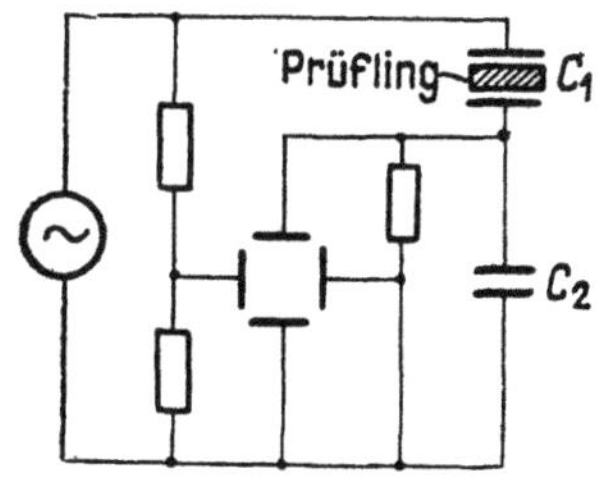

7.28 Meßanordnung zur direkten Aufnahme der Hysteresekurve (nach *Mikaeljan*)

definierte differentielle Dielektrizitätskonstante Verwendung finden, welche aber natürlich auch von E sowie von dem Vorleben des Stoffes abhängig ist. Unter ε wird auch häufig die an der Anfangsstrecke der ersten Polarisationskurve gemessene differentielle Dielektrizitätskonstante verstanden. Übrigens fällt diese hier mit dem durch die Beziehung D/E definierten Wert von ε zusammen.

Das bezeichnendste Parameter der ferroelektrischen Stoffe, die spontane Polarisation, verschwindet oberhalb einer gewissen Temperatur. Das ist

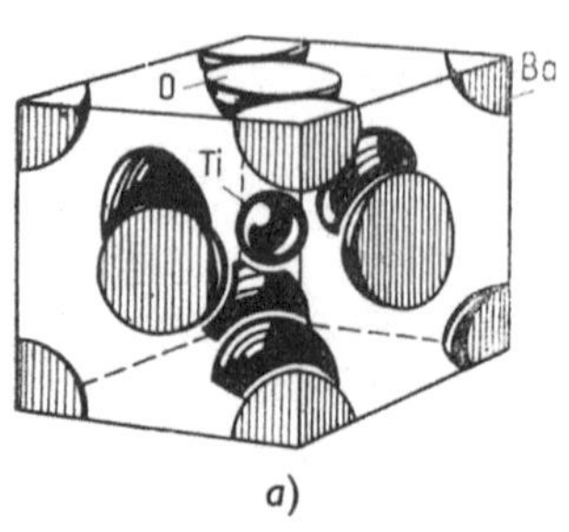

a)

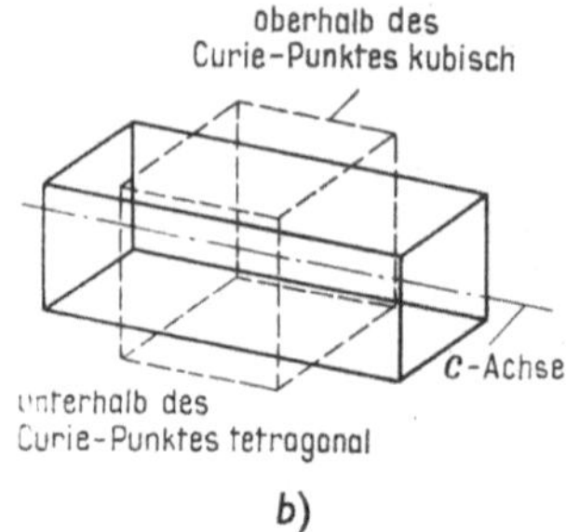

b)

7.29 *a)* Das kubische, *b)* das tetragonale Kristallgitter des Bariumtitanats

der sogenannte *Curie*-Punkt. Oberhalb dieser Temperatur folgt die Dielektrizitätskonstante dem durch die Gleichung

$$\varepsilon = \frac{c}{T - T_c} \tag{72}$$

ausgedrückten *Curie-Weiß*-Gesetz.

Im folgenden werden die experimentell gefundenen Kennwerte der charakteristischen Arten ferroelektrischer Stoffe behandelt. Es wird dann versucht, die gefundenen Gesetzmäßigkeiten durch halbquantitative Überlegungen zu deuten.

Zur Zeit ist der am häufigsten verwendete ferroelektrische Stoff das Bariumtitanat ($BaTiO_3$). Sein Kristallgitter ist aus Abb. **7.29** ersichtlich. Nach Abb. **7.30** hört seine spontane Polarisation bei $T_c = 120\ ^\circ\mathrm{C}$ auf. Der Verlauf der spontanen Polarisation sowie auch der von ε zeigen auch bei zwei anderen Temperaturen (bei 0 °C und um –80 °C) eine sprunghafte Änderung, die auf eine Änderung der Kristallstruktur hinweist. (In der Abbildung sind *Kelvin*-Grade dargestellt.)

Abb. **7.31** zeigt, wie die Erscheinung der Hysterese mit der Erhöhung der Temperatur verschwindet und bei höheren Temperaturen auch die lineare Beziehung erscheint.

Der seit den frühesten Zeiten bekannte ferroelektrische Stoff, das Seignette-Salz ($NaKC_4O_6 \cdot 4H_2O$) weist eine sehr interessante Eigenart bei der Änderung der spontanen Polarisation auf (Abb. **7.32**). Er hat nämlich zwei *Curie*-Punkte, zwischen denen der Stoff ferroelektrisch ist. Außerhalb dieses Gebietes folgt die Funktion $\varepsilon(T)$ im großen und ganzen dem *Curie-Weiß*-Gesetz.

Die Temperaturabhängigkeit der permanenten Polarisation des KH_2PO_4 (Abb. **7.33**) ist der der ferromagnetischen Stoffe ähnlich.

Wie kommt nun die permanente Polarisation, bei der also kein äußeres Feld vorhanden ist, zustande? Die genaue Theorie ist sehr kompliziert und in mehreren Einzelheiten noch ungeklärt, kann aber durch sehr einfache Überlegungen plausibel gemacht werden. Bekanntlich wird die Pola-

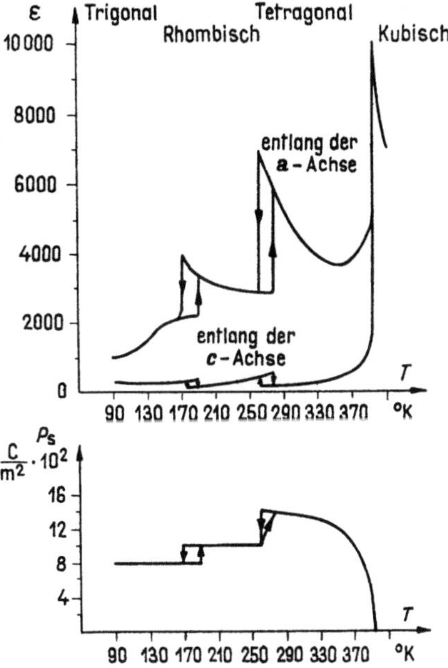

7.30 Die Temperaturabhängigkeit der spontanen Polarisation und der Dielektrizitätskonstanten des Bariumtitanats (nach *Merz*)

7.31 Die Formänderung der Hysteresekurve als Funktion der Temperatur [7.6]

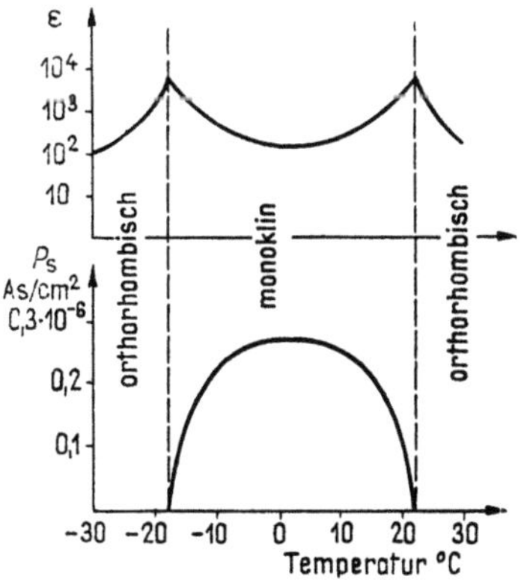

7.32 Temperaturabhängigkeit der spontanen Polarisation und der Dielektrizitätskonstanten des Seignette-Salzes [7.6]

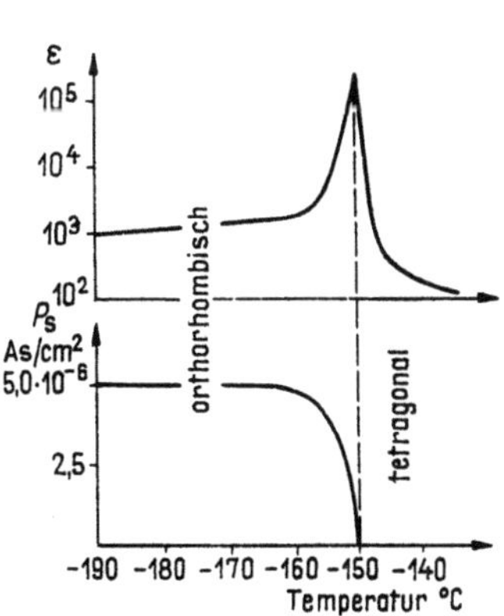

7.33 Temperaturabhängigkeit der permanenten Polarisation und der Dielektrizitätskonstanten des KH_2PO_4 [7.6]

risation des Teilchens durch das äußere und das von den übrigen Teilchen stammende innere Feld nach Maßgabe der Beziehung

$$P = N\alpha \left(E + \frac{\gamma}{\varepsilon_0} P \right) \tag{73}$$

zustande gebracht. Es ist nun vorstellbar, daß die Polarisation, falls die Polarisationskonstante γ genügend groß ist, ohne äußeres Feld, allein durch die Wechselwirkung der Teilchen, bestehen bleibt. Durch Auflösen der obigen Gleichung nach P erhält man nämlich

$$P = \frac{N\alpha}{1 - \dfrac{N\alpha\gamma}{\varepsilon_0}} E \,. \tag{74}$$

Wenn kein äußeres Feld vorhanden ist, also im Fall $E = 0$, erhält man eine endliche Polarisation dann, wenn der Koeffizient von E unendlich wird, d. h. wenn

$$\frac{N\alpha\gamma}{\varepsilon_0} = 1 \tag{75}$$

ist.

Auf Grund dieser einfachen Überlegung kann man sogar die Frage beantworten, warum die spontane Polarisation nur bei einer bestimmten Temperatur eintritt. Es wird angenommen, daß α und γ von der Temperatur unabhängig sind, während N infolge der Wärmeausdehnung des Stoffes bei steigender Temperatur gemäß der Beziehung

$$\frac{\mathrm{d}N}{\mathrm{d}T} = -\lambda N \tag{76}$$

abnimmt, wobei λ den Wärmeausdehnungskoeffizienten des Volumens bezeichnet. Ist der Wert $N\alpha\gamma/\varepsilon_0$ bei einer gegebenen Temperatur T noch kleiner als eins, aber schon nahe der Einheit, so kann noch keine spontane Polarisation auftreten. Nach der sich auf Grund der Gleichung $P = \varepsilon_0(\varepsilon - 1)E$ sowie der Gl. (75) ergebenden Beziehung

$$\varepsilon = 1 + \frac{N\alpha/\varepsilon_0}{1 - N\alpha\gamma/\varepsilon_0} \tag{77}$$

wird aber der Wert von ε sehr groß. Wird nun der Stoff abgekühlt, dann nimmt der Wert von N zu (die Dichte der Materie nimmt bei sinkender Temperatur zu), und eine Temperatur T_c wird erreicht, bei der

$$\frac{N(T_\mathrm{c})\alpha\gamma}{\varepsilon_0} = 1 \tag{78}$$

ist. Hier ist die Möglichkeit der spontanen Polarisation bereits gegeben.

Die obige Überlegung ergibt auch die Temperaturabhängigkeit von ε oberhalb des *Curie*-Punktes. Auf Grund der Gleichung (77) ist

$$\frac{d\varepsilon}{dT} = \frac{\alpha}{\varepsilon_0}\frac{dN}{dT}\frac{1}{\left(1 - \dfrac{N\alpha}{\varepsilon_0}\gamma\right)^2} = -\lambda\,\frac{\dfrac{\alpha}{\varepsilon_0}N}{\left(1 - \dfrac{N\alpha}{\varepsilon_0}\gamma\right)^2}\,. \qquad (79)$$

Nun drücken wir den Wert $N\alpha/\varepsilon_0$ aus Gl. (77) ·mittels ε aus

$$\frac{d\varepsilon}{dT} = -\lambda(\varepsilon - 1)[(\varepsilon - 1)\gamma + 1]. \qquad (80)$$

In der Nähe der kritischen Temperatur ist $\varepsilon \gg 1$. Man kann also angenähert

$$\frac{d\varepsilon}{dT} \approx -\lambda\gamma\varepsilon^2 \qquad (81)$$

schreiben.
Die Integration dieser Differentialgleichung von der kritischen bis zu einer beliebigen Temperatur ergibt die Beziehung

$$\int_{\varepsilon(T_0)}^{\varepsilon(T)}\frac{d\varepsilon}{\varepsilon^2} = -\gamma\lambda\int_{T_0}^{T}dT. \qquad (82)$$

Bei der kritischen Temperatur ist der Wert von ε unendlich groß, so daß

$$-\frac{1}{\varepsilon}\bigg|_{\infty}^{(T)} = -\lambda\gamma(T - T_\mathrm{c}),$$

d. h.

$$\varepsilon(T) - \frac{1/\lambda\gamma}{T - T_\mathrm{c}} \qquad (83)$$

ist. Damit haben wir also das *Curie-Weiß*-Gesetz erhalten.
Jetzt untersuchen wir die Verhältnisse im Fall des Bariumtitanats etwas wirklichkeitsnäher, aber immer noch nur qualitativ.
Wie erwähnt, hat das $BaTiO_3$ oberhalb des *Curie*-Punktes eine kubische Struktur. Das in der Mitte angeordnete Ti^{4+}-Ion ist verhältnismäßig klein und hat viel Platz, so daß es leicht weggerückt werden kann. Darauf beruht der hohe Wert von α. Bei der *Curie*-Temperatur $T_\mathrm{c} = 120\,°C$ wandelt sich die kubische Struktur in eine tetragonale um, und zwar so, daß der Kristall parallel zu einer Kante des Würfels verlängert und senkrecht dazu verkürzt wird (Abb. 7.29). Gleichzeitig erlangt der Kristall eine permanente Polarisation parallel zur Dehnungsrichtung, d. h. parallel zur c-Achse, in der Weise, daß sich das Ti^{4+}-Ion gegen ein O^{2-}-Ion verschiebt. Dadurch ergeben sich insgesamt $3 \times 2 = 6$ verschieden orientierte permanente Polarisationen in 3 zueinander senkrechten Richtungen.

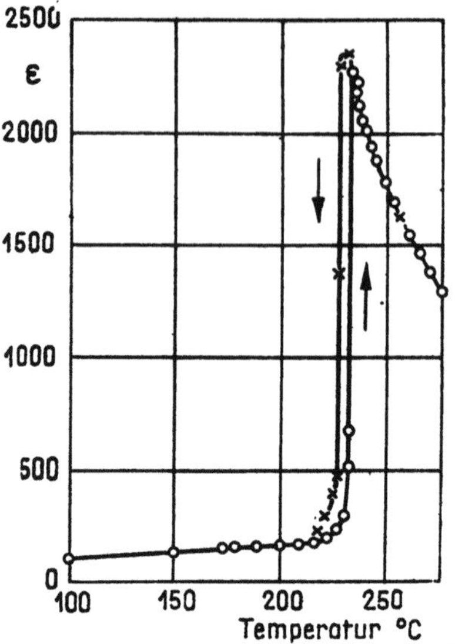

7.34 Die Änderung der Dielektrizitätskonstanten des Bleizirkonats als Funktion der Temperatur [7.6]

Dementsprechend ist also der makroskopische Stoff ein ungeordneter Haufen von Bereichen oder Domänen, die alle eine verschieden orientierte permanente Polarisation aufweisen, nach außen hin jedoch keinen elektrischen Effekt zeigen. Wird der Stoff in ein äußeres Feld gelegt, so wachsen die in Feldrichtung liegenden Domänen an (in Abb. 7.27 entspricht dies der Strecke OAB), bis schließlich der ganze makroskopische Stoff als eine einzige Domäne betrachtet werden kann. Die Strecke BC der Kurve zeigt bereits den Effekt der normalen (Ionen- und Elektronendeformations-) Polarisation. Die Domänenstruktur der ferromagnetischen Stoffe — wie dies noch gezeigt wird — verhält sich anders im äußeren magnetischen Feld. Aus Abb. 7.30 ist ersichtlich, daß das $BaTiO_3$ noch zwei weitere ferroelektrische Modifikationen mit den Übergangstemperaturen 0 °C und —80 °C aufweist. An diesen Punkten ändert sich die Kristallstruktur in rhombisch bzw. rhomboedrisch.

Eine grundlegende Charakteristik der ferroelektrischen Stoffe besteht darin, daß, falls die *Curie*-Temperatur T_c von oben her angenähert wird, der Wert von ε immer größer wird und sich schließlich sprunghaft ändert, wobei eine solche Strukturänderung eintritt, daß eine permanente Polarisation und eine Hysteresekurve zustande kommen. Die Änderung des ε-Wertes von $PbZrO_3$ (Bleizirkonat) zeigt einen ähnlichen Sprung (Abb. 7.34), führt aber weder zu einer permanenten Polarisation noch zu einer Hysterese. Strukturelle Röntgenuntersuchungen bestätigen die Annahme, daß die Elementarzellen dieses Stoffes auch unterhalb des *Curie*-Punktes geordnet liegende Dipolmomente aufweisen, welche aber entlang je einer Geraden abwechselnd einander entgegengesetzt polarisiert sind (Abb. 7.35). Die Stoffe, die ein solches Verhalten zeigen, werden antiferro-elektrische Stoffe genannt.

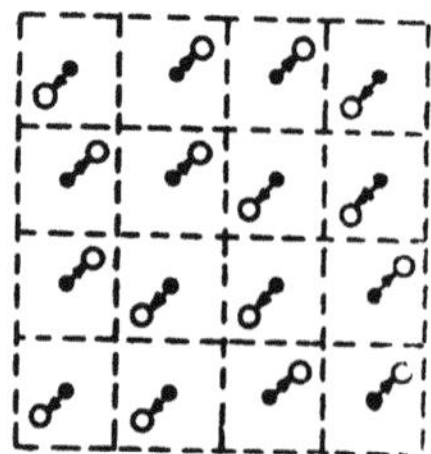

7.35 Die eine antiferro-elektrische Erscheinung erzeugende Verrückung der Ionen in Bleizirkonat [7.6]

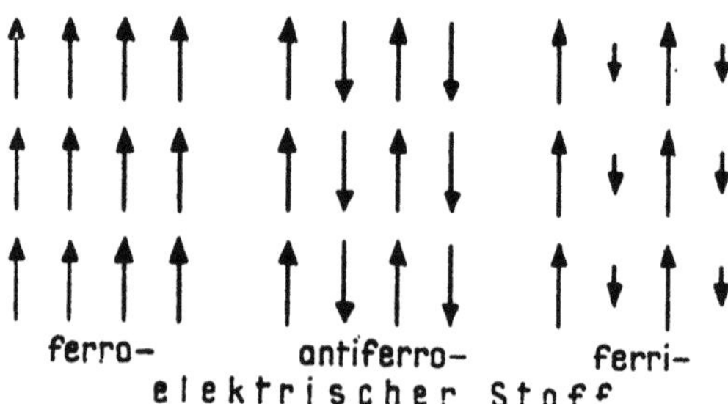

7.36 Die spontane Orientierung von Dipolen bei ferro-, antiferro- bzw. ferrielektrischen Stoffen

Es läßt sich im Prinzip feststellen, ob ein gegebener Stoff ein ferro- oder antiferro-elektrisches Verhalten zeigen wird, ob also die einzelnen Dipole parallel oder antiparallel ausgerichtet werden. Zu diesem Zweck ist die Anordnung zu ermitteln, welche unter Berücksichtigung aller möglichen Wechselwirkungen die tiefste — dem ungeordneten Zustand gegenüber naturgemäß tiefere — Gesamtenergie ergibt. Dabei kann sich auch ein dritter, für ferrielektrische Stoffe kennzeichnender Zustand ergeben, bei dem die sich in entgegengesetzte Richtungen einstellenden Dipole einander nicht völlig aufheben, so daß ihre Resultierende von Null verschieden bleibt (Abb. 7.36).

7.2.6 Sonstige Erscheinungen in Verbindung mit der Polarisation

Wird ein homogener isotroper Stoff in ein elektrisches Feld gelegt, so tritt nach dem bisher Gesagten die Polarisation des Stoffes ein, die Ladungen verschieben sich gegeneinander, und die Dipole werden geordnet. Auf alle Fälle entsteht ein neuer Gleichgewichtszustand, welcher verständlicherweise mit der Änderung des gegenseitigen Teilchenabstandes und dadurch der Abmessungen des ganzen makroskopischen Stoffes verbunden ist. Da der Stoff isotrop ist, findet man, daß die Änderung der Abmessungen bei einer Änderung der Richtung der Feldstärke wieder dieselbe wird. Völlig ähnliche Verhältnisse ergeben sich, wenn ein zentralsymmetrisch aufgebauter Kristall in ein elektrisches Feld gelegt wird. Gerade infolge der zentralen Symmetrie ist die Änderung der Abmessungen von der Richtung des elektrischen Feldes wiederum unabhängig. Mathematisch läßt sich dies im einfachsten Fall mit der Feststellung ausdrücken,

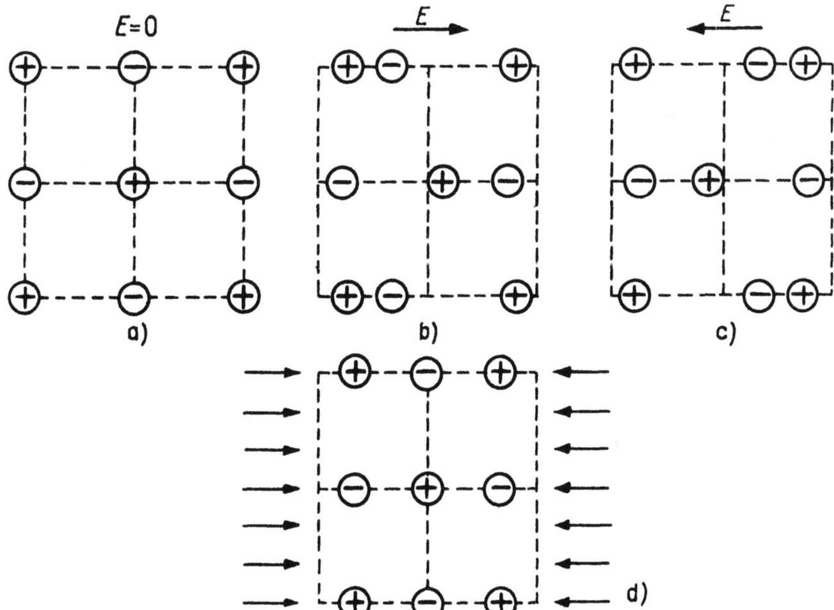

7.37 Bei der Elektrostriktion ist die durch die Polarisierung eintretende Änderung der Abmessungen von der Richtung von E unabhängig (b, c); die umgekehrte Erscheinung fehlt, d. h. durch mechanische Einwirkung tritt keine Polarisation ein (d)

daß die Änderung der Abmessungen E^2 proportional ist. Diese Erscheinung ist die Elektrostriktion. Sie ist auch dadurch charakterisiert, daß der umgekehrte Effekt fehlt. Ein homogener isotroper Stoff wird umsonst zusammengedrückt, er wird sich nicht polarisieren. Bei einem nicht-polaren Stoff werden die Stoffteilchen durch den mechanischen Druck einander genähert, wodurch aber die Ladungsverteilung nicht geändert wird; bei einem polaren Stoff wird die Einordnung nicht begünstigt. Bei einem zentralsymmetrischen Kristall ist die Resultierende der einzelnen Dipole auch nach der Deformation gleich Null, eine Polarisierung findet also nicht statt (Abb. 7.37).

In voller Allgemeinheit kann die Änderung der Abmessungen eine sehr komplizierte Funktion des elektrischen Feldes darstellen. Nehmen wir an, daß die in einer beliebigen Richtung gemessene Änderung Δx der Abmessungen durch die Reihe

$$\Delta x = a_1 E + a_2 E^2 + a_3 E^3 + \cdots$$

ausgedrückt werden kann. Die durch die geraden Potenzen von E gegebene Änderung der Abmessungen wird allgemein als Elektrostriktion bezeichnet. Die Glieder ungerader Potenz führen eine offenbar auf die Anisotropie bzw. auf das Fehlen der zentralen Symmetrie zurückführbare Richtungsabhängigkeit ein. Im einfachsten Fall ist

$$\Delta x = a_1 E,$$

d. h. die Änderung der Abmessung ist der Feldstärke proportional, und bei einer Änderung der Feldrichtung ändert sich auch der Betrag von Δx; die Abb. 7.38 veranschaulicht, daß die umgekehrte Feldrichtung eine völlig verschiedene geometrische Konfiguration erzeugt. Es ist daher verständlich, daß auch Δx einen verschiedenen Wert annimmt.

Wird nun der Stoff nach Abb. 7.38b zusammengedrückt oder auseinandergezogen, so ändert sich die Lage der bisher die Resultierende Null ergebenden Dipole, so daß man eine resultierende Polarisation nach außen hin erhält. Das ist die piezoelektrische Erscheinung. Diese wird wesentlich dadurch gekennzeichnet, daß die Polarisation von Größe und Richtung der mechanischen Spannung abhängig ist, ferner, daß die Erscheinung umkehrbar ist, da an dem in das elektrische Feld gelegten piezoelektrischen Stoff eine Änderung der Abmessungen eintritt, welche auch von der Feldrichtung abhängig ist. Das macht gerade den Unterschied gegenüber der Elektrostriktion aus.

Ob die Richtung der unter Einwirkung des einfachen Druckes entstehenden Polarisation mit der Richtung der Druckkraft zusammenfällt oder — wie in der Abbildung — dazu senkrecht liegt, ist von der Kristallstruktur abhängig.

Im allgemeinen ist die Abhängigkeit der Polarisierung von der mechanischen Einwirkung natürlich sehr kompliziert. Der mechanische Spannungszustand in einem Punkt des Kristalls wird durch den symmetrischen Spannungstensor $\mathbf{T} = t_{ik}$ beschrieben. Die Definitionsgleichung dieses Tensors ist

$$\boldsymbol{f} = \mathbf{T}\,\boldsymbol{n},$$

d. h. also, daß der Druck $\boldsymbol{f}$ auf einer zur Richtung eines beliebigen Einheitsvektors $\boldsymbol{n}$ senkrechten Flächeneinheit durch das Produkt $\mathbf{T}\boldsymbol{n}$ gegeben ist. Andererseits ist der Polarisationszustand von dem Spannungszustand des Kristalls linear abhängig. Eine beliebig gerichtete Komponente der Polarisation ist also eine lineare Funktion der Komponenten des Spannungstensors,

$$P_l = d_{ikl}\, t_{ik} \left.\begin{array}{c} i \\ k \\ l \end{array}\right\} = 1, 2, 3.$$

Hierbei wurde von der *Einstein*schen Konvention Gebrauch gemacht, wonach zwei gleiche Indizes eine Summation über diesen Index bedeuten. Dafür, daß ein Produkt dieser Art eines Tensors zweiter Ordnung einen Vektor ergibt, ist es erforderlich, daß d_{ikl} ein Tensor dritter Ordnung sei. Der unter Einwirkung der mechanischen Spannung eintretende Polarisationszustand kann also mit Hilfe eines Tensors dritter

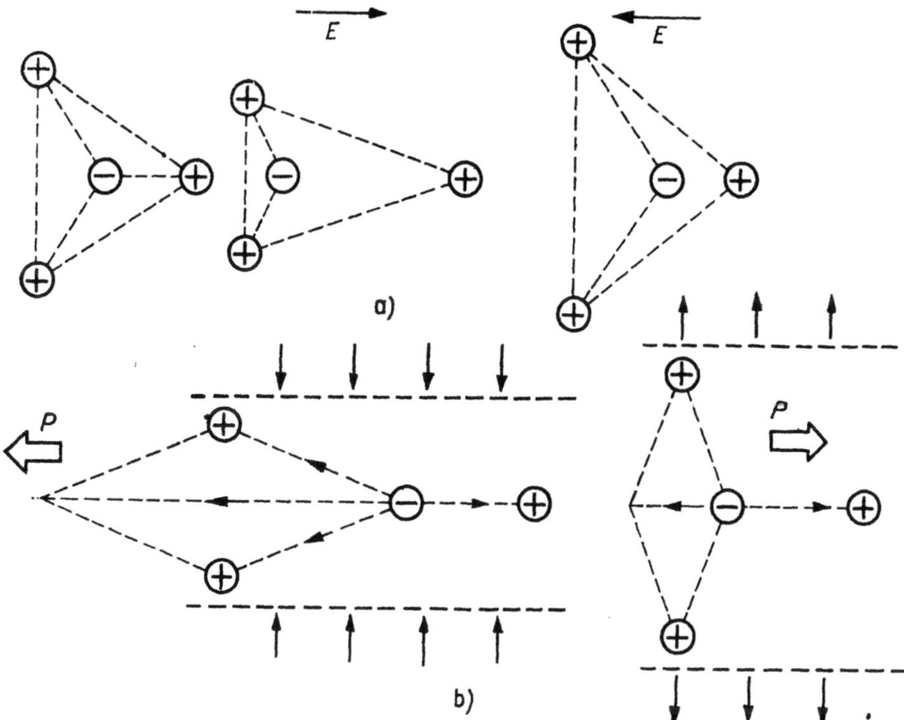

7.38 *a)* Bei Umkehrung der Feldrichtung erhält man eine abweichende Änderung
der Abmessungen (umgekehrter piezoelektrischer Effekt); *b)* der Druck erzeugt
eine Polarisation in den nicht zentralsymmetrischen Kristallen (direkter piezoelektrischer Effekt)

Ordnung beschrieben werden, dessen Komponenten piezoelektrische Moduln genannt
werden. Es gibt insgesamt 27 solche Moduln. Mit Rücksicht auf die Gleichheit $t_{ik} =$
$= t_{ki}$ können aber die Formen d_{ikl}, d_{kil} zusammengefaßt werden, so daß im allgemeinen
18 verschiedene Moduln übrig bleiben. Schreibt man die obige Gleichung detailliert
auf, die übrigbleibenden Glieder des Tensors d_{ikl} mit zwei Indizes bezeichnend, so
erhält man

$$P_x = P_1 = d_{11}t_{11} + d_{12}t_{22} + d_{13}t_{33} + d_{14}t_{23} + d_{15}t_{31} + d_{16}t_{12},$$
$$P_y = P_2 = d_{21}t_{11} + d_{22}t_{22} + d_{23}t_{33} + d_{24}t_{23} + d_{25}t_{31} + d_{26}t_{12},$$
$$P_z = P_3 = d_{31}t_{11} + d_{32}t_{22} + d_{33}t_{33} + d_{34}t_{23} + d_{35}t_{31} + d_{36}t_{12}.$$

Glücklicherweise wird in Wirklichkeit bei entsprechender durch die Kristallstruktur bedingter Wahl des Koordinatensystems der Wert von vielen Moduln gleich
Null. Im Fall von zentralsymmetrischen Kristallen z. B., bei welchen kein piezoelektrischer Effekt auftritt, werden alle d-Werte gleich Null. Bei α-Quarz, falls
die x-Achse (die sog. elektrische Achse [und die z-Achse] die sog. optische Achse) der
Abb. 7.39 entsprechend gewählt werden, vereinfachen sich die allgemeinen Gleichungen zu den Ausdrücken

$$P_x = d_{11}t_{11} - d_{11}t_{22} + d_{14}t_{23},$$
$$P_y = -d_{14}t_{31} - 2d_{11}t_{12},$$
$$P_z = 0,$$

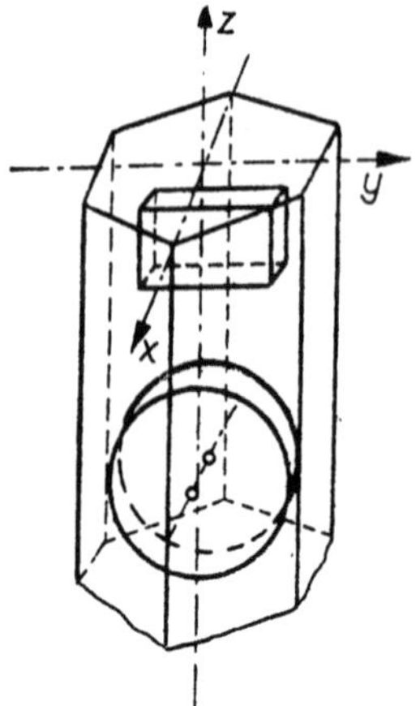

7.39 Die Lage der optischen Achse sowie der Piezoachse x im Quarzkristall

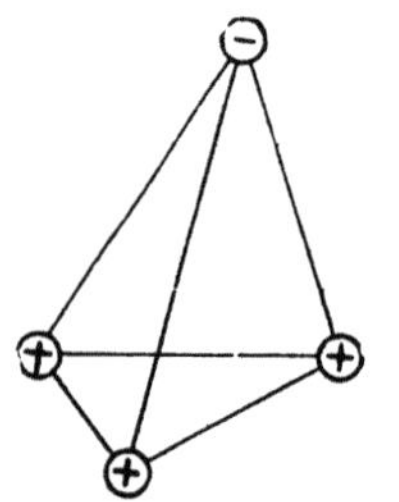

7.40 Ein einfaches Modell des pyroelektrischen Stoffes

wobei $d_{11} = 6,8 \cdot 10^{-8}$ und $d_{14} = -1,8 \cdot 10^{-8}$ CGSE (bei 18 °C) betragen. Hier gibt es also nicht mehr als zwei unabhängige Daten. Bei reinem Zug entlang der x-Achse ist $t_{22} = t_{23} = t_{31} = t_{12} = 0$, so daß

$$P_x = d_{11}t_{11}, \quad P_y = 0, \quad P_z = 0.$$

sind. Bei einem entlang der y-Achse wirksamen Zug ist $t_{11} = t_{12} = t_{23} = t_{13} = 0$ und folglich

$$P_x = -d_{11}t_{22}.$$

Bei gleichmäßigem hydrostatischem Druck ist $t_{11} = t_{22}$ und folglich

$$P_x = P_y = P_z = 0,$$

so daß kein piezoelektrischer Effekt eintritt.

Bei dem Seignette-Salz, falls die kristallographischen Achsen als Koordinatenachsen gewählt werden, erhält man die Beziehungen

$$P_x = d_{14}t_{23},$$

$$P_y = d_{25}t_{31},$$

$$P_z = d_{36}t_{12},$$

wobei $d_{14} = 2,0 \cdot 10^{-5}$, $d_{25} = -1,6 \cdot 10^{-8}$, $d_{36} = 35,4 \cdot 10^{-8}$ CGSE (bei 30 °C) sind.

Hier ist also der Polarisationszustand durch drei unabhängige Moduln gekennzeichnet. Interessanterweise entsteht eine Polarisation ausschließlich unter Einwirkung einer Scherspannung.

Es war eine Bedingung des Eintretens des piezoelektrischen Effektes, daß die Anordnung nicht zentralsymmetrisch sein kann. Ist die Anordnung eine solche, daß der Kristall ohne äußere Einwirkung eine resultierende Polarisation aufweist, dann wird der Stoff als pyroelektrisch bezeichnet (Abb. 7.40). Der bekannteste Vertreter dieser Stoffe ist der Turmalin. Die ständige Polarisation ist ziemlich schwer zu erkennen; das polarisierte Dielektrikum zieht aus der umgebenden Luft oder, da es ein schlechter Isolierstoff ist, aus sich selbst Ladungen entgegengesetzten Vorzeichens an seine Oberfläche, welche die Wirkung der infolge der Polarisation auftretenden scheinbaren Ladungen völlig aufheben. In dieser Beziehung kommt die namengebende Erscheinung zur Geltung. Bei steigender Temperatur ändert sich nämlich die Polarisation, ändert sich die Größe der scheinbaren oberflächlichen Ladung, so daß nun gegenüber der bisher neutralisierten oberflächlichen Ladung zusätzliche Ladungen auftreten, die einen wohl meßbaren Effekt haben.

Der pyroelektrische Effekt, d. h. die Änderung des Polarisationszustandes unter Einwirkung der Temperaturänderung, setzt sich aus zwei Teilen zusammen. Man stelle sich vor, daß der Kristall so eingespannt wird, daß er sich nicht ausdehnen kann. Die Schwingungsamplituden der einzelnen Teilchen ändern sich auch dann, so daß sich auch der Polarisationszustand ändert. Das ist der direkte pyroelektrische Effekt. Falls sich der Stoff unter Einwirkung der Temperatur ausdehnen kann, dann ändert sich auch die Anordnung und damit auch der Polarisationszustand. Diese Erscheinung wird als sekundäre Pyroelektrizität bezeichnet.

Es gibt auch eine umgekehrte pyroelektrische Erscheinung, die sogenannte elektrokalorische Erscheinung. Hierbei ändert sich die Temperatur bei Änderung der Polarisation.

Die pyroelektrischen Stoffe bilden also einen engeren Kreis innerhalb der piezoelektrischen Stoffe. Der Quarz ist z. B. nicht pyroelektrisch. Eine weitere Einengung führt zu den bereits behandelten ferroelektrischen Stoffen; diese besitzen eine permanente Polarisation, können aber diese unter Einwirkung eines äußeren Feldes verhältnismäßig leicht verlieren oder, bei der Umkehr der Feldrichtung, auch die Richtung ihrer spontanen Polarisation umkehren. Die Möglichkeit der spontanen Polarisation in Gegenrichtung führt zur Bildung der Domänenstruktur und dadurch schließlich zu dem charakteristischen Verhalten der ferroelektrischen Stoffe.

Es ist üblich, das eine permanente Polarisation aufweisende Dielektrikum in Analogie zum permanenten Magnet auch als *Elektret* zu bezeichnen. Nach dieser Auffassung würde der Begriff des Elektrets mit dem des pyroelektrischen Stoffes übereinstimmen. Diese Ausdrucksweise wird in der Tat manchmal verwendet. Einige, insbesondere angelsächsische Autoren verwenden jedoch die Bezeichnung Elektret für solche organische Stoffe (besonders für Wachs- und Pechmischungen), welche im geschmolzenen Zustand in ein sehr starkes elektrisches Feld gelegt worden sind. Die polarisierten Moleküle werden dabei geordnet und dann durch »Einfrieren« fixiert. Dadurch erhält man einen auch nach Abschalten des Feldes sehr stark permanent polarisierten Stoff, der seinen Polarisationszustand — bei entsprechendem Schutz gegen die umherwandernden Ionen der Umgebung — für sehr lange Zeit behält und viele praktische Anwendungen ermöglicht.

7.3 Die magnetische Permeabilität

7.3.1 Die Klassifikation der magnetischen Stoffe

Wird ein Stoff in das durch die Feldstärke H gekennzeichnete magnetische Feld gelegt, so findet im Stoff eine magnetische Polarisation statt. Diese Polarisation wird durch das auf die Volumeneinheit bezogene magnetische Moment M gekennzeichnet, das im einfachsten Fall sehr häufig der Feldstärke H proportional ist,

$$M = \mu_0 \varkappa H. \tag{1}$$

Die dimensionsfreie Konstante $\varkappa$ wird magnetische Suszeptibilität genannt. Im obigen Fall sind der Induktionsvektor B sowie die Feldstärke H einander ebenfalls proportional; es gilt die Beziehung

$$B = \mu_0 H + M = \mu_0(1 + \varkappa) H = \mu H. \tag{2}$$

Zwischen der relativen Permeabilität $\mu_r = \mu/\mu_0$ und der Suszeptibilität besteht die einfache Beziehung

$$\mu_r = 1 + \varkappa. \tag{3}$$

In magnetischer Hinsicht werden die verschiedenen Stoffe je nach den verschiedenen Werten von μ_r bzw. $\varkappa$ klassifiziert.

Die relative Permeabilität der diamagnetischen Stoffe ist bis zu sehr hohen magnetischen Feldintensitäten konstant und nahezu gleich der Einheit, jedoch etwas kleiner. $\varkappa$ ist also eine sehr kleine negative Zahl (Größenordnung 10^{-5}). Der Diamagnetismus ist eine allgemeine Stoffeigenschaft; er tritt bei jedem Stoff auf, wird aber bei vielen Stoffen durch andere, stärkere Effekte in den Hintergrund verdrängt. Sein Entstehen kann mit Hilfe des klassischen Modells (Abb. 7.41) folgenderweise veranschaulicht werden: Die Teilchen werden in magnetischer Hinsicht als kreisende Ladungen bzw. als so entstandene kleine, elementare, magnetische Dipole betrach-

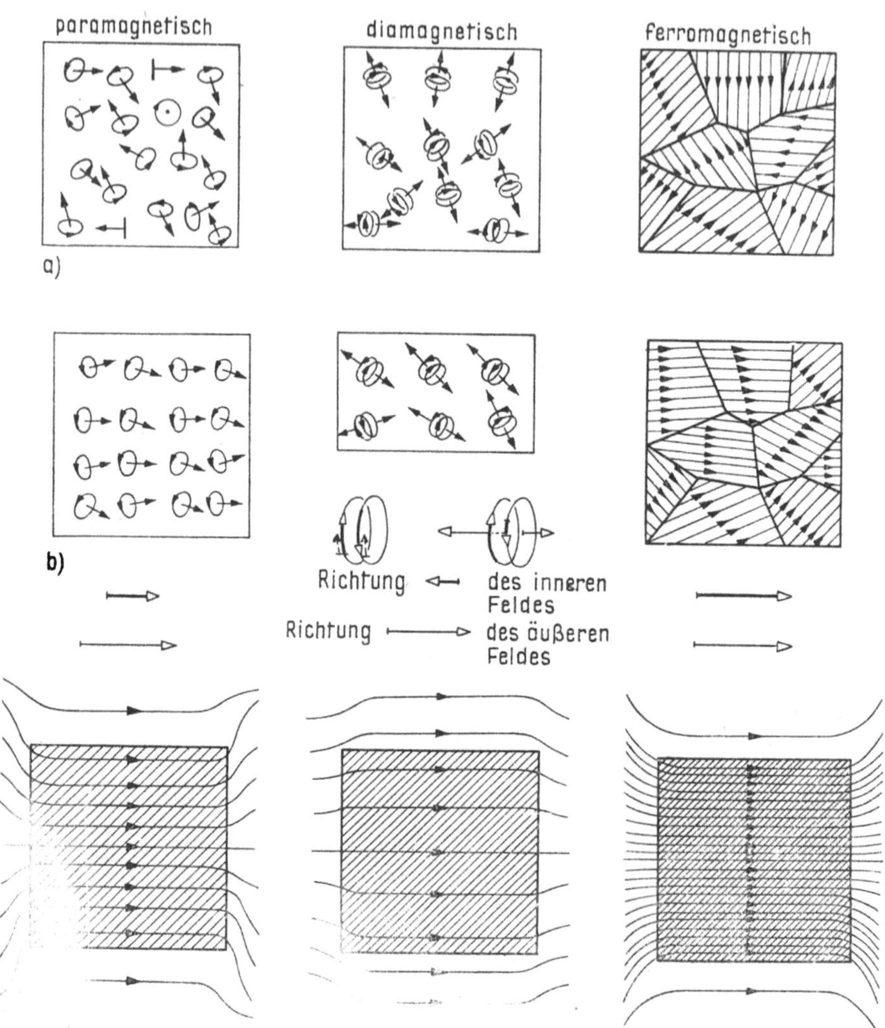

7.41 Entstehen des makroskopischen magnetischen Momentes der Materie bei einem paramagnetischen, diamagnetischen bzw. ferromagnetischen Stoff. *a)* Zustand des Stoffes ohne äußeres Feld; *b)* der Stoff nach Anlegen des äußeren Feldes; *c)* Verlauf der magnetischen Induktionslinien

tet. Wir nehmen an, daß das resultierende magnetische Moment eines jeden Teilchens gleich Null ist. (Es sei wiederholt betont, daß die diamagnetische Erscheinung auch allgemeiner auftritt; in diesem Fall kann sie aber in ihrer vollen Reinheit zur Geltung kommen.) Wird nun ein magnetisches Feld angelegt, so induziert die zeitliche Änderung der Feldstärke H in beiden »Stromkreisen« eine Spannung der gleichen Richtung, welche das in die Richtung des äußeren Feldes zeigende magnetische Moment schwächt und das in der Gegenrichtung orientierte Moment verstärkt.

Der diamagnetische Effekt ergibt sich also auf Grund der durch die Regel von *Lenz* bestimmten Richtung des beim Einschalten des Feldes entstehenden elektrischen Feldes. Deshalb kommt dieser Effekt so allgemein vor.

Bei paramagnetischen Stoffen ist der Wert von μ_r ebenfalls konstant und nahezu gleich der Einheit, jedoch etwas größer. $\varkappa$ ist also eine kleine positive Zahl (Größenordnung 10^{-3}). Im feldfreien Zustand bestehen diese Stoffe aus ungeordnet gerichteten Dipolen, welche dann das Feld H gegenüber der thermischen Schwirrbewegung in seine eigene Richtung einzustellen trachten.

Bei ferromagnetischen Stoffen ist der Wert von μ_r im allgemeinen sehr groß und stellt eine komplizierte nicht einmal eindeutige Funktion von H dar. Zur Charakterisierung ist also diese Größe kaum geeignet. Im allgemeinen wird die Funktion $B = f(H)$, bzw. $M = f(H)$ angegeben. Die einzelnen elementaren Bereiche oder Domänen des Stoffes sind von vornherein spontan magnetisiert. Das äußere Feld ändert die Ausdehnung bzw. die Polarisationsrichtung dieser ungeordnet liegenden Domänen.

Die spontane Magnetisierung der Domänen, also die Ausrichtung der magnetischen Dipole der Teilchen, kann, völlig analog zur Polarisierung der Dielektrika, nicht nur parallel, sondern auch antiparallel sein (Abb. 7.36). Es ist sogar möglich, daß die entgegengesetzt gerichteten Spins einander nicht völlig vernichten. In dieser Weise kommt man auf die antiferro- bzw. ferrimagnetischen Stoffe. Die ferro-, antiferro- und ferrimagnetischen Stoffe werden mit einem Sammelnamen als »Stoffe mit einer Domänenstruktur« bezeichnet, obwohl auch die Bezeichnung »ferromagnetisch« als Sammelbegriff oft verwendet wird.

7.3.2 Die diamagnetischen Stoffe

Für die quantitative Behandlung soll unser Modell etwas verfeinert werden. Dem umlaufenden Strom wird ein mechanisches Impulsmoment zugeordnet, während die Beziehung zwischen dem magnetischen und dem mechanischen Moment vorerst noch mit Hilfe eines gemäß den Regeln der klassischen Mechanik kreisenden Elektronenmodells eingeführt wird. Das alleinstehende Teilchen des diamagnetischen Stoffes soll also aus zwei in entgegengesetzten Richtungen kreisenden Elektronen bestehen. Werden diese in ein magnetisches Feld gelegt, so beginnt jedes der Beziehung

$$\omega_L = -\mu_0 \frac{q_e}{2\,m_e} H \tag{4}$$

gemäß zu präzedieren. In bezug auf unsere vorliegenden Überlegungen ist es interessant, daß die Richtung von ω_L mit der des magnetischen Feldes zusammenfällt, u. zw. unabhängig davon, welche Elektronenbahn betrachtet wird. In den Beziehungen

$$\omega_L = -\gamma H, \quad m = \gamma p, \quad \gamma < 0 \tag{5}$$

ist nämlich das Verhältnis $|m|/|p|$ allein maßgebend. Anschaulich kann man sagen, daß sich das mechanische Impulsmoment zwar ändert, falls die Umlaufrichtung des Elektrons geändert wird, doch ändern sich gleichzeitig auch das magnetische Moment sowie die Kraftwirkungen. Im Endeffekt erhält man also dieselbe Bewegung (Abb. **1.27**).

Falls das kreisende Elektron auch mit der Winkelgeschwindigkeit ω_L präzediert, ergibt dies einen zusätzlichen magnetischen Dipol, dessen Moment nach Abschnitt 1.5.1

$$\boldsymbol{m} = \mu_0 \frac{q_e}{2\pi} \omega_L \, r^2 \pi = \frac{\mu_0}{2} q_e \, \omega_L \, r^2 \tag{6}$$

beträgt. Durch Einsetzen des Ausdrucks für ω_L erhält man daraus die Beziehung

$$\boldsymbol{m} = -\frac{\mu_0^2}{2} \frac{q_e^2}{2\,m_e} r^2 \boldsymbol{H}. \tag{7}$$

Wenn es N Elektronen in der Volumeneinheit des Stoffes gibt, dann ist das magnetische Moment der Volumeneinheit

$$\boldsymbol{M} = N\boldsymbol{m} = -N \frac{\mu_0^2}{2} \frac{q_e^2}{2\,m_e} r^2 \boldsymbol{H}. \tag{8}$$

Folglich ist die magnetische Suszeptibilität

$$\varkappa = -N \frac{\mu_0}{4} \frac{q_e^2}{m_e} r^2 \tag{9}$$

und die relative Permeabilität

$$\mu_r = 1 - N \frac{\mu_0}{4} \frac{q_e^2}{m_e} r^2. \tag{10}$$

Berücksichtigt man, daß es mehrere Elektronen in einem Atom gibt, dann gilt

$$\varkappa = -\frac{N\,\mu_0}{4} \frac{q_e^2}{m_e} \sum_n r_n^2, \qquad \mu_r = 1 - \frac{N\,\mu_0}{4} \frac{q_e^2}{m_e} \sum_n r_n^2. \tag{11}$$

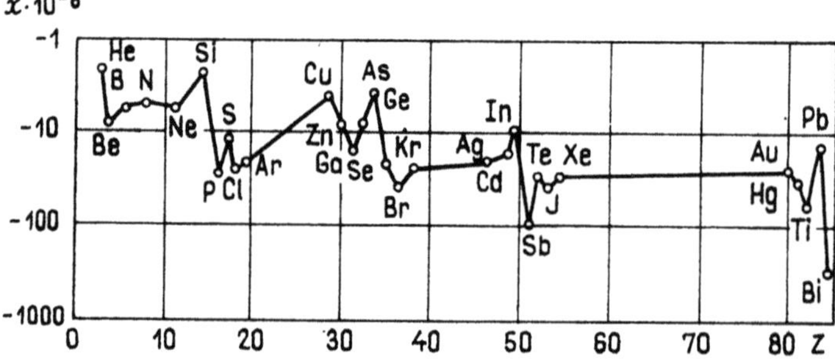

7.42 Die Suszeptibilität diamagnetischer Stoffe. Wie man sieht, zeigt der Absolutwert von $\varkappa$ eine mit der Ordnungszahl steigende Tendenz

Abb. **7**.42 zeigt die Suszeptibilität einiger diamagnetischer Stoffe. Offensichtlich ist die Tendenz, daß der Absolutwert von $\varkappa$ mit steigender Ordnungszahl zunimmt, wie dies die obige Formel fordert ($\sum\limits_{n} r_n^2$ ist nämlich der Zahl der Elektronen nahezu proportional).

7.3.3 Die paramagnetischen Stoffe

Bei den paramagnetischen Stoffen trachtet das Feld, die bereits vorhandenen Momente des Atoms oder des Moleküls in seine eigene Richtung einzuschwenken. Natürlich ist der diamagnetische Effekt bei diesen Stoffen ebenfalls vorhanden, wird aber von dem vielfach stärkeren paramagnetischen Effekt unterdrückt. Die einfachste Theorie erhält man durch Anwendung der in Verbindung mit der elektrischen Polarisation der einen konstanten elektrischen Dipol aufweisenden Stoffe angeführten Überlegungen. Hiernach ist das magnetische Moment der Volumeneinheit

$$M = \frac{Nm^2}{3\,kT}\,H. \tag{12}$$

Die magnetische Suszeptibilität ist daher

$$\varkappa = \frac{1}{\mu_0}\frac{N\,m^2}{3\,kT} \tag{13}$$

und die molare Suszeptibilität

$$\chi = \frac{\varkappa M_{\mathrm{mol}}}{\delta} = \frac{N_{\mathrm{A}}m^2}{3\,kT\,\mu_0} = \frac{(N_{\mathrm{A}}m)^2}{3\,\mu_0\,RT} = \frac{C}{T}, \tag{14}$$

wobei M_{mol} das Molgewicht und δ die Dichte bezeichnen.

Unsere Kenntnisse über den wirklichen Wert des magnetischen Momentes der einzelnen Teilchen sollen auf Grund der *Bohr*schen Atomtheorie bzw. der Quantenmechanik kurz zusammengefaßt werden.

Nach der *Bohr*schen Quantentheorie setzt sich das elementare magnetische Moment des Atoms aus der kreisenden Bewegung der Elektronen auf den Umlaufbahnen sowie aus ihrem eigenen magnetischen Moment zusammen. Im Abschnitt 2.1 wurde gezeigt, daß die Nebenquantenzahl l das mechanische Moment der Atome von der Größe

$$l\,\frac{h}{2\pi} \tag{15}$$

ergibt. Hierzu gehört ein vollkommen bestimmtes magnetisches Moment, u. zw. der Beziehung

$$\frac{|m|}{|p|} = \mu_0\,\frac{e}{2\,m_{\mathrm{e}}} \tag{16}$$

entsprechend, die Größe

$$|\boldsymbol{m}| = \mu_0 \frac{e}{2\,m_e}\frac{h}{2\pi}\,l.$$
(17)

Bekanntlich ist die darin vorkommende Größe

$$\frac{\mu_0}{4\,\pi}\frac{e}{m_e}h = m_\mathrm{B} = \mu_\mathrm{B}$$
(18)

die natürliche Einheit des magnetischen Momentes, das *Bohr*sche Magneton.

Bei den Atomen, bei welchen das Impulsmoment der Bahn gleich Null ist, spielt offenbar nur das Moment des Elektrons eine Rolle. Im Fall von Silberatomen erhält man bei dem *Stern-Gerlach*schen Versuch — den zwei Ausrichtungsmöglichkeiten des Spins entsprechend — tatsächlich nur zwei Linien. Überraschend ist dagegen, daß zu dem Spinimpuls

$$p_\mathrm{s} = \frac{1}{2}\frac{h}{2\pi}$$
(19)

nach Maßgabe der Versuche ebenfalls ein einfaches *Bohr*-Magneton gehört. Bezüglich des Elektronenspins ist also die Beziehung (16) zwischen dem mechanischen und dem magnetischen Spin ungültig. Dafür erhält man nämlich das doppelte Verhältnis. Die Beziehung zwischen Spinquantenzahl und magnetischem Moment des Spins lautet demnach

$$m_\mathrm{s} = 2s m_\mathrm{B},$$
(20)

während für das Bahnmoment die einfache Beziehung

$$m_l = l m_\mathrm{B}$$
(21)

gültig ist.

Wie im vorangehenden gezeigt wurde, hat die Quantenmechanik das obige Bild im großen und ganzen ungeändert belassen, nur mußten die Endergebnisse auf eine von dem Modell abweichende Weise korrigiert werden. So haben wir gesehen, daß das magnetische Moment des das resultierende Impulsmoment J aufweisenden Atoms

$$m_J = g_J \sqrt{J(J+1)}\, m_\mathrm{B}$$
(22)

ist, wobei

$$g_J = 1 + \frac{J(J+1) + S(S+1) - L(L+1)}{2(J+1)J}$$

den sogenannten *Landé*schen Faktor bezeichnet.

Nun ist die klassische Theorie folgendermaßen zu ergänzen bzw. zu modifizieren. An Stelle des in der klassischen Formel

$$\chi = \frac{1}{3}\frac{(N_\mathrm{A} m)^2}{\mu_0 R T}$$
(23)

vorkommenden Wertes m ist der Wert

$$m = g_J J m_\mathrm{B}$$

einzusetzen. Der Wert des Faktors 1/3 ändert sich ebenfalls. Wird nämlich die Reihenentwicklung bereits in der Formel 7.2 − (18) durchgeführt, so sieht man, daß im wesentlichen der räumliche Mittelwert der Funktion $\cos^2 \varphi$ in Betracht kommt. Da jetzt nur $2J + 1$ Ausrichtungen möglich sind, läßt sich der Mittelwert in der Form

$$\overline{\cos^2 \varphi} = \frac{1}{2J+1} \sum_{M=+J}^{-J} \left(\frac{M}{J}\right)^2 = \frac{1}{3}\frac{J+1}{J} \tag{24}$$

einfach aufschreiben. Damit ergibt sich für die Suszeptibilität

$$\varkappa = \frac{N_\mathrm{A}^2 g_J^2 (J+1) m_\mathrm{B}^2}{3\,\mu_0\, RT}\, J \tag{25}$$

und für die *Curie*-Konstante

$$C = \frac{N_\mathrm{A}^2 g_J^2 (J+1) m_\mathrm{B}^2 J}{3\,R\,\mu_0} = \frac{N_\mathrm{A}^2 m^2}{3\,R\,\mu_0}\frac{J+1}{J}\,. \tag{26}$$

Alle diese Überlegungen gelten in erster Linie für einatomige Gase, da keine Wechselwirkungen berücksichtigt worden sind. Leider sind die einatomigen Gase, d. h. die Edelgase, diamagnetisch. Die an dem Kalium- oder Talliumdampf hoher Temperatur unter großen Schwierigkeiten durchführbaren Messungen zeigen aber eine ziemlich gute Übereinstimmung mit der Theorie.

Die Ionen der Seltenen Erden sind sehr stark paramagnetisch. Ihre Suszeptibilität steht in guter Übereinstimmung mit dem sich für das freie Teilchen ergebenden theoretischen Wert (Abb. **7.43**). Dies läßt sich dadurch erklären, daß der Paramagnetismus von den Elektronen der nicht abgeschlossenen Schale $4f$ stammt. Die Elektronenkonfiguration der Seltenen Erden ist

$$4f^{0-14}5s^2 5p^6 5d\,6s^2.$$

Man sieht, daß die äußeren Elektronenschalen die Wirkung der Umgebung vollkommen abschirmen. Deshalb ist die magnetische Eigenschaft dieser Ionen von dem chemischen Verband des Ions unabhängig.

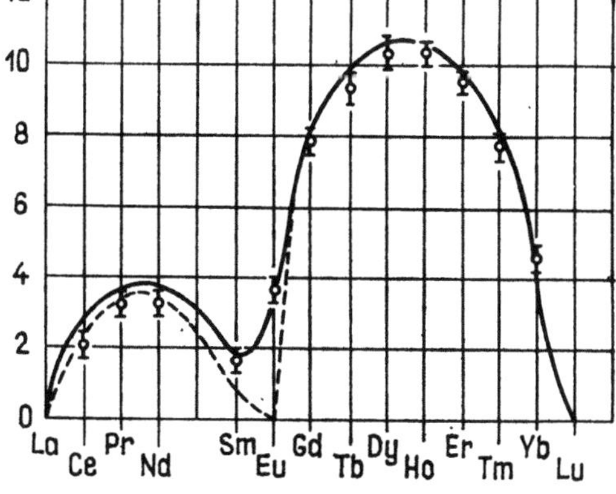

7.43 Das magnetische Moment der Seltenen Erden in *Bohr*schen Magnetonen. Vergleich der theoretischen Werte von *Hund* und *Van Vleck* (gestrichelte Linie) mit den Meßergebnissen

40*

Die Beziehung (25) haben wir durch Reihenentwicklung erhalten, wobei nur das erste Glied berücksichtigt wurde. Die Mittelbildung kann auch für den allgemeinen Fall ohne besondere Schwierigkeiten durchgeführt werden. Dies bedeutet, daß man nicht mehr auf der geraden, sondern auf der gekrümmten und sogar sättigungsnahen Strecke der *Langevin*-Kurve zu arbeiten hat. Hierzu ist es erforderlich, daß der Ausdruck mH/kT nicht klein gegenüber der Einheit ist. Das ist bei sehr tiefen Temperaturen oder bei sehr hohen magnetischen Feldstärken (oberhalb 20 000 Gauß) der Fall.

7.3.4 Die magnetischen Eigenschaften der nicht ferromagnetischen Metalle

Zu dem Diamagnetismus der Metalle tragen neben den Ionenrümpfen auch die freien Elektronen bei. Nach Aussage der Versuche ist der Absolutwert der Suszeptibilität des Metalls immer kleiner als der Absolutwert der Suszeptibilität der das Metall bildenden freien Elektronen; daraus folgt, daß hauptsächlich die paramagnetische Eigenschaft der Elektronen des Metalls zur Geltung kommt.

Nach der klassischen Theorie können die freien Elektronen nicht diamagnetisch sein; das magnetische Feld ändert nur die Richtung der Bewegung, nicht aber ihre Energie. Das anschauliche Bild nach Abb. 7.44 zeigt ebenfalls nur, daß die von den Rändern reflektierten Elektronen ein magnetisches Feld in Gegenrichtung erzeugen und dadurch den Gesamteffekt zu Null machen. Nach der Quantentheorie ist aber die Bewegung der Elektronen in der zu dem magnetischen Feld senkrechten Ebene periodisch und als solche quantisiert; es sind demnach verschiedene Energiezustände möglich. In dieser Weise kann sich bereits auch ein diamagnetischer Effekt ergeben.

Jetzt soll noch kurz das paramagnetische Verhalten der in den Metallen vorhandenen freien Elektronen behandelt werden.

Wenn kein äußeres Feld vorhanden ist, gibt es gleich viele Elektronen, deren Spin eine ausgewählte Richtung z aufweist bzw. dieser Richtung entgegengesetzt ist, und diese verteilen sich der Abb. 7.45 entsprechend nach derselben Statistik. Beim Einschalten des magnetischen Feldes erhöht sich die Energie der Elektronen von parallelem Spin um den Betrag $m_\mathrm{B}H$ gegenüber dem feldfreien Zustand, während die Energie der übrigen Elektronen abnimmt. Dadurch erhält man die aus Abb. 7.45b ersichtliche Energieverteilung. Das ist kein Gleichgewichtszustand, weil er nicht der kleinsten Energie entspricht. Infolge der thermischen Schwirrbewegung gleichen sich die *Fermi*-Niveaus an (Abb. 7.45c), und dies bedeutet, daß viele der Elektronen von größerer Energie und parallelem Spin in den Zustand mit antiparallelem Spin, d. h. mit parallelem magnetischem Moment übergehen, wodurch das äußere Feld verstärkt wird.

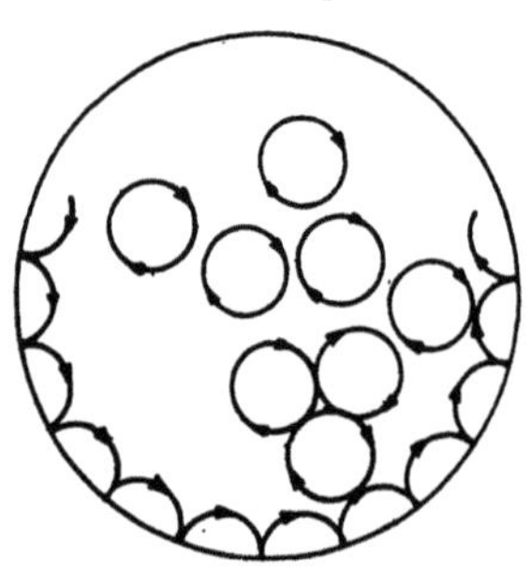

7.44 Nach der klassischen Theorie sind die freien Elektronen nicht diamagnetisch

Da Elektronen der *Fermi*-Statistik gehorchen ist die ganze Verteilung nur sehr wenig temperatur-

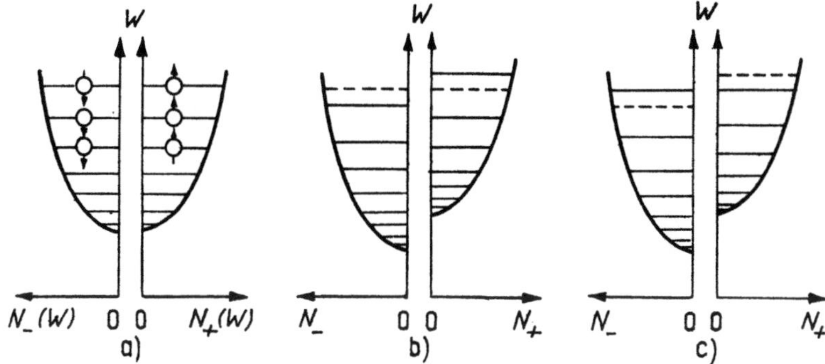

7.45 Das paramagnetische Verhalten der freien Elektronen der Metalle
ist die Folge der Spinausrichtung der Elektronen. Die Elektronen,
deren Energieverteilung vor Einschalten des magnetischen Feldes
a) entspricht, nehmen nach Einschalten des Feldes die Niveaus
nach b) an; c) zeigt die dem *Fermi*-Niveau entsprechend geordnete
Elektronenverteilung nach Einschalten des magnetischen Feldes.
(Die positive, d. h. parallele Spinausrichtung bedeutet ein anti-
paralleles magnetisches Moment und ein höheres Energieniveau)

abhängig. Folglich hängt auch der Paramagnetismus der freien Elektronen
nur in einem sehr geringen Maß von der Temperatur ab, wie dies auch
durch die experimentellen Tatsachen bewiesen wird.

7.3.5 Die ferromagnetischen Stoffe

In technischer Hinsicht kommt den ferromagnetischen Stoffen die größte
Bedeutung zu. Bekanntlich nehmen an der Erzeugung des resultierenden
magnetischen Feldes im Atom oder im Molekül das eigene Moment des
Elektrons, das Bahnmoment und das Kernmoment teil. Die Rolle des
letzteren kann ohne weiteres vernachlässigt werden und wird auch im
folgenden außer acht gelassen.

Es ist offenbar, daß auch das sehr große magnetische Moment der ferromagnetischen Stoffe im Endeffekt eine Folge der parallelen Ausrichtung
der erwähnten elementaren Magnete darstellt. Es stellt sich die Frage,
erstens, wie dieses anomal hohe Maß an paralleler Ausrichtung zustande
kommen kann und zweitens, was es ist, das sich parallel einstellt. Daß
dies keinesfalls auf Grund des normalen paramagnetischen Vorganges erfolgen kann, das wissen wir bereits; zur Parallelstellung der elementaren Magnete wäre eine so riesige Feldstärke gegenüber der thermischen Bewegung
erforderlich, an deren Verwirklichung nicht einmal gedacht werden kann.

Es ist einfacher, die Frage nach dem bei der Erzeugung der ferromagnetischen Erscheinungen eine Rolle spielenden elementaren Magneten zu beantworten. Mit Hilfe des *Einstein-de-Haas*-Versuches (Abb. 7.46) kann das
Verhältnis des mechanischen Drehimpulses und des magnetischen Momentes
gemessen werden. Wird nämlich ein drehbar gelagerter zylindrischer Eisen-
stab plötzlich magnetisiert, so ändert sich das magnetische Moment und
damit die axiale Komponente des Impulsmomentes. Gemäß dem Impuls-
erhaltungssatz erhält der Zylinder einen Drehimpuls entgegengesetzter

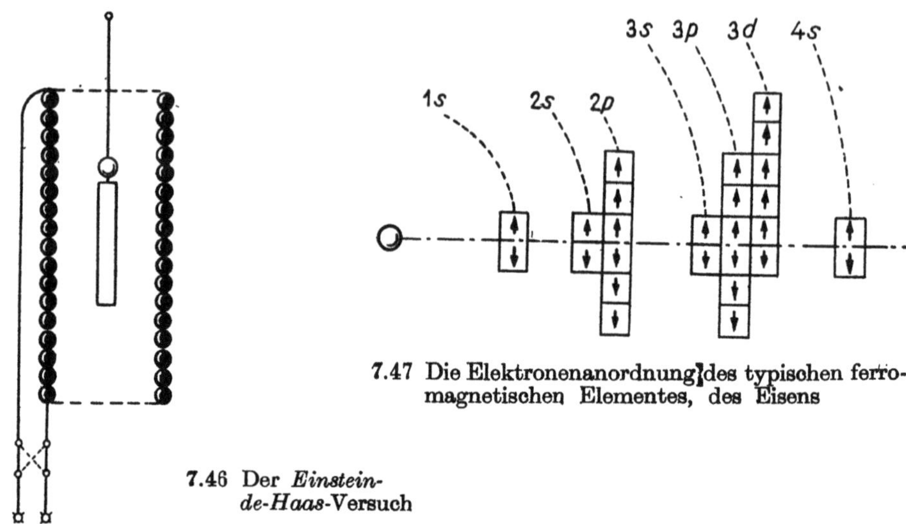

7.47 Die Elektronenanordnung des typischen ferromagnetischen Elementes, des Eisens

7.46 Der *Einstein-
de-Haas*-Versuch

Richtung, so daß er sich bei plötzlichem Einschalten verdreht. Auf Grund
der Meßergebnisse ergab sich für das Verhältnis $|\,m\,|/|\,p\,|$ der Wert
$\mu_0\,(e/m_e)$, und dies bedeutet, daß im wesentlichen nur die Elektronenspins
bei der Erzeugung des Feldes eine Rolle spielen.

Worin besteht nun der maßgebliche Unterschied zwischen den ferromagnetischen Stoffen Eisen, Kobalt, Nickel und den übrigen Elementen, was
ist der Grund für das ferromagnetische Verhalten der ersteren? Betrachten
wir zuerst die einzelnen, alleinstehenden Atome!

Abb. **7.47** zeigt die Elektronenanordnung des wichtigsten ferromagnetischen Elementes, des Eisens. Im Eisen gibt es 4, im Kobalt 3 und im Nickel
2 unkompensierte Spins in der Unterschale $3d$. Im metallischen Zustand
ändert sich diese Zahl nur geringfügig. Bei den ferromagnetischen Stoffen
ergibt demnach eine nicht voll besetzte innere Schale ein magnetisches
Moment über den Spin des Elektrons. Die Valenzelektronen, deren Bindung
zum Atom sowieso sehr lose ist, leisten keinen Beitrag zur Erzeugung des
Ferromagnetismus. Sucht man nun danach, was die Domänen spontaner
Magnetisierung erzeugt, so kann man wieder — analog zu dem Fall der
ferroelektrischen Dielektrika — an das innere Feld denken. Wird dies der
*Weiß*schen Theorie entsprechend als proportional zu M betrachtet, so ergibt
sich für das magnetische Moment der Volumeneinheit anstelle der Beziehung
7.3 − (12) der Ausdruck

$$M = \frac{Nm^2}{3\,kT}\,(H + \nu\,M).\tag{27}$$

Löst man diese Gleichung nach M auf, so erhält man die Beziehung

$$M = \frac{Nm^2\,H}{3\,k\left(T - \dfrac{\nu\,Nm^2}{3\,k}\right)}\,.\tag{28}$$

Setzt man nun die durch die Gleichung

$$T_{\mathrm c} = \nu\,\frac{Nm^2}{3k} \tag{29}$$

definierte *Curie*-Temperatur ein, so ist

$$M = \frac{Nm^2}{3\,k(T - T_{\mathrm c})}\,H\,. \tag{30}$$

Im Einklang mit den Versuchen weist diese Theorie auf ein paramagnetisches Verhalten oberhalb der Temperatur $T_{\mathrm c}$ hin. In der Nähe dieser Temperatur wird der Wert von $\varkappa$ sehr groß, und dies kann zu einer spontanen Magnetisierung führen. Um aber den durch die Versuchsergebnisse geforderten hohen Wert für ν herleiten zu können, reicht die klassische Vorstellung nicht mehr aus; *die Ursache der parallelen Ausrichtung der Elektronspins und damit des Auftretens der spontanen Magnetisierung liegt in den quantenmechanischen Austauschkräften.*

Wir erinnern an den einfachsten Fall der kovalenten Bindung, an die Theorie des H_2-Moleküls. Hier war es der negative Wert des Austauschintegrals, der das Energieniveau des Systems bei antiparalleler Spinausrichtung zu einem Minimum gemacht und dadurch eine stabile Bindung ergeben hat. Bei einem positiven Wert des Austauschintegrals sind es die parallel ausgerichteten Spins, die die minimale Energie ergeben. Es ist demnach der Wert dieses Austauschintegrals bei den verschiedenen Stoffen zu untersuchen. Dieser Wert ist auch von dem Gitterabstand abhängig. Abb. 7.48 zeigt den Wert des Austauschintegrals für verschiedene Stoffe; man sieht, daß hohe positive Werte tatsächlich für Eisen, Kobalt, Nickel und das Gadolinium auftreten. Im Fall der Seltenen Erden, welche kleinere, aber immer noch positive Werte aufweisen, ist der paramagnetische Effekt sehr stark. Neben dem quantenmechanischen Austauscheffekt kommt auch die magnetische Wirkung der einzelnen Atome des Kristalls zur Geltung. Je nach der Richtung, in welche sich das magnetische Moment der Atome des Kristalls einstellt, ist diese magnetische Wirkung naturgemäß völlig verschieden. Hinsichtlich der spontanen Magnetisierung ist also die eine Richtung viel günstiger als die andere. In dieser Weise entsteht die magnetische Anisotropie. Abb. 7.49 zeigt die zu den einzelnen Richtungen gehörenden Magnetisierungskurven der drei ferromagnetischen Elemente.

Alle diese Effekte bilden zusammen den Grund dafür, daß in einem endlichen Raumteil von etwa 10^{-9} cm^3 der ferromagnetischen Stoffe eine spontane Magnetisierung in der Richtung der leichten Magnetisierbarkeit auftritt. Energetisch ist es günstiger, wenn sich die Induktionslinien schließen

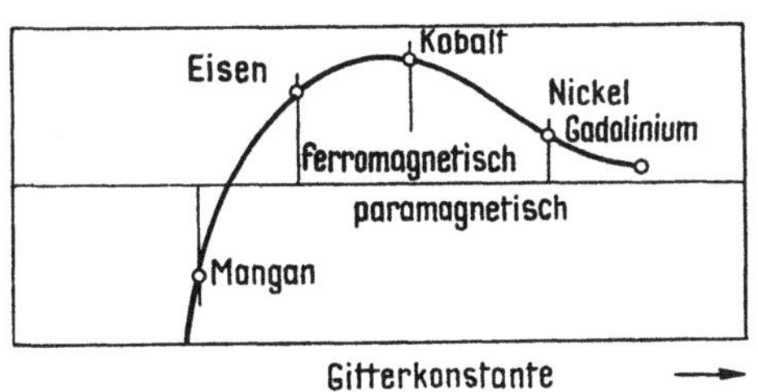

7.48 Das Austauschintegral bei verschiedenen Metallen

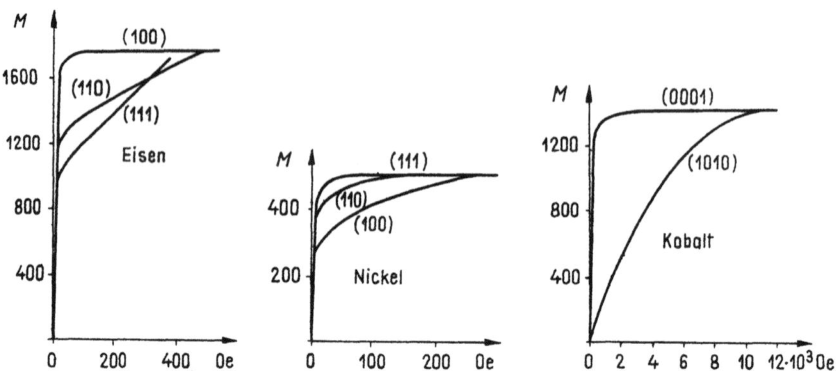

7.49 Die Magnetisierungskurven von Einkristallen des Eisens, des Nickels und des Kobalts in verschiedenen kristallographischen Richtungen

können, wenn also die einzelnen Elementarbereiche die aus Abb. 7.50 ersichtliche Form aufweisen. Natürlich verteilen sich diese Bereiche ungeordnet innerhalb des Kristalls, so daß sie nach außen hin keinen Effekt haben. Es ist trotzdem möglich, die Existenz der Elementarbereiche unmittelbar zu beweisen. Hierzu wird die Oberfläche des ferromagnetischen Stoffes mit Hilfe der wohlbekannten metallographischen Verfahren vorbereitet und dann mit einem ganz feinen Pulver bestreut. Dadurch werden die Domänengrenzen sichtbar.

An Hand der Abb. 7.51 kann nunmehr der Magnetisierungsvorgang folgendermaßen beschrieben werden: Bei ganz kleinen Feldstärken verschieben sich die Domänengrenzen; das Volumen jener Magnetisierungsbereiche nimmt zu, deren Magnetisierungsrichtung der des äußeren Feldes näher liegt. An der steilen Kurvenstrecke findet die sprunghafte Veränderung einzelner Bereiche statt, u. zw. immer noch in die der äußeren Feldrichtung am nächsten liegende Richtung der leichten Magnetisierbarkeit (B, C).

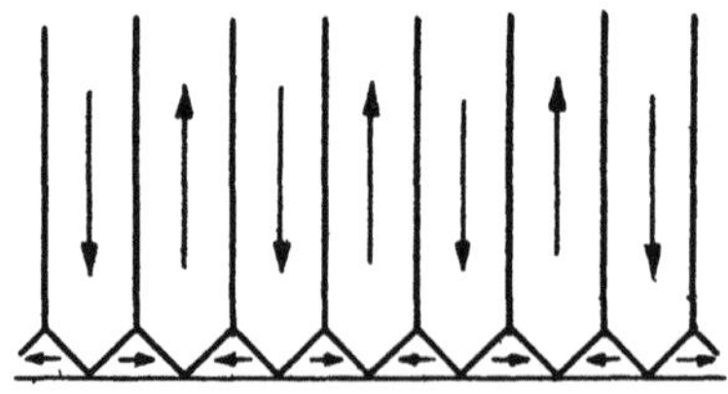

7.50 Die energetisch günstige Magnetisierung einer Domäne

7.51 Die erste Magnetisierungskurve (Nullkurve) und die entsprechenden Teilprozesse

Die Richtigkeit dieser Vorstellung ist unmittelbar einzusehen. Der *Barkhausen*-Effekt kann gerade durch diese Prozesse erklärt werden. Das Wesentliche dieser Erscheinung besteht darin, daß bei der Magnetisierung eines Stücks aus dem vollen ferromagnetischen Material stoßartige Impulse in der den Prüfling umwickelnden Spule beobachtet werden. Diese sind Folgen der Flußänderungen, die sich bei dem plötzlichen »Umklappen« der einzelnen Domänen ergeben. Neuerdings werden diese Sprünge der Bewegung der Domänenwälle zugeschrieben. Der restliche Teil der Kurve entspricht den sogenannten Paraprozessen; das Feld versucht, die Elementarbereiche kontinuierlich in seine eigene Richtung einzuschwenken (D, E).

Bei entsprechender Verfeinerung der *Weiß*schen Theorie können die wesentlichen Zusammenhänge der ferromagnetischen Erscheinungen in Übereinstimmung mit den Versuchen beschrieben werden. Diese Verfeinerung beinhaltet, daß die durch die Quantenmechanik geforderten Einschränkungen bereits bei der Anwendung der Statistik berücksichtigt werden und die ausschlaggebende Rolle neben den magnetischen Wechselwirkungen den Austauschkräften zugeschrieben wird.

Für diese Untersuchung wählen wir das folgende einfache Modell. In der Volumeneinheit des Stoffes befinden sich N Elektronen, deren Moment sich entweder parallel oder antiparallel zu einem äußeren Feld einstellt. Die Zahl der Elektronen mit paralleler Ausrichtung sei durch N_p, die der antiparallelen durch N_a bezeichnet, wobei selbstverständlich $N = N_a + N_p$ ist. Bekanntlich gehört das tiefere Energieniveau, $W_0 - \mu_0 m_B H$, zu der parallelen Ausrichtung, während das Energieniveau des sich antiparallel einstellenden Elektrons durch $W_0 + \mu_0 m_B H$ gegeben ist, wobei W_0 das Energieniveau im feldfreien Zustand und m_B das magnetische Moment des Elektrons, also das *Bohr*sche Magneton, bezeichnen. Nach der *Boltzmann*-Statistik ist das Verhältnis der Besetzungszahl der beiden Zustände

$$\frac{N_a}{N_p} = \mathrm{e}^{\frac{W_p - W_a}{kT}} = \mathrm{e}^{-\frac{2\mu_0 m_B H}{kT}}, \tag{31}$$

da die Differenz der beiden Energieniveaus

$$W_0 - \mu_0 m_B H - (W_0 + \mu_0 m_B H) = -2\,\mu_0\,m_B\,H$$

beträgt. Berücksichtigt man die Beziehung $N_a + N_p = N$, so ist

$$N_p = \frac{N}{1 + \dfrac{N_a}{N_p}} = \frac{N}{1 + \mathrm{e}^{-\frac{2\mu_0 m_B H}{kT}}}, \tag{32}$$

$$N_a = \frac{N}{1 + \left(\dfrac{N_a}{N_p}\right)^{-1}} = \frac{N}{1 + \mathrm{e}^{\frac{2\mu_0 m_B H}{kT}}}. \tag{33}$$

Das magnetische Moment der Volumeinheit ist

$$M = (N_p - N_a)\mu_0 m_B. \tag{34}$$

Durch Einsetzen der obigen Ausdrücke für N_p und N_a erhält man die Beziehung

$$M = N\,\mu_0\,m_B \tanh\frac{\mu_0\,m_B\,H}{kT}. \tag{35}$$

Für sehr hohe Temperaturen gilt die Näherung $\tanh x \sim x$ $(x \ll 1)$, womit sich wieder die Beziehung

$$M \approx \frac{N\,\mu_0\,m_B^2}{kT}\,H, \quad \varkappa \approx \frac{M}{H} = \frac{C}{T} \tag{36}$$

ergibt.

Wird jetzt die Wirkung des inneren Feldes in der ursprünglichen Beziehung (35) durch die Gleichung $H_{\text{eff}} = H + \gamma M$ berücksichtigt, dann ist

$$M = N \mu_0 \, m_{\text{B}} \tanh \left[\frac{\mu_0 \, m_{\text{B}}}{kT} (H + \gamma M) \right]. \tag{37}$$

Die für die sehr hohen Temperaturen gültige Näherung führt über die Gleichung

$$M \approx N \mu_0 \, m_{\text{B}} \left[\frac{\mu_0 m_{\text{B}}}{kT} (H + \gamma M) \right] \tag{38}$$

auch jetzt auf das *Curie-Weiß*-Gesetz

$$\varkappa = \frac{M}{H} = \frac{N \mu_0^2 \, m_{\text{B}}^2 / k}{T - N \mu_0^2 \, m_{\text{B}}^2 \, \gamma / k} = \frac{C}{T - T_{\text{c}}}. \tag{39}$$

Untersuchen wir jetzt, ob es eine spontane Magnetisierung unterhalb der *Curie*-Temperatur gibt. Mit anderen Worten: Es ist festzustellen, ob die Gleichung (37) im Fall $H = 0$, d. h. die Gleichung

$$M = N \mu_0 \, m_{\text{B}} \tanh \frac{\mu_0 m_{\text{B}}}{kT} \gamma M, \tag{40}$$

eine reelle Lösung für M besitzt. Der Lösungsgang dieser transzendenten Gleichung läßt sich graphisch auf sehr einfache Weise darstellen. Wir führen die Sättigungs-magnetisierung

$$M_{\text{s}} = N \mu_0 \, m_{\text{B}} \tag{41}$$

— bei der alle Spins parallel ausgerichtet sind — sowie den Parameter

$$x = \frac{\mu_0 \, m_{\text{B}}}{kT} \gamma M, \tag{42}$$

ein. Gl. (42) ergibt umgeformt

$$\frac{M}{M_{\text{s}}} = \frac{kT}{N \gamma \mu_0^2 \, m_{\text{B}}^2} x = \frac{T}{T_{\text{c}}} x \tag{43}$$

und die Gl. (40)

$$\frac{M}{M_{\text{s}}} = \tanh x. \tag{44}$$

Werden die beiden für M/M_{s} erhaltenen Kurven als Funktion von x aufgetragen, so ergibt ihr Schnittpunkt die befriedigende Lösung der Gleichung (40). Aus Abb. 7.52 ist ersichtlich, daß bei $T < T_{\text{c}}$ ein Schnittpunkt und deshalb auch eine spontane Magnetisierung vorhanden ist; bei $T > T_{\text{c}}$ ist das jedoch nicht der Fall, weil die Kurve $\tanh x$ im Anfangspunkt eine Tangente der Steigung 45° besitzt, so daß die der Temperatur $T = T_{\text{c}}$ entsprechende Gerade mit der zu dem Punkt $x = 0$ gehörenden Tangente zusammenfällt.

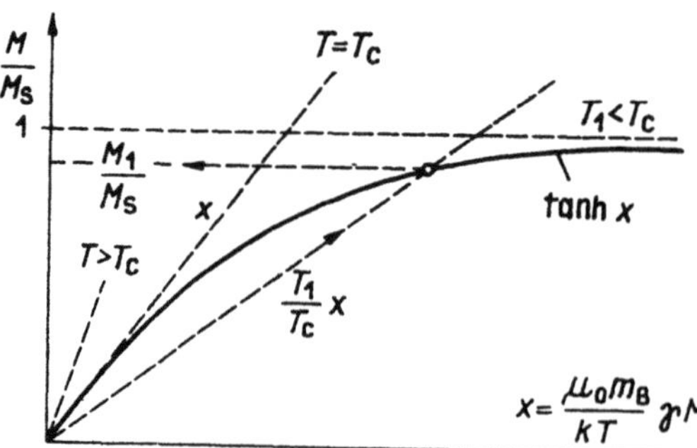

7.52 Die graphische Ermittlung der Temperaturabhängigkeit der spontanen Magnetisierung

7.53 Die Temperaturabhängigkeit des Verhältnisses der
spontanen Magnetisie-
rung zur Sättigungsma-
gnetisierung auf Grund
der Theorie bzw. der Ver-
suche. Auf der horizon-
talen Achse sind die Werte
von T/T_c aufgetragen
(nach *Soohoo*)

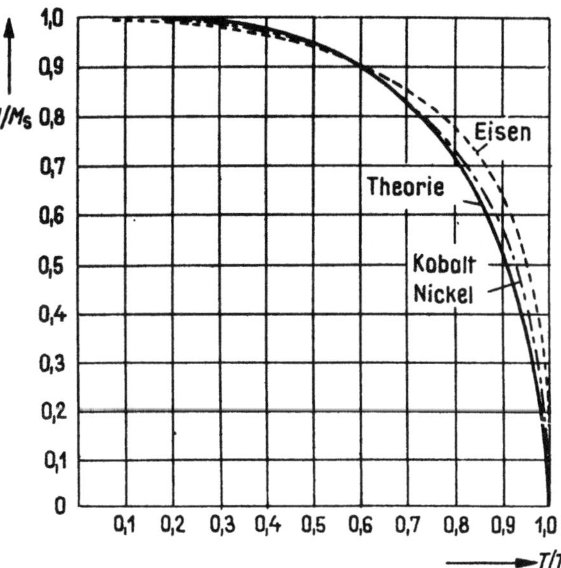

Durch Bestimmung der zu den verschiedenen Temperaturen gehörenden Werte von M/M_s in der beschriebenen Weise erhält man die aus Abb. 7.53 ersichtliche Kurve. Es ist sofort zu sehen, daß die theoretischen bzw. die gemessenen Werte einander sehr nahe liegen.

Es ist bereits erwähnt worden, daß die den Effekt des inneren Feldes berücksichtigende Größe γM aus der Wechselwirkung der klassischen Dipole auf klassische Weise nicht abgeleitet werden kann; in dieser Beziehung sind die quantenmechanischen Austauschkräfte maßgebend. Zwischen der Austausch-Wechselwirkung und dem *Weiß*schen inneren Magnetfeld läßt sich ein approximativer Zusammenhang auf Grund der folgenden einfachen Überlegung feststellen. Die Austausch-Wechselwirkung bedeutet, daß die Energie des Systems bei paralleler Ausrichtung des magnetischen Moments der benachbarten Atome (↑↑) $W_0 - J_e$, bei antiparalleler Ausrichtung ↑↓ $W_0 + J_e$ beträgt. Die Energiedifferenz ist also $2J_e$, wobei der Ausdruck

$$J_e = e^2 \int \frac{\psi_n^*(r_1)\,\psi_m(r_1)\,\psi_n(r_2)\,\psi_m^*(r_2)}{r_{12}}\,\mathrm{d}v_1\,\mathrm{d}v_2 \tag{45}$$

das Austauschintegral und $2J_e$ die Austauschenergie bezeichnen. Falls das obige Integral positiv ist, so ist es die parallele Ausrichtung, welche die tiefere Energie ergibt und sich deshalb verwirklicht.

Jetzt betrachten wir den Fall, in dem ein ausgewähltes Atom ein einziges Elektron mit unkompensiertem Spin und insgesamt z Nachbarn ähnlicher Beschaffenheit besitzt, mit denen es noch in einer merklichen Wechselwirkung steht.

Stellt sich jedes Moment parallel zu dem des ausgewählten Atoms ein, so bedeutet dies ein Energieniveau von $-J_e z$ gegenüber der Lage, in welcher die beiden Ausrichtungen gleichmäßig verteilt sind. Nun kann das hypothetische oder äquivalente innere Feld γM eingeführt werden, in welchem das Moment m_B des ausgewählten Atoms die gleiche Energie besitzt, so daß

$$- m_B\,\gamma M = - J_e z \tag{46}$$

ist.

Berücksichtigt man die Tatsache, daß bei der vollständig parallelen Ausrichtung $M = M_s = N\mu_0 m_B$ ist, so läßt sich auch die Beziehung zwischen γ und J_e oder über die Beziehung (39) auch die zwischen J_e und T_c bestimmen.

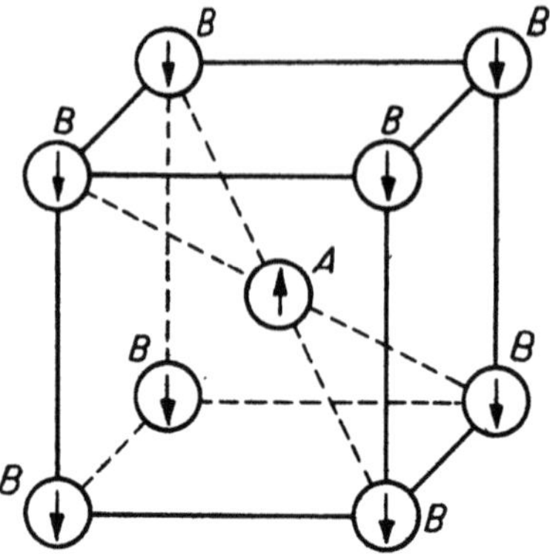

7.54 Spinausrichtung bei einem antiferromagnetischen Stoff [7.4]

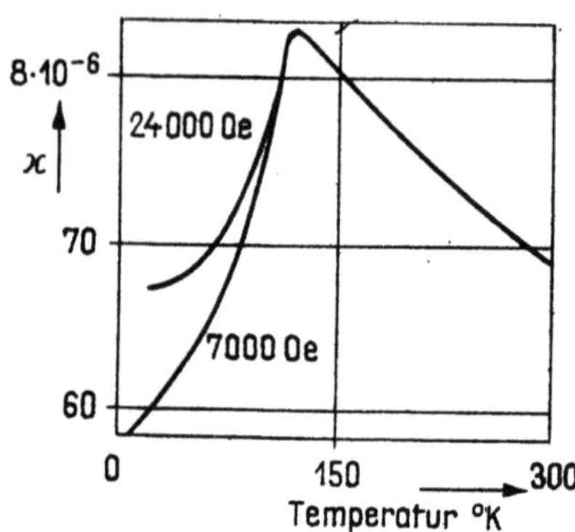

7.55 Die Temperaturabhängigkeit der Suszeptibilität von antiferromagnetischen Stoffen [7.5]

Die Tatsache, daß das Austauschintegral auch einen negativen Wert annehmen kann, weist auf die Existenz der antiferromagnetischen Stoffe hin. Bei diesen resultiert der tiefere Energiewert energetisch aus den einander entgegengesetzten Spinausrichtungen, so daß sich diese unterhalb einer gewissen Temperatur T_N, der sogenannten *Néel*-Temperatur, verwirklichen. Dies ist für einen einfachen Fall in Abb. 7.54 dargestellt.

Bei der Temperatur T_N weist die Suszeptibilität ein sehr scharfes Maximum auf. Bei höheren Temperaturen zeigt die Suszeptibilität einen hyperbolischen Verlauf gemäß der dem *Weiß-Curie*-Gesetz ähnlichen Beziehung

$$\varkappa = \frac{C}{T + T_\mathrm{N}} \tag{47}$$

(Abb. 7.55). Bei niedrigeren Temperaturen sinkt die Suszeptibilität steil und wird auch von H abhängig.

Das antiferromagnetische Verhalten kann ebenfalls mit Hilfe des *Weiß*schen inneren magnetischen Feldes beschrieben werden. Dabei sind aber die Teilchen der zwei verschiedenen (in Abb. 7.54 durch A bzw. B bezeichneten) Typen zu unterscheiden, und ihre Wirkung aufeinander ist zu untersuchen. Das auf die Teilchen A bzw. B einwirkende effektive Feld ist jetzt

$$H_\mathrm{A} = H - \gamma M_\mathrm{B}$$

bzw.

$$H_\mathrm{B} = H - \gamma M_\mathrm{A}, \tag{48}$$

so daß

$$M_\mathrm{A} = N m_\mathrm{B}\, \mu_0 \tanh\left[\frac{\mu_0\, m_\mathrm{B}}{kT}\left(H - \gamma M_\mathrm{B}\right)\right]$$

und

$$M_\mathrm{B} = N m_\mathrm{B}\, \mu_0 \tanh\left[\frac{\mu_0\, m_\mathrm{B}}{kT}\left(H - \gamma M_\mathrm{A}\right)\right] \tag{49}$$

ist.

Berücksichtigt man die Beziehung $M = M_\mathrm{A} + M_\mathrm{B}$, so erhält man nach Durchführen der Reihenentwicklung das Gesetz (47).

Die ferrimagnetischen Stoffe stellen einen Übergang zwischen den ferro- und den antiferromagnetischen Stoffen dar. Sie sind den ferromagnetischen Stoffen ähnlich, insoweit als sie eine Hystereseschleife aufweisen und ihre spontane Magnetisierung

7.56 Die Hystereseschleife eines Ferrits (Ferroxcube *B*) [7.5]

in derselben Größenordnung liegt wie die der ferromagnetischen Stoffe (Abb. **7.56**). Sie können also genauso wie die letzteren zur Erzeugung sehr starker magnetischer Felder verwendet werden. Darüber hinaus besteht jedoch ihre technische Bedeutung darin, daß die wichtigsten ferrimagnetischen Stoffe, die Ferrite, keine Metalle, sondern Isolierstoffe bzw. Halbleiter sind. Dementsprechend können diese Stoffe auch bei sehr hohen Frequenzen Verwendung finden, ohne nennenswerte Wirbelstromverluste zu verursachen.

Die Ferrite sind feste Eisenoxyde der Zusammensetzung $Me^{++}Fe_2^{+++}O_4$. Hierbei kann Me irgendein zweiwertiges Metall wie Co, Mn, Ni, Fe, Zn, Cd, Mg bedeuten. Steht Fe auch an der Stelle von Me, so erhält man den Eisen-Ferrit, den man gemeinhin als Magnetit Fe_3O_4 bezeichnet. Es kommt sehr häufig vor, daß mehrere verschiedene Metalle in ein und demselben Ferrit an der Stelle von Me^{++} Platz nehmen; diese sind die Mischferrite (Ferroxcube).

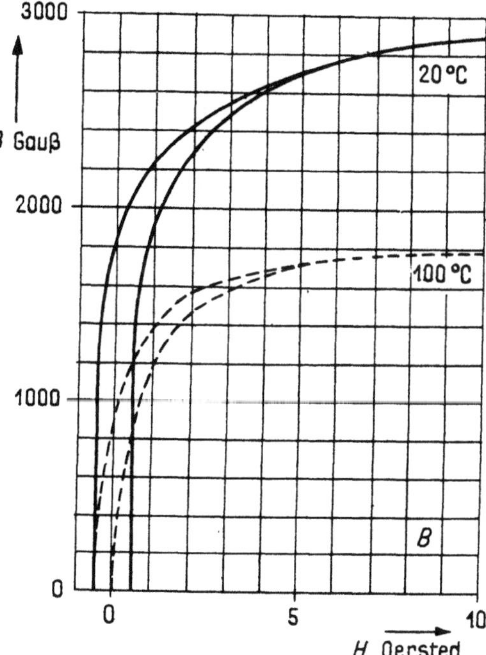

Die Erklärung der magnetischen Eigenschaften der Ferrite stammt von *Néel*. Untersucht man den bereits erwähnten Eisenferrit (Magnetit), so findet man eine ziemlich komplizierte Kristallstruktur nach Abb. **7.57** vor. Dabei ist jetzt das Wesentliche für uns, daß die Metallionen in den Zwischenräumen zwischen den Sauerstoffionen in zwei verschiedenartigen Anordnungen Platz nehmen können; das Metallion kann nämlich entweder von 4 Sauerstoffionen in tetraedrischer oder von 6 Sauerstoffionen in oktaedrischer Anordnung in die Mitte genommen werden. In der Einheitszelle gibt es 32 Sauerstoffionen, ferner 8 Kationen in der tetraedrischen bzw. 16 Kationen in der oktaedrischen Anordnung. Im Ferrit befinden sich eine Hälfte der Fe^{+++}-Ionen in tetraedrischer, die andere Hälfte sowie die Fe^{++}-Ionen in oktaedrischer Anordnung, wie dies schematisch aus Abb. **7.58** ersichtlich ist. Die quantenmechanische Wechselwirkung der in den zwei verschiedenen Lagen befindlichen Elektronen trachtet die in gleicher Lage befindlichen Spins zueinander parallel, gegenüber den in der anderen Lage befindlichen antiparallel einzustellen. Da das magnetische Moment des Fe^{+++} genau $5m_B$, das des Fe^{++} dagegen $4m_B$ beträgt, bleibt das Moment $4m_B$ — bezogen auf ein Molekül — unkompensiert (s. Abb. **7.58**). Im großen und ganzen entspricht diese Theorie den experimentellen Tatsachen, obwohl verschiedene andere Wechselwirkungen bedeutende Abweichungen verursachen.

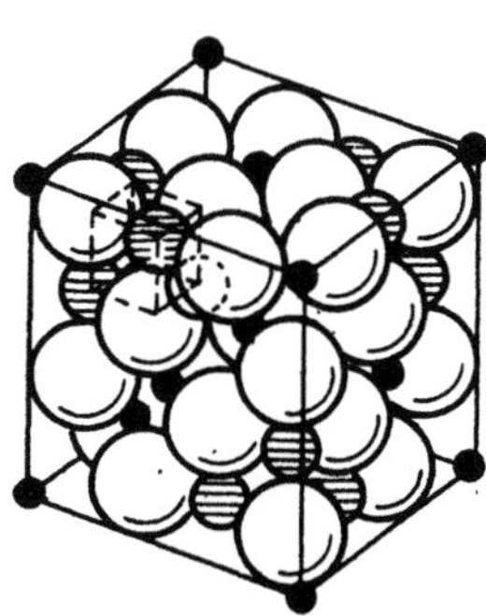

7.57 Die Kristallstruktur eines Ferrits. Die großen Kugeln sind die Sauerstoffionen, die kleinen schwarzen Kugeln die Kationen der Anordnung *A*, die schraffierten Kugeln die Kationen der Anordnung *B* [7.3]

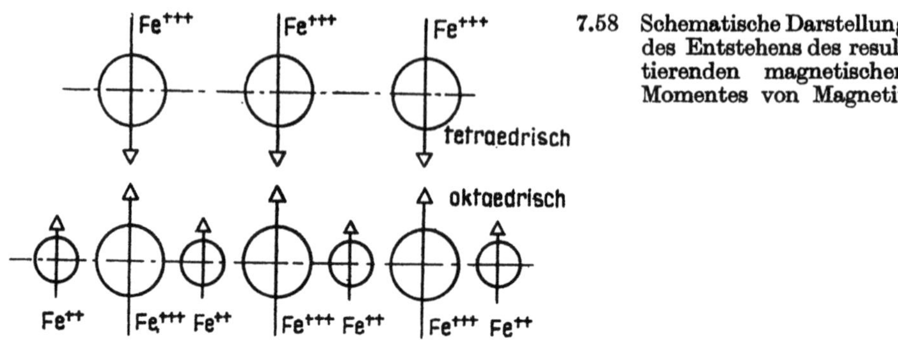

7.58 Schematische Darstellung des Entstehens des resultierenden magnetischen Momentes von Magnetit

Aus den angeführten Gründen können die ferrimagnetischen Stoffe auch als solche antiferromagnetischen Stoffe betrachtet werden, bei denen die antiparallel ausgerichteten Spins einander nicht vollständig kompensieren.

7.3.6 Der Permeabilitätstensor

Von der Präzessionsbewegung der mit einem mechanischen Drehimpuls ausgestatteten magnetischen Dipole war bereits die Rede; es wurde auch erörtert, wie sich ein solcher Dipol im hochfrequenten Feld verhält (Kap. 1.5). Jetzt sollen die Folgen dieser speziellen Erscheinungen hinsichtlich der Beziehung der das Makroverhalten der Materie beschreibenden Größen B und H untersucht werden.

In einem durch Ferrit ausgefüllten Raumteil sei ein konstantes magnetisches Feld H_0 vorhanden. Wir wählen ein kartesisches Koordinatensystem mit der z-Achse parallel zur Feldrichtung. Falls nun auch ein dazu senkrechtes, hochfrequentes, gemäß $e^{j\omega t}$ veränderliches magnetisches Feld vorhanden ist, dann bestehen zwischen den hochfrequenten Komponenten von H und B die Beziehungen

$$B_x = \mu H_x - jk H_y, \quad B_y = jk H_x + \mu H_y, \quad B_z = \mu_z H_z. \tag{50}$$

Wird nun der Tensor μ durch die Definition

$$\mu = \begin{pmatrix} \mu & -jk & 0 \\ jk & \mu & 0 \\ 0 & 0 & \mu_z \end{pmatrix} \tag{51}$$

eingeführt, so lassen sich die obigen Beziehungen in der Form

$$B = \mu H \tag{52}$$

ausdrücken. Der Wert der hierbei vorkommenden Größen μ und k ist nicht nur von den Stoffkonstanten, sondern auch von ω, H_0 sowie von dem zu H_0 gehörenden Wert von M_0 abhängig.

Das Auftreten der tensoriellen Relation $B = \mu H$ soll vorerst auf anschauliche Weise demonstriert werden; anschließend wird auch der quantitative Beweis dieser Relation erbracht.

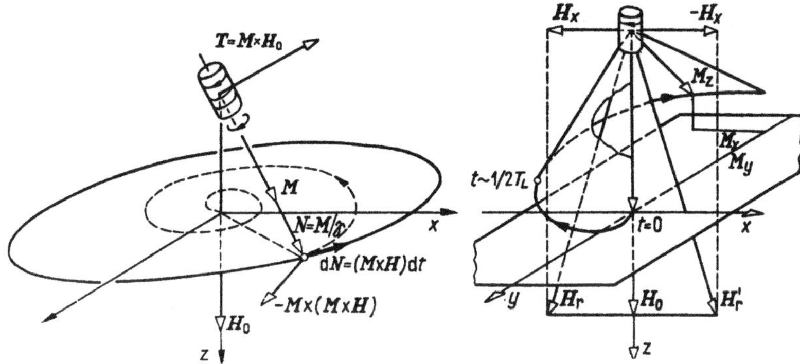

7.59 *a)* Die gedämpfte Präzessionsbewegung des elementaren magnetischen Dipols im konstanten magnetischen Feld; *b)* das zu H senkrechte Hochfrequenzfeld H_x erzeugt eine Präzessionsbewegung von immer
größer werdender Amplitude. Im Bildteil *a)* wurde γ übersichtlichkeits-
halber positiv gewählt. In *b)* präzediert M schon richtig

Die Abb. 7.59 zeigt eindeutig, daß zwischen B und H bzw. unmittelbar
zwischen B und M eine tensorielle Relation besteht. Wie bereits gezeigt
wurde, verhält sich der den Drehimpuls N aufweisende magnetische Dipol
im konstanten magnetischen Feld genauso wie ein Kreisel im Gravitationsfeld. Auf beide wirkt das Drehmoment T ein, das die Größe N gemäß
der Beziehung

$$T = \frac{\mathrm{d}N}{\mathrm{d}t} \tag{53}$$

zu ändern trachtet. Infolgedessen führt N eine Präzessionsbewegung aus,
und der Endpunkt des Vektors N sowie auch der Endpunkt des damit
verbundenen Vektors M beschreiben Kreise, falls von der Dämpfung
abgesehen werden kann. In Wirklichkeit ist die Bewegung selbstverständlich gedämpft, so daß M nach Durchlaufen einer Spiralbahn schließlich
in seine Ausgangslage zurückkehrt, in welcher er parallel zu H_0 liegt.
Im Zeitpunkt $t = 0$ soll M parallel zu H_0 liegen und ein hochfrequentes,
zu H_0 senkrechtes Feld $|H_x| \leq |H_0|$ angelegt werden. Dann beginnt M um
den resultierenden Vektor $H_r = H_0 + H_x$ zu präzedieren, weil M und H_r
jetzt nicht parallel sind. Nachdem M einen Halbkreis beschrieben hat,
wird die Richtung von H_x umgekehrt. Dann beginnt M um die neue
Richtung H_r' zu präzedieren, wobei die Amplitude der Präzession zunimmt.
Das senkrechte, hochfrequente, magnetische Feld kann auf diese Weise
die Amplitude ständig vergrößern oder die von den Verlusten herrührende
Dämpfung kompensieren. Auch diese qualitative Überlegung zeigt bereits,
daß ein bedeutenderer Effekt nur dann erzielt werden kann, wenn die
Winkelgeschwindigkeit des Hochfrequenzfeldes mit der der Präzession
völlig oder zumindest mit sehr guter Näherung übereinstimmt. Die zweite
Winkelgeschwindigkeit ist auch von dem Wert H_0 abhängig. Aus der
Abbildung geht ferner klar hervor, daß die einzige Komponente H_x auf
das Entstehen der Komponenten M_x und M_y bzw. B_x und B_y führt.
Dieser Umstand weist bereits auf eine tensorielle Relation hin.

Bei der quantitativen Behandlung führen die Grundbeziehungen

$$\boldsymbol{T} = \boldsymbol{M} \times \boldsymbol{H}, \quad \boldsymbol{M} = \gamma \boldsymbol{N} \tag{54}$$

des magnetischen Dipols über die Gleichung $\boldsymbol{T} = \mathrm{d}\boldsymbol{N}/\mathrm{d}t$ auf die Ausgangsgleichung

$$\frac{\mathrm{d}\boldsymbol{M}}{\mathrm{d}t} = \gamma \boldsymbol{M} \times \boldsymbol{H}. \tag{55}$$

Hierbei bezeichnet γ das gyromagnetische Verhältnis.

Die Dämpfung kann durch die folgende Überlegung berücksichtigt werden. Die Dämpfungskraft muß so beschaffen sein, daß sie den Vektor $\boldsymbol{N}$ bzw. $\boldsymbol{M}$ in die Gleichgewichtslage zurückzubringen trachtet. Aus Abb. 7.59 ist ersichtlich, daß der Vektor $-\boldsymbol{M} \times (\boldsymbol{M} \times \boldsymbol{H})$ tatsächlich diese Wirkung hat. Mit dieser Ergänzung lautet unsere Grundgleichung

$$\frac{\mathrm{d}\boldsymbol{M}}{\mathrm{d}t} = \gamma \, \boldsymbol{M} \times \boldsymbol{H} - \frac{|\gamma|\,\alpha}{|\boldsymbol{M}|} \, \boldsymbol{M} \times (\boldsymbol{M} \times \boldsymbol{H}). \tag{56}$$

Der Faktor $1/|\boldsymbol{M}|$ wird üblicherweise eingeführt, um den Dämpfungskoeffizienten α als dimensionsfreie Größe zu erhalten. Daß das Dämpfungsglied die Verhältnisse nicht nur hinsichtlich der Richtungen, sondern auch betragsmäßig richtig beschreibt, soll hier nicht näher begründet werden. Es sei lediglich erwähnt, daß auch verschiedene Ausdrücke anderer Form verwendet werden könnten, die jedoch alle nur von approximativer, beschreibender Natur sind. Im folgenden wird dieses Glied sowieso vernachlässigt. Wird die Zeitabhängigkeit in der Form $\partial/\partial t = j\omega$ und werden ferner die Komponenten

$$\boldsymbol{M} = (M_x, M_y, M_z + M_0), \tag{57}$$

$$\boldsymbol{H} = (H_x, H_y, H_z + H_0)$$

eingeführt, so läßt sich die Gleichung (55) auch in der Form

$$j\omega M_x = \gamma[M_y(H_z + H_0) - (M_z + M_0)\,H_y],$$

$$j\omega M_y = \gamma[(M_z + M_0)\,H_x - M_x(H_z + H_0)], \tag{58}$$

$$j\omega M_z = \gamma(M_x H_y - H_x M_y)$$

schreiben. Werden nun die Produkte $M_x H_y$, $M_y H_z$ usw. gegenüber den Produkten $M_x H_0$, $H_x M_0$ vernachlässigt, so erhält man die einfachere Form

$$j\omega M_x \approx \gamma \, M_y H_0 - \gamma \, M_0 H_y,$$

$$j\omega M_y \approx \gamma \, M_0 H_x - \gamma \, M_x H_0, \tag{59}$$

$$j\omega M_z \approx 0$$

oder nach Ordnen

$$j\omega M_x - \gamma \, H_0 M_y \approx - \gamma \, M_0 H_y, \tag{60}$$

$$\gamma \, H_0 M_x + j\omega \, M_y \approx \gamma \, M_0 H_x.$$

Die Auflösung dieser Gleichungen nach M_x und M_y ergibt die Ausdrücke

$$M_x \approx \frac{\gamma^2 M_0 H_0}{\gamma_2 H_0^2 - \omega^2} H_x - \frac{j\omega\gamma M_0}{\gamma^2 H_0^2 - \omega^2} H_y,$$

$$M_y \approx \frac{j\omega\gamma M_0}{\gamma^2 H_0^2 - \omega^2} H_x + \frac{\gamma^2 M_0 H_0}{\gamma^2 H_0^2 - \omega^2} H_y, \qquad (61)$$

$$M_z \approx 0.$$

Über die Beziehung $\boldsymbol{B} = \mu_0 \boldsymbol{H} + \boldsymbol{M}$ erhält man schließlich die Beziehungen

$$B_x \approx \left(\mu_0 + \frac{\gamma^2 M_0 H_0}{\gamma^2 H_0^2 - \omega^2}\right) H_x - \frac{j\omega\gamma M_0}{\gamma^2 H_0^2 - \omega^2} H_y =$$

$$= \left(\mu_0 + \frac{\gamma\omega_L M_0}{\omega_L^2 - \omega^2}\right) H_x - \frac{j\omega\gamma M_0}{\omega_L^2 - \omega^2} H_y, \qquad (62)$$

$$B_y \approx \frac{j\omega\gamma M_0}{\gamma^2 H_0^2 - \omega^2} H_x + \left(\mu_0 + \frac{\gamma^2 M_0 H_0}{\gamma^2 H_0^2 - \omega^2}\right) H_y =$$

$$= \frac{j\omega\gamma M_0}{\omega_L^2 - \omega^2} H_x + \left(\mu_0 + \frac{\gamma\omega_L M_0}{\omega_L^2 - \omega^2}\right) H_y, \qquad (63)$$

$$B_z \approx \mu_0 H_z,$$

wobei auch die *Larmor*-Frequenz, d. h. die Eigenfrequenz der Präzession durch die Gleichung $\omega_L = \gamma H_0$ eingeführt wurde. Die Form der obigen Gleichungen entspricht tatsächlich der der Gleichungen (50), und sie geben sogar die Werte von μ und k in expliziter Form als Funktion von ω, γ, H_0 und M_0 an.

In der Praxis wird das spezielle Verhalten der Ferrite bei den sogenannten nichtreziproken Elementen nutzbar gemacht. Das Verhalten dieser Schaltungselemente ist von der Richtung der sie durchsetzenden elektromagnetischen Wellen abhängig, z. B. sind sie in einer Richtung geöffnet, während sie in der anderen Richtung sperren [0.7, Seite 681 und 844].

7.3.7 Die Magnetostriktion

Bei der Magnetisierung der ferromagnetischen Stoffe ändert sich auch ihre Abmessung in der Richtung der Magnetisierung, sie werden also entweder kürzer oder länger. In der Querrichtung entsteht eine entsprechende Maßänderung in der Weise, daß das Volumen in erster Näherung ungeändert bleibt. Die Verhältnisse sind sogar bei den Einkristallen ziemlich verwickelt. Abb. 7.60 zeigt die Maßänderung von Einkristallen aus Eisen, Nickel bzw. Kobalt bei verschieden orientierten Magnetisierungen. Wie ersichtlich, werden Nickel und Kobalt bei jeder Magnetisierung und bei gleich welcher Orientierung kürzer; ihr Magnetostriktions-Koeffizient ist demnach negativ. Das Verhalten des Eisens ist dagegen kompliziert, indem es je nach Rich-

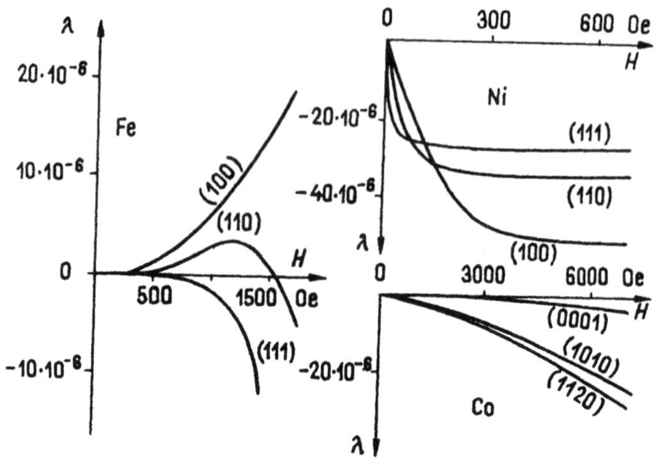

7.60 Die Maßänderung von Einkristallen aus Eisen, Nickel und Kobalt bei der Magnetisierung in verschiedenen kristallographischen Richtungen (nach *Webster* und *Masiyama*)

tung und Größe des magnetischen Feldes eine positive, negative oder sogar gar keine Magnetostriktion zeigen kann.

Daß das Anlegen eines magnetischen Feldes mit einer Maßänderung verbunden ist, ist an sich nicht verwunderlich. Man stelle sich zwei Dipole vor, die durch eine Feder miteinander verbunden sind und im Gleichgewichtszustand in einer bestimmten Entfernung voneinander liegen. Werden nun diese in eine andere Richtung gedreht, so stellt sich ein neuer Gleichgewichtszustand ein. In dem in Abb. 7.61 dargestellten Fall würde man die Kompression der Feder erwarten, die eine negative Magnetostriktion bedeutet. In Wirklichkeit ändern sich dabei auch die Austauschkräfte und damit die Federkonstante, so daß auch eine positive Magnetostriktion resultieren kann.

Ein anschauliches Bild der Maßänderungen erhält man, wenn man sich vorstellt, daß ein in einem kugelförmigen Raumteil befindlicher Stoff von ganz hoher Temperatur langsam abgekühlt wird. Es wird angenommen, daß die Kugel infolge der spontanen Magnetisierung zu einer einzigen Domäne wird. Die Austauschkräfte werden wirksam, wenn — von oben nach unten fortschreitend — der *Curie*-Punkt erreicht wird. Diese Kräfte zeigen eine räumliche Isotropie, so daß die Kugel eine Kugel bleibt, nur ihr Radius wird geändert. Die magnetische Wechselwirkung ist aber den Kristallachsen entsprechend anisotrop, so daß die Kugel zu einem Ellipsoid deformiert wird. Wird ein magnetisches Feld angelegt, so verdrehen sich die elementaren Magnete; die magnetische Wechselwirkung ist also verschieden, jedoch wiederum anisotrop, so daß aus dem obigen Ellipsoid ein anderes Ellipsoid wird. Erhöht man das ma-

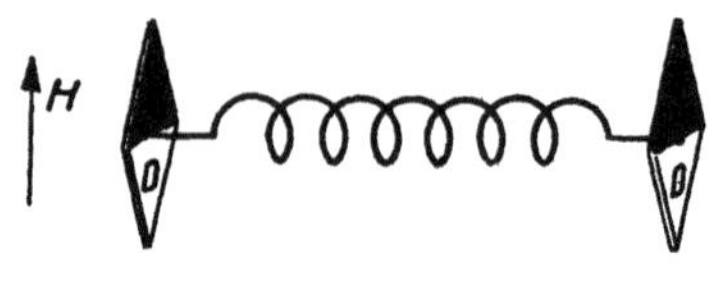

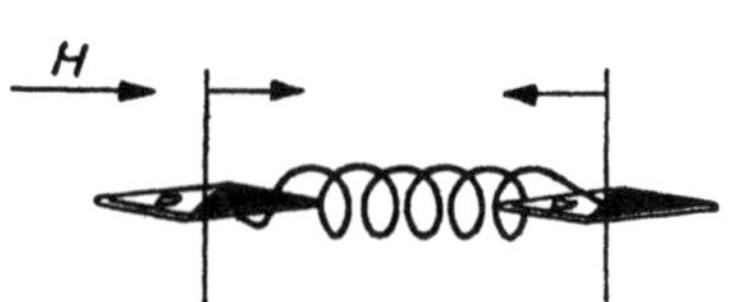

7.61 Veranschaulichung der Maßänderung durch Magnetostriktion

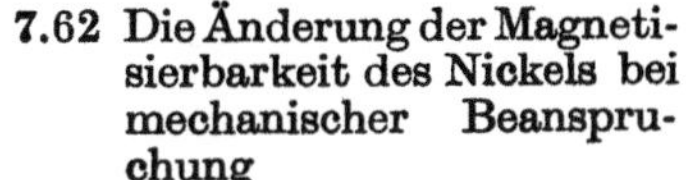

7.62 Die Änderung der Magnetisierbarkeit des Nickels bei
mechanischer Beanspruchung

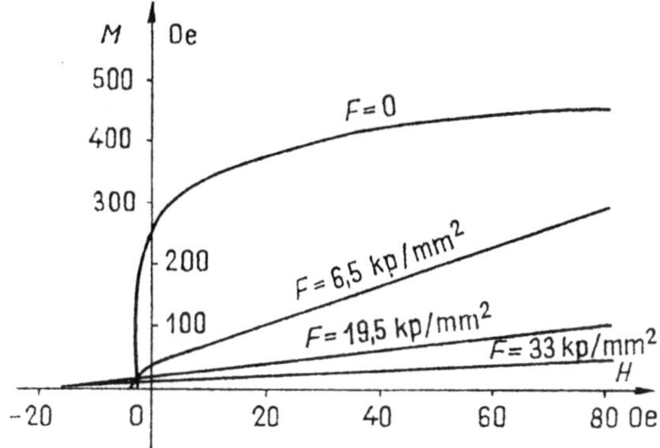

gnetische Feld über den Sättigungswert, so gibt es keine Richtungsänderung mehr, und die Austauschkräfte treten in Aktion. Dies bedeutet,
daß unser Ellipsoid sein Volumen auf isotrope Weise ändert.

Wir haben bisher festgestellt, daß sich die Länge eines Kristalls bei der
Magnetisierung ändert. Daraus läßt sich natürlich sofort folgern, daß die
Dehnung eines Kristalls, d. h. die Erzeugung verschiedener mechanischer
Spannungen im Kristall, seine Magnetisierbarkeit beeinflußt. Die Natur
dieser Beeinflussung kann vielfältig sein. Abb. 7.62 zeigt, daß ein Nickelkristall unter mechanischer Beanspruchung immer schwerer magnetisierbar
wird. Permalloy zeigt dagegen nach Abb. 7.63 das genau umgekehrte Verhalten; bei steigender mechanischer Beanspruchung wird das innere Feld
immer stärker, und bei genügend hohem Druck verhält sich dieser Stoff
wie ein Einkristall von sehr hoher Koerzitivkraft.

Das unter mechanischer Beanspruchung gezeigte verschiedene Verhalten
der Stoffe ist auf Grund der Abb. 7.64 zu verstehen. Durch die infolge
des Zuges entstehenden größeren Abstände werden die Verhältnisse selbstverständlich geändert, so daß nunmehr eine Verbindung zwischen der

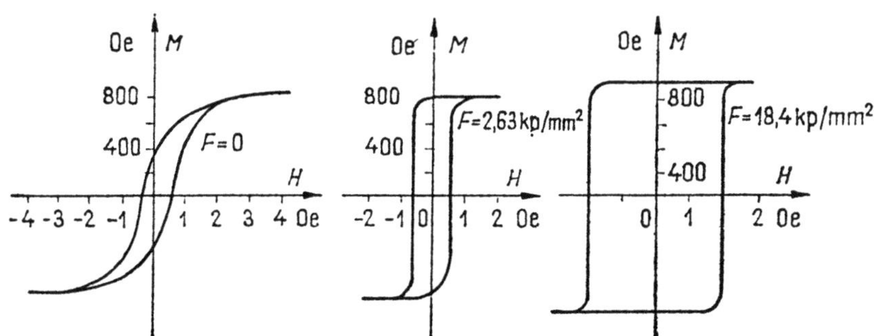

7.63 Die Änderung der Magnetisierungskurve von Permalloy bei mechanischer
Beanspruchung

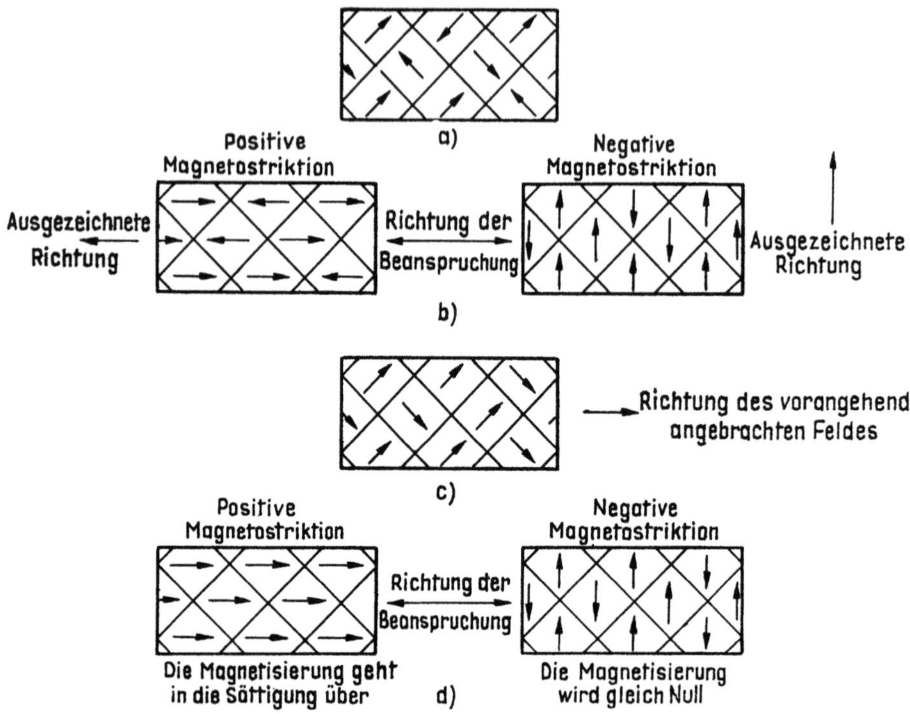

7.64 Veranschaulichung des abweichenden Verhaltens der verschiedenen Stoffe unter mechanischer Beanspruchung hinsichtlich der Magnetisierbarkeit im entmagnetisierten Stoff. *a)* Bei der äußeren Krafteinwirkung können sich die magnetischen Bereiche nach *b)* einordnen; wird der Stoff zuerst stark magnetisiert und *c)* nach Aufheben der Magnetisierung der äußeren Kraftwirkung ausgesetzt, so kann sich einer der Zustände nach *d)* einstellen

Richtung der leichten Magnetisierbarkeit und der mechanischen Spannung besteht: Sie sind entweder parallel oder senkrecht zueinander. Ist irgendeine Richtung (nach Abb. **7**.64c) von vornherein ausgezeichnet, und wird der Stoff unter Druck gesetzt, so werden die Domänen in dem einen Fall gleichgerichtet, während im anderen Fall ihre magnetische Resultierende gleich Null wird (Abb. **7**.64d). Im ersten Fall ist also die Änderung der mechanischen Spannungen mit einer großen Flußänderung verbunden.

8. TEIL

Die energetische Wechselwirkung des elektromagnetischen Feldes und der Teilchen

Im 1. Teil über die Bewegung der Teilchen galt unsere Aufmerksamkeit in erster Linie dem Verlauf der Bewegung, während den Energieumwandlungen nur sehr wenig Beachtung geschenkt wurde. Die Aufnahme oder Abgabe der Energie durch ein geladenes Teilchen anläßlich seiner Beschleunigung oder Verzögerung im elektrischen Feld wurde zwar auch in den Einzelheiten verfolgt, doch wurde die Frage des energetischen Zusammenhanges zwischen dem beweglichen Teilchen und dem das Feld erzeugenden elektrischen *Netz* in bezug auf den allgemeinen Fall nicht berührt. Im vorliegenden Teil soll also untersucht werden, mit welchen Strom- bzw. Spannungsänderungen die Bewegung der Teilchen verbunden ist.

Die Teilchen können als alleinstehend betrachtet werden, d. h. als würden sie allein mit dem äußeren makroskopischen Feld in Wechselwirkung stehen; das ist die ballistische Methode. Diese Methode ist sehr anschaulich, doch sind die Ergebnisse, gerade als Folge der Vernachlässigung der unmittelbaren Wechselwirkungen, von sehr approximativer Natur und manchmal sogar in den wesentlichen Punkten geradezu falsch.

Nach der anderen Näherungsmethode wird mit der Teilchenmenge als Raumladung gerechnet. Dabei gehen die feineren Details naturgemäß verloren, doch kann auch die Rückwirkung der Änderung der Teilchendichte auf sich selbst berücksichtigt werden.

8.1 Allgemeine Zusammenhänge

8.1.1 Die allgemeine Energiebilanz

Wir gehen von den das elektromagnetische Feld beschreibenden zwei *Maxwell*-Gleichungen

$$\operatorname{rot} \boldsymbol{H} = \boldsymbol{J} + \frac{\partial \boldsymbol{D}}{\partial t}, \qquad \operatorname{rot} \boldsymbol{E} = -\frac{\partial \boldsymbol{B}}{\partial t} \qquad (1), (2)$$

aus. Hierbei bezeichnet $\boldsymbol{J}$ die konvektive Stromdichte, welche aus den sich im Vakuum bewegenden Ladungen stammt, so daß $\boldsymbol{J} = \varrho \boldsymbol{v}$ ist. Die die Erhaltung der Energie ausdrückende Gleichung erhält man in der üblichen Weise durch Multiplizieren der ersten Gleichung mit $\boldsymbol{E}$ bzw. der zweiten mit $-\boldsymbol{H}$ und durch Addieren der so erhaltenen Beziehungen, d. h.

$$\boldsymbol{E}\operatorname{rot}\boldsymbol{H} - \boldsymbol{H}\operatorname{rot}\boldsymbol{E} = \boldsymbol{J}\boldsymbol{E} + \boldsymbol{E}\frac{\partial\boldsymbol{D}}{\partial t} + \boldsymbol{H}\frac{\partial\boldsymbol{B}}{\partial t}. \tag{3}$$

Wird die vektoranalytische Beziehung $\operatorname{div}(\boldsymbol{E}\times\boldsymbol{H}) = \boldsymbol{H}\operatorname{rot}\boldsymbol{E} - \boldsymbol{E}\operatorname{rot}\boldsymbol{H}$ eingesetzt, so erhält man durch Integrieren der beiden Seiten über das untersuchte Volumen die Beziehung

$$-\int_V \operatorname{div}(\boldsymbol{E}\times\boldsymbol{H})\,\mathrm{d}V = \int_V \boldsymbol{J}\boldsymbol{E}\,\mathrm{d}V + \int_V \left(\boldsymbol{E}\frac{\partial\boldsymbol{D}}{\partial t} + \boldsymbol{H}\frac{\partial\boldsymbol{B}}{\partial t}\right)\mathrm{d}V. \tag{4}$$

Durch Umformung der linken Seite mit Hilfe des *Gauß*schen Satzes und Ordnen erhält man

$$-\int_V \boldsymbol{J}\boldsymbol{E}\,\mathrm{d}V = \oint_A (\boldsymbol{E}\times\boldsymbol{H})\,\mathrm{d}\boldsymbol{A} + \frac{\partial}{\partial t}\int_V \left(\frac{1}{2}\boldsymbol{E}\boldsymbol{D} + \frac{1}{2}\boldsymbol{H}\boldsymbol{B}\right)\mathrm{d}V. \tag{5}$$

Auf der linken Seite steht hier die sich aus der Wechselwirkung der beweglichen Elektronen und des Feldes ergebende Leistung. Das erste Glied der rechten Seite — das Flächenintegral des *Poynting*-Vektors $\boldsymbol{S} = \boldsymbol{E}\times\boldsymbol{H}$ — ist die das Volumen in der Form von strahlender elektromagnetischer Energie verlassende Leistung, während das zweite Glied die Änderung pro Zeiteinheit der elektromagnetischen Energie des Volumens angibt. Die Gleichung drückt also die einfache Tatsache aus, daß die sich aus der Wechselwirkung der Elektronen und des Feldes ergebende Leitung einerseits die abgeführte elektromagnetische Leistung deckt, andererseits den Energieinhalt des Raumteils erhöht oder vermindert. Durch Verwenden der Beziehungen

$$m\frac{\mathrm{d}\boldsymbol{v}}{\mathrm{d}t} = q\boldsymbol{E} + q(\boldsymbol{v}\times\boldsymbol{B}), \qquad \boldsymbol{J} = \varrho\boldsymbol{v} \tag{6}$$

läßt sich die durch die Elektronen abgegebene Leistung in der noch anschaulicheren Form

$$\int_V \boldsymbol{J}\boldsymbol{E}\,\mathrm{d}V = \int_V \varrho\boldsymbol{v}\frac{m}{q}\frac{\mathrm{d}\boldsymbol{v}}{\mathrm{d}t}\,\mathrm{d}V = \frac{1}{2}\frac{m}{q}\int_V \varrho\frac{\mathrm{d}}{\mathrm{d}t}v^2\,\mathrm{d}V =$$

$$= \int_V \frac{1}{2}\frac{m}{q}\varrho\left(\frac{\partial v^2}{\partial t} + \boldsymbol{v}\operatorname{grad}v^2\right)\mathrm{d}V = \int_V \frac{1}{2}\frac{m}{q}\left(\varrho\frac{\partial v^2}{\partial t} + \boldsymbol{J}\operatorname{grad}v^2\right)\mathrm{d}V \tag{7}$$

ausdrücken. Und da

$$\boldsymbol{J}\operatorname{grad}v^2 = \operatorname{div}(v^2\boldsymbol{J}) - v^2\operatorname{div}\boldsymbol{J} = \operatorname{div}v^2\boldsymbol{J} + v^2\frac{\partial\varrho}{\partial t} \tag{8}$$

ist — wobei die Beziehung

$$\operatorname{div}\boldsymbol{J} = -\frac{\partial\varrho}{\partial t} \tag{9}$$

verwendet wurde —, kann die obige Gleichung auch in der Form

$$\int\limits_V \boldsymbol{J}\boldsymbol{E}\,\mathrm{d}V = \int\limits_V \frac{1}{2}\,\frac{m}{q}\left[\varrho\,\frac{\partial v^2}{\partial t} + v^2\,\frac{\partial\varrho}{\partial t} + \operatorname{div} v^2\,\boldsymbol{J}\right]\mathrm{d}V =$$

$$= \int\limits_V \frac{1}{2}\,\frac{m}{q}\left[\frac{\partial\varrho v^2}{\partial t} + \operatorname{div} v^2\,\boldsymbol{J}\right]\mathrm{d}V = \int\limits_V\left[\frac{1}{2}\,\frac{\partial}{\partial t}\,\frac{\varrho}{q}\,mv^2 + \frac{1}{2}\operatorname{div}\frac{m}{q}\,\varrho v^2\,\frac{\boldsymbol{J}}{\varrho}\right]\mathrm{d}V =$$

$$= \int\limits_V\left[\frac{\partial}{\partial t}\,w_{\mathrm{kin}} + \operatorname{div}\boldsymbol{v}\,w_{\mathrm{kin}}\right]\mathrm{d}V \tag{10}$$

geschrieben werden. Schließlich, wenn man das zweite Glied des Integranden mit Hilfe des *Gauß*schen Satzes umformt, gilt die Beziehung

$$\int\limits_V \boldsymbol{J}\boldsymbol{E}\,\mathrm{d}V = \frac{\partial}{\partial t}\int\limits_V w_{\mathrm{kin}}\,\mathrm{d}V + \oint\limits_A \boldsymbol{v}w_{\mathrm{kin}}\,\mathrm{d}\boldsymbol{A}\,. \tag{11}$$

Damit läßt sich die die Energiebilanz ausdrückende Gleichung (5) in der Form

$$-\frac{\partial W_{\mathrm{kin}}}{\partial t} - \oint\limits_A \boldsymbol{v}w_{\mathrm{kin}}\,\mathrm{d}\boldsymbol{A} = \oint\limits_A (\boldsymbol{E}\times\boldsymbol{H})\,\mathrm{d}\boldsymbol{A} + \frac{\partial}{\partial t}\,W_{\mathrm{elmagn}} \tag{12}$$

schreiben.

Das zweite Glied der linken Seite bedeutet die kinetische Energie, die das Volumen pro Zeiteinheit verlassenden Teilchen mitnehmen.

Im stationären Zustand eines Mikrowellen-Schwingungssystems oder Verstärkers ist die elektromagnetische Energie eines ausgewählten Raumteils sowie die kinetische Energie der Teilchen dieses Raumteils eine periodische Funktion der Zeit, so daß ihr Mittelwert konstant ist.

Folglich ist die durchschnittliche Energieänderung natürlich gleich Null,

$$\frac{1}{T}\int\limits_0^T \frac{\partial W}{\partial t}\,\mathrm{d}t = \frac{1}{T}\,[W(T) - W(0)] = 0, \tag{13}$$

wobei T die Periodendauer bezeichnet.

Für die Mittelwerte gilt also die Gleichung

$$-\frac{1}{T}\int\limits_0^T \oint\limits_A \boldsymbol{v}w_{\mathrm{kin}}\,\mathrm{d}\boldsymbol{A}\,\mathrm{d}t = \frac{1}{T}\int\limits_0^T \oint\limits_A (\boldsymbol{E}\times\boldsymbol{H})\,\mathrm{d}\boldsymbol{A}\,\mathrm{d}t, \tag{14}$$

d. h.

$$-\bar{P}_{\mathrm{el}} = \bar{P}_{\mathrm{strahl}}\,. \tag{15}$$

Diese fast selbstverständliche Beziehung läßt sich sehr einfach erklären (Abb. **8.1**). Sie besagt nämlich, daß die Differenz der mittleren kinetischen

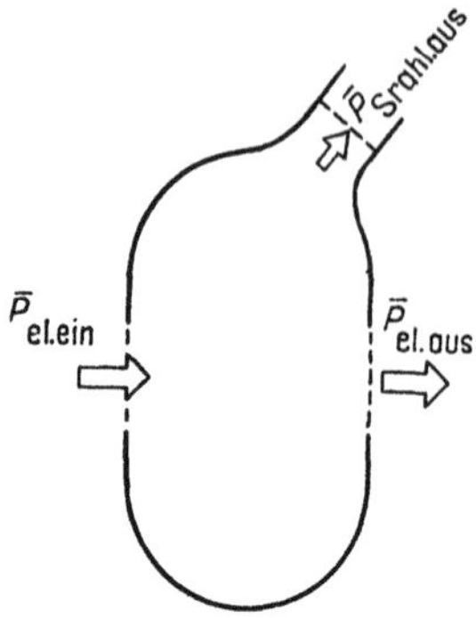

8.1 Die Energiebilanz eines abgeschlossenen Raumteiles

Energie der ein- und austretenden Elektronen, bezogen auf die Zeiteinheit, den Mittelwert der den betreffenden Raumteil verlassenden Strahlungsleistung ergibt. Auf Grund der Gleichung (11) gilt dann die Beziehung

$$\frac{1}{T} \int\limits_0^T \left(\int\limits_V \boldsymbol{JE}\,\mathrm{d}V \right) \mathrm{d}t = \frac{1}{T} \int\limits_0^T \oint v w_{\text{kin}}\,\mathrm{d}\boldsymbol{A}\,\mathrm{d}t = \bar{P}_{\text{el}}\,. \tag{16}$$

Falls die Elektronen einen Spalt durchlaufen, der als Plattenkondensator aufgefaßt werden kann, erhält man äußerst einfache Beziehungen. In diesem Fall sind! nämlich alle Größen nur von der Zeit und von einer Koordinate abhängig.

Die Leistungsgleichung läßt sich dann in der Form

$$P_{\text{el}}(t) = \int\limits_0^d AJ(x,t)\,E(x,t)\,\mathrm{d}x \tag{17}$$

schreiben.

In erster Näherung nehmen wir an, daß der Spalt sehr eng ist, so daß die zeitliche Änderung während des Durchlaufs der Teilchen vernachlässigt werden kann ($d < \lambda$, wobei λ die zu der Frequenz f durch die Beziehung c/f zugeordnete Wellenlänge bezeichnet), ferner, daß die Verteilung der Stromdichte ebenfalls unverändert bleibt, so daß

$$J(x,t) \approx J(0,t)$$

ist. Dann gilt die Beziehung

$$P_{\text{el}}(t) = AJ(0,t) \int\limits_0^d E(x,t)\,dx = i(t)\,u(t)\,. \tag{18}$$

Die Leistung kann demnach genauso berechnet werden, wie bei den quasistationären Wechselstromnetzen. Nach einer anderen Näherungsmethode nehmen wir an, daß die Raumladung das elektrische Feld nicht beeinflußt, so daß es von der x-Koordinate unabhängig durch die Beziehung $E(t) \approx u(t)\,/d$ gegeben ist. Die Gleichung (18) nimmt dann die Form

$$P_{\text{el}}(t) = \int\limits_0^d AJ(x,t)\,\frac{u(t)}{d}\,\mathrm{d}x = \frac{1}{d} \int\limits_0^d AJ(x,t)\,\mathrm{d}x\,u(t) = i_{\text{Infl}}(t)\,u(t) \tag{19}$$

an. In diesem Fall wird die Leistung auf Grund der Spannung und des räumlichen Mittelwertes des Stromes berechnet. Dieser Mittelwert wird (aus den im folgenden behandelten Gründen) als Influenzstrom bezeichnet.

8.1.2 Ströme im äußeren Stromkreis

Die elektromagnetische Energie verläßt das aktive Volumen der Mikrowelleneinrichtung, in dem die Energieumwandlung stattfindet, manchmal tatsächlich als Strahlungsenergie, welche über einen Wellenleiter weitergeleitet wird. In anderen Fällen erhält man die Leistung in der Form von Strom und Spannung, die in einem äußeren Kreis entstehen. Im folgenden wird der Elektrodenstrom in dem Fall untersucht, wenn sich Ladungen in einem durch zwei oder mehr Elektroden begrenzten Raum bewegen.

Wenn sich Ladungen zwischen zwei Elektroden bewegen, wird dies im allgemeinen so aufgefaßt, daß sich der im äußeren Kreis fließende Strom aus dem Einschlagen der Elektronen ergibt, so daß der Leitungsstrom den Konvektionsstrom schließt. Im folgenden wird es aber sofort klar, daß dies nur in Sonderfällen möglich ist.

Nach Abb. **8.2** fließt einer Elektrode auch dann ein Strom zu, wenn das Elektron daneben vorbeigeht, u. zw. wird bei der Annäherung eine positive Ladung influenziert, die beim Entfernen zurückfließt.

Jetzt untersuchen wir die Verhältnisse etwas eingehender für den Fall der Plattenelektroden nach Abb. **8.3**. Das ist nämlich ein ebenes Problem, bei dem die Verhältnisse übersichtlicher sind.

Ein Ladungspaket $\varrho\,\mathrm{d}xA = Q$, der Dicke $\mathrm{d}x$, der Ladungsdichte ϱ und begrenzt durch ebene Flächen, bewegt sich mit der Geschwindigkeit v. Die Batteriespannung ist U, und die im raumladungsfreien Fall unter

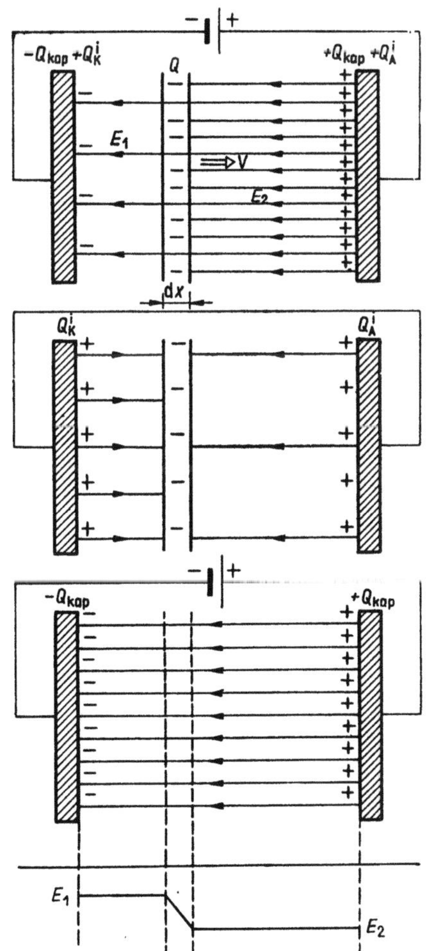

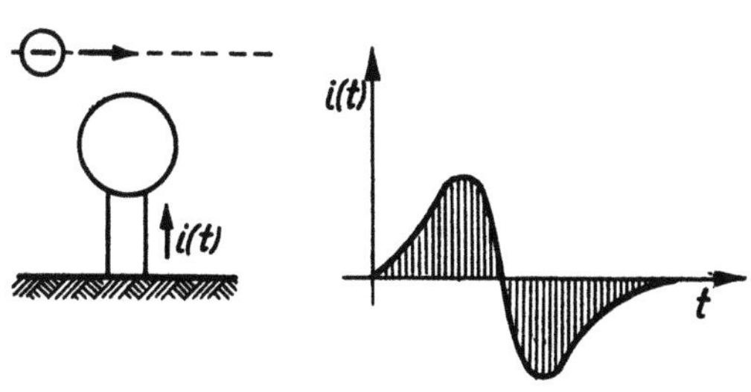

8.2 Der in der Elektrodenzuführung durch die neben der Elektrode vorbeigehende Ladung influenzierte Strom

8.3 Feldstärkenverhältnisse im Fall eines negativen Ladungspakets

Einwirkung dieser Spannung auf der Kathode bzw. auf der Anode entstehende Ladung ist $-Q_{\mathrm{kap}}$ bzw. $+Q_{\mathrm{kap}}$. Der Wert der letzteren wird also durch die Kapazität zwischen der Anode und der Kathode (die sogenannte kalte Kapazität) auf Grund der Beziehung $Q_{\mathrm{kap}} = UC$ bestimmt.

Das Ladungspaket influenziert natürlich Ladungen auf der Anode und der Kathode. Der Betrag dieser Ladungen sei mit $Q_{\mathrm{K}}^{\mathrm{i}}$ bzw. $Q_{\mathrm{A}}^{\mathrm{i}}$ bezeichnet. Da alle in Q einmündenden Kraftlinien entweder von der Anode oder von der Kathode ausgehen, ist

$$Q_{\mathrm{A}}^{\mathrm{i}} + Q_{\mathrm{K}}^{\mathrm{i}} = Q \,. \tag{20}$$

Durch das im beliebigen Ort x des Raumes befindliche Ladungspaket wird das Kraftfeld selbstverständlich geändert. Das Feld bleibt homogen sowohl links als auch rechts von x, doch ändert sich sein Betrag. Auf Grund des *Gauß*schen Satzes ist:

$$E_1 = \frac{D_1}{\varepsilon_0} = -\frac{Q_{\mathrm{kap}} - Q_{\mathrm{K}}^{\mathrm{i}}}{\varepsilon_0 A} \,,$$

$$E_2 = \frac{D_2}{\varepsilon_0} = -\frac{Q_{\mathrm{kap}} + Q_{\mathrm{A}}^{\mathrm{i}}}{\varepsilon A} \,. \tag{21}$$

Gleichzeitig gilt natürlich die Beziehung

$$-U = E_1 x + E_2(d - x). \tag{22}$$

Auf Grund dieser Gleichungen erhält man die Ausdrücke

$$Q_{\mathrm{A}}^{\mathrm{i}} = Q\frac{x}{d}, \quad Q_{\mathrm{K}}^{\mathrm{i}} = Q\left(1 - \frac{x}{d}\right). \tag{23}$$

Bei konstanter Spannung ist der Strom im Anodenkreis

$$i = \frac{\mathrm{d}Q_{\mathrm{A}}^{\mathrm{i}}}{\mathrm{d}t} = \frac{Q}{d}\frac{\mathrm{d}x}{\mathrm{d}t} = \frac{Q}{d}v \,. \tag{24}$$

Das ist der influenzierte Strom; sein Betrag ist der Geschwindigkeit proportional.

Ist auch die Spannung und damit die Ladung Q_{kap} veränderlich, dann ist

$$i = \frac{Q}{d}v + C\frac{\mathrm{d}u}{\mathrm{d}t} = i_{\mathrm{infl}} + i_{\mathrm{kap}} \,. \tag{25}$$

Während das Ladungspaket von der Kathode ausgehend bis zur Anode fortschreitet, erreicht die Anode insgesamt die Ladung

$$\int\limits_0^\tau i\,\mathrm{d}t = \frac{Q}{d}\int\limits_0^\tau \frac{\mathrm{d}x}{\mathrm{d}t}\mathrm{d}t = \frac{Q}{d}\int\limits_0^d \mathrm{d}x = Q \,, \tag{26}$$

d. h. gerade die Gesamtladung des Ladungspakets mit dem entgegengesetzten Vorzeichen. Während der Zeit, bis das Ladungspaket von der Kathode ausgehend auf der Anode angekommen ist, ist genau die dem Betrag des Ladungspakets entsprechende Ladung über die Anodenzuleitung abgeflossen. Im Kreis tritt also der Strom nicht im Augenblick des Einschlages, sondern während der Flugzeit kontinuierlich auf.

Die Beziehung (24) kann man übrigens auch auf Grund der Energiegleichung erhalten. Während der Zeit dt verrichtet das elektrische Kraftfeld die Arbeit $Q\boldsymbol{E}\boldsymbol{v}dt$ an der Ladung Q, die Stromquelle leistet die Arbeit $ui\,dt$, so daß

$$ui\,dt = Q(\boldsymbol{E}\boldsymbol{v})\,dt, \tag{27}$$

d. h.

$$i = \frac{Q(\boldsymbol{E}\boldsymbol{v})}{u} = \frac{QEv}{Ed} = \frac{Q}{d}\,v \tag{28}$$

ist. Hierbei bezeichnet E die Feldstärke am Ort der Ladung Q ohne Berücksichtigung des Einflusses dieser Ladung.

Der Satz von *Ramo* und *Shockley* formuliert diesen Zusammenhang in der folgenden Weise. Wenn sich die Ladung Q mit der Geschwindigkeit $\boldsymbol{v}$ in dem durch eine beliebige Anzahl Elektroden begrenzten Raum bewegt, ist der in einer beliebigen Elektrode influenzierte Strom

$$i = Q(\boldsymbol{e}\boldsymbol{v}), \tag{29}$$

wobei $\boldsymbol{e}$ die elektrische Feldstärke bezeichnet, die in dem Fall auftritt, wenn das Potential aller übrigen Elektroden gleich Null ist, das der ausgewählten Elektrode dagegen $U = 1\text{V}$ beträgt, so daß $e = E/U$ ist (Abb. **8.4**).

Wie wir bereits gesehen haben, setzt sich der Strom im Außenstromkreis aus dem influenzierten und dem kapazitiven, zwischen den Elektroden dagegen aus dem konvektiven und dem Verschiebungsstrom zusammen. Wir untersuchen jetzt, ob sich eine Beziehung zwischen den genannten Größen finden läßt. Dabei beschränken wir uns auf Plattenelektroden.

Bekanntlich hat die Gesamt-Stromdichte $\boldsymbol{J}_t = \varrho\boldsymbol{v} + \varepsilon\dfrac{\partial \boldsymbol{E}}{\partial t}$ keine Divergenz, wie dies ganz einfach aus der ersten *Maxwell*-Gleichung folgt. Die eindimensionale Form der Gleichung

$$\operatorname{div}\left(\varrho\boldsymbol{v} + \varepsilon\frac{\partial \boldsymbol{E}}{\partial t}\right) = 0$$

lautet

$$\frac{\partial}{\partial x}\left(\varrho\boldsymbol{v} + \varepsilon\frac{\partial \boldsymbol{E}}{\partial t}\right) = 0. \tag{30}$$

Daraus folgt sofort, daß die Gesamt-Stromdichte zwischen Plattenelektro-

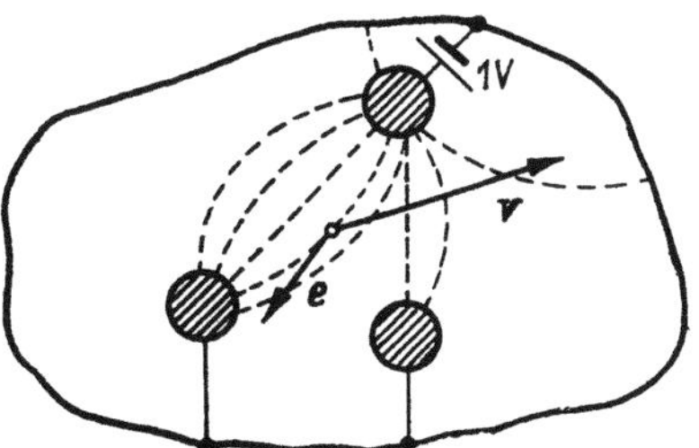

8.4 Zu dem Satz von *Ramo* und *Shockley*

den nur von der Zeit, nicht aber vom Ort, abhängig ist. Bildet man den räumlichen Mittelwert beider Seiten der Gleichung

$$\boldsymbol{J}_{\mathrm{t}} = \varrho\boldsymbol{v} + \varepsilon\,\frac{\partial\boldsymbol{E}}{\partial t}\,, \tag{31}$$

so ist

$$\frac{1}{V}\int \boldsymbol{J}_{\mathrm{t}}\,\mathrm{d}V = \frac{1}{V}\int \varrho\boldsymbol{v}\,\mathrm{d}V + \frac{1}{V}\int \varepsilon\,\frac{\partial\boldsymbol{E}}{\partial t}\,\mathrm{d}V\,. \tag{32}$$

Berücksichtigt man nun die Beziehungen

$$E = -\,\frac{\partial U}{\partial x}\,, \quad V = Ad\,, \quad \mathrm{d}V = A\,\mathrm{d}x\,, \quad i = AJ\,,$$

so erhält man

$$\frac{1}{Ad}\int\limits_{0}^{d} J_{\mathrm{t}}A\,\mathrm{d}x = \frac{1}{Ad}\int\limits_{0}^{d} \varrho vA\,\mathrm{d}x - \frac{\varepsilon}{Ad}\,\frac{\partial}{\partial t}\int\limits_{0}^{d} A\,\frac{\partial U}{\partial x}\,\mathrm{d}x\,,$$

$$J_{\mathrm{t}} = \frac{1}{d}\int\limits_{0}^{d} \varrho v\,\mathrm{d}x + \frac{\varepsilon}{d}\,\frac{\partial}{\partial t}\,(U_{\mathrm{K}} - U_{\mathrm{A}})\,. \tag{33}$$

Die Multiplikation mit A ergibt die Beziehung

$$i(t) = A\,\frac{1}{d}\int\limits_{0}^{d} \varrho v\,\mathrm{d}x + \varepsilon\,\frac{A}{d}\,\frac{\partial}{\partial t}\,(U_{\mathrm{K}} - U_{\mathrm{A}}) = \overline{i_{\mathrm{el}}(t)} + i_{\mathrm{kap}}(t)\,.$$

Das ist der im Rohr fließende Gesamtstrom, welcher gleich dem in der Elektrodenzuleitung fließenden Strom ist. Für den letzteren gilt aber der Ausdruck

$$i(t) = i_{\mathrm{nfl}}(t) + i_{\mathrm{kap}}(t)\,.$$

Damit ist also

$$i_{\mathrm{lnfl}}(t) = \overline{i_{\mathrm{el}}(t)} = A\,\frac{1}{d}\int\limits_{0}^{d} \varrho v\,\mathrm{d}x\,. \tag{34}$$

Der Influenzstrom ist also gleich dem räumlichen Mittelwert des zwischen den Elektroden fließenden Konvektionsstromes. Bei konstanter Anodenspannung und bei konstantem Konvektionsstrom zwischen den Elektroden entspricht also der im Außenkreis fließende Strom ganz genau der die Anode während der Zeiteinheit erreichenden Ladungsmenge. Dieser Zusammenhang wird im allgemeinen als natürlich und allgemeingültig betrachtet.

8.1.3 Raumladungswellen

In einem äußeren Feld konstanten Potentials bewege sich ein homogenes Elektronenbündel unendlicher Ausdehnung der Ladungsdichte ϱ_0 mit der Geschwindigkeit $\boldsymbol{u}_0$. Um die Frage als ebenes Problem, in Abhängigkeit von der mit $\boldsymbol{u}_0$ gleichgerichteten x-Koordinate allein behandeln zu können, sei angenommen, daß die Geschwindigkeit der Elektronen am Ort $x = 0$ in einer zur x-Achse senkrechten Ebene geändert, z. B. erhöht wird. Dann tritt — wie es bei der elementaren Behandlung des Klystrons gezeigt wurde — eine Verdichtung der Elektronen ein; die zwischen den Elektronen vorhandene abstoßenden Kraft wirkt dieser Verdichtung entgegen und trachtet die Gleichgewichtslage wiederherzustellen. Bewegt man sich zusammen mit dem Bündel, so erfährt man eine Schwingung infolge der Trägheit der Elektronen, welche andererseits für den äußeren Beobachter als Raumladungswelle in Erscheinung tritt. Im folgenden sollen diese Verhältnisse auch quantitativ untersucht werden.

Wir gehen dabei von den *Maxwell*-Gleichungen

$$\operatorname{rot} \boldsymbol{H} = \boldsymbol{J} + \varepsilon_0 \frac{\partial \boldsymbol{E}}{\partial t}, \qquad \operatorname{rot} \boldsymbol{E} = - \mu_0 \frac{\partial \boldsymbol{H}}{\partial t};$$

$$\operatorname{div} \boldsymbol{H} = 0, \qquad \operatorname{div} \boldsymbol{E} = \frac{\varrho}{\varepsilon_0}$$

sowie von der Bewegungsgleichung

$$m \frac{\mathrm{d}\boldsymbol{v}}{\mathrm{d}t} = - e(\boldsymbol{E} + \boldsymbol{v} \times \boldsymbol{B})$$

aus. Wir trennen den Wechselstromteil ab; es sei also

$$\varrho = -\varrho_0 + \varrho_1, \quad \boldsymbol{J} = -\boldsymbol{J}_0 + \boldsymbol{J}_1, \quad v = u_0 + u_1,$$

wobei der Index 1 immer auf den Wechselstromteil hinweist. ϱ_0 bezeichnet dann einen positiven Wert, und es gilt die Beziehung $\boldsymbol{J}_0 = \varrho \boldsymbol{u}_0$.

Bei Annahme einer rein sinusförmigen Änderung erhält man für die Wechselstromkomponenten die Gleichungen

$$\operatorname{rot} \boldsymbol{E} = - j\omega\mu_0 \boldsymbol{H}, \qquad \operatorname{rot} \boldsymbol{H} = \boldsymbol{J}_1 + j\omega\varepsilon_0 \boldsymbol{E}, \qquad \operatorname{div} \boldsymbol{E} = \frac{\varrho_1}{\varepsilon_0}.$$

Die Rotation der ersten Gleichung ist

$$\operatorname{rot} \operatorname{rot} \boldsymbol{E} = \operatorname{grad} \operatorname{div} \boldsymbol{E} - \Delta \boldsymbol{E} = -j\omega\mu_0 \operatorname{rot} \boldsymbol{H} = -j\omega\mu_0 [\boldsymbol{J}_1 + j\omega\varepsilon_0 \boldsymbol{E}].$$

Durch Ordnen sowie durch Berücksichtigung der Beziehung $\operatorname{div} \boldsymbol{E} = \dfrac{\varrho_1}{\varepsilon_0}$ erhält man die Gleichung

$$\Delta \boldsymbol{E} + \omega^2 \varepsilon_0 \mu_0 \, \boldsymbol{E} = \operatorname{grad} \frac{\varrho_1}{\varepsilon_0} + j\omega\mu_0 \boldsymbol{J}_1 . \tag{35}$$

Da E nur eine x-Komponente haben kann, die nach unserer ursprünglichen Annahme von x allein abhängig ist, geht die obige Gleichung in die Form

$$\frac{\partial^2 E_x}{\partial x^2} + \omega^2 \varepsilon_0 \mu_0 E_x = \frac{\partial}{\partial x} \frac{\varrho_1}{\varepsilon_0} + j\omega\mu_0 J_1 \tag{36}$$

über.

Gelingt es nun, ϱ_1 und J_1 durch E_x auszudrücken, dann kann E_x aus der obigen Gleichung bestimmt werden. Auf Grund der Bewegungsgleichung ist

$$\frac{\mathrm{d}u_1}{\mathrm{d}t} = \frac{\partial u_1}{\partial t} + u_0 \frac{\partial u_1}{\partial z} = -\frac{e}{m} E_x, \tag{37}$$

und auf Grund der Kontinuitätsgleichung

$$\frac{\partial J_1}{\partial x} + \frac{\partial \varrho_1}{\partial t} = 0. \tag{38}$$

In diesen Gleichungen ist die Stromdichte

$$J_1 = J + J_0 = (\varrho_1 - \varrho_0)(u_0 + u_1) + u_0\varrho_0 = \varrho_1 u_1 - \varrho_0 u_1 + \varrho_1 u_0 \approx$$

$$\approx -\varrho_0 u_1 + \varrho_1 u_0, \tag{39}$$

wobei das in der zweiten Ordnung kleine Glied $\varrho_1 u_1$ vernachlässigt wurde.

Wir berücksichtigen nun noch, daß jede Größe eine fortschreitende Welle darstellt und daher von den Koordinaten t und x in der Form

$$\mathrm{e}^{j(\omega t - \beta x)}$$

abhängig ist. Damit lassen sich die obigen Beziehungen (37), (38) und (39) in der Form

$$(j\omega - ju_0\beta)\, u_1 = -\frac{e}{m} E_x, \tag{40}$$

$$-j\beta J_1 + j\omega\varrho_1 = 0, \tag{41}$$

$$J_1 = -\varrho_0 u_1 + u_0\varrho_1 \tag{42}$$

schreiben.

Auf Grund dieser drei Gleichungen lassen sich u_1, J_1 und ϱ_1 als Funktionen von E_x angeben,

$$u_1 = j\frac{e}{m} \frac{E_x}{\omega - \beta u_0}, \tag{43}$$

$$J_1 = -\frac{\omega\varrho_0 u_1}{\omega - \beta u_0} = -j\frac{e}{m} \frac{\omega\varrho_0}{(\omega - \beta u_0)^2} E_x, \tag{44}$$

$$\varrho_1 = -\frac{\beta}{\omega} \cdot \frac{\omega\varrho_0 u_1}{\omega - \beta u_0} = -j\frac{e}{m} \frac{\beta\varrho_0}{(\omega - \beta u_0)^2} E_x. \tag{45}$$

Unter Berücksichtigung der Beziehung $\dfrac{\partial}{\partial x}\,e^{j(\omega t-\beta x)} = -\,j\beta\,e^{j(\omega t-\beta x)}$ nimmt die Wellengleichung (36) die Form

$$(\omega^2\varepsilon_0\mu_0 - \beta^2)\,E_x = -\,j\beta\,\frac{\varrho_1}{\varepsilon_0} + j\omega\mu_0 J_1 \qquad (46)$$

an. Werden die durch E_x ausgedrückten Werte von ϱ_1 und J_1 in die obige Beziehung eingesetzt, so erhält man nach einfachem Ordnen die Gleichung

$$(\beta^2 - \varepsilon_0\mu_0\,\omega^2)\left[1 - \frac{e}{m}\frac{1}{\varepsilon_0}\frac{\varrho_0}{(\omega-\beta u_0)^2}\right]E_x = 0. \qquad (47)$$

Führt man nun die Plasmafrequenz über die Beziehung

$$\frac{e}{m}\frac{\varrho_0}{\varepsilon_0} = \omega_{\mathrm p}^2$$

ein, so ergeben die Wurzeln der Gleichungen

$$\beta^2 - \varepsilon_0\mu_0\omega^2 = 0$$

und

$$1 - \frac{\omega_{\mathrm p}^2}{(\omega - u\,\beta_0)^2} = 0$$

die möglichen Werte von β. Es sind demnach

$$\beta_{1,2} = \pm\,\omega\sqrt{\varepsilon_0\mu_0} = \pm\,\frac{\omega}{c},$$

$$\beta_{3,4} = \frac{\omega\pm\omega_{\mathrm p}}{u_0}\,. \qquad (48)$$

Die ersten zwei Werte ergeben die Phasenkoeffizienten der im ladungslosen, freien Raum fortschreitenden Welle.

Die zu den zwei anderen Werten gehörende Phasengeschwindigkeit ist

$$u_{\mathrm f} = \frac{\omega}{\beta} = \frac{u_0}{1\pm\omega_{\mathrm p}/\omega}\,.$$

Die Gruppengeschwindigkeit, d. h. die Geschwindigkeit der Elektronen, beträgt

$$u_{\mathrm g} = \frac{\mathrm d\omega}{\mathrm d\beta} = \frac{1}{\dfrac{\mathrm d\beta}{\mathrm d\omega}} = \frac{1}{\dfrac{1}{u_0}} = u_0\,.$$

Damit läßt sich bereits die Gleichung der das Elektronenbündel durchlaufenden Geschwindigkeitswelle in der Form

$$u_1 = u_{\mathrm s}\left[e^{j\left(\omega t - \frac{\omega+\omega_{\mathrm p}}{u_0}x\right)} + e^{j\left(\omega t - \frac{\omega-\omega_{\mathrm p}}{u_0}x\right)}\right] \qquad (49)$$

aufschreiben. Verwendet man nun auf Grund der Beziehung (44) den Ausdruck

$$J_1 = - \frac{\omega \varrho_0 \, u_1}{\omega - \beta \, u_0} = \pm \frac{\omega}{\omega_\mathrm{p}} \varrho_0 \, u_1,$$

wobei das positive Vorzeichen zu der Welle mit dem Phasenkoeffizienten $(\omega + \omega_\mathrm{p})/u_0$, das negative zu der mit dem Phasenkoeffizienten $(\omega - \omega_\mathrm{p})/u_0$ gehört, so ist

$$J_1 = \frac{u_\mathrm{s} \, \omega \varrho_0}{\omega_\mathrm{p}} \left[\mathrm{e}^{j\left(\omega t - \frac{\omega + \omega_\mathrm{p}}{u_0} x\right)} - \mathrm{e}^{j\left(\omega t - \frac{\omega - \omega_\mathrm{p}}{u_0} x\right)} \right]. \qquad (50)$$

Über die Beziehung $\partial J_1/\partial x = - \partial \varrho_1/\partial t$ erhält man dann die Gleichung der Ladungswelle

$$\varrho_1 = \frac{\varrho_0 \, u_\mathrm{s}}{\omega_\mathrm{p} \, u_0} \left[(\omega + \omega_\mathrm{p}) \, \mathrm{e}^{j\left(\omega t - \frac{\omega + \omega_\mathrm{p}}{u_0} x\right)} - (\omega - \omega_\mathrm{p}) \, \mathrm{e}^{j\left(\omega t - \frac{\omega - \omega_\mathrm{p}}{u_0} x\right)} \right]. \qquad (51)$$

Unter Berücksichtigung der *Euler*schen Relation ergeben sich schließlich die folgenden einfacheren Ausdrücke der Reihe nach

$$u_1 = 2 \, u_\mathrm{s} \cos \frac{\omega_\mathrm{p}}{u_0} x \; \mathrm{e}^{j\left(\omega t - \frac{\omega}{u_0} x\right)},$$

$$J_1 = - 2j \, \frac{\omega \varrho_0 \, u_\mathrm{s}}{\omega_\mathrm{p}} \sin \frac{\omega_\mathrm{p}}{u_0} x \; \mathrm{e}^{j\left(\omega t - \frac{\omega}{u_0} x\right)}, \qquad (52\mathrm{a, \ b, \ c})$$

$$\varrho_1 = \frac{2 \, \varrho_0 \, u_\mathrm{s}}{u_0} \left[\cos \frac{\omega_\mathrm{p}}{u_0} x - j \, \frac{\omega}{\omega_\mathrm{p}} \sin \frac{\omega_\mathrm{p}}{u_0} x \right] \mathrm{e}^{j\left(\omega t - \frac{\omega}{u_0} x\right)}.$$

8.2 Das Klystron

Wie wir im Abschnitt 1.9 gesehen haben, treten bei sehr hohen Frequenzen, bei denen die Laufzeit des Elektrons von einer Elektrode bis zur anderen mit der Periodendauer vergleichbar ist, ganz besondere Erscheinungen auf, die die Funktion der Röhren im allgemeinen stören. Bei der Erzeugung von Schwingungen sehr hoher Frequenz muß die Laufzeit in jedem Fall berücksichtigt und die Folgeerscheinungen müssen je nach Möglichkeit ausgenützt werden. Eine praktische Form der Nutzbarmachung dieser Erscheinungen wird im Klystron verwirklicht.

Im Abschnitt 1.9 wurde auch gezeigt, daß Elektronen, die mit identischer Geschwindigkeit in ein rein sinusförmig veränderliches Feld eintreten, es mit verschiedenen, von der Eintrittsphase abhängigen Geschwindigkeiten verlassen. In der Folge entstehen Ladungsknoten hinter dem Spalt an verschiedenen Stellen des Raumes, da die schnelleren Elektronen die langsameren einholen. Wird ein zweites Wechselfeld am Ort der stärksten Knotenbildung angelegt, dessen Frequenz in solcher Weise auf die Ankunftsfrequenz der Ladungsknoten abgestimmt ist, daß das Feld auf die Elektronen immer bremsend wirkt, dann geben die Elektronen immer Bewegungsenergie dem äußeren Kreis des zweiten Spaltes ab.

Wenn das Klystron als Verstärker funktioniert, dann wird die Wechselspannung des ersten Spaltes von außen her dem modulierenden Hohlraumresonator zugeführt. Zwei einander gegenüberliegende Platten des Hohlraumresonators sind als Gitter ausgebildet. Die durch eine hohe Gleichspannung beschleunigten Elektronen durchfliegen den Raum zwischen diesen beiden Gittern. Die in den Spalt des auffangenden Hohlraumresonators eintretenden Ladungsknoten erzeugen eine Schwingung des auffangenden Resonators, der auf dieselbe Frequenz abgestimmt ist wie der erste Hohlraumresonator. Die verlangsamten Elektronenknoten gelangen schließlich zur Auffangelektrode.

Als Schwingungserzeuger funktionert das Klystron auf Grund des bekannten Rückkopplungsprinzips. Falls der auffangende Hohlraum schwingt und ein Teil seiner Energie in den modulierenden Hohlraum zurückgeführt wird, so erzeugt dies die zur Versorgung des auffangenden Hohlraumes mit Schwingungsenergie erforderliche Geschwindigkeitsmodulation des Elektronenbündels (Abb. **8.**5). Es ist demnach ohne weiteres vorstellbar, daß der Schwingungszustand bestehen bleibt. Der Einschwingvorgang selbst ist gar nicht einfach; man kann es sich so vorstellen, daß irgendeine im Elektronenstrom auftretende Schwankung, sei es auch nur statistischer Natur, sicher auch eine auf den Hohlraum abgestimmte Frequenzkomponente aufweist und der Einschwingvorgang durch Rückkopplung der so entstehenden Schwingung in Gang kommt.

Wir kommen jetzt zu der dem Klystron entnehmbaren Leistung. Nimmt man an, daß die Spannung des auffangenden Spaltes während der Durchgangszeit des Elektrons konstant bleibt, so ist die von einem Elektron übergebene Energie nach Gl. 1.9−(9)

$$w = eU_2 \sin \omega t_2 = eU_2 \sin \left[\omega t_1 + \frac{\omega d}{v_0} \left(1 - \frac{U_1}{2\,U_0} \sin \omega t_1 \right) \right].$$

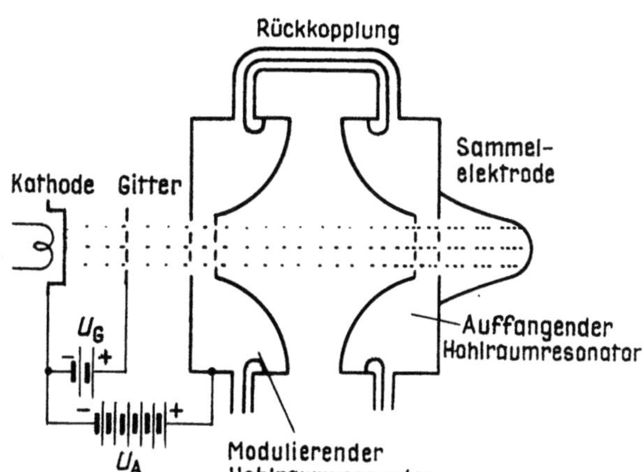

8.5 Rückgekoppelter Klystronoszillator mit zwei Hohlräumen ($U_\mathrm{A} \equiv U_0$)

Wird diese Beziehung zwischen den Grenzen $\omega t_1 = 0$ bzw. $\omega t_1 = 2\pi$ integriert und durch 2π dividiert, so erhält man die von einem einzigen Elektron im Durchschnitt abgegebene Energie

$$\overline{W} = \frac{1}{2\pi} \int\limits_{\omega t_1=0}^{\omega t_1=2\pi} w\, \mathrm{d}(\omega t_1) = \frac{eU_2}{2\pi} \int\limits_0^{2\pi} \sin\left[\omega t_1 + \frac{\omega d}{v_0}\left(1 - \frac{U_1}{2\,U_0}\sin\omega t_1\right)\right] \mathrm{d}(\omega t_1).$$

Dieses Integral läßt sich in expliziter Form mit Hilfe der elementaren transzendenten Funktionen nicht ausdrücken. Hier sei nur das Endergebnis angegeben:

$$\overline{W} = eU_2 \sin\frac{\omega d}{v_0} J_1\left(\frac{\omega d}{v_0}\frac{U_1}{2\,U_0}\right),$$

wobei J_1 die *Bessel*-Funktion erster Ordnung bezeichnet. Die mittlere Leistung erhält man durch Multiplizieren des obigen Ausdrucks mit der Zahl der Elektronen, die pro Zeiteinheit in den Auffangsspalt eintreten. Wenn man annimmt, daß jedes einzelne von der Kathode austretende Elektron den Auffänger tatsächlich erreicht, so erhält man für die Leistung unter Verwendung der Beziehung

$$I_0 = Ne$$

den Ausdruck

$$P = I_0\,U_2 \sin\frac{\omega d}{v_0} J_1\left(\frac{\omega d}{v}\frac{U_1}{2\,U_0}\right).$$

Da die Gleichstromleistung $I_0 U_0$ beträgt, läßt sich auch der Ausdruck des Wirkungsgrades

$$\eta = \frac{U_2}{U_0} \sin\frac{\omega d}{v_0} J_1\left(\frac{\omega d}{v_0}\frac{U_0}{2\,U_0}\right)$$

sofort aufschreiben.

Bei der bisherigen Ableitung wurde vorausgesetzt, daß die Geschwindigkeitsmodulation selbst keine Leistung verbraucht. Dies trifft auch zu, solange die Durchgangszeit über den ersten Resonator gegenüber der Periodendauer klein ist.

Auf Grund der obigen Ausdrücke für P und η lassen sich die Bedingungen der maximalen Leistung bzw. des maximalen Wirkungsgrades ermitteln. Der theoretisch erreichbare maximale Wirkungsgrad läßt sich sofort angeben. U_2 kann nämlich niemals größer werden als U_0, weil dann viele Elektronen bereits von dem Auffangsspalt zurückkehren und dadurch weitere Energie gewinnen würden. Es gilt also die Beziehung

$$\left(\frac{U_2}{U_0}\right)_{\text{max}} = 1.$$

Der Höchstwert der Sinusfunktion ist ebenfalls gleich eins, so daß

$$\eta_{\max} = \left[J_1\left(\frac{\omega d}{v_0}\, \frac{U_1}{2U_0} \right) \right]_{\max}$$

ist. Der Höchstwert der *Bessel*-Funktion erster Ordnung beträgt 0,58. Der Wirkungsgrad des Klystrons kann also 58% nicht überschreiten.
Das Funktionieren des Klystrons wird auf Grund der Raumladungs-Wellentheorie folgendermaßen erklärt. Der modulierende Hohlraum moduliert die Geschwindigkeit der Teilchen am Ort $x = 0$ annähernd gemäß der Beziehung 1.9–(8)

$$u = u_0\left(1 + \frac{1}{2}\frac{U_\mathrm{v}}{U_0}\sin \omega t\right) = u_0 + u_0\,\frac{1}{2}\frac{U_\mathrm{v}}{U_0}\sin \omega t = u_0 + \frac{e}{m}\frac{U_\mathrm{v}}{u_0}\sin \omega t.$$

In der Beziehung 8.1–(52a)

$$u_1 = 2\,u_\mathrm{s}\cos \frac{\omega_\mathrm{p}}{u_0}\,x\, e^{j\left(\omega t - \frac{\omega}{u_0}x\right)}$$

ist folglich

$$u_\mathrm{s} = \frac{e}{m}\frac{U_\mathrm{v}}{u_0},$$

wobei U_v die Spannung des modulierenden Spaltes bezeichnet. Abb. 8.6 zeigt, wie die Wellenamplitude der Geschwindigkeit abnimmt bzw. die des Stromes zunimmt. Die Wellenvorstellung der Raumladung ergibt den

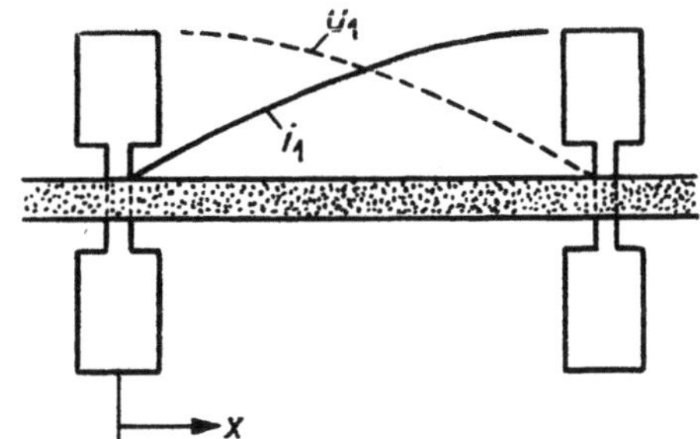

8.6 Die Änderung der Amplitude der Geschwindigkeitswelle und der Stromwelle im Fall eines Klystrons mit zwei Hohlräumen

genauen Ort, wo der auffangende Hohlraum anzuordnen ist; das ist der Punkt, wo der Wert $\omega_\mathrm{p}x/u_0$ ein ungeradzahliges Vielfaches von $\pi/2$ ist, d. h.

$$\frac{\omega_\mathrm{p}D}{u_0} = (2\,n + 1)\,\frac{\pi}{2}$$

bzw.

$$D = \frac{(2n+1)\pi u_0}{2\,\omega_\mathrm{p}}$$

ist.
Schließlich ist noch erwähnenswert, daß dieser optimale Abstand des auffangenden Hohlraumes über ω_p auch von der Dichte des Elektronenbündels abhängig ist.

8.3 Die Wanderwellenröhre

Bekanntlich wird ein Elektron, wenn es sich gegen ein elektrisches Kraftfeld bewegt, abgebremst, wobei es seine Energie dem Feld und dadurch dem äußeren Stromkreis abgibt. Man stelle sich nun vor, daß sich ein Elektron in einer elektromagnetischen Welle mit der Phasengeschwindigkeit der

Welle fortbewegt, u. zw. so, daß es sich stets in einem bremsenden Feld befindet. Offenbar verliert dieses Elektron Energie. Ein solches Elektron dagegen, das sich zusammen mit der Beschleunigungsphase der Welle bewegt, gewinnt dabei Energie. Das erste Elektron wird verlangsamt, das zweite beschleunigt. Im homogenen Elektronenbündel beginnt also eine Knotenbildung, indem die fortschreitende Welle die Geschwindigkeit des Elektronenbündels moduliert.

Die obigen Überlegungen sind aber insoweit irreal, als die Phasengeschwindigkeit der elektromagnetischen Wellen größer ist als die Lichtgeschwindigkeit; es ist also unmöglich, daß sich die Elektronen mit einem Intensitätsmaximum irgendeiner Richtung zusammen bewegen.

Es sind deshalb vor allem fortschreitende Wellen zu erzeugen, deren Phasengeschwindigkeit kleiner ist als die Lichtgeschwindigkeit. Bekanntlich liegt die Geschwindigkeit von Elektronen, die mit einer Spannung in der Größenordnung des kV beschleunigt werden, um etwa ein Zehntel der Lichtgeschwindigkeit. Die Phasengeschwindigkeit der Wellen ist also soweit herabzusetzen. Dies wird dadurch erreicht, daß die Welle entlang einer Spirale geführt wird; die entlang der Spirale mit Lichtgeschwindigkeit fortschreitende Welle erreicht entlang der Spiralenachse eine der Steigung entsprechend verminderte Geschwindigkeit.

Nach diesen Vorausbemerkungen kann nun der Aufbau und die Funktion der Wanderwellenröhre (Abb. **8**.7) folgendermaßen beschrieben werden: Die von der Glühkathode heraustretenden Elektronen werden durch eine Spannung von etwa 1,5 kV beschleunigt. Die Stromstärke des Elektronenstromes liegt in der Größenordnung des mA. Das Elektronenbündel schreitet entlang der Achse einer Spirale von einigen 10 cm Länge fort und erreicht

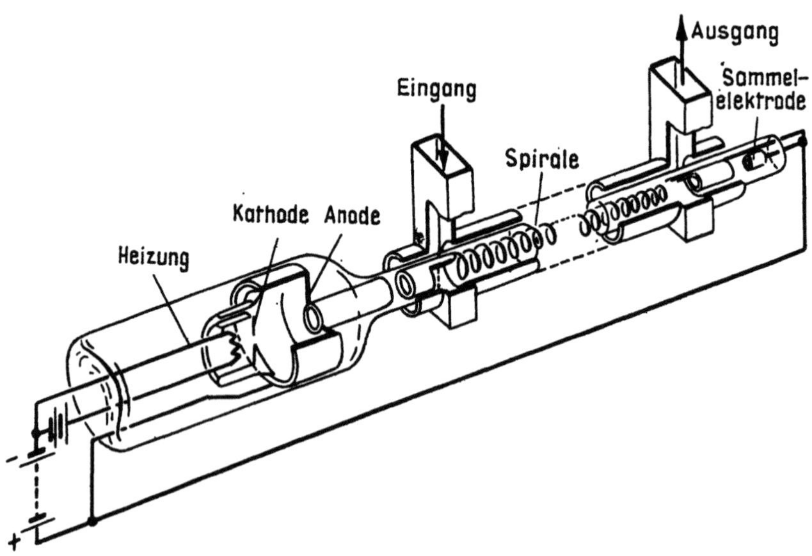

8.7 Die Wanderwellenröhre [4.5]

schließlich die Sammelelektrode. Ein Ende der genannten Spirale funktioniert als Empfangsantenne und nimmt die über den Wellenleiter ankommende zu verstärkende elektromagnetische Welle auf. Diese durchläuft die Spirale, wobei ihre entlang der Spiralenachse gemessene Geschwindigkeit mit der der Elektronen übereinstimmt. Das andere Ende der Spirale funktioniert als Sendeantenne, und die Welle wird über einen anderen Wellenleiter fortgeleitet. Am Anfang des Rohres veranlaßt die Welle eine Knotenbildung der Elektronen in der bereits behandelten Weise. Wenn diese Elektronenknoten die Spirale durchlaufen, erregen sie ihrerseits neue Wellen in der Spirale. Eine genauere Prüfung der Phasenverhältnisse zeigt, daß diese die in der Spirale fortschreitende und die ursprüngliche Knotenbildung verursachende Welle verstärken. Die so verstärkte Welle fördert die Knotenbildung noch mehr, wodurch sie noch weiter verstärkt wird; am Ende der Spirale hat also das stark verknotete Elektronenbündel einen Teil seiner Energie dem Feld übergeben, so daß das schwache Eingangssignal die Röhre verstärkt verläßt.

Verglichen mit der Wanderwellenröhre erweist sich das Klystron in mehrfacher Hinsicht als nachteilig; die Wanderwellenröhre sichert nämlich eine größere Verstärkung (30 dB) bei verhältnismäßig gutem Wirkungsgrad und bei einem niedrigeren Geräuschpegel. Der Hauptvorteil der Wanderwellenröhre ist aber ihre außerordentlich große Bandbreite, die darauf beruht, daß sie im Gegensatz zum Klystron keine Resonanzelemente enthält.

Die ballistische Theorie der Wanderwellenröhren ist sehr kompliziert, während die Raumladungstheorie bereits in ihrer einfachsten Form eine gute Näherung liefert. Wir untersuchen also die Beziehung zwischen den über die Fernleitung fortschreitenden elektromagnetischen Wellen und den im Elektronenbündel fortschreitenden Raumladungswellen in der Weise, daß wir die Wirklichkeit nach Abb. **8.8** vereinfachen. Entlang der

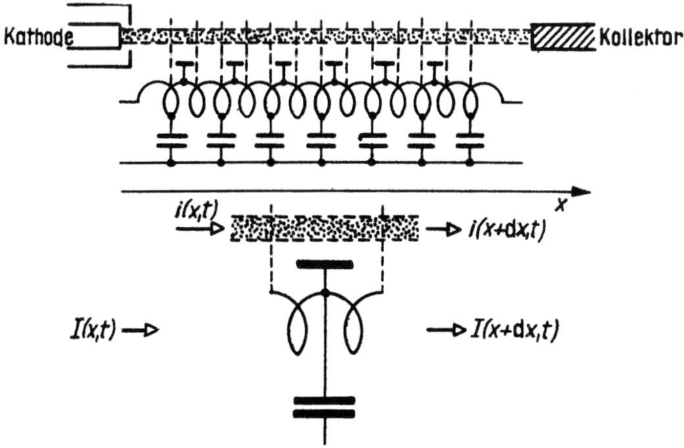

8.8 Zur Berechnung der Wechselwirkung zwischen dem Elektronenbündel und der in der Fernleitung fortschreitenden Welle

Leitung ändert sich die Spannung, weil der induktive Spannungsabfall

$$\frac{\partial U}{\partial x} = - L\frac{\partial I}{\partial t} = - Lj\,\omega I \tag{1}$$

auftritt, wobei L die Induktivität pro Längeneinheit und $I(x, t)$ den in der Leitung fließenden Strom bezeichnen. Schreibt man die Kontinuitätsgleichung

$$\int \boldsymbol{J}\,\mathrm{d}\boldsymbol{A} = - \frac{\partial}{\partial t}\int \varrho\,\mathrm{d}V$$

für die in der Abbildung mit unterbrochener Linie umgrenzte geschlossene Fläche auf, so ist

$$- I(x, t) + I(x, t) + \frac{\partial I}{\partial x}\,\mathrm{d}x - i(x, t) + i(x, t) + \frac{\partial i}{\partial x}\,\mathrm{d}x = - \frac{\partial CU}{\partial t}\,\mathrm{d}x.$$

Daraus erhält man die zweite Gleichung

$$\frac{\partial I}{\partial x} = - j\omega CU - \frac{\partial i}{\partial x}. \tag{2}$$

Die Ausbreitung entlang x wird auch jetzt durch den Faktor $e^{j(\omega t - \beta x)}$ bestimmt, so daß $\dfrac{\partial}{\partial x}\,e^{j(\omega t - \beta x)} = - j\,\beta e^{j(\omega t - \beta x)}$ ist. Damit nehmen die Gleichungen (1) und (2) die Form

$$\beta U = \omega LI, \quad \beta I = \omega CU - \beta i$$

an. Nach Eliminieren von I erhält man aus diesen zwei Gleichungen die folgende Beziehung zwischen Fernleitungsspannung und Bündelstrom:

$$U = - \beta\,\frac{i}{\dfrac{\beta^2}{\omega L} - \omega C} = - \beta\,\frac{\omega L}{\beta^2 - \omega^2 LC}\,i. \tag{3}$$

Anläßlich der Behandlung der Raumladungswellen wurde aber bereits die Beziehung

$$i = - \frac{j\,\omega\varrho_0\,E_x\,e/m}{(\omega - \beta u_0)^2}$$

zwischen der Stromstärke i und der Komponente E_x festgestellt (8.1—(44)). Es gelten ferner die Beziehungen

$$E_x = -\partial U/\partial x = j\beta U,$$

so daß

$$i = - j\,\frac{\omega\varrho_0 j\,\beta\,U(e/m)}{(\omega - \beta u_0)^2} \tag{4}$$

ist ($J = i$, da der Querschnitt gleich 1 gewählt wurde).

Dafür, daß die Gleichungen (3) und (4) einen identischen Zusammenhang ausdrücken, ist erforderlich, daß

$$\frac{U}{i} = \beta\,\frac{\omega L}{\beta^2 - \omega^2 LC} = \frac{(\omega - \beta u_0)^2}{\omega \varrho_0(e/m)\,\beta} = \frac{u_0^2\left(\dfrac{\omega}{u_0} - \beta\right)^2}{\omega \varrho_0(e/m)\,\beta} \tag{5}$$

wird.

Diese Gleichung kann aber nur bei bestimmten Werten von β bestehen, welche gerade die gesuchten Ausbreitungskoeffizienten darstellen.

Nun führen wir die folgenden vereinfachenden Bezeichungen ein:

$$\beta_1 = \omega\,\sqrt{LC}, \quad Z_1 = \sqrt{L/C},$$

wobei β_1 den Ausbreitungskoeffizienten und Z_1 die Wellenimpedanz der Fernleitung bezeichnen; ferner den Ausbreitungskoeffizienten des Elektronenbündels

$$\omega/u_0 = \beta_\mathrm{e},$$

den Ausdruck

$$u_0^2 = 2(e/m)U_0,$$

wobei u_0 die Bündelgeschwindigkeit und U_0 die beschleunigende Spannung bezeichnen, und schließlich den Ausdruck

$$I_0 = \varrho_0 u_0$$

für den Gleichstromteil des Bündels. Damit nimmt die Bedingungsgleichung (5) für β die Form

$$I_0\,Z_1\beta_\mathrm{e}\beta_1\beta^2 = 2U_0(\beta_1^2 - \beta^2)(\beta_\mathrm{e} - \beta)^2 \tag{6}$$

an. Zur Bestimmung von β haben wir also eine Gleichung vierten Grades erhalten, so daß man mit vier verschiedenen Ausbreitungskoeffizienten zu rechnen hat. Zur Bestimmung ihrer Zahlenwerte bedienen wir uns gewisser vereinfachender Annahmen. Vor allem soll die Ausbreitungsgeschwindigkeit der elektromagnetischen Welle entlang der Leitung gleich der mittleren Fortbewegungsgeschwindigkeit der Elektronen, d. h. $\beta_1 = \beta_\mathrm{e}$ sein. Zudem führen wir über die Gleichung

$$\beta = \beta_\mathrm{e}\left[1 + j\left(\frac{Z_1 I_0}{4\,u_0}\right)^{1/3}\delta\right]$$

die neue Veränderliche δ ein. Der Wert des Parameters

$$\left(\frac{Z_1 I_0}{4\,u_0}\right)^{1/3}\delta = K\,\delta$$

ist nämlich bei realen Röhren viel kleiner als die Einheit, wodurch sich verschiedene Näherungen ergeben. Damit läßt sich also unsere Gleichung in der Form

$$1 = \frac{(I_0 Z_1/4\,U_0)\,\beta_\mathrm{e}^2\beta^2}{\dfrac{1}{2}(\beta + \beta_\mathrm{e})(\beta_\mathrm{e} - \beta)^3} = \frac{K^3(1 + jK\delta)^2}{\left(1 + \dfrac{1}{2}\,jK\delta\right)(-jK\delta)^3}$$

schreiben. Berücksichtigt man den Zusammenhang $K\delta \ll 1$, so ist

$$1 \approx \frac{K^3}{(-jK\delta)^3} = \frac{1}{j\delta^3},$$

d. h.
$$\delta = \left(\frac{1}{j}\right)^{1/3}.$$

Die Lösungen dieser Gleichung sind

$$\delta_1 = \frac{1}{2}(\sqrt{3} - j), \quad \delta_2 = -\frac{1}{2}(\sqrt{3} - j), \quad \delta_3 = j,$$

denen die folgenden Ausbreitungskoeffizienten entsprechen:

$$\beta_{(1)} = \beta_e \left(1 + jK\frac{\sqrt{3}}{2} + \frac{K}{2}\right),$$

$$\beta_{(2)} = \beta_e \left(1 - jK\frac{\sqrt{3}}{2} + \frac{K}{2}\right),$$

$$\beta_{(3)} = \beta_e(1 - K).$$

Damit erhält man also die drei Wellen

$$U_1 = A\mathrm{e}^{\frac{\sqrt{3}\beta_e Kx}{2}}\,\mathrm{e}^{j\left[\omega t - \beta_e\left(1+\frac{K}{2}\right)x\right]},$$

$$U_2 = A\mathrm{e}^{\frac{-\sqrt{3}\beta_e Kx}{2}}\,\mathrm{e}^{j\left[\omega t - \beta_e\left(1+\frac{K}{2}x\right)\right]},$$

$$U_3 = A\mathrm{e}^{j[\omega t - \beta_e(1-K)x]}.$$

Da sich für β eine Gleichung vierten Grades ergab, gibt es auch eine vierte Welle; aus der Gleichung (6) ist ersichtlich, daß auch $\beta_4 \approx -\beta_e$ eine Lösung darstellt. Diese Welle bewegt sich rückwärts gegen die Elektronenströmung.

Für das Funktionieren der Wanderwellenröhre ist es von entscheidender Bedeutung, daß die Welle U_1 exponentiell wächst; diese ist gerade die sich aus der Wechselwirkung des elektromagnetischen Feldes und des Elektronenbündels ergebende verstärkte Welle.

8.4 Das Magnetron

Das Magnetron ist die wichtigste und, man könnte fast sagen, zur Zeit einzige Art der Mikrowellen-Schwingungserzeuger hoher Leistung. Im 1. Teil wurde die Bewegung der Elektronen im zusammengesetzten elektrischen und magnetischen Feld bereits erörtert. Hier wollen wir auf Grund der dort erworbenen Kenntnisse zuerst das Verhalten des Magnetrons bis zu seiner Anregung untersuchen.

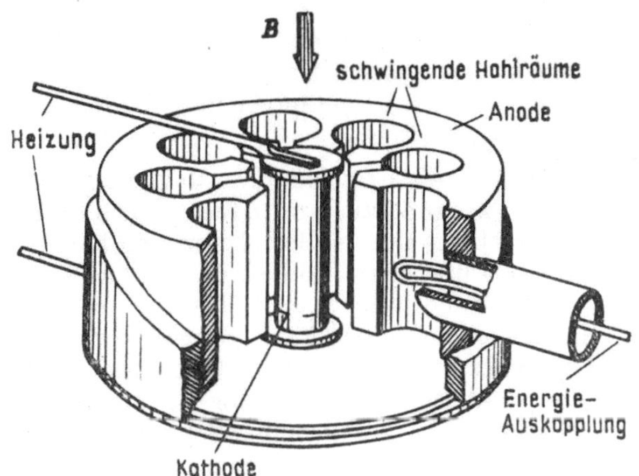

8.9 Schnitt durch das Magnetron

Der Aufbau des Magnetrons ist aus Abb. **8.**9 ersichtlich. Die dicke, zur Emission hoher Stromstärken geeignete, direkt beheizte zylindrische Kathode ist von der aus einem einzigen Metallblock bestehenden Anode umgeben. In diesem Block befinden sich die schwingenden Hohlräume. Das ganze System ist in einem zur Zylinderachse parallelen magnetischen Feld untergebracht. Bei Abwesenheit des magnetischen Feldes laufen die von der Kathode austretenden Elektronen unter Einwirkung der Anodenspannung radial der Anode zu. Im magnetischen Feld bewegen sich dagegen die Elektronen auf epizykloidenartigen Bahnen, deren Krümmung von der Feldstärke abhängig ist. Es ist weiterhin bekannt, daß bei steigender magnetischer Feldstärke ein kritischer Feldstärkenwert erreicht wird, bei dem überhaupt keine Elektronen mehr die Anode erreichen. Im nor-

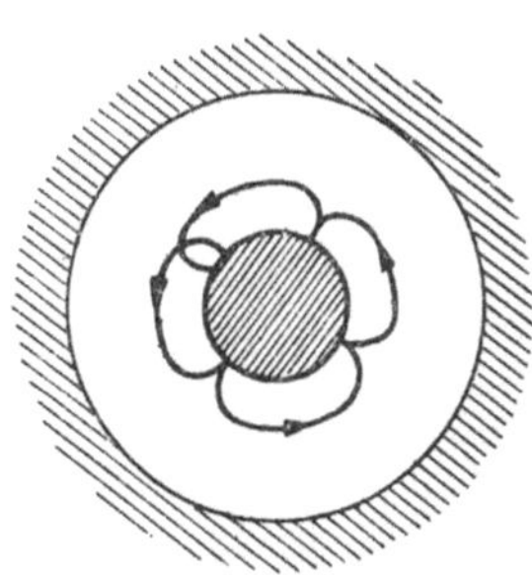

8.10 Im schwingungsfreien Zustand bilden die Elektronen eine Raumladung in der Nähe der Kathode

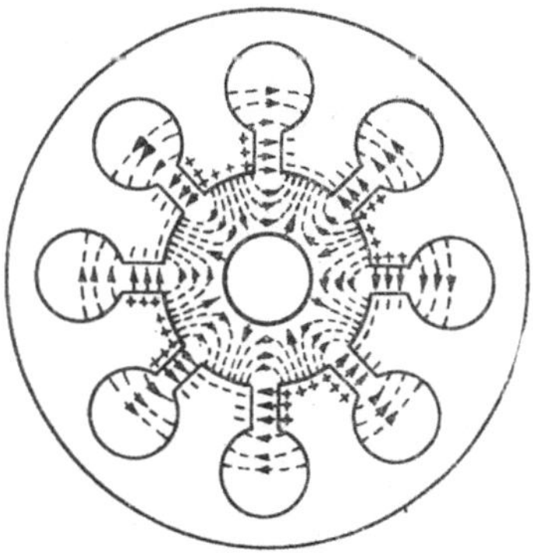

8.11 Das Kraftfeld des Magnetrons im schwingenden Zustand

malen Betriebszustand des Magnetrons liegt die magnetische Feldstärke
oberhalb dieses kritischen Wertes. Im schwingungsfreien Zustand des
Magnetrons bewegen sich also die Elektronen in der Umgebung der Kathode der Abb. **8.**10 entsprechend, wodurch eine räumlich ausgedehnte
Raumladung entsteht.

Jetzt nehmen wir an, daß das Magnetron bereits angeregt ist und sich
in dem Schwingungszustand nach Abb. **8.**11 befindet. Es stellt sich dann
die Frage, ob die durch Gleichspannung beschleunigten Elektronen diesem
Feld Energie übergeben können oder mit anderen Worten, ob dieser Schwingungszustand bei ständiger Belastung, d. h. bei ständiger Leistungsent-
nahme, bestehen bleiben kann. Der in der Abbildung dargestellte Zustand
wird üblicherweise als π-Form bezeichnet, weil die Tangentialkomponen-
ten des elektrischen Feldes der nacheinander folgenden Hohlräume um
den Phasenwinkel π gegeneinander verschoben sind.

Die Bewegung eines einzigen Elektrons soll an Hand der Abb. **8.**12 untersucht werden. Das Elektron bewege sich in Tangentialrichtung in der
Symmetrieebene eines Hohlraumes in dem Zeitpunkt, in welchem die
elektrische Feldstärke ihren Höchstwert erreicht und eine solche Richtung
aufweist, daß ihre Tangentialkomponente das Elektron bremst. In diesem
Augenblick gibt also das Elektron Energie an das Hochfrequenzfeld ab.
Das Elektron hat seine Geschwindigkeit und damit auch seine Energie
von dem zwischen der Anode und der Kathode vorhandenen statischen
Feld erhalten. Die Rolle des magnetischen Feldes besteht darin, daß es
das Elektron auf eine Bahn lenkt, die die Kathode in der Form einer
Epizykloide umschlingt, damit das Elektron die hinsichtlich der Energieabgabe grundlegend wichtige tangentiale Bewegung durchführt. Wird nun
das ausgewählte Elektron weiter verfolgt, so sieht man, daß es sich mit
einer etwas geringerer Geschwindigkeit weiterbewegt und in das Feld
des nächsten Spaltes kommt. Hat sich die Richtung des elektrischen Feldes
inzwischen umgekehrt, falls also das Elektron nach der Zeit $T/2$ vor dem
zweiten Spalt ankommt, so trifft es dort wieder auf ein Bremsfeld, so daß
es wieder Energie an das Hochfrequenzfeld abgibt. Trotz einer eventuellen
Leitungsentnahme trachtet also unser Elektron, die Schwingung aufrechtzuerhalten.

Es sind dabei zwei Umstände zu überlegen.

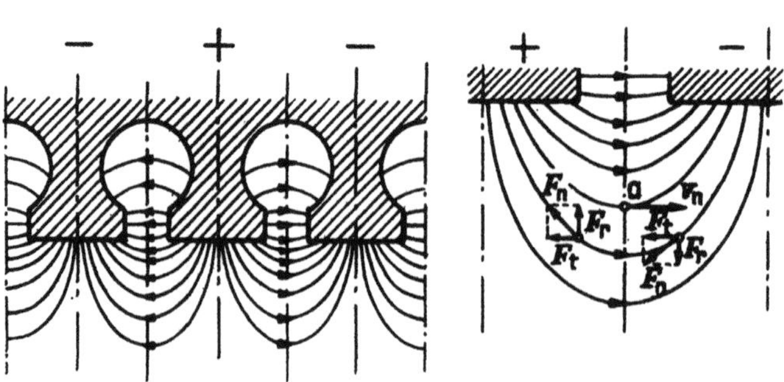

8.12 Detail des Kraft-
feldes eines Magne-
trons in der Ebene
ausgebreitet

Erstens: Falls ein solches Elektron betrachtet wird, das sich zwar in dem Augenblick am bezeichneten Ort befindet, wenn die Feldstärke maximal ist, das Feld jedoch eine Richtung besitzt, bei der das Elektron beschleunigt, so nimmt das Elektron Energie von dem Hochfrequenzfeld auf. Wenn sich also die Elektronen mit der gleichen Wahrscheinlichkeit in jeder beliebigen zeitlichen Phase des elektrischen Feldes an einem gegebenen Ort befinden, so werden sich die abgegebenen und die aufgenommenen Energien im Durchschnitt ausgleichen.

Zweitens: Falls das ausgewählte, sich in der richtigen Phase befindende Elektron Energie an das Hochfrequenzfeld abgibt, so vermindert sich seine Geschwindigkeit fortwährend, so daß es früher oder später aus dem Takt fällt bzw. in die falsche, energieaufnehmende Phase gerät.

Zum Funktionieren des Magnetrons ist es also erforderlich, daß die in der falschen Phase startenden Elektronen von vornherein abgesondert und die sich in einer nicht ganz richtigen Phase bewegenden Elektronen in die richtige Phase zurückführt werden.

Wie wir gesehen haben, ermöglicht die Tangentialkomponente des Hochfrequenzfeldes den Energieaustausch. Von der radialen Komponente läßt es sich zeigen, daß diese die Phasenfokussierung übernimmt.

Es ist bekannt, daß, falls man sich das Magnetron in der Ebene ausgebreitet denkt, das Elektron eine Zykloidenbahn verfolgt und in Abwesenheit eines Hochfrequenzfeldes Energie aus dem elektrischen Feld aufnimmt; auf der zweiten Hälfte seiner Bahn muß es aber gegen das Feld laufen, so daß es schließlich auf die Höhe seines Ausgangspunktes zurückgelangt, wobei seine Geschwindigkeit auf Null sinkt. In diesem Fall fließt kein Anodenstrom. Wenn aber das Elektron inzwischen durch seine Tangentialkomponente Energie an das Hochfrequenzfeld abgibt, so startet es mit einer kleineren Geschwindigkeit gegen das Feld und kann folglich nur auf ein positiveres Niveau zurückgelangen. Seine Bahn besteht dann aus einer Reihe zykloidenartiger Kurven, in Richtung auf die Anode. Als Folge dieser Energieabgabe stößt das Elektron schließlich gegen die Anode, wobei es diese durch seine überflüssige kinetische Energie erwärmt. Falls dagegen das von der Kathode ausgehende Elektron aus dem Wechselstromfeld Energie gewinnt, so besteht seine Bahn aus nach unten gerichteten Zykloidenserien; diese Elektronen kehren also zu der Kathode zurück und verursachen keine Verschlechterung der weiteren Energiebilanz. Man sieht also, daß eine Selektion nach der Phasenlage breits am Ausgang vorhanden ist.

Nun zur Frage der Phasenfokussierung. Die Translationsgeschwindigkeit des Elektrons im ebenen Magnetron bzw. die Winkelgeschwindigkeit des Elektrons im wirklichen Magnetron wird durch die radiale Komponente des resultierenden elektrischen Feldes bestimmt (als radiale Komponente wird bei dem ebenen Magnetron die sowohl zur Anode als auch zur Kathode senkrechte Komponente betrachtet). Falls sich das Elektron in der Symmetrieebene des Spaltes in der richtigen Phase, in der die Feldstärke maximal und bremsend ist, befindet, wird die genannte Geschwindigkeit ausschließlich durch das statische elektrische Feld bestimmt. Wenn sich das Elektron noch vor der Symmetrieebene befindet, ist das resultierende

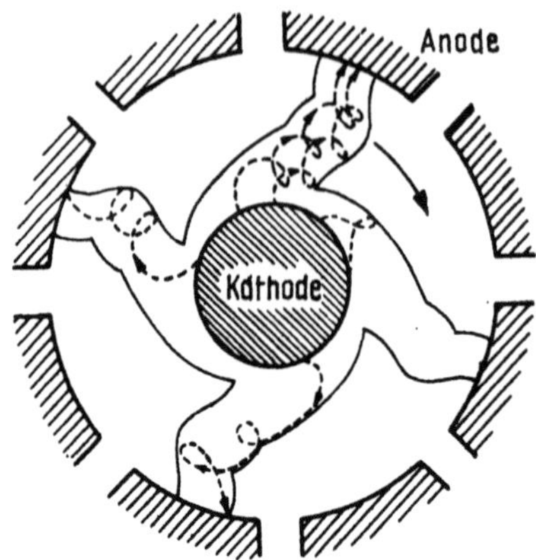

8.13 Umlaufende Elektronenbündel im funktionierenden Magnetron

radiale Feld größer, nach Passieren der Symmetrieebene kleiner als das statische Feld; die beiden Effekte sind jedoch gleich groß, so daß sie keinen Einfluß auf die durchschnittliche Translations- bzw. Umlaufgeschwindigkeit haben.

Es sei nun aber angenommen, daß das Elektron z. B. infolge der vorangehenden Energieabgabe etwas verspätet an die Symmetrieebene des nächsten Spaltes ankommt. Dann hat das elektrische Feld seinen Höchstwert bereits erreicht, noch bevor das Elektron die Symmetrieebene erreicht. Folglich ist das die Translation beschleunigende resultierende radiale Feld stärker als im Fall des in der richtigen Phase ankommenden Elektrons.

Nach Passieren der Symmetriebene wird andererseits das die Translation verzögernde Feld schwächer sein, weil das Wechselstromfeld im Vergleich zum günstigsten Fall bereits stärker abgenommen hat. Im ebenen Magnetron nimmt also die Translationsgeschwindigkeit, im zylindrischen Magnetron die Umlaufgeschwindigkeit der in der Phasenlage verspäteten Elektronen zu, so daß sie den nächsten Spalt schon in einer zur richtigen näher liegenden Phase erreichen. In völlig analoger Weise werden die übereiligen Elektronen durch das radiale Feld bis auf die zur richtigen Phasenlage erforderliche Geschwindigkeit verlangsamt.

Als Ergebnis der Phasenfokussierung resultiert eine den Speichen eines Rades ähnliche Verknotung im funktionierenden Magnetron, wobei sich die Speichen aus den genannten Gründen im Takt des Hochfrequenzfeldes drehen. In Abb. **8.13** sind auch die individuellen Bahnen der einzelnen Elektronen eingezeichnet.

Die Frequenz der angeregten Schwingungen soll nun etwas näher untersucht werden.

Die Winkelgeschwindigkeit des Elektronenumlaufs bezeichnen wir durch Ω. Wenn es N Spalte in der Anode gibt, so gelangt das Elektron in der Zeit

$$T_1 = \frac{2\pi}{\Omega N}$$

von einem Spalt zum anderen. Als Phasenverschiebung des elektrischen Feldes zwischen zwei nacheinander folgenden Spalten setzen wir den Wert

$$\Phi_n = \frac{2\pi n}{N}$$

ein. Dadurch werden einerseits auch die allgemeineren Schwingungszustände berücksichtigt, andererseits wird die Bedingung erfüllt, daß man nach Durchlaufen eines vollen Kreises bei der Rückkehr zu dem Ausgangspunkt in einem bestimmten Zeitpunkt dort dieselbe Phasenlage vorfindet.

Die Bedingung dafür, daß das Elektron stets gegen ein bremsendes Feld läuft, besteht darin, daß sich die Phase des elektrischen Feldes während der Zeit T_1, also bis das Elektron von einem Spalt zum nächsten kommt, um ein ganzzahliges Vielfaches von 2π ändern soll. Unter Berücksichtigung der anfänglichen Phasenverspätung Φ_n läßt sich diese Bedingung in der Form

$$\omega T_1 - \Phi_n = 2\pi p, \quad p = 0, \pm 1, \pm 2 \ldots$$

ausdrücken. Werden hier die obigen Werte von T_1 und Φ_n eingesetzt, so erhält man für die Schwingungsfrequenz die Beziehung

$$\omega = \left(p + \frac{n}{N}\right) N\Omega = k\Omega,$$

wobei

$$K = \left(p + \frac{n}{N}\right) N$$

ist.

Die Größenordnung von Ω kann auf Grund approximativer Überlegungen abgeschätzt werden. Bekanntlich ist die Translationsgeschwindigkeit bei dem ebenen Magnetron

$$v = \frac{E}{B} = \frac{U_0}{Bd},$$

Für den zylindrischen Fall gilt mit guter Näherung die Beziehung

$$v = r_0 \Omega \approx \frac{U_0}{(r_a - r_i) B}, \quad \Omega = \frac{U_0}{B(r_a - r_i)} \frac{1}{r_0}.$$

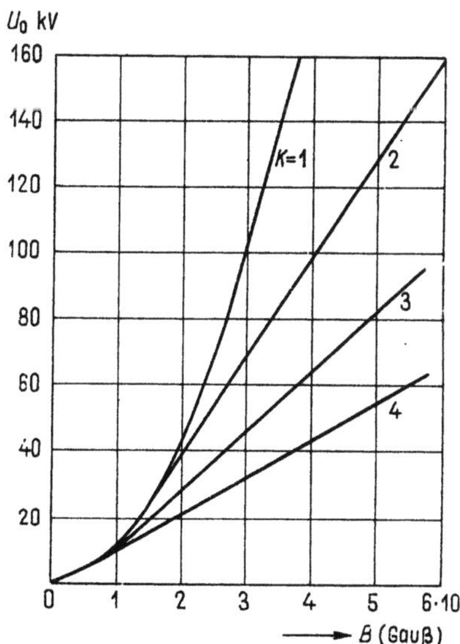

8.14 B- und U_0-Werte, die bei verschiedenen Schwingungsformen gleiche Frequenzen ergeben

Der Radius muß irgendwo zwischen der Anode und der Kathode liegen. Setzt man willkürlich den Wert

$$\frac{r_\mathrm{a} + r_\mathrm{i}}{2} = r_0$$

ein, so erhält man die Beziehungen

$$\omega = K\Omega = K\,\frac{2\,U_0}{B(r_\mathrm{a}^2 - r^2)}\,, \quad U_0 = B\,\frac{\omega(r_\mathrm{a}^2 - r_\mathrm{i}^2)}{2\,K} = \frac{\omega r_\mathrm{a}^2 B}{2K}\left[1 - \left(\frac{r_\mathrm{i}}{r_\mathrm{a}}\right)^2\right].$$

Eine genauere Berechnung liefert den Ausdruck

$$U_0 = \frac{\omega r_\mathrm{a}^2 B}{2K}\left[1 - \left(\frac{r_\mathrm{i}}{r_\mathrm{a}}\right)^2\right] - \frac{m}{2\,e}\left(\frac{\omega r_\mathrm{a}}{K}\right)^2.$$

Auf Grund dieser Beziehung läßt sich die Frequenz ermitteln, falls U_0 und B gegeben sind und der Faktor k der erwünschten Form entsprechend gewählt wurde. Der Anodenresonator ist bei der gewählten Mode auf diese Frequenz abzustimmen. Umgekehrt müssen bei gegebenen Resonatoren, d. h. bei gegebenen Anoden-Hohlräumen, die Werte von U_0 und B entsprechend eingestellt werden.

Aus Abb. **8.**14 sind die auf Grund der obigen Gleichung berechneten zusammengehörenden Werte von B und U_0 ersichtlich, die bei verschiedenen Schwingungsmoden gleiche Frequenzen ergeben.

Quantenelektronik

Eine der wichtigsten Aufgaben der angewandten Elektronenphysik besteht in der Herstellung von Einrichtungen, die zur Erzeugung bzw. zur Verstärkung sinusförmiger Schwingungen geeignet sind. In der Form der verschiedenen Mikrosysteme liefert die Natur fertige »Geräte«, welche, falls sie auf geeignete Art in einen höheren Energiezustand gebracht worden sind, elektromagnetische Energie von wohldefinierter Frequenz ausstrahlen. Im vorangehenden haben wir ferner gesehen, daß man von dem gegenseitigen Abstand der gewählten Energieniveaus abhängig eine Schwingung von prinzipiell beliebiger Wellenlänge erhalten kann. Der Übergang zwischen sehr nahe liegenden Niveaus kann sogar auf eine im Mittelwellenband liegende Ausstrahlung führen. Es stellt sich die Frage, warum diese Strahlungen nicht unmittelbar zur Lösung praktischer Aufgaben verwendet werden können bzw. unter welchen Umständen Wellenzüge erhalten werden können, die für praktische Zwecke geeignet sind.

Ein strahlender Körper besteht aus sehr vielen solchen schwingenden Mikrosystemen. Auch nach der klassischen Vorstellung sendet jeder einzelne Oszillator, falls ihm Energie zugeführt wird, einen gedämpften, seiner Lebensdauer entsprechenden Wellenzug aus, u. zw. völlig unabhängig von dem Zustand der übrigen Oszillatoren. Man hat es also mit sehr vielen Antennen zu tun, deren jede je einen Impuls nach einem statistischen Gesetz entsendet. Die einzelnen Impulse sind inkohärent, so daß sie eine beliebige Phasenlage gegeneinander einnehmen können. Damit ist also praktisch ein Geräuschgenerator vorhanden, da die einzelnen Wellenzüge infolge der Zufälligkeit der Phasenlagen eine Resultierende von stark schwankender Amplitude ergeben. Wird dagegen eine gemeinsame Steuerspannung den statistisch arbeitenden Antennen angelegt — d. h. werden die klassischen Oszillatoren in das Feld einer anregenden elektromagnetischen Welle gelegt —, dann können die Ausstrahlungen der einzelnen Oszillatoren gekoppelt und feste Phasenverhältnisse gesichert werden; in diesem Fall ist die Resultierende ein Sinuszug von wohldefinierter Phase. Man pflegt sich in der Weise auszudrücken, daß die Ausstrahlung der einzelnen Oszillatoren durch die Anregung kohärent gemacht wird. Im folgenden wird diese mit Hilfe einer durch das äußere elektromagnetische Feld angeregten Emission erfolgende Ausstrahlung die Hauptrolle spielen. Darauf weist auch die Bezeichnung MASER (Microwave Amplification by Stimulated Emisssion of Radiation) hin. Fällt die Frequenz des emittierten kohärenten Bündels in den sichtbaren Bereich, so spricht man von einem optischen Maser oder Laser (an Stelle von »Microwave« wird das Wort »Light« eingesetzt).

Die Funktion einer Maseranlage als Verstärker setzt sich also aus den folgenden Schritten zusammen:

a) Mit Hilfe irgendeiner eingespeisten Leistung (Pumpleistung) werden die Mikrosysteme auf ein höheres Energieniveau gebracht. Diese Leistung, zu deren Lasten die gewünschte Schwingung verstärkt wird, kann eine unmittelbare Wärmeleistung, aber auch eine hochfrequente Energie oder Lichtenergie sein.

b) Die zu verstärkende Schwingung als anregende Welle veranlaßt die Mikrosysteme zu einer angeregten Emission, so daß diese ihre Energie kohärent abgeben. Natürlich müssen die Frequenz der zu verstärkenden Schwingung sowie die bei der Emission auftretende, auf Grund der Formel $(W_2 - W_1)/h = \nu$ zu berechnende Frequenz übereinstimmen.

Bei Schwingungserzeugung wird ein Teil der verstärkten Energie zur Erzeugung der angeregten Emission verwendet. Es wird also eine positive Rückkopplung hergestellt.

Im folgenden werden zuerst die Gesetzmäßigkeiten der spontanen und der angeregten Emission sowohl nach der »klassischen« als auch nach der Quantenmechanik behandelt und dann die Teilerscheinungen, unter *a)* und *b)* bereits diskutiert, an den verschiedenen Ausführungsformen der Maser und Laser untersucht.

9.1 Die spontane und die induzierte Emission

9.1.1 Das thermische Gleichgewicht von Mikrosystem und Strahlungsfeld

Unser Mikrosystem, an dem im Augenblick nur die auf die gewünschte Frequenz ν führenden Energieniveaus W_1 und W_2 von Interesse sind, sei in einen mit schwarzer Strahlung gefüllten Raum gelegt. Dann sind die folgenden Wechselwirkungen möglich (Abb. **9.1**): *a)* Absorption: Das Atom absorbiert ein Quant $h\nu$ und gelangt von dem tieferen Energieniveau W_1 auf das höhere Niveau W_2. Die Zahl der Absorptionen ist der Zahl N_1 der sich auf dem Niveau W_1 aufhaltenden Atome sowie der Energiedichte $\varrho(\nu)$ proportional und beträgt $B_{12}N_1\,\varrho(\nu)$.

b) Spontane Emission: Die sich auf dem höheren Niveau W_2 aufhaltenden Atome kehren nach einer bestimmten Zeit auch ohne jede äußere Einwirkung unter Emission je eines Photons $h\nu$ auf das tiefere Niveau W_1 zurück. Diese Emission ist von der

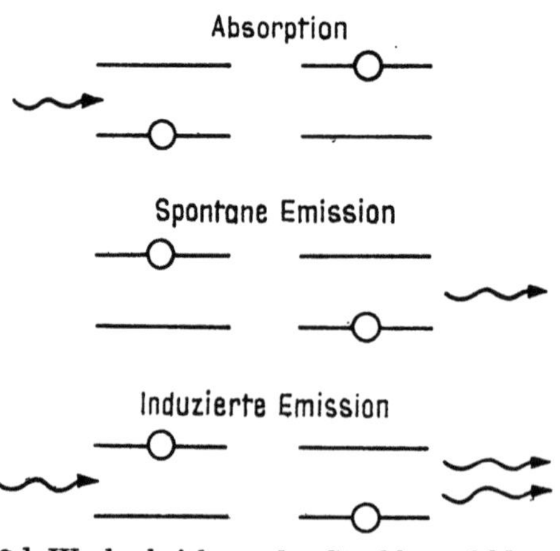

9.1 Wechselwirkung des Strahlungsfeldes und des Mikrosystems

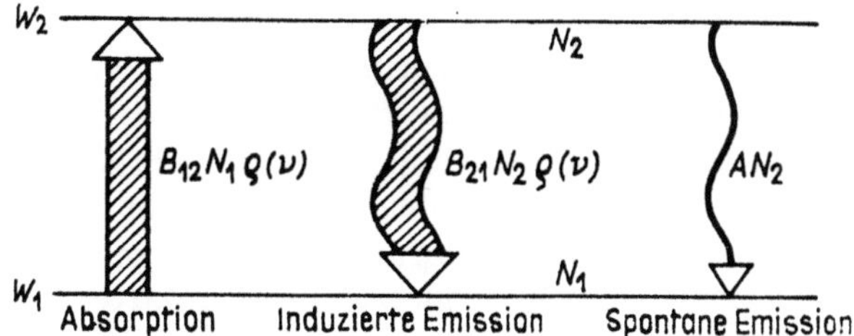

9.2 Zur Ableitung des thermischen Gleichgewichts zwischen Strahlungsfeld und Teilchen

Energiedichte des Strahlungsfeldes unabhängig. Die Zahl der spontanen Emissionen ist ausschließlich der Zahl N_2 der auf dem Niveau W_2 befindlichen Atome proportional und beträgt $A\,N_2$.

c) Induzierte Emission: Unter Einwirkung des Strahlungsfeldes gelangen die sich auf dem höheren Niveau W_2 befindenden Atome unter Emission von Photonen $h\nu$ in den Zustand W_1 zurück. Die Zahl solcher Emissionen ist natürlich sowohl N_2 als auch $\varrho(\nu)$ proportional und beträgt $B_{21}N_2\varrho(\nu)$.

Im Gleichgewicht muß die Zahl der Absorptionen mit der der Emissionen je Zeiteinheit übereinstimmen (Abb. **9.2**). Es gilt also die Beziehung

$$B_{12}N_1\varrho(\nu) = A\,N_2 + B_{21}N_2\varrho(\nu). \tag{1}$$

Berücksichtigt man, daß sich die Atome im Fall des thermischen Gleichgewichts nach dem *Boltzmann*-Gesetz so auf die verschiedenen Energieniveaus verteilen, daß

$$N_2 = N_1\,\mathrm{e}^{-\frac{W_2-W_1}{kT}} = N_1\,\mathrm{e}^{-\frac{h\nu}{kT}} \tag{2}$$

ist, so erhält man für die Energiedichte unter Verwendung der Gleichung (1) den Ausdruck

$$\varrho(\nu) = \frac{A}{B_{12}\,\mathrm{e}^{\frac{h\nu}{kT}} - B_{21}}. \tag{3}$$

Andererseits ist es nach Abschn. 3.3 bekannt, daß die Energiedichte der sich im Gleichgewicht befindenden Strahlung, d. h. der schwarzen Strahlung, dem Strahlungsgesetz von *Planck* entsprechend

$$\varrho(\nu) = \frac{8\,\pi h\nu^3}{c^3}\,\frac{1}{\mathrm{e}^{\frac{h\nu}{kT}} - 1} \tag{4}$$

beträgt $\big(\text{Gl. } 3.3-(27)\big)$.

Diese beiden Ausdrücke werden identisch, wenn die sogenannten *Einstein*schen Beziehungen

$$B_{12} = B_{21} = B,\quad \frac{A}{B} = \frac{8\,\pi h\nu^3}{c^3} \tag{5}$$

zwischen den Proportionalitätsfaktoren A, B_{21} und B_{12} bestehen.

Als historisch interessant sei die Tatsache erwähnt, daß *Einstein* den Ausdruck (1) durch die Begründung der Beziehungen (5) auf einem anderen Weg zur Ableitung des *Planck*-Gesetzes verwendet hat.

Aus den obigen Beziehungen ist ersichtlich, daß die induzierte Emission und die Absorption völlig symmetrische Vorgänge sind.

Bei den obigen Überlegungen haben wir vorausgesetzt, daß die beiden Energieniveaus einfache, also nicht entartete Niveaus sind. Im allgemeinen Fall gilt an Stelle von $B_{12} = B_{21}$ die Beziehung $B_{12}g_1 = B_{21}g_2$, wobei g_1 bzw. g_2 das statistische Gewicht der Niveaus 1 bzw. 2 bezeichnen.

9.1.2 Die quantenmechanische Bestimmung der Übergangswahrscheinlichkeiten

Die Wahrscheinlichkeit des Übergangs eines Mikrosystems von einem Energiezustand in einen anderen kann mit Hilfe der Störungsrechnung berücksichtigt werden, wobei gerade die Wechselwirkung zwischen dem äußeren induzierenden Feld und dem Mikrosystem die störende Energie ergibt. Es seien also zwei Energiezustände des Mikrosystems mit den dazu gehörenden Eigenfunktionen

$$\psi_1 = \psi_1^0 \, e^{-j2\pi\frac{W_1}{h}t} \, , \quad \psi_2 = \psi_2^0 \, e^{-j2\pi\frac{W_2}{h}t} \tag{6}$$

betrachtet, wobei ψ_1^0 bzw. ψ_2^0 den ausschließlich von den Raumkoordinaten abhängigen Teil der Eigenfunktionen bezeichnen. Der Zustand dieses Systems wird für den allgemeinen Fall durch die zusammengesetzte Zustandsfunktion

$$\psi = c_1\psi_1 + c_2\psi_2 \tag{7}$$

beschrieben. Hierbei ergeben $|c_1|^2$ bzw. $|c_2|^2$ die Wahrscheinlichkeit dafür, daß sich ein Atom in Zustand (1) oder (2) befindet. Nimmt man an, daß sich jedes System im Augenblick $t = 0$ in dem Zustand (2) von höherer Energie befindet, dann gilt $|c_2|^2 = 1$, bzw. $c_1 = 0$. Nun untersuchen wir die Wahrscheinlichkeit dafür, daß sich das System, nach Ablauf einer bestimmten Zeit und der Einwirkung eines äußeren elektromagnetischen Feldes ausgesetzt, in dem Zustand (1) von niedrigerer Energie befindet. Der Koeffizient c_1 ist natürlich zeitabhängig. Auf Grund der Gleichung 2.10 — (26) ist seine zeitliche Änderung durch die Beziehung

$$\frac{dc_1}{dt} = -\frac{2\pi j}{h} \int \psi_1^* U \psi_2 \, dV \tag{8}$$

gegeben, wobei U das Störpotential bezeichnet, das seinerseits natürlich auch zeitabhängig ist. Dieses Potential kann elektrischer Natur sein, falls das Atom ein elektrisches Dipolmoment besitzt, welches mit dem elektrischen Feld der elektromagnetischen Welle in eine direkte Wechselwirkung tritt. Die Wechselwirkungsenergie ist dann $U = -pE$, wobei p das elektrische Dipolmoment bezeichnet. Falls das Atom das magnetische Moment m besitzt, so ist die Wechselwirkungsenergie $U = -mH$. Einfachheitshalber soll die Richtung von p oder m mit der von E bzw. H zusammenfallen. Wird dann die elektrische Dipol-Wechselwirkung berücksichtigt, so gilt bei harmonischer zeitlicher Änderung der störenden Energie die Beziehung

$$U = -pE_0(\nu) \cos 2\pi\nu t. \tag{9}$$

Danach läßt sich die Beziehung (8) in der Form

$$\frac{dc_1}{dt} = +\frac{2\pi j}{h} \int \psi_1^{0*} \, e^{j\frac{2\pi W_1}{h}t} \, pE_0(\nu) \cos 2\pi\nu t \, \psi_2^0 e^{-j\frac{2\pi W_2}{h}t} \, dV =$$

$$= \frac{2\pi j}{h} \, e^{-j\frac{2\pi}{h}(W_2-W_1)t} \, E_0(\nu) \cos 2\pi\nu t \int \psi_1^{0*} \, p\psi_2^0 \, dV \tag{10}$$

schreiben.

Der in der obigen Gleichung vorkommende Ausdruck

$$\int \psi_1^{0*}\, p\psi_2^0\, \mathrm{d}V = p_{21} \tag{11}$$

wird das zu dem Übergang $2 \to 1$ gehörende mittlere Dipolmoment genannt. Es gilt demnach die Beziehung

$$\frac{\mathrm{d}c_1}{\mathrm{d}t} = \frac{2\pi j}{h}\, E_0(\nu)\, p_{21}\, \mathrm{e}^{-j2\pi\nu_{21}t} \cos 2\pi\nu t\ , \tag{12}$$

wobei $\nu_{21} = (W_2 - W_1)/h$ ist.

Wird die Kosinus-Funktion mit Hilfe der *Euler*schen Relation in exponentieller Form ausgedrückt, so läßt sich die Integration durchführen und ergibt die Beziehung

$$c_1(t) = \frac{1}{2h}\, E_0(\nu)\, \dot{p}_{21} \left[\frac{\mathrm{e}^{-j2\pi(\nu_{21}+\nu)t} - 1}{-(\nu_{21}+\nu)} + \frac{\mathrm{e}^{j2\pi(\nu-\nu_{21})t} - 1}{\nu - \nu_{21}} \right]. \tag{13}$$

In unserem Fall bezeichnet $\nu_{21} + \nu$ stets einen sehr großen positiven Wert, während $\nu - \nu_{21}$ sogar den Wert Null annehmen kann. Das zweite Glied des Klammerausdrucks weist also auf eine Resonanzerscheinung hin, u. zw. bei jener Frequenz des äußeren Feldes, die gerade der *Bohr*schen Frequenzbedingung genügt. Folglich ist der Wert dieses Gliedes um viele Größenordnungen größer als der des ersten Gliedes, so daß es vollkommen genügt, nur das zweite Glied zu berücksichtigen, also daß

$$c_1(t) \approx \frac{1}{2h}\, E_0(\nu)\, p_{21}\, \frac{\mathrm{e}^{j2\pi(\nu-\nu_{21})t} - 1}{\nu - \nu_{21}} \tag{14}$$

ist. Damit lautet schließlich der Ausdruck für die die Übergangswahrscheinlichkeit charakterisierende Größe

$$|c_1|^2 = c_1 c_1^* = \frac{[E_0(\nu)]^2 |p_{21}|^2}{4h^2}\, \frac{2[1 - \cos 2\pi(\nu_{21} - \nu)t]}{(\nu_{21} - \nu)^2} = \frac{[E_0(\nu)]^2 |p_{21}|^2}{h^2}\, \frac{\sin^2 \pi(\nu_{21} - \nu)t}{(\nu_{21} - \nu)^2}\ . \tag{15}$$

Damit haben wir also einen Ausdruck für die Übergangswahrscheinlichkeit erhalten, jedoch mit den Bedingungen, daß sowohl die Frequenz ν des störenden Feldes als auch die Übergangsfrequenz ν_{21} scharf definiert sind. Zur Ableitung der Formel (15) wurde ferner vorausgesetzt, daß während der Störungszeit die Beziehung $|c_2|^2 \sim 1$ besteht, so daß die Störung nur für eine kurze Zeit t wirksam ist.

In Wirklichkeit sind weder die Frequenz ν der störenden Schwingung noch die Übergangsfrequenz ν_{21} scharf definiert.

$E_0(\nu)$ steht für eine beliebige anregende Welle endlicher Amplitude bei diskret liegenden Frequenzen. Im allgemeinen Fall steht der Ausdruck $E_0^2(\nu)\mathrm{d}\nu$ in der Formel (15); dadurch erhält man die Übergangswahrscheinlichkeit für das Band anregender Schwingungen, deren Frequenzen im Bereich zwischen ν und $\nu + \mathrm{d}\nu$ liegen, und deren spektrale Dichte $E_0^2(\nu)$ ist.

Die Verbreiterung der Linie ν_{21} wird üblicherweise durch die Funktion $g(\nu_{21})$ angegeben; $g(\nu_{21})\mathrm{d}\nu_{21}$ ergibt den Anteil jener Zustände, die bei einem Übergang $2 \to 1$ Strahlung der Frequenz zwischen ν_{21} und $\nu_{21} + \mathrm{d}\nu_{21}$ abgeben. In dieser Weise lautet die Normierung

$$\int_{-\infty}^{+\infty} g(\nu_{21})\, \mathrm{d}\nu_{21} = 1.$$

Nach dem bisher Gesagten ergibt der an Stelle der Gleichung (15) tretende Ausdruck

$$\frac{E_0^2(\nu)|p_{21}|^2}{h^2}\, \frac{\sin^2 \pi(\nu - \nu_{21})t}{(\nu - \nu_{21})^2}\, g(\nu_{21})\, \mathrm{d}\nu\, \mathrm{d}\nu_{21} \tag{16a}$$

die Wahrscheinlichkeit der Übergänge für das Band anregender Schwingungen mit Frequenzen zwischen ν und $\nu + \mathrm{d}\nu$ und für den Bereich der Ausstrahlungsfrequenzen zwischen ν_{21} und $\nu_{21} + \mathrm{d}\nu_{21}$.

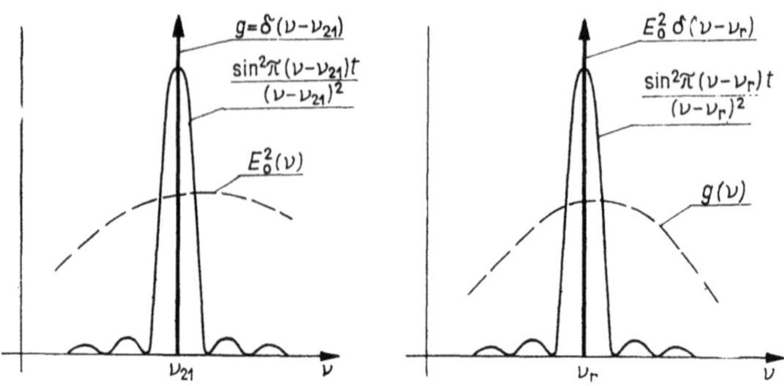

9.3 Zur Berechnung der Übergangswahrscheinlichkeiten bei breitbandiger bzw. schmalbandiger Anregung

Die zu dem Übergang $2 \to 1$ gehörende vollständige Übergangswahrscheinlichkeit erhält man durch Summieren des Effektes des vollen Spektrums der anregenden Schwingung über alle zu dem Übergang $2 \to 1$ gehörenden Ausstrahlungen jeder möglichen Frequenz, d. h.

$$|c_1|^2 = \frac{|p_{21}|^2}{h^2} \int\limits_0^\infty \int\limits_0^\infty E_0^2(\nu) \frac{\sin^2 \pi(\nu - \nu_{21})t}{(\nu - \nu_{21})^2} g(\nu_{21}) \, d\nu \, d\nu_{21}. \tag{16b}$$

Trotz der verschiedenen Vernachlässigungen haben wir noch immer einen ziemlich komplizierten Ausdruck erhalten. Einfache Endformeln lassen sich in den folgenden Spezialfällen ermitteln.

Vor allem soll ν_{21} scharf definiert sein. (Dann läßt sich $g(\nu_{21})$ mit der *Dirac*-Delta-Funktion $\delta(\nu - \nu_{21})$ beschreiben.) Es sei ferner eine anregende Schwingung von derart breitem Spektrum vorausgesetzt, daß man entlang des vollen Verlaufs der Funktion $\sin^2 \pi(\nu - \nu_{21})t/(\nu - \nu_{21})^2$ mit dem Wert $E_0^2(\nu_{21})$ rechnen kann (Abb. **9.3**). In diesem Fall nimmt der Ausdruck (16b) die Form

$$|c_1|^2 = \frac{E_0^2(\nu_{21})|p_{21}|^2}{h^2} \int\limits_0^\infty \frac{\sin^2 \pi(\nu - \nu_{21})t}{(\nu - \nu_{21})^2} \, d\nu \tag{17}$$

an.

Nun führen wir die neue Integrationsveränderliche $\pi(\nu - \nu_{21})t = u$ ein und dehnen die Integration auf den Bereich $-\infty$ bis $+\infty$ aus. Hierdurch wird der Wert des Integrals nicht wesentlich beeinflußt. Man erhält die Beziehung

$$|c_1|^2 = \frac{E_0^2(\nu_{21})|p_{21}|^2}{h^2} \pi t \int\limits_{-\infty}^{+\infty} \frac{\sin^2 u}{u^2} \, du.$$

Da

$$\int\limits_{-\infty}^{+\infty} \frac{\sin^2 u}{u^2} \, du = \pi$$

ist, erhält man schließlich

$$|c_1|^2 = \frac{E_0^2(\nu_{21})|p_{21}|^2}{h^2} \pi^2 t. \tag{18}$$

Man findet also, daß die Wahrscheinlichkeit des Zustandes (1) proportional zur Zeit zunimmt. Es ergibt sich also die auf die Zeiteinheit bezogene Übergangswahrscheinlichkeit

$$w_{21} = \frac{|c_1|^2}{t} = \frac{E_0^2(\nu_{21})\,|p_{21}|^2}{h^2}\,\pi^2. \tag{19}$$

Damit haben wir die unter Einwirkung einer breitbandigen Strahlung entstehende Übergangswahrscheinlichkeit erhalten. Eine Anregung dieses Typs kommt an den mit einer Wärmestrahlung in Wechselwirkung stehenden Mikrosystemen zustande.

Als zweiter Spezialfall sei nun angenommen, daß die anregende Frequenz scharf definiert ist, d. h. $\nu = \nu_r$. (In diesem Fall wird also das anregende Spektrum durch die *Dirac*-Delta-Funktion in der Form $E_0\,\delta(\nu - \nu_r)$ beschrieben.) Die Funktion $g(\nu_{2r})$ soll jetzt einen verhältnismäßig weiten Bereich umfassen; auf alle Fälle soll ν_r in den durch $g(\nu_{21}) \neq 0$ bestimmten Bereich fallen. Die Gleichung (16) läßt sich dann in der Form

$$|c_1|^2 = \frac{E_0^2\,|p_{21}|^2}{h^2} \int\limits_0^\infty \frac{\sin^2\pi(\nu_r - \nu_{21})t}{(\nu_r - \nu_{21})^2}\,g(\nu_{21})\,\mathrm{d}\nu_{21} \tag{20}$$

schreiben.

Die einfachste Voraussetzung besteht nun darin, daß $g(\nu_{21})$ im ganzen Integrationsbereich als konstant betrachtet werden soll. Dann ist

$$|c_1|^2 = \frac{E_0^2(\nu_r)\,|p_{21}|^2}{h^2}\,g(\nu_r) \int\limits_{-\infty}^{+\infty} \frac{\sin^2\pi(\nu_r - \nu_{21})t}{(\nu_r - \nu_{21})^2}\,\mathrm{d}\nu_{21} = \frac{E_0^2(\nu_r)\,|p_{21}|^2}{h^2}\,g(\nu_r)\,t\pi^2\,. \tag{21}$$

Die auf die Zeiteinheit bezogene Übergangswahrscheinlichkeit beträgt

$$w_{21} = \frac{E_0^2(\nu_r)\,|p_{21}|^2}{h^2}\,g(\nu_r)\,\pi^2. \tag{22a}$$

Das ist die für die schmalbandige Anregung geltende Formel.

Schließlich ist auch jene Näherung wichtig, bei der sowohl die Anregungs- als auch die Übergangsfrequenz scharf definiert sind, diese beiden Frequenzen einander gleich sind und die Dauer der Störung nur eine bestimmte, kurze Zeit τ beträgt. In diesem Fall läßt sich die Gleichung (15) in der Form

$$|c_1|^2 = \frac{E_0^2\,|p_{21}|^2}{h^2} \lim_{\nu \to \nu_{21} = \nu_0} \left(\frac{\sin\pi(\nu - \nu_{21})\tau}{\nu - \nu_{21}} \right)^2 = \left(\frac{\pi\tau p_{21}\,E_0}{h} \right)^2 \tag{22b}$$

schreiben.

Diese Formel ist z. B. im Fall von Teilchen anwendbar, die einen scharfen Übergang aufweisen und einen abgestimmten Hohlraum von hohem Gütefaktor durchqueren.

Von besonderem Interesse ist auch die Beziehung zwischen der Übergangswahrscheinlichkeit und der Energiedichte. Zu deren Bestimmung soll die räumliche Energiedichte $\varrho(\nu)$ in einem mit schwarzer Strahlung gefüllten Raum mit Hilfe von $E_0(\nu)$ ausgedrückt werden. Dann ist

$$\varrho(\nu) = \frac{1}{2}\,\varepsilon_0 \left(\frac{E_0(\nu)}{\sqrt{2}} \right)^2 6 = \frac{3}{2}\,E_0^2(\nu)\,\varepsilon_0\,. \tag{23}$$

Der Faktor $\sqrt{2}$ tritt bei der Bildung des zeitlichen Mittelwertes auf, während der Multiplikator 6 der Tatsache Rechnung trägt, daß die je drei Komponenten sowohl des elektrischen als auch des magnetischen Feldes infolge der völlig ungeordneten Orientierung zur Energiedichte gleich stark beitragen.

Unter Verwendung der sich auf den breitbandigen Übergang beziehenden Formel ist also die auf die Zeiteinheit bezogene Übergangswahrscheinlichkeit

$$w_{21} = \frac{E_0^2(\nu)}{h^2}\,|p_{21}|^2\,\pi^2 = \frac{2\pi^2}{3}\,\frac{p_{21}}{\varepsilon_0 h^2}\,\varrho(\nu) = B_{21}\,\varrho(\nu)\,. \tag{24}$$

Der Wert des *Einstein*schen Koeffizienten $B = B_{12} = B_{21}$ ist daher

$$B_{21} = \frac{2\,\pi^2}{3\,\varepsilon_0\,h^2}\,|p_{21}|^2. \tag{25}$$

Auf Grund der Beziehung (5) können wir nunmehr auch den Wert des Koeffizienten der spontanen Emission angeben, u. zw. ist

$$A = \frac{8\,\pi\,h\nu^3}{c^3}\,B_{21} = \frac{16\,\pi^3}{3\,\varepsilon_0\,hc^3}\,\nu^3|p_{21}|^2 = \frac{16\,\pi^3}{3\,h\,\varepsilon_0}\,\frac{1}{\lambda^3}\,|p_{21}|^2. \tag{26}$$

Falls der magnetische Dipol des Atoms mit dem magnetischen Feld der elektromagnetischen Welle in Wechselwirkung tritt, ist an Stelle von p_{21} der Wert m_{21} und an Stelle von $E_0(\nu)$ die Größe $H_0(\nu)$ einzusetzen.

Bisher wurde A als die Wahrscheinlichkeit dafür aufgefaßt, daß ein Atom während der Zeiteinheit durch spontane Emission aus dem Zustand 2 in den Zustand 1 übergeht. Als Folge des spontanen Übergangs erfährt die Zahl der im Zustand (2) befindlichen Atome die Änderung

$$\frac{dN_2}{dt} = -\,AN_2 \tag{27}$$

je Zeiteinheit. Die Lösung dieser Gleichung lautet

$$N_2 = N_{20}\,e^{-At}. \tag{28}$$

Die durch die Definition $\tau_{\mathrm{sp}} = 1/A$ eingeführte Zeit ergibt die mittlere Lebensdauer des Atoms im Zustand (2), falls nur die spontanen Übergänge berücksichtigt werden. Es gilt die Beziehung

$$\tau_{\mathrm{sp}} = \frac{1}{A} = \frac{3\,\varepsilon_0\,hc^3}{16\,\pi^3}\,\frac{1}{\nu^3}\,\frac{1}{|p_{21}|^2}. \tag{29}$$

Das sich im Inneren des Festkörpers befindende und zwei diskrete Zustände aufweisende System kann auch mit dem Gitter in eine Wechselwirkung treten. Die Lebensdauer des oberen Zustandes kann also nicht nur durch spontane Übergänge, sondern auch durch die von Phononen induzierten — und eventuell ohne jede Photonenemission erfolgenden — Übergänge verkürzt werden. Bezeichnet v_{21} die Wahrscheinlichkeit des infolge der Phononen-Wechselwirkung erfolgenden Übergangs von dem Zustand (2) in den Zustand (1), so nimmt die bei thermischem Gleichgewicht gültige Gleichung (1) die Form

$$N_2\,B\varrho(\nu) + AN_2 + v_{21}N_2 = N_1\,B\varrho(\nu) + v_{12}N_1 \tag{30}$$

an. Berücksichtigt man nun die Tatsache, daß sich unser System auch mit dem Strahlungsraum selbst im thermischen Gleichgewicht befindet, so ist $v_{21}N_2 = v_{12}N_1$, oder da $N_2/N_1 = e^{-\frac{W_2 - W_1}{kT}}$ ist, gilt schließlich die Beziehung

$$\frac{v_{12}}{v_{21}} = e^{-\frac{W_2 - W_1}{kT}} \tag{31}$$

9.1.3 Die durch induzierte Emission ausgestrahlte Leistung

Da die Wahrscheinlichkeit der induzierten Emission und der induzierten Absorption der Beziehung $B_{21} = B_{12}$ gemäß identisch ist, hängt die Frage, ob das Gesamtsystem in Endeffekt Energie aus der induzierenden elektromagnetischen Welle bezieht oder die Energie der letzteren vergrößert, von der Zahl N_1 bzw. N_2 der sich im Zustand 1 bzw. 2 aufhaltenden Atome ab. Die kohärent ausgestrahlte Leistung ist

$$P = N_2 w_{21} h\nu - N_1 w_{12} h\nu = (N_2 - N_1) w_{21} h\nu = N_e w_{21} h\nu. \tag{32}$$

In dieser Formel bezeichnen $N_2 w_{21}$ die Zahl der die induzierte Emission erzeugenden Übergänge je Zeiteinheit und $h\nu$ die einem Übergang ausgestrahlte Leistung. Dementsprechend ist $N_1 w_{12} h\nu$ die absorbierte Leistung. Die spontane Emission AN_2 wird in der nützlichen Leistung nicht berücksichtigt; dieser Wert kommt nur bei der Bestimmung des Geräuschpegels in Betracht.

N_e ist die effektive, also die für die nützlichen Übergänge zur Verfügung stehende Teilchenzahl. Um eine positive Ausgangsleistung, also eine Verstärkung zu erhalten, ist es erforderlich, daß $N_2 > N_1$ sei; die Besetzung, Bevölkerung oder Population des höheren Energieniveaus muß also größer sein als die des tieferen Energieniveaus. Dies bedeutet, daß die dem thermischen Gleichgewicht entsprechende Niveaubesetzung invertiert werden muß. Dies kann in der üblichen Weise auch derart ausgedrückt werden, daß eine *negative* absolute Temperatur erzeugt werden muß; durch das *Boltzmann*-Gesetz wird nämlich bei negativer Temperatur einer zunehmenden Energie eine steigende Bevölkerungszahl zugeordnet (Abb. **9.**4). Es ist jedoch viel einfacher, den Begriff der negativen Temperatur nicht einzuführen, sondern zur Kenntnis zu nehmen, daß durch irgendeinen gewaltsamen Eingriff eine von der Gleichgewichtsbesetzung wesentlich abweichende Besetzung der Niveaus erreicht werden muß. Dieser als »Pumpen« bezeichnete Eingriff, also die Einspeisung der Energie, wird bei den einzelnen Masertypen separat behandelt werden.

Es sei nun angenommen, daß die Populationsinversion in einem größeren Raumteil verwirklicht werden konnte, so daß aktives Material zur Verfügung steht. Es fragt sich dann, was passiert, falls eine elektromagnetische Welle der Intensität I_ν in dieser Materie fortschreitet, und wie groß der Absorptionskoeffizient sein wird. Nach Durchlaufen der Strecke dx beträgt die Änderung des in das Frequenzintervall $d\nu$ fallenden Leistungsstromes $I_\nu \, d\nu$

$$-d(I_\nu \, d\nu) = h\nu [B_{12}\, g\,(\nu)\, d\nu\, N_1 \, dx - B_{21}\, g\,(\nu)\, d\nu\, N_2\, d\nu]\, \varrho\,(\nu). \tag{33}$$

9.4   Die Inversion der Population der Niveaus 1 und 2. Die Verhältnisse lassen sich auch durch die Einführung einer »negativen« Temperatur beschreiben

Hierbei bezeichnet $B_{12} g(\nu) \mathrm{d}\nu \varrho(\nu)$ die Wahrscheinlichkeit dafür, daß ein Atom durch Absorption eines Photons, dessen Energie in das Intervall von $h\nu$ bis $h(\nu + \mathrm{d}\nu)$ fällt, unter der induzierenden Einwirkung der Energiedichte $\varrho(\nu)$ aus dem Grundzustand (1) in den angeregten Zustand (2) gelangt. N_1 bzw. N_2 bezeichnen die Zahl der Atome je Volumeneinheit, so daß $N_1 \mathrm{d}x$ bzw. $N_2 \mathrm{d}x$ die Zahl der im Quader mit der Einheitsgrundfläche und der Höhe $\mathrm{d}x$ in dem Zustand (1) bzw. (2) befindlichen Teilchen bedeuten.

Da $I_\nu = v\varrho(\nu)$ ist, wobei v die Lichtausbreitungsgeschwindigkeit im betreffenden Medium bezeichnet, gilt die Beziehung

$$- \mathrm{d}(I_\nu \, \mathrm{d}\nu) = h\nu [B_{12} \, g(\nu) \, \mathrm{d}\nu \, N_1 - B_{21} g(\nu) \, \mathrm{d}\nu \, N_2] \frac{I_\nu}{v} \, \mathrm{d}x, \qquad (34)$$

und daher ist

$$- \frac{1}{I_\nu} \frac{\mathrm{d}I_\nu}{\mathrm{d}x} \, \mathrm{d}\nu = \frac{h\nu}{v} [B_{12} g(\nu) \, \mathrm{d}\nu \, N_1 - B_{21} g(\nu) \, \mathrm{d}\nu \, N_2] \, . \qquad (35)$$

Die Integration über die volle Bandbreite ergibt

$$- \int\limits_0^\infty \frac{1}{I_\nu} \frac{\mathrm{d}I_\nu}{\mathrm{d}x} \, \mathrm{d}\nu = \frac{h\nu_0}{v} [B_{12} \, N_1 - B_{21} \, N_2] \, . \qquad (36)$$

Auf der rechten Seite der Formel bezeichnet ν_0 die zu dem als schmal angenommenen $g(\nu)$ gehörende mittlere Frequenz. Es wurde ferner die Normierung

$$\int\limits_0^\infty g(\nu) \, \mathrm{d}\nu = 1$$

berücksichtigt.

Vergleicht man diesen Ausdruck mit der makroskopischen Gesetzmäßigkeit $I = I_0 \mathrm{e}^{- k_\nu x}$ der Absorption, so findet man, daß das Integral auf der linken Seite der Gleichung (36) die Form

$$\int\limits_0^\infty k_\nu \, \mathrm{d}\nu$$

hat, so daß es den vollständigen Absorptionskoeffizienten ergibt. Berücksichtigt man den Ausdruck 9.1—(5) für B_{12}, so erhält man durch Einsetzen des Faktors A der spontanen Emission den Ausdruck

$$\int\limits_0^\infty k_\nu \, \mathrm{d}\nu = \frac{v^2 A}{8 \pi \nu_0^2} (N_1 - N_2) \, . \qquad (37)$$

Wird nun hier die Lebensdauer bei spontaner Absorption $1/A = \tau_{\mathrm{sp}}$ eingesetzt, so ist

$$\alpha = \int\limits_0^\infty k_\nu \, \mathrm{d}\nu = \frac{v^2}{8 \pi \nu_0^2 \tau_{\mathrm{sp}}} (N_1 - N_2) \, . \qquad (38)$$

9.5 Die Amplitude der in der aktiven oder eine negative Leitfähigkeit aufweisenden Materie fortschreitenden Welle nimmt exponentiell zu. Der Wert der hierbei vorkommenden Größe α' wird durch die Beziehung α' = (α + β)/2 bestimmt. Der Faktor 1/2 tritt auf, weil sich α und β auf die Intensität beziehen, während hier die Feldstärke betrachtet wird

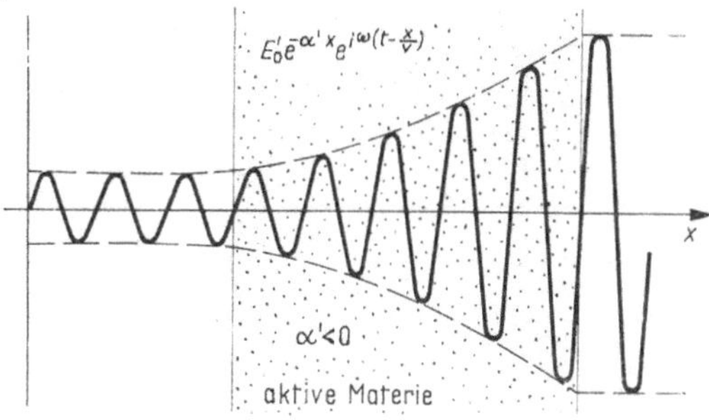

Im thermischen Gleichgewicht ist $N_1 > N_2$, so daß der Absorptionskoeffizient α eine positive Zahl ist.

Bei Inversion der Population der beiden Niveaus wird die Absorption negativ (Abb. **9.5**).

Im bisher Gesagten wurde die Tatsache noch nicht berücksichtigt, daß die Intensität der Welle auch aus anderen Gründen abnehmen kann, z. B. infolge der Streuung an den Inhomogenitäten durch Absorption zwischen anderen Niveaus, die zu keiner kohärenten Ausstrahlung führt usw. Diese Tatsache wird durch einen Absorptionkoeffizienten berücksichtigt. Die volle Änderung ist daher

$$I = I_0 \, e^{-(\alpha+\beta)x} = I_0 \, e^{(|\alpha|-\beta)x} \, .$$

Die Bedingung der Verstärkung ist also

$$|\alpha| > \beta .$$

In Wirklichkeit wird diese einfache Anordnung nur ausnahmsweise verwirklicht. Durch Anwendung der aus der Radiotechnik bekannten positiven Rückkopplung wird ein Teil der verstärkten Energie zurückgeführt, damit man die Verstärkung wirksamer macht oder eine Anregung, d. h. eine Oszillation erhält. Dies erreicht man am einfachsten dadurch, daß man die aktive Materie in einem Resonator unterbringt. Quantitative Überlegungen werden im folgenden von Fall zu Fall angesetzt.

9.2 Verschiedene Masertypen

9.2.1 Der Ammoniakmaser

Der erste, tatsächlich funktionierende Masertyp, der Ammoniakmaser, zeichnet sich durch den einfachsten, übersichtlichsten Aufbau aus. Die Struktur des Moleküls NH_3 ist aus Abb. **9.6** ersichtlich. Wie es im Abschnitt 2.7 gezeigt wurde, sind die Molekülspektren äußerst kompliziert; sie setzen sich aus Übergängen zwischen Energieniveaus zusammen, die sich aus Rotationen, Vibrationen und Elektronenkonfigurationen ergeben. Klassisch kann man sich die Sache so vorstellen, als würden die H-Atome eine gemeinsame Rotation um eine zu ihrer Ebene senkrechte Achse, die Stick-

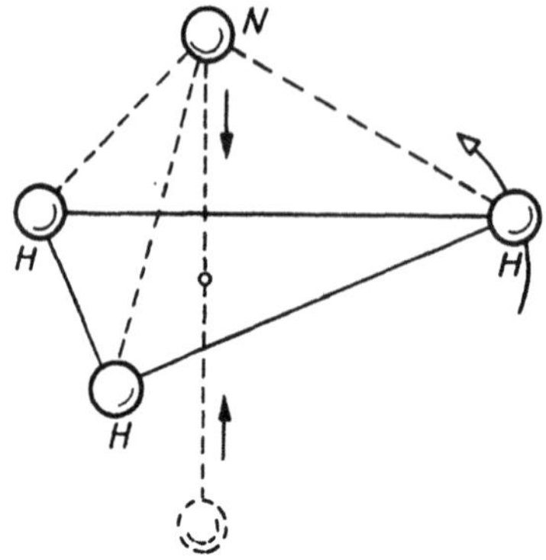

9.6 Die Struktur des NH$_3$-Moleküls. Die Abbildung zeigt auch die Richtung der zu den zwei Zuständen gehörenden elektrischen Polarisationsvektoren

stoffatome dagegen Schwingungen senkrecht zur erwähnten Ebene, also entlang der genannten Achse, durchführen. Das N-Atom schwingt dann zwischen einer Ausgangslage und ihrem Spiegelbild als der inversen Lage hin und her. Die Frequenz dieser Inversionsschwingung ist $\nu = 23\,870{,}14$ MHz $\approx 24\,000$ MHz. Nach Auffassung der Quantentheorie spaltet sich ein Rotationsniveau in zwei Linien auf, wobei der Abstand zwischen den zwei Niveaus

$$W_2 - W_1 \approx h \cdot 24\,000 \cdot 10^6 \text{ Ws} \approx 10^{-4} \text{ eV}$$

beträgt. Da die zwei Linien einander sehr nahe liegen, sind ihre Besetzungszahlen nahezu gleich. Ein Ammoniakgas, bei dem im wesentlichen nur das obere Niveau besetzt ist, läßt sich sehr einfach verwirklichen, u. zw. durch die räumliche Trennung der sich in den zwei verschiedenen Zuständen befindenden Moleküle. Die Möglichkeit hierzu ist dadurch gegeben, daß verschiedene elektrische Dipolmomente zu den zwei Zuständen gehören, so daß in einem inhomogenen elektrischen Feld verschiedene Kräfte wirksam werden. Wird also ein aus der Mischung der beiden Zustände bestehendes Gas in ein inhomogenes elektrisches Feld entsprechender Stärke eingebracht, das gleichzeitig einen geeigneten Gradienten aufweist, so kann man ein Gas aus sich auf dem oberen Energieniveau aufhaltenden Molekülen erhalten. Bei geeigneter Anregung gehen dann diese Moleküle unter Aussendung einer kohärenten Strahlung in den Gleichgewichtszustand zurück.

Eine schematische Darstellung des Ammoniakmasers ist aus Abb. **9.7** ersichtlich. Den Molekülstrahl erhält man durch Verdampfen von flüssigem Ammoniak. (Die hierzu erforderliche Wärme ist es, zu deren Lasten die hochfrequente Energie im Endeffekt gewonnen wird.) Die Gasmoleküle gelangen durch entsprechende Diaphragmen in das inhomogene Feld. Infolge des *Stark*-Effektes ist die Verschiebung des oberen Niveaus im Feld der Intensität E

$$\Delta W_{(2)} = \alpha E^2 \tag{1}$$

und die des unteren Niveaus

$$\Delta W_{(1)} = -\alpha E^2. \tag{2}$$

In dieser Weise wirkt auf die Moleküle, die sich im Zustand *2* bzw. *1* befinden, eine radiale Kraft vom Betrag

$$F_{(2)} = -\frac{\partial(\Delta W_{(2)})}{\partial r} = -2\,\alpha E\frac{\partial E}{\partial r} \tag{3}$$

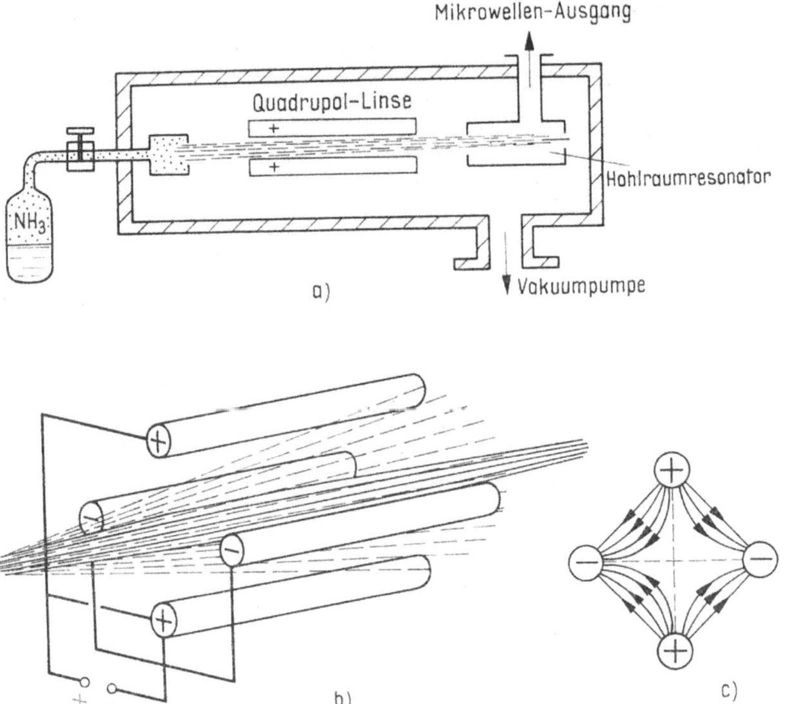

9.7 *a)* Schematische Darstellung des Ammoniak-Oszillators; *b)* die Quadrupol-Linse; *c)* das elektrische Kraftfeld jener Linse

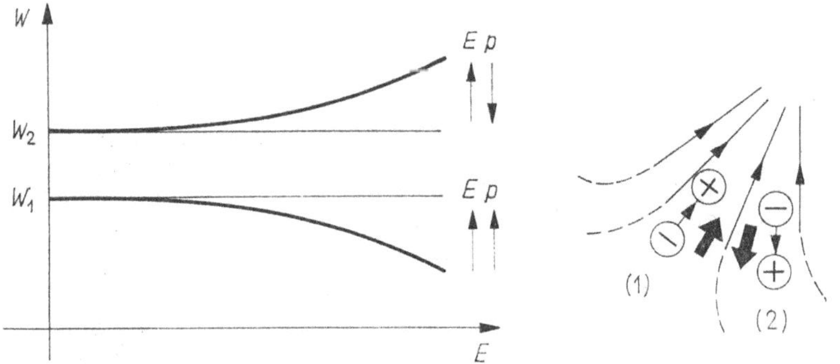

9.8 Die Niveauverschiebung läßt sich derart deuten, daß sich unter Einwirkung des elektrischen Feldes das Dipolmoment $p = \alpha E$ bildet, das sich in der dem Feld entgegengesetzten bzw. identischen Richtung einstellt, wobei $\Delta W_2 = pE = \alpha E^2$ bzw. $\Delta W_1 = -\alpha E^2$ ist. Im inhomogenen Feld stößt die Kraftwirkung die Dipolmomente der Einstellung (2) in Richtung des dünneren, die der Einstellung (1) in Richtung des dichteren Feldes bzw.

$$F_{(1)} = -\frac{\partial(\Delta W_{(1)})}{\partial r} = 2\,\alpha\,E\,\frac{\partial E}{\partial r} \tag{4}$$

ein. Das Kraftfeld ist von solcher Struktur, daß die Feldkraft in der Nähe der Achse radial zunimmt, so daß eine dem nach außen weisenden Gradienten entgegengesetzte, also in Achsrichtung zeigende Kraft auf die Moleküle auf dem oberen Niveau einwirkt. Die im Zustand *2* befindlichen Moleküle verlassen damit die elektrische Quadrupollinse in fokussiertem Zustand, während die im Zustand *1* befindlichen aus dem Bündel herausstreuen (Abb. **9**.8). In dem Bündel, das in den auf $\sim 24\,000$ MHz abgestimmten Hohlraum eintritt, befinden sich also nur noch Moleküle, die sich auf dem oberen Niveau aufhalten. Aus dem Frequenzspektrum der ersten spontanen Übergänge wählt der abgestimmte Schwingungskreis die dem Übergang entsprechende Schwingung aus und verstärkt diese, so daß die weiteren Übergänge bereits durch diese Schwingung induziert werden; dem Hohlraum kann also Energie in der Form einer kohärenten Schwingung entnommen werden.

Wünscht man die Anlage als Verstärker zu verwenden, so wird die zu verstärkende Schwingung von $\nu \approx 24\,000$ MHz von außen her in den Hohlraum eingeleitet.

Dazu, daß sich ein Schwingungszustand konstanter Amplitude in einem Hohlraum einstellen kann, ist es erforderlich, daß die von den Molekülen durch induzierte Emission dem Hohlraum übergebene Energie mindestens die Verluste des Hohlraumes decken kann. Wir betrachten nun die zahlenmäßigen Verhältnisse. In den Hohlraum sollen N Moleküle je Sekunde eintreten, deren jedes sich auf dem oberen Energieniveau befindet; diese sollen sich für die Zeit τ, die ihrer Flugzeit entspricht, in dem sich nach dem Gesetz $E \cos 2\pi\nu_0 t$ ändernden elektrischen Feld des Hohlraumes aufhalten; die abgegebene Leistung ist dann

$$P_{\text{Nutz}} = N\,|c_1|^2\,h\nu_0\,. \tag{5}$$

Da der Gütefaktor Q eines schwingenden Systems definitionsgemäß das 2πfache des Quotienten der im System gelagerten Energie W und der während einer Periode entstehenden Verluste beträgt, lassen sich die Beziehungen

$$Q = 2\pi\,\frac{W}{TP_{\text{Verlust}}}\,, \quad P_{\text{Verlust}} = 2\pi\nu_0\,\frac{W}{Q} \tag{6}$$

aufschreiben.

Wird nun die elektrische Feldstärke an Stelle der Beziehung $9.1-(23)$ wegen des nichtstatistischen Charakters durch die Beziehung $W = 2\,\dfrac{1}{2}\,\varepsilon_0\left(\dfrac{E}{\sqrt{2}}\right)^2 V$ eingeführt, so ist

$$P_{\text{Verlust}} = 2\pi\nu_0\,\frac{W}{V}\,V\,\frac{1}{Q} = \frac{\pi\nu_0\,E^2 V}{Q}\,\varepsilon_0\,. \tag{7}$$

Auf Grund der Beziehung $P_{\text{Nutz}} \geqq P_{\text{Verlust}}$ kann der minimale Molekülfluß nach Gl. 9.1$-$(22b) und 9.2$-$(7)

$$P_{\text{Nutz}} = P_{\text{Verlust}},$$

$$N_{\text{min}} |c_1|^2 h\nu_0 = N_{\text{min}} \left(\frac{\pi p_{21} \tau E}{h}\right)^2 h\nu_0 = \varepsilon_0 \frac{\pi \nu_0 E^2 V}{Q}, \tag{8}$$

$$N_{\text{min}} = \frac{\varepsilon_0}{\pi} \frac{hV}{|p_{21}|^2 \tau^2 Q} \tag{9}$$

ermittelt werden. Werden andererseits die geometrischen Abmessungen des Hohlraumes sowie die Durchgangsgeschwindigkeit des Teilchens mit Hilfe der Beziehungen $V = AL$, $\tau = L/v$ eingeführt, so erhält man

$$N_{\text{min}} = \varepsilon_0 \frac{h v^2 A}{\pi |p_{21}|^2 LQ}. \tag{10}$$

Wie es sich aus der kinetischen Gastheorie ($v^2 \sim 4kT/m$; $T = 300\ °\text{K}$) berechnen läßt, beträgt der Wert von $v \sim 10^5$ cm s^{-1}, der Wert von p_{21} liegt in der Größenordnung von 10^{-18} cgs-Einheiten, während der Gütefaktor bei Hohlraumresonatoren die Größenordnung von 10^4 erreichen kann. Die Abmessungen eines Hohlraumresonators, welcher auf den für die Frequenz ν_0 bestimmten Wellentyp (TM$_{010}$) abgestimmt ist, betragen $d = 0{,}96$ cm, $L = 12$ cm. Mit diesen Daten ergibt ein Molekülfluß von $N = 10^{13}$ s^{-1}. Tritt eine größere Anzahl von Molekülen ein, so erhält man bereits, außer Deckung der Verluste, eine entnehmbare Leistung. Der prinzipiell erreichbare Höchstwert der zu entnehmenden Leistung beträgt $P_{\text{max}} = N h\nu_0$, falls erreicht werden kann, daß alle eintretenden Moleküle einen nützlichen Übergang durchführen. In Wirklichkeit kann aber dies allein schon deshalb nicht erreicht werden, weil die bereits auf das tiefere Energieniveau angelangten Moleküle durch angeregte Absorption wieder auf das obere Niveau kommen. Die Größenordnung der zu entnehmenden Höchstleistung ist

$$P_{\text{max}} = \frac{1}{2} N h\nu_0, \quad N \gg N_{\text{min}}.$$

Mit dem praktisch realisierbaren Wert von $N = 10^{16}$/s läßt sich eine Leistung in der Größenordnung des Millimikrowatts erreichen.

Die Frequenzstabilität dieser Leistung ist aber $1 : 10^{10}$, so daß dieser Maseroszillator für Frequenzstandarde oder Atomuhren geeignet ist.

Der Vorteil des Ammoniakmasers besteht in der Möglichkeit des kontinuierlichen Betriebs; andererseits ist er aber nicht abstimmbar, er oszilliert oder verstärkt auf einer einzigen Frequenz. Durch diese Tatsache wird sein Anwendungsbereich sehr begrenzt.

9.2.2 Paramagnetische Verstärker

9.2.2.1 Festkörpermaser mit zwei Niveaus. Wie wir im 2. Teil bereits gesehen haben, fällt die bei dem Übergang zwischen im magnetischen Feld aufgespaltenen Niveaus ausgestrahlte Energie in den Mikrowellenbereich. Die Entfernung der Energieniveaus voneinander kann durch das äußere magnetische Feld geändert werden, wodurch sich die ausgestrahlte Frequenz zwischen sehr weiten Grenzen regeln läßt. Die Abb. **9.**9 zeigt die Niveauverschiebung eines Elektrons bei den zwei möglichen — zum magnetischen Feld parallelen und antiparallelen — Fällen bzw. für den Fall ohne magnetisches Feld.

Der Abstand der Niveaus beträgt

$$W_2 - W_1 = 2m_\mathrm{B}H = h\nu.$$

In dem höheren Energiezustand befinden sich jene Elektronen, deren Spin parallel, d. h. deren magnetisches Moment antiparallel zum magnetischen Feld liegt; nach der klassischen Betrachtung kippen diese Elektronen auch spontan in ihre entgegengesetzte Lage, in den Zustand tieferer Energie, um.

Die Frequenz der ausgestrahlten Schwingung ergibt die Beziehung

$$\nu = \frac{2\,m_\mathrm{B}H}{h}.$$

Solche Niveaus kann man durch den Einbau paramagnetischer Ionen (0,01 bis 0,3%) in diamagnetische Kristalle erhalten. Daher die Bezeichnung »paramagnetische Quantenverstärker«.

Im einfachsten Fall tritt bei den paramagnetischen Ionen ein Elektron von unkompensiertem Spin mit dem äußeren magnetischen Feld in Wechselwirkung.

Dieser Fall wird bei den Halbleitern des »Donatorentyps« verwirklicht, wobei sich die »quasi-freien« Elektronen der Verunreinigung parallel oder antiparallel zum angelegten magnetischen Feld einstellen können. Beim Anschalten des magnetischen Feldes stellt sich etwa die Hälfte dieser Elektronen parallel, die andere Hälfte antiparallel ein. Die Elektronen stehen aber auch mit dem Gitter in einer Wechselwirkung, so daß die Verteilung nach Ablauf einer bestimmten Zeit in thermisches Gleichgewicht kommt, d. h.

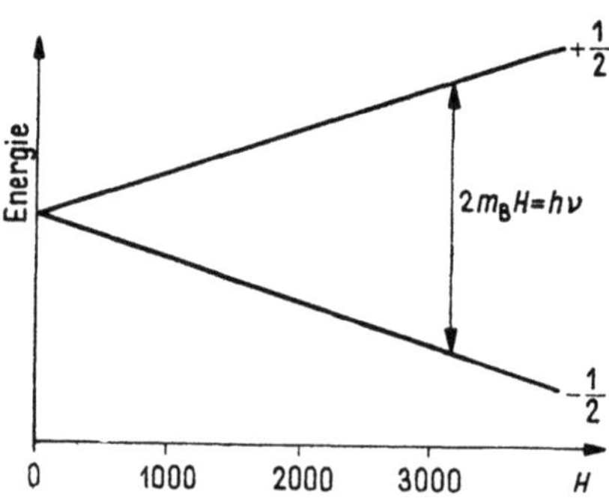

9.9 Die den zwei verschiedenen Ausrichtungen entsprechenden Energieniveaus der quasi-freien Elektronen in einem äußeren magnetischen Feld der *Boltzmann*-Verteilung gehorcht. Dementsprechend wird man weniger Elektronen mit parallelem als mit antiparallelem Spin haben,

$$N_2 = N_1\,\mathrm{e}^{-\frac{W_2-W_1}{kT}} = N_1\,\mathrm{e}^{-\frac{2m_\mathrm{B}H}{kT}}\,.$$

Da die beiden Niveaus einander sehr nahe liegen, kann die erste Näherung der exponentiellen Funktion

$$N_2 \approx N_1\left(1 - \frac{2\,m_\mathrm{B}H}{kT}\right),$$

d. h.

$$N_2 - N_1 \approx -\frac{2\,N_1\,m_\mathrm{B}H}{kT}$$

eingesetzt werden, oder, da $2N_1$ in sehr guter Näherung die Gesamtzahl der Elektronen ergibt, gilt die Beziehung

$$N_1 - N_2 = \frac{N m_\mathrm{B}H}{kT}\,.$$

In dieser Weise ist das resultierende magnetische Moment des paramagnetischen Kristalls, bezogen auf die Volumeinheit

$$M = (N_1 - N_2)\,m_\mathrm{B} = \frac{N m_\mathrm{B}^2}{kT}\,H\,.$$

Wie man sieht, ist die Differenz der Besetzungszahlen der absoluten Temperatur umgekehrt proportional; das ist auch ein Grund, weshalb es sich lohnt, in der Nähe der Temperatur von 1 bis 2 °K zu arbeiten.

Bisher war von der zum Gleichgewichtszustand gehörenden Verteilung die Rede. Um eine nützliche kohärente Ausstrahlung zu erhalten, müssen mehr Elektronen auf das obere Niveau »gepumpt« werden. Die Verwirklichung des bei den Gasmasern verwendeten Idealzustandes kommt hier nicht in Frage: Die räumliche Trennung der verschiedenen Zustände ist bei Festkörpern naturgemäß unmöglich. Man muß sich mit der *Inversion der Niveaus* begnügen, wobei die Besetzungszahlen des oberen bzw. unteren Niveaus vertauscht werden.

Vor der Besprechung der diesbezüglichen Methoden wird die Funktion des Festkörpermasers als Verstärker kurz beschrieben. Diese Funktion ist unterbrochen, also nicht kontinuierlich. Im ersten Takt werden die Niveaus invertiert; im zweiten Takt stehen dann die Elektronen auf dem höheren Niveau zur Verfügung, welche durch die zu verstärkende Schwingung zur Aussendung eines kohärenten Wellenzuges gezwungen werden sollen. Inzwischen trachtet sich der Gleichgewichtszustand infolge der Wechselwirkung zwischen Elektronenspin und Gitter wieder einzustellen. Die zur Einstellung des Gleichgewichtszustandes erforderliche Zeit wird thermische Relaxationszeit (τ_7) genannt. Eine einigermaßen konstante Leistung vermag der Maser nur für eine wesentlich kürzere Zeit als diese abzugeben. Hiernach hat man zu warten, bis die Besetzungszahl wieder dem Gleichgewichtszustand entsprechend wird; dann kann der ganze

Zyklus von neuem beginnen. Diese tote Zeit steht wieder mit der Relaxationszeit in Verbindung. Damit also die Zeitdauer der wirksamen Impulse lang sein kann, ist eine große Relaxationszeit erforderlich. Andererseits läßt sich die tote Zeit durch eine kurze Relaxationszeit verringern; sonst muß die Einstellung des thermischen Gleichgewichtes mit Hilfe irgendeiner anderen Methode beschleunigt werden. Bei der üblichen Temperatur von 1 bis 2 °K reicht der Wert von τ_T bei den verwendbaren Kristallen von 1 ms bis 1 min.

Die übersichtlichste Art der Inversion ist das Umkippen um 180° mittels des Impulses. Der Grundgedanke dabei ist, daß der sich im thermischen Gleichgewicht befindende und das magnetische Moment M besitzende paramagnetische Kristall in ein hochfrequentes magnetisches Feld H_1 eingebracht werden soll, das räumlich senkrecht zu dem konstanten magnetischen Feld H ist und sich zeitlich mit der Frequenz $\nu_0 = 2m_\mathrm{B}H/h$ ändert. Im Abschnitt 1.5 haben wir gesehen, daß der Vektor des magnetischen Momentes in dem sich mit der Winkelgeschwindigkeit $\omega = \omega_\mathrm{L} = |\gamma| H = 2\pi\nu_0$ drehenden Koordinatensystem mit der Winkelgeschwindigkeit

$$\omega_\mathrm{p} = |\gamma| H_1 = \frac{m_\mathrm{B}}{\frac{1}{2}\frac{h}{2\pi}} H_1 = \frac{2 m_\mathrm{B} H_1}{h} 2\pi$$

präzediert, so daß er sich nach Ablauf der Inversionszeit

$$\tau_\mathrm{i} = \frac{1}{2} \frac{2\pi}{\omega_\mathrm{p}} = \frac{h}{4 m_\mathrm{B} H_1}$$

in die der ursprünglichen entgegengesetzte Richtung einstellt. Die Wechselstromkomponente wird dann ausgeschaltet, so daß die Anzahl $(N_1 - N_2)$ für die kohärente Ausstrahlung zur Verfügung steht. Die Feldstärke des magnetischen Feldes H_1 muß genügend groß gewählt werden, damit die Spins der einzelnen Elektronen unter ihrer Einwirkung präzedieren, sie muß also stärker sein als die der inneren Felder; andererseits ist $H_1 \ll H$, so daß sich für H_1 die Größenordnung von einigen Oersted ergibt. Die Erfordernisse bezüglich des Gütefaktors des Hohlraumes sind ebenfalls gegensätzlich. Der Inversionsimpuls erfordert einen Schwingungskreis von schlechtem Q, damit das Abklingen nach dem Abschalten schnell erfolgt; andererseits ist während des Intervalls der nützlichen Ausstrahlung zur Vermeidung der Verluste ein hoher Q-Wert erforderlich. Der Schwingungskreis von sonst hohem Q-Wert kann für die Dauer der Inversion z. B. durch eine Funkenentladung verdorben werden.

Die größte vorstellbare Arbeit, die in einem Impuls erhalten werden kann, beträgt

$$W_\mathrm{max} = (N_1 - N_2)\, h\nu_0 = \frac{N m_\mathrm{B} H}{kT}\, h\nu_0 .$$

Dieser Wert wäre erreicht, falls alle Elektronen durch kohärente Strahlung in den Grundzustand zurückkehren würden. Auf alle Fälle läßt sich

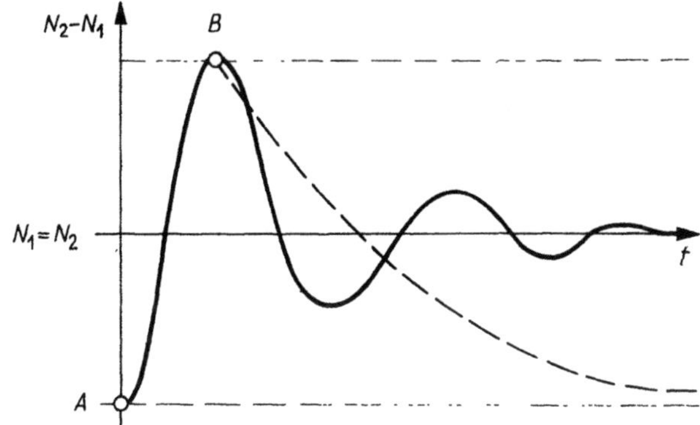

9.10 Änderung der Niveaubesetzung als Funktion der Zeit bei ständigem starkem Pumpen (volle Linie) bzw. bei impulsartigem Pumpen (gestrichelte Linie)

feststellen, daß zu einer hohen Leistung eine hohe Anzahl »quasifreier« Elektronen, ein starkes magnetisches Feld und eine tiefe Temperatur erforderlich sind.

Der Zwei-Niveau-Festkörpermaser ist ein im Impulsbetrieb einsetzbarer Verstärker mit regelbarer Frequenz. In Sonderbetrieb (Inversion bei einem niedrigen H-Wert, dann Anlegen eines sehr hohen H-Wertes) kann er als Oszillator sehr kurzer Wellenlänge (unterhalb des Millimeters) betrieben werden. Die Verhältnisse im Zwei-Niveau-Verstärker können an Hand der Abbildungen **9.10** und **9.11** etwas eingehender verfolgt werden. Im Zeitpunkt $t = 0$ wird die Pumpleistung eingeschaltet und, wenn die Differenz $(N_2 - N_1)$ ihren Höchstwert erreicht hat (d. h. im inversen Zustand des Gleichgewichtes), im Punkt B ausgeschaltet. Infolge der Wechselwirkung zwischen Spin und Gitter kehren dann die Teilchen der gestrichelten Linie gemäß nach einer bestimmten Relaxationszeit in den Gleichgewichtszustand zurück. Wird hier die Pumpe, deren Leistung als sehr hoch angenommen wird, für eine längere Zeit eingeschaltet, so geht das System in den »Sättigungszustand« über, wobei $N_1 = N_2$ ist; die induzierte Emission und die Absorption halten sich dann das Gleichgewicht. Auf diese Weise erhält man natürlich keine Verstär-

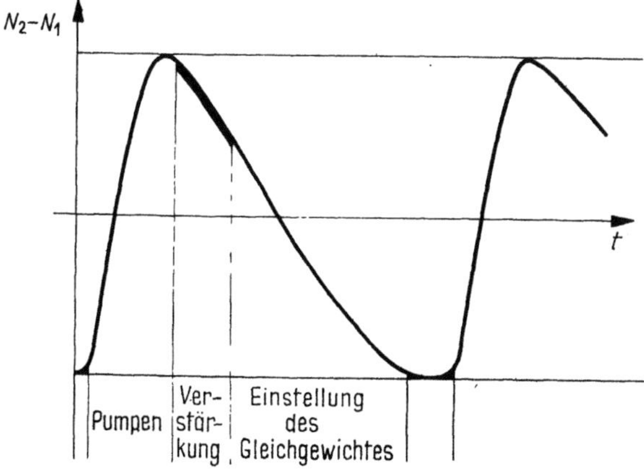

9.11 Änderung der Besetzungszahl als Funktion der Zeit bei periodischem Pumpen

kung. Nach Abb. **9**.11 sind zur Verstärkung geeignete Verhältnisse nur
während eines verhältnismäßig kurzen Bruchteils des periodischen Betriebs
vorhanden.

9.2.2.2 Drei-Niveau-Festkörpermaser.

Bei dem Zwei-Niveau-Gasmaser
wird der kontinuierliche Betrieb dadurch möglich, daß Pumpen und Emission räumlich getrennt werden können. Bei dem Zwei-Niveau-Festkörpermaser werden die zwei Vorgänge zeitlich getrennt. Bei dem Drei-Niveaumaser wird der kontinuierliche Betrieb dadurch ermöglicht, daß die Frequenz der Aktivierung bzw. die Betriebsfrequenz verschieden sind.

Man stelle sich die drei Niveaus des Festkörpers (gemäß Abb. **9**.12) vor,
welche im thermischen Gleichgewicht Besetzungszahlen entsprechend der
Boltzmann-Verteilung aufweisen. Wird nun die Materie in ein elektromagnetisches Feld genügender Stärke eingebracht, dessen Frequenz dem Übergang $1 \rightarrow 3$ entspricht, dann wird die Besetzungszahl der Niveaus 1 und 3
in sehr guter Näherung identisch. Die Bedingung des neuen Gleichgewichtes besteht nämlich darin, daß die Zahl der induzierten Absorptionen
der der induzierten Emissionen gleich sein soll. Die spontanen Übergänge
werden einfachheitshalber außer acht gelassen. Die Besetzungszahl der
Niveaus 3 steigt also an und kann unter gewissen einfach zu erfüllenden
Bedingungen größer werden als die ungeändert bleibende Besetzungszahl
des Niveaus 2. Für den Übergang $3 \rightarrow 2$ stehen also ständig überschüssige
Teilchen zur Verfügung.

Die Verhältnisse sollen nun auch quantitativ untersucht werden, obwohl
dabei überall weitgehende Näherungen verwendet werden.

Im thermischen Gleichgewicht ist die Zahl der sich auf den einzelnen
Niveaus aufhaltenden Teilchen

$$N_1, \quad N_2 = N_1 \mathrm{e}^{-\frac{W_2-W_1}{kT}}, \quad N_3 = N_1 \mathrm{e}^{-\frac{W_3-W_1}{kT}}.$$

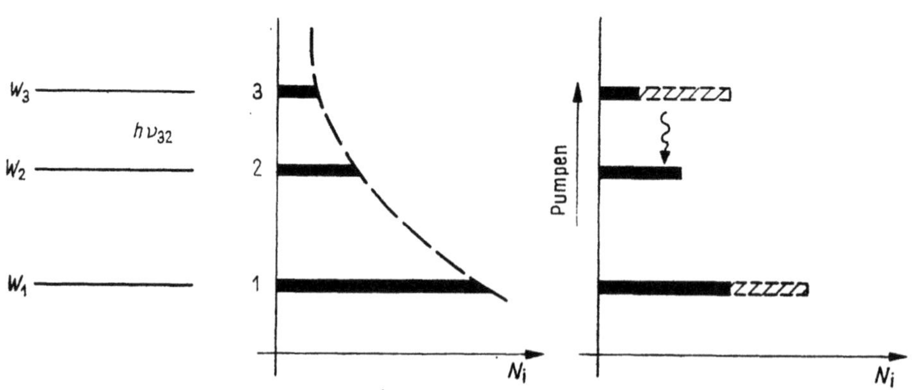

9.12 Die Niveaus des paramagnetischen Drei-Niveau-Verstärkers bei konstantem
magnetischem Feld, die Besetzungszahlen im Gleichgewicht sowie die Besetzungszahlen beim Pumpen, das in den Sättigungszustand führt

Obwohl die Beziehungen $W_2 - W_1 \ll kT$ bzw. $W_3 - W_1 \ll kT$ gerade infolge der tiefen Temperatur im allgemeinen nicht bestehen, erhält man die wesentlichen Beziehungen trotzdem mit genügender Genauigkeit bei Anwendung der ersten Näherung der exponentiellen Funktion. Die Besetzungszahlen sind demnach

$$N_1, \quad N_2 \approx N_1\left(1 - \frac{W_2 - W_1}{kT}\right), \quad N_3 \approx N_1\left(1 - \frac{W_3 - W_1}{kT}\right).$$

Wird die Aktivierungsfrequenz eingeschaltet, so gilt die Beziehung $n_1 = n_3$ (die Kleinbuchstaben bezeichnen die entsprechenden *neuen* Besetzungszahlen), während $n_2 = N_2$ ist.

Auf Grund der Beziehungen $n_1 + n_3 = N_1 + N_3$ sowie $n_1 = n_3$ ergibt sich der Wert

$$n_1 = n_3 = N_1\left(1 - \frac{1}{2}\frac{W_3 - W_1}{kT}\right).$$

Für die induzierte Emission stehen also

$$n_3 - n_2 = N_1\left[\frac{W_2 - W_1}{kT} - \frac{1}{2}\frac{W_3 - W_1}{kT}\right]$$

überschüssige Teilchen zur Verfügung. Damit diese tatsächlich einen »Überschuß« darstellen, ist es erforderlich, daß $n_3 - n_2 > 0$, d. h.

$$W_2 - W_1 > \frac{1}{2}(W_3 - W_1)$$

ist; mit anderen Worten bedeutet dies, daß das Niveau *2* oberhalb der Halbierungslinie zwischen den Niveaus *3* bzw. *1* liegen muß. Falls die genaue Verteilung sowie auch die Relaxationsvorgänge berücksichtgt werden, so wird diese Beziehung natürlich komplizierter.

Wir untersuchen nun die zu entnehmende Leistung (und begnügen uns dabei wiederum mit einer größenordnungsmäßigen Schätzung):

$$P = (n_3 - n_2)h\nu_{32}w_{32}.$$

Die Übergangswahrscheinlichkeit w_{32} wird in diesem Fall *nicht* durch die Wahrscheinlichkeit des induzierten Überganges bestimmt, vorausgesetzt, daß die letztere groß genug ist. Es ist nämlich offenbar, daß die Elektronen im stationären Fall keineswegs schneller vom Niveau *3* auf das Niveau *2* gelangen können, als sie das letztere zu verlassen vermögen. Die Geschwindigkeit des Hinunterkommens von dem Niveau *2* wird durch die Relaxationszeit bestimmt, da diese Größe die Wechselwirkung zwischen Spin und Gitter charakterisiert, und diese Wechselwirkung ist es, die zur Wiederherstellung des thermischen Gleichgewichtes drängt. Es gilt daher die

Beziehung $w_{32} \sim 1/\tau_1$. Die zu entnehmende Leistung beträgt daher

$$P = N_1 \left[\frac{h\nu_{21}}{kT} - \frac{1}{2} \frac{h\nu_{31}}{kT} \right] h\nu_{32}\, w_{32} = \frac{N_1}{kT} h^2 \nu_{32} \left(\frac{\nu_{21}}{\tau_1} - \frac{\nu_{32}}{\tau_1} \right) =$$

$$= \frac{N h^2 \nu_{32}}{3\, kT} \left(\frac{\nu_{21}}{\tau_1} - \frac{\nu_{32}}{\tau_1} \right). \tag{11}$$

Hierbei wurde z. T. die Näherung verwendet, daß sich das Niveau *2* in der Nähe der Halbierungslinie zwischen den Niveaus *1* und *3* (bzw. etwas höher) befindet, so daß $h\nu_{31}/2 = h\nu_{32}$ ist, ferner, daß die Gesamtteilchenzahl das Dreifache der sich auf dem Niveau *1* aufhaltenden Teilchen beträgt. Die etwas genaueren, aber immer noch annähernden Überlegungen ergeben die Formel

$$P = \frac{1}{2} \frac{N h^2 \nu_{32}}{3\, kT} \left(\frac{\nu_{21}}{(\tau_1)_{21}} - \frac{\nu_{32}}{(\tau_1)_{32}} \right).$$

Von dem die Größenordnung überhaupt nicht beeinflussenden Faktor 1/2 abgesehen besteht der Unterschied gegenüber der Formel (11) lediglich darin, daß verschiedene Relaxationszeiten für die Übergänge *2 → 1* bzw. *3 → 2* berücksichtigt worden sind. Übrigens ist auch die Größenordnung dieser Werte die gleiche, so daß der Unterschied nicht ausschlaggebend ist. Die Daten eines konkreten Versuchs lauten

$$N = 3{,}9 \cdot 10^{19}; \quad \nu_{32} = 2800 \text{ MHz}; \quad \nu_{21} = 6600 \text{ MHz}; \quad \tau_1 = 0{,}2 \text{ s};$$

$$T = 1{,}25 \text{ °K}.$$

Mit diesen Daten ergibt sich der theoretische Wert

$$P = 87 \text{ erg/s} = 8{,}7 \ \mu\text{W}.$$

Die Versuche haben ein Ergebnis der gleichen Größenordnung (4 μW) ergeben. Die Aktivierungsleistung liegt in der Größenordnung des mW.

Die drei Niveaus des Drei-Niveau-Festkörpermasers ergeben ebenfalls die in das Gitter eines diamagnetischen Stoffes eingebauten verunreinigenden paramagnetischen Ionen. Der Rubin (Al_2O_3 verunreinigt durch 0,1% Cr) sowie das durch 0,5% Cr verunreinigte Kalium-Kobalt-Zyanid ($K_3Co(CN)_6$) kommen sehr oft vor.

Das elektromagnetische Feld der umgebenden diamagnetischen Ionen übt einen starken Einfluß auf das Feld des eingebauten Ions aus, so daß man folglich Linienverschiebungen bzw. Aufspaltungen gemäß dem *Stark*-Effekt erhält. Durch Beeinflussung der Elektronenbahnen sowie über den Zusammenhang zwischen Bahn und Spin kommt das elektrische Feld in eine Wechselwirkung mit dem magnetischen Moment des Elektrons. So spaltet sich das Grundniveau des dreifach ionisierten Cr^{+++} im Rubin unter dem Einfluß des inneren elektrischen Feldes in zwei Linien, deren jede auch noch entartet ist (Abb. **9**.13). Das äußere magnetische Feld hebt diese Entartung auf, so daß man den Ausrichtungen 3/2, $+1/2$, $-1/2$,

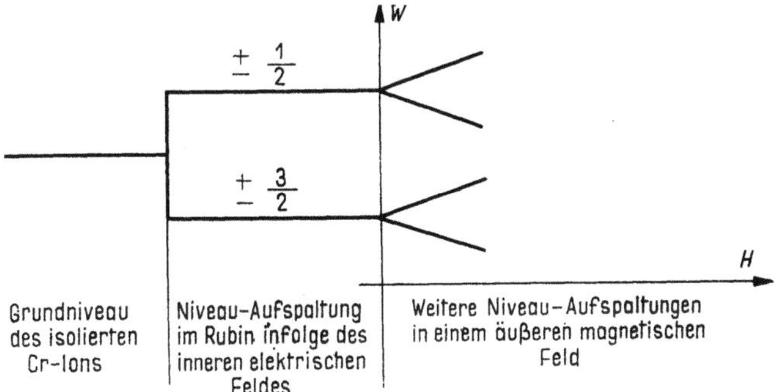

9.13 Die Aufspaltung des Grundzustandes des Cr^{+++}-Ions unter Einwirkung des inneren elektrischen Feldes bzw. in einem äußeren magnetischen Feld

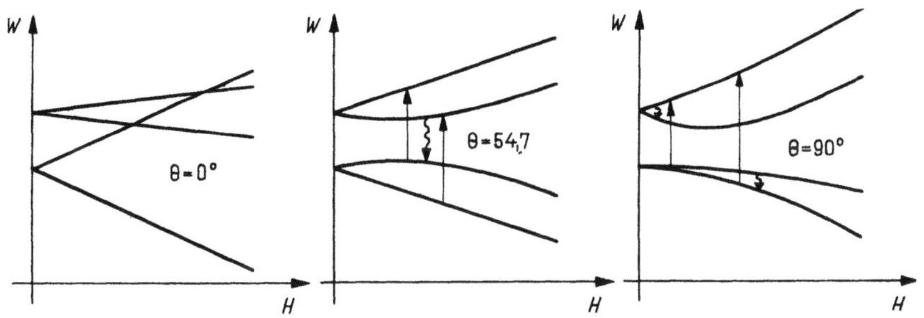

9.14 Die Energiezustände des Cr^{+++}-Ions im Rubin bei Anwendung eines äußeren magnetischen Feldes. Die Zahlenwerte bedeuten den Winkel, den die Kristallachse mit dem äußeren magnetischen Feld einschließt. Die Pfeile weisen auf die für Pumpen bzw. für Verstärkung vorteilhaften Orte hin [9. 13]

$-3/2$ des resultierenden Spins $3/2$ der Elektronen mit drei unkompensierten Spins entsprechend vier Niveaus erhält.

Den Abstand dieser Niveaus bestimmen das äußere magnetische Feld und das innere elektrische Feld zusammen, so daß dieser auch durch den Winkel bedingt ist, den die Kristallachse und das magnetische Feld einschließen (Abb. **9.14**).

Natürlich muß der schwingende Hohlraum sowohl bei der aktivierenden als auch bei der Betriebsfrequenz in Resonanz kommen (er schwingt also in zwei verschiedenen Moden). Die Abb. **9.15** zeigt zwei Moden eines einzigen schwingenden Hohlraumes, welche gerade bei den zwei erwünschten Frequenzen eine Resonanz ergeben [0.7, Seite 863].

Die schematische Skizze eines Maser-Verstärkers ist in Abb. **9.16** dargestellt; das durch die Antenne empfangene Signal wird über den Zirkulator dem schwingenden Hohlraum zugeführt. Die Aufgabe des Zirkulators ist es, einerseits das Eingangssignal ausschließlich dem Hohlraum zuzulenken, andererseits das aus dem Hohlraum kommende verstärkte

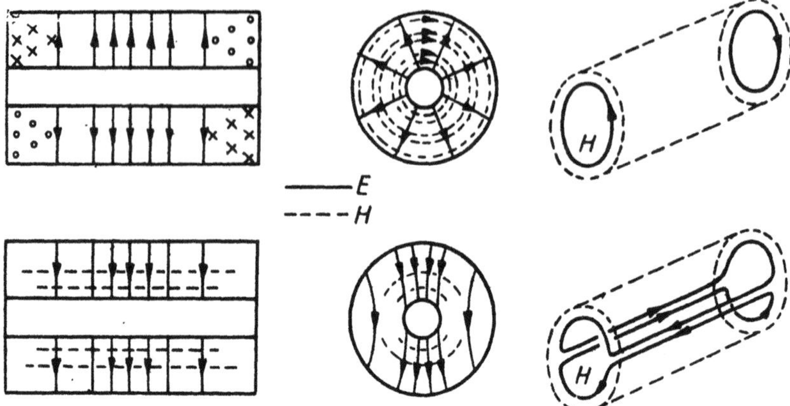

9.15 Die Schwingung eines Hohlraumes in verschiedenen Formen

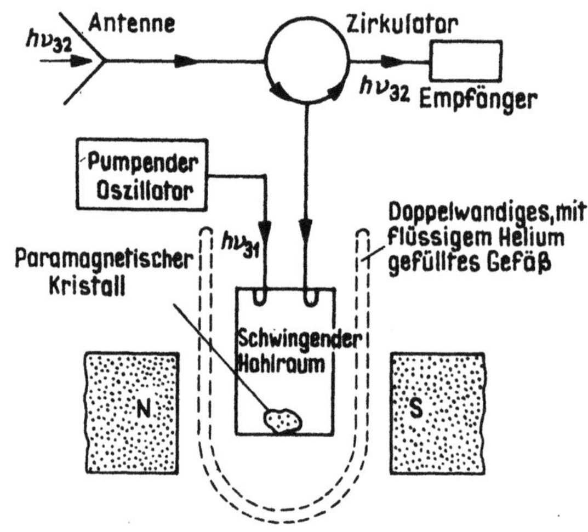

9.16 Schematische Skizze eines Maser-Verstärkers [9.11]

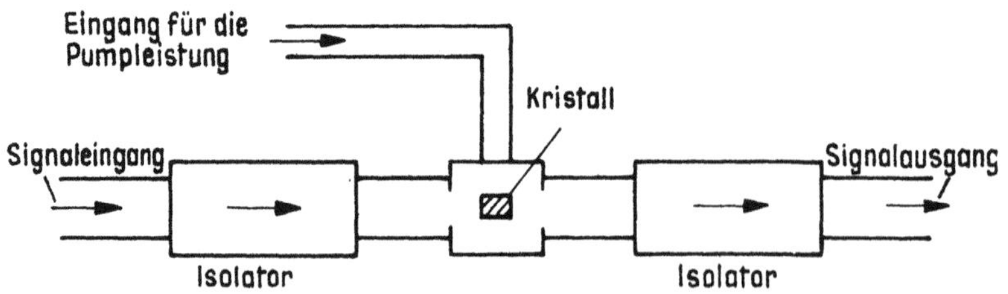

9.17 Maser-Verstärker in durchgehender Anordnung [9.11]

Signal nur zu dem Empfänger durchzulassen. Der paramagnetische Ionen enthaltende Kristall ist zusammen mit dem schwingenden Hohlraum in einem durch flüssiges Helium gekühlten Gefäß untergebracht und so zwischen den Polen des statischen Magneten angeordnet.

Es ist auch eine durchgehende Anordnung nach Abb. **9.**17 möglich, bei der das Ausgangssignal mit Hilfe eines besonderen Auskopplers über eine separate Ausgangsleitung geführt wird. In diesem Fall sind Isolatoren an Stelle des Zirkulators einzusetzen, um das Fortschreiten der Wellen in der falschen Richtung zu verhindern.

Der Drei-Niveau-Maser ist ein für den kontinuierlichen Betrieb geeigneter Verstärker mit regelbarer Frequenz und sehr geringem Geräusch. Seine Bandbreite ist jedoch sehr klein, sie liegt um 10^5 Hz. Auf gewissen Anwendungsgebieten ist diese Eigenschaft von sehr großer Bedeutung; der Verwendungskreis des Gerätes wird jedoch dadurch sehr eingeengt.

9.3 Lasertypen

9.3.1 Festkörperlaser

Die Laser oder optischen Maser funktionieren ebenfalls auf Grund des Prinzips der induzierten Emission. Obwohl ihre Benennung auf Verstärkung hinweist (Light Amplification by Stimulated Emission of Radiation), werden sie meistens als Generatoren eingesetzt, die kohärente Lichtwellen sehr großer Intensität und Frequenz erzeugen.

Bei dem Übergang aus dem Mikrowellenbereich in den Lichtwellenbereich ergeben sich neue Probleme — und gleichzeitig neue Möglichkeiten. Diese beziehen sich auf die Aktivierung sowie auf den abgestimmten Hohlraum.

Die Funktion des Lasers läßt sich wiederum am Beispiel des ersten, des Rubin-Lasers, veranschaulichen. Der Rubin-Laser gehört zu dem Typ der Drei-Niveau-Laser. Die hierbei vorkommenden Energieniveaus der in einem Gitter aus Aluminumoxyd (Al_2O_3) eingebauten Verunreinigung von 0,05% Cr^{3+} sind aus Abb. **9.**18 ersichtlich. Für die Laser-Funktion sind hierbei zwei Umstände wesentlich: 1) Das oberste Energieniveau ist sehr breit und stellt keine Linie, sondern ein Band dar. 2) Aus diesem Band gelangen die Elektronen als Folge der Wechselwirkung mit dem Kristallgitter in sehr kurzer Zeit auf das scharfe Niveau hinunter. Diese Energieabgabe findet also ohne Photonenemission statt. Die von dem Niveau 2 in den Grundzustand 1 zurückkehrenden Elektronen strahlen die Betriebsfrequenz aus. Bei dem Rubin-Laser ist die entsprechende Wellenlänge $\lambda = 9643$ Å, die einer tiefroten Farbe entspricht.

Auf Grund des bisher Gesagten können Aufbau und Funktion des Rubin-Lasers folgendermaßen beschrieben werden (Abb. **9.**19): Ein Rubin-Stab wird spiralig mit einer Blitzlichtlampe (flash) umwickelt, die zur Erzeugung von Entladungen sehr hoher Intensität geeignet ist. Das Aufblitzen dieser Lampe liefert die Aktivierungs- oder Pumpenergie, die die Elektronen aus dem Zustand 1 in das Band 3 hebt. Infolge der großen Bandbreite dieses Energieniveaus wird die eingesetzte Lichtenergie mit einem ver-

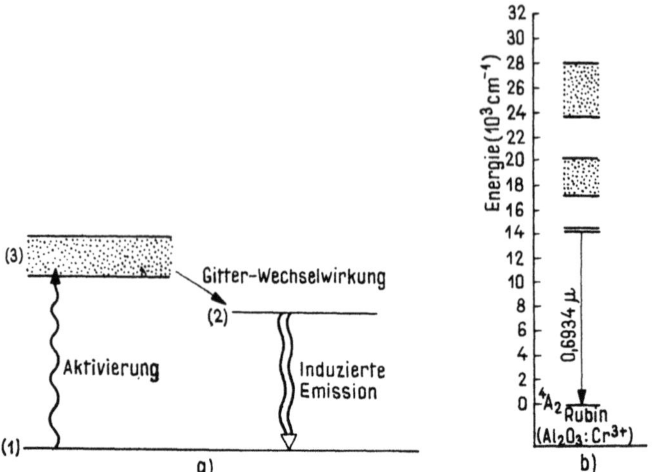

9.18 *a)* Das Schema der Niveaus des Drei-Niveau-Lasers; *b)* eine genauere Abbildung der Niveaus des Rubin-Lasers

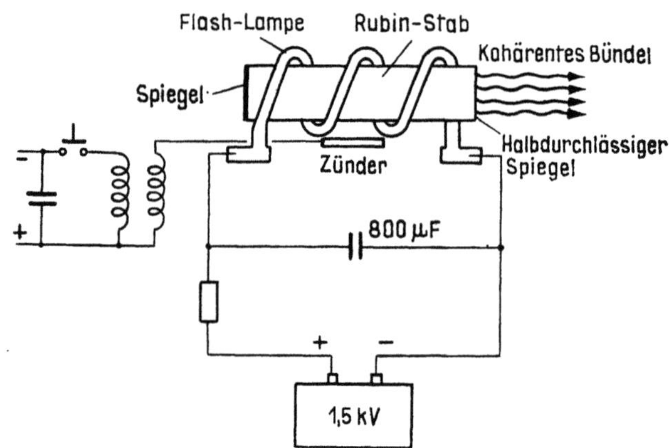

9.19 Schematischer Aufbau des Rubin-Lasers für Impulsbetrieb

hältnismäßig guten Wirkungsgrad ausgenützt. Dann sollen die von dem Niveau (3) auf das Niveau (2) gekommenen Elektronen zu einer angeregten Emission bewegt werden. Dies wird dadurch erreicht, daß die beiden Enden des Stabes mit einer reflektierenden Schicht versehen werden. Eine dieser Schichten ist halbdurchlässig, so daß die kohärente Welle dadurch austreten kann. In dieser Weise begrenzen die beiden Spiegelflächen einen schwingenden optischen Hohlraum; an ihnen wird die beginnende spontane Strahlung — falls diese in der richtigen Richtung startet und den Kristall in seitlicher Richtung nicht verläßt — reflektiert und kann die Emission anregen. Nach mehrfach wiederholter Reflexion erhält man ein sehr intensives kohärentes Bündel, das in Form einer im wesentlichen ebenen Wellenfront in der Richtung der Rubin-Achse fortschreitet. Die Erscheinung dauert solange an, bis die Besetzungszahlen der Niveaus (1) und (2) einander gleich werden. In diesem Fall wird nämlich die Zahl der angeregten Absorptionen und Emissionen identisch.

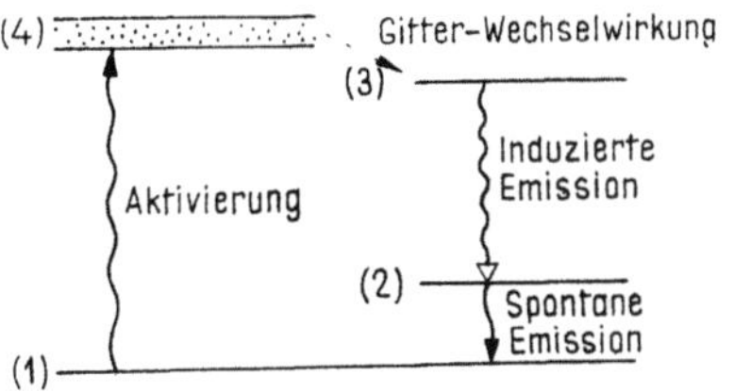

9.20 Der Vier-Niveau-Laser

Die beschriebene Funktion des Rubin-Lasers ist also intermittierend; der kontinuierliche Betrieb stößt jedoch auf keine Schwierigkeiten. Praktisch ist aber zum Anlassen des Lasers eine bestimmte Leistung erforderlich, deren kontinuierliche Bereitstellung etwas umständlich ist.

Bei den Drei-Niveau-Lasern ist die Besetzungszahl des Grundniveaus 1 sehr hoch, so daß auch auf das Niveau (2) sehr viele Elektronen gebracht werden müssen, damit die induzierte Emission größer wird als die induzierte Absorption. Diese Schwierigkeit kann bei dem Vier-Niveau-Laser folgendermaßen behoben werden (Abb. **9.**20): Man sucht Stoffe aus, die ein leeres, unbesetztes Niveau in einem Abstand von mehr als kT oberhalb des Grundniveaus besitzen. Mit Hilfe der äußeren Lichtquelle gelangen die Elektronen vom Grundniveau in das Band (4), von dort infolge der Gitter-Wechselwirkung auf das scharfe Niveau (3) und dann unter Ausstrahlung der Betriebsfrequenz auf das von Anfang an unbesetzte Niveau (2). Hiervon kehren schließlich die Elektronen der Relaxationszeit entsprechend unter Ausstrahlung einer Schwingung niedrigerer Frequenz in den Grundzustand (1) zurück. Das in das Kristallgitter eingebaute dreifache Ion des zu den seltenen Erden gehörenden Europiums besitzt die erforderlichen vier Niveaus. Der einzige Nachteil dieses Stoffes besteht darin, daß das Band (4) sehr schmal ist, so daß nur ein sehr kleiner Teil der aktivierenden Lichtenergie ausgenützt werden kann. Dies kann jedoch überwunden werden, indem das Europium in eine organische Verbindung eingebaut wird, die ein breites Absorptionsband besitzt. Die Moleküle der organischen Verbindung übergeben einen bedeutenden Teil ihrer Energie dem Europium, das dadurch in den zur Laser-Funktion erforderlichen Zustand (3) gelangt. Die alkoholische Lösung des Europium-Benzoylazetonats (d. h. eine Flüssigkeit) hat sich als brauchbarer Laser erwiesen. Das Europium-Ion läßt sich auch in Kunststoffe einbauen.

Bei einer Länge von 20 bis 25 cm und einem Durchmesser von 1,5 cm strahlt der Rubin-Laser, dem pumpenden, 10^{-3} s dauernden Lichtimpuls entsprechend, eine Impulsleistung von 10 kW während einer Zeit ähnlicher Größenordnung aus. Infolge der großen Bandbreite kann der Wirkungsgrad 10 bis 15% des Lichtes der Lichtquelle erreichen. Die Wiederholungszeit ist von der Kühlung abhängig und kann einige zehn Pulse je Sekunde betragen. Die Impulsdauer kann bis auf 10^{-8} s herabgesetzt werden, wenn man einen Spiegel für die Pumpdauer »abschafft« (s. Abb. **9.**21) und die Induzierung der Übergänge nur dann ermöglicht, wenn die Anregung bereits beendet worden ist. In diesem Fall bedeutet die Energie von 1 Ws

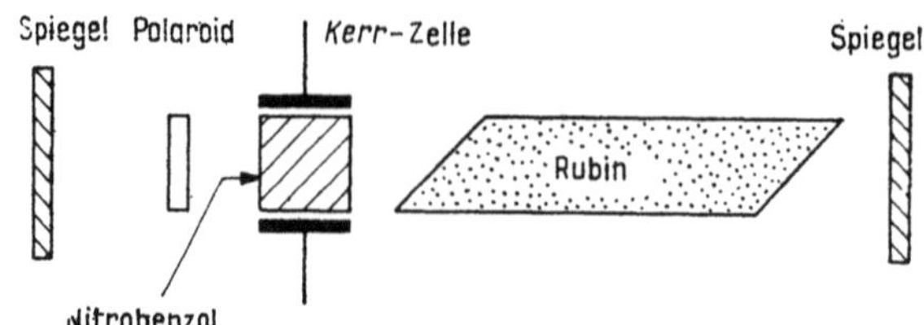

9.21 Der in der Bahn des Laserstrahles angeordnete Polaroid-Filter läßt den eine bestimmte Polarisationsebene aufweisenden Strahl nicht durch. Folglich kann dieser an dem linksseitigen Spiegel nicht reflektiert werden, so daß es keine positive Rückkopplung gibt. Eine an die *Kerr*-Zelle gelegte entsprechende Spannung verdreht die Polarisationsebene derart, daß der Strahl den Polaroid-Filter durchdringen kann

und die Dauer von 10^{-8} s eine Impuls-Leistung von 100 MW. Eine weitere Möglichkeit zur Steigerung der Impuls-Leistung bietet die Kaskaden-Anordnung, bei der der Impuls eines Lasers durch einen anderen weiterverstärkt wird. Damit läßt sich bei einer Energie von 20 Ws und bei einer Dauer von 10^{-9} s eine augenblickliche Leistung von 10^{10} W erreichen. Die Impulsdauer kann bis auf einen Wert von 10^{-11} bis 10^{-12} s herabgesetzt werden, dem eine maximale Impuls-Leistung von 10^{13} W entspricht. Die Daten der wichtigeren Festkörperlaser sind in der Tabelle **9.**1 zusammengefaßt.

Tabelle **9.**1. Festkörperlaser [9. 13]

Aktivmaterial	Wellen-länge μm	Tempe-ratur °K	Schwel-len-leistung W	Aus-gangs-leistung W	Bemerkung
Rubin Al_2O_3	0,6934	77	850	$4 \cdot 10^{-2}$	
Cr+++	0,6943	300	1200	1	
YAG:Nd+++	1,06	3000	500	1,5	YAG: Yttrium-Aluminium-Granat
YAG: : Cr+++Nd+++	1,06	77	180	10	
Glas: Nd+++	1,06	3000	1370	10	
YAG: Yb+++ Tu+++Er+++ Ho+++	2,123	85	30	15	Wirkungsgrad 5% bei einer Pumpleistung von 300 W

9.3.2 Die Gaslaser

Neben den Festkörper- und Flüssigkeitslasern können auch die Gaslaser eine hohe Bedeutung erlangen. Bei diesen tritt eine neue Möglichkeit auf, indem die Aktivierungsenergie auch durch den Stoß mit Elektronen hoher Geschwindigkeit geliefert werden kann. Solche Elektronen werden

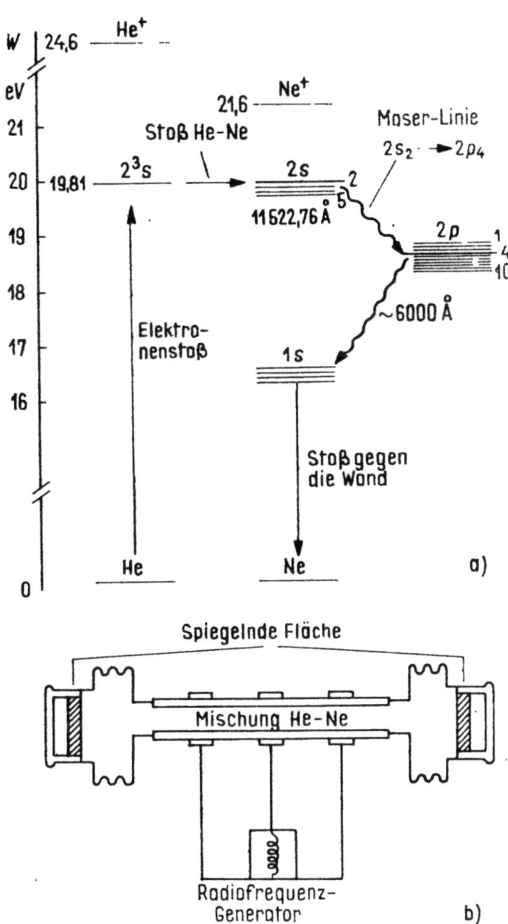

9.22 *a)* Die Energieniveaus des Neon-Helium-Lasers; *b)* die schematische Anordnung des Lasers [9.10]

durch eine in dem Gas selbst erzeugte Entladung bereitgestellt. Um ein gutes Funktionieren zu sichern, sind die Elektronen von dem der Betriebsstrahlung entsprechenden unteren Niveau so schnell wie möglich auf das Grundniveau zurückzubringen. Dies kann wirksam realisiert werden, falls die Atome häufig gegen die Gefäßwand stoßen; es kommen also Gefäße von verhältnismäßig kleinen Abmessungen, d. h. von relativ großer Innenfläche, zur Verwendung.

Die Verhältnisse im Gaslaser können wiederum am Beispiel des ersten, des Neon-Helium-Lasers, studiert werden (Abb. **9.**22). Die Elektronen der Gasentladung bringen die He-Atome in verschiedene angeregte Zustände. Durch Stöße und Photonenemission verlieren diese allmählich ihre Energie, während sie sich verhältnismäßig lange im metastabilen Zustand $2^3 s$ befinden. Aus diesem Zustand kommen sie am häufigsten durch Stöße gegen Neonatome in den Grundzustand zurück, wobei sie diese auf eines ihrer $2s$-Niveaus anregen. Die ganz geringe Energiedifferenz erscheint

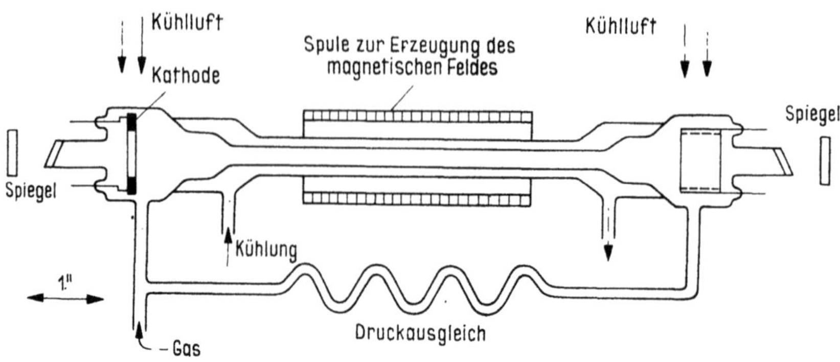

9.23 Der Argon-Ion-Laser *(R. A. Paananen)*

in der Form von kinetischer Energie. Die Neonatome gelangen dann unter
Emission von Photonen auf das Niveau $2p$. Unter den vielen möglichen
Übergängen kann der intensivste bzw. die ihm entsprechende Strahlung
der Wellenlänge 11 522,76 Å in verstärkter Form als Laser-Strahlung
verwendet werden. Von dem Niveau $2p$ gelangt das Neonatom in sehr kurzer Zeit (0,01 μs) in den metastabilen Zustand $1s$, von dem es nur dann
in den Grundzustand hinunterkommen kann, wenn es bereits gegen die
Wand gestoßen ist. Die Abb. **9.**22 zeigt die schematische Anordnung eines
He—Ne-Gaslasers.

Tabelle **9.**2. Eigenschaften einiger Gaslaser [9.13]

Aktivmaterial	Wellenlänge μm	Betriebsart	Bemerkung
N_2-Molekül	0,3371	Impuls	sehr hohe Impulsleistung, Hochspannung erforderlich
Ar^{++}-Ion	0,4880 0,5145	kontinuierlich	hohe Leistung im blauen und im grünen Bereich
Kr^{++}-Ion	0,5682	kontinuierlich	hohe Leistung im gelben Bereich
Mischung von He und Ne	0,6328	kontinuierlich	mittlere Leistung im roten, kleine im infraroten Bereich
Xe-Atom	2,061	kontinuierlich	hoher Verstärkungsfaktor
Mischung von $CO_2 + N_2 + He$	10,6	kontinuierlich und Impuls	ausgezeichneter Wirkungsgrad und sehr hohe Leistung
H_2O-Molekül	27,9 118,6	Impuls Impuls	sehr hohe Leistung im infraroten und im fernen infraroten Bereich
HCN-Molekül	337	kontinuierlich	im fernen infraroten Bereich

Trotz seiner geringen Leistung (10 bis 100 mW) und seines schlechten Wirkungsgrades 10^{-2} bis $10^{-3}\,\%$ ist der He—Ne-Laser infolge seiner guten Richtbarkeit und monochromatischen Eigenschaft, ferner infolge seiner einfachen Konstruktion einer der am weitesten verbreiteten Gaslasertypen.

Die die Energieniveaus des ionisierten Gases verwendenden Ionenlaser (Abb. **9.**23) sind für größere Leistungen geeignet. Zur Ionisierung des Gases ist eine sehr große Stromdichte ($\sim$ 1000 A/cm²) erforderlich. Solche Werte können dadurch erreicht werden, daß die Entladung zwangsweise durch eine Kapillare geführt wird, die dann selbstverständlich wirksam gekühlt werden muß. Im Bereich des sichtbaren und des ultravioletten Lichtes sind es diese Laser, die die größte Leistung (einige 10 W im Dauerbetrieb) erbringen. Im Impulsbetrieb ist ihre Höchstleistung 100 kW. Ihr Wirkungsgrad erreicht 1% (Tabelle **9.**2).

An dieser Stelle sind noch die chemischen Laser zu erwähnen. Das Wesentliche dieser Geräte besteht darin, daß eines der an einer chemischen Reaktion teilnehmenden Teilchen nach Ablauf der Reaktion in den angeregten Zustand gerät, wodurch die Populationsinversion bereits realisiert wurde. Natürlich kommen nur die schnellen Reaktionen, wie die Photodissoziation oder die Explosion, in Betracht. Als Ergebnis der Photodissoziations-Reaktion des Gases CF_3J

$$CF_3J + h\nu \to CF_3J^*$$

z. B. bleibt das Jod im angeregten Zustand zurück. In dieser Weise kann man in einem Rohr von 1 m Länge und 10 mm Durchmesser bei einer Energie von 65 Ws eine Impulsleistung von 50 kW erhalten.

9.3.3 Die Halbleiterlaser

Die hohe Elektronenkonzentration sowie die gute elektrische Leitfähigkeit der Halbleiter verspricht eine sehr intensive Aktivierungsmöglichkeit. Sowohl von dem Übergang zwischen Zone und Zone als auch von dem zwischen einem Stör-Niveau und einer Zone oder zwischen den Stör-Niveaus selbst ist eine Laserstrahlung zu erwarten.

Im folgenden werden ausschließlich die Übergänge zwischen Zonen besprochen. Bei einem solchen Übergang muß sowohl der Satz von der Erhaltung der Energie als auch der der Impulserhaltung befriedigt werden, obwohl hinsichtlich der Erhaltung der Energie die Ungenauigkeitsrelation $\Delta W \Delta t \sim h$ eine gewisse Freiheit gewährt. Der Impulssatz lautet

$$p_{\text{Anfang}}^{\text{Elektron}} = p_{\text{Ende}}^{\text{Elektron}} + p^{\text{Photon}}$$

Da der zu dem Übergang gehörende Photonenimpuls auf Grund der Beziehung $h\nu/c$ gegenüber dem Impuls des Elektrons vernachlässigt werden kann, lassen sich die mit der Emission oder Absorption von Photonen verbundenen Übergänge durch vertikale Geraden im Diagramm $W = W(k)$ darstellen; ein solcher direkter Übergang kann zustande kommen, wenn

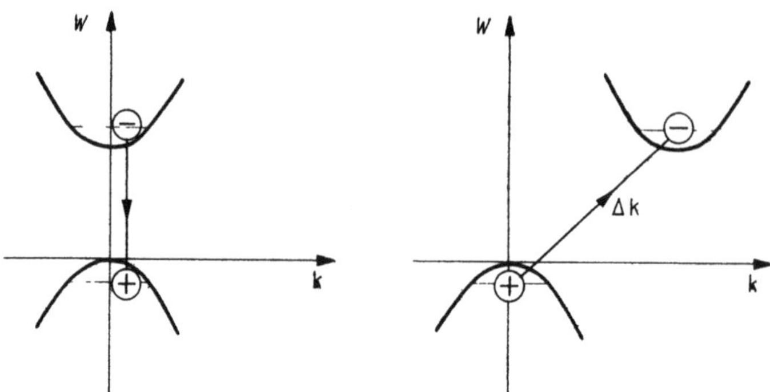

9.24 Bei einem direkten Übergang bleibt der Impuls nahezu konstant, während bei dem indirekten Übergang die Impulsänderung durch den Impuls eines Phonons ausgeglichen wird

das Minimum und das Maximum der Energie einander gegenüberstehen (Abb. 9.24). Das ist der Fall z. B. bei dem GaAs.

Bei Ge und Si sind dagegen die mit einem Elektron bzw. mit einem Loch besetzten Plätze gegeneinander verschoben, so daß nur der indirekte Übergang in Betracht kommt. In diesem Fall hat das Gitter die Kompensation der Impulsänderung des Elektrons zu übernehmen, so daß ein Phonon diese Änderung aufnimmt. Bisher konnte eine Laserwirkung nur durch den direkten Übergang verwirklicht werden.

Unter normalen Umständen, also auch im thermischen Gleichgewicht, gibt es immer Rekombinationen von Elektron und Loch. Da es aber in dem Valenzband mehr Elektronen gibt als in dem Leitungsband, ist die Zahl der Absorptionsübergänge größer als die der mit induzierter Emission strahlenden Übergänge. Der Idealfall der Populationsinversion (Abb. 9.25) wäre, wenn der untere Rand des Leitungsbandes mit Elektronen

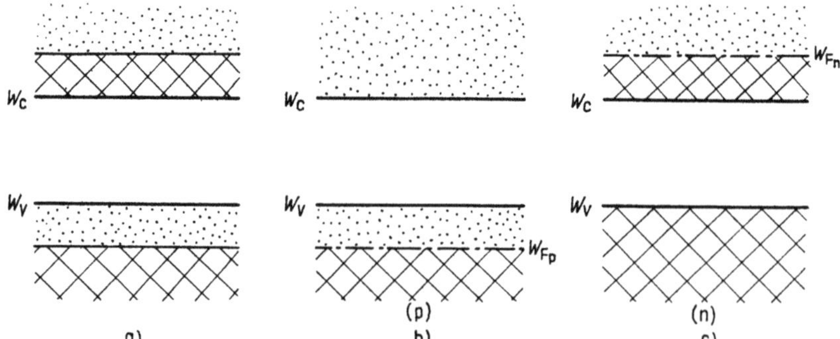

9.25 Die erwünschte Lage, d. h. vollbesetzte über leere Niveaus (a); der Besetzungszustand des *Fermi*-Niveaus eines Halbleiters in der Nähe von 0° K im Fall des entarteten p-Typs (b) bzw. n-Typs (c)

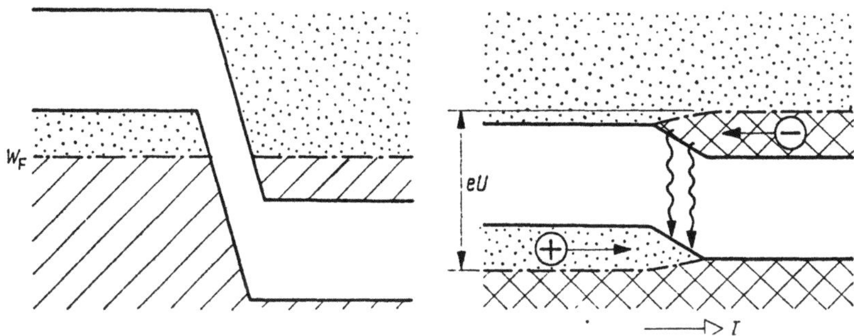

9.26 *a)* Die bei dem Übergang von zwei entarteten Halbleitern ohne angelegte Spannung eintretenden Verhältnisse (die *Fermi*-Niveaus fallen zusammen); *b)* bei einer äußeren Spannung in Öffnungsrichtung stellt sich die erwünschte Niveaubesetzung ein (dabei sind die *Fermi*-Niveaus in einem der angelegten Spannung entsprechenden Maß gegeneinander verschoben)

vollgefüllt, dabei aber der obere Rand des Valenzbandes völlig leer wäre, so daß Löcher die dort vorhandenen Niveaus besetzen.

Aus der Theorie der Halbleiter (Abschn. 5.2) ist bekannt, daß das *Fermi*-Niveau im Fall des entarteten Halbleiters des p- oder des n-Typs in das Valenzband bzw. in das Leitungsband fällt. Bei niedrigen Temperaturen findet man demnach mit Elektronen besetzte Niveaus der Abb. **9.25** gemäß bis zu diesem Energieniveau. Es ist ferner bekannt, daß die *Fermi*-Niveaus auf der gleichen Linie liegen, falls ein pn-Übergang aus diesen beiden Halbleitern hergestellt wird (Abb. **9.26a**). Wird nun der so entstandenen Diode eine Spannung in Öffnungsrichtung angelegt, so entsteht die erwünschte Populationsinversion in der Übergangsschicht gemäß der Abb. **9.26b**. Werden dann noch zwei senkrecht zur Übergangsschicht liegende Flächen der Diode nach Abb. **9.27** als Spiegel ausgeführt, so verläßt ein kohärentes Bündel die Laser-Diode in der Ebene der Übergangsschicht.

Wir untersuchen nun etwas eingehender die Bedingung der Erzeugung des Laser-Effektes. Diese besteht offenbar darin, daß die Zahl der mit einer Ausstrahlung verbundenen Übergänge aus dem Leitungsband in das Valenzband die Zahl der Absorptions-Übergänge übertreffen soll. Die durch die Photonen-Energiedichte $\varrho(v)$ angeregte Emission ist der Besetzungswahrscheinlichkeit des unteren Niveaus des Leitungsbandes

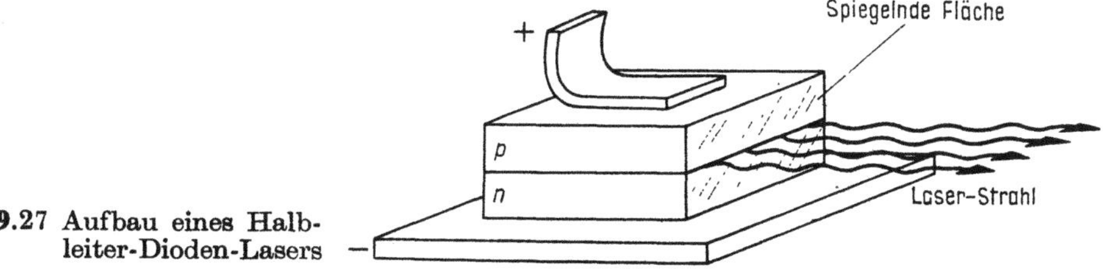

9.27 Aufbau eines Halbleiter-Dioden-Lasers

$$f_{\mathrm{c}} = \left(1 + e^{\frac{W_{\mathrm{c}}-W_{\mathrm{Fn}}}{kT}}\right)^{-}$$ sowie der Wahrscheinlichkeit $(1 - f_{\mathrm{v}})$ des Valenzbandes, nicht besetzt zu sein, proportional, wobei

$$f_{\mathrm{v}} = \left(1 + e^{\frac{W_{\mathrm{v}}-W_{\mathrm{Fp}}}{kT}}\right)^{-1},$$

d. h.

$$\left(\frac{\mathrm{d}\varrho}{\mathrm{d}t}\right)_{\mathrm{Emission}} = AB_{\mathrm{cv}}f_{\mathrm{c}}(1 - f_{\mathrm{v}})\,\varrho(\nu)$$

ist. In analoger Weise gilt

$$\left(\frac{\mathrm{d}\varrho}{\mathrm{d}t}\right)_{\mathrm{Absorption}} = AB_{\mathrm{vc}}f_{\mathrm{v}}(1 - f_{\mathrm{c}})\,\varrho(\nu).$$

Die Bedingung des Laser-Effektes ist daher, daß

$$\left(\frac{\mathrm{d}\varrho}{\mathrm{d}t}\right)_{\mathrm{Emission}} > \left(\frac{\mathrm{d}\varrho}{\mathrm{d}t}\right)_{\mathrm{Absorption}},$$

d. h.

$$AB_{\mathrm{cv}}f_{\mathrm{c}}(1 - f_{\mathrm{v}})\,\varrho(\nu) > AB_{\mathrm{vc}}f_{\mathrm{v}}(1 - f_{\mathrm{c}})$$

ist. Durch Vereinfachen erhält man die Beziehung

$$f_{\mathrm{c}} > f_{\mathrm{v}},$$

so daß schließlich die Beziehung

$$W_{\mathrm{Fn}} - W_{\mathrm{Fp}} > W_{\mathrm{c}} - W_{\mathrm{v}} = \Delta W_{\mathrm{verboten}}$$

gilt.

Da aber $W_{\mathrm{c}} - W_{\mathrm{v}} = h\nu$ ist, gilt die Beziehung

$$W_{\mathrm{Fn}} - W_{\mathrm{Fp}} > h\nu.$$

Mit Rücksicht auf die Beziehung $W_{\mathrm{Fn}} - W_{\mathrm{Fp}} = eU$ folgt daraus auch, daß

$$eU > h\nu$$

sein soll.

Die beschriebene, auf Injektion begründete Methode ist nicht die einzige Möglichkeit zur Bewirkung der Populationsinversion. Auf welche Art immer Elektronen in der Leitungszone erzeugt werden, sie sammeln sich sehr rasch (in 10^{-10} bis 10^{-9} s) infolge der Wechselwirkung mit dem Gitter im unteren Teil der Leitungszone, desgleichen die Löcher in dem oberen Teil der Valenzzone, und die Re-

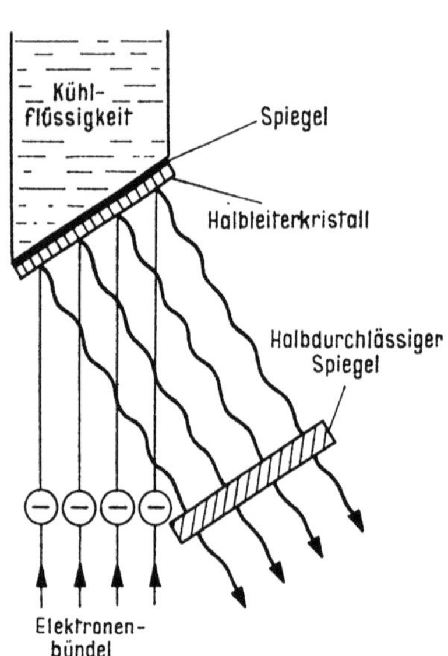

9.28 Anregung eines Halbleiterlasers durch ein Elektronenbündel [9.13]

kombination erfolgt erst danach mit einer Relaxationszeit von 10^{-3} bis 10^{-9} s.

Eine vielversprechende Methode der Energiezufuhr (des Pumpens) besteht in der Bombardierung mit sehr schnellen Elektronen, deren Energie zwischen 0,05 bis 0,5 MeV liegt. Zur Verwirklichung sind eine entsprechend durchgebildete wirksame Kühlung und große Abmessungen erforderlich, wobei sehr hohe Leistungen zu erwarten sind (Abb. **9.28**).

Eine weitere Möglichkeit bietet die Anregung durch Laserlicht. Der Kristall nützt die Lichtleistung der Pumpe mit einem ausgezeichneten Wirkungsgrad (50%) aus, der Wirkungsgrad der Gesamtanlage wird aber durch den schlechten Wirkungsgrad des zum Pumpen verwendeten Rubin-Lasers maßgeblich bestimmt.

Die Daten der wichtigeren Halbleiterlaser sind in der Tabelle **9.3** angeführt.

Tabelle **9.3**. Daten von Halbleiterlasern [9. 13]

Halbleiter	Betriebs-temperatur °K	Ausgestrahlte Wellenlänge Å	Lichtfarbe
ZnS	80	3300	Ultraviolett
ZnSe	80	4530	Violett
CdS	4—300	4850—7960	Grün
CdSe	80	6100	Orange
CdSe	80	6950	Rot
CdTe	4—80	7900—7960	Rot
GaPAs	80—300	8300—6360	Dunkelrot
GaAs	4—300	8200—9000	Infrarot
GaSb	20	15 300	Infrarot
InAs	20	30 080	Infrarot
InSb	20	49 590	Infrarot
Te	20	38 440	Infrarot
PbS	4	42 700	Infrarot
PbTe	4	64 100	Infrarot
PbSe	4	85 500	Infrarot

9.3.4 Die Anwendung der Laser

Die hinsichtlich der Anwendung entscheidenden Eigenschaften der Laser sind die eine gute Fokussierbarkeit sichernde Kohärenz sowie der außerordentlich hohe Wert der augenblicklichen Leistung.

Die Kohärenz der Laserstrahlen ermöglicht die Wiederholung der verschiedenen Interferenzversuche bei erhöhter Genauigkeit. So wurde z. B. der berühmte Versuch *Michelsons* mit einer solchen Genauigkeit wiederholt, daß eine Abweichung der Lichtausbreitungsgeschwindigkeit von 3 ms in den verschiedenen Richtungen bereits hätte nachgewiesen werden können.

Die Entwicklung einer völlig neuen Methode der räumlichen Abbildung, der sogenannten Holographie, wurde ebenfalls durch das kohärente Licht ermöglicht. Es ist ebenfalls die Kohärenz, die die Fokussierung des Laser-Strahlenbündels auf einen Fleck erlaubt, dessen Größe im wesentlichen nur durch die Wellenlänge λ gegeben ist. Neben der zeitlichen Energiekonzentration führt diese Möglichkeit zu einer räumlichen Konzentration, die den Wert von 10^{15} W/cm^2 erreicht. Die hohen Feldintensitäten haben den Weg zur experimentellen Untersuchung der nichtlinearen Optik eröffnet.

Die praktischen Anwendungen in der Chirurgie sowie in der Technologie der Werkstoffe beruhen ebenfalls auf der erwähnten Energiekonzentration.

Mit Hilfe von Laserstrahlen ist es bereits gelungen, ein Plasma von $20 \cdot 10^6$ °K Temperatur und darin eine thermonukleare Reaktion zu erzeugen.

In der Nachrichtentechnik stellen die Laserstrahlen als Trägerwellen eine große Anzahl gleichzeitiger Übertragungskanäle dar. Zu diesem Zweck mußten natürlich die Methoden der Modulation und der Detektion ausgearbeitet werden. Von den in Frage kommenden Methoden sollen folgende erwähnt werden: Die Laser können amplituden-, phasen- und frequenzmoduliert werden, genauso wie die gewöhnlichen Radiowellen. Im einfachsten Fall wird die Pumpleistung moduliert; die Ausgangsleistung ist ja eine lineare Funktion dieses Wertes. Die Phasenmodulation arbeitet entweder mit einer elektro-optischen oder einer magneto-optischen Methode auf der Grundlage, daß die Lichtgeschwindigkeit in gewissen Medien eine Funktion des äußeren elektrischen oder magnetischen Feldes darstellt.

Bei der Frequenzmodulation wird der gegenseitige Abstand der Niveaus auf Grund des *Zeemann*- oder des *Stark*-Effektes geändert. Die Änderung der Abmessungen des Resonators, z. B. mit Hilfe des piezoelektrischen Effektes, ist aber ebenfalls möglich.

Zur Detektion wird ein lichtempfindliches Gerät (Photo-Vervielfacher, Photodiode, Photowiderstand) verwendet. Die phasenmodulierten Wellen müssen aber zuvor mit einer Welle der gleichen Frequenz gemischt werden. Dadurch wird eine Verdrehung der Polarisationsebene bewirkt, die unter Einfügung eines entsprechenden Analysators zur Amplitudenmodulation führt.

Es sei schließlich erwähnt, daß Laser in Computern als logische bzw. Speicherelemente in Frage kommen können.

Anhang 1

Die Grundkonstanten der Physik

Nach B. N. Taylor, W. H. Parker, D. N. Lagenberg: Determination of e/h, QED, and the Fundamental Constants, Reviews of Modern Physics, July 1969

Bei der Bestimmung dieser Größen sind die Basiseinheiten des SI-Systems zugrunde gelegt. Diese sind die folgenden:

Meter:

1 Meter ist das 1 650 763,73fache der Wellenlänge der von ungestörten Atomen des Nuklids ^{86}Kr beim Übergang vom Zustand $5d_5$ zum Zustand $2p_{10}$ ausgesandten, sich im Vakuum ausbreitenden Strahlung (Abb. 2.27b).

Kilogramm:

1 Kilogramm ist die Masse des Internationalen Kilogrammprototyps.

Sekunde:

1 Sekunde ist das Zeitintervall von 9 192 631 770 Perioden der Strahlung, die dem Übergang zwischen den beiden Hyperfeinstrukturniveaus ($F = 4$; $M_F = 0$) und ($F = 3$; $M_F = 0$) des Grundzustandes $^2S_{1/2}$ eines von äußeren Feldern ungestörten Atoms des Nuklids ^{133}Cs entspricht (Abb. 2.43 b).

Ampere:

1 Ampere ist die Stärke eines zeitlich unveränderlichen elektrischen Stromes, der, durch zwei im Vakuum parallel im Abstand von 1 m voneinander angeordnete, geradlinige, unendlich lange Leiter von vernachlässigbar kleinem kreisförmigen Querschnitt fließend, zwischen diesen Leitern elektrodynamisch eine (längenbezogene) Kraft von $2 \cdot 10^{-7}$ mkgs^{-2} je 1 m Leiterlänge hervorrufen würde.

Kelvin:

1 Kelvin ist der 273,16te Teil der thermodynamischen Kelvin-Temperatur des Tripelpunktes von reinem Wasser natürlicher Isotopenzusammensetzung.

Candela:

1 Candela ist die Lichtstärke, mit der ein schwarzer Strahler bei der Temperatur des beim Druck einer physikalischen Atmosphäre erstarrenden Platins senkrecht zu einem Flächenstück von 1/600 000 m^2 seiner Oberfläche leuchtet.

Die atomare Masseneinheit ist auf ^{12}C = 12,000 bezogen.

Die erste Zahl zwischen den Klammern bedeutet die Standard-Abweichung als Unsicherheit der letzten Ziffern, berechnet auf Grund der inneren Kohärenz, die zweite den Fehler in Millionsteln (ppm) ausgedrückt.

Lichtgeschwindigkeit $\qquad c = 2{,}9979250 \cdot 10^8 \ \text{ms}^{-1}$ (10; 0,33)

Ladung des Elektrons $\qquad e = 1{,}6021917 \cdot 10^{-19} \ \text{As}$ (70; 4,4)

*Planck*sche Konstante $\qquad h = 6{,}626196 \cdot 10^{-34} \ \text{Ws}^2$ (50; 7,6)

$$\hbar = \frac{h}{2\pi} = 1{,}0545919 \cdot 10^{-34} \ \text{Ws}^2 \quad (80; \ 7{,}6)$$

Feinstruktur-Konstante $\qquad \alpha = \left[\dfrac{\mu_0 c^2}{4\pi}\right] \dfrac{e^2}{\hbar c} = 7{,}297351 \cdot 10^{-3}$ (11; 1,5)

$$\alpha^{-1} = 137{,}03602 \quad (21; \ 1{,}5)$$

*Avogadro*sche Zahl $\qquad N = 6{,}022169 \cdot 10^{26} (\text{kmol})^{-1}$ (40; 6,6)

Atomare Masseneinheit $\quad u = 1{,}660531 \cdot 10^{-27} \ \text{kg}$ (11; 6,6)

Ruhmasse des Elektrons $m_e = 9{,}109558 \cdot 10^{-31} \ \text{kg}$ (54; 6,0)

$$m_e^* = 5{,}485930 \cdot 10^{-4} \ \text{u} \quad (34; \ 6{,}2)$$

Ruhmasse des Protons $\ m_p = 1{,}672614 \cdot 10^{-27} \ \text{kg}$ (11; 6,6)

$$m_p^* = 1{,}00727661 \ \text{u} \quad (8; \ 0{,}08)$$

Ruhmasse des Neutrons $m_n = 1{,}674920 \cdot 10^{-27} \ \text{kg}$ (11; 6,6)

$$m_n^* = 1{,}00866520 \ \text{u} \quad (10; \ 0{,}1)$$

Massenverhältnis von
Proton und Elektron $\qquad \dfrac{m_p}{m_e} = 1836{,}109$ (11; 6,2)

Verhältnis der Ladung
und der Masse des $\qquad \dfrac{e}{m_e} = 1{,}7588028 \cdot 10^{11} \ \text{C kg}^{-1}$ (54; 3,1)
Elektrons

Faraday-Konstante $\qquad F = Ne = 9{,}648670 \cdot 10^7 \ \text{As/kmol}$ (54; 5,5)

Rydberg-Konstante $\qquad R_\infty = \left(\dfrac{\mu_0 c^2}{4\pi}\right)^2 \dfrac{m_e \, e^4}{4\pi\hbar^3 c} = 1{,}09737312 \cdot 10^7 \ \text{m}^{-1}$ (11; 0,1)

Bohr-Radius $\qquad a_0 = \dfrac{\alpha}{4\pi R_\infty} = 5{,}2917715 \cdot 10^{-11} \ \text{m}$ (81; 1,5)

Klassischer Elektronen-
radius $\qquad r_0 = \dfrac{\alpha^3}{4\pi R_\infty} = 2{,}817939 \cdot 10^{-15} \ \text{m}$ (13; 4,6)

*Bohr*sches Magneton $\qquad \mu_B = [c] \dfrac{e\hbar}{2m_e c} = 9{,}274096 \cdot 10^{-24} \ \text{Ws} \ [\text{Vs/m}^2]^{-1}$ (65; 7,0)

Magnetisches Moment
des Elektrons $\qquad \mu_e = 9{,}284851 \cdot 10^{-24} \ \text{Ws} \ [\text{Vs/m}^2]^{-1}$ (65; 7,0)

Magnetisches Moment
des Elektrons in
*Bohr*schen Magnetonen $\ \dfrac{\mu_e}{\mu_B} = 1{,}0011596389$ (31; 0,0031)

Magnetisches Moment
des Protons im *Bohr*-
schen Magneton $\qquad \dfrac{\mu_p}{\mu_B} = 1{,}52103264 \cdot 10^{-3}$ (46; 0,3)

Magnetisches Moment
des Protons

$$\mu_\mathrm{p} = 1{,}4106203 \cdot 10^{-26} \text{ Ws } (\text{Vs/m}^2)^{-1} \quad (99;\ 7{,}0)$$

Kern-Magneton

$$\mu_\mathrm{n} = [c]\,\frac{e\hbar}{2m_\mathrm{p}c} = 5{,}050951 \cdot 10^{-27} \text{ Ws } (\text{Vs/m}^2)^{-1} \quad (50;\ 10)$$

Compton-Wellenlänge
des Elektrons

$$\lambda_\mathrm{C} = \frac{h}{m_\mathrm{e}c} = 2{,}4263096 \cdot 10^{-12} \text{ m} \quad (74;\ 3{,}1)$$

Compton-Wellenlänge
des Protons

$$\lambda_\mathrm{C,p} = \frac{h}{m_\mathrm{p}c} = 1{,}3214409 \cdot 10^{-15} \text{ m} \quad (90;\ 6{,}8)$$

Compton-Wellenlänge
des Neutrons

$$\lambda_\mathrm{C,n} = \frac{h}{m_\mathrm{n}c} = 1{,}3196217 \cdot 10^{-15} \text{ m} \quad (90;\ 6{,}8)$$

Gaskonstante

$$R_0 = 8{,}31434 \cdot 10^3 \text{ Ws } (\text{kmol})^{-1}\,\text{K}^{-1} \quad (35;\ 42)$$
$$= 8{,}20562 \cdot 10^{-2} \text{ m}^3 \text{ atm } (\text{kmol})^{-1}\,\text{K}^{-1} \quad (35;\ 42)$$

*Boltzmann*sche Kon-
stante

$$k = \frac{R_0}{N} = 1{,}380622 \cdot 10^{-23} \text{ Ws K}^{-1} \quad (59;\ 43)$$

*Stefan-Boltzmann*sche
Konstante

$$\sigma = \frac{\pi^2 k^4}{60\hbar^3 c^2} = 5{,}66961 \cdot 10^{-8} \text{ Wm}^{-2}\,\text{K}^{-4} \quad (96;\ 170)$$

Gravitationskonstante $\quad G = 6{,}6732 \cdot 10^{-11} \text{ Nm}^2 \text{ kg}^{-2} \quad (31;\ 460)$

Dielektrizitätskon-
stante des Vakuums $\quad \varepsilon_0 = 8{,}854304 \cdot 10^{-12} \text{ As/Vm} = \dfrac{1}{\mu_0 c^2}$

Permeabilität des
Vakuums

$$\mu_0 = 4\pi \cdot 10^{-7} \text{ Vs/Am} = 1{,}256637 \cdot 10^{-7} \text{ Vs/Am}$$

Normalvolumen des
idealen Gases $\quad V_0 = 22{,}4136 \text{ m}^3 \text{ (kmol)}^{-1}$

Umrechnungsfaktoren für Masse und Energie

1 kg	$5{,}609538 \cdot 10^{29}$ MeV	(24; 4,4)
1 u	$931{,}4812$ MeV	(52; 5,5)
Elektronenmasse	$0{,}5110041$ MeV	(16; 3,1)
Protonenmasse	$938{,}2592$ MeV	(52; 5,5)
Neutronenmasse	$939{,}5527$ MeV	(52; 5,5)
1 eV	$1{,}6021917 \cdot 10^{-19}$ Ws	(70; 4,4)
1 eV	$1{,}160485 \cdot 10^{4}$ K	(49 ; 42)

Anhang 2

Das Periodische System der Elemente

($^{12}C = 12,000$)

Die chemischen Zeichen der Elemente, die nur stabile Isotope aufweisen, sind ohne Markiersternchen angeführt. Bei diesen sind die Benennung des Elementes, seine Ordnungszahl, sein chemisches Zeichen, seine Elektronenanordnung, sein Atomgewicht sowie die Massenzahlen seiner Isotope angegeben. Die Bezeichnung der am häufigsten vorkommenden Isotopenart wurde fett gedruckt.

Die chemischen Zeichen der radioaktiven Elemente, die auch über stabile oder sehr langlebige Isotope verfügen, sind mit einem Sternchen markiert. Im Fall der radioaktiven Isotope sind auch die einzelnen Zerfallstypen (α-, β-, γ-Emission oder K-Einfang) angegeben.

Die ausschließlich aus kurzlebigen Isotopen bestehenden Elemente wurden mit einem Doppelsternchen bezeichnet. Unter diesen kommen Pa, Ac, Ra, Fr, Rn, At und Po auch in der Natur als Zerfallsprodukt langlebiger Elemente vor. Die übrigen (Tc, Pm und die Transurane) lassen sich nur künstlich erzeugen. Bei diesen wurde die Massenzahl der bereits hergestellten Isotope sowie die Masse des langlebigsten Isotops angegeben.

Seltene Erden I (Lanthaniden)

Lanthan ($5d^1\ 6s^2$) **57 La*** 138,91 138 K, β, γ **139**	Cer ($4f^2\ 6s^2$) **58 Ce** 140,12 136, 138, **140**, 142	Praseodym ($4f^3\ 6s^2$) **59 Pr** 140,907 **141**
Neodym ($4f^4\ 6s^2$) **60 Nd** 144,24 **142**, 143, 144, 145, 146, 148, 150	Promethium ($4f^5\ 6s^2$) **61 Pm**** 147 146—151	Samarium ($4f^6\ 6s^2$) **62 Sm** 150,35 144, 147α, 148, 149 150, **152**, 154
Europium ($4f^7\ 6s^2$) **63 Eu** 151,96 151, **153**	Gadolinium ($4f^7\ 5d^1\ 6s^2$) **64 Gd** 157,25 152, 154, 155, 156, 157, **158**, 160	Terbium ($4f^8\ 5d^1\ 6s^2$) **65 Tb** 158,924 **159**
Dysprosium ($4f^{10}\ 6s^2$) **66 Dy** 162,50 156, 158, 160, 161, 162, 163, **164**	Holmium ($4f^{11}\ 6s^2$) **67 Ho** 164,930 **165**	Erbium ($4f^{12}\ 6s^2$) **68 Er** 167,26 162, 164, **166**, 167, 168, 170
Thulium ($4f^{13}\ 6s^2$) **69 Tu** 168,934 **169**	Ytterbium ($4f^{14}\ 6s^2$) **70 Yb** 173,04 168, 170, 171, 172, 173, **174**, 176	Lutetium ($4f^{14}\ 5d^1\ 6s^2$) **71 Lu*** 174,97 **175**, 176β

	I.	II.	III.	IV.	V.
1	Wasserstoff (1s^1) 1 **H** 1,00797 1, 2				
2	Lithium (2s^1) 3 **Li** 6,939 6, 7	Beryllium (2s^2) 4 **Be** 9,012 9	Bor (2s^2 2p^1) 5 **B** 10,81 10, **11**	Kohlenstoff (2s^2 2p^2) 6 **C** 12,011 **12**, 13	Stickstoff (2s^2 7 **N** 14 **14**, 15
3	Natrium (3s^1) 11 **Na** 22,9898 **23**	Magnesium (3s^2) 12 **Mg** 24,31 **24, 25, 26**	Aluminium (3s^2 3p^1) 13 **Al** 26,97 27	Silizium (3s^2 3p^2) 14 **Si** 28,09 **28**, 29, 30	Phosphor (3s^2 15 **P** 30, **31**
4	Kalium (4s^1) 19 **K*** 39,102 **39**, 40β, 41	Kalzium (4s^2) 20 **Ca** 40,08 **40**, 42, 43, 44, 46, 48	Skandium (3d^1 4s^2) 21 **Sc** 44,956 45	Titan (3d^2 4s^2) 22 **Ti** 47,90 46, 47, **48**, 49, 50	Vanadium (3d^3 23 **V*** 5 50K, **51**
	Kupfer (3d^{10} 4s^1) 29 **Cu** 63,54 **63**, 65	Zink (3d^{10} 4s^2) 30 **Zn** 65,37 **64**, 66, 67, 68, 70	Gallium (4s^2 4p^1) 31 **Ga** 69,72 **69**, 71	Germa- nium (4s^2 4p^2) 32 **Ge** 72,59 70, 72, 73, **74**, 76	Arsen (4s^2 4p^3 33 **As** 7 75
5	Rubidium (5s^1) 37 **Rb*** 85,47 **85**, 87β	Strontium (5s^2) 38 **Sr** 87,62 84, 86, 87, **88**	Yttrium (4d^1 5s^2) 39 **Y** 88,905 **89**	Zirko- nium (4d^2 5s^2) 40 **Zr** 91,22 **90**, 91, 92, 94, 96	Niob (4d^4 5s^1) 41 **Nb** 9 **93**
	Silber (4d^{10} 5s^1) 47 **Ag** 107,870 **107**, 109	Cadmium (4d^{10} 5s^2) 48 **Cd** 112, 40 106, 108, 110, 111, 112, 113, **114**, 116	Indium (5s^2 5p^1) 49 **In*** 114,82 113, **115** β	Zinn (5s^2 5p^2) 50 **Sn** 118,69 112, 114, 115, 116, 117, 118, 119, **120**, 122, 124	Antimon (5s^2 51 **Sb** 121 **121**, 123
6	Cäsium (6s^1) 55 **Cs** 132,905 **133**	Barium (6s^2) 56 **Ba** 134,34 130, 132, 134, 135, 136, 137 **138**	Lanthaniden 57—71	Hafnium (5d^2 6s^2) 72 **Hf** 178,49 174, 176, 177, 178, 179, **180**	Tantal (5d^3 6s^2 73 **Ta** 180, **181**
	Gold (5d^{10} 6s^1) 79 **Au** 196,967 **197**	Quecksilber (5d^{10} 6s^2) 80 **Hg** 200,59 196, 198, 199, 200, 201, **202**, 204	Thallium (6s^2 6p^1) 81 **Tl** 204,37 203, **205**	Blei (6s^2 6p^2) 82 **Pb** 207,19 204, 206, 207, **208**	Wismut (6s^2 6p^3 83 **Bi** 208 **209**
7	Francium (7s^1) 87 **Fr**** 223,02 219—223	Radium (7s^2) 88 **Ra****226,025 221—228	Aktiniden 89—103	Kourtchatovium (5f^{14} 6d^2 7s^2) 104 **Ku**** 260	105

VI.	VII.	VIII.			
					Helium (1s²) 2 **He** 4,003 3, **4**
erstoff (2s² 2p⁴)) 15,9994 6, 17, 18	Fluor (2s² 2p⁵) 9 **F** 19,00 **19**				Neon (2s² 2p⁶) 10 **Ne** 20,183 **20**, 21, 22
wefel (3s² 3p⁴) **S** 32,064 33, 34, 36	Chlor (3s² 3p⁵) 17 **Cl** 35,453 **35**, 37				Argon (3s² 3p⁶) 18 **A** 39,948 36, 38, **40**
om (3d⁵ 4s¹) **Cr** 52,00 0, **52**, 53, 54	Mangan (3d⁵ 4s²) 25 **Mn** 54,94 **55**	Eisen (3d⁶ 4s²) 26 **Fe** 55, 85 54, **56**, 57, 58	Kobalt (3d⁷ 4s²) 27 **Co** 58,93 **59**	Nickel (3d⁸ 4s²) 28 **Ni** 58,71 **58**, 60, 61, 62, 64	
n (4s² 4p⁴) **Se** 78,96 4, 76, 77, 0, 78, 82	Brom (4s² 4p⁵) 35 **Br** 79,909 **79**, 81				Krypton (4s² 4p⁶) 36 **Kr** 83,80 78, 80, 82, 83, **84**, 86
lyb- n (4d⁵ 5s¹) **Mo** 95,94 2, 94, 95, 96, 7, **98**, 100	Techne- tium (4d⁶ 5s¹) 43 **Tc**** 97 92—101	Ruthe- nium (4d⁷ 5s¹) 44 **Ru** 101,07 96, 98, 99, 100, 101, **102**, 104	Rho- dium (4d⁸ 5s¹) 45 **Rh** 102,905 **103**	Palladium (4d¹⁰) 46 **Pd** 106,4 102, 104, 105, 106, **108**, 110	
ur (5s² 5p⁴) **Te** 127,60 20, 122, 123, 24, 125, 126, 28, **130**	Jod (5s⁶ 5p⁵) 53 **J** 126,90 **127**				Xenon (5s² 5p⁶) 54 **X** 131,30 123, 126, 128, 129, 130, 131, **132**, 134, 136
lfram (5d⁴ 6s²) **W** 183,85 80, 182, 183, **84**, 186	Rhe- nium (5d⁵ 6s²) 75 **Re*** 186,2 185, **187** β	Osmium (5d⁶ 6s²) 76 **Os** 190,2 184, 186, 187, 188, 189, 190, **192**	Iridium (5d⁷ 6s²) 77 **Ir** 192,2 192, **193**	Platin (5d⁹ 6s¹) 78 **Pt** 195,09 190, 192, 194, **195**, 196, 198	
lo- um (6s² 6p⁴) **Po**** 208,982 08—218	Astatin (6s² 6p⁵) 85 **At**** 209,987 210, 211, 215—219				Radon (6s² 6p⁶) 86 **Rn**** 222,017 217—222

Seltene Erden II (Aktiniden)

Actinium ($6d^1\ 7s^2$) **89 Ac**** 227,028 223—229	Thorium ($6d^2\ 7s^2$) **90 Th*** 232,038 232α	Protactinium ($5f^2\ 6d^1\ 7s^2$) **91 Pa**** 231,036 228—235
Uran ($\mathbf{5f^3\ 6d^1\ 7s^2}$) **92 U*** 238,03 234α, 235α, **238α**	Neptunium ($5f^4\ 6d^1\ 7s^2$) **93 Np**** 237,048 234—240	Plutonium ($5f^6\ 7s^2$) **94 Pu**** 244 236—246
Americium ($5f^7\ 7s^2$) **95 Am**** 243,061 240—246	Curium ($5f^7\ 6d^1\ 7s^2$) **96 Cm**** 247 242—248	Berkelium ($5f^8\ 6d^1\ 7s^2$) **97 Bk**** 247,07 243, 245, 246 248—250
Californium ($5f^9\ 6d^1\ 7s^2$) **98 Cf**** 251 246, 248, 249, 250 252—254	Einsteinium ($5f^{10}\ 6d^1\ 7s^2$) **99 Es**** 254,088 247—255	Fermium ($5f^{11}\ 6d^1\ 7s^2$) **100 Fm**** 250—256
Mendelevium ($5f^{12}\ 6d^1\ 7s^2$) **101 Md**** 256, 259	Nobelium ($5f^{13}\ 6d^1\ 7s^2$) **102 No**** 254, 256 (260—264) (266)	Lavrencium ($5f^{14}\ 6d^1\ 7s^2$) **103 Lw**** 257, (265)

Literaturverzeichnis

Bücher mit ähnlicher Zielsetzung:

0.1 M i e r d e l, G.: Elektrophysik, VEB Verlag Technik, Berlin 1970.
0.2 H e m e n w a y, C. L. — H e n r y, R. W. — C a u l t o n, M. : Physical Electronics. John Wiley and Sons Inc., New York, London 1962.
0.3 L a n g m u i r, D. B. — H e r s h b e r g e r, W. D.: Foundations of Future Electronics, McGraw-Hill Book Co. Inc., New York, Toronto, London 1961.
0.4 L e v i n e, S. N.: Quantum Physics of Electronics, MacMillan Co., New York 1965.
0.5. Г а п о н о в, В. И.: Электроника I—II. Физматгиз, Москва 1960.

**Die zitierten Sätze der klassischen Elektrodynamik sind z. B.
in den folgenden Büchern zu finden:**

0.6 L o r r a i n, P. — C o r s o n, D.: Electromagnetic Fields and Waves, W. H. Freeman and Co., San Francisco 1970.
0.7 S i m o n y i, K.: Theoretische Elektrotechnik, 4. Auflage, VEB Deutscher Verlag der Wissenschaften, Berlin 1971.

Teil 1

1.1 G l a s e r, W.: Grundlagen der Elektronenoptik, Springer-Verlag, Wien 1952.
1.2 S t u r r o c k, P. A.: Static and Dynamic Electron Optics, Cambridge University Press, 1955.
1.3 R o s e n b l a t t, J.: Particle Acceleration, Methuens Monographs on Physical Subjects, Methuen and Co. Ltd., London 1968.
1.4 B a k i s h, R o b e r t (Editor): Introduction to Electron Beam Technology, John Wiley and Sons Inc., New York 1962.
1.5. К е л ь м а н, В. М.—Я в о р, С. Я.: Электронная оптика. Изд. Академии наук СССР, Москва 1959
1.6 S z i l á g y i, M. — N a g y, G y. A.: Einführung in die Theorie der Raumladungsoptik, (ungarisch) Akadémiai Kiadó, Budapest 1967.
1.7 F a r a g o, P. S.: Free-electron Physics, Penguin Books Ltd., Middlesex 1970.
1.8 Z w o r y k i n — M o r t o n — R a m b e r g — H i k i e r — V a n c e, Elektron Optics and the Electron Microscope, John Wiley and Sons Inc., New York 1948.
1.9 A r d e n n e, M. v o n: Tabellen zur angewandten Physik, Bd. I. VEB Deutscher Verlag der Wissenschaften, Berlin 1962.

Teil 2

2.1 H e l l w e g e, K. H.: Einführung in die Physik der Atome, 3. Auflage, Springer Verlag, Berlin, Göttingen, Heidelberg 1970.
2.2 B e c k e r, R. — S a u t e r, F.: Theorie der Elektrizität, Bd. 2. B. G. Teubner, Stuttgart 1959.

2.3 H e b e r, G. — W e b e r, G.: Grundlagen der modernen Quantenphysik, Teil 1—2. B. G Teubner, Leipzig 1969/63.
2.4 G r a w e r t, G.: Quantenmechanik, Bd. 1—2. Akad. Verlagsges. 1969.
2.5 S c h u l t z, W.: Einführung in die Quantenmechanik, Vieweg und Sohn, Braunschweig 1969.
2.6 E i s e l e, J. A.: Modern Quantum Mechanics with Application to Elementary Particle Physics, John Wiley and Sons Inc., New York, London 1969.
2.7 L i n d s a y, P. A.: Introduction to Quantum Mechanics for Electrical Engineers, McGraw-Hill Book Co, Inc.., London 1967.
2.8 S c h i f f, L. I.: Quantum Mechanics, McGraw-Hill Book Co., New York 1955.
2.9 S c h p o l s k i, E. W.: Atomphysik, Bd. 1- 2. VEB Deutscher Verlag der Wissenschaften, Berlin 1969/70.
2.10 B a u e r, H. A.: Grundlagen der Atomphysik, Springer-Verlag, Wien 1951.

Teil 3

3.1 P r e s e n t, R. D.: Kinetic Theory of Gases, McGraw-Hill Book Co., Inc., New York, Toronto, London, 1958.
3.2 H e l l w e g e, K. H.: Einführung in die Festkörperphysik, Teil 1—2. Heidelberger Taschenbücher, Springer Verlag, Berlin 1968/70.
3.3 H u t c h i s o n, T. S. — B a i r d, D. C.: The Physics of Engineering Solids, John Wiley and Sons Inc., New York, London 1968.
3.4 P f e i f e r, H.: Elektronisches Rauschen, Teil 1—2. B. G. Teubner, Leipzig 1959/68.
3.5 Z i m a n, J. M.: Principles of the Theory of Solids, Cambridge University Press, 1965.
3.6 Reif, F.: Fundamentals of Statistical and Thermal Physics. McGraw-Hill Book Co. Inc., New York 1965.

Teil 4

4.1 G e w a r t o w s k y, J. W. — W a t s o n, H. A.: Principles of Electron Tubes, D. van Nostrand Co. Inc., Princeton, New Jersey, 1965.
4.2. Д о б р е ц о в, Л. Н. — Г о м о ю н о в а, М. В.: Эмиссионная электроника, Изд. Наука, Москва 1966.
4.3 K n o l l, M. — E i c h m e i e r, J.: Technische Elektronik, Bd. 1. Springer Verlag, Berlin, Göttingen, New York 1965.
4.4 M i l l m a n, J.: Vacuum-tube and Semiconductor Electronics, McGraw-Hill Book Co. Inc., New York, London 1955.
4.5 P a r k e r, Ph.: Electronics, Arnolds and Co., London 1952.
4.6 S p a n g e n b e r g, K. R.: Vacuum Tubes, McGraw-Hill Book Co. Inc., New York, Toronto, London 1948.
4.7 S t r u t t, M. S. O.: Elektronenröhren, Springer Verlag, Berlin, Göttingen, Heidelberg 1957.

Teil 5

5.1 M a d e l u n g, O.: Grundlagen der Halbleiterphysik, Springer Verlag, Berlin, Heilderberg, New York 1970.
5.2 S p e n k e, E.: Elektronische Halbleiter, Springer Verlag, Berlin, Göttingen, Heidelberg 1965.
5.3 G i b b o n s, J. F.: Semiconductor Electronics, McGraw-Hill Book Co. Inc., New York, London, 1966.
5.4 A d l e r, R. B. — S m i t h, A. C. — L o n g i n i, R. L.: Introduction to Semiconductor Physics, John Wiley and Sons Inc., New York, London 1964.
5.5 S z e, S. M.: Physics of Semiconductor Devices, John Wiley and Sons Inc., London 1969.
5.6 К и р е е в, П. С.: Физика полупроводников, Изд. Высшая школа, Москва 1969.
5.7 S h o c k l e y, W.: Electrons and Holes in Semi-Conductors, D. van Nostrand Co. Inc., Toronto, New York, London 1954.
5.8 M o l l, J. L.: Physics of Semiconductors, McGraw-Hill Book Co. Inc., New York, Toronto, London 1964.

Teil 6

6.1 L o e b, L. B.: Basic Processes of Gaseous Electronics, University of California Press Berkeley, Los Angeles 1955.
6.2 R o m p e, R. — S t e e n b e c k, M. (Herausgeber) Ergebnisse der Plasmaphysik und der Gaselektronik, Bd 1. Akademie-Verlag, Berlin 1967.
6.3 K u n k e l, W. B. (Editor) Plasma Physics in Theory and Application, McGraw-Hill Book Co. Inc., New York, London 1966.
6.4 S u t t o n, G. W. — S h e r m a n, A.: Engineering Magnetohydrodynamics, McGraw-Hill Book Co, Inc., New York, London 1965.
6.5 E n g e l, A. v o n: Ionized Gases, Clarendon Press, Oxford 1965.
6.6 R o s a, R. J.: Magnetohydrodynamic Energy Conversion, McGraw-Hill Book Co. Inc., New York 1968.
6.7 S c h m i d t, G.: Introduction to Plasmaphysics, Academic Press Inc. New York, London 1966.

Teil 7

7.1 B e c k e r, R. — S a u t e r, F.: Theorie der Elektrizität, Bd 3. B. G. Teubner, Stuttgart 1969.
7.2 B e a m, W. R.: Electronics of Solids, McGraw-Hill Book Co. Inc., New York, London 1965.
7.3 Structure and Properties of Materials, Volume IV. Rose, R. M. — Shepard, L. A. — Wulff, J.: Electronic Properties, John Wiley and Sons Inc., New York, London 1966.
7.4 S m i t h, A. C. — J a n a k, J. F. — A d l e r, R. B.: Electronic Conduction in Solids, McGraw-Hill Book Co. Inc., New York, London 1967.
7.5 B l a t t, F. J.: Physics of Electronic Conduction in Solids, McGraw-Hill Book Co. Inc., New York 1968.
7.6 C u s a c k, N.: The Electrical and Magnetic Properties of Solids, Longmans, Green and Co., London, New York, Toronto 1958.
7.7 N e r g a a r d, L. S. — G l i c k s m a n, M.: Microwave Solid-state Engineering, D. van Nostrand Co. Inc., Toronto, New York, London 1964.
7.8 N a g a m i y a, T. — K u b o, R.: Solid State Physics. McGraw-Hill Book Co. Inc., New York 1969.

Teil 8

8.1 H u t t e r, R. G. E.: Beam and Wave Electronics in Microwave Tubes, D. van Nostrand Co. Inc., Toronto, New York, London 1960.
8.2 B e c k, A. H. W.: Space-Charge Waves, Pergamon Press, London, New York, Paris 1958.
8.3 S t a t e s, J. S.: Microwave Electronics, D. van Nostrand Co. Inc., Toronto, New York, London 1957.
8.4 R e i c h, H. S. — S k a l n i k, J. G. — O r d u n g, P. F. — K r a u s s, H. L.: Microwave Principle, D. van Nostrand, Co. Inc., Toronto, New York 1957.
8.5 Л о п у х и н, В. М. — Р о ш а л ь, А. С.: Электроннолучевые параметрические усилители, Изд. Советское радио, Москва 1968.

Teil 9.

9.1 U n g e r, H. G.: Quantenelektronik, Einführung in die Grundlagen der Laser- und Masertechnik, Vieweg und Sohn, Braunschweig 1968.
9.2 P a n t e l l, R. H. — P u t h o f f, H. E.: Fundamentals of Quantum Electronics, John Wiley and Sons Inc., New York 1969.
9.3 Y a r i v, A.: Quantum Electronics, John Wiley and Sons Inc., New York, London 1968.

9.4 Maitland, A. — Dunn, M. H.: Laser Physics, North-Holland Publ. Co. Amsterdam, London 1969.

9.5 Kleen, W. — Müller, R.: Laser, Springer Verlag, Berlin 1969.

9.6 Röss, D.: Laser. Lichtverstärker und Oszillatoren, Akademische Verlagsgesellschaft, Frankfurt/M. 1966.

9.7 Rieck, H.: Halbleiter-Laser, G. Braun Verlag, Karlsruhe 1967.

9.8 Gooch, C. H.: Gallium Arsenide Lasers, John Wiley and Sons Inc., New York 1969.

9.9 Troup, G.: Masers and Lasers. Methuens Monographs on Physical Subjects, Methuen and Co. Ltd. John Wiley and Sons Inc., London, New York 1963.

9.10 Lengyel, B. A.: Lasers, John Wiley and Sons Inc., New York 1962.

9.11 Singer, J. R.: Masers, John Wiley and Sons Inc., New York, London 1959.

9.12 Handbuch der Physik, Bd XXV/2c. Licht und Materie I. c. Springer Verlag, Berlin, Heidelberg, New York 1970.

9.13 Квантовая злектроника, Маленькая Энциклопедия, Москва 1969.

Sachverzeichnis